# HANDBUCH DER PHYSIK

UNTER REDAKTIONELLER MITWIRKUNG VON

R. GRAMMEL-STUTTGART · F. HENNING-BERLIN
H. KONEN-BONN · H. THIRRING-WIEN · F. TRENDELENBURG-BERLIN
W. WESTPHAL-BERLIN

HERAUSGEGEBEN VON

H. GEIGER UND KARL SCHEEL

BAND VI

## MECHANIK DER ELASTISCHEN KÖRPER

BERLIN
VERLAG VON JULIUS SPRINGER
1928

# MECHANIK DER ELASTISCHEN KÖRPER

BEARBEITET VON

G. ANGENHEISTER · A. BUSEMANN · O. FÖPPL
J. W. GECKELER · A. NADAI · F. PFEIFFER · TH. PÖSCHL
P. RIEKERT · E. TREFFTZ

REDIGIERT VON R. GRAMMEL

MIT 290 ABBILDUNGEN

BERLIN
VERLAG VON JULIUS SPRINGER
1928

Softcover reprint of the hardcover 1st edition 1928

ISBN 978-3-642-48476-6 ISBN 978-3-642-48543-5(eBook)
DOI 10.1007/978-3-642-48543-5

# Inhaltsverzeichnis.

# Allgemeine physikalische Konstanten

(September 1926)[1].

## a) Mechanische Konstanten.

| | |
|---|---|
| Gravitationskonstante | $6{,}6_5 \cdot 10^{-8}$ dyn · cm² · g⁻² |
| Normale Schwerebeschleunigung | 980,665 cm · sec⁻² |
| Schwerebeschleunigung bei 45° Breite | 980,616 cm · sec⁻² |
| 1 Meterkilogramm (mkg) | $0{,}980665 \cdot 10^8$ erg |
| Normale Atmosphäre (atm) | $1{,}01325_3 \cdot 10^6$ dyn · cm⁻² |
| Technische Atmosphäre | $0{,}980665 \cdot 10^6$ dyn · cm⁻² |
| Maximale Dichte des Wassers bei 1 atm | 0,999973 g · cm⁻³ |
| Normales spezifisches Gewicht des Quecksilbers | 13,5955 |

## b) Thermische Konstanten.

| | |
|---|---|
| Absolute Temperatur des Eispunktes | $273{,}2_0{}^\circ$ |
| Normales Litergewicht des Sauerstoffes | 1,42900 g · l⁻¹ |
| Normales Molvolumen idealer Gase | $22{,}414_5 \cdot 10^3$ cm³ |
| Gaskonstante für ein Mol | $0{,}8204_5 \cdot 10^2$ cm³-atm · grad⁻¹ |
| | $0{,}8313_2 \cdot 10^8$ erg · grad⁻¹ |
| | $0{,}8309_0 \cdot 10^1$ int joule · grad⁻¹ |
| | $1{,}985_8$ cal · grad⁻¹ |
| Energieäquivalent der 15°-Kalorie (cal) | $4{,}184_2$ int joule |
| | $1{,}1623 \cdot 10^{-6}$ int k-watt-st |
| | $4{,}186_3 \cdot 10^7$ erg |
| | $4{,}268_8 \cdot 10^{-1}$ mkg |

## c) Elektrische Konstanten.

| | |
|---|---|
| 1 internationales Ampere (int amp) | $1{,}0000_0$ abs amp |
| 1 internationales Ohm (int ohm) | $1{,}0005_0$ abs ohm |
| Elektrochemisches Äquivalent des Silbers | $1{,}11800 \cdot 10^{-3}$ g · int coul⁻¹ |
| Faraday-Konstante für ein Mol und Valenz 1 | $0{,}9649_4 \cdot 10^5$ int coul |
| Ionisier.-Energie/Ionisier.-Spannung | $0{,}9649_4 \cdot 10^5$ int joule · int volt⁻¹ |

## d) Atom- und Elektronenkonstanten.

| | |
|---|---|
| Atomgewicht des Sauerstoffs | 16,000 |
| Atomgewicht des Silbers | 107,88 |
| LOSCHMIDTsche Zahl (für 1 Mol) | $6{,}06_1 \cdot 10^{23}$ |
| BOLTZMANNsche Konstante $k$ | $1{,}372 \cdot 10^{-16}$ erg · grad⁻¹ |
| $^1/_{16}$ der Masse des Sauerstoffatoms | $1{,}650 \cdot 10^{-24}$ g |
| Elektrisches Elementarquantum $e$ | $1{,}592 \cdot 10^{-19}$ int coul |
| | $4{,}77_4 \cdot 10^{-10}$ dyn$^{1/2}$ · cm |
| Spezifische Ladung des ruhenden Elektrons $e/m$ | $1{,}76_6 \cdot 10^8$ int coul · g⁻¹ |
| Masse des ruhenden Elektrons $m$ | $9{,}02 \cdot 10^{-28}$ g |
| Geschwindigkeit von 1-Volt-Elektronen | $5{,}94_5 \cdot 10^7$ cm · sec⁻¹ |
| Atomgewicht des Elektrons | $5{,}46 \cdot 10^{-4}$ |

## e) Optische und Strahlungskonstanten.

| | |
|---|---|
| Lichtgeschwindigkeit (im Vakuum) | $2{,}998_5 \cdot 10^{10}$ cm · sec⁻¹ |
| Wellenlänge der roten Cd-Linie (1 atm, 15° C) | $6438{,}470_0 \cdot 10^{-8}$ cm |
| RYDBERGsche Konstante für unendl. Kernmasse | 109737,1 cm⁻¹ |
| SOMMERFELDsche Konstante der Feinstruktur | $0{,}729 \cdot 10^{-2}$ |
| STEFAN-BOLTZMANNsche Strahlungskonstante $\sigma$ | $5{,}7_5 \cdot 10^{-12}$ int watt · cm⁻² · grad⁻⁴ |
| | $1{,}37_4 \cdot 10^{-12}$ cal · cm⁻² · sec⁻¹ · grad⁻⁴ |
| Konstante des WIENschen Verschiebungsgesetzes | 0,288 cm · grad |
| WIEN-PLANCKsche Strahlungskonstante $c_2$ | 1,43 cm · grad |

## f) Quantenkonstanten.

| | |
|---|---|
| PLANCKsches Wirkungsquantum $h$ | $6{,}55 \cdot 10^{-27}$ erg · sec |
| Quantenkonstante für Frequenzen $\beta = h/k$ | $4{,}77_5 \cdot 10^{-11}$ sec · grad |
| Durch 1-Volt-Elektronen angeregte Wellenlänge | $1{,}233 \cdot 10^{-4}$ cm |
| Radius der Normalbahn des H-Elektrons | $0{,}529 \cdot 10^{-8}$ cm |

[1]) Erläuterungen und Begründungen s. Bd. II d. Handb. Kap. 10, S. 487—518.

Kapitel 1.

# Physikalische Grundlagen der Elastomechanik.

Von

**A. Busemann** und **O. Föppl**, Braunschweig.

Mit 15 Abbildungen.

## I. Einleitung.

**1. Allgemeiner Überblick.** Die Elastomechanik handelt von dem Verhalten der festen Körper unter Belastung. Sie verhilft dem Menschen, der Gebrechlichkeit alles Irdischen Herr zu werden und die Materie nach seinem Willen auszunutzen. Es handelt sich hierbei um eine uralte Wissenschaft, denn die Leistungen auf dem Gebiete der Baukunst, mögen sie nun eine gefühlsmäßige oder rechnerische Anwendung der Erfahrungen bedeuten, haben schon von jeher die Bewunderung der Zeitgenossen und der Nachwelt erregt. Man wird sich daher wundern, wenn man erfährt, wie wenig Klarheit über die physikalischen Grundlagen ihres Hauptproblems, der Bruchfestigkeit der Stoffe, vorhanden ist. Da die Elastomechanik stets ein brennendes Problem der Technik gewesen ist, kann der Grund hierfür nur in den wirklichen Schwierigkeiten bei der theoretischen Behandlung zu suchen sein. Zunächst ist dabei zu bedenken, daß die Baustoffe der Technik entweder naturgegebene sind oder daß sie durch einen Prozeß gewonnen werden, der nur mehr oder weniger unvollkommen mit den menschlichen Kräften verfolgt und beherrscht werden kann. Liegt also die Vorgeschichte des Baustoffes bis zu einem gewissen Grade im Dunkeln, so kommt noch hinzu, daß sich die Elastomechanik zwar zum Teil auf Größen des Stoffes aufbaut, die sich von selbst stets als Mittelwert darstellen, wie der Elastizitätsmodul, daß aber für ihre wesentlichste Aussage, die Bruchfestigkeit, gerade die extrem schlechteste Stelle maßgebend ist. Am besten mag die daraus entstehende Schwierigkeit dargelegt werden durch die Tatsache, daß die aus der Atomtheorie berechenbare Festigkeit 100- bis 1000mal so groß ist wie die technische, und daß bei geeigneter Behandlung einiger Stoffe tatsächlich, wenn auch nur für kurze Zeit, Werte gemessen sind, die in die Größenordnung der atomaren Festigkeit kommen. Es mag daher einleuchten, daß erst dann ein tiefer Einblick in die Festigkeitslehre erhalten werden wird, wenn die Hilfsmittel geschaffen sind, das Gefüge lückenlos vom einzelnen Atom bis zum ganzen Körper zu verfolgen.

Aus dem hier Gesagten wird die Gliederung des Stoffes dieses ersten Kapitels[1]) verständlich. Es wird zunächst die klassische Elastomechanik gebracht, die in

[1]) An zusammenfassenden Darstellungen seien genannt: K. Memmler, Das Materialprüfungswesen, Stuttgart 1924; O. Wawrziniok, Handbuch des Materialprüfungswesens, Berlin 1923; W. Müller, Materialprüfung und Baustoffkunde f. d. Maschinenbau, München 1924; A. Martens u. E. Heyn, Handbuch der Materialienkunde, Berlin 1912.

ihren elastischen Grundlagen recht exakt ist und in ihrer Erfassung der Bruchgrenze doch nur eine ziemlich grobe Näherung darstellt. Im nächsten Abschnitt werden dann die heute vorliegenden Erfahrungen der einzelnen Forscher dargelegt, wobei zu betonen ist, daß es sich hierbei durchaus noch nicht um ein abgeschlossenes Ganzes handelt. In diesen beiden ersten Abschnitten sind eine gewisse Anzahl von Stoffen fast ausschließlich behandelt, sei es, daß sie wegen ihrer verbreiteten Anwendung den größten Erfahrungsschatz geliefert haben, sei es, daß sie wegen der Reinheit ihrer Darstellung bevorzugt wurden. Im letzten Abschnitt wird wenigstens noch kurz auf die technisch wichtigsten anderen Stoffe eingegangen werden.

## II. Die klassische Elastomechanik.

**2. Isotroper und anisotroper Zustand.** Nach der klassischen Physik ist der feste Aggregatzustand von dem flüssigen und gasförmigen dadurch unterschieden, daß der feste Körper seiner Gestaltsänderung einen großen Widerstand entgegensetzt. Die genauere Untersuchung des Aufbaues der Stoffe[1]) hat ergeben, daß im festen Zustand zwei wesentlich verschiedene Strukturen auftreten, der isotrope Zustand und der anisotrope. Der isotrope Zustand umfaßt die drei Aggregatzustände der klassischen Physik (fest, flüssig und gasförmig) und unterscheidet sich dadurch vom anisotropen oder kristallinen, daß bei ihm die Anordnung der Moleküle regellos erfolgt. Der anisotrope Zustand, der fast ausschließlich im festen Aggregatzustand vorkommt, hat eine gitterförmige Anordnung der Atome zu einem Kristall. Innerhalb eines Kristalls ist die Zuordnung der einzelnen Atome zu einem Molekül nicht mehr anzugeben, so daß der Kristall als ein einziges Molekül angesehen werden kann[2]).

Die Elastomechanik stellt sich nun die Aufgabe, die Gestaltsänderung der festen Körper unter Einwirkung von Kräften zu untersuchen. Es leuchtet sofort ein, daß der isotrope Körper bedeutend einfachere elastische Eigenschaften besitzen muß. Denn durch die unregelmäßige Anordnung der Moleküle läßt er sich als eine kontinuierliche Masse von vollkommener Symmetrie ansehen, während der anisotrope Körper im allgemeinen ausgezeichnete Richtungen besitzt. Die reine kristalline Struktur findet sich nur in einem einzelnen Kristall. Einzelne saubere Kristalle finden sich aber nur in geringer Größe in der Natur vor. Körper von größeren Ausmaßen und kristallinischer Struktur bestehen zumeist aus kleinen Kristallen, die sich zu einem sog. Kristallhaufen regellos vereinigen. Ein derartiger Kristallhaufen verliert durch die regellose Anordnung der Einzelkristalle wieder seine ausgezeichneten Richtungen, er ist quasiisotrop und unterscheidet sich für die Elastomechanik nur dadurch vom isotropen Körper, daß seine Bausteine eine ganz andere Größenordnung haben. Er läßt sich nur dann in bestimmten Fällen als Kontinuum betrachten, wenn seine Abmessungen groß sind gegenüber der Größe des Einzelkristalles. Die Grundlagen der Elastomechanik werden im folgenden zunächst für isotrope oder quasiisotrope Körper entwickelt. Dann wird in Ziff. 11 die Erweiterung auf anisotrope Körper vorgenommen.

**3. Gleichgewicht der äußeren und inneren Kräfte.** Läßt man auf einen Körper Kräfte wirken, so wird der Körper unter dem Einfluß dieser Kräfte seine Gestalt in bestimmter Weise ändern; er wird verformt. Entfernt man die Kräfte wieder, so hat der Körper das Bestreben, die Formänderung rückgängig zu machen. Es sind also durch das Anbringen der äußeren Kräfte im Innern des

[1]) Vgl. G. TAMMANN, Aggregatzustände. Leipzig 1922.
[2]) Vgl. hierzu die genaueren Ausführungen in Bd. XXIV dieses Handb., Kap. 4 u. 5.

Körpers Kräfte wachgerufen, die sich den äußeren Kräften entgegensetzen und das Bestreben haben, die frühere Gestalt wiederherzustellen. Die durch die Formänderung erzeugten Kräfte im Innern des Körpers sollen als die inneren Kräfte bezeichnet werden, alle anderen Kräfte als die äußeren. Es gehören daher Schwerkraft, Beschleunigungs- und magnetische Kräfte zu den äußeren Kräften im Sinne der Elastizitätslehre, obwohl sie im Innern des Körpers angreifen. Jede Kraft stellt eine gegenseitige Wirkung zwischen zwei Punkten dar. Die äußeren Kräfte wirken zwischen einem Punkte des Körpers und einem Punkte außerhalb, während die inneren Kräfte zwischen den einzelnen Bestandteilen des Körpers (Atomen, Elektronen oder Molekeln) wirken. (In einzelnen Fällen können die äußeren Kräfte auch zwischen zwei Punkten des Körpers angebracht sein, z. B. beim Bogen zum Schießen: hier ist die Sehne zwischen zwei Punkten des Bogens angebracht, man kann dann die Sehne durch zwei äußere Kräfte ersetzen, die an den Enden des Bogens angreifen. Ähnlich behandelt man magnetische Kräfte zwischen verschiedenen Punkten desselben Körpers.)

Verschieben sich die Angriffspunkte der Kraft gegeneinander, so wird eine Arbeit geleistet. Die inneren Kräfte des Körpers können nur dann eine Arbeit leisten, wenn sich die einzelnen Punkte des Körpers gegeneinander bewegen, d. h. wenn sich der Körper verformt. Bei einer Fortbewegung des ganzen Körpers ohne Änderung der äußeren Kräfte leisten die inneren Kräfte keine Arbeit. Soll bei einer virtuellen Verrückung des Körpers überhaupt keine Arbeit geleistet werden, so muß ebenfalls die Arbeit der äußeren Kräfte verschwinden. Gleichgewicht an einem verformten Körper besteht daher nur dann, wenn die an ihm angreifenden äußeren Kräfte für sich im Gleichgewicht stehen.

Diese Gleichgewichtsbedingung gilt für jeden beliebigen Körper; sie muß daher auch für jeden Teil eines Körpers gelten, den man sich durch einen ideellen Schnitt von dem ursprünglichen Körper abgetrennt denken kann. Man muß dann imstande sein, alle Kräfte (sowohl die äußeren als auch die inneren), die auf einen derartigen Teil wirken, anzugeben. Die äußeren Kräfte werden sich leicht auf die durch den ideellen Schnitt entstehenden beiden Abschnitte des Körpers verteilen lassen. Standen die am ganzen Körper wirkenden äußeren Kräfte im Gleichgewicht, so werden die äußeren, an den beiden Teilen wirkenden Kräfte je eine Resultierende ergeben, die im Raume im allgemeinsten Falle aus einer Kraft und einem Moment um die Achse der Kraft besteht[1]). Die Resultierenden der beiden Abschnitte sind von gleicher Größe, aber umgekehrter Richtung. Sie stellen die Kräfte dar, die vor der Schnittlegung von dem einen Körperabschnitt auf den anderen übertragen wurden. Stellt man den Schnitt tatsächlich her, so werden die beiden Abschnitte damit im allgemeinen die Fähigkeit verlieren, die genannten Kräfte aufeinander auszuüben. Die für die Elastizitätslehre einzuführenden inneren Kräfte hat man sich daher als „Nahkräfte" vorzustellen, die ihren Sitz in der unzerstörten ideellen Schnittfläche haben, und sie lassen sich als solche lokalisieren.

Betrachtet man ein unendlich kleines Flächenstück, so erkennt man leicht, daß die übertragenen Momente weit schneller mit der Fläche abnehmen als die Kräfte, weil für ein Moment außer der Kraft auch der mögliche Hebelarm verschwindet. Das Flächendifferential kann daher nur eine Kraft übertragen, die durch die Richtung der Fläche in eine Normal- und eine Tangentialkomponente zerlegt werden kann. Die Normal- und Tangentialkomponente der inneren Kräfte, bezogen auf eine Flächeneinheit der Schnittfläche, werden als die Normalspannung und die Schubspannung des Flächenelementes bezeichnet.

---

[1]) Vgl. dieses Handb. Bd. V, Kap. 6.

Die Dimension einer derartigen Spannung ist eine Kraft dividiert durch eine Fläche, also z. B. kg/cm² (dyn/cm²). Die Spannungen, die in einer endlichen Schnittfläche auftreten, setzen sich zu der bereits genannten resultierenden Kraft und dem Moment zusammen, die beide mit den äußeren Kräften des abgeschnittenen Teils im Gleichgewicht stehen.

Da der Körper durch die gedachte Schnittfläche zur Aufstellung der Gleichgewichtsbedingung vollständig durchschnitten sein muß, kann man durch eine infinitesimale Verrückung der Schnittfläche keine weiteren Angaben über die Verteilung der Spannungen über die Schnittfläche erhalten. Die Verteilung der Spannungen im Inneren des Körpers läßt sich in einfachen Fällen aus Symmetrie- oder ähnlichen Gründen schließen, im allgemeinen Fall findet man sie aber nur durch Berücksichtigung der durch die Spannungen bedingten Formänderung des Körpers. Die Verformung der ideellen Schnittfläche muß sich bei beiden Teilen entsprechen, da der Körper tatsächlich zusammenhängend bleiben soll.

Die Formänderung und die inneren Spannungen eines Körpers lassen sich, von einfachen Fällen abgesehen, nicht unabhängig voneinander behandeln. Sie sind durch die elastischen Eigenschaften des Körpers miteinander verknüpft. Es gilt also zunächst, die elastischen Eigenschaften der Stoffe zu untersuchen, um diejenigen Daten der Elastizitätslehre zu finden, die durch den Stoff des verformten Körpers gegeben sind.

**4. Der Zugversuch.** Ein einfacher Fall der Beanspruchung eines Körpers, bei dem sich die Spannungen und die Formänderungen des Körpers getrennt behandeln lassen, ist die Zugbeanspruchung eines prismatischen Körpers in seiner Längsrichtung. Daher dient gerade der Zugversuch dazu, die elastischen Eigenschaften der Stoffe, insbesondere der Baustoffe, für die Praxis zu untersuchen. Der Zugversuch soll hier in der Form beschrieben werden, wie er täglich in der Praxis ausgeführt wird.

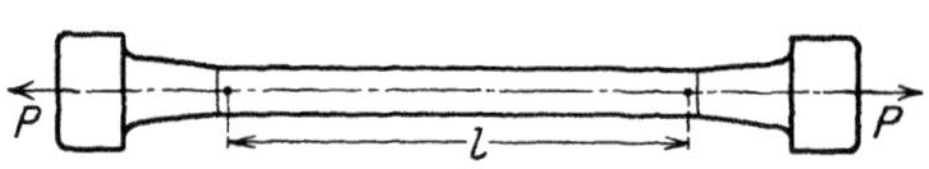

Abb. 1. Probestab für den Zugversuch.

Aus dem zu untersuchenden Baustoff wird ein Probestab (Abb. 1) hergestellt, der in seiner Meßstrecke ein rechteckiges oder kreiszylindrisches Prisma darstellt, an das sich durch sanfte konische Übergänge die ebenfalls runden oder rechteckigen Einspannköpfe anschließen. Durch die sanften Übergänge wird erzielt, daß sich die an den Einspannköpfen in beliebiger Weise angreifenden axialen Kräfte $P$ gleichmäßig über den Querschnitt der Meßlänge des Stabes verteilen. Im allgemeinen kann man den zu untersuchenden Baustoff dann als gleichmäßig ansehen, wenn seine natürlichen Stoffelemente (Molekeln oder Kristalle u. ä.) hinreichend klein gegenüber den Abmessungen des Versuchskörpers sind, so daß man ohne Rücksicht auf die Größe der Stoffelemente die Ergebnisse an einem Probekörper sofort auf alle geometrisch ähnlichen Probekörper desselben Stoffes übertragen darf. Wenn der zu untersuchende Stoff außerdem noch von der Art ist, daß er nicht durch seine räumliche Orientierung irgendwelche Richtungen des Raumes bevorzugt, so ist die Spannung beim Zugversuch eine gleichmäßig über den Querschnitt der Meßlänge verteilte Normalspannung. Man kann das leicht durch Längsunterteilung des beanspruchten Prismas und beliebiger Vertauschung der entstandenen Streifen ableiten.

Die beim Zugversuch auftretende Spannung innerhalb der Meßlänge ist daher $\sigma = P/F$, wenn mit $F$ die Fläche des Stabquerschnittes bezeichnet wird. Diese Beanspruchung des Stabes ist mit einer Längung des Stabes und mit einer Verringerung des Querschnittes verbunden. Da die Längung des Stabes die hauptsächliche Formänderung darstellt, soll sie zunächst allein behandelt werden

Auf dem prismatischen Teil des Stabes sei die Meßlänge $l$ aufgetragen. Bei der Belastung mit der Kraft $P$ möge diese auf $l + \Delta l$ angewachsen sein. Dann ist unter der bereits angegebenen Voraussetzung gleichmäßigen Materials die bezogene Längenänderung oder die Dehnung $\varepsilon = \Delta l / l$. Belastet man den Stab allmählich bis zum Bruch, und trägt man die dabei auftretenden Werte $\sigma$ und $\varepsilon$ in Abhängigkeit voneinander auf, so erhält man bei den meisten Stoffen eine Kurve von der Art, wie sie in Abb. 2 angegeben ist (Spannungs-Dehnungsdiagramm). Abb. 2 ist für Flußeisen aufgenommen und zeigt im ersten Teil — also bei geringen Belastungen des Stabes — ein verhältnisgleiches Ansteigen von $\sigma$ und $\varepsilon$. Das Diagramm ist in diesem ersten Teil stark verzerrt aufgezeichnet. In Wirklichkeit verläuft das erste gerade Stück der Kurve viel steiler. Tatsächlich gehört zum Punkte $S_0$ nur eine Dehnung $\varepsilon$ von rund 0,1%, während der Bruch etwa mit 30% Dehnung verbunden ist.

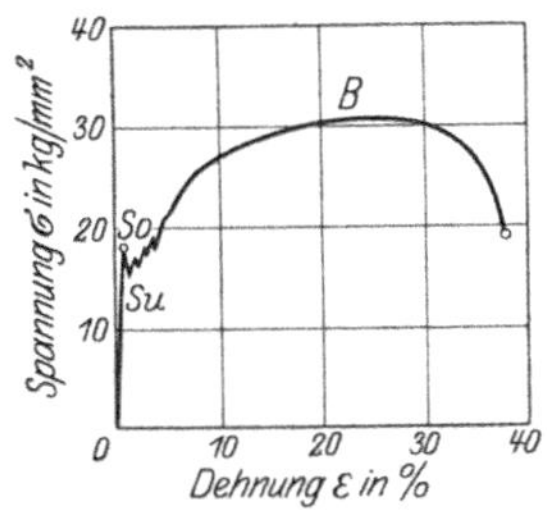


Abb. 2. Spannungs-Dehnungs-diagramm.

Mit ansteigender Belastung nimmt die Dehnung stärker zu als die Spannung. Im Punkte $S_0$, der oberen Streck- oder Fließgrenze[1]), sinkt sogar die Spannung bei weiterer Längung des Stabes. Es wird hier plötzlich der Fließvorgang eingeleitet, der darin besteht, daß der Stab sich zunächst mehr oder weniger ruckweise sehr stark längt, wobei die Oberfläche des Stabes runzelig wird. Mit fortschreitender Dehnung wächst auch die Spannung wieder bis zum Punkte $B$, an dem sie ein Maximum erreicht. Von hier an sinkt die Spannung im Stabe. An einer Stelle des Stabes tritt jetzt noch eine größere Formänderung ein, die

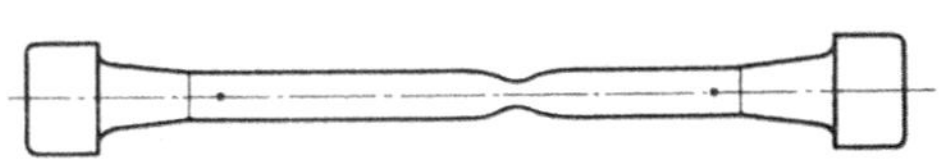

Abb. 3. Einschnürung vor dem Bruch.

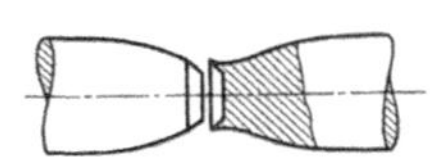

Abb. 4. Zerreißbruch.

äußerlich dadurch sichtbar wird, daß sich der Stab hier einzuschnüren beginnt (Abb. 3 und 4). Am engsten Querschnitt dieser Einschnürungsstelle steigt die Spannung infolge der Verminderung der übertragenden Querschnittsfläche trotz der abnehmenden Spannung im übrigen Stabe. Hier tritt schließlich der Bruch ein. Der Fließvorgang verrät durch das runzelige Äußere der Oberfläche eine gewisse Ungleichmäßigkeit des Materials, und die Einschnürung geschieht an der zufällig schwächsten Stelle des Stabes. Die prismatische Form des Stabes ändert sich durch die Einschnürung, und die gleichmäßige Spannungsverteilung über den Stabquerschnitt hört damit auf. Das Fließen und besonders das Einschnüren stellt der Elastizitätslehre schwierige Probleme. Die eigentliche Elastizitätslehre geht daher nicht über die Fließgrenze hinaus. Erst in jüngerer Zeit finden sich Ansätze für dieses Gebiet[2]). Die Technik, die wegen der Vermeidung von Brüchen bei Bauteilen besonders an der Qualifikation von Baustoffen interessiert ist, greift jedoch aus Mangel an physikalisch begründeten Kennzeichen zu folgenden willkürlich festgelegten Größen:

a) Die Bruchfestigkeit $\sigma_{Br}$; sie stellt die Kraft $P$ am Punkte $B$ des Diagramms in Abb. 2 dar, dividiert durch die Fläche $F$, die der Stab vor der Belastung hatte.

b) Die Bruchdehnung $\varepsilon_{Br}$, d. h. die mittlere Dehnung $\Delta l / l$ einer Meßlänge $l$, die dem 10fachen Stabdurchmesser entspricht. Zur Feststellung der

---

[1]) Über Zahlenwerte s. Anhang zu diesem Band. [2]) Siehe Kap. 6 ds. Bd. des Handb.

Bruchdehnung werden die beiden Stücke nach Eintritt des Bruches aneinandergehalten und die Entfernung $l + \Delta l$ der die Meßlänge begrenzenden Marken bestimmt. Das Meßergebnis wird nur dann als gültig anerkannt, wenn die Einschnürung und die davon in Mitleidenschaft gezogenen Gebiete innerhalb der Meßlänge liegen. Statt eines Probestabes mit einer Meßlänge vom Zehnfachen des Durchmessers werden auch oft sog. „kurze" Probestäbe mit fünffacher Meßlänge verwendet. Bei der Angabe der erzielten Bruchdehnung muß die Größe der zugehörigen Meßlänge besonders mitgeteilt werden.

c) Die Bruchkontraktion, d. h. die Querschnittsverminderung an der Stelle der größten Einschnürung.

Der Zerreißversuch kann abgebrochen werden, nachdem die Fließgrenze überschritten und bevor der Bruch eingetreten ist. Man stellt dann nach dem Entlasten eine bleibende Dehnung fest. Wenn man diesen gedehnten Stab einem neuen Zugversuch unterwirft, so erhält man für ihn eine neue Fließgrenze, die höher liegt, als die zuerst ermittelte. Durch mehrfaches Wiederholen kann auf diese Weise die Fließgrenze weiter und weiter erhöht und bis nahe an die Bruchgrenze gesteigert werden. Man sieht daraus, daß die Fließgrenze keine eigentliche Materialeigenschaft ist, sondern eine Größe, die von der Vorgeschichte des Baustoffes abhängt, z. B. von den Verformungen, die er beim Walzen, Schmieden usw. erlitten hat. Auch die Zeit, die zwischen den einzelnen Verformungen verstrichen ist, spielt dabei eine Rolle und ebenso natürlich die Temperaturen, denen der Baustoff ausgesetzt war.

Die Bruchfestigkeit ist eine den Rechnungen der Technik angepaßte Größe, deren Berechtigung man sofort erkennt. Die Bruchdehnung und -kontraktion sind nur als Vergleichszahlen zu verwenden; sie sind bei zähem Material groß, bei sprödem klein.

Physikalisch wichtige Werte der Materialien werden auf dem Ast der Kurve vom Nullpunkt bis zur Fließgrenze gefunden. Vom Nullpunkt geht die Kurve in irgendeiner Richtung aus. Für einige Stoffe (Kupfer, Gußeisen, Beton) weist die Kurve gleich im Anfang eine merkliche Krümmung auf. Für die meisten Stoffe ist sie aber zunächst vollständig gradlinig und beginnt sich erst bei höherer Belastung zu krümmen. Die Grenze, bis zu der die Dehnung verhältnisgleich der Spannung ist, wird Proportionalitätsgrenze genannt. Bleiben die Spannungen bei der Formänderung eines Körpers unterhalb der Proportionalitätsgrenze, so sind Spannung und Dehnung einander verhältnisgleich Die Beziehung zwischen Spannung und Dehnung des Baustoffes ist dann durch den Elastizitätsmodul $E = \frac{\sigma}{\varepsilon}$ gekennzeichnet. Für physikalische Betrachtungen, vor allem für Betrachtungen des Gleichgangs der Uhren mit Unruhe — ist es wichtig, daß der Elastizitätsmodul in erheblichem Maße von der Temperatur des Baustoffes abhängt. Diese Erscheinung hat namentlich die Abhängigkeit des Ganges der nicht ausgeglichenen Taschenuhren von der Temperatur zur Folge, während der Einfluß der Ausdehnung der Schwungmasse erst in zweiter Linie die Gleichmäßigkeit des Ganges stört. Bei Pendeluhren tritt diese Erscheinung nicht auf, da die Rücktriebkraft vom konstanten Erdschwerefeld herrührt, das nicht von der Temperatur beeinflußt ist.

Eine weitere Grenze ist dadurch bestimmt, daß die Dehnungen des Baustoffs bei geringen Belastungen mit der Entlastung wieder vollständig zurückgehen (elastische Formänderung), während nach größeren Belastungen bei der Entlastung eine Dehnung zurückbleibt (plastische Formänderung). Die hierdurch bestimmte Grenze wird die Elastizitätsgrenze des Materials genannt. Sie liegt höher als die Proportionalitätsgrenze. Wenn die Belastung über die Elastizitätsgrenze getrieben wird, so können die nach der Entlastung zurückbleibenden Dehnungen entweder dauernd bestehen bleiben oder sie können zum Teil mit der Zeit langsam zurückgehen. Dies letztere Verhalten bezeichnet man als elastische Nachwirkung. Das Überschreiten der Elastizitätsgrenze und die dadurch bedingte bleibende Dehnung wird vielfach als das Anzeichen einer dauernden Beschädigung des Baustoffes angesehen[1]). Gegen diese Auffassung spricht allerdings die Tatsache, daß man die Elastizitätsgrenze bei Drehschwingungsversuchen an Probestäben aus bestimmten Stahlsorten ganz wesentlich überschritten hat, ohne trotz viel hundertmillionenfacher Belastungswechsel einen Bruch zu erhalten[2]).

Sowohl die Elastizitätsgrenze als auch die Proportionalitätsgrenze sind keine eindeutig festliegenden Grenzen. Beide hängen vielmehr von der Genauigkeit der Meßinstrumente ab, mit denen die bleibende Formänderung bzw. die Abweichungen von der Proportionalität bestimmt werden. Beide Grenzen werden deshalb in der Regel zur Kennzeichnung des Baustoffs nicht verwandt. An ihrer Statt wird der Technik vielfach die Fließgrenze (Abb. 2, Punkt $S_0$) herangezogen, bei der erstmalig große Abweichungen von der Beziehung $\varepsilon = \frac{\sigma}{E}$ beobachtet werden. Ausgesprochene Fließgrenzen haben vor allem einige der meistverwendeten Eisensorten, so daß die Ermittlung der Fließgrenze bei der Gütebestimmung des Eisens eine besondere Rolle spielt.

Infolge der Proportionalität des Baustoffs bei nicht zu großen Belastungen werden die Spannungen bei der Berechnung von Bauteilen in der Regel verhältnisgleich den Dehnungen gesetzt, falls nur die Proportionalitätsgrenze genügend hoch liegt, so daß sie bei den normalen zulässigen Beanspruchungen des Materials an keiner Stelle überschritten wird. Da diese Voraussetzung bei den meisten Baustoffen wenigstens angenähert zutrifft, wird den Elastizitätsberechnungen fast ausschließlich die von dem englischen Physiker HOOKE[3]) angegebene vollständige Proportionalität zwischen Spannungen und Dehnungen als das sog. HOOKEsche Gesetz zugrunde gelegt. Das HOOKEsche Gesetz schließt in sich die Möglichkeit, einen zusammengesetzten Spannungszustand aus seinen einzelnen Bestandteilen zu superponieren. Diesen Vorteil verwendet die mathematische Elastizitätslehre, indem sie sich grundsätzlich auf das HOOKEsche Gesetz stützt. Sie liefert daher für die meisten Baustoffe bei den praktisch auftretenden Beanspruchungen richtige Werte, für die Stoffe mit niedriger Proportionalitätsgrenze in den meisten Fällen noch eine recht gute Annäherung.

Beim Zugversuch ist zwar die Dehnung des Baustoffs die hauptsächliche Formänderung, die Querkontraktion des Stabes, d. h. die Verminderung seines Querschnittes mit der Belastung ist aber auch wohl zu beachten. Bei der elastischen Formänderung bleibt die Form des Querschnittes erhalten: er wird ähnlich verkleinert. Die Querkontraktion ist daher die Verringerung irgendeiner Länge des Querschnittes (z. B. des Stabdurchmessers bei kreisförmigem Querschnitt) im Vergleich zu ihrer ursprünglichen Länge. Die Querkontraktion ist in demselben Bereich wie die Dehnung verhältnisgleich der Beanspruchung des Stabes; sie läßt sich daher zur Dehnung in Beziehung setzen. Die Verhältniszahl zwischen Dehnung und Querkontraktion wird die POISSONsche Konstante $m$ genannt, deren Größe durch einen Versuch bestimmt werden kann. Für den Wert dieser Konstanten können durch bloße Überlegung zwei Grenzwerte angegeben werden. Ist in einem Material keine Querkontraktion zu verzeichnen, so hat die

[1]) Z. B. G. WELTER, ZS. f. Flugtechn. Bd. 18, S. 418. 1927.

[2]) O. FÖPPL, ZS. f. Flugtechn. Bd. 19, S. 2. 1928.

[3]) R. HOOKE, Lectures de potentia restitutiva of springs. London 1686.

POISSONsche Konstante den Wert $m = \infty$. Bei einem derartigen Baustoff würde die Dichte oder das spezifische Gewicht bei einer Zugbeanspruchung abnehmen. Bei den meisten Stoffen wirkt aber die Querkontraktion der Abnahme der Dichte beim Zugversuch mehr oder weniger entgegen. Eine Zunahme der Dichte bei Zugbeanspruchung wäre widersinnig. Infolgedessen ist als kleinster Wert der POISSONschen Konstanten $m = 2$ zu setzen; denn durch diese Zahl ist die Volumbeständigkeit des Stoffes ausgedrückt. Zwischen den Werten $m = \infty$ und $m = 2$ muß die POISSONsche Konstante bei allen Stoffen liegen; für die meisten Baustoffe, insbesondere die Metalle, liegt sie zwischen 3 und 4. Für schmiedbares Eisen wird gewöhnlich $m = \frac{10}{3}$ gesetzt.

**5. Der Druckversuch.** Der Zugversuch liefert als innere Kräfte Normalspannungen in der Richtung der Längsachse des Zugstabes und hat als Formänderung eine Dehnung und eine Querkontraktion im Gefolge. Der Druckversuch kommt dadurch zustande, daß man die Richtung der äußeren Kräfte des Zugversuches umkehrt. Es werden sich dann auch die inneren Kräfte umkehren, ebenso die Formänderungen (die Dehnung und die Kontraktion). Mathematisch ausgedrückt ändert sich für alle diese Größen nur das Vorzeichen. Es gibt daher auch für die Druckspannungen eine Proportionalitäts-, Elastizitäts- und Fließgrenze. Nach Überschreitung dieser Grenzen ist ein größerer Unterschied zwischen Zug- und Druckversuch leicht erklärlich, denn in dem ersten Falle entfernen sich die Einspannenden voneinander, so daß das Probestück durch den Bruch in zwei räumlich getrennte Teile zerfällt. Beim Druckversuch nähern sich die Einspannenden während des Versuches, und das Material muß nach der Seite fortgedrängt werden. Es sind daher die Brucherscheinungen in beiden Fällen recht verschieden.

Der Druckversuch kann jedoch auch noch in anderer Weise einen Unterschied bringen. Selbst unterhalb der Proportionalitätsgrenze der Druckspannungen, wo die Gültigkeit der Proportionalität zwischen den Spannungen und Formänderungsgrößen und damit des Superpositionsgesetzes selbstverständlich ist, kann diese Abweichung auftreten. Innerhalb des Gültigkeitsbereiches des Superpositionsgesetzes entspricht jedem Gleichgewichtszustand des Zugversuches ein Gleichgewichtszustand des Druckversuches, bei dem nur die Vorzeichen aller veränderlichen Größen vertauscht sind. Es kann dies aber in einem Falle ein stabiler, im anderen Falle ein labiler Gleichgewichtszustand sein. Die Stabilität ist beim Zugversuch stets erfüllt. Beim Druckversuch macht sich jedoch bei Stäben, die im Verhältnis zu den Abmessungen ihres Querschnittes sehr lang sind, bei Überschreitung einer gewissen Spannung eine Unstabilität dadurch bemerkbar, daß der Druckstab seitlich auszuknicken versucht. Diese Knickgefahr selbst wird später[1]) behandelt. Für den normalen Druckversuch wählt man, um das Ausknicken sicher zu vermeiden, einen zylindrischen oder prismatischen Probekörper, dessen Länge nicht größer sein darf als das 4fache der Durchmesser. Gewöhnlich wird der Druckversuch an würfelförmigen Probekörpern vorgenommen. Die absoluten Zahlen der an würfelförmigen Probekörpern gewonnenen Festigkeitswerte werden falsch beurteilt, wenn man vernachlässigt, daß die aufliegenden Würfelflächen durch die Reibung an den Druckplatten zusammengehalten werden[2]).

Für Metalle sind die beim Druckversuch gewonnenen Proportionalitäts-, Elastizitäts- und Bruchgrenzen angenähert gleich den beim Zugversuch gewonnenen. Das Gußeisen bildet hier jedoch eine Ausnahme, da es auf Zug viel

[1]) Siehe Kap. 3, Abschn. X ds. Bd. des Handb.
[2]) Siehe A. FÖPPL, Mitt. a. d. Mech. Techn. Laboratorium, H. 27, München 1900.

weniger auszuhalten vermag als auf Druck. Sehr verschieden sind die Bruchgrenzen für Druck und Zug bei allen Stoffen, die aus körnigen Elementen bestehen, die durch ein verhältnismäßig schwaches Bindemittel zusammengehalten werden. Hier ist beim Zugversuch die Festigkeit des Bindemittels maßgebend, während beim Druckversuch die körnigen Bestandteile selbst den Druck aufnehmen und das Bindemittel nur ein seitliches Ausweichen der Körner verhindert. Das praktisch wichtigste Beispiel hierfür ist der Beton, der Zugkräfte nur in ganz geringem Maße auszuhalten vermag, während er bei Druckbeanspruchung eine sehr große Festigkeit zeigt.

**6. Statische und dynamische Festigkeit.** Unsere bisherigen Betrachtungen bezogen sich auf die statische Festigkeit, bei der der Endspannungszustand durch allmähliches Auftragen der Belastung erreicht wird. Die Brüche, die im praktischen Betrieb auftreten, sind aber vielfach auf Stöße zurückzuführen, bei denen der Baustoff sehr rasch aus dem unbelasteten Zustand in den belasteten übergeführt wird. Man spricht im letzteren Fall von der dynamischen Festigkeit der Baustoffe. Durch geeignete Meßvorrichtungen kann man den Verlauf der dynamischen Beanspruchung auch in einem Spannungs-Dehnungsdiagramm wiedergeben, das durch einen Laboratoriumsversuch an einer Schlag-Druckprobe oder einer Schlag-Zugprobe gewonnen wird. Versuche, die in der letzten Zeit zur Feststellung der dynamischen Festigkeit vorgenommen worden sind, haben ergeben, daß das dynamische Spannungs-Dehnungsdiagramm zum mindesten für das Eisen nicht sehr große Abweichungen gegen das statische Diagramm aufweist. Nach KÖRBER und v. STRORP[1]) treten beim dynamischen Zugversuch an verschiedenen Weicheisen und Nickelstahlproben um rund 15 bis 30% größere Werte für die Höchstbeanspruchung auf als beim statischen Versuch, während die schließlich erreichten Dehnungen (Bruchdehnungen) in beiden Fällen etwa gleich sind. Bei anderen Werkstoffen, vor allem bei Faserstoffen, scheint dagegen die Geschwindigkeit, mit der die Last aufgetragen wird, einen wesentlich größeren Einfluß auf das Ergebnis zu haben.

**7. Die Schubspannung.** Die Schubspannungen können aus Spannungszuständen, in denen die Normalspannungen die naheliegendsten sind, gewonnen werden. Man erhält z. B. Schubspannungen, wenn man sich beim Zugversuch einen Schnitt durch den Probestab unter beliebigem Winkel zur Stabachse gelegt denkt. Legt man die Schnittebene unter 45° zur Stabachse, so erreichen die Schubspannungen ihr Maximum, sie treten aber immer noch gemeinsam mit Normalspannungen auf. Zwei Versuche, bei denen die Schubspannungen in einer Schnittrichtung ohne Normalspannungen auftreten, sind der Scherversuch und der Verdrehungsversuch.

Schneidet man aus einem Körper ein Elementarparallelepiped heraus, so fallen die Normalspannungen einander gegenüberliegender Seiten in dieselbe Gerade, außerdem haben sie bei hinreichend kleiner Kantenlänge des Parallelepipeds in erster Annäherung die gleiche Größe. Die auf die einzelnen Seitenflächen treffenden Normalspannungen heben sich daher in erster Annäherung aus den Gleichgewichtsbedingungen des Elementarparallelepipeds heraus. Bei den Schubspannungen ist es anders: sie treten an gegenüberliegenden Seiten in Richtung der Flächen auf und bilden daher Kräftepaare. Schubspannungen müssen stets in zwei zueinander senkrechten Richtungen in gleicher Größe auftreten, damit sich die von ihnen gebildeten Momente gegeneinander aufheben und das Volumelement im Gleichgewicht bleibt[2]). Zwei Paare von solchen Schub-

---

[1]) F. KÖRBER u. v. STORP, Über den Kraftverlauf bei der Schlagprüfung. Mitt. a. d. Eisenforschungsinstitut Düsseldorf 1925.

[2]) Für die genaue Ableitung dieses Satzes s. Kap. 2, Ziff. 7 ds. Bd. des Handb.

spannungen, die an zwei aufeinander senkrechten Seitenflächen senkrecht zur gemeinsamen Kante auftreten und deren Momente sich gegeneinander herausheben, nennt man zugeordnete Schubspannungen.

**8. Der Scherversuch.** Ein stabförmiger Körper soll von einem bestimmten Querschnitt an eingespannt sein, die Ebene dieses Querschnittes soll Einspannebene genannt werden. Das herausragende Ende des Stabes sei mit einer Kraft $P$ belastet, die parallel zur Einspannebene gerichtet ist und in geringem Abstand von derselben liegt (Abb. 5). Legt man einen Schnitt durch den Stab in der Einspannebene, so lassen sich die in der Schnittebene übertragenen Kräfte, die das abgeschnittene herausragende Stück des Stabes im Gleichgewicht halten, zusammenfassen zu einer Kraft in Richtung des Querschnittes und zu einem Moment, das durch Verringerung der Entfernung der Kraft $P$ von der Einspannebene beliebig klein gemacht werden kann. Bei genügend kleinem Moment ist sein Einfluß zu vernachlässigen und die Kraft parallel zum Querschnitt stellt die Summe der Spannungen dar, die in diesem Querschnitte auftreten. Die Spannungen in diesem Querschnitt können daher nur Schubspannungen sein. Es ist die Frage zu beantworten, wie diese Schubspannungen über den Querschnitt verteilt sind. Man könnte zunächst annehmen, es lägen keine besonderen Gründe vor, die eine Abweichung von der gleichmäßigen Verteilung erfordern würden.

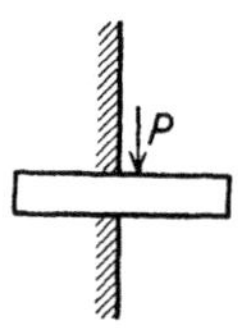

Abb. 5. Scherversuch.

Wir benutzen den in Ziff. 7 abgeleiteten Satz, daß Schubspannungen stets paarweise in zwei zueinander senkrechten Richtungen in gleicher Größe auftreten müssen und betrachten zuerst die Schubspannungen, die in einer Ebene parallel zur Kraft $P$ auftreten. Die zugeordnete Richtung, in der die gleichen Schubspannungen im angegebenen Beispiel auftreten müssen, ist die Längsrichtung des Stabes. Würde man Schubspannungen von überall gleicher Größe in der Längsrichtung über den ganzen Querschnitt des Stabes annehmen, so würde man das Ergebnis erhalten, daß auch am Rande des Stabes, also an der Grenze zwischen Stab und umgebender Luft, eine Schubspannung auftritt, und das würde den Grenzbedingungen widersprechen. Der Satz über die Zuordnung der Schubspannungen in einer Richtung senkrecht zu der ersten zeigt also, daß die Schubspannung in dem Einspannquerschnitt am oberen und unteren Rande gleich Null sein muß. Die Schubspannung kann daher bei dem durch Abb. 5 veranschaulichten Scherversuch nicht gleichmäßig über den Querschnitt verteilt sein; ihre tatsächliche Verteilung hängt von der Gestalt des Querschnittes ab und läßt sich nur durch eine umständliche Rechnung finden. Die mittlere Schubspannung $\tau_m = P/F$, wobei $F$ den Flächeninhalt des Querschnittes darstellt, kann als Vergleichszahl bei geometrisch ähnlichen Querschnitten herangezogen werden. Sie wird in der Technik besonders bei der Berechnung von Nieten verwandt. Als grundlegenden Versuch zur Ermittlung des Verhaltens der Stoffe bei Schubspannungen kann man dagegen den durch Abb. 5 wiedergegebenen Belastungsfall nicht ansehen, sondern man muß zu diesem Zwecke die Verdrehung eines Kreiszylinders betrachten, der durch ein Moment beansprucht ist, dessen Achse parallel zur Zylinderachse gerichtet ist.

**9. Der Verdrehungsversuch.** Beim Scherversuch ist gezeigt worden, daß eine Schubspannung nach dem Rande des Querschnittes hin abnehmen muß, falls sie auf den Rand zu gerichtet ist. Betrachtet man ein Rohr vom mittleren Halbmesser $r$ und der Wandstärke $\delta r$, das auf Verdrehen beansprucht ist, so können in einem Hauptquerschnitt bei kleiner Wandstärke $\delta r$ nur Schubspannungen auftreten, deren Richtung nicht aus dem Zylindermantel herausweist. Das Drehmoment $M$, das auf das Rohr wirkt, muß in jedem

Querschnitt übertragen werden. Daher treten in jedem Querschnitt Schubspannungen in der Umfangsrichtung auf, die aus Symmetriegründen überall gleichgroß sind. Diese Schubkräfte haben an jeder Stelle des Umfanges den Abstand $r$ von der Achse. Bezeichnet man die auftretende Schubspannung mit $\tau$, so wird in jedem Querschnitt ein Verdrehungsmoment von der Größe $M = (2\pi r\delta r) r\tau = 2\pi r^2\tau\delta r$ übertragen, wobei $2\pi r\delta r$ die Querschnittsfläche und $r\tau$ das Moment der Schubspannung an jeder Stelle darstellt. Die zugeordnete Schubspannung von gleicher Größe tritt in der Längsrichtung des Rohres auf.

Durch das Drehmoment $M$ werden die beiden Endflächen des Rohres gegeneinander verwunden. Es möge das eine Ende des Rohres festgehalten sein und die Verdrehung in der Entfernung $l$ vom festen Ende den Winkel $\varphi$ betragen (Abb. 6). Jede ursprünglich axiale Linie auf dem Rohr ist dann um den Winkel $\gamma = \varphi r/l$ gegen ihre ursprüngliche Richtung geneigt. Durch zwei benachbarte Querschnitte und zwei benachbarte Längsschnitte wird aus dem Rohr ein Parallelepiped herausgeschnitten. Dieses Volumelement wird bei der Beanspruchung durch die Schubspannungen an den Schnittflächen wegen des elastischen Nachgebens in der Richtung der Schubspannungen um die bezogene Schiebung $\gamma$ verformt. In der radialen Richtung kann dabei aus Symmetriegründen keine Formänderung eintreten. Die Schiebung $\gamma$ hat also keinen Einfluß auf die Wandstärke $\delta r$ des Rohres, dessen Volumen in erster Annäherung konstant bleibt.

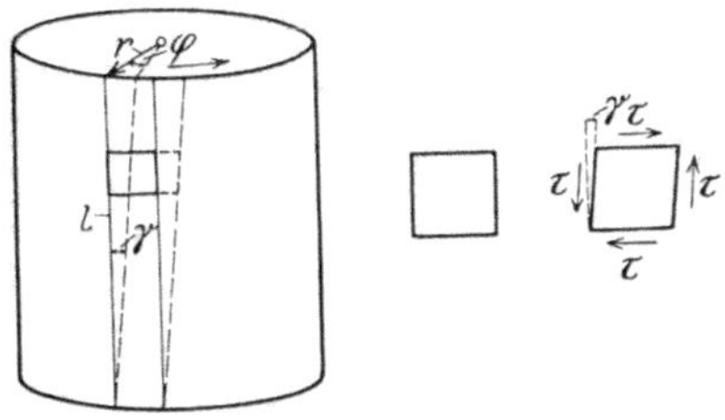

Abb. 6. Verdrehungsversuch (Schubspannungen).

Die Schiebung $\gamma$, die das Volumelement des Rohres erleidet, läßt sich in Abhängigkeit von der Schubspannung $\tau$ in Diagrammform auftragen. Man erhält hier ähnliche Verhältnisse wie in Abb. 2 von Ziff. 4. Das Verhältnis der Spannung $\tau$ zur Schiebung $\gamma$ wird unterhalb der Proportionalitätsgrenze als Schub- oder Gleitmodul $G = \tau/\gamma$ bezeichnet, der dem bei der Normalspannung auftretenden Elastizitätsmodul $E$ entspricht und die gleiche Dimension (kg/cm$^2$) hat.

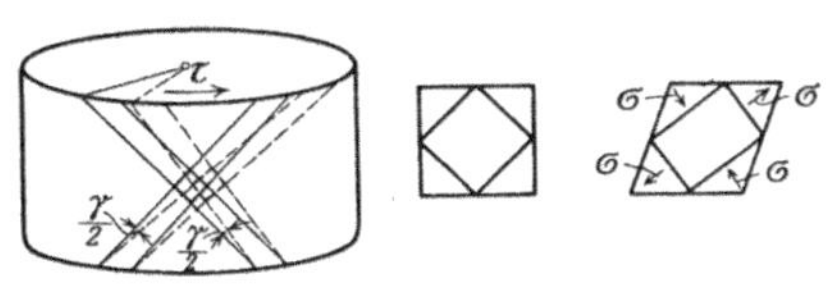

Abb. 7. Verdrehungsversuch (Normalspannungen).

Der Übergang von der reinen Schubspannung zu der reinen Normalspannung läßt sich an diesem Beispiel leicht durchführen, wenn man das Rohr statt durch Quer- und Längsschnitte durch Schnitte aufteilt, die rechts- und linksgängige Schraubenlinien darstellen, die zur Stabachse um 45° geneigt sind (s. Abb. 7). Da die Schiebung $\gamma$ in den Hauptschnittrichtungen als sehr klein vorausgesetzt wird, kann man statt der Sinus- und Tangensfunktion dieses Winkels den Winkel in Bogenmaß schreiben. Unter dieser Voraussetzung übersieht man sofort, daß die Schraubenlinien unter 45° infolge der bei der Beanspruchung auftretenden Verformung um den Winkel $\gamma/2$ flacher oder steiler werden, je nachdem das Moment im Sinne oder gegen den Sinn der Schraubung dreht. Der Winkel zwischen den links- und rechtsgängigen Schraubenlinien bleibt dabei (da die einen um den gleichen Betrag steiler wie die anderen flacher werden) ein rechter, während jedes Volumelement eine Drehung um den Winkel $\gamma/2$ erfährt. Außerdem erfahren die im Verdrehungssinne verlaufenden Schraubenlinien eine bezogene Dehnung von der Größe $\gamma/2$, während die entgegengesetzten um denselben Betrag verkürzt werden. In der 45°-Richtung treten daher Zug- und Druckbeanspruchungen des Volumelementes auf, deren Größe sich aus

Gleichgewichtsbetrachtungen gleich der Größe der Schubspannungen $\tau$ in der Quer- und Längsrichtung ergibt. Auf diese Weise wird es möglich, die bei den Schubspannungen neu erscheinende Größe des Gleitmoduls $G$ auf die beim Zug- und Druckversuch gewonnenen Größen des Elastizitätsmoduls $E$ und der POISSONschen Konstanten $m$ zurückzuführen. Es ist[1] $G = E\frac{m}{2(m+1)}$.

Das Ergebnis des Verdrehungsversuchs, d. h. die Abhängigkeit zwischen $\gamma$ und $\tau$, kann bei den Voraussetzungen der mathematischen Elastizitätstheorie schon aus dem Zugversuch erhalten werden. Trotzdem ist der Verdrehungsversuch eines dünnwandigen Rohres nach dem Gesagten sehr gut geeignet, als weiterer grundlegender Versuch neben dem Zerreißversuch die Eigenschaften des Baustoffes aufzuklären. Gegen die praktische Durchführung des Versuches spricht aber die Tatsache, daß die Verdrehung eines Rohres von geringer Wandstärke unstabil ist. Es wird daher nötig sein, eine verhältnismäßig große Wandstärke oder sogar einen Vollzylinder für einen tatsächlichen Versuch zu wählen. Die Einfachheit des Spannungszustandes geht dadurch etwas verloren. Da sich jedoch beim Rohr in der radialen Richtung nichts ändert, verträgt es sich, den Vollzylinder aus vielen konzentrischen Rohren zusammengesetzt zu denken, die sich gegenseitig bei der Beanspruchung nicht stören, so daß durch die zylindrischen Schnittflächen keine Spannungen übertragen werden. Damit dann bei der Verdrehung in jedem Querschnitt keine Verdrehung der einzelnen Ringe gegeneinander eintritt, müssen alle Rohre im Abstand $l$ vom Einspannquerschnitt um denselben Winkel $\varphi$ verdreht werden. Die spezifische Schiebung $\gamma$ ist in jedem Querschnitt $\gamma = \varphi r/l$; sie ist also dem jeweiligen Halbmesser $r$ verhältnisgleich. Solange die Beanspruchung an keiner Stelle die Proportionalitätsgrenze überschreitet, treten daher in jedem Querschnitt Schubspannungen auf, die verhältnisgleich der Entfernung von der Achse sind.

Der Verdrehungsversuch läßt sich jedoch auch außerhalb der Proportionalitätsgrenze auswerten und auf ein Rohr zurückführen, falls man die Infinitesimalrechnung und die Analogie geometrisch ähnlicher Spannungszustände voraussetzen darf, d. h. solange die kleinsten Bestandteile des Stoffes hinreichend klein gegenüber den Abmessungen des Körpers sind. Unter dieser Voraussetzung kann man den äußersten Hohlzylinder, den man aus dem Zylinder herausschneiden kann, als die Differenz zweier Zylinder ansehen, mit den Halbmessern $r$ und $r - \delta r$, deren Untersuchung an einem Zylinder vom Halbmesser $r$ vorgenommen und auf den Halbmesser $r - \delta r$ bezogen wird. Man kann deshalb die Ergebnisse des Verdrehungsversuches am Vollzylinder selbst dann auf ein System beliebig dünnwandiger konzentrischer Rohre beziehen, wenn die Beanspruchung am Vollzylinder außen über die Proportionalitätsgrenze hinausgeht. So gibt der Verdrehungsversuch einen einwandfreien Weg, reine Schubspannungen und die von ihnen begleiteten Formänderungen zu untersuchen.

**10. Die Formänderungsarbeit.** Jeder Körper verformt sich beim Aufbringen äußerer Kräfte, indem er in der Richtung der auf ihn wirkenden Kräfte etwas nachgibt. Auf diese Weise stecken die äußeren Kräfte Arbeit in den Körper hinein, die zur Formänderung des Körpers verwandt und daher Formänderungsarbeit genannt wird. Diese Arbeit kann mit Hilfe der inneren Spannungen und Formänderungen jedes Volumelementes auch im Innern des Körpers bestimmt werden. Am Volumelement treten Normalspannungen und Schubspannungen auf. Unter dem Einfluß der Normalspannungen auf der Fläche $dx\,dy$ erfährt

---

[1] Über die genaue Ableitung dieser Formel s. Kap. 2, Ziff. 11 ds. Bd. des Handb., ebenso daselbst Ziff. 2 über andere Bezeichnungen als $E$, $G$ und $m$. Eine Zusammenstellung der Zahlenwerte von $E$, $G$ und $m$ findet man im Anhang des vorliegenden Bandes.

die Kante $dz$ des Volumelementes $dx\,dy\,dz$ eine Verlängerung $\varepsilon\,dz$. Die Formänderungsarbeit für dieses Volumelement, herrührend von den Normalspannungen ist dann

$$dA = \int_0^\sigma \sigma\,d\varepsilon\,dx\,dy\,dz,$$

oder die Formänderungsarbeit der Volumeinheit

$$\mathsf{A} = \int_0^\sigma \sigma\,d\varepsilon.$$

In den meisten Fällen wird die Formänderungsarbeit gesucht unter der Annahme, daß im Körper an keiner Stelle die Proportionalitätsgrenze überschritten ist; tritt nur eine Spannung in einer Richtung auf, so kann man dann die Gleichung benutzen $\sigma = E\,\varepsilon$. Die bezogene Formänderungsarbeit der Normalspannungen ist in diesem Falle

$$\mathsf{A} = \int_0^\sigma \sigma\,d\varepsilon = \frac{1}{E}\int_0^\sigma \sigma\,d\sigma = \frac{\sigma^2}{2E} = \frac{1}{2}\sigma\varepsilon.$$

Die bezogene Formänderungsarbeit von einem Paar einander zugeordneter Schubspannungen läßt sich in ähnlicher Weise bestimmen und man erhält analog

$$\mathsf{A} = \int_0^\tau \tau\,d\gamma = \frac{1}{G}\int_0^\tau \tau\,d\tau = \frac{\tau^2}{2G} = \frac{1}{2}\tau\gamma.$$

**11. Die elastischen Eigenschaften anisotroper Stoffe.** Der Zugversuch, der Druckversuch und der Verdrehungsversuch sind die einfachsten Versuche, bei denen man die Spannungen und die Verformungen getrennt betrachten kann, solange man die Annahme macht, daß der Stoff keine ausgezeichneten Richtungen hat, also isotrop ist. Bei anderen Verformungen an isotropen Stoffen und bei anisotropen Stoffen überhaupt reichen die Symmetriebedingungen nicht so weit, daß die Spannungen und Verformungen am ganzen Körper getrennt werden können. In diesen Fällen muß man, solange man den Stoff als beliebig teilbar ansehen kann, also kontinuierlich rechnen darf, die Spannung und die Verformung als Ortsfunktion ansetzen. Dann muß an jeder Stelle für die Spannung das Gleichgewicht am Volumelement erfüllt sein und für die Verformung muß beachtet werden, daß der Zusammenhang der Volumelemente erhalten bleibt. Außerdem stehen an jeder Stelle die Spannung und die Verformung durch die elastischen Eigenschaften des Stoffes in Beziehung zueinander. Aus beiden ersten Bedingungen ergeben sich die Differentialgleichungen. Die dritte Beziehung bringt die physikalischen Konstanten hinein; sie soll hier näher betrachtet werden.

An einem Elementarparallelepiped mit den Kanten parallel zu dem rechtwinkligen Koordinatensystem $x, y, z$ kann man die auf jedes Flächenelement wirkende Spannung in drei Komponenten entsprechend den Achsen zerlegen[1]). Die Spannungen auf entgegengesetzten Flächen sind wegen ihrer stetigen Änderung und der unendlich kleinen Abmessungen des Volumelementes in erster Annäherung einander gleich. Es sind daher auf drei Flächen je drei Spannungs-

[1]) Genauere Angaben über Spannungs- und Verzerrungstensoren mit Abbildung findet man in Kap. 2, Ziff. 3 ds. Bd. des Handb.

komponenten, also neun Spannungskomponenten, vorhanden, drei Normalspannungen und sechs Schubspannungen. Diese sollen mit $\tau_{ik}$ bezeichnet werden, wobei der Zeiger $i$ die Normale der Fläche darstellt, auf die die Spannung wirkt, und $k$ die Richtung der Spannungskomponente auf der Fläche $i$ angibt. Die Verzerrung des Volumelementes läßt sich durch die gegenseitige Verschiebung der einander gegenüberliegenden Flächen angeben. Bezeichnet man mit $q_{ik}$ die gegenseitige Verschiebung der $i$-Flächen in der $k$-Richtung, so erhält man ebenfalls neun Verzerrungskomponenten. Im allgemeinsten Falle kann jede der neun Verzerrungskomponenten eine Spannung in jeder der neun Spannungskomponenten hervorbringen. Nimmt man Proportionalität zwischen Verzerrungs- und Spannungskomponenten an, so läßt sich der Einfluß der Verzerrung auf die Spannung durch $9 \times 9 = 81$ Proportionalitätskonstanten angeben. Das Schema der 81 Einflußzahlen sei folgende Matrix ($\tau_{ii}$ heißt vielfach $\sigma_i$):

| | $q_{xx}$ | $q_{yy}$ | $q_{zz}$ | $q_{yz}$ | $q_{zy}$ | $q_{zx}$ | $q_{xz}$ | $q_{xy}$ | $q_{yx}$ |
|---|---|---|---|---|---|---|---|---|---|
| $\tau_{xx}$ | $A^{xx}_{xx}$ | $A^{yy}_{xx}$ | $A^{zz}_{xx}$ | $A^{yz}_{xx}$ | $A^{zy}_{xx}$ | $A^{zx}_{xx}$ | $A^{xz}_{xx}$ | $A^{xy}_{xx}$ | $A^{yx}_{xx}$ |
| $\tau_{yy}$ | $A^{xx}_{yy}$ | $A^{yy}_{yy}$ | $A^{zz}_{yy}$ | $A^{yz}_{yy}$ | $A^{zy}_{yy}$ | $A^{zx}_{yy}$ | $A^{xz}_{yy}$ | $A^{xy}_{yy}$ | $A^{yx}_{yy}$ |
| $\tau_{zz}$ | $A^{xx}_{zz}$ | $A^{yy}_{zz}$ | $A^{zz}_{zz}$ | $A^{yz}_{zz}$ | $A^{zy}_{zz}$ | $A^{zx}_{zz}$ | $A^{xz}_{zz}$ | $A^{xy}_{zz}$ | $A^{yx}_{zz}$ |
| $\tau_{yz}$ | $A^{xx}_{yz}$ | $A^{yy}_{yz}$ | $A^{zz}_{yz}$ | $A^{yz}_{yz}$ | $A^{zy}_{yz}$ | $A^{zx}_{yz}$ | $A^{xz}_{yz}$ | $A^{xy}_{yz}$ | $A^{yx}_{yz}$ |
| $\tau_{zy}$ | $A^{xx}_{zy}$ | $A^{yy}_{zy}$ | $A^{zz}_{zy}$ | $A^{yz}_{zy}$ | $A^{zy}_{zy}$ | $A^{zx}_{zy}$ | $A^{xz}_{zy}$ | $A^{xy}_{zy}$ | $A^{yx}_{zy}$ |
| $\tau_{zx}$ | $A^{xx}_{zx}$ | $A^{yy}_{zx}$ | $A^{zz}_{zx}$ | $A^{yz}_{zx}$ | $A^{zy}_{zx}$ | $A^{zx}_{zx}$ | $A^{xz}_{zx}$ | $A^{xy}_{zx}$ | $A^{yx}_{zx}$ |
| $\tau_{xz}$ | $A^{xx}_{xz}$ | $A^{yy}_{xz}$ | $A^{zz}_{xz}$ | $A^{yz}_{xz}$ | $A^{zy}_{xz}$ | $A^{zx}_{xz}$ | $A^{xz}_{xz}$ | $A^{xy}_{xz}$ | $A^{yx}_{xz}$ |
| $\tau_{xy}$ | $A^{xx}_{xy}$ | $A^{yy}_{xy}$ | $A^{zz}_{xy}$ | $A^{yz}_{xy}$ | $A^{zy}_{xy}$ | $A^{zx}_{xy}$ | $A^{xz}_{xy}$ | $A^{xy}_{xy}$ | $A^{yx}_{xy}$ |
| $\tau_{yx}$ | $A^{xx}_{yx}$ | $A^{yy}_{yx}$ | $A^{zz}_{yx}$ | $A^{yz}_{yx}$ | $A^{zy}_{yx}$ | $A^{zx}_{yx}$ | $A^{xz}_{yx}$ | $A^{xy}_{yx}$ | $A^{yx}_{yx}$ |

Bei gegebenen 9 Verzerrungen $q_{lm}$ bestimmt man daraus jede der 9 Spannungen $\tau_{ik}$ durch Summierung längs der betreffenden Reihe der Matrix:

$$\tau_{ik} = A^{xx}_{ik} q_{xx} + A^{yy}_{ik} q_{yy} + \cdots + A^{yx}_{ik} q_{yx} = \sum_{lm} A^{lm}_{ik} q_{lm}. \qquad \begin{matrix} (l = x,\, y,\, z) \\ (m = x,\, y,\, z) \end{matrix}$$

Dieses vollständige Schema der Einflußzahlen $A^{ik}_{lm}$ wurde deswegen angegeben, weil hierin alle Komponenten und Einflußzahlen gleichwertig definiert sind. Es läßt sich aber durch einige Überlegungen vereinfachen. Zunächst verlangt das Gleichgewicht am Volumelement, daß (vgl. Ziff. 7) die zugeordneten Schubspannungen einander gleich sind, also $\tau_{lm} = \tau_{ml}$. Dies ist immer und nur dann erfüllt, wenn bei den Einflußzahlen am unteren Zeiger das Vertauschungsgesetz gilt:

$$A^{ik}_{lm} = A^{ik}_{ml}.$$

Eine Verschiebung $q_{ik} = -q_{ki}$ stellt nur eine Drehung des Volumelementes in der $ki$-Ebene dar und erzeugt daher keine Spannungen. Daraus folgt:

$$\tau_{lm} = A^{ik}_{lm} q_{ik} - A^{ki}_{lm} q_{ik} = 0,$$

also

$$A^{ik}_{lm} = A^{ki}_{lm}.$$

Es gilt also ebenfalls das Vertauschungsgesetz der oberen Zeiger. Dadurch läßt sich das Schema vereinfachen, wenn man setzt

$$\gamma_{kk} = q_{kk}$$
$$\gamma_{ik} = \tfrac{1}{2}(q_{ik} + q_{ki}),$$

wobei $\gamma$ der Verzerrungstensor ist. Man erhält

| | $\gamma_{xx}$ | $\gamma_{yy}$ | $\gamma_{zz}$ | $2\gamma_{yz}$ | $2\gamma_{zx}$ | $2\gamma_{xy}$ |
|---|---|---|---|---|---|---|
| $\tau_{xx}$ | $A^{xx}_{xx}$ | $A^{yy}_{xx}$ | $A^{zz}_{xx}$ | $A^{yz}_{xx}$ | $A^{zx}_{xx}$ | $A^{xy}_{xx}$ |
| $\tau_{yy}$ | $A^{xx}_{yy}$ | $A^{yy}_{yy}$ | $A^{zz}_{yy}$ | $A^{yz}_{yy}$ | $A^{zx}_{yy}$ | $A^{xy}_{yy}$ |
| $\tau_{zz}$ | $A^{xx}_{zz}$ | $A^{yy}_{zz}$ | $A^{zz}_{zz}$ | $A^{yz}_{zz}$ | $A^{zx}_{zz}$ | $A^{xy}_{zz}$ |
| $\tau_{yz}$ | $A^{xx}_{yz}$ | $A^{yy}_{yz}$ | $A^{zz}_{yz}$ | $A^{yz}_{yz}$ | $A^{zx}_{yz}$ | $A^{xy}_{yz}$ |
| $\tau_{zx}$ | $A^{xx}_{zx}$ | $A^{yy}_{zx}$ | $A^{zz}_{zx}$ | $A^{yz}_{zx}$ | $A^{zx}_{zx}$ | $A^{xy}_{zx}$ |
| $\tau_{xy}$ | $A^{xx}_{xy}$ | $A^{yy}_{xy}$ | $A^{zz}_{xy}$ | $A^{yz}_{xy}$ | $A^{zx}_{xy}$ | $A^{xy}_{xy}$ |

Durch die beiden Vertauschungsgesetze sind die 81 Einflußzahlen auf 36 verringert, die den gleichnamigen im ersten Schema entsprechen (daher mußte $2\gamma_{yz}$ usw. gesetzt werden). $\gamma_{xx}$ entspricht $\varepsilon$ (Ziff. 4); $2\gamma_{yz}$ entspricht $\gamma$ (Ziff. 9).

Erzwingt man die Verformung $\gamma_{xx}$, so ist die Formänderungsarbeit (s. Ziff. 10) $\frac{1}{2}\gamma_{xx}\sigma_{xx} = \frac{1}{2}A^{xx}_{xx}\gamma^2_{xx}$, und entsprechend bei allen anderen Komponenten. Erzwingt man nach vollzogener Verformung $\gamma_{xx}$ die Verformung $\gamma_{yy}$, so hat man von vornherein gegen die Spannung $\tau_{yy} = A^{xx}_{yy}\gamma_{xx}$ zu arbeiten. Die Gesamtformänderungsarbeit der Volumeinheit besteht aus den drei Bestandteilen: $\mathsf{A} = \frac{1}{2}A^{xx}_{xx}\gamma^2_{xx} + A^{xx}_{yy}\gamma_{xx}\gamma_{yy} + \frac{1}{2}A^{yy}_{yy}\gamma^2_{yy}$. Die Gesamtformänderungsarbeit muß unabhängig sein von der Reihenfolge, in der man die Verformungskomponenten erzwingt. Man müßte also ebensogut zunächst $\gamma_{yy}$ und dann $\gamma_{xx}$ erzwingen können. Bei der Ausrechnung würde jedoch im mittleren Glied $A^{xx}_{yy}$ mit $A^{yy}_{xx}$ vertauscht sein. Daraus folgt, daß für die Einflußzahlen noch ein weiteres Vertauschungsgesetz gilt: $A^{ik}_{lm} = A^{lm}_{ik}$. Das Schema der 36 Einflußzahlen ist also symmetrisch zur Diagonalen. Im Falle größter Anisotropie sind demnach 21 elastische Konstanten möglich. Von diesen fallen allerdings drei auf die zufällige Orientierung entsprechend den Drehungen um die drei Achsen, und für die übrigen 18 ist der Stoff selbst verantwortlich zu machen.

Vom isotropen Stoff wurde vollständige Symmetrie verlangt, und es entsteht daher die Frage, mit wieviel elastischen Konstanten mindestens zu rechnen ist. Da im isotropen Stoff weder eine Richtung noch eine willkürliche Anordnung mehrerer Richtungen bevorzugt wird, scheiden für ihn alle Einflußzahlen aus, die ihr Vorzeichen wechseln, wenn man das Vorzeichen einer oder mehrerer Koordinatenachsen wechselt. Es bleiben dann nur diejenigen Einflußzahlen, bei denen die Koordinatenzeiger $x$, $y$ und $z$ in gerader Anzahl vorhanden sind.

Verlangt man außerdem aus Symmetrie die Gleichwertigkeit der Richtungen $x$, $y$ und $z$, so bleiben nur drei elastische Konstante:

$$A^{xx}_{xx} = A^{yy}_{yy} = A^{zz}_{zz} = \frac{m(m-1)}{(m+1)(m-2)}E,$$

$$A^{yy}_{zz} = A^{zz}_{xx} = A^{xx}_{yy} = \frac{m}{(m+1)(m-2)}E,$$

$$A^{yz}_{yz} = A^{zx}_{zx} = A^{xy}_{xy} = G.$$

Die Symmetrie soll aber nicht nur für die zufällig gewählten Koordinatenachsen gelten, sondern auch bei allen Drehungen erhalten bleiben. Da die drei Achsen bereits gleichwertig sind, bleibt eine Drehungsmöglichkeit, wodurch die drei elastischen Konstanten auf zwei zurückgeführt werden. Es ergibt sich auf diese Weise die Beziehung zwischen dem Elastizitätsmodul $E$, dem Schubmodul $G$ und der POISSONschen Konstanten $m$, die bereits in Ziff. 9 angegeben ist:

$$A^{xx}_{xx} - A^{yy}_{zz} - 2A^{yz}_{yz} = 0, \quad G = \frac{m}{2(m+1)}E.$$

**12. Die Entwicklung der elastischen Konstanten aus dem Stoffgefüge.** Die ersten Forscher, die sich mit der physikalischen Seite der Elastomechanik befaßten, NAVIER, POISSON und CAUCHY, gingen vom diskontinuierlichen Gefüge der Stoffe aus und leiteten daraus die Gesetze für das Kontinuum ab. Dabei zeigte sich eine Schwierigkeit. Nimmt man an, daß der Stoff aus Molekeln besteht, die einander mit Kräften anziehen und abstoßen, die sich von einem Potential ableiten lassen, und macht man die Annahme, daß die gegenseitige Verschiebung der Molekel der Verzerrung des Volumelementes entspricht, so reichen die so verbleibenden Freiheitsgrade nicht aus, um 21 Elastizitätskonstanten zu erhalten, wie man durch Aufstellung der Gleichgewichtsbedingungen und durch Abzählung der Freiheitsgrade ersieht. Es stellt sich vielmehr heraus, daß in diesem Falle auch die letzte Vertauschungsmöglichkeit $A^{ik}_{lm} = A^{im}_{lk}$ zulässig ist. Daraus ergeben sich noch die sechs sog. CAUCHYschen Relationen:

$$A^{yz}_{yz} = A^{yy}_{zz}, \quad A^{zx}_{zx} = A^{xx}_{zz}, \quad A^{xy}_{xy} = A^{xx}_{yy},$$
$$A^{zx}_{xy} = A^{xx}_{yz}, \quad A^{xy}_{yz} = A^{yy}_{zx}, \quad A^{yz}_{zx} = A^{zz}_{xy}.$$

Durch diese sechs Beziehungen bleiben nur 15 Elastizitätskonstanten übrig. Der Streit zwischen der „Multikonstantentheorie" (21 Konstante) und der „Rarikonstantentheorie" (15 Konstante) wurde von W. VOIGT durch das Experiment für die Multikonstantentheorie entschieden. Zur Erklärung der größeren Anzahl der Konstanten benutzte VOIGT[1]) einen Gedanken von POISSON, der statt der materiellen Punkte Körper polyedrischer Gestalt annahm, die Drehmomente aufeinander ausüben.

Nachdem die Gitterstruktur der Kristalle experimentell festgestellt war, galt es, die Elastizitätskonstanten mit der Gitterstruktur in Einklang zu bringen. Dies ist von BORN[2]) vollständig durchgeführt. Er nimmt an, daß das Kristallgitter aus verschiedenartigen Elementen aufgebaut ist, die je für sich ein Gitter bilden. Dadurch bekommt man als weiteren Freiheitsgrad die Verschiebung der ineinander gestellten einfachen Gitter. Dieser Gedanke war bereits von THOMSON (Lord KELVIN) ausgesprochen, welcher auch abzählte, daß einem derartigen Gitter 21 Elastizitätskonstanten zukommen. Es leuchtet jedoch sofort ein, daß die Anzahl der Elastizitätskonstanten nur darüber entscheiden kann, ob der angenommene Mechanismus genügend oder zu wenig Freiheitsgrade hat. Da jedoch die einfachen Gitter verschiedene elektrische Ladungen haben können, so kann man die Verschiebung der einfachen Gitter gegeneinander dadurch bemerken, daß sich das elektrische Moment in dem Volumenelement während der Deformation ändert (Piezoelektrizität). Ebenso lassen sich Aussagen über die dielektrische Erregbarkeit, die spez. Wärmen und andere Größen machen, wenn der Mechanismus des Kristallgitters gegeben ist. Auf diese Weise konnte BORN seine Annahme stützen.

Die Kristallgitter können durch Symmetrie bedeutend weniger als 21 Elastizitätskonstanten aufweisen, ja sie können bei größter Symmetrie ebenfalls nur drei Elastizitätskonstante zeigen wie der isotrope Körper. Derartige Gitter

[1]) W. VOIGT, Göttinger Abhandlgn. Bd. 34, S. 1. 1887.

[2]) M. BORN, Atomtheorie des festen Zustandes. Leipzig 1923. Vgl. auch dieses Handb. Bd. XXIV, Kap. 5.

werden nach BORN als Diagonalgitter bezeichnet. Ebenso können die nicht notwendigen CAUCHYschen Relationen in besonderen Fällen ebenfalls erfüllt sein. Für isotrope Körper und Diagonalgitter ergibt die einzig übrigbleibende CAUCHYsche Relation $A_{yz}^{yz} = A_{zz}^{yy}$:

$$\frac{mE}{(m+1)(m-2)} = G = \frac{mE}{2(m+1)}.$$

Es folgt daraus $m = 4$. $E$ bleibt in diesem Falle die einzige Elastizitätskonstante. Dies ist bei Steinsalz und Sylvin durch Messungen bestätigt. Bei allen Stoffen, bei denen die POISSONsche Zahl nicht gleich 4 ist, gilt demnach die CAUCHYsche Relation nicht, so z. B. bei Metallen; sie haben also ein zusammengesetztes Gitter[1]).

**13. Die Annahmen der mathematischen Elastizitätstheorie.** Die große Zahl der Elastizitätskonstanten, die im allgemeinsten Falle möglich ist, würde bei einer Anwendung der Elastizitätstheorie ungeheure Schwierigkeiten bereiten. Die mathematische Elastizitätstheorie muß daher wesentlich vereinfachte Annahmen machen. Um die Ergebnisse der mathematischen Elastizitätstheorie richtig zu beurteilen, seien im folgenden die Annahmen derselben im Zusammenhang behandelt. Die mathematische Elastizitätstheorie betrachtet den Stoff als isotropes Kontinuum und nimmt Proportionalität zwischen den Spannungs- und Verformungskomponenten an (HOOKEssches Gesetz). Die Isotropie ist, wie bereits erwähnt, dadurch berechtigt, daß die Stoffe zum größten Teil zwar aus Kristallen bestehen, diese Kristalle aber recht klein sind und regellos nebeneinander liegen (Quasiisotropie). Ebenso muß die Elastizitätslehre den Stoff als homogenes Kontinuum ansehen, wenn es darauf ankommt, die Verformung eines ganzen Körpers zu bestimmen. In vielen Fällen wird aber die Elastizitätslehre angewandt, um abzuschätzen, ob ein Körper die ihm zugemutete Belastung aushält. Hier liefert zunächst die Elastizitätslehre eine maximale Spannung an der gefährlichsten Stelle. Diese Spannung stellt aber nur einen Mittelwert dar, über den sich die Abweichungen infolge örtlicher Unhomogenität und Anisotropie lagern. Ist der Bruchversuch an demselben Stoff in derselben Art der Belastung statisch oder dynamisch gewonnen, so stellt die Bruchspannung gleichfalls den Mittelwert der Spannung dar, bei dessen Auftreten der Bruch zu erwarten ist, so daß die Unhomogenität und Anisotropie bereits annähernd berücksichtigt sind. Aber der Vergleich verschiedener Stoffe und verschiedener Arten der Beanspruchung wird hierdurch bedeutend erschwert.

Die Proportionalität zwischen Spannungs- und Verformungskomponenten ist eine Annahme, die derart große mathematische Vereinfachungen mit sich bringt (besonders das Superpositionsgesetz), daß man nur ungern einen allgemeineren Ansatz benutzen würde. Die Ergebnisse der mathematischen Elastizitätstheorie für ebene Probleme lassen sich in nahezu direkter Weise sehr anschaulich prüfen, wenn man durchsichtige elastisch und optisch isotrope Stoffe (Zelluloid, Bakelith u. ä.) während der Beanspruchung mit polarisiertem Licht betrachtet. Bei der Beanspruchung wird das Atomgitter unsymmetrisch und damit ist eine Verschiedenheit der Fortpflanzungsgeschwindigkeiten des Lichtes im Stoffe in verschiedenen Schwingungsrichtungen verbunden. Es wird also auch der isotrope Stoff unter der Beanspruchung „doppelbrechend". Dieser Effekt gestattet bei ebenen Problemen einen Einblick in die Spannungszustände im Inneren des Körper an jedem Punkt[2]).

---

[1]) Vgl. auch Kap. 5, Abschn. I ds. Bd. des Handb.

[2]) Vgl. G. MESMER, ZS. d. Ver. d. Ing. S. 951. 1928; M. WÄCHTLER, Phys. ZS. S. 497. 1928.

## III. Zusammenstellung der Ergebnisse genauerer Untersuchungen.

**14. Die Abweichungen vom HOOKEschen Gesetz.** Gilt für Metalle im allgemeinen das HOOKEsche Gesetz der Proportionalität zwischen Spannung und Formänderung recht genau, so sind doch die systematischen Abweichungen hiervon bei einigen Stoffen untersucht und die gefundenen Werte in Formeln zum Ausdruck gebracht. Es handelt sich hierbei hauptsächlich um Gußeisen, Gesteine, Zement und Beton. Die Mitteilung derartiger empirischer Formeln hat nur geringen Wert, da man für die Rechnung doch von Fall zu Fall entscheiden muß, mit welcher Gestalt der Interpolationsformel ein Problem noch analytisch gezwungen werden kann. Es sei daher nur auf die Literatur verwiesen[1]).

**15. Elastizitäts- und Fließgrenze; plastische Formänderung.** Auf dem ansteigenden Ast der Spannungsdehnungskurve Ziff. 4 werden verschiedene Punkte unterschieden, die Gebiete mit verschiedenem Verhalten des Stoffes trennen sollen. Es ist hier zunächst die Elastizitätsgrenze, bei deren Überschreitung die Dehnung bei Entlastung nicht vollständig zurückgeht, sondern eine dauernde Dehnung zurückbleibt. Dann folgt die Fließgrenze, an der die elastische Dehnung ein vorläufiges Ende findet und zunächst nur unelastische oder plastische Dehnung beim Weiterziehen hinzukommt. Da die Plastizität in Kapitel 6 dieses Bandes gesondert behandelt wird, soll hier nur davon gesprochen werden, welche physikalischen Gründe für das eigenartige Verhalten des Stoffes an den bezeichneten Grenzspannungen gefunden sind. Der physikalische Charakter dieser Grenzspannungen kann in der Hauptsache durch drei Verfahren untersucht werden. Zunächst kann man den Stoff allen möglichen mechanischen Vorbehandlungen unterwerfen und danach die bezeichneten Grenzspannungen wieder aufsuchen. Zweitens kann man den Stoff unter dem Mikroskop und mit den sog. metallographischen Untersuchungsweisen verfolgen. Als drittes Mittel läßt sich in gewissen Fällen das Lauediagramm heranziehen, also das Interferenzbild der Röntgenstrahlen durch das Kristallgitter bei seiner Verformung während des Versuches.

Befassen wir uns zunächst mit der rein mechanischen Behandlung des Stoffes, so läßt sich schon durch beliebig gesteigerte Beobachtungsgenauigkeit feststellen, daß die Elastizitätsgrenze immer weiter der Spannung Null zustrebt, so daß ein physikalischer Grund für eine derartige Grenzspannung nicht vorliegt. Es kann sich lediglich darum handeln, das unelastische Verhalten schon bei ganz niedrigen Spannungen zu untersuchen und seine etwaige Abhängigkeit von der Verformungsgeschwindigkeit und bei öfters wiederholter Beanspruchung von der Anzahl der durchgemachten Verformungen festzustellen und zu erklären. Auf die Versuchsergebnisse und die Theorien über diesen Spannungsbereich wird in den Ziff. 23 und 24 näher eingegangen.

Eine physikalisch besser begründete Spannungsgrenze scheint dagegen die Fließgrenze darzustellen. Sie ist dadurch recht scharf bestimmbar, daß bei vielen Stoffen an einer bestimmten Spannungsgrenze eine Dehnung unter nahezu konstanter Spannung gefunden wird, die die bis dahin erzielte elastische Dehnung ganz erheblich übersteigt. In einzelnen Fällen wird sogar eine Abnahme der

[1]) C. BACH, ZS. d. Ver. d. Ing. 1888, S. 193, 221, 1098; 1895, S. 489; 1896, S. 1381; 1897, S. 248; Mitt. über Forschungsarb. Bd. 1. 1901; W. SCHÜLE, Dinglers Journ. Bd. 317, S. 149. 1902; E. GRÜNEISEN, Verh. d. D. Phys. Ges. Bd. 4, S. 469. 1906; E. GRÜNEISEN u. F. KOHLRAUSCH, Berl. Ber. 1901, S. 1086; E. HARTIG, Zivilingenieur Bd. 39, S. 113. 1893; R. MEHMKE, ZS. f. Math. u. Phys. Bd. 42, S. 327. 1897.

Spannung beobachtet, deren Grenzwerte nach BACH[1]) als „obere" und „untere" Fließgrenze bezeichnet werden. Auch von UNWIN[2]) liegen genauere Beobachtungen vor, aus denen hervorgeht, daß das Abfallen der Spannung an der Fließgrenze hauptsächlich an Metallen gefunden wird, die warm gewalzt oder gehämmert wurden. Bei wiederholtem Durchgang durch die Fließgrenze tritt dieser Effekt nicht mehr auf, es sei denn, daß der Werkstoff inzwischen wieder ausgeglüht wurde. Nach OSMOND und WERTH[3]) geht das Eisen beim Strecken in eine allotrope Modifikation über, die obere Fließgrenze stellt dann ein Analogon zum Siedeverzug dar. Nach BACH ist die obere Fließgrenze von der Querschnittsform und anderen Umständen abhängig, die untere Fließgrenze dagegen nicht, es ist also auch nach seinen Versuchen die untere Fließgrenze der eigentlich charakteristische Wert. Nach BOUASSE[4]) sind alle Unstetigkeiten an der Fließgrenze durch die Beobachtungsmethode bedingt, der wahre Verlauf der Spannungs-Dehnungskurve sei ein allmählicher Übergang von der HOOKEschen Geraden zu der Kurve bleibender Formänderungen. Die Mehrzahl der Forscher erklärt den Fließvorgang durch kristallinische Gleitung[5]), und zwar entweder durch Gleitung längs kristallographisch definierter Gleitebenen oder durch Umklappen sämtlicher Teilchen zwischen zwei parallelen Gleitebenen in eine Zwillingslage. Zu einer anderen Auffassung wird dagegen CZOCHRALSKI[6]) durch seine Versuche an Einkristallen geführt. In einem Falle tordiert er beispielsweise einen Aluminiumkristall an beiden Enden, während ein mittleres Stück untordiert bleibt. Dann dreht er die eine Seite wieder in den Anfangszustand zurück. Bei der Untersuchung des so behandelten Kristalles mit der Methode der CZOCHRALSKIschen dislozierten Reflektion, wie auch durch das Lauediagramm, erweisen sich das zurücktordierte Ende und der mittlere Teil als ein einziger Kristall mit regelmäßigem Bau, während das tordierte Ende die verwundenen Kristallflächen und den gestörten Gitterbau erkennen läßt. CZOCHRALSKI kommt auf Grund seiner Versuche zu einer „Verlagerungshypothese", deren Hauptkennzeichen das bleibend verformte Kristallgitter ist. SMEKAL[7]) gibt an, daß die Ausbildung von Gleitebenen nach der exakten Theorie der Kristallgitter nicht zu verstehen sei; auch die thermischen Schwankungen innerhalb des Kristalles reichen dazu nicht aus. Es seien vielmehr Störungen im Bau des Gitters notwendig, um die Gleitebenen zu erklären, wie dieselben ebenfalls nötig sind, um die technische Festigkeit aus der Festigkeit nach der Gittertheorie zu erhalten (s. Ziff. 17). Hierin sei eine Brücke zwischen der Gleitebenenhypothese und der Verlagerungshypothese von CZOCHRALSKI zu erblicken.

Außer den bisher erwähnten kristallinischen Formänderungen sind in Kristallhaufenwerken noch Formänderungen möglich, die sich mikroskopisch als eine Verschiebung und Verdrehung der Kristallkörner erweisen (banale Deformation). Beide Verformungen treten gewöhnlich gemischt auf und bilden die Fließfiguren und Gleitlinien; sie lassen sich auch bei der metallographischen

---

[1]) C. BACH, Mitt. über Forschungsarb. H. 29, S. 61. 1905; ZS. d. Ver. d. Ing. 1904, S. 1040.

[2]) W. C. UNWIN, Proc. Roy. Soc. London Bd. 57, S. 178. 1895.

[3]) F. OSMOND u. H. WERTH, Ann. des mines Bd. 8, S. 19. 1885.

[4]) H. BOUASSE, Essais des matèriaux, S. 42. Grenoble 1905.

[5]) G. TAMMANN, Lehrb. d. Metallographie, 3. Aufl. Leipzig: Leop. Voß 1923; G. MASING u. M. POLANYI, Kaltreckung und Verfestigung. Ergebn. d. exakt. Naturwiss. Bd. 2, S. 186.

[6]) W. v. MOELLENDORFF u. J. CZOCHRALSKI, ZS. d. Ver. d. Ing. 1913, S. 931, 1014; J. CZOCHRALSKI, Int. ZS. f. Metallogr. 1916, S. 1; ZS. f. phys. Chem. Bd. 92, S. 219. 1917; ZS. d. Ver. d. Ing. 1923, S. 536; ZS. f. Metallkde. 1923, S. 60, 126; Moderne Metallkunde. Berlin 1924; Proc. of I. int. congr. for appl. mechanics Delft 1924, S. 67.

[7]) A. SMEKAL, ZS. f. techn. Phys. 1926, S. 535.

Untersuchung durch Ätzen sichtbar machen. Das Drehen und Rollen der Kriställchen tritt bei Stoffen auf, die als spröde bezeichnet werden. Ein sehr lehrreicher Versuch hierzu ist von v. KÁRMÁN[1]) ausgeführt worden. Von KICK und anderen ist festgestellt, daß spröde Körper unter hohem hydrostatischen Druck sich wie plastische Körper verhalten. KÁRMÁN konnte zeigen, daß sich die Änderung im Verhalten darauf zurückführen läßt, daß die banale Deformation durch den hohen Druck verhindert und so die kristallinische Deformation erzwungen wird. So konnte bei Marmor die plastische Formänderung und die Verfestigung gefunden werden, genau so, wie sie bei Metallen auftritt[2]).

**16. Die Festigkeit der Stoffe.** Ähnliche Schwierigkeiten wie bei der physikalischen Erklärung des Fließvorganges entstehen bei der Deutung des Bruchvorganges; nur kommt hier bei den meisten Stoffen noch der Umstand hinzu, daß der Bruchvorgang auf das bereits etwas dunkle Gebiet des Fließens und der Verfestigung folgt, während bis zum Beginn des Fließvorganges doch noch mit dem rein elastischen Bereich der Verformung gerechnet werden darf. Nur bei gewissen „spröden" Körpern setzt der Bruch als Beendigung des elastischen Bereiches ein. Ebenso tritt der Bruch bei oftmals wiederholter Belastung schon unterhalb der Fließgrenze auf, also bei makroskopisch noch nahezu rein elastischem Verhalten des Stoffes.

Die Frage, ob ein Werkstoff nach Überschreiten der Elastizitätsgrenze sofort bricht (statisch spröder Stoff), oder ob er vor dem Eintreten des Bruches noch ein plastisches Verformungsgebiet durchläuft (statisch zäher Stoff) ist für sein technisches Verhalten von wesentlicher Bedeutung. Bei einem spröden Körper kann durch geringfügige Ursachen, kleine Fehlstellen, Oberflächenbeschädigungen usw. eine wesentliche Spannungserhöhung an einer besonders ungünstigen Stelle auftreten, die den Bruch des ganzen Stückes zur Folge hat. Ein zäher Werkstoff kann sich vor solchen außergewöhnlichen Spannungserhöhungen schützen, indem er plastische Verformungen ausführt. Ein dünnwandiger Körper aus sprödem Glas hergestellt, bricht z. B., wenn er zu Boden fällt, während ein gleicher Körper aus einem zähen Metall im gleichen Falle wohl eine bleibende Einbeulung erfährt, aber nicht zu Bruch geht. Der Grad der statischen Zähigkeit wird durch die Bruchdehnung $\varepsilon$ gemessen.

Neben der statischen — d. h. bei einmaliger Überbeanspruchung auftretenden — Zähigkeit kennt man noch eine dynamische Zähigkeit, die das Verhalten des Baustoffs bei Wechselbeanspruchungen angibt. Auf die dynamische Zähigkeit wird unter Ziff. 26 eingegangen werden.

Für die statisch zähen Werkstoffe ist der Begriff „Bruchfestigkeit" noch nach einer Richtung zu ergänzen. Man hat in der letzten Zeit Versuche zur Ermittlung der Dauerstandfestigkeit[3]) von Metallen angestellt. Man versteht darunter die mindeste Zuglast, die den Bruch nach beliebig langer Zeit des Wirkens herbeizuführen vermag. Die Frage, ob es eine eigentliche Dauerstandfestigkeit gibt, umgeht man, indem man beliebig lange aber technisch mögliche Zeiten (etwa 100 Jahre) betrachtet. Bei Eisen von Raumtemperatur ist der Unterschied zwischen der Dauerstandsfestigkeit und der Zerreißfestigkeit nur gering. Sobald aber das Eisen höheren Temperaturen ausgesetzt ist — im

[1]) TH. v. KÁRMÁN, Mitt. über Forschungsarb. H. 118. 1912; vgl. auch TH. v. KÁRMÁN, Enzyklop. d. math. Wiss. Bd. IV, 2 II, S. 764.

[2]) Genauere Einzelheiten über den Fließvorgang, besonders aber die Verfestigung und die Rekristallisation, sowie die Fließgeschwindigkeiten sind in Kap. 6 ds. Bd. des Handb. angegeben.

[3]) Die Benennung erfolgt nach einem Vorschlag von E. KÖRBER. Die Engländer bezeichnen die gleiche Grenze mit „creep limit" (Kriechgrenze).

Dampfkesselbau wird das Eisen z. B. bei Temperaturen von 300° bis 400° beansprucht — oder sobald man Versuche an Probestäben aus anderen Metallen (Zink, Kupfer usw.) bei Raumtemperatur anstellt, findet man erhebliche Unterschiede zwischen der Dauerstandsfestigkeit und der Zerreißfestigkeit.

Nach Versuchen, die im K. W. Institut für Eisenforschung[1]) ausgeführt worden sind, ist z. B. bei einem weichen Schmiedeeisen von 0,06 C und 600° eine mit der Zeit fortschreitende Dehnung schon bei einer Belastung von 200 kg/cm² festzustellen gewesen derart, daß die Dehnung beim Auftragen der Last nur ein Achtel der Dehnung gewesen ist, die nach 24 Stunden erreicht wurde. Zink wurde bei Raumtemperatur (20°) mit 1200 kg/cm² belastet; die Dehnung nach 11 Stunden war etwa 4mal so groß wie kurz nach Beginn des Versuches. Andere Stäbe sind während des Dauerstandversuches bei einer Belastung gebrochen, die sie bei kurzer Einwirkung längst hätten aushalten können.

Die technische Bruchfestigkeit bedeutet nicht immer die Spannung beim tatsächlichen Eintreten des Bruches, sondern sie bedeutet die höchst erreichbare Last dividiert durch den Anfangsquerschnitt. Tritt vor Erreichung des Bruches ein Absinken der Belastung ein, so ist das Lastenmaximum maßgebend für die Bruchfestigkeit (s. Ziff. 4). In derartigen Fällen gehört die physikalische Behandlung der sog. technischen Festigkeit durchaus noch in das Gebiet des Fließens und der Verfestigung. Nur bei Auftreten einer tatsächlichen Bruchfläche tritt ein neuer physikalischer Gesichtspunkt hinzu. In dieser Ziffer sollen die Bruchérscheinungen vom technischen Standpunkt dargestellt werden, während in Ziff. 17 der molekulartheoretische Standpunkt behandelt wird. Der Spannungszustand an jeder Stelle eines Körpers ist durch die Größe der Hauptspannungen[2]), also durch drei skalare Werte, gekennzeichnet. In der Festigkeitslehre interessiert vor allem die Grenze des Spannungszustandes, bei dem ein Bruch oder wenigstens eine bleibende Veränderung des Gefüges an der betroffenen Stelle herbeigeführt wird. Diese Grenzspannungszustände, die durch die drei zusammengehörigen Größen $\sigma_{x_0}$, $\sigma_{y_0}$ und $\sigma_{z_0}$ gegeben sind, sind untereinander für die praktische Bewährung der Baustoffe gleichwertig. Es liegt deshalb nahe, sie auf einen einheitlichen Bezugsspannungszustand $\sigma_{\text{bez}}$ zurückzuführen, der unter den Grenzspannungszuständen mit enthalten ist. $\sigma_{\text{bez}}$ ist dadurch gekennzeichnet, daß zwei Hauptspannungen Null und die dritte so groß ist, daß eben die Grenze zwischen Haltbarkeit und Zerstörung erreicht ist. Man sagt, der dreidimensionale Spannungszustand $\sigma_{x_0}$, $\sigma_{y_0}$, $\sigma_{z_0}$ wird auf einen eindimensionalen von gleicher Bruchgefahr $\sigma_{\text{bez}}$ zurückgeführt.

Eigentlich müßte noch festgelegt werden, was als Grenze zwischen Haltbarkeit und Zerstörung aufgefaßt werden soll. Diese Grenze wird anders liegen, wenn man selbst bei einem gleichmäßig beanspruchten Körper (z. B. einem Probezerreißstab) den ganzen Querschnitt oder die kleinsten Teile betrachtet, da alle Baustoffe örtliche Spannungserhöhungen durch kleine Fehlstellen, Kristallgrenzen usw. aufzuweisen haben. Im nachfolgenden ist die „Bruchgefahr" auf den gesamten Querschnitt bezogen, ohne Rücksicht darauf, daß schon bei Belastungen, die weit unterhalb der mittleren Bruchspannung liegen, einzelne kleinste Bausteine zerstört sein mögen.

Die Feststellung der bezogenen Spannung gleicher Bruchgefahr kann nur empirisch auf Grund von genügend vielen und genügend verschiedenartigen Ver-

---

[1]) F. Körber, A. Pomp u. A. Dahmen, Mitt. a. d. K. W. Inst. f. Eisenforsch. Bd. 9. 1927. Siehe auch F. Körber „Ermittlung der Dauerstandsfestigkeit von Stahl bei höheren Temperaturen". Dauerbruchtagung der dtsch. Ges. f. Metallk. Gesammelte Vorträge. Februar 1928.

[2]) Vgl. Kap. 2, Ziff. 5 ds. Bd. des Handb.

suchsergebnissen getroffen werden. Man ist hierbei zu mehreren verschiedenen Festlegungen gekommen[1]):

a) Die Bruchgefahr soll nach ST. VENANT[2]) abhängen von der größten Dehnung (positiv oder negativ), die der Baustoff erleidet. Da aber der allgemeine dreiachsige Spannungszustand durch Superposition von drei einachsigen Spannungszuständen erhalten werden kann, ist die Dehnung in der einen Hauptrichtung $x_0$ gleich $\frac{\sigma_{x_0}}{E} - \frac{\sigma_{y_0} + \sigma_{z_0}}{mE}$. Wenn also die größte Dehnung in der $x_0$-Richtung auftritt, ist

$$\sigma_{\text{bez}} = \sigma_{x_0} - \frac{1}{m}(\sigma_{y_0} + \sigma_{z_0}),$$

sonst

$$= \sigma_{y_0} - \frac{1}{m}(\sigma_{x_0} + \sigma_{z_0}),$$

oder

$$= \sigma_{z_0} - \frac{1}{m}(\sigma_{y_0} + \sigma_{y_0}).$$

Diese Auffassung war früher die allein maßgebende. Sie ist heute noch in der deutschen technischen Literatur vorherrschend.

b) Die Bruchgefahr soll abhängen vom größten Unterschied, der zwischen den drei Hauptspannungen $\sigma_{x_0}$, $\sigma_{y_0}$ und $\sigma_{z_0}$ gebildet werden kann, d. h. von der größten im Element auftretenden Schubspannung. Die bezogene Spannung $\sigma_{\text{bez}}$ des einachsigen Spannungszustandes mit gleicher Bruchgefahr ist danach gleich $\frac{\sigma_{x_0} - \sigma_{z_0}}{2}$, wenn mit $\sigma_{x_0}$ die größte und mit $\sigma_{z_0}$ die kleinste Hauptspannung unter Berücksichtigung des Vorzeichens bezeichnet sind. Diese Hypothese, die von GUEST[3]) und eingehender von MOHR[4]) aufgestellt ist, stimmt bei den praktisch verwendeten Baustoffen besser mit der Wirklichkeit überein als die zuerst genannte.

Beide Theorien über die Größe der bezogenen Spannung sind sehr unsichere Hypothesen, die nur mit großer Vorsicht übernommen werden dürfen. Die unter a) wiedergegebene Annahme versagt offensichtlich, wenn man einen Spannungszustand voraussetzt, der durch allseitigen Druck hervorgerufen wird. Durch allseitigen Druck kann der Baustoff nicht zerstört werden. Die bezogene Spannung gleicher Bruchgefahr müßte also Null sein, was den Angaben der Annahme a) zuwiderläuft. Ebenso offensichtlich versagt aber auch die Annahme b) bei einer Beanspruchung auf gleichmäßigen Zug $\sigma_{x_0} = \sigma_{y_0} = \sigma_{z_0}$. Durch allseitigen gleichmäßigen Zug kann ein Körper sehr wohl zerstört werden; die bezogene Spannung kann deshalb nicht Null sein, wie die Annahme b) ergeben würde.

Die beiden Annahmen a) und b) führen bei den verschiedenen möglichen Beanspruchungsarten an der kritischen Stelle teilweise zu sehr verschiedenen Ergebnissen. In neuerer Zeit sind daher gerade zur Klärung dieser Fragen eingehende Versuche gemacht worden[5]).

---

[1]) Vgl. auch die Grenzspannungen an der Fließgrenze („Plastizitätsbedingungen") in Kap. 6, Ziff. 17 ds. Bd. des Handb.

[2]) B. DE ST. VENANT bei NAVIER, Résumé des lecons, 3. Aufl. Bd. I/1, S. 6 u. 22. Paris 1864.

[3]) J. GUEST, Phil. Mag. (5) Bd. 50, S. 690. 1900.

[4]) O. MOHR, Zivilingenieur Bd. 28, S. 112. 1882; ZS. d. Ver. d. Ing. 1900, S. 1524; Abhandlgn. a. d. Geb. d. techn. Mech., Berlin 1906, S. 167.

[5]) G. SACHS, Grundbegriffe der mechanischen Technologie der Metalle. Berlin 1924.

c) Als weiteres Maß für die Bruchgefahr ist von GIRTLER[1]) auf Anregung von BELTRAMI[2]) die Formänderungsarbeit pro Volumeneinheit angegeben worden. Da diese Theorie in England in der allerjüngsten Zeit Anhänger[3]) gefunden hat, soll sie mit in den Kreis der folgenden Betrachtung gezogen werden.

Um einen Überblick über die Aussagen der verschiedenen Bruchtheorien zu geben, nehmen wir an, ein Probekörper sei in eindimensionaler Weise mit der Spannung (Grenze der zulässigen Spannung) $\sigma_{zul}$ beansprucht; wir suchen die Beanspruchung $\tau_{zul}$, die ein Probekörper aus dem gleichen Baustoff bei der gleichen Bruchgefahr aushalten kann. Wir vergleichen also den Fall der reinen Schubspannung in bezug auf Bruchgefahr mit dem einachsigen Spannungszustand. Zahlenmäßig ist $\sigma_{zul} = k\tau_{zul}$, wobei $k$ das Vielfache ergibt, um das $\tau$ gefährlicher ist als $\sigma$. Wenn wir $m = \frac{10}{3}$ setzen, ist

a) nach der „größten Dehnungs"-Theorie $k = \frac{m+1}{m} = 1{,}3$.

b) nach der „größten Schubspannungs"-Theorie $k = 2$.

c) nach der „größten Formänderungs"-Theorie $k = \sqrt{\frac{2(m+1)}{m}} = 1{,}61$.

Daß die GIRTLER-HAIGHsche Theorie c) ebenfalls nicht ein erschöpfendes Bild von der tatsächlich vorhandenen Bruchgefahr gibt, erkennt man, wenn man wieder den Fall des allseitigen Druckes heranzieht, durch den ein Körper im Gegensatz zur Theorie nicht zerstört wird. Nach allen Bruchtheorien wird die Druckspannung als ebenso gefährlich wie die Zugspannung angesehen, während tatsächlich zum mindesten der allseitige Druck in bezug auf Bruchgefahr nicht mit allseitigem Zug von gleicher Größe verglichen werden kann. Physikalisch wäre eine solche Gleichheit wohl möglich, wenn man unter Bruchgefahr etwa die Spannung verstehen würde, bei der eine bleibende gegenseitige Verschiebung der Moleküle in einem homogenen Körper stattfindet. Die Bruchgefahr ist aber ein der Praxis entnommener Begriff. Sie hängt wesentlich ab von den Oberflächenbeschaffenheiten und Inhomogenitäten des Baustoffes, die bei Zugspannungen ganz anders zur Wirkung kommen als bei Druckspannungen. Eine erschöpfende Theorie der Bruchgefahr müßte deshalb die Druckspannung anders werten als die Zugspannung.

**17. Die Festigkeit nach der Gittertheorie.** Das Problem der Bruchfestigkeit zeigt sich schon von der technischen Seite her als recht verwickelt. Vom Standpunkte der Gittertheorie scheint es zunächst beinahe hoffnungslos. Wie durch das Lauebild bestätigt wurde, bestehen die Kristalle aus Atomgittern. Über den Aufbau der Gitter und die dabei in Frage kommenden Kräfte bestehen schon physikalische Ansätze[4]). Es wäre nicht allzu schwer gewesen, die Festigkeit der Kristalle auf Grund der Anschauungen über das Kristallgitter in einfachen Fällen abzuschätzen. Derartige Versuche mögen tatsächlich gemacht sein, sie gelangten aber nur ganz zaghaft in die Öffentlichkeit. Denn die Reißfestigkeit ergibt sich 100- bis 1000mal größer als die beobachtete. Dieses Ergebnis einer Abschätzung der Reißfestigkeit für Steinsalz wurde von POLANYI 1921 veröffentlicht[5]). Im Jahre 1923 brachte ZWICKY[6]) eine exakte Berechnung

[1]) R. GIRTLER, Wiener Ber. Bd. 116, S. 509. 1907.
[2]) E. BELTRAMI, Ist. Lombardo, Rendiconti Bd. 18, S. 704. 1885, auch Math. Ann. Bd. 57, S. 94. 1903.
[3]) B. P. HAIGH, B. A. Reports 1919 u. 1921; JOHN CASE, The Strengths of Materials. London 1925.
[4]) M. BORN, Atomtheorie des festen Zustandes. Leipzig 1923.
[5]) M. POLANYI, ZS. f. Phys. Bd. 7, S. 323. 1921.
[6]) F. ZWICKY, Phys. ZS. 1923, S. 131.

derselben, die rund $2 \cdot 10^{10}$ dyn/cm² oder 200 kg/mm² ergab statt der beobachteten Festigkeit von $5{,}31 \cdot 10^{7}$ dyn/cm² oder 0,531 kg/mm², also einen rund 400mal so großen Wert. ZWICKY gab zwar dabei einen Ansatz an, der möglicherweise die wirklich beobachtete Festigkeit liefern sollte durch Berücksichtigung der Temperaturbewegung. Es würde jedoch dadurch eine Temperaturabhängigkeit der Reißfestigkeit nötig sein, wie sie bisher noch nicht bestätigt ist. Daß man sich mit dem Ergebnis einer 400mal zu großen Festigkeit nicht einfach beruhigen kann, sondern daß es sich hier um eine wirkliche Schwierigkeit beim Vergleich der Festigkeitswerte mit den atomaren Bindungskräften, wie sie z. B. in der Oberflächenspannung des flüssigen Steinsalzes tatsächlich meßbar sind, handelt, sieht man sofort ein, wenn man die Energiebilanz des Zerreißversuches aufstellt. Die Trennungsarbeit muß für die Elemente an der Bruchfläche tatsächlich in einem Betrage aufgebracht werden, wie sie der Spannung nach der Gittertheorie entspricht. Nimmt man aber gleichzeitig an, daß alle Molekel der Zerreißgrenze in derselben Größenordnung nahe sind, wie die an der späteren Bruchfläche, so wäre in dem Augenblick vor dem Bruch eine ganz andere Größenordnung von Energie nötig, als die tatsächlich hineingesteckte, besonders, wenn man einen Stoff betrachtet, bei dem bis zum Bruch nur elastische Formänderungen auftreten. Diese Annahme ist also unter keinen Umständen zutreffend, man muß hier vielmehr einen Mechanismus suchen, der imstande ist, während des Zerreißens die Energie aus einem großen Bereich an eine Stelle zu schaffen. Einen derartigen Mechanismus weist GRIFFITH[1]) auf, indem er einen kleinen Riß in der Mitte eines ausgedehnten Kristalls annimmt und berechnet, bei welches Spannung in der Richtung senkrecht zum Riß das Weitereinreißen des Risses, bei gegebener Oberflächenenergie (d. h. Zerreißarbeit pro Flächeneinheit der Risses) im Gleichgewichtszustand vollzogen werden kann. Durch seine an Glas angestellten Versuche wird es dann wahrscheinlich, daß das Weiterreißen an den Ecken des bereits vorhandenen Risses tatsächlich unter einer Spannung geschieht, die die Größenordnung der atomaren Festigkeit hat[2]). Ebenso gelang es ihm, an Quarzglasfäden unter 1 mm Stärke kurz nach der Herstellung Festigkeitswerte zu erreichen, die 25 bis 50% der atomaren Festigkeit darstellen. JOFFÉ[3]) hat bei Zugversuchen unter Wasser — um durch Auflösen der Oberfläche die Kerbwirkung von Oberflächenbeschädigungen zu vermeiden — an Steinsalz ebenfalls Festigkeiten erreicht, die die Größenordnung der atomaren darstellen (s. auch Ziff. 21). SMEKAL[4]) berechnet, daß auf höchstens 10000 exakt in einem Gitter zusammenliegende Atome eine Fehlstelle im Gitterbau kommt. Diese ,,Lockerstellen" werden sich durch die andersartige Bindung der Atome auch an gewissen anderweitigen physikalischen Effekten anders beteiligen als die regelmäßig im Gitter gebundenen. Durch Versuche, die die Anzahl der unregelmäßig gebundenen Atome erkennen lassen, kommt SMEKAL zu einer Abschätzung der Zahlenverhältnisse. Außerdem beschäftigt sich SMEKAL damit, das Auftreten dieser ,,Lockerstellen" zu erklären. Diesen Deutungsversuchen soll hier keine größere Bedeutung gegeben werden, als SMEKAL ihnen selbst beilegt. Auffällig ist nur, daß SMEKAL rein geometrische Beziehungen sucht, z. B. daß ein Würfel aus 1000 Molekeln ungefähr ebenso viele äußere wie innere hat. Das deutet darauf hin, daß eine möglichste Ausschaltung einer Temperaturabhängigkeit notwendig erscheint.

[1]) A. A. GRIFFITH, Phil. Trans. (A) Bd. 221, S. 163. 1921; Proc. of the first int. congr. for appl. mech., Delft 1924, S. 55; K. WOLF, ZS. f. angew. Math. u. Mech. Bd. 3, S. 107. 1923.

[2]) Ein genauerer Bericht der GRIFFITHschen Theorie wird in Kap. 6, Ziff. 15 ds. Bd. des Handb. gegeben.

[3]) A. JOFFÉ, Proc. of the first int. congr. for appl. mech., Delft 1924, S. 64.

[4]) A. SMEKAL, ZS. f. techn. Phys. 1926, S. 535; Phys. ZS. 1926, S. 837.

Bedürfen die hier dargelegten Theorien auch noch der Ergänzung, so läßt sich doch so viel sagen, daß die atomare und die technische Festigkeit um einen Faktor von rund 1000 verschieden sind, und daß das Zerreißen tatsächlich unter einer örtlichen Spannung von der Größenordnung der atomaren Festigkeit vor sich geht. In Einklang mit dem zur Erklärung dieses Faktors angegebenen GRIFFITHschen Mechanismus steht auch die Tatsache, daß Einkristalle eine geringe Festigkeit, grobkörniges Material höhere und feinkörniges Material wieder höhere Festigkeit zeigt. So geben MASING und POLANYI[1]) für die Reißfestigkeit von Zink bei der Temperatur der flüssigen Luft ($T = 80°$) in den drei Gruppen folgende Festigkeiten an: 2,5 bis 3,5 kg/mm², 3 bis 6 kg/mm² und 13 bis 18 kg/mm². Es bedeutet dies, daß die Störungen im Kristallbau um so größer sind, je mehr Moleküle sich zu einem Gitter vereinigt haben, oder daß der GRIFFITHsche Mechanismus um so besser arbeitet, je geordneter die Umgebung der Störung ist[2]).

**18. Die Arbeitsfestigkeit.** In den Ziff. 16 und 17 wurde gezeigt, daß die Festigkeit der Stoffe sich nicht aus einem einfachen physikalischen Mechanismus erklären läßt. Es wird daher nicht mehr verwunderlich sein, wenn in den folgenden Abschnitten noch hinzukommt, daß die Festigkeit eines Stoffes gegenüber wiederholter Belastung zwischen einer oberen und unteren Grenze eine ganz andere ist als die Festigkeit gegenüber einer einmaligen stetig gesteigerten Belastung, wie sie bisher betrachtet wurde. Diese soll als die *statische Festigkeit* bezeichnet werden, während die obere Grenze der Belastung, die bei wechselnder Belastung beliebig oft ertragen wird, mit *Arbeitsfestigkeit* bezeichnet wird; mit ihr wollen wir uns jetzt befassen.

Der Begriff Arbeitsfestigkeit ist ein Sammelausdruck für eine große Reihe von Beanspruchungsarten. Es ist in ihr sowohl die obere Grenze der Beanspruchung als auch die dazugehörige untere Grenze der Beanspruchung, als auch die Art und Weise, wie die Belastung innerhalb der beiden Grenzen zeitlich geändert werden soll, enthalten, wenn man zu einem festen Wert für einen Stoff gelangen will. Um unnötige Zersplitterung der Versuchsarbeit zu vermeiden, beschränkt man sich heute auf mit der Zeit sinusförmig schwankende Belastungen und bestimmt außerdem die Arbeitsfestigkeit hauptsächlich nur auf zwei Arten, die in der Praxis häufig auftreten und als Grenzfälle leicht zu kennzeichnen sind: die Ursprungsfestigkeit und die Schwingungsfestigkeit. Von *Ursprungsfestigkeit* spricht man, wenn der Belastungswechsel zwischen einem Werte $\sigma_{max}$ und der vollständigen Entlastung stattfindet, bei der *Schwingungsfestigkeit* sind die Grenzen zwei Werte $+\sigma_{max}$ und $-\sigma_{max}$, d. h. zwei Spannungszustände vom gleichen Absolutbetrag, aber entgegengesetzter Beanspruchungsrichtung. Die sekundliche Wechselzahl bleibt dabei noch variabel.

Für systematische Versuche zur Bestimmung der Ursprungs- und Schwingungsfestigkeit sind außerdem nur die einfachsten Arten der Beanspruchung, wie Zug und Druck, Biegung und Verdrehung angewandt worden. Es ist aber trotz dieser Einschränkungen noch keine befriedigende Lösung gefunden worden, ja es sind noch nicht einmal die ersten Ansätze unbestritten. An dieser Stelle kann daher nur eine Einstellung auf die bisherigen Ergebnisse und die Angabe der auftretenden Schwierigkeiten bei der Lösung dieser Fragen gegeben werden.

Die grundlegende Frage bei der Arbeitsfestigkeit lautet: Gibt es bei einer öfters wiederholten Beanspruchung eine Grenze, unter welcher die Beanspruchung unendlich oft ertragen werden kann? Man hat versucht, diese Frage dadurch zu beantworten, daß man eine Reihe von Versuchsstäben aus demselben Stoff

---

[1]) G. MASING u. M. POLANYI, Kaltreckung und Verfestigung. Ergebn. d. exakt. Naturwiss. Bd. 2. S. 217. 1923.

[2]) Vgl. auch Kap. 6, Ziff. 13 ds. Bd. des Handb.

einer wechselnden Beanspruchung unterzieht, bei denen die höchste Spannung von Stab zu Stab abnimmt. Der erste Stab wird so hoch beansprucht, daß er sicher nach einigen hunderttausend Beanspruchungswechseln bricht. Der nächst weniger belastete Stab wird schon Millionen Belastungswechsel aushalten usw. Die Anzahl der ausgehaltenen Wechsel nimmt mit der abnehmenden Höchstspannung so stark zu, daß eine Grenze zu bestehen scheint, bei der beliebig viel Wechsel ausgehalten werden. Theoretisch wäre das Bestehen einer derartigen Grenze Vorbedingung, um von einer Arbeitsfestigkeit sprechen zu können, die eine ähnlich bestimmte Spannungsgröße ist wie etwa die Bruchfestigkeit. Für die Existenz einer praktischen Arbeitsfestigkeit für die Technik genügt es dagegen, daß die praktisch vorkommenden Wechselzahlen einem so engen Spannungsbereich zugeordnet sind, daß es sich nicht lohnt, zu jeder einzelnen Spannung die wirkliche „Lebensdauer" zu bestimmen. Um eine Arbeitsfestigkeit in diesem Sinne festzulegen, genügt die in den Versuchen gefundene starke Zunahme der ausgehaltenen Wechselzahl bei abnehmender Spannung vollauf.

**19. Der Dauerversuch.** Die Versuche zur Bestimmung der Arbeitsfestigkeit werden wegen der zur Anwendung kommenden dauernden Wechselbeanspruchungen als Dauerversuche bezeichnet. Zur Ausführung von Dauerversuchen werden besondere Maschinen verwandt, die es ermöglichen, eine bestimmte Beanspruchungsart unter Wechseln zwischen mehr oder weniger beliebig einstellbaren Grenzen vorzunehmen. Für die grundlegenden Versuche waren, wie bereits erwähnt, ganze Versuchsreihen an verschiedenen Stäben desselben Stoffes nötig, um die Arbeitsfestigkeit als solche einigermaßen sicherzustellen, weil jeder Stab nur bei einer bestimmten Belastung bis zum Bruch beansprucht wurde. Als erschwerend kommt bei diesen Versuchen noch hinzu, daß die Streuung der Ergebnisse desselben Stoffes bei Feststellung der Arbeitsfestigkeit stark ist, so daß man nur Mittelwerte aus mehreren Versuchen derselben Art miteinander vergleichen darf.

Wollte man die Arbeitsfestigkeit jedes Stoffes in der angegebenen Weise feststellen, so wären viele Stufen und für jede Stufe mehrere Stäbe zu untersuchen. Da die Untersuchungen der Güte eines Baustoffes in der Technik sehr häufig vorgenommen werden müssen — z. B. bei jeder Charge oder bei jeder Lieferung —, so kommt die Feststellung der Arbeitsfestigkeit praktisch wenig in Frage. Trotz der grundsätzlichen Bedeutung der Arbeitsfestigkeit für die praktische Bewährung eines Baustoffes verzichtet man wegen der Umständlichkeit des Versuches auf die Feststellung dieser Größe. Man kennzeichnet vielmehr die Baustoffe, wenn es sich um Metall handelt, fast ausschließlich durch den Zerreißversuch oder die Kugeldruckprobe. Diese Tatsache darf nicht darüber hinwegtäuschen, daß für die Technik die Arbeitsfestigkeit viel wichtiger als die Zerreißfestigkeit ist, da in den meisten Bauteilen wechselnde Beanspruchungen auftreten.

Um die Arbeitsfestigkeit rascher festzustellen, hat man versucht, den Dauerversuch abzukürzen. Man begnügt sich dabei, den besonderen Fall der Arbeitsfestigkeit, bei dem die Belastung zwischen einem positiven und negativen Maximum schwankt, zu ermitteln (Schwingungsfestigkeit). Die Schwingungsfestigkeit ist besonders wichtig, da die Baustoffe in der Praxis sehr oft in dieser Weise beansprucht sind. Vor allem tritt ein solcher Belastungswechsel bei Schwingungen auf, die sehr häufig die Zerstörung eines Bauteils zur Folge haben. Der abgekürzte Versuch wird in der Weise durchgeführt, daß der Probestab von vornherein so stark belastet wird, daß er nach einigen tausend oder hunderttausend Belastungswechseln (Anzahl $\varrho$ ) zu Bruch geht. Die Zahl $\varrho$ kann dann als Gütemaßstab für den Baustoff angesehen werden, wenn in allen zum Vergleich stehenden Fällen stets die gleiche Beanspruchung $\sigma$ vorgesehen wird.

Auf ähnlichen Überlegungen beruhen die Versuche, die mit dem KRUPPschen Dauerschlagwerk angestellt werden. Ein zylindrischer Probekörper $a$ (Abb. 8) liegt hierbei auf zwei Stützen $b_1$, $b_2$ und erhält in der Mitte zwischen diesen Stützen einen Schlag durch ein bestimmtes Gewicht $c$, das aus bestimmter Höhe $h$ herabfällt. Dann wird der Probestab um seine Achse um 180° gedreht, und es folgt ein gleicher Schlag von der anderen Seite her. Das Spiel wiederholt sich so lange, bis der Stab bricht. Die Schlagzahl bis zum Bruch ist beim KRUPPschen Dauerschlagwerk der aus dem Versuch gewonnene Vergleichswert. Die Dauerschlagprobe eignet sich für schnelle Untersuchungen, liefert aber keinen physikalisch bestimmten Wert, sondern nur einen Vergleichswert. Jedoch kann sie auch in wissenschaftlichen Fragen positiv oder negativ entscheiden (s. Ziff. 21 und 22).

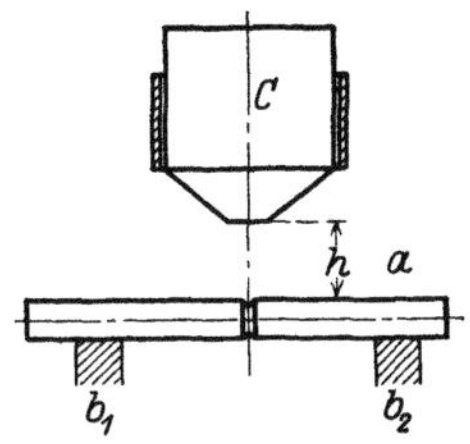

Abb. 8. KRUPPsches Dauerschlagwerk.

Ein abgekürzter Dauerversuch, der mit dem idealen in seinen Ergebnissen wenigstens einigermaßen vergleichbar ist, ist der folgende, der für genauere Untersuchungen häufig angewendet wird. Ein Probestab wird der Wechselbeanspruchung unterworfen, und zwar wechselnd zwischen der oberen Grenze $\sigma$ oder $\tau$ und einer im bestimmten Verhältnis zu $\sigma$ oder $\tau$ stehenden unteren Grenze mit der Anzahl $\varrho$ Belastungswechseln. Dann wird die Höchstbeanspruchung von $\sigma$ auf $\sigma + \Delta\sigma$ bzw. von $\tau$ auf $\tau + \Delta\tau$ erhöht usf., bis schließlich ein Bruch etwa bei der Spannung $\sigma + n\Delta\sigma$ auftritt. Die Anzahl $\varrho$ der Wechsel in jeder Belastungsstufe müßte hierbei so groß gewählt werden, daß man annehmen darf, daß die Schwingungsfestigkeit noch nicht um $\Delta\sigma$ bzw. $\Delta\tau$ überschritten ist, wenn der Bruch bei dauerndem Erhöhen in der letzten Stufe eintritt. Man kann auf diese Weise die Schwingungsfestigkeit mit einer wählbaren Genauigkeit von $\Delta\sigma$ bzw. $\Delta\tau$ feststellen. Wie die Anzahl $\varrho$ von der Wahl der Genauigkeit $\Delta\sigma(\Delta\tau)$ abhängt, kann durch genauere Vorversuche für die bestimmte Gattung der zu untersuchenden Stoffe bestimmt werden. Es ist jedoch einleuchtend, daß mit der Vergrößerung der Genauigkeit die Anzahl $\varrho$ ganz außerordentlich stark zunimmt. Es sind daher mit der Zunahme der Genauigkeit sowohl die Anzahl der Stufen als auch die Anzahl der Belastungswechsel in jeder Stufe zu erhöhen. Aus praktischen Gründen wählt man die Steigerung der Belastung in jeder Stufe selten kleiner als 5% und die Anzahl $\varrho$ selten größer als 10 Millionen Wechsel in jeder Stufe. Eine grundsätzliche Frage für diesen Versuch ist die, ob die Beanspruchung in den Stufen unterhalb des Bruches einen Einfluß auf das Ergebnis haben. Es wird fast allgemein angenommen, und es deuten auch einige Versuche darauf hin, daß die Schwingungsfestigkeit durch längere Beanspruchungen unterhalb derselben etwas erhöht wird[1]. Um durch diesen Einfluß keine Unregelmäßigkeiten in den Ergebnissen zu erhalten, muß man als theoretische Norm dieser verkürzten Dauerversuche annehmen, daß die Belastung von Null aus gesteigert wird. Praktisch dürfte es genügen, wenn der Bruch in der dritten, vielleicht auch schon in der zweiten Stufe der Belastung eintritt. Die unteren Stufen kann man daher fortlassen. Nur muß man sich dazu entschließen, den Versuch als ungültig anzusehen, wenn der Bruch zu früh, d. h. schon in der ersten oder gleich zu Anfang in der zweiten Stufe bricht. Die Ungültigkeit des Versuches beim Bruch in der ersten Stufe ist auch aus anderen Gründen selbstverständlich.

In den letzten Jahren werden Versuche zur Bestimmung der Schwingungsfestigkeit in Deutschland fast allgemein auf der SCHENCKschen Dauerbiegungs-

[1]) Ergebnisse sind zusammengestellt von R. MAILÄNDER, Ermüdungserscheinungen und Dauerversuche. Stahl u. Eisen 1924, S. 585f. Dort auch eingehendes Literaturverzeichnis.

maschine[1]) vorgenommen, die schon vielfach Eingang in die Praxis gefunden hat. Bei dieser Maschine wird ein umlaufender Probestab symmetrisch durch 2 Gewichte so belastet, daß die mittlere Meßstrecke ein konstantes Moment ohne Scherkraft zu übertragen hat. Die Belastung des Probestabes wird durch die Verschiebung des Gewichtes einer Laufgewichtswage stufenweise erhöht. Anordnungen der beschriebenen Art sind schon zu Ende des vorigen Jahrhunderts verwendet worden[2]). Die erste Veröffentlichung von Ergebnissen, die auf dieser Maschine erhalten wurden, stammt von SONDERICKER[3]), dem deshalb wohl die Priorität zusteht.

Da die Schwingungsfestigkeit einerseits besonders große Wichtigkeit hat und da anderseits die Versuche zur Feststellung der Schwingungsfestigkeit recht mühevoll und zeitraubend sind, hat man versucht, die Schwingungsfestigkeit aus den Angaben, die der Zerreißversuch liefert, zu ermitteln. Man hat dabei aus der Feststellung, daß beim Schwingungsbruch keine sichtbare Verformung auftritt, zu schließen geglaubt, daß der Schwingungsbruch nur von der Zerreißfestigkeit und der Elastizitäts- oder der Fließgrenze abhänge[4]). Diese Überlegung hat sich nicht bestätigt; verschiedene Stoffe von annähernd gleicher Zerreißfestigkeit und Fließgrenze haben oft recht verschiedene Schwingungsfestigkeitswerte ergeben. Das läßt sich auch theoretisch begründen, da ja schließlich der Schwingungsbruch von einer Fehlstelle ausgeht. Die größere oder geringere Fähigkeit des Baustoffes, an dieser winzig kleinen, oft nicht einmal unter dem Mikroskop sichtbaren Stelle durch plastische, beliebig häufig wiederholbare Verformungen einen Spannungsausgleich herbeizuführen, kann die Größe der zur Herbeiführung des Bruches nötigen Spannung wesentlich beeinflussen. Die Eigenschaft eines Baustoffes, Verformungen mit erheblichem plastischen Anteil in beliebigem Wechsel aushalten zu können, drückt sich aber weder in der Zerreißfestigkeit noch in der Fließgrenze aus. Eher ist es möglich, die Bruchdehnung als einen Maßstab hierfür anzusehen derart, daß der Baustoff mit großer Bruchdehnung die Ungleichheiten im Baustoff im Dauerwechsel leichter überbrücken kann, ohne daß Bruch eintritt, als der mit geringer Bruchdehnung. Aber auch diese Überlegung versagt z. B. für die meisten Leichtmetalle vollständig, die zwar große Bruchdehnung haben, aber dynamisch ganz besonders spröde sind. Man kann deshalb wohl behaupten, daß es zur Zeit kein Mittel gibt, mit dessen Hilfe man aus den Ergebnissen des statischen Zerreißversuches auf die Dauereigenschaften mit einiger Zuverlässigkeit schließen kann.

Auf den Einfluß der Geschwindigkeit der Wechsel und der Pausen im Versuch wird noch in Ziff. 22 eingegangen.

**20. Der Schwingungsbruch.** Der Unterschied zwischen der statischen Festigkeit und der Arbeitsfestigkeit ist durch verschiedene Hypothesen zu erklären versucht worden. Eine gewisse Unterlage hierfür findet man in dem verschiedenartigen Aussehen der Bruchflächen. Der Schwingungsbruch sieht bei Metallen von feinem Korn feinkörniger aus als der Zerreißbruch, bei Metallen mit einer Orientierung der einzelnen Kristallkörner dagegen grobkörniger als der Zerreißbruch. Man könnte daraus vielleicht schließen, daß beim Schwingungsbruch die Kriställchen des Stoffes widerstandsfähiger wären, während sich beim Zerreißbruch gerade das Zwischenmaterial als stärker erweisen würde. Dieser

[1]) E. LEHR, Die Abkürzungsverfahren zur Ermittlung der Schwingungsfestigkeit von Materialien. Dissert. Stuttgart 1925. Die Maschine wird von der Maschinenfabrik Schenck in Darmstadt gebaut.

[2]) A. MARTENS, Handb. d. Materialienk., Berlin 1898.

[3]) SONDERICKER, Some Repeated-stress Tests, Techn. Quart. April 1892. Siehe dazu auch H. MOORE u. J. B. KOMMERS, The Fatigue of Metals, New York 1927.

[4]) R. STRIBECK, ZS. d. Ver. d. Ing. 1923, S. 631.

Vermutung steht aber die Beobachtung entgegen, daß viele Dauerbrüche nicht den Korngrenzen entlang, sondern durch das Korn hindurch verlaufen. Der Schwingungsbruch beginnt ebenso wie der Zerreißbruch an der schwächsten Stelle im Baustoff. Die schwächste Stelle für den Zerreißversuch ist aber nicht ohne weiteres auch die schwächste Stelle für den Schwingungsversuch. Das rührt davon her, daß beim einmaligen Abreißen eine durch Spannungserhöhung ausgezeichnete Stelle bleibende Formänderungen erfährt, die spannungsausgleichend wirken. Bei der Schwingungsbeanspruchung dagegen führen die oft wiederholten bleibenden Formänderungen an der ausgezeichneten Stelle zur vollständigen Zerstörung des Baustoffes an dieser Stelle, so daß die Umgebung entsprechend höhere Spannungen auszuhalten hat und die Zerstörung, d. h. der Riß, weiter fortschreiten kann. Für das Einsetzen des Bruches beim Zerreißversuch ist daher die Querschnittsfläche maßgebend, die im Mittel am meisten geschwächt ist, während beim Schwingungsversuch die ungünstigste Fehlstelle ohne Rücksicht auf die Umgebung den Beginn eines Schwingungsbruches einleiten kann. Der Schwingungsbruch, der an irgendeiner Fehlstelle begonnen hat, breitet sich bei der dauernd wechselnden Beanspruchung immer weiter aus, und zwar mit zunehmender Geschwindigkeit, bis der Querschnitt zuletzt derart geschwächt ist, daß der Rest plötzlich durchbricht. Der Schwingungsbruch ist, falls keine Beschädigung der Bruchfläche beim vollständigen Durchbrechen auftritt, sehr leicht von einer plötzlich erzeugten Bruchfläche zu unterscheiden.

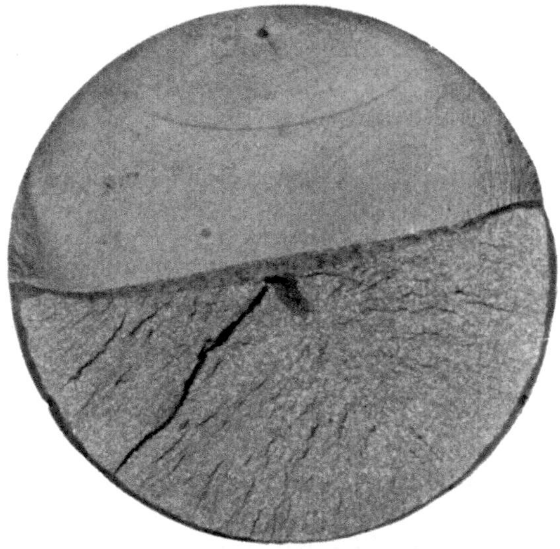

Abb. 9. Schwingungsbruch (Umlaufende Biegung).
Obere Hälfte Schwingungsbruch, ausgehend von einer Fehlstelle, die 1,5 mm vom Rande entfernt liegt. Untere Hälfte Zerreißbruch.

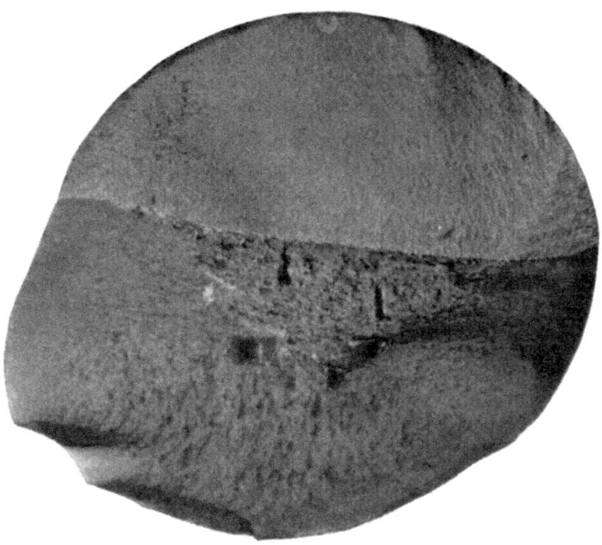

Abb. 10. Schwingungsbruch (Umlaufende Biegung).
Ebenso wie Abb. 9. Die Fehlstelle ist hier nur 0,6 mm vom Rande entfernt und hat Abmessungen von etwa 0,1 mm. Der Schwingungsbruch ist auf Kreisen um die Fehlstelle herum fortgeschritten, bis der Rand eingebrochen ist.

In Abb. 9 und 10 sind die Brüche von Biegungsschwingungsstäben wiedergegeben. Die Biegungsschwingungsbeanspruchung ist dadurch erzeugt worden, daß man einen Stab durch Auflagerung an beiden Enden und Belastung in der Mitte gebogen und den Stab nun unter dieser Belastung um seine Achse gedreht hat. Die bei der Biegung auftretenden maximalen Zug- und Druckbeanspruchungen in den äußersten Fasern laufen dabei relativ zum Stabe an dem Rande des Querschnittes im Kreise herum, ebenso die übrigen Beanspruchungen des Querschnittes[1]. An jeder Stelle des Querschnittes treten daher Schwingungsbeanspruchungen auf, deren maximale Größe nach der Mitte zu abnimmt. Wenn der Schwingungsbruch ungefähr bis zur Hälfte des Stabquerschnittes angewachsen ist, wird die Zunahme der Durchbiegung des Stabes merklich, und es wird dadurch ein selbsttätiger Ausschalter der Versuchsmaschine betätigt. In den Abbildungen sind die oberen Hälften Schwingungsbrüche; die unteren Hälften sind Zerreißbrüche, die davon herrühren, daß man den halb durchgebrochenen Stab vollständig zerreißen muß, um den Schwingungsbruch betrachten zu können. Die Trennungslinie zwischen Schwingungs- und Zerreißbruch ist überall deutlich zu erkennen. Innerhalb des Schwingungsbruches ist bei Abb. 9 eine ähnliche Linie wie die Trennungslinie vorhanden. Sie rührt davon her, daß die Maschine schon früher infolge des Schwingungsbruches ausgeschaltet hatte. Da bei der Untersuchung kein Riß festgestellt wurde, ist die Maschine wieder in Gang gesetzt worden, dann aber schon nach wenig tausenden Umdrehungen zum Halten gekommen. Ein längerer Stillstand zeichnet sich also deutlich sichtbar auf dem Schwingungsbruch ab. Haben sich mehrere derartige Linien abgezeichnet und berechnet man die Umdrehungszahlen, welche die Maschine in den einzelnen Abschnitten zurückgelegt hat, so kann man die Ausbreitungsgeschwindigkeit des Schwingungsbruches feststellen. Aus diesen Linien erkennt man ferner, daß der Schwingungsbruch in Abb. 10 von einer Fehlstelle in der Nähe des Randes ausgegangen ist. Der Bruch hat sich zunächst kreisförmig ausgebreitet, bis der Rand des Querschnittes erreicht ist; dann wurden die Spitzen des übrigbleibenden Stückes etwas schneller zerstört als die innere Fläche, so daß die Trennungslinie beim Durchgang durch die Achse beinahe eine Gerade ist.

Diese Ausbreitung des Schwingungsbruches lehrt, daß der Anfang des Schwingungsbruches an einer zufällig vorhandenen Fehlstelle ansetzt. Dann muß aber die Schwingungsbeanspruchung so groß sein, daß die benachbarten Teile ringsherum unter dem Einfluß dieser Fehlstelle in Mitleidenschaft gezogen werden. Die Schwingungsfestigkeit scheint demnach diejenige Spannung zu sein, bei der sich eine zufällig vorhandene Fehlstelle bei Wechselbeanspruchung weiter ausbreiten kann. Diese Spannung wird natürlich bei den Versuchen etwas von der ursprünglichen Größe der Fehlstelle abhängen, was eine Streuung in der Höhe der Schwingungsfestigkeit bei gleichem Baustoff erklärt. Eine noch weit größere Streuung findet sich in der Anzahl der Schwingungen, die ein Stab bei einer bestimmten Überschreitung der Schwingungsfestigkeit braucht, um den Stab vollständig zu durchbrechen. Da die Ausbreitungsgeschwindigkeit des Bruches in der Umgebung der Fehlstelle zunächst sehr langsam ist und dann außerordentlich wächst, ist die Anzahl der Schwingungen bis zum Bruch in besonders starkem Maße von der zufälligen Größe der Ausgangsfehlstelle abhängig.

In der allerjüngsten Zeit sind Versuche zur Feststellung der Schwingungsfestigkeit eines Baustoffes durch gewöhnliche Zug-Druckversuche angestellt worden. Man hat zu diesem Zweck einen Probestab und den zu untersuchenden Baustoff hergestellt und als elastisches Glied in einem Schwingungsgebilde mit einer trägen Masse gekoppelt. Da die Wege mit Rücksicht auf den hohen Elastizitätsmodul des Baustoffes nur klein sind, kommt man bei dieser An-

[1] A. u. O. FÖPPL, Grundzüge der Festigkeitslehre, Leipzig 1923.

ordnung auf sehr hohe Schwingungszahlen (mehrere Millionen Schwingungen in der Stunde). Das hat den Vorteil, daß man die Schwingungsfestigkeit in verhältnismäßig kurzer Zeit feststellen kann.

Die Anordnung für Versuche dieser Art ist aus Unterwasserschallsendern, die zur Verständigung zwischen Schiffen verwendet werden, hervorgegangen. Die ersten Versuche sind von der Signalgesellschaft in Kiel (HAHNEMANN und HECHT) angestellt worden. Später hat die Maschinenbauanstalt Schenck in Darmstadt den weiteren Ausbau der Vorrichtung als Baustoffprüfmaschine betrieben. Mit der Einrichtung hat LEHR eingehende Versuche durchgeführt, deren Ergebnisse in einer Dissertation niedergelegt sind[1]).

**21. Die Kerbwirkung.** Aus den Abb. 9 und 10 ging deutlich hervor, daß der Beginn eines Schwingungsbruches durch eine Fehlstelle im Material hervorgerufen ist. Dies ist bei Schwingungsbrüchen wohl ausschließlich der Fall. Diese Tatsache findet eine einfache Erklärung dadurch, daß an den Rändern einer Fehlstelle eine ungleichmäßige Spannungsverteilung herrscht, die an einzelnen Stellen eine ganz besonders starke Zusatzbeanspruchung hervorruft. In Ziff. 17 ist zwar angegeben, daß zur Erklärung der „technischen" Festigkeit bereits Unvollkommenheiten im Kristallgitter nötig sind, durch deren „Kerbwirkung" die atomare Festigkeit mit fast nur dem tausendsten Teil als technische Festigkeit in Erscheinung tritt. Die hier zu besprechende Kerbwirkung rührt dagegen von makroskopischen Fehlstellen her, deren überbeanspruchte Randzonen bereits so groß sind, daß die atomaren Vorgänge in ihnen annähernd so vor sich gehen als wie in einem unendlich ausgedehnten Körper; es multiplizieren sich hier also die makroskopische und die atomare Kerbwirkung.

Die makroskopischen Fehlstellen können wir trennen in die inneren Fehlstellen, für die der Herstellungsprozeß des Stoffes verantwortlich ist, und die Kerben in der Oberfläche, die bei der Bearbeitung des Stoffes entstehen. Innere Fehlstellen beim Herstellungsprozeß zu vermeiden, ist ein Gebot, das sich zwar anstreben, aber nicht ganz vollkommen befolgen läßt. Der größte Teil der Schwingungsbrüche geht aber von Oberflächenbeschädigungen aus, die mit Kerbwirkung verbunden sind. Hier ist die Sachlage insofern günstiger als bei den inneren Fehlstellen, da man sie auffinden und an sie herankommen kann.

Oberflächenbeschädigungen sind um so gefährlicher, je spröder der Baustoff ist und je schärfer der Kerbgrund verläuft. Das soll an zwei Zahlenbeispielen erläutert werden, die sich auf zylindrische Biegungsschwingungsstäbe von je 28 mm Durchmesser beziehen. Der eine Probestab bestand aus einem zähen Stahlguß von etwa 60 kg/mm² Festigkeit und 7,5 % Bruchdehnung. Durch eine grobe Gußblase hatte er eine Fehlstelle von etwa 100 mm² Oberfläche und einer größten Tiefe von 2,8 mm. An dieser Stelle setzte natürlich der Bruch an. Die große Fehlstelle bewirkte, daß der Stab mit einer um etwa 25 % geringeren Belastung zu Bruch gebracht werden konnte, als bei gesundem Probestab nötig gewesen wäre. Von diesen 25% entfällt der größte Teil auf die Schwächung des Querschnittes, die eine Verminderung des Widerstandsmomentes des Stabes an dieser Stelle und infolgedessen eine Spannungssteigerung zur Folge hatte. Die örtliche Erhöhung der Spannung durch die Oberflächenbeschädigung kann höchstens 10% ausgemacht haben.

Ein anderer Stab gleicher Abmessungen bestand aus Edelstahl von etwa 100 kg/mm² Festigkeit und 8% Bruchdehnung. Hier hatte der Dreher versehentlich den ruhig stehenden Stab nach dem Fertigpolieren mit dem umlaufenden Schleifstein angestoßen, so daß eine schadhafte Stelle von etwa 2 mm²

[1]) E. LEHR, Dissert. Stuttgart 1925.

Fläche und 0,02 mm Tiefe in Form von Schrammen vorhanden war. Die Beschädigung war mit dem bloßen Auge schwer zu erkennen und die Querschnittsverminderung durch sie konnte vollständig vernachlässigt werden. Die Schwingungsfestigkeit des Baustoffes wurde durch die Beschädigung um 45% gegenüber dem nichtbeschädigten Baustoff erniedrigt. Der große Einfluß der Beschädigung war darauf zurückzuführen, daß der Baustoff spröder war, die Beschädigung in Richtung des Bruches verlief und die Schrammen scharfen Kerbgrund hatten.

Die Gefährlichkeit einer Kerbe nimmt mit der Stärke der Krümmung im Kerbgrunde zu. Es wäre daher ein Fortschritt, wenn man nur die Krümmung im Kerbgrund etwas verringern könnte. Ein Verfahren, daß hierauf abzielt und sich technisch verwenden läßt, ist von KÄNDLER angegeben worden[1]. KÄNDLER läßt das fertig bearbeitete Werkstück mit einer Säure behandeln. Die Säure soll die Oberfläche des Stückes gleichmäßig angreifen. (Würde die Säure die einzelnen Bestandteile eines zusammengesetzten Stoffes ungleichmäßig angreifen, so wäre ihre Wirkung offenbar schädlich, weil sie Kerben erzeugen würde). Es entstehen dann im Laufe der Zeit neue Oberflächen, die Äquidistanten zu der ursprünglichen Oberfläche darstellen. Diese äquidistanten Flächen haben aber die gewünschte Eigenschaft, daß sie an einspringenden Kerben den Abrundungsradius vergrößern (Abb. 11). Wählt man die Angriffszeit so kurz, daß an den bearbeiteten Flächen nur eine unmerkliche Veränderung der Maße stattfindet, so können die gefährlichsten Kerben, die den geringsten Abrundungsdurchmesser hatten, doch schon bedeutend verflacht sein. Die bisher gemachten Versuche an geätzten und ungeätzten Stäben, die auf dem KRUPPschen Dauerschlagwerk untersucht wurden, haben diese Wirkung bestätigt. Die Ätzung bewirkte Erhöhungen der Schlagzahlen von polierten Stäben um 50% und von nur gedrehten Stäben um 65% im Vergleich mit ungeätzten Stäben gleicher Art. Gleichzeitig ging dabei die Streuung der Schlagzahlen der geätzten Stäbe gegenüber den anderen stark zurück, es kommen eben Kerbgründe unter einem gewissen Abrundungsradius nicht mehr vor.

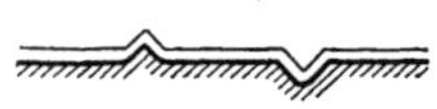

Abb. 11. Äquidistanter Abbau.

Ähnliche Vergleichsversuche sind im Festigkeitslaboratorium der Techn. Hochschule Braunschweig an geätzten und nichtgeätzten Stäben vorgenommen worden, die auf wechselnde Biegung oder Verdrehung beansprucht waren. Hier hat die Ätzung nicht den erwarteten Erfolg gehabt. Die geätzten Stäbe haben im Gegenteil etwas weniger ausgehalten als die nichtgeätzten. Die Frage, warum die Ätzung bei Schlagversuchen im einen Sinne und bei Biegungs- und Verdrehungsversuchen im anderen Sinne wirkt, bedarf noch der Aufklärung.

Die in Ziff. 17 angegebenen Zerreißversuche von Steinsalz unter Wasser, die von JOFFÉ ausgeführt sind, verfolgen dasselbe Ziel. Über den besonders großen Einfluß der Oberflächenbeschaffenheit auf die Zerreißfestigkeit von Probekörpern, die aus geschmolzenen Silikaten hergestellt sind, berichtet W. ROSENHAIN TEDDINGTON[2]. Diese Probekörper wurden in runden Stangen von 3 mm Durchmesser und darüber frisch gezogen. Wenn sie dabei vor der Einwirkung der atmosphärischen Luft geschützt worden waren, dann war ihre Bruchfestigkeit doppelt so hoch, als wenn sie nach dem Ziehen mit dem Finger berührt oder von der Luft angegriffen waren. Diese Beobachtung bezieht sich nur auf die äußerst spröden Probestäbe aus Silikat. Die zäheren Metalle zeigen aber ähnliche örtliche Erscheinungen infolge von Wechselbeanspruchungen, bei denen an einer besonders ungünstig liegenden Stelle eine Gleitung einsetzt. An dieser einen winzig

[1] H. KÄNDLER, ZS. f. techn. Phys. 1924, S. 150.

[2] W. ROSENHAIN TEDDINGTON, Int. Kongreß für Materialprüfungen Amsterdam 1927, Bd. I, S. 36.

kleinen Stelle sind die Metallkörper dann spröde, während sie im übrigen ihre ursprüngliche Zähigkeit behalten haben.

**22. Die Erholungsfähigkeit.** In Ziff. 18 ist die Belastungswechselzahl pro Zeiteinheit noch als Variable in die Schwingungs- und Ursprungsfestigkeit aufgenommen. Nach den bisherigen Versuchen ist der Einfluß der Wechselgeschwindigkeit (wenigstens für den in der Technik wichtigsten Bereich von rund 1 bis 10000 pro Minute) sowohl auf die Höhe der Arbeitsfestigkeit als auch auf die bis zum Bruch erforderlichen Wechsel bei Überschreitung derselben von untergeordneter Bedeutung[1]). Anders ist es dagegen, wenn der Versuchsstab nicht bis zum Bruch in einem Arbeitsgang beansprucht wird, sondern wenn Ruhepausen, z. B. während der Nacht, eingeschaltet werden, während denen der Stab entlastet ist. Es ist hierdurch eine, in gewissen Fällen recht bedeutende Erhöhung der bis zum Bruch erforderlichen Belastungswechsel gefunden worden. Diese Erscheinung wird als Erholung bzw. als Erholungsfähigkeit eines Stoffes bezeichnet. Nach den Mitteilungen der Versuchsanstalt der Deutsch-Luxemburg. Bergwerks- und Hütten-A.-G.[2]) ist die Erholung bei Pausen unter 24 Stunden nicht sehr ausgeprägt. Bei 5 Pausen von je 1 bis 3 Tagen wurden dagegen bei Versuchen auf dem KRUPPschen Dauerschlagwerk 17 bis 72% Erhöhungen der Schlagzahlen gefunden. Bei darüber hinausgehender Verlängerung der Pausen nahmen die Schlagzahlen nicht mehr in demselben Maße zu.

**23. Die Dämpfungsfähigkeit.** Bei der Beanspruchung der Stoffe wird zunächst ein bestimmter Arbeitsbetrag in den Stoff hineingesteckt. Beim Entlasten wird der elastische Anteil dieser Arbeit zurückgewonnen. Es bleibt aber stets ein mehr oder weniger großer Teil der hineingesteckten Arbeit im Stoffe zurück und macht sich durch eine Erwärmung des Stoffes bemerkbar (plastischer Verformungsanteil). Diese Arbeit dämpft die Eigenschwingungen, die mit einem aus dem Stoffe hergestellten Schwingungsgebilde ausgeführt werden können. Der zurückbleibende Energiebetrag oder die Wärmeumsetzung im Stoff wird daher als die Dämpfung oder plastische Hysteresis bezeichnet. Die auf eine Schwingung und 1 $cm^3$ des Stoffes bezogene Dämpfungsarbeit soll mit dem Buchstaben $\vartheta_0$ bezeichnet werden. Die Dämpfung ist natürlich abhängig von den Spannungsgrenzen, innerhalb welcher die Beanspruchung wechseln soll. Wir beschränken die Betrachtung wieder auf die Schwingungsbeanspruchung.

Als Beispiel soll hier die Dämpfung bei der Verdrehung eines zylindrischen Versuchskörpers betrachtet werden. Bei der Verdrehung läßt sich in sehr einfacher Weise eine gleichmäßige Verformung über ein größeres Volumen herstellen. Es ist zu beachten, daß bei dieser Art der Verformung die Beanspruchung in jedem Querschnitt nach der Mitte zu abnimmt. Als maßgebende Spannung, auf die die Betrachtung bezogen wird, soll eine bestimmte Spannung, und zwar die Spannung am Rande angesehen werden. Durch den Versuch kann man die mittlere Dämpfung aus der Erwärmung des Stabes ermitteln. Sie sei mit $\vartheta$ (im Gegensatz zu der an den höchst beanspruchten Randfasern auftretenden Dämpfung $\vartheta_0$) bezeichnet. Wenn die Abhängigkeit der mittleren Dämpfung von der Randverformung $\gamma_0$ (also die $\gamma_0\vartheta$-Kurve) bekannt ist, so kann daraus die wirkliche Dämpfung $\vartheta_0$ in Abhängigkeit von $\gamma_0$ (die $\gamma_0\vartheta_0$-Kurve) ermittelt werden.

Statt der $\gamma_0\vartheta$-Kurve kann auch die Spannungs-Dämpfungskurve ($\tau_0\vartheta$) bestimmt werden. Die Abhängigkeit zwischen $\vartheta$ und $\tau_0$ ist für einige wichtige

[1]) E. H. SCHULZ u. W. PÜNGEL, Mitt. d. Dtsch.-Luxemb. Bergw.- u. Hütten-A.-G. 1922, H. 2, s. auch ROWETT, Proc. Roy. Soc. London, Bd. 89 u. E. LEHR, Diss. Stuttgart 1925.

[2]) Mitt. d. Dtsch.-Luxemb. Bergw.- u. Hütten-A.-G. 1923, H. 3.

Baustoffe in Abb. 12 eingetragen[1]). Man erkennt aus diesen Kurven, daß die Dämpfung schon bei sehr niedrigen Spannungen beginnt. Sie scheint sogar bei jeder noch so kleinen angebbaren Spannung vorhanden zu sein, so daß man den Beginn der Dämpfung mit dem Nullpunkt zusammenfallen lassen muß.

BUSEMANN hat versucht, diese Kurven dadurch zu deuten, daß er für die Dämpfung die Fließgrenze als Bezugsspannung annahm. Der Beginn der Dämpfung unterhalb der Fließgrenze ließ sich dann durch Annahme von sehr vielen kleinen Fehlerquellen im Stoffe, die sich durch die GAUSSsche Fehlerfunktion rechnerisch erfassen ließen, in befriedigender Übereinstimmung mit den Versuchen erklären.

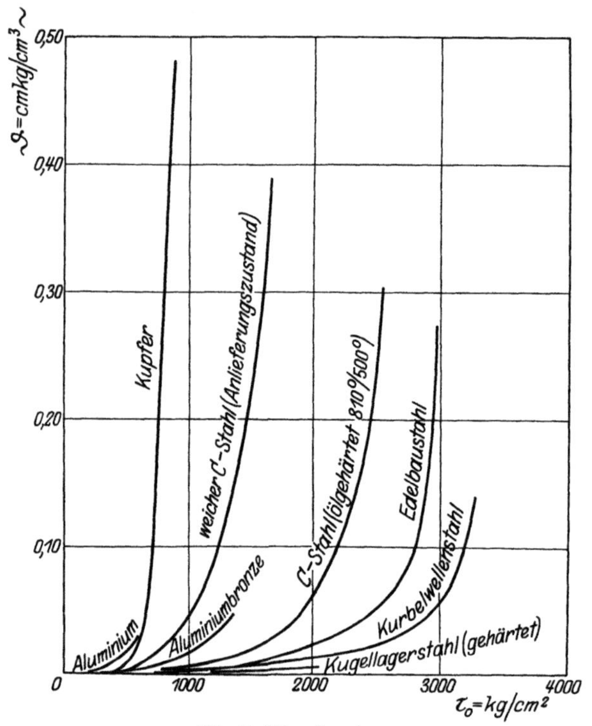


Abb. 12. Dämpfungskurven.

Die große Mannigfaltigkeit in den Dämpfungskurven der verschiedenen Stoffe kann zur Kennzeichnung des Verwendungsgebietes für den Stoff dienen, besonders dort, wo sich das mechanische Verhalten verschiedener Stoffe innerhalb der tatsächlich benutzten Spannungen nur durch die Dämpfung unterscheiden läßt. O. FÖPPL[2]) hat versucht, als weiteres Hilfsmittel hierzu die bis zum Bruch des Stabes im ganzen aufgenommene Dämpfungsarbeit $\nu$ [PS-Std.] zu verwenden. Dieser Wert $\nu$ stellt das Produkt der Dämpfung mit der Anzahl der bis zum Bruch ausgeführten Schwingungen dar, die alle vom gleichen Ausschlag sein müssen; er läßt sich sowohl zur Bestimmung der Grenzen, bis zu welcher ein Stoff beansprucht werden darf, als auch besonders als Gütemaß für Stoffe mit ähnlichen Dämpfungskurven benutzen. Der Gütebestimmung mit Hilfe des Wertes $\nu$ steht aber die Tatsache entgegen, daß die Größe von $\nu$ selbst vom Größtwert der bei der Schwingung auftretenden Verformung abhängig ist.

Die Erforschung der Dämpfungskurven ist noch nicht so weit vorgeschritten, daß sie schon als direkter Maßstab der Verwendungsart des Baustoffes benutzt werden kann. Es soll hier aber auf einige Beobachtungen an Hand von Abb. 12 aufmerksam gemacht werden. So ist z. B. auffällig, daß die Kugellagerstähle

---

[1]) Weitere Kurven finden sich in den Dissertationen von A. BUSEMANN, Die Dämpfungsfähigkeit von Eisen- und Stahlstäben bei Drehschwingungen, 1924, und C. DREYER-BÜRCKNER, Die Dämpfungsfähigkeit von Kupfer und Kupferlegierungen bei Drehschwingungen. 1925. Techn. Hochschule zu Braunschweig. Siehe auch E. PERTZ, Die Bestimmung der Baustoffdämpfung nach dem Verdrehungsausschwingverfahren, Braunschweig 1928 sowie Forschungsheft 304 im V. d. I.-Verlag 1928.

[2]) Werkstoffausschußbericht 36 des V. d. Eisenhüttenl. 1923.

eine besonders geringe Dämpfung aufweisen. Man kann daher annehmen, daß sich für den Bau der Kugeln und Kugelringe in Kugellagern nur solche Stoffe bewährt haben, die unter den starken örtlichen, in Kugellagern auftretenden Beanspruchungen ganz geringe unelastische Formänderungen ausführen. Für Konstruktionszwecke im Eisenbau haben sich dagegen gerade Stahlsorten mit großer Dämpfung als geeigneter herausgestellt[1]).

Zur Gütebestimmung von Werkstoffen (Metallen) auf dynamischem Wege kann man einerseits die Schwingungsfestigkeit $\tau_{\mathrm{Schw}}$, anderseits den Dämpfungsgrenzwert $\vartheta_{\mathrm{Schw}}$ verwenden, d. h. den Wert, den die Dämpfung $\vartheta$ bei Formänderungen bis zur Grenze der Schwingungsfestigkeit hat[2]). Für Konstruktionszwecke des allgemeinen Maschinenbaus ist es wünschenswert, daß sowohl $\tau_{\mathrm{Schw}}$ als auch $\vartheta_{\mathrm{Schw}}$ möglichst hohe Werte haben. Wenn man besonders zähe Werkstoffe verwenden will, muß man solche mit hohen $\vartheta_{\mathrm{Schw}}$-Werten, bei besonders festen Werkstoffen solche mit hohen $\tau_{\mathrm{Schw}}$-Werten aussuchen.

**24. Die elastische Nachwirkung.** Bisher wurden nur solche Vorgänge betrachtet, die von der Verformungsgeschwindigkeit im wesentlichen unabhängig sind. Als einzige Möglichkeit, Energie in nicht umkehrbarer Weise in den Stoff hineinzustecken, kam daher nur die elastische Hysterese in Frage, die in der vorigen Ziffer behandelt ist. Durch sehr feine Messung hat aber WEBER[3]) außer den in den vorausgehenden Ziffern behandelten Erscheinungen auch noch Dämpfungswerte festgestellt, deren Größe sich mit der Zeit ändert. Diese Erscheinung kann man nur so erklären, daß durch die vorher durchgemachten Verformungen Kräfte im Stoffe zurückbleiben, die sich verzögert auswirken. Um die Zeit in einfacher Weise in die Elastomechanik einzuführen, macht man die Annahme, daß die Spannungstensoren nicht nur durch den Verformungstensor, sondern auch durch dessen zeitliche Ableitung bedingt ist. Es bedeutet dies die Einführung einer inneren Reibung („Viskosität" nach Lord KELVIN), die der Flüssigkeitsreibung entspricht. In dieser Form lassen sich die gedämpften Schwingungen elastischer Schwingungsgebilde berechnen, wobei allerdings das Vorhandensein einer von der Zeit unabhängigen Dämpfung (nach Ziff. 23) nicht vernachlässigt werden darf. Betrachtet man nicht Schwingungen, so erweist sich der Ansatz als zu roh. Insbesondere kann folgende Erscheinung nicht von ihm wiedergegeben werden.

Verformt man einen Körper auf ein bestimmtes Maß und hält man diese Verformung konstant, so besteht zunächst irgendein Spannungszustand. Die Spannungen lassen aber mit der Zeit nach und nähern sich asymptotisch einem Endspannungszustand[4]). Man hat es hier offenbar von dem Augenblick an, wo die Deformation festgehalten wird, mit einer Veränderung des Spannungstensors zu tun, an der weder eine Veränderung des Deformationstensors, noch eine zeitliche Ableitung von ihm schuld ist. Dieses Nachlassen der Spannung mit der Zeit wird als Relaxation (Erschlaffung) bezeichnet. Sie wurde zuerst von WEBER[3]) festgestellt. BRILLOUIN[5]) gab hierzu eine recht ansprechende Erklärung, durch die der Vorgang allerdings auch noch nicht vollständig erfaßt wird. Er stellte sich den Körper als ein Doppelmedium vor, das sich aus festen Körnern und einem zähflüssigen Magma zusammensetzt. Hierdurch werden

---

[1]) O. FÖPPL, Gütebestimmung von Baustählen für Sonderzwecke mit Hilfe der Drehschwingungsmaschine. Maschinenbau 1925, S. 515 u. Schweiz. Bauzeitung Bd. 86, Nr. 23. 1925.

[2]) O. FÖPPL, ZS. f. Metallk. Bd. 20. 1928.

[3]) W. WEBER, Ann. d. Phys. u. Chem. Bd. 34, S. 247. 1835.

[4]) Nach KÖRBER heißt die zugehörige Festigkeit die „Dauerstandsfestigkeit". Siehe Ziff. 16.

[5]) M. BRILLOUIN, Ann. phys. chim. (7) Bd. 13, S. 377. 1898; Bd. 14, S. 311. 1898; Bd. 15, S. 447. 1898.

innere Deformationskoordinaten gewonnen, so daß eine Veränderung auch unter Konstanthaltung der äußeren Deformation vor sich gehen kann.

MAXWELL[1]) geht von der Vorstellung aus, daß jedem Stoff eine gewisse Zeit $T$ eigen sei, die für die Anpassung der Spannung $\sigma$ an die Verformung $\varepsilon$ maßgebend ist, die Relaxationszeit. Die Beziehung zwischen Spannung und Dehnung lautet nach ihm:

$$\frac{d\sigma}{dt} = E'\frac{d\varepsilon}{dt} - \frac{\sigma - E\varepsilon}{T}; \qquad (E' > E)$$

dabei bedeutet $E'$ den Elastizitätsmodul bei raschen Verformungen, $E$ den Elastizitätsmodul für unendlich langsame Verformungen, $t$ die Zeit. Der asymptotisch zu erreichende Endzustand lautet $\sigma = E\varepsilon$; er wird um so schneller angestrebt, je kleiner $T$, die Relaxationszeit, ist.

BOLTZMANN[2]) berücksichtigt die elastische Nachwirkung in der Weise, daß er die Spannung nicht der momentanen Verformung zur Zeit $t_0$ allein entsprechen läßt, sondern noch ein Integral dazuzählt, das man erhält, wenn man alle voraufgehenden Verformungszustände zur Zeit $t$ in einer mit zunehmender Zeitdifferenz $t_0 - t$ monoton abnehmenden Weise bewertet und ihre „Nachwirkung" von der unendlichfernen Vergangenheit bis zu dem betrachteten Augenblick über $t$ integriert. Er schreibt dem Stoff also ein Gedächtnis zu mit einer charakteristischen Erinnerungsfunktion, nach deren Maßgabe die Vergangenheit noch auf die Spannung wirksam ist. Wählt man als spezielle Erinnerungsfunktion eine Exponentialfunktion $g(\varepsilon_0, \varepsilon)\, e^{-\frac{t_0 - t}{T}}$ mit dem konstanten Koeffizienten $T$ für alle Spannungen, so bleibt das gegenseitige Verhältnis der Bewertung aller Zustände der Vergangenheit bei wachsendem $t_0$ konstant, ganz unabhängig von der Wahl der Funktion $g(\varepsilon_0, \varepsilon)$, die die Stärke der Nachwirkung in Abhängigkeit von der Verformung $\varepsilon_0$ zur Zeit $t_0$ und $\varepsilon$ zur Zeit $t$ angibt, falls man in der Gegenwart die Verformung $\varepsilon_0$ konstant hält. Die Nachwirkung zeigt sich dann also in der Gegenwart als ein Abklingen einer anfänglichen Spannungsdifferenz nach einer Exponentialfunktion, für die die Zeit $T$ maßgebend ist. Wählt man außerdem die Funktion $g$ noch proportional $\varepsilon_0 - \varepsilon$:

$$g(\varepsilon_0, \varepsilon) = \frac{E' - E}{T}(\varepsilon_0 - \varepsilon),$$

so geht die BOLTZMANNsche Auffassung in die MAXWELLsche über, wie man leicht durch Differentiation der BOLTZMANNschen Gleichung nach $t_0$ für diesen Spezialfall nachweist[3]):

$$\sigma_0 = E\varepsilon_0 + \int_{-\infty}^{t_0} f[\varepsilon_0, \varepsilon, (t_0 - t)]\, dt = E\varepsilon_0 + \frac{E' - E}{T}\int_{-\infty}^{t_0} (\varepsilon_0 - \varepsilon)\, e^{-\frac{t_0 - t}{T}}\, dt,$$

$$\frac{d\sigma_0}{dt_0} = E\frac{d\varepsilon_0}{dt_0} + \frac{E' - E}{T}\frac{d\varepsilon_0}{dt_0}\int_{-\infty}^{t_0} e^{-\frac{t_0 - t}{T}}\, dt - \frac{1}{T}\left(\frac{E' - E}{T}\int_{-\infty}^{t_0} (\varepsilon_0 - \varepsilon)\, e^{-\frac{t_0 - t}{T}}\, dt\right),$$

$$\frac{d\sigma_0}{dt_0} = E'\frac{d\varepsilon_0}{dt_0} - \frac{1}{T}(\sigma_0 - E\varepsilon_0).$$

---

[1]) J. CL. MAXWELL, Ency. Brit. 9. ed., Vol. VII, S. 798 = Scient. Pap. Bd. 2, S. 26. Cambridge 1890.

[2]) L. BOLTZMANN, Ann. d. Phys. u. Chem., Erg.-Bd. 7, S. 624. 1876 = Ges. Abhandgln. Bd. 1, S. 616. Leipzig 1909.

[3]) E. WIECHERT, Ann. d. Phys. u. Chem. Bd. 50, S. 335 u. 546. 1893. WIECHERT selbst benutzt Summen von Exponentialfunktionen mit verschiedenem T.

Die BOLTZMANNsche Darstellung ist daher allgemeiner. Insbesondere gestattet sie auch, Erinnerungsfunktionen zu wählen, bei denen die Nachwirkung nicht nur in einer monoton abklingenden Spannungsdifferenz besteht, sondern auch ihr Vorzeichen während des Abklingens ändern kann. Man erreicht dies, wenn man zunächst eine Verformung von längerer Dauer im einen Sinn und darauf eine Verformung vom gleichen Absolutbetrag, aber kürzerer Dauer im anderen Sinn vornimmt. Es könnte dann zunächst die zuletzt vorgenommene, weil sie noch frisch in Erinnerung ist, eine stärkere Nachwirkung haben; liegen dagegen beide Verformungen schon längere Zeit zurück, so mag die erste wegen ihrer längeren Einwirkungsdauer wieder hervortreten. Qualitativ dieselben Verhältnisse ergeben sich, wenn man die Spannungen erzwingt und die Verformungen beobachtet. In dieser Form läßt sich die Umkehr der Richtung der abklingenden Nachwirkung bei einigen Stoffen besonders leicht beobachten[1]).

Ein einfaches Modell, um sich die Hysteresis und die Nachwirkung im Inneren des Stoffes vorzustellen, ist von PRANDTL[2]) angegeben worden. PRANDTL beschränkt sich dabei auf eine Molekelreihe und ihre Beeinflussung durch die Kräfte einer Nachbarreihe. Die erste Molekelreihe soll auf einer Stange aufgereiht angenommen werden mit Verschiebemöglichkeit auf der Stange und elastischer Bindung jedes Molekels an einen bestimmten Punkt der Stange. Die Nachbarreihe wird ersetzt durch eine periodisch über die Länge der Stange wechselnde Kraft. Jedoch soll die Periode der Kraft nicht mit der Entfernung der Molekeln übereinstimmen. Es stellt sich so zunächst jedes Molekel in eine Gleichgewichtslage ein, die durch die elastische Bindung und die Größe der überlagerten Kraft gegeben ist. Bewegt man nun das überlagerte periodische Kraftfeld hin und her, was einer Deformation des Stoffes entspricht, so wird an den Stellen, wo die Phase der Kraft gegenüber der Lage der Molekel die geeignete Phasendifferenz hat, eine Labilität und ein Umschnappen der Molekel an dieser Stelle eintreten, falls die elastische Bindung auf der Stange genügend weich ist. Hierdurch wird ein Teil der elastischen Energie in Wärme verwandelt. Beim Hin- und Zurückgehen entsteht auf diese Weise die Hysteresis. Fügt man die Wärmebewegung der einzelnen Molekel mit in das Modell ein, so erkennt man, daß bei der Verformung einige Molekel so nahe an eine labile Stelle gekommen sein können, daß sie, wenn sie später eine entsprechende Energiemenge durch die Wärme erhalten, die Labilitätsstelle erreichen und in eine stabilere Lage übergeführt werden können, von der sie nicht mit derselben Wahrscheinlichkeit wieder in die alte Lage zurück können; es entspricht dieses der elastischen Nachwirkung.

**25. Das Altern des Stahls.** Eine besonders starke elastische Nachwirkung wird am Stahl festgestellt, der eine Kaltverformung (z. B. durch Bearbeiten, Ziehen, Schneiden, Schlagen) erlitten hat. Die Festigkeitseigenschaften sind von der Zeit abhängig, die seit der Kaltverformung verstrichen ist. Aber nicht nur die Zeit, sondern auch die Temperatur, der der Werkstoff in der Zwischenzeit ausgesetzt war, beeinflussen das Ergebnis. Bei Stahl geht die zeitliche Veränderung nach Kaltverformung besonders rasch vor sich, wenn die Temperatur etwa 250 bis 300° beträgt. Dann setzt das Altern plötzlich und in besonders starkem Maße ein und man spricht mit Rücksicht auf die blaue Anlauffarbe, die der Stahl bei 300° zeigt, vom Blaubruch. Blaubrüchigkeit tritt aber nur dann ein, wenn außer der Erwärmung auf 300° auch eine plastische Verformung bei dieser Temperatur oder im kalten Zustande stattgefunden hat.

---

[1]) Versuche von: F. KOHLRAUSCH, Ann. d. Phys. u. Chem. Bd. 119, S. 337. 1863; Bd. 158, S. 338. 1876; Bd. 160, S. 225. 1877. F. REHKUH, Bd. 35, S. 476. 1888; K. BENNEWITZ, Phys. ZS. Bd. 21, S. 703. 1920.

[2]) L. PRANDTL, ZS. f. angew. Math. u. Mech. 1928, S. 85.

Die verschiedenen Stahlsorten sind in verschieden starkem Maße blaubrüchig. Im allgemeinen scheinen legierte, d. h. mit Ni, Cr usw. vergütete, Stähle weniger stark zum Blaubruch zu neigen als unlegierte Stähle.

Wenn die Verformung bei über 700° stattgefunden hat, dann zeigt sich kein Altern mehr. Es ist deshalb in Walzwerken nötig, darauf zu achten, daß das Walzgut während der Bearbeitung nicht zu stark abkühlt, d. h. nicht unter Hellrotglut herunterkommt. Die Alterungseigenschaften eines kalt verformten Stückes können durch nachträgliches Ausglühen, d. h. längeres Erhitzen auf 800 bis 900°, wieder beseitigt werden.

Die ungünstigen Eigenschaften eines kalt verformten Stahlstückes treten nur wenig beim Zerreißversuch in die Erscheinung. Die Bruchfestigkeit wird durch das Altern eines kaltverformten Stückes um mehrere Prozent (bei Verformungen unter 10% um höchstens 30% der ursprünglichen Bruchfestigkeit) erhöht, die Dehnung wird etwa im gleichen Verhältnis ermäßigt. In weit stärkerem Maße wird aber die Kerbzähigkeit — d. h. die Arbeit, die zum Abschlagen eines eingekerbten Probestabes von bestimmten Abmessungen (Abb. 13) nötig ist — durch das Altern oder durch Bearbeitung unter Blauwärme beeinflußt. Für bestimmte Stähle sinkt die Kerbzähigkeit eines in Blauwärme verformten Stückes auf ein Zehntel des Wertes herab, den der gleiche Stahl in ausgeglühtem Zustand hat.

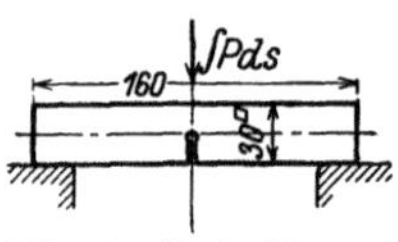

Abb. 13. Kerbschlagprobe.

Die praktische Bewährung entspricht mehr den Angaben des Kerbschlagversuches als der des Zerreißversuches, d. h. die Haltbarkeit eines in der Blauwärme verformten Stückes ist nur ein geringer Bruchteil von der des gesunden Baustoffes. Die Kerbschlagprobe wäre deshalb gut geeignet für Abnahmeversuche. Wenn sie bisher so wenig Verwendung zu Abnahmeversuchen gefunden hat, so rührt das davon her, daß der Kerbschlagversuch stark streuende Ergebnisse liefert, die unter anderem in hohem Maße von der Temperatur des Probestückes abhängen[1]).

**26. Zähigkeit und Sprödigkeit.** Ein statisch zäher Baustoff erleidet bei einer einmaligen Beanspruchung erhebliche bleibende Formänderungen, bevor er bricht, während ein statisch spröder Baustoff ohne wesentliche bleibende Formänderung zu Bruch geht. So wird z. B. Schmiedeisen mit einer Bruchdehnung $> 20\%$ als zäher Baustoff und Gußeisen mit einer Bruchdehnung $\varepsilon_{Br} < 1\%$ als spröder Baustoff angesprochen.

Das sind statische Eigenschaften, die durch den statischen Zerreißversuch nachgewiesen werden. Die praktische Bedeutung der statischen Zähigkeit liegt darin, daß ein einmalig überanstrengter Körper unter Umständen nicht bricht, sondern eine bleibende Verformung erfährt. Die aus zähem Stahl hergestellte Tretkurbel eines Fahrrades wird z. B. krumm, wenn sich ihrer Bewegung plötzlich ein Hindernis entgegenstellt, sie etwa gegen einen Kantenstein stößt. Würde die gleiche Kurbel aus einem statisch spröden Werkstoff bestehen, so würde sie unter gleichen Umständen brechen.

Neben der statischen Zähigkeit hat aber auch die dynamische Zähigkeit wesentliche Bedeutung für die praktische Bewährung eines Werkstoffes. Die Betriebsbrüche der Praxis werden in der Regel nicht durch einmalige Überanstrengung, sondern durch oft wiederholte Wechselbeanspruchungen verursacht, die einen Dauerbruch zur Folge haben. Bei den Dauerbrüchen sucht man vergebens nach irgendwelcher Bruchdehnung. Die statische Zähigkeit hat unmittelbar keinen Einfluß auf den Dauerbruch. Das Ansetzen eines Dauerbruches

[1]) Siehe dazu F. FETTWEIS, Stahl u. Eisen 1919, S. 1 u. A. POMP, ebenda 1920, S. 1261.

wird aber wesentlich begünstigt durch Fehlstellen und Oberflächenbeschädigungen (Ziff. 21), die so klein sein können, daß sie den statischen Bruchvorgang nicht beeinflussen würden. Wenn der Baustoff nur rein elastische Formänderungen ausführen kann, dann steigt die Spannung an diesen Stellen besonders hoch an. Kann aber der Baustoff daneben auch plastische Verformungen ausführen, so bewirken diese eine Milderung des Spannungsanstieges an den ausgezeichneten Stellen. Diese Milderung ist nur dann von praktischer Bedeutung, wenn der Baustoff die plastischen Verformungsanteile in beliebig häufigem Wechsel überstehen kann, ohne Schaden zu leiden. Die kleinen plastischen Verformungsanteile haben bei Schwingungen eine Dämpfung zur Folge; sie können durch Dämpfungsmessungen bestimmt werden. Ein dämpfungsfähiger Baustoff ist deshalb ein dynamisch zäher, d. h. er kann kleine plastische Verformungsanteile ausführen, ohne mit der Zeit zu Bruch zu gehen[1]).

Bei Stahl kann man aus der statischen Zähigkeit — gemessen durch die Bruchdehnung — mit einiger Annäherung auf die dynamische Zähigkeit — gemessen durch die Dämpfungsfähigkeit $\vartheta$ — schließen. Es gibt allerdings auch hier Sorten mit noch ganz erheblicher Bruchdehnung ($\varepsilon = \backsim 0{,}1$), die schon ausgesprochen dynamisch spröde (wenig dämpfungsfähig sind) sind. Der Rückschluß von $\varepsilon$ auf $\vartheta$ versagt vollkommen, wenn man ihn auf andere Werkstoffe anwendet. Leichtmetalle sind im allgemeinen statisch zäh; ihre Bruchdehnung ist 10 bis 20%. Sie sind aber wenig dämpfungsfähig, d. h. dynamisch spröde: sie brechen bei Wechselbeanspruchungen oft aus äußerlich schwer erklärlichen Ursachen (z. B. infolge von winzig kleinen Fehlstellen). Dagegen gibt es elektrische Isolationsstoffe (z. B. Trolit) mit geringer Bruchdehnung (unter 2%) aber großer dynamischer Zähigkeit. Man sieht daraus, daß man bei Rückschlüssen von der statischen Zähigkeit auf die dynamische oder von der Bruchdehnung auf die Dämpfungsfähigkeit zu großen Fehlern kommen kann. Die genaue Kenntnis der Eigenschaften eines Baustoffes erfordert die Angabe von beiden Werten. Für einen bestimmten Verwendungszweck der Praxis muß man entscheiden, ob man größeres Gewicht auf die statische oder auf die dynamische Zähigkeit zu legen hat.

Im praktischen Betrieb benötigt man für Bauzwecke im allgemeinen Werkstoffe von großer Zerreißfestigkeit und großer Bruchdehnung, wenn die Bruchgefahr durch eine einmalige oder selten wiederholte Beanspruchung hervorgerufen wird, und man benötigt Werkstoffe mit hoher Schwingungsfestigkeit und Dämpfungsfähigkeit, wenn die Gefahr eines Dauerbruches vorliegt. Zur Zeit werden in Deutschland Schubschwingungsfestigkeit und Dämpfungsfähigkeit in der Regel mit Hilfe der Drehschwingungsmaschine Bauart Föppl-Busemann bestimmt, die von Lehmann & Michels in Hamburg-Altona hergestellt wird.

## IV. Technische Bemerkungen.

**27. Die Festigkeitsversuche der Praxis.** Durch die Festigkeitsversuche wird die Güte solcher Baustoffe bestimmt, die im praktischen Betrieb größere Festigkeitsbeanspruchungen auszuhalten haben. An einem praktisch brauchbaren Festigkeitsversuch werden zwei Hauptanforderungen gestellt, nämlich:

a) der Versuch muß mit möglichst einfachen Mitteln in möglichst kurzer Zeit durchzuführen sein und

b) die Versuchsergebnisse sollen der Bewährung des Baustoffes in der Praxis möglichst getreu entsprechen, d. h. die Beanspruchung des Baustoffes

[1]) O. Föppl, ZS. f. angew. Math. u. Mech. Bd. 5, S. 133. 1925 und ZS. f. Metallk. April 1928.

beim Versuch soll möglichst ähnlich der Beanspruchung sein, die der Baustoff im praktischen Betrieb erleidet.

Bei allen Festigkeitsversuchen muß ein Kompromiß zwischen den beiden Hauptforderungen geschlossen werden, von denen die eine der anderen entgegensteht. Die Versuche werden deshalb verschieden angestellt werden müssen, je nachdem der größere Nachdruck auf die erste oder die zweite Hauptforderung gelegt wird.

Am besten gerecht wird der Forderung a) die BRINELLsche Druckprobe, die vor allem in Stahlwerken viel verwendet wird. Es wird eine glasharte Stahlkugel von bestimmtem Durchmesser (gewöhnlich 10 mm) in den zu untersuchenden Baustoff mit einem bestimmten Druck $P$ (bei Stahl gewöhnlich 3000 kg) gepreßt. Nach Abnahme der Belastung wird die Kugelfläche $F$ ausgemessen, die im Baustoff infolge der plastischen Verformung zurückgeblieben ist. Die Kugeldruckhärte $P/F$ gibt ein Maß für bestimmte Eigenschaften des Baustoffes. Es wäre verkehrt, wenn man etwa aus der Kugeldruckhärte die Güte des Baustoffes beurteilen wollte. Die praktische Bewährung des Baustoffes hängt bei den verschiedenen Bauzwecken von vielen Umständen ab, die bei der Kugeldruckhärte nicht berücksichtigt werden. Die Kugeldruckprobe ist aber ein zweckmäßiges Mittel, um aus einer Reihe von Körpern, die aus dem gleichen Baustoff bestehen sollen, ausfallende Stücke herauszufinden. Sie wird z. B. verwendet, um Stahlstangen bei der Einlieferung in eine Fabrik auf gleiche Härte zu prüfen und zu harte Stücke, deren Bearbeitung erhöhte Kosten verursachen würde, auszuscheiden. Als Abnahmebedingung wird dagegen die Kugeldruckprobe mit Recht selten verwendet. (Bei der Bestellung eines Baustoffes werden Gütebedingungen vom Besteller vorgeschrieben. Bei der Lieferung wird durch den Abnahmeversuch festgestellt, ob die Bedingungen erfüllt sind. Wenn die Bedingungen nicht erfüllt sind, kann die Annahme der Ware verweigert werden.)

Einen Mittelweg zwischen beiden Hauptbedingungen schlägt der Zerreißversuch ein, der schon in Ziff. 4 eingehend besprochen worden ist. Der Zerreißversuch liefert wesentliche Aussagen über den Baustoff (Zerreißfestigkeit, Dehnung, Streckgrenze), so daß aus ihm schon ein guter Rückschluß auf die praktische Bewährung gezogen werden kann. Er ist, da er die Herstellung eines Probestabes erforderlich macht, viel umständlicher durchzuführen als die BRINELLsche Druckprobe. Das Ergebnis kann aber immerhin in kurzer Zeit gewonnen werden und erfordert längst nicht die Mühe, die der im nachfolgenden Schwingungsversuch nötig macht. Die üblichen Abnahmevorschriften, die bei Bestellung von Baustoffen (namentlich Metallen) vorgeschrieben werden, gründen sich deshalb in erster Linie auf den Zerreißversuch, der bei Steinen, Beton, Holz durch den ihm entsprechenden Druckversuch ersetzt wird.

Ein wenig einfacher in der Durchführung ist der Kerbschlagversuch, bei dem ein in der Mitte eingekerbter Probestab durch einen einmaligen Schlag zerbrochen und die dazu erforderliche Arbeit bestimmt wird (Abb. 13). Der Kerbschlagversuch läßt sich zwar sehr rasch vornehmen, er hat aber zu seiner Durchführung ebenso wie der Zerreißversuch einen Probestab nötig, der eine mehrstündige Werkstattsarbeit bedingt. Der Kerbschlagversuch liefert als Ergebnis nur eine Zahl, die Schlagarbeit, die allein nicht genügt, um einen Werkstoff zu kennzeichnen. Die Kerbschlagprobe wird deshalb in der Regel nur neben anderen Versuchen als zusätzliche Kennzeichnung des Baustoffes verwendet. Die praktische Verwendung des Kerbschlagversuches wird dadurch erschwert, daß die auf die Querschnittsfläche bezogene Schlagarbeit $A/F$ sehr stark von der Breite der Probe, der Schlaggeschwindigkeit und der Versuchstemperatur, abhängt.

Die Beanspruchung, die der Baustoff in der Praxis erleidet, wird besser vom Dauerkerbschlagversuch nachgeahmt (KRUPPsches Dauerschlagwerk, Abb. 8), bei dem immer wiederholte Schläge von stets gleichem Impulsinhalt so lange zur Wirkung kommen, bis der Probestab durchbricht. Als Gütemaßstab dient die Zahl der Schläge, die bis zur Herbeiführung des Bruches nötig waren. Durch diese eine Angabe kann aber auch der Baustoff nicht hinreichend bewertet werden und es wird deshalb die KRUPPsche Dauerschlagprobe ebenfalls fast nur in Verbindung mit dem Zerreißversuch bei Abnahmen verwendet. Die Dauerschlagprobe braucht mehrere Stunden Zeit, und sie ist deshalb umständlicher durchzuführen als die einfache Kerbschlagprobe.

Die Schwingungsversuche (Ziff. 19) ahmen am besten die Beanspruchung nach, die der Baustoff in der Praxis erleidet. Sie sind aber auch weitaus am umständlichsten durchzuführen und genügen deshalb am allerwenigsten der ersten Hauptbedingung. Wenn nur die Schwingungsfestigkeit, d. h. der Grenzwert der Belastung, den der Baustoff in beliebig häufigem Wechsel eben noch aushält, ohne zu zerbrechen, bestimmt wird, genügt diese Angabe auch nicht, um daraus die Bewährung des Baustoffes für praktische Zwecke anzugeben. Beim Schwingungsversuch kann aber außerdem die Dämpfungsfähigkeit (Ziff. 23) ermittelt werden. Die beiden Größen, Schwingungsfestigkeit und Dämpfungsfähigkeit, geben die treffendsten Güteaussagen über ein Metall. Ihrer allgemeinen Verwendung steht bisher nur die Umständlichkeit des Feststellungsverfahrens entgegen.

Neben diesen für alle Zwecke anwendbaren Prüfverfahren werden noch die Baustoffe für besondere Bauzwecke durch Sonderproben ausgewählt. So gibt es Bördelproben und Abschreckbiegeproben für Kesselbleche, Verwindeproben und Hin- und Herbiegeproben für Drähte, Lochproben für Niete, Aufdornproben für Rohre usw.

**28. Die natürlichen Baustoffe.** Die Technik macht ausgiebigen Gebrauch von natürlichen Baustoffen wie Steinen, Holz, Leder usw. Diese Baustoffe haben vielfach recht verschiedene Eigenschaften in verschiedenen Richtungen. Es hängt dies von ihrer Entstehung (Wachstum, Ablagerung usw.) ab. Diese für die Elastomechanik interessante Seite soll am Holz als Beispiel näher behandelt werden.

Legen wir durch einen Baumstamm Zylinderkoordinaten, so lassen sich die Längsrichtung, die Umfangsrichtung und die radiale Richtung unterscheiden. Es sind dies angenähert die natürlichen Koordinaten. Die Fasern des Holzes verlaufen in der Längsrichtung. Sie sind miteinander fest in der Umfangsrichtung verbunden. In radialer Richtung folgen aufeinander Schichten von festerer und von loserer Beschaffenheit, die sich als Jahresringe deutlich abheben. Die Festigkeit in der Faserrichtung ist bei vielen Holzarten bis zehnfach so groß als in radialer Richtung. In tangentialer Richtung hält das Holz gewöhnlich nicht viel mehr aus als in radialer Richtung. Ähnliche Unterschiede findet man bei anderen Beanspruchungsarten. Drückt man z. B. einen Holzwürfel mit der Kraftrichtung parallel zur Umfangsrichtung oder zur Faserrichtung, so platzt derselbe in den Jahresringen auf. Legt man die Kraftrichtung dagegen in radiale Richtung, so lassen sich weichere Holzarten bleibend bis ungefähr auf ein Drittel der Höhe bei mäßigem allmählich steigendem Drucke zusammendrücken. Das Holz ändert seine Gestalt mit seinem Feuchtigkeitsgehalt, es arbeitet, jedoch nicht in Richtung der Fasern. Man vermeidet diese unangenehme Eigenschaft, als auch die Anisotropie durch Zusammenleimen von dünnen Brettern mit gekreuzter Fasernrichtung (Sperrholz).

Das Holz darf man durchaus nicht als minderwertigen Baustoff ansehen. Es stützt sich z. B. die Flugzeugindustrie, die besonders vorsichtig in der Auswahl ihrer Baustoffe sein muß, heute noch in erster Linie auf das Holz als Konstruktionsstoff. Es kommt hier nämlich nicht auf größte Festigkeit allein an, sondern auf ein Optimum, bedingt durch Festigkeit und spezifisches Gewicht. Das Holz ist wegen seines geringen spezifischen Gewichtes anderen Baustoffen überlegen. Hierdurch ergeben sich für Bauten aus Holz von selbst größere Querschnitte, wodurch die Knickfestigkeit bei vollem Querschnitt größer wird, gleichzeitig wird die Bearbeitung wegen der niedrigen Festigkeit leichter. Das Holz wird daher auch im Fahrzeug-, Möbel- und Modellbau nicht leicht zu verdrängen sein. Noch einen ganz andersartigen Vorteil hat das Holz gegenüber anderen Baustoffen zu verzeichnen, der durchaus in das Gebiet der Elastomechanik fällt. Das Holz hat vorzügliche akustische Eigenschaften, die seine Verwendung als Resonanzboden, als Wandverkleidung in Sälen, als Baustoff für Grammophon- und Lautsprecher-Tonführungen zur Folge haben. Der Hauptgrund scheint in dem besonders niedrigen Elastizitätsmodul des Holzes zu liegen, der zur Folge hat, daß ein Resonanzboden aus Holz bei gegebener Energie weit größere Ausschläge macht als Resonanzböden aus anderen Baustoffen. Die großen Ausschläge haben aber einen großen Energieübergang an die umgebende Luft zur Folge, der als Ton auf das Ohr übertragen wird. Vermutlich ist ferner die Dämpfung des Holzes verhältnismäßig klein, so daß eine angefachte Schwingung nur wenig Energie durch innere Baustoffdämpfung verliert[1]). Es liegen aber auf diesem Gebiete noch keine exakten Forschungsergebnisse vor, so daß man auch noch nicht angeben kann, was die physikalische Grundlage der „Tonveredelung" des Holzes ist. Das Bedürfnis und die Mittel zur Forschung in dieser Richtung sind durch die Rundfunkentwicklung bedeutend vermehrt, so daß mit Fortschritten auf diesem Gebiete zu rechnen ist.

Die Natursteine sowohl wie die künstlichen Steine werden fast ausschließlich dort verwandt, wo nur Druckkräfte zu übertragen sind. Sie lassen sich durch Mörtel leicht so weit miteinander verbinden, daß sie den Druck gut vom einen Stein zum andern übertragen können, und daß sie gegen Verrutschen und gegen Nebenkräfte gesichert sind.

**29. Beton und Eisenbeton.** Wir behandeln den Beton hier gesondert, da er der wichtigste Baustoff des Bauingenieurs ist und da er vor allem dort angewendet wird, wo massige Bauten (Fundamente, Dämme, Stützmauern, Wasserbauten usw.) errichtet werden sollen. Während der gewöhnliche Mörtel (Luftmörtel) schon seit 5000 Jahren den Menschen als Baustoff dient, ist die Verwendung des Betons wenig mehr als 150 Jahre alt. Im Gegensatz zum Luftmörtel, der trockene Luft zum Erhärten nötig hat, bindet der Beton gerade in Gegenwart von Wasser ab und er erreicht 10- bis 20mal so große Festigkeit wie jener.

Das Gerippe des Betons ist der Kies, der in verschiedener Korngröße verwendet wird. Die einzelnen Kieskörner werden durch ein Bindemittel, den Zementmörtel, zusammengehalten. Der Zementmörtel besteht aus einer innigen Mischung von Zement, Sand und Wasser.

Der Zement selbst wird aus einem Gemenge von Ton (Aluminiumsilikat) und Kalkstein gebrannt. Als Ausgangsstoff werden in neuerer Zeit auch vielfach Eisenschlacken verwendet, die beim Hochofenprozeß abfallen. Die Mischung wird nach der Zerkleinerung in der Regel in rotierenden Öfen (Drehöfen) bei hoher Temperatur (etwa 1500°) zu Klinkern gebrannt. Bei der Herstellung des

---

[1]) Über einige im Klavierbau verwendete Holzarten (deutsche Buche und rumänische Fichte) sind in der letzten Zeit Dämpfungswerte bekanntgeworden. Siehe E. PERTZ, Die Bestimmung der Baustoffdämpfung nach dem Verdrehungsausschwingungsverfahren, Braunschweig 1928.

Schmelzzementes ist die Temperatur im Ofen so hoch (etwa 1800°), daß die Masse schmilzt. Die Klinker bzw. die erkaltete Masse wird zu einem möglichst feinen Mehl gemahlen, das man Zement nennt.

Der Zement kann in erheblichen Mengen Wasser aufnehmen und erhärtet dann zu einem festen Körper, der an den zwischenliegenden Kiesstücken fest anhaftet. Für die Herstellung des Betons ist es wichtig, daß Kies, Sand, Zement und Wasser sehr innig miteinander vermischt werden. Jede Fuge zwischen zwei nebeneinanderliegenden Kieskörnern soll durch Zementbrei ausgefüllt sein. Bei der Erhärtung hat der Beton das Bestreben, noch mehr Wasser aufzunehmen, als zur Anfertigung des Breies nötig war; er entzieht es seiner Umgebung. Betonbauten, die aus gewöhnlichem Zement hergestellt sind, sollen deshalb acht Tage lang ununterbrochen feucht gehalten werden.

Die Festigkeit des Betons steigert sich mit der Zeit, die seit der Herstellung verstrichen ist. Die maßgebenden Festigkeitsprüfungen werden in der Regel 28 Tage nach Ansetzen vorgenommen. Die Festigkeit mag dann vielleicht 75% der schließlich erreichbaren Festigkeit betragen. Die Festigkeit des Betons hängt vor allem von folgenden vier Faktoren ab:

a) von der Festigkeit des Kieses oder Kiesersatzes,
b) von der Festigkeit des Zementmörtels,
c) vom Mischungsverhältnis,
d) vom Herstellungsverfahren des Betons.

Zu a). Die Festigkeit des Kieses ist in der Regel erheblich größer als die des Zementes. Dann ist die Festigkeit des Betons allein abhängig von der Festigkeit des Zementmörtels. Als Ersatz für den Kies werden oft Abfallprodukte (z. B. Schlacken von Hochöfen oder aus der Metallgewinnung) verwendet. Diese Ersatzstoffe haben mitunter so geringe Festigkeit, daß die Güte des Betons durch die Eigenschaften der Ersatzstoffe beeinflußt wird.

Zu b). Zur Ermittlung der Festigkeitseigenschaften eines Zementes werden Probekörper aus Zementmörtel, die in der Regel aus 1 Teil Zement und 2 oder 3 Teilen Normensand mit entsprechendem Wasserzusatz bestehen, in Würfelform nach einem genau vorgeschriebenen Verfahren hergestellt und unter der hydraulischen Presse zerdrückt. Die Druckfestigkeit wird durch Division der Höchstlast durch die Querschnittsfläche erhalten. Die Festigkeitswerte eines gewöhnlichen Zementmörtels betragen 250 bis 400 $kg/cm^2$, die eines aus hochwertigem Zement hergestellten Mörtels 600 bis 800 $kg/cm^2$. Für sehr viele Bauzwecke ist es wichtig, daß der Zementmörtel und der daraus hergestellte Beton schon bald nach dem Abbinden (d. h. dem Übergang von der breiigen in die feste Form) erhebliche Festigkeitswerte hat, damit die neuen Bauteile wenige Tage nach ihrer Errichtung durch den Weiterbau von etwa darüberliegenden Stockwerken belastet werden können. In besonders hohem Maße hat diese Eigenschaft der hochwertige Zement, der vor allem als Schmelzzement gewonnen wird und mehrfach so hoch im Preise steht wie gewöhnlicher Zement. Am hochwertigen Zement wird also vor allem die hohe Anfangsfestigkeit geschätzt (z. B. 3 Tage nach dem Aufbringen die Hälfte der Festigkeit, die nach 28 Tagen erreicht wird).

Zu c). Der Zement ist der teuerste Bestandteil im Beton. Es liegt deshalb nahe, den Beton in möglichst magerer Mischung (d. h. wenig Zement mit viel Sand und Kies) herzustellen. Je magerer die Mischung ist, desto geringer ist aber auch die Festigkeit des Betons. Dort, wo der Beton nur geringe Beanspruchungen erfährt, geht man auf Mischungsverhältnisse 1 Gew.-Teil Zement:15 Gew.-Teile (Sand + Kies) oder noch weiter herunter, während man zur Erzielung hoher Festigkeitswerte ein Mischungsverhältnis 1:5 oder 1:7 anwenden muß.

Zu d). Die Bestandteile des Betons müssen in stets gleichem Verhältnis innig gemischt werden. Man benützt dazu zweckmäßig Mischmaschinen, da die Handmischung nur unvollkommene Ergebnisse liefert. Der Betonbrei wird in eine Holzverschalung gegossen, die nach dem Abbinden entfernt wird. Es ist nötig, daß der Beton nach dem Auftragen noch einige Zeit feucht gehalten wird. Das geschieht durch Auflegen von feuchten Tüchern, die von Zeit zu Zeit begossen werden. Aus gewöhnlichem Zement hergestellter Beton soll in der Regel 7 Tage, aus hochwertigem Zement hergestellter 3 Tage ununterbrochen feucht gehalten werden. Beim Anrühren der Baumasse muß eine ganz bestimmte Wassermenge beigefügt werden. Es ist bei der Vielheit der die Festigkeit des Betons beeinflussenden Größen üblich, daß auf der Baustelle selbst von Zeit zu Zeit Probekörper im Format $30 \times 30 \times 30$ cm$^3$ mitgegossen werden, um die tatsächlich erreichten Festigkeitswerte nachzukontrollieren.

Die Zugfestigkeit des Betons ist ungefähr gleich dem zehnten Teil seiner Druckfestigkeit, sie wird in der Technik in der Regel nicht ausgenützt, d. h. bei Berechnung von Bauwerken aus Beton wird dafür gesorgt, daß möglichst an keiner Stelle Zugspannungen auftreten. Tritt in einem Betonbauwerk doch Zugspannung an einigen Stellen auf, so wird die Zugzone des Betons durch Eiseneinlagen verstärkt, die aus Rundeisenstangen bestehen und den Zug vollständig aufnehmen können (Eisenbeton). Der in dieser Zone befindliche Beton hat nur den Zweck, das Eisen zu führen und durch seine Wasserdichtheit vor Nässe zu schützen. Dieser letzte Punkt ist besonders wichtig, weil die Eiseneinlagen durch das Rosten ihr Volumen vergrößern und dadurch den Beton zum Platzen längs der Eiseneinlagen bringen. (Man beobachtet solche Brüche oft an geringwertigen Betonteilen, Einfriedigungspfählen usw., bei denen zu stark an Zement gespart ist.) Die Gleichheit der Wärmeausdehnungskoeffizienten von Beton und Eisen bewirkt, daß keine Spannungen durch Temperaturveränderung auftreten. Eine wesentliche Bedingung dafür, daß die Eiseneinlagen tatsächlich die Zugspannungen übernehmen können, ist die, daß der Beton genügend am Eisen haftet. Um sich aber nicht allein auf die natürliche Haftung zwischen Eisen und Beton verlassen zu müssen, werden die Enden der Eiseneinlagen umgebogen, so daß die Enden der Rundstangen als eingespannt angesehen werden können.

**30. Die Metalle.** Zu den wichtigsten Baustoffen zählen die Metalle. Es handelt sich dabei zum Teil um reine Metalle wie Kupfer und Aluminium, die auch hervorragende Baustoffe sind, und zum anderen Teil um Metallegierungen. Das technisch wichtigste Metall ist das Eisen, das dem heutigen Zeitalter das Gepräge aufdrückt.

Nach dem Erstarren bestehen die Metalle aus einem Haufenwerk kleiner durch Kohäsion verbundener Kristalle, die chemisch gleichartig oder verschieden sein können. Die Bestandteile einer Legierung sind dabei entweder gleichmäßig ineinandergelöst (feste Lösung oder Mischkristalle), nebeneinander gelagert oder auch chemisch miteinander verbunden.

Beim Erhitzen und Abkühlen zeigen die Legierungen vielfach Unstetigkeiten bei bestimmten Temperaturen, bei denen eine innere Umwandlung des Gefüges eintritt (Haltepunkte in den Abkühlungskurven). Durch besondere Mittel lassen sich die verschiedenen Gefügearten auch aus ihren natürlichen Temperaturgrenzen herausziehen, z. B. beim Härten des Stahles durch besonders rasches Abkühlen des über den Umwandlungspunkt hinaus erhitzten Stückes im Öl- oder Wasserbad. Die Unstabilität macht sich jedoch beim Erhitzen bemerkbar (Ausglühen des Stahles).

Das am meisten verwendete Metall ist das Eisen. Das Eisen kann in sehr verschiedenen Zuständen hergestellt werden, da kleine Beimengungen sehr erheblichen Einfluß auf die Festigkeitseigenschaften des Eisens haben. Vor allem ist der Kohlenstoffgehalt, der zwischen 0,1% (Schmiedeisen) und 4% (Gußeisen) schwanken kann, sehr wichtig für die Verwendbarkeit des Eisens. Eisen mit weniger als 0,1% Kohlenstoff hat nur geringe Festigkeit. Wegen seiner magnetischen Eigenschaften wird es zur Herstellung von Magnetpolen, die ummagnetisiert werden müssen, verwendet. Die größte Festigkeit hat das Eisen mit 0,4 bis 1,1% Kohlenstoff (Stahl). Der Kohlenstoff kann in chemisch gebundener Form als Eisenkarbid ($Fe_3C$) im Eisen aufgelöst sein oder er kann auch als Graphit ausgeschieden und mit den Eisenkristallen vermengt sein. Im ersteren Falle hat man große Härte und Festigkeit (Stahl, weißes Gußeisen) im letzteren Falle einen weichen Stoff von geringer Zerreißfestigkeit und Bruchdehnung, der sich gut bearbeiten läßt (Grauguß).

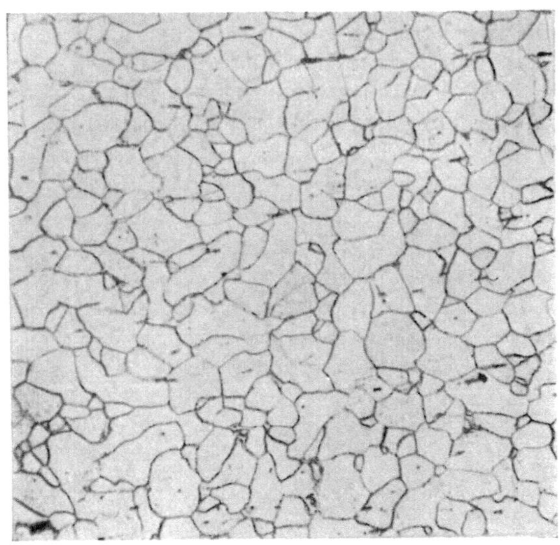

Abb. 14 u. 15. Kristallflächen- bzw. Korngrenzenätzung, ausgeführt an der gleichen Probe aus sehr reinem technischen Flußeisen (Weicheisen). Nach F. Körber, K. W.-Inst. f. Eisenforschung, Düsseldorf. $V = 100$.

Auf die Festigkeitseigenschaften des Eisens haben noch folgende Beimengungen Einfluß: Schwefel und Sauerstoff wirken schon in kleinen Mengen sehr ungünstig auf Festigkeit und Dehnung ein; sie machen vor allem das Eisen brüchig, so daß es selbst in Rotglut nicht genügend verformt werden kann. Phosphor macht dünnflüssig; in Mengen von über 0,1% ist er schädlich. Silizium begünstigt die Ausscheidung des Kohlenstoffes als Graphit.

Besonders hochwertige Festigkeitseigenschaften erhält der Stahl durch Beifügung von Nickel, Chrom, Wolfram, Vanadium, Molybdän. Einige Prozent Nickelgehalt geben dem Stahl bei erheblicher Bruchfestigkeit eine große Bruchdehnung. Nickel und Chrom zusammen machen den Stahl sehr hart und gut örtlich härtbar. Nickelstahl wird deshalb als Baustahl viel im Automobilbau, Chromnickelstahl besonders zur Herstellung von besonders hoch beanspruchten Teilen (z. B. Auto- und Luftschiffkurbelwellen) verwendet. Die Beifügung von Chrom allein gibt größte Härte bei geringen Bruchdehnungen, also einen festen spröden Stoff (gehärtete Chromstähle für Kugellagerbau). In größerem

Prozentsatz (über 10%) beigefügt, macht Chrom vor allem den Stahl „nichtrostend“. Wolfram verleiht dem Stahl große Festigkeit bei hohen Temperaturen (z. B. bei 500°). Wolframstahl findet deshalb als Werkzeugstahl viel Verwendung, der trotz der Erwärmung bei der Bearbeitung große Festigkeit und Härte behalten muß.

Genauen Aufschluß über den Aufbau des Gefüges eines Metalles gibt die metallographische Untersuchung. Es wird eine ebene Fläche an dem zu untersuchenden Stück durch Polieren, d. h. Abnehmen der kleinen Unebenheiten mittels feinster Schmirgelkörner, möglichst glatt gemacht. Durch Ätzen oder auch schon durch gewöhnliches Anlassen auf erhöhte Temperaturen werden die Bausteine der Materie verschieden gefärbt, je nach der Richtung, in der der betreffende Kristall beim Polieren zur Kristallachse angeschnitten worden ist (Abb. 14). Unter dem Mikroskop können die einzelnen Bausteine durch die verschiedene Färbung unterschieden werden. Die Festigkeitseigenschaften eines Metalles hängen wesentlich ab von der Größe der Bausteine, die beim Stahl z. B. in der Größenordnung zwischen 1 und 0,01 mm Längenabmessung schwankt. Durch längeres Erhitzen auf bestimmte Temperaturen tritt ein Wachstum oder ein Zerfall der Kristalle auf, der Baustoff wird grobkörniger bzw. feinkörniger. Man nennt das Verfahren die Wärmebehandlung des Baustoffes, z. B. des Stahls, und man kann durch entsprechende Wärmebehandlung die Eigenschaften veredeln. So versteht man z. B. unter Edelstahl einen Stahl, dessen Festigkeitseigenschaften vor allem durch Wärmebehandlung gehoben worden sind (Elastizitätsgrenze nahe an Bruchgrenze heraufgerückt, große Festigkeit bei großer Bruchdehnung, große Schlagarbeit). Statt der Bruchflächen werden auch oft die Bruchgrenzen geätzt, an denen der Kristall besonders stark angefressen wird. Man erhält dann das Bild Abb. 15.

Als Ätzmittel für Eisen kommen vor allem in Betracht: Salpetersäure, Pikrinsäure, Kupferchlorid und Salzsäure.

Kapitel 2.

# Mathematische Elastizitätstheorie.

Von

E. TREFFTZ, Dresden.

Mit 3 Abbildungen.

## I. Einleitung.

**1. Problemstellung.** Die Erfahrung lehrt, daß die festen Körper unter der Einwirkung äußerer Kräfte gewisse Gestaltsänderungen erfahren, welche bei allmählicher Entlastung wieder verschwinden oder bei plötzlicher Entlastung zu Schwingungen des Körpers Veranlassung geben. Die mathematische Elastizitätstheorie stellt sich die Aufgabe, die auf solche Weise hervorgerufenen Änderungen des geometrischen und mechanischen Zustandes einer rechnerischen Behandlung zugänglich zu machen. Es handelt sich also um die Frage, für einen Körper, dessen Belastung durch äußere Kräfte bekannt ist, und der gewissen Auflagerbedingungen unterworfen ist, erstens die Gestaltsänderung und zweitens die Beanspruchung des Materials zu finden. Die Methode, mit der wir an diese Aufgaben herantreten, ist die übliche Methode der theoretischen Physik. Zunächst definieren wir die mechanischen Größen, welche uns den physikalischen Zustand, d. h. die Beanspruchung des Materials, beschreiben, dann die geometrischen Größen, welche die Gestaltsänderungen des Körpers festlegen. Der Zusammenhang zwischen den mechanischen und geometrischen Größen wird aus der Erfahrung gewonnen; seine mathematische Formulierung liefert uns die sog. Grundgleichungen der Elastizitätstheorie, d. h. partielle Differentialgleichungen, deren Integration in jedem einzelnen Falle die oben gestellten Fragen beantwortet. Neben der Aufstellung dieser Grundgleichungen bildet ihre Integrationstheorie den eigentlichen Inhalt der mathematischen Elastizitätstheorie.

Die klassische Theorie beschränkt sich dabei in zweierlei Hinsicht: es werden in Übereinstimmung mit den wichtigsten praktischen Problemen nur so kleine Deformationen betrachtet, daß die Produkte der elastischen Verschiebungen und ihrer Ableitungen gegen lineare Ausdrücke in diesen Größen vernachlässigt werden können, und ferner nur so kleine Belastungen, daß die Deformationen als proportional mit den sie hervorrufenden Kräften angenommen werden können[1]).

---

[1]) Ausführliche Darstellungen der mathematischen Elastizitätstheorie findet man in den folgenden Werken lehrbuchartigen Charakters. Weitergehende Literaturangaben in der Enzyklopädie der mathematischen Wissenschaften, Bd. IV oder auch in einem der neueren der hier genannten Werke. A. CASTIGLIANO, Théorie de l'équilibre des systèmes élastiques et ses applications. Turin 1879; A. CLEBSCH, Theorie der Elastizität fester Körper. Leipzig 1862. Französisch von B. DE SAINT-VENANT u. A. FLAMANT, Paris 1883; H. v. HELMHOLTZ,

**2. Bezeichnungen.** Zunächst seien die wichtigsten Bezeichnungen festgelegt. Es bedeuten:

$x, y, z$; $\xi, \eta, \zeta$ rechtwinklige Parallelkoordinaten.

$\mathfrak{i}, \mathfrak{j}, \mathfrak{k}$ Einheitsvektoren in den Achsenrichtungen.

$t$ die Zeit.

$d\omega$ Volumelement.

$do$ Oberflächenelement.

$u, v, w$ Projektionen des Vektors $\mathfrak{u}$ der elastischen Verschiebung.

$\varepsilon_x, \varepsilon_y, \varepsilon_z$; $\gamma_{xy}, \gamma_{yz}, \gamma_{zx}$ Verzerrungskomponenten.

$\varepsilon_x = \frac{\partial u}{\partial x}, \quad \varepsilon_y = \frac{\partial v}{\partial y}, \quad \varepsilon_z = \frac{\partial w}{\partial z}$ Dehnungen in den Achsenrichtungen.

$\gamma_{yz} = \frac{\partial v}{\partial z} + \frac{\partial w}{\partial y}, \quad \gamma_{zx} = \frac{\partial w}{\partial x} + \frac{\partial u}{\partial z}, \quad \gamma_{xy} = \frac{\partial u}{\partial y} + \frac{\partial v}{\partial x}$ Winkeländerungen zwischen den Achsen.

$\omega_x = \frac{1}{2}\left(\frac{\partial w}{\partial y} - \frac{\partial v}{\partial z}\right), \quad \omega_y = \frac{1}{2}\left(\frac{\partial u}{\partial z} - \frac{\partial w}{\partial x}\right), \quad \omega_z = \frac{1}{2}\left(\frac{\partial v}{\partial x} - \frac{\partial u}{\partial y}\right)$ Wirbelkomponenten des Verschiebungsvektors.

$\Theta = \frac{\partial u}{\partial x} + \frac{\partial v}{\partial y} + \frac{\partial w}{\partial z}$ Dilatation (Volumvergrößerung der Volumeinheit).

$\varepsilon_1, \varepsilon_2, \varepsilon_3$ Hauptdehnungen.

$\sigma_x, \tau_{xy}, \tau_{xz}$ Spannungskomponenten für ein Flächenelement $x =$ konst.

$\tau_{yx}, \sigma_y, \tau_{yz}$ Spannungskomponenten für ein Flächenelement $y =$ konst.

$\tau_{zx}, \tau_{zy}, \sigma_z$ Spannungskomponenten für ein Flächenelement $z =$ konst.

$\mathfrak{t}^{(x)} = \sigma_x \mathfrak{i} + \tau_{xy} \mathfrak{j} + \tau_{xz} \mathfrak{k}$ Spannungsvektor für das Element $x =$ konst.

$\mathfrak{t}^{(y)} = \tau_{yx} \mathfrak{i} + \sigma_y \mathfrak{j} + \tau_{yz} \mathfrak{k}$ Spannungsvektor für das Element $y =$ konst.

$\mathfrak{t}^{(z)} = \tau_{zx} \mathfrak{i} + \tau_{zy} \mathfrak{j} + \sigma_z \mathfrak{k}$ Spannungsvektor für das Element $z =$ konst.

$\sigma_1, \sigma_2, \sigma_3$ Hauptspannungen.

$s = \sigma_x + \sigma_y + \sigma_z = \sigma_1 + \sigma_2 + \sigma_3$ Summe der Hauptspannungen.

$X, Y, Z$ Projektionen des Vektors $\mathfrak{K}$ der Massenkraft pro Volumeinheit im Innern des elastischen Körpers.

$\Xi, H, Z$ Projektionen des Vektors $\mathfrak{P}$ der Oberflächenkraft pro Flächeneinheit der Oberfläche des elastischen Körpers.

A Formänderungsarbeit pro Volumeinheit.

Für die Elastizitätskonstanten benutzen wir die in der Technik gebräuchlichen Größen; und zwar werden bedeuten:

$E$ den YOUNGschen Elastizitätsmodul,

$G$ den Schub- oder Gleitmodul,

$m$ die POISSONsche Querkontraktionszahl (Verhältnis von Längsdehnung zu Querkontraktion); häufig gebraucht man in der Technik statt $m$ auch den echten Bruch $\nu = 1/m$.

Zwischen diesen drei Moduln gelten die unter sich gleichwertigen Beziehungen [vgl. Ziff. 11, Gleichung (11)]

$$E = \frac{2G(m+1)}{m}, \quad G = \frac{Em}{2(m+1)}, \quad m = \frac{2G}{E-2G}. \tag{1}$$

Vorlesungen über theoretische Physik, Bd. II: Dynamik kontinuierlich verbreiteter Massen. Leipzig 1902; G. KIRCHHOFF, Vorlesungen über mathematische Physik, Mechanik, 4. Aufl., Leipzig 1897; A. E. H. LOVE, A Treatise on the mathematical theory of elasticity, 2 Bde., 3. Aufl., Cambridge; A. E. H. LOVE, Lehrbuch der Elastizität. Deutsch von A. TIMPE. Leipzig: B. G. Teubner 1907; R. MARCOLONGO, Teoria matematica dello equilibrio dei corpi elastici. Mailand 1904; F. NEUMANN, Vorlesungen über die Theorie der Elastizität. Leipzig 1885; H. POINCARÉ, Leçons sur la théorie de l'élasticité. Paris 1892. Zur Geschichte der Elastizitätstheorie sei hervorgehoben: J. TODHUNTER u. KARL PEARSON, A history of the theory of elasticity and of the strength of materials, 3 Bde., Cambridge 1886—1893.

In der Literatur werden statt dessen vielfach auch andere Konstanten benutzt; die wichtigsten sind, wenn wir sogleich ihren Zusammenhang mit $E$, $G$ und $m$ dazuschreiben,

a) die LAMÉschen Konstanten

$$\left.\begin{aligned}\lambda &= \frac{mE}{(m+1)(m-2)} = \frac{2G}{m-2} = \frac{G(E-2G)}{3G-E},\\ \mu &= G,\end{aligned}\right\} \tag{2}$$

b) die KIRCHHOFFschen Konstanten

$$\left.\begin{aligned}K &= G,\\ \Theta &= \frac{1}{m-2} = \frac{E-2G}{2(3G-E)},\end{aligned}\right\} \tag{3}$$

c) die Volumelastizität oder der Kompressionsmodul [vgl. Ziff. 40]

$$k = \frac{Em}{3(m-2)}. \tag{4}$$

# II. Der Spannungstensor.

**3. Die Spannungskomponenten.** Die elastische Beanspruchung des Materials in einem deformierten Körper wird durch die sog. Spannungen gemessen. Den einfachsten Fall einer solchen Beanspruchung haben wir vor uns, wenn wir einen Stab an seinem oberen Ende aufhängen und am unteren Ende durch ein Gewicht $G$ belasten. Denken wir uns diesen Stab durch einen horizontalen Querschnitt in zwei Teile zerlegt, so wird die Wirkung der Belastung von dem unteren Teile auf den oberen durch den Querschnitt hindurch übertragen. Als Spannung bezeichnen wir jetzt unter der Annahme einer gleichmäßigen Kraftverteilung über den Querschnitt die pro Flächeneinheit durch den Querschnitt $F$ übertragene Kraft

$$\sigma = \frac{G}{F}. \tag{1}$$

Den allgemeinen Spannungsbegriff erhalten wir in folgender Verallgemeinerung. Wir betrachten an einem Punkte $(x, y, z)$ eines elastisch deformierten Körpers ein beliebig orientiertes ebenes Flächenstück $df$; durch Angabe einer „positiven Normalenrichtung" unterscheiden wir (abkürzend) das Material auf der „positiven" und auf der „negativen" Seite von $df$. Durch das Flächenelement $df$ wird eine Kraft übertragen. Ist $d\mathfrak{K}$ die Kraft, welche in diesem Flächenelement von dem Material auf der positiven Seite auf das Material der negativen Seite ausgeübt wird, so nennen wir den Vektor

$$\mathfrak{t}^{(\nu)} = \frac{d\mathfrak{K}}{df} \tag{2}$$

den zu dem Flächenelement $df$ bzw. der Normalenrichtung $\nu$ gehörenden Spannungsvektor. Die Komponenten dieses Vektors, welche in die Richtung der Normalen und in die Fläche selbst fallen, bezeichnen wir als Normalspannung und als Schubspannung.

Im einzelnen machen wir uns von der Wirkung dieser Kraftübertragung folgende Vorstellung:

a) Grenzen in dem Flächenteil $df$ die Volumelemente 1 und 2 aneinander, so wird von 1 auf 2 die entgegengesetzt gleiche Kraft wie von 2 auf 1 ausgeübt (Gleichheit von Wirkung und Gegenwirkung).

b) Für ein infinitesimales Flächenelement geht der Spannungsvektor durch dessen Schwerpunkt.

c) Denken wir uns aus dem elastischen Körper ein beliebiges Volumen herausgeschnitten, ohne daß seine Gestalt sich dabei ändert (erstarrt), so befindet sich dasselbe unter der Wirkung der Spannungen an der Schnittfläche und der auf das Innere (oder Teile der Oberfläche) wirkenden äußeren Kräfte im Gleichgewicht.

d) Die Spannungen sind stückweise stetige Funktionen des Ortes.

Es seien $x, y, z$ die Koordinaten eines Punktes des elastisch deformierten Körpers. Um einen Spannungszustand zahlenmäßig festzulegen, legen wir an dem betrachteten Punkte drei Flächenelemente senkrecht zu den Achsen (positive Normalenrichtung = Richtung wachsender Koordinaten) und bezeichnen die zu diesen Flächenelementen gehörenden Spannungsvektoren mit

$\mathfrak{t}^{(x)}$ Spannungsvektor für das Element $x =$ konst.
$\mathfrak{t}^{(y)}$ „ „ „ „ $y =$ konst.
$\mathfrak{t}^{(z)}$ „ „ „ „ $z =$ konst.

Es seien die Komponenten der Vektoren

$$\left.\begin{array}{llll} \mathfrak{t}^{(x)}: & \sigma_x, & \tau_{xy}, & \tau_{xz}, \\ \mathfrak{t}^{(y)}: & \tau_{yx}, & \sigma_y, & \tau_{yz}, \\ \mathfrak{t}^{(z)}: & \tau_{zx}, & \tau_{zy}, & \sigma_z. \end{array}\right\} \tag{3}$$

Der Spannungszustand ist durch Angabe dieser neun Größen gegeben. Betrachten wir ein infinitesimales Parallelepiped mit achsenparallelen Kanten $dx$, $dy$, $dz$, so wirken positive Spannungskomponenten auf die in Richtung wachsender Koordinaten liegenden Begrenzungsflächen in der positiven Richtung, d. h. in Richtung wachsender Koordinaten. Auf die Begrenzungsflächen, welche auf der Seite abnehmender Koordinaten liegen, wirken die gleichen positiven Spannungskomponenten in negativer Richtung. Es wirkt also (s. Abb. 1), wenn die $x$-Achse nach rechts, die $y$-Achse nach hinten, die $z$-Achse nach oben weist, auf die rechte Fläche des Parallelepipeds die Spannung $\sigma_x$ nach rechts, die Spannung $\tau_{xy}$ nach hinten, die Spannung $\tau_{xz}$ nach oben, also die Kräfte (= Spannung mal Fläche) $\sigma_x dy dz$ nach rechts, $\tau_{xy} dy dz$ nach hinten, $\tau_{xz} dy dz$ nach oben; und entsprechend für die hintere und obere Fläche. Danach sind die Normalkomponenten der Spannung $\sigma_x, \sigma_y, \sigma_z$ positiv, wenn sie das Material auf Zug beanspruchen, negativ, wenn sie es auf Druck beanspruchen.

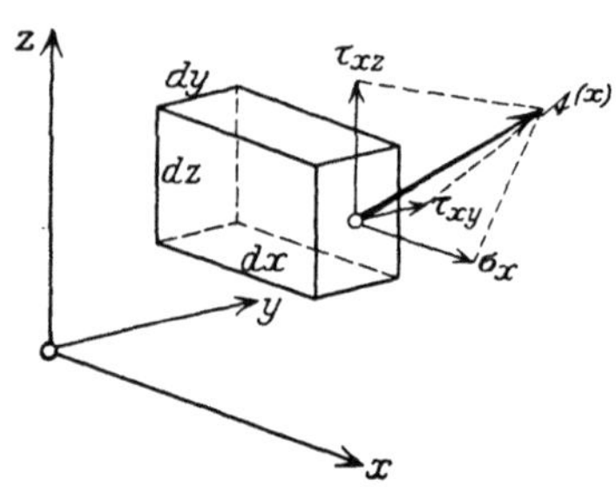


Abb. 1. Die Spannungen.

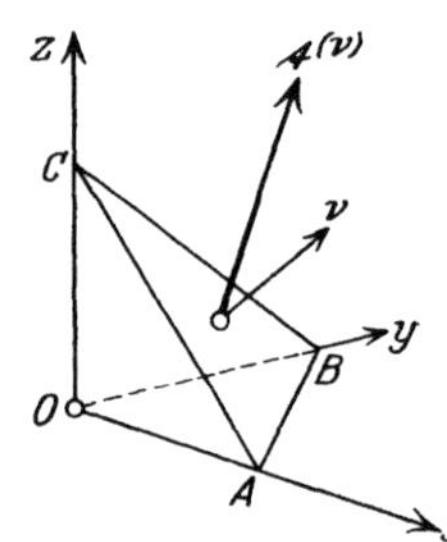


Abb. 2. Der Spannungsvektor $\mathfrak{t}^{(\nu)}$.

Um von den Spannungsvektoren der achsennormalen Flächenelemente auf den zu einem beliebig orientierten Flächenelement gehörenden Spannungsvektor $\mathfrak{t}^{(\nu)}$ schließen zu können, denken wir uns (Abb. 2) ein Tetraeder $OABC$, dessen infinitesimale Seiten $OA$, $OB$, $OC$ von dem betrachteten Punkte $O$ aus in den Achsenrichtungen abgetragen sind. Die Orientierung der Grundfläche $ABC$ ist gegeben durch die Richtungskosinus ihrer Normalen $\cos(\nu, x)$, $\cos(\nu, y)$, $\cos(\nu, z)$. Der Inhalt der Grundfläche sei $df$, der zu ihr gehörende Spannungsvektor $\mathfrak{t}^{(\nu)}$; dann wirkt auf $df$ die Kraft (Spannung mal Fläche) $\mathfrak{t}^{(\nu)}df$. Dieser Kraft wird das Gleichgewicht gehalten durch die Spannungskräfte, welche auf die Seitenflächen $OBC$, $OCA$, $OAB$ wirken. (Massenkräfte, z. B. Gewicht oder Zentrifugalkräfte, können weggelassen werden, da sie mit der dritten Potenz der linearen Abmessungen verschwinden, während die von den Spannungen herrührenden Flächenkräfte mit der zweiten Potenz klein werden.) Die Seitenflächen haben als Projektionen der Grundfläche $df$ auf die Koordinatenebenen die Inhalte

$$OBC = df\cos(\nu, x), \quad OCA = df\cos(\nu, y), \quad OAB = df\cos(\nu, z);$$

es wirken auf sie also die Kräfte

$$-\mathfrak{t}^{(x)}df\cos(\nu, x), \quad -\mathfrak{t}^{(y)}df\cos(\nu, y), \quad -\mathfrak{t}^{(z)}df\cos(\nu, z),$$

und das Gleichgewicht erfordert (unter Berücksichtigung der Vorzeichen)

$$\mathfrak{t}^{(\nu)} = \mathfrak{t}^{(x)}\cos(\nu, x) + \mathfrak{t}^{(y)}\cos(\nu, y) + \mathfrak{t}^{(z)}\cos(\nu, z). \tag{4}$$

**4. Transformation der Spannungskomponenten bei Drehung des Koordinatensystems.** Gehören zu dem Koordinatensystem $x, y, z$ die Spannungskomponenten $\sigma_x$, $\tau_{xy}$ usw. und zu dem Koordinatensystem $\xi, \eta, \zeta$, dessen Achsen die Richtungskosinus

$$\begin{matrix} \cos(\xi, x), & \cos(\xi, y), & \cos(\xi, z), \\ \cos(\eta, x), & \cos(\eta, y), & \cos(\eta, z), \\ \cos(\zeta, x), & \cos(\zeta, y), & \cos(\zeta, z) \end{matrix}$$

mit den ursprünglichen Achsen bilden, die Spannungskomponenten $\sigma_\xi$, $\tau_{\xi\eta}$ usw., so liefert uns Gleichung (4) von Ziff. 3 die Berechnung der neuen Spannungskomponenten aus den ursprünglichen. Legen wir die Normalenrichtung $\nu$ in die $\xi$-Achse, so erhalten wir für ein Flächenelement $\xi =$ konst. den Spannungsvektor

$$\mathfrak{t}^{(\xi)} = \mathfrak{t}^{(x)}\cos(\xi, x) + \mathfrak{t}^{(y)}\cos(\xi, y) + \mathfrak{t}^{(z)}\cos(\xi, z). \tag{1}$$

Zerlegen wir denselben in seine Komponenten nach $\xi, \eta, \zeta$ und schreiben der Einfachheit wegen $\tau_{xx}, \tau_{yy}, \tau_{zz}$ statt $\sigma_x, \sigma_y, \sigma_z$, usw., so erhalten wir (wenn $t_x^{(\xi)}$ die $x$-Komponente des Vektors $\mathfrak{t}^{(\xi)}$ ist, usw.)

$$\tau_{\xi\xi} = t_x^{(\xi)}\cos(\xi, x) + t_y^{(\xi)}\cos(\xi, y) + t_z^{(\xi)}\cos(\xi, z),$$

also

$$\begin{aligned} \tau_{\xi\xi} = {} & \tau_{xx}\cos(\xi, x)\cos(\xi, x) + \tau_{yx}\cos(\xi, y)\cos(\xi, x) + \tau_{zx}\cos(\xi, z)\cos(\xi, x), \\ & + \tau_{xy}\cos(\xi, x)\cos(\xi, y) + \tau_{yy}\cos(\xi, y)\cos(\xi, y) + \tau_{zy}\cos(\xi, z)\cos(\xi, y), \\ & + \tau_{xz}\cos(\xi, x)\cos(\xi, z) + \tau_{yz}\cos(\xi, y)\cos(\xi, z) + \tau_{zz}\cos(\xi, z)\cos(\xi, z); \end{aligned}$$

ferner

$$\tau_{\xi\eta} = t_x^{(\xi)}\cos(\eta, x) + t_y^{(\xi)}\cos(\eta, y) + t_z^{(\xi)}\cos(\eta, z), \tag{2}$$

also

$$\begin{aligned} \tau_{\xi\eta} = {} & \tau_{xx}\cos(\xi, x)\cos(\eta, x) + \tau_{yx}\cos(\xi, y)\cos(\eta, x) + \tau_{zx}\cos(\xi, z)\cos(\eta, x), \\ & \tau_{xy}\cos(\xi, x)\cos(\eta, y) + \tau_{yy}\cos(\xi, y)\cos(\eta, y) + \tau_{zy}\cos(\xi, z)\cos(\eta, y), \\ & \tau_{xz}\cos(\xi, x)\cos(\eta, z) + \tau_{yz}\cos(\xi, y)\cos(\eta, z) + \tau_{zz}\cos(\xi, z)\cos(\eta, z) \end{aligned}$$

usw. Wir lesen hieraus die — auch für die anderen Koordinatenachsen gültige — Regel ab:

Wir erhalten eine Spannungskomponente des neuen Systems, indem wir jede Komponente des alten Systems mit je zwei Richtungskosinus multiplizieren, und addieren. Die ersten Indizes der beiden Kosinus sind mit den Indizes der gesuchten Spannung, die zweiten mit denen der multiplizierten Spannung identisch. Die Komponenten mit vertauschten Indizes, z. B. $\tau_{xy}$ und $\tau_{yx}$, deren Gleichheit wir später nachweisen, sind dabei als verschieden zu behandeln.

**5. Spannungshauptachsen; Invarianten.** Eine von dem Koordinatensystem unabhängige Darstellung des Spannungszustandes erhält man, wenn man nach solchen Flächenrichtungen fragt, für welche der Spannungsvektor auf der Fläche senkrecht steht (also die Schubspannungen verschwinden). Fällt in Formel (4) von Ziff. 3 der Spannungsvektor, dessen Betrag $\sigma$ sei, in die Richtung der Normalen $\nu$, so sind seine Komponenten nach den Achsen $x, y, z$ je $\sigma\cos(\nu, x)$, $\sigma\cos(\nu, y)$, $\sigma\cos(\nu, z)$, und die Zerlegung der Vektorgleichung in ihre Komponentengleichungen nach den Achsen $x, y, z$ ergibt:

$$\left.\begin{aligned} \sigma_x\cos(\nu, x) + \tau_{yx}\cos(\nu, y) + \tau_{zx}\cos(\nu, z) &= \sigma\cos(\nu, x), \\ \tau_{xy}\cos(\nu, x) + \sigma_y\cos(\nu, y) + \tau_{zy}\cos(\nu, z) &= \sigma\cos(\nu, y), \\ \tau_{xz}\cos(\nu, x) + \tau_{yz}\cos(\nu, y) + \sigma_z\cos(\nu, z) &= \sigma\cos(\nu, z). \end{aligned}\right\} \tag{1}$$

Fügen wir zu diesen drei Gleichungen noch

$$\cos^2(\nu, x) + \cos^2(\nu, y) + \cos^2(\nu, z) = 1 \tag{2}$$

hinzu, so haben wir hierin vier Gleichungen für die drei unbekannten Richtungskosinus von $\nu$ und für den Betrag $\sigma$ der zugehörigen Normalspannung. Durch Elimination der Richtungskosinus erhalten wir aus den ersten drei Gleichungen für $\sigma$ die Determinantengleichung

$$\begin{vmatrix} \sigma_x - \sigma & \tau_{yx} & \tau_{zx} \\ \tau_{xy} & \sigma_y - \sigma & \tau_{zy} \\ \tau_{xz} & \tau_{yz} & \sigma_z - \sigma \end{vmatrix} = 0. \tag{3}$$

Die Wurzeln dieser Gleichung seien, der Größe nach geordnet, $\sigma_1 \geqq \sigma_2 \geqq \sigma_3$. Setzen wir diese Werte in die Gleichungen ein, so erhalten wir drei Systeme:

$$\left.\begin{aligned} \text{für } \sigma = \sigma_1:&\quad \cos(\nu_1, x), \cos(\nu_1, y), \cos(\nu_1, z), \\ \sigma = \sigma_2:&\quad \cos(\nu_2, x), \cos(\nu_2, y), \cos(\nu_2, z), \\ \sigma = \sigma_3:&\quad \cos(\nu_3, x), \cos(\nu_3, y), \cos(\nu_3, z), \end{aligned}\right\} \tag{4}$$

d. h. drei Normalenrichtungen $\nu_1, \nu_2, \nu_3$, für welche sich der Spannungsvektor auf seine Normalkomponente reduziert.

Da, wie wir unten sehen werden, der Spannungstensor symmetrisch ist, d. h. $\tau_{xy} = \tau_{yx}$ usw., sind die drei Wurzeln $\sigma_1, \sigma_2, \sigma_3$ reell, und die drei Normalenrichtungen stehen aufeinander senkrecht. Die Werte $\sigma_1, \sigma_2, \sigma_3$ bezeichnet man als die Hauptspannungen. $\sigma_1$ und $\sigma_3$ sind dabei der größte und der kleinste Wert der für irgendeine Flächenorientierung vorkommenden Normalspannungen (s. Ziff. 6). Die zugehörigen Normalenrichtungen bezeichnet man als die Hauptachsenrichtungen des Spannungszustandes. Die Angabe der Hauptspannungen und der Hauptrichtungen für einen Spannungszustand entspricht der Angabe des Betrages und der Richtung eines Vektors, während die Angabe der Spannungskomponenten der Angabe der Vektorkomponenten entspricht.

Wir nennen zwei Spannungszustände dann einander gleich, wenn ihre Hauptspannungen übereinstimmen.

Die Determinantengleichung zur Bestimmung der Hauptspannungen lautet ausgeschrieben

$$\left.\begin{aligned} \sigma^3 - (\sigma_x + \sigma_y + \sigma_z)\sigma^2 + (\sigma_y\sigma_z - \tau_{yz}^2 + \sigma_z\sigma_x - \tau_{zx}^2 + \sigma_x\sigma_y - \tau_{xy}^2)\sigma \\ - (\sigma_x\sigma_y\sigma_z + 2\tau_{xy}\tau_{yz}\tau_{zx} - \sigma_x\tau_{yz}^2 - \sigma_y\tau_{zx}^2 - \sigma_z\tau_{xy}^2) = 0. \end{aligned}\right\} \tag{5}$$

Da die Hauptspannungen selbst von der Lage des Koordinatensystems unabhängig sind, so müssen auch die Koeffizienten dieser Gleichung bei einer Drehung des Koordinatensystems unverändert (invariant) bleiben. Man bezeichnet sie deshalb als die Invarianten des Spannungszustandes. Ihre Bedeutung erhalten wir, wenn wir das Koordinatensystem mit den Hauptachsen zusammenfallen lassen, zu

$$\left.\begin{aligned} &\sigma_x + \sigma_y + \sigma_z = \sigma_1 + \sigma_2 + \sigma_3\,,\\ &\sigma_x\sigma_y - \tau_{xy}^2 + \sigma_y\sigma_z - \tau_{yz}^2 + \sigma_z\sigma_x - \tau_{zx}^2 = \sigma_1\sigma_2 + \sigma_2\sigma_3 + \sigma_3\sigma_1\,,\\ &\sigma_x\sigma_y\sigma_z + 2\tau_{xy}\tau_{yz}\tau_{zx} - \sigma_x\tau_{yz}^2 - \sigma_y\tau_{zx}^2 - \sigma_z\tau_{xy}^2 = \sigma_1\sigma_2\sigma_3\,, \end{aligned}\right\} \tag{6}$$

d. h. die Invarianten sind die elementarsymmetrischen Funktionen der Hauptspannungen.

Besonders einfach werden die Formeln für die Spannungstransformation, wenn wir die Hauptspannungen als gegeben ansehen und durch sie die Spannungskomponenten $\sigma_x$, $\tau_{xy}$ usw. ausdrücken. Sind die Richtungskosinus der Hauptachsen

$$\cos(x, 1), \quad \cos(y, 1), \quad \cos(z, 1)$$

usw., so wird nach der durch Ziff. 4, Formel (2) gegebenen Regel:

$$\left.\begin{aligned} \sigma_x &= \sum \sigma_n \cos^2(x, n)\,, & \tau_{xy} &= \sum \sigma_n \cos(x, n)\cos(y, n)\,,\\ \sigma_y &= \sum \sigma_n \cos^2(y, n)\,, & \tau_{yz} &= \sum \sigma_n \cos(y, n)\cos(z, n)\,,\\ \sigma_z &= \sum \sigma_n \cos^2(z, n)\,, & \tau_{zx} &= \sum \sigma_n \cos(z, n)\cos(x, n)\,, \end{aligned}\right\} \tag{7}$$

wobei auf der rechten Seite von 1 bis 3, d. h. über die Hauptspannungen, zu summieren ist.

**6. MOHRsche Kreise.** Um eine Darstellung der Spannungen an einem Punkte zu bekommen, kann man in einem $\sigma\tau$-Diagramm für alle möglichen Flächenorientierungen als Abszisse die Normalkomponente $\sigma$, als Ordinate die Tangentialkomponente $\tau$ des zugehörigen Spannungsvektors auftragen. Die so erhaltenen Punkte bedecken eine Fläche, die wir bestimmen wollen. Gegeben seien die drei Hauptspannungen $\sigma_1, \sigma_2, \sigma_3$, die zunächst auf der $\sigma$-Achse des Schaubildes aufgetragen werden. Legen wir nun drei Einheitsvektoren $\mathfrak{e}_1, \mathfrak{e}_2, \mathfrak{e}_3$ in die Hauptrichtungen, so sind die zugehörigen Spannungsvektoren

$$\sigma_1\mathfrak{e}_1, \quad \sigma_2\mathfrak{e}_2, \quad \sigma_3\mathfrak{e}_3,$$

und für eine Fläche mit der Normalenrichtung $\nu$ wird der Spannungsvektor

$$\mathfrak{t}^{(\nu)} = \sigma_1\cos(\nu, 1)\,\mathfrak{e}_1 + \sigma_2\cos(\nu, 2)\,\mathfrak{e}_2 + \sigma_3\cos(\nu, 3)\,\mathfrak{e}_3\,. \tag{1}$$

Ist $\sigma$ die Normalkomponente, $\tau$ die Tangentialkomponente, so wird nach (1) das Quadrat des Spannungsvektors

$$[\mathfrak{t}^{(\nu)}]^2 = \sigma^2 + \tau^2 = \sigma_1^2\cos^2(\nu, 1) + \sigma_2^2\cos^2(\nu, 2) + \sigma_3^2\cos^2(\nu, 3) \tag{2}$$

und die Normalkomponente nach Ziff. 5, Formel (7)

$$\sigma = \sigma_1\cos^2(\nu, 1) + \sigma_2\cos^2(\nu, 2) + \sigma_3\cos^2(\nu, 3)\,. \tag{3}$$

Außerdem ist

$$1 = \cos^2(\nu, 1) + \cos^2(\nu, 2) + \cos^2(\nu, 3)\,. \tag{4}$$

Diese drei Gleichungen erlauben uns, aus den gegebenen Hauptspannungen die Richtungskosinus der Normalenrichtung zu finden, für welche die zugehörigen $\sigma$ und $\tau$ vorgeschrieben sind. Ziehen wir die mit $\sigma_2 + \sigma_3$ multiplizierte Gleichung (3) von Gleichung (2) ab und addieren die mit $\sigma_2\sigma_3$ multiplizierte Gleichung (4), so ergibt sich

$$\sigma^2 + \tau^2 - (\sigma_2 + \sigma_3)\sigma + \sigma_2\sigma_3 = \{\sigma_1^2 - (\sigma_2 + \sigma_3)\sigma_1 + \sigma_2\sigma_3\}\cos^2(\nu, 1), \tag{5}$$

oder

$$\left.\begin{aligned} \cos^2(\nu, 1) &= \frac{\tau^2 + (\sigma - \sigma_2)(\sigma - \sigma_3)}{(\sigma_1 - \sigma_2)(\sigma_1 - \sigma_3)}, \\ \cos^2(\nu, 2) &= \frac{\tau^2 + (\sigma - \sigma_3)(\sigma - \sigma_1)}{(\sigma_2 - \sigma_3)(\sigma_2 - \sigma_1)}, \\ \cos^2(\nu, 3) &= \frac{\tau^2 + (\sigma - \sigma_1)(\sigma - \sigma_2)}{(\sigma_3 - \sigma_1)(\sigma_3 - \sigma_2)}. \end{aligned}\right\} \tag{6}$$

und analog

Nach diesen Formeln können wir ohne weiteres die Mannigfaltigkeit der vorkommenden $\sigma\tau$-Kombinationen übersehen. Es kommen alle die vor, für welche sich reelle Richtungskosinus ergeben, also die rechten Seiten von (6) positiv werden. Nun ist z. B. in der Formel für $\cos^2(\nu, 1)$, da $\sigma_1 \geqq \sigma_2 \geqq \sigma_3$ vorausgesetzt war, der Nenner sicher positiv, also muß auch der Zähler positiv sein

$$\tau^2 + (\sigma - \sigma_2)(\sigma - \sigma_3) \geqq 0, \tag{7}$$

d. h. es muß der Punkt $\sigma\tau$ im Diagramm außerhalb des Kreises

$$\tau^2 + (\sigma - \sigma_2)(\sigma - \sigma_3) = 0 \tag{8}$$

liegen, welcher die Strecke $\sigma_2 \to \sigma_3$ auf der $\sigma$-Achse zum Durchmesser hat. Ebenso zeigt man, daß der Punkt außerhalb des Halbkreises über der Strecke $\sigma_2 \to \sigma_1$ und innerhalb des Halbkreises über der Strecke $\sigma_1 \to \sigma_3$ liegen muß. Die vorkommenden Kombinationen liegen also in dem von den drei Halbkreisen begrenzten, in der Abb. 3 schraffierten Gebiet. Die drei Halbkreise selbst geben Normal- und Schubspannung derjenigen Elemente wieder, welche durch eine der Hauptachsen hindurchgehen. Man erkennt an der Abbildung, was früher ohne Beweis angegeben war, daß $\sigma_1$ und $\sigma_3$ die größte und kleinste der überhaupt vorkommenden Normalspannungen sind.

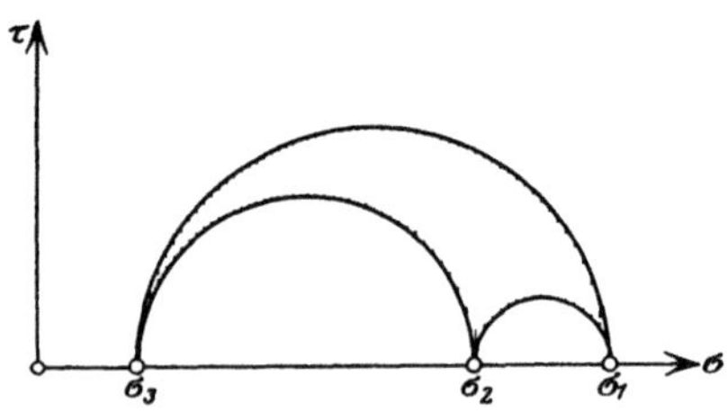

Abb. 3. MOHRsche Kreise.

**7. Die Gleichgewichtsbedingungen.** a) Das Gleichgewicht im Innern. Auf das Volumenelement $d\omega$ eines elastischen Körpers mögen pro Volumeinheit die Kräfte $X, Y, Z$ wirken, also in der Richtung der drei Achsen die Komponenten

$$X\,d\omega, \quad Y\,d\omega, \quad Z\,d\omega.$$

Denken wir uns jetzt aus dem Innern des Körpers einen endlichen Raumteil herausgeschnitten, so soll derselbe sich unter der Wirkung der genannten Massenkräfte und der auf die Schnittfläche wirkenden Spannungskräfte im Gleichgewicht befinden. Es muß also z. B. die Summe der $x$-Komponenten aller dieser Kräfte gleich Null werden: Ist $\mathfrak{t}^{(\nu)}$ der Spannungsvektor für ein Element $df$ der Schnittfläche, so wirkt auf $df$ die Kraft $\mathfrak{t}^{(\nu)}df$, also in der $x$-Richtung die Komponente $t_x^{(\nu)}df$, und es muß somit

$$\iiint X\,d\omega + \iint t_x^{(\nu)}\,df = 0 \tag{1}$$

sein. Nach Gleichung (4) von Ziff. 3 ist

$$\mathfrak{t}^{(\nu)} = \mathfrak{t}^{(x)}\cos(\nu, x) + \mathfrak{t}^{(y)}\cos(\nu, y) + \mathfrak{t}^{(z)}\cos(\nu, z), \tag{2}$$

also

$$t_x^{(\nu)} = \sigma_x \cos(\nu, x) + \tau_{yx} \cos(\nu, y) + \tau_{zx} \cos(\nu, z)\,. \tag{3}$$

Bezeichnen wir durch $\overline{\mathfrak{t}^{(x)}}$ einen Vektor mit den Komponenten $\sigma_x$, $\tau_{yx}$, $\tau_{zx}$, so ist $t_x^{(\nu)}$ die Normalkomponente dieses Vektors

$$t_x^{(\nu)} = \overline{t_\nu^{(x)}}\,, \tag{4}$$

und die Gleichgewichtsbedingung lautet

$$\iiint X\,d\omega + \iint \overline{t_\nu^{(x)}}\,df = 0 \tag{5}$$

oder nach dem GAUSSschen Integralsatze

$$\iiint \left\{X + \operatorname{div}\overline{\mathfrak{t}^{(x)}}\right\} d\omega = 0\,. \tag{6}$$

Soll diese Gleichung gelten, wie immer man das Volumen aus dem Innern des elastischen Körpers herausgeschnitten hat, so muß der Integrand verschwinden, also — mit gleichen Betrachtungen für die anderen Achsenrichtungen —

$$\left.\begin{aligned} \operatorname{div}\overline{\mathfrak{t}^{(x)}} + X &= 0\,, \\ \operatorname{div}\overline{\mathfrak{t}^{(y)}} + Y &= 0\,, \\ \operatorname{div}\overline{\mathfrak{t}^{(z)}} + Z &= 0 \end{aligned}\right\} \tag{7}$$

oder, in Komponenten geschrieben:

$$\left.\begin{aligned} \frac{\partial \sigma_x}{\partial x} + \frac{\partial \tau_{yx}}{\partial y} + \frac{\partial \tau_{zx}}{\partial z} + X &= 0\,, \\ \frac{\partial \tau_{xy}}{\partial x} + \frac{\partial \sigma_y}{\partial y} + \frac{\partial \tau_{zy}}{\partial z} + Y &= 0\,, \\ \frac{\partial \tau_{xz}}{\partial x} + \frac{\partial \tau_{yz}}{\partial y} + \frac{\partial \sigma_z}{\partial z} + Z &= 0\,. \end{aligned}\right\} \tag{8}$$

Das Gleichgewicht gegen Drehung erfordert das Verschwinden der Momente. Zum Beispiel wird die $z$-Komponente der Momentensumme

$$\left.\begin{aligned} M_z &= \iiint \{X y - Y x\}\,d\omega + \iint \left\{t_x^{(\nu)} y - t_y^{(\nu)} x\right\} df \\ &= \iiint \{X y - Y x\}\,d\omega + \iint \left\{\overline{t_\nu^{(x)}}\, y - \overline{t_\nu^{(y)}}\, x\right\} df = 0\,. \end{aligned}\right\} \tag{9}$$

Nun ist

$$\left.\begin{aligned} \operatorname{div} y\overline{\mathfrak{t}^{(x)}} &= y \operatorname{div}\overline{\mathfrak{t}^{(x)}} + \overline{t_y^{(x)}} = y \operatorname{div}\overline{\mathfrak{t}^{(x)}} + \tau_{yx}\,, \\ \operatorname{div} x\overline{\mathfrak{t}^{(y)}} &= x \operatorname{div}\overline{\mathfrak{t}^{(y)}} + \overline{t_x^{(y)}} = x \operatorname{div}\overline{\mathfrak{t}^{(y)}} + \tau_{xy}\,, \end{aligned}\right\} \tag{10}$$

also wird

$$\iint \left\{y\overline{t_\nu^{(x)}} - x\overline{t_\nu^{(y)}}\right\} df = \iiint \left\{y \operatorname{div}\overline{\mathfrak{t}^{(x)}} - x \operatorname{div}\overline{\mathfrak{t}^{(y)}} + \tau_{yx} - \tau_{xy}\right\} d\omega$$

und somit

$$M_z = \iiint \left\{y(\operatorname{div}\overline{\mathfrak{t}^{(x)}} + X) - x(\operatorname{div}\overline{\mathfrak{t}^{(y)}} + Y)\right\} d\omega + \iiint (\tau_{yx} - \tau_{xy})\,d\omega = 0\,; \tag{11}$$

wegen (7) fällt das erste Integral fort und es bleibt

$$\iiint (\tau_{yx} - \tau_{xy})\,d\omega = 0\,. \tag{12}$$

Soll die linke Seite also für ein beliebiges Volumenteil verschwinden, so muß für je zwei zugeordnete Schubspannungen

$$\tau_{xy} = \tau_{yx} \qquad \text{und ebenso} \qquad \tau_{yz} = \tau_{zy}\,, \quad \tau_{zx} = \tau_{xz} \tag{13}$$

sein. Diese Gleichungen bezeichnet man als die Symmetriebedingung für den Spannungszustand. Aus der Symmetrie folgt insbesondere

$$\mathfrak{t}^{(x)} = \overline{\mathfrak{t}^{(x)}}, \quad \mathfrak{t}^{(y)} = \overline{\mathfrak{t}^{(y)}}, \quad \mathfrak{t}^{(z)} = \overline{\mathfrak{t}^{(z)}},$$

so daß die Gleichungen (7) auch einfach

$$\left.\begin{aligned} \operatorname{div}\mathfrak{t}^{(x)} + X &= 0, \\ \operatorname{div}\mathfrak{t}^{(y)} + Y &= 0, \\ \operatorname{div}\mathfrak{t}^{(z)} + Z &= 0 \end{aligned}\right\} \tag{14}$$

geschrieben werden können.

b) Das Gleichgewicht an der Oberfläche. Wirkt auf ein Element $do$ der Oberfläche eine Kraft $\mathfrak{P}do$, wo $\mathfrak{P}$ die auf die Flächeneinheit der Oberfläche wirkende Kraft mit den Komponenten $\Xi, \mathrm{H}, \mathrm{Z}$ in den Achsenrichtungen ist, so erhalten wir durch die gleiche Betrachtung, die uns zur Gleichung (4) von Ziff. 3 geführt hat, als Gleichgewichtsbedingung für ein an die Oberfläche grenzendes Volumelement

$$\mathfrak{t}^{(\nu)} = \mathfrak{P} \tag{15}$$

oder in Komponenten:

$$\left.\begin{aligned} \sigma_x \cos(\nu, x) + \tau_{yx}\cos(\nu, y) + \tau_{zx}\cos(\nu, z) &= \Xi, \\ \tau_{xy}\cos(\nu, x) + \sigma_y \cos(\nu, y) + \tau_{zy}\cos(\nu, z) &= \mathrm{H}, \\ \tau_{xz}\cos(\nu, x) + \tau_{yz}\cos(\nu, y) + \sigma_z \cos(\nu, z) &= \mathrm{Z}. \end{aligned}\right\} \tag{16}$$

# III. Der Verzerrungstensor.

**8. Die Verzerrungsgrößen.** Durch Einwirkung äußerer Kräfte erfahren die Punkte eines elastischen Körpers, welche im unbelasteten Zustande die Koordinaten $x, y, z$ haben mögen, elastische Verschiebungen, deren Projektionen auf die Achsenrichtungen wir mit $u, v, w$ bezeichnen. Es seien

$$\xi = x + u, \quad \eta = y + v, \quad \zeta = z + w \tag{1}$$

die Koordinaten der Punkte im deformierten Zustande.

Von den möglichen Verschiebungen scheiden wir zunächst diejenigen aus, bei denen sich der ganze Körper wie ein starrer lediglich dreht oder verschiebt. Als elastische Deformation werden wir nur solche Verschiebungen der einzelnen Punkte bezeichnen, bei denen die Linienelemente (Entfernung unendlich benachbarter Punkte) eine Längenänderung erfahren. Betrachten wir zwei Punkte mit den Koordinaten

$$x, y, z \qquad \text{und} \qquad x + dx, \quad y + dy, \quad z + dz$$

im undeformierten,

$$\xi, \eta, \zeta \qquad \text{und} \qquad \xi + d\xi, \quad \eta + d\eta, \quad \zeta + d\zeta$$

im deformierten Zustande,
so ist das Quadrat der Entfernung der beiden benachbarten Punkte

vor der Deformation, $$dl^2 = dx^2 + dy^2 + dz^2, \tag{2}$$

nach der Deformation $$d\lambda^2 = d\xi^2 + d\eta^2 + d\zeta^2 \tag{3}$$

oder

$$\left.\begin{aligned} d\lambda^2 = {} & (1 + \gamma_{xx})dx^2 + (1 + \gamma_{yy})dy^2 + (1 + \gamma_{zz})dz^2 \\ & + 2\gamma_{xy}dx\,dy + 2\gamma_{yz}dy\,dz + 2\gamma_{zx}dz\,dx, \end{aligned}\right\} \tag{4}$$

wo

$$\left.\begin{aligned}
\gamma_{xx} &= 2\frac{\partial u}{\partial x} + \left(\frac{\partial u}{\partial x}\right)^2 + \left(\frac{\partial v}{\partial x}\right)^2 + \left(\frac{\partial w}{\partial x}\right)^2,\\
\gamma_{yy} &= 2\frac{\partial v}{\partial y} + \left(\frac{\partial u}{\partial y}\right)^2 + \left(\frac{\partial v}{\partial y}\right)^2 + \left(\frac{\partial w}{\partial y}\right)^2,\\
\gamma_{zz} &= 2\frac{\partial w}{\partial z} + \left(\frac{\partial u}{\partial z}\right)^2 + \left(\frac{\partial v}{\partial z}\right)^2 + \left(\frac{\partial w}{\partial z}\right)^2,\\
\gamma_{xy} &= \frac{\partial u}{\partial y} + \frac{\partial v}{\partial x} + \frac{\partial u}{\partial x}\frac{\partial u}{\partial y} + \frac{\partial v}{\partial x}\frac{\partial v}{\partial y} + \frac{\partial w}{\partial x}\frac{\partial w}{\partial y},\\
\gamma_{yz} &= \frac{\partial v}{\partial z} + \frac{\partial w}{\partial y} + \frac{\partial u}{\partial y}\frac{\partial u}{\partial z} + \frac{\partial v}{\partial y}\frac{\partial v}{\partial z} + \frac{\partial w}{\partial y}\frac{\partial w}{\partial z},\\
\gamma_{zx} &= \frac{\partial w}{\partial x} + \frac{\partial u}{\partial z} + \frac{\partial u}{\partial z}\frac{\partial u}{\partial x} + \frac{\partial v}{\partial z}\frac{\partial v}{\partial x} + \frac{\partial w}{\partial z}\frac{\partial w}{\partial x}
\end{aligned}\right\} \qquad (5)$$

gesetzt ist. Die Größen $\gamma_{xx}, \gamma_{xy}$ usw. beschreiben uns den Verzerrungszustand. Sind sie Null, so ist $dl = d\lambda$; die Verschiebung ist deformationslos (reine Drehung und Verschiebung).

Die geometrische Bedeutung der $\gamma$ erhalten wir durch Spezialisierung. Wir betrachten einen Punkt $O$ und zwei benachbarte Punkte

$P$ im Abstande $dx$ in der $x$-Richtung,

$Q$ im Abstande $dy$ in der $y$-Richtung.

Sind nach der Deformation die Punkte nach $O'$, $P'$, $Q'$ gerückt, so ist die Länge

$$\left.\begin{aligned}
O'P' &= \sqrt{1+\gamma_{xx}}\,dx,\\
O'Q' &= \sqrt{1+\gamma_{yy}}\,dy,\\
P'Q' &= \sqrt{(1+\gamma_{xx})\,dx^2 + 2\gamma_{xy}\,dx\,dy + (1+\gamma_{yy})\,dy^2}\,.
\end{aligned}\right\} \qquad (6)$$

Es ist also $\sqrt{1+\gamma_{xx}}$ das Längenverhältnis einer ursprünglich der $x$-Achse parallelen Strecke nach und vor der Deformation bzw. wenn man als Dehnung $\varepsilon$ das Verhältnis von Längenänderung zu ursprünglicher Länge bezeichnet

$$\varepsilon_x = \sqrt{1+\gamma_{xx}} - 1\,; \qquad (7)$$

ebenso für Elemente in der $y$- und $z$-Richtung

$$\varepsilon_y = \sqrt{1+\gamma_{yy}} - 1\,, \quad \varepsilon_z = \sqrt{1+\gamma_{zz}} - 1\,.$$

Nach dem Kosinussatze ist der Winkel $Q'O'P'$, d. h. der Winkel, den zwei ursprünglich der $x$- und $y$-Achse parallele Strecken nach der Deformation einschließen,

$$\cos\vartheta_{xy} = \frac{P'Q'^2 - O'P'^2 - O'Q'^2}{2O'P'\cdot O'Q'} = \frac{\gamma_{xy}}{\sqrt{1+\gamma_{xx}}\sqrt{1+\gamma_{yy}}}\,. \qquad (8)$$

Die $\gamma$ mit gleichen Indizes bestimmen also die Dehnungen, die mit gemischten Indizes (in Verbindung mit den ersteren) die Winkeländerungen oder Schiebungen.

**9. Drehung des Koordinatensystems; Hauptachsen und Invarianten.** Wenn wir das Koordinatensystem einer Drehung unterwerfen, so erhalten wir die Transformation der $\gamma$ in folgender Weise. Es seien in bezug auf die beiden Koordinatensysteme

$$x,\ y,\ z \qquad \text{und} \qquad x',\ y',\ z'$$

die Koordinaten eines Punktes im undeformierten,

$$\xi,\ \eta,\ \zeta \qquad \text{und} \qquad \xi',\ \eta',\ \zeta'$$

im deformierten Zustande.

Die Projektionen der Verschiebungen seien $u, v, w$ bzw. $u', v', w'$.

Es sei dann die Länge einer Strecke nach der Deformation ausgedrückt in den ursprünglichen Koordinaten

$$\left.\begin{aligned} d\lambda^2 = (1+\gamma_{xx})dx^2 + (1+\gamma_{yy})dy^2 + (1+\gamma_{zz})dz^2 \\ + 2\gamma_{xy}dx\,dy + 2\gamma_{yz}dy\,dz + 2\gamma_{zx}dz\,dx, \end{aligned}\right\} \tag{1}$$

ausgedrückt in den gedrehten Koordinaten

$$\left.\begin{aligned} d\lambda^2 = (1+\gamma'_{xx})dx'^2 + (1+\gamma'_{yy})dy'^2 + (1+\gamma'_{zz})dz'^2 \\ + 2\gamma'_{xy}dx'dy' + 2\gamma'_{yz}dy'dz' + 2\gamma'_{zx}dz'dx'. \end{aligned}\right\} \tag{2}$$

Bezeichnen wir nun die Richtungskosinus der neuen Achsen gegen die alten mit $\cos(x, x')$, $\cos(x, y')$, $\cos(x, z')$ usw., so ist

$$\left.\begin{aligned} dx &= \cos(x, x')dx' + \cos(x, y')dy' + \cos(x, z')dz', \\ dy &= \cos(y, x')dx' + \cos(y, y')dy' + \cos(y, z')dz', \\ dz &= \cos(z, x')dx' + \cos(z, y')dy' + \cos(z, z')dz'. \end{aligned}\right\} \tag{3}$$

Da die Länge $d\lambda$ unabhängig vom Koordinatensystem ist, so muß für beliebige $dx', dy', dz'$ aus (1) und (2) das gleiche folgen, d. h. die Koeffizienten von $dx'^2$ bis $dz'dx'$ müssen in (2) die gleichen sein wie in (1), wenn wir die Werte für $dx$, $dy$, $dz$ nach (3) durch $dx', dy', dz'$ ersetzen. Dadurch erhalten wir für die $\gamma$ die folgenden Transformationsgleichungen:

$$\left.\begin{aligned} \gamma_{x'x'} = {} & \gamma_{xx}\cos(x', x)\cos(x', x) + \gamma_{xy}\cos(x', x)\cos(x', y) + \gamma_{xz}\cos(x', x)\cos(x', z), \\ & + \gamma_{yx}\cos(x', y)\cos(x', x) + \gamma_{yy}\cos(x', y)\cos(x', y) + \gamma_{yz}\cos(x', y)\cos(x', z), \\ & + \gamma_{zx}\cos(x', z)\cos(x', x) + \gamma_{zy}\cos(x', z)\cos(x', y) + \gamma_{zz}\cos(x', z)\cos(x', z), \\ \gamma_{x'y'} = {} & \gamma_{xx}\cos(x', x)\cos(y', x) + \gamma_{xy}\cos(x', x)\cos(y', y) + \gamma_{xz}\cos(x', x)\cos(y', z), \\ & + \gamma_{yx}\cos(x', y)\cos(y', x) + \gamma_{yy}\cos(x', y)\cos(y', y) + \gamma_{yz}\cos(x', y)\cos(y', z), \\ & + \gamma_{zx}\cos(x', z)\cos(y', x) + \gamma_{zy}\cos(x', z)\cos(y', y) + \gamma_{zz}\cos(x', z)\cos(y', z). \end{aligned}\right\} \tag{4}$$

Diese Transformationsformeln sind die gleichen, die wir in Ziff. 4 und 5 für die Spannungskomponenten erhalten hatten, d. h. zur Berechnung der $\gamma$ für das gestrichene System werden sämtliche $\gamma$ des ungestrichenen Systems mit 2 Kosinus multipliziert. Die ersten Indizes sind den Indizes des zu berechnenden $\gamma'$ gleich, die zweiten denen des multiplizierten $\gamma$; $\gamma_{xy}$ und $\gamma_{yx}$ sind dabei als verschieden zu behandeln. Wir können deshalb die dort erhaltenen Resultate übertragen, und es ergibt sich: Es gibt in jedem Punkte drei zueinander senkrechte Richtungen, für welche die $\gamma$ mit gemischten Indizes verschwinden; diese drei Richtungen sind die Hauptachsen der Deformation. Die zugehörigen $\gamma$ mit gleichen Indizes seien $\gamma_1, \gamma_2, \gamma_3$, wir nennen sie die Deformationshauptgrößen. Dieselben berechnen sich als Wurzeln der Determinantengleichung

$$\begin{vmatrix} \gamma_{xx}-\gamma & \gamma_{xy} & \gamma_{xz} \\ \gamma_{yx} & \gamma_{yy}-\gamma & \gamma_{yz} \\ \gamma_{zx} & \gamma_{zy} & \gamma_{zz}-\gamma \end{vmatrix} = 0. \tag{5}$$

Die Richtungen der drei aufeinander senkrechten Hauptachsen ergeben sich mit den Werten $\gamma = \gamma_1$ bzw. $\gamma_2$ bzw. $\gamma_3$ aus den Gleichungen

$$\left.\begin{aligned} (\gamma_{xx}-\gamma)\cos(\nu, x) + \gamma_{xy}\cos(\nu, y) + \gamma_{xz}\cos(\nu, z) = 0, \\ \gamma_{xy}\cos(\nu, x) + (\gamma_{yy}-\gamma)\cos(\nu, y) + \gamma_{yz}\cos(\nu, z) = 0, \\ \gamma_{xz}\cos(\nu, x) + \gamma_{yz}\cos(\nu, y) + (\gamma_{zz}-\gamma)\cos(\nu, z) = 0. \end{aligned}\right\} \tag{6}$$

Die Koeffizienten der Determinantengleichung (5) nennen wir die **Invarianten des Deformationszustandes**, weil sie als elementarsymmetrische Funktionen der Deformationshauptgrößen offenbar von der Wahl des Koordinatensystems unabhängig sind (s. die gleichen Betrachtungen für den Spannungstensor Ziff. 5). Die Invarianten sind also

$$\left.\begin{aligned} &\gamma_{xx}+\gamma_{yy}+\gamma_{zz}=\gamma_1+\gamma_2+\gamma_3\,,\\ &\gamma_{xx}\gamma_{yy}+\gamma_{yy}\gamma_{zz}+\gamma_{zz}\gamma_{xx}-\gamma_{xy}^2-\gamma_{yz}^2-\gamma_{zx}^2=\gamma_1\gamma_2+\gamma_2\gamma_3+\gamma_3\gamma_1\,,\\ &\begin{vmatrix}\gamma_{xx} & \gamma_{xy} & \gamma_{xz}\\ \gamma_{xy} & \gamma_{yy} & \gamma_{yz}\\ \gamma_{xz} & \gamma_{yz} & \gamma_{zz}\end{vmatrix}=\gamma_1\gamma_2\gamma_3\,. \end{aligned}\right\} \tag{7}$$

Das Ergebnis dieser analytischen Betrachtungen drückt die geometrische Tatsache aus, daß die Umgebung eines Punktes bei der Deformation eine affine Transformation erfährt. Eine infinitesimale Kugel wird in ein Ellipsoid verwandelt, dessen Hauptachsen aus drei zueinander senkrechten Kugeldurchmessern hervorgehen, deren Richtungen die Hauptachsenrichtungen der Deformation sind.

**10. Kleine Deformationen; Dehnungen, Winkeländerungen, Dilatation.** In der Elastizitätstheorie beschränkt man sich im allgemeinen auf Deformationen, die so klein sind, daß man die Ableitungen der Verschiebungen gegen eins und die Produkte zweier Verschiebungen oder Ableitungen gegen lineare Ausdrücke dieser Größen vernachlässigen kann. Damit vereinfachen sich die $\gamma$ folgendermaßen:

$$\left.\begin{aligned} \gamma_{xx}&=2\,\varepsilon_x=2\frac{\partial u}{\partial x}\,, & \gamma_{xy}&=\frac{\partial u}{\partial y}+\frac{\partial v}{\partial x}\,,\\ \gamma_{yy}&=2\,\varepsilon_y=2\frac{\partial v}{\partial y}\,, & \gamma_{yz}&=\frac{\partial v}{\partial z}+\frac{\partial w}{\partial y}\,,\\ \gamma_{zz}&=2\,\varepsilon_z=2\frac{\partial w}{\partial z}\,, & \gamma_{zx}&=\frac{\partial w}{\partial x}+\frac{\partial u}{\partial z}\,. \end{aligned}\right\} \tag{1}$$

Geometrisch ergibt sich die folgende Bedeutung. Die Dehnung der Linienelemente in den Achsenrichtungen ist

$$\varepsilon_x=\frac{\partial u}{\partial x}\,,\quad \varepsilon_y=\frac{\partial v}{\partial y}\,,\quad \varepsilon_z=\frac{\partial w}{\partial z}\,. \tag{2}$$

Die Änderung des ursprünglich rechten Winkels zwischen den Achsenrichtungen ist $\frac{\pi}{2}-\vartheta_{xy}$. Nach Ziff. 8, Gleichung (8) ist für kleine $\gamma$

$$\cos\vartheta_{xy}=\gamma_{xy}=\sin\left(\frac{\pi}{2}-\vartheta_{xy}\right)\approx\frac{\pi}{2}-\vartheta_{xy}\,.$$

Die $\gamma$ mit gemischten Indizes sind also die Winkeländerungen (Schiebungen) zwischen den ursprünglich in den Achsenrichtungen liegenden Linienelementen:

$$\gamma_{xy}=\frac{\partial u}{\partial y}+\frac{\partial v}{\partial x}\,,\quad \gamma_{yz}=\frac{\partial v}{\partial z}+\frac{\partial w}{\partial y}\,,\quad \gamma_{zx}=\frac{\partial w}{\partial x}+\frac{\partial u}{\partial z}\,. \tag{3}$$

Eine besondere Bedeutung kommt der ersten Invariante des Verzerrungszustandes

$$\Theta=\frac{\partial u}{\partial x}+\frac{\partial v}{\partial y}+\frac{\partial w}{\partial z}\equiv\operatorname{div}\mathfrak{u}$$

zu. Betrachten wir ein Parallelepiped mit den Kanten $dx$, $dy$, $dz$ im undeformierten Zustande, so haben dieselben im deformierten Zustande die Längen $dx(1+\varepsilon_x)$, $dy(1+\varepsilon_y)$, $dz(1+\varepsilon_z)$. Es ist also das Volumen $dV=dx\,dy\,dz$ nach der Deformation auf $dV' = dx\,dy\,dz(1+\varepsilon_x)(1+\varepsilon_y)(1+\varepsilon_z)$ gewachsen, wofür wir unter Weglassung der kleinen Größen höherer Ordnung $dV' = dx\,dy\,dz(1+\varepsilon_x + \varepsilon_y + \varepsilon_z)$ schreiben können. Wir erhalten daraus

$$\Theta = \varepsilon_x + \varepsilon_y + \varepsilon_z = \frac{dV' - dV}{dV}, \tag{5}$$

d. h. $\Theta$ ist die Volumvergrößerung pro Volumeinheit an dem betrachteten Punkte, die sog. Dilatation.

## IV. Die Grundgleichungen der Elastizitätstheorie.

**11. Das HOOKEsche Gesetz.** Wir betrachten ein homogenes, isotropes Material, d. h. einen Stoff, dessen elastische Eigenschaften in allen Punkten die gleichen sind, und bei welchem in elastischer Beziehung keine Richtung vor der anderen ausgezeichnet ist. Den Spannungszustand beschreiben wir durch die Spannungskomponenten

$$\sigma_x, \quad \sigma_y, \quad \sigma_z, \quad \tau_{xy}, \quad \tau_{yz}, \quad \tau_{zx},$$

den Verzerrungszustand unter Beschränkung auf kleine Deformationen durch die Verzerrungskomponenten

$$\left.\begin{aligned} \varepsilon_x &= \frac{\partial u}{\partial x}, & \gamma_{xy} &= \frac{\partial u}{\partial y} + \frac{\partial v}{\partial x}, \\ \varepsilon_y &= \frac{\partial v}{\partial y}, & \gamma_{yz} &= \frac{\partial v}{\partial z} + \frac{\partial w}{\partial y}, \\ \varepsilon_z &= \frac{\partial w}{\partial z}, & \gamma_{zx} &= \frac{\partial w}{\partial x} + \frac{\partial u}{\partial z}. \end{aligned}\right\} \tag{1}$$

Es fragt sich nun, welche Spannungen an irgendeinem Punkte herrschen, wenn dort eine bestimmte Verzerrung gegeben ist, d. h. welcher Zusammenhang zwischen den Spannungs- und Verzerrungskomponenten besteht. Über dieses „Elastizitätsgesetz" kann uns natürlich nur die Erfahrung Aufschluß geben.

Zunächst folgt aus der Annahme der Isotropie, daß die Hauptachsen des Spannungszustandes mit den Hauptachsen des Verzerrungszustandes zusammenfallen müssen, denn bei einem isotropen Stoffe können die reinen Zug- und Druckbeanspruchungen in den Hauptachsenrichtungen offenbar keine Winkeländerungen zwischen diesen Richtungen hervorrufen. Das Elastizitätsgesetz muß sich also als eine Beziehung zwischen den Hauptspannungen $\sigma_1, \sigma_2, \sigma_3$ und den Hauptdehnungen $\varepsilon_1, \varepsilon_2, \varepsilon_3$ ausdrücken lassen. Der Erfahrung entnehmen wir nun den folgenden Tatbestand[1]) (HOOKEsches Gesetz). Bei kleinen Deformationen ruft eine Spannung $\sigma_1$ eine Dehnung $\varepsilon_1$ hervor, welche mit $\sigma_1$ proportional ist:

$$\sigma_1 = E\,\varepsilon_1. \tag{2}$$

Den Proportionalitätsfaktor $E$ bezeichnet man als den Elastizitätsmodul. Gleichzeitig ruft die Spannung $\sigma_1$ in den zu ihr senkrechten Richtungen 2 und 3 eine Querzusammenziehung (negative Dehnung) hervor, welche ebenfalls mit $\sigma_1$ proportional ist; man schreibt üblicherweise

$$\eta_2 = \eta_3 = \frac{\varepsilon_1}{m} \tag{3}$$

[1]) Vgl. Kap. 1, Ziff. 4 ds. Bd. des Handb.

und bezeichnet den zweiten Proportionalitätsfaktor $m$ als die Querkontraktionszahl (POISSONsche Konstante = Längsdehnung/Querzusammenziehung). Bei gleichzeitiger Wirkung von Spannungen in verschiedenen Richtungen überlagern sich die hervorgerufenen Dehnungen. Wirken also in den drei Hauptrichtungen 1, 2, 3 die Hauptspannungen $\sigma_1, \sigma_2, \sigma_3$, so ergeben sich die Dehnungen

$$\left.\begin{aligned} \varepsilon_1 &= \frac{1}{E}\left\{\sigma_1 - \frac{\sigma_2+\sigma_3}{m}\right\}, \\ \varepsilon_2 &= \frac{1}{E}\left\{\sigma_2 - \frac{\sigma_3+\sigma_1}{m}\right\}, \\ \varepsilon_3 &= \frac{1}{E}\left\{\sigma_3 - \frac{\sigma_1+\sigma_2}{m}\right\}. \end{aligned}\right\} \tag{4}$$

Es bleibt noch übrig, diesen Zusammenhang zwischen den Hauptspannungen und den Hauptdehnungen von den Hauptachsen auf die $x, y, z$-Richtungen umzurechnen, um den Zusammenhang zwischen den Komponenten des Spannungstensors und des Verzerrungstensors zu bekommen. Bezeichnen wir die Richtungskosinus der Hauptachsen gegen die Koordinatenachsen mit $\cos(1, x)$, $\cos(1, y)$, $\cos(1, z)$ usw., so schreiben sich die Transformationsgleichungen für die Spannungen und die Verzerrungsgrößen in der einfachen Form

$$\left.\begin{aligned} \sigma_x &= \sum_1^3 \sigma_h \cos^2(h, x), & \varepsilon_x &= \sum_1^3 \varepsilon_h \cos^2(h, x), \\ \tau_{xy} &= \sum_1^3 \sigma_h \cos(h, x)\cos(h, y), & \gamma_{xy} &= 2\sum_1^3 \varepsilon_h \cos(h, x)\cos(h, y) \end{aligned}\right\} \tag{5}$$

usw. [s. Ziff. 5, Gleichung (7) und Ziff. 9, Gleichung (4)]. Setzen wir nun in den Gleichungen (4)

$$s = \sigma_1 + \sigma_2 + \sigma_3 = \sigma_x + \sigma_y + \sigma_z \tag{6}$$

und

$$\Theta = \varepsilon_1 + \varepsilon_2 + \varepsilon_3 = \varepsilon_x + \varepsilon_y + \varepsilon_z, \tag{7}$$

so lauten dieselben

$$\varepsilon_h = \frac{1}{E}\left\{\frac{m+1}{m}\sigma_h - \frac{s}{m}\right\} = \frac{m+1}{Em}\left\{\sigma_h - \frac{s}{m+1}\right\}. \tag{8}$$

Multiplizieren wir sie mit $\cos^2(h, x)$, so erhalten wir durch Summation über $h$

$$\varepsilon_x = \frac{m+1}{Em}\left\{\sigma_x - \frac{s}{m+1}\right\},$$

und analog

$$\left.\begin{aligned} \varepsilon_y &= \frac{m+1}{Em}\left\{\sigma_y - \frac{s}{m+1}\right\}, \\ \varepsilon_z &= \frac{m+1}{Em}\left\{\sigma_z - \frac{s}{m+1}\right\}, \end{aligned}\right\} \tag{9}$$

ferner durch Multiplikation mit $2\cos(h, x)\cos(h, y)$ und Summation

$$\gamma_{xy} = \frac{2(m+1)}{Em}\tau_{xy},$$

und analog

$$\left.\begin{aligned} \gamma_{yz} &= \frac{2(m+1)}{Em}\tau_{yz}, \\ \gamma_{zx} &= \frac{2(m+1)}{Em}\tau_{zx}. \end{aligned}\right\} \tag{10}$$

[Man beachte dabei, daß $\sum_h \cos^2(h, x) = 1$, $\sum_h \cos(h, x)\cos(h, y) = 0$.] Zur Abkürzung setzt man

$$G = \frac{Em}{2(m+1)}. \tag{11}$$

Damit wird

$$\left.\begin{aligned} \varepsilon_x &= \frac{1}{2G}\left\{\sigma_x - \frac{s}{m+1}\right\}, & \gamma_{xy} &= \frac{1}{G}\tau_{xy}, \\ \varepsilon_y &= \frac{1}{2G}\left\{\sigma_y - \frac{s}{m+1}\right\}, & \gamma_{yz} &= \frac{1}{G}\tau_{yz}, \\ \varepsilon_z &= \frac{1}{2G}\left\{\sigma_z - \frac{s}{m+1}\right\}, & \gamma_{zx} &= \frac{1}{G}\tau_{zx}. \end{aligned}\right\} \tag{12}$$

Durch Addition der drei Gleichungen der linken Seite erhalten wir die Beziehung

$$\Theta = \frac{1}{2G}\,\frac{m-2}{m+1}\,s \tag{13}$$

zwischen den Invarianten $\Theta$ und $s$, mit welcher wir die Auflösung der Gleichungen nach den Spannungen unmittelbar hinschreiben können. Es ergibt sich, nach den Spannungen aufgelöst[1])

$$\left.\begin{aligned} \sigma_x &= 2G\left\{\varepsilon_x + \frac{\Theta}{m-2}\right\}, & \tau_{xy} &= G\gamma_{xy}, \\ \sigma_y &= 2G\left\{\varepsilon_y + \frac{\Theta}{m-2}\right\}, & \tau_{yz} &= G\gamma_{yz}, \\ \sigma_z &= 2G\left\{\varepsilon_z + \frac{\Theta}{m-2}\right\}, & \tau_{zx} &= G\gamma_{zx}. \end{aligned}\right\} \tag{14}$$

Die Größe $G$, welche das Verhältnis der Schubspannung zur Winkeländerung liefert, bezeichnet man als den Schubmodul.

**12. Bestimmung der Verschiebungen aus den Spannungen.** Sind die Spannungen bekannt, so sind dadurch zunächst nur die Verzerrungsgrößen

$$\varepsilon_x = \frac{\partial u}{\partial x}, \quad \varepsilon_y = \frac{\partial v}{\partial y}, \quad \varepsilon_z = \frac{\partial w}{\partial z},$$

$$\gamma_{xy} = \frac{\partial u}{\partial y} + \frac{\partial v}{\partial x}, \quad \gamma_{yz} = \frac{\partial v}{\partial z} + \frac{\partial w}{\partial y}, \quad \gamma_{zx} = \frac{\partial w}{\partial x} + \frac{\partial u}{\partial z}$$

gegeben. Um die Verschiebungen selbst zu erhalten, werden aus diesen die sämtlichen zweiten Differentialquotienten von $u, v, w$ nach $x, y, z$ bestimmt. Es wird — wie man unmittelbar bestätigt —

$$\left.\begin{aligned} &\frac{\partial^2 u}{\partial x^2} = \frac{\partial \varepsilon_x}{\partial x}, \quad \frac{\partial^2 u}{\partial y^2} = \frac{\partial \gamma_{xy}}{\partial y} - \frac{\partial \varepsilon_y}{\partial x}, \quad \frac{\partial^2 u}{\partial z^2} = \frac{\partial \gamma_{xz}}{\partial z} - \frac{\partial \varepsilon_z}{\partial x}, \\ &\frac{\partial^2 u}{\partial x \partial y} = \frac{\partial \varepsilon_x}{\partial y}, \quad \frac{\partial^2 u}{\partial y \partial z} = \frac{1}{2}\left\{-\frac{\partial \gamma_{yz}}{\partial x} + \frac{\partial \gamma_{zx}}{\partial y} + \frac{\partial \gamma_{xy}}{\partial z}\right\}, \quad \frac{\partial^2 u}{\partial z \partial x} = \frac{\partial \varepsilon_x}{\partial z} \end{aligned}\right\} \tag{1}$$

mit gleichen Formeln für $v$ und $w$. Aus diesen zweiten Differentialquotienten erhält man $u, v, w$ selbst durch zweimalige Integration. Die Verschiebungen sind dadurch bis auf Größen der Form

$$\left.\begin{aligned} u &= u_0 + \beta y - \gamma z, \\ v &= v_0 + \alpha z - \beta x, \\ w &= w_0 + \gamma x - \alpha y. \end{aligned}\right\} \tag{2}$$

gegeben, d. h. bis auf eine Parallelverschiebung $u_0, v_0, w_0$ in Richtung der Achsen und eine Drehung vom Betrage $\alpha, \beta, \gamma$ um die drei Achsen. Eine deformationslose Verschiebung und Drehung des ganzen Körpers ist bei gegebenen Oberflächen-

[1]) Über die hauptsächlich für die Untersuchung plastischer Formänderungen wichtige Zusammenfassung dieser sechs Gleichungen in eine einzige Gleichung, welche den Spannungsdeviator mit dem Dehnungsdeviator verknüpft, vgl. Kap. 6, Ziff. 19 ds. Bd. des Handb.

kräften stets möglich und eine solche wird (bei kleinen $\alpha, \beta, \gamma$) durch (2) dargestellt.

**13. Die Differentialgleichungen für die Verschiebungen.** Die eben abgeleiteten Spannungs-Dehnungsgleichungen [Ziff. 11, Gleichung (12) und (14)] bilden zusammen mit den Gleichgewichtsbedingungen

$$\left.\begin{aligned} \frac{\partial \sigma_x}{\partial x} + \frac{\partial \tau_{xy}}{\partial y} + \frac{\partial \tau_{xz}}{\partial z} + X = 0, \\ \frac{\partial \tau_{yx}}{\partial x} + \frac{\partial \sigma_y}{\partial y} + \frac{\partial \tau_{yz}}{\partial z} + Y = 0, \\ \frac{\partial \tau_{zx}}{\partial x} + \frac{\partial \tau_{zy}}{\partial y} + \frac{\partial \sigma_z}{\partial z} + Z = 0, \end{aligned}\right\} \tag{1}$$

[s. Ziff. 7, Gleichung (8)] das vollständige System partieller Differentialgleichungen der Elastizitätstheorie. Streng genommen ist dabei in den Spannungs-Dehnungsgleichungen nach den Koordinaten des undeformierten Zustandes, in den Gleichgewichtsgleichungen nach denen des deformierten Zustandes zu differenzieren, aber dieser Unterschied fällt weg, wenn man sich auf kleine Verschiebungen beschränkt; denn die verschiedenen Differentialquotienten unterscheiden sich dann nur um Größen, die verabredungsgemäß vernachlässigt werden.

Sind die Massenkräfte $X, Y, Z$ und die Oberflächenkräfte $\Xi$, $\mathsf{H}$, $\mathsf{Z}$ von der Zeit unabhängig, so erhalten wir die das Gleichgewicht bestimmenden Differentialgleichungen in der gewöhnlichen Form, wenn wir entweder die Verschiebungen oder die Spannungen aus den neun Gleichungen eliminieren. Setzt man aus den Spannungs-Dehnungsgleichungen (14) von Ziff. 11 die Werte der Spannungskomponenten in die Gleichgewichtsrelationen (1) ein, so erhält man mit Benutzung von Ziff. 11, Gleichung (7) die Differentialgleichungen für die Verschiebungen

$$\left.\begin{aligned} G\left\{\Delta u + \frac{m}{m-2}\frac{\partial \Theta}{\partial x}\right\} + X = 0, \\ G\left\{\Delta v + \frac{m}{m-2}\frac{\partial \Theta}{\partial y}\right\} + Y = 0, \\ G\left\{\Delta w + \frac{m}{m-2}\frac{\partial \Theta}{\partial z}\right\} + Z = 0, \end{aligned}\right\} \tag{2}$$

oder in Vektorform

$$G\left\{\Delta \mathfrak{u} + \frac{m}{m-2}\operatorname{grad}\operatorname{div}\mathfrak{u}\right\} + \mathfrak{K} = 0. \tag{2a}$$

Aus (2) erhalten wir durch Differentiation nach $x$ bzw. $y$ bzw. $z$ und Addition, d. h. durch Bildung der Operation div, für $\Theta = \operatorname{div}\mathfrak{u}$ die Differentialgleichung

$$2G\frac{m-1}{m-2}\Delta\Theta + \operatorname{div}\mathfrak{K} = 0, \tag{3}$$

und mit Ziff. 11, Gleichung (13) für $s$ die Gleichung

$$\frac{m-1}{m+1}\Delta s + \operatorname{div}\mathfrak{K} = 0. \tag{4}$$

Zu diesen Differentialgleichungen treten noch Randbedingungen hinzu, und zwar sollen an der Oberfläche des Körpers entweder die Verschiebungen (z. B. $u = v = w = 0$ an unverschieblich gelagerten Punkten) vorgeschrieben sein, oder es sind Oberflächenkräfte gegeben, und wir erhalten die Randbedingungen für die

Verschiebungen, indem wir in den Gleichgewichtsbedingungen Ziff. 7, Gleichung (16)

$$\left.\begin{aligned} \sigma_x \cos(\nu, x) + \tau_{xy} \cos(\nu, y) + \tau_{xz} \cos(\nu, z) &= \Xi, \\ \tau_{xy} \cos(\nu, x) + \sigma_y \cos(\nu, y) + \tau_{yz} \cos(\nu, z) &= \mathsf{H}, \\ \tau_{xz} \cos(\nu, x) + \tau_{yz} \cos(\nu, y) + \sigma_z \cos(\nu, z) &= \mathsf{Z} \end{aligned}\right\} \tag{5}$$

die Spannungen durch die Verzerrungen ausdrücken.

**14. Die Differentialgleichungen für die Spannungen.** Aus den Spannungs-Dehnungsgleichungen erhalten wir durch Elimination der Verschiebungen Differentialgleichungen für die Spannungen allein, wenn wir beachten, daß zwischen den Komponenten des Verzerrungstensors die folgenden Identitäten bestehen:

$$\left.\begin{aligned} &\frac{\partial^2 \varepsilon_x}{\partial y^2} + \frac{\partial^2 \varepsilon_y}{\partial x^2} = \frac{\partial^2 \gamma_{xy}}{\partial x \partial y}, \quad 2\frac{\partial^2 \varepsilon_x}{\partial y \partial z} = \frac{\partial}{\partial x}\left\{-\frac{\partial \gamma_{yz}}{\partial x} + \frac{\partial \gamma_{zx}}{\partial y} + \frac{\partial \gamma_{xy}}{\partial z}\right\}, \\ &\frac{\partial^2 \varepsilon_y}{\partial z^2} + \frac{\partial^2 \varepsilon_z}{\partial y^2} = \frac{\partial^2 \gamma_{yz}}{\partial y \partial z}, \quad 2\frac{\partial^2 \varepsilon_y}{\partial z \partial x} = \frac{\partial}{\partial y}\left\{-\frac{\partial \gamma_{zx}}{\partial y} + \frac{\partial \gamma_{xy}}{\partial z} + \frac{\partial \gamma_{yz}}{\partial x}\right\}, \\ &\frac{\partial^2 \varepsilon_z}{\partial x^2} + \frac{\partial^2 \varepsilon_x}{\partial z^2} = \frac{\partial^2 \gamma_{zx}}{\partial z \partial x}, \quad 2\frac{\partial^2 \varepsilon_z}{\partial x \partial y} = \frac{\partial}{\partial z}\left\{-\frac{\partial \gamma_{xy}}{\partial z} + \frac{\partial \gamma_{yz}}{\partial x} + \frac{\partial \gamma_{zx}}{\partial y}\right\}. \end{aligned}\right\} \tag{1}$$

Diese sog. Kompatibilitätsgleichungen folgen aus den Gleichungen (1) von Ziff. 12 wegen der Vertauschbarkeit der Differentiationsreihenfolge, z. B.

$$\frac{\partial}{\partial y}\left(\frac{\partial^2 u}{\partial x \partial y}\right) = \frac{\partial}{\partial x}\left(\frac{\partial^2 u}{\partial y^2}\right).$$

Sie drücken weiter nichts aus, als daß in dem deformierten Körper eine euklidische Geometrie gilt. Die Komponenten des RIEMANN-CHRISTOFFELschen Krümmungstensors müssen also verschwinden; diese Bedingung ist bei Beschränkung auf kleine Verschiebungen mit den Kompatibilitätsgleichungen gleichwertig. Wir erhalten daraus für die Spannungen die Differentialgleichungen:

$$\left.\begin{aligned} &\frac{\partial^2 \sigma_x}{\partial y^2} + \frac{\partial^2 \sigma_y}{\partial x^2} - \frac{1}{m+1}\left\{\frac{\partial^2 s}{\partial x^2} + \frac{\partial^2 s}{\partial y^2}\right\} = 2\frac{\partial^2 \tau_{xy}}{\partial x \partial y}, \\ &\frac{\partial^2 \sigma_x}{\partial y \partial z} - \frac{1}{m+1}\frac{\partial^2 s}{\partial y \partial z} = \frac{\partial}{\partial x}\left\{-\frac{\partial \tau_{yz}}{\partial x} + \frac{\partial \tau_{zx}}{\partial y} + \frac{\partial \tau_{xy}}{\partial z}\right\} \end{aligned}\right\} \tag{2}$$

usw. durch zyklische Vertauschung.

Diesen Spannungsgleichungen kann man eine etwas einfachere Form geben, wenn man sie mit den Gleichgewichtsbedingungen verknüpft. Am einfachsten ist eine unmittelbare Ableitung aus den Spannungs-Dehnungsgleichungen und den Verschiebungsgleichungen [Ziff. 13, Gleichung (2)]. Aus

$$\frac{\partial u}{\partial x} = \varepsilon_x = \frac{1}{2G}\left\{\sigma_x - \frac{s}{m+1}\right\} \tag{3}$$

erhalten wir durch $\Delta$-Bildung

$$\frac{\partial \Delta u}{\partial x} = \frac{1}{2G}\left\{\Delta \sigma_x - \frac{\Delta s}{m+1}\right\}, \tag{4}$$

ebenso aus Ziff. 13, Gleichung (2) durch Differentiation nach $x$

$$\frac{\partial \Delta u}{\partial x} = -\frac{m}{m-2}\frac{\partial^2 \Theta}{\partial x^2} - \frac{1}{G}\frac{\partial X}{\partial x}. \tag{5}$$

Durch Gleichsetzen der beiden Werte ergibt sich

$$\Delta \sigma_x + \frac{2Gm}{m-2}\frac{\partial^2 \Theta}{\partial x^2} = -2\frac{\partial X}{\partial x} + \frac{\Delta s}{m+1}, \tag{6}$$

bzw., wenn wir noch $\Theta$ nach Gleichung (13) von Ziff. 11 durch $s$ ersetzen,

$$\varDelta \sigma_x + \frac{m}{m+1}\frac{\partial^2 s}{\partial x^2} = -2\frac{\partial X}{\partial x} + \frac{\varDelta s}{m+1}, \tag{7}$$

oder schließlich mit Benutzung von Gleichung (4) von Ziff. 13

$$\varDelta \sigma_x + \frac{m}{m+1}\frac{\partial^2 s}{\partial x^2} = -2\frac{\partial X}{\partial x} - \left(\frac{1}{m-1}\right)\left\{\frac{\partial X}{\partial x} + \frac{\partial Y}{\partial y} + \frac{\partial Z}{\partial z}\right\}. \tag{8}$$

In der gleichen Weise erhalten wir die weiteren Gleichungen

$$\varDelta \tau_{xy} + \frac{m}{m+1}\frac{\partial^2 s}{\partial x \partial y} = -\left\{\frac{\partial X}{\partial y} + \frac{\partial Y}{\partial x}\right\} \tag{9}$$

und diejenigen, die sich durch zyklische Vertauschung daraus ergeben.

Von besonderer Bedeutung ist der Fall konstanter Massenkräfte (z. B. Schwerkraft), für welchen wir die Gleichungen ausführlich aufschreiben wollen:

$$\left.\begin{aligned} &\varDelta \sigma_x + \frac{m}{m+1}\frac{\partial^2 s}{\partial x^2} = 0, \quad \varDelta \tau_{xy} + \frac{m}{m+1}\frac{\partial^2 s}{\partial x \partial y} = 0,\\ &\varDelta \sigma_y + \frac{m}{m+1}\frac{\partial^2 s}{\partial y^2} = 0, \quad \varDelta \tau_{yz} + \frac{m}{m+1}\frac{\partial^2 s}{\partial y \partial z} = 0,\\ &\varDelta \sigma_z + \frac{m}{m+1}\frac{\partial^2 s}{\partial z^2} = 0, \quad \varDelta \tau_{zx} + \frac{m}{m+1}\frac{\partial^2 s}{\partial z \partial x} = 0. \end{aligned}\right\} \tag{10}$$

Durch Addition der drei Gleichungen links erhält man

$$\varDelta s = 0 \tag{11}$$

und durch abermalige $\varDelta$-Bildung

$$\left.\begin{aligned} &\varDelta\varDelta \sigma_x = 0, \quad \varDelta\varDelta \tau_{xy} = 0,\\ &\varDelta\varDelta \sigma_y = 0, \quad \varDelta\varDelta \tau_{yz} = 0,\\ &\varDelta\varDelta \sigma_z = 0, \quad \varDelta\varDelta \tau_{zx} = 0. \end{aligned}\right\} \tag{12}$$

Zu diesen Spannungsgleichungen treten noch die Gleichgewichtsbedingungen hinzu. Diese Gleichungssysteme sind besonders dann brauchbar, wenn am Rande des Körpers die Oberflächenkräfte gegeben sind; man erhält dann, wenn $\Xi$, H, Z die Komponenten der Kräfte pro Flächeneinheit der Oberfläche sind,

$$\left.\begin{aligned} \sigma_x \cos(\nu x) + \tau_{xy}\cos(\nu y) + \tau_{xz}\cos(\nu z) &= \Xi,\\ \tau_{xy}\cos(\nu x) + \sigma_y \cos(\nu y) + \tau_{yz}\cos(\nu z) &= \mathrm{H},\\ \tau_{xz}\cos(\nu x) + \tau_{yz}\cos(\nu y) + \sigma_z \cos(\nu z) &= \mathrm{Z}. \end{aligned}\right\} \tag{13}$$

Auf den Fall gegebener Verschiebungen werden wir unten für spezielle Aufgaben zurückkommen; die Randbedingungen drücken sich hier nicht in einfacher Weise aus.

Bemerkenswerterweise erhalten wir hier für die sechs Spannungsgrößen neun Differentialgleichungen, von denen sechs zweiter, drei erster Ordnung sind. Die letzteren ersetzen gewissermaßen die fehlenden Randbedingungen, von denen wir bei sechs Differentialgleichungen zweiter Ordnung sonst sechs erwarten würden, statt wie hier drei.

**15. Die Differentialgleichungen der elastischen Bewegung.** Um die Differentialgleichungen für die Bewegung elastischer Körper zu erhalten, müssen wir nach dem d'ALEMBERTschen Prinzip zu den Massenkräften die Trägheitswiderstände hinzufügen, welche, wenn $\varrho$ die Dichte (= Masse der Volumeinheit) ist, pro Volumeinheit gleich

$$-\varrho\frac{\partial^2 u}{\partial t^2}, \quad -\varrho\frac{\partial^2 v}{\partial t^2}, \quad -\varrho\frac{\partial^2 w}{\partial t^2} \tag{1}$$

werden. Damit werden die Bewegungsgleichungen

$$\left.\begin{aligned} \operatorname{div}\mathfrak{t}^{(x)} + X &\equiv \frac{\partial\sigma_x}{\partial x} + \frac{\partial\tau_{xy}}{\partial y} + \frac{\partial\tau_{xz}}{\partial z} + X = \varrho\frac{\partial^2 u}{\partial t^2},\\ \operatorname{div}\mathfrak{t}^{(y)} + Y &\equiv \frac{\partial\tau_{xy}}{\partial x} + \frac{\partial\sigma_y}{\partial y} + \frac{\partial\tau_{yz}}{\partial z} + Y = \varrho\frac{\partial^2 v}{\partial t^2},\\ \operatorname{div}\mathfrak{t}^{(z)} + Z &\equiv \frac{\partial\tau_{xz}}{\partial x} + \frac{\partial\tau_{yz}}{\partial y} + \frac{\partial\sigma_z}{\partial z} + Z = \varrho\frac{\partial^2 w}{\partial t^2}, \end{aligned}\right\} \tag{2}$$

zu denen noch die Spannungs-Dehnungsgleichungen hinzukommen. Eliminieren wir wieder die Spannungen, so erhalten wir die Grundgleichungen der Bewegung in der meist benutzten Form

$$\left.\begin{aligned} G\left\{\Delta u + \frac{m}{m-2}\frac{\partial\Theta}{\partial x}\right\} + X &= \varrho\frac{\partial^2 u}{\partial t^2},\\ G\left\{\Delta v + \frac{m}{m-2}\frac{\partial\Theta}{\partial y}\right\} + Y &= \varrho\frac{\partial^2 v}{\partial t^2},\\ G\left\{\Delta w + \frac{m}{m-2}\frac{\partial\Theta}{\partial z}\right\} + Z &= \varrho\frac{\partial^2 w}{\partial t^2} \end{aligned}\right\} \tag{3}$$

oder wieder in Vektorform

$$G\left\{\Delta\mathfrak{u} + \frac{m}{m-2}\operatorname{grad}\operatorname{div}\mathfrak{u}\right\} + \mathfrak{K} = \varrho\frac{\partial^2\mathfrak{u}}{\partial t^2}. \tag{3a}$$

Wollen wir Gleichungen für die Spannungen ableiten, so bemerken wir zunächst, daß die aus den Kompatibilitätsbedingungen abgeleiteten Gleichungen (2) von Ziff. 14 unverändert bestehen bleiben. Dazu kommen noch die Gleichungen, welche man erhält, wenn man durch Differentiation aus den Gleichungen (2) die Verschiebungskomponenten eliminiert. Da diese Gleichungen zur Integration besonderer Fälle bisher noch keine Verwendung gefunden haben, wollen wir sie nicht ausführlich hinschreiben, sondern uns mit diesem Hinweis begnügen.

## V. Energetische Betrachtungen[1]).

**16. Die Formänderungsarbeit.** Sowohl die Verschiebungen, welche ein Körper bei elastischer Deformation erfährt, als die dabei auftretenden Spannungen sind durch gewisse Minimaleigenschaften ausgezeichnet, welche an den Begriff der Formänderungsarbeit anknüpfen. Die Formänderungsarbeit ist die Arbeit, welche aufgewendet werden muß, um den Körper in den deformierten Zustand zu versetzen; bei der Entlastung kann sie als Arbeit wiedergewonnen werden, oder sie setzt sich in kinetische Energie der eintretenden Bewegung um. Um sie zu berechnen, denken wir uns aus dem Körper an irgendeiner Stelle ein Parallelepiped herausgeschnitten, dessen Kanten $a$, $b$, $c$ den Hauptspannungen parallel seien, so daß auf seine Flächen nur die Normalspannungen $\sigma_1$, $\sigma_2$, $\sigma_3$ wirken. Lassen wir jetzt (unter passender Veränderung der Spannungen) nur die Hauptdehnung $\varepsilon_1$ in Richtung der Kante $a$ von $\varepsilon_1$ auf $\varepsilon_1 + \delta\varepsilon_1$ wachsen, so leisten hierbei die Hauptspannungen auf den dazu senkrechten Flächen die Arbeit

$$\delta A = \sigma_1 b c a \delta\varepsilon_1 = \sigma_1 \delta\varepsilon_1 a b c. \tag{1}$$

Die beiden anderen Hauptdehnungen $\varepsilon_2$ und $\varepsilon_3$ sollen dabei konstant bleiben. Es ist also

$$\frac{\partial A}{\partial\varepsilon_1} = abc\sigma_1 \tag{2}$$

[1]) Bezüglich der Entwicklungen dieses Abschnittes vgl. man: G. KIRCHHOFF, Vorlesungen über mathematische Physik, 4. Aufl., Leipzig 1897, Vorlesung 11.

und entsprechend

$$\frac{\partial A}{\partial \varepsilon_2} = abc\sigma_2, \quad \frac{\partial A}{\partial \varepsilon_3} = abc\sigma_3. \tag{3}$$

Setzen wir hier für die Spannungen ihre Werte aus den Spannungs-Dehnungsgleichungen [Ziff. 11, Gleichung (14)] ein und integrieren, so erhalten wir nach Division durch das Volumen $abc$ die Deformationsenergie pro Volumeinheit

$$\mathsf{A}(\varepsilon, \gamma) = G\left\{\varepsilon_1^2 + \varepsilon_2^2 + \varepsilon_3^2 + \frac{1}{m-2}(\varepsilon_1 + \varepsilon_2 + \varepsilon_3)^2\right\}. \tag{4}$$

Um von den Hauptspannungen und Hauptdehnungen auf die zu den $x$, $y$, $z$-Achsen gehörigen Verzerrungskomponenten umzurechnen, erinnern wir daran, daß die symmetrischen Funktionen $\varepsilon_1 + \varepsilon_2 + \varepsilon_3$ und $\varepsilon_1\varepsilon_2 + \varepsilon_2\varepsilon_3 + \varepsilon_3\varepsilon_1$ die sog. Invarianten des Verzerrungszustandes sind [Ziff. 9, Gleichung (7)]:

$$\left.\begin{aligned} &\varepsilon_1 + \varepsilon_2 + \varepsilon_3 = \varepsilon_x + \varepsilon_y + \varepsilon_z = \Theta, \\ &\varepsilon_1\varepsilon_2 + \varepsilon_2\varepsilon_3 + \varepsilon_3\varepsilon_1 = \varepsilon_x\varepsilon_y + \varepsilon_y\varepsilon_z + \varepsilon_z\varepsilon_x - \tfrac{1}{4}(\gamma_{xy}^2 + \gamma_{yz}^2 + \gamma_{zx}^2), \\ \text{also} \quad &\varepsilon_1^2 + \varepsilon_2^2 + \varepsilon_3^2 = \Theta^2 - 2(\varepsilon_1\varepsilon_2 + \varepsilon_2\varepsilon_3 + \varepsilon_3\varepsilon_1). \end{aligned}\right\} \tag{5}$$

Damit geht (4) über in

$$\mathsf{A}(\varepsilon, \gamma) = G\left\{\frac{m-1}{m-2}\Theta^2 - 2(\varepsilon_x\varepsilon_y + \varepsilon_y\varepsilon_z + \varepsilon_z\varepsilon_x) + \frac{1}{2}(\gamma_{xy}^2 + \gamma_{yz}^2 + \gamma_{zx}^2)\right\}. \tag{6}$$

Wir schreiben hier $\mathsf{A}(\varepsilon, \gamma)$, um anzudeuten, daß die Formänderungsarbeit durch die Verzerrungskomponenten ausgedrückt ist. Vor allem bemerken wir, daß die Ableitung der Formänderungsarbeit nach den Verzerrungskomponenten die Spannungskomponenten ergibt[1]):

$$\left.\begin{aligned} \sigma_x &= 2G\left\{\varepsilon_x + \frac{\Theta}{m-2}\right\} = \frac{\partial \mathsf{A}}{\partial \varepsilon_x}, & \tau_{xy} &= G\gamma_{xy} = \frac{\partial \mathsf{A}}{\partial \gamma_{xy}}, \\ \sigma_y &= 2G\left\{\varepsilon_y + \frac{\Theta}{m-2}\right\} = \frac{\partial \mathsf{A}}{\partial \varepsilon_y}, & \tau_{yz} &= G\gamma_{yz} = \frac{\partial \mathsf{A}}{\partial \gamma_{yz}}, \\ \sigma_z &= 2G\left\{\varepsilon_z + \frac{\Theta}{m-2}\right\} = \frac{\partial \mathsf{A}}{\partial \varepsilon_z}, & \tau_{zx} &= G\gamma_{zx} = \frac{\partial \mathsf{A}}{\partial \gamma_{zx}}, \end{aligned}\right\} \tag{7}$$

wie der Vergleich mit den Spannungs-Dehnungsgleichungen zeigt. Rechnen wir die Formänderungsarbeit auf die Spannungskomponenten um, so bemerken wir zunächst, daß sich $\mathsf{A}$ als homogene quadratische Form der Verzerrungsgrößen nach dem Eulerschen Satze

$$\left.\begin{aligned} \mathsf{A} &= \frac{1}{2}\left\{\frac{\partial \mathsf{A}}{\partial \varepsilon_x}\varepsilon_x + \frac{\partial \mathsf{A}}{\partial \varepsilon_y}\varepsilon_y + \frac{\partial \mathsf{A}}{\partial \varepsilon_z}\varepsilon_z + \frac{\partial \mathsf{A}}{\partial \gamma_{xy}}\gamma_{xy} + \frac{\partial \mathsf{A}}{\partial \gamma_{yz}}\gamma_{yz} + \frac{\partial \mathsf{A}}{\partial \gamma_{zx}}\gamma_{zx}\right\} \\ &= \tfrac{1}{2}\{\sigma_x\varepsilon_x + \sigma_y\varepsilon_y + \sigma_z\varepsilon_z + \tau_{xy}\gamma_{xy} + \tau_{yz}\gamma_{yz} + \tau_{zx}\gamma_{zx}\} \end{aligned}\right\} \tag{8}$$

schreiben läßt. Setzen wir die Werte für die $\varepsilon$ und $\gamma$ [nach Ziff. 11, Gleichung (12)] ein, so wird $\mathsf{A}$, ausgedrückt als Funktion der Spannungen,

$$\left.\begin{aligned} \mathsf{A}(\sigma, \tau) &= \frac{1}{4G}\left\{\frac{m}{m+1}s^2 - 2(\sigma_x\sigma_y + \sigma_y\sigma_z + \sigma_z\sigma_x - \tau_{xy}^2 - \tau_{yz}^2 - \tau_{zx}^2)\right\} \\ &(s = \sigma_x + \sigma_y + \sigma_z) \end{aligned}\right\} \tag{9}$$

[1]) Diese Formeln wurden zum erstenmal von Green verwendet. Vgl. G. Green, Math. Papers, London 1871, S. 243ff.

und wir bemerken als Gegenstück zu (7), daß hier die Ableitungen nach den Spannungen die entsprechenden Formänderungsgrößen ergeben:

$$\left.\begin{aligned}
\varepsilon_x &= \frac{1}{2G}\left\{\sigma_x - \frac{s}{m+1}\right\} = \frac{\partial \mathsf{A}}{\partial \sigma_x}, & \gamma_{xy} &= \frac{1}{G}\tau_{xy} = \frac{\partial \mathsf{A}}{\partial \tau_{xy}},\\
\varepsilon_y &= \frac{1}{2G}\left\{\sigma_y - \frac{s}{m+1}\right\} = \frac{\partial \mathsf{A}}{\partial \sigma_y}, & \gamma_{yz} &= \frac{1}{G}\tau_{yz} = \frac{\partial \mathsf{A}}{\partial \tau_{yz}},\\
\varepsilon_z &= \frac{1}{2G}\left\{\sigma_z - \frac{s}{m+1}\right\} = \frac{\partial \mathsf{A}}{\partial \sigma_z}, & \gamma_{zx} &= \frac{1}{G}\tau_{zx} = \frac{\partial \mathsf{A}}{\partial \tau_{zx}}.
\end{aligned}\right\} \tag{10}$$

Da die Deformationsenergie pro Volumeinheit stets positiv ist, folgt aus Formel (4), daß die Querkontraktionszahl $m$ positiv und größer als 2 sein muß

$$2 \leqq m \leqq \infty \tag{11}$$

und $G$ natürlich positiv.

**17. Die Energiehauptformel.** Die wichtigste Formel, welche allen Energiebetrachtungen in der Elastizitätstheorie zugrunde liegt, erhalten wir, wenn wir in einem bestimmten Augenblick, sei es im Gleichgewicht oder in der Bewegung, die Formänderungsarbeit des wirklichen Zustandes mit der eines variierten Zustandes vergleichen. Es seien $u, v, w$ die wirklich eintretenden Verschiebungen, und $\sigma_x, \sigma_y, \sigma_z; \tau_{xy}, \tau_{yz}, \tau_{zx}$ die zugehörigen Spannungen, welche im Innern mit den Massenkräften $X, Y, Z$, und an der Oberfläche mit den Flächenkräften $\Xi$, H, Z im Gleichgewicht sind. Die Formänderungsarbeit sei

$$A(\varepsilon, \gamma) = \iiint \mathsf{A}(\varepsilon, \gamma)\, d\omega\,. \tag{1}$$

Verändern wir jetzt die Verschiebungen um $\delta u$, $\delta v$, $\delta w$, wodurch die Deformationsgrößen um

$$\left.\begin{aligned}
\delta\varepsilon_x &= \frac{\partial\,\delta u}{\partial x}, & \delta\gamma_{xy} &= \frac{\partial\,\delta u}{\partial y} + \frac{\partial\,\delta v}{\partial x},\\
\delta\varepsilon_y &= \frac{\partial\,\delta v}{\partial y}, & \delta\gamma_{yz} &= \frac{\partial\,\delta v}{\partial z} + \frac{\partial\,\delta w}{\partial y},\\
\delta\varepsilon_z &= \frac{\partial\,\delta w}{\partial z}, & \delta\gamma_{zx} &= \frac{\partial\,\delta w}{\partial x} + \frac{\partial\,\delta u}{\partial z}
\end{aligned}\right\} \tag{2}$$

geändert werden, so wird die Formänderungsarbeit des variierten Zustandes

$$A(\varepsilon + \delta\varepsilon, \gamma + \delta\gamma) = \iiint \mathsf{A}(\varepsilon + \delta\varepsilon\,, \gamma + \delta\gamma)\, d\omega\,. \tag{3}$$

Setzen wir in dem Ausdruck für die Formänderungsarbeit der Volumeinheit überall die variierten Größen ein, so erhalten wir durch Taylorentwicklung

$$\left.\begin{aligned}
\mathsf{A}(\varepsilon + \delta\varepsilon\,, \gamma + \delta\gamma) &= \mathsf{A}(\varepsilon\,, \gamma)\\
&+ \left\{\frac{\partial \mathsf{A}}{\partial \varepsilon_x}\delta\varepsilon_x + \frac{\partial \mathsf{A}}{\partial \varepsilon_y}\delta\varepsilon_y + \frac{\partial \mathsf{A}}{\partial \varepsilon_z}\delta\varepsilon_z + \frac{\partial \mathsf{A}}{\partial \gamma_{xy}}\delta\gamma_{xy} + \frac{\partial \mathsf{A}}{\partial \gamma_{yz}}\delta\gamma_{yz} + \frac{\partial \mathsf{A}}{\partial \gamma_{zx}}\delta\gamma_{zx}\right\}\\
&+ \frac{1}{2}\left\{\frac{\partial^2 \mathsf{A}}{\partial \varepsilon_x^2}\delta\varepsilon_x^2 + 2\frac{\partial^2 \mathsf{A}}{\partial \varepsilon_x \partial \varepsilon_y}\delta\varepsilon_x\delta\varepsilon_y + \cdots + \frac{\partial^2 \mathsf{A}}{\partial \gamma_{zx}^2}\delta\gamma_{zx}^2\right\}.
\end{aligned}\right\} \tag{4}$$

Dabei ist das erste Glied der ursprüngliche Wert der Formänderungsarbeit im unvariierten Zustand, das letzte Glied wird

$$\left.\begin{aligned}
G\Big\{\frac{m-1}{m-2}(\delta\varepsilon_x + \delta\varepsilon_y + \delta\varepsilon_z)^2 - 2(\delta\varepsilon_x\delta\varepsilon_y + \delta\varepsilon_y\delta\varepsilon_z + \delta\varepsilon_z\delta\varepsilon_x)\\
+ \frac{1}{2}(\delta\gamma_{xy}^2 + \delta\gamma_{yz}^2 + \delta\gamma_{zx}^2)\Big\} = \mathsf{A}(\delta\varepsilon\,, \delta\gamma),
\end{aligned}\right\} \tag{5}$$

d. h. es ist gleich der Formänderungsarbeit pro Volumeinheit, welche sich einstellen würde, wenn der Körper nur die Verschiebungen $\delta u$, $\delta v$, $\delta w$ erführe. Wesentlich ist, daß dieser Ausdruck sicher positiv ist.

Das mittlere Glied wird bei Berücksichtigung von Gleichung (7), von Ziff. 16 $\left(\frac{\partial \mathsf{A}}{\partial \varepsilon_x} = \sigma_x \text{ usw.}\right)$

$$\left.\begin{aligned} \sigma_x \delta\varepsilon_x + \sigma_y \delta\varepsilon_y + \sigma_z \delta\varepsilon_z + \tau_{xy}\delta\gamma_{xy} + \tau_{yz}\delta\gamma_{yz} + \tau_{zx}\delta\gamma_{zx} = \sigma_x \frac{\partial\delta u}{\partial x} + \tau_{xy}\frac{\partial\delta u}{\partial y} + \tau_{xz}\frac{\partial\delta u}{\partial z} \\ + \tau_{yx}\frac{\partial\delta v}{\partial x} + \sigma_y\frac{\partial\delta v}{\partial y} + \tau_{yz}\frac{\partial\delta v}{\partial z} \\ + \tau_{zx}\frac{\partial\delta w}{\partial x} + \tau_{zy}\frac{\partial\delta w}{\partial y} + \sigma_z\frac{\partial\delta w}{\partial z} \end{aligned}\right\} \quad (6)$$

bzw. in vektorieller Schreibung mit den Spannungsvektoren $\mathfrak{t}^{(x)}$, $\mathfrak{t}^{(y)}$, $\mathfrak{t}^{(z)}$

$$= \mathfrak{t}^{(x)}\operatorname{grad}\delta u + \mathfrak{t}^{(y)}\operatorname{grad}\delta v + \mathfrak{t}^{(z)}\operatorname{grad}\delta w. \quad (7)$$

Damit wird

$$\left.\begin{aligned} A(\varepsilon+\delta\varepsilon, \gamma+\delta\gamma) = A(\varepsilon,\gamma) + \iiint \{\mathfrak{t}^{(x)}\operatorname{grad}\delta u + \mathfrak{t}^{(y)}\operatorname{grad}\delta v + \mathfrak{t}^{(z)}\operatorname{grad}\delta w\}\, d\omega \\ + \iiint \mathsf{A}(\delta\varepsilon, \delta\gamma)\, d\omega. \end{aligned}\right\} \quad (8)$$

Hier formen wir das mittlere Integral durch partielle Integration mittels des Gaussschen Satzes um. Es ist

$$\operatorname{div}\delta u\,\mathfrak{t}^{(x)} = \delta u \operatorname{div}\mathfrak{t}^{(x)} + \mathfrak{t}^{(x)}\operatorname{grad}\delta u; \quad (9)$$

also

$$\iiint \mathfrak{t}^{(x)}\operatorname{grad}\delta u\, d\omega = \iint \delta u\, \mathfrak{t}_\nu^{(x)}\, do - \iiint \delta u \operatorname{div}\mathfrak{t}^{(x)}\, d\omega. \quad (10)$$

Nun ist aber wegen der Gleichgewichtsbedingungen [Ziff. 7, Gleichung (15)] an der Oberfläche

$$t_\nu^{(x)} = \Xi, \quad t_\nu^{(y)} = \mathsf{H}, \quad t_\nu^{(z)} = \mathsf{Z} \quad (11)$$

und im Innern [Ziff. 15, Gleichung (2)]

$$\operatorname{div}\mathfrak{t}^{(x)} = -X + \varrho\frac{\partial^2 u}{\partial t^2}, \quad \operatorname{div}\mathfrak{t}^{(y)} = -Y + \varrho\frac{\partial^2 v}{\partial t^2}, \quad \operatorname{div}\mathfrak{t}^{(z)} = -Z + \varrho\frac{\partial^2 w}{\partial t^2}, \quad (12)$$

sodaß wir mit gleichen Betrachtungen für die Integrale $\iiint \mathfrak{t}^{(y)}\operatorname{grad}\delta v\, d\omega$ und $\iiint \mathfrak{t}^{(z)}\operatorname{grad}\delta w\, d\omega$ erhalten:

$$\left.\begin{aligned} &\iiint \left\{\mathfrak{t}^{(x)}\operatorname{grad}\delta u + \mathfrak{t}^{(y)}\operatorname{grad}\delta v + \mathfrak{t}^{(z)}\operatorname{grad}\delta w\right\} d\omega \\ &= \iiint \left\{\left(X - \varrho\frac{\partial^2 u}{\partial t^2}\right)\delta u + \left(Y - \varrho\frac{\partial^2 v}{\partial t^2}\right)\delta v + \left(Z - \varrho\frac{\partial^2 w}{\partial t^2}\right)\delta w\right\} d\omega \\ &+ \iint (\Xi\delta u + \mathsf{H}\delta v + \mathsf{Z}\delta w)\, do \end{aligned}\right\} \quad (13)$$

und somit

$$\left.\begin{aligned} &A(\varepsilon+\delta\varepsilon, \gamma+\delta\gamma) \\ &= A(\varepsilon,\gamma) + \iiint \left\{\left(X - \varrho\frac{\partial^2 u}{\partial t^2}\right)\delta u + \left(Y - \varrho\frac{\partial^2 v}{\partial t^2}\right)\delta v + \left(Z - \varrho\frac{\partial^2 w}{\partial t^2}\right)\delta w\right\} d\omega \\ &+ \iint \left\{\Xi\delta u + \mathsf{H}\delta v + \mathsf{Z}\delta w\right\} do + A(\delta\varepsilon, \delta\gamma). \end{aligned}\right\} \quad (14)$$

Beschränken wir uns auf infinitesimale Variationen, so wird das letzte Glied von höherer Ordnung klein, und wir erhalten für die Variation der gesamten Formänderungsarbeit

$$\left.\begin{aligned}\delta A &= A(\varepsilon+\delta\varepsilon,\gamma+\delta\gamma) - A(\varepsilon,\gamma)\\ &= \iiint\Big\{\Big(X-\varrho\frac{\partial^2 u}{\partial t^2}\Big)\delta u + \Big(Y-\varrho\frac{\partial^2 v}{\partial t^2}\Big)\delta v + \Big(Z-\varrho\frac{\partial^2 w}{\partial t^2}\Big)\delta w\Big\}d\omega\\ &\quad + \iint\big\{\Xi\,\delta u + \mathsf{H}\,\delta v + \mathsf{Z}\,\delta w\big\}do + \text{positive Glieder zweiter Ordnung.}\end{aligned}\right\}\quad (15)$$

Die verschiedenen Sätze, welche aus dieser Formel fließen, erhalten wir durch spezielle Annahmen über die Variationen $\delta u$, $\delta v$, $\delta w$. Ehe wir sie darstellen, wollen wir noch die Änderung der Formänderungsarbeit untersuchen, wenn wir nicht, wie eben, einen benachbarten Verschiebungszustand, sondern einen benachbarten Spannungszustand zum Vergleich heranziehen. Dabei wollen wir uns aber von vornherein auf den Fall des Gleichgewichtes beschränken. Wir betrachten also einen Gleichgewichtszustand, für den die Verschiebungen $u$, $v$, $w$ und die zugehörigen Spannungen $\sigma_x$ bis $\tau_{yz}$ bzw. die Spannungsvektoren $\mathfrak{t}^{(x)}$, $\mathfrak{t}^{(y)}$, $\mathfrak{t}^{(z)}$ seien und fragen, wie sich die Formänderungsarbeit

$$A(\sigma,\tau) = \iiint \mathsf{A}(\sigma,\tau)\,d\omega$$

ändert, wenn wir zu einem benachbarten Spannungszustand

$$\sigma_x+\delta\sigma_x,\quad \sigma_y+\delta\sigma_y\ldots,\quad \tau_{yz}+\delta\tau_{yz}\qquad\text{bzw.}\qquad \mathfrak{t}^{(x)}+\delta\mathfrak{t}^{(x)},\quad \mathfrak{t}^{(y)}+\delta\mathfrak{t}^{(y)},\quad \mathfrak{t}^{(z)}+\delta\mathfrak{t}^{(z)}$$

übergehen. Dabei sollen jetzt aber die Variationen der Spannung der einschränkenden Bedingung unterworfen sein, daß sie im Innern, ebenso wie die wirklich eintretenden Spannungen mit den Massenkräften $X$, $Y$, $Z$ im Gleichgewicht sein sollen. Es soll also sowohl

$$\operatorname{div}\mathfrak{t}^{(x)}+X=0,\quad \operatorname{div}\mathfrak{t}^{(y)}+Y=0,\quad \operatorname{div}\mathfrak{t}^{(z)}+Z=0 \tag{16}$$

als auch

$$\operatorname{div}(\mathfrak{t}^{(x)}+\delta\mathfrak{t}^{(x)})+X=0,\quad \operatorname{div}(\mathfrak{t}^{(y)}+\delta\mathfrak{t}^{(y)})+Y=0,\quad \operatorname{div}(\mathfrak{t}^{(z)}+\delta\mathfrak{t}^{(z)})+Z=0 \tag{17}$$

sein, d. h.

$$\operatorname{div}\delta\mathfrak{t}^{(x)}=0,\quad \operatorname{div}\delta\mathfrak{t}^{(y)}=0,\quad \operatorname{div}\delta\mathfrak{t}^{(z)}=0. \tag{18}$$

Bilden wir die Formänderungsarbeit für den variierten Zustand, so erhalten wir durch Taylorentwicklung

$$\left.\begin{aligned}&\mathsf{A}(\sigma+\delta\sigma,\tau+\delta\tau) = \mathsf{A}(\sigma,\tau)\\ &\quad+\Big\{\frac{\partial\mathsf{A}}{\partial\sigma_x}\delta\sigma_x+\frac{\partial\mathsf{A}}{\partial\sigma_y}\delta\sigma_y+\frac{\partial\mathsf{A}}{\partial\sigma_z}\delta\sigma_z+\frac{\partial\mathsf{A}}{\partial\tau_{xy}}\delta\tau_{xy}+\frac{\partial\mathsf{A}}{\partial\tau_{yz}}\delta\tau_{yz}+\frac{\partial\mathsf{A}}{\partial\tau_{zx}}\delta\tau_{zx}\Big\}\\ &\quad+\frac{1}{2}\Big\{\frac{\partial^2\mathsf{A}}{\partial\sigma_x^2}\delta\sigma_x^2+\cdots+2\frac{\partial^2\mathsf{A}}{\partial\sigma_x\partial\sigma_y}\delta\sigma_x\delta\sigma_y+\cdots+\frac{\partial^2\mathsf{A}}{\partial\tau_{zx}^2}\delta\tau_{zx}^2\Big\},\end{aligned}\right\}\quad (19)$$

wo das letzte Glied wieder die Formänderungsarbeit $\mathsf{A}(\delta\sigma,\delta\tau)$ ist, welche unter alleiniger Wirkung der Variationsspannungen eintreten würde. Das mittlere Glied wird wieder umgeformt, unter Benutzung von $\frac{\partial\mathsf{A}}{\partial\sigma_x}=\varepsilon_x$ usw. [Ziff. 16, Gleichung (10)]

$$\left.\begin{aligned}&\Big\{\frac{\partial\mathsf{A}}{\partial\sigma_x}\delta\sigma_x+\cdots+\frac{\partial\mathsf{A}}{\partial\tau_{zx}}\delta\tau_{zx}\Big\}=\Big\{\varepsilon_x\delta\sigma_x+\varepsilon_y\delta\sigma_y+\varepsilon_z\delta\sigma_z+\gamma_{xy}\delta\tau_{xy}+\gamma_{yz}\delta\tau_{yz}+\gamma_{zx}\delta\tau_{zx}\Big\}\\ &\quad=\Big\{\frac{\partial u}{\partial x}\delta\sigma_x+\frac{\partial u}{\partial y}\delta\tau_{xy}+\frac{\partial u}{\partial z}\delta\tau_{xz}+\frac{\partial v}{\partial x}\delta\tau_{yx}+\frac{\partial v}{\partial y}\delta\sigma_y+\frac{\partial v}{\partial z}\delta\tau_{yz}\\ &\qquad\qquad+\frac{\partial w}{\partial x}\delta\tau_{zx}+\frac{\partial w}{\partial y}\delta\tau_{zy}+\frac{\partial w}{\partial z}\delta\sigma_z\Big\}\\ &\quad=\{\delta\mathfrak{t}^{(x)}\operatorname{grad}u+\delta\mathfrak{t}^{(y)}\operatorname{grad}v+\delta\mathfrak{t}^{(z)}\operatorname{grad}w\}\\ &\quad=\operatorname{div}(u\,\delta\mathfrak{t}^{(x)}+v\,\delta\mathfrak{t}^{(y)}+w\,\delta\mathfrak{t}^{(z)})-\{u\operatorname{div}\delta\mathfrak{t}^{(x)}+v\operatorname{div}\delta\mathfrak{t}^{(y)}+w\operatorname{div}\delta\mathfrak{t}^{(z)}\}\end{aligned}\right\}\quad (20)$$

Die letzte Klammer verschwindet wegen (18). Damit wird die Formänderungsarbeit des variierten Zustandes:

$$\left.\begin{aligned}A(\sigma+\delta\sigma,\,\tau+\delta\tau)&=\iiint \mathsf{A}(\sigma+\delta\sigma,\,\tau+\delta\tau)\,d\omega\\ =\iiint \mathsf{A}(\sigma,\tau)\,d\omega+\iint\{u\,\delta \mathfrak{t}_\nu^{(x)}&+v\,\delta \mathfrak{t}_\nu^{(y)}+w\,\delta \mathfrak{t}_\nu^{(z)}\}\,do+\iiint \mathsf{A}(\delta\sigma,\delta\tau)\,d\omega\,.\end{aligned}\right\}\tag{21}$$

Hier ist das erste Integral die gesamte Formänderungsarbeit des unvariierten Zustandes, das dritte die sicher positive Formänderungsarbeit, welche von den Variationsspannungen $\delta\sigma_x$ usw. herrühren würde, wenn sie allein wirkten; in dem zweiten setzen wir

$$\delta \mathfrak{t}_\nu^{(x)}=\delta\Xi,\quad \delta \mathfrak{t}_\nu^{(y)}=\delta\mathsf{H},\quad \delta \mathfrak{t}_\nu^{(z)}=\delta\mathsf{Z},\tag{22}$$

wo $\delta\Xi$, $\delta\mathsf{H}$, $\delta\mathsf{Z}$ die Variationen der Oberflächenkräfte sind, welche zugefügt werden müssen, um den variierten Spannungen das Gleichgewicht zu halten. Damit wird

$$A(\sigma+\delta\sigma,\,\tau+\delta\tau)=A(\sigma,\tau)+\iint\{u\,\delta\Xi+v\,\delta\mathsf{H}+w\,\delta\mathsf{Z}\}\,do+A(\delta\sigma,\delta\tau),\tag{23}$$

bzw. für infinitesimale Variationen

$$\delta A\equiv A(\sigma+\delta\sigma,\,\tau+\delta\tau)-A(\sigma,\tau)=\iint\{u\,\delta\Xi+v\,\delta\mathsf{H}+w\,\delta\mathsf{Z}\}\,do,\tag{24}$$

wobei das weggelassene Glied zweiter Ordnung, die sog. zweite Variation, sicher positiv ist, denn es stellt die Formänderungsarbeit bei alleiniger Wirkung der Spannungsvariationen dar, welche bei beliebigen Werten derselben nur positiver Werte fähig ist.

**18. Das Prinzip vom Minimum der potentiellen Energie. (Prinzip der virtuellen Verrückungen.)** Der Zustand eines elastisch deformierten Körpers ist durch gewisse Minimaleigenschaften ausgezeichnet, welche an den Begriff der Formänderungsarbeit anknüpfen. Wir betrachten zunächst die Gleichgewichtszustände.

Man bezeichnet gemeinhin als Prinzip der virtuellen Verrückungen die Tatsache, daß eine kleine Verrückung eines Systems aus einer Gleichgewichtslage ohne Aufwendung von Arbeitsleistung vorgenommen werden kann. Wir wenden diesen Gedanken auf einen im Gleichgewicht befindlichen elastischen Körper an, wo er die folgende Form annimmt. Erteilen wir den Punkten des Körpers kleine Verrückungen $\delta u$, $\delta v$, $\delta w$ aus der Gleichgewichtslage heraus, so muß die dabei von den äußeren Kräften (Massenkräften und Oberflächenkräften) geleistete Arbeit die Vermehrung an Formänderungsenergie hervorbringen. Das ist nun gerade der Inhalt der Gleichung (15) von Ziff. 17, wenn wir darin für den Gleichgewichtsfall die Beschleunigungskomponenten gleich Null setzen:

$$\delta A=\iiint\{X\,\delta u+Y\,\delta v+Z\,\delta w\}\,d\omega+\iint\{\Xi\,\delta u+\mathsf{H}\,\delta v+\mathsf{Z}\,\delta w\}\,do.\tag{1}$$

Den Inhalt dieser Formel drückt man gewöhnlich in der folgenden Weise aus: Sind für einen elastischen Körper im Gleichgewichtszustand an der Oberfläche teilweise die Verschiebungen, teilweise die Oberflächenkräfte gegeben, so vergleicht man mit den wirklich eintretenden Verschiebungen $u$, $v$, $w$ nur solche Verschiebungen, welche an der Oberfläche die vorgeschriebenen Werte der Verschiebungen annehmen; d. h. man betrachtet nur solche Variationen $\delta u$, $\delta v$, $\delta w$, welche an den Oberflächenteilen verschwinden, wo die Verschiebungen gegeben sind. Dann fallen aus dem Oberflächenintegral $\iint\{\Xi\,\delta u+\mathsf{H}\,\delta v+\mathsf{Z}\,\delta w\}\,do$ alle diejenigen Oberflächenteile fort, wo die Oberflächenkräfte unbekannt sind. Für die übrigbleibenden Teile kann man dann, wenn $\Xi$, $\mathsf{H}$, $\mathsf{Z}$

als konstante Kräfte gegeben sind, ebenso wie in dem Volumintegral das Variationszeichen vor das Integral setzen und erhält

$$\delta A = \delta\left\{\iiint (Xu + Yv + Zw)\,d\omega + \iint (\Xi u + \mathsf{H} v + \mathsf{Z} w)\,do\right\} \tag{2}$$

oder

$$\delta\left\{A - \iiint (Xu + Yv + Zw)\,d\omega - \iint (\Xi u + \mathsf{H} v + \mathsf{Z} w)\,do\right\} = 0\,, \tag{3}$$

wo das Oberflächenintegral jetzt nur noch über die Teile der Oberfläche zu erstrecken ist, wo die Kräfte gegeben sind. Den Ausdruck

$$\Pi = A - \iiint (Xu + Yv + Zw)\,d\omega - \iint (\Xi u + \mathsf{H} v + \mathsf{Z} w)\,do \tag{4}$$

bezeichnet man als die potentielle Energie des Systems. Damit wird Gleichung (3)

$$\delta \Pi = 0 \qquad \text{oder} \qquad \Pi = \text{Minimum}\,, \tag{5}$$

d. h., unter allen Verrückungen, welche die für die Verschiebungen gegebenen Oberflächenwerte annehmen, machen die wirklich eintretenden die potentielle Energie zu einem Minimum.

**19. Das CASTIGLIANOsche Prinzip**[1]. Während das Prinzip der kleinsten potentiellen Energie eine Minimaleigenschaft der elastischen Verschiebungen ausspricht, wird in dem sog. CASTIGLIANOschen Prinzip eine Minimaleigenschaft der Spannungen formuliert. Betrachten wir neben dem wirklich eintretenden Spannungszustand einen benachbarten, von dem wir verlangen, daß er ebenfalls den Gleichgewichtsbedingungen genügt, so ist nach Formel (24) von Ziff. 17 die Variation der Formänderungsarbeit

$$\delta A = \iint (u\,\delta\Xi + v\,\delta\mathsf{H} + w\,\delta\mathsf{Z})\,do\,. \tag{1}$$

Verlangen wir nun weiter von dem variierten Zustand, daß die Spannungen an denjenigen Stellen, wo die Oberflächenkräfte gegeben sind, mit diesen im Gleichgewicht sein sollen, so verschwinden hier die Variationen $\delta\Xi$, $\delta\mathsf{H}$, $\delta\mathsf{Z}$, so daß das Oberflächenintegral nur noch über die Teile der Oberfläche erstreckt zu werden braucht, wo die Verschiebungen vorgeschrieben sind. Für diese kann das Variationszeichen vor das Integralzeichen gesetzt werden, so daß die Variationsgleichung in der Form

$$\delta\left\{A - \iint (u\Xi + v\mathsf{H} + w\mathsf{Z})\,do\right\} = 0 \tag{2}$$

geschrieben werden kann. Den Ausdruck

$$A^* = A - \iint (u\Xi + v\mathsf{H} + w\mathsf{Z})\,do \tag{3}$$

bezeichnen wir als die Ergänzungsarbeit. Es wird

$$\delta A^* = 0 \qquad \text{oder} \qquad A^* = \text{Minimum}. \tag{4}$$

Damit erhalten wir das Ergebnis: Unter allen Spannungssystemen, welche im Innern des elastischen Körpers mit den gegebenen Massenkräften im Gleichgewicht sind, und an der Oberfläche mit den Oberflächenkräften, soweit die letzteren gegeben sind, tritt dasjenige wirklich ein, für welches die Ergänzungsarbeit ein Minimum wird.

Daß es sich wirklich um ein Minimum handelt, folgt aus der Bemerkung am Schluß von Ziff. 17, wonach die zweite Variation sicher positiv ist.

[1] A. CASTIGLIANO, Théorie de l'équilibre des systèmes élastiques, Kap. 2, S. 45. Turin 187.

**20. Das HAMILTONsche Prinzip.** Aus der Hauptformel (15) von Ziff. 17 erhalten wir eine Minimaleigenschaft für die Verschiebungen in einem bewegten elastischen System, wenn wir die wirklich eintretenden Verschiebungen mit einem benachbarten System variierter Verschiebungen vergleichen, die für zwei gegebene Zeiten $t_0$ und $t_1$ mit dem wirklichen Zustand zusammenfallen, so daß also für $t = t_0$ und $t = t_1$ die Variationen $\delta u, \delta v, \delta w$ verschwinden. Außerdem sollen die variierten Verschiebungen an den Stellen der Oberfläche, wo die Verschiebungen gegeben sind, die vorgeschriebenen Werte annehmen, so daß auch hier die Variationen verschwinden und in den Integralen der Hauptformel nur die gegebenen Massen- und Oberflächenkräfte stehenbleiben. Schreiben wir dann

$$\delta W = \iiint (X\delta u + Y\delta v + Z\delta w)\,d\omega + \iint (\Xi\delta u + \mathrm{H}\delta v + \mathrm{Z}\delta w)\,do\,, \qquad (1)$$

so lautet die genannte Hauptformel

$$\delta A = \delta W - \iiint \left(\varrho\frac{\partial^2 u}{\partial t^2}\delta u + \varrho\frac{\partial^2 v}{\partial t^2}\delta v + \varrho\frac{\partial^2 w}{\partial t^2}\delta w\right) d\omega\,. \qquad (2)$$

Hieraus erhalten wir das HAMILTONsche Prinzip, indem wir nach der Zeit von $t_0$ bis $t_1$ integrieren:

$$\int_{t_0}^{t_1}\delta A\,dt = \int_{t_0}^{t_1}\delta W\,dt - \int_{t_0}^{t_1}\iiint\left(\varrho\frac{\partial^2 u}{\partial t^2}\delta u + \varrho\frac{\partial^2 v}{\partial t^2}\delta v + \varrho\frac{\partial^2 w}{\partial t^2}\delta w\right) d\omega\,dt\,. \qquad (3)$$

Das zweite Integral der rechten Seite formen wir durch partielle Integration um; es wird

$$\left.\begin{aligned}\int_{t_0}^{t_1}\iiint\varrho\left(\frac{\partial^2 u}{\partial t^2}\delta u + \frac{\partial^2 v}{\partial t^2}\delta v + \frac{\partial^2 w}{\partial t^2}\delta w\right)dt\,d\omega &= \left[\iiint\varrho\left(\frac{\partial u}{\partial t}\delta u + \frac{\partial v}{\partial t}\delta v + \frac{\partial w}{\partial t}\delta w\right)d\omega\right]_{t_0}^{t_1}\\ &-\int_{t_0}^{t_1}\iiint\varrho\left(\frac{\partial u}{\partial t}\frac{\partial\delta u}{\partial t} + \frac{\partial v}{\partial t}\frac{\partial\delta v}{\partial t} + \frac{\partial w}{\partial t}\frac{\partial\delta w}{\partial t}\right)d\omega\,dt\,.\end{aligned}\right\}\qquad(4)$$

Hier verschwindet das nur von den Grenzen $t_0$ und $t_1$ abhängige erste Raumintegral der rechten Seite, weil für $t_0$ und $t_1$ die Variationen $\delta u, \delta v, \delta w$ verschwinden sollten. Das zweite ist nichts anderes als das Zeitintegral über die Variation der kinetischen Energie. Die kinetische Energie ist nämlich

$$T = \iiint\frac{\varrho}{2}\left\{\left(\frac{\partial u}{\partial t}\right)^2 + \left(\frac{\partial v}{\partial t}\right)^2 + \left(\frac{\partial w}{\partial t}\right)^2\right\}d\omega\,. \qquad (5)$$

Also wird ihre Variation

$$\delta T = \iiint\varrho\left(\frac{\partial u}{\partial t}\frac{\partial\delta u}{\partial t} + \frac{\partial v}{\partial t}\frac{\partial\delta v}{\partial t} + \frac{\partial w}{\partial t}\frac{\partial\delta w}{\partial t}\right)d\omega\,, \qquad (6)$$

und in der Tat

$$\int_{t_0}^{t_1}\delta T\,dt = \int_{t_0}^{t_1}\iiint\varrho\left\{\frac{\partial u}{\partial t}\frac{\partial\delta u}{\partial t} + \frac{\partial v}{\partial t}\frac{\partial\delta v}{\partial t} + \frac{\partial w}{\partial t}\frac{\partial\delta w}{\partial t}\right\}d\omega\,dt\,. \qquad (7)$$

Damit wird Gleichung (3)

$$\int_{t_0}^{t_1}\delta(A - T)\,dt = \int_{t_0}^{t_1}\delta W\,dt\,. \qquad (8)$$

Auf der linken Seite können wir das Variationszeichen vor das Integral setzen; bringen wir dazu alles auf die linke Seite, so erhalten wir die übliche Form

$$\delta\int_{t_0}^{t_1}(T-A)\,dt+\int_{t_0}^{t_1}\delta W\,dt=0\,. \tag{9}$$

Aus dem zweiten Integral können wir das Variationszeichen nur dann vor das Integral ziehen, wenn die äußeren Kräfte ein Potential haben. Denn nur bei Existenz eines Potentials gibt es eine Funktion $W$ der Koordinaten und der Verschiebungen, deren Variation mit $\delta W$ identisch ist. Dann nimmt das Prinzip die Form an

$$\delta\int_{t_0}^{t_1}(T-A+W)\,dt=0\,, \tag{10}$$

oder, wenn wir wieder den Ausdruck $A-W$ als die gesamte potentielle Energie $\Pi$ des Systems bezeichnen,

$$\delta\int_{t_0}^{t_1}(T-\Pi)\,dt=0\,; \tag{11}$$

d. h., das von $t_0$ bis $t_1$ zu erstreckende Integral $\int_{t_0}^{t_1}(T-\Pi)\,dt$ nimmt einen Extremalwert an.

**21. Der Energiesatz.** Wir erhalten den Energiesatz, wenn wir zu irgendeiner Zeit die Verschiebungen an den einzelnen Punkten mit denjenigen Verschiebungen vergleichen, welche an den gleichen Punkten in Wirklichkeit nach Ablauf eines Zeitelementes $dt$ eintreten. Demgemäß setzen wir in der Hauptformel (15) von Ziff. 17 für die Variationen

$$\delta u=\frac{\partial u}{\partial t}\,dt\,,\qquad \delta v=\frac{\partial v}{\partial t}\,dt\,,\qquad \delta w=\frac{\partial w}{\partial t}\,dt\,. \tag{1}$$

In der Hauptformel

$$\left.\begin{aligned}\delta A=&\iiint(X\delta u+Y\delta v+Z\delta w)\,d\omega+\iint(\Xi\delta u+\mathrm{H}\delta v+\mathrm{Z}\delta w)\,do\\&-\iiint\varrho\left(\frac{\partial^2 u}{\partial t^2}\delta u+\frac{\partial^2 v}{\partial t^2}\delta v+\frac{\partial^2 w}{\partial t^2}\delta w\right)d\omega\,,\end{aligned}\right\} \tag{2}$$

wird dann $\delta A=\frac{dA}{dt}\,dt$. Das letzte Integral der rechten Seite ist einfach die Zunahme der kinetischen Energie; denn diese ist

$$T=\iiint\frac{\varrho}{2}\left\{\left(\frac{\partial u}{\partial t}\right)^2+\left(\frac{\partial v}{\partial t}\right)^2+\left(\frac{\partial w}{\partial t}\right)^2\right\}d\omega\,,$$

also wird mit (1)

$$\left.\begin{aligned}dT&=\iiint\varrho\left\{\frac{\partial u}{\partial t}\frac{\partial^2 u}{\partial t^2}\,dt+\frac{\partial v}{\partial t}\frac{\partial^2 v}{\partial t^2}\,dt+\frac{\partial w}{\partial t}\frac{\partial^2 w}{\partial t^2}\,dt\right\}d\omega\\&=\iiint\varrho\left\{\frac{\partial^2 u}{\partial t^2}\delta u+\frac{\partial^2 v}{\partial t^2}\delta v+\frac{\partial^2 w}{\partial t^2}\delta w\right\}d\omega\,.\end{aligned}\right\} \tag{3}$$

Bringen wir dies Integral auf die linke Seite, so erhalten wir

$$\left.\begin{aligned}dA+dT=&\iiint\left(X\frac{\partial u}{\partial t}\,dt+Y\frac{\partial v}{\partial t}\,dt+Z\frac{\partial w}{\partial t}\,dt\right)d\omega\\&+\iint\left(\Xi\frac{\partial u}{\partial t}\,dt+\mathrm{H}\frac{\partial v}{\partial t}\,dt+\mathrm{Z}\frac{\partial w}{\partial t}\,dt\right)do\,,\end{aligned}\right\} \tag{4}$$

d. h. es ist in der Zeit $dt$ die Zunahme von Formänderungsarbeit plus kinetischer Energie gleich der von den äußeren Kräften geleisteten Arbeit.

Das ist der Energiesatz für bewegte elastische Systeme.

**22. Eindeutigkeit des Gleichgewichtszustandes.** Als Abschluß der Energiebetrachtungen wollen wir noch den Nachweis erbringen, daß die Grundgleichungen der Elastizitätstheorie, wenn sie überhaupt Lösungen besitzen, jedenfalls nur eine einzige Lösung haben können. (Über die Existenzfrage vgl. Ziff. 50.)

Wir betrachten zunächst den Fall des Gleichgewichtes. Gegeben sei ein elastischer Körper, der von Massen- und Oberflächenkräften belastet sei. An der Oberfläche seien entweder die Kräfte gegeben oder die Verschiebungen. Gäbe es dann zwei Lösungen $u_1, v_1, w_1$, und $u_2, v_2, w_2$ mit den zugehörigen Spannungsvektoren $\mathfrak{t}_1^{(x)}, \mathfrak{t}_1^{(y)}, \mathfrak{t}_1^{(z)}$ und $\mathfrak{t}_2^{(x)}, \mathfrak{t}_2^{(y)}, \mathfrak{t}_2^{(z)}$, so müßten beide den Gleichgewichtsbedingungen [Ziff. 7, Formel (14)] genügen. Es wäre also

$$\operatorname{div}\mathfrak{t}_1^{(x)} + X = 0, \quad \operatorname{div}\mathfrak{t}_1^{(y)} + Y = 0, \quad \operatorname{div}\mathfrak{t}_1^{(z)} + Z = 0 \tag{1}$$

und

$$\operatorname{div}\mathfrak{t}_2^{(x)} + X = 0, \quad \operatorname{div}\mathfrak{t}_2^{(y)} + Y = 0, \quad \operatorname{div}\mathfrak{t}_2^{(z)} + Z = 0. \tag{2}$$

Bilden wir nun die Differenz der beiden Lösungen

$$u = u_2 - u_1, \quad v = v_2 - v_1, \quad w = w_2 - w_1 \tag{3}$$

mit den zugehörigen Spannungsvektoren

$$\mathfrak{t}^{(x)} = \mathfrak{t}_2^{(x)} - \mathfrak{t}_1^{(x)}, \quad \mathfrak{t}^{(y)} = \mathfrak{t}_2^{(y)} - \mathfrak{t}_1^{(y)}, \quad \mathfrak{t}^{(z)} = \mathfrak{t}_2^{(z)} - \mathfrak{t}_1^{(z)}, \tag{4}$$

so erkennen wir durch Subtraktion von (2) und (1), daß diese den Gleichgewichtsbedingungen genügen, wenn wir darin die Massenkräfte fortlassen,

$$\operatorname{div}\mathfrak{t}^{(x)} = 0, \quad \operatorname{div}\mathfrak{t}^{(y)} = 0, \quad \operatorname{div}\mathfrak{t}^{(z)} = 0. \tag{5}$$

Ebenso erhalten wir durch Subtraktion der von den Lösungen erfüllten Oberflächenbedingungen

$$t_{1\nu}^{(x)} = \Xi, \quad t_{1\nu}^{(y)} = \mathsf{H}, \quad t_{1\nu}^{(z)} = \mathsf{Z}, \tag{6}$$

$$t_{2\nu}^{(x)} = \Xi, \quad t_{2\nu}^{(y)} = \mathsf{H}, \quad t_{2\nu}^{(z)} = \mathsf{Z}, \tag{7}$$

$$t_{\nu}^{(x)} = 0, \quad t_{\nu}^{(y)} = 0, \quad t_{\nu}^{(z)} = 0. \tag{8}$$

Dies gilt für diejenigen Punkte, wo die Kräfte gegeben sind. An den Punkten, wo die Verschiebungen vorgeschrieben sind, wird

$$u_1 = u_2, \quad v_1 = v_2, \quad w_1 = w_2, \tag{9}$$

also

$$u = 0, \quad v = 0, \quad w = 0. \tag{10}$$

Es wäre also $u$, $v$, $w$ ein System von Verschiebungen, für welches die Massenkräfte verschwinden und an der Oberfläche entweder die Oberflächenkräfte oder die Verschiebungen Null werden. Wir schließen daraus auf das Verschwinden der Verzerrungsgrößen, indem wir zeigen, daß die Formänderungsarbeit verschwinden muß. Nach Formel (8) von Ziff. 16 wird die Formänderungsarbeit pro Volumeinheit

$$\mathsf{A} = \tfrac{1}{2}\{\sigma_x\varepsilon_x + \sigma_y\varepsilon_y + \sigma_z\varepsilon_z + \tau_{xy}\gamma_{xy} + \tau_{yz}\gamma_{yz} + \tau_{zx}\gamma_{zx}\} \tag{11}$$

oder in vektorieller Schreibweise

$$\mathsf{A} = \tfrac{1}{2}\{\mathfrak{t}^{(x)}\operatorname{grad}u + \mathfrak{t}^{(y)}\operatorname{grad}v + \mathfrak{t}^{(z)}\operatorname{grad}w\} \tag{12}$$

bzw.

$$= \tfrac{1}{2}\{\operatorname{div}(u\mathfrak{t}^{(x)} + v\mathfrak{t}^{(y)} + w\mathfrak{t}^{(z)}) - (u\operatorname{div}\mathfrak{t}^{(x)} + v\operatorname{div}\mathfrak{t}^{(y)} + w\operatorname{div}\mathfrak{t}^{(z)})\}. \tag{13}$$

Nun ist aber nach (5)

$$\operatorname{div}\mathfrak{t}^{(x)} = \operatorname{div}\mathfrak{t}^{(y)} = \operatorname{div}\mathfrak{t}^{(z)} = 0\,;$$

also erhalten wir für den vorliegenden Fall die Formänderungsarbeit

$$A = \iiint \mathsf{A}\,d\omega = \tfrac{1}{2}\iiint \operatorname{div}(u\,\mathfrak{t}^{(x)} + v\,\mathfrak{t}^{(y)} + w\,\mathfrak{t}^{(z)})\,d\omega \tag{14}$$

und nach Integration mittels des GAUSSschen Satzes

$$A = \tfrac{1}{2}\iint (u t_\nu^{(x)} + v t_\nu^{(y)} + w t_\nu^{(z)})\,do\,. \tag{15}$$

Nun sind an der Oberfläche entweder die Verschiebungen $u$, $v$, $w$ oder die Oberflächenspannungen, d. h. $t_\nu^{(x)}$, $t_\nu^{(y)}$, $t_\nu^{(z)}$ gleich Null, so daß sich

$$A = \iiint \mathsf{A}\,d\omega = 0 \tag{16}$$

ergibt. Die spezifische Formänderungsarbeit $\mathsf{A}$ ist aber eine positiv definite quadratische Form ihrer Argumente, so daß sie nur positiver Werte fähig ist. Soll also das Integral (16) verschwinden, so muß der Integrand identisch verschwinden, und das ist nur möglich, wenn die Verzerrungsgrößen sämtlich Null werden. Es folgt daraus zunächst, daß jedenfalls die zugehörigen Spannungen verschwinden müssen; es ist also

$$\mathfrak{t}^{(x)} = 0\,,\quad \mathfrak{t}^{(y)} = 0\,,\quad \mathfrak{t}^{(z)} = 0 \tag{17}$$

und somit

$$\mathfrak{t}_1^{(x)} = \mathfrak{t}_2^{(x)}\,,\quad \mathfrak{t}_1^{(y)} = \mathfrak{t}_2^{(y)}\,,\quad \mathfrak{t}_1^{(z)} = \mathfrak{t}_2^{(z)}\,. \tag{18}$$

Die Spannungsverteilung ist also jedenfalls eindeutig.

Bezüglich der Verschiebungen selbst wissen wir zunächst nur, daß die Verzerrungskomponenten verschwinden. Die Verschiebungen $u$, $v$, $w$ stellen also eine deformationslose Bewegung des Körpers dar, bei welcher die Linienelemente ihre Länge behalten; das ist eine starre Drehung des ganzen Körpers. Sind für Teile der Oberfläche ursprünglich die Verschiebungen vorgeschrieben gewesen, so ist hier $u = v = w = 0$, die starre Drehung ist verhindert, und es muß überall $u = v = w = 0$ sein, d. h.

$$u_1 = u_2\,,\quad v_1 = v_2\,,\quad w_1 = w_2\,. \tag{19}$$

Sind ursprünglich *nur* Oberflächenkräfte gegeben, so ist selbstverständlich noch eine *starre* Bewegung des ganzen Körpers nach der Deformation möglich. Mit dieser selbstverständlichen Einschränkung ist also auch hier

$$u_1 = u_2\,,\quad v_1 = v_2\,,\quad w_1 = w_2\,;$$

d. h. es gibt in der Tat nur eine Lösung der Grundgleichungen.

**23. Eindeutigkeit des Bewegungsvorganges.** Noch einfacher wird der Beweis für den Fall der *Bewegung*. Er folgt direkt aus dem Energiesatze. Haben wir einen elastischen Körper, der zur Zeit $t = 0$ aus einer gegebenen Anfangslage

$$t = 0\,,\qquad u = U,\quad v = V,\quad w = W\,, \tag{1}$$

mit gegebener Geschwindigkeit

$$t = 0\,,\qquad \frac{\partial u}{\partial t} = U',\quad \frac{\partial v}{\partial t} = V',\quad \frac{\partial w}{\partial t} = W', \tag{2}$$

unter der Wirkung gegebener Massenkräfte $X$, $Y$, $Z$ und Oberflächenkräfte $\Xi$, $\mathsf{H}$, $\mathsf{Z}$ in Bewegung gerät, so wäre die Differenz zweier Lösungen $u_1$, $v_1$, $w_1$ und $u_2$, $v_2$, $w_2$,

$$u = u_2 - u_1\,,\quad v = v_2 - v_1\,,\quad w = w_2 - w_1\,, \tag{3}$$

wieder eine Lösung der Differentialgleichungen, wenn wir aus denselben die Massenkräfte fortlassen. Ebenso würden für diese Bewegung die Oberflächenkräfte fortfallen, soweit sie ursprünglich gegeben waren, und an den Stellen der Oberfläche, wo die Verschiebungen vorgeschrieben waren, müßte $u = v = w = 0$ sein. Schreiben wir nun den Energiesatz hin

$$\frac{dA}{dt} + \frac{dT}{dt} = \iiint\left(X\frac{\partial u}{\partial t} + Y\frac{\partial v}{\partial t} + Z\frac{\partial w}{\partial t}\right)d\omega + \iint\left(\Xi\frac{\partial u}{\partial t} + \mathrm{H}\frac{\partial v}{\partial t} + \mathrm{Z}\frac{\partial w}{\partial t}\right)do, \quad (4)$$

so sehen wir, daß die rechte Seite verschwindet, denn in dem Volumintegral verschwinden die Kräfte, und in dem Oberflächenintegral entweder die Kräfte oder die Differentialquotienten der Verschiebungen. Es ist also

$$\frac{dA}{dt} + \frac{dT}{dt} = 0, \quad (5)$$

oder

$$A + T = \text{konst.} \quad (6)$$

Die Konstante ist Null, da zur Zeit $t = 0$ wegen

$$u = v = w = 0 \quad \text{und} \quad \frac{\partial u}{\partial t} = \frac{\partial v}{\partial t} = \frac{\partial w}{\partial t} = 0 \quad \text{auch} \quad A = T = 0 \quad (7)$$

ist. Nun sind sowohl die Formänderungsarbeit als die kinetische Energie keiner negativen Werte fähig. Soll ihre Summe also Null sein, so müssen beide für sich verschwinden. Die kinetische Energie

$$T = \iiint\frac{\varrho}{2}\left\{\left(\frac{\partial u}{\partial t}\right)^2 + \left(\frac{\partial v}{\partial t}\right)^2 + \left(\frac{\partial w}{\partial t}\right)^2\right\}d\omega$$

kann aber offenbar nur dann Null werden, wenn überall und stets

$$\frac{\partial u}{\partial t} = 0, \quad \frac{\partial v}{\partial t} = 0, \quad \frac{\partial w}{\partial t} = 0 \quad (8)$$

ist, und daraus folgt, da für $t = 0$ auch $u = v = w = 0$ ist,

$$u = 0, \quad v = 0, \quad w = 0 \quad (9)$$

oder

$$u_2 = u_1, \quad v_2 = v_1, \quad w_2 = w_1. \quad (10)$$

Es ist also wirklich nur eine einzige Lösung möglich.

# VI. Anwendung der Minimalprinzipe zur Aufstellung der Differentialgleichungen in besonderen Fällen.

**24. Krummlinige Koordinaten.** In manchen Fällen ist es zweckmäßig, die rechtwinkligen Koordinaten durch krummlinige zu ersetzen, z. B. im Falle von Axial- oder Kugelsymmetrie durch Zylinder- und Polarkoordinaten. Um hierfür die Umrechnung der Grundgleichungen auf die einfachste Form zu bringen, wollen wir für den Fall orthogonaler Koordinaten die Komponenten des Verzerrungstensors unmittelbar in den krummlinigen Koordinaten ausdrücken und die Gleichgewichtsbedingungen mit Hilfe der Minimalprinzipe aufstellen.

Wir nehmen an, die Lage eines Punktes sei durch die drei Parameter $\alpha_1$, $\alpha_2$, $\alpha_3$ gegeben. Sind die Flächen $\alpha_1 =$ konst., $\alpha_2 =$ konst., $\alpha_3 =$ konst. orthogonal, so hat das Linienelement die Form

$$dl^2 = \sum g_{hh}\, d\alpha_h^2. \quad (1)$$

Hat ein Punkt nach der Deformation die Koordinaten

$$\alpha_1 + \varphi_1, \quad \alpha_2 + \varphi_2, \quad \alpha_3 + \varphi_3, \tag{2}$$

so sind bei Beschränkung auf kleine Verschiebungen die Verschiebungen in Richtung der drei Koordinatenkurven

$$u_1 = \sqrt{g_{11}}\,\varphi_1, \quad u_2 = \sqrt{g_{22}}\,\varphi_2, \quad u_3 = \sqrt{g_{33}}\,\varphi_3. \tag{3}$$

Der Verzerrungstensor ist nun durch die Änderungen gegeben, welche die Koeffizienten des Linienelementes bei der Deformation erfahren. Haben zwei benachbarte Punkte vor der Deformation die Koordinatendifferenzen $d\alpha_1, d\alpha_2, d\alpha_3$ nach der Deformation $d\alpha_1 + d\varphi_1, d\alpha_2 + d\varphi_2, d\alpha_3 + d\varphi_3$, so ist das Quadrat des Linienelementes nach der Deformation

$$d\lambda^2 = \sum g_{hh}(\alpha_1 + \varphi_1;\ \alpha_2 + \varphi_2;\ \alpha_3 + \varphi_3)(d\alpha_h + d\varphi_h)^2. \tag{4}$$

Mit Beschränkung auf kleine Deformationen setzen wir hier

$$g_{hh}(\alpha_1 + \varphi_1;\ \alpha_2 + \varphi_2;\ \alpha_3 + \varphi_3) = g_{hh} + \sum_{\varrho} \frac{\partial g_{hh}}{\partial \alpha_\varrho}\varphi_\varrho \tag{5}$$

und

$$(d\alpha_h + d\varphi_h)^2 = \Big(d\alpha_h + \sum_k \frac{\partial \varphi_h}{\partial \alpha_k} d\alpha_k\Big)^2 = d\alpha_h^2 + 2\sum_k \frac{\partial \varphi_h}{\partial \alpha_k} d\alpha_k\, d\alpha_h. \tag{6}$$

Damit erhalten wir für die Koeffizienten des Linienelementes nach der Deformation, wenn wir es abkürzend

$$d\lambda^2 = \sum\sum G_{hk}\, d\alpha_h\, d\alpha_k \tag{7}$$

schreiben,

für $h = k$
$$G_{hh} = g_{hh} + \sum_{\varrho} \frac{\partial g_{hh}}{\partial \alpha_\varrho}\varphi_\varrho + 2 g_{hh}\frac{\partial \varphi_h}{\partial \alpha_h}, \tag{8}$$

für $h \neq k$
$$G_{hk} = g_{hh}\frac{\partial \varphi_h}{\partial \alpha_k} + g_{kk}\frac{\partial \varphi_k}{\partial \alpha_h}.$$

Nun können wir die Dehnungen und Winkeländerungen für kleine Deformationen aus den $G_{hk}$ und $g_{hk}$ berechnen. Ein Linienelement $OP$ in der Richtung wachsender $\alpha_1$ hat vor der Deformation die Länge $\sqrt{g_{11}}\,d\alpha_1$, nach der Deformation die Länge $\sqrt{G_{11}}\,d\alpha_1 = \sqrt{g_{11} + (G_{11} - g_{11})}\,d\alpha_1$. Also wird die Dehnung (= Verlängerung durch ursprüngliche Länge)

$$\varepsilon_1 = \frac{\sqrt{g_{11} + (G_{11} - g_{11})} - \sqrt{g_{11}}}{\sqrt{g_{11}}} \approx \frac{1}{2}\,\frac{G_{11} - g_{11}}{g_{11}}. \tag{9}$$

Nehmen wir zu dem betrachteten Linienelement $OP$ ein zweites $OQ$ in der Richtung wachsender $\alpha_2$ hinzu und wenden auf das Dreieck $OPQ$ den Kosinussatz an, so erhalten wir für den ursprünglich rechten Winkel zwischen den Koordinatenrichtungen 1 und 2

$$\cos\vartheta_{12} = \frac{G_{12}}{\sqrt{G_{11}G_{22}}} \approx \frac{G_{12}}{\sqrt{g_{11}g_{22}}}. \tag{10}$$

Bezeichnen wir wieder mit $\gamma_{12}$ die Abweichung dieses Winkels von 90°, so ist $\cos\vartheta_{12} = \cos(90 - \gamma_{12}) = \sin\gamma_{12} \approx \gamma_{12}$.

Setzen wir die Werte (8) ein, so erhalten wir für die Dehnungen und Winkeländerungen die Formeln

$$\varepsilon_h = \frac{\partial \varphi_h}{\partial \alpha_h} + \frac{1}{2 g_{hh}}\sum_{\varrho}\frac{\partial g_{hh}}{\partial \alpha_\varrho}\varphi_\varrho, \tag{11}$$

$$\gamma_{hk} = \frac{1}{\sqrt{g_{hh}g_{kk}}}\left\{g_{hh}\frac{\partial \varphi_h}{\partial \alpha_k} + g_{kk}\frac{\partial \varphi_k}{\partial \alpha_h}\right\}. \tag{12}$$

Den Spannungszustand beschreiben wir für die krummlinigen Koordinaten in der gleichen Weise wie für die rechtwinkligen, nämlich durch Angabe der Spannungskomponenten (Kräfte pro Flächeneinheit), welche auf die Flächen $\alpha_1 =$ konst., $\alpha_2 =$ konst., $\alpha_3 =$ konst. wirken, wieder mit der Maßgabe, daß die Spannungen positiv sind, wenn sie für ein kleines Parallelepiped auf die in Richtung wachsender Koordinaten liegenden Begrenzungsflächen in der Richtung wachsender Koordinaten wirken. Die Spannungs-Dehnungsgleichungen sind dieselben wie früher, nämlich[1]) [siehe Ziff. 11, Gleichungen (12) u. (14)].

$$\varepsilon_h = \frac{1}{2G}\left\{\sigma_h - \frac{s}{m+1}\right\}; \qquad \gamma_{hk} = \frac{1}{G}\tau_{hk} \tag{13}$$

bzw. nach den Spannungen aufgelöst

$$\sigma_h = 2G\left\{\varepsilon_h + \frac{\Theta}{m-2}\right\}; \qquad \tau_{hk} = G\gamma_{hk}, \tag{14}$$

wobei wieder

$$\left.\begin{aligned} s &= \sigma_1 + \sigma_2 + \sigma_3 \quad \text{die Summe der Normalspannungen} \\ \Theta &= \varepsilon_1 + \varepsilon_2 + \varepsilon_3 \quad \text{die Summe der Dehnungen} \end{aligned}\right\} \tag{15}$$

bedeutet.

Es bleibt noch die Aufstellung der Gleichgewichtsbedingungen, die wir mit Hilfe des Prinzips vom Minimum der potentiellen Energie vornehmen wollen.

Ist $\mathsf{A}(\varepsilon, \gamma)$ die spezifische Formänderungsarbeit, ausgedrückt in den Verzerrungsgrößen genau wie in Ziff. 16, Formel (6)

$$\mathsf{A}(\varepsilon, \gamma) = G\left\{\frac{m-1}{m-2}\Theta^2 - 2(\varepsilon_1\varepsilon_2 + \varepsilon_2\varepsilon_3 + \varepsilon_3\varepsilon_1) + \frac{1}{2}(\gamma_{12}^2 + \gamma_{23}^2 + \gamma_{31}^2)\right\}, \tag{16}$$

so sind die Spannungen die Ableitungen von $\mathsf{A}$ nach den Verzerrungskomponenten

$$\sigma_h = \frac{\partial \mathsf{A}}{\partial \varepsilon_h}, \qquad \tau_{hk} = \frac{\partial \mathsf{A}}{\partial \gamma_{hk}}. \tag{17}$$

Wirken ferner in Richtung der Koordinatenkurven pro Volumeinheit die Kräfte $X_1, X_2, X_3$, die wir uns fest gegeben denken, so setzt sich die potentielle Energie zusammen aus der gesamten Formänderungsarbeit und der negativen Arbeit, welche die Kraftkomponenten bei den Verschiebungen $u_1 = \sqrt{g_{11}}\,\varphi_1$, $u_2 = \sqrt{g_{22}}\,\varphi_2$, $u_3 = \sqrt{g_{33}}\,\varphi_3$ leisten. Das Volumelement ist

$$d\omega = \sqrt{g_{11}g_{22}g_{33}}\,d\alpha_1\,d\alpha_2\,d\alpha_3. \tag{18}$$

Damit wird die potentielle Energie

$$\Pi = \iiint\left\{\mathsf{A} - \sum_h X_h\varphi_h\sqrt{g_{hh}}\right\}\sqrt{g_{11}g_{22}g_{33}}\,d\alpha_1\,d\alpha_2\,d\alpha_3. \tag{19}$$

Sind an der Oberfläche die Verschiebungen vorgeschrieben, so wird $\Pi$ ein Minimum, d. h. die Variation dieses Integrals muß für alle an der Oberfläche verschwindenden Variationen der Koordinatenänderungen zu Null werden. Die Variation wird nun

$$\delta\Pi = \iiint\left\{\delta\mathsf{A} - \sum_h X_h\sqrt{g_{hh}}\,\delta\varphi_h\right\}\sqrt{g_{11}g_{22}g_{33}}\,d\alpha_1\,d\alpha_2\,d\alpha_3. \tag{20}$$

Hierin ist die Variation der spezifischen Formänderungsarbeit

$$\delta\mathsf{A} = \sum_\nu \frac{\partial\mathsf{A}}{\partial\varepsilon_\nu}\delta\varepsilon_\nu + \frac{1}{2}\sum_\mu\sum_\nu \frac{\partial\mathsf{A}}{\partial\gamma_{\mu\nu}}\delta\gamma_{\mu\nu}, \tag{21}$$

[1]) $\sigma_1, \sigma_2, \sigma_3$ bezeichnen hier nicht die Hauptspannungen, sondern die auf das $\alpha$-Koordinatensystem bezogenen gewöhnlichen Spannungskomponenten; ebenso $\varepsilon_1, \varepsilon_2, \varepsilon_3$ nicht die Hauptdehnungen, sondern die Dehnungen längs der Koordinatenlinien.

oder nach (17)

$$\delta A = \sum_\nu \sigma_\nu \delta \varepsilon_\nu + \tfrac{1}{2} \sum_\mu \sum_\nu \tau_{\mu\nu} \delta \gamma_{\mu\nu}, \tag{22}$$

wo wir vor die Doppelsumme $\sum\sum \tau_{\mu\nu}\,\delta\gamma_{\mu\nu}$ den Faktor 1/2 gesetzt haben, weil darin jedes Glied zweimal vorkommt. Damit wird

$$\delta\Pi = \iiint \Big\{ \sum_\nu \sigma_\nu \delta\varepsilon_\nu + \tfrac{1}{2} \sum_\mu \sum_\nu \tau_{\mu\nu} \delta\gamma_{\mu\nu} - \sum_h X_h \sqrt{g_{hh}}\, \delta\varphi_h \Big\} \sqrt{g_{11} g_{22} g_{33}}\, d\alpha_1\, d\alpha_2\, d\alpha_3. \tag{23}$$

Setzen wir hier die Ausdrücke (11) und (12) für die Verzerrungsgrößen und ihre daraus folgenden Variationen ein, so wird

$$\left.\begin{aligned} \delta\Pi = \iiint \Big\{ & \sum_\nu \sigma_\nu \frac{\partial \delta\varphi_\nu}{\partial \alpha_\nu} + \frac{1}{2} \sum_\mu \sum_\nu \frac{\sigma_\nu}{g_{\nu\nu}} \frac{\partial g_{\nu\nu}}{\partial \alpha_\mu} \delta\varphi_\mu \\ & + \frac{1}{2} \sum_\mu \sum_\nu \frac{\tau_{\mu\nu}}{\sqrt{g_{\mu\mu} g_{\nu\nu}}} \Big( g_{\mu\mu} \frac{\partial \delta\varphi_\mu}{\partial \alpha_\nu} + g_{\nu\nu} \frac{\partial \delta\varphi_\nu}{\partial \alpha_\mu} \Big) \\ & - \sum_h X_h \sqrt{g_{hh}}\, \delta\varphi_h \Big\} \sqrt{g_{11} g_{22} g_{33}}\, d\alpha_1\, d\alpha_2\, d\alpha_3. \end{aligned}\right\} \tag{24}$$

Diesen Ausdruck können wir vereinfachen, wenn wir beachten, daß

$$\sum_\mu \sum_\nu \frac{\tau_{\mu\nu}}{\sqrt{g_{\mu\mu} g_{\nu\nu}}} g_{\mu\mu} \frac{\partial \delta\varphi_\mu}{\partial \alpha_\nu} = \sum_\mu \sum_\nu \frac{\tau_{\mu\nu}}{\sqrt{g_{\mu\mu} g_{\nu\nu}}} g_{\nu\nu} \frac{\partial \delta\varphi_\nu}{\partial \alpha_\mu} \tag{25}$$

ist, weil die beiden Summen durch Vertauschung der Summationsbuchstaben ineinander übergehen. Es ist also

$$\frac{1}{2} \sum_\mu \sum_\nu \frac{\tau_{\mu\nu}}{\sqrt{g_{\mu\mu} g_{\nu\nu}}} \Big\{ g_{\mu\mu} \frac{\partial \delta\varphi_\mu}{\partial \alpha_\nu} + g_{\nu\nu} \frac{\partial \delta\varphi_\nu}{\partial \alpha_\mu} \Big\} = \sum_\mu \sum_\nu \frac{\tau_{\mu\nu}}{\sqrt{g_{\mu\mu} g_{\nu\nu}}} g_{\mu\mu} \frac{\partial \delta\varphi_\mu}{\delta \alpha_\nu}. \tag{26}$$

Ferner setzen wir zur Abkürzung

$$\sqrt{g_{11} g_{22} g_{33}} = \Delta \tag{27}$$

und multiplizieren damit gliedweise. Schließlich setzen wir in der ersten Summe $h$ statt $\nu$, in den Doppelsummen $h$ statt $\mu$. Damit wird die Gleichung (24)

$$\left.\begin{aligned} \delta\Pi = \iiint \Big\{ & \sum_h \sigma_h \Delta \frac{\partial \delta\varphi_h}{\partial \alpha_h} + \frac{1}{2} \sum_h \sum_\nu \frac{\sigma_\nu \Delta}{g_{\nu\nu}} \frac{\partial g_{\nu\nu}}{\partial \alpha_h} \delta\varphi_h + \sum_\nu \sum_h \frac{\tau_{\nu h} \Delta g_{hh}}{\sqrt{g_{\nu\nu} g_{hh}}} \frac{\partial \delta\varphi_h}{\partial \alpha_\nu} \\ & - \sum_h X_h \Delta \sqrt{g_{hh}}\, \delta\varphi_h \Big\}\, d\alpha_1\, d\alpha_2\, d\alpha_3. \end{aligned}\right\} \tag{28}$$

Durch eine partielle Integration der Glieder, welche die Differentialquotienten der Variationen $\delta\varphi_h$ enthalten, werden diese Differentialquotienten beseitigt. Die von den Grenzen herrührenden Anteile fallen fort, weil die Variationen $\delta\varphi_h$ an der Oberfläche verschwinden. Es bleibt

$$\left.\begin{aligned} \delta\Pi = \iiint \Big\{ & -\sum_h \delta\varphi_h \frac{\partial \sigma_h \Delta}{\partial \alpha_h} + \frac{1}{2} \sum_h \sum_\nu \frac{\sigma_\nu \Delta}{g_{\nu\nu}} \frac{\partial g_{\nu\nu}}{\partial \alpha_h} \delta\varphi_h - \sum_h \sum_\nu \delta\varphi_h \frac{\partial}{\partial \alpha_\nu} \Big( \frac{\tau_{\nu h} \Delta g_{hh}}{\sqrt{g_{\nu\nu} g_{hh}}} \Big) \\ & - \sum_h \delta\varphi_h X_h \Delta \sqrt{g_{hh}} \Big\}\, d\alpha_1\, d\alpha_2\, d\alpha_3. \end{aligned}\right\} \tag{29}$$

Durch Ausklammern von $-\delta\varphi_h$ ergibt sich

$$\left.\begin{aligned} \delta\Pi = -\iiint \sum_h \delta\varphi_h \Big\{ & \frac{\partial \sigma_h \Delta}{\partial \alpha_h} - \frac{1}{2} \sum_\nu \frac{\sigma_\nu \Delta}{g_{\nu\nu}} \frac{\partial g_{\nu\nu}}{\partial \alpha_h} + \sum_\nu \frac{\partial}{\partial \alpha_\nu} \Big( \frac{\tau_{\nu h} \Delta g_{hh}}{\sqrt{g_{\nu\nu} g_{hh}}} \Big) \\ & + X_h \Delta \sqrt{g_{hh}} \Big\}\, d\alpha_1\, d\alpha_2\, d\alpha_3. \end{aligned}\right\} \tag{30}$$

Soll dieser Ausdruck für beliebige $\delta\varphi_h$ verschwinden, so muß für jedes $h$

$$\frac{\partial \sigma_h \Delta}{\partial \alpha_h} - \frac{1}{2}\sum_\nu \frac{\sigma_\nu \Delta}{g_{\nu\nu}}\frac{\partial g_{\nu\nu}}{\partial \alpha_h} + \sum_\nu \frac{\partial}{\partial \alpha_\nu}\left(\frac{\tau_{\nu h}\Delta g_{hh}}{\sqrt{g_{\nu\nu}g_{hh}}}\right) + X_h \Delta \sqrt{g_{hh}} = 0 \tag{31}$$

sein. Das sind die gesuchten Gleichgewichtsbeziehungen.

**25. Beispiele: Zylinder- und Polarkoordinaten.** Als Beispiele zu den entwickelten Formeln betrachten wir Zylinder- und Polarkoordinaten.

Nehmen wir z. B. Zylinderkoordinaten $r, \vartheta, z$ und bezeichnen die Verschiebungen in Richtung wachsender $r, \vartheta, z$ mit $u, v, w$, so ist

$$\alpha_1 = r, \quad \alpha_2 = \vartheta, \quad \alpha_3 = z. \tag{1}$$

Das Linienelement wird

$$dl^2 = dr^2 + r^2 d\vartheta^2 + dz^2, \tag{2}$$

also

$$g_{11} = 1, \quad g_{22} = r^2, \quad g_{33} = 1, \quad \Delta = r. \tag{3}$$

Die Koordinatenänderungen sind also, in den Verschiebungen ausgedrückt [Ziff. 24, Gl. (3)]

$$\varphi_1 = u, \quad \varphi_2 = \frac{v}{r}, \quad \varphi_3 = w, \tag{4}$$

und wir erhalten nach (11) und (12) der vorigen Ziffer die Komponenten des Verzerrungstensors

$$\left.\begin{aligned} \varepsilon_r &= \frac{\partial u}{\partial r}, & \gamma_{r\vartheta} &= \frac{1}{r}\frac{\partial u}{\partial \vartheta} + \frac{\partial v}{\partial r} - \frac{v}{r}, \\ \varepsilon_\vartheta &= \frac{1}{r}\frac{\partial v}{\partial \vartheta} + \frac{u}{r}, & \gamma_{\vartheta z} &= \frac{\partial v}{\partial z} + \frac{1}{r}\frac{\partial w}{\partial \vartheta}, \\ \varepsilon_z &= \frac{\partial w}{\partial z}, & \gamma_{zr} &= \frac{\partial w}{\partial r} + \frac{\partial u}{\partial z}. \end{aligned}\right\} \tag{5}$$

Die Gleichgewichtsbedingungen werden nach (31) von Ziff. 24

$$\left.\begin{aligned} &\frac{\partial \sigma_r}{\partial r} + \frac{1}{r}\frac{\partial \tau_{r\vartheta}}{\partial \vartheta} + \frac{\partial \tau_{rz}}{\partial z} + \frac{\sigma_r - \sigma_\vartheta}{r} + X_r = 0, \\ &\frac{\partial \tau_{r\vartheta}}{\partial r} + \frac{1}{r}\frac{\partial \sigma_\vartheta}{\partial \vartheta} + \frac{\partial \tau_{\vartheta z}}{\partial z} + \frac{2\tau_{r\vartheta}}{r} + X_\vartheta = 0, \\ &\frac{\partial \tau_{rz}}{\partial r} + \frac{1}{r}\frac{\partial \tau_{\vartheta z}}{\partial \vartheta} + \frac{\partial \sigma_z}{\partial z} + \frac{\tau_{rz}}{r} + X_z = 0. \end{aligned}\right\} \tag{6}$$

Nehmen wir räumliche Polarkoordinaten $r$ (= Radius), $\lambda$ (= geographische Länge), $\vartheta$ (= Poldistanz, vom Südpol aus gerechnet), so setzen wir

$$\alpha_1 = r, \quad \alpha_2 = \lambda, \quad \alpha_3 = \vartheta. \tag{7}$$

Das Linienelement wird

$$dl^2 = dr^2 + r^2 \sin^2\vartheta\, d\lambda^2 + r^2 d\vartheta^2. \tag{8}$$

Es ist also

$$g_{11} = 1, \quad g_{22} = r^2 \sin^2\vartheta, \quad g_{33} = r^2, \quad \Delta = r^2 \sin\vartheta, \tag{9}$$

und die Koordinatenänderungen werden

$$\varphi_1 = u, \quad \varphi_2 = \frac{v}{r\sin\vartheta}, \quad \varphi_3 = \frac{w}{r}. \tag{10}$$

Daraus ergeben sich die Komponenten des Verzerrungstensors

$$\left.\begin{aligned} \varepsilon_r &= \frac{\partial u}{\partial r}, & \gamma_{r\lambda} &= \frac{1}{r\sin\vartheta}\frac{\partial u}{\partial \lambda} + \frac{\partial v}{\partial r} - \frac{v}{r}, \\ \varepsilon_\lambda &= \frac{1}{r\sin\vartheta}\frac{\partial v}{\partial \lambda} + \frac{u}{r} + \operatorname{ctg}\vartheta\frac{w}{r}, & \gamma_{\lambda\vartheta} &= \frac{1}{r}\frac{\partial v}{\partial \vartheta} - \frac{v}{r}\operatorname{ctg}\vartheta + \frac{1}{r\sin\vartheta}\frac{\partial w}{\partial \lambda}, \\ \varepsilon_\vartheta &= \frac{1}{r}\frac{\partial w}{\partial \vartheta} + \frac{u}{r}, & \gamma_{\vartheta r} &= \frac{\partial w}{\partial r} - \frac{w}{r} + \frac{1}{r}\frac{\partial u}{\partial \vartheta}, \end{aligned}\right\} \tag{11}$$

und die Gleichgewichtsbedingungen werden

$$\left.\begin{aligned}
&\frac{\partial\sigma_r}{\partial r} + \frac{1}{r\sin\vartheta}\frac{\partial\tau_{r\lambda}}{\partial\lambda} + \frac{1}{r}\frac{\partial\tau_{r\vartheta}}{\partial\vartheta} + \frac{2\sigma_r - \sigma_\lambda - \sigma_\vartheta + \tau_{r\vartheta}\operatorname{ctg}\vartheta}{r} + X_r = 0\,,\\
&\frac{\partial\tau_{\lambda r}}{\partial r} + \frac{1}{r\sin\vartheta}\frac{\partial\sigma_\lambda}{\partial\lambda} + \frac{1}{r}\frac{\partial\tau_{\lambda\vartheta}}{\partial\vartheta} + \frac{3\tau_{r\lambda} + 2\tau_{\lambda\vartheta}\operatorname{ctg}\vartheta}{r} + X_\lambda = 0\,,\\
&\frac{\partial\tau_{\vartheta r}}{\partial r} + \frac{1}{r\sin\vartheta}\frac{\partial\tau_{\vartheta\lambda}}{\partial\lambda} + \frac{1}{r}\frac{\partial\sigma_\vartheta}{\partial\vartheta} + \frac{(\sigma_r - \sigma_\lambda)\operatorname{ctg}\vartheta + 3\tau_{\vartheta r}}{r} + X_\vartheta = 0\,.
\end{aligned}\right\} \tag{12}$$

**26. Prinzip der Näherungsansätze (technische Festigkeitslehre).** Für solche elastischen Körper, deren Erstreckung in ein oder zwei Dimensionen die anderen Dimensionen wesentlich überwiegt, Saite, Balken, Membran, Platte und Schale, hat man in der sog. technischen Festigkeitslehre[1]) besondere Methoden ausgearbeitet, bei welchen mit Hilfe von besonderen Annahmen die das Gleichgewicht und die Bewegung bestimmenden Gleichungen vereinfacht erscheinen. Man kann alle diese Methoden unter einem gemeinsamen Gesichtspunkt betrachten, wenn man von den Minimalprinzipen ausgeht. Die Hilfsannahmen erscheinen dann lediglich als eine vereinfachte Aussage darüber, in welcher Weise sich die Formänderungsarbeit in denjenigen Größen ausdrückt, welche die geometrische Gestalt des deformierten Körpers bestimmen, und man erhält die Grundgleichungen in jedem einzelnen Falle, indem man den vereinfachten Ausdruck für die Formänderungsarbeit in das Minimalprinzip einsetzt. Unter diesem Gesichtspunkte wollen wir hier die wichtigsten Fälle besprechen.

**27. Die gespannte Saite.** Eine Saite ist ein fadenförmiger elastischer Körper, dessen Länge die Querabmessungen so stark überwiegt, daß derselbe wesentlich nur einer Änderung seiner Länge einen elastischen Widerstand entgegensetzt. Die Länge der Saite sei $l$. Durch eine Kraft $S$ sei die Saite vorgespannt, und zwar sei sie am Anfang und Ende festgehalten. Die gerade Linie, in welcher die gespannte, im übrigen unbelastete Saite ausgespannt ist, nehmen wir zur $x$-Achse und legen den Koordinatenanfang in das eine Ende. Wir berechnen nun zunächst die Arbeit, welche erforderlich ist, um der Saite eine seitliche Ausbiegung zu erteilen. Diese Arbeit muß geleistet werden, um die einzelnen Elemente $ds$ der Saite zu verlängern. Ein Saitenelement $ds$ ist nun bereits der Vorspannung $S$ ausgesetzt; wird dasselbe auf die Länge $ds'$ ausgedehnt, so leistet dabei die Vorspannung $S$ die Arbeit $S(ds' - ds)$. Außerdem leistet noch die Zusatzkraft, welche die Verlängerung hervorbringt, eine Arbeit; diese soll aber gegenüber der Arbeit von $S$ vernachlässigt werden, was darauf hinauskommt, daß die Zusatzspannungen gegenüber der Vorspannung als klein betrachtet werden. Somit erhalten wir als Formänderungsarbeit für kleine seitliche Ausbiegungen nach Integration über die ganze Saite einfach

$$A = S(l' - l)\,, \tag{1}$$

wo $l$ die Länge der vorgespannten Saite im undeformierten Zustand ist, $l'$ die Länge im deformierten Zustand. Bezeichnen wir nun die seitlichen Ausbiegungen mit $v$ und $w$, wobei $y$- und $z$-Achse senkrecht zur $x$-Achse beliebig gelegt sind, so ist

$$l' = \int_0^l \sqrt{1 + \left(\frac{dv}{dx}\right)^2 + \left(\frac{dw}{dx}\right)^2}\,dx \tag{2}$$

[1]) Ausführliche Darstellung s. A. u. L. FÖPPL, Drang und Zwang, 2 Bde., 2. Aufl. München 1924 u. 1928.

und bei Beschränkung auf kleine Ausbiegungen

$$A = S(l' - l) = \frac{S}{2}\int_0^l \{v'^2 + w'^2\} dx. \tag{3}$$

Nun seien die die Ausbiegung hervorbringenden seitlichen Kräfte pro Längeneinheit der Saite $p$ kg/cm in der $y$-Richtung, $q$ kg/cm in der $z$-Richtung. Nimmt die Saite unter Wirkung dieser Kräfte die durch die Ausbiegungen $v(x)$ und $w(x)$ gegebene Lage an, so sagt das Prinzip der virtuellen Verrückungen, daß bei einer infinitesimalen Abweichung aus dieser Lage die Änderung der Formänderungsarbeit gleich der von den Kräften $p$ und $q$ geleisteten Arbeit sein muß. Sind die Abweichungen $\delta v$ und $\delta w$, so ist die Änderung der Formänderungsarbeit

$$\delta A = S\int_0^l \{v'\delta v' + w'\delta w'\} dx, \tag{4}$$

die Arbeit der äußeren Kräfte

$$\int_0^l \{p\delta v + q\delta w\} dx, \tag{5}$$

und das Prinzip verlangt also für beliebige $\delta v$ und $\delta w$

$$S\int_0^l \{v'\delta v' + w'\delta w'\} dx = \int_0^l \{p\delta v + q\delta w\} dx. \tag{6}$$

Durch partielle Integration erhalten wir

$$\int_0^l \{v'\delta v' + w'\delta w'\} dx = [v'\delta v + w'\delta w]_0^l - \int_0^l \{v''\delta v + w''\delta w\} dx. \tag{7}$$

Das von den Grenzen herrührende Glied verschwindet, weil die Saite an beiden Enden auch in der variierten Lage festgehalten sein soll, so daß $\delta v$ und $\delta w$ an den Enden verschwinden müssen. Es bleibt also als Ausdruck des Prinzips der virtuellen Verrückungen die Gleichung

$$-S\int_0^l \{v''\delta v + w''\delta w\} dx = \int_0^l \{p\delta v + q\delta w\} dx. \tag{8}$$

Soll diese für beliebige $\delta v$ und $\delta w$ gelten, so muß

$$Sv'' = -p, \quad Sw'' = -q \tag{9}$$

sein. Zu diesen Differentialgleichungen für die Gleichgewichtslage der Saite kommen als Randbedingungen

$$v(0) = 0, \quad v(l) = 0; \qquad w(0) = 0, \quad w(l) = 0 \tag{10}$$

hinzu. Man sieht, daß die Gleichungen für die $y$- und $z$-Richtung vollkommen getrennt sind; Kräfte in der $y$-Richtung rufen also auch nur Deformationen in der $y$-Richtung hervor und ebenso für die $z$-Richtung[1]).

[1]) Für die Einzelausführung vgl. Kap. 3, Abschn. V ds. Bd. des Handb.

Die Bewegungsgleichungen könnten wir mit dem Ausdruck (3) aus dem HAMILTONschen Prinzip ableiten. Einfacher erhalten wir sie durch Berufung auf das sog. d'ALEMBERTsche Prinzip, wonach wir die Bewegungsgleichungen erhalten, wenn wir die Trägheitswiderstände (= minus Masse mal Beschleunigung) an jeder Stelle zu den äußeren Kräften hinzufügen. Ist $\varrho$ die Masse der Saite pro Längeneinheit, so sind die Trägheitswiderstände pro Längeneinheit der Saite

$$-\varrho\frac{\partial^2 v}{\partial t^2}, \quad -\varrho\frac{\partial^2 w}{\partial t^2}, \tag{11}$$

und die Bewegungsgleichungen werden[1])

$$S\frac{\partial^2 v}{\partial x^2} = -p + \varrho\frac{\partial^2 v}{\partial t^2}, \quad S\frac{\partial^2 w}{\partial x^2} = -q + \varrho\frac{\partial^2 w}{\partial t^2}. \tag{12}$$

**28. Die gespannte Membran.** Als Membran bezeichnen wir einen plattenförmigen elastischen Körper, dessen Dicke so gering ist, daß er im wesentlichen nur Kräften, welche in seiner Ebene wirken, einen elastischen Widerstand entgegensetzt. Die Membran sei durch einen allseitig gleichen Zug von $S$ kg/cm gespannt, derart, daß, wenn wir irgendeinen Flächenteil aus der Membran herausgeschnitten denken, wir längs der Schnittkurve in Richtung der Normalen überall einen Zug von $S$ kg/cm anbringen müssen, um das Gleichgewicht wiederherzustellen. Wird die Membran, die wir uns am Rande festgehalten denken, durch seitliche Kräfte aus der vorgespannten ebenen Lage deformiert, so vergrößern sich ihre Flächenelemente. Denken wir uns nun irgendein Flächenstück herausgeschnitten, so leistet die Vorspannung $S$ bei einer Deformation, welche die Linienelemente $ds$ der Schnittkurve um das Stück $\delta\nu$ nach außen verschiebt, die Arbeit

$$\int S\,\delta\nu\,ds = S\int\delta\nu\,ds. \tag{1}$$

Die Arbeit der die Flächenvergrößerung hervorrufenden Zusatzspannungen wird wieder wie bei der Saite als von höherer Ordnung klein gegen die Arbeit der Vorspannung vernachlässigt. Nun ist $\int\delta\nu\,ds$ die Flächenvergrößerung des herausgeschnittenen Stückes. Wir erhalten also für jedes Flächenstück als Deformationsarbeit das Produkt aus Vorspannung und Flächenvergrößerung, also für die ganze Fläche insgesamt

$$A = S(F' - F), \tag{2}$$

wo $F$ die vorgespannte Fläche im undeformierten Zustand, $F'$ dieselbe im deformierten Zustand ist. Das Koordinatensystem legen wir so, daß $x$- und $y$-Achse in die Ebene der vorgespannten undeformierten Membran fallen. Bezeichnen wir dann mit $w$ die Verschiebung in der $z$-Richtung, so ist

$$F' = \iint\sqrt{1 + \left(\frac{\partial w}{\partial x}\right)^2 + \left(\frac{\partial w}{\partial y}\right)^2}\,dx\,dy, \tag{3}$$

und wir erhalten bei Beschränkung auf kleine Ausbiegungen

$$A = S(F' - F) = \frac{S}{2}\iint\left\{\left(\frac{\partial w}{\partial x}\right)^2 + \left(\frac{\partial w}{\partial y}\right)^2\right\}dx\,dy. \tag{4}$$

Werden nun die Durchbiegungen $w(x,y)$ durch einen Druck von $p$ kg/cm² hervorgerufen, so ist bei einer Variation $\delta w$ die Arbeit $\iint p\,\delta w\,dx\,dy$ gleich der Variation der Formänderungsarbeit:

$$\delta A \equiv S\iint\left\{\frac{\partial w}{\partial x}\frac{\partial\,\delta w}{\partial x} + \frac{\partial w}{\partial y}\frac{\partial\,\delta w}{\partial y}\right\}dx\,dy = \iint p\,\delta w\,dx\,dy. \tag{5}$$

[1]) Für die Einzelausführung vgl. Kap. 4, Ziff. 29ff. ds. Bd. des Handb.

Den Ausdruck für die Variation der Formänderungsarbeit formen wir wieder durch partielle Integration um. Schreiben wir ihn in vektorieller Form

$$\iint\left\{\frac{\partial w}{\partial x}\frac{\partial \delta w}{\partial x}+\frac{\partial w}{\partial y}\frac{\partial \delta w}{\partial y}\right\}dx\,dy=\iint \operatorname{grad} w \operatorname{grad}\delta w\,dx\,dy\,, \tag{6}$$

so erhalten wir aus der Identität

$$\operatorname{div}(\delta w \operatorname{grad} w)=\delta w\,\Delta w+\operatorname{grad} w\operatorname{grad}\delta w\left(\Delta=\operatorname{div}\operatorname{grad}=\frac{\partial^2}{\partial x^2}+\frac{\partial^2}{\partial y^2}\right) \tag{7}$$

durch Integration nach dem GAUSSschen Satze

$$\int\delta w\frac{\partial w}{\partial \nu}ds=\iint\delta w\,\Delta w\,dx\,dy+\iint \operatorname{grad} w\operatorname{grad}\delta w\,dx\,dy\,, \tag{8}$$

wo $\nu$ die äußere Normale des von der Membran in der $xy$-Ebene bedeckten Gebietes ist. Das Randintegral $\int\delta w\frac{\partial w}{\partial \nu}ds$ fällt fort, weil die Membran am Rande festgehalten sein soll, entweder in ihrer ursprünglichen Ebene, oder in einer vorgegebenen Lage der deformierten Randkurve, so daß jedenfalls die Variation $\delta w$ am Rande verschwindet. Damit erhalten wir als Ausdruck des Prinzips der virtuellen Verrückungen die Gleichung

$$\delta A\equiv S\iint \operatorname{grad} w\operatorname{grad}\delta w\,dx\,dy\equiv -S\iint\Delta w\,\delta w\,dx\,dy=\iint p\,\delta w\,dx\,dy\,, \tag{9}$$

welche bei beliebigen $\delta w$ nur dann bestehen kann, wenn

$$\Delta w=-\frac{p}{S} \tag{10}$$

ist. Dies ist die Differentialgleichung für die Gleichgewichtslage der Membran.

Bezeichnen wir mit $\varrho$ die Masse der Membran pro Flächeneinheit, so erhalten wir die Bewegungsgleichung, wenn wir zu der Belastung $p$ den Trägheitswiderstand der Flächeneinheit $-\varrho\frac{\partial^2 w}{\partial t^2}$ hinzufügen, also[1])

$$\frac{\partial^2 w}{\partial x^2}+\frac{\partial^2 w}{\partial y^2}=-\frac{p}{S}+\frac{\varrho}{S}\frac{\partial^2 w}{\partial t^2}\,. \tag{11}$$

**29. Der Balken (technische Balkenbiegungslehre).** Unter einem Balken (oder Stabe) verstehen wir einen zylindrischen Körper, dessen Achsenlänge groß ist gegen seine Querabmessungen. Die Verbindungsgerade der Querschnittsschwerpunkte nehmen wir zur $x$-Achse, den Koordinatenanfang legen wir in das eine Ende des Balkens. Die $y$- und $z$-Achse legen wir ($y$-Achse nach hinten, $z$-Achse nach oben) in die Hauptträgheitsachsen der Querschnitte, so daß das über die Querschnitte genommene Integral

$$\iint yz\,dy\,dz=0 \tag{1}$$

verschwindet. Da die Achsen durch den Schwerpunkt gehen, verschwinden auch die Integrale

$$\iint y\,dy\,dz=0\,,\quad \iint z\,dy\,dz=0\,. \tag{2}$$

Nun bedürfen wir eines Ausdrucks für die Formänderungsenergie des deformierten Balkens. Die technische Balkenbiegungslehre geht von dem Gedanken aus, daß die Deformation des Balkens im wesentlichen durch die Deformation seiner

[1]) Für die Einzelausführung vgl. Kap. 4, Ziff. 44 ff. ds. Bd. des Handb.

Mittellinie ($y = z = 0$) gegeben ist. Zu dem Ausdruck für die Formänderungsarbeit kann man nun entweder dadurch kommen, daß man eine spezielle Voraussetzung über die Deformation macht, im vorliegenden Falle, indem man voraussetzt, daß zur Mittellinie senkrechte Balkenquerschnitte bei der Biegung senkrecht zur Balkenmittellinie und eben bleiben, oder dadurch, daß man einen einfachen streng integrablen Fall nimmt, und den daraus folgenden Ausdruck für die Formänderungsarbeit auf den allgemeinen Fall überträgt. Wir wollen den letzten Weg wählen und der Einfachheit wegen nur Deformationen der Mittellinie in Richtung der $z$-Achse betrachten; der allgemeine Fall ergibt sich daraus durch Superposition der Kräfte und Deformationen.

Den einfachsten Fall nichttrivialer und gerade hier brauchbarer Lösungen für die Grundgleichungen erhält man, wenn man für die Verschiebungen $u$, $v$, $w$ einen quadratischen Ansatz macht. Greifen wir, um an der Mantelfläche des Stabes Kräftefreiheit zu bekommen, aus den möglichen quadratischen Ansätzen die heraus, für welche die Spannungen $\sigma_y$, $\sigma_z$, $\tau_{yz}$ verschwinden, und verlangen wir, daß die Mittellinie sich nur in der $z$-Richtung verschiebt, so bekommen wir mit einer Konstanten $c$, wie man aus den Differentialgleichungen (2) von Ziff. 13 durch Koeffizientenvergleichung bestätigt,

$$u = -\frac{czx}{E}, \quad v = \frac{czy}{Em}, \quad w = c\,\frac{mx^2 - y^2 + z^2}{2Em}. \tag{3}$$

Um zu sehen, welche Beanspruchung des Stabes diese Deformation hervorruft, welche man [durch Bildung der Verzerrungsgrößen nach Ziff. 10, Gleichung (1)] leicht als Durchbiegung erkennt, berechnen wir nach Ziff. 11, Gleichungen (14) die Spannungen, welche bis auf

$$\sigma_x = -cz \tag{4}$$

verschwinden. Greifen wir nun ein Stück des Stabes heraus und ersetzen die Spannungen an den Endquerschnitten durch äußere Kräfte, so erkennen wir, wenn wir den linken Endquerschnitt des betrachteten Stückes ins Auge fassen, daß die hier wirkenden Spannungen die Resultierende Null haben, denn es ist nach (2)

$$\iint \sigma_x\,dy\,dz = -c\iint z\,dy\,dz = 0\,. \tag{5}$$

Es bleibt nur ein um die $y$-Achse drehendes Moment vom Betrage

$$M = -\iint \sigma_x z\,dy\,dz = c\iint z^2\,dy\,dz = cJ \tag{6}$$

übrig. Dasselbe ist positiv gerechnet, wenn es den Stab in der Weise krümmt, daß er die hohle Seite der positiven $z$-Richtung zukehrt. Das Integral $J = \iint z^2\,dy\,dz$ ist das Trägheitsmoment des Querschnitts in bezug auf die $y$-Achse. Wir haben also den Fall vor uns, daß ein Stab durch reine Momente auf die Endflächen gekrümmt wird. Aus der Spannung $\sigma_x$ bekommen wir die Formänderungsarbeit in der Volumeinheit nach Ziff. 16, Formel (9) zu

$$\mathsf{A} = \frac{\sigma_x^2}{2E} \tag{7}$$

und durch Integration über den Querschnitt dieselbe pro Längeneinheit des Balkens zu

$$\overline{\mathsf{A}} = \frac{1}{2E}\iint \sigma_x^2\,dy\,dz = \frac{c^2}{2E}\,J\,. \tag{8}$$

Nun ist aber nach (3), wenn wir durch den Index Null andeuten, daß es sich um die Durchbiegung der Balkenmittellinie handelt,

$$c = E\frac{\partial^2 w_0}{\partial x^2}, \tag{9}$$

so daß wir für die Formänderungsarbeit pro Längeneinheit

$$\overline{\mathsf{A}} = \frac{EJ}{2}\left(\frac{\partial^2 w_0}{\partial x^2}\right)^2, \tag{10}$$

bzw. für die gesamte Formänderungsarbeit

$$A = \int_0^l \overline{\mathsf{A}}\,dx = \frac{1}{2}\int_0^l EJw''^2\,dx \tag{11}$$

schreiben können. Das ist die gesuchte Form. Wenn wir sie auf den allgemeinen Fall übertragen, so bedeutet das mechanisch, daß für die Deformation des Balkens an einer bestimmten Stelle in erster Linie die krümmende Wirkung durch die Momente der entfernter liegenden Kräfte maßgebend ist, eine Näherung, die um so besser zutrifft, je weiter die betrachtete Stelle vom Angriffspunkt etwaiger Einzelkräfte entfernt ist, speziell also von den Angriffspunkten der Stützkräfte (SAINT-VENANTsches Prinzip).

Aus der Formel für die gesamte Formänderungsarbeit erhalten wir nun die technische Balkenbiegungslehre wieder mit Hilfe des Prinzips der virtuellen Verrückungen. Wir nehmen etwa an, der Balken sei am Anfang ($x = 0$) und am Ende ($x = l$) gestützt, dort sei also $w = 0$, und auch die virtuelle Verrückung $\delta w = 0$. Der Balken sei pro Einheit seiner Länge durch eine Last $q$ kg/cm belastet, welche in der $z$-Richtung wirke. Die dadurch hervorgerufene Durchbiegung sei $w(x)$. Ändern wir jetzt $w$ in $w + \delta w$, so muß hierbei die Änderung der Formänderungsarbeit gleich der von der Belastung $q$ geleisteten Arbeit sein, d. h.

$$\delta A = \int_0^l EJw''\delta w''\,dx = \int_0^l q\,\delta w\,dx. \tag{12}$$

Durch zweimalige partielle Integration erhalten wir

$$\int_0^l EJw''\,\delta w''\,dx = \left[EJw''\,\delta w'\right]_0^l - \left[\frac{d}{dx}(EJw'')\,\delta w\right]_0^l + \int_0^l \frac{d^2}{dx^2}(EJw'')\,\delta w\,dx. \tag{13}$$

Also wird Gleichung (12) unter Berücksichtigung von $\delta w(0) = \delta w(l) = 0$

$$\int_0^l \left\{\frac{d^2}{dx^2}(EJw'') - q\right\}\delta w\,dx + \left[EJw''\,\delta w'\right]_0^l = 0. \tag{14}$$

Soll diese Gleichung für alle möglichen $\delta w$ erfüllt sein, so muß

$$\frac{d^2}{dx^2}\left(EJ\frac{d^2 w}{dx^2}\right) = q \tag{15}$$

und

$$w''(0) = 0, \quad w''(l) = 0 \tag{16}$$

sein. Spalten wir (15) in zwei Gleichungen zweiter Ordnung

$$\frac{d^2 M}{dx^2} = -q, \quad EJ\frac{d^2 w}{dx^2} = -M, \tag{17}$$

so haben wir die Differentialgleichungen der Balkenbiegungslehre in der gewöhnlichen Form. $M$ ist dabei an der Stelle $x$ das durch den Querschnitt übertragene

Moment, d. h. das Moment, mit welchem die links des Querschnitts angreifenden Kräfte den linken gegen den rechten Balkenteil zu verdrehen streben. Dazu kommen die Randbedingungen

$$M(0) = 0\,, \quad M(l) = 0\,; \qquad w(0) = 0\,, \quad w(l) = 0 \tag{18}$$

und die aus dem einfachen Falle übernommene Formel für die Spannungen

$$\sigma_x = -cz = -Ew''z = -\frac{Mz}{J}\,. \tag{19}$$

Die technische Balkenbiegungslehre[1]) überträgt diese Formeln (d. h. die Formel für die Formänderungsarbeit, aus welcher die Differentialgleichungen folgen, und die Spannungsformel) auch auf den Fall veränderlicher Querschnitte. Die Rechtfertigung dieser Näherungstheorie ist rein empirischer Art; die Formeln geben eine etwas rohe, aber ausreichende Näherung zur Beurteilung der Festigkeit.

**30. Die gebogene Platte.** In gleicher Weise wie die Theorie der Balkenbiegung läßt sich die Theorie der Plattenbiegung[2]) entwickeln. Gegeben sei eine Platte von der Dicke $h$. Das Koordinatensystem werde in die Mittelebene der Platte gelegt, d. h. so, daß die Ebene $z = +h/2$ die Oberseite, die Ebene $z = -h/2$ die Unterseite der Platte bildet. Belastet sei dieselbe durch eine senkrecht zur Platte, also in der $z$-Richtung wirkende Last von $p$ kg pro Flächeneinheit. Wir nehmen wieder an, daß die Formänderung der Platte an einer bestimmten Stelle im wesentlichen nicht durch die lokale Wirkung der Belastung an dieser Stelle, sondern durch die längs der Schnitte $x =$ konst. und $y =$ konst. verteilten Biegungs- und Torsionsmomente hervorgerufen wird. Demgemäß entnehmen wir den Ausdruck für die Formänderungsarbeit aus dem einfachen Spezialfall einer durch reine Biegungs- und Torsionsmomente beanspruchten Platte. Wir erhalten diesen wie beim Balken in einer Lösung der Grundgleichungen, für welche die Verschiebungen quadratische Funktionen der Koordinaten werden. Dabei sollen für reine Biegung die Horizontalverschiebungen $u$ und $v$ in der Plattenmittelebene $z = 0$ verschwinden. Die gesuchte Lösung hat die Form

$$\left.\begin{aligned} u &= -(c_{11}x + c_{12}y)z\,, \quad v = -(c_{12}x + c_{22}y)z\,,\\ w &= \frac{1}{2}(c_{11}x^2 + 2c_{12}xy + c_{22}y^2) + \frac{c_{11}+c_{22}}{2(m-1)}z^2\,. \end{aligned}\right\} \tag{1}$$

Die Verzerrungskomponenten werden

$$\left.\begin{aligned} \varepsilon_x &= \frac{\partial u}{\partial x} = -c_{11}z\,, & \gamma_{xy} &= \frac{\partial u}{\partial y} + \frac{\partial v}{\partial x} = -2c_{12}z\,,\\ \varepsilon_y &= \frac{\partial v}{\partial y} = -c_{22}z\,, & \gamma_{yz} &= \frac{\partial v}{\partial z} + \frac{\partial w}{\partial y} = 0\,,\\ \varepsilon_z &= \frac{\partial w}{\partial z} = \frac{c_{11}+c_{22}}{m-1}z\,, & \gamma_{zx} &= \frac{\partial w}{\partial x} + \frac{\partial u}{\partial z} = 0\,,\\ \Theta &= \varepsilon_x + \varepsilon_y + \varepsilon_z = -\frac{m-2}{m-1}(c_{11}+c_{22})z\,, \end{aligned}\right\} \tag{2}$$

und die Spannungen

$$\left.\begin{aligned} \sigma_x &= -2Gz\left(c_{11} + \frac{c_{11}+c_{22}}{m-1}\right), & \tau_{xy} &= -2Gzc_{12}\,,\\ \sigma_y &= -2Gz\left(c_{22} + \frac{c_{11}+c_{22}}{m-1}\right), & \tau_{yz} &= 0\,,\\ \sigma_z &= 0\,, & \tau_{zx} &= 0\,. \end{aligned}\right\} \tag{3}$$

---

[1]) Siehe Kap. 3, Abschn. III ds. Bd. des Handb.

[2]) G. KIRCHHOFF, Crelles Journ. Bd. 40, S. 51. 1850.

Um die Beanspruchung der Platte zu beschreiben, denken wir uns ein rechteckiges Stück mit achsenparallelen Kanten herausgeschnitten und berechnen die auf die Längeneinheit der Schnitte wirkenden Biegungs- und Torsionsmomente; die resultierenden Kräfte selbst verschwinden, da die Spannungen ungerade Funktionen in $z$ sind. Es wirkt auf den Schnitt $x =$ konst. pro Längeneinheit das Biegungsmoment

$$M_x = -\int_{-\frac{h}{2}}^{+\frac{h}{2}} \sigma_x z\, dz = \frac{G h^3}{6}\left(c_{11} + \frac{c_{11} + c_{22}}{m-1}\right), \tag{4}$$

positiv gerechnet, wenn es die Platte so krümmt, daß die hohle Seite der positiven $z$-Richtung zugekehrt ist. Ferner wirkt das Torsionsmoment

$$T = -\int_{-\frac{h}{2}}^{+\frac{h}{2}} z \tau_{xy}\, dz = \frac{G h^3}{6} c_{12}, \tag{5}$$

positiv gerechnet, wenn es den ersten Quadranten ($x > 0, y > 0$) aufbiegt. Bei analoger Festsetzung der Vorzeichen wirken auf den Schnitt $y =$ konst. das Biegungsmoment

$$M_y = -\int_{-\frac{h}{2}}^{+\frac{h}{2}} \sigma_y z\, dz = \frac{G h^3}{6}\left(c_{22} + \frac{c_{11} + c_{22}}{m-1}\right) \tag{6}$$

und das Torsionsmoment

$$T = -\int_{-\frac{h}{2}}^{+\frac{h}{2}} z \tau_{xy}\, dz = \frac{G h^3}{6} c_{12}. \tag{7}$$

Die Formänderungsarbeit pro Volumeinheit wird

$$\mathsf{A} = G\left\{\frac{m-1}{m-2}\,\Theta^2 - 2(\varepsilon_x\varepsilon_y + \varepsilon_y\varepsilon_z + \varepsilon_z\varepsilon_x) + \frac{1}{2}(\gamma_{xy}^2 + \gamma_{yz}^2 + \gamma_{zx}^2)\right\}$$

oder

$$\mathsf{A} = G\left\{\frac{m-2}{m-1}(c_{11} + c_{22})^2 + \frac{2}{m-1}(c_{11} + c_{22})^2 - 2c_{11}c_{22} + 2c_{12}^2\right\} z^2. \tag{8}$$

Integrieren wir nach $z$ von $z = -h/2$ bis $z = +h/2$, so erhalten wir die Formänderungsarbeit pro Flächeneinheit

$$\overline{\mathsf{A}} = \frac{G h^3}{12}\left\{\frac{m}{m-1}(c_{11} + c_{22})^2 - 2(c_{11}c_{22} - c_{12}^2)\right\}. \tag{9}$$

Dies können wir durch die Deformation der Mittelfläche ausdrücken, die wir für $z = 0$ einfach mit $w$ bezeichnen. Es ist

$$c_{11} = \frac{\partial^2 w}{\partial x^2}, \quad c_{12} = \frac{\partial^2 w}{\partial x \partial y}, \quad c_{22} = \frac{\partial^2 w}{\partial y^2}, \tag{10}$$

also

$$\overline{\mathsf{A}} = \frac{G h^3}{12}\left\{\frac{m}{m-1}(\Delta w)^2 - 2\left[\frac{\partial^2 w}{\partial x^2}\frac{\partial^2 w}{\partial y^2} - \left(\frac{\partial^2 w}{\partial x \partial y}\right)^2\right]\right\}. \tag{11}$$

Eine Integration über das ganze von der undeformierten Platte in der $xy$-Ebene bedeckte Gebiet liefert uns die gesamte Formänderungsarbeit

$$A = \frac{G h^3}{12} \frac{m}{m-1} \iint (\varDelta w)^2 \, dx \, dy - \frac{G h^3}{6} \iint \left\{ \frac{\partial^2 w}{\partial x^2} \frac{\partial^2 w}{\partial y^2} - \left( \frac{\partial^2 w}{\partial x \partial y} \right)^2 \right\} dx \, dy. \tag{12}$$

Diese Formel für die Formänderungsarbeit wird auf den allgemeinen Fall übertragen. Wir wollen den Fall einer am Rande eingespannten Platte betrachten, d. h. am Rande soll

$$w = \frac{\partial w}{\partial \nu} = 0 \tag{13}$$

sein ($\nu$ = äußere Normale an den Umriß) und damit für die Variation $\delta w$ auch

$$\delta w = \frac{\partial \delta w}{\partial \nu} = 0. \tag{14}$$

Nimmt nun die Platte unter der Wirkung der Belastung $p$ kg/cm² die Durchbiegung $w(x, y)$ an, so muß bei einer virtuellen Verschiebung $\delta w$ die Änderung der Formänderungsarbeit gleich der Arbeit der Belastung $p$ sein, d. h.

$$\delta A = \iint p \, \delta w \, dx \, dy. \tag{15}$$

Um die Variation der Formänderungsarbeit zu bekommen, betrachten wir die Variation der Integrale

$$J_1 = \iint (\varDelta w)^2 \, dx \, dy, \qquad J_2 = \iint \left\{ \frac{\partial^2 w}{\partial x^2} \frac{\partial^2 w}{\partial y^2} - \left( \frac{\partial^2 w}{\partial x \partial y} \right)^2 \right\} dx \, dy \tag{16}$$

einzeln. Das Integral $J_2$ läßt sich durch ein Randintegral ausdrücken. Setzen wir

$$f = \frac{\partial w}{\partial x}, \quad g = \frac{\partial w}{\partial y}, \tag{17}$$

so wird $J_2$ als Integral über die Funktionaldeterminante $\frac{\partial f}{\partial x} \frac{\partial g}{\partial y} - \frac{\partial f}{\partial y} \frac{\partial g}{\partial x}$ gleich dem über den Rand zu erstreckenden Integral

$$J_2 = \int f \, dg = \int \frac{\partial w}{\partial x} \frac{d}{ds} \left( \frac{\partial w}{\partial y} \right) ds. \tag{18}$$

Am Rande sind aber sowohl $w$ als $\frac{\partial w}{\partial \nu}$ gleich Null, also auch $\frac{\partial w}{\partial x}$ und $\frac{\partial w}{\partial y}$. Somit wird $J_2 = 0$, und seine Variation verschwindet. Für die Variation des Integrals $J_1$ erhalten wir aus den Identitäten

$$\left.\begin{aligned} \operatorname{div}(\delta w \operatorname{grad} \varDelta w) &= \delta w \varDelta \varDelta w + \operatorname{grad} \delta w \operatorname{grad} \varDelta w, \\ \operatorname{div}(\varDelta w \operatorname{grad} \delta w) &= \varDelta w \varDelta \delta w + \operatorname{grad} \delta w \operatorname{grad} \varDelta w \end{aligned}\right\} \tag{19}$$

durch Subtraktion

$$\iint \varDelta w \varDelta \delta w \, dx \, dy = \iint \delta w \varDelta \varDelta w \, dx \, dy + \int \varDelta w \frac{\partial \delta w}{\partial \nu} ds - \int \delta w \frac{\partial \varDelta w}{\partial \nu} ds. \tag{20}$$

Integrieren wir über das von der Platte bedeckte Gebiet, so fallen wegen (14) die Randintegrale fort. Es folgt

$$\delta J_1 = 2 \iint \varDelta w \varDelta \delta w \, dx \, dy = 2 \iint \delta w \varDelta \varDelta w \, dx \, dy, \tag{21}$$

und die Variation der Formänderungsarbeit wird

$$\delta A = \frac{G h^3}{12} \frac{m}{m-1} \delta J_1 = \frac{G h^3}{6} \frac{m}{m-1} \iint \delta w \varDelta \varDelta w \, dx \, dy. \tag{22}$$

Aus Gleichung (15) folgt also

$$\iint\left\{\frac{Gh^3}{6}\frac{m}{m-1}\Delta\Delta w - p\right\}\delta w\, dx\, dy = 0. \tag{23}$$

Wenn diese Gleichung für beliebige $\delta w$ erfüllt sein soll, so muß

$$\frac{Gh^3}{6}\frac{m}{m-1}\Delta\Delta w = p \tag{24}$$

sein. Das ist die Differentialgleichung für die Gleichgewichtslage der gebogenen Platte[1]).

Fügen wir zu der Belastung $p$ die Trägheitswiderstände pro Flächeneinheit $-\varrho\frac{\partial^2 w}{\partial t^2}$ ($\varrho$ = Masse der Platte pro Flächeneinheit), so ergibt sich die Bewegungsgleichung[2]).

# VII. Die einfachsten lösbaren Fälle der Gleichgewichtsprobleme.

**31. Konstruktion von Partikularlösungen.** In diesem Abschnitt wollen wir die wichtigsten Partikularlösungen[3]) der elastischen Grundgleichungen besprechen, soweit sie nicht in anderen Kapiteln dieses Buches eine ausführliche Behandlung erfahren. Wir werden uns dabei auf den Fall fehlender Massenkräfte beschränken können, da das erste behandelte Beispiel, die Wirkung einer Einzelkraft in einem unbegrenzten Medium, uns in den Stand setzt, den allgemeinen Fall auf diesen Spezialfall zurückzuführen.

Es handelt sich also darum, Lösungen der Gleichungen (2) von Ziff. 13

$$\left.\begin{aligned}\Delta u + \frac{m}{m-2}\frac{\partial\Theta}{\partial x} &= 0,\\ \Delta v + \frac{m}{m-2}\frac{\partial\Theta}{\partial y} &= 0,\\ \Delta w + \frac{m}{m-2}\frac{\partial\Theta}{\partial z} &= 0\end{aligned}\right\} \tag{1}$$

zu finden, wobei wir für die Lösungen $u$, $v$, $w$ an der Oberfläche der betrachteten Körper entweder die Verschiebungen selbst vorschreiben wollen, oder die Oberflächenkräfte $\Xi$, $\mathrm{H}$, $\mathrm{Z}$, in welch letzterem Falle zu den Gleichungen (1) die Randbedingungen (5) von Ziff. 13

$$\left.\begin{aligned}\sigma_x\cos(\nu,x) + \tau_{xy}\cos(\nu,y) + \tau_{xz}\cos(\nu,z) &= \Xi,\\ \tau_{xy}\cos(\nu,x) + \sigma_y\cos(\nu,y) + \tau_{yz}\cos(\nu,z) &= \mathrm{H},\\ \tau_{xz}\cos(\nu,x) + \tau_{yz}\cos(\nu,y) + \sigma_z\cos(\nu,z) &= \mathrm{Z}\end{aligned}\right\} \tag{2}$$

hinzukommen, wo die Spannungen gemäß den Spannungs-Dehnungsgleichungen durch die Ableitungen von $u$, $v$, $w$ auszudrücken sind.

Es kommt zunächst darauf an, ohne Rücksicht auf die Randbedingungen partikulare Lösungen der Gleichungen (1) zu finden. Erstens werden wir dadurch unmittelbar einige der wichtigsten Lösungen bekommen, zweitens ist die Konstruktion partikularer Lösungen von besonderer Bedeutung, weil wir aus irgendwelchen Partikularlösungen $u_\nu$, $v_\nu$, $w_\nu$ in Form einer endlichen oder unendlichen Reihe

$$u = \sum c_\nu u_\nu, \quad v = \sum c_\nu v_\nu, \quad w = \sum c_\nu w_\nu$$

[1]) Für die Einzelausführung vgl. Kap. 3, Abschn. VII ds. Bd. des Handb.
[2]) Für die Einzelausführung vgl. Kap. 4, Ziff. 50 ff. ds. Bd. des Handb.
[3]) Vgl. J. Boussinesq, Applications des potentiels à l'étude de l'équilibre et du mouvement des solides élastiques. Paris 1889.

(oder auch in Form bestimmter Integrale) wieder Lösungen herstellen können, welche bei beliebigen Koeffizienten $c_\nu$ den Differentialgleichungen genügen, da diese linear und homogen in den $u, v, w$ sind. Die Lösung der Randwertaufgabe ist dann darauf zurückgeführt, die Koeffizienten $c_\nu$ so zu bestimmen, daß die Randbedingungen erfüllt sind.

Differenziert man die Gleichungen (1) nach $x$ bzw. $y$ bzw. $z$ und addiert sie, so erhält man

$$\Delta\Theta = 0. \tag{3}$$

$\Theta = \frac{\partial u}{\partial x} + \frac{\partial v}{\partial y} + \frac{\partial w}{\partial z}$ ist also eine sog. Potentialfunktion. Eine nochmalige Anwendung der Operation $\Delta$ auf die Gleichung (1) ergibt dann

$$\Delta\Delta u = 0, \quad \Delta\Delta v = 0, \quad \Delta\Delta w = 0. \tag{4}$$

Von diesen Gleichungen geht man aus, wenn man Partikularlösungen für die Gleichungen (1) finden will, und zwar ist die Grundidee die, solche Lösungen aus gewöhnlichen Potentialfunktionen aufzubauen. Man bestätigt nämlich leicht, daß jede Funktion von einer der folgenden Formen

$$\varphi + x\chi, \quad \varphi + y\chi, \quad \varphi + z\chi, \quad \varphi + r^2\chi \qquad (r^2 = x^2 + y^2 + z^2)$$

der Gleichung $\Delta\Delta u = 0$ genügt, wenn $\varphi$ und $\chi$ Potentialfunktionen sind, und kann auch zeigen, daß jede Lösung dieser Gleichung sich in jeder der genannten Formen darstellen läßt. Es liegt deshalb nahe, etwa mit dem Ansatz $u = \varphi_1 + x\chi_1$, $v = \varphi_2 + x\chi_2$, $w = \varphi_3 + x\chi_3$ in die Gleichungen (1) einzugehen und zu prüfen, welche Beziehungen zwischen den Potentialfunktionen $\varphi$ und $\chi$ bestehen müssen, damit wir wirklich Lösungen der Grundgleichungen (1) bekommen. Wir wollen die Rechnungen nicht Schritt für Schritt durchführen, sondern gleich zwei der wichtigsten Lösungstypen hinschreiben.

Der Ansatz

$$\left.\begin{aligned} u &= \varphi_1 + x\frac{\partial\psi}{\partial x}, \\ v &= \varphi_2 + x\frac{\partial\psi}{\partial y}, \\ w &= \varphi_3 + x\frac{\partial\psi}{\partial z} \end{aligned}\right\} \tag{5}$$

genügt den Grundgleichungen (1), wenn $\varphi_1, \varphi_2, \varphi_3, \psi$ Potentialfunktionen sind und

$$2\frac{\partial\psi}{\partial x} + \frac{m}{m-2}\left(\frac{\partial\varphi_1}{\partial x} + \frac{\partial\varphi_2}{\partial y} + \frac{\partial\varphi_3}{\partial z} + \frac{\partial\psi}{\partial x}\right) = 0 \tag{6}$$

ist, d. h.

$$\frac{\partial\psi}{\partial x} = -\frac{m}{3m-4}\left(\frac{\partial\varphi_1}{\partial x} + \frac{\partial\varphi_2}{\partial y} + \frac{\partial\varphi_3}{\partial z}\right). \tag{7}$$

Wählt man also $\varphi_1, \varphi_2, \varphi_3$ willkürlich, aber als Potentialfunktionen, so erhält man aus der letzten Gleichung $\psi$ und damit die gesuchte Partikularlösung.

Der Ansatz

$$\left.\begin{aligned} u &= \varphi_1 + (r^2 - a^2)\frac{\partial\psi}{\partial x}, \\ v &= \varphi_2 + (r^2 - a^2)\frac{\partial\psi}{\partial y}, \\ w &= \varphi_3 + (r^2 - a^2)\frac{\partial\psi}{\partial z}, \end{aligned}\right\} \tag{8}$$

wo $\varphi_1, \varphi_2, \varphi_3, \psi$ Potentialfunktionen sind und $a$ eine beliebige Konstante, ergibt

$$\Theta = \Theta_0 + 2\chi, \tag{9}$$

wenn

$$\Theta_0 = \frac{\partial \varphi_1}{\partial x} + \frac{\partial \varphi_2}{\partial y} + \frac{\partial \varphi_3}{\partial z} \quad \text{und} \quad \chi = x\frac{\partial \psi}{\partial x} + y\frac{\partial \psi}{\partial y} + z\frac{\partial \psi}{\partial z} \tag{10}$$

gesetzt wird.

Gehen wir damit in die Grundgleichungen (1) ein, so erhalten wir

$$\Delta u + \frac{m}{m-2}\frac{\partial \Theta}{\partial x} = 2\frac{\partial \psi}{\partial x} + 4\frac{\partial \chi}{\partial x} + \frac{m}{m-2}\frac{\partial}{\partial x}(\Theta_0 + 2\chi) = 0 \tag{11}$$

und analoge Gleichungen für $v$ und $w$. Die Grundgleichungen sind erfüllt, wenn

$$2\psi + 4\chi + \frac{m}{m-2}(\Theta_0 + 2\chi) = \text{konst.} \tag{12}$$

ist. Die Bedeutung von $\chi$ ist die folgende: es ist das skalare Produkt des Vektors $\operatorname{grad}\psi$ in den Radiusvektor $\mathfrak{r}$, d. h. es ist das Produkt aus dem Betrag von $r$ in die Radialkomponente von $\operatorname{grad}\psi$ oder

$$\chi = r\frac{d\psi}{dr}. \tag{13}$$

Damit liefert (12), wenn die unwesentliche Integrationskonstante gleich Null gesetzt wird,

$$r\frac{d\psi}{dr} + \frac{m-2}{3m-4}\psi = -\frac{m}{3m-4}\frac{\Theta_0}{2}. \tag{14}$$

Integration längs des Radius liefert

$$\psi = \frac{-m}{6m-8}r^{-\nu}\int r^{\nu-1}\Theta_0\,dr + C r^{-\nu}, \quad \left(\nu = \frac{m-2}{3m-4}\right), \tag{15}$$

wo die noch von der Richtung des Radius abhängende Integrationskonstante $C$ so zu bestimmen ist, daß $\psi$ wirklich eine Potentialfunktion wird.

Gehört der Nullpunkt als regulärer Punkt zum Integrationsbereich, so wird $C = 0$, wenn von Null an integriert wird.

Mit Hilfe dieser Ansätze kann man entweder eine beliebige Zahl von Partikularlösungen herstellen, und aus ihnen durch Reihenbildung oder in Form von bestimmten Integralen wieder neue Lösungen gewinnen, oder manchmal die Lösung der Randwertaufgaben dadurch vereinfachen, daß man sie auf den bekannten Fall der Randwertaufgaben für Potentialfunktionen zurückführt.

**32. Einzelkraft in einem unbegrenzten Körper.** Die eigentliche Schwierigkeit des Integrationsproblems, solche Lösungen zu finden, welche an der Oberfläche der belasteten Körper gewisse Randbedingungen erfüllen, fällt fort, wenn man einen unendlich ausgedehnten Körper betrachtet, auf welchen nur Massenkräfte $X, Y, Z$ pro Volumeinheit wirken. Die Aufgabe, die Deformation eines solchen Körpers unter der Wirkung gegebener Kräfte zu bestimmen, wollen wir dadurch vereinfachen, daß zunächst nur eine Einzelkraft wirken soll, deren Angriffspunkt wir zum Koordinatenanfang wählen. Den Angriff dieser Einzelkraft können wir uns in der Weise vorstellen, daß um den Nullpunkt eine sehr kleine („unendlich kleine") Kugel herausgeschnitten ist, auf deren Oberfläche solche Kräfte verteilt sind, daß ihre Resultierende gleich der gegebenen Kraft ist, deren Richtung wir zur $x$-Achse machen. Demgemäß suchen wir eine Partikularlösung, welche außerhalb des Nullpunktes überall den Grundgleichungen (1) von Ziff. 31 genügt — es greifen ja außerhalb des Nullpunktes keine Kräfte an — und welche im Nullpunkt eine der gegebenen Kraft entsprechende Singularität aufweist. Um die Lösung eindeutig zu machen, müssen wir noch verlangen, daß die Verschiebungen und ihre Ableitungen im Unendlichen verschwinden sollen. Zur Aufstellung dieser Partikularlösung benutzen wir den zweiten der obengenannten Ansätze in der vereinfachten Form

$$\left.\begin{aligned} u &= \varphi_1 + r^2 \frac{\partial \psi}{\partial x}, \\ v &= \varphi_2 + r^2 \frac{\partial \psi}{\partial y}, \\ w &= \varphi_3 + r^2 \frac{\partial \psi}{\partial z}, \end{aligned}\right\} \tag{1}$$

wo $\varphi_1, \varphi_2, \varphi_3, \psi$ Potentialfunktionen sind, von denen sich $\psi$ aus der Gleichung (15) von Ziff. 31

$$\psi = -\frac{m}{6m-8} r^{-\nu} \int\limits_{\infty}^{r} r^{\nu-1} \left(\frac{\partial \varphi_1}{\partial x} + \frac{\partial \varphi_2}{\partial y} + \frac{\partial \varphi_3}{\partial z}\right) dr \quad \left(\nu = \frac{m-2}{3m-4}\right) \tag{2}$$

berechnet.

Nun sollen die aus dem Ansatz zu berechnenden Spannungen über die den Nullpunkt umschließende unendlich kleine Kugel und jede Teilfläche derselben eine endliche Resultierende ergeben. Also dürfen die Spannungen im Nullpunkte nicht stärker unendlich werden als von der Ordnung $1/r^2$, und somit die Verschiebungen, deren Ableitungen die Spannungen sind, nicht stärker als von der Ordnung $1/r$. Daraus schließen wir, daß die Potentialfunktionen $\varphi_1, \varphi_2, \varphi_3$ unseres Ansatzes bis auf einen Faktor mit $1/r$ identisch sein müssen. Da die $x$-Richtung als Kraftrichtung ausgezeichnet ist, machen wir den Ansatz

$$\varphi_1 = \frac{A}{r}, \quad \varphi_2 = \varphi_3 = 0. \tag{3}$$

Nach (2) berechnen wir $\psi$ zu

$$\psi = \frac{Am}{6m-8} r^{-\nu} \int\limits_{\infty}^{r} \frac{r^{\nu-1} x}{r^3} dr = \frac{Am}{(6m-8)} \frac{1}{(\nu-2)} \frac{x}{r^3} = -\frac{Am}{2(5m-6)} \frac{x}{r^3}, \tag{4}$$

wobei wir beachten, daß bei Integration längs des Radius $x/r$ konstant ist, und erhalten damit für die Verschiebungen die Ausdrücke

$$\left.\begin{aligned} u &= A\left\{\frac{1}{r} - \frac{m r^2}{2(5m-6)} \frac{\partial}{\partial x}\left(\frac{x}{r^3}\right)\right\}, \\ v &= A\left\{\quad - \frac{m r^2}{2(5m-6)} \frac{\partial}{\partial y}\left(\frac{x}{r^3}\right)\right\}, \\ w &= A\left\{\quad - \frac{m r^2}{2(5m-6)} \frac{\partial}{\partial z}\left(\frac{x}{r^3}\right)\right\}, \\ \Theta &\equiv \frac{\partial u}{\partial x} + \frac{\partial v}{\partial y} + \frac{\partial w}{\partial z} = -\frac{3A(m-2)}{5m-6} \frac{x}{r^3}. \end{aligned}\right\} \tag{5}$$

Die zugehörigen Spannungskomponenten werden nach Ziff. 11, Gleichung (14)

$$\left.\begin{aligned} \sigma_x &= -3GA\frac{m-2}{5m-6}\left\{\quad \frac{x}{r^3} + \frac{3m}{m-2}\frac{x^3}{r^5}\right\}, \\ \sigma_y &= -3GA\frac{m-2}{5m-6}\left\{-\frac{x}{r^3} + \frac{3m}{m-2}\frac{xy^2}{r^5}\right\}, \\ \sigma_z &= -3GA\frac{m-2}{5m-6}\left\{-\frac{x}{r^3} + \frac{3m}{m-2}\frac{xz^2}{r^5}\right\}, \\ \tau_{xy} &= -3GA\frac{m-2}{5m-6}\left\{\quad \frac{y}{r^3} + \frac{3m}{m-2}\frac{x^2y}{r^5}\right\}, \\ \tau_{yz} &= -3GA\frac{m-2}{5m-6}\left\{\qquad + \frac{3m}{m-2}\frac{xyz}{r^5}\right\}, \\ \tau_{zx} &= -3GA\frac{m-2}{5m-6}\left\{\quad \frac{z}{r^3} + \frac{3m}{m-2}\frac{x^2z}{r^5}\right\}. \end{aligned}\right\} \tag{6}$$

Schneiden wir nun eine kleine Kugel um den Nullpunkt heraus und bringen an der Oberfläche die zur Erhaltung des Gleichgewichtes nötigen Oberflächenkräfte

$$\Xi = \sigma_x \cos(\nu, x) + \tau_{xy} \cos(\nu, y) + \tau_{xz} \cos(\nu, z) \tag{7}$$

usw. an, wobei wir beachten, daß die äußere Normale in das Innere der kleinen Kugel weist, so daß

$$\cos(\nu, x) = -\frac{x}{r}, \quad \cos(\nu, y) = -\frac{y}{r}, \quad \cos(\nu, z) = -\frac{z}{r} \tag{8}$$

ist, so erhalten wir als Resultante dieser Kräfte eine in der $x$-Richtung wirkende Kraft vom Betrage

$$P_x = \frac{3GA(m-2)}{5m-6}\left\{\int \frac{do}{r^2} + \frac{3m}{m-2}\int \frac{x^2 do}{r^4}\right\} = \frac{24GA(m-1)\pi}{5m-6}. \tag{9}$$

Verfügen wir über $A$ so, daß $P = 1$ wird, und legen wir den Angriffspunkt der Kraft in den Punkt mit den Koordinaten $\xi$, $\eta$, $\zeta$, so wird die Verschiebung für eine an diesem Punkte angreifende Kraft 1 in der $x$-Richtung

$$\left.\begin{aligned}
U_1(x, y, z; \xi, \eta, \zeta) &= \frac{1}{24\pi G}\left\{\frac{5m-6}{m-1}\,\frac{1}{r} + \frac{m r^2}{2(m-1)}\,\frac{\partial^2}{\partial x^2}\left(\frac{1}{r}\right)\right\},\\
V_1(x, y, z; \xi, \eta, \zeta) &= \frac{1}{24\pi G}\left\{\qquad\qquad + \frac{m r^2}{2(m-1)}\,\frac{\partial^2}{\partial x \partial y}\left(\frac{1}{r}\right)\right\},\\
W_1(x, y, z; \xi, \eta, \zeta) &= \frac{1}{24\pi G}\left\{\qquad\qquad + \frac{m r^2}{2(m-1)}\,\frac{\partial^2}{\partial x \partial z}\left(\frac{1}{r}\right)\right\},\\
\text{wo}\qquad r^2 &= (x-\xi)^2 + (y-\eta)^2 + (z-\zeta)^2.
\end{aligned}\right\} \tag{10}$$

Durch zyklische Vertauschung erhalten wir hieraus die Verschiebungen, welche durch Einheitskräfte in der $y$- und $z$-Richtung hervorgerufen werden. Wir wollen sie mit

$$\left.\begin{aligned}
&U_2(x, y, z; \xi, \eta, \zeta), \quad V_2(x, y, z; \xi, \eta, \zeta), \quad W_2(x, y, z; \xi, \eta, \zeta);\\
&U_3(x, y, z; \xi, \eta, \zeta), \quad V_3(x, y, z; \xi, \eta, \zeta), \quad W_3(x, y, z; \xi, \eta, \zeta);
\end{aligned}\right\} \tag{11}$$

bezeichnen.

Haben wir nun statt der Einzelkraft eine beliebige Verteilung von Massenkräften $X, Y, Z$ pro Volumeinheit, so ruft die an der Stelle $\xi$, $\eta$, $\zeta$ wirkende Kraft

$$X(\xi, \eta, \zeta)\,d\xi\,d\eta\,d\zeta, \quad Y(\xi, \eta, \zeta)\,d\xi\,d\eta\,d\zeta, \quad Z(\xi, \eta, \zeta)\,d\xi\,d\eta\,d\zeta$$

die Verschiebungen

$$\left.\begin{aligned}
u &= \{X(\xi, \eta, \zeta)\,U_1 + Y(\xi, \eta, \zeta)\,U_2 + Z(\xi, \eta, \zeta)\,U_3\}\,d\xi\,d\eta\,d\zeta,\\
v &= \{X(\xi, \eta, \zeta)\,V_1 + Y(\xi, \eta, \zeta)\,V_2 + Z(\xi, \eta, \zeta)\,V_3\}\,d\xi\,d\eta\,d\zeta,\\
w &= \{X(\xi, \eta, \zeta)\,W_1 + Y(\xi, \eta, \zeta)\,W_2 + Z(\xi, \eta, \zeta)\,W_3\}\,d\xi\,d\eta\,d\zeta
\end{aligned}\right\} \tag{12}$$

hervor. Durch Integration über die von allen Volumteilen herrührenden Einflüsse erhalten wir die Gesamtwirkung aller Kräfte

$$\left.\begin{aligned}
u(x, y, z) &= \iiint \{X U_1 + Y U_2 + Z U_3\}\,d\xi\,d\eta\,d\zeta,\\
v(x, y, z) &= \iiint \{X V_1 + Y V_2 + Z V_3\}\,d\xi\,d\eta\,d\zeta,\\
w(x, y, z) &+ \iiint \{X W_1 + Y W_2 + Z W_3\}\,d\xi\,d\eta\,d\zeta.
\end{aligned}\right\} \tag{13}$$

Daß die Funktionen $U$, $V$, $W$ als Funktionen von $x$, $y$, $z$ den Grundgleichungen mit den Massenkräften auch wirklich genügen, bedarf eines speziellen Nachweises, auf den wir hier nicht eingehen wollen.

**33. Der Halbraum: a) gegebene Oberflächenverschiebungen.** Wir betrachten den Halbraum $x \leqq 0$, und fragen, welche elastischen Verschiebungen im Innern des Halbraumes sich einstellen, wenn an der Oberfläche die Verschiebungen

$$u = U(\eta, \zeta), \quad v = V(\eta, \zeta), \quad w = W(\eta, \zeta) \tag{1}$$

gegeben sind, wo mit $\eta, \zeta$ die Koordinaten eines Punktes in der Ebene $x = 0$ bezeichnet sind. Wir haben also die Grundgleichungen (1) von Ziff. 31 mit den Randbedingungen (1) zu lösen. Zur Lösung bedienen wir uns des Ansatzes

$$\left.\begin{aligned} u &= \varphi_1 + x\frac{\partial\psi}{\partial x}, \\ v &= \varphi_2 + x\frac{\partial\psi}{\partial y}, \\ w &= \varphi_3 + x\frac{\partial\psi}{\partial z}, \end{aligned}\right\} \tag{2}$$

welcher uns eine Lösung der Grundgleichungen liefert, wenn nach Formel (7) von Ziff. 31

$$\frac{\partial\psi}{\partial x} = -\frac{m}{3m-4}\left(\frac{\partial\varphi_1}{\partial x} + \frac{\partial\varphi_2}{\partial y} + \frac{\partial\varphi_3}{\partial z}\right) \tag{3}$$

ist, und die Funktionen $\varphi_1, \varphi_2, \varphi_3, \psi$ Potentialfunktionen sind. Sollen $u, v, w$ die Randwerte (1) annehmen, so muß für $x = 0$

$$\varphi_1 = U, \quad \varphi_2 = V, \quad \varphi_3 = W \tag{4}$$

sein. Damit ist unsere Aufgabe auf ein gewöhnliches Randwertproblem der Potentialtheorie zurückgeführt. Sind $\varphi_1, \varphi_2, \varphi_3$ als Potentialfunktionen so bestimmt, daß sie diese vorgegebenen Randwerte an der Begrenzungsebene annehmen, so folgt $\psi$ aus (3), und die Aufgabe ist vollständig gelöst.

Die Randwertaufgabe für $\varphi_1, \varphi_2, \varphi_3$ kann in folgender Weise gelöst werden. Wir stellen diese Funktionen durch bestimmte Integrale dar, z. B.

$$\varphi_1(x, y, z) = \iint\limits_{-\infty}^{+\infty} g_1(\beta, \gamma)\, e^{\alpha x + i\beta y + i\gamma z}\, d\beta\, d\gamma. \tag{5}$$

Damit das Integral als Funktion von $x, y, z$ wirklich eine Potentialfunktion darstellt, muß

$$\alpha = +\sqrt{\beta^2 + \gamma^2} \tag{6}$$

sein. Soll für $x = 0$ außerdem $\varphi_1 = U(\eta, \zeta)$ werden, so muß

$$g_1(\beta, \gamma) = \frac{1}{4\pi^2}\iint\limits_{-\infty}^{+\infty} U(\lambda, \mu)\, e^{-i(\beta\lambda + \gamma\mu)}\, d\lambda\, d\mu \tag{7}$$

gemacht werden. Mit diesem Werte wird für $x = 0$

$$\varphi_1(0, \eta, \zeta) = \frac{1}{4\pi^2}\iint\limits_{-\infty}^{+\infty} d\beta\, d\gamma \iint\limits_{-\infty}^{+\infty} U(\lambda, \mu)\, e^{i\beta(\eta-\lambda) + i\gamma(\zeta-\mu)}\, d\lambda\, d\mu, \tag{8}$$

und das ist nach dem FOURIERschen Integraltheorem gerade gleich $U(\eta, \zeta)$, wie verlangt war. Ebenso wird

$$\left.\begin{aligned} \varphi_2(x, y, z) &= \iint\limits_{-\infty}^{+\infty} g_2(\beta, \gamma)\, e^{\alpha x + i\beta y + i\gamma z}\, d\beta\, d\gamma \\ \varphi_3(x, y, z) &= \iint\limits_{-\infty}^{+\infty} g_3(\beta, \gamma)\, e^{\alpha x + i\beta y + i\gamma z}\, d\beta\, d\gamma, \end{aligned}\right\} \tag{9}$$

wo

$$\left.\begin{aligned} g_2(\beta,\gamma) &= \frac{1}{4\pi^2}\iint\limits_{-\infty}^{+\infty} V(\lambda,\mu)\, e^{-i(\beta\lambda+\gamma\mu)}\, d\lambda\, d\mu \\ g_3(\beta,\gamma) &= \frac{1}{4\pi^2}\iint\limits_{-\infty}^{+\infty} W(\lambda,\mu)\, e^{-i(\beta\lambda+\gamma\mu)}\, d\lambda\, d\mu \end{aligned}\right\} \tag{10}$$

zu setzen ist. Nach (3) folgt dann $\psi$ aus

$$\frac{\partial\psi}{\partial x} = -\frac{m}{3m-4}\iint\limits_{-\infty}^{+\infty}\{\alpha g_1 + i\beta g_2 + i\gamma g_3\}\, e^{\alpha x + i\beta y + i\gamma z}\, d\beta\, d\gamma \tag{11}$$

zu

$$\psi = -\frac{m}{3m-4}\iint\limits_{-\infty}^{+\infty}\frac{\alpha g_1 + i\beta g_2 + i\gamma g_3}{\alpha}\, e^{\alpha x + i\beta y + i\gamma z}\, d\beta\, d\gamma, \tag{12}$$

woraus sich schließlich $u$, $v$, $w$ zu

$$\left.\begin{aligned} u &= \iint\limits_{-\infty}^{+\infty}\left\{g_1(\beta,\gamma) - \frac{m x}{3m-4}(\alpha g_1 + i\beta g_2 + i\gamma g_3)\right\} e^{\alpha x + i\beta y + i\gamma z}\, d\beta\, d\gamma, \\ v &= \iint\limits_{-\infty}^{+\infty}\left\{g_2(\beta,\gamma) - \frac{m x}{3m-4}\frac{i\beta}{\alpha}(\alpha g_1 + i\beta g_2 + i\gamma g_3)\right\} e^{\alpha x + i\beta y + i\gamma z}\, d\beta\, d\gamma, \\ w &= \iint\limits_{-\infty}^{+\infty}\left\{g_3(\beta,\gamma) - \frac{m x}{3m-4}\frac{i\gamma}{\alpha}(\alpha g_1 + i\beta g_2 + i\gamma g_3)\right\} e^{\alpha x + i\beta y + i\gamma z}\, d\beta\, d\gamma \end{aligned}\right\} \tag{13}$$

bestimmen.

**34. Der Halbraum: b) gegebene Oberflächenkräfte.** Wir betrachten den Halbraum $x \leqq 0$ und fragen, welche Verschiebungen sich einstellen, wenn an seiner Oberfläche $x = 0$ gegebene Kräfte $\Xi$, $\mathsf{H}$, $\mathsf{Z}$ pro Flächeneinheit wirken. Von Massenkräften sehen wir ab. Die Koordinaten in der Ebene $x = 0$ bezeichnen wir mit $\eta$ und $\zeta$. Wir haben also die Aufgabe, die Grundgleichungen (1) von Ziff. 31 zu integrieren unter der Bedingung, daß an der Grenzebene $x = 0$ die aus den Verschiebungen sich ergebenden Spannungen vorgegebene Werte

$$\sigma_x = \Xi, \quad \tau_{xy} = \mathsf{H}, \quad \tau_{xz} = \mathsf{Z} \tag{1}$$

annehmen. In unendlicher Entfernung von der Grenzebene sollen die Verschiebungen und die Spannungen verschwinden, wozu wir voraussetzen wollen, daß die Summe aller Oberflächenkräfte endlich sein soll.

Wir bedienen uns wieder des Ansatzes

$$\left.\begin{aligned} u &= \varphi_1 + x\frac{\partial\psi}{\partial x}, \\ v &= \varphi_2 + x\frac{\partial\psi}{\partial y}, \\ w &= \varphi_3 + x\frac{\partial\psi}{\partial z}, \end{aligned}\right\} \tag{2}$$

wo $\varphi_1, \varphi_2, \varphi_3, \psi$ Potentialfunktionen sind. Nach Gleichung (7) von Ziff. 31 sind die Grundgleichungen erfüllt, wenn

$$\frac{\partial\psi}{\partial x} = -\frac{m}{3m-4}\left\{\frac{\partial\varphi_1}{\partial x} + \frac{\partial\varphi_2}{\partial y} + \frac{\partial\varphi_3}{\partial z}\right\} \tag{3}$$

ist. Daraus erhalten wir für die Dilatation $\Theta$ die Formel

$$\Theta = \frac{\partial\varphi_1}{\partial x} + \frac{\partial\varphi_2}{\partial y} + \frac{\partial\varphi_3}{\partial z} + \frac{\partial\psi}{\partial x} = -2\,\frac{m-2}{m}\,\frac{\partial\psi}{\partial x}. \tag{4}$$

Nun soll an der Oberfläche $x = 0$

$$\left.\begin{aligned} \sigma_x &= 2G\left(\frac{\partial u}{\partial x} + \frac{\Theta}{m-2}\right) = \Xi, \\ \tau_{xy} &= G\left(\frac{\partial u}{\partial y} + \frac{\partial v}{\partial x}\right) = \mathsf{H}, \\ \tau_{xz} &= G\left(\frac{\partial u}{\partial z} + \frac{\partial w}{\partial x}\right) = \mathsf{Z} \end{aligned}\right\} \tag{5}$$

sein. Bezeichnen wir jetzt mit $\omega_1, \omega_2, \omega_3$ drei Potentialfunktionen, welche so zu bestimmen sind, daß an der Oberfläche des Halbraumes

$$G\omega_1 = \Xi, \quad G\omega_2 = \mathsf{H}, \quad G\omega_3 = \mathsf{Z} \tag{6}$$

ist, so schreiben sich die Gleichungen (5), wenn wir für die Differentialquotienten der Verschiebungen ihre aus dem Ansatz (2) folgenden Werte einsetzen, mit $x = 0$

$$\left.\begin{aligned} 2\frac{\partial\varphi_1}{\partial x} + 2\frac{\partial\psi}{\partial x} - \frac{4}{m}\frac{\partial\psi}{\partial x} &= \omega_1, \\ \frac{\partial\varphi_1}{\partial y} + \frac{\partial\varphi_2}{\partial x} + \frac{\partial\psi}{\partial y} &= \omega_2, \\ \frac{\partial\varphi_1}{\partial z} + \frac{\partial\varphi_3}{\partial x} + \frac{\partial\psi}{\partial z} &= \omega_3. \end{aligned}\right\} \tag{7}$$

Diese Gleichungen gelten zunächst nur für die Oberfläche $x = 0$. Da aber auf beiden Seiten Potentialfunktionen stehen, gelten sie im ganzen Halbraum; denn wenn zwei Potentialfunktionen an der Oberfläche eines Gebietes übereinstimmen, sind sie überhaupt identisch. Wir differenzieren also die erste Gleichung nach $x$, die zweite nach $y$, die dritte nach $z$ und addieren. Unter Berücksichtigung von $\Delta\varphi_1 = \Delta\varphi_2 = \Delta\varphi_3 = \Delta\psi = 0$ erhalten wir dann

$$\frac{\partial}{\partial x}\left(\frac{\partial\varphi_1}{\partial x} + \frac{\partial\varphi_2}{\partial y} + \frac{\partial\varphi_3}{\partial z}\right) + \frac{m-4}{m}\,\frac{\partial^2\psi}{\partial x^2} = \frac{\partial\omega_1}{\partial x} + \frac{\partial\omega_2}{\partial y} + \frac{\partial\omega_3}{\partial z} \tag{8}$$

oder nach (3)

$$\frac{\partial^2\psi}{\partial x^2} = -\frac{1}{2}\left\{\frac{\partial\omega_1}{\partial x} + \frac{\partial\omega_2}{\partial y} + \frac{\partial\omega_3}{\partial z}\right\}. \tag{9}$$

Hieraus ergibt sich $\psi$ durch zweimalige Integration. Die Integrationskonstanten fallen fort, wenn bei $-\infty$ mit der Integration begonnen wird, weil im Unendlichen $\psi$ und $\partial\psi/\partial x$ verschwinden sollen. Hat man auf diese Weise $\psi$ bestimmt, so folgen $\varphi_1, \varphi_2, \varphi_3$ aus den Gleichungen (7) durch Integration.

Die Lösung unserer Aufgabe ist damit, wie man sieht, im wesentlichen auf die Lösung einer Randwertaufgabe der Potentialtheorie zurückgeführt. Diese kann man durch bestimmte Integrale in der gleichen Weise lösen, wie es oben für den Fall gegebener Oberflächenverschiebungen geschehen ist. Wir wollen das hier aber nicht näher ausführen, sondern wir wollen eine andere Methode erläutern, welche von dem speziellen Falle einer an einem Punkte der Oberfläche angreifenden Einzelkraft ausgeht.

**35. Der Halbraum: c) Wirkung einer Einzelkraft.** Wir betrachten wieder den Halbraum $x \leqq 0$ und fragen nach den Verschiebungen, welche eine in der Begrenzungsebene $x = 0$ im Nullpunkte des Koordinatensystems in der $x$-Richtung wirkende Einzelkraft hervorruft. Nach den Entwicklungen des vorigen Abschnittes haben wir bei gegebenen Oberflächenkräften drei Potentialfunktionen zu bestimmen, deren Randwerte an der Ebene $x = 0$ bis auf den Faktor $1/G$ mit den gegebenen Oberflächenkraftkomponenten übereinstimmen. Da in unserem Falle in der $y$- und $z$-Richtung keine Kraft wirken soll, werden $\omega_2 = \omega_3 = 0$. Die Potentialfunktion $\omega_1$, deren Randwerte durch die Kräfte in der $x$-Richtung bestimmt sind, muß also ebenfalls außer im Nullpunkte überall verschwinden. Im Nullpunkte muß sie eine der Einzelkraft entsprechende Singularität haben, und zwar darf sie wie $1/r^2$ unendlich werden, denn wenn wir um den Nullpunkt eine kleine Halbkugel von verschwindendem Radius aus dem Halbraume herausschneiden, so müssen die auf diese Halbkugel wirkenden Spannungen in ihrer Resultierenden der gegebenen Einzelkraft gleichwertig sein. Die Spannungen müssen also, um eine endliche Resultierende zu liefern, wie $1/r^2$ unendlich werden, und damit auch $\omega_1$, weil es von der Größenordnung der Spannungen ist. Die Potentialfunktion, welche diese Bedingungen erfüllt, ist

$$\omega_1 = \frac{A x}{r^3}. \tag{1}$$

Den Faktor $A$ fügen wir hinzu; er bestimmt die Größe der Einzelkraft. Aus der so gewonnenen Funktion $\omega_1$ bestimmt sich für die Lösung

$$\left.\begin{aligned} u &= \varphi_1 + x\frac{\partial \psi}{\partial x}, \\ v &= \varphi_2 + x\frac{\partial \psi}{\partial y}, \\ w &= \varphi_3 + x\frac{\partial \psi}{\partial z} \end{aligned}\right\} \tag{2}$$

zunächst die Funktion $\psi$ nach Gleichung (9) von Ziff. 34 zu

$$\psi = \frac{A}{2}\frac{1}{r}. \tag{3}$$

Gleichung (7) von Ziff. 34 ergibt dann

$$\frac{\partial \varphi_1}{\partial x} = \frac{\omega_1}{2} - \frac{m-2}{m}\frac{\partial \psi}{\partial x} = A\frac{m-1}{m}\frac{x}{r^3}, \tag{4}$$

also

$$\varphi_1 = -\frac{A(m-1)}{m}\frac{1}{r}; \tag{5}$$

ferner

$$\frac{\partial \varphi_2}{\partial x} = -\frac{\partial(\varphi_1 + \psi)}{\partial y} = -\frac{A}{2}\frac{m-2}{m}\frac{y}{r^3}, \tag{6}$$

daraus

$$\varphi_2 = -\frac{A}{2}\frac{m-2}{m}\frac{y}{r(r-x)}; \tag{7}$$

und gleicherweise

$$\varphi_3 = -\frac{A}{2}\frac{m-2}{m}\frac{z}{r(r-x)}. \tag{8}$$

Damit werden die Verschiebungen

$$\left.\begin{aligned} u &= \frac{A}{2}\left\{-\frac{2(m-1)}{m}\frac{1}{r}-\frac{x^2}{r^3}\right\}, \\ v &= \frac{A}{2}\left\{-\frac{m-2}{m}\frac{y}{r(r-x)}-\frac{xy}{r^3}\right\}, \\ w &= \frac{A}{2}\left\{-\frac{m-2}{m}\frac{z}{r(r-x)}-\frac{xz}{r^3}\right\}, \\ \Theta &= A\frac{m-2}{m}\frac{x}{r^3}. \end{aligned}\right\} \tag{9}$$

Berechnen wir hieraus die Spannungskomponenten, so erhalten wir

$$\left.\begin{aligned} \sigma_x &= 3GA\frac{x^3}{r^5}, \\ \sigma_y &= 3GA\left\{\frac{xy^2}{r^5}-\frac{m-2}{3m}\left[\frac{r^2+rx-x^2}{r^3(r-x)}-\frac{y^2(2r-x)}{r^3(r-x)^2}\right]\right\}, \\ \sigma_z &= 3GA\left\{\frac{xz^2}{r^5}-\frac{m-2}{3m}\left[\frac{r^2+rx-x^2}{r^3(r-x)}-\frac{z^2(2r-x)}{r^3(r-x)^2}\right]\right\}, \\ \tau_{xy} &= 3GA\frac{x^2y}{r^5}, \\ \tau_{yz} &= 3GA\left\{\frac{xyz}{r^5}+\frac{m-2}{3m}\frac{zy(2r-x)}{r^3(r-x)^2}\right\}, \\ \tau_{zx} &= 3GA\frac{x^2z}{r^5}. \end{aligned}\right\} \tag{10}$$

Die auf die Ebene $x=0$ wirkenden Spannungskomponenten $\sigma_x$, $\tau_{xy}$, $\tau_{xz}$ verschwinden in der Tat für $x=0$. Nur der Nullpunkt ist eine Singularität. Schneiden wir ihn durch eine Halbkugel aus dem Halbraume aus, so ergeben die auf ihre Oberfläche wirkenden Spannungen eine resultierende Kraft in der $x$-Richtung von der Größe

$$P_x = \iint\{\sigma_x\cos(\nu,x)+\tau_{xy}\cos(\nu,y)+\tau_{xz}\cos(\nu,z)\}\,do, \tag{11}$$

also mit

$$\cos(\nu,x) = -\frac{x}{r}, \quad \cos(\nu,y) = -\frac{y}{r}, \quad \cos(\nu,z) = -\frac{z}{r} \tag{12}$$

$$P_x = -3GA\iint\frac{x^4+x^2y^2+x^2z^2}{r^6}\,do = -2\pi GA. \tag{13}$$

Machen wir $A = -\frac{1}{2\pi G}$, so erhalten wir die Wirkung einer in der $x$-Richtung im Nullpunkt angreifenden Einzelkraft vom Betrage 1.

In der gleichen Weise können wir die Wirkung einer Einzelkraft berechnen, welche in der $y$- oder $z$-Richtung, also tangential auf die Oberfläche des Halbraumes, wirkt. Wir müssen dann statt für die Potentialfunktion $\omega_1$ für $\omega_2$ oder $\omega_3$ den Ansatz $Ax/r^3$ machen, und die Rechnung in der gleichen Weise durchführen.

Aus dieser besonderen Lösung können wir genau wie beim unendlichen Raume die Lösung für beliebig gegebene Oberflächenkräfte durch Superposition gewinnen. Man erhält so die gleichen Lösungen, wie wenn man die Randwertaufgaben für die Hilfsfunktionen $\omega_1$, $\omega_2$, $\omega_3$ mittels der GREENschen Funktion des Halbraumes löst.

**36. Kugelfunktionen.** Die Aufgabe, die elastische Deformation einer Kugel bei gegebenen Oberflächenverschiebungen oder gegebenen Oberflächenkräften zu bestimmen, läßt sich ebenfalls auf die Randwertaufgaben der gewöhnlichen Potentialtheorie zurückführen.

Wir deuten zunächst an, in welcher Weise die Randwertaufgabe der Potentialtheorie für die Kugel gelöst wird, d. h. wie eine der Gleichung $\Delta\varphi = 0$ genügende Funktion gefunden wird, welche an der Oberfläche der Kugel gegebene Werte annimmt. Das geschieht durch Entwicklung nach den Partikularlösungen, die die Form ganzer rationaler Polynome in $x$, $y$, $z$ haben. Dies sind z. B. für den ersten und zweiten Grad die Ausdrücke

$$x, \quad y, \quad z,$$

$$z^2 - x^2, \quad z^2 - y^2, \quad xy, \quad yz, \quad zx.$$

Die Anzahl der verschiedenen Polynome für jeden Grad $n$ bestimmt man durch Abzählen zu $2n + 1$. Stellt man diese Polynome in räumlichen Polarkoordinaten $r$ (= Radius), $\lambda$ (= geographische Länge), $\vartheta$ (= Poldistanz vom Nordpol) dar,

$$x = r\sin\vartheta\cos\lambda, \quad y = r\sin\vartheta\sin\lambda, \quad z = r\cos\vartheta,$$

so tritt in jedem Polynom $n$ten Grades der Faktor $r^n$ heraus. Entwickelt man dann noch die Potenzen von $\cos\lambda$ und $\sin\lambda$ nach den Kosinus und Sinus der vielfachen von $\lambda$, so erkennt man, daß man die $2n + 1$ Partikularlösungen, die zum Grade $n$ gehören, in der Form

$$r^n \cos\varrho\lambda\, q_{n,\varrho}(\vartheta) \qquad \text{oder} \qquad r^n \sin\varrho\lambda\, q_{n,\varrho}(\vartheta) \qquad (\varrho = 0, 1, 2, \ldots n)$$

schreiben kann. Diese bezeichnen wir als die Kugelfunktionen. Sie sind durch folgende Orthogonalitätseigenschaft ausgezeichnet. Haben wir zwei verschiedene Kugelfunktionen $p$ und $p'$, so ist das über die Oberfläche einer beliebigen Kugel erstreckte Oberflächenintegral

$$\iint p p'\, do = 0. \tag{1}$$

Für zwei zu verschiedenen $n$ gehörende Kugelfunktionen folgt das aus einer bekannten Formel der Potentialtheorie:

$$\iiint \{p\Delta p' - p'\Delta p\}\, d\omega = \iint \left\{p\frac{\partial p'}{\partial \nu} - p'\frac{\partial p}{\partial \nu}\right\} do, \tag{2}$$

also, da $\Delta p = \Delta p' = 0$ ist,

$$\iint p\frac{\partial p'}{\partial \nu}\, do = \iint p'\frac{\partial p}{\partial \nu}\, do, \tag{3}$$

wo $\nu$ die Normale an die Oberfläche des betrachteten Gebietes ist, welche für eine Kugel mit der Richtung des Radius zusammenfällt. Es ist also

$$\iint p\frac{\partial p'}{\partial r}\, do = \iint p'\frac{\partial p}{\partial r}\, do, \tag{4}$$

und da $p$ und $p'$ den Radius $r$ nur als Faktor $r^n$ und $r^{n'}$ enthalten, so daß

$$\frac{\partial p}{\partial r} = \frac{n p}{r}, \qquad \frac{\partial p'}{\partial r} = \frac{n' p'}{r} \tag{5}$$

ist, so folgt

$$\frac{n'}{r}\iint p p'\, do = \frac{n}{r}\iint p p'\, do\,; \tag{6}$$

und das ist, wenn $n \neq n'$ ist, nur möglich, wenn

$$\iint p p'\, do = 0 \tag{7}$$

ist, was zu beweisen war. Für zwei zum gleichen $n$, aber verschiedenen $\varrho$ gehörende Kugelfunktionen

$$p = r^n \cos\varrho\lambda \cdot q_{n,\varrho}(\vartheta), \quad p' = r^n \cos\varrho'\lambda \cdot q_{n,\varrho'}(\vartheta) \tag{8}$$

folgt unsere Gleichung sofort aus der bekannten Orthogonalitätseigenschaft der trigonometrischen Funktionen.

Wir wollen die Kugelfunktionen nun einfach mit $p_0(r, \lambda, \vartheta)$, $p_1(r, \lambda, \vartheta)$ usw. bezeichnen, indem wir nach $n$ und für jedes $n$ nach $\varrho$ ordnen. Haben wir dann die Aufgabe, eine Potentialfunktion zu bestimmen, welche an der Oberfläche einer Kugel vom Radius $a$ die gegebenen Werte $f(o)$ annimmt, so stellen wir sie als Reihe dar

$$\varphi(r, \lambda, \vartheta) = \sum_0^\infty c_n p_n(r, \lambda, \vartheta) \tag{9}$$

und bestimmen die Koeffizienten $c_n$, indem wir die für die Oberfläche $r = a$ geforderte Bedingung

$$f(o) = \sum_0^\infty c_n p_n(a, \lambda, \vartheta) \tag{10}$$

rechts und links mit $p_h$ multiplizieren und über die Oberfläche integrieren. Es bleibt dann auf der rechten Seite wegen der Orthogonalitätsbeziehung (1) nur das Glied mit $c_h$ übrig, und es wird

$$c_h = \frac{\iint f(o) p_h(a, \lambda, \vartheta)\, do}{\iint p_h^2(a, \lambda, \vartheta)\, do}. \tag{11}$$

**37. Gleichgewicht der Kugel: a) gegebene Oberflächenverschiebungen**[1]). Sind die Verschiebungen an der Oberfläche gegeben

$$u = U, \quad v = V, \quad w = W,$$

so machen wir für die Lösung der elastischen Grundgleichungen den Ansatz

$$\left.\begin{aligned} u &= \varphi_1 + (r^2 - a^2)\frac{\partial \psi}{\partial x}, \\ v &= \varphi_2 + (r^2 - a^2)\frac{\partial \psi}{\partial y}, \\ w &= \varphi_3 + (r^2 - a^2)\frac{\partial \psi}{\partial z}, \end{aligned}\right\} \tag{1}$$

der die Grundgleichungen löst, wenn $\varphi_1, \varphi_2, \varphi_3$ und $\psi$ Potentialfunktionen sind, und $\psi$ aus der Gleichung [Ziff. 31 Gl. (15)]

$$\psi = -\frac{m}{2(3m-4)} r^{-\nu} \int_0^r r^{\nu-1} \left\{\frac{\partial \varphi_1}{\partial x} + \frac{\partial \varphi_2}{\partial y} + \frac{\partial \varphi_3}{\partial z}\right\} dr, \quad \nu = \frac{m-2}{3m-4}, \tag{2}$$

bestimmt wird. Für $r = a$ werden nun die Verschiebungen gleich den Potentialfunktionen $\varphi_1, \varphi_2, \varphi_3$. Wir bestimmen diese also so, daß sie die Oberflächenwerte $U, V, W$ annehmen, bestimmen dann $\psi$ und haben damit die gesuchte Lösung ermittelt.

**38. Gleichgewicht der Kugel: b) gegebene Oberflächenkräfte.** Sind für eine Kugel vom Radius $a$ an der Oberfläche die Oberflächenkräfte $\Xi$, H, Z pro Flächeneinheit gegeben, so treten zu den Grundgleichungen die Randbedingungen

$$\left.\begin{aligned} \sigma_x \cos(\nu, x) + \tau_{xy}\cos(\nu, y) + \tau_{xz}\cos(\nu, z) &= \Xi, \\ \tau_{xy}\cos(\nu, x) + \sigma_y \cos(\nu, y) + \tau_{yz}\cos(\nu, z) &= \mathrm{H}, \\ \tau_{zx}\cos(\nu, x) + \tau_{yz}\cos(\nu, y) + \sigma_z \cos(\nu, z) &= \mathrm{Z}, \end{aligned}\right\} \tag{1}$$

die wir mit

$$\cos(\nu, x) = \frac{x}{a}, \quad \cos(\nu, y) = \frac{y}{a}, \quad \cos(\nu, z) = \frac{z}{a}, \tag{2}$$

[1]) Ausführliche Darstellung bei LOVE-TIMPE, Lehrbuch der Elastizität, Kap. XI.

auch

$$\left.\begin{aligned} x\sigma_x + y\tau_{xy} + z\tau_{xz} &= \Xi a\,, \\ x\tau_{xy} + y\sigma_y + z\tau_{yz} &= \mathsf{H} a\,, \\ x\tau_{xz} + y\tau_{yz} + z\sigma_z &= \mathsf{Z} a \end{aligned}\right\} \tag{3}$$

schreiben können. Die Lösung können wir auch in diesem Falle auf die Randwertaufgaben der gewöhnlichen Potentialtheorie zurückführen, und zwar werden wir diejenigen Potentialfunktionen benötigen, welche an der Kugeloberfläche die Werte

$$\omega_1 = \frac{1}{G}\,\Xi a\,, \quad \omega_2 = \frac{1}{G}\,\mathsf{H} a\,, \quad \omega_3 = \frac{1}{G}\,\mathsf{Z} a \tag{4}$$

annehmen. Wir denken uns diese Funktionen in der oben angegebenen Weise durch Entwicklungen nach Kugelfunktionen ermittelt, und machen zur Bestimmung von $u, v, w$ wieder den Ansatz

$$\left.\begin{aligned} u &= \varphi_1 + (r^2 - a^2)\frac{\partial\psi}{\partial x}\,, \\ v &= \varphi_2 + (r^2 - a^2)\frac{\partial\psi}{\partial y}\,, \\ w &= \varphi_3 + (r^2 - a^2)\frac{\partial\psi}{\partial z}\,, \end{aligned}\right\} \tag{5}$$

wo $\varphi_1, \varphi_2, \varphi_3, \psi$ Potentialfunktionen sind, und für $\psi$ die Gleichungen

$$r\frac{\partial\psi}{\partial r} + \frac{m-2}{3m-4}\psi = -\frac{m}{2(3m-4)}\left(\frac{\partial\varphi_1}{\partial x} + \frac{\partial\varphi_2}{\partial y} + \frac{\partial\varphi_3}{\partial z}\right), \tag{6}$$

$$\psi = \frac{-m}{6m-8}\,r^{-\nu}\int\limits_0^r r^{\nu-1}\left(\frac{\partial\varphi_1}{\partial x} + \frac{\partial\varphi_2}{\partial y} + \frac{\partial\varphi_3}{\partial z}\right)dr\,, \quad \nu = \frac{m-2}{3m-4} \tag{7}$$

gelten. Drücken wir die Spannungskomponenten in den $\varphi$ und in $\psi$ aus, so nehmen die Randbedingungen (3) die Gestalt

$$\left.\begin{aligned} x\frac{\partial\varphi_1}{\partial x} + y\frac{\partial\varphi_2}{\partial x} + z\frac{\partial\varphi_3}{\partial x} + x\frac{\partial\varphi_1}{\partial x} + y\frac{\partial\varphi_1}{\partial y} + z\frac{\partial\varphi_1}{\partial z} + 2xr\frac{\partial\psi}{\partial r} + 2r^2\frac{\partial\psi}{\partial x} + \frac{2x\Theta}{m-2} &= \omega_1\,, \\ x\frac{\partial\varphi_1}{\partial y} + y\frac{\partial\varphi_2}{\partial y} + z\frac{\partial\varphi_3}{\partial y} + x\frac{\partial\varphi_2}{\partial x} + y\frac{\partial\varphi_2}{\partial y} + z\frac{\partial\varphi_2}{\partial z} + 2yr\frac{\partial\psi}{\partial r} + 2r^2\frac{\partial\psi}{\partial y} + \frac{2y\Theta}{m-2} &= \omega_2\,, \\ x\frac{\partial\varphi_1}{\partial z} + y\frac{\partial\varphi_2}{\partial z} + z\frac{\partial\varphi_3}{\partial z} + x\frac{\partial\varphi_3}{\partial x} + y\frac{\partial\varphi_3}{\partial y} + z\frac{\partial\varphi_3}{\partial z} + 2zr\frac{\partial\psi}{\partial r} + 2r^2\frac{\partial\psi}{\partial z} + \frac{2z\Theta}{m-2} &= \omega_3 \end{aligned}\right\} \tag{8}$$

an. Auf der rechten Seite haben wir statt $\frac{\Xi a}{G}, \frac{\mathsf{H} a}{G}, \frac{\mathsf{Z} a}{G}$ die ihnen gleichen Randwerte der Potentialfunktionen $\omega_1, \omega_2, \omega_3$ eingesetzt. Diese Gleichungen gelten zunächst nur an der Oberfläche. Da aber die linken Seiten Potentialfunktionen sind, wovon man sich durch Ausdifferenzieren überzeugt, so gelten die Gleichungen überall im Innern der Kugel; denn wenn zwei Potentialfunktionen gleiche Oberflächenwerte haben, so sind sie überhaupt identisch. Wir differenzieren also in (8) die erste Gleichung nach $x$, die zweite nach $y$, die dritte nach $z$ und addieren, wobei wir zur Abkürzung

$$\Theta_0 = \frac{\partial\varphi_1}{\partial x} + \frac{\partial\varphi_2}{\partial y} + \frac{\partial\varphi_3}{\partial z} \tag{9}$$

setzen und beachten, daß

$$\Theta = \Theta_0 + 2r\frac{\partial\psi}{\partial r} \tag{10}$$

und

$$x\frac{\partial\Theta_0}{\partial x} + y\frac{\partial\Theta_0}{\partial y} + z\frac{\partial\Theta_0}{\partial z} = r\frac{\partial\Theta_0}{\partial r} \tag{11}$$

ist. Es folgt

$$\left.\begin{aligned} &2\Theta_0 + r\frac{\partial \Theta_0}{\partial r} + 6r\frac{\partial \psi}{\partial r} + 2r\frac{\partial}{\partial r}\left(r\frac{\partial \psi}{\partial r}\right) + 4r\frac{\partial \psi}{\partial r} + \frac{2r}{m-2}\frac{\partial \Theta}{\partial r} + \frac{6\Theta}{m-2} \\ &= \frac{\partial \omega_1}{\partial x} + \frac{\partial \omega_2}{\partial y} + \frac{\partial \omega_3}{\partial z}. \end{aligned}\right\} \quad (12)$$

Nach Gleichung (6) ist

$$\Theta_0 = -2\left\{\frac{m-2}{m}\psi + \frac{3m-4}{m} r \frac{\partial \psi}{\partial r}\right\} \quad (13)$$

und

$$\Theta = \Theta_0 + 2r\frac{\partial \psi}{\partial r} = -\frac{2(m-2)}{m}\left\{\psi + 2r\frac{\partial \psi}{\partial r}\right\}. \quad (14)$$

Setzen wir dies ein, so erhalten wir für $\psi$ die Gleichung

$$r^2\frac{\partial^2 \psi}{\partial r^2} + \frac{2(m+1)}{m} r\frac{\partial \psi}{\partial r} + \frac{m+1}{m}\psi = -\frac{1}{4}\left\{\frac{\partial \omega_1}{\partial x} + \frac{\partial \omega_2}{\partial y} + \frac{\partial \omega_3}{\partial z}\right\}. \quad (15)$$

Hier ist die rechte Seite wieder eine Potentialfunktion, die wir uns in Kugelfunktionen entwickelt denken. Ist

$$-\frac{1}{4}\left\{\frac{\partial \omega_1}{\partial x} + \frac{\partial \omega_2}{\partial y} + \frac{\partial \omega_3}{\partial z}\right\} = \sum r^n f_n(\lambda, \vartheta), \quad (16)$$

so erhalten wir mit dem Ansatz

$$\psi = \sum c_n r^n f_n(\lambda, \vartheta) \quad (17)$$

durch Koeffizientenvergleichung

$$c_n = \frac{m}{mn^2 + (m+2)n + m + 1} \quad (18)$$

Ist auf diese Weise $\psi$ bestimmt, so ist auch $\Theta$ bekannt. Die Funktionen $\varphi_1, \varphi_2, \varphi_3$ ermittelt man dann noch in folgender Weise. Man differenziert von den Gleichungen (8) die erste nach $y$, die zweite nach $x$ und subtrahiert:

$$\left.\begin{aligned} &x\frac{\partial}{\partial x}\left(\frac{\partial \varphi_1}{\partial y} - \frac{\partial \varphi_2}{\partial x}\right) + y\frac{\partial}{\partial y}\left(\frac{\partial \varphi_1}{\partial y} - \frac{\partial \varphi_2}{\partial x}\right) + z\frac{\partial}{\partial z}\left(\frac{\partial \varphi_1}{\partial y} - \frac{\partial \varphi_2}{\partial x}\right) + 2\left\{x\frac{\partial}{\partial y}\left(r\frac{\partial \psi}{\partial r}\right) - y\frac{\partial}{\partial x}\left(r\frac{\partial \psi}{\partial r}\right)\right\} \\ &\quad - 4\left\{x\frac{\partial \psi}{\partial y} - y\frac{\partial \psi}{\partial x}\right\} + \frac{2}{m-2}\left(x\frac{\partial \Theta}{\partial y} - y\frac{\partial \Theta}{\partial x}\right) = \frac{\partial \omega_1}{\partial x} - \frac{\partial \omega_2}{\partial y}. \end{aligned}\right\} \quad (19)$$

Setzt man in dem Ergebnis

$$\frac{\partial \varphi_1}{\partial y} - \frac{\partial \varphi_2}{\partial x} = q_3$$

und bemerkt, daß

$$x\frac{\partial q_3}{\partial x} + y\frac{\partial q_3}{\partial y} + z\frac{\partial q_3}{\partial z} = r\frac{\partial q_3}{\partial r}$$

ist, so schreibt sich Gleichung (19)

$$r\frac{\partial q_3}{\partial r} = \text{bekannte Funktion.} \quad (20)$$

$q_3$ ist daraus durch Integration zu ermitteln; in gleicher Weise auch

$$q_1 = \frac{\partial \varphi_2}{\partial z} - \frac{\partial \varphi_3}{\partial y} \qquad \text{und} \qquad q_2 = \frac{\partial \varphi_3}{\partial x} - \frac{\partial \varphi_1}{\partial z}.$$

Sind $q_1, q_2, q_3$ bestimmt, so erhält man $\varphi_1$ aus der ersten Gleichung (8), die mit

$$\frac{\partial \varphi_2}{\partial x} = \frac{\partial \varphi_1}{\partial y} - q_3,$$

$$\frac{\partial \varphi_3}{\partial x} = \frac{\partial \varphi_1}{\partial z} + q_2$$

die Form annimmt

$$x\frac{\partial\varphi_1}{\partial x}+y\frac{\partial\varphi_1}{\partial y}+z\frac{\partial\varphi_1}{\partial z}=r\frac{\partial\varphi_1}{\partial r}=\text{bekannte Funktion,}\tag{21}$$

woraus $\varphi_1$ und ebenso $\varphi_2$ und $\varphi_3$ aus den anderen Gleichungen sich ergeben.

Es ist noch zu bemerken, daß $q_1, q_2, q_3$ und $\varphi_1, \varphi_2, \varphi_3$ nur bis auf Integrationskonstante bestimmt sind, was der Tatsache entspricht, daß die Verschiebungen durch die Oberflächenkräfte nur bis auf starre Bewegung der ganzen Kugel bestimmt sind. Setzt man fest, daß der Mittelpunkt der Kugel unverschoben sein soll, und daß hier auch die mittlere Drehung der Linienelemente verschwindet, so sind die Integrationskonstanten dadurch festgelegt.

# VIII. Partikularlösungen für die Spannungs-Differentialgleichungen.

**39. Zusammenstellung der Spannungsgleichungen.** Wir wollen jetzt einige Partikularlösungen der elastischen Grundgleichungen ableiten, indem wir uns der Differentialgleichungen für die Spannungen bedienen. Diese können wir für den kräftefreien Fall, auf den wir uns auch hier beschränken wollen, in der folgenden Form schreiben [Ziff. 14, Gleichungen (10)]

$$\left.\begin{aligned}\Delta\sigma_x+\frac{m}{m+1}\frac{\partial^2 s}{\partial x^2}=0, &\quad \Delta\tau_{xy}+\frac{m}{m+1}\frac{\partial^2 s}{\partial x\,\partial y}=0,\\ \Delta\sigma_y+\frac{m}{m+1}\frac{\partial^2 s}{\partial y^2}=0, &\quad \Delta\tau_{yz}+\frac{m}{m+1}\frac{\partial^2 s}{\partial y\,\partial z}=0,\\ \Delta\sigma_z+\frac{m}{m+1}\frac{\partial^2 s}{\partial z^2}=0, &\quad \Delta\tau_{zx}+\frac{m}{m+1}\frac{\partial^2 s}{\partial z\,\partial x}=0;\end{aligned}\right\}\tag{1}$$

dazu kommen die Gleichgewichtsbedingungen [Ziff. 7, Gleichungen (8)]

$$\left.\begin{aligned}\frac{\partial\sigma_x}{\partial x}+\frac{\partial\tau_{xy}}{\partial y}+\frac{\partial\tau_{xz}}{\partial z}&=0,\\ \frac{\partial\tau_{xy}}{\partial x}+\frac{\partial\sigma_y}{\partial y}+\frac{\partial\tau_{yz}}{\partial z}&=0,\\ \frac{\partial\tau_{xz}}{\partial x}+\frac{\partial\tau_{yz}}{\partial y}+\frac{\partial\sigma_z}{\partial z}&=0\end{aligned}\right\}\tag{2}$$

und an der Oberfläche bei gegebenen Oberflächenkräften die Randbedingungen [Ziff. 7, Gleichungen (16)]

$$\left.\begin{aligned}\sigma_x\cos(\nu,x)+\tau_{xy}\cos(\nu,y)+\tau_{xz}\cos(\nu,z)&=\Xi,\\ \tau_{xy}\cos(\nu,x)+\sigma_y\cos(\nu,y)+\tau_{yz}\cos(\nu,z)&=\mathrm{H},\\ \tau_{xz}\cos(\nu,x)+\tau_{yz}\cos(\nu,y)+\sigma_z\cos(\nu,z)&=\mathrm{Z}.\end{aligned}\right\}\tag{3}$$

**40. Die einfachsten Fälle.** Die Gleichungen (1) von Ziff. 39 zeigen uns zunächst, daß jede lineare Spannungsverteilung möglich ist, wenn sie nur den Gleichgewichtsbedingungen (2) genügt, und für konstante Spannungen sind auch diese von selbst erfüllt. Von den konstanten Spannungsverteilungen erwähnen wir hier außer dem gleichmäßigen Zug auf die Enden eines Zylinders, der uns als experimentelle Grundtatsache zur Aufstellung der Spannungs-Dehnungsgleichungen geführt hatte, noch den Fall der gleichmäßigen Kompression, für den

$$\left.\begin{aligned}\sigma_x=\sigma_y=\sigma_z&=-p,\\ \tau_{xy}=\tau_{yz}=\tau_{zx}&=0\end{aligned}\right\}\tag{1}$$

wird. Die diesen Spannungszustand hervorbringenden Oberflächenkräfte sind

$$\Xi = -p\cos(\nu, x)\,, \quad \mathsf{H} = -p\cos(\nu, y)\,, \quad \mathsf{Z} = -p\cos(\nu, z)\,; \tag{2}$$

es wirkt also pro Flächeneinheit der Oberfläche ein gleichmäßiger Normaldruck $p$. Die Verzerrungskomponenten werden

$$\left.\begin{aligned} \varepsilon_x = \varepsilon_y = \varepsilon_z &= -\frac{p(m-2)}{Em}\,, \\ \gamma_{xy} = \gamma_{yz} = \gamma_{zx} &= 0\,, \end{aligned}\right\} \tag{3}$$

woraus sich ohne weiteres die Verschiebungen zu

$$u = -\frac{p(m-2)}{Em}x\,, \quad v = -\frac{p(m-2)}{Em}y\,, \quad w = -\frac{p(m-2)}{Em}z \tag{4}$$

ergeben. Der Körper erleidet also eine ähnliche Verkleinerung. Die Verminderung des Volumens wird pro Volumeinheit

$$-\Theta = \frac{3(m-2)}{Em}p\,. \tag{5}$$

Die Größe $\frac{Em}{3(m-2)}$ bezeichnet man als den Kompressionsmodul.

Die linearen Spannungsverteilungen führen uns zu dem bereits früher erwähnten Fall des durch reine Momente gebogenen Stabes und der ebenso gebogenen Platte (Ziff. 29 u. 30).

**41. Spannungsverteilungen, welche nur von zwei Koordinaten abhängen; Spannungsfunktionen.** Allgemeinere Spannungszustände bekommt man, wenn man annimmt, daß der Spannungszustand sich nach der Richtung einer Koordinate nicht ändert, sagen wir in der $z$-Richtung. Es fallen dann aus den Gleichungen die Differentialquotienten nach $z$ heraus, und die Gleichgewichtsgleichungen werden (wieder bei Annahme fehlender Massenkräfte)

$$\left.\begin{aligned} \frac{\partial\sigma_x}{\partial x} + \frac{\partial\tau_{xy}}{\partial y} &= 0\,, \\ \frac{\partial\tau_{xy}}{\partial x} + \frac{\partial\sigma_y}{\partial y} &= 0\,, \\ \frac{\partial\tau_{xz}}{\partial x} + \frac{\partial\tau_{yz}}{\partial y} &= 0\,. \end{aligned}\right\} \tag{1}$$

Die Integrationsmethode besteht nun darin, daß man zunächst das vollständige Integral dieser Gleichungen aufstellt, und mit den für die Spannungen gewonnenen Ausdrücken in die Gleichungen (1) von Ziff. 39 eingeht.

Die Tatsache, daß man das allgemeine Integral der Gleichungen (1) aufschreibt, drückt man gewöhnlich in der Weise aus, daß man sagt: Wir machen mit zwei zunächst noch unbekannten Spannungsfunktionen $F(x, y)$ und $\psi(x, y)$ den Ansatz

$$\sigma_x = \frac{\partial^2 F}{\partial y^2}\,, \quad \tau_{xy} = -\frac{\partial^2 F}{\partial x\,\partial y}\,, \quad \sigma_y = \frac{\partial^2 F}{\partial x^2}\,, \tag{2}$$

$$\tau_{xz} = \frac{\partial\psi}{\partial y}\,, \quad \tau_{yz} = -\frac{\partial\psi}{\partial x}\,. \tag{3}$$

Setzen wir dies in die Spannungsgleichungen (1) von Ziff. 39 ein, so erhalten wir zunächst aus den Gleichungen für $\tau_{zx}$ und $\tau_{zy}$

$$\frac{\partial\Delta\psi}{\partial x} = 0 \quad \text{und} \quad \frac{\partial\Delta\psi}{\partial y} = 0\,, \tag{4}$$

also

$$\Delta\psi = c = \text{konst.} \tag{5}$$

Um die Differentialgleichung für die sog. AIRYsche[1]) Spannungsfunktion $F$ zu gewinnen, wollen wir die Gleichungen (1) von Ziff. 39 etwas verändert schreiben, indem wir mit $s$ nicht mehr die Summe aller drei Spannungen bezeichnen, sondern nur noch die Summe

$$s = \sigma_x + \sigma_y . \tag{6}$$

Damit werden die Gleichungen, wo wegen des Fortfalls der Differentialquotienten nach $z$ einfach $\varDelta = \frac{\partial^2}{\partial x^2} + \frac{\partial^2}{\partial y^2}$ ist,

$$\left.\begin{aligned}
&\varDelta\sigma_x + \frac{m}{m+1}\frac{\partial^2 s}{\partial x^2} + \frac{m}{m+1}\frac{\partial^2\sigma_z}{\partial x^2} = 0,\\
&\varDelta\sigma_y + \frac{m}{m+1}\frac{\partial^2 s}{\partial y^2} + \frac{m}{m+1}\frac{\partial^2\sigma_z}{\partial y^2} = 0,\\
&\varDelta\sigma_z = 0,\\
&\varDelta\tau_{xy} + \frac{m}{m+1}\frac{\partial^2 s}{\partial x\,\partial y} + \frac{m}{m+1}\frac{\partial^2\sigma_z}{\partial x\,\partial y} = 0.
\end{aligned}\right\} \tag{7}$$

Da $\varDelta(\sigma_x + \sigma_y + \sigma_z) = 0$ ist, ist wegen $\varDelta\sigma_z = 0$ auch

$$\varDelta s = \left(\frac{\partial^2}{\partial x^2} + \frac{\partial^2}{\partial y^2}\right)(\sigma_x + \sigma_y) = 0, \tag{8}$$

oder mit den Werten (2)

$$\varDelta\varDelta F = 0. \tag{9}$$

Nun können wir $\sigma_z$ berechnen. Aus der ersten, zweiten und vierten Gleichung (7) folgt mit Benutzung von (8) und (9)

$$\left.\begin{aligned}
\frac{\partial^2\sigma_z}{\partial x^2} &= -\frac{\partial^2 s}{\partial x^2} - \frac{m+1}{m}\frac{\partial^2\varDelta F}{\partial y^2} = -\frac{\partial^2 s}{\partial x^2} + \frac{m+1}{m}\frac{\partial^2 s}{\partial x^2},\\
\frac{\partial^2\sigma_z}{\partial x\partial y} &= -\frac{\partial^2 s}{\partial x\partial y} + \frac{m+1}{m}\frac{\partial^2 s}{\partial x\partial y},\\
\frac{\partial^2\sigma_z}{\partial y^2} &= -\frac{\partial^2 s}{\partial y^2} + \frac{m+1}{m}\frac{\partial^2 s}{\partial y^2}.
\end{aligned}\right\} \tag{10}$$

Die Integration liefert

$$\sigma_z = \frac{1}{m}(\sigma_x + \sigma_y) + \alpha x + \beta y + \gamma . \tag{11}$$

Die Größen $\alpha$, $\beta$, $\gamma$ sind Integrationskonstanten, sie liefern den Zustand reiner Biegung, den wir in Ziff. 29 und 30 besprochen haben. Da wir einen solchen Zustand stets über einen beliebigen Spannungszustand superponieren können, denken wir ihn uns von vornherein abgezogen und setzen die Konstanten gleich Null. Damit wird (11) [vgl. Ziff. 11, Gl. (9)]

$$\sigma_z - \frac{1}{m}(\sigma_x + \sigma_y) = E\varepsilon_z = 0, \tag{12}$$

und das bedeutet, daß die Dehnung $\varepsilon_z$ in der $z$-Richtung verschwindet. Ist $\psi = 0$ so haben wir den sog. ebenen Verzerrungszustand vor uns, bei welchem jeder Punkt nur in der Ebene $z =$ konst. elastisch verschoben wird, in der er sich vor der Deformation befand.

**42. Torsion eines Stabes.** Die einfachste Lösung der vorstehenden Gleichungen erhalten wir mit $F = 0$. Es sind die Spannungsverteilungen, die bei der Torsion eines Stabes durch Momente an seinen Enden hervorgerufen werden. Denken wir uns einen zylindrischen Stab an seinem unteren Ende festgehalten, und an seinem oberen Ende durch ein um seine Achse drehendes Torsionsmoment

[1]) Vgl. Fußnote 2 von Ziff. 43.

tordiert, so wird durch alle Querschnitte die gleiche Spannung übertragen, d. h. die Spannungen können unabhängig von $z$ angesetzt werden. Das Koordinatensystem sei dabei so gelegt, daß die $z$-Achse durch die Schwerpunkte der Stabquerschnitte geht, die $x$- und $y$-Achse in der unteren Begrenzungsebene liegen. Nach den Gleichungen (2) und (3) von Ziff. 41 werden alle Spannungen Null bis auf

$$\tau_{zx} = \frac{\partial \psi}{\partial y}, \quad \tau_{zy} = -\frac{\partial \psi}{\partial x}. \tag{1}$$

Die Randbedingung, welche die Funktion $\psi$ am Umriß des Querschnitts erfüllen muß, erhalten wir aus der Bedingung, daß die Mantelfläche spannungsfrei sein soll zu

$$\tau_{zx} \cos(\nu, x) + \tau_{zy} \cos(\nu, y) = 0 \tag{2}$$

oder, wenn wir mit $dx$ und $dy$ die Projektionen eines Längenelementes $dl$ des Umrisses bezeichnen,

$$\tau_{zx} \frac{dy}{dl} - \tau_{zy} \frac{dx}{dl} = 0, \quad \text{d. h.} \quad \frac{\partial \psi}{\partial x} \frac{dx}{dl} + \frac{\partial \psi}{\partial y} \frac{dy}{dl} = 0$$

oder $\psi =$ konst. Die Konstante können wir gleich Null setzen, da sie für die Spannungen nichts ausmacht. Wir erhalten also

$$\psi = 0 \tag{3}$$

als Randbedingung. Damit ist unsere Aufgabe darauf zurückgeführt, die Gleichung (5) von Ziff. 41 $\Delta \psi = c$ mit der Randbedingung $\psi = 0$ für das von dem Querschnitt in der $xy$-Ebene begrenzte Gebiet zu lösen.

Die geometrische Bedeutung der Konstanten $c$ folgt aus der Betrachtung der Verschiebungen. Aus dem Verschwinden von $\sigma_x, \sigma_y, \tau_{xy}, \sigma_z$ folgt

$$\frac{\partial u}{\partial x} = 0, \quad \frac{\partial v}{\partial y} = 0, \quad \frac{\partial u}{\partial y} + \frac{\partial v}{\partial x} = 0; \tag{4}$$

ferner ist

$$\frac{\partial w}{\partial z} = 0. \tag{5}$$

Die drei Gleichungen (4) bedeuten nichts anderes, als daß die in der $xy$-Ebene liegenden Linienelemente ihre Länge nicht ändern. Die Bewegung senkrecht zur $z$-Achse besteht also in einer reinen Drehung der Querschnitte, welche sich bei kleinen Deformationen, wenn der Drehwinkel $\vartheta$ ist, in der Form

$$u = \vartheta y, \quad v = -\vartheta x \tag{6}$$

ausdrückt. Der Winkel $\vartheta$ kann noch von $z$ abhängen, aber nur linear, denn wenn die Spannungen von $z$ unabhängig sein sollen, können die Verschiebungen in $z$ nur linear sein. Da der untere Endquerschnitt $z = 0$ festgehalten ist, wird

$$\vartheta = z\omega, \tag{7}$$

wo $\omega$ der Winkel ist, um den zwei im Abstande 1 voneinander befindliche Querschnitte sich gegeneinander verdrehen; also

$$u = \omega z y, \quad v = -\omega z x. \tag{8}$$

Aus Gleichung (5) folgt, daß $w$ nur eine Funktion von $x$ und $y$ sein kann:

$$w = \varphi(x, y). \tag{9}$$

Drücken wir nun die Spannungen $\tau_{zx}$ und $\tau_{zy}$ einmal durch die Verschiebungen, dann durch die Spannungsfunktion $\psi$ aus, so erhalten wir

$$\left.\begin{aligned} \tau_{zx} &= G\left\{\frac{\partial u}{\partial z} + \frac{\partial w}{\partial x}\right\} = G\left\{\omega y + \frac{\partial \varphi}{\partial x}\right\} = \frac{\partial \psi}{\partial y}, \\ \tau_{zy} &= G\left\{\frac{\partial v}{\partial z} + \frac{\partial w}{\partial y}\right\} = G\left\{-\omega x + \frac{\partial \varphi}{\partial y}\right\} = -\frac{\partial \psi}{\partial x}, \end{aligned}\right\} \tag{10}$$

und wenn wir $\varphi$ eliminieren, indem wir die erste Gleichung nach $y$, die zweite nach $x$ differenzieren und subtrahieren,

$$\frac{\partial^2\psi}{\partial y^2} + \frac{\partial^2\psi}{\partial x^2} = 2G\omega\,, \tag{11}$$

woraus durch Vergleich mit $\Delta\psi = c$

$$c = 2G\omega\,, \quad \Delta\psi = 2G\omega$$

folgt[1]).

Das durch die Querschnitte des Stabes übertragene Torsionsmoment ist

$$M = -\iint(\tau_{zx}y - \tau_{zy}x)\,dx\,dy = -\iint\left(x\frac{\partial\psi}{\partial x} + y\frac{\partial\psi}{\partial y}\right)dx\,dy$$

oder nach partieller Integration, wobei das Randintegral wegen der Randbedingung $\psi = 0$ fortfällt,

$$M = 2\iint\psi\,dx\,dy\,. \tag{12}$$

Es ist hier zu bemerken, daß streng genommen die Momente an den Endflächen durch die Verteilung von Schubspannungen, wie sie sich aus der Integration der Randwertaufgabe ergeben, hervorgebracht sein sollten. Es gilt aber hier das auch für die Balkenbiegung benutzte sog. SAINT-VENANTsche Prinzip, wonach die besondere Art, wie die Kräfte an den Enden angreifen, nur in der Nähe der Enden Abweichungen von der errechneten Spannungsverteilung hervorruft.

**43. Der ebene Verzerrungszustand**[2]). Wird ein zylindrischer Körper auf seine ganze Länge in gleicher Weise beansprucht, z. B. eine gerade Mauer von Wasserdruck, so können wir annehmen, daß die elastischen Verschiebungen nur in den Ebenen senkrecht zur Achse erfolgen, daß wir also einen ebenen Verzerrungszustand haben. Fallen Torsionsmomente an den Enden fort, so werden die Spannungen nach Ziff. 41

$$\sigma_x = \frac{\partial^2 F}{\partial y^2}\,, \quad \tau_{xy} = -\frac{\partial^2 F}{\partial x\partial y}\,, \quad \sigma_y = \frac{\partial^2 F}{\partial x^2}\,, \tag{1}$$

und die Spannungsfunktion $F$ genügt der Gleichung

$$\Delta\Delta F = 0\,. \tag{2}$$

Es fragt sich noch, wie die Randbedingungen, die die Funktion $F$ am Umriß des Querschnittes in der $xy$-Ebene erfüllen muß, aussehen. Wir wollen annehmen, daß am Querschnittsrande die Randkräfte gegeben sind, also wenn wir eine Scheibe von der Dicke 1 betrachten, pro Längeneinheit des Umrisses in der $x$-Richtung $\Xi$ (kg/cm), in der $y$-Richtung $\mathrm{H}$ (kg/cm). Die Randbedingungen

$$\left.\begin{aligned}\sigma_x\cos(\nu,x) + \tau_{xy}\cos(\nu,y) &= \Xi\,,\\ \tau_{xy}\cos(\nu,x) + \sigma_y\cos(\nu,y) &= \mathrm{H}\end{aligned}\right\} \tag{3}$$

werden dann, wenn $dx$ und $dy$ die Projektionen eines Längenelementes $dl$ der Randkurve sind, also $\cos(\nu,x) = \frac{dy}{dl}$, $\cos(\nu,y) = -\frac{dx}{dl}$ ist,

$$\left.\begin{aligned}\frac{\partial^2 F}{\partial y^2}\frac{dy}{dl} + \frac{\partial^2 F}{\partial x\partial y}\frac{dx}{dl} &= \Xi\,,\\ \frac{\partial^2 F}{\partial x\partial y}\frac{dy}{dl} + \frac{d^2 F}{\partial x^2}\frac{dx}{dl} &= -\mathrm{H}\,,\end{aligned}\right\} \tag{4}$$

---

[1]) Für die Einzelausführung vgl. Kap. 3, Ziff. 4 ds. Bd. des Handb.

[2]) Vgl. G. B. AIRY, Phil. Trans. Bd. 53, S. 49. 1863.

Integrieren wir, so ergibt sich

$$\left.\begin{aligned} \frac{\partial F}{\partial y} &= \int \Xi\, dl = P(l)\,, \\ \frac{\partial F}{\partial x} &= -\int \mathrm{H}\, dl = -Q(l)\,, \end{aligned}\right\} \tag{5}$$

wo $P$ und $Q$ die Komponenten für die Resultierende aller Kräfte sind, die zwischen dem beliebigen Anfangspunkte der Integration und dem laufenden Punkte angreifen. Durch nochmalige Integration erhält man

$$F = \int^{l} \left( \frac{\partial F}{\partial x} dx + \frac{\partial F}{\partial y} dy \right) = \int^{l} (P\, dy - Q\, dx)\,. \tag{6}$$

Eine partielle Integration liefert die mechanische Bedeutung von $F$: Der Randwert von $F$ ist das Moment aller zwischen Anfangspunkt und Endpunkt der Integration wirkenden Kräfte, bezogen auf den Endpunkt.

Die Randbedingung (5) kann man noch in einer vereinfachten Form schreiben. Bezeichnen wir das längs der äußeren Normalen genommene Längenelement mit $dn$, so ist

$$\frac{dx}{dn} = \frac{dy}{dl}\,, \qquad \frac{dy}{dn} = -\frac{dx}{dl}\,,$$

und wir erhalten aus (5)

$$\frac{dF}{dn} = \frac{\partial F}{\partial x}\frac{dx}{dn} + \frac{\partial F}{\partial y}\frac{dy}{dn} = -\left( Q \frac{dy}{dl} + P \frac{dx}{dl} \right). \tag{7}$$

Die Integrationsaufgabe, auf welche wir das Spannungsproblem zurückgeführt haben, ist also die folgende: Es ist eine Funktion $F$ zu bestimmen, welche der Gleichung $\Delta\Delta F = 0$ genügt und am Rande mit ihrer Normalableitung gegebene Werte $F = f(l)$, $\frac{dF}{dn} = g(l)$ annimmt.

Die Berechnung der Verschiebungen aus den Spannungen erfolgt systematisch so, daß aus den Spannungs-Dehnungs-Gleichungen zunächst die Verzerrungskomponenten berechnet werden, aus denen man durch Differentiation die sämtlichen zweiten Ableitungen von $u, v, w$ nach $x, y, z$ gewinnt. Eine zweimalige Integration liefert dann die Verschiebungen. Die Rechnung bietet kein besonderes Interesse, das Resultat ist das folgende. Aus $s = \Delta F$ folgt $\Delta s = 0$; $s$ ist also eine ebene Potentialfunktion. Bezeichnen wir durch $t$ die konjugierte Potentialfunktion, so ist $s + it$ eine analytische Funktion von $x + iy$ $(i = \sqrt{-1})$. Bezeichnen wir ferner durch $S + iT$ das komplexe Integral dieser Funktion:

$$\left.\begin{aligned} &S + iT = \int (s + it)(dx + i\,dy)\,, \\ &\frac{\partial S}{\partial x} = \frac{\partial T}{\partial y} = s\,, \quad -\frac{\partial S}{\partial y} = \frac{\partial T}{\partial x} = t\,, \end{aligned}\right\} \tag{8}$$

so werden die Verschiebungen

$$\left.\begin{aligned} u &= \frac{1}{2G}\left\{ \frac{m-1}{m} S - \frac{\partial F}{\partial x} \right\} - \gamma y + u_0\,, \\ v &= \frac{1}{2G}\left\{ \frac{m-1}{m} T - \frac{\partial F}{\partial y} \right\} + \gamma x + v_0\,. \end{aligned}\right\} \tag{9}$$

Die Richtigkeit ist unmittelbar zu bestätigen. Es wird z. B.

$$\left.\begin{aligned} \frac{\partial u}{\partial x} &= \frac{1}{2G}\left\{ \frac{m-1}{m} s - \sigma_y \right\} = \frac{1}{2G}\left\{ \sigma_x - \frac{s}{m} \right\}, \\ \frac{\partial v}{\partial y} &= \frac{1}{2G}\left\{ \frac{m-1}{m} s - \sigma_x \right\} = \frac{1}{2G}\left\{ \sigma_y - \frac{s}{m} \right\}, \\ \frac{\partial u}{\partial y} + \frac{\partial v}{\partial x} &= \frac{1}{2G}\left\{ \frac{m-1}{m} (t - t) - 2 \frac{\partial^2 F}{\partial x\, \partial y} \right\} = \frac{1}{G} \tau_{xy}\,, \end{aligned}\right| \tag{10}$$

wie die Spannungs-Dehnungs-Gleichungen es verlangen, wenn wir in der gewöhnlichen Form $s$ für $\sigma_x + \sigma_y$ schreiben und beachten, daß $\sigma_z = \frac{1}{m}(\sigma_x + \sigma_y)$ ist. Die Integrationskonstanten $u_0$ und $v_0$ ergeben eine Parallelverschiebung und $\gamma$, das klein sein muß, eine deformationslose Drehung. Bilden wir den Wirbel des Verschiebungsvektors, so erhalten wir die geometrische Bedeutung der Funktion $t$. Es ist, von der unwesentlichen Integrationskonstanten $\gamma$ abgesehen,

$$\frac{\partial v}{\partial x} - \frac{\partial u}{\partial y} = \frac{1}{G}\frac{m-1}{m}t\,; \tag{11}$$

$t$ ist somit bis auf einen konstanten Faktor gleich dem Wirbel bzw. gleich der mittleren Verdrehung der Linienelemente.

Die Formeln für die Verschiebungen sind von Wichtigkeit, wenn die betrachteten Bereiche nicht mehr einfach zusammenhängen (z. B. bei einem Rohre unter der Wirkung von inneren und äußeren Kräften). In den Randwerten von $F$ und $\partial F/\partial n$ stecken drei willkürliche Integrationskonstanten. Bei einem einfach zusammenhängenden Bereiche ist diese Unbestimmtheit unwesentlich; die verschiedenen Lösungen bei verschiedener Wahl dieser Konstanten unterscheiden sich bloß um lineare Funktionen in $x$ und $y$, welche bei den zur Bestimmung der Spannungen erforderlichen Differentiationen fortfallen. Haben wir aber einen mehrfach zusammenhängenden Bereich (Bereich mit Löchern), so haben wir an jedem Rande drei unbestimmte Konstanten, von welchen allen nur drei willkürlich sein können; die anderen bestimmen sich aus der Forderung, daß nicht nur die Spannungen, sondern auch die Verschiebungen eindeutige Funktionen von $x$ und $y$ sein müssen. Dazu ist zunächst erforderlich, daß die mittlere Verdrehung der Linienelemente, also die Funktion $t$, eindeutig ist. Nun ist

$$t = \int\left\{\frac{\partial s}{\partial x}dy - \frac{\partial s}{\partial y}dx\right\} = \int\frac{\partial s}{\partial n}dl. \tag{12}$$

Wenn also nach einem Umlaufe um ein Loch $t$ zu seinem Anfangswerte zurückkehren soll, so muß das um das Loch herum zu nehmende Integral

$$\int\frac{\partial s}{\partial n}dl = 0 \tag{13}$$

sein. Sollen auch noch $u$ und $v$ eindeutig sein, so müssen die Ausdrücke

$$\frac{m-1}{m}S - \frac{\partial F}{\partial x} \quad \text{und} \quad \frac{m-1}{m}T - \frac{\partial F}{\partial y} \tag{14}$$

nach einem Umlaufe um ein Loch zu ihren Anfangswerten zurückkehren. Nun ist

$$S = \int(s\,dx - t\,dy), \quad T = \int(t\,dx + s\,dy). \tag{15}$$

Umlaufen wir das Loch so, daß die äußere Normale zur Rechten der Fortschreitungsrichtung liegt, so ist, wie wir oben sahen, der Unterschied in den Werten von $\frac{\partial F}{\partial y}$ und $-\frac{\partial F}{\partial x}$ zwischen zwei Punkten gleich der Summe der zwischen diesen Punkten in der $x$- bzw. $y$-Richtung angreifenden Kräfte. Gehen wir also um das ganze Loch herum, so sind $\frac{\partial F}{\partial y}$ und $-\frac{\partial F}{\partial x}$ um $P^*$ und $Q^*$ gewachsen, mit welchen Größen wir die Summe der $x$- und $y$-Komponenten aller am Lochrande angreifenden Kräfte bezeichnen. Sollen nun $u = \frac{1}{2G}\left\{\frac{m-1}{m}S - \frac{\partial F}{\partial x}\right\}$ und $v = \frac{1}{2G}\left\{\frac{m-1}{m}T - \frac{\partial F}{\partial y}\right\}$ nach einem Umlaufe um ein Loch zu ihren Anfangswerten zurückkehren, so müssen $\frac{m-1}{m}S$ und $\frac{m-1}{m}T$

um die gleichen Beträge gewachsen sein wie $\partial F/\partial x$ und $\partial F/\partial y$; also müssen die in der angegebenen Richtung um das Loch erstreckten Integrale

$$\left.\begin{aligned}\int\{t\,dx+s\,dy\}&=\frac{m}{m-1}P^*,\\ \int\{t\,dy-s\,dx\}&=\frac{m}{m-1}Q^*\end{aligned}\right\}\tag{16}$$

sein. Lassen wir am Außenrande die Integrationskonstanten unbestimmt, so sind dieselben für jedes Loch im Innern durch die Bedingungen (13) und (16) bestimmt. Die Integration ist natürlich dadurch erschwert, daß die Funktion $F$ und ihre ersten Ableitungen jetzt nicht mehr eindeutig sind.

**44. Der ebene Spannungszustand**[1]). Die gleiche mathematische Aufgabe wie für den ebenen Verzerrungszustand erhält man für den sog. ebenen Spannungszustand, der aber nur eine Näherungslösung der elastischen Grundgleichungen darstellt. Hat man eine ebene dünne Platte, in deren Mittelebene die Koordinatenebene $z=0$ fällt, so daß $z=+\frac{h}{2}$ und $z=-\frac{h}{2}$ Oberseite und Unterseite der Platte sind, und wird die Platte nur durch Kräfte beansprucht, welche in der Plattenebene am Umriß angreifen, während Oberseite und Unterseite unbelastet sind, so kann man annehmen, daß die Mittelwerte der Spannungskomponenten $\tau_{xz}$, $\tau_{yz}$, $\sigma_z$, genommen über die Plattendicke, vernachlässigt werden können. Durch Mittelwertsbildung über die Plattendicke $\left(\text{Integration von } z=-\frac{h}{2}\right.$ bis $\left.+\frac{h}{2}\right)$ erhält man dann für die Mittelwerte der Spannungen die Gleichgewichtsbedingungen

$$\left.\begin{aligned}\frac{\partial\sigma_x}{\partial x}+\frac{\partial\tau_{xy}}{\partial y}&=0,\\ \frac{\partial\tau_{xy}}{\partial x}+\frac{\partial\sigma_y}{\partial y}&=0\end{aligned}\right\}\tag{1}$$

(wobei die Mittelwerte durch die gleichen Buchstaben bezeichnet sind wie vorher die Spannungen selbst) und den Zusammenhang mit den Mittelwerten der Verschiebungen

$$\left.\begin{aligned}\frac{\partial u}{\partial x}&=\frac{1}{2G}\left\{\sigma_x-\frac{s}{m+1}\right\},\\ \frac{\partial v}{\partial y}&=\frac{1}{2G}\left\{\sigma_y-\frac{s}{m+1}\right\},\\ \frac{\partial u}{\partial y}+\frac{\partial v}{\partial x}&=\frac{\tau_{xy}}{G}.\end{aligned}\right\}\quad (s=\sigma_x+\sigma_y)\tag{2}$$

Die Gleichgewichtsgleichungen werden wieder durch den Ansatz

$$\sigma_x=\frac{\partial^2 F}{\partial y^2},\quad \tau_{xy}=-\frac{\partial^2 F}{\partial x\,\partial y},\quad \sigma_y=\frac{\partial^2 F}{\partial x^2}\tag{3}$$

integriert. Für die Spannungsfunktion $F$ ergibt sich durch Elimination von $u$ und $v$ aus den Gleichungen (2) wieder

$$\Delta\Delta F=0.\tag{4}$$

Die übrigen Betrachtungen sind genau die gleichen wie oben, insbesondere sind die Randbedingungen für $F$ und $\partial F/\partial n$ dieselben wie für den ebenen Verzerrungs-

[1]) Vgl. A. CLEBSCH, Theorie der Elastizität fester Körper, § 39. Leipzig 1862.

zustand. Nur in den Formeln, welche die Mittelwerte der Verschiebungen ausdrücken, tritt an Stelle des Faktors $\frac{m-1}{m}$ der Faktor $\frac{m}{m+1}$, so daß dieselben

$$\left.\begin{aligned} u &= \frac{1}{2G}\left[\frac{m}{m+1}S - \frac{\partial F}{\partial x}\right], \\ v &= \frac{1}{2G}\left[\frac{m}{m+1}T - \frac{\partial F}{\partial y}\right] \end{aligned}\right\} \tag{5}$$

lauten.

Wie bereits oben bemerkt, können die hier für den einfachsten Fall dargestellten Methoden dahin erweitert werden, daß Spannungsverteilungen gesucht werden, die in $z$ linear oder quadratisch sind usw. So erhält man aus den in $z$ linearen Spannungsverteilungen die Beanspruchung eines Stabes, der an einem Ende festgehalten wird und an dem freien Ende durch eine Einzelkraft belastet wird, ferner aus den in $z$ quadratischen Spannungsverteilungen die Beanspruchung eines Stabes durch sein Eigengewicht. Diese Aufgaben werden bei Rechnung mit den Spannungen etwas einfacher als bei Rechnung mit den Verschiebungen, wo sich der Grad der Abhängigkeit von $z$ um Eins erhöht.

Die hier für den ebenen Fall entwickelte Methode der Spannungsfunktionen kann auch auf räumliche Probleme angewendet werden. Wesentlich ist dabei, daß zunächst die Gleichgewichtsgleichungen für die Spannungskomponenten

$$\frac{\partial \sigma_x}{\partial x} + \frac{\partial \tau_{xy}}{\partial y} + \frac{\partial \tau_{xz}}{\partial z} = 0$$

usw. — wieder bei Beschränkung auf den Fall fehlender Massenkräfte — integriert werden, was z. B. durch den Ansatz

$$\left.\begin{aligned} \sigma_x &= \frac{\partial^2 H}{\partial y^2} + \frac{\partial^2 G}{\partial z^2}, & \sigma_y &= \frac{\partial^2 F}{\partial z^2} + \frac{\partial^2 H}{\partial x^2}, & \sigma_z &= \frac{\partial^2 G}{\partial x^2} + \frac{\partial^2 F}{\partial y^2}, \\ \tau_{xy} &= -\frac{\partial^2 H}{\partial x\,\partial y}, & \tau_{yz} &= -\frac{\partial^2 F}{\partial y\,\partial z}, & \tau_{zx} &= -\frac{\partial^2 G}{\partial z\,\partial x} \end{aligned}\right\} \tag{6}$$

mittels der Spannungsfunktionen $F, G, H$ geschieht. Für $F, G, H$ erhält man dann aus den Spannungsgleichungen [Ziff. 14, Gleichung (2)] sechs, allerdings nicht vollkommen voneinander unabhängige Differentialgleichungen vierter Ordnung. Für die rechnerische Durchführung bei besonderen Aufgaben ist diese Methode bisher noch nicht verwendet worden.

# IX. Die Grundaufgabe der elastischen Bewegung.

**45. Wirkung einer Einzelkraft im unendlichen Raume.** Da die Probleme der elastischen Bewegung an anderer Stelle in diesem Bande (Kap. 4) ausführlich behandelt werden, wollen wir uns hier darauf beschränken, einen Fall zu besprechen, der von besonderer prinzipieller Bedeutung ist, nämlich den Fall einer zeitlich veränderlichen Einzelkraft $P(t)$, welche an einem Punkte, den wir zum Koordinatenanfang machen, im unendlichen Raume wirkt. Wir werden diesen Fall brauchen, um zu zeigen, daß auch die Bewegungsprobleme sich stets auf den Fall fehlender Massenkräfte reduzieren lassen. Da für den unendlichen Raum die Randbedingungen fortfallen — sie werden durch die Forderung ersetzt, daß im Unendlichen Verschiebungen und Spannungen verschwinden sollen —, brauchen wir nur eine bis auf den Nullpunkt überall reguläre Lösung der Bewegungsdifferentialgleichungen [Ziff. 15, Gleichungen (3)]

$$\left.\begin{aligned} \Delta u + \frac{m}{m-2}\frac{\partial \Theta}{\partial x} &= \frac{\varrho}{G}\frac{\partial^2 u}{\partial t^2}, \\ \Delta v + \frac{m}{m-2}\frac{\partial \Theta}{\partial y} &= \frac{\varrho}{G}\frac{\partial^2 v}{\partial t^2}, \\ \Delta w + \frac{m}{m-2}\frac{\partial \Theta}{\partial z} &= \frac{\varrho}{G}\frac{\partial^2 w}{\partial t^2} \end{aligned}\right\} \tag{1}$$

zu suchen. Auch über die Art der Singularität können wir genau wie bei dem entsprechenden statischen Falle (Ziff. 32) von vornherein Aufschluß gewinnen. Es soll nämlich am Nullpunkte eine zeitlich veränderliche Kraft $P(t)$ wirken, deren Richtung wir zur $x$-Richtung machen wollen. Denken wir uns nun um den Nullpunkt eine kleine Kugel herausgeschnitten, so müssen auf die Oberfläche dieser Kugel Spannungen wirken, welche in ihrer Resultierenden gerade die Kraft $P(t)$ in der $x$-Richtung ergeben. Sollen die Spannungen eine endliche Resultierende haben, so müssen sie mit abnehmendem Abstand $r$ vom Nullpunkte wie $1/r^2$ unendlich werden, also die Verschiebungen, deren Ableitungen die Spannungen sind, wie $1/r$. Die Gewinnung der Lösungen für die Gleichungen (1), welche diese Singularität aufweisen, zerlegen wir in zwei Schritte. Wir stellen zuerst die Differentialgleichungen für die Dilatation und den Wirbel des Verschiebungsvektors auf, für welche wir verhältnismäßig einfach Lösungen angeben können, und bestimmen danach den Verschiebungsvektor aus der Dilatation und dem Wirbel.

Differenzieren wir die Gleichungen (1) nach $x, y, z$ und addieren, so erhalten wir für die Dilatation $\Theta$ die Gleichung

$$\Delta\Theta = \frac{1}{a^2}\frac{\partial^2\Theta}{\partial t^2}, \tag{2}$$

wobei

$$a^2 = \frac{2m-2}{m-2}\frac{G}{\varrho}. \tag{3}$$

Dieselbe Gleichung, nur mit einem anderen Faktor, erhalten wir für die Wirbelkomponenten

$$\left.\begin{aligned}\omega_x &= \frac{1}{2}\left(\frac{\partial w}{\partial y} - \frac{\partial v}{\partial z}\right),\\ \omega_y &= \frac{1}{2}\left(\frac{\partial u}{\partial z} - \frac{\partial w}{\partial x}\right),\\ \omega_z &= \frac{1}{2}\left(\frac{\partial v}{\partial x} - \frac{\partial u}{\partial y}\right),\end{aligned}\right\} \tag{4}$$

wenn wir z. B. die dritte Gleichung nach $y$ differenzieren, die zweite nach $z$ und die zweite von der dritten abziehen:

$$\Delta\omega_x = \frac{1}{b^2}\frac{\partial^2\omega_x}{\partial t^2},$$

ebenso

$$\Delta\omega_y = \frac{1}{b^2}\frac{\partial^2\omega_y}{\partial t^2} \tag{5}$$

und

$$\Delta\omega_z = \frac{1}{b^2}\frac{\partial^2\omega_z}{\partial t^2},$$

wo

$$b^2 = \frac{G}{\varrho}. \tag{6}$$

Wir haben also in allen Fällen Gleichungen des Typus

$$\Delta\varphi = \frac{1}{c^2}\frac{\partial^2\varphi}{\partial t^2}. \tag{7}$$

Wir stellen nun zunächst eine Lösung dieser Gleichung auf, welche außer von $t$ nur von $r$ abhängt, und bemerken zwecks Konstruktion weiterer Partikularlösungen, daß alle Differentialquotienten einer Lösung nach $x, y, z$ wieder Lösungen derselben Gleichung sind.

Soll eine Lösung von (7) nur von $t$ und $r$ abhängen, so schreibt diese Gleichung sich in räumlichen Polarkoordinaten

$$\frac{1}{r}\frac{\partial^2(r\varphi)}{\partial r^2} = \frac{1}{c^2}\frac{\partial^2\varphi}{\partial t^2}$$

oder

$$\frac{\partial^2(r\varphi)}{\partial r^2} = \frac{1}{c^2}\frac{\partial^2(r\varphi)}{\partial t^2}, \tag{8}$$

wofür wir die allgemeine Lösung

$$\varphi = \frac{1}{r} f\left(t - \frac{r}{c}\right) + \frac{1}{r} F\left(t + \frac{r}{c}\right) \tag{9}$$

kennen, in welcher $f$ und $F$ beliebige Funktionen ihres Argumentes sein können. Diese Lösungen stellen sog. Kugelwellen dar, und zwar die Funktionen der Form $f(t - r/c)$ vom Nullpunkt nach außen laufende Wellen, diejenigen der Form $F(t + r/c)$ von außen nach dem Nullpunkte laufende Wellen. In unserem besonderen Fall wollen wir uns nun vorstellen, daß die Kraftwirkung zu irgendeinem Zeitpunkte begonnen hat, an welchem der ganze Raum sich in Ruhe befand, so daß von außen keine Störung nach dem Nullpunkte zu läuft, weil die ganze Störung, von der Kraft ausgehend, sich von innen nach außen ausbreitet. Demgemäß brauchen wir bloß die Lösungen von der Form $\frac{1}{r} f\left(t - \frac{r}{c}\right)$ zu betrachten. Des weiteren vereinfachen sich die Möglichkeiten für unseren Ansatz durch die Überlegung, daß durch eine in der $x$-Richtung wirkende Kraft jedenfalls nur eine Bewegung hervorgerufen wird, bei der jeder Punkt sich in der durch ihn selbst und die $x$-Achse gelegten Ebene bewegt. Es verschwindet also die $x$-Komponente des Wirbels. Aus der Identität

$$\frac{\partial \omega_x}{\partial x} + \frac{\partial \omega_y}{\partial y} + \frac{\partial \omega_z}{\partial z} = \frac{\partial \omega_y}{\partial y} + \frac{\partial \omega_z}{\partial z} = 0 \tag{10}$$

folgt dann, daß sich $\omega_y$ und $\omega_z$ in der Form

$$\left.\begin{aligned} \omega_y &= \frac{\partial \varphi}{\partial z}, \\ \omega_z &= -\frac{\partial \varphi}{\partial y} \end{aligned}\right\} \tag{11}$$

darstellen lassen müssen. Machen wir also den Ansatz

$$\left.\begin{aligned} \omega_y &= \beta \frac{\partial}{\partial z}\left\{\frac{f\left(t - \frac{r}{b}\right)}{r}\right\}, \\ \omega_z &= -\beta \frac{\partial}{\partial y}\left\{\frac{f\left(t - \frac{r}{b}\right)}{r}\right\}, \end{aligned}\right\} \tag{12}$$

so genügen diese Wirbelkomponenten der richtigen Differentialgleichung, haben im Nullpunkte die erstrebte Singularität und tragen den Symmetrieverhältnissen Rechnung. Die Konstante $\beta$ wird später bestimmt werden. Hierzu fügen wir für die Dilatation ebenfalls auf Grund der Symmetrieverhältnisse und der erforderlichen Singularität den Ansatz

$$\Theta = \alpha \frac{\partial}{\partial x}\left\{\frac{f\left(t - \frac{r}{a}\right)}{r}\right\}, \tag{13}$$

der jedenfalls der Gleichung (2) genügt. Um aus diesen Ausdrücken die Verschiebungen selbst zu bekommen, zerlegen wir den Verschiebungsvektor $u, v, w$ in einen wirbelfreien Vektor $u_1, v_1, w_1$, der die richtige Dilatation ergibt, und in einen dilatationsfreien Vektor $u_2, v_2, w_2$, der die richtigen Wirbelkomponenten liefert.

Machen wir für $u_1, v_1, w_1$ den Ansatz

$$u_1 = \frac{\partial^2 \varphi}{\partial x^2}, \quad v_1 = \frac{\partial^2 \varphi}{\partial x\, \partial y}, \quad w_1 = \frac{\partial^2 \varphi}{\partial x\, \partial z}, \tag{14}$$

so ist die Gleichung (13) erfüllt, wenn $\varphi$ der Gleichung

$$\Delta\varphi = \alpha \frac{f\left(t - \frac{r}{a}\right)}{r} \tag{15}$$

genügt. Da die rechte Seite nur von $r$ und $t$ abhängt, können wir $\varphi$ so bestimmen, daß es ebenfalls nur von diesen Variabeln abhängt. Gleichung (15) schreibt sich dann

$$\Delta\varphi = r^{-2}\frac{\partial}{\partial r}\left(r^2\frac{\partial\varphi}{\partial r}\right) = \alpha\frac{f\left(t - \frac{r}{a}\right)}{r}, \tag{16}$$

woraus wir durch Integration

$$\frac{\partial\varphi}{\partial r} = \frac{\alpha}{r^2}\int\limits_{\infty}^{r} r f\left(t - \frac{r}{a}\right) dr$$

erhalten. $\varphi$ selbst wird nicht benötigt. Eine Integrationskonstante, die noch von $t$ abhängen könnte, kann weggelassen werden; dies ergibt sich bei systematischer Durchrechnung aus der Forderung, daß in hinreichend weiter Entfernung zu einem beliebigen Zeitpunkte die Verschiebungen verschwinden, wenn man annimmt, daß die Kraftwirkung etwa zur Zeit $t = 0$ zu wirken begonnen hat.

Ändern wir die Integrationsvariable, indem wir $r = a\tau$ setzen, so wird

$$\frac{\partial\varphi}{\partial r} = \frac{\alpha a^2}{r^2}\int\limits_{\infty}^{r/a} \tau f(t-\tau)\,d\tau. \tag{17}$$

Für den dilatationsfreien Wirbelvektor $u_2, v_2, w_2$ machen wir den Ansatz

$$u_2 = \frac{\partial^2\psi}{\partial y^2} + \frac{\partial^2\psi}{\partial z^2}, \quad v_2 = -\frac{\partial^2\psi}{\partial x\,\partial y}, \quad w_2 = -\frac{\partial^2\psi}{\partial x\,\partial z}, \tag{18}$$

der die Gleichungen (4) und (12) für die Wirbelkomponenten erfüllt, wenn

$$\Delta\psi = 2\beta\frac{f\left(t - \frac{r}{b}\right)}{r} \tag{19}$$

ist. Ebenso wie oben erhalten wir daraus $\partial\psi/\partial r$ zu

$$\frac{\partial\psi}{\partial r} = \frac{2\beta b^2}{r^2}\int\limits_{\infty}^{r/b} \tau f(t-\tau)\,d\tau. \tag{20}$$

Superponiert man nun die Vektoren $u_1, v_1, w_1$ und $u_2, v_2, w_2$ und rechnet sich die zugehörigen Spannungen aus, so erhält man als Resultierende der Spannungen über eine kleine Kugel von verschwindendem Radius die Einzelkraft $4\pi\varrho f(t)$, wenn man

$$\alpha = \frac{1}{a^2} \quad \text{und} \quad 2\beta = \frac{1}{b^2} \tag{21}$$

nimmt. Mit diesen Werten ergeben sich die Gesamtverschiebungen

$$\left.\begin{aligned}
4\pi\varrho u &= \frac{\partial^2(r^{-1})}{\partial x^2}\int\limits_{r/a}^{r/b}\tau P(t-\tau)\,d\tau + \frac{x^2}{r^3}\left\{\frac{1}{a^2}P\left(t-\frac{r}{a}\right) - \frac{1}{b^2}P\left(t-\frac{r}{b}\right)\right\} + \frac{1}{b^2 r}P\left(t-\frac{r}{b}\right),\\
4\pi\varrho v &= \frac{\partial^2(r^{-1})}{\partial x\,\partial y}\int\limits_{r/a}^{r/b}\tau P(t-\tau)\,d\tau + \frac{xy}{r^3}\left\{\frac{1}{a^2}P\left(t-\frac{r}{a}\right) - \frac{1}{b^2}P\left(t-\frac{r}{b}\right)\right\},\\
4\pi\varrho w &= \frac{\partial^2(r^{-1})}{\partial x\,\partial z}\int\limits_{r/a}^{r/b}\tau P(t-\tau)\,d\tau + \frac{xz}{r^3}\left\{\frac{1}{a^2}P\left(t-\frac{r}{a}\right) - \frac{1}{b^2}P\left(t-\frac{r}{b}\right)\right\}.
\end{aligned}\right\} \tag{22}$$

**46. Reduktion auf den Fall fehlender Massenkräfte.** Die in der vorhergehenden Ziffer gewonnene Partikularlösung, welche die Wirkung einer Einzelkraft, die in einem Punkte angreift, wiedergibt, können wir benutzen, um den allgemeinen Fall elastischer Beanspruchung auf den besonderen Fall zurückzuführen, daß keine Massenkräfte wirken. Dazu bemerken wir zunächst, daß die Lösung der allgemeinen Differentialgleichung, sei es für den Fall des Gleichgewichts oder der Bewegung,

$$G\left\{\Delta u + \frac{m}{m-2}\frac{\partial\Theta}{\partial x}\right\} + X = \varrho\frac{\partial^2 u}{\partial t^2} \quad \text{usw.} \tag{1}$$

sich wegen der Linearität der Gleichungen stets aus einer beliebigen Partikularlösung der inhomogenen Gleichungen (d. h. mit Massenkräften) und einer Lösung der homogenen Gleichungen (d. h. ohne Massenkräfte) zusammensetzen läßt. Es kommt also zunächst darauf an, irgendeine Partikularlösung der inhomogenen Gleichung zu finden. Dazu dienen die erwähnten Partikularlösungen, in Verbindung mit dem Superpositionsprinzip, welches aussagt, daß bei der Addition verschiedener Systeme von äußeren Kräften auch die von ihnen hervorgebrachten Spannungen und Verschiebungen sich einfach addieren.

Auf den betrachteten elastischen Körper, in dem wir die rechtwinkligen Koordinaten mit $x, y, z$ oder $\xi, \eta, \zeta$ bezeichnen, sollen die Massenkräfte $X(\xi, \eta, \zeta, t)$ $Y(\xi, \eta, \zeta, t)$, $Z(\xi, \eta, \zeta, t)$ an den Punkten $\xi, \eta, \zeta$ pro Volumeinheit wirken. Bezeichnen wir dann die Verschiebungen, welche im unendlichen Raume eine am Punkte $\xi, \eta, \zeta$ in Richtung der $x$-Achse wirkende Kraft $X(\xi, \eta, \zeta, t)$ hervorbringt, mit

$$U^{(x)}(\xi, \eta, \zeta, t, x, y, z)\,, \quad V^{(x)}(\xi, \eta, \zeta, t, x, y, z)\,, \quad W^{(x)}(\xi, \eta, \zeta, t, x, y, z) \tag{2}$$

[s. die Formeln (22) von Ziff. 45], so ruft die Kraft $X(\xi, \eta, \zeta, t)\,d\omega$, welche auf das Volumelement $d\omega$ unseres Körpers an diesem Punkte wirkt, im unendlichen Raume die Verschiebungen

$$U^{(x)}d\omega\,, \quad V^{(x)}d\omega\,, \quad W^{(x)}d\omega$$

hervor. Wenn wir über alle Massenteilchen des von uns betrachteten Körpers summieren und gleiche Betrachtungen für die in der $y$- und $z$-Richtung wirkenden Kräfte $Y$ und $Z$ anstellen, so erhalten wir durch Integration

$$\left.\begin{aligned} u^* &= \iiint\{U^{(x)} + U^{(y)} + U^{(z)}\}\,d\omega\,,\\ v^* &= \iiint\{V^{(x)} + V^{(y)} + V^{(z)}\}\,d\omega\,,\\ w^* &= \iiint\{W^{(x)} + W^{(y)} + W^{(z)}\}\,d\omega\,,\\ d\omega &= d\xi\,d\eta\,d\zeta\,. \end{aligned}\right\} \tag{3}$$

Diese Integrale stellen uns also die elastischen Verschiebungen dar, die die an unserem Körper wirkenden Massenkräfte hervorrufen würden, wenn der Körper in den unendlichen Raum eingebettet wäre. Die dadurch dargestellten Funktionen $u^*, v^*, w^*$ werden nun die Oberflächenbedingungen nicht erfüllen, welche an der Oberfläche des Körpers für die Verschiebungen oder Kräfte vorgeschrieben sein sollen, aber sie erfüllen jedenfalls die Differentialgleichungen und stellen also die von uns gesuchte Partikularlösung der inhomogenen Gleichungen dar. Setzen wir also

$$u = u^* + u'\,, \quad v = v^* + v'\,, \quad w = w^* + w'\,, \tag{4}$$

so brauchen die Zusatzfunktionen $u', v', w'$ nur noch die homogenen Gleichungen (ohne Massenkräfte) zu erfüllen. Sie sind so zu bestimmen, daß die Oberflächen- und Anfangsbedingungen erfüllt sind. Da $u^*, v^*, w^*$ bei gegebenen Massenkräften als bekannt betrachtet werden können, ist also die Randwertaufgabe auf die Bestimmung der Funktionen $u', v', w'$, d. h. auf die Integration der homogenen (von Massenkräften freien) Gleichungen zurückgeführt.

Es sei bemerkt, daß in den meisten Fällen von praktischer Bedeutung die Aufsuchung der Partikularlösung für die inhomogenen Gleichungen nicht die umständlichen Integrationen der Formeln (3) erfordert; man kann vielfach ohne Rechnung für die meist vorkommenden Schwerkräfte oder Zentrifugalkräfte eine Partikularlösung unmittelbar angeben[1]).

## X. Allgemeine Integrationstheorie der Gleichgewichtsprobleme.

**47. Die Formeln von BETTI und von MAXWELL.** Die energetischen Betrachtungen von Ziff. 17 gestatten uns die Aufstellung eines Reziprozitätstheorems, das man nach seinem Entdecker[2]) als das BETTIsche Theorem zu bezeichnen pflegt. Mechanisch gesprochen, hat es den folgenden Sinn. Stellen wir uns vor, daß wir irgendeinen elastischen Körper durch Massenkräfte und Oberflächenkräfte belasten, und zwar allmählich belasten, so daß die wachsenden Kräfte erst die wachsenden Deformationen hervorbringen, so ist die dabei geleistete Arbeit nicht gleich dem Produkt aus den Kräften in die Verschiebungen (bzw. der Summe über solche Produkte), sondern gleich dem halben Produkt, weil die Kräfte erst linear mit den Verschiebungen anwachsen, so daß nur der dem halben Endwert gleiche Mittelwert der Kräfte in Rechnung zu stellen ist. Es ist also, wenn $X, Y, Z$ die Massenkräfte pro Volumeinheit, $\Xi$, $\mathsf{H}$, $\mathsf{Z}$ die Oberflächenkräfte pro Flächeneinheit und $u, v, w$ die von diesen hervorgerufenen Deformationen sind, die von den äußeren Kräften bei der Deformation geleistete und in Gestalt von Formänderungsenergie in dem elastischen Körper aufgespeicherte Arbeit

$$A_{11} = \tfrac{1}{2}\iiint\{Xu + Yv + Zw\}d\omega + \tfrac{1}{2}\iint\{\Xi u + \mathsf{H}v + \mathsf{Z}w\}do\,. \tag{1}$$

Superponieren wir nun über diese erste Deformation die Verschiebungen $u', v', w'$, welche von den Massen- und Oberflächenkräften $X', Y', Z'$ bzw. $\Xi', \mathsf{H}', \mathsf{Z}'$ hervorgebracht werden, so leisten bei dieser zweiten Deformation die bereits im vollen Betrage vorhandenen Kräfte der ersten Deformation die Arbeit

$$A_{12} = \iiint\{Xu' + Yv' + Zw'\}d\omega + \iint\{\Xi u' + \mathsf{H}v' + \mathsf{Z}w'\}do\,. \tag{2}$$

Außerdem leisten aber die Kräfte des zweiten Systems bei dem allmählichen Aufbringen ebenso wie vorher die des ersten Systems die Arbeit

$$A_{22} = \tfrac{1}{2}\iiint\{X'u' + Y'v' + Z'w'\}d\omega + \tfrac{1}{2}\iint\{\Xi'u' + \mathsf{H}'v' + \mathsf{Z}'w'\}do\,. \tag{3}$$

Es ist also die gesamte, in dem Körper nach Aufbringen beider Kraftsysteme enthaltene Formänderungsarbeit

$$A = A_{11} + A_{22} + \iiint\{Xu' + Yv' + Zw'\}d\omega + \iint\{\Xi u' + \mathsf{H}v' + \mathsf{Z}w'\}do\,. \tag{4}$$

Diese ist aber unabhängig von der Reihenfolge, in welcher die Kräfte aufgebracht worden sind. Wir können also mit Vertauschung der gestrichenen und ungestrichenen Größen $A$ auch in der Form

$$A = A_{22} + A_{11} + \iiint\{X'u + Y'v + Z'w\}d\omega + \iint\{\Xi'u + \mathsf{H}'v + \mathsf{Z}'w\}do \tag{5}$$

[1]) Vgl. Kap. 4, Ziff. 7 ds. Bd. des Handb.

[2]) E. BETTI, Cim. (2) Bd. 7—10. 1872/73.

schreiben, woraus durch Vergleich unmittelbar das BETTIsche Theorem folgt

$$\left.\begin{aligned}&\iiint\{Xu'+Yv'+Zw'\}d\omega+\iint\{\Xi u'+\mathsf{H}v'+\mathsf{Z}w'\}do\\=&\iiint\{X'u+Y'v+Z'w\}d\omega+\iint\{\Xi'u+\mathsf{H}'v+\mathsf{Z}'w\}do.\end{aligned}\right\}\tag{6}$$

Dies besagt: Wirken zwei Systeme von Kräften auf einen elastischen Körper und rufen diese zwei Verschiebungssysteme hervor, so ist die Arbeit, die von den Kräften des ersten Systems bei den Verschiebungen des zweiten geleistet wird, gleich der Arbeit, die von den Kräften des zweiten Systems bei den Verschiebungen des ersten geleistet wird.

Der mathematische Beweis dieses Satzes geht von der Identität

$$\mathfrak{t}^{(x)}\,\mathrm{grad}\,u'+\mathfrak{t}^{(y)}\,\mathrm{grad}\,v'+\mathfrak{t}^{(z)}\,\mathrm{grad}\,w'=\mathfrak{t}^{(x)\prime}\,\mathrm{grad}\,u+\mathfrak{t}^{(y)\prime}\,\mathrm{grad}\,v+\mathfrak{t}^{(z)\prime}\,\mathrm{grad}\,w\tag{7}$$

aus, in welcher $u, v, w$; $u', v', w'$ und $\mathfrak{t}^{(x)}, \mathfrak{t}^{(y)}, \mathfrak{t}^{(z)}$; $\mathfrak{t}^{(x)\prime}, \mathfrak{t}^{(y)\prime}, \mathfrak{t}^{(z)\prime}$ die Verschiebungen und die Spannungsvektoren zu den beiden Systemen bezeichnen. $\mathfrak{t}^{(x)}\,\mathrm{grad}\,u'$ bedeutet dabei das skalare Produkt $\sigma_x\frac{\partial u'}{\partial x}+\tau_{xy}\frac{\partial u'}{\partial y}+\tau_{xz}\frac{\partial u'}{\partial z}$ der Vektoren $\mathfrak{t}^{(x)}$ und $\mathrm{grad}\,u'$. Von der Richtigkeit der Identität überzeugt man sich, indem man für die Komponenten der Spannungsvektoren ihre Ausdrücke in den Verzerrungsgrößen einsetzt. Rechte und linke Seite werden dabei gleich

$$2G\left\{\frac{\partial u}{\partial x}\frac{\partial u'}{\partial x}+\frac{\partial v}{\partial y}\frac{\partial v'}{\partial y}+\frac{\partial w}{\partial z}\frac{\partial w'}{\partial z}+\frac{\Theta\Theta'}{m-2}\right\}+G\{\gamma_{xy}\gamma'_{xy}+\gamma_{yz}\gamma'_{yz}+\gamma_{zx}\gamma'_{zx}\}.\tag{8}$$

Integrieren wir nun die Vektoridentität

$$\left.\begin{aligned}&\mathfrak{t}^{(x)}\,\mathrm{grad}\,u'+\mathfrak{t}^{(y)}\,\mathrm{grad}\,v'+\mathfrak{t}^{(z)}\,\mathrm{grad}\,w'\\=&\,\mathrm{div}\,(u'\mathfrak{t}^{(x)}+v'\mathfrak{t}^{(y)}+w'\mathfrak{t}^{(z)})-(u'\,\mathrm{div}\,\mathfrak{t}^{(x)}+v'\,\mathrm{div}\,\mathfrak{t}^{(y)}+w'\,\mathrm{div}\,\mathfrak{t}^{(z)})\\=&\,\mathrm{div}\,(u'\mathfrak{t}^{(x)}+v'\mathfrak{t}^{(y)}+w'\mathfrak{t}^{(z)})+Xu'+Yv'+Zw'\end{aligned}\right\}\tag{9}$$

über den von dem Körper erfüllten Raum, so erhalten wir nach dem GAUSSschen Satze mit Benutzung der Oberflächenbedingung $t_\nu^{(x)}=\Xi$ usw.

$$\left.\begin{aligned}\iiint(\mathfrak{t}^{(x)}\,\mathrm{grad}\,u'+\mathfrak{t}^{(y)}\,\mathrm{grad}\,v'+\mathfrak{t}^{(z)}\,\mathrm{grad}\,w')\,d\omega=\iiint\{Xu'+Yv'+Zw'\}d\omega\\+\iint\{\Xi u'+\mathsf{H}v'+\mathsf{Z}w'\}do\end{aligned}\right\}\tag{10}$$

und ebenso mit Vertauschung der gestrichenen und ungestrichenen Größen

$$\left.\begin{aligned}\iiint(\mathfrak{t}^{(x)\prime}\,\mathrm{grad}\,u+\mathfrak{t}^{(y)\prime}\,\mathrm{grad}\,v+\mathfrak{t}^{(z)\prime}\,\mathrm{grad}\,w)\,d\omega=\iiint\{X'u+Y'v+Z'w\}d\omega\\+\iint\{\Xi'u+\mathsf{H}'v+\mathsf{Z}'w\}do,\end{aligned}\right\}\tag{11}$$

woraus wir, da in den beiden Zeilen das gleiche steht, entweder das BETTIsche Theorem in der oben abgeleiteten Form ablesen:

$$\left.\begin{aligned}\iiint\{Xu'+Yv'+Zw'\}d\omega+\iint\{\Xi u'+\mathsf{H}v'+\mathsf{Z}w'\}do=\iiint\{X'u+Y'v+Z'w\}d\omega\\+\iint\{\Xi'u+\mathsf{H}'v+\mathsf{Z}'w\}do,\end{aligned}\right\}\tag{12}$$

oder wenn nur die eine Zeile benutzt wird:

$$\left.\begin{aligned}&\iiint\{\mathfrak{t}^{(x)\prime}\,\mathrm{grad}\,u+\mathfrak{t}^{(y)\prime}\,\mathrm{grad}\,v+\mathfrak{t}^{(z)\prime}\,\mathrm{grad}\,w\}\,d\omega\\=&\iiint\{\sigma'_x\varepsilon_x+\sigma'_y\varepsilon_y+\sigma'_z\varepsilon_z+\tau'_{xy}\gamma_{xy}+\tau'_{yz}\gamma_{yz}+\tau'_{zx}\gamma_{zx}\}d\omega\\=&\iiint\{X'u+Y'v+Z'w\}d\omega+\iint\{\Xi'u+\mathsf{H}'v+\mathsf{Z}'w\}do.\end{aligned}\right\}\tag{13}$$

Wir wollen die Bedeutung dieses Satzes an einigen Beispielen erläutern.

a) Gegeben seien die Massenkräfte $X, Y, Z$ und die Oberflächenkräfte $\Xi, \mathrm{H}, \mathrm{Z}$; gesucht werde die Volumvergrößerung des so belasteten Körpers. Wir erhalten dieselbe, wenn wir in der BETTIschen Formel als zweites System von Verschiebungen die durch einen gleichmäßigen Normalzug 1 an der Oberfläche hervorgerufene ähnliche Vergrößerung wählen. Für diese wird

$$\left.\begin{aligned} &\sigma_x' = \sigma_y' = \sigma_z' = 1\,, \quad \tau_{xy}' = \tau_{yz}' = \tau_{zx}' = 0\,, \\ &u' = \frac{m-2}{Em}x\,, \quad v' = \frac{m-2}{Em}y\,, \quad w' = \frac{m-2}{Em}z \end{aligned}\right\} \tag{14}$$

und

$$\left.\begin{aligned} &X' = Y' = Z' = 0\,, \\ &\Xi' = \cos(\nu, x)\,, \quad \mathrm{H}' = \cos(\nu, y)\,, \quad \mathrm{Z}' = \cos(\nu, z)\,. \end{aligned}\right\} \tag{15}$$

Setzen wir diese Werte in die BETTIsche Formel ein, so erhalten wir

$$\left.\begin{aligned} &\iiint\{Xu' + Yv' + Zw'\}\,d\omega + \iint\{\Xi u' + \mathrm{H}v' + \mathrm{Z}w'\}\,do \\ &\quad = \iint\{u\cos(\nu, x) + v\cos(\nu, y) + w\cos(\nu, z)\}\,do\,. \end{aligned}\right\} \tag{16}$$

Der Integrand der rechten Seite ist nun die Oberflächenverschiebung in Richtung der Normalen, das Integral liefert also unmittelbar die Volumvergrößerung. Diese wird also

$$\Delta V = \iiint\{Xu' + Yv' + Zw'\}\,d\omega + \iint\{\Xi u' + \mathrm{H}v' + \mathrm{Z}w'\}\,do\,, \tag{17}$$

wo für $u', v', w'$ die Werte (14) einzusetzen sind.

b) Um bei gegebenen Oberflächen- und Massenkräften die Durchschnittswerte der Verzerrungsgrößen zu finden, benutzen wir das BETTIsche Theorem in der zweiten Form [Formel (13)]. Nehmen wir als zweites System von Verschiebungen dasjenige, welches einem gleichmäßigen Zug in der $x$-Richtung entspricht

$$u' = \frac{x}{E}\,, \quad v' = -\frac{y}{Em}\,, \quad w' = -\frac{z}{Em}\,, \tag{18}$$

so verschwinden alle Spannungen bis auf

$$\sigma_x' = 1\,, \tag{19}$$

und man erhält mit diesen Werten aus (13)

$$\iiint\frac{\partial u}{\partial x}\,d\omega = \frac{1}{Em}\iiint\{mXx - Yy - Zz\}\,d\omega + \frac{1}{Em}\iint\{\Xi xm - \mathrm{H}y - \mathrm{Z}z\}\,do\,. \tag{20}$$

Damit ist der Mittelwert von $\frac{\partial u}{\partial x}$ bestimmt. Hätten wir die Zugbeanspruchung des zweiten Systems in die $y$- oder $z$-Richtung gelegt, oder die Zugbeanspruchung durch eine reine Scherung ersetzt, so hätten wir die Mittelwerte von $\frac{\partial v}{\partial y}$ oder $\frac{\partial w}{\partial z}$ bzw. von $\frac{\partial u}{\partial y} + \frac{\partial v}{\partial x}$, $\frac{\partial v}{\partial z} + \frac{\partial w}{\partial y}$, $\frac{\partial w}{\partial x} + \frac{\partial u}{\partial z}$ erhalten.

Die Verwendung der BETTIschen Formeln in der zweiten Art kann man für den Fall gegebener Massen- und Oberflächenkräfte zu einem vollständigen Integrationsverfahren ausbauen. Man setzt die Verschiebungen näherungsweise als ganze rationale Polynome in $x, y, z$ an. Die Koeffizienten dieser Entwicklung bestimmt man, indem man für $u', v', w'$ der Reihe nach sämtliche Ausdrücke der Form $x^\lambda y^\mu z^\varrho$ $(0 \leqq \lambda + \mu + \varrho \leqq n)$ in die BETTIschen Formeln einsetzt. Man erhält auf diese Weise ebenso viele Gleichungen, als man Koeffizienten zu bestimmen hat. Unbestimmt bleiben die Koeffizientenverbindungen, welche einer starren Drehung des Körpers entsprechen; dafür müssen die belastenden Kräfte den sechs Gleichgewichtsbedingungen genügen. Diese Methode ist identisch mit dem sog. RITZschen Verfahren, worauf wir später zurückkommen (Ziff. 54).

Wendet man den Gedankengang, der uns zu den BETTIschen Formeln geführt hat, auf solche Systeme an, bei welchen eine Einzelkraft eine endliche Deformation hervorbringt (Fachwerk, Balken, Platte), so erhält man die MAXWELLschen Reziprozitätssätze. Wir betrachten z. B. bei einem Balken, der durch Kräfte quer zu seiner Achse auf Biegung beansprucht wird, zwei Punkte $x_1$ und $x_2$. Bezeichnen wir nun mit $\alpha_{11}$ die Durchbiegung, welche durch eine bei $x_1$ wirkende Kraft eins an der Stelle $x_1$ hervorgebracht wird, ferner durch $\alpha_{12}$ die Durchbiegung, welche durch eine bei $x_1$ wirkende Kraft eins an der Stelle $x_2$ hervorgebracht wird usw., so ist nach dem MAXWELLschen Reziprozitätssatze $\alpha_{12} = \alpha_{21}$. Belasten wir nämlich die Stelle $x_1$ durch eine Kraft $P$, die Stelle $x_2$ durch eine Kraft $Q$, so werden dadurch die Durchbiegungen

$$y_1 = \alpha_{11} P + \alpha_{21} Q \text{ bei } x_1 \quad \text{und} \quad y_2 = \alpha_{12} P + \alpha_{22} Q \text{ bei } x_2 \tag{21}$$

hervorgerufen. Ändern wir jetzt $P$ um $\delta P$, so ändern sich die Durchbiegungen um

$$\delta y_1 = \alpha_{11}\delta P \qquad \delta y_2 = \alpha_{12}\delta P$$

und die Formänderungsarbeit wächst um

$$\delta A = P\delta y_1 + Q\delta y_2 = \delta P(\alpha_{11} P + \alpha_{12} Q).$$

Es ist also

$$\frac{\partial A}{\partial P} = \alpha_{11} P + \alpha_{12} Q; \tag{22}$$

woraus wir durch Differentiation

$$\frac{\partial^2 A}{\partial P \partial Q} = \alpha_{12} \tag{23}$$

und folglich wegen der Vertauschbarkeit der Differentiationen

$$\alpha_{12} = \alpha_{21} \tag{24}$$

erhalten.

Der allgemeine Reziprozitätssatz ist durch Verallgemeinerung dieser Betrachtung zu gewinnen und entspricht genau der Fcrmulierung der BETTIschen Ergebnisse, wie sie oben im Anschluß an Formel (6) gegeben wurde.

**48. Die Formeln von SOMIGLIANA.** Diese[1]) erhält man, wenn man in der BETTIschen Formel (6) von Ziff. 47 für $u', v', w'$ die Verschiebungen einsetzt, welche eine an einem Punkte $\xi, \eta, \zeta$, in der $x$-, $y$- oder $z$-Richtung wirkende Einzelkraft hervorbringt. Wir nehmen z. B. nach Ziff. 32, Formel (10) das System der Verschiebungen

$$\left.\begin{aligned} u' &= C\left[\frac{5m-6}{m-1}\frac{1}{r} + \frac{mr^2}{2(m-1)}\frac{\partial^2}{\partial x^2}\left(\frac{1}{r}\right)\right], \\ v' &= C\left[\phantom{\frac{5m-6}{m-1}\frac{1}{r}} + \frac{mr^2}{2(m-1)}\frac{\partial^2}{\partial x\partial y}\left(\frac{1}{r}\right)\right], \\ w' &= C\left[\phantom{\frac{5m-6}{m-1}\frac{1}{r}} + \frac{mr^2}{2(m-1)}\frac{\partial^2}{\partial x\partial z}\left(\frac{1}{r}\right)\right], \\ r^2 &= (\xi - x)^2 + (\eta - y)^2 + (\zeta - z)^2, \end{aligned}\right\} \tag{1}$$

[1]) C. SOMIGLIANA, Cim. (3) Bd. 17—20. 1885/86.

welche durch eine Einheitskraft in der $x$-Richtung am Punkte $\xi, \eta, \zeta$ hervorgebracht werden, und bezeichnen mit $\Xi', \mathrm{H}', \mathrm{Z}'$ die Oberflächenkräfte, die an der Körperoberfläche zur Erhaltung des Gleichgewichts angebracht werden müssen. $u, v, w$ seien die von den gegebenen Massenkräften $X, Y, Z$ und den Oberflächenkräften $\Xi, \mathrm{H}, \mathrm{Z}$ hervorgebrachten Verschiebungen des zu untersuchenden elastischen Zustandes. Dann setzt sich die Arbeit der gestrichenen Kräfte bei den ungestrichenen Verschiebungen aus der Arbeit $u(\xi, \eta, \zeta)$, welche die bei $\xi, \eta, \zeta$ in der $x$-Richtung wirkende Einheitskraft leistet, und der Arbeit $\iint\{\Xi' u + \mathrm{H}' v + \mathrm{Z}' w\} do$ der Oberflächenkräfte zusammen. Die Arbeit der ungestrichenen Kräfte $X, Y, Z$; $\Xi, \mathrm{H}, \mathrm{Z}$ bei den gestrichenen Verschiebungen $u', v', w'$ setzt sich aus dem Anteil der Massenkräfte $\iiint\{X u' + Y v' + Z w'\} d\omega$ und dem Anteil der Oberflächenkräfte $\iint\{\Xi u' + \mathrm{H} v' + \mathrm{Z} w'\} do$ zusammen. Eine besondere Betrachtung erfordert der Punkt $\xi, \eta, \zeta$. Man erkennt aber sofort, daß von diesem Punkte kein weiterer Anteil herrühren kann, wenn man den Punkt durch eine kleine Kugel aus dem elastischen Körper herausschneidet und dieselbe unendlich klein werden läßt. An der Oberfläche dieser Kugel bleiben nämlich die von den Spannungen $\sigma_x, \tau_{xy}$ usw. herrührenden Oberflächenkräfte endlich; die Verschiebungen $u', v', w'$ werden allerdings unendlich, aber nur von der Ordnung $1/r$, so daß das über die kleine Kugel zu erstreckende Integral $\iint\{\Xi u' + \mathrm{H} v' + \mathrm{Z} w'\} do$ mit abnehmendem Radius jedenfalls gegen Null geht, was zu beweisen war. Setzen wir nach dem BETTIschen Theorem die beiden Arbeitsbeträge einander gleich, so erhalten wir

$$\left.\begin{aligned} u(\xi, \eta, \zeta) = &\iiint\{X u' + Y v' + Z w'\} d\omega + \iint\{\Xi u' + \mathrm{H} v' + \mathrm{Z} w'\} do \\ &- \iint\{\Xi' u + \mathrm{H}' v + \mathrm{Z}' w\} do \end{aligned}\right\} \tag{2}$$

und entsprechende Gleichungen für $v(\xi, \eta, \zeta)$ und $w(\xi, \eta, \zeta)$.

Wir erhalten also eine Darstellung der Verschiebungen an einem beliebigen Punkte mit Hilfe der belastenden Kräfte und der Verschiebungen an der Oberfläche.

Besonders sei bemerkt, daß im Falle fehlender Massenkräfte die Gleichungen (2) für jeden inneren Punkt des elastischen Körpers beliebig oft nach $\xi, \eta, \zeta$ differenziert werden können. Man schließt daraus, daß die Lösungen der elastischen Grundgleichungen bei fehlenden Massenkräften analytische Funktionen der Koordinaten sind, die in der Umgebung eines jeden Punktes nach Potenzen der Koordinaten entwickelt werden können.

**49. Die GREENschen Funktionen.** Die Betrachtungen des letzten Abschnitts kann man in der gleichen Weise ergänzen[1]), wie es in der Potentialtheorie üblich ist, wenn man von den Verschiebungen $u', v', w'$ nicht nur verlangt, daß sie in dem singulären Punkte $\xi, \eta, \zeta$ die Wirkung einer Einzelkraft hervorbringen sollen, sondern ihnen auch noch gewisse Randbedingungen vorschreibt.

Wir wollen annehmen, an der Oberfläche des betrachteten Körpers seien die Verschiebungen $u, v, w$ vorgeschrieben, und wollen in den BETTIschen Formeln für $u', v', w'$ diejenigen Lösungen der homogenen Grundgleichungen (ohne Massenkräfte) einsetzen, welche die Verschiebungen darstellen, die durch eine Einzelkraft an der Stelle $\xi, \eta, \zeta$ hervorgerufen werden, wenn die Oberflächenpunkte festgehalten sind, so daß dort keine Verschiebungen stattfinden. Die Einzelkraft möge wieder die Größe Eins und die Richtung der $x$-Achse haben. Man erhält diese $u', v', w'$, indem man zu den von der Einzelkraft im unendlichen

---

[1]) V. VOLTERRA u. G. LAURICELLA, Pisa Ann. sc. norm. Bd. 7, S. 1. 1895.

Raume hervorgebrachten Verschiebungen solche überall reguläre Verschiebungen zufügt, daß an der Oberfläche in summa die Verschiebungen Null herauskommen. Es wird also für den Fall der Einzelkraft in der $x$-Richtung am Punkte $\xi, \eta, \zeta$

$$\left.\begin{aligned} u' &= c\left\{\frac{5m-6}{m-1}\frac{1}{r} + \frac{m r^2}{2(m-1)}\frac{\partial^2}{\partial x^2}\left(\frac{1}{r}\right)\right\} + u'', \\ v' &= c\left\{\qquad\qquad + \frac{m r^2}{2(m-1)}\frac{\partial^2}{\partial x \partial y}\left(\frac{1}{r}\right)\right\} + v'', \\ w' &= c\left\{\qquad\qquad + \frac{m r^2}{2(m-1)}\frac{\partial^2}{\partial x \partial z}\left(\frac{1}{r}\right)\right\} + w'', \end{aligned}\right\} \tag{1}$$

wo die Zusatzverschiebungen $u'', v'', w''$ den kräftefreien Grundgleichungen genügen, und an der Oberfläche die Klammerausdrücke zu Null ergänzen. Diese Funktionen werden also aus einer speziellen Lösung der Grundgleichungen gewonnen. Setzen wir sie in die BETTIschen Formeln ein, so kommen wieder in der Arbeitsgleichung vom gestrichenen System die Einzelkraft am Punkte $\xi, \eta, \zeta$ in Frage, welche die Arbeit $u(\xi, \eta, \zeta)$ bei den Verschiebungen $u, v, w$ leistet, und die Oberflächenkräfte $\Xi', \mathsf{H}', \mathsf{Z}'$, die aus den Verschiebungen $u', v', w'$ und ihren Spannungen $\sigma_x', \tau_{xy}'$ usw. nach den Formeln (16) von Ziff. 7

$$\Xi' = \sigma_x' \cos(\nu, x) + \tau_{xy}' \cos(\nu, y) + \tau_{xz}' \cos(\nu, z) \tag{2}$$

usw. zu berechnen sind. Diese letzteren leisten die Arbeit

$$\iint \{\Xi' u + \mathsf{H}' v + \mathsf{Z}' w\}\, do\,. \tag{3}$$

Von den die gesuchten Verschiebungen $u, v, w$ hervorbringenden Kräften leisten bei den Verschiebungen $u', v', w'$ nur die Massenkräfte Arbeit, die Oberflächenkräfte $\Xi, \mathsf{H}, \mathsf{Z}$ fallen heraus, weil an der Oberfläche $u', v', w'$ verschwinden. Die BETTIsche Gleichung erhält also die Form

$$u(\xi, \eta, \zeta) = \iiint \{X u' + Y v' + Z w'\}\, d\omega - \iint \{\Xi' u + \mathsf{H}' v + \mathsf{Z}' w\}\, do\,. \tag{4}$$

Gleichartige Formeln für $v(\xi, \eta, \zeta)$ und $w(\xi, \eta, \zeta)$ erhält man, wenn die Einzelkraft bei $\xi, \eta, \zeta$ die Richtung der $y$- oder $z$-Achse erhält. Hier stehen auf der rechten Seite bloß noch die bekannten Massenkräfte und die gegebenen Oberflächenverschiebungen. Sind also die speziellen Funktionen $u', v', w'$, die wir als GREENsche Funktionen bezeichnen, für alle möglichen Lagen des Punktes $\xi, \eta, \zeta$ gefunden, so läßt sich die Lösung der Grundgleichungen bei gegebenen Massenkräften und vorgeschriebenen Oberflächenverschiebungen durch die Integrationen (4) ermitteln. Die allgemeine Randwertaufgabe für vorgeschriebene Oberflächenverschiebungen ist damit auf die spezielle derartige Aufgabe der Konstruktion dieser $u', v', w'$ zurückgeführt.

Nicht ganz so einfach ist die entsprechende Aufgabe bei vorgeschriebenen Oberflächenkräften $\Xi, \mathsf{H}, \mathsf{Z}$. Wir müßten hier nach einem System von Verschiebungen $u, v, w$ suchen, welches durch die Wirkung einer Einzelkraft im Punkte $\xi, \eta, \zeta$ hervorgebracht wird und an der Oberfläche die Oberflächenkräfte Null hätte. Ein solches System gibt es aber nicht, weil dann die Einzelkraft für sich nicht im Gleichgewicht wäre. Wir müssen also derselben das Gleichgewicht halten. Nun sind bei gegebenen Massen- und Oberflächenkräften die Verschiebungen nur bis auf eine starre Drehung des elastischen Körpers bestimmt; wir können demgemäß vorschreiben, daß der Nullpunkt des Koordinatensystems keine Verschiebung und keine Drehung erfahren soll, d. h. daß am Nullpunkte die Verschiebungskomponenten

$$u, v, w, = 0 \tag{5}$$

und die die mittlere Verdrehung gebenden Wirbelkomponenten

$$\frac{\partial w}{\partial y} - \frac{\partial v}{\partial z}, \quad \frac{\partial u}{\partial z} - \frac{\partial w}{\partial x}, \quad \frac{\partial v}{\partial x} - \frac{\partial u}{\partial y} = 0 \tag{6}$$

verschwinden sollen. Nun suchen wir diejenige Lösung $u', v', w'$ der kräftefreien Grundgleichungen, die durch eine in der $x$-Richtung am Punkte $\xi, \eta, \zeta$ wirkende Einzelkraft von der Größe Eins hervorgebracht wird, wenn dieser Kraft durch eine im Nullpunkte wirkende Einzelkraft und ein dort angreifendes Einzelmoment das Gleichgewicht gehalten wird. Auch diese Verschiebungen $u', v', w'$ sollen im Nullpunkte mit ihrer mittleren Drehung verschwinden; an der Oberfläche sollen sie verschwindende Oberflächenkräfte liefern. Wenn wir jetzt die BETTIsche Arbeitsgleichung aufstellen, so fallen alle Arbeitsbeträge vom Nullpunkte fort, weil für die beiden Systeme die Verschiebungen Null werden, so daß die Kräfte keine Arbeit leisten, und ebenso die Drehungen, so daß auch die Momente nichts beitragen. Von den Kräften des Systems $u', v', w'$ leistet also bei den Verschiebungen des Systems $u, v, w$ nur die Kraft Eins am Punkte $\xi, \eta, \zeta$ die Arbeit $u(\xi, \eta, \zeta)$. Von den Kräften des Systems $u, v, w$ leisten bei den Verschiebungen $u', v', w'$ die Massenkräfte die Arbeit $\iiint \{Xu' + Yv' + Zw'\} d\omega$ und die Oberflächenkräfte die Arbeit $\iint \{\Xi u' + \mathsf{H} v' + \mathsf{Z} w'\} do$. Setzen wir nach der BETTIschen Formel die beiden letzteren Arbeitsbeträge gleich der Arbeit der Einzelkraft, so ergibt sich

$$u(\xi, \eta, \zeta) = \iiint \{Xu' + Yv' + Zw'\} d\omega + \iint \{\Xi u' + \mathsf{H} v' + \mathsf{Z} w'\} do. \tag{7}$$

Hier stehen auf der rechten Seite außer den als ermittelt vorausgesetzten Verschiebungen $u', v', w'$ nur gegebene Massen- und Oberflächenkräfte, so daß wieder die Randwertaufgabe auf die spezielle Aufgabe der Konstruktion der $u', v', w'$ zurückgeführt ist.

Bei gemischten Randwertaufgaben, d. h. wenn an der Oberfläche teilweise die Oberflächenkräfte, teilweise die Verschiebungen vorgeschrieben sind, tritt die eben genannte Schwierigkeit nicht auf. Um hier die Lösung durch GREENsche Funktionen zu bewirken, hat man die Verschiebungen $u', v', w'$ zu bestimmen, welche durch eine Einzelkraft am Punkte $\xi, \eta, \zeta$ hervorgebracht werden und an der Oberfläche selbst verschwinden, wo die Verschiebungen gegeben sind bzw. die Oberflächenkräfte Null ergeben, wo die Oberflächenkräfte $\Xi, \mathsf{H}, \mathsf{Z}$ gegeben sind. Man erhält dann die Randwertdarstellung

$$\left.\begin{aligned} u(\xi, \eta, \zeta) = \iiint \{Xu' + Yv' + Zw'\} d\omega + \iint \{\Xi u' + \mathsf{H} v' + \mathsf{Z} w'\} do \\ - \iint \{\Xi' u + \mathsf{H}' v + \mathsf{Z}' w\} do, \end{aligned}\right\} \tag{8}$$

wo in den Oberflächenintegralen nach dem eben Gesagten nur diejenigen Teile stehen bleiben, wo die $u, v, w$ bzw. die Kräfte $\Xi, \mathsf{H}, \mathsf{Z}$ gegeben sind.

**50. Existenzsätze.** Den bisherigen Betrachtungen lag immer die Voraussetzung zugrunde, daß die Grundgleichungen der Elastizitätstheorie auch tatsächlich für die verschiedenen möglichen Randbedingungen Lösungen besitzen. Die Frage nach der Existenz der Lösungen ist die schwierigste Frage der Elastizitätstheorie und bedarf zu ihrer Lösung erheblicher mathematischer Hilfsmittel. Es kann sich deshalb an dieser Stelle auch nur darum handeln, den Gedankengang des Existenzbeweises z. B. für gegebene Oberflächenverschiebungen zu skizzieren, im übrigen muß für die ausführliche Darstellung auf die Spezialliteratur verwiesen werden. Wir wollen zwei Existenzbeweise kurz besprechen. Erstens den Beweis von KORN, der sowohl wegen der Methode als aus einem historischen Grunde

Beachtung verdient; KORN war der erste, dem in weiterem Umfange die Durchführung der hier in Frage kommenden Existenzbeweise gelungen ist. Zweitens einen Beweis von LICHTENSTEIN, der sich durch einen besonders einfachen Gedankengang auszeichnet.

Beide Beweise werden für den Fall fehlender Massenkräfte durchgeführt, auf den sich der allgemeine Fall stets zurückführen läßt, und benutzen den Zusammenhang, der zwischen den Lösungen der homogenen Grundgleichungen und den gewöhnlichen Potentialfunktionen besteht.

a) Der Existenzbeweis von KORN[1]). KORN geht von dem folgenden Ansatz für die Lösungen der elastischen Grundgleichungen aus

$$\left.\begin{aligned} u &= \varphi_1 + \frac{m}{m-2}\left(\frac{\partial\psi_3}{\partial y} - \frac{\partial\psi_2}{\partial z}\right), \\ v &= \varphi_2 + \frac{m}{m-2}\left(\frac{\partial\psi_1}{\partial z} - \frac{\partial\psi_3}{\partial x}\right), \\ w &= \varphi_3 + \frac{m}{m-2}\left(\frac{\partial\psi_2}{\partial x} - \frac{\partial\psi_1}{\partial y}\right), \end{aligned}\right\} \tag{1}$$

welcher eine Lösung darstellt, wenn $\varphi_1, \varphi_2, \varphi_3$ Potentialfunktionen sind, und $\psi_1, \psi_2, \psi_3$ aus den Gleichungen

$$\left.\begin{aligned} \Delta\psi_1 &= \frac{\partial\varphi_2}{\partial z} - \frac{\partial\varphi_3}{\partial y} = q_1, \\ \Delta\psi_2 &= \frac{\partial\varphi_3}{\partial x} - \frac{\partial\varphi_1}{\partial z} = q_2, \\ \Delta\psi_3 &= \frac{\partial\varphi_1}{\partial y} - \frac{\partial\varphi_2}{\partial x} = q_3 \end{aligned}\right\} \tag{2}$$

bestimmt werden. Lösen wir die letzteren in der aus der Potentialtheorie bekannten Form

$$\psi_1 = -\frac{1}{4\pi}\iiint\frac{q_1(\xi,\eta,\zeta)}{r}\,d\xi\,d\eta\,d\zeta, \quad r^2 = (x-\xi)^2 + (y-\eta)^2 + (z-\zeta)^2 \tag{3}$$

usw., so erhalten wir eine Darstellung der Verschiebungen $u, v, w$ durch die Potentialfunktionen $\varphi_1, \varphi_2, \varphi_3$:

$$\left.\begin{aligned} u &= \varphi_1 - \frac{m}{4\pi(m-2)}\left\{\frac{\partial}{\partial y}\iiint\frac{q_3(\xi,\eta,\zeta)}{r}\,d\omega - \frac{\partial}{\partial z}\iiint\frac{q_2(\xi,\eta,\zeta)}{r}\,d\omega\right\}, \\ v &= \varphi_2 - \frac{m}{4\pi(m-2)}\left\{\frac{\partial}{\partial z}\iiint\frac{q_1(\xi,\eta,\zeta)}{r}\,d\omega - \frac{\partial}{\partial x}\iiint\frac{q_3(\xi,\eta,\zeta)}{r}\,d\omega\right\}, \\ w &= \varphi_3 - \frac{m}{4\pi(m-2)}\left\{\frac{\partial}{\partial x}\iiint\frac{q_2(\xi,\eta,\zeta)}{r}\,d\omega - \frac{\partial}{\partial y}\iiint\frac{q_1(\xi,\eta,\zeta)}{r}\,d\omega\right\}, \\ &(d\omega = d\xi\,d\eta\,d\zeta). \end{aligned}\right\} \tag{4}$$

Betrachten wir nun einen Punkt $p$ der Oberfläche, wo

$$u = U, \quad v = V, \quad w = W \tag{5}$$

vorgeschrieben sein soll, so erhalten wir aus (4) für die Randwerte der Potentialfunktionen $\varphi_1, \varphi_2, \varphi_3$ die Gleichungen

$$\left.\begin{aligned} \varphi_1(p) &= U(p) + \frac{m}{4\pi(m-2)}\left\{\frac{\partial}{\partial y}\iiint\frac{q_3\,d\omega}{r} - \frac{\partial}{\partial z}\iiint\frac{q_2\,d\omega}{r}\right\}, \\ \varphi_2(p) &= V(p) + \frac{m}{4\pi(m-2)}\left\{\frac{\partial}{\partial z}\iiint\frac{q_1\,d\omega}{r} - \frac{\partial}{\partial x}\iiint\frac{q_3\,d\omega}{r}\right\}, \\ \varphi_3(p) &= W(p) + \frac{m}{4\pi(m-2)}\left\{\frac{\partial}{\partial z}\iiint\frac{q_2\,d\omega}{r} - \frac{\partial}{\partial y}\iiint\frac{q_1\,d\omega}{r}\right\}. \end{aligned}\right\} \tag{6}$$

[1]) Siehe A. KORN, Über die Lösung des Grundproblems der Elastizitätstheorie. Math. Ann. Bd. 75, S. 497. 1914.

Um die Potentialfunktionen $\varphi_1, \varphi_2, \varphi_3$ aus diesen Gleichungen zu bestimmen, setzt man zunächst

$$\frac{m}{m-2} = \frac{2\lambda}{1+\lambda}, \tag{7}$$

wodurch sie die Form

$$\varphi_1(p) = (1+\lambda)\,U(p) + \lambda\left\{-\varphi_1 + \frac{1}{2\pi}\frac{\partial}{\partial y}\iiint\frac{q_3\,d\omega}{r} - \frac{1}{2\pi}\frac{\partial}{\partial z}\iiint\frac{q_2\,d\omega}{r}\right\} \tag{8}$$

usw. erhalten. Aus diesen Gleichungen schließt man zunächst für hinreichend kleine Werte von $\lambda$ auf die Existenz der den Bedingungen (8) genügenden Potentialfunktionen, indem man das Verfahren der sukzessiven Approximationen anwendet. Man beginnt damit, daß man für kleine $\lambda$ die $\lambda$ enthaltenden Glieder wegläßt. Man erhält dadurch als Oberflächenbedingung für die ersten Näherungen

$$\varphi_1^{(1)} = U\,, \quad \varphi_2^{(1)} = V\,, \quad \varphi_3^{(1)} = W\,; \tag{9}$$

d. h. die ersten Näherungen sind diejenigen Potentialfunktionen, deren Randwerte mit den vorgeschriebenen Werten von $u, v, w$ übereinstimmen. Zur Gewinnung einer zweiten Näherung setzt man diese erstgewonnenen Werte auf der rechten Seite in die Glieder mit $\lambda$ ein, und bekommt so die Oberflächenwerte für die zweiten Näherungen. In derselben Weise wird fortgefahren, die letztgewonnene Näherung wird jeweils auf der rechten Seite in die Glieder mit $\lambda$ eingesetzt, wodurch man die Oberflächenwerte für die nächste Näherung erhält, die dann durch Lösung der Randwertaufgabe der Potentialtheorie gewonnen wird. Das Verfahren läuft darauf hinaus, die Lösung nach Potenzen des Parameters $\lambda$ zu entwickeln. Die Schwierigkeit besteht darin, die Konvergenz dieser Entwicklung zu beweisen; das letztere gelingt mit Hilfe einer Reihe von Hilfsbetrachtungen über Potentialfunktionen. Damit ist zunächst die Existenz der Lösung für hinreichend kleine Werte von $\lambda$ dargetan. Der Existenzbeweis für beliebige Werte von $\lambda$ wird dann in der Weise geführt, die in der Theorie der linearen Integralgleichungen klassisch geworden ist. Es wird gezeigt, daß für jedes $\lambda$, mit Ausnahme einer diskreten Reihe von $\lambda$-Werten, die der absoluten Größe nach geordnet $\lambda_1, \lambda_2, \lambda_3$ usw. sein mögen, sicher eine Lösung der Gleichungen (8) existiert. Die ausgeschlossenen $\lambda$-Werte, für welche keine Lösung existiert, haben insofern keine physikalische Bedeutung, als sie zu Werten von $m$ gehören, welche außerhalb der physikalisch möglichen Grenzen von $m\,(2 \leqq m \leqq \infty)$ liegen.

Damit ist der Beweis der Existenz der Lösung vollständig. Die Methode läßt sich auch auf den Fall gegebener Oberflächenkräfte erweitern, und auch auf den Fall gemischter Randbedingungen.

Bezüglich der Wahl des Parameters $\lambda$ ist zu bemerken, daß die zunächst willkürlich scheinende Wahl dadurch bedingt ist, daß der Häufungspunkt der ausgeschlossenen $\lambda$-Werte, für welche keine Lösung existiert, im Unendlichen liegt, so daß in jedem endlichen Intervall nur endlich viele ausgeschlossene Werte vorkommen können.

b) Der Existenzbeweis von LICHTENSTEIN[1]) benutzt in sehr eleganter Weise die Theorie der linearen Integralgleichungen. Er geht von der Tatsache aus, daß man die Grundgleichungen für die Verschiebungen

$$\Delta u + \frac{m}{m-2}\frac{\partial\Theta}{\partial x} = 0 \tag{10}$$

usw. wegen der Beziehung

$$\Delta\Theta = 0 \tag{11}$$

[1]) L. LICHTENSTEIN, Über die erste Randwertaufgabe der Elastizitätstheorie. Math. ZS. Bd. 20, S. 21. 1924.

in der Form

$$\Delta\left(u + \frac{1}{2}\,\frac{m}{m-2}\,x\Theta\right) = 0 \tag{12}$$

schreiben kann. Die Funktionen

$$u + \frac{m}{m-2}\,\frac{x\Theta}{2}, \quad v + \frac{m}{m-2}\,\frac{y\Theta}{2}, \quad w + \frac{m}{m-2}\,\frac{z\Theta}{2} \tag{13}$$

sind also Potentialfunktionen. Denkt man sich nun zunächst außer den Randwerten von $u, v, w$, die wieder $U, V, W$ sein sollen, auch die Randwerte von $\Theta$ gegeben, so kann man die Potentialfunktionen (13) mit Hilfe der GREENschen Funktion des von dem Körper erfüllten Gebietes durch ihre Randwerte darstellen. Ist $x, y, z$ der Punkt, für welchen diese Funktionen dargestellt werden sollen, und bezeichnen wir mit $\xi, \eta, \zeta$ die Koordinaten eines Oberflächenpunktes, ferner mit $G(x, y, z;\ \xi, \eta, \zeta)$ die GREENsche Funktion, so ist

$$u(x,y,z) + \varkappa x\Theta(x,y,z) = \frac{1}{4\pi}\iint \frac{\partial G}{\partial \nu}\{u(\xi,\eta,\zeta) + \varkappa\xi\Theta(\xi,\eta,\zeta)\}\,do \quad \left(\varkappa = \frac{1}{2}\,\frac{m}{m-2}\right). \tag{14}$$

Analoge Gleichungen gelten für $v$ und $w$. Ebenso können wir $\Theta$ selbst darstellen, da es auch eine Potentialfunktion ist. Multiplizieren wir gleich mit $\varkappa x$, so erhalten wir

$$\varkappa x\,\Theta(x,y,z) = \frac{\varkappa}{4\pi}\iint \frac{\partial G}{\partial \nu}\,x\,\Theta(\xi,\eta,\zeta)\,do\,. \tag{15}$$

Ziehen wir (15) von (14) ab und bemerken, daß

$$\frac{1}{4\pi}\iint \frac{\partial G}{\partial \nu}\,u(\xi,\eta,\zeta)\,do = U(x,y,z) \tag{16}$$

der Wert derjenigen Potentialfunktion im Punkte $x, y, z$ ist, welche an der Oberfläche die Werte $U$ annimmt — wir wollen sie mit $U(x, y, z)$ bezeichnen —, so wird

$$u(x,y,z) = U(x,y,z) + \frac{\varkappa}{4\pi}\iint \frac{\partial G}{\partial \nu}(\xi - x)\,\Theta(\xi,\eta,\zeta)\,do$$

und ebenso

$$\left.\begin{aligned} v(x,y,z) &= V(x,y,z) + \frac{\varkappa}{4\pi}\iint \frac{\partial G}{\partial \nu}(\eta - y)\,\Theta(\xi,\eta,\zeta)\,do\,,\\ w(x,y,z) &= W(x,y,z) + \frac{\varkappa}{4\pi}\iint \frac{\partial G}{\partial \nu}(\zeta - z)\,\Theta(\xi,\eta,\zeta)\,do\,. \end{aligned}\right\} \tag{17}$$

Um eine Gleichung zu erhalten, in der nur noch $\Theta$ vorkommt, differenzieren wir in (17) die erste Gleichung nach $x$, die zweite nach $y$, die dritte nach $z$ und addieren. Die als bekannt zu betrachtende Funktion $\frac{\partial U}{\partial x} + \frac{\partial V}{\partial y} + \frac{\partial W}{\partial z}$ bezeichnen wir mit $\Theta^*$ und erhalten damit

$$\left.\begin{aligned} &\Theta(x,y,z) = \Theta^*(x,y,z)\\ &+ \frac{\varkappa}{4\pi}\iint\left\{(\xi - x)\frac{\partial^2 G}{\partial x\,\partial \nu} + (\eta - y)\frac{\partial^2 G}{\partial y\,\partial \nu} + (\zeta - z)\frac{\partial^2 G}{\partial z\,\partial \nu}\right\}\Theta(\xi,\eta,\zeta)\,do\\ &- \frac{3\varkappa}{4\pi}\iint \frac{\partial G}{\partial \nu}\,\Theta(\xi,\eta,\zeta)\,do\,. \end{aligned}\right\} \tag{18}$$

Das letzte Integral ist bis auf den Faktor $3\varkappa$ gleich $\Theta(x, y, z)$; also wird

$$\left.\begin{aligned} &\Theta(x,y,z)\,(1 + 3\varkappa) = \Theta^*(x,y,z)\\ &+ \frac{\varkappa}{4\pi}\iint\left\{(\xi - x)\frac{\partial^2 G}{\partial x\,\partial \nu} + (\eta - y)\frac{\partial^2 G}{\partial y\,\partial \nu} + (\zeta - z)\frac{\partial^2 G}{\partial z\,\partial \nu}\right\}\Theta(\xi,\eta,\zeta)\,do\,. \end{aligned}\right\} \tag{19}$$

Dies können wir noch etwas einfacher schreiben, wenn wir den vom Punkte $x, y, z$ nach einem Oberflächenpunkte führenden Radiusvektor mit $\varrho$ bezeichnen

$$\varrho^2 = (\xi - x)^2 + (\eta - y)^2 + (\zeta - z)^2 \tag{20}$$

und berücksichtigen, daß

$$(\xi - x)\frac{\partial}{\partial x} + (\eta - y)\frac{\partial}{\partial y} + (\zeta - z)\frac{\partial}{\partial z} = -\varrho\frac{\partial}{\partial \varrho} \tag{21}$$

ist. Damit wird (19)

$$(1 + 3\varkappa)\,\Theta(x, y, z) = \Theta^*(x, y, z) - \frac{\varkappa}{4\pi}\iint \varrho\,\frac{\partial^2 G}{\partial\varrho\,\partial\nu}\,\Theta(\xi, \eta, \zeta)\,do\,. \tag{22}$$

Lassen wir jetzt den Bezugspunkt $x, y, z$ selbst in einen Punkt der Oberfläche rücken, so erhalten wir eine Integralgleichung für die Oberflächenwerte von $\Theta$[1]). Das erfordert eine genauere Betrachtung des Verhaltens der GREENschen Funktion bei diesem Übergange. Das Ergebnis dieser Betrachtung, die wir nicht ausführlich wiedergeben wollen, läßt sich folgendermaßen darstellen: Ist $p$ der angestrebte Punkt der Oberfläche, so schneiden wir ihn durch ein kleines Flächenstück $F$ aus der übrigen Oberfläche heraus. Dann liefert das kleine Flächenstück $F$ (das wir uns beliebig klein werdend denken) zu dem Integral in (22) einen Beitrag von der Größe $-8\pi\,\Theta(p)$. Schreiben wir diesen Anteil für sich, und erstrecken das Integral nur noch über die Oberfläche außerhalb von $F$ — oder etwas anders ausgedrückt, integrieren wir das Integral über die Oberfläche „mit Ausschluß des Punktes $p$" —, so wird Gleichung (22)

$$\Theta(p)(1 + 3\varkappa) = \Theta^*(p) + \frac{\varkappa}{4\pi}\left\{8\pi\,\Theta(p) - \iint \varrho\,\frac{\partial^2 G}{\partial\varrho\,\partial\nu}\,\Theta(o)\,do\right\}$$

oder

$$\Theta(p) = \frac{1}{1 + \varkappa}\left\{\Theta^*(p) - \frac{\varkappa}{4\pi}\iint \varrho\,\frac{\partial^2 G}{\partial\varrho\,\partial\nu}\,\Theta(o)\,do\right\}. \tag{23}$$

Das ist eine lineare Integralgleichung des FREDHOLMschen Typus. Da der Kern $\varrho\,\frac{\partial^2 G}{\partial\varrho\,\partial\nu}$, wie aus Untersuchungen von LEVY folgt, im Punkte $p$ nur wie $\frac{1}{\varrho}$ unendlich wird, ist die Integralgleichung der FREDHOLMschen Theorie zugänglich. Sie ist sicher lösbar, denn wenn sie es nicht wäre, hätte die homogene Gleichung eine Lösung, die wir erhalten, wenn wir in (23) $\Theta^* = 0$ setzen. Das würde aber bedeuten, daß die Randwertaufgabe der Elastizitätstheorie bei verschwindenden Oberflächenverschiebungen eine von Null verschiedene Lösung besäße, was unmöglich ist.

Damit ist im wesentlichen die Existenz der Lösung dargetan.

**51. Die COSSERATschen Funktionen.** Als Abschluß zu den Betrachtungen über die Existenzfragen möge hier noch eine eigenartige Methode Erwähnung finden, welche man E. u. F. COSSERAT[2]) verdankt. Man schreibt die Grundgleichungen in der Form

$$\left.\begin{aligned} \Delta u + k\frac{\partial\Theta}{\partial x} &= 0\,, \\ \Delta v + k\frac{\partial\Theta}{\partial y} &= 0\,, \\ \Delta w + k\frac{\partial\Theta}{\partial z} &= 0 \end{aligned}\right\} \qquad \left(k = \frac{m}{m-2}\right) \tag{1}$$

---

[1]) Die Oberfläche wird dabei als geschlossene, singularitätenfreie, analytische Fläche vorausgesetzt.

[2]) E. u. F. COSSERAT, C. R. Bd. 126, S. 1089. 1898; Bd. 127, S. 415. 1898; Bd. 193, S. 145, 271, 236, 361, 382. 1901.

und fragt zunächst nach solchen Werten des Parameters $k$, für welche diese Gleichungen Lösungen besitzen, welche an der Oberfläche des betrachteten Körpers verschwinden. Diese Werte von $k$ bilden eine diskrete Reihe, deren Werte wir mit $k_1$, $k_2$, $k_3$ usw. bezeichnen wollen; die zugehörigen Werte von $m$, nämlich $m_1$, $m_2$ usw., liegen außerhalb des physikalischen Bereiches $2 \leqq m \leqq \infty$. Zu diesen Werten mögen die Verschiebungen

$$u_1, v_1, w_1; \quad u_2, v_2, w_2; \quad u_3, v_3, w_3$$

usw. gehören. Ebenso bezeichnen wir die zu diesen Verschiebungen gehörenden Dilatationen mit $\Theta_1$, $\Theta_2$, $\Theta_3$ usw.

Diese Dilatationen sind durch die folgende Orthogonalitätseigenschaft ausgezeichnet. Gehören zu den voneinander verschiedenen Werten $k_\mu$ und $k_\varrho$ die Verschiebungen $u_\mu, v_\mu, w_\mu$ und $u_\varrho, v_\varrho, w_\varrho$ sowie die Dilatationen $\Theta_\mu$ und $\Theta_\varrho$, so ist das über das Volumen des Körpers zu nehmende Integral

$$\iiint \Theta_\mu \Theta_\varrho \, d\omega = 0. \tag{2}$$

Der Beweis folgt unmittelbar aus der Identität der Potentialtheorie

$$\iiint \{u_\mu \Delta u_\varrho - u_\varrho \Delta u_\mu\} d\omega = \iint \left\{u_\mu \frac{\partial u_\varrho}{\partial n} - u_\varrho \frac{\partial u_\mu}{\partial n}\right\} do. \tag{3}$$

Das Oberflächenintegral der rechten Seite fällt fort, weil die $u, v, w$ am Rande verschwinden. Setzen wir auf der linken Seite nach (1)

$$\Delta u_\varrho = -k_\varrho \frac{\partial \Theta_\varrho}{\partial x}, \quad \Delta u_\mu = -k_\mu \frac{\partial \Theta_\mu}{\partial x},$$

so erhalten wir

$$k_\varrho \iiint u_\mu \frac{\partial \Theta_\varrho}{\partial x} d\omega = k_\mu \iiint u_\varrho \frac{\partial \Theta_\mu}{\partial x} d\omega. \tag{4}$$

Aus einer partiellen Integration folgt wieder unter Berücksichtigung der Randbedingungen

$$\iiint u_\mu \frac{\partial \Theta_\varrho}{\partial x} d\omega = -\iiint \frac{\partial u_\mu}{\partial x} \Theta_\varrho \, d\omega, \tag{5}$$

also

$$k_\varrho \iiint \Theta_\varrho \frac{\partial u_\mu}{\partial x} d\omega = k_\mu \iiint \Theta_\mu \frac{\partial u_\varrho}{\partial x} d\omega \tag{6}$$

und in gleicher Weise für $v$ und $w$

$$k_\varrho \iiint \Theta_\varrho \frac{\partial v_\mu}{\partial y} d\omega = k_\mu \iiint \Theta_\mu \frac{\partial v_\varrho}{\partial y} d\omega, \tag{7}$$

$$k_\varrho \iiint \Theta_\varrho \frac{\partial w_\mu}{\partial z} d\omega = k_\mu \iiint \Theta_\mu \frac{\partial w_\varrho}{\partial z} d\omega. \tag{8}$$

Durch Addition ergibt sich somit

$$k_\varrho \iiint \Theta_\varrho \Theta_\mu \, d\omega = k_\mu \iiint \Theta_\mu \Theta_\varrho \, d\omega, \tag{9}$$

was wegen der Verschiedenheit von $k_\mu$ und $k_\varrho$ nur möglich ist, wenn

$$\iiint \Theta_\varrho \Theta_\mu \, d\omega = 0 \tag{10}$$

ist, was zu beweisen war.

Wir setzen voraus, daß sämtliche Werte von $k$, für die die Gleichungen (1) bei verschwindenden Oberflächenverschiebungen eine Lösung besitzen, mit diesen Lösungen ermittelt seien. Diese Lösungen sollen in der Weise normiert sein (durch Multiplikation mit einer geeigneten Konstanten), daß

$$\iiint \Theta_\varrho^2 \, d\omega = 1 \tag{11}$$

ist. Ferner sollen für den Fall, daß es zu einem $k$ mehrere Lösungen gibt — das können nur endlich viele linear unabhängige sein —, diese Lösungen so ausgewählt werden, daß auch hier für zwei verschiedene Lösungen die Orthogonalitätsbedingung (10) und die Normierung (11) erfüllt ist. Das kann man stets dadurch erzielen, daß man aus irgendwelchen linear unabhängigen Lösungen lineare Aggregate bildet, die jedenfalls auch Lösungen sind und deren Koeffizienten so bestimmt werden, daß die Orthogonalitätsbedingungen erfüllt sind und ebenfalls die Normierung.

Aus der Gesamtheit aller dieser Funktionen setzt man nun die Lösungen der Grundgleichungen in der Form

$$\left.\begin{aligned} u &= U(x,y,z) - k \sum_\varrho \frac{A_\varrho u_\varrho}{k - k_\varrho}, \\ v &= V(x,y,z) - k \sum_\varrho \frac{A_\varrho v_\varrho}{k - k_\varrho}, \\ w &= W(x,y,z) - k \sum_\varrho \frac{A_\varrho w_\varrho}{k - k_\varrho} \end{aligned}\right\} \tag{12}$$

an, wo $U$, $V$, $W$ drei Potentialfunktionen sind, die an der Oberfläche des Körpers die vorgeschriebenen Verschiebungswerte annehmen. Dann sind die Randbedingungen erfüllt. Sollen auch die Differentialgleichungen erfüllt sein, so muß

$$\frac{\partial U}{\partial x} + \frac{\partial V}{\partial y} + \frac{\partial W}{\partial z} = \Theta^*(x,y,z) = \sum A_\varrho \Theta_\varrho \tag{13}$$

werden. Um dies zu erreichen, muß über die Koeffizienten passend verfügt werden. Man erhält diese, wenn man die letzte Gleichung rechts und links mit $\Theta_h$ multipliziert und über das Volumen des Körpers integriert. Wegen der Orthogonalitätsbeziehung (10) bleibt auf der rechten Seite nach der Integration nur das Glied $A_h \iiint \Theta_h^2 \, d\omega$ übrig, welches wegen der Normierung (11) gleich $A_h$ wird. Es ergibt sich also

$$A_h = \iiint \Theta^* \Theta_h \, d\omega . \tag{14}$$

Zum vollkommenen Existenzbeweis bedarf es noch des Nachweises, daß die in der angegebenen Weise gebildete Reihe für $\Theta^*$ konvergiert und $\Theta^*$ wirklich darstellt. Wir wollen auf diesbezügliche Ergebnisse nicht näher eingehen; für die praktische Rechnung kommt die Methode im allgemeinen nicht in Frage. Einzelprobleme, die auch anderen Methoden zugänglich sind, sind damit behandelt worden.

**52. Das Verfahren von RITZ.** Die Minimaleigenschaften der Lösungen für die Grundgleichungen der Elastizitätstheorie werden in dem sog. RITZschen Verfahren[1]) zur numerischen Darstellung der Lösungen nutzbar gemacht. Nach Ziff. 18, Gleichung (5) sind die Verschiebungen, welche sich im Gleichgewichtsfalle wirklich einstellen, vor allen anderen geometrisch möglichen, mit den Auflagerbedingungen im Einklang stehenden Verschiebungen dadurch ausgezeichnet,

[1]) W. RITZ, Theorie der Transversalschwingungen einer quadratischen Platte. Ann. d. Phys. Bd. 28, S. 737. 1909.

daß für sie die potentielle Energie des Systems ein Minimum wird. Sind an der Oberfläche des Körpers teilweise die Verschiebungen, teilweise die Oberflächenkräfte gegeben — sagen wir etwa auf dem Teile $O_1$ der Oberfläche die Verschiebungen, auf dem Teile $O_2$ die Kräfte, — so ist unter der potentiellen Energie der Ausdruck

$$\Pi = A - \iiint \{Xu + Yv + Zw\} d\omega - \iint_{O_2} \{\Xi u + \mathrm{H} v + \mathrm{Z} w\} do \qquad (1)$$

zu verstehen, in welchem nach Gleichung (6) von Ziff. 16

$$A = G \iiint \left\{ \frac{m-1}{m-2} \Theta^2 - 2(\varepsilon_x \varepsilon_y + \varepsilon_y \varepsilon_z + \varepsilon_z \varepsilon_x) + \frac{1}{2}(\gamma_{xy}^2 + \gamma_{yz}^2 + \gamma_{zx}^2) \right\} d\omega \qquad (2)$$

die Formänderungsenergie bedeutet. Das Oberflächenintegral in (1) ist nur über die Teile $O_2$ der Oberfläche zu erstrecken, wo die Oberflächenkräfte $\Xi$, $\mathrm{H}$, $\mathrm{Z}$ pro Flächeneinheit gegeben sind. $X, Y, Z$ sind wieder die pro Volumeinheit in den drei Achsenrichtungen angreifenden Massenkräfte. Nach RITZ wird nun zur Lösung des Variationsproblems der folgende Ansatz gemacht:

$$\left.\begin{aligned} u_n &= U_0(x, y, z) + \sum_1^n a_\nu U_\nu(x, y, z), \\ v_n &= V_0(x, y, z) + \sum_1^n b_\nu V_\nu(x, y, z), \\ w_n &= W_0(x, y, z) + \sum_1^n c_\nu W_\nu(x, y, z), \end{aligned}\right\} \qquad (3)$$

wo $U_0$, $V_0$, $W_0$ drei Funktionen sind, welche auf der Teiloberfläche $O_1$ die dort vorgeschriebenen Verschiebungswerte annehmen, während die übrigen Funktionen $U_\nu$, $V_\nu$, $W_\nu$ daselbst verschwinden sollen. Dann sind jedenfalls durch den Ansatz bei beliebigen Koeffizienten $a_\nu$, $b_\nu$, $c_\nu$ die für die Verschiebungen vorgeschriebenen Oberflächenbedingungen erfüllt, die Funktionen $u_n$, $v_n$, $w_n$ sind also konkurrenzfähige Funktionen für das Variationsproblem. Von den Funktionen $U_\nu$, $V_\nu$, $W_\nu$ $(\nu \geqq 1)$ ist dabei vorauszusetzen, daß sie so allgemein gewählt sind, daß bei hinreichend hohem $n$ jedes für das Variationsproblem zulässige Verschiebungssystem mit seinen ersten Differentialquotienten in der Form (3) so approximiert werden kann, daß die Funktionswerte selbst und der Wert der potentiellen Energie beliebig nahe erreicht werden. Das ist z. B. der Fall, wenn wir für die $U_\nu$, $V_\nu$, $W_\nu$ $(\nu \geqq 1)$ der Reihe nach sämtliche Ausdrücke der Form $x^\lambda y^\mu z^\varrho$ setzen und diese mit einer Funktion multiplizieren, welche auf $O_1$ und sonst nirgends verschwindet. Diese approximierenden Funktionen sind fest gegeben. Bildet man nun für den Näherungsansatz $u_n$, $v_n$, $w_n$ (wo also die Summen der rechten Seite aus $n$ Gliedern bestehen) den Ausdruck für die potentielle Energie, so besteht dieser aus einer quadratischen Form in den Koeffizienten, welche von $A$ herrührt, und aus einem linearen Ausdruck in den $a_\nu$, $b_\nu$, $c_\nu$, welcher aus den Integralen $\iiint \{X u_n + Y v_n + Z w_n\} d\omega$ und $\iint \{\Xi u_n + \mathrm{H} v_n + \mathrm{Z} w_n\} do$ zu berechnen ist.

Man bestimmt nun die Koeffizienten $a_\nu$, $b_\nu$, $c_\nu$ so, daß der Ausdruck $\Pi_n$ für die potentielle Energie möglichst klein wird. Damit erhält man eine Näherungslösung für das Variationsproblem. Es fragt sich nur, ob mit wachsendem $n$ diese Näherungslösungen gegen die wahre Lösung konvergieren. Zunächst kann man nur aussagen, daß bei hinreichender Allgemeinheit des Systems der approximierenden Funktionen der Ausdruck für die potentielle Energie sich jedenfalls dem erstrebten Minimalwert immer mehr nähern muß. Daraus folgt aber noch nicht die Konvergenz der Funktionen selbst.

**53. Konvergenzbeweis für einen Spezialfall.** Einen Konvergenzbeweis wollen wir hier nur für einen speziellen Fall und unter Voraussetzung der Existenz der Lösung führen, um eine der Methoden anzudeuten, nach denen ein solcher Beweis zu führen ist. Dieser Spezialfall sei das Problem der Plattenbiegung bei eingespanntem Rande. Es sei also eine Platte gegeben, deren Mittelebene das Gebiet $G$ in der $xy$-Ebene bedecke. Ist dieselbe am Rande eingespannt und durch einen Druck von $p(x, y)$ kg/cm$^2$ senkrecht zu ihrer Ebene auf Biegung belastet, so ist nach Ziff. 30, Gleichung (24) die Durchbiegung $w$ durch diejenige Lösung der Differentialgleichung

$$\lambda \Delta \Delta w = p(x, y) \tag{1}$$

bestimmt, welche mit ihrer Normalableitung am Rande verschwindet, also die Randbedingungen

$$w = \frac{\partial w}{\partial \nu} = 0 \qquad (\nu = \text{Normale}) \tag{2}$$

auf der Randkurve $R$ erfüllt. Dabei ist der „Plattenfaktor"

$$\lambda = \frac{G h^3}{6} \frac{m}{m-1} \tag{3}$$

($h$ = Plattendicke, $G$ = Schubmodul, $m$ = Querkontraktionszahl). Als Variationsproblem ausgedrückt lautet die Aufgabe, eine Funktion $w$ zu finden, welche unter den Randbedingungen (2) die potentielle Energie

$$\Pi = A - \iint p(x, y)\, w(x, y)\, dx\, dy \tag{4}$$

zum Minimum macht. Dabei ist die Formänderungsarbeit $A$ [Ziff. 30, Gleichung (12)]

$$A = \frac{\lambda}{2} \iint (\Delta w)^2 dx\, dy\,. \tag{5}$$

Von den zur Konkurrenz zugelassenen Funktionen ist außer der Erfüllung der Randbedingungen zu fordern, daß sie stetige erste Differentialquotienten besitzen, und daß ihre zweiten Differentialquotienten höchstens so unendlich werden, daß das Integral der Formänderungsarbeit endlich bleibt.

Wir machen nun nach RITZ mit geeigneten Approximationsfunktionen $W_\varrho$ den Näherungsansatz der Form

$$w_n(x, y) = \sum_1^n c_\varrho W_\varrho(x, y)\,, \tag{6}$$

wo sämtliche $W_\varrho$ die Randbedingungen (2) erfüllen, und bestimmen die Koeffizienten $c_\varrho$ so, daß der Ausdruck für die potentielle Energie möglichst klein wird. Wir zeigen nun, daß für irgendeinen gegebenen Punkt $\xi, \eta$ die Näherungswerte $w_n(\xi, \eta)$ mit wachsendem $n$ gegen die wahre Lösung $w(\xi, \eta)$ konvergieren. Wir benutzen hauptsächlich die Tatsache, daß bei hinreichender Allgemeinheit der approximierenden Funktionen jedenfalls der Wert des zum Minimum zu machenden Ausdruckes gegen seinen wahren Wert — den wir den „Minimalwert des Variationsproblems" nennen wollen — konvergiert, und gehen von dem Grundgedanken aus, den gesuchten Funktionswert $w(\xi, \eta)$ in einer solchen Form darzustellen, daß zu seiner Bestimmung nur die Ausrechnung von „Minimalwerten" geeigneter Variationsprobleme erforderlich wird. Dieser Gedanke erscheint am einfachsten, wenn wir uns seine mechanische Bedeutung vergegenwärtigen. Dazu bemerken wir zunächst, daß der Minimalwert der potentiellen

Energie gleich der negativen Formänderungsarbeit wird. Für die Gleichgewichtslage ist nämlich die Formänderungsenergie

$$A = \tfrac{1}{2}\iint p w \, dx \, dy, \tag{7}$$

wie man entweder durch partielle Integration zeigt oder unmittelbar mechanisch schließt, indem man sich vorstellt, daß die Belastung allmählich aufgebracht wird, so daß die in Formänderungsenergie übergehende Arbeit der äußeren Kräfte den Wert (7) ergibt. Der Faktor 1/2 rührt daher, daß die Kräfte nicht von Anfang an den vollen Wert haben, sondern allmählich anwachsen, so daß zur Berechnung der Arbeit ihr Mittelwert zu nehmen ist, der wegen der Proportionalität von Kräften und Formänderungen gleich dem halben Endwert ist.

Um nun den Wert $w(\xi, \eta)$ zu bestimmen, den die Durchbiegung an der Stelle $\xi, \eta$ annimmt, bringen wir eine virtuelle Verschiebung dadurch hervor, daß wir außer der ursprünglich gegebenen Belastung $p(x, y)$ eine Einzelkraft $\varepsilon$ als Zusatzbelastung an der Stelle $\xi, \eta$ angreifen lassen. Die neue Gleichgewichtslage bei Wirkung von $p$ und $\varepsilon$ ist dann wieder durch ein Variationsproblem bestimmt, das wir aus dem ursprünglichen dadurch erhalten, daß wir in dem Ausdruck der potentiellen Energie das von der Einzelkraft $\varepsilon$ herrührende Glied $\varepsilon w(\xi, \eta)$ zufügen, d. h. es ist jetzt bei den unveränderten Randbedingungen (2) der Ausdruck

$$\Pi^* = A - \iint p w \, dx \, dy - \varepsilon w(\xi, \eta) \tag{8}$$

zum Minimum zu machen. Wir wollen das Variationsproblem (8) das „Nebenproblem" zu unserem ursprünglichen Variationsproblem (4) nennen. Wir denken uns das Nebenproblem gelöst und fragen nach dem „Minimalwert" desselben. Dieser Minimalwert ist gleich der negativen Formänderungsenergie, die wir in einfacher Weise bestimmen können. Denken wir uns nämlich auf die Platte zunächst die Zusatzbelastung $\varepsilon$ aufgebracht, so ruft dieselbe an der Stelle $\xi, \eta$ eine Durchbiegung $\varepsilon G(\xi, \eta)$ hervor, und die dabei aufgewendete Formänderungsarbeit wird

$$A_1 = \frac{\varepsilon^2}{2} G(\xi, \eta). \tag{9}$$

Bringen wir jetzt die eigentliche Last $p(x, y)$ auf, so ruft diese die eigentlich gesuchte Durchbiegung $w(x, y)$ hervor und leistet dabei selbst eine Arbeit

$$A_2 = \tfrac{1}{2}\iint p w \, dx \, dy. \tag{10}$$

Außerdem leistet aber die Zusatzkraft $\varepsilon$ noch die Arbeit

$$A_3 = \varepsilon w(\xi, \eta), \tag{11}$$

weil ihr Angriffspunkt sich um die Strecke $w(\xi, \eta)$ senkt. Hier tritt der Faktor 1/2 nicht auf, weil während dieser zweiten Deformation die Kraft $\varepsilon$ von Anfang an in voller Stärke wirkt. Damit wird die gesamte Formänderungsarbeit

$$A = A_1 + A_2 + A_3 = \frac{\varepsilon^2}{2} G(\xi, \eta) + \varepsilon w(\xi, \eta) + \frac{1}{2}\iint p w \, dx \, dy, \tag{12}$$

also ihr negativer Wert, der Minimalwert des „Nebenproblems", den wir mit $N(\xi, \eta, \varepsilon)$ bezeichnen wollen,

$$N(\xi, \eta, \varepsilon) = -\frac{\varepsilon^2}{2} G(\xi, \eta) - \varepsilon w(\xi, \eta) - \frac{1}{2}\iint p w \, dx \, dy. \tag{13}$$

Machen wir nun einmal $\varepsilon = -1$, dann $\varepsilon = +1$ und bestimmen für beide Fälle die Minimalwerte des Nebenproblems, so wird

$$\left.\begin{aligned} N(\xi, \eta, +1) &= -\tfrac{1}{2} G(\xi, \eta) - w(\xi, \eta) - \tfrac{1}{2}\iint p w \, dx \, dy, \\ N(\xi, \eta, -1) &= -\tfrac{1}{2} G(\xi, \eta) + w(\xi, \eta) - \tfrac{1}{2}\iint p w \, dx \, dy, \end{aligned}\right\} \tag{14}$$

also

$$w(\xi, \eta) = \tfrac{1}{2}\{N(\xi, \eta, -1) - N(\xi, \eta, +1)\}. \tag{15}$$

Damit ist unser erstes Ziel erreicht, den gesuchten Funktionswert $w(\xi, \eta)$ durch die Minimalwerte geeigneter „Nebenprobleme" darzustellen. Wesentlich am Ergebnis ist, daß das „Nebenproblem" auch wirklich eine Lösung besitzt, d. h. daß der Ausdruck $G(\xi, \eta)$ endlich bleibt, daß also eine Einzelkraft an ihrem Angriffspunkte nur eine endliche Durchbiegung hervorruft. Mathematisch bedeutet das, daß die zu unserem Randwertproblem gehörige GREENsche Funktion in ihrem singulären Punkte endlich bleiben muß, denn diese GREENsche Funktion ist weiter nichts als die von einer Einzelkraft hervorgebrachte Deformation.

Die Betrachtungen, die wir hiermit für die wahre Lösung unseres Variationsproblems angestellt haben, müssen wir noch für die Näherungslösungen des RITZschen Verfahrens wiederholen. Es ist dabei zweckmäßig, sich auf den Standpunkt zu stellen, daß die Bestimmung der RITZschen Näherungslösung $n$ten Grades (d. h. mit $n$ approximierenden Funktionen) die strenge Lösung desjenigen Variationsproblems liefert, welches sich aus dem eigentlichen ergibt, wenn wir zur Konkurrenz nur Funktionen der Form (6) mit unbestimmten Koeffizienten $c_\varrho$ zulassen. Die approximierenden Funktionen $W_\varrho(x, y)$ sollen fest gegeben und hinreichend allgemein sein. Bilden wir dann für irgendeine Deformation der Form

$$w_n(x, y) = \sum_1^n c_\varrho W_\varrho(x, y)$$

den Ausdruck für die potentielle Energie, so setzt derselbe sich in den Koeffizienten $c_\varrho$ aus einer von der Formänderungsarbeit herrührenden quadratischen Form

$$A_n = \tfrac{1}{2} \sum_1^n \sum_1^n a_{ik} c_i c_k \tag{16}$$

und einer die Arbeit der äußeren Kräfte liefernden Linearform

$$L_n = \sum_1^n l_i c_i \tag{17}$$

zusammen. Die Koeffizienten $a_{ik}$ und $l_i$ der beiden Formen sind dabei als bekannt anzusehen, da sie sich bei gegebenen Funktionen $W_\varrho(x, y)$ durch Volum- und Oberflächenintegrale über diese Funktionen und ihre Differentialquotienten berechnen lassen. Bestimmen wir nun die Koeffizienten $c_\varrho$ so, daß die potentielle Energie ein Minimum wird, so müssen dieselben den Gleichungen

$$\sum_k a_{ik} c_k = l_i \tag{18}$$

genügen. Multiplizieren wir hier rechts und links mit $c_i$, so erhalten wir für die Lösungen der Gleichungen durch Summation

$$\sum_1^n \sum_1^n a_{ik} c_i c_k = \sum c_i l_i, \tag{19}$$

woraus wir ersehen, daß im Minimalfall auch hier der zum Minimum zu machende Ausdruck

$$\Pi_n = A_n - L_n = \tfrac{1}{2} \sum \sum a_{ik} c_i c_k - \sum c_i l_i = -A_n \tag{20}$$

gleich dem negativen Wert der quadratischen Form wird, d. h. gleich der negativen Formänderungsarbeit.

Nun betrachten wir das „Nebenproblem", welches bei Zufügung einer Einzellast $\varepsilon$ im Punkte $\xi$, $\eta$ entsteht. Dann wird der zum Minimum zu machende Ausdruck

$$\Pi_n^* = A_n - L_n - \varepsilon w_n^*(\xi,\eta) = \tfrac{1}{2}\sum\sum a_{ik} C_i C_k - \sum l_i C_i - \varepsilon \sum C_i W_i(\xi,\eta), \quad (21)$$

und die Koeffizienten, die wir jetzt mit großen Buchstaben bezeichnen, müssen den Gleichungen

$$\sum_k a_{ik} C_k = l_i + \varepsilon W_i(\xi,\eta) \quad (22)$$

genügen. Setzen wir

$$C_i = c_i + \varepsilon \delta_i, \quad (23)$$

so genügen die $\delta_i$ den Gleichungen

$$\sum_k a_{ik} \delta_k = W_i(\xi,\eta) \quad (24)$$

Der Minimalwert des Nebenproblems, nach dem oben Gesagten gleich dem negativen Wert der quadratischen Form $\frac{1}{2}\sum\sum a_{ik} C_i C_k$, wird

$$\left.\begin{aligned} N_n(\xi,\eta,\varepsilon) &= -\frac{1}{2}\sum\sum a_{ik} C_i C_k = -\frac{1}{2}\sum\sum a_{ik}(c_i + \varepsilon\delta_i)(c_k + \varepsilon\delta_k) \\ &= -\frac{1}{2}\sum\sum a_{ik} c_i c_k - \varepsilon\sum\sum a_{ik} c_i \delta_k - \frac{\varepsilon^2}{2}\sum\sum a_{ik}\delta_i\delta_k . \end{aligned}\right\} \quad (25)$$

Hier ist in der mittleren Summe der rechten Seite

$$\sum a_{ik}\delta_k = W_i(\xi,\eta) \qquad \text{also} \qquad \sum\sum a_{ik} c_i \delta_k = \sum c_i W_i(\xi,\eta) = w_n(\xi,\eta) \quad (26)$$

und es wird

$$N_n(\xi,\eta,\varepsilon) = -\frac{1}{2}\sum\sum a_{ik} c_i c_k - \varepsilon w_n(\xi,\eta) - \frac{\varepsilon^2}{2}\sum\sum a_{ik}\delta_i\delta_k . \quad (27)$$

Nun wenden wir die gleiche Betrachtung wie oben an. Wir lösen das Nebenproblem einmal für $\varepsilon = +1$, dann für $\varepsilon = -1$ und erhalten, indem wir durch den Index $n$ andeuten, daß es sich um die RITZschen Näherungen $n$ten Grades handelt,

$$w_n(\xi,\eta) = \tfrac{1}{2}\{N_n(\xi,\eta,-1) - N_n(\xi,\eta,+1)\}. \quad (28)$$

Die Darstellung der Funktionswerte durch die Minimalwerte der Nebenprobleme gilt also für die Näherungslösungen ebenso wie für die wahre Lösung. Nun wissen wir aber, daß die Minimalwerte eines Variationsproblems konvergieren, d. h. es ist

$$\left.\begin{aligned} \lim_{n=\infty} N_n(\xi,\eta,-1) &= N(\xi,\eta,-1), \\ \lim_{n=\infty} N_n(\xi,\eta,+1) &= N(\xi,\eta,+1), \end{aligned}\right\} \quad (29)$$

also

$$\lim_{n=\infty} w_n(\xi,\eta) = w(\xi,\eta). \quad (30)$$

Das RITZsche Verfahren konvergiert also tatsächlich gegen den wahren Funktionswert.

Wir können sogar noch mehr aussagen, nämlich, daß die Konvergenz eine gleichmäßige ist. Die Konvergenz der Näherungswerte $N_n(\xi,\eta,\varepsilon)$ für die Minimalwerte $N(\xi,\eta,\varepsilon)$ der Nebenprobleme ist nämlich monoton, d. h. die Näherungswerte werden bei jedem Schritte sicher verbessert. Außerdem sind sie stetige Funktionen von $\xi$ und $\eta$. Nun sagt ein Satz von DINI aus, daß eine konvergente

Folge von stetigen Funktionen immer dann gleichmäßig konvergiert, wenn sie eine stetige Funktion monoton approximiert. Daraus folgt zunächst, daß $N_n(\xi, \eta, +1)$ und $N_n(\xi, \eta, -1)$ als Funktionen von $\xi$ und $\eta$ mit wachsendem $n$ gleichmäßig in $\xi$ und $\eta$ gegen $N(\xi, \eta, +1)$ und $N(\xi, \eta, -1)$ konvergieren, und daraus folgt die gleichmäßige Konvergenz von $w_n(\xi, \eta)$ gegen $w(\xi, \eta)$.

**54. Konvergenzerzeugung im allgemeinen Falle.** Die Übertragung dieses Konvergenzbeweises auf die allgemeinen Grundgleichungen der Elastizitätstheorie wird dadurch vereitelt, daß in dem allgemeinen Falle das Nebenproblem keine Lösung besitzt. Das Nebenproblem erhalten wir immer, indem wir zu der gegebenen Belastung an der zu untersuchenden Stelle eine Einzellast hinzufügen. Eine Einzellast, welche an einem Punkte angreift, bewirkt aber eine unendliche Durchbiegung, wie aus den Formeln (5) der Ziff. 32 hervorgeht. Also hat hier das Nebenproblem keine Lösung, und die Betrachtungen des Konvergenzbeweises sind nicht übertragbar. Man kann aber nach der angegebenen Methode beweisen, daß die Mittelwerte der Verschiebungen über irgendein Flächenstück $F$ konvergieren. Um zu zeigen, daß der Mittelwert von $u$ über $F$ konvergiert, betrachtet man das Nebenproblem, die Deformation zu bestimmen, wenn man zu den gegebenen Lasten noch eine über $F$ gleichmäßig verteilte, in der $x$-Richtung wirkende Belastung von der Größe $\varepsilon$ pro Flächeneinheit zufügt. Mit derselben Betrachtung wie oben erhält man als Minimalwert für dieses Nebenproblem den negativen Wert der Formänderungsarbeit. Diese setzt sich zusammen aus der Arbeit, welche die Zusatzkräfte für sich leisten, indem sie eine Deformation $\varepsilon\bar{u}$, $\varepsilon\bar{v}$, $\varepsilon\bar{w}$ erzeugen,

$$A_1 = \frac{\varepsilon^2}{2}\iint_F \bar{u}\, dF, \tag{31}$$

aus der Arbeit, welche die Zusatzkräfte bei der Deformation durch die eigentliche Belastung leisten,

$$A_2 = \varepsilon\iint_F u\, dF \tag{32}$$

und aus der Arbeit $A_3$ der eigentlichen Belastung bei der von ihr selbst hervorgerufenen Deformation, welche von $\varepsilon$ nicht mehr abhängt. Zusammen also kommt

$$A = A_3 + \varepsilon\iint u\, dF + \frac{\varepsilon^2}{2}\iint \bar{u}\, dF. \tag{33}$$

Man erhält also den Mittelwert $\iint u\, dF$, indem man das Nebenproblem einmal mit $\varepsilon = +1$, dann für $\varepsilon = -1$ löst, und die halbe Differenz der zugehörigen Minimalwerte

$$\iint u\, dF = \tfrac{1}{2}\{N(F, -1) - N(F, +1)\} \tag{34}$$

bildet. Auf diese Weise wird die Bestimmung des gesuchten Mittelwertes auf die Bestimmung der Minimalwerte für die Nebenprobleme zurückgeführt; aus dieser Darstellung folgt die Konvergenz genau wie oben. In der gleichen Weise zeigt man, daß irgendein Integral der Form $\iint u\varphi(x, y, z)\, dF$ konvergiert und ebenso für $v$ und $w$. Von hier aus gewinnt man ein Verfahren, um die Lösung auf alle Fälle zu konstruieren; denkt man sich nämlich aus dem elastischen Körper irgendeine Kugel herausgeschnitten, und denkt sich für die RITZschen Näherungen jedesmal innerhalb der Kugel diejenigen Funktionen bestimmt, welche an der Kugeloberfläche dieselben Werte $u_n$, $v_n$, $w_n$ annehmen, die man aus dem RITZschen Verfahren ermittelt, die aber im Innern der Kugel die Grundgleichungen der Elastizitätstheorie exakt erfüllen, so erhält man innerhalb der Kugel sog. „geglättete" Näherungsfunktionen, die sich aus den Werten auf der

Kugeloberfläche durch Oberflächenintegrale darstellen lassen, also jedenfalls gegen die wahren Werte konvergieren, da — wie bewiesen — die Oberflächenintegrale gegen ihre wahren Werte konvergieren. Diese Betrachtungen können zu einem Existenzbeweise ausgebaut werden, worauf an dieser Stelle aber nicht eingegangen werden soll.

Eine gewisse Schwierigkeit liegt beim RITZschen Verfahren immer darin, Funktionen zu finden, die auf der Oberfläche eines gegebenen Körpers vorgeschriebene Werte annehmen. Dies tritt immer da auf, wo Verschiebungen vorgeschrieben sind. Sind allenthalben die Oberflächenkräfte gegeben, so fällt diese Schwierigkeit fort, weil dann die Randbedingungen aus dem Variationsproblem fortfallen. Man hat lediglich unter gewissen Differenzierbarkeitsbedingungen die potentielle Energie zum Minimum zu machen, ohne daß die konkurrenzfähigen Funktionen an die Oberflächenbedingungen gebunden wären, die für die Lösung der Differentialgleichungen als Ausdruck des Gleichgewichts an der Oberfläche herauskommen. Diese Oberflächenbedingungen werden vielmehr von der Lösung des Variationsproblems von selbst erfüllt. Macht man in diesem Falle den Ansatz

$$u = \sum a_\varrho U_\varrho, \quad v = \sum b_\varrho V_\varrho, \quad w = \sum c_\varrho W_\varrho \tag{35}$$

und nimmt für die $U_\varrho$, $V_\varrho$, $W_\varrho$ Polynome in $x, y, z$, so ergeben sich für die Koeffizienten dieser Entwicklungen Formeln, die mit den früher erwähnten BETTIschen Formeln (s. Ziff. 47) identisch sind.

**55. Entwicklungen nach Partikularlösungen vom Standpunkt des RITZschen Verfahrens.** Die historisch älteste Methode zur Lösung der Randwertaufgaben der Elastizitätstheorie ist die Methode der Entwicklung nach partikularen Lösungen. Für den besonders wichtigen Fall der Kugel haben wir sie bereits früher angewendet, darüber hinaus ist sie für eine große Reihe von Spezialproblemen ausgestaltet worden (Zylinder, Ellipsoid, Kegel, Kreis-Ringkörper usw.). Über die Methode wollen wir hier nur einige grundlegende Bemerkungen machen, ohne die genannten Spezialfälle[1]) weiter zu verfolgen. Wir beschränken uns dabei auf die zwei besonderen Arten von Randwertaufgaben, daß entweder die Oberflächenkräfte oder die Oberflächenverschiebungen gegeben sein sollen. Am einfachsten beginnen wir mit dem Falle gegebener Oberflächenkräfte, weil wir diesen unmittelbar an die Betrachtungen über das RITZsche Verfahren anschließen können.

Es sei also ein Körper gegeben, an dessen Oberfläche in Richtung der drei Achsen pro Flächeneinheit die Kräfte $\Xi$, H, Z wirken sollen. Von Massenkräften sei abgesehen. Zur Lösung der Aufgabe, die Verschiebungen $u, v, w$ zu bestimmen, machen wir den Ansatz

$$u_n = \sum_1^n c_\varrho U_\varrho(x, y, z), \quad v_n = \sum_1^n c_\varrho V_\varrho(x, y, z), \quad w_n = \sum_1^n c_\varrho W_\varrho(x, y, z), \tag{1}$$

wo das System der Funktionen $U_\varrho$, $V_\varrho$, $W_\varrho$ für jeden Index $\varrho$ eine Partikularlösung der elastischen Grundgleichungen sein möge. Diese Funktionen sollen so ausgewählt sein, daß sie bei hinreichend hohem $n$ jede innerhalb des gegebenen Körpers stetige Lösung der elastischen Gleichungen mit beliebiger Genauigkeit darzustellen gestatten. Für einen einfach zusammenhängenden Körper genügen hierfür z. B. diejenigen Partikularlösungen, die man als homogene Polynome in $x, y, z$ darstellen kann. (Man zeigt dies auf Grund bekannter Sätze der Potentialtheorie, indem man die Lösungen durch Potentialfunktionen darstellt.)

[1]) Vgl. Kap. 3 ds. Bd. des Handb.

Die Koeffizienten für die Entwicklung (1) bestimmt man nun aus der Forderung, daß die potentielle Energie

$$\Pi_n = A_n - \iint \{\Xi u_n + \mathrm{H} v_n + \mathrm{Z} w_n\} \, do \tag{2}$$

($A_n$ = Formänderungsarbeit) ein Minimum werden soll. Wir wenden also einfach das RITZsche Verfahren an, nur nehmen wir als Approximationsfunktionen von vornherein solche Funktionen, die den Differentialgleichungen genügen, weil wir wissen, daß die Lösung dieselben erfüllt. Die Minimalbedingungen

$$\frac{\partial \Pi_n}{\partial c_h} = 0 \qquad (h = 1, 2, \ldots, n) \tag{3}$$

werden, wenn wir durch den Index $n$ immer andeuten, daß die betreffende Größe aus dem System $u_n, v_n, w_n$ gebildet ist, nach Ziff. 17, Gleichung (8)

$$\iiint \{\mathfrak{t}_n^{(x)} \operatorname{grad} U_h + \mathfrak{t}_n^{(y)} \operatorname{grad} V_h + \mathfrak{t}_n^{(z)} \operatorname{grad} W_h\} \, d\omega = \iint \{\Xi U_h + \mathrm{H} V_h + \mathrm{Z} W_h\} \, do \,. \tag{4}$$

Hier formen wir das Raumintegral durch partielle Integration um. Es ist nach den unter Ziff. 17 benutzten Formeln

$$\iiint \{\mathfrak{t}_n^{(x)} \operatorname{grad} U_h + \mathfrak{t}_n^{(y)} \operatorname{grad} V_h + \mathfrak{t}_n^{(z)} \operatorname{grad} W_h\} \, d\omega = \iint \{\Xi_n U_h + \mathrm{H}_n V_h + \mathrm{Z}_n W_h\} \, do \,, \tag{5}$$

also lauten die Minimalbedingungen

$$\iint \{\Xi_n U_h + \mathrm{H}_n V_h + \mathrm{Z}_n W_h\} \, do = \iint \{\Xi U_h + \mathrm{H} V_h + \mathrm{Z} W_h\} \, do \,. \tag{6}$$

Lassen wir hier $h$ von Eins bis $n$ gehen, so erhalten wir $n$ lineare Gleichungen in den zu bestimmenden Koeffizienten $c_1$ bis $c_n$.

Sind statt der Oberflächenkräfte die Oberflächenverschiebungen gegeben, so kann man den gleichen Ansatz benutzen. Sogar die Formeln zur Bestimmung der Koeffizienten sind im Grunde genommen die gleichen. Man muß nur beachten, daß nach dem BETTIschen Reziprozitätssatze

$$\iint \{\Xi U_h + \mathrm{H} V_h + \mathrm{Z} W_h\} \, do = \iint \{\Xi_h U + \mathrm{H}_h V + \mathrm{Z}_h W\} \, do \tag{7}$$

ist, wo $U$, $V$, $W$ die gegebenen Oberflächenverschiebungen sind. Setzen wir dies in die zur Koeffizientenbestimmung dienenden Formeln (6) ein, so fallen die jetzt unbekannten Oberflächenkräfte heraus und es treten die gegebenen Oberflächenverschiebungen an ihre Stelle. Die Gleichungen werden also

$$\iint \{\Xi_n U_h + \mathrm{H}_n V_h + \mathrm{Z}_n W_h\} \, do = \iint \{\Xi_h U + \mathrm{H}_h V + \mathrm{Z}_h W\} \, do \,. \tag{8}$$

Die klassischen Reihenentwicklungen sind durch Orthogonalitätseigenschaften in der Weise ausgezeichnet, daß für zwei verschiedene der Approximationsfunktionen $U_\nu$, $V_\nu$, $W_\nu$ und $U_\mu$, $V_\mu$, $W_\mu$ mit den Oberflächenkräften $\Xi_\nu$, $\mathrm{H}_\nu$, $\mathrm{Z}_\nu$ und $\Xi_\mu$, $\mathrm{H}_\mu$, $\mathrm{Z}_\mu$

$$\iint \{\Xi_\mu U_\nu + \mathrm{H}_\mu V_\nu + \mathrm{Z}_\mu W_\nu\} \, do = 0 \tag{9}$$

ist, oder daß die Funktionen sich wenigstens in Gruppen von je endlich vielen Funktionen so einteilen lassen, daß diese Orthogonalitätsbeziehung zwischen je zwei Funktionen aus verschiedenen Gruppen gelten.

Läßt man die Zahl der approximierenden Funktionen ins Unendliche wachsen, so konvergiert die Näherungslösung gegen die wahre Lösung, und zwar gleichmäßig in jedem Gebiet, welches ganz innerhalb des gegebenen Körpers liegt. Den Beweis kann man unter Voraussetzung der Existenz der Lösung verhältnismäßig einfach nach den im letzten Abschnitt dargelegten Methoden führen.

# XI. Ansätze zur Erweiterung der klassischen Theorie für nicht HOOKEsches Elastizitätsgesetz und endliche Verschiebungen.

**56. Die Verzerrungsenergiefunktion.** Läßt man die beiden Beschränkungen der klassischen Elastizitätstheorie auf kleine Deformationen und auf das HOOKEsche Elastizitätsgesetz fallen, so kann man den Verzerrungszustand nicht mehr durch die Verzerrungsgrößen in ihrer vereinfachten Gestalt

$$\varepsilon_x = \frac{\partial u}{\partial x}, \quad \gamma_{xy} = \frac{\partial u}{\partial y} + \frac{\partial v}{\partial x}$$

usw. beschreiben, sondern muß auf die allgemeine Form Ziff. 8, Gleichungen (5) zurückgreifen.

Man kann dann die Differentialgleichungen für die Verschiebungen am einfachsten mit Hilfe der Minimalprinzipe ableiten, also für den Fall des Gleichgewichts, auf den wir uns hier beschränken wollen, durch das Prinzip vom Minimum der potentiellen Energie (Prinzip der virtuellen Verrückungen), welches jedenfalls gültig bleibt.

Zunächst erhebt sich hier die Frage nach der Existenz der Verzerrungsenergiefunktion, d h. die Frage, ob in dem elastischen Körper bei einer bestimmten Deformation stets die gleiche Formänderungsarbeit aufgespeichert ist, unabhängig von der Art, in welcher diese Deformation hervorgebracht worden ist — also z. B. unabhängig von der Reihenfolge, in der etwaige verschiedene Belastungen aufgebracht worden sind.

Für die beiden Grenzfälle sehr rascher und sehr langsamer Belastungsvorgänge läßt sich diese Frage auf Grund thermodynamischer Überlegungen beantworten[1]). Sehr rasch nennen wir dabei einen Vorgang, wenn er so schnell vor sich geht, daß ein Wärmeaustausch zwischen benachbarten Volumelementen nicht stattfindet, also einen sog. adiabatischen Prozeß. Im anderen Grenzfall soll der Vorgang so langsam stattfinden, daß in jedem Augenblick thermisches Gleichgewicht herrscht, so daß der Vorgang als isothermer Prozeß bei konstanter Temperatur $T$ vor sich geht. Wir nehmen dabei an, daß die Belastungs- und Entlastungsvorgänge reversible thermodynamische Prozesse sind.

Versetzen wir nun den elastischen Körper in den deformierten Zustand $Z$ und nehmen an, daß die zur Deformation erforderliche Arbeit den Wert $A(I)$ hat, wenn wir die Deformation auf dem Wege $I$ vornehmen, dagegen den Wert $A(II)$, wenn wir sie auf dem Wege $II$ vornehmen, so könnten wir die Belastung auf dem Wege $I$, die Entlastung auf dem Wege $II$ vornehmen. Dann hätten wir bei der Belastung die Arbeit $A(I)$ aufgewendet, bei der Entlastung die Arbeit $A(II)$ wiedererhalten; die Differenz $A(I) - A(II)$ wäre in Wärme verwandelt worden. Bezeichnen wir nun die bei einer infinitesimalen Zustandsänderung zugeführte Wärmemenge mit $\delta Q$, so müßte nach dem ersten Hauptsatze der Thermodynamik

$$\int \delta Q + A(I) - A(II) = 0 \tag{1}$$

sein, wenn das Integral über den ganzen Kreisprozeß erstreckt wird. Es gilt zu zeigen, daß das Integral verschwindet. Für einen adiabatischen Prozeß ist das selbstverständlich, denn hier ist überhaupt $\delta Q = 0$. Für einen isothermen Prozeß ist es eine Folge des zweiten Hauptsatzes der Thermodynamik, wonach bei einem reversibeln Kreizprozeß $\int \frac{\delta Q}{T} = 0$ ist, woraus bei konstanter Temperatur $T$

[1]) W. THOMSON, On the thermoelastic and thermomagnetic properties of matter. Quarterly Journ. of Math. Bd. 1, S. 57. 1857.

wieder $\int \delta Q = 0$ folgt. Es ist also tatsächlich in beiden Fällen $\int \delta Q = 0$ und somit

$$A(I) = A(II). \tag{2}$$

Damit ist die Existenz einer nur von dem Deformationszustand abhängigen Verzerrungsenergie dargetan, und die Anwendung des Prinzips vom Minimum der potentiellen Energie legitimiert. Die Abhängigkeit der Verzerrungsenergie von den Verzerrungsgrößen kann natürlich nur aus dem Experiment gewonnen werden.

**57. Das Integrationsproblem.** Sind jetzt $x, y, z$ die rechtwinkligen Koordinaten eines Körperpunktes im undeformierten Zustand, $d\omega$ das Volumelement, $do$ das Oberflächenelement, ebenfalls im undeformierten Zustand, und $\mathsf{A}(\gamma_{xx} \ldots \gamma_{yz})\, d\omega$ der Energieinhalt von $d\omega$ im deformierten Zustand, ferner $X d\omega$, $Y d\omega$, $Z d\omega$ und $\Xi do$, $\mathsf{H} do$, $\mathsf{Z} do$ die am Volum- und Oberflächenelement angreifenden äußeren Kräfte, welche konstant, also unabhängig von der Verschiebung gegeben sein sollen, so verlangt das Minimalprinzip, daß der Ausdruck

$$\Pi = \iiint \mathsf{A}\, d\omega - \iiint \{Xu + Yv + Zw\}\, d\omega - \iint \{\Xi u + \mathsf{H} v + \mathsf{Z} w\}\, do \tag{1}$$

ein Minimum wird. Bildet man die EULER-LAGRANGEschen Differentialgleichungen für dieses Variationsproblem, so erhält man für die Verschiebungskomponenten $u, v, w$ drei nicht lineare partielle Differentialgleichungen zweiter Ordnung.

Zur Integration dieser Differentialgleichungen kann man den folgenden Weg gehen. Belastet man den Körper statt durch die Kräfte $X, Y, Z$; $\Xi, \mathsf{H}, \mathsf{Z}$ durch die Kräfte $\lambda X, \lambda Y, \lambda Z$; $\lambda \Xi, \lambda \mathsf{H}, \lambda \mathsf{Z}$, wo $\lambda$ ein Faktor ist, den man sich von Null an bis zu dem eigentlich verlangten Werte Eins wachsend denkt, so macht man für die Verschiebungen einen nach Potenzen von $\lambda$ fortschreitenden Ansatz

$$u = \lambda u_1 + \lambda^2 u_2 + \lambda^3 u_3 + \cdots \tag{2}$$

usw. Geht man mit diesem Ansatz in die Differentialgleichungen ein und verlangt, daß Glieder mit gleichen $\lambda$-Potenzen zusammengefaßt für sich verschwinden, so erhält man für die in der Entwicklung (2) stehenden Funktionen $u_1, u_2, u_3, \ldots$, $v_1, v_2, v_3, \ldots$, $w_1, w_2, w_3, \ldots$ eine Folge von rekurrierenden partiellen linearen Differentialgleichungen vom Typus der klassischen Grundgleichungen.

Auf diese Weise erhält man einen formalen Ansatz zur Integration, für welchen dann noch die Konvergenz der Reihen und die Erfüllung der Differentialgleichung nachzuweisen wäre.

Es liegt nahe, hier nach der Eindeutigkeit der Lösungen zu fragen, und es ist sicher anzunehmen, daß eine solche für hinreichend kleine Werte von $\lambda$ statthat. Allgemein ist sie sicher nicht vorhanden, wie ein einfaches Beispiel zeigt, welches zugleich die physikalische Bedeutung etwaiger Verzweigungspunkte der Lösung erkennen läßt. Wir wissen, daß ein gerader Stab, der durch eine Kraft in seiner Längsrichtung zusammengedrückt wird, bei hinreichender Belastung — also bei hinreichend großem $\lambda$ — seitlich ausknickt[1]), und neben der instabilen gestreckten Gleichgewichtslage zwei stabile ausgebogene Gleichgewichtslagen besitzt. Mathematisch stellt derjenige Wert von $\lambda$, bei welchem dies Ausknicken eintritt, einen Verzweigungspunkt der Lösungen dar. Es ist also die Frage nach der Knickung gleichbedeutend mit der Frage nach den Verzweigungspunkten der Lösungen.

Wir erkennen, daß die aus der elementaren Balkenbiegungslehre bekannte Theorie der Knickung sich zwanglos in die klassische Elastizitätstheorie eingliedert, wenn man die vereinfachenden Voraussetzungen kleiner Deformationen aufgibt.

Einzelausführungen hierzu sind bisher nicht gerechnet worden.

---

1) Vgl. Kap. 3, Abschn. X ds. Bd. des Handb.

Kapitel 3.

# Elastostatik.

Von

J. W. GECKELER, Jena.

Mit 92 Abbildungen.

## I. Einleitung.

**1. Vorbemerkung.** Das folgende Kapitel behandelt Einzelprobleme der Statik elastischer Körper, die mittels der in dem vorangehenden Kapitel entwickelten allgemeinen Differentialgleichungen und Integrationsmethoden der mathematischen Elastizitätstheorie zu lösen sind.

Es wird Wert darauf gelegt werden, die einzelnen Lösungen bis zu praktisch unmittelbar anwendbaren Formeln durchzuführen, die eine Kenntnis der in jedem einzelnen Falle auftretenden Spannungen und Formänderungen vermitteln. Erkennt man an, daß die Elastizitätstheorie außer den mehr mathematischen Interessen auch dieser Aufgabe zu dienen hat, so muß man auch Näherungslösungen einen Raum zugestehen, selbst wenn sie vom mathematischen Standpunkt aus uninteressant, vielleicht sogar nicht ganz einwandfrei sind. Für viele praktisch wichtige Probleme besitzen wir keine strenge Lösung, oder diese sind zu verwickelt und unübersichtlich, oder stellen theoretisch und rechnerisch zu hohe Anforderungen, als daß sie der genannten praktischen Aufgabe genügen könnten. Eine Näherungslösung, selbst wenn sie nicht mehr ganz unerheblich von der mathematisch strengen abweicht, kann aber immer noch mehr empfohlen werden, als empirisch ermittelte Formeln, die häufig die wahre Abhängigkeit der Größen voneinander doch nicht klar erkennen lassen und bei deren Verwendung immer die Gefahr besteht, daß durch irgendeine Überschreitung der für ihre Herleitung maßgebenden Versuchsbedingungen gänzlich falsche Werte erhalten werden. Dazu kommt noch, daß sowieso auch von einer mathematisch strengen Lösung bei der praktischen Anwendung im Bau- und Maschinenwesen meist keine völlige Übereinstimmung mit der Wirklichkeit erwartet werden darf, teils, weil die idealen physikalischen Grundlagen, von denen die Elastizitätstheorie ausgeht, nicht erfüllt sind, teils, weil die Randbedingungen kompliziert und nicht genau bekannt sind. Sind dagegen diese Fehlerquellen ausgeschaltet, so ist die Übereinstimmung zwischen Erfahrung und Versuch einerseits und Rechnung andererseits so gut, als sie überhaupt durch unsere Meßmethoden festzustellen ist[1]).

---

[1]) Die wichtigsten, im folgenden öfters genannten umfassenden Darstellungen und Lehrbücher seien hier zusammengestellt: A. CLEBSCH, Theorie der Elastizität fester Körper. Leipzig 1862. Französisch von B. DE ST.-VENANT; A. CLEBSCH, Théorie de l'élasticité des corps solides, avec des notes étendues de B. DE ST.-VENANT et A. FLAMANT. Paris 1883, C. L. NAVIER, Résumé des leçons sur l'application de la mécanique à l'établissement des

**2. Die verschiedenen Beanspruchungsarten eines Stabes.** Als Stab bezeichnet man in der Elastizitätstheorie einen Körper von zylindrischer oder prismatischer Gestalt, dessen Querschnittsabmessungen klein sind im Verhältnis zu seiner Erstreckung in axialer Richtung. Die Verbindungslinie der Schwerpunkte aller Querschnitte wird Stabachse oder Zentrallinie genannt.

An einem Stab möge ein System beliebiger äußerer Kräfte angreifen, die unter sich im Gleichgewicht sind. Denkt man sich dann den Stab durch einen Querschnitt in zwei Teile zerlegt, so muß jeder Teil im Gleichgewicht bleiben, wenn man den anderen Teil entfernt und an seiner Stelle äußere Kräfte anbringt, die die vorher übertragenen Spannungen ersetzen. Die an einem solchen Stabteil angreifenden Lasten können nach den Methoden der Statik zusammengefaßt werden. Erhält man hierbei eine Resultierende, die durch den Schwerpunkt des Querschnitts geht und in die Richtung der Stabachse fällt, so ist der Stab an dieser Stelle auf Zug oder Druck beansprucht. Fällt die Resultierende in die Ebene des Querschnitts und geht sie durch den Schwerpunkt, so spricht man von einer Schub- oder Scherbeanspruchung. Lassen sich die äußeren Kräfte zu einem Kräftepaar zusammenfassen, dessen Ebene auf der Stabachse senkrecht steht, so wird der Stab auf Torsion (Verdrehung oder Verdrillung) beansprucht. Ergibt die Zusammenfassung ein Kräftepaar, dessen Ebene durch die Stabachse geht, so spricht man vom Fall der reinen Biegung. Bleibt bei der Zusammenfassung außer einem solchen biegenden Kräftepaar noch eine Scherkraft übrig, so hat man es mit dem sog. Fall der allgemeinen Biegung zu tun. Ein Stab, der auf Biegung beansprucht wird, wird auch als Balken bezeichnet.

Über die einfache Zug-, Druck- und Scherbeanspruchung braucht an dieser Stelle nichts gesagt zu werden[1]). Dagegen ist die Torsion und die Biegung näher zu besprechen.

---

constructions et des machines, Paris 1826, 3. éd. par B. DE ST.-VENANT, 2 vols., Paris 1864; W. THOMSON u. P. G. TAIT, Treatise on natural philosophy, 1. Aufl., Oxford 1867, deutsch von H. HELMHOLTZ u. W. WERTHEIM, Braunschweig 1864, 2. Aufl., 2 vols., Cambridge 1879 bis 1883, wieder abgedruckt 1886, 1888, 1890, 1896; J. TODHUNTER, A history of the theory of elasticity and of the strength of materials. Ed. and compl. by KARL PEARSON, 3 vols., Cambridge 1886—1893; A. E. H. LOVE, A treatise on the mathematical theory of elasticity, 2 vols., Cambridge 1892—1893, 2. ed. Cambridge 1906, deutsch von A. TIMPE, Leipzig 1907 (künftig zitiert als „LOVE-TIMPE"); F. GRASHOF, Theorie der Elastizität und Festigkeit. Berlin 1878; A. FÖPPL, Vorlesungen über technische Mechanik, Bd. 3, Festigkeitslehre, 1. Aufl., Leipzig 1897; Bd. 5, Die wichtigsten Lehren der höheren Elastizitätstheorie. 1907; H. LORENZ, Lehrbuch der technischen Physik, Bd. 4, Technische Elastizitätslehre. München u. Berlin 1913; A. u. L. FÖPPL, Drang und Zwang. Eine höhere Festigkeitslehre für Ingenieure, 2 Bde., München u. Berlin 1920. An zusammenfassenden Darstellungen einzelner Probleme sind noch zu nennen: R. MAYER, Die Knickfestigkeit. Berlin 1921; A. NÁDAI, Elastische Platten. Berlin 1925.

Ferner kommen folgende Artikel der Enzyklopädie der mathematischen Wissenschaften in Betracht: C. H. MÜLLER u. A. TIMPE, Die Grundgleichungen der mathematischen Elastizitätstheorie, Bd. IV, 23; O. TEDONE, Allgemeine Theoreme der mathematischen Elastizitätstheorie (Integrationstheorie), Bd. IV, 24; O. TEDONE u. A. TIMPE, Spezielle Ausführungen zur Statik elastischer Körper, Bd. IV, 25; TH. v. KÁRMÁN, Festigkeitsprobleme im Maschinenbau, Bd. IV, 27.

Schließlich seien noch die einschlägigen zusammenfassenden Berichte genannt, die in der Zeitschrift für angewandte Mathematik und Mechanik erschienen sind: L. FÖPPL, Neuere Fortschritte der technischen Elastizitätstheorie, Bd. 1, S. 466. 1921; TH. PÖSCHL, Bisherige Lösungen des Torsionsproblems, Bd. 1, S. 312. 1921; Bd. 2, S. 137. 1922; H. HENCKY, Stabilitätsprobleme der Elastizitätstheorie, Bd. 2, S. 292. 1922; A. NÁDAI, Theorie der Plattenbiegung und ihre experimentelle Bestätigung, Bd. 2, S. 381. 1922; E. L. NICOLAI, Stabilitätsprobleme der Elastizitätstheorie, Bd. 3, S. 227. 1923; H. SELLENTIN, Die Ermittlung der Drehspannungen in geraden zylindrischen Stäben, Bd. 6, S. 159. 1926.

[1]) Vgl. Kap. 1, Ziff. 4ff. ds. Bd. des Handb.

# II. Die Torsion der Stäbe.

**3. Ältere Theorien.** Die ersten Untersuchungen über die Torsion stammen von COULOMB[1]), sie beziehen sich auf Zylinder von kreisförmigem Querschnitt (Drähte). Eine von NAVIER[2]) aufgestellte Theorie dehnte das von COULOMB erhaltene Ergebnis auf Stäbe von beliebigem Querschnitt aus. Danach sollte der Drillungswiderstand proportional dem Schubmodul und dem polaren Trägheitsmoment des Querschnitts sein. NAVIER war dabei von der Vorstellung ausgegangen, daß beim Verdrehen eines Stabes dessen Querschnitte eben bleiben würden. Diese Annahme entspricht der BERNOULLIschen Hypothese (Ziff. 15) der Biegungstheorie. Während diese zwar nicht immer richtig ist, sich aber doch für die Gewinnung von Näherungslösungen als durchaus brauchbar und wertvoll erwiesen hat, führt die NAVIERsche Annahme im Falle der Torsion auf offensichtliche Widersprüche mit der Erfahrung. Folgendes Beispiel zeigt dies besonders deutlich. Vergleicht man einen Stab von kreisförmigem Querschnitt (Spazierstock) mit einem solchen, dessen Querschnitt ein schmales Rechteck (Reißschiene) von gleicher Fläche ist unter sonst gleichen Verhältnissen hinsichtlich ihres Drillungswiderstandes, so weiß man aus der Erfahrung, daß ersterer widerstandsfähiger ist. Nach der NAVIERschen Theorie müßte dies aber umgekehrt sein, denn der Kreis hat unter allen Querschnitten gleichen Flächeninhalts das kleinste polare Trägheitsmoment, müßte also auch den geringsten Drillungswiderstand aufweisen. Die Ursache für dieses falsche Ergebnis der Theorie ist in der Annahme über das Ebenbleiben der Querschnitte zu suchen. Tatsächlich wird durch diese Annahme eine wesentliche Randbedingung verletzt. Betrachtet man nämlich als Beispiel einen Stab von quadratischem Querschnitt (Abb. 1), so würde nach der NAVIERschen Theorie bei der Verdrillung in jedem Punkt eines Querschnitts nur eine Schubspannung $\tau$ in der Richtung senkrecht zur Verbindungslinie dieses Punktes mit dem Querschnittsmittelpunkt wirken. Dies gilt auch für die Punkte des Randes. Man kann nun die Schubspannung $\tau$ in zwei Komponenten $\tau_{zx}$ und $\tau_{zy}$ zerlegen, von denen die eine in der Richtung des Randes, die andere senkrecht dazu verläuft. Die der letzteren zugeordneten[3]) Schubspannungen würden dann auf der Mantelfläche angreifen. Im allgemeinen wird aber verlangt, daß diese spannungsfrei bleibt. Der NAVIERsche Spannungszustand wäre — vom Kreis abgesehen — nur möglich, wenn außer dem tordierenden Kräftepaar längs des Mantels auch noch Schubspannungen parallel zur Stabachse angreifen würden. Davon ist aber im allgemeinen nicht die Rede. Daraus folgt, daß die Querschnitte nicht eben bleiben können. Dies wurde zuerst von CAUCHY[4]) bemerkt, doch ist seine Lösung für das rechteckige Prisma, wie er selbst angibt, nicht streng. Eine einwandfreie Theorie hat, ausgehend von den elastischen Grundgleichungen, DE SAINT-VENANT[5]) 1855 entwickelt.

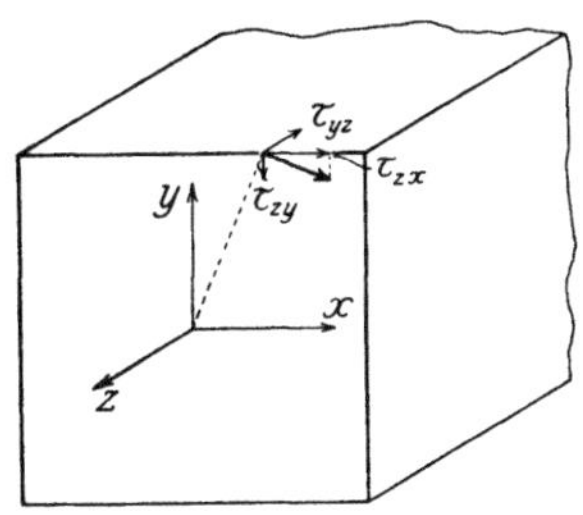

Abb. 1. NAVIERS Theorie der Torsion.

[1]) C. A. COULOMB, Histoires de l'Académie 1784, S. 229. Paris 1787.

[2]) C. L. NAVIER, Résumé des leçons etc., Paris 1826.

[3]) Über den Begriff der zugeordneten Schubspannung s. Kap. 1, Ziff. 8 ds. Bd. des Handb.

[4]) A. L. CAUCHY, Exercices de mathématiques Bd. 4, S. 43, 47. 1829; Oeuvres (2) Bd. 9, S. 61.

[5]) B. DE SAINT-VENANT, De la torsion des prismes, avec des considérations sur leur flexion. Mém. des Savants étrangers Bd. 14, S. 233. 1855 (vom Juni 1853). Vorläufige Mitteilungen C. R. Bd. 17, S. 1180. 1843; Bd. 24, S. 260, 485, 847. 1847. In SAINT-VENANTS Ausgabe von NAVIERS Vorlesungen sind die Untersuchungen als Note zu § 156, S. 239 angeführt.

**4. Die SAINT-VENANTsche Theorie.** Läßt man (mit Beibehaltung des in Abb. 1 gewählten Koordinatensystems) außer den Verschiebungen $u$ und $v$ innerhalb der Querschnittsebenen, wie NAVIER sie annahm, noch eine Verwölbung $w$ der Querschnitte zu, die durch Gleiten axialer Linienelemente in der Längsrichtung des Prismas entsteht, und nimmt man an, daß in genügender Entfernung von der Lastangriffsstelle alle Querschnitte unter gleichen Bedingungen stehen, also $\frac{\partial w}{\partial z} = 0$ ist, so kommt man zu dem Ansatz

$$u = -\vartheta y z, \quad v = +\vartheta x z, \quad w = \vartheta \varphi(x, y); \tag{1}$$

$\vartheta$ ist der auf die Längeneinheit treffende Verdrillungswinkel. $\varphi(x, y)$ ist eine vorerst unbekannte Funktion, die als Torsionsfunktion bezeichnet wird. Mit diesem Ansatz wird die Volumdehnung $\Theta = \frac{\partial u}{\partial x} + \frac{\partial v}{\partial y} + \frac{\partial w}{\partial z} = 0$, d. h., bei der reinen Torsionsbeanspruchung bleibt der Rauminhalt des beanspruchten Stabes unverändert. Von den elastischen Grundgleichungen[1])

$$\left.\begin{aligned} \Delta^2 u + \frac{m}{m-2}\frac{\partial \Theta}{\partial x} &= 0, \\ \Delta^2 v + \frac{m}{m-2}\frac{\partial \Theta}{\partial y} &= 0, \\ \Delta^2 w + \frac{m}{m-2}\frac{\partial \Theta}{\partial z} &= 0 \end{aligned}\right\} \tag{2}$$

sind die beiden ersten durch den Ansatz ohne weiteres erfüllt, und die verbleibende dritte lautet

$$\Delta \varphi \equiv \frac{\partial^2 \varphi}{\partial x^2} + \frac{\partial^2 \varphi}{\partial y^2} = 0. \tag{3}$$

Die Lösung des Torsionsproblems läuft somit im wesentlichen darauf hinaus, die Torsionsfunktion $\varphi$, die der LAPLACEschen Differentialgleichung (3) genügen muß, für den betreffenden Querschnitt aufzusuchen. Als Randbedingung hat man dabei die oben als wesentlich erkannte Forderung zu beachten, daß am Rand die Schubspannungen in die Richtung des Querschnittsumrisses fallen:

$$\frac{\tau_{zy}}{\tau_{zx}} = \frac{dy}{dx} \qquad \text{oder} \qquad \tau_{zx}\frac{dy}{ds} - \tau_{zy}\frac{dx}{ds} = 0. \tag{4}$$

Bezeichnet $G$ den Schubmodul, so erhält man aus den Gleichungen (1) für die Komponenten der Schubspannung[2])

$$\tau_{zx} = G\vartheta\left(-y + \frac{\partial \varphi}{\partial x}\right), \quad \tau_{zy} = G\vartheta\left(x + \frac{\partial \varphi}{\partial y}\right), \quad \tau_{xy} = 0, \tag{5}$$

wozu nach

$$\frac{\partial \tau_{zy}}{\partial x} - \frac{\partial \tau_{zx}}{\partial y} = 2G\vartheta \tag{5'}$$

notiert werden soll.

Als Randbedingung erhält man

$$\frac{\partial \varphi}{\partial x}\frac{dy}{ds} - \frac{\partial \varphi}{\partial y}\frac{dx}{ds} = y\frac{dy}{ds} + x\frac{dx}{ds}. \tag{4'}$$

Die Spannungen in jedem Querschnitt sind statisch gleichwertig einem Kräftepaar, dessen Moment sich aus den Gleichungen (5) ergibt zu

$$M = G\vartheta \iint \left(x^2 + y^2 + x\frac{\partial \varphi}{\partial y} - y\frac{\partial \varphi}{\partial x}\right) dx\, dy. \tag{6}$$

---

[1]) Siehe Kap. 2, Ziff. 13 ds. Bd. des Handb.
[2]) Siehe Kap. 2, Ziff. 10 und 11 ds. Bd. des Handb.

Dies ist auch der Betrag der an den Stabenden angreifenden Kräftepaare, die den beschriebenen Spannungszustand hervorrufen. Ist in praktischen Fällen die Verteilung der angreifenden Spannungen eine andere als sie den obigen Gleichungen entspricht, so darf man doch erwarten, daß die Abweichungen des wirklichen Zustandes von dem beschriebenen auf die nächste Umgebung des Lastangriffes beschränkt bleiben (SAINT-VENANTsches Prinzip). Führt man noch

$$C = G\iint\left(x^2 + y^2 + x\frac{\partial\varphi}{\partial y} - y\frac{\partial\varphi}{\partial x}\right)dx\,dy \tag{7}$$

ein, so erhält man als Drillungswinkel

$$\vartheta = \frac{M}{C}. \tag{8}$$

$C$ wird als Drillungssteifigkeit bezeichnet. Die potentielle Energie des tordierten Stabes ist pro Längeneinheit

$$\begin{aligned}\overline{A} &= \frac{1}{2}G\vartheta^2\iint\left[\left(\frac{\partial\varphi}{\partial x} - y\right)^2 + \left(\frac{\partial\varphi}{\partial y} + x\right)^2\right]dx\,dy \\ &= \frac{1}{2}C\vartheta^2 + \frac{1}{2}G\vartheta^2\iint\left[x\frac{\partial\varphi}{\partial y} - y\frac{\partial\varphi}{\partial x} + \left(\frac{\partial\varphi}{\partial x}\right)^2 + \left(\frac{\partial\varphi}{\partial y}\right)^2\right]dx\,dy.\end{aligned}$$

Bei weiterer Ausrechnung ergibt sich das Doppelintegral zu Null, so daß einfach

$$\overline{A} = \tfrac{1}{2}C\vartheta^2$$

wird.

**5. Andere Fassungen des Integrationsproblems.** Die Randbedingungen vereinfachen sich, wenn man $\varphi$ als reellen Teil einer analytischen Funktion, des sog. Torsionspotentials $\Phi = \varphi + i\psi$ der komplexen Variablen $z = x + iy$ auffaßt. Es gelten dann die CAUCHY-RIEMANNschen Gleichungen

$$\frac{\partial\varphi}{\partial x} = \frac{\partial\psi}{\partial y}, \quad \frac{\partial\varphi}{\partial y} = -\frac{\partial\psi}{\partial x}.$$

Die in Gleichung (4′) von Ziff. 4 ausgedrückte Randbedingung erscheint dann in der Form

$$\frac{\partial\psi}{\partial y}\frac{dy}{ds} + \frac{d\psi}{\partial x}\frac{dx}{ds} = y\frac{dy}{ds} + x\frac{dx}{ds}, \qquad \text{oder} \qquad \frac{\partial\psi}{\partial s} = \frac{1}{2}\frac{\partial}{\partial s}(x^2 + y^2).$$

Daraus folgt als Randbedingung für $\psi$

$$\psi - \tfrac{1}{2}(x^2 + y^2) = 0. \tag{1}$$

Damit ist die Integration auf die erste Randwertaufgabe der Theorie des logarithmischen Potentials zurückgeführt: es ist eine Funktion $\psi$ so zu bestimmen, daß im Innern des Stabquerschnitts $\Delta^2\psi = 0$ und längs des Randes die Bedingung (1) erfüllt ist.

Der Ausdruck (7) für die Drillungssteifigkeit lautet nach Einführung von $\psi$

$$C = G\iint\left(x^2 + y^2 - x\frac{\partial\psi}{\partial x} - y\frac{\partial\psi}{\partial y}\right)dx\,dy. \tag{2}$$

Die Schubspannungslinien sind gegeben durch

$$\psi - \frac{x^2 + y^2}{2} = \text{konst.}$$

Für viele Fälle ist die Einführung der Spannungsfunktion

$$\Psi = \psi - \frac{x^2 + y^2}{2} \tag{3}$$

zweckmäßig. An diese ist dann die Forderung zu stellen, daß innerhalb des ganzen Querschnittsbereiches $\Delta^2\Psi = -2$, und längs seines Umrisses $\Psi = 0$ ist. Für die Schubspannungskomponenten erhält man

$$\tau_{zx} = G\vartheta \frac{\partial \Psi}{\partial y}, \qquad \tau_{zy} = -G\vartheta \frac{\partial \Psi}{\partial x}, \tag{4}$$

und die Drillungssteifigkeit wird

$$C = -G\iint \left(x\frac{\partial \Psi}{\partial x} + y\frac{\partial \Psi}{\partial y}\right) dx\,dy = 2G\iint \Psi\,dx\,dy. \tag{5}$$

Die Schubspannungslinien sind die Linien $\Psi =$ konst., die Formänderungsarbeit ist

$$\overline{A} = \frac{1}{2} G\vartheta^2 \iint \left[\left(\frac{\partial \Psi}{\partial y}\right)^2 + \left(\frac{\partial \Psi}{\partial x}\right)^2\right] dx\,dy. \tag{6}$$

**6. Das hydrodynamische Gleichnis; das Membranengleichnis.** Bevor auf die Lösungen im einzelnen eingegangen wird, sind noch zwei bemerkenswerte „Gleichnisse" anzuführen, die zur Veranschaulichung der Spannungsverhältnisse und für Abschätzungen in schwierigen Fällen von großer Bedeutung sind. Auf die folgende hydrodynamische Analogie hat zuerst THOMSON[1]) hingewiesen. Die Funktion $\Psi$ ist formal gleich der Strömungsfunktion für eine reibungslose, inkompressible Flüssigkeit, die in einem Gefäß von der Form des Querschnitts des tordierten Stabes mit der konstanten Wirbelstärke $-2$ zirkuliert. Die Geschwindigkeitskomponenten einer solchen Strömung sind[2])

$$v_x = \frac{\partial \Psi}{\partial y}, \quad v_y = -\frac{\partial \Psi}{\partial x}. \tag{1}$$

Sie erfüllen die Kontinuitätsbedingung

$$\frac{\partial v_y}{\partial y} + \frac{\partial v_x}{\partial x} = -\frac{\partial^2 \Psi}{\partial x\,\partial y} + \frac{\partial^2 \Psi}{\partial x\,\partial y} = 0$$

und die Forderung konstanter Wirbelstärke

$$\frac{\partial v_y}{\partial x} - \frac{\partial v_x}{\partial y} = -\left(\frac{\partial^2 \Psi}{\partial x^2} + \frac{\partial^2 \Psi}{\partial y^2}\right) = -2.$$

Vergleicht man Gl. (1) mit Gl. (4) von Ziff. 5, so ergibt sich

$$\tau_{zx} = G\vartheta v_x, \quad \tau_{zy} = G\vartheta v_y. \tag{2}$$

Die Geschwindigkeitskomponenten sind also bis auf einen Maßstabsfaktor identisch mit den Schubspannungskomponenten. Die Stromlinien $\Psi =$ konst. entsprechen den Schubspannungslinien. Auch die Randbedingungen sind die nämlichen. Im einen Fall müssen die Geschwindigkeiten, im anderen die Spannungen am Rande tangential an diesen verlaufen. Kann man für eine bestimmte Querschnittsform diese Flüssigkeitsströmung ermitteln, so hat man damit auch die Verdrehungsaufgabe gelöst. —

Ein zweites Gleichnis stammt von PRANDTL[3]). Die Spannungsverteilung im Querschnitt eines tordierten Stabes läßt sich in Analogie bringen mit der Fläche einer Membran, die sich über eine Kurve von der Gestalt des Querschnittsum-

[1]) W. THOMSON u. P. G. TAIT, Nat. Phil. Bd. II, S. 242. Deutsche Ausg. von HELMHOLTZ u. WERTHEIM (Handb. d. theoret. Physik) Bd. I, 2, S. 228. Braunschweig 1874.

[2]) Siehe Bd. VII ds. Handb., Kap. 1, Ziff. 3.

[3]) L. PRANDTL, Jahresber. d. D. Math.-Vereinig. Bd. 13, S. 31. 1904; Phys. ZS. Bd. 4, S. 758. 1903.

risses spannt und einer gleichmäßigen Belastung ausgesetzt ist. Man kann eine solche Fläche experimentell erzeugen, wenn man etwa aus einem Blech eine Öffnung von der Gestalt des Querschnitts ausschneidet, eine Seifenhaut darüber spannt und einseitigen Druck darauf wirken läßt (Abb. 2). Solange die Durchbiegungen der Haut so gering sind, daß man den Druck, der senkrecht auf die Flächenteilchen wirkt, noch als senkrecht auf die Ebene der Randkurve wirkend ansehen kann, gelten folgende Analogien:

a) Die Höhenschichtlinien des Seifenhauthügels stellen die Schubspannungslinien dar,

b) das Gefälle des Hügels (also die Dichte der Schichtlinien) ist an jeder Stelle der Größe der Spannungen proportional,

c) der Rauminhalt $V$ des Hügels, also der Raum zwischen Randebene und Seifenhaut, ist proportional der Torsionssteifigkeit des Stabes.

Man beweist dies folgendermaßen: Die Differentialgleichung der Fläche einer Membran von konstanter Spannung $S$ ist[1])

$$\frac{\partial^2 w}{\partial x^2} + \frac{\partial^2 w}{\partial y^2} = \frac{p}{S};$$

$w$ sind die Ordinaten der Fläche, $p$ ist die Belastung der Flächeneinheit. Diese Gleichung stimmt in der Form mit jener für $\Psi$, nämlich $\frac{\partial^2 \Psi}{\partial x^2} + \frac{\partial^2 \Psi}{\partial y^2} = -2$ überein, und bei gleichen Randbedingungen wird $\Psi = kw$, wobei

$$k = -2\frac{S}{p}. \tag{3}$$

Dann wird

$$\left.\begin{aligned} \tau_{zx} &= -2G\frac{S}{p}\vartheta\frac{\partial w}{\partial y}, \\ \tau_{zy} &= +2G\frac{S}{p}\vartheta\frac{\partial w}{\partial x}. \end{aligned}\right\} \tag{4}$$

Die Beziehungen a) und b) ergeben sich aus den bekannten Eigenschaften der Stromfunktion. Die Schubspannungen müssen am Querschnittsumfang tangential verlaufen, d. h., er ist selbst Spannungslinie. Ebenso muß der Rand Horizontalkurve des Membranenhügels sein. Diese Randbedingung wurde oben schon genannt. — Für die Drillungssteifigkeit wurde Gleichung (5) Ziff. 5 abgeleitet, die unter Benutzung der Beziehung (3) übergeht in

$$C = 2G\iint -2\frac{S}{p}\,w\,dx\,dy = -4\frac{GS}{p}V, \tag{3}$$

womit die Beziehung c) hergestellt ist.

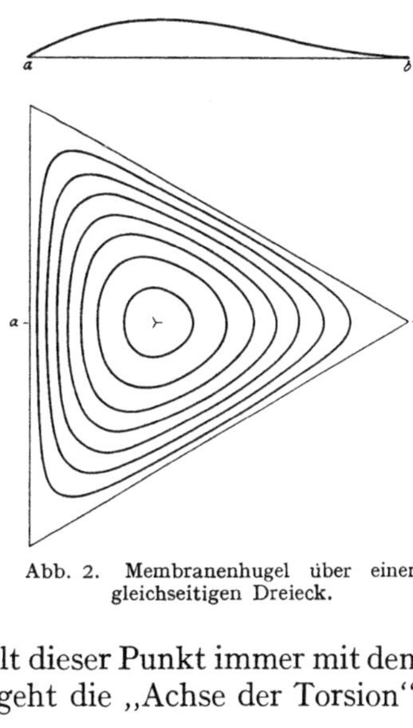

Abb. 2. Membranenhugel über einem gleichseitigen Dreieck.

Abb. 2 stellt die über den Umriß eines gleichseitigen Dreiecks gespannte Membranenfläche mit eingezeichneten Höhenschichtlinien in Grund- und Aufriß dar. Der Grundriß zeigt nach obigem zugleich den Verlauf der Schubspannungslinien im Querschnitt eines tordierten gleichseitigen Prismas. An der Stelle, die dem „Gipfel" des Spannungshügels entspricht, ist $\tau = 0$. Wenn es sich um Querschnitte mit mehrfacher Symmetrie handelt, fällt dieser Punkt immer mit dem geometrischen Mittelpunkt zusammen. Durch ihn geht die „Achse der Torsion".

[1]) Siehe Kap. 2, Ziff. 28 ds. Bd. des Handb.

Dort, wo sich die Spannungslinien am dichtesten zusammendrängen, der Spannungshügel also sein stärkstes Gefälle hat, treten die höchsten Spannungen auf. Im obigen Beispiel liegen diese gefährlichsten Punkte in der Mitte der Seiten, also an den Punkten des Umrisses, die der Drehachse am nächsten liegen[1]). Die Ecken dagegen sind spannungsfrei.

Ihrer großen Anschaulichkeit wegen sind diese Vergleiche geeignet, rasch brauchbare Abschätzungen auch in jenen Fällen zu gestatten, wo eine strenge Rechnung nicht möglich ist. Durch Herstellung des Seifenhauthügels kann auch der Versuch zur Lösung von Torsionsaufgaben herangezogen werden[2]). Für die Anwendung dieses Gleichnisses auf mehrfach zusammenhängende Bereiche, also für Hohlquerschnitte, sind noch einige Ergänzungen notwendig, die in Ziff. 11 besprochen werden.

Zur Gewinnung strenger Lösungen kommen hauptsächlich folgende Methoden in Betracht: a) Elementare Lösungen kennt man nur für wenige Fälle (Kreis, Kreisring, Ellipse, gleichseitiges Dreieck, unendlich langer Streifen). b) Zu Lösungen in geschlossener Form kann man noch gelangen, wenn man eine beliebige Lösung der Differentialgleichung $\varDelta\psi = 0$ annimmt und eine Schar von Kurven aussucht, für welche die Bedingung (1) Ziff. 5 erfüllt ist. Jede solche Kurve kann als Rand eines Querschnitts angesehen werden, für den dann diese Lösung gilt. c) Zur Untersuchung vorgegebener Querschnitte kommen die Methoden der Potentialtheorie in Betracht, also die Reihenmethode, die Singularitätenmethode, die konforme Abbildung und schließlich numerisch-graphische Verfahren.

**7. Elementare Lösungen.** Eine Lösung in geschlossener Form läßt sich sofort in einfachster Weise angeben, wenn die Summe der beiden zweiten Differentialquotienten der Gleichung $f(x, y) = 0$ des Umrisses eine Konstante ergibt. Setzt man dann als Spannungsfunktion $\Psi = k f(x, y)$ an und bestimmt die Konstante $k$ so, daß $\varDelta\Psi = -2$ wird, so hat man allen Forderungen genügt. Diese einfache Lösung ist möglich für die Ellipse und das gleichseitige Dreieck.

a) Die Ellipse. Nach der vorausgehenden Überlegung erhält man sofort

$$\Psi = \frac{a^2 b^2}{a^2 + b^2}\left(1 - \frac{x^2}{a^2} - \frac{y^2}{b^2}\right). \tag{1}$$

Die Schubspannungen ergeben sich dann aus den Gleichungen (4) von Ziff. 5 zu

$$\tau_{zx} = -G\vartheta\frac{2a^2}{a^2 + b^2}y, \quad \tau_{zy} = +G\vartheta\frac{2b^2}{a^2 + b^2}x,$$

oder mit Benutzung der folgenden Gleichung (3')

$$\tau_{zx} = -\frac{2M}{\pi a b^3}y, \quad \tau_{zy} = +\frac{2M}{\pi a^3 b}x. \tag{2}$$

Die Drillungssteifigkeit ist

$$C = -\frac{2G}{a^2 + b^2}\iint (x^2 b^2 + a^2 y^2)\, dx\, dy = -\frac{2G}{a^2 + b^2}(a^2 J_x + b^2 J_y), \tag{3}$$

und nach Einsetzen der mit $J_x$ und $J_y$ bezeichneten Trägheitsmomente der Ellipse

$$C = G\frac{a^3 b^3}{a^2 + b^2}\pi. \tag{3'}$$

---

[1]) Über die Lage der gefährlichen Punkte s. Ziff. 8, insbesondere die Bemerkungen zu Abb. 11.

[2]) Siehe z. B. A. A. GRIFFITH u. G. J. TAYLOR, Engeneering, Bd. 104, S. 650, 652, 699. 1917.

Das Torsionspotential der Ellipse ist

$$\Phi = \varphi + i\psi = \frac{i}{2}\,\frac{a^2 - b^2}{a^2 + b^2}\,z^2 = -\frac{a^2 - b^2}{a^2 + b^2}\,xy + i\,\frac{a^2 - b^2}{a^2 + b^2}\,(x^2 - y^2)\,; \tag{4}$$

der reelle Teil liefert die Querschnittsverwölbung

$$w = -\vartheta\,\frac{a^2 - b^2}{a^2 + b^2}\,xy\,. \tag{5}$$

Jeder ursprünglich ebene Querschnitt wird also zu einem hyperbolischen Paraboloid verbogen. Die Kurven, in welchen diese Fläche von einer Schar zur Achse senkrechter äquidistanter Ebenen durchsetzt wird (Höhenschichten), sind in Abb. 3 aufgezeichnet; es sind gleichseitige Hyperbeln. Schubspannungslinien sind, wie Gleichung (1) zeigt, die zur Randellipse ähnlichen und ähnlich gelegenen Ellipsen. Die größte Spannung tritt an den Enden der kleinen Achse auf, also wieder in den der Drehachse am nächsten liegenden Punkten des Umrisses.

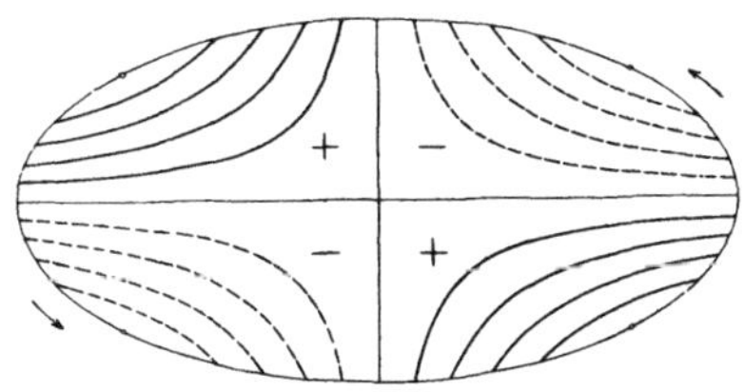

Abb. 3. Höhenschichtenplan eines durch Torsion verwölbten elliptischen Querschnittes.

Die Linien gleicher Spannung bilden ebenfalls ein System ähnlicher Ellipsen, sie sind aber stärker abgeplattet, ihr Achsenverhältnis ist $\frac{a^2}{b^2}$.

b) Der Kreis. Die Formeln für den Kreis erhält man, wenn man in jenen für die Ellipse $a = b = r$ setzt. Es wird also

$$\Psi = \frac{r^2}{2} - \frac{x^2 + y^2}{2}\,, \qquad \Phi = 0\,. \tag{6}$$

Die Spannungslinien sind konzentrische Kreise. Die Torsionssteifigkeit wird

$$C = \frac{\pi}{2}\,G r^4 = G J_p\,. \tag{7}$$

Dies ist jener Wert, den NAVIER irrtümlich auf alle Querschnitte verallgemeinert hat. Hier ist er zutreffend, weil, wie aus Gleichung (6) hervorgeht, keine Querschnittsverwölbung eintritt. Schließlich ist noch

$$\tau_{xz} = -G\vartheta y\,, \quad \tau_{yz} = +G\vartheta x\,,$$

der Höchstwert am Rande also

$$\tau_m = G\vartheta r = \frac{2M}{\pi r^3}\,. \tag{8}$$

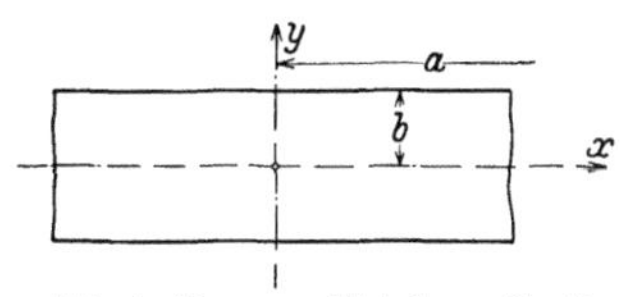

Abb. 4. Der unendlich lange Streifen.

c) Der unendlich lange Streifen. Seine Ränder seien $y = \pm b$ (Abb. 4). Die Länge $2a$ soll so groß sein, daß auf die Enden keine Rücksicht genommen zu werden braucht. Auch diese Lösung kann aus jener für die Ellipse abgeleitet werden, wenn man $\frac{a}{b} = \infty$ werden läßt. Dann ergibt sich

$$\Psi = b^2 - y^2\,, \qquad \Phi = \frac{i}{2}\,z^2\,. \tag{9}$$

$$\tau_{xz} = -2G\vartheta y\,, \quad \tau_{yz} = 0\,, \tag{10}$$

$$C = \frac{16}{3}\,G a b^3\,. \tag{11}$$

Der Höchstwert von $\tau$ tritt längs der Randlinien auf:

$$\tau_m = -2Gb\vartheta = \frac{3M}{8ab^2}\,, \tag{12}$$

und es ist

$$\vartheta = \frac{3M}{16 G a b^3}. \tag{13}$$

Diese Werte werden auch als Näherungslösung für das schmale Rechteck gebraucht.

d) Das gleichseitige Dreieck. (Seitenlänge $a$.) Legt man das Koordinatensystem so, wie es Abb. 5 andeutet ($S$ = Schwerpunkt), so lautet das Produkt der Gleichungen für die drei Seiten

$$y^3 - hy^2 - 3x^2y - hx^2 + \frac{4h^3}{27} = 0,$$

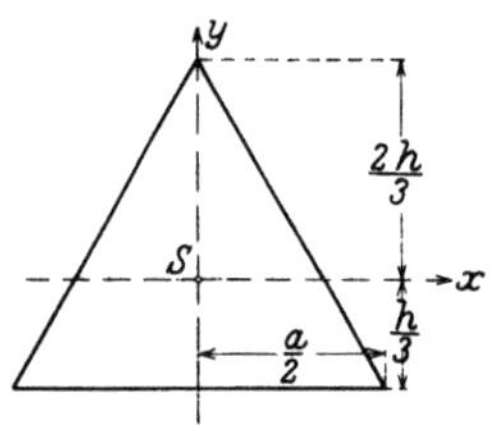

Abb. 5. Koordinatensystem und Bezeichnungen für das gleichseitige Dreieck.

und für die Spannungsfunktion erhält man

$$\Psi = \frac{1}{2h}\left(y^3 - hy^2 - 3x^2y - hx^2 + \frac{4h^3}{27}\right), \tag{14}$$

für die Spannungen

$$\tau_{zx} = \frac{G\vartheta}{2h}(3x^2 - 3y^2 + 2hy), \quad \tau_{yz} = -\frac{G\vartheta}{h}(3y + h)x. \tag{15}$$

Ferner wird

$$C = \frac{G a h^3}{30}, \quad \vartheta = \frac{30 M}{G a h^3} = \frac{80 M}{G a^4 \sqrt{3}}. \tag{16}$$

Die Schubspannungslinien $\Psi$ = konst. waren bereits in Abb. 2 dargestellt. Die Formeln (15) bestätigen, daß die größte Schubspannung in den Mittelpunkten der Dreieckseiten $\left(x = 0,\ y = -\frac{h}{3}\right)$ auftritt. Sie ist

$$\tau_m = \frac{G\vartheta h}{2} = \frac{20 M}{a^3}. \tag{17}$$

Alle diese Lösungen wurden bereits von ST. VENANT gefunden. Außer diesen hat er nach dem unter Ziff. 6 angeführten Verfahren b) noch eine Reihe anderer Querschnittstypen behandelt, so krummlinige Vierecke, sternförmige Querschnitte (geriffelte Säulen) usw., die alle aus dem Ansatz $\Phi = -iaz^m$ bzw. $\Psi = -ar^m \cos m\alpha - \frac{r^2}{2} + c$ hervorgehen[1]).

**8. Lösungen durch Reihenentwicklungen.** Bei diesem Verfahren wird die Funktion $\varphi$ (evtl. auch $\psi$, $\Phi$ oder $\Psi$) aus partikulären Lösungen aufgebaut, die einzeln der LAPLACEschen Differentialgleichung $\Delta\varphi = 0$ genügen und einen Teil der Randbedingungen streng erfüllen. Diese Partikularlösungen (Potentiale) werden dann als Glieder einer Reihe aneinandergefügt und die Beiwerte so bestimmt, daß auch die restlichen Randbedingungen noch erfüllt werden.

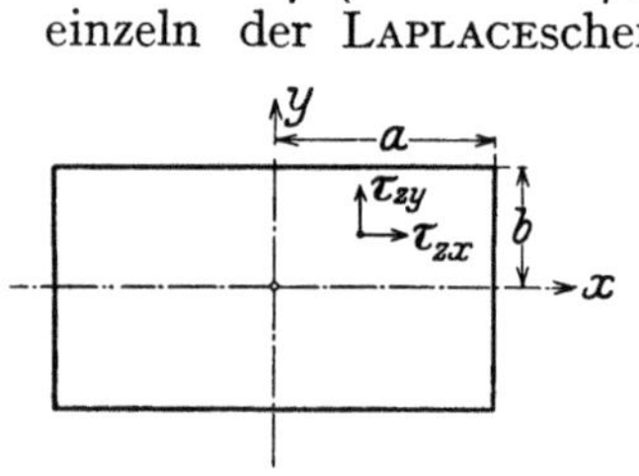

Abb. 6. Rechteck.

a) Das Rechteck. Auch diese Lösung stammt bereits von ST.-VENANT[2]). Leichter verständliche Darstellungen gaben z. B. A. FÖPPL[3]) und GOETZKE[4]). Die letztere soll hier kurz skizziert werden. Das Rechteck habe die Seitenlängen $2a$ und $2b$ ($a > b$), das Koordinatensystem sei so gelegt, wie es Abb. 6 zeigt. Die Partikularlösungen, von denen ausgegangen

[1]) Näheres findet man außer in den ST.-VENANTschen Arbeiten z. B. bei THOMSON u. TAIT (deutsche Ausg., Bd. I, 2, Abschnitt 707—709).

[2]) B. DE ST.-VENANT, Mémoire sur la torsion des prismes. Mém. prés. par div. savants Bd. 14. 1856 oder NAVIER, Résumé des leçons, 3. Aufl., bearb. von DE ST.-VENANT, 1864.

[3]) A. FÖPPL, Vorlesungen über techn. Mechanik, Bd. V.

[4]) R. GOETZKE, ZS. d. Ver. d. Ing. Bd. 53, S. 935. 1909.

wird, sollen die Gleichung $\Delta\varphi = 0$ und die Randbedingungen auf dem längeren Seitenpaar $y = \pm b$ erfüllen. Macht man den Versuch, für $\varphi$ Produkte trigonometrischer Funktionen von der Form $\varphi = \sin mx \sin ny$, $\varphi = \sin mx \cos ny$ usw. anzusetzen, so zeigt sich, daß aus Symmetriegründen nur der erstgenannte Ausdruck brauchbar ist. Aus der Forderung $\Delta\varphi = 0$ ergibt sich sodann, daß $n = \pm im$ sein muß, so daß also $\varphi = C \sin my \,\mathfrak{Sin}\, mx$ eine brauchbare Partikularlösung ist. Die obengenannte Randbedingung, wonach $\tau_{zy}$ für $y = \pm b$ verschwinden soll, verlangt $m = \frac{\pi}{2b}, \frac{3\pi}{2b}, \frac{5\pi}{2b}$ usw. Der Reihenansatz für $\varphi$ lautet nun

$$\varphi = -xy + C_0 \sin\frac{\pi y}{2b} \,\mathfrak{Sin}\frac{\pi x}{2b} + C_1 \sin\frac{3\pi y}{2b} \,\mathfrak{Sin}\frac{3\pi x}{2b} + \cdots. \tag{1}$$

Das Glied $-xy$ für sich allein würde dem elliptischen Querschnitt entsprechen. Man kann es als erste grobe Näherung für das Rechteck ansehen, die dann durch die nachfolgende Reihe verbessert wird. Damit nun auch $\tau_{zx}$ für $x = \pm a$ bei jedem Wert von $y$ verschwindet, muß nach Gleichung (5) von Ziff. 4 $\frac{\partial\varphi}{\partial x} - y = 0$ sein, also

$$2y = C_0 \frac{\pi}{2b} \sin\frac{\pi y}{2b} \,\mathfrak{Cof}\frac{\pi a}{2b} + C_1 \frac{3\pi}{2b} \sin\frac{3\pi y}{2b} \,\mathfrak{Cof}\frac{3\pi a}{2b} + \cdots \tag{2}$$

Entwickelt man $2y = \frac{4b}{\pi}\frac{\pi y}{2b}$ in eine FOURIERsche Reihe, so erhält man

$$\frac{\pi y}{2b} = \frac{4}{\pi}\left[\sin\frac{\pi y}{2b} - \frac{1}{3^2}\sin\frac{3\pi y}{2b} + \frac{1}{5^2}\sin\frac{5\pi y}{2b} + \cdots\right]$$

für alle Werte von $\frac{\pi y}{2b}$ zwischen $-\frac{\pi}{2}$ und $+\frac{\pi}{2}$, d. h. für alle Werte von $y$ zwischen $+b$ und $-b$. Führt man diese Reihenentwicklung in (2) ein, so findet man durch Vergleich die Konstanten $C$:

$$C_0 = \frac{32b^2}{\pi^3 \,\mathfrak{Cof}\frac{\pi a}{2b}}, \quad C_1 = \frac{-32b^2}{3^3\pi^3 \,\mathfrak{Cof}\frac{3\pi a}{2b}}, \qquad \text{usw.}$$

Schließlich erhält man für $\varphi$ die Reihe

$$\varphi = -xy + \frac{32b^2}{\pi^3}\left[\frac{\sin\frac{\pi y}{2b}\,\mathfrak{Sin}\frac{\pi x}{2b}}{\mathfrak{Cof}\frac{\pi a}{2b}} - \frac{1}{3^3}\frac{\sin\frac{3\pi y}{2b}\,\mathfrak{Sin}\frac{3\pi x}{2a}}{\mathfrak{Cof}\frac{3\pi a}{2b}} + \frac{1}{5^3}\cdots\right]. \tag{3}$$

Damit ist das Torsionsproblem für das Rechteck im wesentlichen gelöst.

An Stelle der Reihe (3) hätte man, wenn man $m = \pm in$ eingeführt hätte, auch die folgende erhalten können:

$$\varphi = +xy - \frac{32a^2}{\pi^3}\left[\frac{\sin\frac{\pi x}{2a}\,\mathfrak{Sin}\frac{\pi y}{2a}}{\mathfrak{Cof}\frac{\pi b}{2a}} - \frac{1}{3^3}\frac{\sin\frac{3\pi x}{2a}\,\mathfrak{Sin}\frac{3\pi y}{2a}}{\mathfrak{Cof}\frac{3\pi b}{2a}} + \frac{1}{5^3}\cdots\right]. \tag{3'}$$

Sie entspricht einem um 90° gedrehten Koordinatensystem und wird mit Vorteil verwandt, wenn $b > a$.

Die Komponenten der Schubspannung sind gegeben durch

$$\left.\begin{aligned}\frac{\tau_{xz}}{G\vartheta b} &= -\frac{2y}{b} + \frac{16}{\pi^2}\left[\sin\frac{\pi y}{2b}\,\frac{\mathfrak{Cof}\,\frac{\pi x}{2b}}{\mathfrak{Cof}\,\frac{\pi a}{2b}} - \frac{1}{3^2}\sin\frac{3\pi y}{2b}\,\frac{\mathfrak{Cof}\,\frac{3\pi x}{2b}}{\mathfrak{Cof}\,\frac{3\pi a}{2b}} + \frac{1}{5^2}\cdots\right],\\ \frac{\tau_{yz}}{G\vartheta b} &= \frac{16}{\pi^2}\left[\cos\frac{\pi y}{2b}\,\frac{\mathfrak{Sin}\,\frac{\pi x}{2b}}{\mathfrak{Cof}\,\frac{\pi a}{2b}} - \frac{1}{3^2}\cos\frac{3\pi y}{2b}\,\frac{\mathfrak{Sin}\,\frac{3\pi x}{2b}}{\mathfrak{Cof}\,\frac{3\pi a}{2b}} + \frac{1}{5^2}\cdots\right].\end{aligned}\right\} \tag{4}$$

Der größte Wert wird in der Mitte der längeren Seite erreicht; er ist

$$\frac{\tau_{\max}}{G\vartheta b} = -2 + \frac{16}{\pi^2}\left[\frac{1}{\mathfrak{Cof}\,\frac{\pi a}{2b}} + \frac{1}{3^2\,\mathfrak{Cof}\,\frac{3\pi a}{2b}} + \frac{1}{5^2\,\mathfrak{Cof}\,\frac{5\pi a}{2b}} + \cdots\right] = \mathfrak{f}_1\!\left(\frac{a}{b}\right). \tag{5}$$

Für das Torsionsmoment erhält man

$$\frac{M}{G\vartheta a b^3} = \frac{16}{3} - \frac{1024}{\pi^5}\,\frac{b}{a}\left[\mathfrak{Tg}\,\frac{\pi a}{2b} + \frac{1}{3^5}\,\mathfrak{Tg}\,\frac{3\pi a}{2b} + \frac{1}{5^5}\,\mathfrak{Tg}\,\frac{5\pi a}{2b} + \cdots\right] = \mathfrak{f}_2\!\left(\frac{a}{b}\right). \tag{6}$$

Die Konvergenz dieser Reihen ist sehr gut, so daß man in der Regel mit dem ersten Glied schon auskommt.

Leicht zu erledigen sind zwei Grenzfälle: das Quadrat und das schmale Rechteck. Für das Quadrat (Seitenlänge $2a$) wird

$$\left.\begin{aligned} M &= 2{,}253\,G\vartheta a^4\,, \quad C = 2{,}253\,G a^4\,,\\ \tau_m &= 1{,}351\,G\vartheta a = 0{,}601\,\frac{M}{a^3} = 4{,}81\,\frac{M}{(2a)^3}\,. \end{aligned}\right\} \tag{7}$$

Die Fläche $\vartheta\varphi(x, y)$, zu der der quadratische Querschnitt bei der Torsion verwölbt wird, ist in Abb. 7 durch einen Höhenschichtenplan dargestellt. Abb. 8 ist die Photographie eines Reliefs, das nach diesem Plan hergestellt wurde[1]) und die Form des verwölbten Querschnitts in starker Überhöhung zeigt (etwa 1 : 1000). Um größere Anschaulichkeit zu erzielen, ist die Fläche nicht stetig, sondern in Treppenform dargestellt.

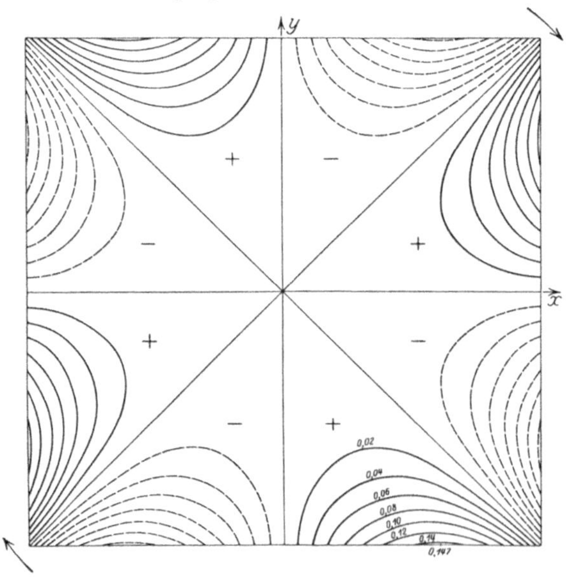


Abb. 7. Höhenschichtenplan des durch Torsion verwölbten quadratischen Querschnittes.

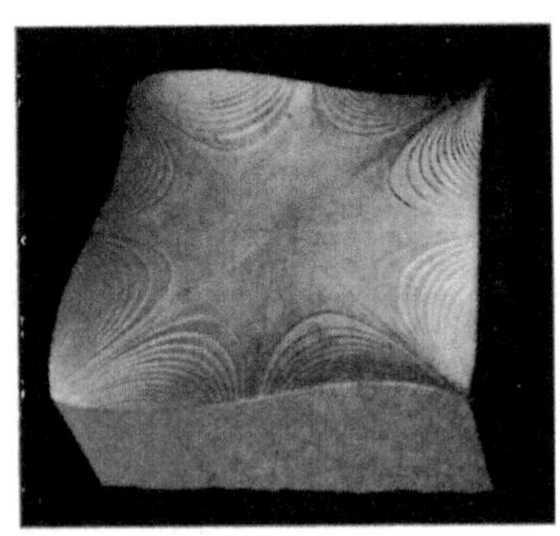

Abb. 8. Relief eines durch Torsion verwölbten quadratischen Querschnittes.

[1]) Das Relief wurde von der Karthographischen Relief-Gesellschaft in München angefertigt.

Das Quadrat zerfällt in 8 Teile, die abwechselnd konvex und konkav sind und durch die Diagonalen und die Mittellinien voneinander getrennt werden. Geht man durch Verlängerung des in die $x$-Richtung fallenden Seitenpaares allmählich zum Rechteck über, so dehnt sich z. B. in dem durch Abb. 7 und 8 dargestellten Fall das konvexe Gebiet in dem Quadranten rechts unten auf Kosten des konkaven über die Diagonale hinaus immer mehr aus, bis schließlich nur mehr in der Mitte der Seite ein kleines Hohlgebiet übrigbleibt (Abb. 9). Wenn $a = 1{,}4513\,b$ geworden ist, verschwindet auch der letzte Rest, und jeder Quadrant ist im ganzen entweder konvex oder konkav, ähnlich, wie etwa bei der Ellipse (Abb. 3).

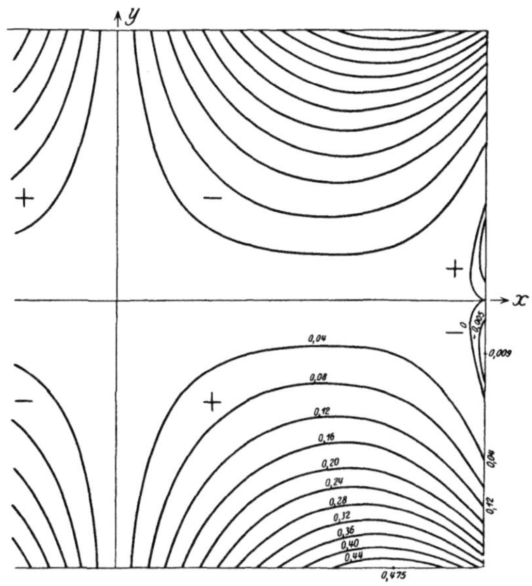


Abb. 9. Schichtlinienplan eines durch Torsion verwölbten rechteckigen Querschnittes ($a:b = 1{,}4$).

Abb. 9 zeigt die Verhältnisse für ein Rechteck mit $a:b = 1{,}4500$.

Für das Flacheisen, d. h. ein Rechteck mit großem Verhältnis $a/b$ ($> 3$) erhält man

$$\left.\begin{aligned} \tau_m &= \frac{3M}{8b^2(a - 0{,}63\,b)}\,, \\ C &= \tfrac{16}{3}\,G\,b^3\,(a - 0{,}63\,b)\,. \end{aligned}\right\} \quad (8)$$

Wenn $a$ so groß ist, daß $b$ dagegen gänzlich vernachlässigt werden darf, so kommt man auf die Gleichungen (11) bis (13) von Ziff. 7 des unendlich langen Streifens zurück.

Für alle anderen Formen des Rechtecks muß auf die allgemein gültigen Reihen (4), (5) und (6) zurückgegriffen werden. Für eine Reihe von Verhältnissen $a/b$ ist diese Auswertung vorgenommen und in der folgenden Tabelle zusammengestellt.

| $\frac{a}{b} =$ | 1 | 1,25 | 1,5 | 2 | 3 | 4 | 5 | 10 | $\infty$ |
|---|---|---|---|---|---|---|---|---|---|
| $f_1$ | 1,351 | 1,553 | 1,695 | 1,860 | 1,971 | 1,994 | 1,999 | 2,000 | 2,000 |
| $f_2$ | 2,249 | 2,748 | 3,132 | 3,659 | 4,213 | 4,493 | 4,661 | 4,997 | 5,333 |
| $\frac{f_1}{f_2}$ | 0,601 | 0,565 | 0,541 | 0,508 | 0,468 | 0,444 | 0,429 | 0,400 | 0,375 |

Es sei nochmals an die Bedeutung von $f_1$ und $f_2$ erinnert; es ist

$$\tau_m = f_1 G\vartheta b = \frac{f_1}{f_2}\frac{M}{ab^2}\,, \quad C = f_2 G a b^3\,, \quad \vartheta = \frac{1}{f_2}\frac{M}{Gab^3}\,.$$

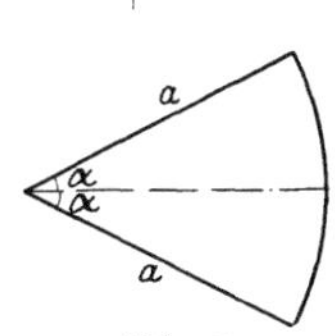


Abb. 10. Kreissektor.

Goetzke hat aus dieser strengen Lösung in der oben genannten Arbeit sehr brauchbare und genaue Näherungslösungen abgeleitet. Über weitere Näherungslösungen ist an anderer Stelle zu sprechen (Ziff. 12).

b) Der Kreissektor. In ähnlicher Weise hat St.-Venant[1]) auch den Kreissektor behandelt. Mit den Bezeichnungen der Abb. 10 ist

$$C = G a^4 \varepsilon\,,$$

wo

$$\varepsilon = \frac{\alpha}{2}\left[1 - \frac{\operatorname{tg} 2\alpha}{2\alpha} + \frac{32}{\pi\alpha}\sum_0^\infty \frac{1}{2n+1}\cdot\frac{1}{\left(\frac{2n+1}{2\alpha}\pi\right)^2 - 4}\cdot\frac{1}{\frac{2n+1}{2\alpha}\pi + 2}\right]. \quad (9)$$

[1]) B. de St.-Venant, Torsion des prismes à base mixtiligne. C. R. Bd. 87, S. 849, 893. 1878.

Die folgende Tabelle gibt $\varepsilon$ für einige Werte des Zentriwinkels $2\alpha$

| $2\alpha$ | $\frac{\pi}{4}$ | $\frac{\pi}{3}$ | $\frac{\pi}{2}$ | $\frac{2\pi}{3}$ | $\pi$ | $\frac{3\pi}{2}$ | $\frac{5\pi}{3}$ | $2\pi$ |
|---|---|---|---|---|---|---|---|---|
| $\varepsilon$ | 0,0181 | 0,0349 | 0,0825 | 0,148 | 0,296 | 0,528 | 0,686 | 0,823 [1] |

Der größte Wert von $\tau_{z\alpha}$ wird in der Mitte des gebogenen Randes erreicht. Es ist z. B. für

| $2\alpha =$ | $\frac{\pi}{3}$ | $\frac{2\pi}{3}$ | $\pi$ |
|---|---|---|---|
| $\frac{\tau_{z\alpha}}{G\vartheta a} =$ | 0,452 | 0,622 | 0,719 |

Die Schubspannungen $\tau_{zr}$ auf der geradlinigen Begrenzung werden z. B. für

| $2\alpha =$ | $\frac{\pi}{3}$ | $\frac{2\pi}{3}$ | $\pi$ |
|---|---|---|---|
| $\frac{\tau_{zr}}{G\vartheta a} =$ | 0,490 | 0,652 | 0,849 |
| bei $\frac{r}{a} =$ | 0,562 | 0,367 | 0 |

Eine besondere Bedeutung kommt dem Fall $2\alpha = 2\pi$ zu, da er der Welle mit radialem Riß entspricht und die Wirkung eines solchen abzuschätzen gestattet. Während für den vollen Kreisquerschnitt $C = 1{,}5708\ G a^4$ gefunden wurde, ist hier $C$ nur noch $0{,}823\ G a^4$; d. h., die Torsionssteifigkeit ist auf nahezu die Hälfte gesunken.

Weitere Bearbeitungen dieses Falles stammen von GREENHILL[2]) und DINNIK[3]). Die letztere Lösung geht von der Differentialgleichung für die Spannungsfunktion in Polarkoordinaten aus, entwickelt diese in eine Fourierreihe und führt auf eine unendliche Summe von BESSELschen Funktionen. Diese in russischer Sprache veröffentlichte Lösung wurde auch von A. u. L. FÖPPL[4]) mitgeteilt. Der Kreisringsektor wurde von ST.-VENANT[5]) und LOVE[6]) behandelt. Endlich hat FILON[7]) mittels der Reihenmethode krummlinige Zwei- und Vierecke behandelt, die aus Stücken konfokaler Ellipsen und Hyperbeln zusammengesetzt sind.

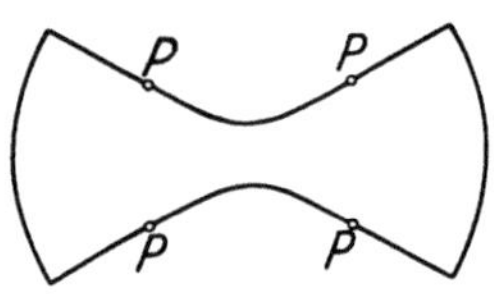

Abb. 11. Gefährliche Punkte einer besonderen Querschnittsform.

Gelegentlich der Behandlung dieser Beispiele macht FILON darauf aufmerksam, daß die Verallgemeinerung der an den bisherigen Beispielen gemachten Erfahrung, daß die Punkte höchster Spannung diejenigen Randpunkte seien, die der Achse am nächsten liegen[8]), nicht unbedingt richtig ist. In dem Querschnitt der Abb. 11 liegen z. B. die gefährlichen Punkte an den mit $P$ bezeichneten Stellen. Ein solches Abrücken der

---

[1]) A. u. L. FÖPPL finden aus der unter [4]) angeführten Lösung für $\alpha = \pi$ den Wert $\varepsilon = 0{,}878$.

[2]) A. G. GREENHILL, Mess. of math. (2) Bd. 9, S. 35. 1879.

[3]) A. N. DINNIK, Mitt. des Donschen Polyt. Inst., Nowotscherkassk Bd. I/2, S. 309. 1912.

[4]) A. und L. FÖPPL, Drang und Zwang Bd. II. § 75.

[5]) B. DE ST.-VENANT, siehe Fußnote 1 auf S. 153.

[6]) „LOVE-TIMPE", S. 371.

[7]) L. N. G. FILON, Phil. Trans. (A) Bd. 193, S. 309. 1900.

[8]) J. BOUSSINESQ, Journ. de Math. (Liouville) (2) Bd. 16, S. 200. 1871.

gefährlichen Punkte von der schmalsten Stelle kann bei nicht durchweg konvexen Querschnitten eintreten, und zwar dann, wenn der Spannungshügel aus zwei durch ein Tal getrennten Kuppen besteht. Übrigens hatte schon ST.-VENANT ein solches Beispiel angegeben[1]).

**9. Lösungen mit Hilfe der GREENschen Funktion und der konformen Abbildung.** In Ziff. 5 wurde das Torsionsproblem zurückgeführt auf ein Randwertproblem der Theorie des logarithmischen Potentials. Es sollte eine Funktion $\psi(x, y)$ so bestimmt werden, daß innerhalb des Querschnitts die LAPLACEsche Differentialgleichung $\Delta\psi = 0$, längs des Randes $R$ die Bedingung $\psi = \overline{\psi} = \frac{1}{2}r^2$ erfüllt ist.

Es sei nun $\Gamma = \Gamma(x, y; x_0, y_0)$ die GREENsche Funktion dieses Randwertproblems, so daß also 1. bei festem Aufpunkt $(x_0, y_0)$ $\Gamma$ eine eindeutige stetige Funktion von $x, y$ ist, die außer im Aufpunkt überall der Gleichung $\Delta\Gamma = 0$ genügt, 2. am Rande überall verschwindet, 3. im Aufpunkt unendlich wird, wie der Logarithmus der reziproken Entfernung von diesem.

Schneidet man aus dem Querschnittsbereich einen kleinen Kreis $K$ mit dem Radius $\varrho$ um den Aufpunkt herum aus und wendet man auf den Restbereich die GREENsche Formel an

$$\int\limits_C \left(U\frac{\partial V}{\partial n} - V\frac{\partial U}{\partial n}\right)ds = \iint\limits_F (V\Delta U - U\Delta V)\,dx\,dy\,,$$

so erhält man, wenn man $U = \psi$, $V = \Gamma$ einsetzt,

$$\int\limits_R \psi\frac{\partial\Gamma}{\partial n}ds + \int\limits_K \left(\psi\frac{\partial\Gamma}{\partial n} - \Gamma\frac{\partial\psi}{\partial n}\right)ds = 0\,.$$

Läßt man den Kreis $K$ immer kleiner werden, so erhält man beim Grenzübergang $\varrho \to 0$ für das zweite Integral den Wert $2\pi\psi(x_0, y_0)$ und damit die wichtige Formel

$$\psi(x_0, y_0) = -\frac{1}{2\pi}\int\limits_R \overline{\psi}\frac{\partial\Gamma}{\partial n}ds\,,$$

in unserem Falle

$$\psi(x_0, y_0) = -\frac{1}{2\pi}\int \frac{r^2}{2}\frac{\partial\Gamma}{\partial n}ds\,. \tag{1}$$

Sie ermöglicht $\psi$ aus den Randwerten zu berechnen, wenn die GREENsche Funktion bekannt ist.

Kennt man letztere nicht aus potentialtheoretischen Überlegungen, so kann man mit Nutzen die Theorie der konformen Abbildung heranziehen. Auf den Zusammenhang der GREENschen Funktion mit dem Problem der konformen Abbildung des betreffenden Bereiches auf den Einheitskreis hat RIEMANN zuerst hingewiesen. Ist $\Gamma$ die zum Aufpunkt $(x_0, y_0)$ gehörige GREENsche Funktion, $\overline{\Gamma}$ ihre bis auf eine additive Konstante $-\alpha$ bestimmte Konjugierte, so bildet die Funktion

$$W(z) = e^{i\alpha}e^{-(\Gamma + i\overline{\Gamma})}$$

der komplexen Variablen $z = x + iy$ den Bereich konform auf den Einheitskreis der $\zeta$-Ebene ab, und zwar so, daß der Aufpunkt in den Kreismittelpunkt zu liegen kommt[2]). Die Konstante $e^{i\alpha}$ läßt eine Drehung des Kreises um seinen

---

[1]) Übersetzung von NAVIERS Leçons de mécanique, § 33, S. 313.

[2]) Siehe z. B. RIEMANN-WEBER, Die Differential- und Integralgleich. der Mechanik und Physik, herausgeg. v. PH. FRANK u. R. v. MISES, Bd. I, S. 546. Braunschweig 1925.

Mittelpunkt zu und ist hier unwesentlich. Kennt man umgekehrt diese Abbildungsfunktion, so kennt man damit auch die GREENsche Funktion, es ist

$$\Gamma = \log \frac{1}{|W(z)|}\,. \tag{2}$$

Diese Gleichung zusammen mit Gleichung (1) gibt die Lösung des Torsionsproblems. Da diese Abbildung immer eindeutig möglich ist (RIEMANN 1851)[1], ist die Aufgabe grundsätzlich in allen Fällen lösbar. Diese Zurückführung des Torsionsproblems auf eine Abbildungsaufgabe stellt die universellste Lösung dar, die allerdings praktisch noch große Schwierigkeiten bereiten kann. Natürlich ist die Aufgabe auch gelöst, wenn es gelungen ist, den Querschnitt konform auf einen anderen abzubilden, für den die Lösung schon bekannt ist.

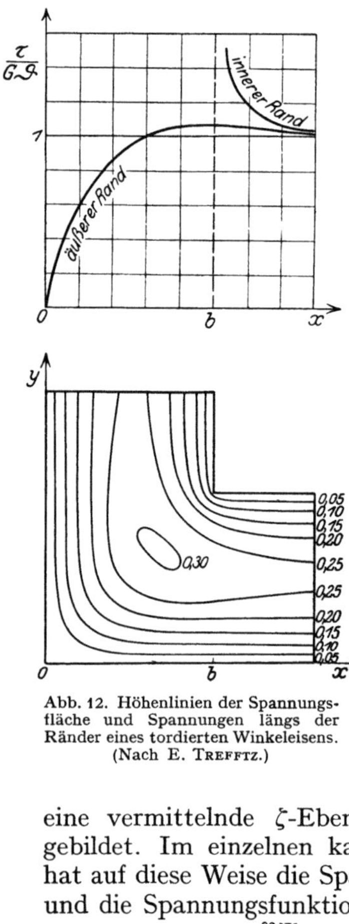

Abb. 12. Höhenlinien der Spannungsfläche und Spannungen längs der Ränder eines tordierten Winkeleisens. (Nach E. TREFFTZ.)

Praktisch wurde diese Methode bis jetzt anscheinend nur für die Behandlung polygonaler Bereiche, insbesondere des „Winkeleisens", herangezogen. Hier gibt die SCHWARZ-CHRISTOFFELsche Formel den Schlüssel zur Lösung. F. KÖTTER[2]) sucht durch konforme Abbildung auf die Halbebene zuerst die Lösung für das Winkelprofil mit scharfen Ecken und unendlich langen Schenkeln und fügt dann eine zweite Lösung hinzu, die die Randwerte auf den Längsseiten nicht verändert, aber an den die Schenkel begrenzenden Schmalseiten die verlangten Werte herstellt. Einen anderen Weg zur Untersuchung des Winkeleisens mit scharfen Ecken und unendlich langen Schenkeln geht TREFFTZ[3]). Seine Untersuchung geht davon aus, daß die Aufgabe vereinfacht wird, wenn man an Stelle des Torsionspotentials $\Phi = \varphi + i\psi$ dessen zweite Ableitung $s + it = \frac{d^2(\varphi + i\psi)}{dz^2}$ einführt. In dieser $s, t$-Ebene erscheint das vorgegebene Polygon als ein dem Einheitskreis umschriebenes Polygon. Sowohl die $x, y$-Ebene als die $s, t$-Ebene werden auf eine vermittelnde $\zeta$-Ebene oder einen Quadranten der Ebene $u = \sqrt{\zeta}$ abgebildet. Im einzelnen kann hier darauf nicht eingegangen werden. TREFFTZ hat auf diese Weise die Spannungen längs des Randes des Winkeleisens ermittelt und die Spannungsfunktion $\Psi$ durch eine graphische Integration (Seilpolygonkonstruktion) aus $\frac{\partial^2 \Psi}{\partial x^2} = 1 + t$, $\frac{\partial^2 \Psi}{\partial y^2} = 1 - t$ bestimmt (Abb. 12). In der einspringenden Ecke ergeben sich natürlich unendlich hohe Spannungen. In einer weiteren Arbeit[4]) untersucht TREFFTZ die Wirkung einer geringen Abrundung. Ausgehend von der hydrodynamischen Analogie wird die Strömung in der Umgebung der Ecke zerlegt in eine Strömung mit konstantem Wirbel, die dort die Geschwindigkeit Null hat, und in eine Potentialströmung, der das Unendlichwer-

[1]) Einen einfachen Beweis gab z. B. P. KOEBE, Crelles Journ. Bd. 145, S. 177, 1914.
[2]) F. KÖTTER, Über die Torsion des Winkeleisens. Berl. Ber. Bd. 2, S. 935. 1908.
[3]) E. TREFFTZ, Math. Ann. Bd. 82, S. 97. 1921. Siehe auch RIEMANN-WEBER, Die Differential- u. Integralgleich. d. Mech. u. Physik, herausgeg. von PH. FRANK u. R. v. MISES. Bd. II, S. 645. Braunschweig 1927.
[4]) E. TREFFTZ, ZS. f. angew. Math. u. Mech. Bd. 2, S. 263. 1922.

den der Geschwindigkeit bzw. Spannung zuzuschreiben ist. Der erstere Bestandteil wird vernachlässigt. Es bleibt dann nur eine Potentialströmung, um die abgerundete Ecke zu suchen, die in größerer Entfernung sich verhält wie die Strömung um die nicht abgerundete Ecke. Diese Strömung wird durch Abbildung des von der abgerundeten Ecke begrenzten (nach der konvexen Seite gelegene) Gebietes auf die Halbebene erhalten (Abb. 13); die Stromlinien

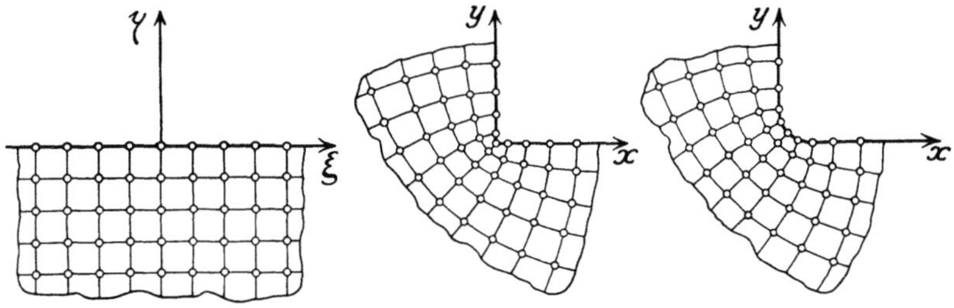


Abb. 13. Abbildung der einspringenden Ecke eines Winkeleisens auf die Halbebene.

gehen dabei in die Geraden $\eta =$ konst. über. Ist der Krümmungshalbmesser der Abrundung $\varrho$, so ergibt sich ein Höchstwert der Spannung in der einspringenden Ecke

$$\tau_{\max} = 1{,}74 \sqrt[3]{\frac{b}{\varrho}}\, G\vartheta b\,; \tag{3}$$

$b$ ist die Breite des Winkeleisens. Diese Formel gilt jedoch nur für sehr geringe Abrundung. Den Fall stärkerer Abrundung hat anschließend DASSEN[1]) behandelt. Er wählt als Innenrand des Profils eine Stromlinie des nicht abgerundeten Querschnitts und bildet diesen auf ein Rechteck ab. Auf diese Weise ergibt sich, daß bei stärkerer Abrundung ziemlich unabhängig von $\varrho$ etwa

$$\tau_{\max} \approx 2 G\vartheta b \tag{4}$$

wird. Von dort weg fällt längs des Innenrandes $\tau$ rasch auf den Wert $G\vartheta b$ ab. An der konvexen Ecke ist $\tau = 0$, steigt von dort weg auf einen Höchstwert ($< 2G\vartheta b$) an, der im Abstand von ungefähr $^1/_5$ der Schenkellänge erreicht wird, um dann weiterhin wieder auf den Wert $Gdb$ abzunehmen, der etwa in der Mitte der Schenkellänge erreicht wird.

**10. Numerisch-graphische Methoden.** RUNGE[2]) hat nach dem von ihm angegebenen numerisch-graphischen Verfahren für einen aus 5 Quadraten zusammengesetzten kreuzförmigen Querschnitt die Spannungsfunktion ermittelt. Das Verfahren besteht im wesentlichen darin, daß man in den Querschnitt ein quadratisches (isothermes) Netz einzeichnet und auf die Funktionswerte der Netzpunkte die durch eine Differenzengleichung ersetzte Differentialgleichung anwendet. Man erhält so ein System linearer Gleichungen zwischen den Werten $\Psi$ in den einzelnen Netzpunkten. Ein ähnliches Verfahren hat SCHNEIDER[3]) entwickelt.

An weiteren Arbeiten und Methoden, die hier nutzbar gemacht werden können, seien jene von ROTTSIEPER[4]), RICHARDSON[5]) und insbesondere LIEBMANN[6]) genannt. Eine zusammenfassende Besprechung numerisch-graphischer

[1]) C. DASSEN, ZS. f. angew. Math. u. Mech. Bd. 3, S. 258. 1923; ausführlicher: Dissert. Aachen.

[2]) C. RUNGE, ZS. f. Math. u. Phys. Bd. 56, S. 225. 1908; s. auch: Graphische Lösung der Randwertaufgabe $\Delta u = 0$. Göttinger Nachr. 1911.

[3]) E. SCHNEIDER, Dissert., Jena 1917.

[4]) ROTTSIEPER, Dissert., Göttingen 1914.

[5]) L. F. RICHARDSON, Phil. Trans. (A) Bd. 210, S. 307. 1910.

[6]) H. LIEBMANN, Die angenäherte Ermittlung harmonischer Funktionen und konformer Abbildungen. Münchener Ber. 1918.

Integrationsverfahren findet man in dem RUNGE-WILLERSschen Artikel der mathematischen Enzyklopädie[1]).

**11. Hohlquerschnitte.** Für den Fall, daß die innere Begrenzung eines Hohlquerschnittes mit einer Spannungslinie des entsprechenden Vollquerschnittes zusammenfällt, kann die für letzteren gefundene Lösung ohne Schwierigkeit auf den Hohlquerschnitt übertragen werden, da der innere und der umgebende ringförmige Teil keinerlei Kräfte aufeinander ausüben. So bleiben z. B. für den aus zwei ähnlichen Ellipsen gebildeten Hohlquerschnitt, dessen äußere Ellipse die Halbachsen $a$ und $b$, und dessen innere die Halbachsen $\alpha a$ und $\alpha b$ hat, die für die Ellipse abgeleiteten Formeln gültig, nur hat man in Gleichung (3) von Ziff. 7 für die Trägheitsmomente einzusetzen

$$J_x = (1 - \alpha^4)\frac{a b^3}{4}\pi, \quad J_y = (1 - \alpha^4)\frac{b a^3}{4}\pi$$

und erhält dann

$$C = G\,(1 - \alpha^4)\frac{b a^3}{4}\pi \tag{1}$$

und als größte Spannung

$$\tau_{\max} = \tau_{zx} = -G\vartheta\frac{2a^2 b}{a^2 + b^2} = -\frac{2}{1 - \alpha^4}\,\frac{M}{\pi a b^2}\,. \tag{2}$$

Die Formeln für die Hohlwelle mit konzentrischen Kreisen als Querschnitt folgen daraus mit $a = b$.

Ist dagegen die innere Begrenzung nicht eine Schubspannungslinie des Vollquerschnittes, so macht die Lösung größere Schwierigkeiten. Das PRANDTLsche Membranengleichnis bleibt aber nach einer gewissen Ergänzung auch in diesem Falle gültig. Nur nimmt $\Psi$ am Innenrand oder an den Innenrändern andere (konstante) Werte an, als am Außenrand. Der Spannungshügel bildet innerhalb solcher Aussparungen des Querschnitts „Hochebenen", deren Höhen $h$ über dem Außenrand ganz bestimmte, aber von vornherein unbekannte Werte haben. Die Drillungssteifigkeit ist nach wie vor proportional dem Rauminhalt des Hügels, wobei der zur Höhlung gehörige zylindrische Teil mitzählt. Dieser Umstand veranschaulicht die hohe Torsionssteifigkeit, die Hohlquerschnitte gegenüber Vollquerschnitten gleichen Flächeninhalts haben. Eine rein experimentelle Bestimmung nach dem Seifenhautverfahren ist kaum möglich, weil zu jeder Höhlung eine entsprechend geformte und senkrecht zu ihrer Ebene reibungslos geführte Scheibe gehören würde, an deren Rand sich die Membran anschließen müßte.

Einen Vorschlag zu einem gemischten Verfahren macht NEMÉNYI[2]). Seine Überlegung stützt sich auf einen schon von PRANDTL[3]) benutzten Satz

$$\int \tau\, ds = 2G\vartheta F\,. \tag{3}$$

$\int \tau\, ds$ ist das längs einer Schubspannungslinie genommene Integral der Schubspannung („Zirkulation"), $F$ ist die von dieser umschlossene Fläche. Diese Gleichung, die den STOKEschen Satz ausdrückt, wurde auch schon in einer später noch zu erwähnenden Arbeit von BREDT abgeleitet. Faßt man $\tau$ als Vektor auf, so gilt sie für jede geschlossene Linie innerhalb des Querschnitts. Daß sie auch für den Innenrand eines Hohlquerschnittes gilt, haben A. u. L. FÖPPL[4]) ausführlich klargelegt. — NEMÉNYI schreibt nun diese Gleichung (3) für die sämtlichen inneren Randkurven an. Berücksichtigt man dazu noch, daß die Gesamt-

---

[1]) C. RUNGE u. FR. A. WILLERS, Enzykl. d. math. Wiss. II C 2.

[2]) P. NEMÉNYI, ZS. f. angew. Math. u. Mech. Bd. 1, S. 364. 1921.

[3]) L. PRANDTL, Jahresb. d. Deutschen Math.-Vereinig. Bd. 13, S. 34. 1904.

[4]) A. u. L. FÖPPL, Drang und Zwang, Bd. II, § 70, S. 107.

heit aller auftretenden Schubspannungen im Gleichgewicht mit dem Torsionsmoment $M$ sein muß, so genügen diese Gleichungen, um die sämtlichen unbekannten Festwerte $h$, die $\Psi$ an den einzelnen Rändern annimmt, zu ermitteln. Sie ergeben sich aus einem System linearer Gleichungen. Die in diesen Gleichungen als Koeffizienten auftretenden bestimmten Integrale könnten z. B. nach einer der in Ziff. 10 genannten Methoden ermittelt werden. Man könnte sich hierzu aber auch des PRANDTLschen Versuches bedienen.

Eine Lösung in geschlossener Form hat man nur für den von zwei konfokalen Ellipsen gebildeten Ring; sie stammt von GREENHILL[1]). Die größten Spannungen treten entweder an den Enden der kleinen Achse der äußeren Ellipse oder — wenn die innere Ellipse im Verhältnis zur äußeren zu schmal und langgestreckt ist — an den Enden der großen Achse der inneren Ellipse auf. Für den exzentrischen Kreisring wurde von MACDONALD[2]) eine exakte Lösung nach der Reihenmethode gegeben unter Anwendung dipolarer isometrischer Koordinaten. Die größte Spannung ist dort zu suchen, wo sich die Randkreise am nächsten kommen, und zwar auf dem äußeren Zylinder, wenn $e < \frac{1}{2}(a_1 - a_2)$, auf dem inneren, wenn $e > \frac{1}{2}(a_1 - a_2)$. Abb. 14 zeigt den Grenzfall, wo die Spannungen in den beiden in Frage kommenden Punkten $A$ und $B$ gleich sind. Einen anderen Weg zur Lösung zeigen A. und L. FÖPPL[3]). Ferner untersucht PRESCOTT[4]) die Torsion geschlossener und offener (geschlitzter) Rohre.

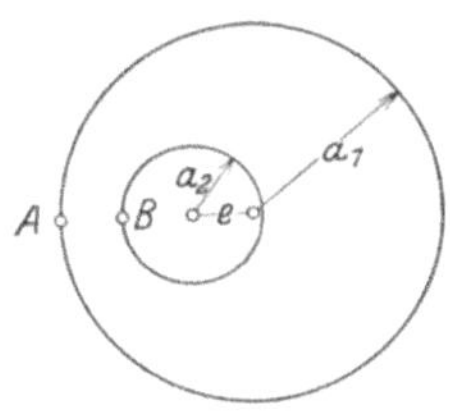

Abb. 14. Exzentrischer Kreisringquerschnitt.

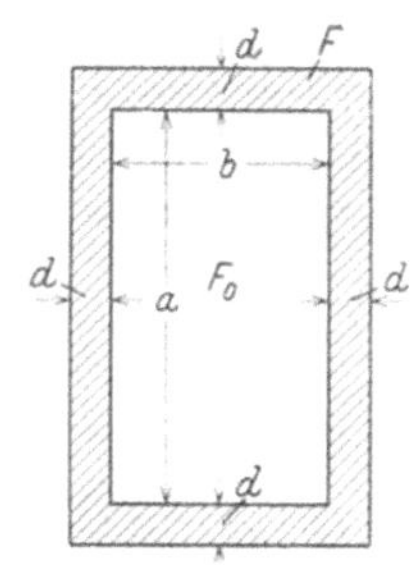

Abb. 15. Kastenquerschnitt.

Zur Untersuchung von Hohlstäben mit geringer Wanddicke (Kastenquerschnitte) bedient man sich zweckmäßig des STOKEschen Satzes, wie er in Gleichung (3) ausgedrückt wurde. Er wurde für diesen Zweck abgeleitet in einer Arbeit von BREDT[5]). Wenn die Wanddicken $d$ klein sind gegenüber den Gesamtabmessungen $(a, b)$, darf eine lineare Verteilung der Schubspannungen über die Wanddicke angenommen werden (Abb. 15). Wenn $d$ ringsum denselben Wert hat, nehmen auch die Schubspannungen $\tau_a$ und $\tau_i$ in den vier Wänden dieselben konstanten Werte an, unabhängig von dem Verhältnis $a : b$. Unter dieser Voraussetzung ist nach dem STOKEschen Satz

für den Innenrand $$\int_i \tau\, ds = 2\tau_i(a + b) = 2G\vartheta F_0 ,$$

für den Außenrand $$\int_a \tau\, ds = 2\tau_a(a + b + 4d) = 2G\vartheta(F + F_0) ,$$

$$\frac{\tau_a}{\tau_i} = \frac{(F + F_0)(a + b)}{F_0(a + b + 4d)} = \frac{(a + 2d(b + 2d)(a + b)}{ab(a + b + 4d)} \approx 1 + 2d\frac{a^2 + b^2}{ab(a + b)} .$$

Der Mittelwert $\tau_m = \frac{1}{2}(\tau_a + \tau_i)$ ergibt sich aus der Momentengleichung zu

$$\tau_m = \frac{M}{2d(a + d)(b + d)} , \tag{4}$$

---

[1]) A. G. GREENHILL, Quart. Journ. of Math. Bd. 16, S. 227. 1879.
[2]) H. M. MACDONALD, Proc. Cambridge Phil. Soc. Bd. 8, S. 62. 1893.
[3]) A. u. L. FÖPPL, Drang und Zwang, Bd. II, §§ 71—72.
[4]) J. PRESCOTT, Phil. Mag. (6), Bd. 40, S. 521. 1920.
[5]) R. BREDT, ZS. d. Ver. d. Ing. Bd. 40, S. 785. 1896; s. auch A. u. L. FÖPPL, Drang und Zwang, Bd. II, S. 93.

der Größtwert wird

$$\tau_a = \frac{M}{2d(a+d)(b+d)}\left(1 + d\frac{a^2+b^2}{ab(a+b)}\right). \tag{5}$$

Unberücksichtigt sind dabei Spannungserhöhungen durch nicht genügendes Abrunden der inneren Ecken.

Schließlich ist noch mit Benutzung der Beziehung (5′) von Ziff. 4 wenn man dort $\tau_{zx} = 0$ und $\frac{\partial \tau_{zy}}{\partial x} = \frac{\tau_a - \tau_i}{d}$ einsetzt,

$$\vartheta = \tau_m \frac{a^2+b^2}{Gab(a+b)} \approx \frac{M}{2Gd}\,\frac{a^2+b^2}{(a+b)a^2b^2}. \tag{6}$$

Der Kastenquerschnitt mit verschieden starken Wänden ist ebenfalls von A. und L. FÖPPL behandelt[1]).

**12. Näherungslösungen.** Eine größere Reihe von Näherungslösungen ist bereits im vorausgehenden mit besprochen worden. Hier sollen nur noch einige von etwas allgemeinerer Anwendungsmöglichkeit nachgetragen werden. Zu solchen führen z. B. die Sätze über die Formänderungsarbeit[2]). In diesem Falle kann man etwa eine Spannungsfunktion $\Psi$ ansetzen, die für alle Randpunkte einen festen Wert hat und noch einen gemeinsamen Faktor enthält, der so bestimmt werden kann, daß die Gesamtheit aller im Querschnitt übertragenen Spannungen mit dem tordierenden Moment im Gleichgewicht steht. Außerdem müssen in dem Ansatz noch einer oder mehrere Freiwerte vorkommen, die man dann so bestimmt, daß die Formänderungsarbeit

$$\mathsf{A} = \frac{1}{2G}\int\left[\left(\frac{\partial\Psi}{\partial x}\right)^2 + \left(\frac{\partial\Psi}{\partial y}\right)^2\right]dF \tag{1}$$

ein Minimum wird. (RITZsches Verfahren.)[3])

ST. VENANT[4]) hat als Formel von allgemeinerer Gültigkeit die folgende angegeben

$$C = G\frac{F^4}{40 J_p}; \tag{2}$$

$F$ ist die Querschnittsfläche, $J_p$ das polare Trägheitsmoment für den Querschnittsschwerpunkt. Diese Formel stimmt gut für die von ST. VENANT untersuchten Vollquerschnitte (vielleicht mit Ausnahme des gleichseitigen Dreiecks, wo $C = 0{,}0244\, a^4 G$ an Stelle von $0{,}0217\, a^4 G$ erhalten wird). Sie versagt aber gänzlich für Hohlquerschnitte, kreuzförmige Querschnitte, Winkeleisen, breitflanschige Trägerprofile, ist dagegen für die Normalprofile der I-Träger leidlich brauchbar. Praktisch wichtig sind Näherungsformeln gerade für die letztgenannten Profilformen.

Um den Drillungswiderstand eines Profils, das sich aus schmalen Rechtecken zusammensetzt, abzuschätzen, geht man am besten vom Seifenhautgleichnis aus. Man erkennt dann, daß im Grenzfall unendlich schmaler Rechtecke der Drillungswiderstand des Profils gleich ist der Summe der Drillungswiderstände der einzelnen Teilrechtecke. Bezeichnet man die ganze Schmalseite dieser Rechtecke mit $d_1, d_2, \ldots$, die Langseiten mit $l_1, l_2, \ldots$, so ist nach Gleichung (11) und (13) von Ziff. 7

$$C = \tfrac{1}{3} G \sum d^3 l\,, \quad \vartheta = \frac{3M}{G\sum d^3 l}. \tag{3}$$

Die größte Schubspannung ist in der Mitte der Langseite des dicksten Rechtecks zu erwarten. Wenn man bei den einzelnen Rechtecken die Länge $l$ als sehr

---

1) A. u. L. FÖPPL, Drang und Zwang, Bd. II, § 73, S. 128.

2) S. Kap. 2, Ziff. 16 ds. Bd. des Handb.

3) Solche Lösungen findet man bei A. u. L. FÖPPL, Drang und Zwang.

4) B. DE SAINT-VENANT, C. R., Bd. 88, S. 142, 1879.

groß gegen die Dicke $d$ betrachten kann, so kann die maximale Schubspannung näherungsweise zu

$$\tau_{\max} = \frac{3M}{\sum d^3 l} d_{\max} \tag{4}$$

angegeben werden. Dabei ist wieder vorausgesetzt, daß durch genügendes Abrunden einspringender Ecken übermäßige Spannungserhöhungen vermieden sind. Zur Abschätzung der letzteren ziehen A. und L. FÖPPL[1]) wieder den STOKEschen Satz nach Gleichung (3) von Ziff. 11 heran.

Ebenso haben A. und L. FÖPPL eine Reihe von Näherungslösungen für das Rechteck[2]) gegeben. Auf Näherungslösungen, die GOETZKE[3]) aus den ST. VENANTschen Reihen für das Rechteck ableitet, wurde an anderer Stelle schon verwiesen. Ferner findet man eine Zusammenstellung, die auch die Genauigkeit zu beurteilen gestattet in einem ausführlichen Bericht von PÖSCHL[4]). Bei Benutzung von Tafeln für die hyperbolischen Funktionen oder von Tabellen, nach Art der in Ziff. 8 gegebenen, dürfte aber wohl überhaupt kein dringendes Bedürfnis nach solchen Näherungslösungen vorliegen.

**13. Versuche.** Die älteren Torsionsversuche wurden in erster Linie zum Studium der elastischen Eigenschaften der verwendeten Materialien oder zur Überprüfung der COULOMBschen Gesetze für die Torsion von Drähten angestellt [z. B. WIEDEMANN[5]), ZIMANSKY[6])]. Beschreibungen besonderer Versuchseinrichtungen findet man in Arbeiten von COKER[7]) und LAMB[8]). Umfangreichere Versuchsreihen an Stäben mit verschiedensten Querschnitten wurden, um die Brauchbarkeit der theoretischen Ergebnisse für technische Zwecke zu untersuchen, von BAUSCHINGER[9]), BACH[10]) und BRETSCHNEIDER[11]) durchgeführt. Die Übereinstimmung mit den ST.-VENANTschen Ergebnissen ist dabei durchaus befriedigend. Z. B. erhielt BAUSCHINGER als Verhältnis der Drillungssteifigkeit einer kreisförmigen Welle von 100 mm Durchmesser und einer solchen von quadratischem Querschnitt von 100 mm Seitenlänge aus Versuchen an 13 Paar Stahlwellen das Verhältnis 0,696 : 1, während sich rechnerisch 0,6984 : 1 ergibt. Allerdings streuen die Versuchsergebnisse zwischen den Werten 0,633 und 0,747. An Probestäben aus Gußeisen fand BAUSCHINGER für die Drehwinkel folgende Verhältnisse (gleiche Fläche und gleiches Moment vorausgesetzt):

| | Kreis | Ellipse $a:b=2:1$ | Quadrat | Rechteck 2:1 | Rechteck 4:1 |
|---|---|---|---|---|---|
| berechnet . . . | 1 | 1,250 | 1,130 | 1,392 | 2,267 |
| beobachtet . . | 1 | 1,24 | 1,20 | 1,47 | 2,41 |

BACH untersuchte sehr verschiedenartige Profilformen, legte aber hauptsächlich Wert auf Feststellung der Bruchbelastung, Einfluß der Gußhaut usw. Mit der Untersuchung von Profileisen befassen sich auch Arbeiten von

1) A. u. L. FÖPPL, Drang und Zwang, § 69, S. 94.
2) A. u. L. FÖPPL, Drang und Zwang, § 65 u. 66, S. 72.
3) R. GOETZKE, ZS. d. Ver. d. Ing. Bd. 53, S. 935. 1909.
4) TH. PÖSCHL, ZS. f. angew. Math. u. Mech. Bd. 1, S. 312. 1921. Ergänzungen hierzu, Bd. 2, S. 299. 1922.
5) G. WIEDEMANN, Wied. Ann. Bd. 6, S. 485. 1879.
6) E. ZIMANSKY, Wied. Ann. Bd. 54, S. 139. 1895.
7) E. G. COKER, Phil. Mag. (5) Bd. 46, S. 520. 1898.
8) E. H. LAMB, Engineering Bd. 111, S. 279. 1921.
9) J. BAUSCHINGER, Civilingenieur Bd. 27, S. 115. 1881.
10) C. v. BACH, ZS. d. Ver. d. Ing. Bd. 33, S. 137 u. 162. 1889.
11) C. BRETSCHNEIDER, Versuche über die Verdrehung von Stäben. Dissert. Stuttgart, Berlin 1911.

BUSEMANN[1]) und EGGENSCHWYLER[2]). Endlich hat A. FÖPPL[3]) Versuche von großem praktischen Wert angestellt. Sie sollten die Verhältnisse bei den Walzeisenprofilen und die Brauchbarkeit der Näherungsformeln (2) und (3) von Ziff. 12 klären. In letztere, die sich als die geeignetere erwies, führte er noch einen Berichtigungsfaktor $\eta$ ein, so daß

$$C = \tfrac{1}{3}\eta G \sum d^3 l$$

angesetzt wird. Bei 11 Winkeleisen schwankte $\eta$ zwischen 0,86 und 1,08, bei 7 U-Eisen zwischen 0,98 und 1,25, bei 2 Z-Eisen war $\eta$ gleich 1,13 und 1,20, bei 7 T-Eisen lag es zwischen 0,92 und 1,25, bei 5 I-Trägern (Normalprofil) zwischen 1,16 und 1,44, bei 5 Breitflanschträgern zwischen 1,21 und 1,47.

Endlich seien noch interessante Seifenhautversuche erwähnt, die von GRIFFITH und TAYLOR[4]) zur Bestimmung der Torsionssteifigkeit und der Spannungsverteilung in beliebig geformten Querschnitten auf Grund des PRANDTLschen Gleichnisses gemacht wurden.

Die Torsion von Stäben mit veränderlichem Querschnitt ist an anderer Stelle (Ziff. 78) besprochen.

Mit der Spannungsverteilung in tordierten Stäben nach teilweiser Überschreitung der Fließgrenze befassen sich Untersuchungen von NÁDAI[5]) und TREFFTZ[6]).

Die Torsion von Stäben aus anisotropem Material, die besonders für die Kristallphysik von Interesse ist, wurde hauptsächlich in einer Reihe von Arbeiten von VOIGT[7]) untersucht[8]).

## III. Die Biegung der Balken.

**14. Geschichtliches.** Die ersten Untersuchungen über die Biegungsfestigkeit von Balken hat wohl GALILEI[9]) angestellt. Er betrachtete den Balken noch als starr, erhielt aber unter Anwendung der Hebelgesetze für den rechteckigen und kreisförmigen Querschnitt und verschiedene Belastungsfälle richtige Aufschlüsse über den Einfluß der Abmessungen auf die Bruchlast. Für die Weiterentwicklung des Problemes besonders wichtig war natürlich die Aufstellung des HOOKEschen Gesetzes 1660[10]) und die Formulierung der elastischen Grundgleichung durch NAVIER 1821. Die erste Anwendung des Gesetzes von der Proportionalität zwischen Spannung und Dehnung auf das Biegungsproblem machte MARIOTTE[11]), der 1680 dieses Gesetz unabhängig von HOOKE gefunden hatte. Er führte den Widerstand eines Balkens gegen Biegung auf die Dehnung und Verkürzung seiner Längsfasern zurück und nahm an, daß sie zur Hälfte gedehnt und zur Hälfte verkürzt werden. JAK. BERNOULLI[12]) hat 1691 das

---

1) C. BUSEMANN, ZS. d. Ver. d. Ing. Bd. 55, S. 633. 1911.

2) A. EGGENSCHWYLER, Eisenbau Bd. 12, S. 207. 1921.

3) A. FÖPPL, Vorles. über techn. Mech., Bd. V, 4. Aufl., S. 169. 1922.

4) A. A. GRIFFITH u. G. J. TAYLOR, Engineering Bd. 104, S. 650, 652 u. 699. 1917.

5) A. NÁDAI: ZS. f. angew. Math. u. Mech. Bd. 3, S. 442. 1923; W. BADER u. A. NÁDAI: ZS. d. Ver. d. Ing. Bd. 71, S. 317. 1927.

6) E. TREFFTZ, ZS. f. angew. Math. u. Mech. Bd. 5, S. 64. 1925.

7) W. VOIGT, Wied. Ann. Bd. 31 (1887), Bd. 34 (1888), Bd. 35 (1888), Bd. 38 (1889); s. hierzu auch das Lehrbuch von LOVE-TIMPE, § 226.

8) S. Kap. 5, Ziff. 9 ds. Bandes des Handb.

9) GALILEO GALILEI, Discorsi e Dimostrationi matematiche, Giornata seconda. Leiden 1638 und Bologna 1655 (deutsch Ostwalds Klassiker Bd. 11).

10) R. HOOKE, De Potentia restitutiva. London 1678.

11) E. MARIOTTE, Traité du mouvement des eaux. Paris 1686.

12) JAK. BERNOULLI, Acta eruditorum. Leipzig 1691; Opera, Bd. I, S. 451. Genf 1744.

Problem der Biegung in Angriff genommen; sein Interesse galt der Gestalt der elastischen Linie, d. h. der verbogenen Zentrallinie, der sog. Elastika. Er kannte damals bereits einen besonderen Fall der Elastika, die sog. rechtwinklige Elastika (Abb. 30, Ziff. 33), gab aber die Lösung erst 1694 bekannt[1]. In dieser Abhandlung wirft er eine Reihe von Fragen auf, so z. B. nach der Biegung unter Eigengewicht, Einfluß veränderlicher Biegungssteifigkeit usw., die dann zum größten Teil von EULER[2] 1744 beantwortet wurden. EULER machte bei diesen Untersuchungen von seiner Methode der Variationsrechnung Gebrauch, da ihn D. BERNOULLI[3] in einem Brief darauf hingewiesen hatte, daß die Elastika dadurch ausgezeichnet ist, daß für sie — mit dem Bogenelement $ds$ und dem Krümmungshalbmesser $R$ — das Integral $\int \frac{ds}{R^2}$ (d. i. bis auf einen Faktor $\frac{1}{2}EJ$ die Formänderungsarbeit) ein Minimum wird. EULER sieht dabei den Stab als materielle Linie, also als eindimensionales Gebilde an; auf die Querdimensionen achtet er nicht weiter. In BERNOULLIS Beschreibung der Konstruktion der Elastika ist zwar von der verschiedenen Dehnung der einzelnen Längsfasern die Rede, nicht aber von einer Verkürzung der auf der Innenseite gelegenen. Auf HUYGENS Einwand hin, daß nicht nur die äußeren Fasern gedehnt, sondern auch die auf der Hohlseite gelegenen verkürzt werden müssen, gab JAK. BERNOULLI später eine neue Konstruktion an, die dieser Forderung gerecht wird. Ausführlich kommt er auf diese Frage 1705 zurück[4]. BERNOULLI setzt dabei voraus, daß bei der Biegung die Querschnitte eben bleiben, eine Annahme, die weiterhin eine große Rolle spielt. Die auf diesen Grundlagen beruhende Theorie der Balken mit endlichem Querschnitt wurde am vollkommensten von COULOMB[5] entwickelt.

**15. Die ältere (technische) Biegungslehre.** Hat man einmal die Hypothese vom Ebenbleiben der Querschnitte angenommen, so ist die Berechnung der Spannungen im Balken eine einfache, statisch bestimmte Aufgabe. Diese Hypothese ist zwar durchaus willkürlich, doch werden die mit ihrer Hilfe abgeleiteten Ergebnisse durch die Erfahrung und die strengere Theorie so gut bestätigt, daß sie auch heute noch allen technischen Berechnungen zugrunde gelegt wird.

Die älteren Theorien beachten nur jene Spannungen und Formänderungen, die von der Längenänderung der Längsfasern herrühren. So schließt die BERNOULLIsche Hypothese vor allem das Vorkommen von Schubkräften im Querschnitt aus, denn eine gleichmäßige Verteilung über den ganzen Querschnitt ist der Randbedingungen wegen nicht möglich, eine ungleichmäßige hingegen würde die Querschnitte nicht eben lassen (Ziff. 19). Wenn Schubspannungen fehlen, ist auch keine Ursache für eine Veränderung des rechten Winkels der Längsfasern, insbesondere der Stabachse, gegen die Querschnitte vorhanden. Zwei benachbarte Querschnitte schneiden sich dann im Krümmungsmittelpunkt der elastischen Linie. Die Längen der Faserstücke zwischen zwei benachbarten Querschnitten verhalten sich wie deren Abstand vom Krümmungsmittelpunkt. Da die Summe der in einem Querschnitt übertragenen Normalspannungen dem Biegungsmoment[6] $M$ gleich sein muß, müssen sowohl Zug- als auch Druckspannungen vorkommen. Beide sind getrennt durch eine spannungsfreie Schicht,

[1] JAK. BERNOULLI, Acta eruditorum. Leipzig 1694; Opera Bd. I, S. 576.

[2] L. EULER, De curvis elasticis, Addit. I zur Abhandl. Methodus inveniendi lineas curvas maximi minimive proprietate gaudentes. Lausanne u. Genf 1744. Deutsch von H. LINSENBARTH, Ostwalds Klassiker, Bd. 175.

[3] D. BERNOULLI, 1742; Correspondance math. et phys., Bd. 2, Brief 26. Petersburg 1843.

[4] JAK. BERNOULLI, Mémoires de Paris. 1705; Oeuvres Bd. 1, S. 976. Genf 1744.

[5] C. A. COULOMB, Essai sur une application des règles de maximis et minimis. Mém. prés. par divers savants. 1776.

[6] S. Bd. V, Kap. 6, Ziff. 45 ds. Bd. des Handb.

die neutrale Schicht. Deren Durchdringung mit einem Querschnitt wird als dessen neutrale Achse oder Nullinie bezeichnet. Die Längenänderungen der Fasern wachsen von dieser neutralen Achse aus nach beiden Seiten hin linear an. Beschränkt man die Betrachtung zunächst auf Stäbe, deren Achse im unbelasteten Zustand geradlinig ist, und setzt man die Gültigkeit des HOOKEschen Gesetzes voraus, so gilt auch für die Spannungen dieses Gesetz der linearen Verteilung über den Querschnitt („Geradliniengesetz"). Für die Spannungsberechnung möge das Koordinatensystem nach Abb. 16 so gelegt sein, daß die $y$-Achse mit der — der Lage nach vorerst unbekannten — Nullinie zusammenfällt. Ist dann in irgendeinem Abstand $x_0$ von dieser die Spannung $\sigma_0$, so ist in einem beliebigen Abstand $x$ die Spannung

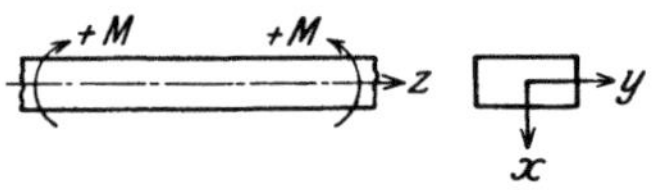

Abb. 16. Lage des Koordinatensystems.

$$\sigma = \frac{\sigma_0}{x_0} x . \tag{1}$$

Da eine axiale Kraft nicht vorhanden sein soll, so müssen die $\sigma$ sich zu einem Kräftepaar zusammenfassen lassen, d. h. es muß $\int \sigma dF = 0$ sein, wo $dF$ das Flächenelement des Querschnittes ist, oder nach Einsetzen des obigen Wertes

$$\frac{\sigma_0}{x_0} \int x dF = 0 . \tag{2}$$

Das Integral ist über die ganze Querschnittsfläche zu erstrecken. Es stellt deren statisches Moment in bezug auf die $y$-Achse dar. Damit dieses verschwindet, muß die $y$-Achse, damit also auch die neutrale Achse, so gelegt sein, daß sie durch den Schwerpunkt des Querschnittes geht.

Besonders einfach ist die weitere Rechnung, wenn die neutrale Achse auf der Ebene des Momentes senkrecht steht. Um die Bedingung hierfür abzuleiten, sei in der Querschnittsebene die Spur der Ebene des angreifenden Momentes als $x$-Achse gewählt, der Ursprung liege im Schwerpunkt. Dann verschwindet das statische Moment der Spannungen in bezug auf die $x$-Achse: $\int \sigma y dF = 0$. Wenn aber die $y$-Achse Nullinie sein soll, so muß $\sigma = \frac{\sigma_0}{x_0} x$, also

$$\int x y dF = 0 \tag{3}$$

sein. Das Verschwinden dieses als Zentrifugalmoment bezeichneten Integrals ist also die Bedingung dafür, daß die neutrale Achse auf der Momentenebene senkrecht steht; d. h. die Spur der Ebene des Biegungsmomentes muß in eine Hauptträgheitsachse des Querschnittes fallen[1]). Dies möge zunächst zutreffen. Dann ergeben sich die Spannungen aus der Gleichgewichtsbedingung gegen Verdrehen um die $y$-Achse.

$$\int \sigma x dF = M$$

oder unter Benutzung der Gleichung (1)

$$\frac{\sigma_0}{x_0} \int x^2 dF = \frac{\sigma}{x} \int x^2 dF = M .$$

Letzteres über den ganzen Querschnitt erstreckte Integral wird als Trägheitsmoment $J_y$ bezeichnet, so daß man für die Längsspannung $\sigma$ endgültig erhält

$$\sigma = \frac{M}{J_y} x . \tag{4}$$

[1]) Vgl. Bd. V, Kap. 6, Abschn. II ds. Handb.

Die höchste Spannung tritt dort auf, wo $x$ seinen Größtwert erreicht. Den Wert $\frac{J_y}{x_{\max}}$ bezeichnet man als Widerstandsmoment $W$, er ist für alle technisch wichtigen Querschnitte, insbesondere für Profileisen, tabelliert[1]). Mit dieser Bezeichnung ist

$$\sigma = \frac{M}{W}. \tag{5}$$

Um die Gestalt der elastischen Linie abzuleiten, möge der Winkel zwischen zwei Querschnitten vom Abstand $dz$, der sog. Biegungswinkel, mit $d\varphi$ bezeichnet werden. Dann ist der Krümmungsradius der elastischen Linie an dieser Stelle $R = \frac{dz}{d\varphi}$. Die Längenänderung einer Faser, die von der Nullinie den Abstand $x$ hat, ist $x\,d\varphi$. Nach der Definition des Elastizitätsmoduls $E$ ist $\frac{x\,d\varphi}{dz} = \frac{\sigma}{E}$. Setzt man für $\frac{d\varphi}{dz}$ den Wert $\frac{1}{R}$, und für $\sigma$ nach Gleichung (4) $\sigma = \frac{M}{J_y}\,x$ ein, so wird

$$\frac{1}{R} = \frac{M}{E J_y}. \tag{6}$$

Diese wichtige Beziehung ist bereits in BERNOULLIS Abhandlung von 1694 enthalten, sie ist unter dem Namen des BERNOULLI-EULERschen Biegungstheorems bekannt. Solange die Abweichungen der elastischen Linie von der Geraden nur gering sind, kann man $\frac{1}{R}$ durch $\frac{d^2x}{dz^2}$ ersetzen. Bezeichnet man schließlich noch das Produkt $E J_y$, die Biegungssteifigkeit des Balkens mit $B$, so erhält man als Differentialgleichung der elastischen Linie

$$\frac{d^2x}{dz^2} = -\frac{M}{B}. \tag{7}$$

Das Vorzeichen von $R$ ist zunächst unbestimmt, es muß so wie oben gewählt werden, um mit den Vorzeichenfestsetzungen der Abb. 16 in Einklang zu bleiben.

Beispiele: a) Der an einem Ende eingespannte (Krag-)Balken mit Einzellast $P$ am freien Ende. Der Koordinatenursprung liege an der Einspannstelle, $l$ sei die Balkenlänge. Dann ist

$$\frac{d^2x}{dz^2} = \frac{P}{B}(l - z) \tag{8}$$

und

$$x = \frac{P}{B}\left(\frac{1}{2}\,l z^2 - \frac{1}{6}\,z^3\right) + c_1 z + c_2.$$

Die Konstanten $c_1$ und $c_2$ sind aus den Randbedingungen zu ermitteln; es wird

$$x = \frac{P l^3}{2B}\left(\frac{z^2}{l^2} - \frac{z^3}{3 l^3}\right). \tag{9}$$

Die Durchbiegung am freien Ende $(z = l)$, der Biegungspfeil, ist

$$f = \frac{P l^3}{3B}. \tag{10}$$

Die Neigung der elastischen Linie gegen die ursprüngliche Richtung ist dort

$$\omega = \left(\frac{dx}{dz}\right)_{z=l} = \frac{P l^2}{2B} = \frac{3f}{2l}. \tag{11}$$

b) Balken über zwei Stützen mit einer Einzellast $P$ in der Mitte. Hier wird:

$$x = \frac{P l^3}{16 B}\left(\frac{z}{l} - \frac{4 z^3}{3 l^3}\right); \tag{12}$$

[1]) S. z. B. „Hütte", des Ingenieurs Taschenbuch, Bd. I.

Durchsenkung in der Mitte $\left(\text{bei } z = \frac{l}{2}\right)$

$$f = \frac{P l^3}{48 B}; \tag{13}$$

Neigung der Enden gegen die Horizontale

$$\omega_0 = \frac{P l^3}{16 B} = 3 \frac{f}{l}. \tag{14}$$

c) Auf zwei Stützen aufliegender Balken mit gleichmäßig verteilter Last $q$ pro Längeneinheit. Hier wird

$$x = \frac{q l^4}{24 B}\left(\frac{z}{l} - 2\frac{z^3}{l^3} + \frac{z^4}{l^4}\right), \tag{15}$$

$$f = \frac{5}{384}\frac{q l^4}{B}, \tag{16}$$

$$\omega_0 = \frac{q l^3}{24 B} = \frac{16}{5}\frac{f}{l}. \tag{17}$$

Bei der Lagerung von Maßstäben, Trägern optischer Anordnungen u. dgl. ergibt sich manchmal die Aufgabe, die Stützpunkte so zu wählen, daß die elastische Linie gewisse besondere Eigenschaften hat. Es handle sich um einen gleichmäßig (meist nur durch sein Eigengewicht) belasteten Balken von der Länge $l$, der in zwei symmetrisch gelegenen Punkten unterstützt ist. Die gesamte Last sei $Q = ql$; im übrigen sollen die Bezeichnungen der Abb. 17 gelten.

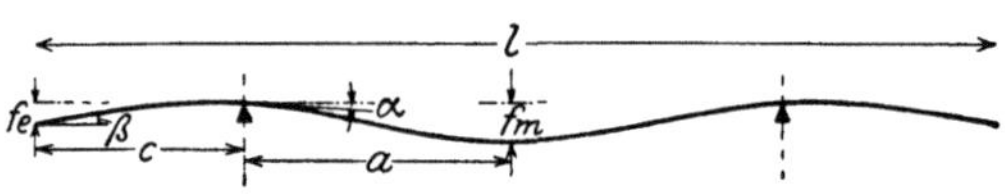


Abb. 17. Die BESSELschen Punkte.

a) Wenn der Abstand der Stützen von den Balkenenden $c > \frac{l}{4}$, so hat die elastische Linie keinen Wendepunkt, sondern läuft, immer konvex nach oben, über die beiden Stützen. Ist $c < \frac{l}{4}$, so treten zwei Wendepunkte auf; ein Stück der elastischen Linie innerhalb der Stützen ist dann nach oben konkav. Im Grenzfall $c = \frac{l}{4}$ ist in der Balkenmitte ein Flachpunkt (zwei zusammenfallende Wendepunkte, $x' = x'' = x''' = 0$). Es ist

$$f_m = -0{,}000163\frac{Q l^3}{B}, \quad f_e = +0{,}001139\frac{Q l^3}{B}, \quad \alpha = 4\frac{f_m}{a}, \quad \beta = 2\alpha.$$

b) $c = 0{,}24\,l$; in diesem Falle wird $f_m = 0$, d. h. die Balkenmitte liegt gerade in der Höhe der Stützen.

c) $c = 0{,}2247\,l$; der Balkan läuft horizontal über die Stützen, also

$$\alpha = 0, \quad \beta = \frac{4}{3}\frac{f_e}{c}, \quad f_m = \frac{3}{4} f_e, \quad f_e = 0{,}000319\frac{Q l^3}{B}.$$

d) $c = 0{,}2232\,l$; Balkenmitte und Enden liegen auf einer geraden Linie:

$$f_m = f_e = 0{,}000270\frac{Q l^3}{B}.$$

e) $c = 0{,}2203\,l$; die Stützung in den sog. BESSELschen Punkten. Diese spielt bei der Lagerung von Maßstäben eine besondere Rolle. Bei dieser Wahl der Stützpunkte wird nämlich die Längendifferenz zwischen der Stabachse (Zentrallinie) und deren Horizontalprojektion zu einem Minimum. Der verbleibende Unterschied ist

$$\delta l = -0{,}66 \cdot 10^{-6}\frac{Q^2 l^5}{B^2}.$$

Der angegebene Wert von $c/l$ gilt für den Fall, daß die Enden der Meßstrecke mit den Enden des Stabes zusammenfallen, andernfalls müssen die Stützen weiter zusammen gerückt werden. Bei Lagerung in den BESSELschen Punkten ist

$$f = 0{,}000326 \frac{Q l^3}{B}, \quad f = 0{,}000183 \frac{Q l^3}{B}, \quad \alpha = \frac{1}{1979} \frac{Q l^2}{B}, \quad \beta = -\frac{1}{783{,}2} \frac{Q l^2}{B},$$

der Abstand der Wendepunkte von der Mitte ist $0{,}1723\, l$.

f) $c = 0{,}214\, l$; es ist $f_e = 0$, die Endpunkte liegen in der Höhe der Stützen.

g) $c = 0{,}2113\, l$; die Stabenden liegen horizontal, es ist $\beta = 0$.

Wenn die Momentebene nicht durch eine Hauptträgheitsachse des Querschnittes geht, spricht man von schiefer Belastung. Man berechnet in solchen Fällen die Spannungen, indem man das Biegungsmoment in zwei Komponenten $M \cos\alpha$ und $M \sin\alpha$ nach den Hauptträgheitsachsen des Querschnittes zerlegt und die von beiden Komponenten einzeln verursachten Spannungen addiert:

$$\sigma = \frac{M \cos\alpha}{J_y} x + \frac{M \sin\alpha}{J_x} y; \tag{18}$$

$\alpha$ ist der Winkel der Momentenebene gegen die positive Richtung der $x$-Achse. Um den Höchstwert der Spannung zu finden, sucht man die Richtung der neutralen Achse, indem man etwa auf beiden Hauptachsen die Werte $\frac{\sin\alpha}{J_x}$ und $\frac{\cos\alpha}{J_y}$ aufträgt und die beiden Punkte verbindet. Zieht man in dieser Richtung die Tangenten an den Querschnitt, so sind die Berührungspunkte $P$ (Abb. 18) die gefährlichen Punkte. Die so ermittelte Richtung ist jene der neutralen Achse. Diese ist also gegeben durch

$$\frac{y}{x} = -\frac{J_x}{J_y} \operatorname{tg}\alpha . \tag{19}$$

Die elastische Linie ist bestimmt durch die Gleichungen

$$x = \frac{M \cos\alpha}{B_y} f(l, z), \quad y = \frac{M \sin\alpha}{B_x} f(l, z)$$

$f(l, z)$ hängt von der Art der Belastung ab. Die Ebene, in der die elastische Linie verläuft — man nennt sie Biegungsebene —, ist gegeben durch

$$\frac{y}{x} = \frac{J_y}{J_x} \operatorname{tg}\alpha . \tag{20}$$

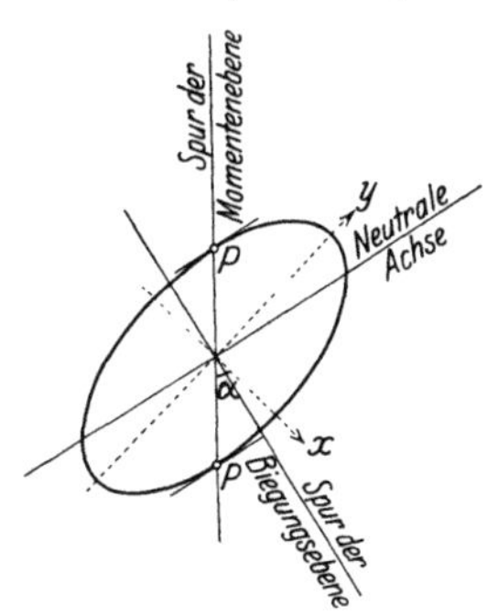


Abb. 18. Schiefe Belastung eines Balkens.

Die neutrale Ebene steht demnach, wie die Gleichungen (19) und (20) lehren, immer senkrecht auf der Biegungsebene, jedoch ist letztere im allgemeinen nicht identisch mit der Lastebene. Die Spur der Last-(Momenten-)ebene und die neutrale Achse sind konjugierte Durchmesser der Zentralellipse[1]). (Abb. 18.)

Man weiß von vornherein, daß diese Theorie nicht streng sein kann, da die Annahmen, von denen sie ausgeht, in zweifacher Hinsicht mangelhaft oder unrichtig sind: erstens wurde auf die Querkontraktion, von der die Axialspannungen begleitet sind, nicht geachtet; zweitens ist die BERNOULLIsche Hypothese bestimmt in allen Fällen unzutreffend, wo Querkräfte auf den Balken wirken. In diesem Fall müssen in den Querschnitten Schubspannungen vorkommen, die infolge ihrer notwendig ungleichmäßigen Verteilung zu Querschnittsverbiegungen führen müssen. Damit ist die Richtigkeit des BERNOULLI-EULERschen Theorems und der daraus gezogenen Folgerungen in Frage gestellt[2]).

---

[1]) S. Bd. V, Kap. 6, Ziff. 24 ds. Handb.

[2]) Vgl. hierzu auch Kap. 2, Ziff. 29 ds. Bd. des Handb.

**16. Die strengeren Theorien.** Einige strenge Lösungen, die von diesen Mängeln frei sind, leitete B. DE ST. VENANT in seiner berühmten Abhandlung von 1856[1]) aus den elastischen Grundgleichungen ab. Um wenigstens für einige Fälle die Integration möglich zu machen, wendet er die sog. semiinverse Methode an. Diese besteht darin, daß man einen Teil der Spannungs- und Formänderungsgrößen von vornherein als bekannt in die Differentialgleichungen einführt, die übrigen so dazu bestimmt, daß die Differentialgleichungen erfüllt werden und dann zusieht, ob die äußeren Kräfte, die notwendig sind, um den gefundenen Spannungszustand herzustellen, einen möglichen und einfachen Belastungsfall darstellen oder wenigstens einem solchen nahekommen. Die so gewonnene Lösung gilt zunächst nur für den Fall, daß die angreifende Last genau so über den Querschnitt verteilt ist, wie die Rechnung es ergibt. Praktisch ist dies aber kaum zu verwirklichen. Nach dem ST.-VENANTschen Prinzip können jedoch diese Lösungen auch auf eine große Zahl praktisch möglicher Belastungsfälle übertragen werden. Dieses von ST.-VENANT aufgestellte und von BOUSSINESQ[2]) strenger begründete Prinzip (s. Ziff. 74) sagt, daß zwei verschiedene, jedoch statisch gleichwertige Lastanordnungen, deren Angriffspunkte auf ein kleines Gebiet der Begrenzung eines Körpers beschränkt sind, in diesem — abgesehen von „lokalen Störungen" in unmittelbarer Nähe des Lastangriffs — den nämlichen Spannungszustand hervorrufen.

Die Annahme, die ST. VENANT seinen Lösungen zugrunde legte, ist die, daß die in Richtung der Stabachse verlaufenden Fasern keinen Querdruck oder Querzug und keine Schubspannungen in der Richtung quer zur Stabachse übertragen, daß also

$$\sigma_x = 0\,, \quad \sigma_y = 0\,, \quad \tau_{xy} = 0\,. \tag{1}$$

Diese Annahme läßt eine Behandlung folgender Fälle zu[3]): 1. Belastung durch axialen Zug. 2. Gleichförmige Biegung durch Momente an den Stabenden. 3. Torsion. 4. Biegung des an einem Ende eingespannten (Krag-) Balkens durch eine Last am freien Ende. — C. CHREE[4]) zeigte, daß für den letztgenannten Belastungsfall des Balkens mit rechteckigem und elliptischen Querschnitt, die ST.-VENANTsche Annahme nicht als eine Hypothese, sondern als eine beweisbare Tatsache anzusehen ist. A. CLEBSCH[3]) hat die ST.-VENANTsche Theorie in einfacherer Form dargestellt.

Von einem anderen Gesichtspunkt gehen W. VOIGT[5]) und J. H. MICHELL[6]) aus. Sie machen eine bestimmte Annahme über die Abhängigkeit des Spannungszustandes von der $z$-Koordinate und suchen damit den elastischen Grundgleichungen zu genügen. Es zeigt sich, daß die Annahme eines von $z$ unabhängigen Spannungszustandes auf die Beanspruchung durch longitudinalen Zug, auf die gleichförmige Biegung und auf die Torsion führt, daß ferner die Annahme einer linearen Abhängigkeit dem Fall des Kragbalkens mit einer Einzellast am freien Ende entspricht. Diese Fälle sind identisch mit jenen der ST.-VENANTschen Theorie. Darüber hinaus erhält MICHELL[6]) durch die Annahme einer quadratischen Abhängigkeit die Lösung für den gleichmäßig belasteten Balken. Diese Fälle sollen der Reihe nach kurz besprochen werden.

---

[1]) B. DE SAINT-VENANT, Journ. de math. (Liouville) (2) Bd. 1, S. 89. 1856. Auszüge: C. R. Bd. 39, S. 1027. 1854; Bd. 41, S. 143. 1855.

[2]) B. DE ST. VENANT, Paris Mém. prés. par div. savants Bd. XIV. 1855; J. BOUSSINESQ, Applications des potentiels etc., S. 296. Paris 1885.

[3]) A. CLEBSCH, Theorie der Elastizität fester Körper. § 22ff. Leipzig: B. G. Teubner 1862.

[4]) C. CHREE, Quarterl. Journ. of Math. Bd. 22, S. 89. 1887.

[5]) W. VOIGT, Göttinger Abhandlgn. Bd. 34, S. 53. 1887; Wied. Ann. Bd. 16, S. 273. 1882.

[6]) J. H. MICHELL, Quarterl. Journ. of Math. Bd. 32, S. 28. 1901.

**17. Die gleichförmige Biegung.** Für einen von $z$ unabhängigen Spannungs- und Formänderungszustand lauten, wenn von der Wirkung einer Massenkraft abgesehen werden darf,

die Gleichgewichtsbedingungen[1])

$$\frac{\partial \sigma_x}{\partial x} + \frac{\partial \tau_{xy}}{\partial y} = 0\,; \qquad \frac{\partial \tau_{xy}}{\partial x} + \frac{\partial \sigma_y}{\partial y} = 0\,; \qquad \frac{\partial \tau_{xz}}{\partial x} + \frac{\partial \tau_{yz}}{\partial y} = 0\,, \tag{1}$$

die Randbedingungen längs des Mantels

$$\left.\begin{aligned} \sigma_x \cos(\nu, x) + \tau_{xy}\cos(\nu, y) &= 0\,, \\ \tau_{xy}\cos(\nu, x) + \sigma_y \cos(\nu, y) &= 0\,, \\ \tau_{xz}\cos(\nu, x) + \tau_{yz}\cos(\nu, y) &= 0\,, \end{aligned}\right\} \tag{2}$$

die Kompatibilitätsbedingungen[2])

$$\frac{\partial^2 \varepsilon_z}{\partial x^2} = 0\,, \quad \frac{\partial^2 \varepsilon_z}{\partial y^2} = 0\,, \quad \frac{\partial^2 \varepsilon_z}{\partial x \partial y} = 0\,, \tag{3}$$

$$\frac{\partial}{\partial x}\left(\frac{\partial \gamma_{yz}}{\partial x} - \frac{\partial \gamma_{zx}}{\partial y}\right) = 0\,, \quad \frac{\partial}{\partial y}\left(\frac{\partial \gamma_{yz}}{\partial x} - \frac{\partial \gamma_{zx}}{\partial y}\right) = 0\,, \tag{4}$$

$$\frac{\partial^2 \varepsilon_y}{\partial x^2} - \frac{\partial^2 \varepsilon_x}{\partial y^2} - \frac{\partial^2 \gamma_{xy}}{\partial x \partial y} = 0\,. \tag{5}$$

Aus Gleichung (3) folgt, daß $\varepsilon_z$ die Form haben muß:

$$\varepsilon_z = \varepsilon_0 - \varkappa_1 x - \varkappa_2 y\,, \tag{6}$$

wo $\varepsilon_0$, $\varkappa_1$, $\varkappa_2$ Konstanten sind. Diese Gleichung (6) zusammen mit den Gleichungen (1) und (2) führen zu dem Ergebnis, daß die Annahmen (1) in Ziff. 16, von denen St. Venant ausging. bestehen müssen, daß also

$$\sigma_x = 0\,, \quad \sigma_y = 0\,, \quad \tau_{xy} = 0\,; \qquad \varepsilon_x = -\frac{\varepsilon_z}{m}\,, \quad \varepsilon_y = -\frac{\varepsilon_z}{m}\,. \tag{7}$$

Gleichung (5) ist damit identisch erfüllt, Gleichung (4) liefert

$$\gamma_{zx} = \vartheta\left(\frac{\partial \varphi}{\partial x} - y\right), \quad \gamma_{yz} = \vartheta\left(\frac{\partial \varphi}{\partial y} + x\right); \tag{8}$$

$\vartheta$ ist eine Konstante, $\varphi$ die Torsionsfunktion (Ziff. 4). Schließt man mit $\varepsilon_0 = 0$ die reine Zugbeanspruchung, mit $\vartheta = 0$ die Torsion aus, so erhält man, je nachdem man $\varkappa_1$ oder $\varkappa_2$ gleich Null setzt, die gleichförmige Biegung in der $y$, $z$- oder $x$, $z$-Ebene. Im letzteren Fall wird

$$\varepsilon_z = \frac{\partial w}{\partial z} = -\varkappa x\,; \qquad \varepsilon_x = \frac{\partial u}{\partial x} = \frac{\varkappa x}{m}\,; \qquad \varepsilon_y = \frac{\partial v}{\partial y} = \frac{\varkappa x}{m}\,. \tag{9}$$

Alle anderen Spannungs- und Formänderungsgrößen sind gleich Null. Für die Verschiebungskomponenten erhält man

$$u = \frac{1}{2}\varkappa\left(z^2 + \frac{x^2 - y^2}{m}\right); \qquad v = \varkappa\frac{xy}{m}\,; \qquad w = -\varkappa x z\,. \tag{10}$$

Die gebogenen Zentrallinie $x = y = 0$ hat die Gleichung $u = \frac{1}{2}\varkappa z^2$; sie hat also annähernd die Form eines Kreises vom Radius $\frac{1}{\varkappa} = R$. Die Querschnitte $z =$ konst. bleiben eben und gehen durch den Mittelpunkt dieses Kreises. Linien-

[1]) S. Kap. 2, Ziff. 7 ds. Bd. des Handb.
[2]) S. Kap. 2, Ziff. 14 ds. Bd. des Handb.

elemente, die ursprünglich in der Ebene $x = 0$ lagen, erfahren keine Längenänderung, d. h. diese ist neutrale Ebene. Für die Längsspannungen ergibt sich das Geradliniengesetz $\sigma_z = -\frac{E}{R}x$. Es bestätigen sich somit in diesem Falle die in der BERNOULLIschen Theorie willkürlich eingeführten Annahmen, damit auch alle weiterhin gezogenen Schlüsse, insbesondere das BERNOULLI-EULERsche Biegungstheorem (6) von Ziff. 15. Dagegen wurde in der älteren Theorie nicht weiter darauf geachtet, daß der Querschnittsumriß infolge der Querkontraktion eine Änderung seiner Gestalt erfährt. Ist z. B. der Umriß ursprünglich ein Rechteck mit den Seiten $x = \pm a$, $y = \pm b$, so gehen die Ränder des Querschnitts $z = z_0$ über in die Kurven

$$x = \pm a + \frac{m z_0^2 + (a^2 - y^2)}{2mR}, \quad y = \pm b + \frac{bx}{mR}. \tag{11}$$

Ersteres sind näherungsweise Kreisbogen vom Radius $mR$, letzteres gerade Linien mit der Neigung $\frac{b}{mR}$ gegen die ursprüngliche Lage (Abb. 19). Die ursprünglich ebene Oberfläche eines solchen Balkens, wie jede zur neutralen Schicht parallele Ebene, wird also durch die Biegung zu einer Fläche mit negativem Krümmungsmaß (sattelförmig) verwölbt. Die Hauptkrümmungsradien sind $R$ und $-mR$.

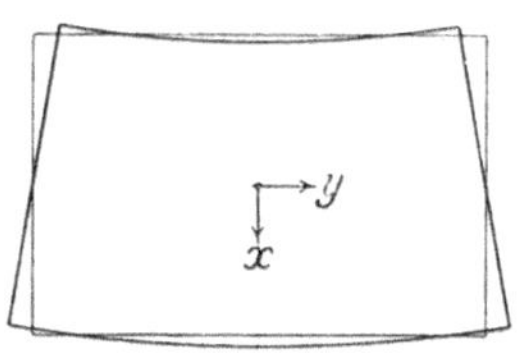


Abb. 19. Formänderung des rechteckigen Querschnittsumrisses bei der Biegung.

Man kann diesen Umstand zur Bestimmung der Querzahl $m$ benutzen. Schiebt man z. B. auf die gut eben geschliffene Balkenoberfläche eine ebenfalls plane Glasplatte (Probeglas) auf, so werden nach der Biegung die Höhenschichtlinien dieser Sattelfläche durch Interferenz (NEWTONsche Streifen) sichtbar (Abb. 20). Sie bilden ein System von Hyperbeln. CORNU[1]) und STRAUBEL[2]) haben auf diese Weise die Querkontraktionszahl von Glas bestimmt. Die Zahl $m$ ergibt sich als Verhältnis der beiden Hauptkrümmungen, welches durch Messen der Abstände der Interferenzstreifen in der Längs- und Querrichtung oder besser durch Messen des Asymptotenwinkels bestimmt werden kann. Ist $\alpha$ der Winkel einer Asymptote gegen die Längsrichtung des Balkens, so ist

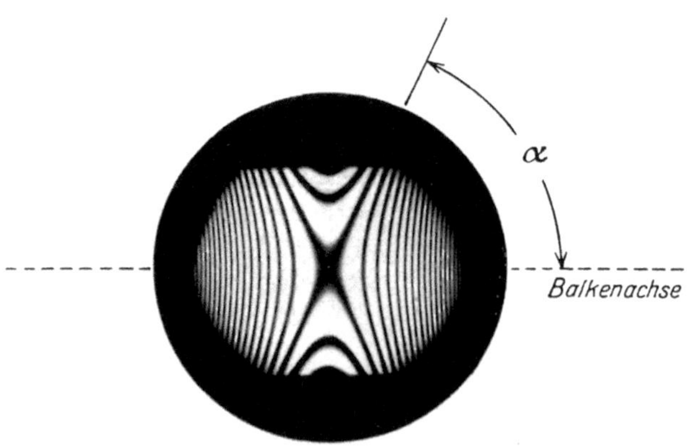


Abb. 20. Interferenzerscheinung auf der Oberfläche eines gebogenen Balkens.

$$m = \operatorname{tg}^2 \alpha. \tag{12}$$

Die der Abb. 20 zugrunde liegende Glassorte ergibt z. B. $\alpha = 65{,}1°$, also $m = 4{,}64$. Auch MALLOCK[3]) benutzte diese Verwölbung der Balkenoberfläche zur Bestimmung von $m$ für eine Reihe von Stoffen (Metalle, Holz, Paraffin usw.), indem er Drähte senkrecht zur Oberfläche befestigte und deren Neigungs-

[1]) A. CORNU, C. R. Bd. 69, S. 333. Paris 1869.
[2]) R. STRAUBEL, Wied. Ann. Bd. 68, S. 369. 1899.
[3]) A. MALLOCK, Proc. Roy. Soc. London Bd. 29, S. 157. 1879.

änderungen bei gleichförmiger Biegung durch Beobachtung der Enden unter dem Meßmikroskop feststellte. — Zweckmäßig kann man hier wie überhaupt zu Formänderungsmessungen ähnlicher Art das Prinzip der Autokollimation anwenden. Eine in der Brennebene eines Fernrohrobjektivs angeordnete beleuchtete Meßmarke wird durch das Objektiv ins Unendliche abgebildet. In den parallelen Strahlengang bringt man den Probebalken, dessen Oberfläche, wenn sie blank ist (Glas, Metalle), bis auf 4 oder 6 Spiegelchen in einer Anordnung nach Abb 21a abgedeckt wird. Bei matter Oberfläche werden die Spiegelchen durch Versilbern oder dgl. hergestellt. Ist der Balken nicht gebogen, so fallen die von den Spiegelchen rückwärts in der Brennebene entworfenen Bilder der Meßmarke in eines zusammen; wird der Balken gebogen, so wandern sie auseinander zu einer Anordnung, wie sie Abb. 21b zeigt. Das Seitenverhältnis $a/b$ gibt unmittelbar den Wert $m$, sofern die Spiegelchen auf der Balkenoberfläche, wie in Abb. 21a, quadratisch angeordnet sind. Zweckmäßig photographiert man die in der Brennebene entstehenden Autokollimationsbilder und nimmt die Ausmessung auf der photographischen Platte vor.

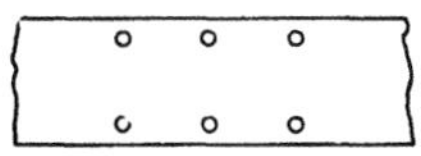
Abb. 21a. Blende.

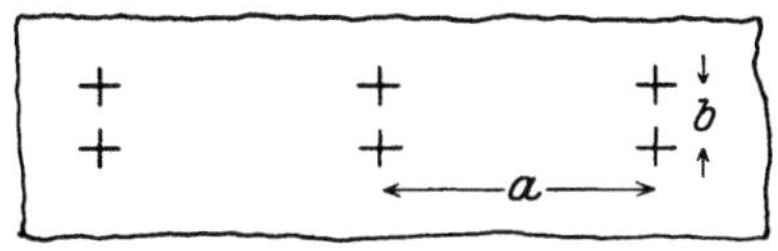

Abb. 21b. Autokollimationsbild.

**18. Von $z$ linear abhängiger Spannungszustand; der Kragbalken mit Einzellast.** Das Koordinatensystem sei so gelegt, wie Abb. 22 zeigt, die $x$- und die $y$-Achse mögen mit den Hauptträgheitsachsen des befestigten Querschnittes zusammenfallen. Macht man für alle Spannungs- und Formänderungsgrößen einen Ansatz von der Form

$$X = X^{(1)} z + X^{(0)},$$

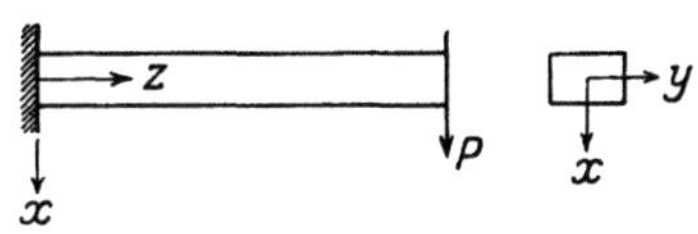

Abb. 22. Kragbalken mit Einzellast.

so spalten sich die Gleichgewichts- und Kompatibilitätsbedingungen in zwei Gruppen von Gleichungen: eine erste, die die mit $z$ proportionalen Glieder, und eine zweite, die die von $z$ unabhängigen Glieder umfaßt. Die ersteren stimmen mit den Gleichungen (1) bis (5) von Ziff. 17 für die gleichförmige Biegung überein und haben daher die Lösung

$$\left.\begin{aligned} &\varepsilon_z^{(1)} = \varepsilon_1 - \varkappa_1 x - \varkappa_2 y, \\ &\varepsilon_x^{(1)} = \varepsilon_y^{(1)} = -\frac{\varepsilon_z^{(1)}}{m}, \\ &\gamma_{xy}^{(1)} = 0; \quad \gamma_{zx} = \vartheta_1\left(\frac{\partial\varphi}{\partial x} - y\right); \quad \gamma_{yz}^{(1)} = \vartheta_1\left(\frac{\partial\varphi}{\partial y} + x\right). \end{aligned}\right\} \tag{1}$$

$\varepsilon_1$, $\varkappa_1$, $\varkappa_2$, $\vartheta_1$ sind Konstanten, $\varphi$ die Torsionsfunktion. $\varkappa_2$ muß, wie die weitere Entwicklung zeigen würde, wegfallen, wenn die Lastebene durch die $x$-Achse, also eine Hauptträgheitsachse geht. Ferner kann sich der in der $z$-Richtung resultierende Druck und das Moment um die $z$-Achse nicht mit $z$ ändern, so daß auch $\varepsilon_1$ und $\vartheta_1$ verschwinden müssen. Die Gleichungen zwischen den von $z$ freien Gliedern führen dann zunächst wieder zu den St.-Venantschen Ausgangsbeziehungen (1) von Ziff. 16.

$$\text{ferner} \qquad \left.\begin{aligned} &\sigma_x^{(0)} = 0, \quad \sigma_y^{(0)} = 0, \quad \tau_{xy}^{(0)} = 0, \\ &\varepsilon_x^{(0)} = 0, \quad \varepsilon_y^{(0)} = 0, \quad \varepsilon_z^{(0)} = 0, \quad \gamma_{xy}^{(0)} = 0, \end{aligned}\right\} \tag{2}$$

während sich für $\gamma_{xz}^{(0)}$ und $\gamma_{yz}^{(0)}$ die unten eingesetzten Werte ergeben. Die endgültigen Lösungen lauten:

$$\left.\begin{aligned} \varepsilon_z &= \varepsilon_z^{(0)} + z\,\varepsilon_z^{(1)} = -\varkappa_1 x z, \\ \varepsilon_x &= \varepsilon_x^{(0)} + z\,\varepsilon_x^{(1)} = +\frac{\varkappa_1 x z}{m}, \\ \varepsilon_y &= \varepsilon_y^{(0)} + z\,\varepsilon_y^{(1)} = +\frac{\varkappa_1 x z}{m}, \end{aligned}\right\} \tag{3}$$

$$\left.\begin{aligned} \gamma_{xy} &= \gamma_{xy}^{(0)} + z\gamma_{xy}^{(1)} = 0, \\ \gamma_{xz} &= \gamma_{xz}^{(0)} + z\gamma_{xz}^{(1)} = \vartheta\left(\frac{\partial\varphi}{\partial x} - y\right) + \varkappa_1\left[\frac{\partial\chi}{\partial x} + \frac{x^2}{2m} + \frac{2m-1}{2m}\,y^2\right], \\ \gamma_{yz} &= \gamma_{yz}^{(0)} + z\gamma_{yz}^{(1)} = \vartheta\left(\frac{\partial\varphi}{\partial y} + x\right) + \varkappa_1\left[\frac{\partial\chi}{\partial y} + \frac{2m+1}{m}\,x y\right]; \end{aligned}\right\} \tag{4}$$

$\varkappa_1$ und $\vartheta$ sind Konstanten, $\varphi$ wieder die Torsionsfunktion und $\chi$ die sog. Biegungsfunktion. Diese ist dadurch definiert, daß sie in jedem Punkt des Querschnitts der Gleichung

$$\Delta\chi = \frac{\partial^2\chi}{\partial x^2} + \frac{\partial^2\chi}{\partial y^2} = 0, \tag{5}$$

und in jedem Punkt des Randes der Bedingung

$$\frac{\partial\chi}{\partial\nu} = -\left[\frac{x^2}{2m} + \frac{2m-1}{2m}\,y^2\right]\cos(x,\nu) - \frac{2m+1}{m}\,x y\cos(y,\nu) \tag{6}$$

genügen muß. Wenn man $\varphi$ und $\chi$ kennt, muß $\vartheta$ so bestimmt werden, daß das gesamte Moment um die $z$-Achse verschwindet. Bei Querschnitten mit Symmetrie zur $x$-Achse wird $\vartheta = 0$, andernfalls ist jedoch mit der Biegung auch eine Torsion verbunden.

Aus den Gleichungen (3) folgt, daß das Geradliniengesetz für die Verteilung der Spannungen $\sigma_z$ über den Querschnitt auch hier gilt. Daher muß aus denselben Gründen wie früher die neutrale Achse durch den Querschnittsschwerpunkt gehen. Die in einem Querschnitt übertragenen Längsspannungen sind gleichwertig mit einem Moment um die $y$-Achse vom Betrag $M = P(l - z)$, die Schubspannungen gleichwertig einer in die $x$-Richtung fallenden Kraft $P = E J_y \varkappa$. Also entspricht die erhaltene Lösung der Biegung eines Balkens von der Länge $l$ durch eine in die $x$-Richtung fallenden Kraft $P$, die bei $z = l$ am Balken angreift. Es ergeben sich dann endgültig für die Schubspannungen folgende Werte:

$$\left.\begin{aligned} \tau_{xz} &= G\vartheta\left(\frac{\partial\varphi}{\partial x} - y\right) + \frac{mP}{2(m+1)J_y}\left[\frac{\partial\chi}{\partial x} + \frac{x^2}{2m} + \frac{2m-1}{2m}\,y^2\right], \\ \tau_{yz} &= G\vartheta\left(\frac{\partial\varphi}{\partial y} + x\right) + \frac{mP}{2(m+1)J_y}\left[\frac{\partial\chi}{\partial y} + \frac{2m+1}{m}\,x y\right]. \end{aligned}\right\} \tag{7}$$

Die Verschiebungen sind

$$\left.\begin{aligned} u &= -\vartheta y z + \frac{P}{EJ}\left[\frac{1}{2m}(l-z)(x^2-y^2) + \frac{1}{2}\,l z^2 - \frac{1}{6}\,z^3\right] + b_2 z - c_2 y + a_1, \\ v &= +\vartheta x z + \frac{P}{mEJ}(l-z)\,x y \qquad + c_2 x - a_2 z + b_1, \\ w &= +\vartheta\varphi - \frac{P}{EJ}\left[x\left(l z - \frac{1}{2}z^2\right) + x y^2 + \chi\right] \qquad + a_2 y - b_2 x + c_1; \end{aligned}\right\} \tag{8}$$

$a_1, b_1, c_1, a_2, b_2, c_2$ sind Integrationskonstanten, die durch Lage und Befestigung des Querschnittes $z = 0$ bestimmt sind. Wird der Ursprung und das durch diesen gehende Linienelement der $y$-Achse festgehalten, und sind die additiven Konstanten von $\varphi$ und $\chi$ so bestimmt, daß diese Funktionen im Nullpunkt verschwinden, so werden $a_1$, $b_1$, $c_1$, $a_2$, $c_2$ gleich Null. Die Konstante $b_2$ hängt davon ab, welches Flächenelement im Ursprung festgehalten wird. Ist es jenes, das dem Querschnitt angehört, so muß dort $\frac{\partial w}{\partial x} = 0$ sein; ist es dagegen jenes der Ebene $x = 0$, so muß im Ursprung $\frac{\partial x}{\partial z} = 0$ sein. Beide Fälle sind nicht identisch.

**19. Diskussion des Spannungs- und Verformungszustandes.** Die Krümmung der elastischen Linie wird genügend genau ausgedrückt durch die Werte $\frac{\partial^2 u}{\partial z^2}$ und $\frac{\partial^2 v}{\partial z^2}$. Aus den Gleichungen (8) der vorigen Ziffer folgt

$$\frac{\partial^2 u}{\partial z^2} = \frac{P(l-z)}{EJ} = -\frac{M}{B}, \quad \frac{\partial^2 v}{\partial z^2} = 0.$$

Nachdem sich oben schon ergeben hat, daß das Geradliniengesetz der Spannungsverteilung gilt — dies läßt sich als unmittelbare Folge des Fehlens der Spannungen $\sigma_x$, $\sigma_y$, $\tau_{xy}$ nachweisen[1]) —, zeigt sich nun, daß auch das Biegungstheorem (6) von Ziff. 15 seine Gültigkeit behält. Auch bleibt die neutrale Ebene senkrecht zur Ebene der elastischen Linie. Die neutrale Ebene und alle dazu parallelen Ebenen werden zu Sattelflächen verwölbt, genau wie bei der gleichförmigen Biegung.

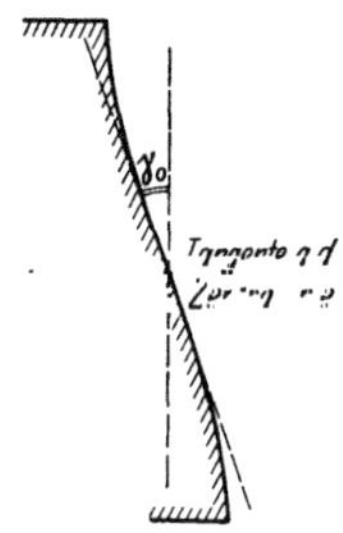

Abb. 23. Schiefstellung und Verwölbung eines Querschnittes durch die Biegung.

Dagegen bleiben die Querschnitte weder eben, noch senkrecht auf der Zentrallinie (Abb. 23). Die vertikal wirkende Schubspannungskomponente $\tau_{zx}$ hat für $x = y = 0$ den Wert $\frac{mP}{2(m+1)}\left(\frac{\partial \chi}{\partial x}\right)_{x=y=0}$, daraus folgt, daß sich der ursprünglich rechte Winkel um den Betrag

$$\gamma_0 = \frac{P}{EJ}\left(\frac{\partial \chi}{\partial x}\right)_{x=y=0} \tag{1}$$

ändert. Dieser Wert ist über die ganze Balkenlänge konstant. Zur Analysierung der Querschnittsverwölbung kann man den Ausdruck für $w$ der Gleichung (8) von Ziff. 18 schreiben

$$w = \vartheta\varphi - \frac{P}{EJ}x\left(lz - \frac{1}{2}z^2\right) - b_2 x + \gamma_0 x - \frac{P}{EJ}\left[\chi + xy^2 - x\left(\frac{\partial \chi}{\partial x}\right)_0\right].$$

Der Summand $\vartheta\varphi$ rührt von der durch die Torsion verursachten Querschnittsverwindung her (Ziff. 4). Der Ausdruck $\frac{P}{EJ}x\left(lz - \frac{1}{2}z^2\right) - b_2 x$ wird durch die Neigung der elastischen Linie gegen die $z$-Achse verursacht, das Glied $\gamma_0 x$ durch die Schiefstellung der Querschnitte gegen die elastische Linie nach Gleichung (1). Das noch übrigbleibende Glied

$$\frac{P}{EJ}\left[\chi + xy^2 - x\left(\frac{\partial \chi}{\partial x}\right)_0\right] \tag{2}$$

drückt jedoch eine Verwölbung des Querschnittes aus, die in der ungleichmäßigen Verteilung der Schubspannungen ihre Ursache hat. Für den kreisförmigen Querschnitt ist diese Verwölbung in Abb. 24 dargestellt.

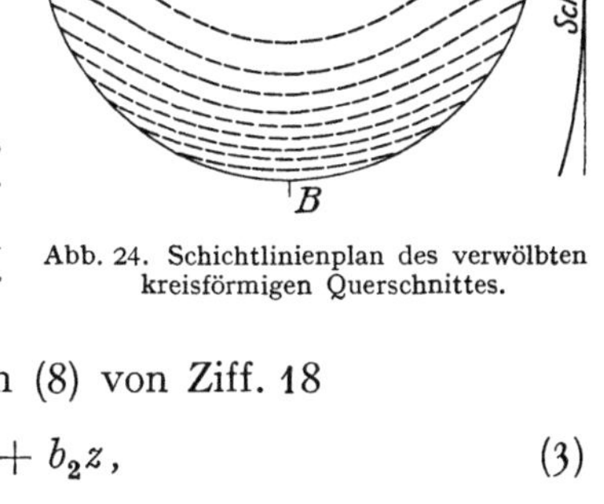

Abb. 24. Schichtlinienplan des verwölbten kreisförmigen Querschnittes.

Die Gleichung der elastischen Linie ist nach (8) von Ziff. 18

$$u = \frac{P}{EJ}\left(\frac{1}{2}lz^2 - \frac{1}{6}z^3\right) + b_2 z, \tag{3}$$

[1]) A. Föppl, Vorles. über techn. Mech., Bd. III, § 73.

der Biegungspfeil also

$$f = \frac{P l^3}{3 E J} + b_2 l\,. \tag{4}$$

Der Beitrag $b_2 l$ bringt die durch die Schubspannungen verursachte zusätzliche Durchbiegung zum Ausdruck, er fehlt in der elementaren Theorie. $b_2$ hängt, wie in Ziffer 18 erwähnt, von der genaueren Art der Festhaltung des Querschnittes $z = 0$ ab. Sofern das den Schwerpunkt enthaltende Element des Querschnitts vertikal festgehalten wird, ist $b_2 = \gamma_0$. Zur Berechnung dieser zusätzlichen Durchbiegung ist die Kenntnis der Biegungsfunktion $\chi$ notwendig.

ST. VENANT[1]), CLEBSCH[2]), GRASHOF[3]) und LOVE[4]) haben diese für eine Reihe von Querschnitten ermittelt. So ist z. B.

für den Kreis vom Halbmesser $a$

$$\left.\begin{aligned} &\text{in Polarkoordinaten } \varrho,\ \alpha\colon\ \chi = -\left(\frac{3}{4} + \frac{1}{2m}\right) a^2 \varrho \cos\alpha + \frac{1}{4}\varrho^3 \cos^3\alpha\,, \\ &\text{in rechtw. Koordinaten:}\ \ \chi = -\left(\frac{3}{4} + \frac{1}{2m}\right) a^2 x + \frac{1}{4}(x^3 - 3x^2 y)\,, \end{aligned}\right\} \tag{5}$$

für die Ellipse mit den Halbachsen $a$ und $b$

$$\chi = -\frac{a^2\left[2\left(1 + \frac{1}{m}\right) a^2 + b^2\right]}{3a^2 + b^2}\, x + \frac{1}{3}\, \frac{2a^2 + b^2 + \frac{1}{2m}(a^2 - b^2)}{3a^2 + b^2}\,(x^3 - 3xy^2) \tag{6}$$

für das Rechteck mit den Seiten $2a$ und $2b$

$$\chi = \frac{2m+1}{6m}(x^3 - 3x^2 y) + x\left[\frac{b^2}{2m} - \left(1 - \frac{1}{m}\right) a^2\right] + \frac{4b^3}{m\pi^3} \sum_{n=1}^{n=\infty} \frac{(-1)^n}{n^3}\, \frac{\mathfrak{Sin}\,\frac{n\pi x}{a}}{\mathfrak{Cof}\,\frac{n\pi a}{b}} \cos\frac{n\pi y}{b} \tag{7}$$

Der Wert $\gamma_0$ ergibt sich dann für den Kreis zu

$$\gamma_0 = \left(3 + \frac{2}{m}\right) \frac{P}{E\pi a^2}\,, \tag{8}$$

für das Rechteck zu

$$\gamma_0 = \frac{3(m+1)P}{4mEab}\left[1 - \frac{1}{m+1}\,\frac{b^2}{a^2}\left\{\frac{1}{3} + \frac{4}{\pi^2} \sum_{n=1}^{n=\infty} \frac{(-1)^n}{n^2\,\mathfrak{Cof}\,\frac{n\pi a}{b}}\right\}\right]. \tag{9}$$

Für den Klammerausdruck hat ST. VENANT mit $m = 4$ folgende Werte berechnet:

| $\frac{a}{b}$ | 0,25 | 0,50 | 0,75 | 1 | 1,25 | 1,50 | 2 | 2,50 | 3 |
|---|---|---|---|---|---|---|---|---|---|
| Wert des Klammerausdruckes | 0,676 | 0,849 | 0,907 | 0,940 | 0,962 | 0,971 | 0,983 | 0,989 | 0,993 |

**20. Ermittlung der Schubspannungsverteilung.** Die Ermittlung der Biegungsfunktion bereitet wegen der komplizierteren Randbedingungen (6) von Ziff. 18 größere Schwierigkeiten, als die Ermittlung der Torsionsfunktion. Um die Aufgabe zu erleichtern, kann man allgemeinere Spannungsfunktionen für das Biegungsproblem definieren, die zu einfacheren Randbedingungen führen. Dies ist in einer Arbeit von NEMÉNYI[5]) durchgeführt. Sein allgemeiner Ansatz

[1]) B. DE ST. VENANT, Journ. de math. (Liouville) (2) Bd. 1, S. 89. 1856.
[2]) A. CLEBSCH, Theorie der Elastizität fester Körper, § 31ff.
[3]) F. GRASHOF, Elastizität und Festigkeit, S. 246.
[4]) „LOVE-TIMPE", S. 386.
[5]) P. NEMÉNYI, ZS. f. angew. Math. u. Mech. Bd. 1, S. 89. 1921.

für die Spannungsfunktion enthält zwei willkürliche Größen. Durch deren geeignete Wahl erreicht NEMÉNYI u. a., daß — entsprechend dem PRANDTLschen Gleichnis der Torsionstheorie — auch für das Biegungsproblem eine Lösung experimentell durch Herstellung eines gespannten Flüssigkeitshäutchens gewonnen werden kann.

In der technischen Literatur findet man näherungsweise Bestimmungen der Schubspannungen, wobei eine willkürliche Annahme über deren Verteilung zugrunde gelegt wird[1]). Meist nimmt man an, daß die Schubspannungslinien affin zur Querschnittsberandung laufen. LOVE[2]) weist darauf hin, daß dadurch im allgemeinen die Kompatibilitätsbedingungen verletzt werden, also kein geometrisch möglicher Verformungszustand erhalten wird. Doch sind die Ergebnisse, die man so erhält, umso richtiger, je geringer die Breite des Balkens im Verhältnis zur Höhe ist. Zur näherungsweisen Bestimmung der durch die Schubkräfte verursachten Durchbiegung wird oft von Betrachtungen über die Formänderungsarbeit Gebrauch gemacht[3]).

Wäre die Scherkraft $V$ gleichmäßig über den Querschnitt verteilt, so würde sich der Winkel des Querschnittes gegen die Stabachse um $\gamma = \frac{\tau}{G} = \frac{V}{FG}$ ändern, und zwei Querschnitte vom Abstand $dx$ würden eine Parallelverschiebung vom Betrage

$$du = \frac{V}{FG}\,dx$$

erleiden. Die wirkliche Verschiebung ist aber wegen der ungleichmäßigen Verteilung der Schubkräfte über den Querschnitt eine andere, und man setzt für sie

$$du = \zeta\,\frac{V}{FG}\,dx; \tag{1}$$

$\zeta$ ist eine von der Querschnittsform abhängige Verhältniszahl ($>1$). Man kann sie näherungsweise ermitteln, indem man die Formänderungsarbeit der Schubkräfte gleich der Arbeitsleistung der Scherkraft setzt. Erstere ist für ein Balkenelement von der Länge $dx$ gleich $dx\int\frac{\tau^2}{2G}\,dF$, die Arbeitsleistung der Scherkraft ist $\frac{1}{2}V\,du$, nach Gleichung (1) also $\frac{1}{2}\,\zeta\,\frac{V^2}{FG}\,dx$. Somit ist

$$dx\int\frac{\tau^2}{2G}\,dF = \frac{1}{2}\,\zeta\,\frac{V^2}{FG}\,dx\,, \tag{2}$$

was für $\zeta$ die Gleichung

$$\zeta = \frac{F}{V^2}\int\tau^2\,dF \tag{3}$$

ergibt. Für die Berechnung benutzt man dann eine der obenerwähnten Annahmen über die Verteilung der Schubkräfte, sofern diese nicht streng bekannt ist. Für das Rechteck findet man auf diese Weise $\zeta = 1{,}2$, für den Kreis $\zeta = 1{,}11$, für Trägerprofile kann $\zeta$ bis auf 2,0 oder 2,4 anwachsen.

Wenn die Lastrichtung nicht mit einer der Hauptträgheitsachsen zusammen fällt, verfährt man ebenso wie in Ziff. 15. Die dort entwickelten Formeln (18) bis (20) bleiben durchaus gültig.

**21. Von $z$ quadratisch abhängiger Spannungszustand; der Kragbalken mit gleichmäßig verteilter Last.** Diese Untersuchungen stammen von MICHELL[4]).

---

1) S. z. B. F. GRASHOF, Elastizität und Festigkeit, 2. Aufl., Berlin 1878; A. FÖPPL, Vorles. über Techn. Mech. Bd. III. § 24; W. J. M. RANKINE, Applied Mechanics. London 1858.

2) „LOVE-TIMPE", § 235

3) A. FÖPPL, Vorles. über Techn. Mech. Bd. III, § 29.

4) J. H. MICHELL, Quarterl. Journ. of Math. Bd. 32, S. 28. 1901.

Der Rechnungsgang ist ähnlich wie oben bei linearer Abhängigkeit. Es ist wieder notwendig, die Funktionen $\chi$ und $\varphi$ für den betreffenden Querschnitt zu ermitteln. Die ST. VENANTsche Annahme ist für diesen Belastungsfall nicht mehr zutreffend. Vielmehr ist zur Bestimmung von $\sigma_x$, $\sigma_y$ und $\tau_{xy}$ die Lösung eines Problems ebener Verzerrung notwendig. MICHELL hat die Theorie auch noch auf jenen Fall erweitert, daß die längs des Balkens angreifenden Kräfte Komponenten haben, die in die Balkenoberfläche fallen. E. ALMANSI[1]) verallgemeinerte die Lösung weiterhin auf den Fall, daß auf den Mantel Spannungen wirken, die durch Polynome von der Form $\sum a_m z^m$ ausgedrückt werden, wo die $a_m$ beliebige Funktionen von $x, y$ sind.

Die wichtigsten Ergebnisse sind folgende: Die Zentrallinie wird gleichmäßig gedehnt und liegt daher nicht mehr in der neutralen Schicht; letztere liegt dem Krümmungsmittelpunkt näher. Ungedehnt bleibt die Zentrallinie nur in besonderen Fällen, z. B. bei der Biegung eines Balkens von kreisförmigem Querschnitt durch sein eigenes Gewicht. Die Krümmung ist dem Biegungsmoment nicht mehr streng proportional, worauf zuerst K. PEARSON[2]) hinwies. Sie unterscheidet sich von dem EULER-BERNOULLIschen Wert um einen konstanten Betrag, der jedoch gering ist, solange es sich nicht um eine ungewöhnliche Verteilung der Lasten über die Balkenbreite handelt. So ist für den schmalen rechteckigen Balken von der Höhe $2h$, der Breite $b$ und der Länge $l$, der auf seiner Oberfläche die Last $q$ pro Längeneinheit trägt,

$$\frac{1}{R} = \frac{3q(l-z)^2}{4Eh^3b}\left[1 + \left(1{,}6 + \frac{1}{m}\right)\frac{h^2}{(l-z)^2}\right] \tag{1}$$

$\left(1{,}6 + \frac{1}{m}\right)\frac{a^2}{(l-z)^2}$ stellt die Korrektur gegenüber der BERNOULLI-EULERschen Krümmung dar. In ihr kommt der Einfluß der Schubkräfte zum Ausdruck, ferner eine Verminderung der Krümmung, welche dadurch zustande kommt, daß die Belastung Druckspannungen $\sigma_x$ und damit Querdrehungen verursacht, die in den oberen Fasern größer sind als in den unteren (s. hierzu Ziff. 43). Das Gesetz, nach dem die Schubspannungen verteilt sind, ist das nämliche wie in den Fällen der ST.-VENANTschen Theorie.

Die Biegung von Balken mit kreisförmigem und elliptischem Querschnitt unter dem Eigengewicht und bei kontinuierlicher Last ist von PEARSON und FILON[2, 3]) ausführlich untersucht worden. Es ergibt sich in diesen Fällen, daß, wenn der größte Querschnittsdurchmesser kleiner als $^1/_{10}$ der Balkenlänge ist, die maximale Längsspannung $\sigma_z$ von der älteren Theorie um weniger als 0,13 bis 0,20% falsch berechnet wird.

**22. Der gleichmäßig belastete Balken auf zwei Stützen.** Dieser praktisch wichtige Fall wird erhalten durch Addition der obigen Lösung zu jener für den Balken, der durch eine am Ende angreifende Querkraft beansprucht wird. Für den schmalen oder sehr breiten rechteckigen Balken (Spannweite $2l$, Balkenhöhe $2h = \delta$, Koordinatenursprung in Balkenmitte) erhält man (Ziff. 40) als über die Dicke genommene Durchschnittswerte

$$\left.\begin{aligned} \sigma_z &= \frac{3q}{4h^3}\left[x\left(l^2 - z^2 - \frac{2}{5}h^2\right) + \frac{2}{3}x^3\right], \\ \sigma_x &= \frac{q}{4h^3}\left[-x^3 + 3h^2x - 2h^3\right], \\ \tau_{xz} &= \frac{3qz}{4h^3}\left[h^2 - x^2\right]. \end{aligned}\right\} \tag{1}$$

[1]) E. ALMANSI, Roma Acc. Linc. Rend. (5) Bd. 10, S. 333 u. 410. 1901.
[2]) K. PEARSON, Quarterl. Journ. of Math. Bd. 24, S. 63. 1889.
[3]) K. PEARSON u. L. N. G. FILON, Quarterl. Journ. of Math. Bd. 31, S. 66. 1900.

Auch hier sind die Normalspannungen $\sigma_z$ nicht nach dem Geradliniengesetz verteilt. Die Abweichungen sind um so geringer, je geringer die Balkenhöhe ist im Vergleich zur Länge.

**23. Der an beiden Enden gestützte Balken mit einer Einzellast in der Mitte.** Diese Aufgabe kann nicht etwa auf die in Ziff. 18 gegebene Lösung zurückgeführt werden, indem man den an beiden Enden $A$, $B$ unterstützten Balken (Abb. 25) in der Mitte festgehalten denkt und jede Balkenhälfte als Kragbalken ansieht, der an seinem freien Ende durch die Auflagerkraft beansprucht wird. Für jene Lösung ist wesentlich, daß sich der Einspannquerschnitt frei verwölben und gegen die Achse neigen kann. Dies ist aber im vorliegenden Fall nicht zutreffend, weil der Mittelquerschnitt aus Symmetriegründen eben bleiben muß. FILON[1]) hat — unter Beschränkung auf das zweidimensionale Problem — diesen Fall eingehend untersucht; v. KÁRMÁN und SEEWALD[2]) haben die FILONschen Ansätze weiter verfolgt und das zweidimensionale Problem zur vollständigen Lösung gebracht (Ziff. 43). Dort sind auch die lokalen Störungen berechnet, die in der unmittelbaren Umgebung konzentrierter Lasten auftreten. — Wenn $l$ die ganze Spannweite, $2h = \delta$ die Balkenhöhe ist, erhält man z. B.

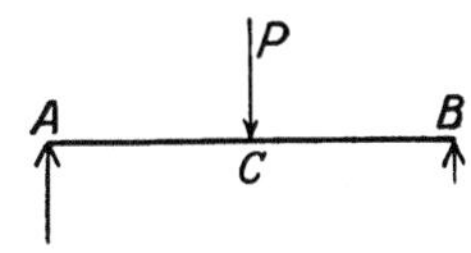

Abb. 25. Balken auf zwei Stützen mit Einzellast.

$$f = f_0\left[1 + \frac{\delta^2}{l^2}\left(1{,}5\,\frac{E}{G} - \frac{1{,}5}{m} - 0{,}6\right)\right] \approx f_0\left(1 + 2{,}85\,\frac{\delta^2}{l^2}\right). \qquad (1)$$

Nach den schon erwähnten Betrachtungen, die sich zur Berechnung dieser Korrektur der Sätze über die Formänderungsarbeit bedienen, würde man an Stelle des Wertes 2,85 den Wert 3 erhalten[3]).

**24. Zusammenfassung.** Man kann sagen, daß die Bedeutung der ST.-VENANTschen und der daran anschließenden Theorien weniger darin zu sehen ist, daß sie gewisse kleine Korrekturen zur älteren elementaren Theorie liefern, als hauptsächlich darin, daß sie zeigen, daß diese in allen praktischen Fällen unbedenklich angewandt werden darf. Trotzdem im allgemeinen, im strengen Sinn, alle ihre Voraussetzungen falsch sind, liefert sie dennoch Resultate, die der Wirklichkeit sehr nahekommen. Die Fehler, die in praktischen Fällen durch mangelhafte Homogenität, Abweichungen vom HOOKEschen Gesetz und von den angenommenen Randbedingungen eintreten können, sind meist weit größer als die Abweichungen der elementaren Theorie von der strengeren.

Jedoch muß auf einen Fall hingewiesen werden, in dem erhebliche Abweichungen der elementaren Biegungslehre vom wirklichen Verhalten vorkommen können. Bis jetzt war immer vorausgesetzt, daß bei der Biegung eines Balkens die Querschnittsform nicht verändert wird (abgesehen allenfalls von der Wirkung der Querkontraktion), daß also bei der Krümmung jede Faser die Dehnung erfährt, die ihrem (ursprünglichen) Abstand von der Zentrallinie entspricht. Diese Voraussetzung trifft nicht mehr unbedingt zu, wenn es sich um Querschnitte handelt, bei denen eine Abmessung klein ist im Verhältnis zu den anderen. Beispiele hierfür sind das dünnwandige Rohr und die sehr hohen oder sehr breitflanschigen Trägerprofile. Von besonderer Bedeutung wird dieser Unstand beim gekrümmten Balken, sei es, daß die Krümmung erst von der Biegung herrührt, sei es, daß der Balken von Anfang an nach einer Kurve gebogen war. Es ist

[1]) L. N. G. FILON, Phil. Trans. (A) Bd. 201, S. 63. 1903.
[2]) TH. v. KÁRMÁN, F. SEEWALD, s. Ziff. 42, S. 204.
[3]) A. FÖPPL, Vorles. über Techn. Mech., Bd. III, § 29.

leicht zu sehen, daß in diesem Fall sowohl die Zugspannungen der einen Querschnittshälfte, als die Druckspannungen der anderen Resultierende ergeben, die nach der Zentrallinie zu gerichtet sind. Es werden also Spannungen zwischen den einzelnen Faserschichten übertragen. Während diese im allgemeinen keine große Rolle spielen und in der technischen Biegungslehre nicht nur für den geraden, sondern auch für den krummen Balken vernachlässigt werden (Ziff. 28 u. 29), können sie dadurch, daß sie eine Veränderung der Querschnittsform hervorrufen, in ihrer Wirkung sehr wesentlich werden. Die Folge einer solchen Veränderung der Querschnittsform (z. B. einer Abplattung eines dünnwandigen Rohres) ist eine starke Entlastung der sonst am stärksten beanspruchten äußeren Fasern (Abweichung von der linearen Spannungsverteilung). Einer Verbiegung um einen gewissen Betrag entsprechen dann im Ganzen geringere Spannungen und damit ein kleineres Biegungsmoment. Anders ausgedrückt: ein gewisses Biegungsmoment ruft Formänderungen hervor, die erheblich größer sind, als sie die elementare Biegungslehre erwarten läßt; sie können ein Vielfachse von diesen betragen. Aus diesem Grunde versagt z. B. die elementare Biegungstheorie gänzlich bei der Berechnung der in Ziff. 73 angeführten Schalendächer. Die strenge Untersuchung solcher dünnwandiger Zylinder ist eine Aufgabe der Theorie der Schalen. Auf einfacherem Wege — mittels des RITZschen Verfahrens — hat v. KÁRMÁN[1]) eine angenäherte Lösung für das dünnwandige gebogene Rohr entwickelt, die in guter Übereinstimmung mit Versuchsergebnissen steht. Den Biegungsträger mit hohem Steg oder breiten Flanschen hat KOBER[2]) behandelt. Übrigens kann an einer sehr dünnen Wandung schon der unmittelbare Lastangriff erhebliche Deformationen verursachen, und schließlich muß in solchen Fällen auch auf die Knick- und Ausweichgefahr geachtet werden.

Unter diesem Gesichtspunkt behandelt BRAZIER[3]) das gebogene dünnwandige Rohr als Schale unter Beibehaltung der Glieder nächsthöherer Ordnung. Diese genauere Untersuchung ergibt in Übereinstimmung mit den obigen Überlegungen, daß die Durchbiegungen nicht linear mit dem Moment anwachsen, sondern schneller. Die gewöhnliche Biegungstheorie (die technische, wie die ST. VENANTsche) liefern nur die Tangente im Ursprung an die Kurve, welche den Zusammenhang zwischen Durchbiegung und Moment darstellt. BRAZIER zeigt, daß sogar $dM/df = 0$ werden kann, und zwar wenn

$$M = \frac{2\sqrt{2}}{9}\sqrt{\frac{m^2}{m^2-1}}\,\pi a E \delta^2 \quad (\delta = \text{Wanddicke des Rohres}).$$

Wird dieser Wert erreicht, so findet der Zusammenbruch statt. Dieser Vorgang hat eine gewisse Ähnlichkeit mit dem in Ziff. 94 behandelten.

**25. Der Balken auf mehr als zwei Stützen.** Das Problem des durchlaufenden, d. h. über mehr als zwei Stützen gelegten Trägers behandelte erstmals NAVIER[4]) unter Zugrundelegung des Satzes von der Proportionalität zwischen Biegungsmoment und Krümmung. Eine wesentliche Vereinfachung der sehr umständlichen Rechnung erzielte CLAPEYRON[5]) 1849, indem er fand, daß die Biegungsmomente in je drei aufeinanderfolgenden Unterstützungs-

---

[1]) TH. v. KÁRMÁN, ZS. d. Ver. d. Ing. Bd. 55, S. 1889. 1911; s. auch A. u. L. FÖPPL, Drang und Zwang Bd. I, § 10.

[2]) ILSE KOBER: Abh. a. d. Aerodynamischen Inst. d. Techn. Hochsch. Aachen, H. 7, S. 34. Berlin: Julius Springer 1927.

[3]) L. G. BRAZIER, Proc. Roy. Soc. London (A) Bd. 116, S. 104. 1927.

[4]) L. NAVIER, Resumé des leçons etc., 2. Aufl. 1833.

[5]) B. P. E. CLAPEYRON, C. R. Bd. 45, S. 1076. Paris 1857; geschichtliche Notizen J. M. HEPPEL, Proc. Roy. Soc. Bd. 19, S. 56. London 1871.

punkten durch eine feste Beziehung miteinander verbunden sind. Bezeichnet nämlich

$M_0, M_1, M_2$ die Momente über drei beliebigen, aufeinanderfolgenden Stützen 0, 1, 2,

$l_0, l_1$ die Stützweiten zwischen diesen Punkten,

$q_0, q_1$ die Lasten auf die Längeneinheit in beiden Feldern,

so gilt die sog. Dreimomentengleichung

$$M_0 l_0 + 2 M_1 (l_0 + l_1) + M_2 l_1 = -\tfrac{1}{4}(q_0 l_0^3 + q_1 l_1^3)\,. \tag{1}$$

Liegen die drei Stützen nicht gleich hoch, sondern um die Beträge $y_0, y_1, y_2$ unter einer beliebigen Horizontalen, so ist auf der rechten Seite noch der Ausdruck

$$6B\left(\frac{y_1 - y_0}{l_0} + \frac{y_1 - y_2}{l_1}\right)$$

zuzufügen. Sind $n$ Felder, also $n + 1$ Stützen vorhanden, so lassen sich $n - 1$ solcher Gleichungen aufstellen. Aus diesen und den beiden Gleichungen, die die Befestigung der Enden beschreiben, können dann die $n + 1$ Momente über den Stützen und daraus dann auch die Stützdrucke berechnet werden. In der praktischen Anwendung macht man gewöhnlich von einem von MOHR[1]) angegebenen graphischen Verfahren Gebrauch.

Die oben angegebene Verallgemeinerung auf den Fall verschieden hoher Stützen stammt von LÉVY[2]). WEBB[3]) hat eine Verallgemeinerung auf veränderliche Biegungssteifigkeit vorgenommen, PEARSON[4]) untersuchte den Fall, daß die Stützen elastisch nachgiebig sind.

**26. Stäbe mit veränderlichem Querschnitt.** Solange sich der Querschnitt längs der Stabachse nicht allzu jäh verändert, macht man zur Spannungsberechnung auch noch von der Gleichung (5) und zur Berechnung der elastischen Linie von Gleichung (7) von Ziff. 15 Gebrauch, indem man das Trägheitsmoment als gegebene Funktion von $z$ ansieht. RESAL[5]) zeigte an einem Balken von rechteckigem Querschnitt, daß der damit begangene Fehler von der Größenordnung $\left(\frac{dh}{dz}\right)^3$ ist. Ein Stab, dessen Querschnitte (zum Zwecke der Materialersparnis) an jeder Stelle gerade so bemessen sind, daß für einen bestimmten Belastungsfall in jedem dieselbe Maximalspannung erreicht wird, wird als Stab gleicher Biegungsfestigkeit bezeichnet[6]).

Die Frage nach dem Träger veränderlichen Querschnittes, der bei gegebenem Materialverbrauch die kleinste Durchbiegung ergibt, führt auf eine Variationsaufgabe. Sie wurde von BLASIUS[7]) behandelt. Für einen Kragträger mit einer Einzellast am Ende und kreisförmigem Querschnitt muß z. B. der Durchmesser mit der dritten Wurzel des Abstandes von der Last anwachsen.

**27. Der Balken auf nachgiebiger Unterlage.** Das Wesentliche dieser Art von Beanspruchung ist, daß sich den Durchbiegungen des Balkens auf seiner ganzen Länge ein äußerer elastischer Widerstand entgegensetzt. Meist rührt dieser von einer sog. „Bettung“ her. Ein Beispiel ist die Eisenbahnschwelle. Doch können hier auch jene Fälle mit einbezogen werden, in denen ein solcher Wider-

[1]) S. Bd. V, Kap. 6, Ziff. 54 ds. Handb.
[2]) M. LÉVY, Statique graphique, Bd. 2, S. 56. Paris 1886.
[3]) R. R. WEBB, Proc. Cambridge Phil. Soc. Bd. 6. 1886.
[4]) K. PEARSON, Messenger of Math. Bd. 19. 1890.
[5]) J. RESAL, Resistance des matériaux, S. 393. Paris 1898.
[6]) Hütte, des Ingenieurs Taschenbuch, 25. Aufl., Bd. I, S. 627.
[7]) H. BLASIUS, ZS. f. Math. u. Phys. Bd. 62, S. 182. 1914.

stand von einer großen Anzahl gleichmäßig verteilter, gleichwertiger Stützen ausgeübt wird.

Die praktisch meist gebrauchte Theorie wurde unter Benutzung älterer Ansätze von ZIMMERMANN[1]) entwickelt. Sie bringt den physikalischen Sachverhalt in den beiden folgenden Annahmen zum Ausdruck:

a) Die elastische Einsenkung ist an jeder Stelle proportional dem Druck, der gerade an dieser Stelle auf die Bettung ausgeübt wird. Bezeichnet man mit $u$ die Einsenkung, mit $p$ den Bettungsdruck, so ist

$$u(z) = \frac{p(z)}{\beta}, \tag{1}$$

$\beta$ ist eine Konstante, die als Bettungsziffer bezeichnet wird und ein Maß für die elastische Widerstandsfähigkeit der Bettung darstellt.

b) Für den Balken gilt die Differentialgleichung (7) von Ziff. 15 der elastischen Linie

$$B\frac{d^2 u}{d z^2} = -M(z). \tag{2}$$

Daraus ergibt sich, wenn man beachtet, daß $\frac{d^2 M}{d z^2} = p = \beta u$,

$$B\frac{d^2 u}{d z^2} = -\beta u. \tag{3}$$

Ist eine gleichmäßig über die Länge des Balkens verteilte Belastung $q$ pro Längeneinheit vorhanden, so verursacht diese eine gleichmäßige Einsenkung $u_0 = \frac{q}{\beta}$ die noch zur Lösung dieser Differentialgleichung zuzufügen ist, so daß man erhält

$$u = \frac{q}{\beta} + C_1 e^{+\alpha z}\cos(\alpha z + \psi_1) + C_2 e^{-\alpha z}\cos(\alpha z + \psi_2). \tag{4}$$

Dabei ist

$$\alpha = \sqrt{\frac{\beta}{4B}}. \tag{5}$$

Die 4 Integrationskonstanten $C_1$, $C_2$, $\psi_1$, $\psi_2$ genügen zur Erfüllung der Randbedingungen. Es zeigt sich hier als charakteristischer Einfluß eines solchen äußeren Widerstandes, daß Formänderungen und Spannungen von der Lastangriffsstelle weg in gedämpften Wellen verlaufen. Dieselbe Erscheinung zeigt sich bei der schwimmenden Platte (Ziff. 55) sowie beim Biegen und Knicken von Schalen (Ziff. 68 und 93). Im vorliegenden Falle handelt es sich um gedämpfte Sinuswellen. Das Dämpfungsverhältnis (Verhältnis aufeinanderfolgender Amplituden) ist $e^{-\pi}$, d. i. etwa 23,14 : 1. Der Abstand aufeinanderfolgender Nullstellen ist

$$\frac{\lambda}{2} = \pi\sqrt[4]{\frac{4B}{\beta}} = 4{,}44\sqrt[4]{\frac{B}{\beta}}. \tag{6}$$

Die Wirkung einer Belastung klingt also um so rascher ab, je nachgiebiger der Balken und je steifer die Unterlage ist.

WIEGHARDT[2]) weist nun in einer sehr eingehenden Arbeit auf die Mängel dieser einfachen Theorie hin. Sie treten äußerlich hauptsächlich an den Balkenenden in Erscheinung. Die Einsenkungskurve ist dort unstetig, die Unterlage wird entzweigerissen. Die Ursache liegt in den getroffenen Annahmen. Annahme a) trifft für eine kontinuierliche Bettung nicht zu, weil ein an einer bestimmten Stelle auf die Bettung ausgeübter Druck nicht nur an dieser Stelle eine Einsenkung verursacht, sondern auch noch die nicht belastete Umgebung

---

[1]) H. ZIMMERMANN, Die Berechnung des Eisenbahnoberbaues. Berlin 1888.

[2]) K. WIEGHARDT, ZS. f. angew. Math. u. Mech. Bd. 2, S. 165. 1922.

in Mitleidenschaft zieht. Die Einsenkung an einer Stelle $z$ ist also nicht nur von dem Druck in diesem Punkt, sondern von den Bettungsdrucken der gesamten Umgebung abhängig. Erfolgt das Abklingen von der Laststelle weg nach einer Einflußfunktion $K(|z-\zeta|)$, so gelangt man an Stelle von (1) zu dem Ansatz

$$u(z) = c\int_{-\frac{l}{2}}^{+\frac{l}{2}} p(\zeta) K(|z-\zeta|)\, d\zeta. \tag{7}$$

Man wird damit ins Gebiet der Integralgleichungen erster Art geführt. Als Kernfunktion $K$ könnte man etwa jene für den elastisch-isotropen Halbraum nehmen[1]). Versuche von A. FÖPPL[2]) lassen jedoch auf ein rascheres Abklingen schließen. Überdies scheint damit eine Lösung nicht möglich zu sein. WIEGHARDT legt daher seinen Untersuchungen die Exponentialfunktion $K = e^{-k|z-\zeta|}$ zugrunde. Ferner ist aber auch die Gleichung (2) für die elastische Linie nicht streng richtig. Einen strengeren Zusammenhang zwischen $u$ und $p$ entnimmt WIEGHARDT der Theorie der AIRYschen Spannungsfunktion. Die Rechnungen sind auf den Belastungsfall $p(z) =$ konst. beschränkt, weil in diesem die Unterschiede gegenüber der einfachen Theorie mit der Lösung $u =$ konst. besonders deutlich hervortreten. Das Ergebnis ist, daß die Einsenkungskurve nunmehr überall stetig verläuft, die Unterlage also nicht mehr zerreißt. Der Bettungsdruck nimmt gegen die Balkenenden hin nach einer vorhergehenden Abnahme stark zu, die Einsenkungskurve nimmt von der Mitte nach den Enden hin allmählich ab (Abb. 26).

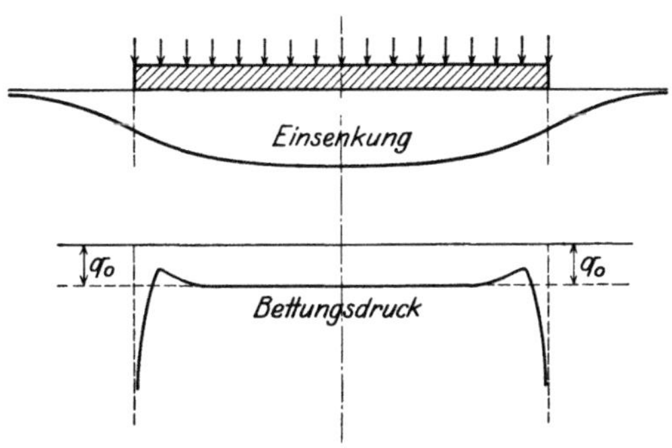


Abb. 26. Balken auf elastischer Bettung.

**28. Stäbe mit schwacher Krümmung.** Krumme Stäbe, deren Krümmungshalbmesser und reziproker Wert der Windung der Zentrallinie erheblich größer sind als die Stabdicke, sind ganz ähnlich zu behandeln wie ursprünglich gerade Stäbe. Die tangentiale Komponente der angreifenden Kraft ist proportional der Dehnung der Zentrallinie, ebenso ist das Torsionsmoment der Torsion und die Komponenten der Biegungsmomente den Änderungen der Krümmungskomponenten proportional[3]). Wenn es sich um die ebene Biegung eines Stabes mit ebener Zentrallinie von der Krümmung $R_0$ handelt, tritt an Stelle der Gleichung (6) von Ziff. 15 die folgende

$$M = B\left(\frac{1}{R} - \frac{1}{R_0}\right). \tag{1}$$

Bei kleinen Formänderungen kann man die Dehnung und die Krümmungsänderung linear durch die Verschiebungen $u$ und $w$ ausdrücken:

$$\varepsilon = \frac{du}{ds} + \frac{w}{R_0}, \quad \frac{1}{R} - \frac{1}{R_0} = -\left(\frac{d^2 w}{d^2 s} + \frac{w}{R_0^2}\right), \tag{2}$$

so daß die Differentialgleichung der elastischen Linie lautet:

$$M = -B\left(\frac{d^2 w}{ds^2} + \frac{w}{R_0^2}\right). \tag{3}$$

---

1) S. Kap. 2, Ziff. 33ff. ds. Bd. des Handb.

2) A. FÖPPL, Vorles. über techn. Mech., Bd. III, § 46; vgl. auch F. SCHLEICHER, Beton u. Eisen, 26. Jg, H. 23. 1927.

3) A. CLEBSCH, Theorie der Elastizität fester Körper. § 55. Leipzig 1862.

Für den wichtigsten Fall, nämlich den Stab mit kreisförmiger Achse (Halbmesser $a$), erhält man mit Benutzung der Polarkoordinaten $r = a + w$ und $\varphi$

$$M = -\frac{B}{a^2}\left(\frac{d^2 w}{d\varphi^2} + w\right). \tag{4}$$

Diese Gleichung wurde wohl erstmals von BOUSSINESQ[1]) abgeleitet.

Von dieser Näherungsformel ausgehend, die die Schubkräfte außer acht läßt, hat R. MAYER[2]) eine große Zahl technisch wichtiger Belastungsfälle des offenen und geschlossenen Kreisbogens untersucht. Hier möge nur ein Beispiel, der Ring oder das Rohr, mit Zug- oder Druckbeanspruchung in einer Durchmesserebene (Abb. 27) angegeben werden. Es ist

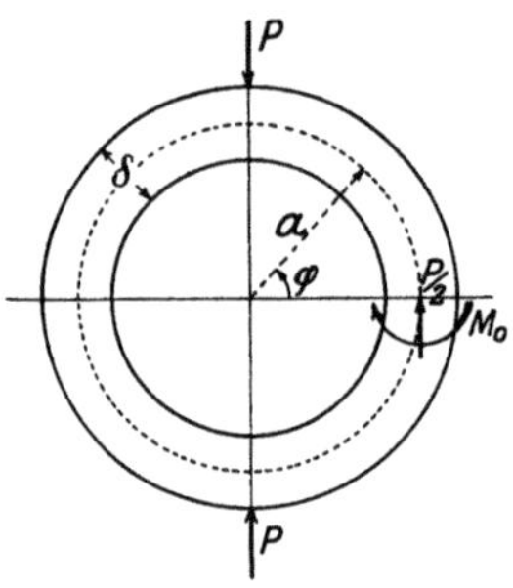


Abb. 27. Durch diametrale Einzelkräfte belasteter Ring.

$$\left.\begin{aligned} M_0 &= -\frac{\pi - 2}{2\pi}\, a P = -0{,}182\, a P, \\ M_{\frac{\pi}{2}} &= +\frac{1}{\pi}\, a P = 0{,}318\, a P. \end{aligned}\right\} \tag{5}$$

Der in die Lastrichtung fallende Durchmesser verkleinert sich um

$$\Delta d_{\frac{\pi}{2}} = 3\,\frac{\pi^2 - 8}{\pi}\,\frac{a^3 P}{E l \delta^3} = 1{,}785\,\frac{a^3 P}{E l \delta^3}, \tag{6}$$

der dazu senkrechte Durchmesser vergrößert sich um

$$\Delta d_0 = 6\,\frac{4 - \pi}{\pi}\,\frac{a^3 P}{E l \delta^3} = 1{,}639\,\frac{a^3 P}{E l \delta^3}. \tag{7}$$

Die größte Spannung tritt in den belasteten Scheiteln auf, sie ist

$$\sigma_m = \frac{6}{\pi}\,\frac{a P}{l \delta^2}. \tag{8}$$

Strengere (zweidimensionale) Untersuchungen von WIEGHARDT[3]), TIMOSCHENKO[4]) und PÖSCHL[5]) bestätigen die Brauchbarkeit dieser einfachen Formeln und untersuchen den Einfluß der Normalkraft.

WEITBRECHT[6]) beschäftigt sich mit dem Fall, daß der Ring durch eine große Zahl radialer Zugstangen (Speichen) versteift ist. Es ergibt sich, daß dadurch die Tragfähigkeit erheblich gesteigert wird, und zwar ungefähr proportional der ursprünglichen Vorspannung der Speichen. Bemerkenswert ist, daß in diesem Fall der zur Last senkrechte Durchmesser $d_0$ sich kaum merklich verändert $\left(-\Delta d_0 \sim 0{,}001\, \Delta d_{\frac{\pi}{2}}\right)$, während er beim Fehlen der Speichen, wie die Gleichungen (6) und (7) zeigen, sich fast ebensoviel dehnt, wie jener in der Kraftrichtung sich verkürzt $\left(-\Delta d_0 = 0{,}918\, \Delta d_{\frac{\pi}{2}}\right)$. Eng verwandt mit diesen Problemen ist auch die Beanspruchung der Gehäuse von Drehstrommaschinen, wo die ringsum verteilten Zugkräfte magnetischer Natur sind[7]). Über die Berechnung der Schwungräder, insbesondere den Einfluß der Armkräfte, liegt eine eingehende Untersuchung von REINHARDT[8]) vor.

---

[1]) J. BOUSSINESQ, C. R. Bd. 97, S. 843. 1883.

[2]) R. MAYER, ZS. f. Math. u. Phys. Bd. 61, S. 246. 1913; dortselbst weitere Literaturangaben.

[3]) K. WIEGHARDT, Über einige wirklich durchführbare Ansätze zur Berechnung von Spannungszuständen des belasteten Kreisringes. Wiener Ber. 1915.

[4]) S. TIMOSCHENKO, Berichte des polyt. Instituts Kiew 1908 (russ.).

[5]) TH. PÖSCHL, ZS. f. angew. Math. u. Mech. Bd. 7, S. 189. 1927.

[6]) TH. WEITBRECHT, ZS. f. Math. u. Phys. Bd. 52, S. 383. 1905.

[7]) H. LINSENMANN, ZS. f. Math. u. Phys. Bd. 53, S. 245. 1906; Elektrot. ZS. Bd. 23, S. 81 u. 103. 1902.

[8]) K. REINHARDT, Forschungsarb. a. d. Geb. d. Ingenieurwesens 1920, H. 226.

**29. Stäbe mit starker Krümmung.** Hierher gehören vor allem die Last- und Zughaken. Wenn die Abmessung des Stabes in radialer Richtung nicht mehr als klein gegenüber dem Krümmungshalbmesser angesehen werden kann, ist die Annahme über das Ebenbleiben der Querschnitte nicht mehr verträglich mit dem Geradliniengesetz der Spannungsverteilung; eines von beiden muß fallengelassen werden. Da nämlich die Fasern zwischen zwei benachbarten Querschnitten in diesem Falle verschieden lang sind, sind ihre Längenänderungen außer von der Spannung auch noch von der Entfernung vom Krümmungsmittelpunkt abhängig. Man behält gewöhnlich die Annahme bei, daß die Querschnitte eben bleiben. Darauf stützt sich die meist angewandte Theorie von RESAL[1]) und GRASHOF[2]), die ferner noch von den Spannungen $\sigma_y$, $\sigma_x (= \sigma_r)$ und $\tau_{xy}$ absieht. Die Spannungsverteilung in der $x, y$-Ebene wird dann durch eine Hyperbel dargestellt (Abb. 28), die neutrale Achse ist gegen den Krümmungsmittelpunkt hin verschoben. Die Ergebnisse dieser Theorie sind jedoch mit Vorsicht zu gebrauchen. An sich ist schon die Annahme vom Ebenbleiben der Querschnitte willkürlich. Durch die Außerachtlassung von $\sigma_r$ ist es aber auch nicht mehr möglich, die Gleichgewichtsbedingungen streng zu erfüllen, und schließlich wird auch in dem Ansatz für $\varepsilon_z (= \varepsilon_t)$ der Beitrag der radialen Verschiebung nicht berücksichtigt. Arbeiten von MÜLLER-BRESLAU[3]), ANDREWS[4]) und PFLEIDERER[5]) suchen diese Mängel teilweise zu beseitigen, ohne aber das Resultat zu verbessern. Versuche von v. BACH[6]), A. FÖPPL[7]), GOODENOUGH, MOORE[8]), ANDREWS[4]), HÖNIGSBERG[9]) und R. MAYER[10]) geben im allgemeinen eine gute Bestätigung der RESAL-GRASHOFschen Theorie, solange die Stabdicke nicht allzu groß ist gegenüber dem Krümmungshalbmesser. Bemerkenswert ist, daß HÖNIGSBERG bei der optischen Untersuchung von Stäben aus Glas deutlich die Verschiebung der neutralen Schicht gegen den Krümmungsmittelpunkt hin bestätigt fand.

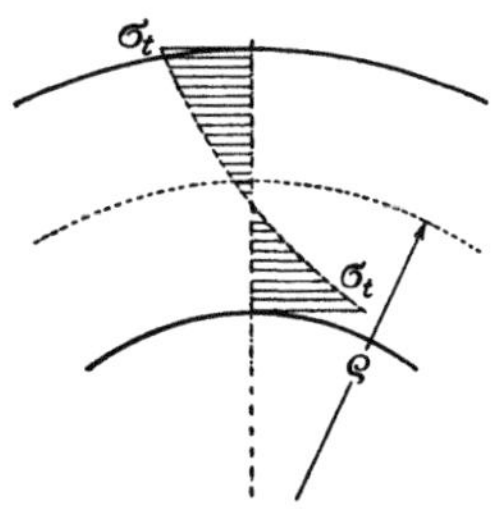

Abb. 28. Verteilung der Normalspannungen in einem stark gekrümmten Stab.

MESMER[11]) zeigt in einem Bericht über Vorlesungen von COKER sehr interessante spannungsoptische Aufnahmen u. a. auch von Kettengliedern einschließlich der vollständigen Auswertung.

Auf die sehr erheblichen Fehler, die insbesondere bei gekrümmten dünnwandigen Rohren, bei Trägern mit hohem Steg oder sehr breiten Flanschen, überhaupt bei Querschnitten, bei denen eine Abmessung klein ist gegenüber den anderen, durch Außerachtlassung der Radialspannungen und der Formänderung des Querschnitts entstehen, wurde bereits in Ziff. 24 hingewiesen. Auch auf die hier einschlägigen Untersuchungen von v. KÁRMÁN und KOBER wurde bereits an dieser Stelle hingewiesen.

---

[1]) H. RESAL, Ann. des mines Bd. 1, S. 617. 1862.

[2]) F. GRASHOF, Theorie der Elastizität und Festigkeit, S. 251ff. Berlin 1878.

[3]) H. MÜLLER-BRESLAU, Die neueren Methoden der Festigkeitslehre, 3. Aufl., S. 209.

[4]) E. S. ANDREWS, Drapers Company Research Memoirs Bd. 1. 1904.

[5]) C. PFLEIDERER, ZS. d. Ver. d. Ing. Bd. 51, S. 209 u. 1507. 1907.

[6]) C. v. BACH, Elastizität und Festigkeit, 3. Aufl., S. 476. Berlin 1898.

[7]) A. FÖPPL, Mitt. a. d. mech.-techn. Lab. München Hft. 26. 1898; Vorles. über techn. Mech. Bd. III.

[8]) G. A. GOODENOUGH u. L. E. MOORE, Bull. of Illinois Univ. Bd. 18. 1907; ein Bericht hierüber: A. BAUMANN, ZS. d. Ver. d. Ing. Bd. 52, S. 1400.

[9]) O. HÖNIGSBERG, ZS. d. österr. Arch.- u. Ing.-Vereins Bd. 58, S. 489. 1906.

[10]) R. MAYER, ZS. f. angew. Math. u. Mech. Bd. 6, S. 216. 1926.

[11]) G. MESMER, ZS. d. Ver. d. Ing. Bd. 72, S. 951. 1928.

Eine strenge Lösung des ebenen Problems haben unter Benutzung der AIRYschen Spannungsfunktion PRANDTL und TIMPE[1]) gegeben. Im Falle der reinen Biegung des Kreisringsektors von verschwindender Dicke (Ziff. 41) ist die Annahme über das Ebenbleiben der Querschnitte zutreffend. Die erwähnte hyperbolische Verteilung der Biegungsspannungen ist nicht mehr streng richtig, sobald die Radialspannungen $\sigma_r$ berücksichtigt werden. Mit denselben Hilfsmitteln untersucht TIMPE auch das Problem der Selbstspannung für den von konzentrischen Kreisen begrenzten Ring. Dieselbe Aufgabe behandelte auch VOLTERRA[2]). In einer späteren Arbeit untersucht TIMPE[3]) den Ellipsenring mittels der AIRYschen Spannungsfunktion als ebenes Problem. Diese Untersuchung kann auch für die Theorie der Haken und Kettenglieder herangezogen werden. Den Fall, daß die aufeinanderfolgenden Querschnitte sich rasch ändern, der Haken also nicht mehr als Umdrehungskörper angesehen werden kann (Eisenbahnzughaken) behandelt FILLUNGER[4]), indem er als Berandung zwei kongruente gegeneinander verschobene logarithmische Spiralen benützt. Bei der praktischen Bewertung der Ergebnisse darf nicht übersehen werden, daß wegen der im Verhältnis zum Querschnitt geringen Bogenlänge stark gekrümmter Stäbe das ST.-VENANTsche Prinzip nicht mehr angewandt werden kann. Eine sehr eingehende Erörterung über die Berechnung der Haken findet man bei A. FÖPPL[5]).

## IV. Die Biegung und Drillung dünner Stäbe.

**30. Der Spannungs- und Verzerrungszustand in einem dünnen Stab.** Bei einem Körper, der nach einer oder zwei Dimensionen von sehr geringer Ausdehnung ist, können bei Belastung Verschiebungen vorkommen, die im ganzen nicht mehr klein im Sinne der Elastizitätstheorie sind, ohne daß deshalb in irgendeinem Element die Verzerrungen das zulässige Maß zu überschreiten brauchen. Die Theorie der endlichen Formänderungen dünner Stäbe (Drähte, Bänder, Federn) wurde schon vor Aufstellung der elastischen Grundgleichungen mehrfach in Angriff genommen[6]). ST. VENANT wies nach, daß dabei zum Teil von nicht ganz einwandfreien Grundlagen ausgegangen war. Eine umfassende, von den Grundgleichungen ausgehende Theorie dünner Stäbe hat KIRCHHOFF[7]) entwickelt. Die Schwierigkeit, die daraus erwächst, daß die Verschiebungen nicht mehr unendlich klein sind, überwindet KIRCHHOFF durch Zugrundelegung folgender Sätze:

a) Die elastischen Grundgleichungen und die Ergebnisse der Balkentheorie sind zwar nicht mehr auf den Körper im ganzen anzuwenden, wohl aber auf dessen einzelne Teilchen, wenn deren Längenabmessungen nicht größer sind als jene des Querschnitts.

b) Sofern die auf die Masseneinheit bezogenen Massen- und Trägheitskräfte und die auf die Flächeneinheit bezogenen Oberflächenspannungen alle von derselben Größenordnung sind, ist derjenige Teil der Formänderung eines Teilchens,

---

[1]) A. TIMPE, ZS. f. Math. u. Phys. Bd. 52, S. 348. 1905.
[2]) V. VOLTERRA, Atti Acc. Linc. Rend. (5) Bd. 14. 1905.
[3]) A. TIMPE, Math. ZS. Bd. 17, S. 189. 1923.
[4]) P. FILLUNGER, ZS. f. Math. u. Phys. Bd. 61, S. 92. 1913.
[5]) A. FÖPPL, Vorles. über techn. Mech., Bd. V, §§ 45, 45a.
[6]) S. die Fußnoten 5) bis 9) auf S. 192.
[7]) G. KIRCHHOFF, Journ. f. Math. (Crelle) Bd. 56, S. 293. 1859; Gesamm. Abhandlgn. S. 285. Leipzig: J. A. Barth 1882; Vorles. über Mechanik, 28. Vorles., 1. Aufl. 1876, 4. Aufl. (herausgeg. von W. WIEN). Leipzig: B. G. Teubner 1897; A. E. H. LOVE, Elasticity, 2. Aufl., S. 365; „LOVE-TIMPE", S. 439; O. TEDONE u. A. TIMPE, Math. Enzykl. Bd. IV 25, S. 197.

der von den ersteren herrührt, zu vernachlässigen gegenüber demjenigen Teil, der von den Oberflächenspannungen verursacht wird.

c) Die Anwendung des ST.-VENANTschen Prinzips von der elastischen Gleichwertigkeit statisch gleichwirkender Lastsysteme möge zulässig sein.

KIRCHHOFFS Theorie wurde bestätigt durch verschiedenartige Überlegungen und Darstellungen anderer Forscher[1]).

KIRCHHOFF bedient sich bei seiner Untersuchung hauptsächlich kinematischer Überlegungen. Die nachfolgend angedeutete Ableitung stammt von BOUSSINESQ[2]). Ein Punkt $P$ der Stabachse sei festgelegt durch seine Entfernung $s$ von einem ebenfalls auf der Achse gelegenen festen Ausgangspunkt. In $P$ sei ein rechtwinkliges Koordinatensystem $x, y, z$ so angebracht, daß die $z$-Achse stets Tangente an die Zentrallinie bleibt und die $x$-Achse Tangente an eine Kurve ist, die vor der Formänderung Hauptträgheitsachse des durch $P$ gelegten Normalschnittes war. Ein bestimmter Punkt des betrachteten Teilchens habe vor der Belastung die Koordinaten $x, y, z$, nachher $x + u$, $y + v$, $z + w$. Dann sind $u, v, w$ Funktionen von $x$, $y$, $z$ und $s$. Man gehe nun auf der verbogenen Stabachse (elastischen Linie) um ein Bogenelement $ds$ weiter zu einem Punkt $Q$, in dem ein Koordinatensystem in genau entsprechender Weise wie in $P$ festgelegt ist. Dann können die Koordinaten eines Punktes des Stabteilchens, zu dem $Q$ gehört, in dem Koordinatensystem, das ebenso zu $Q$ orientiert ist, wie das $x, y, z$-System zu $P$, auf zweierlei Weise festgelegt werden. Einmal, indem man in die Ausdrücke für $x + u$, $y + v$, $z + w$ an Stelle von $s$ und $z$ die Werte $s + ds$ und $z - ds$ einsetzt. Andererseits kann man die Koordinaten desselben Punktes auch aus dem Umstand ableiten, daß das Achsensystem in $Q$ aus jenem in $P$ hervorgeht durch eine Verschiebung $ds'$ längs der Zentrallinie und eine unendlich kleine Drehung mit den Komponenten $p\,ds'$, $q\,ds'$, $r\,ds'$, bezogen auf die Achsen $x$, $y$ und $z$. Setzt man die Ausdrücke, die sich auf diese beiden Arten ergeben, jeweils gleich, so erhält man die folgenden sog. Kontinuitätsbedingungen:

$$\left.\begin{aligned}
\frac{\partial u}{\partial z} &= \frac{\partial u}{\partial s} - (1+\varepsilon)[r(y+v) - q(z+w)],\\
\frac{\partial v}{\partial z} &= \frac{\partial v}{\partial s} - (1+\varepsilon)[p(z+w) - r(x+u)],\\
\frac{\partial w}{\partial z} &= \frac{\partial w}{\partial s} - (1+\varepsilon)[q(x+u) - p(y+v)] + \varepsilon;
\end{aligned}\right\} \tag{1}$$

$\varepsilon$ ist die lineare Dehnung $\frac{ds' - ds}{ds}$. $r\,ds$ ist die Torsion des Stabstückes $ds$, $p$ und $q$ sind die Krümmungen der Projektionen von $ds$ auf die Ebenen $y, z$ und $x, z$. Vernachlässigt man die Glieder, die klein sind im Verhältnis $1 : \varepsilon$, so erhält man

$$\left.\begin{aligned}
\frac{\partial u}{\partial z} &= -ry + qz,\\
\frac{\partial v}{\partial z} &= -pz + rx,\\
\frac{\partial w}{\partial z} &= -qx + py + \varepsilon.
\end{aligned}\right\} \tag{2}$$

---

1) A. CLEBSCH, Theorie der Elastizität fester Körper, S. 190. Leipzig 1862; A. CLEBSCH-ST.-VENANT, Théorie de l'élasticité, S. 407. Paris 1883; W. THOMSON u. P. G. TAIT, Natural Philosophy Bd. I, S. 94 (deutsche Ausg. §§ 588ff.); J. BOUSSINESQ, Journ. de math. (Liouville) (2) Bd. 16, S. 125. 1871; C. R. Bd. 72, S. 407. 1871; A. B. BASSET, London Math. Soc. Proc. Bd. 23. 1892, S. 105; Amer. Journ. of Math. Bd. 17. 1895; J. H. MICHELL, London Math. Soc. Proc. Bd. 31, S. 130. 1899.

2) J. BOUSSINESQ, S. Fußnote 1).

Durch Integration kommt

$$\left.\begin{aligned} u &= u_0 - r y z + \tfrac{1}{2} q z^2, \\ v &= v_0 + r x z - \tfrac{1}{2} p z^2, \\ w &= w_0 - q x z + p y z + \varepsilon z; \end{aligned}\right\} \tag{3}$$

$u_0$, $v_0$, $w_0$ sind Funktionen von $x$ und $y$ allein. Durch Bildung der partiellen Ableitungen findet man daraus die Deformationen

$$\left.\begin{aligned} \varepsilon_x &= \frac{\partial u_0}{\partial x}, & \gamma_{yz} &= \frac{\partial w_0}{\partial y} + r x, \\ \varepsilon_y &= \frac{\partial v_0}{\partial y}, & \gamma_{zx} &= \frac{\partial w_0}{\partial x} - r y, \\ \varepsilon_z &= -q x + p y + \varepsilon, & \gamma_{xy} &= \frac{\partial u_0}{\partial y} + \frac{\partial v_0}{\partial x}. \end{aligned}\right\} \tag{4}$$

Diese Gleichungen zeigen, daß die Spannungen von $z$ unabhängig sind. Da außerdem Massenkräfte vernachlässigt werden sollen, reduzieren sich die Grundgleichungen auf

$$\left.\begin{aligned} \frac{\partial \sigma_x}{\partial x} + \frac{\partial \tau_{xy}}{\partial y} &= 0, \\ \frac{\partial \tau_{yx}}{\partial x} + \frac{\partial \sigma_y}{\partial y} &= 0, \\ \frac{\partial \tau_{xz}}{\partial x} + \frac{\partial \tau_{yz}}{\partial y} &= 0. \end{aligned}\right\} \tag{5}$$

Daher können dieselben Folgerungen wie in der ST.-VENANTschen Balkentheorie bei Behandlung des von $z$ unabhängigen Spannungszustandes angeschlossen werden (Ziff. 17), und man erhält

$$\left.\begin{aligned} \tau_{zx} &= -G\vartheta\left(\frac{\partial \varphi}{\partial x} - r y\right), \\ \tau_{zy} &= -G\vartheta\left(\frac{\partial \varphi}{\partial y} + r x\right), \\ \sigma_z &= -E(-q x + p y + \varepsilon). \end{aligned}\right\} \tag{6}$$

In erster Annäherung verhält sich also jedes einzelne Stabelement wie ein Prisma, das nach der ST.-VENANTschen Theorie eine bestimmte Dehnung, Torsion und einfache Biegung erfährt. Dann folgt aber weiterhin, daß

$$\left.\begin{aligned} &-T_z = -\sigma_z f = D\varepsilon, \\ -M_x = B_x p, \quad &-M_y = B_y q, \quad -M_z = C r. \end{aligned}\right\} \tag{7}$$

($T_z$ Zugbeanspruchung, $f$ Querschnittsfläche, $M_x$, $M_y$ Biegungsmomente, $M_z$ Torsionsmoment, $B_x$, $B_y$ Biegungssteifigkeit $= E J_x$ bzw. $E J_y$, $C =$ Drillungssteifigkeit, $D = E f$ Dehnungssteifigkeit). Für die potentielle Energie pro Längeneinheit erhält man dann die Formel

$$\mathsf{A} = -\tfrac{1}{2}(B_x p^2 + B_y q^2 + C r^2 + D \varepsilon^2). \tag{8}$$

Diese Ergebnisse kann man als Verallgemeinerung der BERNOULLI-EULERschen Theorie ansehen. Sie wurden erstmals von ST. VENANT[1]) abgeleitet. Die Ableitung aus der ST.-VENANTschen Balkentheorie, wie sie hier angedeutet ist, stammt von CLEBSCH[2]).

---

1) B. DE ST. VENANT, C. R. Bd. 17, S. 942 u. 1020. 1843; Bd. 19, S. 36 u. 181. 1844.
2) A. CLEBSCH, Elastizität, § 48.

**31. Gerade Stäbe, die nur an den Endflächen belastet sind.** Weiterhin sei nun vorausgesetzt, daß auf den Mantel des Stabes keine Kräfte wirken, sondern daß ausschließlich an den Enden Kräfte und Kräftepaare angreifen. Das Gleichgewicht des Stabes verlangt dann, daß die Resultante der Kräfte und Momente, die der auf der einen Seite eines Normalschnittes liegende Stabteil auf den anderen ausübt, nach Größe und Richtung konstant ist. Es sei noch ein im Raum festliegendes Koordinatensystem $\zeta$, $\eta$, $\zeta$ eingeführt, das mit dem $x, y, z$-System kongruent ist. Die $\zeta$-Achse sei parallel zur Resultante $\Gamma$ der obengenannten Spannungen, derart, daß letztere negativ oder allenfalls Null wird. $M_x$, $M_y$, $M_z$ seien die Komponenten des Drehmomentes um die $x$-, $y$-, $z$-Achse, $(\alpha_1, \alpha_2, \alpha_3)$, $(\beta_1, \beta_2, \beta_3)$, $(\gamma_1, \gamma_2, \gamma_3)$ seien die Kosinus der Winkel, die die Achsen $\xi, \eta, \zeta$ bezüglich mit den Achsen $x, y, z$ einschließen. Dann kann man die Gleichgewichtsbedingungen in folgender Weise anschreiben

$$\left.\begin{aligned} \Gamma &= \text{konst.}, \\ M_\alpha = \alpha_1 M_x + \alpha_2 M_y + \alpha_3 M_z + \eta\Gamma &= \text{konst.}, \\ M_\beta = \beta_1 M_x + \beta_2 M_y + \beta_3 M_z - \xi\Gamma &= \text{konst.}, \\ M_\gamma = \gamma_1 M_x + \gamma_2 M_y + \gamma_3 M_z \qquad &= \text{konst.} \end{aligned}\right\} \tag{1}$$

Diese Gleichungen sollen nach $s$ differentiiert, mit $\alpha_1, \beta_1, \gamma_1$ oder $\alpha_2, \beta_2, \gamma_2$ oder $\alpha_3, \beta_3, \gamma_3$ multipliziert und jedesmal addiert werden. Beachtet man noch die Beziehungen, die zwischen den 9 Kosinus und zwischen diesen und den $p$, $q$, $r$ bestehen, also z. B. die Gleichung $p = \alpha_3 \frac{d\alpha_2}{ds} + \beta_3 \frac{d\beta_2}{ds} + \gamma_3 \frac{d\gamma_2}{ds}$ usw., so ergibt sich

$$\left.\begin{aligned} \frac{dM_x}{ds} &= rM_y - qM_z + \gamma_2\Gamma, \\ \frac{dM_y}{ds} &= pM_z - rM_x - \gamma_1\Gamma, \\ \frac{dM_z}{ds} &= qM_x - pM_y. \end{aligned}\right\} \tag{2}$$

Aus Gleichung (8) von Ziff. 30 folgt nun

$$M_x = \frac{\partial A}{\partial p}, \quad M_y = \frac{\partial A}{\partial q}, \quad M_z = \frac{\partial A}{\partial r}, \quad T_z = \frac{\partial A}{\partial \varepsilon}.$$

Man kann nun in jener Gleichung (8) $\varepsilon$ mittels der Beziehung $\frac{\partial A}{\partial \varepsilon} = T_z = \gamma_3 \Gamma$ eliminieren und in dem so erhaltenen Ausdruck die Glieder, die $\Gamma$ enthalten, gegenüber den anderen, die die Momente enthalten, weglassen. Die Funktion, in welche A auf diese Weise übergeht, möge $F$ heißen. $F$ ist eine homogene Funktion von $p$, $q$ und $r$. Es ist dann

$$M_x = \frac{\partial F}{\partial p}, \quad M_y = \frac{\partial F}{\partial q}, \quad M_z = \frac{\partial F}{\partial r}. \tag{3}$$

Die Gleichungen (2) lauten jetzt

$$\left.\begin{aligned} \frac{d}{ds}\frac{\partial F}{\partial p} &= r\frac{\partial F}{\partial q} - q\frac{\partial F}{\partial r} + \gamma_2\Gamma, \\ \frac{d}{ds}\frac{\partial F}{\partial q} &= p\frac{\partial F}{\partial r} - r\frac{\partial F}{\partial p} - \gamma_1\Gamma, \\ \frac{d}{ds}\frac{\partial F}{\partial r} &= q\frac{\partial F}{\partial p} - p\frac{\partial F}{\partial q} \end{aligned}\right\} \tag{4}$$

**32. Die kinetische Analogie.** Diese Gleichungen haben genau dieselbe Form wie jene für die Rotation eines schweren starren Körpers um einen festen Punkt[1]). Um volle Übereinstimmung zu erzielen, hat man nur die Zeit $t$ an Stelle der Bogenlänge $s$, die lebendige Kraft an Stelle der potentiellen Energie $F$ einzusetzen und $-\Gamma$ gleich dem Produkt aus dem Gewicht des Körpers und dem Abstand seines Schwerpunktes von dem festen Punkt zu nehmen. Die Verbindungslinie der letztgenannten Punkte hat als $z$-Achse zu gelten. Tangente, Hauptnormale und Binormale der Elastika entsprechen den Hauptträgheitsachsen des rotierenden Körpers. Die Torsion und die Biegung um die letzten beiden Achsen entsprechen den Winkelgeschwindigkeiten.

Es gibt also stets einen schweren, starren, um einen festen Punkt rotierenden Körper, der dem Stabe in der Weise entspricht, daß die durch den festen Punkt und den Schwerpunkt gehende Linie immer der Tangente an den Stab parallel ist, wenn $s$ mit $t$ identifiziert wird. Diese Möglichkeit, jedem Vorgang bei der Rotation des Körpers einen bestimmten Verformungszustand des Stabes gegenüberzustellen, gestattet die für die Drehbewegung bereits bekannten Formeln zur Ermittlung der Gleichgewichtsfigur eines Stabes zu benutzen. Ist die Lösung des Rotationsproblems bekannt, so erhält man die elastische Linie durch Integration:

$$\xi = \int \alpha_3 \, ds, \qquad \eta = \int \beta_3 \, ds, \qquad \zeta = \int \gamma_3 \, ds. \tag{1}$$

Die einfachsten Fälle sind folgende:

a) An dem Stab greifen nur Kräftepaare an den Enden an. Dem entspricht ein Körper, der sich kräftefrei um seinen Schwerpunkt dreht, d. h. ein sog. kräftefreier Kreisel[2]). Wenn der Querschnitt symmetrisch ist ($J_x = J_y = J$), so sind Drillung und Krümmung konstant, der Stab bildet eine Schraubenlinie um die feste Richtung des Kräftepaares als Achse.

b) Außer dem Kräftepaar möge noch eine Einzellast angreifen, dabei sollen aber die beiden Hauptträgheitsmomente des Querschnitts einander gleich sein. Der entsprechende kinetische Fall ist der, daß ein Körper mit zwei gleichen Hauptträgheitsmomenten sich um einen Punkt der dritten Hauptachse dreht und der Schwere unterworfen ist, d. h. ein sog. symmetrischer schwerer Kreisel[3]). Dem Winkel der am Stab angreifenden Kraft gegen die Torsionsachse entspricht der Winkel der Figurenachse des Kreisels gegen die Richtung der Schwere. Die Deformation kann veranschaulicht werden durch das Aufbiegen einer biegsamen windschiefen Fläche auf eine feste windschiefe Fläche, mit welcher erstere in jedem Augenblick eine Erzeugende, die instantane Krümmungsachse, gemeinsam hat. Die Leitlinien der beiden Flächen sind die gerade und die gebogene Zentralachse des Stabes. Die von den Endpunkten der instantanen Krümmungsachse beschriebenen Kurven entsprechen der Polhodie und Herpolhodie der Kreiseltheorie.

c) Wird die um die Figurenachse des Kreisels drehende Winkelgeschwindigkeit Null, so geht die Bewegung des Kreisels bei geeignetem Anstoß in jene des gewöhnlichen ebenen Pendels über. Diesem Fall entspricht die torsionsfreie ebene Verbiegung eines Drahtes zur EULERschen Elastika[4, 5]).

---

1) S. Bd. V, Kap. 8 ds. Handb.

2) S. Bd. V, Kap. 8, Abschn. IV ds. Handb.

3) S. Bd. V, Kap. 8, Abschn. V ds. Handb.

4) JAK. BERNOULLI, Acta eruditorum. Leipzig 1691; Opera, Bd. I, S. 451. Genf 1744.

5) L. EULER, De curvis elasticis, Methodus inveniendi, Addit. I. Lausanne u. Genf 1744; deutsch von H. LINSENBARTH, Ostwalds Klassiker Nr. 175.

**33. Die EULERsche Elastika.** Der Biegungssteifigkeit $B = EJ$ des Drahtes entspricht im Analogon das Trägheitsmoment des Pendels, bezogen auf die Drehachse. Der Tangentenrichtung $\varphi$ der Elastika in einem Punkt mit dem Bogenabstand $s$ vom Ende entspricht die Richtung $\varphi$ des Pendels zur Zeit $t$. Der Krümmung des Stabes entspricht die Winkelgeschwindigkeit des Pendels, den Wendpunkten der Elastika somit die Umkehrpunkte des Pendels. Für diesen Fall erhält man aus Gleichung (2) von Ziff. 31 $\frac{dM_x}{ds} = \gamma_2 T$, aus Gleichung (7) von Ziff. 31 $M_x = -B_x \frac{d\varphi}{ds}$, also

$$\frac{d^2\varphi}{ds^2} + \frac{\Gamma}{B}\sin\varphi = 0. \tag{1}$$

Das erste Integral ist

$$\frac{1}{2}\left(\frac{d\varphi}{ds}\right)^2 + \frac{\Gamma}{B}(\cos\varphi_0 - \cos\varphi) = 0, \tag{2}$$

wo $\varphi_0$ der Wert von $\varphi$ für $s = 0$ ist.

Zur Integration der Gleichung (2) führt man JACOBIsche elliptische Funktionen eines Argumentes $u$ vom Modul $k$ ein, wo

$$u = s\sqrt{\frac{\Gamma}{B}}, \quad k = \sin\frac{\varphi_0}{2}.$$

Wenn $K$ die reelle Viertelperiode der elliptischen Funktion und $E\,am\,u$ das elliptische Integral 2. Gattung $\left(=\int\limits_0^u dn^2u\,du\right)$ bezeichnet, wird

$$\left.\begin{aligned} \xi &= -2k\sqrt{\frac{B}{\Gamma}}\,cn(u+K), \\ \zeta &= \sqrt{\frac{B}{\Gamma}}\,[-u + 2E\,am(u+K) - 2E\,am\,K]. \end{aligned}\right\} \tag{3}$$

Je nach dem Anfangswert (Pendelausschlag) $\varphi_0$ erhält man verschiedene Typen der elastischen Linie. EULER[1]) unterschied deren neun.

1. $\varphi_0 = 0$ oder $\varphi_0 = 180°$; eine gerade Linie, die den Zustand des unbelasteten Bandes darstellt. Wenn $\varphi_0$ einen sehr kleinen Wert annimmt, so kann man die Gleichung (3) näherungsweise in der Form schreiben

$$\xi = \varphi\sqrt{\frac{B}{\Gamma}}\sin\left(\zeta\sqrt{\frac{\Gamma}{B}}\right),$$
$$\zeta = s,$$

so daß die elastische Linie annähernd eine Sinuslinie mit geringer Amplitude ist. Der Abstand zweier aufeinanderfolgender Wendepunkte ist $\pi\sqrt{\frac{B}{\Gamma}}$. Sind z. B. die Enden frei von Momenten (also nicht eingespannt), so kann diese Ausbiegung eintreten, wenn die Länge des Stabes $L = n\pi\sqrt{\frac{B}{\Gamma}}$ oder $\Gamma = n^2 B\frac{\pi^2}{L^2}$. Die geringste Last, bei der dies möglich ist, ist also

$$\Gamma = B\frac{\pi^2}{L^2}. \tag{4}$$

Sie wird als EULERsche Knicklast bezeichnet (s. Ziff. 82).

---

[1]) L. EULER, s. Fußnote 5), S. 188. Eine genaue Durchführung der Analogie: W. HESS, Math. Ann. Bd. 25, S. 1. 1885. Zahlreiche Spezialfälle: L. SAALSCHÜTZ, Der belastete Stab. Leipzig 1880.

2. $\varphi_0 < 90°$; bei steigender Kraft $\Gamma$ eine im Verlauf der Sinuslinie gleichende Kurve (Abb. 29).

3. $\varphi_0 = 90°$; der besondere Fall, daß die Wendetangenten auf der Kraftrichtung senkrecht stehen (Abb. 30). Es ist $f = 0{,}8348\,a$, die Länge des Halbbogens $s = \frac{f^2}{a}\pi = 0{,}69686\,\pi a = 2{,}18924\,a$.

4. $90° < \varphi_0 < 130°\,41'$. $2E$ am $K > K$. Die einzelnen Schleifen können getrennt liegen Abb. 31a, sie können sich berühren oder schließlich auch über-

Abb. 29.

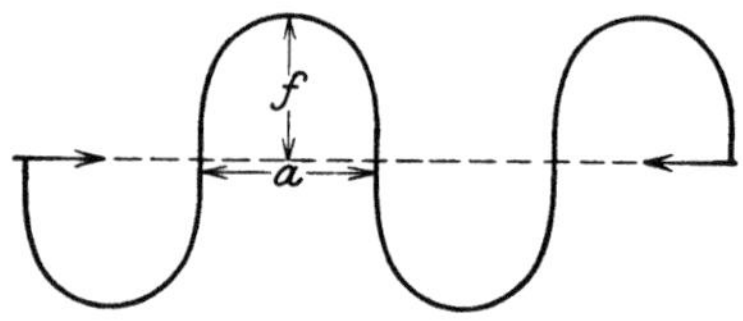


Abb. 30.

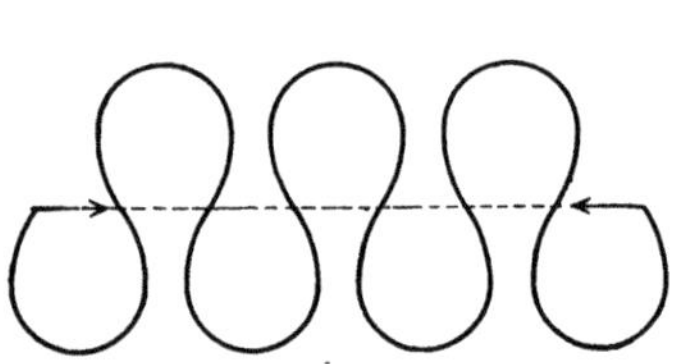

Abb. 31 a.

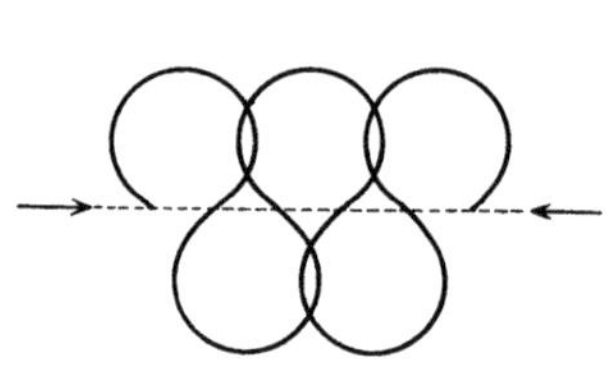

Abb. 31 b.

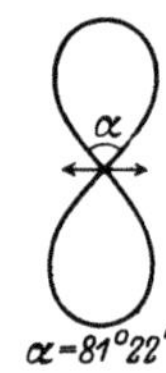


Abb. 32.

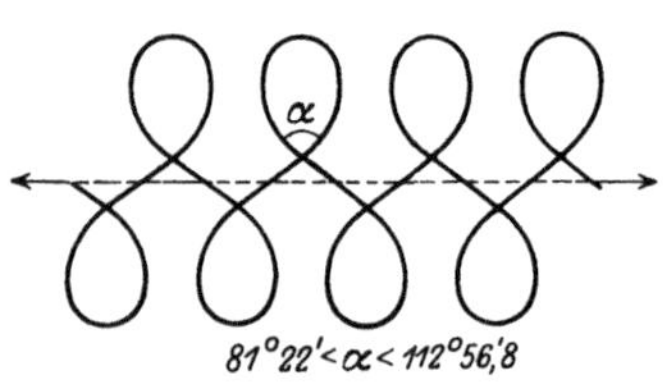


Abb. 33.

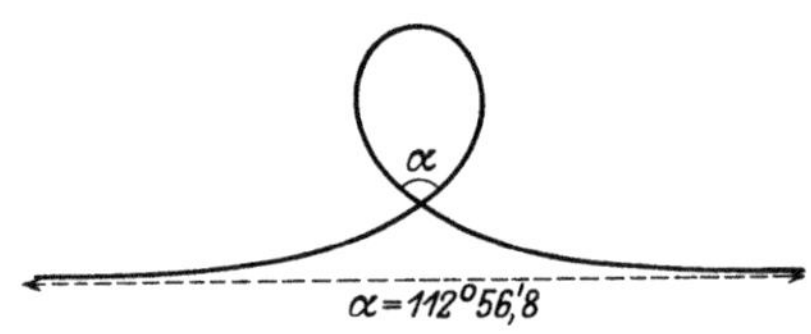


Abb. 34.

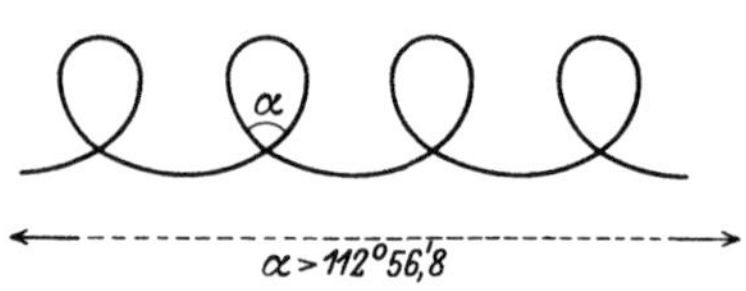


Abb. 35.

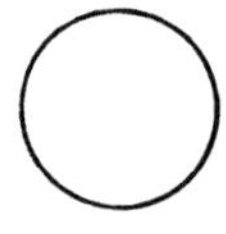

Abb. 36.

Die verschiedenen Formen der Elastika.

schneiden (Abb. 31b). Im letzteren Falle sind die Winkel an den Überschneidungsstellen kleiner als $81°\,22'$.

5. $\varphi_0 = 130°\,41'$, $2E$ am $K = K$. Die beiden Enden des Bandes sind bis zur Berührung zusammengebracht, so daß eine geschlossene Figur entsteht (Abb. 32). Die Überkreuzung erfolgt unter einem Winkel von $81°\,22'$.

6. $130°\,41' < \varphi_0 < 180°$; $2E$ am $K < K$. Die Enden sind noch weiter auseinandergezogen. Die Überschneidung erfolgt unter einem Winkel zwischen $81°\,22'$ und $112°\,57{,}8'$ (Abb. 33).

7. $\varphi_0 = 180°$. Die Kurve erstreckt sich nach beiden Seiten ins Unendliche (Abb. 34). Das zugeordnete Pendel führt, von der labilen Lage ausschwingend,

genau eine Umdrehung aus, würde aber erst nach unendlich langer Zeit seine Ausgangsstellung wieder erreichen.

8. Die Elastika besteht aus einer Reihe von Schleifen (Abb. 35). Die Winkel in den Knotenpunkten sind größer als $112° 56{,}8'$. Die $\zeta$-Achse verläuft parallel zur Wirkungslinie der Kraft $\Gamma$, derart, daß die Kraft $\Gamma$ und das Moment $-B\frac{d\varphi}{ds}$, die an den Stabenden angreifen, statisch gleichwertig sind mit einer längs der $\zeta$-Achse wirkenden Kraft $\Gamma$. Als kinetische Analogie ist ein Pendel anzusehen, das nicht mehr schwingt, sondern rotiert. Wie bei diesem keine Umkehrpunkte mehr auftreten, kommen bei der Elastika keine Wendepunkte vor. — In diesem Falle schreibt man Gleichung (2) in der Form

$$\frac{1}{2}B\left(\frac{d\varphi}{ds}\right)^2 = \Gamma\cos\varphi + \Gamma\left(1 + 2\frac{1-k^2}{k^2}\right),$$

wo $k < 1$; mißt man $s$ von einem Punkte aus, wo $\varphi = 0$ ist, und führt man

$$u = \frac{s}{k}\sqrt{\frac{\Gamma}{B}}$$

ein, so erhält man

$$\left.\begin{aligned} \xi &= -\frac{2}{k}\sqrt{\frac{B}{\Gamma}}\,dn\,u, \\ \eta &= k\sqrt{\frac{B}{\Gamma}}\left[\left(1-\frac{2}{k^2}\right)u + \frac{2}{k^2}E\,am\,u\right]. \end{aligned}\right\} \tag{4}$$

9. Die letzte Form der Elastika, der Kreis (Abb. 36), wird erhalten, wenn an den Enden keine Kräfte, sondern nur Momente angreifen. Das Analogon ist ein starrer Körper, der sich um eine durch den Schwerpunkt gehende horizontale Achse dreht.

**34. Anfänglich krumme dünne Stäbe; Federn.** Anfänglich krumme Stäbe können in ganz ähnlicher Weise untersucht werden wie gerade[1]). In einfacherer Weise kommt man durch folgende Überlegung zum Ziel[2]). Der Anfangszustand sei gekennzeichnet durch die Größen $p'$, $q'$, $r'$, die ganz entsprechende Bedeutung haben mögen, wie $p$, $q$, $r$. Aus diesen Werten soll ganz analog zu $F$ eine Funktion $F'$ gebildet werden. Würde man in jedem Normalschnitt Spannungen anbringen, derart, daß das resultierende Moment die Komponenten $-\frac{\partial F'}{\partial p'}$, $-\frac{\partial F'}{\partial q'}$, $-\frac{\partial F'}{\partial r'}$ hat, so würde der Stab zur geraden Linie ausgestreckt. Für den Fall, daß Spannungen nur an den Enden angreifen, bleiben die Formeln (3) und (4) von Ziff. 31 gültig, wenn man jeweils $p, q, r$ ersetzt durch $p - p'$, $q - q'$, $r - r'$ und ebenso $\frac{\partial F}{\partial p}$ durch $\frac{\partial F}{\partial p} - \frac{\partial F'}{\partial p'}$. Die kinetische Analogie geht nunmehr davon aus, daß diese Gleichungen formal gleich sind mit jenen für die Bewegung eines schweren Systems, das wieder in einem festen Punkt unterstützt ist, in dem aber noch Bewegungen vorkommen, die an der Verteilung der Massen relativ zum Schwerpunkt nichts ändern. Ist $\Gamma = 0$ und $F'$, also auch $p'$, $q'$, $r'$ konstant, so entspricht dem einerseits ein Stab, dessen Zentrallinie bereits im unbelasteten Zustand eine Schraubenlinie ist, andererseits die Bewegung eines starren Körpers,

---

[1]) Im Anschluß an die KIRCHHOFFschen Arbeiten ausgearbeitet von A. CLEBSCH, Elastizität, § 55. Eine andere Ableitung von A. B. BASSET, Lond. Math. Soc. Proc. Bd. 23, S. 105. 1892; Amer. Journ. of math. Bd. 17, S. 281. 1895.

[2]) G. KIRCHHOFF, Vorles. über Mechanik, S. 413 u. 426; A. CLEBSCH, Elastizität, S. 229; A. CLEBSCH u. ST. VENANT, Elasticité, S. 454.

in dem stationäre Bewegungen vor sich gehen. Dieser Fall wurde von LARMOR[1]) und, gelegentlich einer Untersuchung über Polschwankungen, von VOLTERRA[2]) behandelt. Erwähnt sei noch eine neuere Arbeit von SCHLEICHER[3]), in der die elastischen Verschiebungen gekrümmter Stäbe als Drehungen bzw. Schraubungen um Achsen von Momentenflächen dargestellt sind, ferner eine daran angeknüpfte Bemerkung von v. MISES[4]).

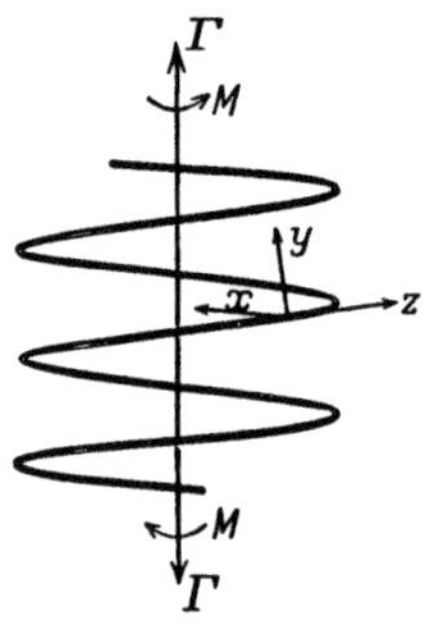

Abb. 37. Schraubenfeder.

Wenn es sich um eine zylindrische Schraubenfeder handelt und längs der Zylinderachse eine Kraft $\Gamma$ und um dieselbe Achse ein Drehmoment $M$ wirkt, so ist die Zentrallinie auch nach der Deformation noch eine Schraubenlinie. Wenn eine Hauptträgheitsachse in die Richtung der Tangente an die Zentrallinie fällt, ferner $r$ den Halbmesser des Zylinders, $\alpha$ den Steigungswinkel der Schraubenlinie, $B$ die Biegungs- und $C$ die Torsionssteifigkeit, $L$ die gesamte Länge der Zentrallinie, $\Delta l$ die axiale Dehnung oder Verkürzung und $\Delta\varphi$ die Verdrehung der Federenden gegeneinander bezeichnet, so sind die Komponenten der Kraft $\Gamma$ und des Momentes $M$ der äußeren Kräfte (Abb. 37)

$$\begin{aligned} T_x &= 0\,, & M_x &= 0\,, \\ T_y &= \Gamma\cos\alpha\,, & M_y &= M\cos\alpha - \Gamma r\sin\alpha\,, \\ T_z &= \Gamma\sin\alpha\,, & M_z &= M\sin\alpha + \Gamma r\cos\alpha\,. \end{aligned}$$

Für die Dehnung und Verdrehung findet man

$$\left.\begin{aligned} \Delta l &= L r\left[\Gamma r\left(\frac{\sin^2\alpha}{B} + \frac{\cos^2\alpha}{C}\right) + M\left(\frac{1}{C} - \frac{1}{B}\right)\sin\alpha\cos\alpha\right], \\ \Delta\varphi &= L\left[\Gamma r\left(\frac{1}{C} - \frac{1}{B}\right)\sin\alpha\cos\alpha + M\left(\frac{\cos^2\alpha}{B} + \frac{\sin^2\alpha}{C}\right)\right]. \end{aligned}\right\} \tag{1}$$

Wenn $\alpha$ sehr klein ist, bringt $\Gamma$ lediglich eine Torsion, $M$ eine Biegung hervor. Für eine Feder mit freien Enden ($M = 0$) wird dann näherungsweise

$$\Delta l = \frac{L r^2}{C} P\,, \quad \Delta\varphi = 0\,. \tag{2}$$

Für einen kreisförmigen Querschnitt mit dem Halbmesser $a$ erhält man dann, wenn $n$ die Anzahl der Windungen ist,

$$\Delta l = \frac{4 n r^3}{a^4 G}\,. \tag{3}$$

Die Näherung (2) stammt schon von BINET[5]). Weitere Untersuchungen, die noch nicht von den strengen Grundgleichungen ausgehen, stammen von JAK. und JOH. BERNOULLI[6]), POISSON[7]), MASSOTTI[8]), GIULIO[9]) und ST. VENANT[10]). Von späteren

[1]) J. LARMOR, Lond. Math. Soc. Proc. Bd. 15, S. 175. 1884.
[2]) V. VOLTERRA, Atti di Torino Bd. 30, S. 372. 1895; Acta math. Bd. 22, S. 201. 1898.
[3]) F. SCHLEICHER, ZS. f. angew. Math. u. Mech. Bd. 4, S. 475. 1924.
[4]) R. v. MISES, ZS. f. angew. Math. u. Mech. Bd. 4, S. 486. 1924.
[5]) J. BINET, Journ. de l'Ecole polyt. Hft. 10, S. 419. 1814.
[6]) J. u. J. BERNOULLI, Berlin Nouv. Mém. S. 347. 1783.
[7]) S. D. POISSON, Correspond. sur l'Ecole polyt. Bd. 3. 1816.
[8]) O. F. MASSOTTI, Mem. di mat. e di fis. della Soc. Ital. Bd. 18, S. 243. 1820.
[9]) J. GIULIO, Mem. della accad. delle Scienze di Torino Bd. 4, S. 329. 1842.
[10]) B. DE ST. VENANT, C. R. Bd. 17, S. 1020. 1843.

Untersuchungen sind noch jene von THOMSON und TAIT[1]), RESAL[2]), MICHELL[3]) und RÖVER[4]) zu nennen. Die Widerstandsfähigkeit der Schraubenfeder gegenüber einer Biegung ihrer Achse hat GRAMMEL[5]) untersucht. Man kann ihre Durchbiegung berechnen wie die eines Stabes, wenn man als Biegungssteifigkeit

$$B = \frac{a^4 h_0 l}{2 r l_0} \frac{E G}{E + 2G} = \frac{a^4 h_0 l}{4 r l_0} \frac{m E}{2m + 1}$$

einsetzt ($h_0$ = Ganghöhe, $a$ = halber Drahtdurchmesser, $l_0$ Länge vor und $l$ Länge während der Beanspruchung).

Wenn die Schraubenfeder nicht zylindrisch, sondern konisch ist (hierher gehören z. B. die sog. Pufferfedern), kann man sie näherungsweise nach obigen Formeln berechnen, wenn man von Gang zu Gang ein entsprechend verändertes $r$ einsetzt[6]). Genauere Untersuchungen stellten CASTIGLIANO[7]) und RESAL[8]) an. Über Versuche, die die Theorie gut bestätigen, berichtet MILLER[9]).

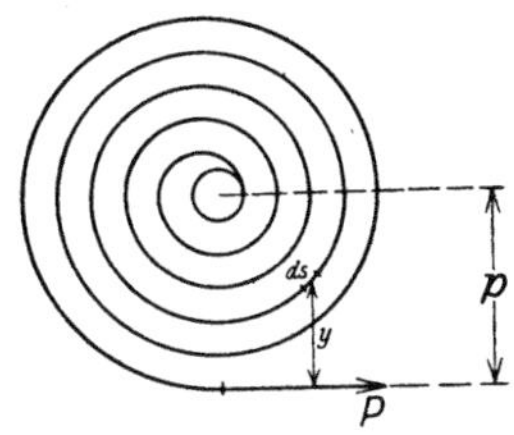

Abb. 38. Spiralfeder.

Die ebenen Spiralfedern werden ausschließlich auf Biegung beansprucht. Bei freier Drehbarkeit des äußeren Federendes besteht zwischen dem Verdrehungswinkel $\Delta\varphi$ und dem Moment $M = pP$ der Zusammenhang[10]) (Abb. 38)

$$\Delta\varphi = \frac{P}{B}\int y\,ds = \frac{M}{B} L ,$$

$L$ ist wieder die gesamte Länge. Ist $\sigma_B$ die Biegungsspannung, bis zu welcher die Feder beansprucht wird, $e$ der Abstand der Randfaser von der neutralen Schicht, so ist die aufgespeicherte Formänderungsarbeit, auf die es bei der Verwendung von Spiralfedern meist in erster Linie ankommt (Uhrwerk),

$$A = \frac{1}{2} M \Delta\varphi = \frac{M^2}{2B} L = \frac{(\sigma_B)^2 J}{8 e^2 E} L .$$

Für den rechteckigen Querschnitt insbesondere wird

$$A = \frac{(\sigma_B)^2}{24 E} V ,$$

$V$ ist das Volumen der Feder, und die Formel zeigt, daß das Vermögen, Formänderungsarbeit aufzunehmen, nur vom Volumen des aufgewendeten Materials, nicht aber von dessen Verteilung auf Länge, Dicke und Höhe abhängt. Über die Benutzung als Chronometerspiralen findet man Näheres in Arbeiten von CASPARI[11]) PHILLIPS[12]) und RESAL[13]), die thermodynamischen Vorgänge, die hier eine Rolle spielen können, erörtert BOCK[14])

---

[1]) W. THOMSON u. P.G. TAIT, Handb. d. theor. Phys., Bd. I, 2. Teil, § 604 (deutsche Ausg.).
[2]) H. RESAL, C. R. Bd. 114, S. 37 u. 99. 1892.
[3]) J. H. MICHELL, Lond. Math. Soc. Proc., Bd. 31, S. 130. 1899.
[4]) A. RÖVER, ZS. d. Ver. d. Ing. Bd. 57, S. 1906. 1913.
[5]) R. GRAMMEL, ZS. f. angew. Math. u. Mech. Bd. 4, S. 384. 1924.
[6]) V. MEYER, ZS. d. Ver. d. Ing. Bd. 44, S. 1791. 1900.
[7]) A. CASTIGLIANO, Theorie der Biegungs- und Torsionsfedern, S. 66 (deutsch von TATZ). Wien 1888.
[8]) H. RESAL, C. R. Bd. 114, S. 147. 1892.
[9]) J. W. MILLER, Phys. Rev. Bd. 14, S. 129. 1902.
[10]) A. FÖPPL, Vorles. Bd. 3, § 37.
[11]) C. E. CASPARI, Math. Enzykl., Bd. VI 2, Nr. 4.
[12]) E. PHILLIPS, Ann. d. mines Bd. 20, S. 1. 1861; Journ. d. math. (2) Bd. 5, S. 313. 1860.
[13]) H. RESAL, Traité de mécanique générale Bd. 3, S. 456; Ann. d. mines Bd. 11, S. 127. 1867; Bd. 13, S. 301. 1868.
[14]) H. BOCK, ZS. f. Instrkde. 38. Jg., S. 110. 1918; ZS. f. angew. Math. u. Mech. Bd. 2, S. 232. 1922.

Was die Blattfedern betrifft, so sei in diesem Zusammenhang auf eine Arbeit von TANAKA[1]) verwiesen, in der auch weitere Literatur angegeben ist.

# V. Seile.

**35. Der vollkommen biegsame Faden.** Die Seile haben entweder infolge ihrer im Verhältnis zur Länge geringen Querschnittsabmessungen (Drähte) oder ihres niedrigen Elastizitätsmoduls (Hanf, Leder) nur sehr geringe Biegungssteifigkeit. Daher genügt für ihre Berechnung in vielen Fällen die Theorie des vollkommen biegsamen Fadens[2]). Diese spielt vor allem eine Rolle bei der Berechnung frei hängender elektrischer Leitungen; sie wird aber auch zur Berechnung der Seile von Schwebebahnen, Hängebrücken, auch der Treibriemen u. dgl. herangezogen. Ist z. B. ein Leitungsdraht, dessen Eigengewicht (allenfalls einschließlich Schnee- und Eislast) pro Längeneinheit $q$ ist, horizontal und in flachem Bogen zwischen zwei Masten ausgespannt, so kann man die Last als gleichmäßig längs der horizontalen Abszisse verteilt ansehen und erhält als Gleichgewichtsform die Parabel. Zwischen der Spannung $S$, der Spannweite $l$ und dem größten Durchhang $f$ bestehen die Beziehungen

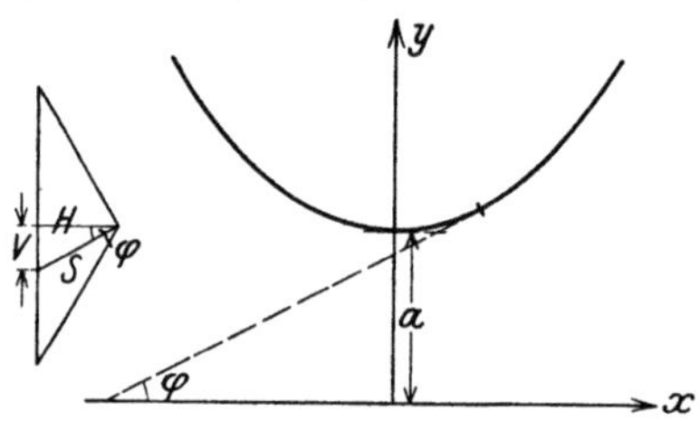

Abb. 39. Kettenlinie.

$$S = \frac{q l^2}{8 f} \qquad \text{oder} \qquad f = \frac{q l^2}{8 S}. \tag{1}$$

Die Drahtlänge (Bogenlänge) $s$ ist näherungsweise gegeben durch

$$s = l + \frac{8}{3} \frac{f^2}{l}. \tag{2}$$

Kommen größere Ordinatenunterschiede vor, so ist diese Näherung nicht mehr zulässig. Es muß dann beachtet werden, daß die Belastung nicht der Abszisse, sondern dem Bogen proportional ist. Die Gleichgewichtslinie des vollkommen biegsamen, undehnbaren und nur durch sein Eigengewicht belasteten Seiles, das zwischen 2 Punkten aufgehängt ist, ist die Kettenlinie[3]). Sie hat die Eigenschaft, daß die Resultante aus Horizontalzug $H$ und Vertikalzug $V$ an jeder Stelle in die Richtung des Linienelementes fällt (Abb. 39):

$$\frac{V}{H} = \frac{dy}{dx}; \qquad H \frac{dy}{dx} = V; \qquad H \frac{d^2 y}{dx^2} dx = dV = q\, ds.$$

Die Differentialgleichung ist also

$$H \frac{d^2 y}{dx^2} = q \sqrt{1 + \left(\frac{dy}{dx}\right)^2}. \tag{3}$$

$H$ ist, da für jedes Seilstück Gleichgewicht in horizontaler Richtung bestehen muß, längs des Seiles konstant, aber zunächst noch unbekannt. Bei geeigneter Wahl des Koordinatensystems (Abb. 39) erhält man die Lösung in der Form

$$y = a \operatorname{Cof} \frac{x}{a}, \tag{4}$$

[1]) Y. TANAKA, ZS. f. angew. Math. u. Mech. Bd. 2, S. 26. 1922.

[2]) Vgl. P. STÄCKEL, Enzykl. d. math. Wiss., Bd. IV 6, Nr. 23, S. 533; G. HAMEL, Elementare Mechanik, 1. Aufl., § 36, Ziff. 179. Leipzig 1912 (2. Aufl. 1922).

[3]) Das Problem der Kettenlinie war 1690 von JAK. BERNOULLI aufgeworfen worden (Acta Erudit. Mai 1690). Im nächsten Jahr gaben CH. HUYGENS, G. W. LEIBNIZ u. JOH. BERNOULLI (ebenda 1691, Opera Bd. I, 48) die Lösung.

wobei $a$ der sog. Parameter der Kettenlinie

$$a = \frac{H}{q} \tag{5}$$

ist. Die Seilspannung ist

$$S = qy, \tag{6}$$

also proportional der Ordinate $y$. Die Bogenlänge $s$ zwischen 2 Punkten mit den Abszissen $x_1$ und $x_2$ ist

$$s = a\left(\mathfrak{Sin}\frac{x_2}{a} - \mathfrak{Sin}\frac{x_1}{a}\right) = 2a\,\mathfrak{Sin}\frac{x_1 + x_2}{a}\,\mathfrak{Cof}\frac{x_1 - x_2}{a}. \tag{7}$$

Der Krümmungshalbmesser ist

$$\varrho = \frac{y^2}{a}. \tag{8}$$

Mittels dieser Gleichungen ist es unter Verwendung von Tafeln für die hyperbolischen Funktionen leicht, alle vorkommenden Aufgaben zu lösen. Soll z. B. die Figur eines Seiles von vorgegebener Länge $s$ ermittelt werden, das zwischen 2 Punkten $A$ und $B$ (Koordinaten $x_1$, $y_1$ bzw. $x_2$, $y_2$) aufgehängt ist, so genügen dazu die folgenden Gleichungen:

$$y_1 + n = a\,\mathfrak{Cof}\frac{x_1 + m}{a}, \qquad y_2 + n = a\,\mathfrak{Cof}\frac{x_2 + m}{a}, \tag{4a}$$

$$s = 2a\,\mathfrak{Sin}\frac{x_1 + x_2 + 2m}{2a}\,\mathfrak{Cof}\frac{x_1 - x_2}{2a}, \tag{7a}$$

Sie entsprechen den Gleichungen (4) und (7) und enthalten nur noch die zunächst unbekannten Verschiebungen $m$ und $n$, die das Koordinatensystem der $x_1y_1$, $x_2y_2$ in das spezielle System überführen, das den Gleichungen (4) und (7) und der Abb. 40 zugrunde liegt. Um zuerst $a$ (und damit $H$) berechnen zu können, kann man Gleichung (7a) noch umformen in

$$\mathfrak{Sin}\frac{x_2 - x_1}{2a} = \frac{x_2 - x_1}{2a}\,\frac{\sqrt{s^2 - (y_2 - y_1)^2}}{x_2 - x_1}. \tag{9}$$

$m$ und $n$ erhält man dann aus den Gleichungen (4a) und kann alle weiterhin verlangten Größen berechnen[1]). Ist die Seilspannung in einem Punkt (etwa die Maximalspannung $S_m$ in dem höher gelegenen Punkt $B$) vorgeschrieben, so erhält man sofort $n$, weil $y_2 + n = S_m$. Die Werte $a$ und $m$ folgen dann aus den Gleichungen (4a).

Skrobanek[2]) berücksichtigt die elastische Dehnung des Seiles und erhält so die sog. „elastische Kettenlinie", die u. a. eine Rolle spielen kann bei Längenmessungen mit Drähten oder Bändern.

**36. Die steife Kettenlinie.** Werden zur Übertragung einer Zugkraft lange, dünne Stangen oder Seile benutzt, so sind diese infolge ihres Eigengewichtes auch einer Biegungsbeanspruchung ausgesetzt, die nicht immer vernachlässigt werden darf. Dieser Fall wurde von Tolle[3]) erstmals genauer untersucht. Die Durchbiegungen seien im Verhältnis zur Stablänge klein, so daß die Bogenlänge gleich der Sehne und die Zugkraft $H$ in allen Querschnitten als gleich an-

[1]) S. auch Riemann-Weber, Die Differential- u. Integralgl. d. Mech. u. Phys.. Herausgeg. von Ph. Frank u. R. v. Mises Bd. I, S. 373. Braunschweig 1925.

[2]) F. Skrobanek, ZS. f. angew. Math. u. Mech. Bd. 2, S. 472. 1922.

[3]) M. Tolle, ZS. d. Ver. d. Ing. Bd. 41, S. 855. 1897; s. auch J. Perry, Phil. Mag. Bd. 33, S. 269. 1892.

genommen werden darf. Das Eigengewicht oder die Last auf die Längeneinheit sei $q$. Dann muß die elastische Linie der Differentialgleichung

$$EJ\frac{d^2y}{dx^2} - Hy + \frac{1}{2}qx - M_0 = 0 \tag{1}$$

genügen. Deren Lösung ist

$$y = C_1 e^{\lambda_1 x} + C_2 e^{\lambda_2 x} + a + bx + cx^2; \tag{2}$$

$\lambda_1$, $\lambda_2$ sind die Wurzeln der Gleichung $EJ\lambda^2 - H = 0$, also

$$\lambda_{1,2} = \pm\sqrt{\frac{H}{EJ}} = \pm\sqrt{\frac{H}{B}}, \tag{3}$$

wo $B$ wieder die Biegungssteifigkeit bezeichnet. Die Festwerte $C_1$ und $C_2$ sind aus den Grenzbedingungen, die Werte $a$, $b$ und $c$ nach dem Verfahren der unbestimmten Koeffizienten zu ermitteln. Es wird

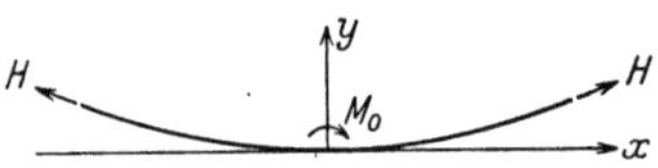


Abb. 40. Lage des Koordinatensystems.

$$a = \frac{B}{H^2}q - \frac{M_0}{H}, \quad b = 0, \quad c = \frac{q}{2H}.$$

Bei der in Abb. 40 angedeuteten Wahl des Koordinatensystems wird $C_1 = C_2 = C$ und $M_0 = \frac{EJ}{H^2}q + 2CH$. Wenn vorausgesetzt wird, daß die Enden des Seiles nicht eingespannt, sondern frei drehbar festgehalten sind, so erhält man als Gleichung der elastischen Linie endgültig

$$y = -\frac{Bq}{H^2\,\mathfrak{Cof}\frac{\lambda l}{2}}(\mathfrak{Cof}\,\lambda x - 1) + \frac{q}{2H}x^2. \tag{4}$$

Das größte Moment wird

$$M_{\max} = M_0 = \frac{Bq}{H}\left(1 - \frac{1}{\mathfrak{Cof}\frac{1}{2}\lambda l}\right). \tag{5}$$

Wenn $e$ der Abstand der Randfaser von der neutralen Achse ist, wird die größte Biegungsspannung

$$\sigma_B = e\frac{Eq}{H}\left(1 - \frac{1}{\mathfrak{Cof}\frac{1}{2}\lambda l}\right) = e\frac{Eq}{H}\left(1 - \frac{1}{\mathfrak{Cof}\frac{1}{2}l\sqrt{\frac{H}{B}}}\right). \tag{6}$$

Geht man zur Grenze $H = 0$ über, so bleiben die elementaren Formeln der Biegung übrig, z. B. $M_0 = \frac{1}{8}l^2q$, $\sigma_m = e\frac{l^2q}{8J}$. Beim Hinzukommen einer Zugkraft $H$ nehmen die Biegungsspannungen rasch ab, und zwar um so rascher, je geringer die Biegungssteifigkeit und je größer die Länge ist (Abb. 41). Da $\mathfrak{Cof}\,l\sqrt{\frac{H}{B}}$ mit wachsendem Argument sehr bald große Werte annimmt, nähern sich $M_0$ und $\sigma_B$ rasch festen Grenzwerten, in denen die Spannweite nicht mehr vorkommt. Für lange und nicht zu hohe Zugstangen ist demnach unabhängig von der Länge die Biegungsspannung immer dieselbe, nämlich

$$\sigma_B = e\frac{Eq}{H}. \tag{7}$$

Zugstangen an den Enden einzuspannen ist, wenn $l > 2{,}45\sqrt{\frac{B}{H}}$ ungünstig, weil dann an den Einspannstellen ein großes Moment

$$M = \frac{B}{H}q\left(1 - \frac{\frac{1}{2}\lambda l}{\mathfrak{Tg}\frac{1}{2}\lambda l}\right) \tag{8}$$

auftritt. Auch die Unterstützung der Zugstangen in Zwischenpunkten erhöht, wenn diese nicht in ganz kleinen Abständen $\left(\Delta x < 3{,}8\sqrt{\frac{B}{H}}\right)$ erfolgt, die Beanspruchung. Zu ganz falschen (zu hohen) Spannungswerten würde man kommen, wenn man zu der Zugspannung einfach die nach der gewöhnlichen Biegungsformel gerechneten Spannungen addieren würde. Die Längsspannung wirkt entlastend, indem sie die elastische Linie streckt. Bei der Berechnung schräger Zugstangen hat man lediglich in obigen Formeln an Stelle von $q$ das Gewicht der Horizontalprojektion $q \cos\alpha$ einzuführen.

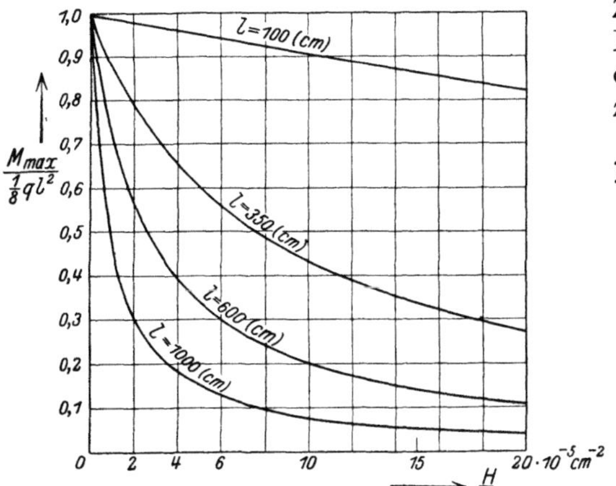


Abb. 41. Einfluß der Vorspannung ($H/B$) und Seillänge auf das maximale Biegungmoment.

**37. Biegungsbeanspruchung durch Einzellasten.** Auch diese Frage führt

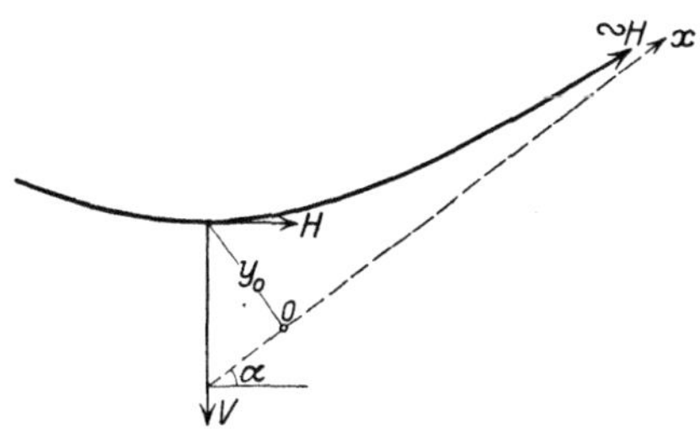


Abb. 42. Seil mit Einzellast.

zu einer der vorigen ganz ähnlichen Betrachtung[1]), die übrigens bis auf das Vorzeichen der Längskraft identisch ist mit jener über das Ausknicken eines axial gedrückten und von Querkräften gebogenen Stabes. Ein zwar biegungssteifer, aber zunächst gewichtslos gedachter Draht sei zwischen zwei gleich hoch gelegenen Punkten ausgespannt und in der Mitte durch eine vertikale Last $V$ belastet. Die horizontale Zugkraft an dieser Stelle sei $H$ (Abb. 42). Die sich ausbildende Gleichgewichtslinie nähert sich von der Laststelle weg rasch asymptotisch einer geraden Linie. Deren Winkel $\alpha$ gegen die Horizontale ist immer klein, und aus diesem Grunde möge es zulässig sein, auch die in der Asymptotenrichtung wirkende Kraft gleich $H$ zu setzen. Die Asymptote soll als $x$-Achse dienen. Die Differentialgleichung der elastischen Linie ist dann

$$B\frac{d^2y}{dx^2} - Hy = 0 \tag{1}$$

und ihr Integral lautet

$$y = C_1 e^{\lambda_1 x} + C_2 e^{\lambda_2 x}, \tag{2}$$

wo wieder $\lambda_{1,2} = \pm\sqrt{\frac{H}{B}}$. Legt man den Koordinatenursprung in jenen Punkt $O$ der Asymptote, der der Lastangriffsstelle (Ordinate $y_0$) zugeordnet ist, so erhält man als Gleichung der Kurve

$$y = y_0 e^{-x\sqrt{\frac{H}{B}}}. \tag{3}$$

Aus Gleichgewichtsgründen ist

$$\operatorname{tg}\alpha = \frac{V}{2\sqrt{H^2 - V^2}} \sim \frac{V}{2H} \tag{4}$$

---

[1]) J. Isaachsen, ZS. d. Ver. d. Ing. Bd. 51, S. 652. 1907; R. Woernle, Zur Beurteilung der Drahtseilschwebebahnen usw. Berlin 1913.

Da $dy/dx$ für $x = 0$ diesen Wert annehmen muß, ergibt sich

$$y_0 = \frac{V}{2H}\sqrt{\frac{B}{H}}\,. \tag{5}$$

Der Krümmungshalbmesser an dieser Stelle ist

$$\varrho = \frac{B}{H y_0} = \frac{2}{V}\sqrt{HB}\,. \tag{6}$$

Dementsprechend ist die höchste Biegungsspannung

$$\sigma = \frac{V}{2} e \sqrt{\frac{E}{JH}}\,; \tag{7}$$

$e$ ist wieder der Abstand der Randfaser von der neutralen Achse. Die Biegungsspannungen nehmen von der Last weg nach beiden Seiten sehr rasch ab, so daß schon in geringer Entfernung nur mehr Zugspannungen vorhanden sind. Der Einfluß dieser entfernten Seilstücke auf das von der Last gebogene Mittelstück äußert sich also nur in der Zugkraft $H$. Da außerdem in letzterem das Eigengewicht gegenüber der Last nur eine untergeordnete Rolle spielt, bleiben die abgeleiteten Formeln auch brauchbar, wenn es sich um ein nicht mehr gewichtsloses Seil handelt. Das Seil nimmt also, wenn es, wie bei Drahtseilbahnen, durch eine Rolle belastet wird, nicht etwa den Krümmungshalbmesser der belastenden Rolle an, wie HRABÁK[1]) irrtümlich angenommen hat. Dies trifft nur bei den um eine Rolle geführten Transmissions-, Förder- und Kranseilen zu, so daß für diese

$$\sigma_B = E\frac{\delta}{D} \tag{8}$$

wird ($\delta$ = Seildicke, $D$ = Rollendurchmesser).

**38. Das um eine Rolle geführte Seil (Rollentrieb).** Da ein steifes Seil einer Änderung seiner Krümmung einen Widerstand entgegensetzt, so gibt bei Rollentrieben nicht nur die Reibung, sondern auch die Seilsteifigkeit Anlaß zu Arbeitsverlusten. In dem in Abb. 43 angedeuteten Fall, daß ein kreisförmiges Rad durch ein Seil angetrieben wird, ist also $S_2 > S_1$. In genügend weit entfernten Punkten ist die Krümmung annähernd Null, und die Seilkurve schmiegt sich allmählich geraden Linien (Asymptoten) an. Aus dem Momentensatz folgt, daß die Asymptote des anlaufenden Astes der Seilkurve einen größeren Abstand $(r + s_1)$ vom Drehpunkt hat, als jene des ablaufenden Astes $(r - s_2)$. Als Wirkungsgrad des Rollentriebes bezeichnet man den Quotienten

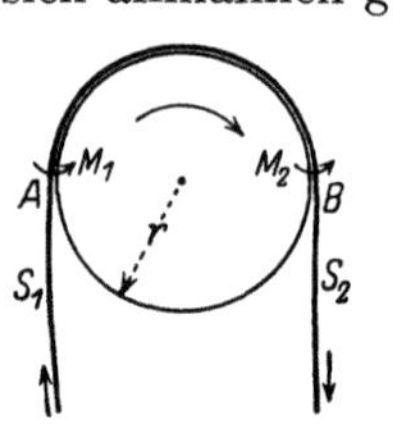

Abb. 43. Rollentrieb.

$$\left.\begin{aligned} \zeta &= \frac{S_1}{S_2} = \frac{r - s_2}{r + s_1}\,, \\ 1 - \zeta &\approx \frac{s_1 + s_2}{r}\,. \end{aligned}\right\} \tag{1}$$

Soll der Reibungsverlust mit berücksichtigt werden, so ist im Zähler der ersten Gleichung $-\varrho$, im Nenner $+\varrho$ zuzufügen, wo $\varrho$ der Radius des Reibungskreises ist.

Auf Grund von Versuchen gab COULOMB[2]) die Näherungsformel an:

$$s_1 + s_2 = \delta^n\left(a + \frac{b}{S_\infty}\right) \tag{2}$$

[1]) J. HRABÁK, Die Drahtseile. Berlin 1902.
[2]) C. A. COULOMB, Théorie des machines simples. Paris 1821.

($\delta$ = Seildicke, $S$ = Zugkraft, $a$, $b$, $n$ Konstanten). EYTELWEIN[1]) leitete aus den COULOMBschen Versuchen eine einfachere Formel ab:

$$s_1 + s_2 = c\,\delta^2 . \tag{3}$$

Nach EYTELWEIN ist $c = 0{,}186$, nach REDTENBACHER[2]) 0,13, für Drahtseile 0,30[3]).

Einen theoretischen Ansatz entwickelte HAMEL[4]). Zu den Gleichgewichtsgleichungen (Abb. 44)

$$\left.\begin{aligned} &\frac{dS}{ds} - \frac{d\varphi}{ds} N + q_s = 0, \\ &\frac{dN}{ds} + \frac{d\varphi}{ds} S + q_n = 0, \\ &\frac{dM}{ds} + N + \overline{M} = 0 \end{aligned}\right\} \tag{4}$$

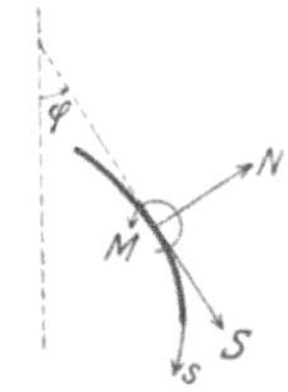

Abb. 44. Seilelement.

($N$ = Querkraft, $q_s$, $q_n$ = Komponenten der äußeren Kraft in und normal zur Richtung der Seilachse, $\overline{M}$ = Moment der äußeren Kräfte) muß noch eine physikalische Hypothese hinzugenommen werden. HAMEL nimmt, ähnlich wie bei der Behandlung der Reibung fester Körper, an, daß in erster Annäherung der Widerstand, den das Seil seiner Verbiegung entgegensetzt, der gesamten Seilspannung $Z$ proportional ist: $|M| = aZ$, wo $a$ eine Materialkonstante. Ändert sich für ein Seilstück die Krümmung bei der Bewegung nicht, so hat $M$ einen unbestimmten Wert (Reaktionsmoment), ist aber durch obigen Wert als Grenze eingeschränkt. Bei der Verbiegung erfüllt $M$ eine Gleichung, die sich stetig an den Grenzwert anschließt. Mit dieser Theorie kann man die beobachteten Tatsachen befriedigend wiedergeben. Die Schwierigkeit besteht darin, die Grenzbedingung genauer anzugeben.

HAMEL[5]) hat eine zweite Theorie, die von BISCONCINI[6]) herrührt, richtiggestellt und diskutiert. Diese behandelt die Biegungssteifigkeit ähnlich wie den inneren Widerstand zäher Flüssigkeiten. Danach wird das Biegungsmoment der Verbiegung proportional und von solchem Vorzeichen angenommen, daß seine Leistung negativ ist. Es ist stationäre Bewegung vorausgesetzt, eine Berücksichtigung der Trägheit macht keine Schwierigkeiten. Für sich allein liefert diese Annahme über die Art der Biegungssteifigkeit — insbesondere für das auflaufende Seilstück — keine befriedigenden Ergebnisse. Es könnte aber sein, daß die so charakterisierte Art von Steifigkeit mit jener der ersten Theorie zusammen auftritt.

Da in der Praxis als Seile sehr häufig „Drahtseile" Verwendung finden, müssen über diese noch einige Worte gesagt werden.

Abb. 45. Querschnitt durch ein Spiralseil.

**39. Drahtseile (geschlungene Seile).** Die einfachste Art ist das „Spiralseil" (Abb. 45). Die einzelnen Drähte (meist 7, 19 oder 37) sind unter einem Flechtwinkel $\varphi$ (meist 15 bis 20°) gegen die Seilachse nach zylindrischen Schraubenlinien (fälschlich Spiralen genannt) um einen Kerndraht (Seele) gewunden. Für Zugseile und Drahtseile von Schwebebahnen werden häufig „Litzenseile" verwendet, bei denen als Elemente bereits geflochtene Litzen an Stelle der

[1]) J. A. EYTELWEIN, Handb. der Statik fester Körper, Bd. II, S. 34. Berlin 1808; vgl. M. RÜHLMANN, Vortr. über Gesch. d. techn. Mech., S. 495. Leipzig 1885.

[2]) J F. REDTENBACHER, Der Maschinenbau, Bd. I, S. 295. Mannheim 1862.

[3]) Weitere Angaben s. R. v. MISES, Enzykl. d. math. Wiss., Bd. IV/10, S. 309.

[4]) G. HAMEL, Elementare Mechanik, 1. Aufl., § 36. Leipzig (2. Aufl. 1922).

[5]) G. HAMEL, ZS. f. angew. Math. u. Mech. Bd. 7, S. 113. 1927; ferner Sitz.-Ber. d. Berlin. Math. Ges., 25. Jahrg. (Über die Mechanik der Drähte und Seile).

[6]) G. BISCONCINI, Rend. R. Accad. dei lincei (6a) Bd. 1. 1925.

einfachen Drähte verwendet sind[1]). Der Drall dieser Litzen kann gleich oder entgegengesetzt dem der einzelnen Drähte in den Litzen sein (Gleichschlag und Kreuzschlag). Für die Berechnung ist zunächst wichtig, daß sich solche geflochtenen Seile unter einer axialen Zugbeanspruchung wesentlich mehr dehnen, als etwa ein einfacher Draht aus demselben Material und gleichem Querschnitt. Der „resultierende Elastizitätsmodul" $E'$ ist kleiner als der Modul $E$ des einzelnen Drahtes. $E' = \zeta E$. Macht man die Annahme, daß Punkte, die vor der Belastung in einer Ebene senkrecht zur Seilachse liegen, auch nach der Belastung noch in einer solchen gelegen sind, so folgt, daß für jedes Element die Größe $\frac{\sigma_i}{E_i \cos^2\varphi_i}$ denselben Wert hat[2]). Bezeichnet $f_i$ den Querschnitt eines einzelnen Elementes $i$, $F$ den Gesamtquerschnitt des Seiles, so daß

Abb. 46. Litzenseil mit Hanfkern.

$$F = \sum \frac{f_i}{\cos\varphi_i},$$

so wird

$$E' = \frac{P}{F}\frac{l}{\Delta l} = \frac{1}{F}\sum E_i f_i \cos^3\varphi_i \,. \tag{1}$$

Für den Fall z. B., daß alle Elemente gleichwertig verwendet sind, wäre

$$E' = \zeta E = E \cos^4\varphi \,.$$

Dem angegebenen durchschnittlichen Wert von $\varphi$ entspräche dann etwa $\zeta = 0{,}78$ bis 0,87. Bei Litzenseilen, bei denen ein Hanfkern verwendet ist (Abb. 46), kann $\zeta$ bis auf den Wert 0,4 sinken, weil sich die äußeren Elemente in die Hanfseele einpressen können[3]). Bei einer strengeren Theorie müßte die Querkontraktion und die Biegungssteifigkeit berücksichtigt werden. Gleichungen hierfür sind von F. BERG[4]) aufgestellt.

Die doppeltgekrümmte Form der Drähte in Litzenseilen, die um Rollen laufen, verringert die Biegungsbeanspruchung nicht, weil in jeder Windung doch Drähte vorkommen, welche parallel zur Seilachse liegen und den Krümmungshalbmesser der Rolle annehmen müssen. Bei der Biegung von Seilen durch Einzellasten ist bemerkenswert[5]), daß die Beanspruchung nur von der Vertikallast, der Zugspannung und dem Gesamtquerschnitt abhängt, dagegen vom Durchmesser der einzelnen Drähte und vom Durchmesser der belastenden Rolle unabhängig ist. Dies ist aus Gleichung (7) von Ziff. 37 abzuleiten. Dabei ist allerdings die Annahme gemacht, daß die inneren Reibungen im Drahtseil die Beweglichkeit und die Beanspruchung der einzelnen Drähte nicht erheblich beeinflussen, was ziemlich zutreffend zu sein scheint. Das Drahtseil bietet einmal den Vorteil besseren Materials, wobei bei der an dünnen Drähten beobachteten hohen Zerreißfestigkeit die im Vergleich zum Querschnitt große Oberfläche eine Rolle spielt. Bei der Beanspruchung durch eine Einzellast bietet es überdies wegen des rascheren Abklingens der Spannungen den Vorteil, daß man die Beanspruchungen nahezu auf $1/n$ reduzieren kann, wenn man die Last auf $n$ Rollen verteilt und deren Abstand und die Drahtdicke so wählt, daß die Spannungen von einer Rolle bis zur nächsten bereits im wesentlichen abgeklungen sind.

---

[1]) Für die Hängebrücke über den Hudson bei Neuyork mit einer 1067 m weit gespannten Mittelöffnung sind 4 Kabel von je 91 cm Durchmesser vorgesehen. Jedes Kabel enthält 61 Stränge von je 434 Einzeldrähten, das sind also 26474 Drähte; Näheres R. BERNHARD, ZS. d. Ver. d. Ing. Bd. 71, S. 1773. 1927.

[2]) TH. v. KÁRMÁN, Enzykl. d. math. Wiss., Bd. IV/27, S. 346.

[3]) Eingehendere Auskunft findet man in P. STEPHAN, Die Drahtseilbahnen, 4. Aufl. Berlin 1926; R. WOERNLE, Dissert. Karlsruhe 1908.

[4]) F. BERG, Dissert. Hannover 1907.

[5]) S. die obengenannte Arbeit von ISAACHSEN, S. 657.

Eine genauere Theorie über die Vorgänge in den einzelnen Drähten ist nicht vorhanden. Einige Aufschlüsse findet man in den schon angeführten Arbeiten von ISAACHSEN und STEPHAN.

# VI. Die AIRYsche Spannungsfunktion.

**40. Einführung der Spannungsfunktion.** Wenn es sich um ein ebenes Spannungsproblem handelt, läßt sich eine wesentliche Vereinfachung durch Einführung einer Spannungsfunktion erzielen. Das ebene Problem liegt in folgenden beiden Fällen vor: 1. wenn ein unendlich langer Zylinder längs jeder seiner Erzeugenden gleichmäßig durch Kräfte belastet wird, die in den Querschnittsebenen wirken; 2. wenn es sich um eine unendlich dünne Scheibe handelt.

Werden in einem ebenen Kontinuum, dessen Ebene auf der $y$-Achse senkrecht stehen möge, Spannungen $\sigma_x$, $\sigma_z$, $\tau_{xz}$ übertragen, so müssen des Gleichgewichtes wegen an jeder Stelle die Differentialgleichungen[1])

$$\left.\begin{aligned} \frac{\partial \sigma_x}{\partial x} + \frac{\partial \tau_{zx}}{\partial z} + c &= 0, \\ \frac{\partial \sigma_z}{\partial z} + \frac{\partial \tau_{xz}}{\partial x} \qquad &= 0 \end{aligned}\right\} \tag{1}$$

erfüllt sein. Dabei ist vorausgesetzt, daß außer dem Eigengewicht $c$ (in der $x$-Richtung) keine Massenkräfte wirken. AIRY[2]) bemerkte 1862, daß diese Gleichungen ohne weiteres erfüllt sind, wenn man die Spannungskomponenten als partielle Ableitungen einer einzigen Funktion $F(x, z)$ ansetzt

$$\sigma_x = C\frac{\partial^2 F}{\partial z^2}; \qquad \sigma_z = C\frac{\partial^2 F}{\partial x^2}; \qquad \tau_{xz} = -C\frac{\partial^2 F}{\partial x\,\partial z} - cz. \tag{2}$$

Nach MAXWELL[3]) nennt man diese Funktion die AIRYsche Spannungsfunktion. Die weitere Entwicklung dieser Theorie verdankt man hauptsächlich MAXWELL[3]), MICHELL[4]) und KLEIN[5]). Die Fläche $F(x, z)$, die die Spannungsfunktion geometrisch veranschaulicht, nennt man nach KLEIN Spannungsfläche.

Die zur Bestimmung von $F$ noch notwendige Gleichung wird aus den Beziehungen zwischen Spannungen und Formänderungen gewonnen. Differentiiert man die drei elastischen Grundgleichungen nach $x$, $y$ und $z$ und addiert sie, so erhält man, wenn Massenkräfte fehlen oder wenigstens (wie bei der Schwerkraft) deren Differentialquotienten nach den Koordinatenrichtungen verschwinden, die LAPLACEsche Gleichung[6])

$$\Delta\Theta = 0. \tag{3}$$

Die kubische Ausdehnung $\Theta$ ist für das vorliegende zweidimensionale Problem

$$\Theta = \frac{\partial u}{\partial x} + \frac{\partial w}{\partial z} + k, \tag{4}$$

---

[1]) S. Kap. 2, Ziff. 13 ds. Bd. des Handb.

[2]) G. B. AIRY, Brit. Assoc. Report S. 82. Cambridge 1862; Phil. Trans. Bd. 153, S. 49. 1863 (ersch. 1864).

[3]) J. C. MAXWELL, Lond. Math. Soc. Proc. Bd. 2, S. 58. 1869 = Scient. Pap. of J. C. MAXWELL Bd. 2, S. 102; Trans. Edinbgh. Roy. Soc. Bd. 26, S. 1. 1870 = Scient. Pap. Bd. 2, S. 161.

[4]) J. H. MICHELL, Lond. Math. Soc. Proc. Bd. 31, S. 100. 1899; Bd. 32, S. 35. 1900.

[5]) F. KLEIN u. K. WIEGHARDT, Arch. d. Math. 3. Reihe, Bd. 8, S. 1 u. 95. 1905.

[6]) S. Kap. 2, Ziff. 13 ds. Bd. des Handb.

wo $k$ eine Konstante ist, die einer noch zulässigen konstanten Dehnung $\frac{\partial v}{\partial y}$ entspricht. Setzt man (4) in (3) ein und berücksichtigt noch, daß $\frac{\partial u}{\partial y} = \frac{\partial w}{\partial z} = 0$ ist, so erhält man

$$\left(\frac{\partial^2}{\partial x^2} + \frac{\partial^2}{\partial z^2}\right)\left(\frac{\partial u}{\partial x} + \frac{\partial w}{\partial z}\right) = 0.$$

Wegen der elastischen Beziehungen[1])

$$\sigma_x = 2G\left(\frac{\partial u}{\partial x} + \frac{\Theta}{m-2}\right)$$

$$\sigma_z = 2G\left(\frac{\partial w}{\partial z} + \frac{\Theta}{m-2}\right)$$

kann man dafür auch

$$\left(\frac{\partial^2}{\partial x^2} + \frac{\partial^2}{\partial z^2}\right)(\sigma_x + \sigma_z) = 0$$

oder wegen (2)

$$\Delta\Delta F = \frac{\partial^4 F}{\partial x^4} + 2\frac{\partial^4 F}{\partial x^2 \partial z^2} + \frac{\partial^4 F}{\partial z^4} = 0 \tag{5}$$

schreiben. Dieses Resultat scheint zuerst von MICHELL in dieser Form gefunden worden zu sein. Es ist bemerkenswert, daß dies dieselbe Gleichung ist, die für die Durchbiegung einer auf der Oberfläche kräftefreien Platte gilt (Ziff. 45). Es ist also möglich, durch Biegung einer entsprechend geformten Platte unter Einhaltung geeigneter Randbedingungen die Spannungsfläche einer Scheibe experimentell zu ermitteln. Einen solchen Versuch hat WIEGHARDT[2]) beschrieben.

Es würde naheliegen, in drei Dimensionen in analoger Weise eine Funktion $F(x, y, z)$ einzuführen, deren Differentialquotienten die 6 Spannungskomponenten liefern. MAXWELL[3]) zeigte, daß man auf diese Weise nicht das allgemeinste Spannungssystem erhalten kann, sondern nur ganz spezielle. Man müßte die Gleichungen des Gleichgewichts zu drei verschiedenen Funktionen in Beziehung setzen (s. auch die Abhandlung von KLEIN und WIEGHARDT).

Die rechnerische Bestimmung eines ebenen Spannungszustandes verlangt eine Funktion $F(x, z)$ so zu bestimmen, daß sie der Differentialgleichung (5) genügt und längs des Randes bestimmte Werte $F$ und $\frac{\partial F}{\partial n}$ erreicht, die sich nach MICHELL aus den Komponenten $G$ und $H$ der am Rande angreifenden Kräfte in folgender Weise ergeben:

$$\left.\begin{aligned} F &= \int_0^s \left(G_0^s \frac{dy}{ds} - H_0^s \frac{dx}{ds}\right) ds + \alpha x + \beta y + \gamma, \\ \frac{\partial F}{\partial n} &= G_0^s \frac{dx}{ds} + H_0^s \frac{dy}{ds} - \alpha\frac{dy}{ds} + \beta\frac{dx}{ds}; \end{aligned}\right\} \tag{6}$$

$s$ ist die Bogenlänge, $G_0^s = \int_0^s G\,ds$, $H_0^s = \int_0^s H\,ds$; $\alpha$, $\beta$, $\gamma$ sind Konstanten, die für einfach zusammenhängende Bereiche gleich Null gesetzt werden können. Die Randwertaufgabe der Gleichung $\Delta\Delta F = 0$ ist nur für gewisse Gebiete allgemein gelöst, nämlich für den Kreis, den Kreisring, die durch eine Gerade be-

---

1) S. Kap. 2, Ziff. 11 ds. Bd. des Handb.

2) K. WIEGHARDT, Über ein neues Verfahren verwickelte Spannungsverteilungen in elastischen Körpern auf experimentellem Wege zu finden. Berlin 1908.

3) J. C. MAXWELL, Scientific Pap. of J. C. MAXWELL Bd. 2, S. 161. 1869.

grenzte Halbebene und für Gebiete, die durch Polynome konform auf den Kreis abbildbar sind. Eine Zusammenstellung der Literatur, die sich speziell mit dieser Randwertaufgabe befaßt, ist in der weiter unten genannten Arbeit von TIMPE gegeben. Nützlich für die Gewinnung neuer Lösungen ist der von LEVI-CIVITA[1]) und MICHELL[2]) bewiesene Satz, daß die Differentialgleichung $\Delta\Delta F = 0$ invariant ist gegenüber einer Inversion

$$x' = \frac{x}{x^2+y^2}, \quad y' = \frac{y}{x^2+y^2}, \quad F' = \frac{F}{x^2+y^2}.$$

Das Spannungsbild bleibt invariant, insofern auf entsprechende Linienelemente $ds$ und $ds' = \frac{ds}{x^2+y^2}$ in entsprechenden Richtungen gleiche Spannungen wirken. Spannungstrajektorien bleiben erhalten.

Will man weitere Lösungen gewinnen, so ist man zu einer Methode gezwungen, die der semiinversen Methode ST. VENANTS für die Balkenbiegung ähnlich ist: man versucht durch partikuläre Lösungen von $\Delta\Delta F = 0$ und Kombinationen von solchen Randwerte zu erzielen, die praktisch möglichen und interessanten Belastungsfällen nahekommen. Einfache und wichtige Beispiele bietet besonders das Biegungsproblem der Balken. AIRY setzte z. B. $F$ als Polynom an und nahm so viele möglichst niedrige Glieder, als zur Erfüllung der Randbedingungen notwendig waren. Die Lösung benutzt er zur Zeichnung der Spannungstrajektorien in Balken. Allerdings beachtet AIRY nicht, daß $F$ der Gleichung $\Delta\Delta F = 0$ genügen muß. MAXWELL zeigte aber in einem Falle, daß die numerischen Werte davon nicht sehr berührt werden. Eine große Anzahl von Beispielen behandelt TIMPE[3]). So lautet z. B. die Spannungsfunktion für einen Balken von der Länge $2l$, der Höhe $2h$, der auf zwei Stützen an den Enden aufliegt und eine gleichmäßig verteilte Oberflächenlast $q$ pro Längeneinheit trägt

$$F = \frac{q}{4h^3}\left[\frac{z^2}{2}(-x^3 + 3h^2 x - 2h^3) + \frac{x^3}{10}(x^2 + 5l^2 - 2h^2)\right]. \tag{7}$$

Die daraus abgeleiteten Spannungswerte sind bereits in Ziff. 22 angegeben. Sie erfüllen die Randbedingungen, denn es wird für $x = \pm h$ überall $\tau_{xz} = 0$, für $x = +h$ wird $\sigma_x = 0$, für $x = -h$ wird $\sigma_x = -q$. An den Endquerschnitten bilden die Normalspannungen ein Gleichgewichtssystem mit der Resultante Null, das nur in der unmittelbaren Umgebung des Auflagers merkliche Spannungen verursachen kann. Die Schubspannungen dagegen liefern in den Endquerschnitten Resultanten, die der Hälfte der aufgebrachten Last gleich sind.

**41. Die reine Biegung des krummen Stabes.** Rechnet man die Gleichung für die Spannungsfunktion in Polarkoordinaten $r$, $\varphi$ um, so lautet die Differentialgleichung (5) von Ziff. 40, der $F$ genügen muß,

$$\left(\frac{\partial^2}{\partial r^2} + \frac{1}{r^2}\frac{\partial^2}{\partial\varphi^2} + \frac{1}{r}\frac{\partial}{\partial r}\right)\left(\frac{\partial^2 F}{\partial r^2} + \frac{1}{r^2}\frac{\partial^2 F}{\partial\varphi^2} + \frac{1}{r}\frac{\partial F}{\partial r}\right) = 0. \tag{1}$$

Ist die gesuchte Spannungsverteilung rotationssymmetrisch, so vereinfacht sie sich zu der totalen Differentialgleichung

$$\left(\frac{d^2}{dr^2} + \frac{1}{r}\frac{d}{dr}\right)\left(\frac{d^2 F}{dr^2} + \frac{1}{r}\frac{dF}{dr}\right) = 0. \tag{2}$$

Deren Lösung ist

$$F = c_0 + c_1 \ln r + c_2 r^2 + c_3 r^2 \ln r, \tag{3}$$

[1]) T. LEVI-CIVITÀ, Sopra una transformazione in se stessa della equazione $\Delta\Delta F = 0$. Venezia 1898.

[2]) J. H. MICHELL, Lond. Math. Soc. Proc. Bd. 34, S. 134, 1902.

[3]) A. TIMPE, ZS. f. Math. u. Phys. Bd. 52, S. 348. 1905.

und die Spannungskomponenten werden

$$\left.\begin{aligned}\sigma_r &= \frac{1}{r}\frac{\partial F}{\partial r} = 2c_2 + c_3 + \frac{c_1}{r^2} + 2c_3\ln r\,,\\ \sigma_t &= \frac{\partial^2 F}{\partial r^2} = 2c_2 + 3c_3 - \frac{c_1}{r^2} + 2c_3\ln r\,,\\ \tau &= 0.\end{aligned}\right\}\tag{4}$$

Mittels dieser Formeln ist eine Lösung des Problems der reinen Biegung des stark gekrümmten Stabes, wenigstens unter Beschränkung auf zwei Dimensionen, möglich. Nach Anpassen der Konstanten $c$ an die Randbedingungen findet man[1])

$$\left.\begin{aligned}\sigma_r &= \frac{4M}{Nb}\left[-r_1^2\ln\frac{r}{r_1} - r_2^2\ln\frac{r_2}{r} + \frac{r_1^2 r_2^2}{r^2}\ln\frac{r_2}{r_1}\right],\\ \sigma_t &= \frac{4M}{Nb}\left[r_2^2 - r_1^2 - r_1^2\ln\frac{r}{r_1} - r_2^2\ln\frac{r_2}{r} - \frac{r_1^2 r_2^2}{r^2}\ln\frac{r_2}{r_1}\right].\end{aligned}\right\}\tag{5}$$

Dabei ist $M$ das Biegungsmoment, $N$ eine Abkürzung für $(r_2^2 - r_1^2)^2 - 4r_1^2 r_2^2\left(\ln\frac{r_2}{r_1}\right)^2$. Die Bedeutung der übrigen Bezeichnungen ist der Abb. 47 zu entnehmen. Die Querschnitte bleiben, wie man zeigen kann[1]), in diesem Falle tatsächlich eben. Die Spannungen $\sigma_t$ ergeben sich entgegen der einfachen RESAL-GRASHOFschen Theorie (Ziff. 29) nicht in genau hyperbolischer Verteilung. Die Ursache hierfür ist, daß hier im Gegensatz zu jener einfacheren Theorie die Radialspannungen $\sigma_r$ berücksichtigt sind, während sie dort vernachlässigt waren. Wenn sich die beiden Radien nur um einen kleinen Betrag $d$ voneinander unterscheiden, so kann man $\ln\frac{r_2}{r_1}$ in eine Reihe entwickeln und erhält unter Vernachlässigung der Glieder von der Ordnung $\left(\frac{d}{r}\right)^2$ für die Kantenspannungen

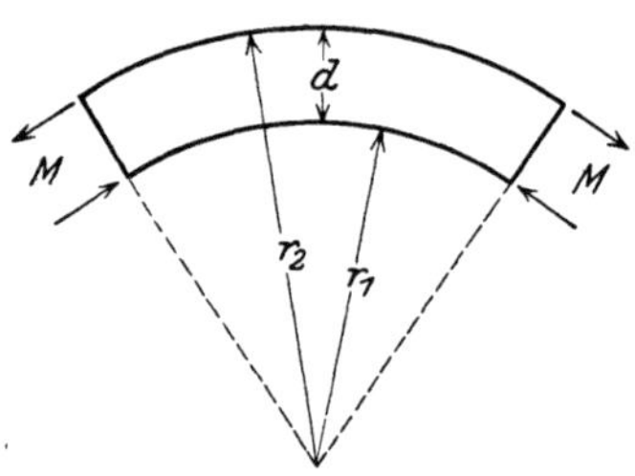

Abb. 47. Biegung eines krummen Stabes.

$$\left.\begin{aligned}(\sigma_t)_{r=r_1} &= -\frac{4M}{bd^2}\,\frac{3r_1 + d}{2r_1 - 3d},\\ (\sigma_t)_{r=r_2} &= +\frac{4M}{bd^2}\,\frac{3r_1 - d}{2r_1 - 3d}.\end{aligned}\right\}\tag{6}$$

Würde man auch noch $d$ gegen $a$ vernachlässigen, so käme man auf die elementaren Formeln für die Biegung des geraden Stabes. Für die Theorie stark gekrümmter Haken ist auch eine weitere Arbeit von TIMPE[2]) über das von konfokalen Ellipsen begrenzte Ringgebiet von Bedeutung.

**42. Allgemeine Lösung des zweidimensionalen Balkenproblemes.** v. KÁRMÁN und SEEWALD[3]) behandeln die Biegung beliebig belasteter Balken unter Beschränkung auf das zweidimensionale Problem mittels Einflußfunktionen. Diese Arbeiten sind eine Weiterführung der schon an anderer Stelle (Ziff. 23) genannten Untersuchung von FILON. Zugrundegelegt wird ein Streifen von der Höhe $2h = \delta$ und der Breite $b$, der zwar unendlich lang, aber nur zwischen zwei Punkten $A$ und $B$ vom Abstand $l$ belastet ist. Der eingespannte Balken kann durch Spiegelung an den Enden auf den unendlich langen Balken zurückgeführt werden. Beim frei aufliegenden Balken erhält man die Enden nicht, wie es sein

[1]) A. FÖPPL, Vorles. über techn. Mech., Bd. V, § 12.
[2]) A. TIMPE, Math. ZS. Bd. 17, S. 189. 1923.
[3]) Beide Arbeiten sind erschienen in den „Abhandlungen aus dem Aerodynamischen Institut an der Techn. Hochsch. Aachen", Heft 7. Berlin 1927. Die KÁRMÁNsche Arbeit ist schon vordem veröffentlicht: Scripta Univers. Hierosolymitanarum, Bd. 1, S. 13, 1923.

müßte, spannungsfrei, doch hat dieser Umstand nur unerheblichen Einfluß, wenn man das Resultat nur für solche Punkte gelten läßt, deren Abstand von den Enden nicht zu klein gegenüber der Höhe ist. Ferner kann man sämtliche Lasten auf einer Seite angebracht denken, ohne dadurch die Allgemeingültigkeit zu beschränken. Um formale Schwierigkeiten zu vermeiden, wird nicht von den Lasten selbst ausgegangen, sondern die Momentenverteilung $M(z)$ als gegeben angesehen. Die Spannungsfunktion $F(x, z)$ ist dann dadurch bestimmt, daß sie im Innern des Balkenlängsschnittes der Gleichung $\Delta\Delta F = 0$ genügt, daß $F$ außerhalb $AB$ den Wert 0, zwischen $AB$ die Werte $M(z)$ annehmen muß und daß am Rande überall $\frac{\partial F}{\partial x} = 0$ ist. Die Ermittlung der Spannungsfunktion für eine beliebige Belastung geschieht in der Weise, daß zunächst eine Elementarlösung gesucht wird, die dem Fall entspricht, daß nur an einer einzigen Stelle $z$ ein Biegungsmoment $M$ wirkt. Dazu wird $F$ in der Form eines FOURIERschen Integrals

$$F = \int_0^\infty [A(\lambda)\operatorname{Cof}\lambda x + B(\lambda)\operatorname{Sin}\lambda x + C(\lambda)x\operatorname{Cof}\lambda x + D(\lambda)x\operatorname{Sin}\lambda x]\cos\lambda z\,d\lambda \quad (1)$$

angesetzt, dessen vier Summanden Partikularlösungen von $\Delta\Delta F = 0$ sind. Durch geeignete Wahl von $A(\lambda)$, $B(\lambda)$, ... kann den Randbedingungen genügt werden. Aus $F$ können dann die Einflußfunktionen für die Spannungen und für die Krümmung abgeleitet werden. Letztere ergibt sich aus

$$\varkappa = \frac{\partial^2 u}{\partial z^2} = \frac{1}{Eb}\frac{\partial \Delta F}{\partial x} + \frac{1}{2Gb}\frac{\partial^3 F}{\partial z^2 \partial x}. \quad (2)$$

Für die Mittellinie $x = 0$ und ein Moment $M$ bei $z = 0$ ergibt sich

$$\varkappa = \frac{2M}{Eb\pi}\int_0^\infty \frac{\lambda^3\operatorname{Cof}(\lambda h)}{\operatorname{Sin}(2\lambda h) - 2\lambda h}\cos(\lambda z)\,d\lambda + \frac{M}{2Gb\pi}\int_0^\infty \frac{\lambda^4\operatorname{Sin}(\lambda h)}{\operatorname{Sin}(2\lambda h) - 2\lambda h}\cos\lambda z\,d\lambda \quad (3)$$

Die Krümmung $\varkappa$ an einer bestimmten Stelle $z$ hängt also nicht nur von dem Moment an dieser Stelle selbst ab, sondern von der Gesamtheit aller Momente längs des Balkens. Kennt man die Einflußfunktion $k(z, \zeta)$ für die Krümmung, die nach Gleichung (3) dargestellt ist durch

$$\left.\begin{aligned} k(z,\zeta) &= \frac{2}{Eb\pi}\int_0^\infty \frac{\lambda^3\operatorname{Cof}(\lambda h)}{\operatorname{Sin}(2\lambda h)-2\lambda h}\cos\lambda(z-\zeta)\,d\lambda + \frac{1}{2Gb\pi}\int_0^\infty \frac{\lambda^4\operatorname{Sin}(\lambda h)}{\operatorname{Sin}(2\lambda h)-2\lambda h}\cos\lambda(z-\zeta)\,d\lambda \\ &= \frac{2k_1\left(\frac{z}{h}\right)}{Eb\pi h^4} + \frac{k_2\left(\frac{z}{h}\right)}{Gb\pi h^5}, \end{aligned}\right\} \quad (4)$$

und ist $M(\zeta)$ die Momentenverteilung, so liefert das Moment $M(\zeta)$ zur Krümmung an der Stelle $z$ einen Beitrag $M(\zeta)\,k(z, \zeta)$, und die gesamte Krümmung an dieser Stelle ist

$$\varkappa(z) = \int_0^l M(\zeta)\,k(z, \zeta)\,d\zeta. \quad (5)$$

Dasselbe wie für die Krümmung gilt für die Spannungen. Die Einflußfunktionen haben, wenn man sie als abhängig von der längs der Balkenachse laufenden Koordinate $z$ darstellt, oszillatorischen Charakter. Abb. 48 zeigt die beiden Funktionen $k_1$ und $k_2$, aus denen sich nach Gleichung (4) die Einflußfunktion der Krümmung zusammensetzt.

Da die Integrale in (4) rasch abklingen, d. h. schon bei kleinen $(z - \zeta)$ geringe Werte annehmen, erhält man, sofern das Moment sich längs $z$ nur langsam ändert, eine gute Näherung, wenn man

$$M(\zeta) = M(z) + M'(z)(z - \zeta) + \cdots$$

setzt und die Integration statt von 0 bis $l$, von $-\infty$ bis $+\infty$ erstreckt. Unter dieser Voraussetzung findet man, wenn man beachtet, daß $-M''(z) = p(z)$ die laufende Belastung, $\frac{2bh^3}{3}$ das Trägheitsmoment $J$ und $2bh$ die Querschnittsfläche $F$ ist,

$$\varkappa = \frac{M}{EJ} + \frac{p}{F}\left(\frac{0{,}9}{E} + \frac{0{,}75}{G}\right).$$

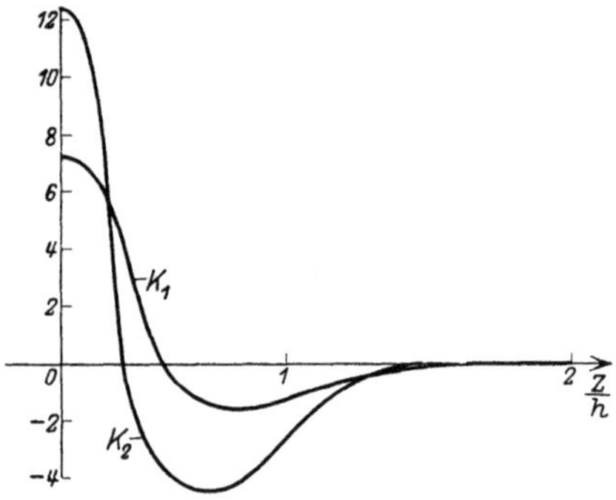


Abb. 48. Krümmungsfunktionen.

Spezialisiert man diese Formel beispielsweise auf den Kragbalken mit gleichmäßig verteilter Last, so erhält man die schon von PEARSON angegebene Formel (1) der Ziff. 21. SEEWALD hat auch die Einflußfunktionen für die Spannungen berechnet, die in ähnlicher Weise zu verwerten sind.

Diese Annäherung wird unbrauchbar, wenn $M$ rasch veränderlich oder gar unstetig ist, besonders also beim Vorkommen konzentrierter Lasten. In der Arbeit von SEEWALD ist gezeigt, daß in einem durch Einzellasten beanspruchten

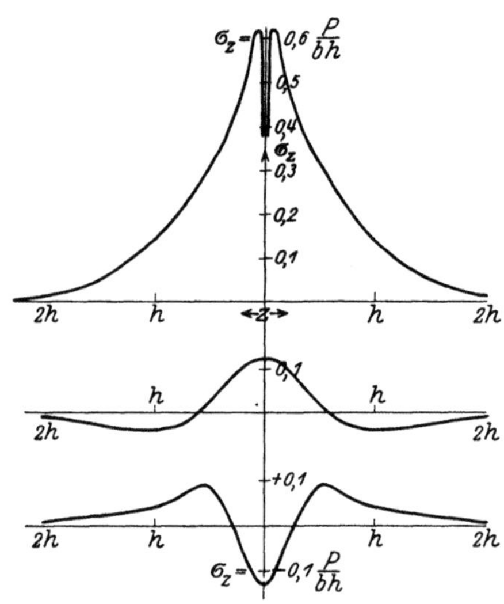


Abb. 49. Die zusätzlichen Längsspannungen in der Umgebung einer Einzellast (für $y = +h$, 0 und $-h$).

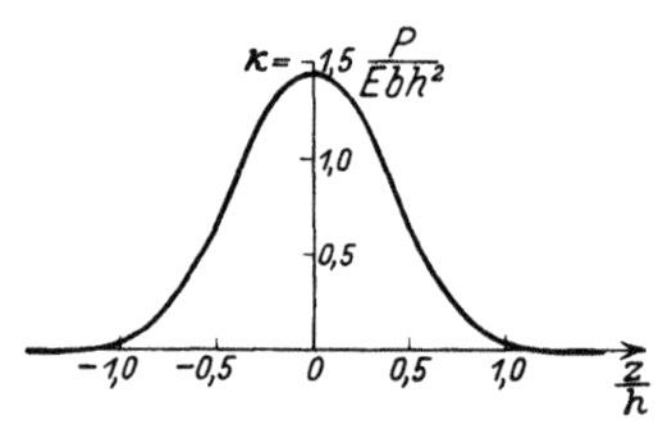


Abb. 50. Zusätzliche (lokale) Krümmung in der Umgebung einer Einzellast.

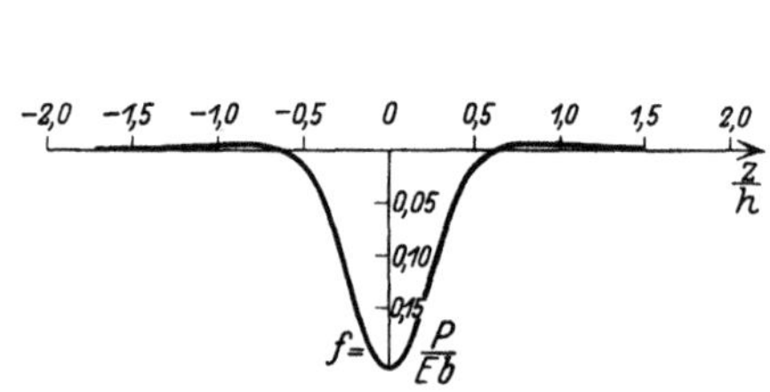


Abb. 51. Lokale Durchbiegung in der Umgebung einer Einzellast.

Balken zu den Ausdrücken für die Spannungen und Krümmungen der elementaren Theorie außer der Schubkorrektur noch örtlich eng begrenzte Zusatzspannungen und -krümmungen hinzukommen, die aber für alle Lasten genau denselben Charakter haben und vom Verlauf der Momentenkurve, sowie der Anordnung der übrigen Lasten ganz unabhängig sind, so daß sie ein für allemal gerechnet werden können („lokale Störungen"). Z. B. wird für $\sigma_z$ erhalten

$$\sigma_z = \frac{b\pi h}{P}\int\limits_0^\infty \frac{(\lambda h \operatorname{Cof}\lambda h - \operatorname{Sin}\lambda h)\operatorname{Cof}\lambda x - \lambda x \operatorname{Sin}\lambda h \operatorname{Sin}\lambda x}{\operatorname{Sin}2\lambda h + 2\lambda h}\cos\lambda z\, d(\lambda h)$$

$$- \frac{b\pi h}{P}\int\limits_0^\infty \left[\frac{(\lambda h \operatorname{Sin}\lambda h - \operatorname{Cof}\lambda h)\cdot\operatorname{Sin}\lambda x - \lambda x \operatorname{Cof}\lambda h \operatorname{Cof}\lambda x}{\operatorname{Sin}2\lambda h - 2\lambda h} + \frac{3x}{2h^3\lambda^2}\right]\cos\lambda z d(\lambda h).$$

Ähnlich sind auch die Ausdrücke für $\sigma_x$ und $\tau$. Die Integrale sind zahlenmäßig ausgewertet. Abb. 49 zeigt als Beispiel den Verlauf von $\sigma_z$ auf Oberseite, Mitte und Unterseite des Balkens. Die Spannungen sind in einer Entfernung, die ungefähr gleich der Balkenhöhe ist, abgeklungen. Dasselbe gilt auch für die Krümmung und die Durchbiegung (Abb. 50 und 51). Für letztere erhält man im ganzen

$$f = -\frac{S_M}{EJ} + \frac{M}{bh}\left(\frac{0,3}{E} - \frac{0,75}{G} + \frac{0,75}{mE}\right) + f^*.$$

$S_M$ ist das statische Moment der Momentenfläche, der erste Summand entspricht also wieder der elementaren BERNOULLI-EULERschen Theorie, der zweite ist die Schubspannungskorrektur, $f^*$ bezeichnet die lokale zusätzliche Durchbiegung an der Angriffstelle konzentrierter Lasten und kann aus Abb. 51 entnommen werden.

**43. Die rotierende Scheibe.** Eine wichtige Anwendung der Theorie der Spannungsfunktionen ist die Berechnung rasch umlaufender Scheiben, insbesondere der Laufräder von Dampfturbinen, die durch die Zentrifugalkräfte radial belastet und dadurch in ihrer Ebene rotationssymmetrisch verzerrt werden. Die strenge Lösung für eine gleichmäßig dicke rotierende Kreisplatte (rotierender Kreiszylinder) entwickelte PURSER[1]), Näherungslösungen stammen von CHREE[2]) und MICHELL[3]). Für eine Scheibe geringer Dicke genügt es, das ebene Problem zu lösen[4, 5]). Eine solche Lösung ist aber auch für Scheiben größerer Dicke brauchbar, wenn man sich damit begnügt, die über die Scheibendicke genommenen Mittelwerte $\bar{\sigma}_r$, $\bar{\sigma}_t$ der Spannungen zu berechnen. Die mit der Dicke $\delta$ multiplizierten Spannungsmittelwerte (Spannungsresultanten) sollen mit $T_1$ und $T_2$ bezeichnet werden. $\delta\bar{\sigma}_r = T_1$; $\delta\bar{\sigma}_t = T_2$. Bei Laufrädern von Turbinen und in anderen ähnlichen Fällen läßt man zur Erzielung größerer Festigkeit die Dicke von der Nabe nach dem Rande zu abnehmen. Daher sollen die folgenden Rechnungen gleich für den Fall veränderlicher Dicke durchgeführt werden[6]). Auch hierfür gibt das eindimensionale Problem eine brauchbare Näherung.

Die in radialer Richtung wirkende Massenkraft ist $\mu\cdot dr\cdot r d\varphi\cdot\delta\cdot\omega^2 r$, wo $\mu$ die Masse der Raumeinheit, $\omega$ die Winkelgeschwindigkeit ist. Aus den Gleichgewichtsbedingungen erhält man die Gleichung

$$T_2 = \frac{d}{dr}(rT_1) + \mu\delta\omega^2 r^2. \tag{1}$$

---

[1]) F. PURSER, Irish Acad. Dublin. Trans. Bd. 32, S. 31. 1902.
[2]) C. CHREE, Proc. Cambridge Phil. Soc. Bd. 7, S. 201 u. 283. 1891.
[3]) J. H. MICHELL, Proc. Math. Soc. London Bd. 31, S. 124. 1899.
[4]) J. CL. MAXWELL, Trans. Edinbg. Roy. Soc. Bd. 20, S. 87. 1856; Scient. Pap. Bd. 1, S. 30.
[5]) M. GRÜBLER, ZS. d. Ver. d. Ing. Bd. 41, S. 860. 1897; Bd. 43, S. 1294. 1899; Bd. 44, S. 1577. 1900.
[6]) A. FÖPPL, Vorles. über techn. Mech., Bd. V, § 16.

Dieser kann man genügen, wenn man

$$\left.\begin{aligned} T_1 &= \frac{F}{r}, \\ T_2 &= \frac{dF}{dr} + \mu\omega^2\delta r^2 \end{aligned}\right\} \tag{2}$$

setzt. $F$ ist eine Spannungsfunktion, für deren Bestimmung wieder eine Gleichung maßgebend ist, die aus dem Zusammenhang zwischen Spannungs- und Formänderungsgrößen hervorgeht. Als solche findet man

$$r\frac{d^2F}{dr^2} + \frac{dF}{dr} - \frac{F}{r} - \frac{1}{\delta}\frac{d\delta}{dr}\left(r\frac{dF}{dr} - \frac{1}{m}F\right) + \left(3 + \frac{1}{m}\right)\mu\delta\omega^2 r^2 = 0. \tag{3}$$

Die Integration für eine beliebige Funktion $\delta(r)$ ist in endlicher Form nicht möglich. Sie wird aber einfach, wenn man $\delta = cr^n$ setzt, wo $n$ eine beliebige ganze oder gebrochene, positive oder negative Zahl ist. In diesem Falle lautet die Gleichung (3):

$$r\frac{d^2F}{dr^2} + (1-n)\frac{dF}{dr} - \frac{m-n}{m}\frac{F}{r} + \frac{3m+1}{m}c\mu\omega^2 r^{n+2} = 0. \tag{4}$$

Deren Lösung hat die Form

$$F = ar^{n+3} + Ar^\alpha + Br^\beta. \tag{5}$$

$A$ und $B$ sind dabei Integrationskonstanten, $a$, $\alpha$ und $\beta$ müssen durch Einsetzen des obigen Ausdruckes in die Differentialgleichung ermittelt werden. $T_1$ und $T_2$ ergeben sich dann aus den Gleichungen (2), worauf auch $A$ und $B$ ermittelt werden können. Man kann jedes Scheibenprofil praktisch genügend genau aus Kurvenstücken von der Gleichungsform $\delta = cr^n$ zusammensetzen[1, 2].

Praktisch ist sehr häufig die umgekehrte Aufgabe zu lösen, nämlich ein Profil so zu entwerfen, daß der Spannungszustand von einer gewissen Art ist. Meist wird im Interesse einer rationellen Ausnützung des Materials eine Form gleicher Festigkeit, d. h. gleicher Materialbeanspruchung verlangt. Diese Aufgabe wurde für die verschiedenen Annahmen über die Bruchgefahr von BASCH und LEON[3]) eingehend erörtert. So führt z. B. die Forderung, daß die Tangential- und Radialspannungen überall denselben Wert $\sigma_t = \sigma_r = \sigma =$ konst. erreichen, auf Meridianlinien, deren Gleichung

$$z = z_0\, e^{-\gamma\frac{\omega^2}{2\sigma}r^2} \tag{6}$$

ist. Nach dieser Gleichung wurden insbesondere die Scheibenräder der LAVALschen Dampfturbinen berechnet[4]).

Mit der rotierenden Scheibe veränderlicher Dicke beschäftigen sich weiter Arbeiten von PÖSCHL[5]), HOLZER[6, 7]), FISCHER[8]), HUMMEL[9]) und GRAMMEL[10]). In letzterer wird ein besonders einfaches graphisches Verfahren für (Turbinen-) Scheiben mit beliebigem Profil abgeleitet.

---

1) A. STODOLA, ZS. d. Ver. d. Ing. Bd. 47, S. 51. 1903.
2) M. GRÜBLER, ZS. d. Ver. d. Ing. Bd. 50, S. 535. 1906.
3) A. BASCH u. A. LEON, Wiener Ber. Bd. 116, S. 1353. 1907.
4) A. STODOLA, Die Dampfturbinen, S. 157. 1905.
5) TH. PÖSCHL, ZS. f. d. ges. Turbinenw. Jg. 10, S. 70 u. 90. 1913.
6) H. HOLZER, ZS. f. d. ges. Turbinenw. Jg. 10, S. 401 usw. 1913.
7) H. HOLZER, ZS. f. d. ges. Turbinenw. Jg. 15, S. 21 usw. 1918.
8) A. FISCHER, ZS. d. österr. Ing.- u. Arch.-Ver. 1922.
9) CH. HUMMEL, ZS. f. angew. Math. u. Mech. Bd. 3, S. 319. 1923.
10) R. GRAMMEL, Dinglers Journ. Bd. 338, S. 217. 1923.

Für die konische Scheibe hat HONEGGER[1]) aus der LOVE-MEISSNERschen Theorie der Schalen (Ziff. 65) eine Lösung mit hypergeometrischen Funktionen abgeleitet und gezeigt, daß man auch mit dieser einfacheren Form die Forderung nach gleichmäßiger Beanspruchung sehr weitgehend erfüllen kann. REINHARDT[2]) hat die Schwungräder mit Berücksichtigung des Einflusses der Arme behandelt. L. FÖPPL[3]) weist auf die Analogie zwischen rotierender Scheibe (von veränderlicher Dicke) und belasteter Kreisplatte hin. Man erhält nämlich für letztere eine Gleichung[3]), die mit Gleichung (3) vollständig übereinstimmt, wenn das Trägheitsmoment $J$ der Platte pro Längeneinheit der Mittelfläche $J = a^2\delta$ und die Belastungsintensität

$$p = \mu\omega^2 \frac{a}{r}\frac{d(\delta r^2)}{dr} \tag{7}$$

gemacht wird. Das Moment $M$ entspricht dem Produkt $aT$.

**44. Einige weitere Probleme; experimentelle Untersuchungen.** A. und L. FÖPPL[4]) lösen eine größere Anzahl ebener Spannungsaufgaben (z. B. Belastung der unendlichen Scheibe durch ein Zug- und Druckpaar, durch ein Drehpaar u. dgl.) mit Hilfe komplexer Funktionen[5]) (Verfahren der komplexen Integration ebener Spannungsaufgaben).

Kreisplatten, die von Kräften in ihrer Ebene beansprucht werden, haben auch HERTZ[6]) (Beispiel: Walzenlager von Brücken) und MICHELL[7]) untersucht. BICKLEY[8]) ermittelt die Spannungsverteilung in der Umgebung eines Loches in der unendlich ausgedehnten, gleichmäßig dicken Platte, ebenfalls infolge von Kräften, die in ihrer Ebene wirken.

Anwendungen der AIRYschen Spannungsfunktion in der Theorie des Druckversuchs findet man in Ziff. 77

Schließlich ist noch darauf hinzuweisen, daß ebene Spannungszustände in einfacher Weise experimentell mittels einer optischen Methode untersucht werden können. Diese Möglichkeit ergibt sich aus dem Umstand, daß isotrope Körper optisch doppelbrechend werden, wenn elastische Spannungen in ihnen auftreten[9]). Man benutzt ebene Modelle aus dünnen Scheiben eines durchsichtigen, isotropen, von Eigenspannungen freien Stoffes (Glas, Zelluloid), die einer entsprechenden Belastung unterworfen werden. Ihr Spannungszustand kann dann mittels polarisierten Lichtes zwischen zwei Nikols analysiert werden. Im einzelnen muß auf die Berichte von KERR[10]), WILSON[11]), MESNAGER[12]), COKER[13]), HÖNIGSBERG[14]), ASCH[15]), BIRNBAUM[16]), FAVRE[17]) und MESMER[18]) verwiesen werden.

[1]) E. HONEGGER, ZS. f. angew. Math. u. Mech. Bd. 7, S. 120. 1927.
[2]) K. REINHARDT, Forschungsarb. a. d. Geb. d. Ingenieurwesens, Heft 226. 1920.
[3]) L. FÖPPL, ZS. f. angew. Math. u. Mech. Bd. 2, S. 92. 1922.
[4]) A. u. L. FÖPPL, Drang und Zwang Bd. I, §§ 43 mit 47.
[5]) „LOVE-TIMPE", Kap. IX.
[6]) H. HERTZ, ZS. f. Math. u. Phys. Bd. 28, S. 125. 1883; Ges. Werke Bd. I, S. 283.
[7]) J. H. MICHELL, Lond. Math. Soc. Proc. Bd. 32, S. 35. 1900 u. Bd. 34, S. 134. 1902.
[8]) W. G. BICKLEY, Phil. Trans. (A) Bd. 227, S. 383. 1928.
[9]) Entdeckt von D. BREWSTER 1815 (Phil. Trans. Bd. 106, S. 156. 1816), theoretisch untersucht von F. NEUMANN, Berlin. Abhandlgn. 1841; Ges. Werke Bd. III. Leipzig: B. G. Teubner 1912.
[10]) J. KERR, Phil. Mag. (5) Bd. 26, S. 321. 1888.
[11]) C. WILSON, Phil. Mag. (5) Bd. 32, S. 481. 1891.
[12]) A. MESNAGER, Congrès internat. des méthodes d'essai des matériaux de construction Bd. I, S. 149. 1900; Ann. des Ponts et Chaussées 1901, S. 129 u. 1913, S. 135.
[13]) E. G. COKER, Engineering Bd. 91, S. 1, 531 u. 566. 1911; Bd. 101, S. 190. 1916; Bd. 109, S. 259 u. 298. 1920; Bd. 111, S. 1. 1921; Bd. 113, S. 26. 1922; Bd. 116, S. 512. 1923.
[14]) O. HÖNIGSBERG, ZS. d. österr. Ing.- u. Arch.-Ver. Bd. 56, S. 165. 1904; s. auch ZS. d. Ver. d. Ing. Bd. 48, S. 867. 1904.
[15]) E. ASCH, ZS. f. techn. Phys. Bd. 3, S. 294. 1922.
[16]) W. BIRNBAUM, ZS. f. techn. Phys. Bd. 5, S. 143. 1924.
[17]) H. FAVRE, Schweiz. Bauzeitg. Bd. 90, S. 291 u. 307. 1927.
[18]) G. MESMER, Ber. über Vorles. von COKER, ZS. d. Ver. d. Ing. Bd. 72, S. 951. 1928.

# VII. Die Biegung der Platten.

**45. Geschichtliches.** Die Anregung zu einer mathematischen Bearbeitung des Problems der Platten gaben CHLADNIS[1]) Versuche über Klangfiguren. Bereits 1787 hat JAK. BERNOULLI[2]) der Jüngere eine Lösung in der Weise versucht, daß er die Platte in zwei Scharen zueinander senkrechter Streifen zerlegt dachte und auf diese die damals bereits bekannte EULER-BERNOULLIsche Balkentheorie anwandte. Er fand aber, daß diese Lösung unbefriedigend ist und zu Widersprüchen mit den Versuchen führt. Für das Jahr 1811 machte die Pariser Akademie dieses Problem zum Thema einer Preisaufgabe. Eine von SOPHIE GERMAIN[3]) eingereichte Bearbeitung ging von der Annahme aus, daß die elastischen Kräfte, die die Platte in die ursprüngliche Form zurückbringen wollen, proportional der Summe der Hauptkrümmungen wären. Eine Herleitung dieser Hypothese aus einfacheren Vorstellungen war nicht gegeben. Auch war die abgeleitete Differentialgleichung eines Rechenfehlers wegen unrichtig[4]). LAGRANGE[5]), der zu den Gutachtern gehörte, berichtigte die Ableitung und gelangte zu der Differentialgleichung:

$$\frac{\partial^4 w}{\partial x^4} + 2\frac{\partial^4 w}{\partial x^2 \partial y^2} + \frac{\partial^4 w}{\partial y^4} = \Delta\Delta w = \frac{p}{B}; \tag{1}$$

$x$ und $y$ sind Koordinaten in der Mittelebene der Platte, $w$ die dazu senkrechten Ausweichungen ihrer Punkte. $B$ ist für den Ausdruck

$$\frac{2m^2 E h^3}{3(m^2-1)} = \frac{m^2 E \delta^3}{12(m^2-1)}$$

geschrieben und wird als Biegungssteifigkeit bezeichnet; $h$ ist die halbe Plattendicke, $\delta$ die ganze. Das Ergebnis des obenerwähnten BERNOULLIschen Lösungsversuches unterschied sich von dieser richtigen Gleichung dadurch, daß das Mittelglied fehlte. In einer zweiten Abhandlung hatte S. GERMAIN auch die Grenzbedingungen abgeleitet, ohne nochmals auf die Herleitung der Gleichung (1) zurückzukommen; 1815 dehnte sie die Untersuchungen auch auf gekrümmte Platten (Schalen) aus.

Ausgehend von den strengen Grundgleichungen, haben zuerst CAUCHY[6]) und POISSON[7]) die Aufgabe in Angriff genommen. Beide entwickeln alle vorkommenden Größen nach Potenzen des Abstandes von der Mittelfläche und behalten nur die Glieder niedrigster Ordnung bei. Dann ergibt sich, sofern die Plattenoberflächen von Kräften frei sind, daß sich die Verschiebungen der Punkte senkrecht zur Plattenebene und jene in dieser Ebene getrennt berechnen lassen. Für erstere findet man wieder die LAGRANGEsche Gleichung (1). An Grenzbedingungen erhielt POISSON für jeden freien Punkt des Randes drei, welche ausdrücken, daß sich die Komponenten der wirkenden Kräfte senkrecht zur Platten-

---

[1]) E. F. F. CHLADNI, Die Akustik. Leipzig 1802 (erste Veröffentlichung 1787).

[2]) J. BERNOULLI, Nova Acta Petropolitanae Bd. 5, S. 197. 1787.

[3]) S. GERMAIN, Diese und die folgenden Arbeiten sind veröffentlicht in einem Bericht von 1821: Recherches sur la théorie des surfaces élastiques; vgl. ferner Remarques sur la nature, les bornes et l'étendue de la question des surfaces élastiques et l'équation générale de ces surfaces. Paris 1826.

[4]) Vgl. den ersten der eben genannten Berichte.

[5]) Note aus J. L. LAGRANGES Nachlaß, veröffentlicht von C. L. M. H. NAVIER, Ann. chim. phys. Bd. 39, S. 149 u. 207. 1828.

[6]) A. L. CAUCHY, Exercices de math. Bd. 3, S. 328. 1828; Oeuvres (2) Bd. 8, S. 381.

[7]) S. D. POISSON, Par. Mém. de l'Acad. Bd. 8, S. 237. 1829.

ebene und ihre Drehmomente um Achsen in dieser Ebene das Gleichgewicht halten. Die Integration gibt er nur für den Fall der kreisförmigen Platte mit rotationssymmetrischer Belastung. Diese POISSONschen Randbedingungen gaben zu vielen Erörterungen Anlaß. KIRCHHOFF wies 1850 nach, daß von diesen Bedingungen eine überzählig ist, sofern es sich nicht um sehr dicke Platten handelt.

**46. Die KIRCHHOFFsche Theorie.** Diese stützt sich — in der Abhandlung[1]) von 1850 — auf Annahmen über die Art des Verzerrungszustandes, die jenen entsprechen, die der BERNOULLIschen Balkentheorie zugrunde liegen. Vorausgesetzt, daß die Dicke der Platte klein ist gegenüber den sonstigen Abmessungen und daß die Durchbiegungen ihrerseits wieder klein bleiben im Vergleich zur Dicke, wird die Gültigkeit folgender Hypothesen angenommen:

a) Fasern, die im unbelasteten Zustand geradlinig und senkrecht zur Mittelfläche verlaufen, sind auch nach der Biegung noch geradlinig und senkrecht zur Mittelfläche und deren Parallelflächen.

b) Die Elemente der Mittelfläche bleiben ungedehnt.

Für „dicke Platten", wo diese Voraussetzungen nicht mehr gelten, muß auf die strengere Theorie (Ziff. 56) zurückgegriffen werden; sind die Durchbiegungen zu groß, so sind die Dehnungsspannungen nicht mehr zu vernachlässigen und ferner die Differentialgleichungen nicht mehr linear (Ziff. 57).

Die beiden obigen Annahmen über die Art des Verzerrungszustandes ermöglichen es, die potentielle Energie der Platte als Funktion der Krümmungen der Mittelfläche auszudrücken. Durch Variation dieser Energiefunktion erhielt KIRCHHOFF die Differentialgleichung der verbogenen Mittelfläche, die Randbedingungen und die Spannungen. Auf Veranlassung KIRCHHOFFs hat GEHRING[2]) eine Ableitung entwickelt, die jene Hypothesen nicht benötigt. Er bediente sich dazu kinematischer Überlegungen, die jenen der KIRCHHOFFschen Theorie dünner Stäbe ähnlich sind. KIRCHHOFF nahm diese Ableitung in verbesserter Form in seine Vorlesungen auf[3]).

Es ist zweckmäßig, statt mit den auf die Flächeneinheit eines Schnittes bezogenen Spannungen mit den Resultanten der über die ganze Dicke verteilten Spannungen zu rechnen. Diese Rechnung mit „Spannungsresultanten" und „Spannungsmomenten" wurde besonders von CLEBSCH[4]) und THOMSON und TAIT[5]) ausgebildet. In einem zur Mittelfläche senkrechten Schnitt wirken (Abb. 52) Normalkräfte mit der Resultante $T$, Schubspannungen in Richtung der Mittelfläche mit der Resultante $S$, Scherkräfte senkrecht zur Mittelfläche mit der Resultante $N$, ferner ein Biegungsmoment $G$ und ein Drillungsmoment $H$. Die mit einem Index 1 versehenen Resultanten sollen sich auf einen zur $x$-Achse senkrechten, die mit einem

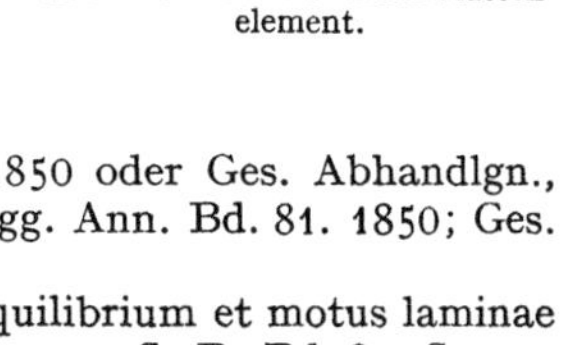

Abb. 52. Spannungsresultanten und -momente an einem Plattenelement.

[1]) G. KIRCHHOFF, Journ. f. Math. (Crelle) Bd. 40, S. 51. 1850 oder Ges. Abhandlgn., S. 237. Leipzig: J. A. Barth 1882; s. auch die Abhandlgn. in Pogg. Ann. Bd. 81. 1850; Ges. Werke, S. 279.

[2]) F. GEHRING, De aequationibus differentialibus quibus aequilibrium et motus laminae crystallinae definiuntur. Dissert. Berlin 1860; s. auch G. KIRCHHOFF, C. R. Bd. 84, S. 740. 1877; M. LÉVY, ebenda S. 596 u. 942. 1877.

[3]) G. KIRCHHOFF, Vorles. über math. Physik, Mechanik, 30. Vorlesung.

[4]) A. CLEBSCH, Theorie der Elastizität fester Körper, § 69. 1862.

[5]) W. THOMSON u. P. G. TAIT, Nat. Philosophy, Handb. d. theoret. Physik.

Index 2 auf einen zur $y$-Achse senkrechten Schnitt beziehen. In diesen Größen ausgedrückt lauten die Gleichgewichtsbedingungen

$$S_1 = -S_2, \quad H_1 = -H_2, \tag{1}$$

$$\left.\begin{aligned} \frac{\partial T_1}{\partial x} + \frac{\partial S_1}{\partial y} + \overline{X} = 0, \\ \frac{\partial S_1}{\partial x} + \frac{\partial T_2}{\partial y} + \overline{Y} = 0, \end{aligned}\right\} \tag{2}$$

$$\frac{\partial N_1}{\partial x} + \frac{\partial N_2}{\partial y} + \overline{Z} = 0, \tag{3}$$

$$\left.\begin{aligned} \frac{\partial H_1}{\partial x} - \frac{\partial G_2}{\partial y} + N_2 + \overline{L} = 0, \\ \frac{\partial G_1}{\partial x} - \frac{\partial H_1}{\partial y} - N_1 + \overline{M} = 0. \end{aligned}\right\} \tag{4}$$

$\overline{X}, \overline{Y}, \overline{Z}, \overline{L}, \overline{M}$ sind die Komponenten der äußeren Kräfte und Momente. Diese Beziehungen zerfallen in zwei Gruppen: die erste [Gleichung (2) und (3)] beziehen sich auf eine Reckung in der Plattenebene, die andere [Gleichung (4)] auf die Biegung. Zusammen mit den von KIRCHHOFF abgeleiteten Beziehungen zwischen den Krümmungen der Mittelebene und den Momenten

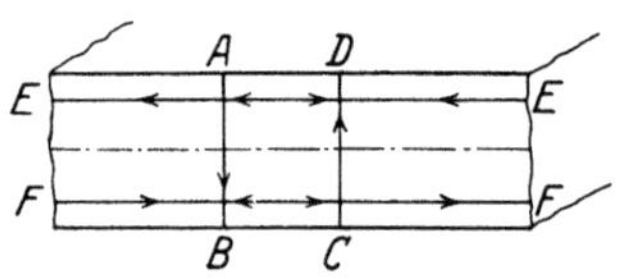


Abb. 53. Die Ersatzscherkräfte.

$$\left.\begin{aligned} G_1 &= -B\left(\frac{\partial^2 w}{\partial x^2} + \frac{1}{m}\frac{\partial^2 w}{\partial y^2}\right), \\ G_2 &= -B\left(\frac{\partial^2 w}{\partial y^2} + \frac{1}{m}\frac{\partial^2 w}{\partial x^2}\right), \\ H_1 &= +B\left(\frac{m-1}{m}\right)\frac{\partial^2 w}{\partial x\,\partial y} \end{aligned}\right\} \tag{5}$$

ergeben sie die LAGRANGEsche Gleichung in ihrer allgemeinsten Form[1])

$$\Delta\Delta w = \frac{1}{B}\left(\overline{Z} + \frac{\partial \overline{M}}{\partial x} - \frac{\partial \overline{L}}{\partial y}\right) \tag{6}$$

Als Randbedingungen hatte POISSON fünf erhalten, die sich auf die Komponenten $T, S, N, G, H$ bezogen. Statt der beiden für $N$ und $H$ erhält KIRCHHOFF nur eine für $N - \frac{dH}{ds}$. THOMSON und TAIT[2]) haben gezeigt, daß für dünne Platten, wie sie hier vorausgesetzt sind, jede längs des Randes vorgegebene Verteilung von Torsionskräftepaaren $H$ durch eine Anordnung von Ersatzscherkräften $N' = -\frac{\partial H}{\partial s}$ ersetzt werden kann, wodurch der Formänderungs- und Spannungszustand nur in einem sehr schmalen Streifen längs des Randes merklich beeinflußt wird. Abb. 53 zeigt ein Stück des Plattenrandes. Längs der Linien $EE$ und $FF$ mögen parallel zur Mittellinie entgegengesetzt gleiche Kräfte wirken, die längs des Plattenrandes veränderlich sind und so die gegebene Kräftepaarverteilung $H$ darstellen. Dabei brauchen die Kräfte nicht auf die Wirkungslinien $EE$ und $FF$ beschränkt zu sein, sondern diese können Resultanten einer Verteilung über den ganzen Querschnitt darstellen. Der Rand möge nun durch vertikale Linien in unendlich schmale Rechtecke (Breite $ds$) aufgeteilt werden, eines davon sei $ABCD$. In diesem wird ein Gleichgewichtssystem von zwei Kräftepaaren angebracht. Das erste soll dem System $H$ entgegengesetzt gleich sein,

[1]) Vgl. auch Kap. 2, Ziff. 30 ds. Bd. des Handb.
[2]) W. THOMSON u. P. G. TAIT, Handb. d. theor. Phys., Bd. I, T. 2, Art. 645ff.

das zweite soll aus zwei Kräften in den Linien $AB$ und $CD$ bestehen und gerade entgegengesetztes Moment liefern, wie das erste. Ein solches System soll in jedem Vertikalstreifen längs des ganzen Randes zugefügt werden. Nach dem St. Venantschen Prinzip kann dadurch nur eine schmale Randzone in Mitleidenschaft gezogen werden. Längs des ganzen Randes sind dann die Torsionsmomente $H$ beseitigt, an ihre Stelle sind die in den Vertikallinien wirkenden Querkräfte getreten. In jeder dieser Vertikallinien wirken zwei solcher Ersatzkräfte aus den dort zusammenstoßenden Rechtecken, und es bleibt nur deren Differenz übrig, die gleich $dH/ds$ ist. Die Torsionsmomente $H$ können also durch kontinuierlich verteilte Scherkräfte $N = -dH/ds$ ersetzt werden. Über diese Frage wurde in den Comptes rendus eine lebhafte Diskussion zwischen Boussinesq und Lévy geführt[1]), die schließlich ebenfalls zu einer Rechtfertigung der Kirchhoffschen Theorie führte. Arbeiten von Lamb[2]), Michell[3]) und Hadamard[4]) haben noch weiter zur Klärung beigetragen.

Was nun die Auflagerkräfte betrifft, so sind diese demnach nicht allein durch die Querkräfte $N$, sondern durch $N - dH/ds$ gegeben. Aus den Gleichungen (4) folgt

$$\left.\begin{aligned} N_1 &= -B\left(\frac{\partial^3 w}{\partial x^3} + \frac{\partial^3 w}{\partial x\,\partial y^2}\right), \\ N_2 &= -B\left(\frac{\partial^3 w}{\partial y^3} + \frac{\partial^3 w}{\partial x^2\,\partial y}\right). \end{aligned}\right\} \tag{7}$$

Die Auflagerkräfte $Q$ sind also pro Längeneinheit

$$\left.\begin{aligned} Q_1 &= N - \frac{\partial H}{\partial y} = -B\left(\frac{\partial^3 w}{\partial x^3} + \frac{2m-1}{m}\,\frac{\partial^3 w}{\partial x\,\partial y^2}\right), \\ Q_2 &= N - \frac{\partial H}{\partial x} = -B\left(\frac{\partial^3 w}{\partial y^3} + \frac{2m-1}{m}\,\frac{\partial^3 w}{\partial x^2\,\partial y}\right). \end{aligned}\right\} \tag{7a}$$

Wenn im Verlauf des Drillungsmomentes längs des Randes eine Unstetigkeit vorkommt, so ergibt sich in solchen Punkten eine unendlich große Ersatzspannung. Wenn das Integral $\int \frac{\partial H}{\partial s}\,ds$ in der Umgebung endlich bleibt, so resultiert eine konzentrierte Einzelkraft. Hat z. B. die Platte eine scharfe Ecke und ändert sich beim Umfahren dieser Ecke das Drillungsmoment um den Betrag $H_1 - H_2$, so entsteht dort eine Ersatzkraft $P = H_1 - H_2$. Handelt es sich um eine recht winklige Ecke, so ist $H_1 = -H_2$, also

$$P = 2H_1 = 2\frac{m-1}{m}B\frac{\partial^2 w}{\partial x\,\partial y}. \tag{8}$$

**47. Lösungen in geschlossener Form; die kreisförmige Platte.** Rechnet man die Biegungsgleichung (6) von Ziff. 46 in Polarkoordinaten $r$, $\varphi$ um und hat man nur eine senkrechte Belastung $Z = p$ auf die Einheit der Oberfläche, so lautet sie

$$\left(\frac{\partial^2}{\partial r^2} + \frac{1}{r^2}\frac{\partial^2}{\partial \varphi^2} + \frac{1}{r}\frac{\partial}{\partial r}\right)^2 w = \frac{p}{B}.$$

---

[1]) J. Boussinesq, Journ. de math. (Liouville) (2) Bd. 16, S. 125. 1871; C. R. Bd. 72, S. 449. 1871 (diese Arbeiten enthalten eine neue Ableitung der Differentialgleichungen und der Randbedingungen); M. Lévy, Journ. de math. (Liouville) (3) Bd. 3, S. 219. 1877; C. R. Bd. 84, S. 942. 1877; J. Boussinesq, C. R. Bd. 85, S. 1157. 1877; M. Lévy, ebenda S. 1277; J. Boussinesq, ebenda Bd. 86, S. 108. 1878; M. Lévy, ebenda S. 304; J. Boussinesq, ebenda S. 461.

[2]) H. Lamb, Proc. Math. Soc. London Bd. 21, S. 70. 1890.

[3]) J. H. Michell, Proc. Math. Soc. London Bd. 31, S. 183. 1900.

[4]) J. Hadamard, Trans. Americ. Math. Soc. Bd. 3, S. 401. 1902.

Ist Belastung und Auflagerung rotationssymmetrisch, so erhält man nach weiterer Ausrechnung

$$\frac{d^4 w}{d r^4} + \frac{2}{r}\frac{d^3 w}{d r^3} - \frac{1}{r^2}\frac{d^2 w}{d r^2} + \frac{1}{r^3}\frac{d w}{d r} = \frac{p}{B}. \tag{1}$$

Aus den Gleichungen (5) von Ziff. 46 für die Biegungsmomente wird

$$\left.\begin{aligned} G_1 &= -B\left(\frac{d^2 w}{d r^2} + \frac{1}{m r}\frac{d w}{d r}\right), \\ G_2 &= -B\left(\frac{1}{m}\frac{d^2 w}{d r^2} + \frac{1}{r}\frac{d w}{d r}\right). \end{aligned}\right\} \tag{2}$$

$$N = -B\frac{d}{d r}\left(\frac{d^2 w}{d r^2} + \frac{1}{r}\frac{d w}{d r}\right).$$

Wenn $p$ ein Festwert ist, so lautet die Lösung der Gleichung (1)

$$w = c_0 + c_1 \ln r + c_2 r^2 + c_3 r^2 \ln r + \frac{p r^4}{64 B}. \tag{3}$$

Sofern die Platte nicht in der Mitte durchbohrt ist, muß $c_1 = 0$, $c_2 = 0$ sein. Für die wichtigsten Belastungsfälle seien die Lösungen, wie sie sich nach Ermittlung der Integrationskonstanten $c$ ergeben, angeführt[1]). Der Halbmesser der Platte sei $a$. Den Zahlenwerten ist die Querdehnungszahl $m = 4$ zugrunde gelegt.

a) Kreisplatte mit gleichmäßiger Oberflächenlast und fester Einspannung des Randes ($w = 0$, $\frac{d w}{d r} = 0$ für $r = a$)

$$w = \frac{p}{64 b}(a^2 - r^2)^2$$

Durchsenkung des Mittelpunktes (Biegungspfeil)

$$f = \frac{a^4 p}{64 B} = \frac{3(m^2 - 1)}{16 m^2 E \delta^3} a^4 p = 0{,}176 \frac{a^4 p}{E \delta^3}.$$

Die Momente sind

$$G_1 = \frac{p}{16}\left[\frac{m+1}{m} a^2 - \frac{3m+1}{m} r^2\right],$$

$$G_2 = \frac{p}{16}\left[\frac{m+1}{m} a^2 - \frac{m+3}{m} r^2\right]. \tag{4}$$

Die größte Spannung tritt längs des Umfanges auf:

$$\sigma_{\max} = \frac{(G_1)_{\max}}{\frac{\delta^2}{6}} = \pm \frac{3 a^2}{4 \delta^2} p.$$

b) Kreisplatte mit gleichmäßiger Oberflächenlast und frei aufliegendem Rand ($w = 0$, $G = 0$ für $r = a$)

$$w = \frac{p}{64 B}(a^2 - r^2)\left(\frac{5m+1}{m+1} a^2 - r^2\right),$$

$$f = \frac{3(5m+1)(m-1)}{16 m^2 E \delta^3} a^4 p = 0{,}738 \frac{a^4 p}{E \delta^3},$$

$$G_1 = \frac{(3m+1)}{16 m} p (a^2 - r^2), \quad G_2 = \frac{3m+1}{16 m} p \left[a^2 - \frac{m+3}{3m+1}\right] r^2, \tag{5}$$

in der Mitte

$$\sigma_{\max} = \frac{3(3m+1)}{8m}\frac{a^2 p}{\delta^2} = 1{,}219 \frac{a^2 p}{\delta^2}.$$

---

[1]) Die allgemeine Lösung und die speziellen Lösungen a) bis d) gab S. D. POISSON in seiner Abhandlung vom Jahre 1828. (Erschienen 1829, s. Fußnote 7, S. 210.)

Um zur Platte mit einer Einzellast in der Mitte zu gelangen, kann man etwa von den Formeln ausgehen, die St. Venant[1]) für den Fall entwickelte, daß eine Platte vom Radius $a$ mit einer Gesamtlast $P$ belastet ist, die gleichmäßig längs eines konzentrischen Kreises vom Radius $b$ verteilt ist oder auch von den Lösungen, die A. und L. Föppl[2]) für den Fall angeben, daß die Platte innerhalb eines Kreises vom Radius $b$ eine gleichförmige Last $p_0$ und in dem äußeren Ring von $r = b$ bis zum Rand $r = a$ eine andere, aber ebenfalls gleichförmige Belastung $p_1$ zu tragen hat. Nimmt man $p_1 = 0$ und $b^2 \pi p_0 = P$ an und läßt man bei festem $P$ den Radius $b$ des Belastungskreises Null werden, so gelangt man zu folgenden Formeln

c) Kreisplatte mit einer Einzellast $P$ in der Mitte und fest eingespanntem Rand

$$\left.\begin{aligned} w &= \frac{P}{16\pi B}\left[a^2 - r^2 - 2r^2 \ln\frac{a}{r}\right], \\ f &= \frac{3(m^2-1)}{4\pi m^2 E\delta^3}\, a^2 P = 0{,}224\,\frac{a^2 P}{E\delta^3}, \\ G_1 &= \frac{P}{4\pi}\left[\frac{m+1}{m}\ln\frac{a}{r} - 1\right], \qquad G_2 = \frac{P}{4\pi}\left[\frac{m+1}{m}\ln\frac{a}{r} - \frac{1}{m}\right]. \end{aligned}\right\} \tag{6}$$

d) Kreisplatte mit einer Einzellast $P$ in der Mitte und frei aufliegendem Rand

$$\left.\begin{aligned} w &= \frac{P}{16\pi B}\left[\frac{3m+1}{m+1}(a^2 - r^2) - 2r^2 \ln\frac{a}{r}\right], \\ f &= \frac{3(3m+1)(m-1)}{4m^2\pi}\,\frac{a^2 P}{E\delta^3} = 0{,}586\,\frac{a^2 P}{E\delta^3}, \\ G_1 &= \frac{m+1}{2\pi m} P \ln\frac{a}{r}; \qquad G_2 = \frac{P}{4\pi}\left[\frac{m+1}{m}\ln\frac{a}{r} + 1 - \frac{1}{m}\right]. \end{aligned}\right\} \tag{7}$$

Die obengenannten allgemeineren Fälle gestatten auch eine Lösung anzugeben für den Fall, daß die Platte noch ein Stück über den Auflagerkreis hinausragt. Wenn $a$ der Halbmesser der Platte ist, die frei auf einem Kreise vom Halbmesser $b$ aufliegt und innerhalb dieses Auflagerkreises eine gleichmäßig verteilte Last trägt (Abb. 54), so ist der Biegungspfeil

$$f = f_0\left(1 - 2\,\frac{m-1}{5m+1}\,\frac{a^2 - b^2}{a^2}\right). \tag{8}$$

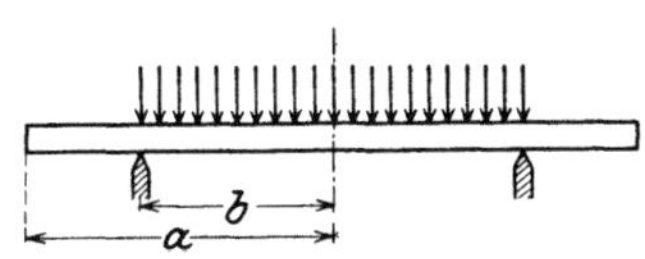


Abb. 54. Platte mit überstehendem Rand.

Die Maximalspannung im Mittelpunkt ist ebenfalls vermindert, sie ist

$$\sigma = \sigma_0\left(1 - \frac{m-1}{3m+1}\,\frac{a^2 - b^2}{a^2}\right); \tag{9}$$

$f_0$, $\sigma_0$ sind die Werte (5), die sich ergeben würden, wenn die Platte nicht über das Auflager hinausragt. Trägt die Platte eine zentrale Einzellast, so ist

$$f = f_0\left(1 - \frac{m-1}{3m+1}\,\frac{a^2 - b^2}{a^2}\right). \tag{10}$$

Für die Biegungsspannungen im Lastpunkt würde sich hier, wie auch schon in den Gleichungen (6) und (7) der Wert Unendlich ergeben. Die Ursache liegt darin, daß die Theorie dünner Platten (die von den Spannungen $\sigma_z$, die hier sehr groß werden, ganz absieht), wie auch die Vorstellung von einem Lastangriff auf unendlich kleiner Fläche in diesem Falle unzureichend wird. Für eine brauch-

[1]) Clebsch-Ausgabe, Note zu § 45; „Love-Timpe", § 314.
[2]) A. u. L. Föppl, Drang und Zwang, Bd. I, § 27, S. 178.

bare Berechnung der Spannungen muß die Verteilung der angreifenden Last genauer bekannt sein (Ziff. 76).

Bei exzentrischem Lastangriff kann, wie MICHELL[1]) gezeigt hat, die Methode der Inversion Anwendung finden. Auch FÖPPL[2]) und MELAN[3]) haben eine Lösung für diesen Fall gegeben.

Die nur in einzelnen Punkten des Randes aufliegende und auf der Oberfläche belastete Kreisplatte behandelte A. NÁDAI[4]). Die elastische Fläche wird aus zwei Teilen $w = w_1 + w_2$ zusammengesetzt. $w_1$ bedeutet die verbogene Fläche einer ebenso belasteten, aber längs des ganzen Umfangs gleichmäßig aufliegenden Platte, wofür also etwa die Gleichung (5) oder (7) in Betracht kommen. Der zweite Bestandteil $w_2$ rührt dann von den Transversalkräften her, die auf dem Umfang des Randkreises $r = a$ angreifen. Eine im Punkt $r = a$, $\varphi = \gamma_i$ angreifende Stützkraft $P_i$ kann durch die Reihe[5])

$$\frac{P_i}{\pi a}\left(\frac{1}{2} + \sum_{n=1}^{\infty} \cos n\varphi_i\right) \tag{11}$$

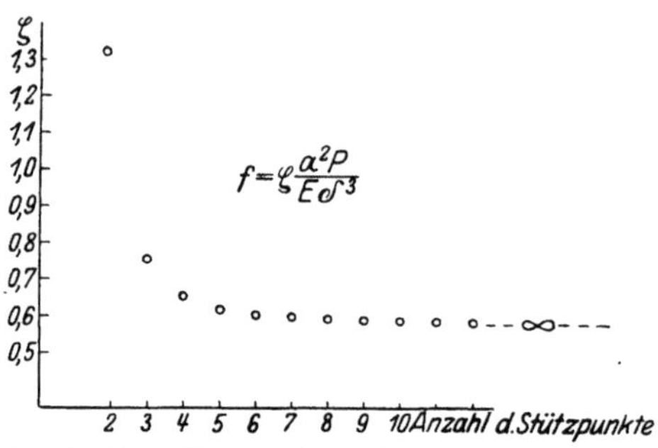


Abb. 55. Durchbiegung einer auf $n$ Stützpunkten aufliegenden Kreisplatte mit Einzellast.

dargestellt werden. $\varphi_i = \varphi - \gamma_i$. Diese Reihe ist divergent, kann jedoch nach FEJÉR durch das arithmetische Mittel der Teilsummen „summiert" werden[6]). Drückt man jede der konzentrierten Stützkräfte in Bruchteilen $\lambda_i$ der Gesamtlast $P = \sum P_i$ aus, so erhält man als Bedingung der Punktstützung auf dem Kreis $r = a$, daß die durch die Ersatzscherkräfte ergänzten Scherkräfte gleich sein müssen

$$-\frac{P}{\pi a}\left[\frac{1}{2}\sum_{1}^{k}\lambda_i + \sum_{n=1}^{\infty}\sum_{i=1}^{k}\lambda_i \cos n\varphi_i\right]. \tag{12}$$

Dieser Randbedingung, sowie einer zweiten, die besagt, daß die radialen Randmomente verschwinden müssen, kann durch den Ansatz[7])

$$w = a_0 + b_0 r^2 + \sum_{n=1}^{\infty}(a_n r^n + b_n r^{n+2})\cos n\varphi + \sum_{n=1}^{\infty}(c_n r^n + d_n r^{n+2})\sin n\varphi \tag{13}$$

entsprochen werden. Für eine im Mittelpunkt belastete, auf 2, 3, 4 ... gleichmäßig über den Umfang verteilten Punkten aufliegende Platte ist in Abb. 55 die Größe des Biegungspfeiles dargestellt.

Die halbkreisförmige Platte spielt eine wichtige Rolle als Grundform der Leiträder von Dampfturbinen. Ihrer Untersuchung sind Arbeiten von STODOLA[8]) und HUGGENBERGER[9]) gewidmet, die sich auf sorgfältige Versuche stützen.

[1]) J. H. MICHELL, Proc. Math. Soc. London Bd. 34, S. 134, 223. 1902; s. auch „LOVE-TIMPE" Kap. XXII.

[2]) A. u. L. FÖPPL, Drang und Zwang, Bd. I, § 32; ferner A. FÖPPL, Münchener Ber. 1912, S. 155.

[3]) E. MELAN, Der Eisenbau Bd. 11, S. 190. Leipzig 1920.

[4]) A. NÁDAI, Phys. ZS. Bd. 23, S. 366. 1922; Elastische Platten, S. 193ff. Berlin 1925.

[5]) Zuerst in der Theorie der Platten benutzt von A. MESNAGER, C. R. Bd. 164, S. 600. 1917.

[6]) K. KNOPP, Theorie und Anwendung der unendlichen Reihen, S. 455. Berlin 1922.

[7]) A. TIMPE, Dissert. Göttingen 1905.

[8]) A. STODOLA, Dampfturbinen, 5. Aufl., S. 434.

[9]) A. HUGGENBERGER, Forschungsarb. a. d. Geb. d. Ingenieurwesens, H. 280. Berlin: VDI-Verl. 1926.

Die Biegung kreissymmetrischer Platten von veränderlicher Dicke untersucht PICHLER[1]). Es wird die Differentialgleichung für die kreissymmetrische Platte mit ungleichmäßiger Dicke aufgestellt und für kreissymmetrische Belastung mit Hilfe von Reihenentwicklungen integriert, sodann ein analytisches und ein graphisches Näherungsverfahren angegeben und das Problem der Platte gleicher Festigkeit erörtert[2]). Dasselbe Problem der Kreisplatte veränderlicher Dicke behandelt auch GARABEDIAN[3]).

**48. Die elliptische Platte.** Diese läßt eine besonders einfache Lösung zu, wenn es sich um gleichförmige Belastung und feste Randeinspannung handelt. Die Biegungsgleichung und die Randbedingungen werden nämlich erfüllt durch den Ansatz

$$w = f\left(\frac{x^2}{a^2} + \frac{y^2}{b^2} - 1\right)^2. \tag{1}$$

Die Höhenschichtlinien der verbogenen Platte bilden ein System ähnlicher Ellipsen. Für $f$ findet man durch Einsetzen in die Biegungsgleichung

$$f = \frac{p}{8B} \frac{a^4 b^4}{3a^4 + 2a^2 b^2 + 3b^4}. \tag{2}$$

Die Auflagerdrucke sind hier nicht mehr gleichmäßig über den Umfang verteilt. Die Maxima liegen an den Enden der kleinen Achse, die Minima an den Enden der großen Achse. Ihr Verhältnis ist

$$\frac{Q_{\max}}{Q_{\min}} = \frac{a(3a^2 + b^2)}{b(3b^2 + a^2)}, \tag{3}$$

das ist für das Achsenverhältnis 1 : 2 etwa 3,71 : 1. Wesentlich größere Schwierigkeiten bereitet die frei aufliegende elliptische Platte (Ziff. 53).

**49. Die NAVIERsche Lösung für die rechteckige Platte.** NAVIER[4]) gab bereits 1820 unter Berufung auf FOURIER eine Integration der Plattengleichung mittels doppelt unendlicher Sinusreihen. Die Belastung ist als gleichmäßig verteilt oder in einem Punkt konzentriert angenommen. Als Randbedingung ist $w = 0$, $\Delta w = 0$ vorausgesetzt („NAVIERsche Randbedingung"). Eine in dieser Weise gelagerte Platte wird als „aufgestützt" bezeichnet. Längs des Randes wird kein Biegungsmoment aufgenommen. Doch darf diese Randbedingung nicht ohne weiteres als jene für die frei aufgelegte Platte angesehen werden. Dazu muß erst nachgewiesen werden, daß keine negativen Auflagerdrucke, das sind solche, welche die Platte vom Auflager abzuheben suchen, vorkommen. Bei der aufgestützten Platte ist dies verhindert, bei der frei aufliegenden dagegen nicht, so daß in diesem Fall ganz andere Verhältnisse eintreten können. Diese Unterscheidung spielt besonders beim Rechteck eine Rolle. Wenn bei diesem negative Scherkräfte am Rande nicht aufgenommen werden können, so hebt sich die Platte gegen die Ecken hin vom Auflager ab[5, 6, 7]). Dies wurde auch bei Versuchen beobachtet[8, 9, 10]).

---

1) O. PICHLER, Dissert. Stuttgart 1927. Berlin: Julius Springer 1928.

2) S. auch das verwandte Problem der rotierenden Scheibe, Ziff. 42, insbesondere L. FÖPPL, Über eine Analogie zwischen rotierender Scheibe und belasteter Kreisplatte. ZS. f. angew. Math. u. Mech. Bd. 2, S. 92. 1922.

3) C. A. GARABEDIAN, Amer. Math. Soc. Trans. Bd. 25, S. 343. 1923; s. hierzu auch C. R. Bd. 177, S. 942. 1923 u. G. D. BIRKHOFF, Phil. Mag. (6) Bd. 43, S. 953. 1922.

4) C. L. M. H. NAVIER, Bull. soc. philomath. Jahrg. 1823, S. 98 (vom August 1820).

5) A. NÁDAI, ZS. d. Ver. d. Ing. Bd. 58 1914, S. 487; Forschungsarb. Hft. 170/171. 1915.

6) H. HENCKY, Über den Spannungszustand in rechteckigen ebenen Platten bei gleichmäßig verteilter und konzentr. Belastung. München 1913.

7) A. MESNAGER, C. R. Bd. 163, S. 84. 1916.

8) A. FÖPPL, Mitt. d. Mech.-techn. Lab. d. Techn. Hochschule 1915, H. 33, S. 32.

9) C. v. BACH, Elastizität und Festigkeit, 9. Aufl., S. 32. Berlin 1924.

10) M. BERGSTRÄSSER, s. Fußnote 1 S. 222.

Die NAVIERsche Integration beruht darauf, daß das Sinusprodukt

$$w_{mn} = c_{mn} \sin\frac{m\pi x}{a} \sin\frac{n\pi y}{b} \tag{1}$$

für $x = 0$, $x = a$, $y = 0$, $y = b$ (Abb. 56) die Bedingungen $w = 0$, $\Delta w = 0$ erfüllt und daß $\Delta\Delta w$ wiederum proportional $w$ ist:

$$\Delta\Delta w_{mn} = \left(\frac{m^2\pi^2}{a^2} + \frac{n^2\pi^2}{b^2}\right)^2 w_{mn}.$$

Setzt man in die Biegungsgleichung den Wert (1) ein, so wird demnach

$$p(x, y) = B\Delta\Delta w_{mn} = c_{mn} B\left(\frac{m^2\pi^2}{a^2} + \frac{n^2\pi^2}{b^2}\right)^2 \sin\frac{m\pi x}{a} \sin\frac{n\pi y}{b}. \tag{2}$$

Dies ist die Belastungsfunktion, zu der $w_{mn}$ gehört. Für eine andere vorgegebene Belastungsfunktion $p(x, y)$ hat man also ohne weiteres die Lösung, wenn sie in eine Reihe

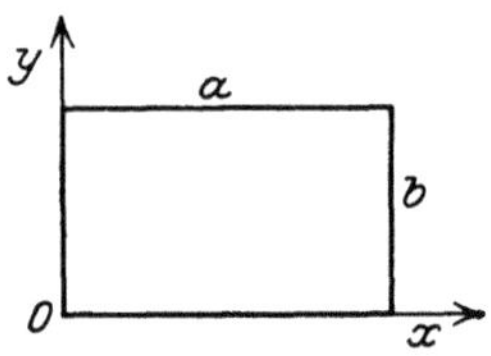

Abb. 56. Koordinatensystem.

$$p(x,y) = \sum_{m=1}^{\infty}\sum_{n=1}^{\infty} a_{mn} \sin\frac{m\pi x}{a} \sin\frac{n\pi y}{b} \tag{3}$$

entwickelt ist. Ein gleichförmiger Druck auf das Rechteck der Abb. 56 ist z. B. dargestellt durch

$$p(x, y) = \frac{16p}{\pi^2} \sum_m \sum_n \frac{1}{mn} \sin\frac{m\pi x}{a} \sin\frac{n\pi y}{b}. \tag{4}$$

Die zugehörige elastische Fläche ist dann nach Gleichung (2)

$$w = \frac{16p}{\pi^6 B} \sum\sum \frac{\sin\frac{m\pi x}{a} \sin\frac{n\pi y}{b}}{mn\left(\frac{m^2}{a^2} + \frac{n^2}{b^2}\right)^2} \qquad (m, n = 1, 3, 5 \ldots) \tag{5}$$

Auf entsprechende Weise erhält man für die rechteckige Platte, die in einem Punkt $x = \xi$, $y = \zeta$ eine Einzellast $P$ trägt,

$$w = \frac{4P}{\pi^4 abB} \sum\sum \frac{\sin\frac{m\pi\xi}{a} \sin\frac{n\pi\eta}{b} \sin\frac{m\pi x}{a} \sin\frac{n\pi y}{b}}{\left(\frac{m^2}{a^2} + \frac{n^2}{b^2}\right)^2} \qquad (m, n = 1, 2, 3 \ldots) \tag{6}$$

**50. Lösung mit einfach unendlichen Reihen.** Man kann[1]) rascher konvergierende einfache Reihen angeben, wenn man die Lösung in folgender Weise aus zwei Bestandteilen zusammensetzt:

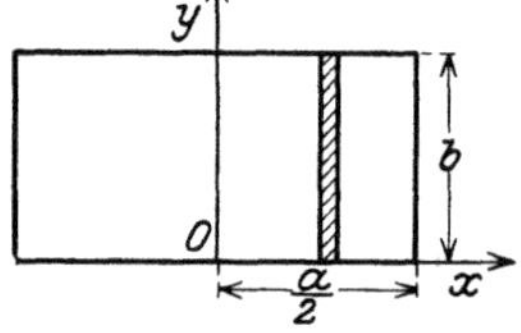

Abb. 57. Koordinatensystem.

$$w = w_I + w_{II}; \tag{1}$$

$w_I$ soll die Lösung für einen Streifen sein, der parallel zu den Schmalseiten aus dem Rechteck ausgeschnitten ist (Abb. 57). Für einen solchen gilt Gleichung (15) von Ziff. 15 der Balkentheorie

$$w = \frac{pb^4}{24B}\left(\frac{y}{b} - 2\frac{y^3}{b^3} + \frac{y^4}{b^4}\right) \tag{2}$$

Diese Funktion genügt bereits der inhomogenen Plattengleichung und erfüllt für $y = 0$ und $y = b$ die NAVIERschen Randbedingungen, so daß nur noch Lösungen der homogenen Gleichung zuzufügen sind. Dieser Ansatz läuft darauf

[1]) A. NÁDAI, Forschungsarb., Hft. 170/171. 1915; Elastische Platten, S. 120. Berlin 1925.

hinaus, daß ein Bestandteil der NAVIERschen Doppelreihen bereits summiert ist. Auf diese Möglichkeit hat zuerst ESTANAVE[1]) hingewiesen. Die für $w$ noch benötigten Partikularlösungen können vermittels eines Ansatzes von LÉVY[2]) erhalten werden:

$$w_{II} = \sum_n X_n(x) \sin\frac{n\pi y}{b} \qquad (n = 1, 2, 3 \ldots) \tag{3}$$

$X_n(x)$ ist eine Funktion von $x$ allein. Die Glieder der Reihe (3) werden Partikularlösungen von $\Delta\Delta w = 0$, wenn $X$ eine Lösung der Differentialgleichung

$$\frac{d^4 X_n}{dx^4} - 2\frac{n^2\pi^2}{a^2}\frac{d^2 X_n}{dx^2} + \frac{n^4\pi^4}{a^4} X_n = 0$$

ist. Diese Lösung kann man in der Form schreiben

$$X_n = a_n \operatorname{Cof}\frac{n\pi x}{b} + b_n \frac{n\pi x}{b}\operatorname{Sin}\frac{n\pi x}{b} + c_n \operatorname{Sin}\frac{n\pi x}{b} + d_n \frac{n\pi x}{b}\operatorname{Cof}\frac{n\pi x}{b}. \tag{4}$$

$w_{II}$ erfüllt dann für $y = 0$, $y = b$ die NAVIERschen Bedingungen. Die Freiwerte $a_n$, $b_n$, $c_n$, $d_n$ werden so bestimmt, daß die Randbedingungen an den Schmalseiten erfüllt sind. Wenn dort ebenfalls die NAVIERschen Bedingungen $w = 0$, $\Delta w = 0$ vorgeschrieben sind, erhält man, nachdem man noch $w_I$ in eine Fourierreihe

$$w = \frac{4pb^4}{\pi^5 B}\sum \frac{1}{n^5}\sin\frac{n\pi y}{b} \qquad (n = 1, 3, 5 \ldots)$$

entwickelt hat,

$$a_n = -2\frac{2 + \frac{n\pi a}{2b}\operatorname{Tg}\frac{n\pi a}{2b}}{n^5\pi^5 \operatorname{Cof}\frac{n\pi a}{2b}}, \qquad b_n = \frac{2}{n^5\pi^5 \operatorname{Cof}\frac{n\pi a}{2b}} \tag{5}$$

und schließlich nach weiterer Ausrechnung und Zusammenfassung

$$w = \frac{4pb^4}{\pi^5 B}\sum \frac{1}{n^5}\left[1 - \frac{2\operatorname{Cof}\alpha\operatorname{Cof}\alpha\frac{n\pi x}{b} + \alpha\operatorname{Sin}\alpha\operatorname{Cof}\frac{n\pi x}{b} - \frac{n\pi x}{b}\operatorname{Sin}\frac{n\pi x}{b}\operatorname{Cof}\alpha}{1 + \operatorname{Cof}\frac{n\pi a}{b}}\right]\sin\frac{n\pi y}{b}, \tag{6}$$

wobei zur Abkürzung

$$\alpha = \frac{n\pi a}{2b}$$

gesetzt ist.

In der Mitte des Rechtecks ($x = 0$, $y = b/2$) ist die Durchbiegung

$$f = \frac{b^4 p}{B}\left(\frac{5}{384} + \sum (-1)^{\frac{n-1}{2}} a_n\right). \tag{7}$$

Diese Reihen konvergieren sehr gut, so daß man sich durchweg auf das erste Glied beschränken kann. Dann ist

$$\left.\begin{aligned} w &= \frac{b^4 p}{B}\left[\frac{4}{\pi^5} + a_1\operatorname{Cof}\frac{\pi x}{b} + b_1\frac{\pi x}{b}\operatorname{Sin}\frac{\pi x}{b}\right]\sin\frac{\pi y}{b}, \\ \text{mit}\quad a_1 &= -\frac{4 + \frac{\pi a}{b}\operatorname{Tg}\frac{\pi a}{2b}}{\pi^5\operatorname{Cof}\frac{\pi a}{2b}}, \qquad b_1 = \frac{2}{\pi^5\operatorname{Cof}\frac{\pi a}{2b}}, \end{aligned}\right\} \tag{8}$$

---

[1]) E. ESTANAVE, Contribution à l'étude de l'équilibre élastique d'une plaque etc. Thèses prés. à la Faculté des Sc. de Paris 1900.

[2]) M. LÉVY, C. R. Bd. 129, S. 535. 1899.

ferner

$$f = \frac{b^4 p}{B}\left(\frac{4}{\pi^5} + a_1\right); \tag{9}$$

$$\left.\begin{aligned} (G_1)_{\max} &= p b^2 \left\{\frac{1}{8m} - \pi^2 \left[\frac{m-1}{m} a_1 + 2b_1\right]\right\}, \\ (G_2)_{\max} &= p b^2 \left\{\frac{1}{8} + \pi^2 \left[\frac{m-1}{m} a_1 - \frac{2b_1}{m}\right]\right\} \end{aligned}\right\} \tag{10}$$

Biegungspfeile und Momente für verschiedene Seitenverhältnisse $a/b$ sind in der Zahlentafel auf S. 223 angegeben. Für die gleichmäßig belastete quadratische Platte mit der Seitenlänge $b$ wird z. B.

$$f = 0{,}00406 \frac{b^4 p}{B} = 0{,}04568 \frac{b^4 p}{\delta^3 E}. \tag{11}$$

Die größte Auflagerkraft wird in der Mitte der Seiten erreicht. Für das Quadrat ist $Q = 0{,}42\, bp$. Für den unendlich langen Plattenstreifen würde sich statt dessen der Wert $0{,}50\, bp$ ergeben, so daß also der Höchstwert der Auflagerkraft nur in sehr geringem Maße vom Seitenverhältnis abhängt.

**51. Die eingespannte rechteckige Platte.** H. LEITZ[1]) berechnet die eingespannte rechteckige Platte, indem er, ausgehend von der NAVIERschen Lösung, an den Plattenrändern Momente anbringt, derart, daß dort $\partial w/\partial n = 0$ wird und den Einfluß solcher Elementarmomente untersucht[2]). Für die quadratische Platte mit gleichmäßiger Belastung ist die Rechnung auch zahlenmäßig durchgeführt. Z. B. wird

$$f = 0{,}001276 \frac{a^4 p}{B} \tag{1}$$

($a$ ist die ganze Quadratseite).

W. RITZ[3]) entwickelte seine Methode[4]), Integrale einer Differentialgleichung mit vorgeschriebenen Randbedingungen durch Polynome, Fourierreihen u. dgl. darzustellen, deren Koeffizienten aus Minimalforderungen bestimmt werden, an dem Beispiel der eingespannten Platte mit beliebiger Oberflächenbelastung. Das Integral, das hier zum Minimum gemacht werden muß (potentielle Energie der Formänderung), ist

$$\iint \left[\tfrac{1}{2}(\Delta w)^2 - w p(x, y)\right] dx\, dy. \tag{2}$$

Der entsprechende KIRCHHOFFsche Ausdruck enthält noch ein weiteres Glied, welches aber bei den Randbedingungen $w=0$, $\partial w/\partial n=0$ identisch verschwindet. Weitere Arbeiten, die in ähnlicher Weise von diesem Verfahren Gebrauch machen, stammen von LORENZ[5]) und MESNAGER[6]). LORENZ berechnet aus dem Ansatz

$$w = c \cos\frac{\pi x}{2a} \cos\frac{\pi y}{2b} \tag{3}$$

für das gleichmäßig belastete Rechteck mit den Seiten $a$ und $b$

$$f = 0{,}00342 \frac{p}{B} \frac{a^4 b^4}{a^4 + \frac{2}{3} a^2 b^2 + b^4}. \tag{4}$$

---

[1]) H. LEITZ, ZS. f. Math. u. Phys. Bd. 64, S. 262. 1917.

[2]) Über diese Aufgabe s. auch A. NÁDAI, Der Bauingenieur Jg. 2, S. 299. 1921 u. den Bericht von L. FÖPPL. ZS. f. angew. Math. u. Mech. Bd. 1, S. 474. 1921.

[3]) W. RITZ, Crelles Journ. Bd. 135, S. 1. 1909; Gesammelte Werke. Paris 1911; kürzer: Nachr. v. d. k. Ges. d. Wiss. zu Göttingen 1908, S. 237.

[4]) S. Kap. 2, Ziff. 52 ds. Bd. des Handb.

[5]) H. LORENZ, ZS. d. Ver. d. Ing. Bd. 57, S. 623. 1913.

[6]) A. MESNAGER, C. R. Bd. 163, S. 661 u. 748. 1916.

Eine Reihe ähnlicher Näherungslösungen geben auch A. und L. FÖPPL[1]). An weiteren hierher gehörigen Arbeiten seien noch genannt jene von ESTANAVE[2]), SIMIC[3]), HENCKY[4]) und BIEZENO-KOCH[5]).

Bei der Beurteilung der Genauigkeit solcher Näherungsverfahren ist zu beachten, daß für die Berechnung der Spannungen, zu der die 2. und 3. Ableitungen von $w$ gebraucht werden, die angesetzte Näherungsfunktion sich dem wahren Funktionsverlauf viel enger anschmiegen muß, als es zur Berechnung der Formänderungen notwendig ist.

**52. Die rechteckige Platte mit Einzellast.** Für die Berechnung der rechteckigen Platte mit Einzellast können zum Teil die oben schon genannten Verfahren herangezogen werden[1, 6, 7, 8]). LORENZ findet

für die frei aufgestützte Platte

$$f = 0{,}0411 \frac{P}{B} \frac{a^3 b^3}{(a^2 + b^2)^2}, \tag{1}$$

für die eingespannte Platte

$$f = 0{,}0137 \frac{P}{B} \frac{a^3 b^3}{a^4 + \frac{2}{3} a^2 b^2 + b^4}. \tag{2}$$

Auch HENCKY beschäftigt sich in der obengenannten Arbeit[9]) mit diesem Problem, er berechnet die Beiwerte aus einem System mit unendlich vielen Unbekannten. HAPPEL[10]) führt das Problem, wie vorher schon MATHIEU[11]), auf GREENsche Funktionen zurück. Wenn $\Gamma(x, y; 0{,}0)$ die zur ersten Randwertaufgabe gehörige GREENsche Funktion ist, so stellt $A r^2 \Gamma$ die elastische Fläche bei freier Lagerung dar. Für den Fall des eingespannten Randes ist es notwendig, noch eine weitere Funktion $F(x, y)$ zuzufügen:

$$w = A\{r^2 \Gamma(x, y; 0{,}0) + F(x, y)\}. \tag{3}$$

$A$ ist eine Konstante, $r^2 = x^2 + y^2 \cdot F$ ist so zu bestimmen, daß innerhalb des Rechtecks, einschließlich des Lastpunktes, $\Delta\Delta F = 0$, längs des Randes $F = 0$ und

$$\frac{\partial r^2 \Gamma}{\partial n} + \frac{\partial F}{\partial n} = 0$$

wird. Die GREENsche Funktion für das Rechteck hat KNESER[12]) zuerst aufgestellt. Die Ermittlung von $F$ ist in der Arbeit von HAPPEL durchgeführt.

NÁDAI[13]) untersucht die durch eine Einzellast an beliebiger Stelle beanspruchte Platte mit NAVIERschen Randbedingungen. Wie in der folgenden

---

[1]) A. u. L. FÖPPL, Drang und Zwang, Bd. I, §§ 19 bis 23.

[2]) E. ESTANAVE, Fußnote 1, S. 219.

[3]) SIMIC, ZS. d. Österr. Ing.- u. Arch.-Ver. 1908, S. 709.

[4]) H. HENCKY, Dissert. Darmstadt 1913.

[5]) C. B. BIEZENO u. J. J. KOCH, De Ingenieur. Delft 1923.

[6]) H. LORENZ, s. Fußnote 4, S. 220.

[7]) A. MESNAGER, s. Fußnote 5, S. 220.

[8]) A. NÁDAI, s. Fußnote 1, S. 218.

[9]) H. HENCKY, Dissert. Darmstadt 1913.

[10]) H. HAPPEL, Nachr. v. d. k. Ges. d. Wiss. zu Göttingen 1914, S. 37.

[11]) E. MATHIEU, Journ. de math. (Liouville) (2) Bd. 14, S. 378. 1869 oder Théorie du potentiel, S. 70. Paris 1890.

[12]) A. KNESER, Die Integralgleichungen und ihre Anwendung in der math. Physik, S. 37. Braunschweig 1911. — Die dort gebrauchte Definition der GREENschen Funktion unterscheidet sich von der obigen Funktion um den Faktor $-2$; s. auch E. B. CHRISTOFFEL, Ann. di mat. (2) Bd. 1, S. 89. 1867; Ges. math. Abhandlgn. Bd. I, S. 245. Leipzig 1910.

[13]) A. NÁDAI, Der Bauingenieur Jg. 2, S. 11. 1921; Elastische Platten, S. 85.

Ziff. 53 gezeigt ist, zerfällt die Plattengleichung $\Delta\Delta w = \frac{p}{B}$ in die zwei Gleichungen $M = -B\Delta w$ und $\Delta M = -p$, wo $M$ die sog. Momentensumme $\frac{m}{1+m}$ $(G_1+G_2)$ ist. Hat man nun als Belastung lediglich eine Einzellast in irgendeinem Punkt, so muß 1. im ganzen Innern des Parallelstreifens $\Delta M = 0$ sein, 2. muß im Angriffspunkt die Momentensumme wie $\frac{P}{2\pi}\ln\frac{r}{a}$ unendlich werden, und 3. soll längs der Ränder wieder die NAVIERsche Bedingung $w = 0$, $\Delta w = 0$, damit also auch $M = 0$ erfüllt sein. $M$ ist folglich die GREENsche Funktion für den Parallelstreifen. Damit ist gezeigt, daß zur Darstellung der Funktion $M$ die konforme Abbildung herangezogen werden kann.

BERGSTRÄSSER[1]) hat für verschiedene Lagen des singulären Punktes den Schichtlinienplan der Fläche $M$ mittels konformer Abbildung ermittelt und durch eingehende Versuche an Glasplatten insbesondere auch untersucht, wieweit die NAVIERschen Randbedingungen für die frei aufliegende Platte zutreffen. Soferne das Rechteck lang gestreckt ist ($a > 4b$), oder das Abheben der Ecken durch Anbringung genügend starker Eckkräfte verhindert wird, zeigte sich eine sehr gute Übereinstimmung. Hingegen verursacht andernfalls das Abheben der Ecken eine größere Durchbiegung, als nach der Rechnung zu erwarten wäre. Erwähnt sei noch, daß die Rechnung für eine frei aufliegende quadratische Platte, die in der Mitte durch eine Einzelkraft $P$ belastet ist, für die Summe der vier Eckkräfte den Wert

$$\sum_{r=1}^{4} P_r = 0{,}539\,P$$

ergibt.

In einer weiteren Arbeit behandelt NÁDAI[2]) den eingespannten Plattenstreifen mittels Integralgleichungen. Anschließend geben S. TIMOSCHENKO[3]) und HUBER[4]) Lösungen mittels des LÉVYschen Ansatzes.

**53. Weitere Probleme.** Mit der in einem beliebigen Punkt belasteten eingespannten elliptischen Platte beschäftigt sich HAPPEL[5]) und früher bereits MATHIEU[6]). GALERKIN[7]) berechnet die frei gelagerte und gleichmäßig belastete elliptische Platte unter Verwendung elliptischer Koordinaten. Die zahlenmäßigen Ergebnisse sind zusammen mit jenen für das Rechteck in nachstehender Tabelle wiedergegeben.

Für den Fall, daß eine durchlaufende Platte in einem rechteckigen Gitter von Punkten unterstützt ist, gab LEWE[8]) eine Lösung durch Doppelreihen, die aber auch wieder durch rascher konvergierende einfache Reihen ersetzt werden können[9]). Dieses Problem ist wichtig für den Eisenbetonbau („Pilzdecken").

Weitere Spezialprobleme, wie etwa die hydrostatische Druckbelastung von Schleusentoren, die Biegung des gleichschenklig-rechtwinkligen Dreiecks, die rechteckige Platte, die in Einzelpunkten des Randes unterstützt ist usw. findet

---

1) M. BERGSTRÄSSER, Forschungsarb. a. d. Geb. d. Ingenieurw., H. 302. Berlin: VDI-Verlag 1928. Auszug: ZS. d. Ver. d. Ing. Bd. 72, S. 864. 1928.

2) A. NÁDAI, Der Bauingenieur Jg. 2, S. 299. 1921.

3) S. TIMOSCHENKO, Der Bauingenieur Jg. 3, S. 51. 1922.

4) M. T. HUBER, Der Bauingenieur Jg. 6, S. 7 u. 46. 1925.

5) H. HAPPEL, Math. ZS. Bd. 6, S. 203. 1920.

6) E. MATHIEU, s. Fußnote 11, S. 221.

7) B. G. GALERKIN, ZS. f. angew. Math. u. Mech. Bd. 3, S. 113. 1923.

8) V. LEWE, Der Bauingenieur Jg. 1, S. 631. 1920; Jg. 3, S. 111. 1922; ferner: Die strenge Lösung des Pilzdeckenproblems. Selbstverlag Berlin 1922; s. auch A. MESNAGER, C. R. Bd. 176, S. 1773. 1923 u. P. SONIER, ebenda Bd. 177, S. 1099. 1923.

9) A. NÁDAI, ZS. f. angew. Math. u. Mech. Bd. 2, S. 6. 1922; Elast. Platten, Art. 37.

Die frei aufliegende und gleichmäßig belastete elliptische und rechteckige Platte. Achsen- bzw. Seitenlänge 2a, 2b ($a > b$); $m = 3{,}33$.

| $\frac{a}{b}$ | Durchbiegung des Mittelpunktes | | Moment $M_x$ | | Moment $M_y$ | |
|---|---|---|---|---|---|---|
| | Elliptische Platte | Rechteckige Platte | Elliptische Platte | Rechteckige Platte | Elliptische Platte | Rechteckige Platte |
| 1 | $0{,}70\,\frac{pb^4}{E\delta^3}$ | $0{,}71\,\frac{pb^4}{E\delta^3}$ | $0{,}206\,pb^2$ | $0{,}192\,pb^2$ | $0{,}206\,pb^2$ | $0{,}192\,pb^2$ |
| 1,1 | 0,83 | 0,85 | 0,235 | 0,221 | 0,215 | 0,198 |
| 1,3 | 1,07 | 1,12 | 0,282 | 0,277 | 0,223 | 0,202 |
| 1,5 | 1,26 | 1,35 | 0,321 | 0,324 | 0,222 | 0,200 |
| 2 | 1,58 | 1,77 | 0,379 | 0,407 | 0,210 | 0,186 |
| 3 | 1,88 | 2,14 | 0,433 | 0,476 | 0,188 | 0,162 |
| 4 | 2,02 | 2,24 | 0,465 | 0,494 | 0,184 | 0,154 |
| 5 | 2,10 | 2,27 | 0,480 | 0,498 | 0,170 | 0,150 |
| $\infty$ | 2,28 | 2,28 | 0,500 | 0,500 | 0,150 | 0,150 |

man in den NÁDAIschen Arbeiten behandelt. Das Problem des Plattenbalkens, d. h. die gemeinsame Biegung einer rechteckigen Platte mit den sie verstärkenden Balken (Unterzüge, Rippen) ist für den Eisenbetonbau von großer Wichtigkeit. Es wurde u. a. von BORTSCH[1]), HUBER[2]) und v. KÁRMÁN[3]) behandelt.

**54. Das Verfahren von MARCUS.** Besonderer Erwähnung bedarf noch ein von MARCUS[4]) entwickeltes Lösungsverfahren, das von den vorausgehenden gänzlich abweicht und von großer praktischer Bedeutung ist. Es besteht im wesentlichen darin, daß die Differentialgleichung 4. Ordnung in zwei solche 2. Ordnung zerspalten wird und diese dann zur Gewinnung zahlenmäßiger Resultate durch zwei Differenzengleichungen ersetzt werden. Addiert man die beiden Gleichungen (5) von Ziff. 46 für die Biegungsmomente $G_1$ und $G_2$, so erhält man

$$G_1 + G_2 = -\frac{m+1}{m} B\left(\frac{\partial^2 w}{\partial x^2} + \frac{\partial^2 w}{\partial y^2}\right).$$

Bezeichnet man $\frac{m}{m+1}(G_1 + G_2) = M$ als Momentensumme, so kann man dafür schreiben

$$M = -B \cdot \Delta w. \tag{1}$$

Setzt man dies in die Biegungsgleichung $\Delta\Delta w = p/B$ ein, so nimmt diese die Form an

$$p = -\Delta M. \tag{2}$$

Damit ist der Zerfall der Gleichung 4. Ordnung in die beiden Gleichungen (1) und (2), die von 2. Ordnung sind, gezeigt. Dieser Zerfall hat ein Analogon in der Theorie der Biegung eines Stabes, wo $\frac{d^4 w}{dx^4} = \frac{p}{B}$ in $\frac{d^2 w}{dx^2} = -\frac{M}{B}$ und $p = -\frac{d^2 M}{dx^2}$ zerlegt werden kann, worauf die MOHRsche Konstruktion[5]) der elastischen Linie mittels zweier Seilkurven oder -polygone beruht. Diese Konstruktion kann man nun in die Theorie der Platten übertragen. An die Stelle des gespannten Seiles tritt hier eine nach allen Richtungen gleichmäßig mit der Spannkraft $S$ gespannte

[1]) R. BORTSCH, Der Bauingenieur Jg. 2, S. 662. 1921; s. auch den Bericht von A. NÁDAI, ZS. f. angew. Math. u. Mech. Bd. 2, S. 302. 1922.

[2]) M. T. HUBER, Der Bauingenieur Jg. 6, S. 16 u. 46. 1925.

[3]) TH. v. KÁRMÁN, Festschrift zu A. FÖPPLS 70. Geburtstag, S. 114. Berlin 1924.

[4]) H. MARCUS, Armierter Beton, Bd. XII. 1919; Die vereinfachte Berechnung biegsamer Platten. Berlin: Julius Springer 1925; Theorie elastischer Gewebe usw. Berlin: Julius Springer 1924; Der Bauingenieur Bd. 5, H. 20/21. 1924; L. FÖPPL, ZS. f. angew. Math. u. Mech. Bd. 1, S. 469. 1921.

[5]) S. Bd. V, Kap. 6, Ziff. 53 ds. Handb.

dünne elastische Haut (Membran, Seifenhaut). Ihre Differentialgleichung, geringe Ausbauchung vorausgesetzt, ist [Ziff. 57, Gl. (1)][1])

$$\Delta w = -\frac{p}{T}. \tag{3}$$

Aus der formalen Übereinstimmung dieser Gleichung mit den Gleichungen (1) und (2) ergeben sich die beiden folgenden Sätze:

a) Die Durchbiegungen einer dünnen elastischen Haut, die mit der Kraft $T = 1$ allseitig gleichmäßig gespannt und durch die Lastverteilung $p(x, y)$ belastet ist, geben an jeder Stelle ein Maß für die Momentensumme.

b) Belastet man eine mit der Kraft $T = 1$ gespannte Haut mit Gewichten $M/B$, so ist die elastische Fläche identisch mit jener der mit den Lasten $p$ beanspruchten Platte.

Der Übergang zu Differenzengleichungen bedeutet einen Ersatz der kontinuierlichen Membran durch ein Netz mit belasteten Knotenpunkten. Die Mascheneinteilung ist der Form des Umrisses anzupassen. Man erhält so viele Gleichungen, als Knotenpunkte angenommen werden, sofern sich deren Zahl nicht aus Symmetriegründen reduziert. Am einfachsten ist die Rechnung bei den „statisch bestimmten" Randbedingungen $w = 0$, $\Delta w = 0$. Dann ist nämlich die Verteilung der Momente allein schon aus Gleichung (2) bestimmt, während in anderen Fällen — bei ganzer oder teilweiser Einspannung — der Einfluß von Randmomenten auf die elastische Fläche erst mittels der Gleichung (1) zu untersuchen und die Lösung durch Superposition zu bilden ist.

Dieses Verfahren ist für jede Form der Platte und jede Art der Belastung brauchbar. Die Konvergenz ist, wie MARCUS zeigt, sehr befriedigend. Aus diesen Gründen und wegen der Einfachheit der Hilfsmittel, deren es bedarf, ist dieses Verfahren besonders für die praktische Anwendung im Bauwesen, vor allem im Eisenbetonbau, geeignet.

**55. Die Platte auf nachgiebiger Unterlage; die schwimmende Platte.** Für Platten auf elastisch nachgiebiger Bettung gelten ganz entsprechende Überlegungen, wie für den Balken in Ziff. 27. Bezeichnet $K(x, y;\ \xi, \eta)$ die Einflußfunktion, die zu einer im Punkt $\xi, \eta$ wirkenden Last $P = 1$ gehört, so ist die elastische Fläche einer Platte mit der Belastung $p(\xi, \eta)$

$$w(x, y) = \iint K(x, y;\ \xi, \eta)\, p(\xi, \eta)\, d\xi\, d\eta\,. \tag{1}$$

Zwischen $p$ und $w$ besteht (wenigstens mit der Genauigkeit der KIRCHHOFFschen Theorie) die Beziehung $-p(\xi, \eta) = B\,\Delta\Delta w$, so daß für $w$ die Integralgleichung

$$w(x, y) = B\iint K(x, y;\ \xi, \eta)\, \Delta\Delta w \cdot d\xi \cdot d\eta \tag{2}$$

besteht. Ähnlich wie in der Balkentheorie begnügt man sich aber auch hier, um wenigstens zu einer näherungsweise richtigen Lösung zu kommen, mit der Annahme, daß die Einsenkung an jeder Stelle genau proportional dem gerade an der betreffenden Stelle herrschenden Druck ist ($w = p/\beta$) und läßt die Einwirkung der Nachbarschaft ganz außer acht. Dann erhält man als Differentialgleichung für die elastische Fläche

$$\Delta\Delta w + \frac{\beta}{B} w = 0\,. \tag{3}$$

[1]) S. auch Kap. 2, Ziff. 28 ds Bd. des Handb.

Das Vorzeichen muß so gewählt werden, weil $p$ der Richtung der wachsenden $w$ entgegengesetzt ist.

Diese Annahme $w = p/\beta$ trifft streng zu, wenn der Bettungsdruck von einer Flüssigkeit herrührt, also identisch ist mit dem hydrostatischen Auftrieb. $\beta$ hat dann die Bedeutung des spezifischen Gewichtes $s$ der Flüssigkeit. Die Lösung dieses Problems der schwimmenden Platte (Eis!), insbesondere der unendlich ausgedehnten Platte mit einer Einzellast $P$, gab HERTZ[1]).

In dieser Abhandlung ist $s/B$ mit $a^4$ bezeichnet. Um in Übereinstimmung mit den Bezeichnungen an anderer Stelle zu bleiben, soll hier statt dessen $4\alpha^4$ geschrieben werden, so daß die Gleichung lautet

$$\varDelta\varDelta w + 4\alpha^4 w = 0. \tag{4}$$

Das gesuchte Integral muß im Unendlichen verschwinden, im Lastpunkt (Nullpunkt) endlich bleiben und das über dessen Umgebung erstreckte Integral $\int \frac{s}{4\alpha^4}\varDelta\varDelta w\, df$ muß gleich $P$ sein. Die Lösung führt auf BESSELsche Funktionen. Für kleine Entfernungen $\varrho$ vom Lastpunkt hat HERTZ folgende Entwicklung angegeben, wobei für $\alpha\varrho\sqrt{2} = \varrho\sqrt[4]{\frac{s}{B}}$ der Buchstabe $x$ (dimensionslos) gesetzt ist

$$\left.\begin{aligned} w = \frac{P}{2\pi\sqrt{Bs}}\Big\{&\frac{x^2}{2^2}\ln x - \frac{x^6}{2^2\cdot 4^2\cdot 6^2}\left(\ln x - \frac{5}{6}\right) + \cdots \\ &+ \frac{\pi}{4}\left(1 - \frac{x^4}{2^2\cdot 4^2} + \frac{x^8}{2^2\cdot 4^2\cdot 6^2\cdot 8^2} - \cdots\right) \\ &- (1 + \ln 2 - 0{,}5772)\left(\frac{x^2}{2^2} - \frac{x^6}{2^2\cdot 4^2\cdot 6^2} + \cdots\right)\Big\}. \end{aligned}\right\} \tag{5}$$

Für große Werte von $\varrho$ ist die folgende semikonvergente Reihe geeignet

$$w = \frac{P}{2\pi\sqrt{Bs}}\sqrt{\frac{\pi}{2}}\,\frac{e^{-\frac{x}{\sqrt{2}}}}{\sqrt{x}}\left\{\sin\left(\frac{x}{\sqrt{2}} + \frac{\pi}{8}\right) - \frac{1}{8\varrho}\sin\left(\frac{x}{\sqrt{2}} + \frac{3\pi}{8}\right) + \cdots\right\}. \tag{6}$$

Die größte Einsenkung erfährt die Platte natürlich an der Stelle, an der die Last aufgebracht ist: $w = \frac{P}{8\sqrt{Bs}}$. Von hier aus nimmt $w$ einen wellenförmigen Verlauf, allerdings mit rascher Abnahme der Amplituden. Der erste Vorzeichenwechsel findet etwa bei $\varrho = \frac{7}{8}\pi\sqrt{2}\sqrt[4]{\frac{B}{s}}$ statt. Der Abstand der Punkte, in denen weiterhin ein Vorzeichenwechsel stattfindet, ist dann nahezu gleich $\frac{\pi}{\alpha} = \pi\sqrt{2}\sqrt[4]{\frac{B}{s}}$, also identisch mit dem entsprechenden Ausdruck für den Balken auf nachgiebiger Unterlage. Man kann die dort gefundene gedämpfte Sinusschwingung als erste Näherung ansehen.

Über die Spannungen im Lastpunkt kann nichts gesagt werden, solange die Verteilung nicht genauer bekannt ist. Sie würden sich bei punktförmigem Lastangriff wieder zu unendlich ergeben. Für den Fall, daß die Last gleichmäßig über einen Kreis vom Radius $R$ verteilt ist, wo $R$ sehr klein ist gegenüber $1/\alpha$, findet HERTZ für die Maximalspannung

$$\sigma_m = \frac{3(m^2 - 1)}{2\pi m^2\delta^2}P\left\{\ln\left(\mathrm{R}\sqrt[4]{\frac{s}{B}} - 0{,}6519\right)\right\}. \tag{7}$$

[1]) H. HERTZ, Wied. Ann. N. F., Bd. 22, S. 449. 1884; Ges. Werke Bd. 1, S. 288. 1895.

HERTZ weist darauf hin, daß die Tragfähigkeit einer genügend großen Platte $\left(\text{mindestens } \varrho = 2{,}5 \text{ bis } 2{,}8\sqrt[4]{\frac{B}{s}}\right)$ gegenüber einer Einzellast nicht vom spezifischen Gewicht der Platte abhängt, sondern von deren Verwölbung, zu einer flachen Schale herrührt. Daher kann auch ein beliebig hohes Gewicht getragen werden, wenn nur die Platte nicht lokal beschädigt wird. Unter Umständen ist es sogar möglich, eine Platte, die spezifisch schwerer ist als die Flüssigkeit, durch Aufbringen einer konzentrierten Last zum Schwimmen zu bringen, nämlich dann, wenn sie so bemessen ist, daß am Rande $w < 0$, der Rand also durch die Last etwas gehoben wird.

Die kreisrunde Platte von endlicher Ausdehnung ist kurz im letzten Abschnitt der HERTZschen Abhandlung und sehr eingehend von A. FÖPPL[1]) untersucht worden. Die rechteckige Platte ist in der schon genannten Arbeit von HAPPEL[2]) unter Anwendung des RITZschen Verfahrens behandelt worden. WESTERGAARD[3]) untersucht die unendlich ausgedehnte (Fundament-) Platte, die in einer Reihe von Punkten, die auf einer Geraden liegen (Säulenreihe), belastet ist. Für die unendlich ausgedehnte Fundamentplatte, die in einem rechteckigen Gitter von Punkten belastet ist, gab LEWE[4]) eine strenge Lösung.

**56. Die strenge Theorie.** Die strenge Theorie der dicken Platte wurde von MICHELL[5]) entwickelt und von LOVE[6]) weiter durchgeführt. Im Gegensatz zur KIRCHHOFFschen Lösung sind über die Art des Verzerrungszustandes keine besonderen Annahmen gemacht, sondern es wird nur die Gültigkeit der elastischen Grundgleichungen vorausgesetzt. Diese Theorie entspricht der ST. VENANTschen Theorie der Balkenbiegung.

Die Lösung baut sich aus zwei Teilen auf: Eine erste (I) befriedigt streng die Randbedingungen auf den beiden Oberflächen einer unendlich ausgedehnten Platte. Eine zweite (II) läßt, für sich genommen, die Oberflächen spannungsfrei, stelle jedoch längs der zylindrischen Berandung die vorgeschriebenen Spannungsresultanten und -momente her. Lösung I kann auf ähnliche Weise gewonnen werden wie für den durch eine Ebene begrenzten Halbraum[7]). Nähere Ausführungen darüber findet man in den Arbeiten von MICHELL[5]), LOVE[6]) und DOUGALL[8]), eine Literaturzusammenstellung in dem Enzyklopädieartikel von TEDONE-TIMPE[9]). Die lokalen Störungen, die durch unstetige Belastung der Plattenoberfläche (z. B. durch Einzellasten) verursacht werden, sind als dreidimensionale Probleme in Ziff. 76 behandelt. Soweit die zweite Lösung von Randkräften $T$, $S$ herrührt, führt sie stets auf einen ebenen Spannungszustand, soweit sie von Randkräften $N$ und Randmomenten $G$ und $H$ herrührt, wird sie, wie LOVE[10]) gezeigt hat, durch einen zur Mittelfläche antisymmetrischen verallgemeinerten ebenen Spannungszustand dargestellt. Zur Ableitung werden die Gleichungen des Gleichgewichts von der Form

$$\frac{\partial \sigma_x}{\partial x} + \frac{\partial \tau_{xy}}{\partial y} + \frac{\partial \tau_{zx}}{\partial z} = 0$$

1) A. FÖPPL, Vorles. über techn. Mechanik, Bd. V, §§ 20—22.
2) H. HAPPEL, vgl. Fußnote 5, S. 222.
3) H. M. WESTERGAARD, Ingenioren Bd. 32, Nr. 42. Kopenhagen 1923.
4) V. LEWE, Der Bauingenieur Jg. 4, S. 453. 1923.
5) J. H. MICHELL, Proc. Math. Soc. London Bd. 31, S. 100. 1899.
6) „LOVE-TIMPE", § 299ff.
7) S. Kap. 2, Ziff. 33 ds. Bd. des Handb.
8) J. DOUGALL, Trans. Edinbg. Roy. Soc., Bd. 41, S. 129. 1904.
9) O. TEDONE u. A. TIMPE, Enzykl. d. math. Wiss. Bd. IV/25, S. 132 unten.
10) „LOVE-TIMPE", §§ 303, 304.

und die BELTRAMIschen Gleichungen von der Form

$$\Delta \sigma_x = -\frac{m}{m+1} \frac{\partial^2 s}{\partial x^2}$$

benutzt, wo $s = \sigma_x + \sigma_y + \sigma_z$ die Summe der Hauptspannungen bezeichnet. Es ergeben sich für die Spannungsresultanten und -momente folgende Werte

$$\left.\begin{aligned}
&T_1 = 0, \quad T_2 = 0, \quad S_1 = 0, \\
&N = -B\frac{\partial}{\partial x}\Delta w, \qquad N = -B\frac{\partial}{\partial y}\Delta w, \\
&G = -B\left(\frac{\partial^2 w}{\partial x^2} + \frac{\partial^2 w}{\partial y^2}\right) + \frac{8m+1}{10m} B h^2 \frac{\partial^2}{\partial y^2}\Delta w, \\
&G = -B\left(\frac{\partial^2 w}{\partial y^2} + \frac{\partial^2 w}{\partial x^2}\right) + \frac{8m+1}{10m} B h^2 \frac{\partial}{\partial x^2}\Delta w, \\
&H = +B\left(\frac{m-1}{m}\right)\frac{\partial^2 w}{\partial x \partial y} + \frac{8m+1}{10m} B h^2 \frac{\partial^2}{\partial x \partial y}\Delta w,
\end{aligned}\right\} \tag{1}$$

wobei

$$\Delta\Delta w = 0.$$

Die strenge Lösung ist mit der KIRCHHOFFschen identisch, wenn die Lösung I wegfällt, also keine Normalbelastung der Platte vorhanden ist, und dazu

$$\frac{\partial^2}{\partial x^2}\Delta w = 0, \quad \frac{\partial^2}{\partial y^2}\Delta w = 0, \quad \frac{\partial^2}{\partial x \partial y}\Delta w = 0, \tag{2}$$

also $\Delta w$ eine lineare Funktion von $x$ und $y$ oder eine Konstante ist.

Wenn jedoch die Platte dünn ist, spielen die nur $h^2$ enthaltenden Korrektionsglieder, durch welche sich die Gleichungen (1) von den Gleichungen (5), (7) von Ziff. 46 unterscheiden, keine Rolle. Wenn $p = 0$ ist, ist also die KIRCHHOFFsche Lösung bis auf diese unwesentlichen Korrekturen der strengen Lösung gleich. Ist aber $p$ nicht gleich Null, also eine Normalbelastung vorhanden, so kann man zeigen, daß die Partikularlösung der Gleichung (6) von Ziff. 46, die zur Lösung der homogenen Gleichung zugefügt werden muß, im wesentlichen die Lösung I der strengen Theorie darstellt.

Die KIRCHHOFFsche Theorie liefert demnach, solange $h^2$ gegen das Quadrat der Flächenabmessungen vernachlässigt werden kann, richtige oder doch nahezu richtige Werte für die über die ganze Dicke genommenen Spannungsresultanten und -momente.

In einigen Fällen fand diese Theorie auch Anwendung auf bestimmte Einzelprobleme. So behandelt LOVE[1]) die im Mittelpunkt belastete Kreisplatte, nachdem ST. VENANT[2]) unabhängig von der allgemeinen Theorie bereits zu den nämlichen Resultaten gelangt war. Weiterhin behandelt LOVE[3]) Platten, deren Spannungszustand über ihre Ebene konstant oder linear veränderlich ist, die Biegung unter Eigengewicht usw. Man findet z. B. für eine frei aufliegende, durch eine gleichmäßige Belastung $p$ gebogene Platte für $r = 0$, $z = \pm h$

$$(\sigma_r)_{\max} = (\sigma_\alpha)_{\max} = \frac{3(3m+1)}{8m}\frac{a^2 p}{\delta^2}\left(1 + \frac{2(2m+1)}{15(3m+1)}\frac{\delta^2}{a^2}\right);$$

mit $m = 4$ gibt das Korrekturglied $0{,}092\,\frac{\delta^2}{a^2}$,

---

1) „LOVE-TIMPE", § 305.
2) B. DE ST. VENANT, Clebsch-Ausgabe, Note du § 45.
3) „LOVE-TIMPE", § 306—312.

ferner wird
$$f = \frac{3(5m+1)(m-1)}{16\,m^2 E\,\delta^3}\,a^4 p\left(1+\frac{2(8\,m^2+m+1)}{5(5m+1)(m-1)}\right).$$

ST. VENANT untersucht an der obengenannten Stelle die zylindrische Biegung LAMB[1]) behandelt den Fall einer rechteckigen Platte mit einer Belastung durch konstante Drillungsmomente $H$ vom Betrage $\pm\frac{m-1}{m}Bc$ oder durch vier Eckkräfte, die abwechselnd in entgegengesetzter Richtung wirken[2]). Die Lösung lautet in diesem Falle einfach
$$u = -cyz\,,\quad v = -czx\,,\quad w = +cxy\,.$$
Die elastische Fläche ist also ein gleichseitiges hyperbolisches Paraboloid. Eine eingehende Erörterung der möglichen Lösungen gab DOUGALL[3]).

**57. Die Platten mit großer Ausbiegung.** Der KIRCHHOFFschen Theorie liegt einerseits die Voraussetzung zugrunde, daß die Plattendicke gering ist im Vergleich zu den übrigen Abmessungen, andererseits aber auch, daß die Durchbiegungen gering sind gegenüber der Dicke. Nachdem in Ziff. 56 die Theorie der dicken Platten besprochen wurde, soll jetzt die andere Einschränkung aufgehoben werden: die Durchbiegungen sollen nicht mehr klein, sondern vergleichbar mit der Dicke sein, aber doch immer noch klein im Verhältnis zu den Oberflächenabmessungen.

Die Dehnungen irgendeines Plattenelementes setzen sich aus zwei Teilen zusammen. Erstens hat man eine Dehnung der Mittelfläche und aller Parallelflächen infolge der Auswölbung (Abb. 58). Dabei ist
$$ds = dx\sqrt{1+\left(\frac{\partial w}{\partial x}\right)^2} \approx dx\left[1+\frac{1}{2}\left(\frac{\partial w}{\partial x}\right)^2\right],\qquad \text{also}\qquad \varepsilon = \frac{1}{2}\left(\frac{\partial w}{\partial x}\right)^2.$$
Dazu kommt noch die Dehnung, die von Verschiebungen parallel zur Plattenebene herrührt und gleich $\frac{\partial u}{\partial x}$ ist. Im ganzen ist also die Dehnung der Mittelfläche

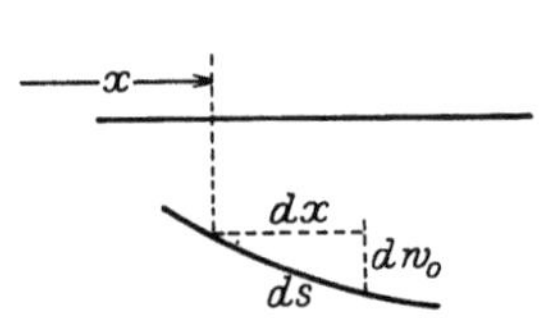

Abb. 58. Dehnung der Mittelfläche.

$$\varepsilon_x^{(1)} = \frac{\partial u}{\partial x} + \frac{1}{2}\left(\frac{\partial w}{\partial x}\right)^2,\qquad \varepsilon_y^{(1)} = \frac{\partial v}{\partial y} + \frac{1}{2}\left(\frac{\partial w}{\partial y}\right)^2. \tag{1}$$
Ferner tritt eine Winkelverzerrung $\gamma_{xy} = \frac{\partial u}{\partial x} + \frac{\partial v}{\partial y} + \frac{\partial w}{\partial x}\frac{\partial w}{\partial y}$ auf.

Diese Ausdrücke wurden in der KIRCHHOFFschen Theorie als klein gegenüber den Biegungsspannungen vernachlässigt.

Diese letzteren rühren von der Krümmung her. Sie sind in der Mittelfläche Null (Abb. 59) und wachsen nach beiden Seiten linear mit dem Abstand $z$ von der Mittelfläche an:

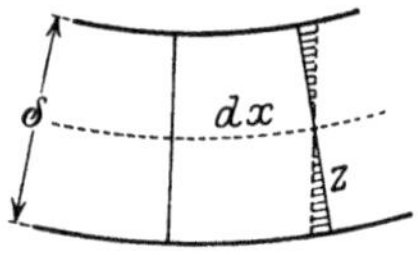

Abb. 59. Dehnungen infolge der Krümmung.

$$\varepsilon_x^{(2)} = -z\frac{\partial^2 w}{\partial x^2}\,,\qquad \varepsilon_y^{(2)} = -z\frac{\partial^2 w}{\partial y^2}\,. \tag{2}$$
Die aus diesem zweiten System folgenden Spannungen lassen sich genau wie in der KIRCHHOFFschen Theorie zu Querkräften $N_1$ und $N_2$, zu Biegungsmomenten $G_1$ und

[1]) H. LAMB, Proc. Math. Soc. London Bd. 21, S. 70. 1890.

[2]) S. auch A. NÁDAI, Forschungsarb. a. d. Geb. d. Ingenieurswesens 1915, H. 170/71, S. 17; Elastische Platten, S. 40. M. BERGSTRÄSSER, ZS. f. techn. Phys., 8. Jg. S. 355, 1927.

[3]) J. DOUGALL, Trans. Edinbg. Roy. Soc. Bd. 41, S. 129. 1904.

$G_2$ und einem Drillungsmoment $H$ zusammenfassen [Gleichung (5) und (7) von Ziff. 46].

Zu den Dehnungen der Gleichung (1) gehören nach dem HOOKEschen Gesetz folgende Spannungsresultanten:

$$\left.\begin{aligned} T_1 &= \frac{m^2 E\,\delta}{m^2-1}\left(\varepsilon_x^{(1)} + \frac{1}{m}\,\varepsilon_y^{(1)}\right) = \frac{m^2 E\,\delta}{m^2-1}\left[\frac{\partial u}{\partial x} + \frac{1}{2}\left(\frac{\partial w}{\partial x}\right)^2 + \frac{1}{m}\frac{\partial v}{\partial y} + \frac{1}{2m}\left(\frac{\partial w}{\partial y}\right)^2\right],\\ T_2 &= \frac{m^2 E\,\delta}{m^2-1}\left(\varepsilon_y^{(1)} + \frac{1}{m}\,\varepsilon_x^{(1)}\right) = \frac{m^2 E\,\delta}{m^2-1}\left[\frac{\partial v}{\partial y} + \frac{1}{2}\left(\frac{\partial w}{\partial y}\right)^2 + \frac{1}{m}\frac{\partial u}{\partial x} + \frac{1}{2m}\left(\frac{\partial w}{\partial x}\right)^2\right],\\ S &= G\left[\frac{\partial u}{\partial y} + \frac{\partial v}{\partial x} + \frac{\partial w}{\partial x}\,\frac{\partial w}{\partial y}\right]. \end{aligned}\right\} \quad (3)$$

Da $w$ sehr klein gegen $x$ und $y$ sein soll, sind die Gleichgewichtsbedingungen für die Spannungsresultanten $T_1$, $T_2$, $S$ ebenso wie für den Fall, daß diese an einer ebenen Platte angreifen würden. Man kann daher $T_1$, $T_2$ und $S$ aus einer Spannungsfunktion $F(x, y)$ ableiten:

$$T_1 = \frac{\partial^2 F}{\partial y^2}, \quad T_2 = \frac{\partial^2 F}{\partial x^2}, \quad S = -\frac{\partial^2 F}{\partial x\,\partial y}. \quad (4)$$

Die Gleichung, der $F$ genügen muß, wird erhalten, wenn man aus den Gleichungen (3) $u$ und $v$ eliminiert. Sie lautet

$$\Delta\Delta F = E\,\delta\left\{\left(\frac{\partial^2 w}{\partial x\,\partial y}\right)^2 - \frac{\partial^2 w}{\partial x^2}\,\frac{\partial^2 w}{\partial y^2}\right\}. \quad (5)$$

Die Gleichgewichtsbedingung bezüglich der zur Platte senkrechten Kräfte liefert eine zweite Beziehung zwischen $F$ und $w$:

$$\frac{\partial N_1}{\partial x} + \frac{\partial N_2}{\partial y} + T_1\frac{\partial^2 w}{\partial x^2} + 2S\frac{\partial^2 w}{\partial x\,\partial y} + T_2\frac{\partial^2 w}{\partial y^2} + p = 0$$

oder

$$B\Delta\Delta w = p + \left[\frac{\partial^2 F}{\partial y^2}\,\frac{\partial^2 w}{\partial x^2} - 2\frac{\partial^2 F}{\partial x\,\partial y}\,\frac{\partial^2 w}{\partial x\,\partial y} + \frac{\partial^2 F}{\partial x^2}\,\frac{\partial^2 w}{\partial y^2}\right]. \quad (6)$$

Diese beiden simultanen Gleichungen hat KÁRMÁN[1]) zuerst aufgestellt.

Setzt man in Gleichung (6) den Ausdruck

$$-\left[T_1\frac{\partial^2 w}{\partial x^2} + 2S\frac{\partial^2 w}{\partial x\,\partial y} + T_2\frac{\partial^2 w}{\partial y^2}\right] = p^*,$$

so nimmt sie die Form der LAGRANGEschen Biegungsgleichung an

$$B\Delta\Delta w = p - p^*. \quad (7)$$

Jedoch ist die Belastung um einen Betrag $p^*$ vermindert, der für die streng ebene Platte zunächst Null ist, dann aber um so beträchtlicher wird, je stärker die Durchbiegung ist. Dieser Betrag $p^*$ wird von den Zugspannungen („Gewölbespannungen") aufgenommen, die mit wachsender Durchbiegung eine immer größere Rolle spielen. Die Formänderungen sind der Last nicht mehr proportional, sondern wachsen allmählich immer langsamer an. Bei der frei gelagerten rechteckigen Platte sind am Rand alle drei Summanden von $p^*$ Null, so daß unmittelbar am Rand eine solche Entlastung nicht eintreten kann. Anders ist es, wenn die Platte am Rand eingespannt oder festgehalten ist, oder auch, wenn sie über das Auflager vorsteht. Ein solcher Rand wirkt ähnlich wie ein Druckring, in den sich die inneren Teile der Platte einhängen.

NÁDAI[2]) hat für den Fall der mit gleichförmigem Druck belasteten Platte mit eingespanntem und mit freiem Rand die simultanen Gleichungen (5) und (6)

[1]) TH. v. KÁRMÁN, Enzykl. d. math. Wiss. Bd. IV/27, S. 349.

[2]) A. NÁDAI, Elastische Platten, S. 291. Berlin 1925.

näherungsweise integriert. Für den Zusammenhang zwischen der Belastung $p$ und dem größten Wölbungspfeil $f$ in Plattenmitte gibt NÁDAI für die eingespannte Platte folgende, etwa bis $f = 2{,}5\,\delta$ brauchbare Formel an (Abb. 60)

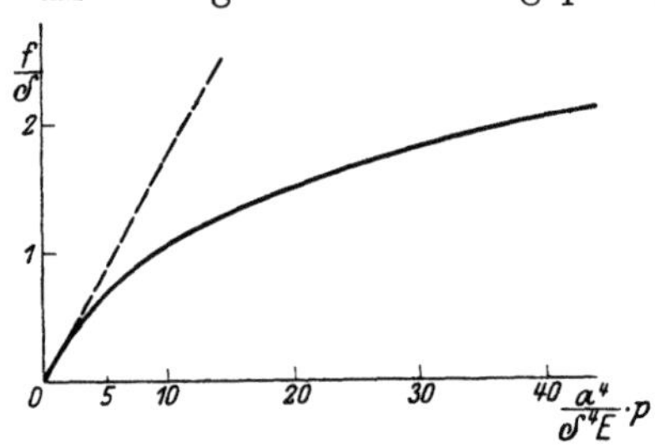


Abb. 60. Verfestigung der längs des Randes eingespannten gleichmäßig belasteten Kreisplatte bei starker Durchbiegung.

$$\frac{a^4 p}{\delta^4 E} = 5{,}69\frac{f}{\delta} + 3{,}32\left(\frac{f}{\delta}\right)^3, \tag{8}$$

Weitere Ausführungen über dieses Grenzgebiet, die von der Auffassung der stark durchgebogenen Platte als einer flachen Schale ausgehen, findet man in Ziff. 72.

Würde man von Anfang an die Dehnungen $\varepsilon^{(2)}$ der Gleichung (2) gegenüber jenen der Gleichung (1) vernachlässigen, so erhielte man an Stelle der Differentialgleichung (6) eine andere, die daraus hervorgeht, wenn man $B\Delta\Delta w = 0$ setzt, also

$$p = \frac{\partial^2 F}{\partial y^2}\frac{\partial^2 w}{\partial x^2} - 2\frac{\partial^2 F}{\partial x \partial y}\frac{\partial^2 w}{\partial x \partial y} + \frac{\partial^2 F}{\partial x^2}\frac{\partial^2 w}{\partial y^2}. \tag{9}$$

Diese Gleichung und die unveränderte Gleichung (5) werden als die Differentialgleichungen der vollkommen biegsamen Platte (Haut) bezeichnet. Sie stellen einen Grenzfall dar, der eine gute Näherung für sehr dünne Platten mit bereits merklicher Ausbiegung darstellt und bei fester Einspannung der Haut eher gilt als andernfalls. Diese Gleichungen scheinen zuerst von A. FÖPPL[1]) behandelt worden zu sein, der eine Lösung für das an zwei gegenüberliegenden Seiten festgehaltene Rechteck gab. Für die kreisförmige Platte hat HENCKY[2]) eine strenge Lösung entwickelt. Er findet für den Biegungspfeil sowie für die Spannungen in der Mitte ($\sigma_0$) und am Rand ($\sigma_a$) die Werte

$$f = 0{,}662\sqrt[3]{\frac{p a^4}{E\delta}}, \quad \sigma_0 = 0{,}423\sqrt[3]{E p^2 \frac{a^2}{\delta^2}}, \quad \sigma_a = 0{,}328\sqrt[3]{E p^2 \frac{a^2}{\delta^2}}. \tag{10}$$

Über eine Prüfung dieser Formel für die Durchbiegung und die Verwendung solcher dünner Platten („Membranbleche") zu Regelvorrichtungen für die Steuerung von Kraftmaschinen berichtet ECK[3]).

Für die rechteckige, auf allen vier Seiten festgehaltene Platte gibt HENCKY[4]) eine näherungsweise Lösung mittels des Differenzenverfahrens. Einen anderen Weg gehen A. und L. FÖPPL[5]). Dort werden für die rechteckige dünne Platte mit gleichförmig verteilter Belastung die Verschiebungen als Produkte trigonometrischer Funktionen angesetzt und die drei Freiwerte nach Aufstellung des Ausdruckes für die Formänderungsarbeit mittels des Prinzips der virtuellen Geschwindigkeit berechnet. Die so gefundenen Werte stimmen mit den von HENCKY gefundenen leidlich überein.

**58. Die Membran.** Auch bei der Membran wird verschwindende Biegungs- und Torsionssteifigkeit vorausgesetzt. Aber der Spannungszustand einer Membran ist von dem eben besprochenen der vollkommen biegsamen Platte mit großer Ausbiegung noch dadurch unterschieden, daß die (Dehnungs-) Spannungen nicht oder

---

[1]) A. FÖPPL, Vorles. über techn. Mechanik Bd. V, S. 132. 1907; Drang und Zwang Bd. I, § 35.

[2]) H. HENCKY, ZS. f. Math. u. Phys. Bd. 63, S. 311. 1915.

[3]) B. ECK, ZS. f. angew. Math. u. Mech. Bd. 7, S. 498. 1927.

[4]) H. HENCKY, ZS. f. angew. Math. u. Mech. Bd. 1, S. 81. 1921; ZS. d. Ver. d. Ing. Bd. 65, S. 976. 1921.

[5]) A. u. L. FÖPPL, Drang und Zwang Bd. I, § 37.

nicht merklich von der Auswölbung abhängen. Dies trifft z. B. bei der Seifenhaut zu, wo es sich um die durch Kapillarkräfte verursachten Oberflächenspannungen handelt, die nach allen Richtungen hin gleich groß und von dem Maß der Krümmung unabhängig sind, oder bei einer Haut, die von Anfang an nach allen Richtungen hin gleichmäßig kräftig vorgespannt ist (Trommelfell), so daß die durch die Auswölbung hervorgerufenen zusätzlichen Spannungen gegenüber der Vorspannung außer Betracht bleiben können. $T$ sei die konstante auf die Längeneinheit eines Schnittes treffende Spannung. Betrachtet man ein Membranelement (Abb. 61), das in der Projektion auf die $x, y$-Ebene die Seiten $dx$ und $dy$ hat, und nimmt man an, daß die Ausbiegungen klein genug bleiben, um ein Linienelement und dessen Projektion als gleich ansehen zu dürfen, so gehört zu einer Abszisse $x$ eine Spannung $Tdy$, und deren Vertikalkomponente ist $-Tdy\,\frac{\partial w}{\partial x}$. An der gegenüberliegenden Rechteckseite mit der Abszisse $x + dx$ hat sich dieser Wert mit $\frac{\partial w}{\partial x}$ etwas geändert, und der Unterschied ist

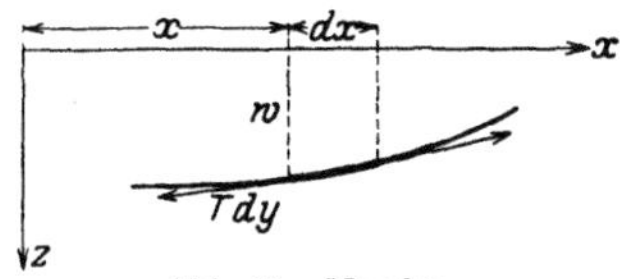

Abb. 61. Membran.

$$Tdy\,\frac{\partial^2 w}{\partial x^2}\,dx\,.$$

Für die beiden anderen Kanten des Elementes ergibt sich entsprechend ein Unterschied

$$Tdx\,\frac{\partial^2 w}{\partial y^2}\,dy\,.$$

Diese beiden Vertikalkräfte müssen im Gleichgewicht stehen mit dem auf das Element wirkenden Druck $p\,dx\,dy$:

$$\frac{\partial^2 w}{\partial x^2} + \frac{\partial^2 w}{\partial y^2} + \frac{p}{T} = 0\,. \tag{1}$$

Dies ist die Differentialgleichung der Membran[1]. Dazu kommt als Grenzbedingung, daß $w$ längs des Randes verschwinden oder einen konstanten Wert annehmen muß.

# VIII. Schalen.

**59. Einleitung.** Eine Schale sei in geometrischer Hinsicht gegeben durch ihre Mittelfläche und ihre Dicke $2h = \delta$ in jedem Punkt. Als Mittelfläche bezeichnet man jene Fläche, die überall in der Mitte zwischen der äußeren und inneren Oberfläche der Schale verläuft. Sofern es sich um eine offene Schale handelt, möge die begrenzende Schnittfläche auf der Mittelfläche senkrecht stehen. Ältere Ansätze zu einer Theorie der Biegung krummer Platten oder Schalen von EULER[2], J. BERNOULLI D. J.[3], POISSON[4] und CAUCHY[5] wurden an anderer Stelle schon erwähnt. Diese ersten Untersuchungen von Schalen wurden ebenso wie jene der ebenen Platten hauptsächlich zu dem Zwecke angestellt, eine Theorie der akustischen Schwingungen zu gewinnen.

ARON[6] hat 1874, gestützt auf die Untersuchungen von KIRCHHOFF, GEHRING und CLEBSCH über endliche Deformationen dünner Stäbe und Platten einen

[1] Vgl. auch Kap. 2, Ziff. 28 ds. Bd. des Handb.
[2] L. EULER, De Sono Campanarum, Nov. Comm. Petropolitanae Bd. 10. 1776.
[3] JAK. BERNOULLI d. Jüngere, Nov. Acta Petropolitanae Bd. 5. 1789.
[4] S. D. POISSON, Paris Mém. de l'Acad. (2) 1812; Auszüge: Bull. de la soc. philomat. 1814, S. 47, ferner Corresp. de l'Ecole polyt. (2) Bd. 3, S. 154. 1815.
[5] A. L. CAUCHY, Exerc. de Math. Bd. 3, S. 285. 1828.
[6] H. ARON, Journ. (Borchardt) für reine u. ang. Math. Bd. 78, S. 136. 1874.

Ausdruck für die potentielle Energie und Gleichungen für das Gleichgewicht und die Deformationen einer Schale in krummlinigen Koordinaten ihrer Mittelfläche abgeleitet. Lord RAYLEIGH[1]) untersuchte die Schwingungen kugelförmiger und zylindrischer Schalen unter der Voraussetzung, daß, ähnlich wie bei der ebenen Platte, keine Längenänderungen der Elemente der Mittelfläche vorkommen. Die Grenzbedingungen ließ er außer acht. MATHIEU[2]) behandelte rotationssymmetrische Schalen nach einer Methode, die jener nachgebildet ist, die POISSON für die Platten benutzte. Die so erhaltenen Bewegungsgleichungen lassen sich aus der ARONschen Formel für die potentielle Energie ableiten, wenn man nur jene Glieder berücksichtigt, die von Dehnungen der Mittelfläche herrühren. Eine kurze kritische Besprechung dieser Arbeiten gab LOVE als Einleitung einer eigenen Untersuchung, in der, wie bei ARON, Reckung und Biegung der Mittelfläche gleichzeitig zugelassen werden. LOVE[3, 4]) hat, ähnlich wie ARON, einen allgemeinen Ausdruck für die potentielle Energie sowie für Längen- und Krümmungsänderungen der Mittelfläche angegeben und mittels des Prinzips der virtuellen Arbeit nach KIRCHHOFFS Methode die Bewegungsgleichungen und Randbedingungen abgeleitet. Der Ausdruck für die potentielle Energie setzt sich aus zwei Teilen zusammen. Der eine ist proportional der Dicke und wird von den Dehnungen der Mittelfläche verursacht, der andere ist proportional der dritten Potenz der Dicke und rührt von der Biegung her. Teilweise stimmen die Ergebnisse mit denen von ARON überein. Doch sind die letzteren in einigen Punkten ungenau und unrichtig, auch nicht so weit durchgeführt wie bei LOVE. Über den Verzerrungszustand ist die Annahme gemacht, daß Linienelemente, die auf der noch nicht deformierten Mittelfläche senkrecht standen, auch nach der Deformation noch gerade und senkrecht zur Mittelfläche verlaufen und keine Dehnungen erleiden. Arbeiten von BASSET[5, 6]) und LAMB[7]) untersuchen das Problem von anderen Gesichtspunkten aus und bestätigen in allen wesentlichen Punkten LOVES Theorie. LAMB weist besonders auf die größere Schwierigkeit der Untersuchung von Schalen gegenüber jener von Platten hin, die aus dem Umstand erwächst, daß im allgemeinen Dehnungen der Mittelfläche und Krümmungsänderungen gleichzeitig auftreten. Bei einer sehr flachen Schale z. B., die sich nur wenig von einer ebenen Platte unterscheidet, kommen nur, oder doch vorwiegend Biegungen vor, ohne Dehnung der Mittelfläche. Im anderen Grenzfall, der geschlossenen Kugel oder überhaupt einer geschlossenen konvexen Fläche, sind jedoch ohne Dehnung der Mittelfläche überhaupt keine Formänderungen möglich, die Dehnungen sind vorherrschend. In den Zwischenfällen ist es nicht möglich, von vornherein eine Grenze zwischen diesen beiden Typen zu ziehen. Auf dieselbe Schwierigkeit bezieht sich auch der Hinweis, daß es im allgemeinen nicht möglich ist, die Randbedingungen zu erfüllen[3]), ohne daß Verbiegungen, die mit einer Dehnung der Mittelfläche verbunden sind, zugelassen werden.

Bevor jedoch der allgemeine und schwierigere Fall gleichzeitiger Biegung und Reckung der Mittelfläche behandelt wird, sollen erst die einfacheren Fälle

---

[1]) Lord RAYLEIGH, Proc. Math. Soc. London Bd. 13, S. 4. 1881; Scient. Pap. Cambridge 1899. Bd. 1, S. 551; Proc. Roy. Soc. Bd. 45, S. 105. 1889; Scient. Pap. Bd. 3, S. 217; ferner Theory of Sound, 2. Aufl., § 235. London 1894/96.

[2]) É. MATHIEU, Journ. de l'Ecole polyt. Bd. 51, S. 177. 1882.

[3]) A. E. H. LOVE, Phil. Trans. (A) Bd. 179, S. 491. 1888.

[4]) S. auch „LOVE-TIMPE" Kap. 24.

[5]) A. B. BASSET, Proc. Math. Soc. London Bd. 21, S. 33. 1890. Auszug: Proc. Roy. Soc. London Bd. 67, S. 45. 1890.

[6]) A. B. BASSET, Phil. Trans. (A) Bd. 181, S. 433. 1890.

[7]) H. LAMB, Proc. Math. Soc. London Bd. 21, S. 119. 1890.

besprochen werden, in denen es sich entweder nur um eine Verbiegung oder nur um eine Reckung handelt.

**60. Dehnungslose Formänderung von Schalen.** Unter einer dehnungslosen Formänderung soll eine solche verstanden werden, die die sämtlichen Linienelemente der Mittelfläche ungedehnt läßt, also nur in einer Verbiegung besteht. Durch eine solche Verbiegung kann einer Schale nicht irgendeine beliebige Form gegeben werden, sondern die ursprüngliche und die durch mechanische Biegung erhaltene Mittelfläche sind dadurch ausgezeichnet, daß sie auch im Sinne der Differentialgeometrie stetig aufeinander verbiegbar sind, d. h. sie müssen zugleich konform und flächentreu aufeinander abbildbar sein. Flächen, die in solcher Weise miteinander verwandt sind, haben in sich entsprechenden Punkten gleiches GAUSSsches Krümmungsmaß. (Jedoch ist die Umkehrung dieses Satzes nur für Flächen konstanten Krümmungsmaßes zulässig.) Daraus folgt insbesondere, daß eine (auf die Ebene) abwickelbare Fläche nur wieder zu einer abwickelbaren Fläche verbogen werden kann. Eine Erörterung dieser geometrischen Verhältnisse, insbesondere die Untersuchung der Krümmungsänderungen bei der Verbiegung findet man in den Lehrbüchern der Differentialgeometrie. Eine Übersicht über die hier einschlägigen Untersuchungen gibt der Enzyklopädieartikel von VOSS[1]) über Abbildung und Abwicklung zweier Flächen aufeinander. Wichtig ist der Umstand, daß eine einfach zusammenhängende, singularitätenfreie, geschlossene konvexe Fläche (ein sog. Ovaloid) ohne Reckung überhaupt nicht verbogen werden kann[2]). Dasselbe gilt natürlich auch, wenn ein Teil der Fläche weggenommen und dafür der Rand entsprechend versteift ist. Da man es aber, wenigstens bei statischen Problemen, fast immer mit geschlossenen oder längs des Randes irgendwie versteiften Schalen zu tun hat, spielen dehnungslose Verbiegungen dort kaum eine Rolle. Die hierher gehörigen RAYLEIGHschen Untersuchungen der Zylinder- und Kugelschale, die die Lösung von Schwingungsproblemen zum Ziel haben, wurden in der Einleitung schon genannt. Man findet diese Spezialfälle auch in Loves Lehrbuch[3]) behandelt. Schließlich ist in diesem Zusammenhang noch eine Abhandlung von FINSTERWALDER[4]) zu nennen, die die mechanischen Beziehungen bei der Flächendeformation in sehr anschaulicher Weise darstellt und sich auch mit der mechanischen Realisierung von Flächen durch Geflechte, Netze und Häute befaßt.

**61. Biegungsfreie Beanspruchung von Schalen.** Schließt man Verbiegungen von vornherein aus, und behält man von den acht Spannungsresultanten und -momenten, die ähnlich wie bei der ebenen Platte (Abb. 52) am Schalenelement angreifen können ($T_1$, $T_2$, $G_1$, $G_2$, $N_1$, $N_2$, $S$, $H$ ), nur jene bei, die man als gleichmäßig über die Wanddicke verteilt annehmen kann, und die in erster Näherung ausschließlich eine Reckung der Mittefläche darstellen, so bleiben nur drei übrig ($T_1, T_2, S$). Zu deren Ermittlung stehen aber ebenso viele Gleichgewichtsbedingungen zur Verfügung. Zur Lösung solcher Aufgaben braucht man also gar nicht auf die elastischen Deformationen einzugehen, d. h. diese Aufgaben sind s t e r e o s t a t i s c h b e s t i m m t.

Dieses Verfahren hat man, um in praktisch wichtigen Fällen überhaupt zu einer, wenn vielleicht auch nur näherungsweise richtigen Lösung zu gelangen,

---

[1]) A. VOSS, Enzykl. d. math. Wissensch. III D 6a.

[2]) Diese Tatsache war nach CAUCHYS Angabe (C. R. Bd. 21, S. 564. 1845) bereits LAGRANGE bekannt; wahrscheinlich sogar schon EULER. Den ersten ausführlichen Beweis gab J. H. JELLETT, Dublin Trans. R. Irish Acad. Bd. 22, S. 375. 1854; s. ferner H. LIEBMANN, Göttinger Nachr. 1899, S. 44; Math. Ann. Bd. 53, S. 81. 1900; Bd. 54, S. 505. 1901.

[3]) LOVE-TIMPE, §§ 319ff.

[4]) S. FINSTERWALDER, Jahresber. d. dtsch. Math.-Vereinig. Bd. VI, S. 45. 1899.

schon sehr früh angewandt, so z. B. LAMÉ und CLAPEYRON[1]) auf Behälter und Kessel, SCHWEDLER[2]) auf Kuppelbauten.

Eine nähere Begründung dieses Verfahrens wurde dabei nicht gegeben. Praktische Bedeutung haben — abgesehen von dem in Ziff. 73 nachgeholten Fall des zylindrischen Gewölbes — hauptsächlich rotationssymmetrische Schalen. Auf diese erstrecken sich auch vorwiegend die theoretischen Untersuchungen. Doch hat LAGALLY[3]) und anschließend LÖBELL[4]) eine Theorie entwickelt, die die Spannungen und Formänderungen beliebig gewölbter elastischer „Membranen" (d. s. Schalen ohne Biegungswiderstand) zu ermitteln gestattet.

**62. Achsensymmetrische Behälter unter gleichmäßigem Oberflächendruck.** Da in diesem Falle aus Symmetriegründen auch Schubspannungen $S$ nicht vorkommen können, sind die in Richtung der Meridiane wirkenden Meridianspannungen und die in Richtung der Parallelkreise wirkenden Ringspannungen, Hauptspannungen. Die ersteren sollen mit $\sigma_1$ (Resultante $T_1$), die Ringspannungen mit $\sigma_2$ (Resultante $T_2$) bezeichnet werden. Bezeichnet ferner (Abb. 62) $R_1$ den Krümmungsradius der Meridiankurve, $R_2$ den Radius der 2. Hauptkrümmung (Normale), so lauten die Bedingungen für das Gleichgewicht eines Elementes gegen eine Verschiebung normal zur Mittelfläche

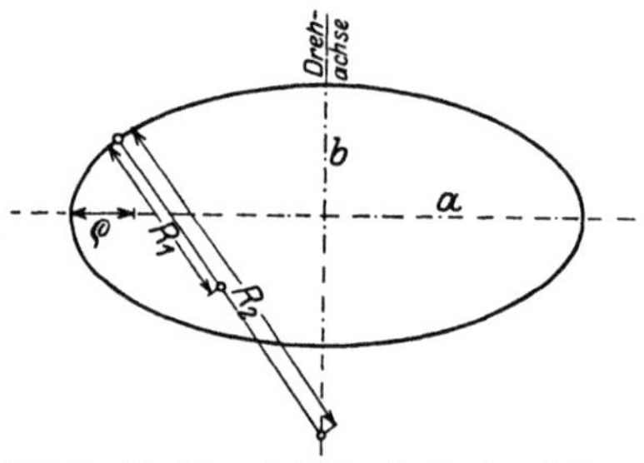


Abb. 62. Meridianschnitt durch ein abgeplattetes Rotationsellipsoid.

$$\frac{T_1}{R_1} + \frac{T_2}{R_2} = p\,. \tag{1}$$

Das Gleichgewicht gegen eine Verschiebung des Elementes in der Richtung der Meridiantangente läßt sich in der Gleichung ausdrücken

$$\frac{d(r T_1)}{d\varphi} = R_1 T_2 \cos\varphi\,; \tag{2}$$

$r$ ist der Parallelkreisradius ($r = R_2 \sin\varphi$). Setzt man für $R_1 T_2$ den Wert aus Gleichung (1) ein und multipliziert man beiderseits mit $\sin\varphi$, so erhält man

$$\frac{d(r T_1)}{d\varphi}\sin\varphi = (r R_1 p - r T_1)\cos\varphi\,,$$

$$\frac{d(r T_1 \sin\varphi)}{d\varphi} = r R_1 p \cos\varphi\,,$$

und da $R_1 \cos\varphi\, d\varphi = dr$,

$$r T_1 \sin\varphi - (r T_1 \sin\varphi)_0 = \frac{p}{2}(r^2 - r_0^2)\,. \tag{3}$$

Wenn die Schale einen auf der Symmetrieachse liegenden Scheitel hat, so wird

$$r T_1 \sin\varphi = \frac{p}{2} r^2$$

und

$$T_1 = \frac{p}{2} R_2\,. \tag{4}$$

Nimmt man noch Gleichung (1) dazu, so folgt die Beziehung

$$T_2 = T_1\left(2 - \frac{R_2}{R_1}\right). \tag{5}$$

---

[1]) G. LAMÉ u. E. CLAPEYRON, Mém. prés. par div. savants Bd. 4, S. 465. 1833 (vorgelegt 1828).

[2]) W. SCHWEDLER, ZS. f. Bauwesen 1866, S. 7.

[3]) M. LAGALLY, ZS. f. angew. Math. u. Mech. Bd. 4, S. 377. 1924.

[4]) F. LÖBELL, ZS. f. angew. Math. u. Mech. Bd. 7, S. 463. 1927.

Die Ringspannungen verschwinden also dort, wo $R_1 = \frac{1}{2} R_2$. Soll die ganze Schale frei von Ringspannungen bleiben, so muß diese Beziehung längs des ganzen Meridians erfüllt sein. Dies trifft für jene Form der EULERschen Elastika zu, die die Kraftachse senkrecht durchschneidet (Ziff. 33, Abb. 30). Also wird z. B. eine Haut, die nur Spannungen in Richtung der Meridiane, nicht aber in Richtung der Parallelkreise aufzunehmen vermag, infolge eines inneren Überdruckes eine Form anzunehmen suchen, die durch Rotation dieser elastischen Kurve um ihre Achse entsteht. Davon ist in Ziff. 100 ausführlicher die Rede.

Für die Kugel im besonderen erhält man die einfache Formel

$$T_1 = T_2 = \frac{Rp}{2}, \tag{6}$$

für den Zylinder erhält man in axialer Richtung

$$T_1 = \frac{ap}{2}, \tag{7a}$$

in Richtung des Umfanges

$$T_2 = ap. \tag{7b}$$

Dabei ist vorausgesetzt, daß der Zylinder an beiden Enden irgendwie abgeschlossen ist, daß aber diese Enden so weit von der betrachteten Stelle entfernt sind, daß ihr Einfluß nicht mehr störend ist.

Das abgeplattete Rotationsellipsoid spielt in neuerer Zeit eine größere Rolle als Form für die Böden von Dampfkesseln u. dgl. (Ziff. 70). Die Hauptkrümmungsradien eines solchen Ellipsoids (Abb. 62) sind

$$R_1 = \frac{a^2 b^2}{(a^2 \sin^2\varphi + b^2 \cos^2\varphi)^{\frac{3}{2}}}, \qquad R_2 = \frac{a^2}{(a^2 \sin^2\varphi + b^2 \cos^2\varphi)^{\frac{1}{2}}}. \tag{8}$$

Bezeichnet man deren Verhältnis $R_1/R_2$ mit $v^2$, so daß also

$$v^2 = \frac{1}{1 + \frac{a^2 - b^2}{b^2} \sin^2\varphi} \tag{9}$$

($v = 1$ im Pol, $v = \frac{b}{a}$ am Äquator), so ist

$$R_1 = \frac{a^2}{b} v^3, \qquad R_2 = \frac{a^2}{b} v. \tag{10}$$

Die Spannungsresultanten sind nach den Gleichungen (4) und (5)

$$T_1 = \frac{a^2}{2b} p v, \qquad T_2 = \frac{a^2}{2b} p \left(2v - \frac{1}{v}\right). \tag{11}$$

Im Scheitel ist also $T_1 = T_2 = \frac{a^2}{2b} p$, bei innerem Überdruck immer Zugspannung. Die Meridianspannungen nehmen nach dem Äquator zu ab bis auf den Betrag $ap/2$. Die Ringspannungen nehmen vom Pol nach dem Äquator zu rascher ab als die Meridianspannungen. Es können Druckspannungen auftreten, wenn $2v < \frac{1}{v}$, d. h. nach Gleichung (9), wenn das Ellipsoid flacher ist, als es dem Achsenverhältnis $\frac{a}{b} = \sqrt{2}$ entspricht. Bei diesem Grenzwert wird der Äquator gerade spannungsfrei. Bei flacheren Ellipsoiden ist zu beiden Seiten des Äquators eine Zone mit Druckspannungen. Diese reicht bis zu einem Parallelkreis, dessen Winkelabstand $\omega (= 90° - \varphi)$ gegeben ist durch

$$\operatorname{tg}^2\omega = \frac{a^2}{b^2} - 2; \tag{12a}$$

der Radius dieses Parallelkreises ist

$$r = \frac{a}{\sqrt{2\left(1 - \frac{b^2}{a^2}\right)}}. \tag{12b}$$

Die Druckzone kann also höchstens bis zu $r = \frac{a}{\sqrt{2}}$ reichen. Letzterer Wert wird erreicht, wenn $b = 0$ wird und das Ellipsoid zum sog. Doppelblatt ausartet. Die Möglichkeit des Knickens (Faltenbildung) in diesem Druckgebiet ist in Ziff. 98 erörtert.

Für die Ringfläche (den Torus) gelten die Gleichungen (4) und (5) nicht, da für $\varphi = 0$ nicht auch $r = 0$ ist. Man muß auf Gleichung (3) zurückgreifen und erhält aus dieser

$$T_1 = \frac{p}{2} \frac{r^2 - r_0^2}{r \sin\varphi}. \tag{13}$$

Diese Gleichung zusammen mit der unverändert bestehenbleibenden Gleichung (1) gestattet eine Untersuchung des Spannungszustandes. Der Torus ist (ohne Inanspruchnahme der Biegungssteifigkeit) unter innerem Überdruck nicht unter allen Umständen stabil, der Meridian muß vielmehr gewisse Symmetriebedingungen erfüllen.

Wenn in der Schale irgendwelche Unstetigkeiten vorkommen, d. h. wenn sich $R_1$, $R_2$ oder $\delta$ an einer Stelle sprunghaft ändern, so versagt diese einfache Berechnung, die nur einen gleichmäßigen Spannungszustand, aber keine Verbiegungen zuläßt. Man erkennt dies schon daran, daß sich an einer solchen Stelle eine sprunghafte Änderung der Ringspannungen $\sigma_2$, also auch eine sprunghafte Änderung in der Dehnung aufeinanderfolgender Parallelkreise ergeben würde, d. h. ein Klaffen der Schale, was natürlich in Wirklichkeit nicht zutrifft.

**63. Spannungen in Schalen infolge des Eigengewichtes.** Die Bestimmung der in rotationssymmetrischen Schalen durch das Eigengewicht ausgelösten Spannungen ist wichtig für die Berechnung von Kuppeln. Es sei $q$ das Eigengewicht pro Flächeneinheit, $Q$ das gesamte Gewicht der Schale über einem Breitenkreis $\varphi$. Dann lehrt eine Betrachtung der in diesem Parallelkreisschnitt übertragenen vertikalen Kraftkomponenten, daß $-Q = 2r\pi T_1 \sin\varphi$ sein muß, oder

$$T_1 = -\frac{Q}{2R_2\pi \sin^2\varphi}. \tag{1a}$$

Führt man den Horizontalschub $H = Q \operatorname{cotg}\varphi$ ein, so wird

$$T_1 = -\frac{H}{R_2\pi \sin 2\varphi}. \tag{1b}$$

Im Scheitel $(R_1 = R_2 = R)$ ist

$$T_1 = -\frac{R_2 q}{2}.$$

Die Betrachtung des Gleichgewichtes der horizontalen Komponenten im Breitenschnitt $\varphi$ liefert die Ringspannungen

$$T_2 = -\frac{1}{2R_1\pi} \frac{dH}{d\varphi}. \tag{2}$$

Aus dem Gleichgewicht eines Flächenelementes gegen eine Verschiebung in Richtung der Normale würde die Beziehung

$$\frac{T_1}{R_1} + \frac{T_2}{R_2} = Z \tag{3}$$

folgen, wo $Z$ die Lastkomponente in Richtung der Normale pro Flächeneinheit ist.

Die Formeln (1) und (2) zeigen, daß die Spannungen in einer Kuppel infolge Eigengewichts unabhängig von der Wanddicke sind. Maßgebend für die Wahl der Dicke einer Kuppel sind außer rein praktischen Fragen der Herstellung (insbesondere ob die Form genau genug eingehalten werden kann) die Rücksicht auf andere Lasten (Schnee, Winddruck, Einzellasten) und hauptsächlich auf die Knicksicherheit (Ziff. 97).

Während die Meridianspannungen immer negativ sind (Druck), wechseln die Ringspannungen ihr Vorzeichen dort, wo $\frac{dH}{d\varphi} = 0$ ist, also der Horizontalschub seinen Größtwert erreicht. Man bezeichnet diesen Parallelkreis oft als „Bruchfuge". Aus $\frac{dH}{d\varphi} = 0$ folgt, daß seine Lage gegeben ist durch

$$Q = \frac{1}{2}\frac{dQ}{d\varphi}\sin 2\varphi. \tag{4}$$

Für die Kugel mit gleichmäßiger Wandstärke ist

$$Q = 2R^2\pi q(1-\cos\varphi), \qquad \frac{dQ}{d\varphi} = 2R^2\pi q\sin\varphi,$$

woraus sich ergibt, daß die Bruchfuge den Polabstand 51° 49',6 hat. Für die Kugelschale ist ferner

$$T_1 = -\frac{Rq}{1+\cos\varphi}, \qquad T_2 = Rq\left(\frac{1}{1+\cos\varphi} - \cos\varphi\right). \tag{5}$$

Abb. 63 zeigt für einige Formen des Meridians, nämlich für Ellipse, Kreis, Kegelschnittsparabel, kubische Parabel und gerade Linie (jeweils für ein Ver-

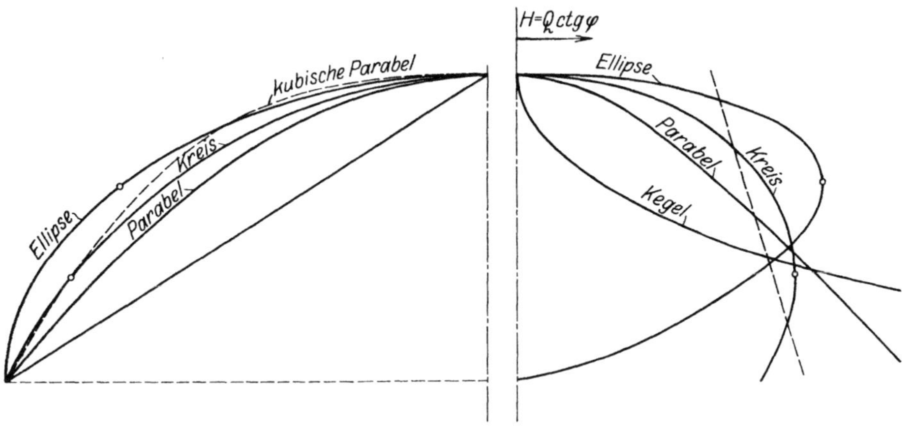


Abb. 63. Kurven des Horizontalschubes für verschiedene Kuppelformen.

hältnis der Stichhöhe zum Auflagerdurchmesser gleich $1:\pi$), den Verlauf der Kurve des Horizontalschubes. Die Neigung dieser $H$-Kurve gegen die vertikale Achse ist an jeder Stelle ein Maß für die Ringspannungen. An der Bruchfuge hat sie eine vertikale Tangente. Die nach einer kubischen Parabel geformten Kuppeln sind dadurch ausgezeichnet, daß in ihnen die Ringspannungen überall den gleichen Wert haben. Im besonderen ist auch der Wert Null möglich. Die kubische Parabel spielt also für die Eigengewichtsbelastung dieselbe Rolle, wie die elastischen Kurven für eine Belastung durch Oberflächendruck.

Andere Belastungsfälle, wie z. B. die Belastung durch Schnee oder durch Zentrifugalkräfte, sind in ähnlicher Weise zu untersuchen. Überdies hat Reiss-

NER[1]) auch die durch Windkräfte unsymmetrisch belastete Kugelschale behandelt (sinusförmiges Verteilungsgesetz). Eine Reihe verwandter bautechnisch wichtiger Aufgaben hat DISCHINGER[2]) untersucht.

Man erkennt auch hier wieder, daß diese einfache Berechnungsweise, die die Möglichkeit einer Verbiegung ausschließt, unzureichend wird, wenn in der Schale irgendwelche Unstetigkeiten vorkommen oder die Randbedingungen andere sind, als sie sich aus dieser Rechnung ergeben.

**64. Die LOVE-MEISSNERsche Theorie rotationssymmetrischer Schalen.** Für kleine Deformationen und Schalen geringer Wanddicke hat LOVE unter Benutzung der in Ziff. 59 genannten Annahme über die Art des Verzerrungszustandes einfache Näherungsausdrücke für die Verzerrungen sowie für die Spannungsresultanten und -momente abgeleitet. Da bis jetzt nur Lösungen für Schalen mit rotationssymmetrischer Form und Belastung gefunden sind, und praktisch

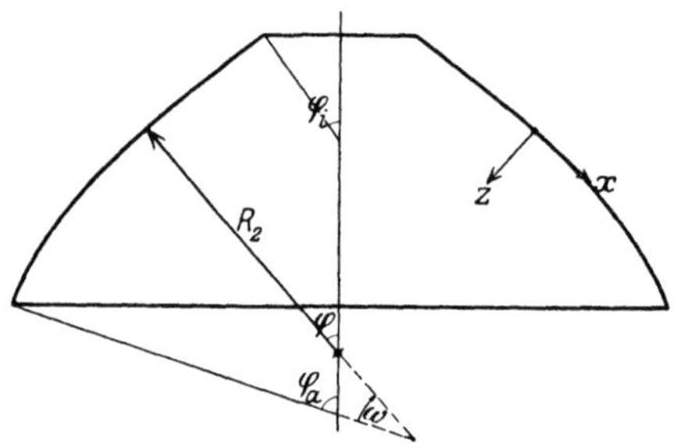


Abb. 64. Schale.

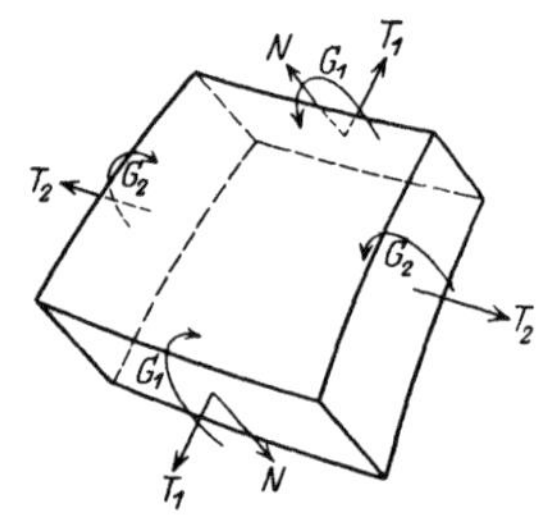


Abb. 65. Element einer Rotationsschale.

auch gerade diese wichtig sind, sollen die folgenden Formeln gleich auf diesen Fall beschränkt werden. Dagegen ist es nicht nötig, die Dicke als konstant anzusehen.

Es mögen folgende Bezeichnungen gelten (Abb. 64):

$\varphi$ Winkel der Flächennormale gegen die Symmetrieachse (Komplement des Breitenwinkels),

$R_1$ Krümmungshalbmesser der Meridiankurve,

$R_2$ zweiter Hauptkrümmungshalbmesser (Querkrümmungshalbmesser),

$\varepsilon_1$ bezogene meridionale Dehnung,

$\varepsilon_2$ bezogene tangentiale Dehnung (in Richtung der Parallelkreise),

$\left.\begin{matrix}\varkappa_1\\ \varkappa_2\end{matrix}\right\}$ Änderungen der Krümmungen $\frac{1}{R_1}$ bzw. $\frac{1}{R_2}$,

$\vartheta$ Richtungsänderung eines meridionalen Linienelementes infolge der Verbiegung (positiv, wenn $\varphi$ vergrößert wird),

$u$ Verschiebungskomponente eines Punktes in der Richtung $x$ der Meridiantangente,

$w$ dasselbe in der Richtung $z$ der Flächennormale,

$(\ )'$ bedeutet Ableitung nach $\varphi$, $(\ )^{\cdot}$ Ableitung nach der Meridianbogenlänge $s$.

Die Spannungsresultanten und -momente sollen ähnlich bezeichnet werden wie in der Theorie der Platten. $T_1$, $N_1$, $G_1$ sollen sich auf Parallelkreisschnitte, $T_2$ und $G_2$ auf Meridianschnitte beziehen (Abb. 65), $S$, $N_2$ und $H$ müssen aus Symmetriegründen verschwinden.

Die Biegungsmomente $G$ sind positiv, wenn sie im Sinne einer Verminderung der Krümmung des Schalenelementes wirken.

---

[1]) H. REISSNER, Müller-Breslau-Festschrift, S. 181. Leipzig 1912.

[2]) F. DISCHINGER, Handb. für Eisenbetonbau, 3. Aufl., Bd. XII. Berlin 1928.

Die Verzerrungsgleichungen lauten dann[1])

$$\varepsilon_1 = \frac{u' - w}{R_1}, \quad \varepsilon_2 = \frac{u \operatorname{ctg} \varphi - w}{R_2}, \tag{1a}$$

$$\varkappa_1 = \frac{\vartheta'}{R_1}, \quad \varkappa_2 = \frac{\vartheta \operatorname{ctg} \varphi}{R_2}. \tag{1b}$$

Der Zusammenhang zwischen Spannungen und Dehnungen ist gegeben durch

$$T_1 = D\left(\varepsilon_1 + \frac{\varepsilon_2}{m}\right), \quad T_2 = D\left(\varepsilon_2 + \frac{\varepsilon_1}{m}\right), \tag{2a}$$

$$G_1 = -B\left(\varkappa_1 + \frac{\varkappa_2}{m}\right), \quad G_2 = -B\left(\varkappa_2 + \frac{\varkappa_1}{m}\right). \tag{2b}$$

$D$ ist die Dehnungssteifigkeit $\frac{2m^2 E h}{m^2 - 1}$, $B$ die Biegungssteifigkeit $\frac{2m^2 E h^3}{3(m^2 - 1)}$.

Die Gleichgewichtsbedingungen lauten
in Richtung der Meridiantangente

$$\frac{d}{d\varphi}(T_1 R_2 \sin\varphi) - T_2 R_1 \cos\varphi - N R_2 \sin\varphi + X R_1 R_2 \sin\varphi = 0, \tag{3a}$$

in der Richtung der Breitenkreistangente

$$\frac{d}{d\varphi}(N R_2 \sin\varphi) + T_1 R_2 \sin\varphi + T_2 R_1 \sin\varphi + Z R_1 R_2 \sin\varphi = 0, \tag{3b}$$

gegen Verdrehen

$$\frac{d}{d\varphi}(G_1 R_2 \sin\varphi) - G_2 R_1 \cos\varphi - N R_1 R_2 \sin\varphi = 0. \tag{3c}$$

Dazu kommt noch eine „Verträglichkeitsbedingung", die zwischen $\vartheta$ und $u, w$ bestehen muß:

$$\vartheta = \frac{u + w'}{R_1}, \tag{4}$$

die nach Elimination von $u$ und $w$ auch in folgender Form erhalten werden kann:

$$-\frac{d}{d\varphi}\left\{\frac{R_2}{h}\left(T_2 - \frac{T_1}{m}\right)\right\} + \frac{\operatorname{ctg}\varphi}{h}\left\{T_1\left(R_1 + \frac{R_2}{m}\right) - T_2\left(R_2 + \frac{R_1}{m}\right)\right\} = 2 E R_1 \vartheta. \tag{4'}$$

Man könnte nun in die Gleichgewichtsbedingungen (3) die Werte (2) der Spannungsresultanten und -momente einsetzen, hieraus $N$ eliminieren und würde so zwei Gleichungen erhalten, die $\varepsilon_1, \varepsilon_2, \varkappa_1, \varkappa_2$ als Funktionen von $\varphi$ angeben, in die dann mittels der Gleichungen (1) und (4) die Verschiebungskomponenten $u, w$ als Veränderliche eingeführt werden könnten. Das so gewonnene simultane System würde eine unsymmetrische und verwickelte Form zeigen; es besteht aus einer Gleichung dritten und einer Gleichung zweiten Grades. STODOLA[2]) hat die Integration für die Kegelschale konstanter Wanddicke mit Reihenansätzen durchgeführt. REISSNER[3]) gelang es, für die Kugelschale mit gleichmäßig dicker Wandung und symmetrischer Belastung zwei symmetrische Differentialgleichungen von der zweiten Ordnung zu erhalten, indem er als Variable $N$ und $\vartheta$ einführte. REISSNER löste dieses System mittels des von BLUMENTHAL[4]) entwickelten Verfahrens der asymptotischen Integration. SCHWE-

[1]) „LOVE-TIMPE" § 331; A. u. L. FÖPPL, Drang und Zwang, Bd. II, 5. Abschnitt.
[2]) A. STODOLA, Die Dampfturbinen, 4. Aufl., S. 597. Berlin 1910.
[3]) H. REISSNER, Müller-Breslau-Festschrift, S. 192. Leipzig 1912.
[4]) O. BLUMENTHAL, Arch. f. Math. u. Phys. Bd. 3, S. 136. 1912; ZS. f. Math. u. Phys. Bd. 62, S. 343. 1914.

RIN[1]) führte die Rechnung für verschiedene Randbedingungen auch zahlenmäßig vollkommen durch und untersuchte weiterhin die unsymmetrisch durch Winddruck belastete Kugelschale (Kuppel). MEISSNER[2]) zeigte dann, daß diese Symmetrie der Grundgleichungen nicht nur in diesem Falle, sondern immer zu erreichen ist, wenn der Meridian konstante Krümmung hat, und daß dann auch eine Reduktion auf eine einzige Differentialgleichung zweiter Ordnung möglich ist. Als Variable sind $\vartheta$ und $V = R_2 N$ zu benutzen. Weiterhin wies MEISSNER[3]) nach, daß eine ähnliche Reduktion für jede Schalenform möglich ist, wenn die Schalendicke in passender Weise als längs des Meridians veränderlich angenommen werden darf (Ziff. 66).

Die Ableitung der Gleichungen soll daher gleich für den allgemeinsten Fall der Rotationsschale mit veränderlicher Dicke $h(\varphi)$ gegeben werden.

Aus den beiden Gleichgewichtsbedingungen (3a) und (3b) leitet sich das Integral ab

$$R_2 \sin\varphi (T_1 \sin\varphi + N \cos\varphi) = -F(\varphi), \tag{5}$$

wobei

$$F(\varphi) = \int_{\varphi_0}^{\varphi} R_1 R_2 \sin\varphi (X \sin\varphi + Z \cos\varphi)\, d\varphi + C. \tag{6}$$

Diese Funktion $F(\varphi)$ hängt von der Belastung der Oberfläche ab ($X$ und $Z$ sind Komponenten dieser Lasten), und Gleichung (5) bringt zum Ausdruck, daß die Schalenzone zwischen den Parallelkreisen $\varphi_0$ und $\varphi$ im Gleichgewicht ist. Die Integrationskonstante $C$ erlaubt eine Belastung des freien Schalenrandes zu berücksichtigen.

Führt man nach MEISSNER $R_2 N$ als neue Variable ein, die mit $V$ bezeichnet werden soll, so liefert Gleichung (5) die Beziehung

$$T_1 = -\frac{V \operatorname{ctg}\varphi}{R_2} - \frac{F(\varphi)}{R_2 \sin^2\varphi}, \tag{7a}$$

und durch Einsetzen in (3b) ergibt sich

$$T_2 = -\frac{V'}{R_1} + \frac{H(\varphi)}{R_1}, \tag{7b}$$

wobei zur Abkürzung

$$H(\varphi) = \frac{F(\varphi)}{\sin^2\varphi} - R_1 R_2 Z \tag{8}$$

geschrieben ist. Ebenso wie $F(\varphi)$ hängt auch $H(\varphi)$ nur von der Oberflächenbelastung ab, nicht von den Randkräften und -momenten. Abgesehen von diesen Summanden $F$ und $H$ sind $T_1$ und $T_2$ mit $V$ in demselben Zusammenhang, wie in den Gleichungen (1b) $\varkappa_1$ und $\varkappa_2$ mit $\vartheta$.

Schreibt man die noch nicht benutzte dritte Gleichgewichtsbedingung (3c) in der Form

$$\frac{d}{d\varphi}(R_2 G_1) + \operatorname{ctg}\varphi (R_2 G_1 - R_1 G_2) = R_1 R_2 N,$$

und führt man die Variable $V$ und an Stelle der Spannungsmomente $G$ die Krümmungsänderungen ein, so lautet sie

$$\frac{d}{d\varphi}\left[R_2\left(\varkappa_1 + \frac{\varkappa_2}{m}\right)\right] + \operatorname{ctg}\varphi\left[\left(R_2 - \frac{R_1}{m}\right)\varkappa_1 - \left(R_1 - \frac{R_2}{m}\right)\varkappa_2\right] = -\frac{R_1}{B} V. \tag{9}$$

[1]) E. SCHWERIN, Über die Spannungen in symmetrisch und unsymmetrisch belasteten Kugelschalen (Kuppeln) usw. Dissert. 1917. Springer Berlin 1918; Armierter Beton Jg. 12, S. 25. 1919.

[2]) E. MEISSNER, Phys. ZS. Bd. 14, S. 343. 1913.

[3]) E. MEISSNER, Vierteljschr. d. naturf. Ges. Zürich Jg. 60, S. 23. 1915.

Diese Gleichung ist in $\varkappa_1$ und $\varkappa_2$ ebenso gebaut wie die Verträglichkeitsbedingung (4') in $T_1$ und $T_2$. Ersetzt man daher in Gleichung (9) $\varkappa_1$ und $\varkappa_2$ mittels der Gleichung (1b) durch $\vartheta$ und in Gleichung (4') $T_1$ und $T_2$ mittels der Beziehung (7) durch $V$, so erhält man zwei Gleichungen von ebenfalls ähnlichem Bau

$$\left.\begin{aligned}&\frac{R_2}{h R_1^2}\left[\vartheta'' + \vartheta'\left\{\frac{R_1}{R_2}\left(\frac{R_2}{R_1}\right)' + \operatorname{ctg}\varphi + 3\frac{h'}{h}\right\}\right.\\&\qquad\left. - \vartheta\left\{\frac{R_1^2}{R_2^2}\operatorname{ctg}^2\varphi + \frac{R_1}{m R_2}\left(1 - 3\operatorname{ctg}\varphi\frac{h'}{h}\right)\right\}\right] = -\frac{V}{B},\\&\frac{R_2}{h R_1^2}\left[V'' + V'\left\{\frac{R_1}{R_2}\left(\frac{R_2}{R_1}\right)' + \operatorname{ctg}\varphi - \frac{h'}{h}\right\}\right.\\&\qquad\left. - V\left\{\frac{R_1^2}{R_2^2}\operatorname{ctg}^2\varphi + \frac{R_1}{m R_2}\left(1 + \operatorname{ctg}\varphi\frac{h'}{h}\right)\right\}\right] = 2E\vartheta + \Phi.\end{aligned}\right\}\tag{10}$$

$\Phi(\varphi)$ ist wieder eine nur von der Oberflächenbelastung herrührende Funktion, die ausführlich geschrieben lautet

$$\left.\begin{aligned}\Phi(\varphi) = \frac{1}{R_1 h}&\left[-\frac{h'}{h}\left(\frac{R_2}{R_1}H + \frac{F}{m\sin^2\varphi}\right) + \left(\frac{R_2}{R_1}H + \frac{F}{m\sin^2\varphi}\right)'\right.\\&\left. + \left(\frac{R_1}{R_2} + \frac{1}{m}\right)\frac{F(\varphi)\cos\varphi}{\sin^3\varphi} + \left(\frac{R_2}{R_1} + \frac{1}{m}\right)H\operatorname{ctg}\varphi.\right]\end{aligned}\right\}\tag{11}$$

Für konstantes $h$ wären die linken Seiten der Gleichungen (10) für $\vartheta$ und $V$ identisch. MEISSNER[1]) hat gezeigt, daß dies auch bei veränderlichem $h$ erzielt werden kann, wenn an Stelle von $V$ eine andere Variable

$$U = \frac{V}{h^2} = \frac{R_2 N}{h^2}\tag{12}$$

eingeführt wird.

Nach dieser Transformation lautet das simultane System der Hauptgleichungen für das Elastizitätsproblem der Schalen endgültig:

$$\left.\begin{aligned}&\frac{R_2 h}{R_1^2}\left[\vartheta'' + \vartheta'\left\{\frac{R_1}{R_2}\left(\frac{R_2}{R_1}\right)' + \operatorname{ctg}\varphi + 3\frac{h'}{h}\right\} - \vartheta\frac{R_1^2}{R_2^2}\operatorname{ctg}^2\varphi\right]\\&\qquad + \vartheta F_1 = -\frac{3(m^2-1)}{2m^2 E}U,\end{aligned}\right\}\tag{13a}$$

$$\left.\begin{aligned}&\frac{R_2 h}{R_1^2}\left[U'' + U'\left\{\frac{R_1}{R_2}\left(\frac{R_2}{R_1}\right)' + \operatorname{ctg}\varphi + 3\frac{h'}{h}\right\} - U\frac{R_1^2}{R_2^2}\operatorname{ctg}^2\varphi\right]\\&\qquad + U F_2 = 2E\vartheta + \Phi(\varphi).\end{aligned}\right\}\tag{13b}$$

$F_1$ und $F_2$ sind Abkürzungen:

$$\left.\begin{aligned}F_1 &= \frac{1}{m R_1}(-h + 3h'\operatorname{ctg}\varphi)\\F_2 &= \frac{1}{R_1}\left[2\frac{R_2}{R_1}h'' + 2\left(\frac{R_2}{R_1}\right)'h' + 2\frac{R_2}{R_1}h'\operatorname{ctg}\varphi + \frac{h'}{m}\operatorname{ctg}\varphi + \frac{h}{m}\right].\end{aligned}\right\}\tag{14}$$

Definiert man den linearen, homogenen Differentialoperator

$$L(x) = \frac{R_2 h}{R_1^2}\left[x'' + x'\left\{\frac{R_1}{R_2}\left(\frac{R_2}{R_1}\right)' + \operatorname{ctg}\varphi + 3\frac{h'}{h}\right\} - x\left(\frac{R_1}{R_2}\operatorname{ctg}\varphi\right)^2\right]\tag{15}$$

und setzt man ferner noch

$$\frac{3(m^2-1)}{2m^2 E} = \lambda_1 \qquad \text{und} \qquad 2E = \lambda_2,\tag{16}$$

[1]) E. MEISSNER, Fußnote 3, S. 240.

so kann man die simultanen Gleichungen kurz symbolisch schreiben

$$L(\vartheta) + \vartheta F_1 = -\lambda_1 U\,, \tag{17a}$$

$$L(U) + U F_2 = +\lambda_2 \vartheta + \Phi(\varphi)\,. \tag{17b}$$

Bevor diese ganz allgemein gültigen Gleichungen weiter behandelt werden, sollen die einfachen Spezialfälle, die MEISSNER[1]) zuerst untersucht hat, kurz besprochen werden.

**65. Strenge Lösungen für Kugel, Kegel und Ringfläche.** Für die Kugel mit gleichmäßiger Dicke der Wandung vereinfachen sich die Gleichungen (13) von Ziff. 64 zu

$$\vartheta'' + \vartheta' \operatorname{ctg}\varphi - \vartheta \operatorname{ctg}^2\varphi - \frac{\vartheta}{m} = -3\left(\frac{m^2-1}{m^2}\right)\frac{R^2}{E h^2}\tau\,, \tag{1a}$$

$$\tau'' + \tau' \operatorname{ctg}\varphi - \tau \operatorname{ctg}^2\varphi + \frac{\tau}{m} = E\vartheta + \Phi(\varphi)\,. \tag{1b}$$

Eine Partikularlösung dieser Gleichungen kann man für alle wichtigen Belastungsfälle unschwer angeben[1]). Sie entspricht der Oberflächenbelastung der Schale mit ganz gewissen Randbedingungen, nämlich solchen, die die Aufgabe zu einer stereostatisch bestimmten machen. Sie kann genügend genau aus einfachen Gleichgewichtsbetrachtungen als reines Dehnungssystem erhalten werden, ohne daß man auf die Formänderungen einzugehen braucht, Unberücksichtigt bleiben dabei allein die von höherer Ordnung kleinen Biegungen, die eine solche Dehnung begleiten. Die Lösung des homogenen Systems (also $\Phi = 0$ gesetzt), die der Partikularlösung noch zugefügt werden muß, um die allgemeine Lösung der Differentialgleichungen zu erhalten, gestattet dann ganz beliebige Randbedingungen (also stereostatisch unbestimmte) zu erfüllen, indem dem einfachen Dehnungszustand noch entsprechende Biegungssysteme überlagert werden. Die Ermittlung dieser Lösung des homogenen Systems bereitet mathematisch größere Schwierigkeiten.

Es soll zunächst die Lösung des homogenen Systems (1) aufgesucht werden.

Wenn das Zeichen $L(\ )$ jetzt, wo es sich um das Kugelproblem handelt, die einfachere Operation

$$L(x) = x'' + x' \operatorname{ctg}\varphi - x \operatorname{ctg}^2\varphi \tag{2}$$

bedeutet, lauten die homogenen Gleichungen für die Kugel

$$L(\vartheta) - \frac{\vartheta}{m} = -3\left(\frac{m^2-1}{m^2}\right)\frac{R}{E h^2}\tau\,, \tag{3a}$$

$$L(\tau) + \frac{\tau}{m} = E\vartheta\,. \tag{3b}$$

Um daraus eine der Variablen, etwa $\vartheta$, zu eliminieren, wird auf die zweite Gleichung nochmals die Operation $L$ angewandt. Man erhält so

$$L L(\tau) + \frac{1}{m} L(\tau) = E L(\vartheta)\,. \tag{4}$$

Setzt man aus den Gleichungen (3) die Werte für $L(\vartheta)$ und $L(\tau)$ ein, so erhält man

$$L L(\tau) + a^2\tau = 0\,, \quad \text{wo} \quad a^2 = \frac{3(m^2-1)R^2 - h^2}{m^2 h^2}\,. \tag{5}$$

Diese Gleichung vierter Ordnung kann in die beiden konjugierten Gleichungen zweiter Ordnung

$$L(\tau) - i a \tau = 0\,, \tag{6a}$$

$$L(\tau) + i a \tau = 0 \tag{6b}$$

[1]) E. MEISSNER, Fußnote 2, S. 240.

zerlegt werden. $i$ ist die imaginäre Einheit. Die Integrale von (6a) und (6b) sind wieder konjugiert, so daß das Problem auf die Integration einer einzigen Differentialgleichung von der zweiten Ordnung zurückgeführt ist. Nimmt man etwa die erste, so lautet diese, wieder ausführlich geschrieben,

$$\tau'' + \tau' \operatorname{ctg}\varphi - \tau \operatorname{ctg}^2\varphi - i a \tau = 0. \tag{7}$$

Durch die Substitution

$$\tau = z\sqrt{x}, \qquad x = \sin^2\varphi \tag{8}$$

nimmt sie die Form der hypergeometrischen Differentialgleichung[1]) an:

$$\left.\begin{aligned} &\frac{d^2 z}{d x^2} + \frac{d z}{d x}\left(\frac{1-\alpha-\alpha'}{x} + \frac{1-\gamma-\gamma'}{x-1}\right) \\ &+ \frac{z}{x(x-1)}\left(-\frac{\alpha\alpha'}{x} + \frac{\gamma\gamma'}{x-1} + \beta\beta'\right) = 0. \end{aligned}\right\} \tag{9}$$

$\alpha, \alpha', \beta, \beta', \gamma, \gamma'$ sind Festwerte, die nach RIEMANN als die Exponenten in den singulären Stellen $0$, $\infty$ und $1$ bezeichnet werden. Im vorliegenden Fall haben sie die Werte

$$\alpha = -1, \quad \beta = \frac{3-\sqrt{5-4ia}}{4}, \quad \gamma = 0,$$

$$\alpha' = 0, \quad \beta' = \frac{3+\sqrt{5-4ia}}{4}, \quad \gamma' = \tfrac{1}{2}.$$

Ein erstes Integral ist die hypergeometrische Reihe

$$z_1 = F(\beta, \beta', 2; x) = 1 + \frac{\beta'\beta}{1!\,2!}x + \frac{\beta'\beta(\beta'+1)(\beta+1)}{2!\,3!}x^2 + \cdots \tag{10a}$$

Ein zweites Integral hat die Form

$$z_2 = z_1 \ln x + \frac{1}{x}\mathfrak{P}(x). \tag{10b}$$

$\mathfrak{P}(x)$ bezeichnet eine Potenzreihe, deren Aufbau ebenfalls allgemein angegeben werden kann[2]). Die Reihen für $z_1$ und $z_2$ konvergieren für jedes $|x| < 1$, also im ganzen überhaupt möglichen Bereich. Für große $\varphi$ empfiehlt es sich, der besseren Konvergenz wegen, von den Beziehungen Gebrauch zu machen, die zwischen den Entwicklungen nach Pozenten von $x = \sin^2\varphi$ und $1 - x = \cos^2\varphi$ gelten. Zerlegt man die Lösungen $z_1$ und $z_2$ je in Realteil $X$ und Imaginärteil $iY$ (beides Funktionen von $\varphi$), so hat man als Lösungen für $\tau\,(= z \sin\varphi)$

$$\tau_1 = \sin\varphi(X_1 + iY_1),$$
$$\tau_2 = \sin\varphi(X_2 + iY_2).$$

Dazu kommen noch die Lösungen der konjugierten Gleichung (6b):

$$\tau_3 = \sin\varphi(X_1 - iY_1),$$
$$\tau_4 = \sin\varphi(X_2 - iY_2).$$

---

[1]) Vgl. etwa F. KLEIN, Über die hypergeometrischen Funktionen, Autographie. Leipzig 1906.

[2]) S. z. B. RIEMANN-WEBER, Partielle Differentialgleichungen der Physik, 5. Aufl., S. 25. Braunschweig 1912, oder die Arbeit von L. BOLLE, Fußnote 1, S. 244.

Durch geeignetes Zusammenfassen erhält man aus diesen komplexen Lösungen die folgenden reellen:

$$J_1 = \frac{1}{2}(\tau_1 + \tau_3) = X_1 \sin\varphi ,$$
$$J_2 = \frac{1}{2i}(\tau_1 - \tau_3) = Y_1 \sin\varphi ,$$
$$J_3 = \frac{1}{2}(\tau_2 + \tau_4) = X_2 \sin\varphi ,$$
$$J_4 = \frac{1}{2i}(\tau_2 - \tau_4) = Y_2 \sin\varphi ,$$

und die Lösung des homogenen Systems ist

$$\tau = c_1 J_1 + c_2 J_2 + c_3 J_3 + c_4 J_4 . \tag{11}$$

Die vier Konstanten $c$ genügen, um beliebige Randbedingungen zu erfüllen (gegeben etwa $N$ und $G$ an jedem Schalenrand). Eine Normalbelastung der Ränder wird mit der Konstanten $C$ [Gleichung (6) von Ziff. 62] der Partikularlösung ausgedrückt. Zwei der Konstanten ($c_1$ und $c_2$) beziehen sich auf den unteren, zwei ($c_3$ und $c_4$) auf den oberen Schalenrand. Ist die Schale im Scheitel geschlossen, so müssen die in $\varphi = 0$ singulären Integrale $X_2$ und $Y_2$ wegfallen, also $c_3$ und $c_4$ gleich Null sein.

Sofern es sich um die Formänderungen handelt, die der homogenen Lösung entsprechen, lassen sich deren Komponenten in geschlossener Form angeben. Es ist nämlich

$$\left.\begin{aligned} u &= k \sin\varphi + \sin\varphi \int \frac{R(\varepsilon_1 - \varepsilon_2)}{\sin\psi} d\varphi &&= k \sin\varphi + \frac{m+1}{m}\frac{R}{E}\tau , \\ w &= k \cos\varphi + \cos\varphi \int \frac{R(\varepsilon_1 - \varepsilon_2)}{\sin\varphi} d\varphi - R\varepsilon_2 &&= k \cos\varphi - \frac{R}{E}(\sigma_1 + \sigma_2) ; \end{aligned}\right\} \tag{12}$$

$k$ ist eine Integrationskonstante, die gestattet, die Verschiebung von einem beliebig gewählten Punkt aus zu messen.

BOLLE[1]) hat das Biegungsproblem der Kugelschale in allen Einzelheiten, auch zahlenmäßig, vollkommen durchgeführt. In ähnlicher Weise hat DUBOIS[2]) die Kegelschale, WISSLER[3]) die Ringschale und HONEGGER[4]) die Kegelschale mit linear veränderlicher Wandstärke einschließlich ihrer Ausartung zur (rotierenden) Platte[5]) eingehend untersucht. Der Rechnungsgang ist dem oben für die Kugel angedeuteten ähnlich. Für die Kegelschale mit konstanter Wanddicke erhält man beständig konvergierende Reihen, die den BESSELschen verwandt sind. In ihnen treten nur rein numerische Koeffizienten auf, so daß sie ein für allemal tabelliert werden können. Die Ringschale führt auf Differentialgleichungen der FUCHSschen Klasse. MEISSNER[6]) behandelte später auch noch den Zylinder mit linear veränderlicher Wandstärke. Die Lösung wird durch BESSELsche Funktionen gegeben.

Bei Schalen mit geradlinigem Meridian (Kegel und Zylinder) ist natürlich an Stelle der Variablen $\varphi$ die längs des Meridians gemessene Bogenlänge $s$ ein-

---

[1]) L. BOLLE, Festigkeitsberechnung von Kugelschalen, Promotionsarbeit. Zürich 1916; im Auszug Schweizerische Bauzeitg. Jg. 66, S. 105.

[2]) F. DUBOIS, Über die Festigkeit der Kegelschale, Promotionsarbeit. Zürich 1917.

[3]) H. WISSLER, Festigkeitsberechnung von Ringflächenschalen. Zürich 1916.

[4]) E. HONEGGER, Festigkeitsberechnung von Kegelschalen mit linear veränderlicher Wandstärke, Promotionsarbeit. Luzern 1919.

[5]) E. HONEGGER, ZS. f. angew. Math. u. Mech. Bd. 7, S. 120. 1927.

[6]) E. MEISSNER, Beanspruchung und Formänderung zylindrischer Gefäße mit linear veränderlicher Wandstärke. Vierteljschr. d. naturf. Ges. in Zürich Jg. 62, S. 153. 1917.

zuführen: $R_1 d\varphi = ds$. Für den Zylinder von überall gleicher Wandstärke und dem Durchmesser $2a$ erhält man z. B. mit $R_2 = a$ und $U = \frac{a}{h^2} N$ die Gleichungen

$$\left.\begin{aligned} \frac{d^2\vartheta}{ds^2} &= \frac{3(m^2-1)}{2m^2Eh^3} N, \\ \frac{d^2N}{ds^2} &= \frac{2Eh}{a^2}\vartheta. \end{aligned}\right\} \tag{13}$$

Hieraus folgt durch Elimination

$$\frac{d^4\vartheta}{ds^4} = \frac{3(m^2-1)}{m^2a^2h^2}\vartheta \tag{14a}$$

oder

$$\frac{d^4N}{ds^4} = \frac{3(m^2-1)}{m^2a^2h^2} N \tag{14b}$$

und durch Zerspalten

$$\frac{d^2N}{ds^2} \pm i\frac{\sqrt{3(m^2-1)}}{m\,a\,h} N. \tag{15}$$

Die Lösung ist elementar (gedämpfte Sinuswelle).

**66. Die Zerfallsbedingung.** Diese Zerlegung der Eliminationsgleichung vierter Ordnung in zwei konjugierte Gleichungen zweiter Ordnung, wie sie für Kugel und Zylinder möglich ist, ist für die Weiterführung der Rechnung von größter Wichtigkeit. Wie schon erwähnt, hat MEISSNER gefunden, daß diese Möglichkeit nicht nur bei allen Flächen mit konstanter Krümmung des Meridians vorliegt, sondern unter Zulassung einer geeigneten Veränderlichkeit der Wandstärke längs des Meridians bei allen Flächen erzielt werden kann. Diese Frage soll noch etwas näher untersucht werden[1]).

Geht man auf das homogene System der Gleichungen (17) von Ziff. 64 zurück und eliminiert man daraus etwa $U$, so erhält man

$$LL(\vartheta) + L(F_1\vartheta) + F_2L(\vartheta) + (F_1F_2 + \lambda_1\lambda_2)\vartheta = 0, \tag{1a}$$

ebenso durch Eilmination von $\vartheta$

$$LL(U) + L(F_2U) + F_1L(U) + (F_1F_2 + \lambda_1\lambda_2)U = 0. \tag{1b}$$

Macht man analog dem Rechnungsgang für die Kugel für die Zerfallsgleichung den Ansatz

$$L(\vartheta) + (F_1 + c)\vartheta = 0, \tag{2}$$

wo $c$ eine Konstante ist, so findet man durch Einsetzen in (1a), daß eine Lösung dieser Gleichung auch Lösung der Eliminationsgleichung (1a) ist, wenn

$$c^2 + c(F_1 - F_2) + \lambda_1\lambda_2 = 0 \tag{3}$$

ist. Es muß also

$$F_1 - F_2 = \text{konst.} \tag{4}$$

und $c$ eine Lösung der quadratischen Gleichung (3) sein. Bezeichnet man die beiden Lösungen mit $c_1$ und $c_2$, so lauten die Gleichungen, in die (1) zerfällt,

$$\left.\begin{aligned} L(\vartheta) + (F_1 + c_1)\vartheta &= 0, \\ L(\vartheta) + (F_1 + c_2)\vartheta &= 0. \end{aligned}\right\} \tag{5}$$

Sind deren allgemeine Integrale $\vartheta_1$ und $\vartheta_2$, so ist die gesamte Lösung

$$\vartheta = \vartheta_1 + \vartheta_2.$$

---

[1]) E. MEISSNER, Vierteljahrschr. d. naturf. Ges. in Zürich, Jg. 60, S. 32. 1915.

Aus den Gleichungen (17a) von Ziff. 64 und aus (5) folgt dann

$$U = \frac{c_1 \vartheta_1 + c_2 \vartheta_2}{\lambda_1}.$$

Setzt man in die Bedingung (4) die Werte (14) von $F_1$ und $F_2$ aus Ziff. 64 ein, so erhält man

$$\frac{R_2}{R_1} h'' + \left(\frac{R_2}{R_1}\right)' h' + \frac{R_2}{R_1} h' \operatorname{ctg} \varphi - \frac{h'}{m} \operatorname{ctg} \varphi + \frac{h}{m} = C R_1 . \tag{6}$$

Diese Differentialgleichung liefert für jede gegebene Meridianform eine Funktion $h(\varphi)$ derart, daß der Zerfall der Gleichung (1) eintritt. Ihre Integration ist in der MEISSNERschen Arbeit von 1915 besprochen. Außer für die Schale mit konstanter Meridiankrümmung und konstanter Wandstärke ist die Zerfallsbedingung noch in folgenden besonders einfachen Fällen erfüllt: bei Kegel und Zylinder mit konstanter und linear veränderlicher Dicke sowie bei beliebig geformten Schalen mit gleichmäßig dicker Wandung, sofern die Querkontraktion vernachlässigt werden darf.

Außerdem wird sich zeigen, daß bei einer im folgenden besprochenen Näherungslösung der Zerfall unter allen Umständen eintritt.

**67. Näherungslösungen.** Selbst in den Fällen, wo eine strenge Lösung überhaupt möglich ist, macht die zahlenmäßige Durchrechnung und die Erörterung der Resultate in den meisten Fällen noch sehr erhebliche Mühe. Die Reihen gehorchen zum Teil verwickelten Bildungsgesetzen, die Konvergenz ist in vielen Fällen schlecht und beginnt erst nach einer größeren Anzahl von Gliedern. Überdies sind die Lösungen unübersichtlich und daher für die praktische Verwendung wenig geeignet. Da aber die Biegungstheorie der Schalen sowohl im Bau- wie im Maschinenwesen große praktische Bedeutung hat (Berechnung von Kuppeln, Dampfkesseln, Flüssigkeitsbehältern, Silos, Druckrohrleitungen usw.), so suchte man nach einfacheren Näherungslösungen. Zu nennen sind Arbeiten von KELLER[1]), FANKHAUSER[2]) und KANN[3]), die bei Kegel- und Kugelschalen Vereinfachungen erzielen durch Anwendung des Differenzenverfahrens, durch Vernachlässigung der Querdehnung oder gewisser Spannungen usw. Für den an einem Ende gebogenen Zylinder waren früher schon (1904—1908) von RUNGE[4]), MÜLLER-BRESLAU[5]), FÖPPL[6]) und REISSNER[7]) Näherungslösungen entwickelt worden, die auf einer Zerlegung der zylindrischen Wandung in prismatische Längsstreifen beruhen, an denen die Umfangsspannungen als äußere Kräfte angreifen. Der Einfluß der Querdehnung bleibt dabei unberücksichtigt. Doch ist gerade in diesem Fall die strenge Lösung sehr einfach.

Die Möglichkeit einer sehr erheblichen Vereinfachung bietet der Umstand, daß bei dünnen Schalen das Verbiegungssystem, das der Lösung der homogenen Differentialgleichung entspricht, im allgemeinen auf eine schmale Zone längs des Randes beschränkt bleibt und die übrige Schalenfläche nicht in Mitleidenschaft

1) H. KELLER, Berechnung gewölbter Platten. Dissert. techn. Hochsch. Zürich. Berlin 1912, veröff. Mitt. über Forschungsarb. a. d. Gebiete d. Ingenieurwesens, Berlin 1912, H. 124; im Auszug Schweizerische Bauzeitg. 1913, S. 111, ferner: Berechnung gewölbter Böden, aus dem Nachlaß von H. KELLER, herausg. von R. DUBS. Leipzig 1922.

2) E. FANKHAUSER, Untersuchungen über die Festigkeit von Kegel- und Kugelböden. Dissert. techn. Hochsch. Zürich. Berlin 1913; im Auszug ZS. d. Ver. d. Ing. Bd. 58, S. 840 u. 920. 1914.

3) F. KANN, Kegelförmige Behälterböden, Dächer und Silotrichter. Forschungarbeiten auf dem Gebiete des Eisenbetons H. 24. Berlin 1921.

4) C. RUNGE, ZS. f. Math. u. Phys. Bd. 51, S. 254. 1904.

5) H. MÜLLER-BRESLAU, Statik der Baukonstruktionen Bd. II, Abt. 2, § 16.

6) A. FÖPPL, Vorlesungen über technische Mechanik Bd. V, 4. Aufl., § 41.

7) H. REISSNER, Beton und Eisen Jg. 7, S. 150. 1908.

zieht. Diese Erkenntnis ist schon in den Untersuchungen von BASSET und LAMB aus Betrachtungen über die potentielle Energie der Formänderung gewonnen worden. Auch Blumenthals asymptotische Integration beruht wesentlich darauf. Alle bisher gefundenen strengen Lösungen, sowie der Versuch bestätigen, daß die Spannungs- und Formänderungsgrößen vom Rande weg in rasch abklingenden Funktionen verlaufen. Unter dieser Voraussetzung ist aber jede höhere Ableitung dieser Funktionen nach $\varphi$ oder $s$ groß gegen die nächst niedere. Das Verhältnis ist, wie sich zeigen wird, von der Größenordnung $\sqrt{R/h}$. Man kann also etwa $\vartheta$ gegen $\vartheta'$, und beide gegen $\vartheta''$ vernachlässigen. Wie eine Betrachtung der Koeffizienten der Gleichung (13) von Ziff. 64 lehrt, gilt dies — gewisse Fälle (Ziff. 69) ausgenommen — auch noch für die mit ihren Koeffizienten multiplizierten Größen in diesen Gleichungen. Man wird also im allgemeinen zu einer näherungsweise richtigen Lösung kommen, wenn man die grundlegenden Gleichungen (13) von Ziff. 64 vereinfacht zu

$$\frac{R_2 h}{R_1^2}\vartheta'' = -\frac{3(m^2-1)}{2m^2 E}U, \tag{1a}$$

$$\frac{R_2 h}{R_1^2}U'' = 2E\vartheta. \tag{1b}$$

Auf diese Weise hat GECKELER[1]) eine Näherungslösung für Schalen beliebiger Form und beliebig veränderlicher Wanddicke abgeleitet, die zu einfachen und übersichtlichen, wenn auch nur näherungsweise richtigen Ergebnissen führt. Arbeiten von MEISSNER[2]) und PASTERNAK[3]) über die Kugelschale, die dann auch auf andere kreisrunde Behälter ausgedehnt wurden[4]), beruhen auf der nämlichen Vereinfachung.

Eliminiert man aus den Gleichungen (1) eine der Variablen, etwa $U$, so erhält man, wenn jetzt der Operator $L$ die einfache Bedeutung

$$L(\ ) = \frac{R_2 h}{R_1^2}(\ )''$$

hat,

$$L L(\vartheta) + \frac{3(m^2-1)}{m^2}\vartheta = 0.$$

Diese zerfällt unter allen Umständen in

$$L(\vartheta) + i\sqrt{\frac{3(m^2-1)}{m^2}}\,\vartheta = 0,$$

$$L(\vartheta) - i\sqrt{\frac{3(m^2-1)}{m^2}}\,\vartheta = 0.$$

Für $U$ gelten dieselben Gleichungen. Schreibt man diese wieder ausführlich und führt man noch die Bezeichnung

$$2k^2 = \sqrt{\frac{3(m^2-1)}{m^2}}\,\frac{R_1^2}{R_2 h}, \qquad k = \sqrt[4]{\frac{3(m^2-1)}{m^2}}\,\frac{R_1}{\sqrt{R_2\delta}} \tag{2}$$

ein, so besteht die Aufgabe nur mehr in der Lösung der Gleichung

$$\vartheta'' \pm 2ik^2\vartheta = 0. \tag{3}$$

Dabei ist $k$ im allgemeinen mit $\varphi$ veränderlich.

1) J. W. GECKELER, Über die Festigkeit achsensymmetrischer Schalen. Forschungarb. a. d. Geb. d. Ingenieurswesens H. 276, Auszug in ZS. d. Ver. d. Ing. Bd. 70, S. 163. 1926.

2) E. MEISSNER, Schweiz. Bauzeitg. Bd. 86, S. 1. 1925.

3) P. PASTERNAK, Schweiz. Bauzeitg. Bd. 86, S. 129. 1925; ZS. f. angew. Math. u. Mech. Bd. 6, S. 1. 1926.

4) P. PASTERNAK, Schweiz. Bauzeitg. Bd. 90, S. 241, 258 u. 267. 1927.

Betrachtet man zunächst Schalen, für welche $k$, also $\frac{R_1}{\sqrt{R_2 \delta}}$ konstant ist, so kann man für sie sofort die Lösung angeben:

$$\vartheta = C_1 e^{+k(\varphi-\varphi_0)} \cos[k(\varphi-\varphi_0)+\psi_1] + C_2 e^{-k(\varphi-\varphi_0)} \cos[k(\varphi-\varphi_0)+\psi_2]; \tag{4}$$

$C_1$, $C_2$, $\psi_1$, $\psi_2$ sind die Integrationskonstanten.

Wirken lediglich auf den unteren Schalenrand verbiegende Kräfte und Momente, so ist $(\varphi - \varphi_0)$ stets negativ, und da die Spannungen nicht vom Rande weg gegen den Pol zu stets anwachsen können, muß $C_2 = 0$ sein. Auf den unteren Schalenrand bezieht sich also nur der Ausdruck mit $C_1$, jener mit $C_2$ bezieht sich ebenso nur auf den scheitelnahen Rand. Wenn die beiden Ränder so weit voneinander abstehen, daß die von einem Rand ausgehenden Spannungen bis zum anderen bereits abgeklungen sind, so kann man die beiden Systeme völlig getrennt berechnen. Bezeichnet man (Abb. 64) den (gleichgültig von welchem Rande aus) nach dem Innern der Schalenfläche hin positiv gerechneten Breitenunterschied mit $\omega$, so genügt es, mit der Lösung

$$\vartheta = C e^{-k\omega} \cos(k\omega + \psi) \tag{5}$$

weiterzurechnen. Die Lösung für $U$ unterscheidet sich nur durch andere Integrationskonstanten $C$ und $\psi$. Mittels der Gleichungen (12), (7), (2b) und (1b) von Ziff. 64 kann man dann auch alle übrigen Spannungswerte bestimmen, wobei wieder gegenüber zweiten Ableitungen die erste und die Variable selbst vernachlässigt werden können.

Die Konstanten $C$ und $\psi$ sind durch die Randbedingungen bestimmt, also etwa durch die Randwerte von $N$ oder $T_2$ und $G_1$ oder $\vartheta$, und können durch diese Größen ausgedrückt werden. Auf diese Weise ergeben sich die folgenden Formeln. In ihnen bezeichnet der Index 0 die Randwerte bei $\omega = 0$. Von den Vorzeichen bezieht sich das obere auf den oberen Rand, das untere auf den unteren.

$$\left.\begin{aligned}
N &= \frac{+}{-}\,\frac{(T_2)_0}{k\sqrt{2}\sin\left(\psi+\frac{\pi}{4}\right)}\left(\frac{R_1}{h^2}\right)_0 \frac{h^2}{R_2}\, e^{-k\omega}\cos(k\omega+\psi)\,,\\
T_1 &= -N\operatorname{ctg}\varphi\,,\\
T_2 &= \frac{+}{+}\,\frac{(T_2)_0}{\sin\left(\psi+\frac{\pi}{4}\right)}\left(\frac{R_1}{h^2}\right)_0 \frac{h^2}{R_1}\, e^{-k\omega}\sin\left(k\omega+\psi+\frac{\pi}{4}\right),\\
\vartheta &= \frac{+}{-}\,\frac{k\sqrt{2}(\varepsilon_2)_0}{\sin\left(\psi+\frac{\pi}{4}\right)}\left(\frac{R_2}{R_1}\right)_0 e^{-k\omega}\sin(k\omega+\psi)\,,\\
G_1 &= \frac{-}{-}\,\frac{(T_2)_0}{\sqrt{\frac{3(m^2-1)}{m^2}}\sin\left(\psi+\frac{\pi}{4}\right)}\left(\frac{R_1}{h^2}\right)_0 \frac{h^3}{R_1}\, e^{-k\omega}\cos\left(k\omega+\psi+\frac{\pi}{4}\right),\\
G_2 &= \frac{G_1}{m} - B\,\frac{\vartheta\operatorname{ctg}\varphi}{R_2}\,.
\end{aligned}\right\} \tag{6}$$

Die Konstante $\psi$ bringt die Art der Festhaltung des Randes zum Ausdruck. Ist dieser tangententreu eingespannt, so ist $\psi = 0$ einzusetzen, ist er dagegen frei drehbar, also nicht befähigt, ein Moment aufzunehmen, so ist $\psi = \pi/4$. Bei teilweiser Einspannung nimmt $\psi$ einen entsprechenden Wert zwischen 0 und $\pi/4$ an. Man kann natürlich an Stelle von $(T_2)_0$ auch ebensogut $N_0$ in die Gleichungen einführen. Als Beispiel mögen noch die Formeln für eine Kugel mit gleichmäßig dicker Wandung angegeben werden, auf deren nicht eingespannten Rand Querkräfte $N_0$ oder Randringspannungen $(T_2)_0$ wirken:

$$\left.\begin{aligned}
N &= \pm \frac{(T_2)_0}{k\sqrt{2}} e^{-k\omega} \cos\left(k\omega + \frac{\pi}{4}\right), & N &= \pm N_0 \sqrt{2}\, e^{-k\omega} \cos\left(k\omega + \frac{\pi}{4}\right), \\
T_2 &= \substack{+\\+} (T_2)_0\, e^{-k\omega} \cos k\omega, & T_2 &= \pm 2kN_0 e^{-k\omega} \cos\left(k\omega + \frac{\pi}{4}\right), \\
\vartheta &= \pm k\sqrt{2}\,(\varepsilon_2)_0 e^{-k\omega} \sin\left(k\omega + \frac{\pi}{4}\right), & \vartheta &= \substack{+\\+} N_0 \frac{\sqrt{2}\,k^2}{Eh} e^{-k\omega} \sin\left(k\omega + \frac{\pi}{4}\right), \\
G_1 &= \substack{+\\+} \frac{(T_2)_0}{\sqrt{\frac{3(m^2-1)}{m^2}}} h\, e^{-k\omega} \sin k\omega, & G_1 &= \pm \frac{2khN_0}{\sqrt{\frac{3(m^2-1)}{m^2}}} e^{-k\omega} \sin k\omega.
\end{aligned}\right\} \quad (7)$$

Wenn $k$ längs des Meridians nicht konstant, sondern eine beliebig gegebene Funktion von $\varphi$ ist, ist eine geschlossene Integration der Gleichungen (3) im allgemeinen nicht möglich. Praktisch kann man sich helfen, indem man die Schale in eine Anzahl von Zonen zerlegt denkt, die schmal genug sind, um mit hinreichender Genauigkeit innerhalb jeder einzelnen $k$ als konstant ansehen zu dürfen. Man kann dann, da der Spannungszustand am Rande jeder Zone die Anfangsbedingungen für die nächste liefert, das Verbiegungssystem von Zone zu Zone fortschreitend berechnen. Im allgemeinen kommt man mit zwei bis höchstens vier solcher Zonen aus. Analytisch drückt sich das dadurch aus, daß in den Gleichungen (6) an Stelle von $k\omega$ die Summe $\sum k\Delta\omega$ oder das Integral $\int k\,d\omega$ tritt, so daß die Lösungen die Form haben:

$$y = C e^{-\int_0^\omega k\,d\omega} \cos\left(\int_0^\omega k\,d\omega + \psi\right). \quad (8)$$

Legt man Wert auf eine geschlossene analytische Lösung, so kann man versuchen[1]) die Funktion $k(\varphi)$ durch eine solche Funktion näherungsweise zu ersetzen, die eine Integration zuläßt (am einfachsten etwa $k = \frac{p}{q+\varphi}$, wo $p$ und $q$ zu bestimmende Freiwerte).

**68. Diskussion des Spannungs- und Formänderungszustandes.** Die Lösung bestätigt zunächst die Annahme, daß es sich um ein vom Rande weg rasch abklingendes Spannungssystem handelt (da ja $k$ von der Größenordnung $\sqrt{\frac{R}{h}}$, also eine große Zahl ist). Es zeigt oszillierenden Charakter, d. h. die Spannungen und Formänderungen wechseln längs des Meridians periodisch ihr Vorzeichen. Ein solcher wellenförmiger Verlauf der Spannungen tritt immer auf, wenn die Formänderungen einen normal zur Oberfläche wirkenden elastischen Widerstand zu überwinden haben. So war diese Erscheinung bereits beim Balken und bei der Platte auf nachgiebiger Unterlage zu beobachten, mit denen das jetzige Problem eng verwandt ist. Dort ging dieser Widerstand von der Bettung bzw. bei der schwimmenden Platte vom hydrostatischen Auftrieb einer Flüssigkeit aus, hier sind es die Ringkräfte $T_2$ oder genauer deren radiale Komponenten, die der Formänderung entgegenwirken, deren Auftreten aber mit der Formänderung notwendig verbunden ist. Der „Bettungsziffer" entspricht hier der Ausdruck $D/R_2^2$ ($D = E\delta$ = Dehnungssteifigkeit).

Sieht man, um eine einfache, aber doch genügend zutreffende Beschreibung geben zu können, in den Gleichungen (6) von Ziff. 67 von den Gliedern ab, die die Veränderlichkeit von $R_1$, $R_2$ und $h$ ausdrücken und denen in der schmalen Zone der

---

[1]) S. Fußnote 1, S. 247.

Biegungsspannungen tatsächlich wenig Einfluß zukommt, so hat das logarithmische Dekrement immer den Wert $\pi$. Aufeinanderfolgende Amplituden (mit entgegengesetztem Vorzeichen) stehen im Verhältnis $e^{-\pi} = 1/23,14$.

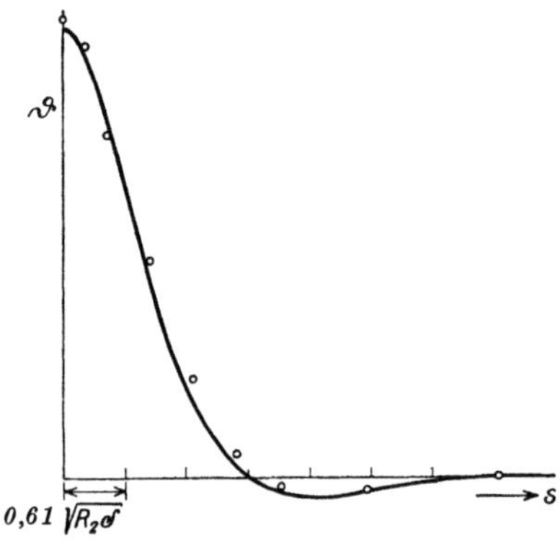


Abb. 66. Beispiel für das Abklingen der Verbiegungen ($\vartheta$).
Vergleich der Näherungslösung (durchgezogene Kurve) mit der strengen Lösung (einzelne Punkte).

Der Abstand zweier aufeinanderfolgender Nullstellen ($\omega_1$, $\omega_2$), oder überhaupt zweier Punkte entgegengesetzt gleicher Phase, ist bestimmt durch

$$\int_{\omega_1}^{\omega_2} k\, d\omega = \pi, \tag{1}$$

oder, wenn man die Nullstellen durch ihre längs des Meridians vom Rande aus gemessenen Koordinaten $s_1$ und $s_2$ angibt, durch

$$\sqrt[4]{\frac{3(m^2-1)}{m^2}} \int_{s_1}^{s_2} \frac{ds}{\sqrt{R_2\delta}} = \pi .$$

Ersetzt man innerhalb des schmalen Bereiches von $s_1$ bis $s_2$ den im allgemeinen veränderlichen Wert $\sqrt{R_2\delta}$ durch einen festen Mittelwert, so wird

$$\frac{\lambda}{2} = s_2 - s_1 = \frac{\pi}{\sqrt[4]{\frac{3(m^2-1)}{m^2}}} \sqrt{R_2\delta} = 2,426\sqrt{R_2\delta} \qquad (\text{mit } m = 4). \tag{2}$$

Die Spannungen bleiben also auf eine um so schmalere Zone beschränkt, je kleiner $\sqrt{R_2\delta}$.

Es ist bemerkenswert, daß mit der Genauigkeit dieser Lösung jede Schale hinsichtlich ihres Verhaltens gegen Verbiegungen in jedem Punkt durch die Angabe der einen Größe $k$ vollständig charakterisiert ist. Ein einmal aufgezeichnetes Diagramm der Spannungen und Formänderungen ist näherungsweise für jede Schale gültig, sofern man die $\varphi$- oder $s$-Achse nach $\int k\, d\omega$ oder nach Vielfachen von $\lambda$ [Gleichung (2)] eicht.

**69. Genauigkeit der Näherungslösung.** Es ist nun auch nicht schwer, die Genauigkeit dieser Näherungslösung zu beurteilen. In den Gleichungen (13), Ziff. 64, von der Form

$$\frac{R_2 h}{R_1^2}[\vartheta'' + b_1\vartheta' + b_2\vartheta] = \cdots,$$

wo

$$b_1 = \frac{R_1}{R_2}\left(\frac{R_2}{R_1}\right)' + \operatorname{ctg}\varphi + 3\frac{h'}{h}, \tag{1}$$

war $b_1\vartheta'$ und $b_2\vartheta$ gegen $\vartheta''$ vernachlässigt worden. Da die Näherungslösung für $\frac{\vartheta''}{\vartheta'}$ und $\frac{\vartheta'}{\vartheta}$ den Wert $k\sqrt{2}$ liefert, ist dies um so mehr berechtigt, je größer $k$ und je kleiner $b_1$. Die Glieder in dem Ausdruck für $b_1$, die die Veränderlichkeit der Krümmung und der Wandstärke ausdrücken, bleiben wohl immer genügend klein, wenn nicht die Grundlagen der Theorie sowieso ihre Gültigkeit verlieren sollen. Wichtig ist dagegen das Glied $\operatorname{ctg}\varphi$. Dieses darf nicht zu groß, also $\varphi$ nicht zu klein werden. Die Lösung ist um so richtiger, je größer $k$, je dünner die Schale und je näher die verbogene Zone einem Zylinder kommt. Für letzteren ist sie streng. Unbrauchbar wird sie für flache Schalen, die sich der ebenen Platte nähern, und Gebiete, die dem Pol nahe liegen. Für diese Fälle wird in Ziff. 71/72 eine andere Lösung abgeleitet.

Wenn es in einem bestimmten Falle erwünscht erscheint, könnte man übrigens das Glied mit $b_1 \vartheta$ noch berücksichtigen, d. h. $\frac{b_1 \vartheta'}{\vartheta''} \infty \frac{b_1}{k\sqrt{2}}$ gegen 1 noch beibehalten und erst dessen Quadrat vernachlässigen. Dies würde z. B. das Dämpfungsverhältnis abändern zu

$$e^{-\pi\left[1-\frac{b}{k}\right]}, \qquad (2)$$

während es bisher $e^{-\pi}$ war. Damit identisch ist die Verbesserung, die PASTERNAK[1]) vorgeschlagen hat. Ohne genauer darauf einzugehen, muß erwähnt werden, daß die Mitberücksichtigung des nächsten Gliedes der Differentialgleichung in diesem Falle nicht immer eine Verbesserung bedeutet.

Die Abb. 66 zeigt an einem gelegentlich des Baues einer Eisenbetonkuppel gerechneten Beispiel[2]) (Kugelschale, $R = 34{,}87$ m, $\delta = 6$ cm, $m = 8{,}76$ halber Öffnungswinkel $\varphi_0 = 35°$) für $\vartheta$ die Abweichungen der Näherung (durchgezeichnete Kurve) gegenüber der strengen Lösung mittels hypergeometrischer Reihen (eingezeichnete Punkte) bei freier Auflage des Randes. Die diesem Beispiel zugrunde liegende Schale ist ziemlich flach, also für die Genauigkeit der Näherung bereits etwas ungünstig.

Um die Schwierigkeiten zu kennzeichnen, denen man bei der praktischen Durchführung der strengen Lösungen begegnet, sei erwähnt, daß man in diesem Falle von den hypergeometrischen Reihen je 35 Glieder zu berechnen hat, wobei diese zuerst bis zum mehr als hundertfachen Betrag der Summe anwachsen, gegen die sie schließlich konvergieren.

**70. Ein Anwendungsbeispiel: der Dampfkesselboden.** Zur Erläuterung der Fälle, in denen Verbiegungen in Schalenkonstruktionen auftreten, und um deren praktische Bedeutung an einem Beispiel zu zeigen, soll die Frage des Kesselbodens kurz besprochen werden. Ein solcher Kessel besteht in seiner einfachsten Form aus einem zylindrischen Teil, der an beiden Enden durch „Böden" abgeschlossen ist, denen man häufig die Form von Kugelhauben gibt. Der Durchmesser des Zylinders sei $2a$, der Radius der abschließenden Kugelhauben $R$. LAMÉ[3]) empfahl den Radius des abschließenden Bodens so zu wählen, daß Zylinder und Kugelrand dieselbe Dehnung erfahren. Dies ist der Fall, wenn

$$R = \frac{2m-1}{m-1}\,\frac{\delta_K}{\delta_Z}\,a; \qquad (3)$$

$\delta_K$ und $\delta_Z$ sind die Wanddicken von Kugel und Zylinder. Nimmt man für beide eine gleich dicke Wandung an und vernachlässigt man die Querdehnungen, so wäre also $R = 2a$ zu nehmen. Es darf aber nicht übersehen werden, daß, wenn die Kugelhaube scharfkantig an den Zylinder ansetzt (Abb. 67), aus den dort aneinanderstoßenden Meridianspannungen $T_1/2$ bzw. $T_1$ von Zylinder und Boden eine Kraft $H$ resultiert, die Verbiegungen verursacht, welche in den einfachen For-

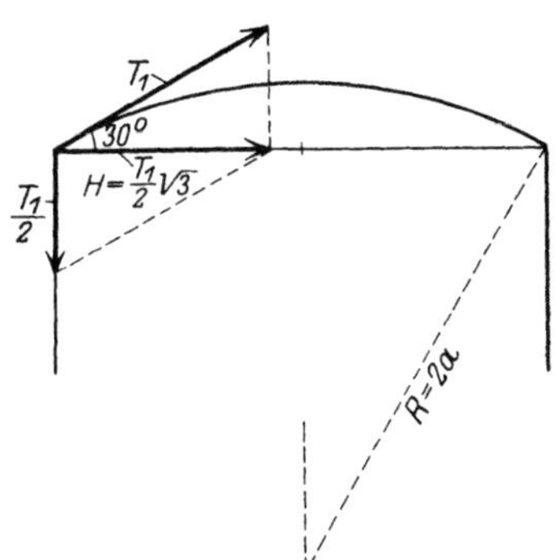


Abb. 67. Kessel mit scharfkantig angesetztem Boden.

[1]) P. PASTERNAK, Verhandlgn. d. 2. internat. Kongr. f. techn. Mech., Zürich 1927.

[2]) J. W. GECKELER, Forschungsheft 276, S. 17; F. DISCHINGER, Fortschr. im Bau von Massivkuppeln. Der Bauingenieur Jg. 6, H. 10. 1925. — Das angeführte Beispiel bezieht sich auf die in den Jahren 1923/24 erbaute Kuppel des Glaswerkes Schott u. Gen. in Jena. Näheres s. Handb. für Eisenbetonbau, 3. Aufl., Bd. XII.

[3]) G. LAMÉ, C. R. Bd. 30, S. 157. Paris 1850.

meln (6), (7) von Ziff. 62 nicht zum Ausdruck kommen. Die Rechnung ergibt, daß dadurch Spannungen ausgelöst werden, die ein Vielfaches (der Größenordnung nach das $\sqrt{\frac{a}{\delta}}$ fache) von denen in den übrigen Kesselteilen $\left(\sigma = \frac{T}{\delta} = \frac{ap}{\delta}\right)$ betragen. Man sucht diesen aus der Erfahrung bekannten, gefährlichen und für die Materialausnützung ungünstigen Umstand durch Abrundung der scharfen Kante zu beheben. Rechnerisch befaßte sich wohl zuerst RESAL[1]) mit dieser Abrundung. Der Radius $\varrho$ dieses Abrundungsbogens (Bördel- oder Krempenradius) darf nicht zu klein sein[2, 3]). Man kann aus den Formeln (6) von Ziff. 67 ableiten, daß

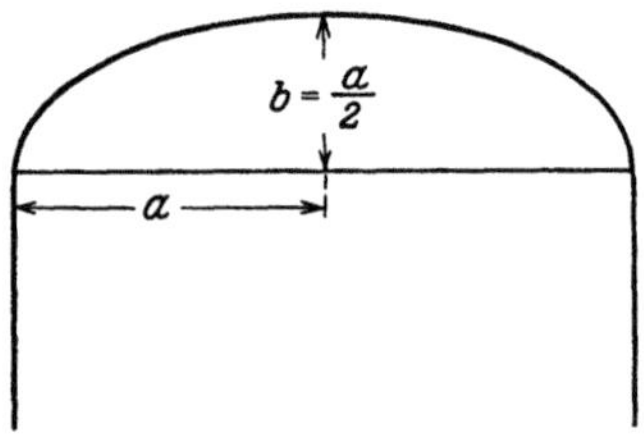


Abb. 68. Kessel mit elliptischen Boden.

$$\varrho \geqq \frac{a}{4} \tag{4}$$

sein muß. Aus dieser Forderung und der, daß im Scheitel gerade wieder die Spannung $\sigma = \frac{ap}{\delta}$ erreicht werden soll, ergibt sich dann, daß das abgeplattete Rotationsellipsoid vom Achsenverhältnis $a : b = 2 : 1$ eine günstigste Bodenform darstellt (Abb. 68). Dieses theoretische Ergebnis wird auch durch Versuche[4, 5, 6, 7])

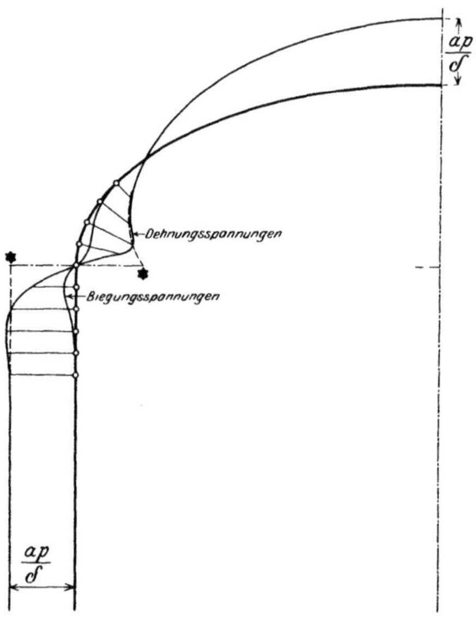


Abb. 69. Ringspannungen in einem Kessel mit elliptischem Boden.

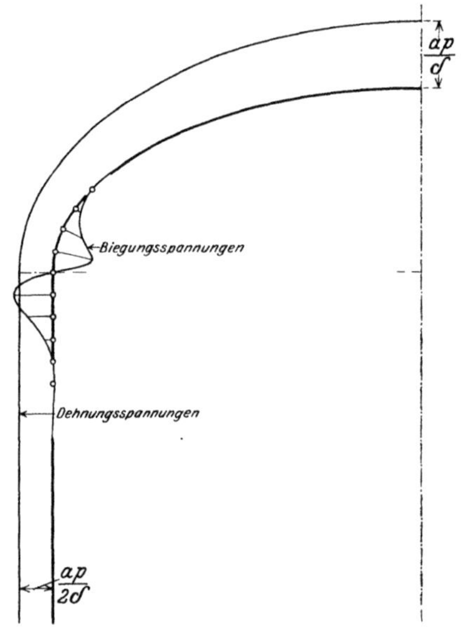


Abb. 70. Meridianspannungen in einem Kessel mit elliptischen Boden.

---

1) H. RESAL, C. R. Bd. 79, S. 726. Paris 1874; Ann. des mines 1870.

2) C. v. BACH, ZS. d. Ver. d. Ing. Bd. 43, S. 1585. 1899; Bd. 52, S. 792. 1908; Bd. 67, S. 1113. 1923; Forschungsarb. a. d. Geb. d. Ingenieurwesens 1925, H. 270.

3) A. FÖPPL, Zerknall einer feuerlosen Lokomotive usw. ZS. Bayer. Rev.-Ver. Jg. 25/26. 1921/22.

4) C. DIEGEL, Forschungsarb. a. d. Geb. d. Ingenieurwesens, Sonderreihe M, H. 2; im Auszug ZS. d. Ver. d. Ing. Bd. 64, S. 157. 1910.

5) E. HÖHN, ZS. d. Ver. d. Ing. Bd. 69, S. 155. 1925.

6) E. SIEBEL u. F. KÖRNER, Mitt. a. d. Kaiser-Wilhelm-Inst. für Eisenforschung zu Düsseldorf, Abh. 59 u. 60. 1926.

7) E. HÖHN (u. A. HUGGENBERGER), Über die Festigkeit der gewölbten Böden und der Zylinderschalen. Berlin 1927; s. auch Schweiz. Bauzeitg. Bd. 91, S. 109 u. 203. 1928.

bestätigt. Für einen solchen Kessel soll die Ermittlung der Spannungen kurz angedeutet werden.

Denkt man sich einen Zylinder vom Halbmesser $a$ mit der Hälfte eines Ellipsoids als Boden abgeschlossen (Abb. 68), so würden die Formeln von Ziff. 62, ergeben, daß im Rand des Zylinders $T_2 = +ap$, dagegen im Rand des Ellipsoids $T_2 = ap\left(1 - \frac{a^2}{2b^2}\right)$ ist, was für $a = 2b$ zu $T_2 = -ap$ führt. Diese rein statisch berechneten Spannungen sind in der Abb. 69 durch punktierte Linien zur Darstellung gebracht und der Spannungssprung von $+ap$ nach $-ap$ ist durch Sternchen hervorgehoben. In Wirklichkeit kann natürlich dieser Sprung, der ein Klaffen zur Folge hätte, nicht vorhanden sein. Zylinder und Boden bleiben im Zusammenhang, üben aber gegenseitig längs des gemeinsamen Randes Querkräfte aufeinander aus. Die Folge davon sind Verbiegungen. Mit den statischen bestimmten Formeln der Partikularlösung kann diesen Randbedingungen nicht genügt werden, dagegen ist dies mittels des Formelsystems (6) von Ziff. 67 möglich, das die noch zuzufügende Lösung des homogenen Systems der Differentialgleichung ausdrückt.

Man hat, wie unten begründet wird, freie Drehbarkeit der Ränder, also $\psi = \pi/4$ einzusetzen. Für den Zylinder ergibt sich dann

$$\left.\begin{aligned}
N &= \frac{(T_2)_0}{\sqrt{2}\sqrt[4]{\frac{3(m^2-1)}{m^2}}}\sqrt{\frac{\delta}{a}}\,e^{-\bar{k}s}\cos\left(\bar{k}s + \frac{\pi}{4}\right), \quad \text{wo} \quad \bar{k} = \frac{k}{R_1} = \frac{\sqrt[4]{\frac{3(m^2-1)}{m^2}}}{\sqrt{a\delta}},\\
T_1 &= 0,\\
T_2 &= (T_2)_0 e^{-\bar{k}s}\cos(\bar{k}s),\\
\vartheta &= \sqrt{2}\sqrt[4]{\frac{3(m^2-1)}{m^2}}\,(\varepsilon_2)_0\sqrt{\frac{a}{\delta}}\,e^{-\bar{k}s}\sin\left(\bar{k}s + \frac{\pi}{4}\right),\\
G_1 &= \frac{(T_2)_0\, h}{\sqrt{\frac{3(m^2-1)}{m^2}}}\,e^{-\bar{k}s}\sin(\bar{k}s),\\
w &= -a(\varepsilon_2)_0 e^{-\bar{k}s}\cos\bar{k}s.
\end{aligned}\right\} \quad (12)$$

Für den Rand insbesondere gilt

$$N_0 = \frac{1}{2}\frac{(T_2)_0}{\sqrt[4]{\frac{3(m^2-1)}{m^2}}}\sqrt{\frac{\delta}{a}}. \quad (13)$$

Genau denselben Zusammenhang liefert die erste der Gleichungen (6) von Ziff. 67 für das Ellipsoid, wenn man $(R_1)_0 = b^2/a$ und $R_2 = a$ einsetzt.

Da die an Zylinder und Boden angreifenden Querkräfte entgegengesetzt gerichtet, aber gleich groß sein müssen, tragen demnach Zylinder und Boden in gleichem Maße zur Überbrückung des Spannungssprunges bei. Der Kreis, in dem beide aneinanderstoßen, bleibt in Wirklichkeit spannungsfrei. Man hat also für den Zylinder in die Gleichungen (12) die Randspannung $(T_2)_0 = -ap$ und für das Ellipsoid in die Gleichungen (6) von Ziff. 67 $(T_2)_0 = +ap$ einzusetzen. Die Rechnung für das Ellipsoid ist für das Beispiel $\delta = 0{,}01\,a$ $m = 3{,}33$ in der S. 247, Fußnote 1 genannten Arbeit nach den in Ziff. 67 angegebenen Methoden im einzelnen durchgeführt. Das Ergebnis ist, nach Addition zur Partikularlösung, in Abb. 69 und 70 graphisch dargestellt. Die Lage der ausgezeichneten Punkte in den Spannungsdiagrammen, d. s. Nullstellen, Höchstwerte und Wendepunkte, ist gegeben durch $\int\limits_0^\omega k\,d\omega = n\frac{\pi}{4}$. Man findet

$$\omega_1 = 13^\circ 45', \quad \omega_2 = 26^\circ 8', \quad \omega_3 = 36^\circ 38', \quad \omega_4 = 45^\circ 13',$$

$$s_1 = 0{,}0614a, \quad s_2 = 0{,}1239a, \quad s_3 = 0{,}1892a, \quad s_4 = 0{,}2563a,$$

während die entsprechenden Werte für den Zylinder

$$s_1 = 0{,}0611a, \quad s_2 = 0{,}1222a, \quad s_3 = 0{,}1833a, \quad s_4 = 0{,}2444a$$

sind. Für die Richtungsänderung $\vartheta_0$ der Meridiantangente am Rande erhält man für Zylinder und Ellipsoid den nämlichen Wert

$$\sqrt[4]{\frac{3(m^2-1)}{m^2}}\sqrt{\frac{a}{\delta}}\,\frac{ap}{E\delta}, \tag{14}$$

d. h., beide Teile üben keinerlei Randmoment aufeinander aus, was nachträglich die Annahme des Fehlens einer Randeinspannung rechtfertigt, sofern nicht durch irgendwelche Konstruktionsteile eine Versteifung herbeigeführt wird. Dies wäre übrigens nicht günstig, denn während im oben angenommenen Fall die maximalen Biegungsspannungen (an der Stelle $s = s_1$)

$$(\sigma_{B1})_{\max} = \sqrt{\frac{3m^2}{2(m^2-1)}}\,\frac{(R_1)_0}{R_1}\,e^{-\frac{\pi}{4}}(\sigma_2)_0 = 0{,}59\,\frac{(R_1)_0}{R_1}(\sigma_2)_0 = 0{,}535\,(\sigma_2)_0 \tag{15}$$

sind, wären sie bei vollständiger Einspannung der Ränder (bei $s = 0$)

$$(\sigma_{B1})_{\max}\sqrt{\frac{3m^2}{m^2-1}}\,(\sigma_2)_0 = 1{,}82\,(\sigma_2)_0, \tag{16}$$

also etwa dreimal so hoch.

Es sei darauf hingewiesen, daß in diesem Falle die Näherungslösung von der strengen nur sehr wenig abweichen wird, weil an der kritischen Stelle das in der Näherungslösung vernachlässigte Glied mit $\vartheta'$ verschwindet.

Die Darstellung des Spannungsverlaufes in den Abb. 69 u. 70 zeigt, daß die Spannung $\sigma = \frac{ap}{\delta}$ an keiner Stelle wesentlich überschritten, aber überall ziemlich gleichmäßig erreicht wird. Nur an zwei Stellen, deren Lage $s$ bestimmt ist durch

$$\operatorname{tg}\left(\bar{k}s + \frac{\pi}{4}\right) = \sqrt{\frac{3}{m^2-1}}, \tag{17}$$

erreicht die Summe der Dehnungs- und Biegungsspannungen einen um 12,6% höheren Betrag. Dies ist wegen des oszillierenden Verlaufes der Spannungen nicht zu vermeiden. Ist $\sigma_{\text{zul}}$ die Spannung, die man in der Konstruktion eben noch zulassen will, so ist die notwendige Wanddicke bestimmt durch

$$\delta = \frac{9}{8}\,\frac{ap}{\sigma_{\text{zul}}}. \tag{18}$$

Wollte man an Stelle des Ellipsoids einen Boden wählen, der etwa nach einem Korbbogen geformt ist, so hat man zu beachten, daß an den Stellen, an denen $R_1$ sprunghaft seinen Wert ändert, Biegungsspannungen ausgelöst werden in ganz ähnlicher Weise wie oben. Die einfachen statisch bestimmten Formeln werden dann Sprünge in den Spannungen ergeben (sie sind in Abb. 71 durch Sternchen (1—1), (2—2), (3—3) hervorgehoben), die wieder durch Biegungssysteme überbrückt werden. Die Abb. 71 zeigt, wie erheblich der wahre Spannungsverlauf von dem durch jene einfachen Formeln angegebenen abweicht.

Abgesehen von den Randbedingungen, geben unstetige Änderungen der Meridianrichtung, der Meridiankrümmung oder der Wanddicke Anlaß zu Verbiegungen. Man könnte daher diese Systeme von Biegungsspannungen auch als „Unstetigkeitsspannungen" bezeichnen. Es ist bei Schalenkonstruktionen aller Art anzustreben, solche Unstetigkeiten soweit als möglich zu vermeiden und ihnen eine stetige, „natürliche" Form zu geben.

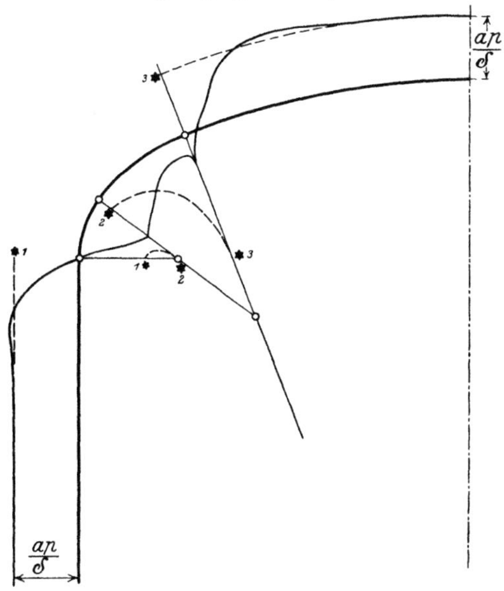

Abb. 71. Ringspannungen in einem Kessel mit Korbbogen-Boden.

**71. Die flache Kugelschale; die Schale mit Einzellast.** Es wurde schon erwähnt, daß die Näherungslösung von Ziff. 67 hauptsächlich dann unbrauchbar wird, wenn cotg $\varphi$ große Werte annimmt. Dies trifft zu für die sehr flache Schale, insbesondere für den Grenzübergang zur ebenen Platte und für den Fall, daß eine Schale durch eine Einzellast im Scheitel (Pol) beansprucht wird.

Begnügt man sich damit, die Schale innerhalb des von der Biegung betroffenen Gebietes durch die oskulierende Kugel zu ersetzen, so wird eine einfache Näherungslösung mittels BESSELscher Funktionen möglich, die um so weniger von der strengen Lösung abweicht, je kleiner $\varphi$ ist. Ersetzt man nämlich in Gleichung (7) von Ziff. 65 jeweils cotg $\varphi$ durch $1/\varphi$ und schreibt man für den durch Gleichung (5) von Ziff. 65 definierten Wert $a$ wie bisher $2k^2$, so lautet die Gleichung

$$\frac{d^2\tau}{d\varphi^2} + \frac{1}{\varphi}\frac{d\tau}{d\varphi} - \frac{1}{\varphi^2}\tau + 2ik^2\tau = 0. \tag{1}$$

Führt man an Stelle von $\varphi$ als unabhängige Variable

$$x = \sqrt{2}\,k\varphi \tag{2}$$

ein, so nimmt sie die Form der BESSELschen Differentialgleichung an:

$$\frac{d^2\tau}{dx^2} + \frac{1}{x}\frac{d\tau}{dx} + \tau\left(-\frac{1}{x^2} + i\right) = 0. \tag{3}$$

Deren Lösung ist

$$\tau = c_1 J_1(x\sqrt{i}) + c_2 H_1^{(1)}(x\sqrt{i}); \tag{4}$$

$J_1(x\sqrt{i})$ ist die Zylinderfunktion 1. Art (BESSELsche) von der Ordnung 1, $H_1(x\sqrt{i})$ die Zylinderfunktion 3. Art (HANKELsche) von der Ordnung 1, jeweils mit dem komplexen Argument $x\sqrt{i}$. Bezeichnet man den reellen bzw. imaginären Bestandteil dieser Funktionen durch Vorsetzen der Zeichen $\Re e$ und $\Im m$, so daß also

$$J_\nu(x\sqrt{i}) \equiv \Re e J_\nu + i \Im m J_\nu \qquad \text{und} \qquad H_\nu(x\sqrt{i}) \equiv \Re e H_\nu + i \Im m H_\nu,$$

und fügt man noch die Lösung der zu (1) konjugierten Gleichung hinzu, so kann man die vollständige Lösung für $\tau$ in der Form schreiben

$$\tau = C_1 \Re e J_1 + C_2 \Im m J_1 + C_3 \Re e H_1 + C_4 \Im m H_1. \tag{4a}$$

Auch hier beziehen sich wieder die ersten beiden Ausdrücke auf den unteren (polfernen) Rand, die beiden letzten auf den oberen (polnahen) Rand. Die vorkommenden Funktionen sind tabelliert[1]). Die übrigen Spannungs- und Formänderungsgrößen sind mittels der in Ziff. 64 entwickelten, allgemeingültigen Beziehungen zu ermitteln, wobei noch die Regeln für das Differentiieren der Zylinderfunktionen zu beobachten sind:

$$\frac{d}{dx}(\Re e J_1) = -\frac{1}{x}\Re e J_1 + \frac{1}{\sqrt{2}}(\Re e J_0 - \Im m J_0),$$

$$\frac{d}{dx}(\Im m J_1) = -\frac{1}{x}\Im m J_1 + \frac{1}{\sqrt{2}}(\Re e J_0 + \Im m J_0).$$

Dieselben Regeln gelten natürlich auch für die Funktionen 3. Art. Ebenso sind die folgenden für den Außenrand angeschriebenen Formeln nach Vertauschung von $J$ mit $H$ auch für den Innenrand gültig.

Man erhält:

$$\left.\begin{aligned}
\tau &= C_1 \Re e J_1 + C_2 \Im m J_1; \quad \sigma_1 = -\frac{\tau}{\varphi},\\
E\vartheta &= C_1\left(2k^2 \Im m J_1 + \frac{1}{m}\Re e J_1\right) + C_2\left(\frac{1}{m}\Im m J_1 - 2k^2 \Re e J_1\right),\\
\sigma_2 &= C_1\left[\frac{1}{\varphi}\Re e J_1 + k(\Im m J_0 - \Re e J_0)\right] + C_2\left[\frac{1}{\varphi}\Im m J_1 - k(\Re e J_0 + \Im m J_0)\right],\\
\sigma_{B_1} &= -\frac{1}{\varphi}\sqrt{3\frac{m-1}{m+1}}\left\{C_1\left[\Im m J_1 - \frac{mk\varphi}{m-1}(\Re e J_0 + \Im m J_0) + \frac{1}{2mk^2}\Re e J_1\right]\right.\\
&\quad \left. + C_2\left[-\Re e J_1 + \frac{mk\varphi}{m-1}(\Re e J_0 - \Im m J_0) + \frac{1}{2mk^2}\Im m J_1\right]\right\}.
\end{aligned}\right\} \quad (5)$$

Für die durch eine Last $P$ im Pol belastete Kugel erhält man nach Ermittlung der Konstanten $C_3$ und $C_4$ aus den Randbedingungen (es muß im Pol $\vartheta = 0$ sein und die in einem kleinen Kreisschnitt um den Pol übertragene Querkraft mit $P$ Gleichgewicht halten):

$$\left.\begin{aligned}
\tau &= \frac{kP}{4R\delta}\left\{\Re e H_1 + \Im m H_1 + \frac{1}{2mk^2}(\Im m H_1 - \Re e H_1)\right\}\\
&\qquad \sim 0{,}321\frac{P}{\sqrt{R\delta^3}}(\Re e H_1 + \Im m H_1),\\
\sigma_1 &= -\frac{\tau}{\varphi} - \frac{P}{2R\pi\delta\sin^2\varphi},\\
\vartheta &= \frac{k^3 P}{2E\delta R}(\Im m H_1 - \Re e H_1) = 1{,}06\frac{P}{E\delta^2}\sqrt{\frac{R}{\delta}}(\Im m H_1 - \Re e H_1),\\
\sigma_2 &= \frac{\sqrt{2}k^2 P}{4R\delta}\left\{\frac{1}{x}(\Re e H_1 + \Im m H_1) - \sqrt{2}\Re e H_0\right.\\
&\quad \left. - \frac{1}{2mk^2}\left[\frac{1}{x}(\Re e H_1 - \Im m H_1) + \sqrt{2}\Im m H_0\right]\right\} + \frac{P}{2R\pi\delta\sin^2\varphi},\\
\sigma_{B_1} &= \frac{3P}{2\delta^2}\left\{\Im m H_0 + \frac{m-1}{mx\sqrt{2}}(\Re e H_1 - \Im m H_1)\right\},\\
\sigma_{B_2} &= \frac{3P}{2\delta^2}\left\{\frac{1}{m}\Im m H_0 + \frac{m-1}{mx\sqrt{2}}(\Im m H_1 - \Re e H_1)\right\};
\end{aligned}\right\} \quad (6)$$

dabei ist $1/2mk^2$ gegen 1 vernachlässigt.

[1]) E. JAHNKE u. F. EMDE, Funktionentafeln, Taf. XVI u. XVIII.

Der Verlauf der Spannungen ist daurchaus ähnlich dem in Ziff. 68 geschilderten. Die Spannungs- und Formänderungsdiagramme sind für alle Kugelschalen identisch bis auf den längs des Meridians laufenden Abszissenmaßstab, welcher proportional $\sqrt{R\delta}$ ist. Die folgende Zusammenstellung gibt die Lage der ausgezeichneten Punkte (Nullstellen, Höchstwerte) an. Darunter sind in Klammern die Werte angegeben, wie sie aus der Näherungslösung der Ziff. 67 folgen würden, die an sich hier jeden Sinn verloren hat. Es zeigt sich aber, daß diese in Klammern beigefügten Werte schon in recht geringer Entfernung vom Pol sich sehr gut an die wirklichen Werte angleichen.

| | $\vartheta=0$ | $\vartheta=\max$ | $\tau=0$ | $\sigma_2=0$ | $\vartheta=0$ |
|---|---|---|---|---|---|
| bei $s=$ | 0 | $0{,}442\sqrt{R\delta}$ | $1{,}457\sqrt{R\delta}$ | $1{,}991\sqrt{R\delta}$ | $2{,}659\sqrt{R\delta}$ |
| | | $(0{,}607\sqrt{R\delta})$ | $(1{,}213\sqrt{R\delta})$ | $(1{,}820\sqrt{R\delta})$ | $(2{,}426\sqrt{R\delta})$ |

Die Deformationen bleiben auf einen kleinen Bereich um den Lastangriff beschränkt: es wird eine Beule in die Schale gedrückt. Rechnet man deren Halbmesser bis dorthin, wo $\vartheta$ wieder Null geworden ist, so ergibt sich dieser aus der obigen Zusammenstellung zu $2{,}66\sqrt{R\delta}$. Zur Berechnung der Tiefe dieser Beule gilt folgendes: Soweit es sich um die Lösung des homogenen Gleichungssystems handelt, sind die Deformationskomponenten durch die Gleichungen (12) von Ziff. 65 gegeben:

$$u=\frac{R}{E}\,\frac{m+1}{m}\,\tau\,,\qquad w=-\frac{R}{E}\,(\sigma_1+\sigma_2)\,.$$

Letztere Gleichung liefert die Scheitelsenkung, d. i. die Tiefe der eingedrückten Beule, nach Einsetzen der Werte aus Gleichung (6)

$$w=-\frac{k^2P}{2E\delta}\Big(\Re e H_0+\frac{1}{2mk^2}\Im m H_0\Big)\,. \tag{7}$$

Für den Scheitel ($x=0$) ist $\Re e H_0=\frac{1}{2}$, $\Im m H=\frac{2}{\pi}\ln\frac{\gamma x}{2}$ einzusetzen. ($\gamma=1{,}7811=e^C$, wo $C$ die MASCHERONIsche Konstante). Der letztere Wert wird zwar mit $x=0$ unendlich, was jedoch nur von der der Rechnung zugrunde liegenden Abstraktion eines punktförmigen Lastangriffes (Fläche Null) herrührt. Schon in einer Entfernung vom Pol, die so gering ist, daß sie praktisch immer noch in die Angriffsfläche fällt, ist das zweite Glied von Gleichung (7) klein gegenüber dem ersten geworden (Beispiel: für eine Schale mit $R=12$ cm, $\delta=2$ mm, also etwa $k=10$ ist in $1/20$ mm Entfernung vom Pol das Glied $\frac{\Im m H_0}{2mk^2}$ bereits auf 1% vom Wert des Gliedes $\Re e H_0$ abgeklungen. Tatsächlich stellt also das erste Glied allein schon die Tiefe der Eindrückung dar; sie ist demnach

$$w=\frac{k^2P}{4E\delta}\backsim 0{,}413\,\frac{RP}{E\delta^2}\,. \tag{7a}$$

Man hätte diesen Wert auch als $\int\vartheta\,ds$ erhalten können:

$$\int_0^\infty\vartheta\,ds=\frac{k^2P\sqrt{2}}{4E\delta}\int_0^\infty(\Im m H_1-\Re e H_1)\,ds=\frac{k^2P\sqrt{2}}{4E\delta}\sqrt{2}\,[\Re e H_0]_0^\infty=\frac{k^2P}{4E\delta}\,, \tag{7a}$$

Will man die ganze Scheitelsenkung erhalten, so ist noch der aus der Lösung $C$ folgende (stereostatisch zu berechnende) Anteil zuzufügen, der von den über die ganze Schale verteilten Dehnungsspannungen herrührt, er ist aber im Verhältnis

$\delta/R$ klein gegenüber dem Betrag (7). Außerdem ist noch, wenn man es nicht mit einer stereostatisch bestimmt gelagerten Schale zu tun hat, das vom Rand ausgehende Verbiegungssystem zu berücksichtigen.

Wenn der Rand so nahe (gemessen in $x$) am Pol liegt, daß die vom Pol ausgehenden Spannungen bis dorthin noch nicht abgeklungen sind (und umgekehrt), so ist eine getrennte Berechnung beider Verbiegungssysteme nicht mehr möglich. Die Grenze liegt etwa bei einem Öffnungswinkel $\varphi_0 = 1{,}5$ bis $3\sqrt{\frac{\delta}{R}}$. Insbesondere spielt dieses Übergreifen beider Verbiegungssysteme ineinander eine Rolle beim Übergang zur ebenen Platte.

**72. Grenzübergang zur ebenen und zur stark durchgebogenen Platte.** Dieser besteht darin, daß man $R$ gegen unendlich und $\varphi$, also auch $x$, gegen Null gehen läßt, während $R\varphi = s$ den Abstand eines Punktes von der Plattenmitte mißt. Die Grenzwerte der Funktionen $H$ sind

$$\left.\begin{aligned} &\lim_{x\to 0}\mathfrak{Re}\,H_1(x\sqrt{i}) = \lim_{x\to 0}\mathfrak{Im}\,H_1(x\sqrt{i}) = -\frac{\sqrt{2}}{\pi x},\\ &\lim_{x\to 0}\mathfrak{Re}\,H_0(x\sqrt{i}) = \tfrac{1}{2}, \quad \lim_{x\to 0}\mathfrak{Im}\,H_0 = -\frac{2}{x}\ln\frac{2}{\gamma x}. \end{aligned}\right\} \tag{1}$$

Dann erhält man aus den Gleichungen (5) von Ziff. 71 für die ebene Kreisplatte mit einer Einzellast in der Mitte

$$\sigma_1 = -\frac{\tau}{\varphi} - \frac{P}{2R\pi\delta\sin^2\varphi} = \frac{kP\,2\sqrt{2}}{4R\delta\pi x\varphi} - \frac{P}{2R\pi\delta\varphi^2} = 0\,. \tag{2}$$

Die Dehnungsspannungen, welche von der stereostatisch zu berechnenden Lösung $C$ herrühren, und jene, welche dem Verbiegungssystem angehören (Lösung des homogenen Gleichungssystems), heben sich also gegenseitig auf. Auf ganz dieselbe Weise fallen auch die Ringspannungen $\sigma_2$ weg. Es bleiben also, übereinstimmend mit der KIRCHHOFFschen Plattentheorie, nur die reinen Biegungsspannungen übrig. Diese lassen sich durch Einsetzen der Grenzwerte (1) in die Gleichungen (5) und (6) der Ziff. 71 leicht berechnen. Zur Berechnung von $\vartheta$ ist es notwendig, in den Reihenentwicklungen für die vorkommenden Zylinderfunktionen noch die nächsthöheren Glieder beizubehalten. Man erhält

a) in dem von der Einzellast ausgehenden Verbiegungssystem

$$\tau = -\frac{P}{2s\pi\delta},$$

$$\vartheta = \frac{3(m^2-1)sP}{2\pi m^2 E\delta^3}\left(-1 + 2\ln\frac{\gamma x}{2}\right);$$

b) in dem vom Rande ausgehenden System

$$\tau = (C_1 + C_2)\frac{x}{2\sqrt{2}},$$

$$\vartheta = \frac{k^2 x}{\sqrt{2}E}\left[C_1\left(1 - \frac{x^2}{8}\right) - C_2\left(1 + \frac{x^2}{8}\right)\right];$$

$C_1$ und $C_2$ sind Konstanten, die von den Bedingungen am Außenrand ($s = s_0$, $x = x_0$) abhängen. Die beiden Systeme sind zu superponieren und müssen dann diese Randbedingungen erfüllen. Rechnet man beispielsweise mit fester Einspannung, so findet man für die Konstanten die Bedingungen

$$C_1 + C_2 = 0\,, \qquad C_1 - C_2 = -\frac{\sqrt{2}}{k^2 x_0}\,\frac{3(m^2-1)aP}{2\pi m^2\delta^3}\left(2\ln\frac{\gamma x_0}{2} - 1\right),$$

und nach weiterer Ausrechnung erhält man

$$\vartheta = \frac{3(m^2-1)sP}{\pi m^2 E\delta^3} \ln\frac{s}{a} .$$

Der Biegungspfeil in der Plattenmitte wird dann

$$f = -\int_0^a \vartheta\, ds = \frac{3(m^2-1)a^2}{4\pi m^2 E\delta^3} P$$

in Übereinstimmung mit dem Ergebnis der KIRCHHOFFschen Theorie [Gleichung (6) von Ziff. 47]. Ebenso läßt sich der Übergang für andere Randbedingungen und Belastungen vornehmen.

Untersucht man das elastische Verhalten einer flachen Kugelschale als Funktion ihres Wölbungspfeiles $f$, und läßt man diesen von Null aus (etwa durch zunehmende Belastung) stetig anwachsen, so erhält man auf diese Weise eine angenäherte Lösung für die „stark durchgebogene Platte", sofern es zulässig ist, deren elastische Fläche für die Rechnung durch eine Kugelfläche zu ersetzen.

Die Rechnung möge für die frei aufliegende Kreisplatte mit gleichmäßiger Belastung ($p$ kg/cm²) als Beispiel kurz angedeutet werden. Ist $a$ der Halbmesser der Platte, $f$ die augenblickliche Durchbiegung, so ist

$$R = \frac{a^2}{2f}, \qquad k = \sqrt[4]{\frac{3(m^2-1)}{4m^2}}\,\frac{a}{\sqrt{f\delta}},$$

am Rande ist

$$\varphi_0 = \frac{2f}{a}, \qquad x_0 = 2\sqrt[4]{3\,\frac{m^2-1}{m^2}}\,\sqrt{\frac{f}{\delta}} .$$

Die Zunahme $df$ der Durchbiegung infolge eines Belastungszuwachses $dp$ setzt sich aus zwei Teilen zusammen:

a) Aus dem Anteil, der von der Verbiegung herrührt, also der Lösung der homogenen Differentialgleichungen entspricht. Man sieht leicht, daß $df$ genau genug durch die Verschiebungskomponente $w$ ersetzt werden kann:

$$w = -\frac{R}{E}\,\frac{m+1}{m}(\sigma_1+\sigma_2) . \tag{3}$$

b) Dazu kommt die Durchbiegung, die aus der gleichmäßigen Dehnung der Kugel infolge der Belastungszunahme folgt (Partikularlösung). Diese verhält sich aber zu dem erstgenannten Anteil wie $\delta^2 : a^2$, kann also vernachlässigt werden, so daß der Betrag (3) bereits den Durchbiegungszuwachs $df$ angibt. Es ist also

$$df = \frac{R}{E} k[C_1(\Re e J_0 - \Im m J_0) + C_2(\Re e J_0 + \Im m J_0)]_{x=0}^{x=x} . \tag{4}$$

Die Konstanten $C_1$ und $C_2$ ergeben sich wieder aus den Randbedingungen

$$\tau_0 = \frac{ap}{2\delta}; \quad (\sigma_{\mathrm{Bl}})_0 = 0 .$$

Die so für eine Reihe von Werten $f$ ermittelten Werte $df/dp$ lassen sich gut durch folgende Näherungsformel wiedergeben ($m = \frac{10}{3}$):

$$\frac{dp}{df} = \left(1{,}424 + 0{,}800\,\frac{f^2}{\delta^2}\right)\frac{E\delta^3}{a^4} . \tag{5}$$

Durch Integration erhält man daraus

$$p = \left(1{,}424\,\frac{f}{\delta} + 0{,}267\,\frac{f^3}{\delta^3}\right)\frac{E\delta^4}{a^4} , \tag{6}$$

oder auch

$$f = 0{,}702 \frac{a^4 p}{\delta^3 E} \frac{1}{1 + 0{,}188 \frac{f^2}{\delta^2}}, \tag{7}$$

womit man durch Rekursion zu jedem Druck $p$ die Gesamtdurchbiegung leicht rechnen kann. Für $f/d = 0$ erhält man natürlich die einfache Formel (5) von Ziff. 47 der linearen Theorie, die die Tangente im Ursprung liefert. (Der kleine Unterschied rührt davon her, daß Gleichung (5) nur eine nach der Methode der kleinsten Ouadrate ermittelte Näherungsformel ist.) Bei stärkerer Durchbiegung tritt eine erhebliche Verfestigung ein, weil die Belastung mehr und mehr von den Dehnungsspannungen (Gewölbespannungen) aufgenommen wird, die aber eine sehr viel geringere Durchbiegung verursachen als die Biegungsspannungen. Letztere ziehen sich auf einen immer schmaler werdenden Ring längs des Randes zurück. Das für die gewölbten Schalen typische Spannungsbild („Randspannungen") ist erreicht, wenn die Durchbiegung etwa das fünffache der Plattendicke erreicht hat. Das in der Gleichung (6) ausgedrückte Ergebnis steht in guter Übereinstimmung mit einer von NÁDAI[1]) auf ganz anderem Wege gefundenen Näherungsformel (Ziff. 57).

**73. Das zylindrische Gewölbe (Tonnengewölbe).** Die Berechnung der zylindrischen Gewölbe, wie sie im Brücken- und Hallenbau vorkommen, wurde von den älteren Theorien stets als ebenes Problem aufgefaßt, indem angenommen wurde, daß der Spannungs- und Formänderungszustand in sämtlichen Schnitten senkrecht zur Gewölbeachse identisch ist. Ferner sah man ursprünglich das Gewölbe als aus starren Steinen aufgebaut an, die in den Fugen reibend aufeinander drücken. Diese Anschauung führte MOSELEY[2]) 1843 auf den Begriff der Stützlinie. Unter der Stützlinie versteht man jenen geradlinig gebrochenen Linienzug, der die Druckmittelpunkte aller Fugen miteinander verbindet. Der Druckmittelpunkt einer Fuge ist jener Punkt, durch den die Resultante aller von Stein zu Stein übertragenen Druck- und Reibungsspannungen geht. Den Linienzug, der alle Fugen in der Richtung dieser Resultante durchsetzt, nennt man Drucklinie. Man behielt diese Vorstellung auch für Gewölbe bei, die nicht mehr aus einzelnen Steinen aufgebaut sind, sondern einen einheitlichen Körper darstellen (z. B. Beton oder Eisenbeton). An Stelle der Fugen treten dann „Querschnitte". Die Stützlinie wird zu einem stetigen Kurvenzug, ebenso die Drucklinie. Macht man dann noch die Annahme, daß die Spannungen linear über die Fugen oder Querschnitte verteilt sind (evtl. mit gewissen Modifikationen, die berücksichtigen, daß das Mauerwerk keine oder nur geringe Zugspannungen aufzunehmen vermag), so ist die Berechnung eines Gewölbes nur mehr eine elementare Aufgabe, sobald die Stützlinie bekannt ist. Deren Ermittlung bereitet aber erhebliche Schwierigkeiten.

Zunächst ist die Stützlinie dreifach stereostatisch unbestimmt, d. h. man kann mit einer dreiparametrigen Schar von Stützlinien Gleichgewicht herstellen. Um die im Einzelfalle tatsächlich auftretende Stützlinie auszusondern, ist es notwendig, das Bild des starren Körpers aufzugeben und die elastischen Formänderungen mit in die Betrachtung zu ziehen. Da jedoch die dann notwendigen Rechnungen ziemlich mühsam sind und überdies häufig die notwendigen Kenntnisse über die Verteilung der Lasten, das Verhalten der Widerlager (Kämpfer) u. dgl. fehlen, bedient man sich oft gewisser „Prinzipe"[3]), die aus der Zeit stam-

[1]) A. NÁDAI, Elastische Platten, S. 298. Berlin 1926.

[2]) C. H. MOSELEY, The mechanical principles of engineering and architecture, S. 403. London 1843.

[3]) MOSELEYS Prinzip des kleinsten Widerstandes (Phil. Mag. (3) Bd. 3, S. 285. 1833), CULMANNS Theorie der günstigsten Drucklinie. Eine Zusammenstellung: A. FÖPPL, Vorles. über techn. Mechanik Bd. II, § 62.

men, in der die Kenntnisse über das elastische Verhalten der Körper noch nicht genügend entwickelt oder noch nicht genügend verbreitet waren. Diese Prinzipe werden auf verschiedene Weise plausibel gemacht, außerdem stützt man sich darauf, daß die Erfahrung ihre Anwendung als zulässig bestätigt hat.

Einen Schritt weiter geht die sog. technische Gewölbetheorie. Sie setzt voraus, daß die wirkenden Massenkräfte und das Verhalten der Kämpfer genügend genau bekannt sind, und behandelt den Bogen (den von zwei benachbarten Querschnitten abgegrenzten Elementarstreifen) als einen elastischen krummen Stab. Hierfür kommt in erster Linie die einfache Näherungstheorie von Ziff. 28 in Betracht, ferner auch die genaueren Lösungen mittels der AIRYschen Spannungsfunktion von Ziff. 41 und 42. Hierzu ist auch noch eine Arbeit von PÖSCHL[1]) zu erwähnen. Die Verfahren sind natürlich im einzelnen weitgehend ausgebaut[2]).

Ein besonders nützliches Hilfsmittel zur Bestimmung der statisch unbestimmten Größen ist der Satz von CASTIGLIANO[3]), der aussagt, daß diese solche Werte annehmen, daß die Formänderungsarbeit zu einem Minimum gemacht wird. Ist $T$ der zentrische Fugendruck in irgendeinem normal zur Mittellinie des Gewölbebogens gezogenen Schnitt, $u$ der Abstand des Druckmittelpunktes von der Fugenmitte, $d$ die Fugenlänge (Dicke des Gewölbes), $M = Tu$ das in einer Fuge übertragene Biegungsmoment, so ist die Formänderungsarbeit

$$A = \frac{1}{2E}\int\left(\frac{T^2}{d} + \frac{12M^2}{d^3}\right)ds, \tag{1}$$

das Integral über die ganze Bogenlänge erstreckt.

Aus diesem Integral kann mit einer Reihe von Vernachlässigungen der WINKLERsche Satz[4]) abgeleitet werden, wonach unter den möglichen Stützlinien jene die nahezu richtige ist, die sich der Bogenmittellinie so eng als möglich anschließt. Wählt man die letztere von vorneherein so, daß sie (bei vertikal gedachten Fugenschnitten) mit einer Seilkurve der Belastung, also einer möglichen Stützlinie, zusammenfällt, so kann sich demnach die wahre Stützlinie nicht (oder nicht weit) von der Mittellinie entfernen, d. h. das Gewölbe ist im Gleichgewicht, ohne daß Verbiegungen notwendig wären. Ist die Belastung eine gleichmäßige, der Bogenlänge proportionale, so erhält man als Stützlinie die Kettenlinie. Einwandfreier ist die Ableitung dieser Eigenschaft des Kettenliniengewölbes aus den Gleichgewichtsbedingungen [s. die folgenden Gleichungen (7) und (8)], mit deren Hilfe man leicht zeigen kann, daß mit $N = 0$, $G = 0$ ein Gleichgewichtszustand möglich ist. Ob diese Lösung auch wirklich gilt, hängt jedoch von den Randbedingungen ab.

Versteift man ein Tonnengewölbe in den beiden Endquerschnitten (Stirnflächen), etwa durch steife Wände oder Binder, so ist es nicht mehr zulässig, für alle Schnitte senkrecht zu den Erzeugenden das nämliche Spannungsbild anzunehmen, sondern das Problem muß als räumliches behandelt werden. Das Kräftespiel gewinnt eine gewisse Ähnlichkeit mit dem in einer Kuppel, das man auch gänzlich falsch beurteilen würde, wenn man die Kuppel in meridionale Streifen aufgeteilt denkt, die Ringspannungen außer acht läßt und das Problem als ebenes (in den Meridianebenen) betrachtet. Hier wie dort

---

[1]) TH. PÖSCHL, ZS. f. angew. Math. u. Mech. Bd. 7, S. 189. 1927; ZS. d. Ver. d. Ing. Bd. 71, S. 1702. 1927.

[2]) Siehe z. B. F. ENGESSER, ZS. f. d. Bauwesen 1909, S. 107; K. WIEGHARDT, Enzykl. d. math. Wiss. Bd. IV, 29b.

[3]) Siehe Kap. 2, Ziff. 19 dieses Bandes ds. Handb.

[4]) E. WINKLER, Deutsche Bauzeitung Bd. 13, S. 117. 1879; s. auch A. FÖPPL, Vorles. über techn. Mechanik Bd. II, § 63.

treten infolge der Möglichkeit eines räumlichen Kräftespiels überhaupt keine nennenswerten Biegungsspannungen auf (abgesehen evtl. von den Rändern und Unstetigkeitsstellen). Ebenso unzureichend wäre es, das querversteifte zylindrische Gewölbe als einen über die Binder gelegten Balken nach der gewöhnlichen technischen Biegungslehre zu berechnen, weil diese die Querkräfte, die zwischen den Fasern übertragen werden, vernachlässigt. Diese, sowie die Querschnittsverformungen, von denen in Ziff. 24 die Rede war, spielen aber hier eine wichtige Rolle. Das interessante Verhalten des durch Querwände versteiften Zylinders erkannte grundsätzlich schon A. FÖPPL[1]) bei der Behandlung des Tonnenflechtwerkes. Weiterhin hat THOMA[2]) darauf hingewiesen, daß in einem frei tragenden, mit Wasser gefüllten Rohr unter der Wirkung des räumlichen Kraftverlaufes keine Biegungen vorkommen. v. MISES hat den durch Querrippen oder in den Endquerschnitten versteiften Zylinder auf Stabilität untersucht (Ziff. 96). Besondere praktische Bedeutung gewann das Problem, seit BAUERSFELD und DISCHINGER[3]) erkannten, daß diese günstigen statischen Verhältnisse eine Überdachung großer Räume mittels „Schalen" aus Eisenbeton von außerordentlich geringer Wandstärke ermöglichen[4]).

Zur Berechnung solcher Konstruktionen hat man von der LOVEschen Näherungstheorie dünner Schalen auszugehen (Ziff. 64). Auf den Zylinder spezialisiert, gelten die folgenden Gleichungen [5]):

a) die Gleichungen des Gleichgewichts:

$$\left.\begin{aligned}
\frac{\partial N_1}{\partial x} + \frac{\partial N_2}{R\,\partial\varphi} + \frac{T_2}{R} + Z &= 0,\\
\frac{\partial T_1}{\partial x} + \frac{\partial S}{R\,\partial\varphi} + X \qquad &= 0,\\
\frac{\partial S}{\partial x} + \frac{\partial T_2}{R\,\partial\varphi} - \frac{N_2}{R} + Y &= 0,\\
\frac{\partial G_1}{\partial x} - \frac{\partial H}{R\,\partial\varphi} + N_1 \qquad &= 0,\\
\frac{\partial H}{\partial x} + \frac{\partial G_2}{R\,\partial\varphi} + N_2 \qquad &= 0,
\end{aligned}\right\} \tag{2}$$

b) die elastischen Gleichungen

$$\left.\begin{aligned}
T_1 &= D\left(\varepsilon_1 + \frac{1}{m}\varepsilon_2\right), & T_2 &= D\left(\varepsilon_2 + \frac{1}{m}\varepsilon_1\right),\\
G_1 &= B\left(\varkappa_1 + \frac{1}{m}\varkappa_2\right), & G_2 &= B\left(\varkappa_2 + \frac{1}{m}\varkappa_1\right),\\
S &= \frac{1}{2}\,\frac{m-1}{m} D\gamma, & H &= \frac{m-1}{m} B\omega.
\end{aligned}\right\} \tag{3}$$

(Dehnungssteifigkeit $D = \frac{m^2}{m^2-1} E\delta$; Biegungssteifigkeit $B = \frac{m^2}{12(m^2-1)} E\delta^3$.

---

[1]) A. FÖPPL, Das Fachwerk im Raum. 1892.

[2]) D. THOMA, ZS. f. d. ges. Turbinenw. Jg. 17, S. 49. 1920.

[3]) F. DISCHINGER, Handb. f. Eisenbetonbau, 3. Aufl., Bd. XII, S. 257. Berlin 1928; F. DISCHINGER u. U. FINSTERWALDER, Der Bauingenieur Jg. 7, H. 48. 1926; U. FINSTERWALDER, Beton und Eisen Jg. 27, S. 205. 1928; A. KLEINLOGEL, ebenda H. 1/2.

[4]) Z. B. hat jede der 15 nach diesem System erbauten Tonnen, die die Großmarkthalle in Frankfurt a. M. überdachen, bei 14,1 m Spannweite, 37,1 m Binderabstand und 6 m Stich nur eine Wanddicke von 7 cm.

[5]) „LOVE-TIMPE", § 331.

Die Dehnungen und Krümmungsänderungen können durch die Verschiebungskomponenten ausgedrückt werden:

$$\left.\begin{aligned} \varepsilon_1 &= \frac{\partial u}{\partial x}, \quad \varepsilon_2 = \frac{\partial v}{R\,\partial\varphi} - \frac{w}{R}, \quad \gamma = \frac{\partial u}{R\,\partial\varphi} + \frac{\partial v}{\partial x}, \\ \varkappa_1 &= \frac{\partial^2 w}{\partial x^2}, \quad \varkappa_2 = \frac{1}{R^2}\left(\frac{\partial^2 w}{\partial\varphi^2} + \frac{\partial v}{\partial\varphi}\right), \quad \omega = \frac{\partial^2 w}{R\,\partial\varphi\,\partial x}. \end{aligned}\right\} \tag{4}$$

Benutzt man die Gleichung (4) dazu, die $\varepsilon_1$, $\varepsilon_2$, $\gamma_1$, $\varkappa_1$, $\varkappa_2$, $\omega$ aus den Gleichungen (5) zu eliminieren, so verbleiben 5 + 6 Gleichungen, nämlich die Systeme (2) und (3) zur Bestimmung der 8 + 3 Unbekannten (8 Spannungsresultanten und -momente, 3 Verschiebungskomponenten.

Ebenso wie in der Theorie der Rotationsschalen sind natürlich auch hier am leichtesten die Lösungen für biegungsfreie Deformationen anzugeben. In diesem Falle bleiben von den 8 Spannungsgrößen nur 3 (nämlich $T_1$, $T_2$ und $S$) zu ermitteln übrig, aber auch ebensoviele Gleichgewichtsgleichungen, d. h.

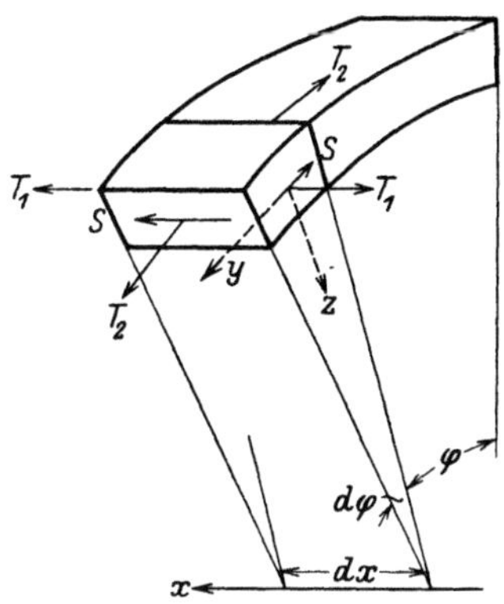

Abb. 72. Element der zylindrischen Schale.

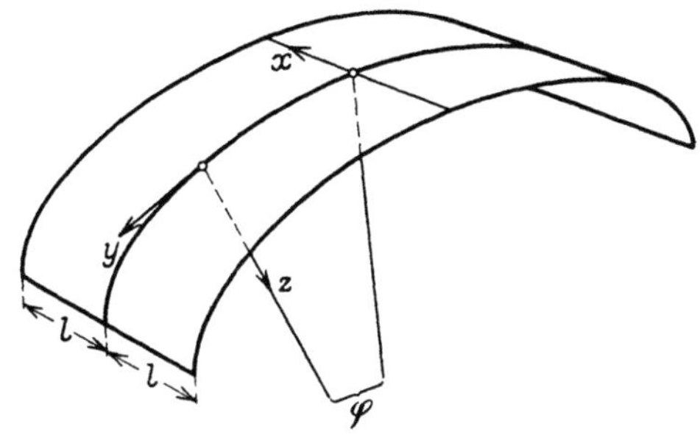

Abb. 73. Tonnendach.

diese Aufgaben sind stereostatisch bestimmt. Die verbleibenden Gleichungen lauten (Abb. 72):

$$\frac{T_2}{R} + Z = 0\,, \tag{5a}$$

$$\frac{\partial S}{R\,\partial\varphi} + \frac{\partial T_1}{\partial x} + X = 0\,, \tag{5b}$$

$$\frac{\partial S}{\partial x} + \frac{\partial T_2}{R\,\partial\varphi} + Y = 0\,. \tag{5c}$$

Wenn die Querschnittskurve und die Belastungskomponenten nur Funktionen von $\varphi$ und als solche gegeben sind, lassen sich die Lösungen (5b und 5c nach $x$ integriert) explizit angeben:

$$\left.\begin{aligned} T_2 &= -RZ\,, \\ S &= -\int\frac{\partial T_2}{R\,\partial\varphi}\,dx - \int Y\,dx + f_1(\varphi)\,, \\ T_1 &= -\int\frac{\partial S}{R\,\partial\varphi}\,dx - \int X\,dx + f_2(\varphi)\,, \end{aligned}\right\} \tag{6}$$

$f_1(\varphi)$ und $f_2(\varphi)$ sind Funktionen von $\varphi$ allein, die von den Randbedingungen an den Endquerschnitten abhängen.

Wendet man die Formeln auf den Fall an, daß die zwischen zwei Bindern vom Abstand $2l$ (Abb. 73) ausgespannte Schale lediglich ihr Eigengewicht $g$

pro Flächeneinheit zu tragen hat (also $X = 0$, $Y = g\sin\varphi$, $Z = g\cos\varphi$), so erhält man, wenn das Koordinatensystem wie in Abb. 73 gewählt ist:

$$\left.\begin{aligned} T_2 &= -gR\cos\varphi\,, \\ S &= -x\left(g\sin\varphi + \frac{\partial T_2}{R\,\partial\varphi}\right) = -x S_0\,, \\ T_1 &= -\frac{1}{2}\,(l^2 - x^2)\frac{\partial S_0}{R\,\partial\varphi}\,. \end{aligned}\right\} \tag{7}$$

Für die nach einer Kettenlinie mit der Gleichung $R = R\cos^{-2}\varphi$ geformte Schale wird

$$S = 0\,,\quad T_1 = 0\,,\quad T_2 = -g\frac{R_0}{\cos\varphi}\,, \tag{8}$$

der Horizontalschub $H = T_2\cos\varphi$ gleich $-\,gR_0$, also konstant; er muß längs des Randes von den Kämpfern voll aufgenommen werden. Auf diese Weise ist die oben schon erwähnte Eigenschaft des Kettenliniendaches bestätigt. Allerdings müssen die Randbedingungen so sein, wie sie sich aus diesen Gleichungen ergeben. Die Binder kommen in diesem Falle nicht zur Wirkung.

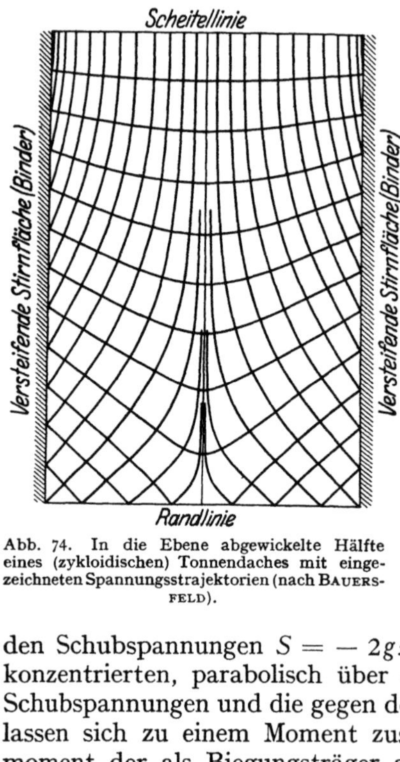


Abb. 74. In die Ebene abgewickelte Hälfte eines (zykloidischen) Tonnendaches mit eingezeichneten Spannungsstrajektorien (nach BAUERSFELD).

Dagegen nimmt der Horizontalschub vom Scheitel gegen den Rand hin ab, wenn die Krümmung der Leitlinie langsamer, als mit $\cos^{-2}\varphi$ abnimmt, insbesondere also, wenn die Krümmung konstant ist, oder gar gegen den Rand hin zunimmt. Ist am Rande $\varphi = 90°$, so haben die Kämpfer weder einen Horizontalschub, noch eine Vertikallast aufzunehmen; sie sind also ganz entbehrlich. Die Tonne trägt (ohne Biegungsspannungen in der Schale) frei von Binder zu Binder. In diesem Falle wird die gesamte Last durch die Schubkräfte $S$ nach den Bindern abgetragen und von diesen in tangentialer Richtung aufgenommen. Es muß aber auch dafür gesorgt werden, daß die längs der Randlinien auftretenden Schubspannungen $S = -\,2gx$ aufgenommen werden können. Diese, einer konzentrierten, parabolisch über die Länge verteilten Zugkraft gleichwertigen Schubspannungen und die gegen den Scheitel hin auftretenden Druckspannungen lassen sich zu einem Moment zusammenfassen, welches gleich dem Biegungsmoment der als Biegungsträger aufgefaßten Zylinderschale ist. Abb. 74 zeigt die Hälfte eines nach einer Zykloide geformten, in die Ebene abgewickelten Tonnendaches mit eingezeichneten Spannungstrajektorien (nach BAUERSFELD). Eingehendere Erörterungen, insbesondere in bautechnischer Hinsicht, auch über die Belastung durch Schnee- und Winddruck, findet man in der Seite 262, Fußnote 3 angegebenen Literatur. Diese Lösung ist jedoch nur zutreffend, wenn die Randbedingungen überall so sind, wie sie sich zwangsläufig aus den Gleichungen ergeben. Trifft dies nicht zu, so müssen notwendig Biegungsspannungen auftreten und es müßte auf die verwickelteren Gleichungssysteme (2), (3), (4) zurückgegriffen werden. So hat SCHWERIN[1]) die in einem freitragenden gefüllten Rohr

[1]) E. SCHWERIN, ZS. f. angew. Math. u. Mech. Bd. 2, S. 340. 1922.

bei beliebiger Randstützung auftretenden Biegungs- und Torsionsspannungen ermittelt, und zwar sowohl jene, die vom Flüssigkeitsdruck herrühren, als auch jene aus dem Eigengewicht des Rohres. In den Gleichungen (2), (3) und (4) fügt SCHWERIN — da die Biegungsverzerrungen $\varkappa$ und $\omega$ klein gegen die Reckungen $\varepsilon$ und $\gamma$ sind — Korrekturglieder hinzu, die $T_1$ und $S$ enthalten[1]). Diese Spannungssysteme bleiben im wesentlichen auf die Nähe der Auflager beschränkt.

# IX. Dreidimensionale Probleme.

## 74. Punktförmig auf eine ebene Oberfläche aufgebrachte Normallast.

Ein Körper möge nach allen Richtungen so ausgedehnt sein, daß er als unendlich groß (im Vergleich zu dem durch den Lastangriff in Mitleidenschaft gezogenen Gebiet) gelten kann, seine Oberfläche sei die unendlich ausgedehnte Ebene $z = 0$. Auf diese Grenzebene wirke eine Normallast $P$ (Abb. 75); die Angriffsfläche sei so klein, daß sie als punktförmig angesehen werden kann. Das Spannungs- und Verschiebungssystem muß dann folgenden Grenzbedingungen genügen: im unendlichen müssen alle Spannungen und Formänderungen verschwinden, die Spannungskomponenten $\tau_{zx}$ und $\tau_{zy}$ müssen in allen Punkten der Oberfläche $z = 0$ zu Null werden, ebenso muß in allen Punkten dieser Ebene mit Ausnahme des Lastangriffspunktes (Ursprung) die Komponente $\sigma_z$ verschwinden, und es muß die Resultante der Spannungen, die auf eine diesen Punkt aussondernde Halbkugel wirken, in die $z$-Achse fallen und den Betrag $P$ haben. Wie BOUSSINESQ[2]) gezeigt hat (s. auch Ziff. 78), genügt man diesen Forderungen und auch den elastischen Gleichungen mit folgendem System:

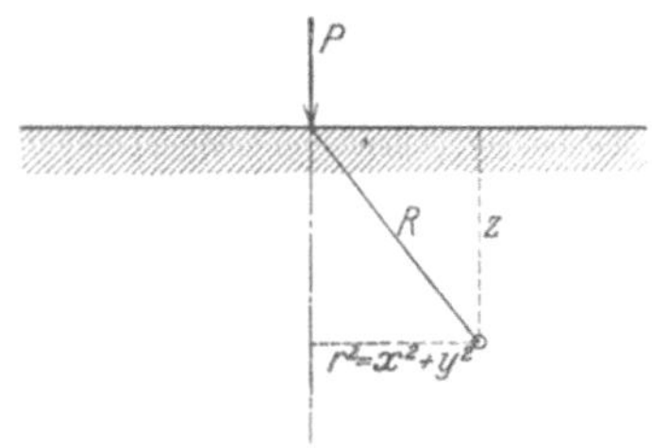

Abb. 75. Punktförmige Belastung des Halbraumes.

$$\left.\begin{aligned}
u &= \frac{P}{4\pi G}\left[\frac{xz}{R^3} - \frac{m-2}{m}\,\frac{x}{R(R+z)}\right],\\
v &= \frac{P}{4\pi G}\left[\frac{yz}{R^3} - \frac{m-2}{m}\,\frac{y}{R(R+z)}\right],\\
w &= \frac{P}{4\pi G}\left[\frac{z^2}{R^3} + \frac{2(m-1)}{m}\,\frac{1}{R}\right],\\
\sigma_x &= \frac{3P}{2\pi}\left[\frac{x^2 z}{R^5} + \frac{m-2}{3m}\left(\frac{1}{R(R+z)} - \frac{(2R+z)\,x^2}{(R+z)^2 R^3} + \frac{z}{R^3}\right)\right],\\
\sigma_y &= \frac{3P}{2\pi}\left[\frac{y^2 z}{R^5} + \frac{m-2}{3m}\left(\frac{1}{R(R+z)} - \frac{(2R+z)\,y^2}{(R+z)^2 R^3} + \frac{z}{R^3}\right)\right],\\
\sigma_z &= \frac{3P}{2\pi}\,\frac{z^3}{R^5},\\
\tau_{zy} &= \frac{3P}{2\pi}\,\frac{yz^2}{R^5},\\
\tau_{zx} &= \frac{3P}{2\pi}\,\frac{xz^2}{R^5},\\
\tau_{xy} &= \frac{3P}{2\pi}\left[\frac{xyz}{R^5} - \frac{m-2}{3m}\,\frac{(2R+z)\,xy}{(R+z)^2 R^3}\right].
\end{aligned}\right\}\qquad (1)$$

Der Fall, daß Druckkräfte auf ein endliches Stück der Grenzfläche wirken, kann durch Integration erledigt werden. Wenn der Körper nicht unendlich

[1]) „LOVE-TIMPE", S. 606.

[2]) J. BOUSSINESQ, Application des potentiels etc., S. 92. Paris 1885; s. auch O. TEDONE u. A. TIMPE, Enzykl. d. math. Wiss., Bd. IV/25, S. 193; „LOVE-TIMPE", § 135; A. FÖPPL, Vorles. über techn. Mech., Bd. V, § 38.

ausgedehnt ist, sondern auch an seiner übrigen Oberfläche schwierigere Grenzbedingungen zu erfüllen sind, ist die Lösung natürlich weit weniger einfach (s. Ziff. 76 bis 79). Eine Reihe von Lösungen mit singulären Punkten leitete DOUGALL[1]) durch Kombination ab, insbesondere durch Zusammenrücken zweier Punkte, in denen Kräfte angreifen. Es stellt sich dabei heraus, daß die Verschiebungen, die von zwei im Gleichgewicht stehenden Kräften hervorgerufen werden, mit dem Quadrat der Entfernung von ihrem gemeinsamen Angriffspunkt abnehmen, während die von einer Einzellast verursachten Formänderungen nur linear mit der Entfernung abnehmen. Hiermit begründete BOUSSINESQ[2]) das von ST. VENANT[3]) aufgestellte Prinzip von der elastischen Gleichwertigkeit statisch gleich wirkender Lastsysteme (s. Ziff. 16).

**75. Die elastischen Grundgleichungen für die Umdrehungskörper.** Führt man Zylinderkoordinaten $r$, $\alpha$, $z$ ein und nimmt man an, daß alle vorkommenden Größen von $\alpha$ unabhängig sind, ferner, daß die zur Meridianebene senkrechte Verschiebungskomponente verschwindet und daß keine Massenkräfte zu berücksichtigen sind, so lauten die Gleichgewichtsbedingungen[4])

$$\left.\begin{aligned} \frac{\partial \sigma_r}{\partial r} + \frac{\partial \tau_{zr}}{\partial z} + \frac{\sigma_r - \sigma_\alpha}{r} &= 0\,, \\ \frac{\partial \tau_{zr}}{\partial r} + \frac{\partial \sigma_z}{\partial} + \frac{\tau_{zr}}{r} &= 0\,; \end{aligned}\right\} \qquad (1)$$

$\sigma_r$, $\sigma_\alpha$, $\sigma_z$ sind die Normalspannungen, $\tau_{zr}$ die einzige nicht verschwindende Schubspannung, für die einfach $\tau$ geschrieben werden soll. Mit den Formänderungskomponenten bestehen folgende Zusammenhänge[5])

$$\left.\begin{aligned} \sigma_r &= 2G\left(\varepsilon_r + \frac{\Theta}{m-2}\right), \\ \sigma_z &= 2G\left(\varepsilon_z + \frac{\Theta}{m-2}\right), \\ \sigma_\alpha &= 2G\left(\varepsilon_\alpha + \frac{\Theta}{m-2}\right), \\ \tau &= G\gamma_{rz}\,, \end{aligned}\right\} \qquad (2)$$

wobei

$$\Theta = \varepsilon_r + \varepsilon_z + \varepsilon_\alpha\,.$$

Verschiedene Formulierungen des Problems gaben MICHELL[6]), LOVE[7]), SERINI[8]), A. und L. FÖPPL[9]), TIMPE[10]) und C. WEBER[11]).

**76. Achsensymmetrische Verzerrung in einem Umdrehungskörper.** LOVE[12]) zeigt, daß man den Gleichgewichtsbedingungen, ähnlich wie in der Theorie der ebenen Verzerrung (Ziff. 40), genügen kann, wenn man die Spannungs-

---

1) J. DOUGALL, Math. Soc. Proc. Edinburgh Bd. 16. 1898; s. auch „LOVE-TIMPE", § 132.
2) J. BOUSSINESQ, Applications des potentiels etc., S. 296. Paris 1885.
3) B. DE ST. VENANT, Paris Mém. prés. par. div. sav. Bd. 14. 1855.
4) S. Kap. 2, Ziff. 25 ds Bd. des Handb.
5) S. Kap. 2, Ziff. 11 ds. Bd. des Handb.
6) J. H. MICHELL, Proc. Math. Soc. London Bd. 32, S. 23. 1900.
7) „LOVE-TIMPE" § 188.
8) R. SERINI, Atti R. Accad. Lincei (5) Bd. 28, S. 343. 1919.
9) A. u. L. FÖPPL, Drang und Zwang, Bd. II, § 78; Vorles. usw., Bd. V, § 35.
10) A. TIMPE, ZS. f. angew. Math. u. Mech. Bd. 4, S. 362. 1924.
11) C. WEBER, ZS. f. angew. Math. u. Mech. Bd. 5, S. 466. 1925.
12) „LOVE-TIMPE", § 188.

komponenten in folgender Weise aus einer einzigen (Spannungs-)Funktion $\chi$ ableitet:

$$\left.\begin{aligned} \sigma_r &= \frac{\partial}{\partial z}\left\{\frac{1}{m}\Delta\chi - \frac{\partial^2\chi}{\partial r^2}\right\}, \quad \sigma_\alpha = \frac{\partial}{\partial z}\left\{\frac{1}{m}\Delta\chi - \frac{1}{r}\frac{\partial\chi}{\partial r}\right\},\\ \sigma_z &= \frac{\partial}{\partial z}\left\{\frac{2m-1}{m}\Delta\chi - \frac{\partial^3\chi}{\partial z^3}\right\}, \quad \tau_{zr} = -\frac{1}{m}\frac{\partial}{\partial r}\Delta\chi\frac{\partial^3\chi}{\partial r^3} + \frac{1}{r}\frac{\partial^2\chi}{\partial r^2} - \frac{1}{r^2}\frac{\partial\chi}{\partial r}, \end{aligned}\right\} \tag{1}$$

wobei wieder die elastischen Gleichungen verlangen, daß

$$\Delta\Delta\chi = 0 \tag{2}$$

ist. Aus den Beziehungen zwischen Spannungen und Verzerrungen findet man für die Radial- bzw. Axialverschiebung

$$\varrho = -\frac{m+1}{mE}\frac{\partial^2\chi}{\partial r\partial z}, \quad \varrho = \frac{m+1}{mE}\left\{\frac{m-2}{m}\Delta\chi + \frac{\partial^2\chi}{\partial r^2} + \frac{1}{r}\frac{\partial\chi}{\partial r}\right\}. \tag{3}$$

PÖSCHL[1]) benutzt diese Darstellung um mittels einer Funktion $\psi = \frac{\partial\chi}{\partial z}$ einige drehsymmetrische elastische Probleme zu lösen. So erhält man z. B. die Gleichung (1) von Ziff. 74 für den punktförmig belasteten Halbraum aus der Spannungsfunktion

$$\psi = \frac{P}{2\pi}\left[\frac{z}{R} + \frac{m-2}{m}\ln(R+z)\right]. \tag{4}$$

Besonders einfach wird die Lösung für den Fall, daß das elastische Problem von einem Potential abhängt, so daß bereits $\Delta\psi = 0$ ist. Dann wird

$$\left.\begin{aligned} \sigma_r &= -\frac{\partial^2\psi}{\partial r^2}, \quad \sigma_\alpha = -\frac{1}{r}\frac{\partial\psi}{\partial r}, \quad \sigma_z = -\frac{\partial^2\psi}{\partial z^2}, \quad \tau_{rz} = -\frac{\partial^2\psi}{\partial r\partial z},\\ \varrho &= -\frac{m+1}{mE}\frac{\partial\psi}{\partial r}, \qquad \zeta = -\frac{m+1}{mE}\frac{\partial\psi}{\partial z}, \end{aligned}\right\} \tag{5}$$

Ein Beispiel hierfür ist das Problem des zylindrischen Stempels vom Halbmesser $a$, der mit einer Kraft $P$ auf die Ebene drückt. Die Lösung[2]) ergeben die obigen Formeln aus der Potentialfunktion

$$\psi = -\frac{P}{2a\pi}\int_0^\infty \frac{\sin a\alpha}{\alpha^2} J_0(\alpha r)e^{-\alpha z}d\alpha. \tag{6}$$

Handelt es sich nicht um die Spannungsverteilung im unendlich ausgedehnten Halbraum, sondern z. B. in einem Zylinder, so müssen die Funktionen $\chi$ oder $\psi$ auf dem Zylindermantel und auf den Grundflächen gewissen Bedingungen genügen. Solche Fälle wurden von FILON[3]) und CHREE[4]) behandelt. FILON[3]) entwickelte Lösungen für eine Reihe von Belastungsfällen des endlich langen Kreiszylinders. Als Lösungen kommen Kugelfunktionen $\left(\text{von der Form } (r^2+z^2)^{n+\frac{1}{2}}\frac{\partial^n}{\partial z^n}(r^2+z^2)^{-\frac{1}{2}}\right)$ in Betracht, ferner Produkte solcher mit dem Faktor $(r^2+z^2)$, ferner Funktionen von der Form $e^{\pm kz}J_0(kr)$, oder $e^{\pm kz}r\frac{\partial}{\partial r}J_0(kr)$,

---

[1]) TH. PÖSCHL (auszugsweise), ZS. f. angew. Math. u. Mech. Bd. 7, S. 424. 1928.

[2]) Eine andere Behandlung des letzteren Problems findet man z. B. in RIEMANN-WEBER, Die part. Differentialgl. d. Phys., 4. Aufl., Bd. II, § 79ff. Braunschweig 1901 oder in der neuen Ausgabe von FRANK-v. MISES Bd. II, S. 669 (bearb. von E. TREFFTZ).

[3]) L. N. G. FILON, Phil. Trans. (A) Bd. 198, S. 147. 1902.

[4]) C. CHREE, Trans. Cambr. Phil. Soc. Bd. 14, S. 250. 1889.

wo $J_0$ die BESSELsche Funktion von der Ordnung Null und $k$ eine reelle oder imaginäre Konstante ist.

Mit dem „umschnürten Zylinder" und dem Zylinder mit Schubbeanspruchung längs des Mantels befassen sich eingehend A. und L. FÖPPL[1]). Ähnlich wie beim umschnürten Rohr klingen auch hier die Spannungen von der Laststelle rasch ab, jedoch im Gegensatz zum Hohlzylinder (Ziff. 94), ohne Vorzeichenwechsel.

Mittels einer Formulierung, die es gestattet, ein hydrodynamisches Gleichnis nutzbar zu machen, hat TIMPE[2]) in der obengenannten Arbeit eine Reihe verschiedener Belastungsfälle des Vollzylinders, der Kreisplatte, der Kreisringplatte und schließlich mittels krummliniger, rechtwinkliger Koordinaten das Rotationsellipsoid behandelt. U. a. wurden auf diese Weise die in Ziff. 56 angeführten Resultate der strengen Plattentheorie bestätigt.

WEBER[3]) entwickelt eine andere Lösungsform durch Einführung einer Umdrehungsfunktion $F(r, z)$, die eine ähnliche Rolle spielt, wie die AIRYsche Spannungsfunktion für das ebene Problem. WEBER zeigt, wie man auf Grund dieses Zusammenhanges aus einer Lösung des ebenen Problems die entsprechende für den Umdrehungskörper ableiten kann und umgekehrt.

NÁDAI[4]) untersuchte die durch eine Einzellast gebogene dicke Kreisplatte. Diese sei von den Ebenen $z = 0$ und $z = \delta$ und von dem Zylindermantel $r = a$ begrenzt. Auf der Ebene $z = 0$ sollen Druckspannungen $\sigma_z = -p(r)$ angreifen. Bezeichnet man die axiale Verschiebung mit $\zeta$, radiale Verschiebungen mit $\varrho$, so erfüllt ein erstes Verzerrungssystem

$$\left.\begin{aligned} \zeta_I &= -\sum_\lambda K_\lambda\left(2 - \frac{2}{m} + \frac{\lambda z}{a}\right)e^{-\frac{\lambda z}{a}} J_0\left(\frac{\lambda r}{a}\right) \\ \varrho_I &= \sum_\lambda K_\lambda\left(1 - \frac{2}{m} - \frac{\lambda z}{a}\right)e^{-\frac{\lambda z}{a}} J_1\left(\frac{\lambda r}{a}\right); \qquad 0 < r < a; \qquad z > 0 \end{aligned}\right\} \tag{1}$$

folgende Bedingungen: auf der Ebene $z = 0$ verschwinden die Schubspannungen, die axialen Verschiebungen können auf dem Zylindermantel zu Null gemacht werden, wenn die $\lambda$ aus der Gleichung

$$J_0(\lambda) = 0$$

bestimmt werden, d. h. wenn als Folge der $\lambda$ die Wurzeln der BESSELschen Funktion von der Ordnung Null (2,4048; 5,5201; 8,6537; 11,7915; . . .) genommen werden. Die Beiwerte $K_\lambda$ können so bestimmt werden, daß die Normalspannungen $\sigma_z$ auf der Ebene $z = 0$ die vorgeschriebenen Werte $p(r)$ annehmen. Nunmehr werde durch die Ebene $z = \delta$ die kreisförmige Platte von dem Zylinder abgegrenzt. Die auf dieser Ebene aus dem obigen Verzerrungssystem resultierenden Spannungen können durch Hinzufügen eines zweiten Systems $(\zeta_{II}, \varrho_{II})$ zum Verschwinden gebracht werden, ohne daß auf der anderen Oberfläche neue Spannungen hinzukommen. Dieses zweite System lautet

$$\left.\begin{aligned} \zeta_{II} &= \sum_\lambda J_0\left(\frac{\lambda r}{a}\right)\left\{-A\,\mathfrak{Sin}\frac{\lambda z}{a} + B\left[\frac{3m-4}{m}\mathfrak{Cof}\frac{\lambda z}{a} - \frac{\lambda z}{a}\mathfrak{Sin}\frac{\lambda z}{a}\right]\right. \\ &\qquad \left. - C\,\mathfrak{Cof}\frac{\lambda z}{a} + D\left[\frac{3m-4}{m}\mathfrak{Sin}\frac{\lambda z}{a} - \frac{\lambda z}{a}\mathfrak{Cof}\frac{\lambda z}{a}\right]\right\}, \\ \varrho_{II} &= \sum_\lambda J_1\left(\frac{\lambda r}{a}\right)\left\{A\,\mathfrak{Cof}\frac{\lambda z}{a} + B\frac{\lambda z}{a}\mathfrak{Cof}\frac{\lambda z}{a} + C\,\mathfrak{Sin}\frac{\lambda z}{a} + D\frac{\lambda z}{a}\mathfrak{Sin}\frac{\lambda z}{a}\right\}. \end{aligned}\right\} \tag{2}$$

---

[1]) A. u. L. FÖPPL, Drang und Zwang, Bd. II, § 83.

[2]) A. TIMPE, Fußnote 10, S. 266. [3]) C. WEBER, Fußnote 11), S. 266.

[4]) A. NÁDAI, Schweiz. Bauzeitg. Jg. 76, S. 257. 1920; Elastische Platten, S. 315. Berlin 1925.

Die Beiwerte $A$, $B$, $C$, $D$ sind aus den Grenzbedingungen zu ermitteln. Wenn der Druck auf die Ebene $z = 0$ gleichmäßig innerhalb eines Kreises $r = c$ verteilt ist, so erhält man für die axiale Verschiebung („Durchbiegung") des Mittelpunktes ($r = 0$, $z = 0$)

$$\zeta = -\frac{(m-1)\,p\,c}{m\,G}\sum\frac{J_1\left(\frac{\lambda c}{a}\right)}{\lambda^2 J_1^2(\lambda)}\left[2 + \frac{1 - e^{-2\omega} + 2\omega(1+\omega)}{\mathfrak{Sin}^2\omega - \omega^2}\right]; \tag{3}$$

$\omega$ ist zur Abkürzung geschrieben für $\lambda\delta/a$. Für den gegenüberliegenden Punkt ($r = 0$, $z = \delta$) ist die Durchsenkung nicht so einfach anzugeben. Bei zunehmender Verdichtung der Last $P = c^2\pi p$ auf den Mittelpunkt, strebt $\zeta$ dem Wert

$$\zeta = \frac{(m-1)\,P}{\pi\,a\,m\,G}\sum\frac{1}{\lambda J_1^2(\lambda)}\,\frac{\mathfrak{Sin}\,\omega + \omega\,\mathfrak{Cos}\,\omega}{\mathfrak{Sin}^2\omega - \omega^2} \tag{4}$$

zu. Diese Beträge sind größer als die aus der KIRCHHOFFschen Theorie erhaltenen, da letztere keine Rücksicht auf die Schubspannungen nimmt, die aber in der Nähe einer konzentrierten Last einen merklichen Beitrag zur Durchbiegung liefern können. Für geringe Dicken geht diese Theorie asymptotisch in die KIRCHHOFFsche über. Im übrigen gilt für dieses Spannungs- und Formänderungssystem dasselbe, was bereits beim zweidimensionalen Problem (Ziff. 42) gesagt wurde, insbesondere, daß es auf die nächste Umgebung des Lastangriffes beschränkt bleibt („lokale Störung").

Mit verwandten Aufgaben, insbesondere mit der dicken Kreisplatte unter gleichmäßig verteilter Belastung, beschäftigt sich auch eine Arbeit von CLEMMOW[1]).

**77. Theorie des Druckversuches.** Das Studium der achsensymmetrischen Verzerrung in einem Zylinder ist für die Theorie des Druckversuches von Bedeutung. Bekanntlich vermag die Annahme, daß in einem zwischen zwei Druckplatten gepreßten zylindrischen Probekörper eine gleichmäßige Druckverteilung herrscht, keine Erklärung für einige beim Versuch beobachtete Tatsachen zu geben. Diese Annahme steht z. B. im Widerspruch mit der Ausbildung der sog. Druckkegel und mit der Beobachtung, daß die Tragfähigkeit eines Probezylinders von dessen Verhältnis der Länge zum Durchmesser abhängt. Die Ursache für diese Erscheinungen ist darin zu suchen, daß die Reibung zwischen den Basisflächen und den Druckplatten die die Längskompression begleitende Querdehnung in der Nähe der Endflächen ganz oder teilweise verhindert. Für theoretische Untersuchungen ist man gezwungen, die Randbedingungen, die in Wirklichkeit sehr kompliziert und von Fall zu Fall verschieden sein können, in einer möglichst zutreffenden Weise zu idealisieren. Der Mantel muß natürlich spannungsfrei bleiben. FILON[2]) nahm in der oben schon genannten Untersuchung an, daß die Basisflächen streng eben bleiben und daß die Reibung groß genug ist, um eine Dehnung des Randkreises vollständig zu verhindern. Die Untersuchung lehrte, daß unter diesen Annahmen die Druckverteilung über die Basisflächen nicht gleichmäßig sein kann. GIRTLER[3]) dagegen verlangt in einer in der Art der Behandlung an FILON[2]), CHREE[4]) und POCHHAMMER[5]) anschließenden Untersuchung gleichmäßige Verteilung des Druckes und nimmt dafür eine sich notwendig ergebende Verwölbung der Druckflächen in Kauf. Anzunehmen ist wohl, daß das wirkliche Verhalten irgendwie zwischen den beiden Grenzfällen liegt. GIRTLER zeichnet die Kurven gleichen elastischen Potentials, welches er als Maß für die

---

[1]) C. A. CLEMMOW, Proc. Roy. Soc. London (A) Bd. 112, S. 559. 1926.
[2]) L. N. G. FILON, Phil. Trans. (A) Bd. 198, S. 147. 1902.
[3]) R. GIRTLER, Wiener Ber. Bd. 116, S. 509. 1907.
[4]) C. CHREE, Trans. Cambr. Phil. Soc. Bd. 14. 1889.
[5]) L. POCHHAMMER, Journ. f. Math. Bd. 81, S. 33. 1876.

Bruchgefahr ansieht. In dem kegel- oder hyperboloidförmigen Verlauf dieser Äquipotentialflächen sieht er eine Erklärung für den Bruchkegel. In ähnlicher Richtung bewegt sich eine Arbeit von MYSZ[1]). KNEIN[2]) weist darauf hin, daß zu einer eindeutigen Bestimmung des Spannungszustandes eine sich über die ganze Endfläche erstreckende Bedingung erforderlich ist. Dementsprechend verlangt er, außer dem Ebenbleiben der Basisflächen, daß die Reibung groß genug ist, um alle Punkte dieser Flächen an einer Verschiebung zu verhindern. Es stellt sich im Laufe der Untersuchung heraus, daß dazu ein Reibungskoeffizient $\mu = 0{,}5$ notwendig ist, wenn $m = 2$ ist, $\mu = 0{,}25$, wenn $m = 4$ und $\mu = 0$, wenn $m = \infty$. Um zu einer strengen Lösung zu kommen, behandelt KNEIN das Problem als ebenes (prismatischer Probekörper). Insofern hätte diese Untersuchung bereits in Abschnitt VI erwähnt werden müssen. KNEIN untersucht zuerst die Singularität der Ecke und findet, daß dort die Spannungen unendlich groß werden (z. B. wie $r^{-0{,}25}$, wenn $m \backsim 4$ ist). Dort müssen also bleibende Formänderungen eintreten, die allerdings auf einen sehr kleinen Bereich des Körpers beschränkt bleiben. Stauchversuche von NEHL[3]) scheinen dies zu bestätigen. Die maximale Schubspannung wird auf einem von der Ecke ausgehenden Strahl erreicht, innerhalb dessen ein Kern geringerer Beanspruchung stehen bleibt. Hiermit kann die Erscheinung des Bruchkegels erklärt werden. Die Neigung dieses Strahls gegen die freie Seite ist etwa 45°, wenn $m = 2$, etwa 21°, wenn $m = 4$, und 0°, wenn $m = \infty$. Durch Spiegelung und Überlagerung regulärer Lösungen wird die Lösung für den Körper endlicher Breite gefunden. Ferner zeigt sich, daß der Einfluß der Reibung nur bis zu einer Entfernung reicht, welche etwa $^3/_4$ der Breite des Körpers ist. Für den weiteren Verlauf des Vorganges spielt die Bruchbedingung und die Plastizität eine entscheidende Rolle.

A. u. L. FÖPPL[4]) benutzen den Satz vom variierten Spannungszustand, um einen ungefähren Einblick in die Spannungsverteilung zu gewinnen.

An neueren Versuchen sind noch jene von SCHUNCK[5]) zu nennen.

**78. Die Torsion von Stäben mit veränderlichem Querschnitt.** Die Torsion runder Stäbe mit veränderlichem Querschnitt behandelte zuerst A. FÖPPL[6]). Es stellt sich heraus, daß man den elastischen Grundgleichungen mit dem Ansatz

$$u = -py\,, \qquad v = +px\,, \qquad w = 0 \tag{1}$$

genügen kann, wenn $p$ eine Funktion der Koordinaten ist, die der Gleichung

$$\frac{\partial^2 p}{\partial z^2} + \frac{\partial^2 p}{\partial r^2} + \frac{3}{r}\frac{\partial p}{\partial r} = 0 \qquad (r^2 = x^2 + y^2) \tag{2}$$

genügt und zugleich am Mantel und an den Endquerschnitten die Randbedingungen erfüllt. Bei dieser Verformung bleiben die Querschnitte eben, dagegen finden innerhalb der Querschnitte Verschiebungen statt, derart, daß z. B. ein ursprünglich gerader Radius gebogen wird. Die Spannungen werden

$$\sigma_z = 0\,, \qquad \tau_{yz} = Gx\frac{\partial p}{\partial z}\,, \qquad \tau_{xz} = -\,Gy\frac{\partial p}{\partial z}\,. \tag{3}$$

Die Schubspannungen stehen überall rechtwinklig zum Radius, verteilen sich jedoch nicht wie beim zylindrischen Stab nach einem Geradliniengesetz. Die

---

[1]) E. MYSZ, Beitrag zur Theorie des Druckversuches. Dissert. Darmstadt 1909.

[2]) M. KNEIN, Abhandlgn. a. d. Aerodynam. Inst. d. Techn. Hochsch. Aachen 1927, H. 7; Ausz. ZS. f. angew. Math. u. Mech. Bd. 6, S. 414. 1926.

[3]) F. NEHL, Dissert. Aachen 1925.

[4]) A. u. L. FÖPPL, Drang und Zwang Bd. I, § 16.

[5]) M. SCHUNK, Dissert. Aachen 1927; Ausz. ZS. d. Ver. d. Ing. Bd. 72, S. 445. 1928.

[6]) A. FÖPPL, Münchener Ber. Bd. 35, S. 249 u. 504. 1905; Vorles., Bd. V, § 31.

Spannungslinien sind konzentrische Kreise. FÖPPL behandelte als Beispiel den kegelförmigen Stab und zeigte sodann die Schädlichkeit plötzlicher Querschnittsänderungen mit zu geringer Abrundung mittels eines Näherungsverfahrens. WILLERS[1]) bediente sich für die nähere Untersuchung dieses und ähnlicher Probleme eines von RUNGE angegebenen Näherungsverfahrens. Während sich diese Arbeiten mit Fällen beschäftigen, in denen Kräfte nur an den Endquerschnitten angreifen, behandelt eine Arbeit von TIMPE[2]) den allgemeinen Fall, daß auch auf den Mantel Torsionsmomente wirken. Schließlich ist noch eine Untersuchung von ARNDT[3]) über die Torsion von Wellen mit achsensymmetrischen Bohrungen und Hohlräumen zu nennen, sowie eine Abhandlung von L. FÖPPL[4]), die sich hydrodynamischer Lösungen bedient.

**79. Die HERTZsche Theorie des Druckes zweier Körper gegeneinander.** Werden zwei elastische Körper mit gekrümmter Oberfläche gegeneinander gedrückt, so berühren sie sich nicht in einem mathematischen Punkt, sondern sie kommen in einem zwar kleinen, aber endlichen Teil ihrer Oberfläche in Berührung. Dieses Flächenstück nennt man Druckfläche. Nachdem verschiedene Näherungstheorien [z. B. von WINKLER[5]) und GRASHOF[6])] über die Formänderungen und Spannungen in der Nähe dieser Druckfläche aufgestellt worden waren, gab HERTZ[7]) eine strenge Lösung dieses Problems. Es muß hier genügen, eine nur oberflächliche Andeutung des Gedankenganges der an sich schon knapp gefaßten HERTZschen Ableitung zu geben.

Solange kein Druck wirkt, berühren sich die beiden Körper in einem Punkt. Dieser sei Ursprung eines Koordinatensystems, dessen $x$- und $y$-Achse in die gemeinsame Tangentialebene, und dessen $z$-Achse in die gemeinsame Normale und damit zugleich in die Richtung des später ausgeübten Druckes fallen möge. Es genügt, die Betrachtung auf die nächste Umgebung der Berührungsstelle zu beschränken, weil die hier auftretenden Spannungen erheblich größer sind als die an weiter abgelegenen Gebieten. Für die Berechnung des Zwischenraumes zwischen den beiden Körpern in der Nähe des Berührpunktes ist es ausreichend, von der Entwicklung der beiden Flächengleichungen allein die in $x$ und $y$ quadratischen Glieder zu nehmen. Dann wird auch der Abstand gegenüberliegender Punkte durch eine homogene Funktion zweiten Grades in $x$ und $y$ dargestellt. Wenn man das Koordinatensystem noch so gelegt denkt, daß das Glied mit $xy$ wegfällt, erhält man für den Abstand der beiden Flächen mit zwei noch offenen Konstanten $A$ und $B$

$$d = z_1 - z_2 = A x^2 + B y^2 . \tag{1}$$

Die Kurven gleichen Abstandes bilden ein System ähnlicher und ähnlich gelegener Ellipsen, deren Mittelpunkte im Koordinatenursprung liegen. Die Aufgabe besteht nun darin, eine solche Form für die Druckfläche und ein solches Formänderungs- und Spannungssystem in deren Umgebung zu ermitteln, daß

1. die Formänderungen und Spannungen den elastischen Differentialgleichungen genügen und die Spannungen in größerer Entfernung von der Druckfläche verschwinden;

---

1) FR. A. WILLERS, Dissert. Göttingen 1906; ZS. f. Math. u. Phys. Bd. 55, S. 225. 1907.

2) A. TIMPE, Math. Ann. Bd. 71, S. 480. 1912.

3) ARNDT, Dissert. Göttingen.

4) L. FÖPPL, Münchener Ber. 1920.

5) E. WINKLER, Lehre von der Elastizität und Festigkeit, Teil 1, S. 43. Prag 1867.

6) F. GRASHOF, Theorie der Elastizität und Festigkeit, S. 49. Berlin 1878.

7) H. HERTZ, Journ. f. reine u. angew. Math. (Crelle) Bd. 92, S. 156. 1881. Aus d. Verhandl. d. Ver. z. Beförd. d. Gewerbefleißes. S. 449. Berlin, Nov. 1882; Ges. Werke, Bd. I, S. 155 u. 174.

2. in den beiden Oberflächen keine Tangentialkomponenten des Druckes auftreten;

3. außerhalb der Druckfläche auch der Normaldruck auf den Oberflächen verschwindet und innerhalb derselben Druck gleich Gegendruck ist (das Integral dieses Druckes muß gleich dem Gesamtdruck $P$ sein);

4. der durch den Druck veränderte Abstand der beiden Körperoberflächen in der Druckfläche Null, außerhalb größer als Null wird. Wenn $\alpha$ die durch den Druck veranlaßte Annäherung entfernt liegender undeformierter Teile der beiden Körper („Abplattung") bedeutet und $u$, $v$, $w$ wieder die Verschiebungen in den Koordinatenrichtungen sind, so muß in der Druckfläche

$$\alpha - w_1 + w_2 = A x^2 + B y^2 \tag{2}$$

sein. Diese sämtlichen Bedingungen lassen sich nur durch ein System befriedigen. Dieses hat HERTZ abgeleitet, ausgehend von der Potentialfunktion $V$ einer Masse, die ein unendlich stark abgeplattetes Ellipsoid mit gleicher Dichtigkeit erfüllt. Die Druckfläche ist ein Teil einer Fläche zweiten Grades, ihr Rand eine Ellipse mit den Halbachsen $a$ und $b$, welche der Richtung nach mit den Achsen der Ellipsen $d =$ konst. zusammenfallen. Die Größe von $a$ und $b$ ist später zu ermitteln. Diese Ellipse spielt die Rolle des erwähnten unendlich stark abgeplatteten Ellipsoids. Die Potentialfunktion dafür lautet

$$V = \frac{3P}{16\pi} \int_t^\infty \frac{1 - \frac{x^2}{a^2+\lambda} - \frac{y^2}{b^2+\lambda} - \frac{z^2}{\lambda}}{\sqrt{(a^2+\lambda)(b^2+\lambda)\lambda}}\, d\lambda\,, \tag{3}$$

wobei die untere Grenze $t$ dieses Integrals die positive Wurzel der Gleichung

$$1 - \frac{x^2}{a^2+t} - \frac{y^2}{b^2+t} - \frac{z^2}{t} = 0 \tag{4}$$

ist. $V$ genügt der Gleichung

$$\Delta V \equiv \frac{\partial^2 V}{\partial x^2} + \frac{\partial^2 V}{\partial y^2} + \frac{\partial^2 V}{\partial z^2} = 0\,.$$

Aus $V$ leitet HERTZ zwei neue Funktionen $\Pi_1$ und $\Pi_2$ ab; die eine bezieht sich auf den ersten, die andere auf den zweiten Körper:

$$\left.\begin{aligned} \Pi_1 &= -\frac{1}{G_1}\left[z V - \frac{m_1 - 2}{m_1}\int_z^\infty V\,dz\right], \\ \Pi_2 &= -\frac{1}{G_2}\left[z V - \frac{m_2 - 2}{m_2}\int_z^\infty V\,dz\right]. \end{aligned}\right\} \tag{5}$$

[In der HERTZschen Abhandlung sind an Stelle der hier durchweg benutzten Elastizitätskonstanten $E$ und $m$ die KIRCHHOFFschen Konstanten $K$ und $\Theta$ verwendet[1]).] Die Funktionen $\Pi$ ergeben unendliche Werte, jedoch sind ihre Differentialquotienten, die hier allein benötigt werden, endlich. Unter Berücksichtigung, daß $\Delta V = 0$, findet man durch Differentiation

$$\Delta \Pi_1 = -\frac{2}{G_1}\frac{\partial V}{\partial z}\,, \quad \Delta \Pi_2 = -\frac{2}{G_2}\frac{\partial V}{\partial z}\,.$$

[1]) S. Kap. 2, Ziff. 2 ds. Bd. des Handb.

Für die Verschiebungen wird angesetzt

$$u_1 = \frac{\partial \Pi_1}{\partial x}, \qquad v_1 = \frac{\partial \Pi_1}{\partial y}, \qquad w_1 = \frac{\partial \Pi_1}{\partial z} + 2\vartheta_1 V,$$
$$u_2 = -\frac{\partial \Pi_2}{\partial x} \qquad v_2 = -\frac{\partial \Pi_2}{\partial y}, \quad w_2 = -\frac{\partial \Pi_2}{\partial z} - 2\vartheta_2 V.$$

$\vartheta_i$ sind zwei elastische Konstanten

$$\vartheta_i = \frac{2(m_i - 1)}{m_i G_i} = \frac{4(m_i^2 - 1)}{m_i^2 E_i}, \qquad (i = 1,2), \tag{6}$$

die oft als Eindringungskonstanten bezeichnet werden.

Daraus folgt für die räumliche Volumänderung

$$\Theta_1 = \frac{\partial u}{\partial x} + \frac{\partial v}{\partial y} + \frac{\partial w}{\partial z} = \Delta \Pi_1 + 2\vartheta_1 \frac{\partial V}{\partial z} = \frac{2(m_1 - 2)}{m_1 G_1}\frac{\partial V}{\partial z}, \qquad \Theta_2 = -\frac{2(m_2-2)}{m_2 G_2}\frac{\partial V}{\partial z};$$

Es ist dann leicht zu zeigen, daß das System den Differentialgleichungen des Gleichgewichts genügt.

HERTZ beweist ferner, daß dieses System auch allen übrigen oben gestellten Anforderungen genügt. Die Erfüllung der vierten Bedingung [Gleichung (2)] ergibt für $a$, $b$ und $\alpha$ bestimmte Werte. Wenn man die sich ergebenden Integrale umformt, indem man einmal $t = b^2 z^2$, dann $t = a^2 z^2$ setzt und das Achsenverhältnis $b/a$ mit $k$ bezeichnet, erhält man

$$\left.\begin{aligned}
&\frac{1}{a^3}\int\limits_0^\infty \frac{dz}{\sqrt{(1+k^2z^2)^3(1+z^2)}} = \frac{8\pi}{3P}\,\frac{A}{\vartheta_1+\vartheta_2},\\
&\frac{1}{a^3}\int\limits_0^\infty \frac{dz}{k^2\sqrt{(1+k^2z^2)(1+z^2)^3}} = \frac{8\pi}{3P}\,\frac{B}{\vartheta_1+\vartheta_2}, \qquad \alpha = \frac{3P}{8\pi}\,\frac{\vartheta_1+\vartheta_2}{a}\int\limits_0^\infty \frac{dz}{\sqrt{(1+k^2z^2)(1+z^2)}}
\end{aligned}\right\} \tag{7}$$

Zunächst ist es nun notwendig, die Berechnung von $a$ und $b$ weiterzuverfolgen, da die bisher gefundenen Gleichungen nicht ohne weiteres aufzulösen sind, auch $A$ und $B$ noch nicht explizite bekannt sind.

Es sollen die Hauptkrümmungsradien beider Körper als gegeben angesehen werden: $\varrho_{1,1}$, $\varrho_{1,2}$ für den einen, $\varrho_{2,1}$, $\varrho_{2,2}$ für den anderen; $\omega$ sei der Winkel der Ebene von $\varrho_{1,1}$ gegen jene von $\varrho_{2,1}$; ferner sei $\omega'$ der vorerst unbekannte Winkel der $x$, $z$-Ebene gegen die Ebene von $\varrho_{1,1}$. Die Gleichungen der Oberflächen lauten dann

$$2z_1 = \varrho_{1,1}[x\cos\omega' + y\sin\omega']^2 + \varrho_{1,2}[y\cos\omega' - x\sin\omega']^2,$$
$$2z_2 = -\varrho_{2,1}[x\cos(\omega'-\omega) + y\sin(\omega'-\omega)]^2 - \varrho_{2,2}[y\cos(\omega'-\omega) - x\sin(\omega'-\omega)]^2.$$

Bildet man daraus den Oberflächenabstand $d = z_1 - z_2$, setzt diesen nach Gleichung (1) gleich $Ax^2 + By^2$, so erhält man durch Vergleichung der links und rechts stehenden Koeffizienten die folgenden Gleichungen für $\omega'$, $A$ und $B$:

$$\left.\begin{aligned}
&\operatorname{tg} 2\omega' = \frac{\sin 2\omega\,(\varrho_{2,1} - \varrho_{2,2})}{\varrho_{1,1} - \varrho_{1,2} + (\varrho_{2,1} - \varrho_{2,2}\cos 2\omega},\\
&2(A+B) = \varrho_{1,1} + \varrho_{1,2} + \varrho_{2,1} + \varrho_{2,2},\\
&2(A-B) = -\sqrt{(\varrho_{1,1}-\varrho_{1,2})^2 + 2(\varrho_{1,1}-\varrho_{1,2})(\varrho_{2,1}-\varrho_{2,2})\cos 2\omega + (\varrho_{2,1}-\varrho_{2,2})^2}.
\end{aligned}\right\} \tag{8}$$

Für die weitere Rechnung soll ein Hilfswinkel $\tau$ eingeführt werden durch

$$\cos\tau = \frac{B-A}{B+A}. \tag{9}$$

Dann ist

$$2A = (\varrho_{1,1} + \varrho_{1,2} + \varrho_{2,1} + \varrho_{2,2}) \sin^2\frac{\tau}{2},$$

$$2B = (\varrho_{1,1} + \varrho_{1,2} + \varrho_{2,1} + \varrho_{2,2}) \cos^2\frac{\tau}{2}.$$

Führt man diese Werte in die Integrale (7) ein, so erhält man

$$\frac{1}{a^3}\int\limits_0^\infty \frac{dz}{\sqrt{(1+k^2z^2)^3(1+z^2)}} = \frac{4\pi}{3P}\,\frac{\varrho_{1,1}+\varrho_{1,2}+\varrho_{2,1}+\varrho_{2,2}}{\vartheta_1+\vartheta_2}\sin^2\frac{\tau}{2},$$

$$\frac{1}{b^3}\int\limits_0^\infty \frac{dz}{\sqrt{\left(1+\frac{z^2}{k^2}\right)^3(1+z^2)}} = \frac{4\pi}{3P}\,\frac{\varrho_{1,1}+\varrho_{1,2}+\varrho_{2,1}+\varrho_{2,2}}{\vartheta_1+\vartheta_2}\cos^2\frac{\tau}{2}.$$

Durch Division erhält man daraus eine Gleichung, in der nur $k$ und $\tau$ vorkommen. Also sind $k$ und damit auch die oben vorkommenden Integrale lediglich Funktionen von $\tau$. Wenn man diese in der Weise auflöst, daß man schreibt

$$\left.\begin{aligned} a &= \mu\sqrt[3]{\frac{3P(\vartheta_1+\vartheta_2)}{8(\varrho_{1,1}+\varrho_{1,2}+\varrho_{2,1}+\varrho_{2,2})}},\\ b &= \nu\sqrt[3]{\frac{3P(\vartheta_1+\vartheta_2)}{8(\varrho_{1,1}+\varrho_{1,2}+\varrho_{2,1}+\varrho_{2,2})}},\end{aligned}\right\} \qquad (10)$$

so sind $\mu$ und $\nu$ Werte, die ebenfalls nur von $\tau$, also nur vom Achsenverhältnis der Ellipsen $d =$ konst. abhängen. Die für die Berechnung von $\mu$ und $\nu$ notwendigen Integrale sind alle auf ganze elliptische Integrale erster Art zurückzuführen, und deren Differentialquotienten nach dem Modul können ohne neue Quadraturen aus den LEGENDREschen Tafeln gefunden werden. Um diese weitläufigen Rechnungen unnötig zu machen, hat HERTZ ein für allemal eine Tabelle für die zu verschiedenen Werten von $\tau$ gehörigen $\mu$ und $\nu$ berechnet:

| $\tau$ | 90° | 80° | 70° | 60° | 50° | 40° | 30° | 20° | 10° | 0 |
|---|---|---|---|---|---|---|---|---|---|---|
| $\mu$ | 1,0000 | 1,1278 | 1,2835 | 1,4858 | 1,7542 | 2,1357 | 2,7307 | 3,7779 | 6,6120 | $\infty$ |
| $\nu$ | 1,0000 | 0,8927 | 0,8017 | 0,7171 | 0,6407 | 0,5673 | 0,4930 | 0,4079 | 0,3186 | 0,0000 |

Damit sind die Achsen der Druckellipse bekannt. Ihre Gestalt ist nur vom Achsenverhältnis der Ellipsen $d =$ konst. abhängig; die linearen Dimensionen sind unter sonst gleichen Verhältnissen proportional $\sqrt[3]{P}$. Denkt man sich in der Gleichung (7) für die Abplattung den Wert $a$ eingesetzt, so erkennt man, daß $\alpha$ einen Zahlenfaktor enthält, der von der Gestalt der Druckellipse abhängt. Bei gleichem Werte dieses Faktors ist $\alpha$ proportional $\sqrt[3]{P^2}$.

Der Normaldruck in der Oberfläche wird aus

$$\sigma_z = -2G\left(\frac{\partial\omega}{\partial z} + \frac{1}{m-2}\Theta\right) = -2G\left[\frac{\partial^2\Pi}{\partial z^2} + \frac{2(2m-1)}{mG}\frac{\partial V}{\partial z}\right] = 2z\frac{\partial^2 V}{\partial z^2} - 2\frac{\partial V}{\partial z}$$

zu $-2\dfrac{\partial V}{\partial z}$ und schließlich zu

$$\sigma_z = \frac{3P}{2ab\pi}\sqrt{1-\frac{x^2}{a^2}-\frac{y^2}{b^2}} \qquad (11)$$

gefunden.

Er nimmt also vom Rande aus, wo er Null ist, gegen die Mitte hin nach einem elliptischen Verteilungsgesetz zu und ist im Mittelpunkt 3/2mal so groß, als es einer gleichmäßigen Verteilung entsprechen würde.

Besondere Fälle: Wenn es sich um zwei Kugeln vom Radius $r_1$ und $r_2$ handelt, wird die Druckfigur ein Kreis. Für gleiches Material wird (die Zahlenwerte gelten für $m_1 = m_2 = 3{,}3$)

$$\left.\begin{aligned} a = b &= \sqrt[3]{\frac{3(m^2-1)}{2m^2}\frac{P}{E}\frac{r_1 r_2}{r_1+r_2}} = 1{,}109\sqrt[3]{\frac{P}{E}\frac{r_1 r_2}{r_1+r_2}},\\ \alpha &= \sqrt[3]{\frac{9(m^2-1)}{4m^2}\frac{P^2}{E^2}\frac{r_1+r_2}{r_1 r_2}} = 1{,}23\sqrt[3]{\frac{P^2}{E^2}\frac{r_1+r_2}{r_1 r_2}},\\ (\sigma_z)_{\max} &= 0{,}388\sqrt[3]{PE^2\left(\frac{r_1+r_2}{r_1 r_2}\right)^2}. \end{aligned}\right\} \tag{12}$$

Für zwei Zylinder, die sich längs einer Erzeugenden berühren und mit einem Druck $p$ auf die Längeneinheit zusammengedrückt werden, wird

$$\left.\begin{aligned} a = \infty, \qquad b &= \sqrt{\frac{8(m^2-1)}{m^2\pi}\frac{p}{E}\frac{r_1 r_2}{r_1+r_2}} = 1{,}522\sqrt{\frac{p}{E}\frac{r_1 r_2}{r_1+r_2}},\\ \sigma_z = \frac{2p}{\pi b^2}\sqrt{b^2-y^2}; \qquad (\sigma_z)_m &= 0{,}418\sqrt{pE\frac{r_1+r_2}{r_1 r_2}}. \end{aligned}\right\} \tag{13}$$

Für rechtwinklig gekreuzte Zylinder wird

$$\left.\begin{aligned} a = b &= \sqrt[3]{\frac{3(m^2-1)}{m^2}\frac{P}{E}\frac{r_1 r_2}{r_1+r_2}} = 1{,}398\sqrt[3]{\frac{P}{E}\frac{r_1 r_2}{r_1+r_2}},\\ \alpha &= \frac{1}{2}\sqrt[3]{\frac{9(m^2-1)}{m^2}\frac{P^2}{E^2}\frac{r_1+r_2}{r_1 r_2}} = 1{,}008\sqrt[3]{\frac{P^2}{E^2}\frac{r_1+r_2}{r_1 r_2}},\\ (\sigma_z)_m &= 0{,}244\sqrt[3]{PE^2\left(\frac{r_1+r_2}{r_1 r_2}\right)^2}. \end{aligned}\right\} \tag{14}$$

Eine Herleitung der HERTZschen Formeln ohne Bezugnahme auf die Potentialtheorie hat zuerst H. LORENZ[1]) gegeben. Eine ausführliche Darstellung der HERTZschen Ableitung (allerdings unter Beschränkung auf kreisförmige Druckflächen) gab A. FÖPPL[2]).

Die Rechnung zur Ermittlung des Spannungsverlaufes hat HERTZ nicht weiter durchgeführt. Für den Fall zweier gegeneinander gedrückter Kugeln hat später HUBER[3]) die HERTZschen Spannungsgleichungen ausgewertet. FUCHS[4]) leitete dann die Differentialgleichung der Spannungstrajektorien ab und löste sie mittels eines Näherungsverfahrens. Er zeichnete das Spannungsbild für den Fall, daß eine Kugel auf eine Planfläche gedrückt wird. Ähnlich wird von HUBER und FUCHS[5]) auch noch der Fall behandelt, daß zwei Zylinder, die sich längs einer Erzeugenden berühren, aufeinandergedrückt werden. MORTON und CLOSE[6]) ermittelten die Spannungsverteilung für den Fall der Rotationssymmetrie auf anderem Wege unter Verwendung von Kugelfunktionen.

HERTZ nahm auch eine experimentelle Prüfung der Theorie vor, indem er Glaslinsen gegen berußte Platten und Glaszylinder unter verschiedener Neigung der Achsen gegeneinander drückte und die Druckflächen ausmaß. Er fand das Gesetz $a = \text{konst.} \cdot \sqrt[3]{P}$ gut bestätigt. Die Abplattung (Annäherung) haben

---

[1]) H. LORENZ, Lehrb. d. techn. Phys. Bd. IV, Techn. Elastizitätslehre § 65. München 1913; vgl. auch A. u. L. FÖPPL, Drang und Zwang, 2. Teil, § 87.

[2]) A. FÖPPL, Vorl. über techn. Mech. Bd. V, § 48ff.

[3]) M. T. HUBER, Ann. d. Phys. (DRUDE) Bd. 14, S. 153. 1904.

[4]) S. FUCHS, Phys. ZS. Bd. 14, S. 1282. 1913.

[5]) M. T. HUBER u. S. FUCHS, Phys. ZS. Bd. 15, S. 298. 1914.

[6]) W. B. MORTON u. L. J. CLOSE, Phil. Mag. (6) Bd. 43, S. 320. 1922.

LAFAY[1]), STRIEBECK[2]) und SCHWINNING[3]) gemessen und die Theorie ebenfalls gut bestätigt gefunden. Die Größe und auch die Gestalt der Druckfläche untersuchten A. MEYER[4]) und KESSLER[5]), indem sie bei Versuchen mit Glaslinsen die kreisförmige Druckfläche zonenweise als Kugelspiegel benutzten und dadurch den Krümmungsradius ermittelten. Während die Größe des Druckkreises und die Kugelform in guter Übereinstimmung mit der Theorie erhalten wurden, ergaben sich in der Größe des Krümmungshalbmessers der Druckfläche erhebliche Abweichungen, die aber, wie KESSLER gezeigt hat, auf eine Veränderung der optischen Eigenschaften des Glases infolge der Pressung zurückzuführen sind.

**80. Die Härte.** Anschließend an die Lösung des Berührungsproblems suchte HERTZ an Stelle der bis dahin gebräuchlichen Definitionen und Maße[6]) der Härte (z. B. die in der Mineralogie gebrauchte MOHSsche Härteskala) eine strengere und wissenschaftlich einwandfreiere zu geben. Er definierte die Härte als „die Festigkeit, welche ein Körper derjenigen Deformation entgegensetzt, die einer Berührung mit kreisförmiger Druckfläche entspricht". Ein absolutes Maß der Härte sollte durch den auf die Flächeneinheit bezogenen Normaldruck gegeben werden, welcher im Mittelpunkt der kreisförmigen Druckfläche herrschen muß, damit an einer Stelle gerade die Elastizitätsgrenze erreicht wird. Um die Messung zu einer absoluten zu machen, sollten beide Körper aus dem nämlichen (zu prüfenden) Material sein.

AUERBACH[7]) sowie A. FÖPPL[8]) und SCHWERD[9]) suchten die HERTZschen Überlegungen für die Technik nutzbar zu machen. Diese Versuche lehrten jedoch, daß das Ergebnis einer solchen Härtebestimmung nicht unabhängig ist von den Krümmungen der verwendeten Körper, so daß also die oben definierte Härte nicht als einfache Materialkonstante angesehen werden kann. Die Ursache für diese Erscheinung ist in dem besonderen Einfluß der Oberflächenschichten zu suchen. Davon abgesehen, steht der praktischen Verwendung der HERTZschen Methode hinderlich im Wege, daß die Elastizitätsgrenze bei den meist in Betracht kommenden Stoffen schwer zu bestimmen oder überhaupt schlecht definiert ist, und daß es für jede Härtebestimmung notwendig ist, einen besonderen Probekörper anzufertigen. Aus diesen Gründen hat BRINELL später vorgeschlagen, die Härteprüfung in der Weise vorzunehmen, daß eine möglichst harte (theoretisch unendlich harte) Stahlkugel von bestimmtem Durchmesser (meist 1 cm) mit ruhigem Druck (meist 3000 kg) auf das Probestück gedrückt wird und als Härtezahl die auf 1 $cm^2$ der Druckfläche (Kugelkalotte), oder genauer gesagt, des dauernd bleibenden Eindruckes, bezogene Last anzusehen. Obwohl auch gegen dieses Verfahren Bedenken geltend gemacht werden können (z. B. Formänderung der Kugel bei harten Probestücken, Einfluß der während des Eindruckversuches vor sich gehenden Kalthärtung, geometrische Unähnlichkeit der Eindrücke bei verschieden hoher Belastung), hat es sich in der Technik sehr eingebürgert[10]).

---

[1]) A. LAFAY, Ann. chim. phys. (7) Bd. 23, S. 241. 1901.

[2]) R. STRIEBECK, ZS. d. Ver. d. Ing. Bd. 45, S. 73, 118 u. 1421. 1901.

[3]) SCHWINNING, ZS. d. Ver. d. Ing. Bd. 45, S. 332. 1901.

[4]) A. MEYER, Dissert. Jena 1912.

[5]) H. KESSLER, Untersuchungen zur Berührung fester Körper. Dissert. Jena 1916.

[6]) Literaturangaben und Kritik über solche s. F. AUERBACH, Wied. Ann. Bd. 43, S. 61. 1891.

[7]) F. AUERBACH, Wied. Ann. Bd. 43, S. 61. 1891; Bd. 45, S. 262. 1892; Bd. 53, S. 1000. 1894; Bd. 58, S. 357. 1896; Drudes Ann. Bd. 3, S. 108 u. 116. 1900; Göttinger Ber. 1890.

[8]) A. FÖPPL, Wied. Ann. Bd. 63, S. 103. 1897.

[9]) F. M. SCHWERD, Mitt. d. Mech.-techn. Laborat. d. Techn. Hochsch. München 1897, H. 25.

[10]) Weitere Auskunft und Literaturzusammenstellung findet man in P. W. DÖHMER, Die Brinellsche Kugeldruckprobe. Berlin 1925; s. ferner auch G. BERNDT, Monatsbl. d. Berl. Bez.-Ver. d. Ing. Jg. 120, S. 77; ZS. f. techn. Phys. 3. Jg., S. 14 u. 82. 1922; P. LUDWIK, ZS. f. Metallkunde, Jg. 14, S. 101, 1922.

# X. Labilitätserscheinungen; das Knicken.

**81. Mehrdeutigkeit von Gleichgewichtsproblemen.** Bei den bisher untersuchten Aufgaben der Elastizitätstheorie handelte es sich darum, gewisse Differentialgleichungen unter vorgeschriebenen Randbedingungen zu integrieren. Dabei wurde immer vorausgesetzt, daß jede auf irgendeine Weise ermittelte Lösung auch die einzig mögliche sei. Diese Annahme stützt man auf einen Satz von KIRCHHOFF[1]), wonach sich unter der Voraussetzung „kleiner Formänderungen" ein einfach zusammenhängender elastischer Körper stets nur in e i n e m bestimmten Zustand im Gleichgewicht befindet. Bei den folgenden Untersuchungen über elastische Stabilität handelt es sich dagegen gerade darum, festzustellen, ob, und unter welchen Umständen dieser Satz unzutreffend werden kann. Daß es solche Möglichkeiten gibt, weiß man, seit EULER[2]) das „Ausknicken" belasteter Säulen, LEVY[3]) das Problem des radial gedrückten Kreisringes und GREENHILL die Stabilität der tordierten Welle[4]) und des vertikalen Stabes unter seinem Eigengewicht[5]) untersucht hat. In diesen und vielen anderen Fällen sind nämlich bei ein und derselben Belastung mehrere Gleichgewichtsformen denkbar. Die ursprüngliche Form wird dann labil und kann in eine neue übergehen, was erhebliche Formänderungen und vielfach die Zerstörung nach sich zieht.

In einer grundlegenden Arbeit hat BRYAN[6]) diese vereinzelten Probleme unter einem einheitlichen Gesichtspunkt zusammengefaßt, indem er zeigte, daß die Stabilität eines Gleichgewichtszustandes davon abhängt, ob die potentielle Energie dieses Zustandes ein Minimum ist. Es muß also

$$\delta^2 (V + A) > 0 \tag{1}$$

sein, wo $V$ das Potential der äußeren Kräfte, $A$ die Formänderungsarbeit der Spannungen ist.

Bei der Erklärung des Widerspruches zwischen diesen Erscheinungen und dem KIRCHHOFFschen Satz beruft man sich meist darauf, daß dieser unter der Voraussetzung „kleiner Formänderungen" abgeleitet ist und überdies nur für Körper gelten soll, deren sämtliche Dimensionen von gleicher Größenordnung sind, während man Labilitätserscheinungen nur bei dünnen Stäben, Platten und Schalen beobachtet, also bei Körpern, die nach einer oder zwei Richtungen von geringer Ausdehnung sind. Dagegen ist zu sagen, daß man sich ja beim Eintritt des Knickens die Formänderungen zunächst noch beliebig klein denken kann. Gegen die zweite Begründung macht v. MISES[7]) geltend, daß es unbefriedigend ist, die präzise Aussage des Eindeutigkeitssatzes von Abmessungsverhältnissen abhängig zu machen, die man sich stetig veränderlich denken kann. Ausgehend von Stabilitätsbetrachtungen an Fachwerken und elastischen Punkthaufen zeigt MISES, daß bei diesen und ebenso auch beim elastischen Kontinuum der unter allen Umständen richtige Inhalt des KIRCHHOFFschen Satzes lediglich in folgender Aussage besteht: Sind die Belastungen, die an einem Körper angreifen, nur bis auf einen Zahlenfaktor $\lambda$ gegeben, so gibt es einen Wert $\lambda_0 (0 < \lambda_0 \leqq \infty)$ derart, daß für alle $|\lambda| < |\lambda_0|$ ein eindeutiger stabiler Gleichgewichtszustand besteht,

[1]) G. KIRCHHOFF, Journ. f. Math. (CRELLE) Bd. 56. 1859, S. 291; Ges. Abhandl. S. 292; Vorles. über math. Phys., I. Mechanik, S. 388.

[2]) L. EULER, De curvis elasticis, Add. I zum Methodus inveniendi, Lausanne u. Genf 1744; ferner: Hist. de l'Acad. de Berlin Bd. 13, S. 252. 1757.

[3]) M. LÉVY, Fußnote 6), S. 285.

[4]) A. G. GREENHILL, Fußnote 1), S. 288.

[5]) A. G. GREENHILL, Fußnote 4), S. 284.

[6]) G. H. BRYAN, Proc. Cambridge Phil. Soc. Bd. 6, S. 199 u. 286. 1888.

[7]) R. v. MISES, ZS. f. angew. Math. u. Mech. Bd. 3, S. 406. 1923.

der sich, wenn $\lambda$ dem Wert Null zustrebt, stetig an den natürlichen Zustand anschließt. Dagegen kann das Gleichgewichtsproblem mehrere Lösungen haben, wenn $|\lambda| > |\lambda_0|$. Praktisch ist diese Möglichkeit jedoch nur von Bedeutung, wenn der Wert $\lambda_0$ unter der Fließ- oder Bruchgrenze des Materials liegt, was nur bei verhältnismäßig schlanken, dünnen Körpern zutrifft. Man bezeichnet die dem Parameter $\lambda_0$ entsprechende Belastung als die *kritische Belastung*. Bei dieser und allenfalls bei einer Reihe höherer Werte findet eine „*Verzweigung*" des Gleichgewichtszustandes statt. Den Übergang von einer Gleichgewichtsform zu einer anderen bezeichnet man allgemein, nicht nur beim geraden Stab, als *Knicken*, in manchen Fällen auch als *Kippen*. Es kann sein, daß vor Erreichung des neuen Gleichgewichtszustandes infolge Überanstrengung des Materials Zerstörung eintritt. Selbstverständlich muß bei Konstruktionen jeder Art auf die Vermeidung der Knickgefahr sorgfältig geachtet werden.

Die Methoden, die zur Ermittlung dieser kritischen Werte dienen können, sollen an dem ältesten und einfachsten Beispiel, dem in der Richtung seiner Achse gedrückten Stab, ausführlicher besprochen werden. Für die übrige große Zahl der Einzelprobleme mag es dann genügen, die Ableitung nur anzudeuten oder nur Literaturhinweise und Ergebnisse anzuführen.

**82. Methoden zur Ermittlung der kritischen Werte; der in der Richtung seiner Achse gedrückte gerade Stab.** a) *Ermittlung der kritischen Werte als Eigenwerte des Problems.* Man führt in die Koeffizienten der Differentialgleichung einen nur von der Intensität der Belastung abhängigen Parameter $\lambda$ ein und sucht jene Werte von $\lambda$, die, von einer trivialen abgesehen, eine Lösung der Differentialgleichung unter den vorgeschriebenen Randbedingungen zulassen.

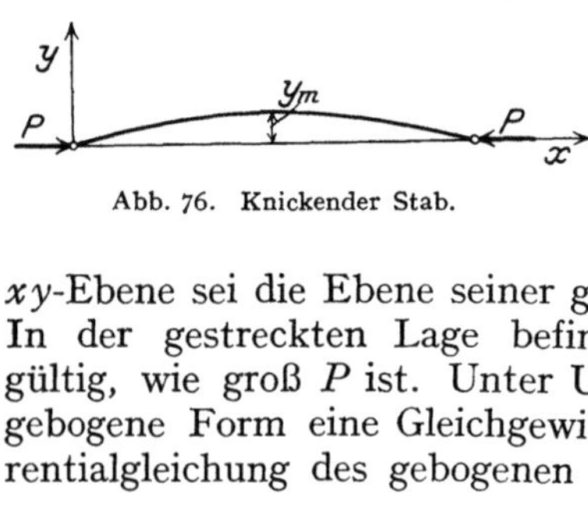

Abb. 76. Knickender Stab.

Die $x$-Achse eines Koordinatensystems falle, wie Abb. 76 andeutet, mit der Achse eines Stabes von der Länge $l$ zusammen, auf dessen Enden Druckkräfte $P$ wirken. Die $xy$-Ebene sei die Ebene seiner geringsten Biegungssteifigkeit, diese sei $EJ = B$. In der gestreckten Lage befindet sich der Stab im Gleichgewicht, gleichgültig, wie groß $P$ ist. Unter Umständen kann aber auch die angedeutete ausgebogene Form eine Gleichgewichtslage sein. Für diese muß dann die Differentialgleichung des gebogenen Stabes

$$\frac{1}{\varrho} = -\frac{M}{B} = -\frac{Py}{B} \tag{1}$$

gelten. Solange man sich auf die Betrachtung sehr kleiner Ausbiegungen beschränkt, kann man zur Vereinfachung statt $1/\varrho$ den Wert $d^2y/dx^2$ einsetzen. Führt man für $P/B$ noch die Bezeichnung $\lambda$ ein, wo $\lambda$ nun den obenerwähnten Parameter darstellt, so lautet die Differentialgleichung

$$\frac{d^2y}{dx^2} + \lambda y = 0. \tag{2}$$

Diese Gleichung ist zu integrieren unter den Grenzbedingungen

$$y(0) = 0, \quad y(l) = 0, \quad y''(0) = 0, \quad y''(l) = 0,$$

wobei auf die Verkürzung, die der Stab durch die Ausbiegung erleidet, nicht geachtet ist, was bei den vorausgesetzten kleinen Formänderungen zulässig ist. Das allgemeine Integral lautet

$$y = c_1 \sin\left(x\sqrt{\lambda}\right) + c_2 \cos\left(x\sqrt{\lambda}\right). \tag{3}$$

Die Randbedingungen verlangen, daß $c_2 = 0$, $\sin(l\sqrt{\lambda}) = 0$, d. h. $l\sqrt{\lambda}$ muß ein ganzes Vielfaches von $\pi$ sein. Von der trivialen Lösung $y = 0$ abgesehen, ist also eine Lösung der obigen Differentialgleichung und damit eine Ausbiegung nur möglich, wenn

$$\lambda = n^2 \frac{\pi^2}{l^2}, \tag{4}$$

also

$$P = B n^2 \frac{\pi^2}{l^2}, \tag{5}$$

wo $n$ eine ganze Zahl ist. Die Gleichung (4) für $\lambda$ gibt die Eigenwerte des Problems, die zugehörigen Lösungen $y = c_1 \sin \frac{n\pi}{l} x$ die Eigenfunktionen. Praktisch wichtig ist der niedrigste Wert $\lambda$, der mit $n = 1$ erhalten wird und der zu dem schon EULER bekannten Wert für die kritische Last führt

$$P = B \frac{\pi^2}{l^2}. \tag{6}$$

Solange die Ausbiegungen nur sehr gering sind, erfolgen sie nach einer Sinuslinie, wie sich früher (Ziff. 33) schon auf anderem Wege ergeben hat. Über den Sinn der höheren Eigenwerte (mit $n = 2, 3, \ldots$) ist später noch zu sprechen.

b) Die Methode der kleinen Störung. Man nimmt an, daß der Stab von Anfang an etwas krumm sei oder die Last mit einer geringen Exzentrizität $e$ angreift. Dann tritt schon bei der geringsten Belastung eine gewisse Biegung ein. An die Stelle der homogenen Differentialgleichung (2) tritt dann die folgende:

$$\frac{d^2y}{dx^2} + (y + e)\lambda = 0. \tag{7}$$

Deren Lösung ist

$$y = c_1 \sin(x\sqrt{\lambda}) + c_2 \cos(x\sqrt{\lambda}) - e. \tag{8}$$

Nach Anpassung der Lösung an die Grenzbedingungen wird

$$y = e\left[\frac{1 - \cos(l\sqrt{\lambda})}{\sin(l\sqrt{\lambda})} \sin(x\sqrt{\lambda}) + \cos(x\sqrt{\lambda}) - 1\right], \tag{9}$$

und die maximale Ausbiegung in der Stabmitte wird

$$f = e\frac{1 - \cos\frac{1}{2} l\sqrt{\lambda}}{\cos\frac{1}{2} l\sqrt{\lambda}}. \tag{10}$$

Man erhält demnach für jedes $\lambda$, also für jeden Belastungswert, eine ganz bestimmte Ausbiegung. Diese wächst aber sehr rasch an, wenn $\frac{1}{2} l\sqrt{\lambda}$ sich dem Wert $\pi/2$ oder einem ungeraden Vielfachen von $\pi/2$ nähert und wird im Grenzfalle $l\sqrt{\lambda} = \pi$ sogar unendlich. $\sqrt{\lambda} = \frac{\pi}{l}$ oder $P = B\frac{\pi^2}{l^2}$ stellt den (ersten) kritischen Wert dar. Es ist zu beachten, daß der Zusammenbruch schon vor Erreichung des kritischen Wertes erfolgen kann, wenn die Exzentrizität $e$ große Werte annimmt. Die Frage wann dies eintritt, ist ein Spannungs-, kein Stabilitätsproblem.

c) Die Methode des Energiekriteriums. Diese Methode geht, wie schon erwähnt, auf BRYAN zurück, wurde von TIMOSCHENKO[1]) vielfach angewandt und

[1]) S. TIMOSCHENKO, ZS. f. Math. u. Phys. Bd. 58, S. 337. 1910.

später von REISSNER[1]) noch strenger begründet. Die einfache, geradlinige Gleichgewichtsform des Stabes wird labil, sobald mit demselben Arbeitsbetrag $A_a$ der äußeren (Rand- und Massen-) Kräfte ebenso wohl die der einfachen Zusammendrückung entsprechende Formänderungsarbeit geleistet werden kann, als auch jene, die zu einer Ausbiegung notwendig ist.

Von diesem Gesichtspunkt ausgehend, ist in Ziff. 92 das Stabilitätskriterium für die ebene Platte ausführlich abgeleitet. Die Ableitung für den geraden Stab ist darin als einfacherer Sonderfall mit enthalten und kann daher hier übergangen werden.

d) Die Methode der elastischen Gelenkkette (oder des elastischen Gewebes). Diese beruht auf dem Übergang von den Differential- zu Differenzengleichungen. Sie wurde hauptsächlich von HENCKY[2]) entwickelt und ist grundsätzlich immer, auch in den kompliziertesten Fällen, anwendbar, wenn sie dann auch erhebliche Rechenarbeit verlangt.

e) Die graphische Methode von VIANELLO[3]). Diese wird mit Vorteil angewandt, wenn es sich um kompliziertere Belastungsarten oder Stäbe mit veränderlichem Querschnitt handelt. Sie besteht darin, daß man für die Biegelinie eine möglichst wahrscheinliche Annahme macht, dann aus den Hebelarmen die zugehörige Momentenfläche bestimmt und hierzu durch ein Seilpolygon [MOHRsches Verfahren[4])] wiederum die zugehörige Biegelinie zeichnet. Diese wird im allgemeinen aufs erstemal nicht affin zur getroffenen Annahme sein, kann aber zu einer Verbesserung der Ausgangskurve benutzt werden, um dann die Konstruktion zu wiederholen. Das Verfahren konvergiert sehr rasch. Das Verhältnis, in welchem die Ordinaten der erhaltenen Biegungslinie vergrößert oder verkleinert werden müssen, damit diese sich mit der ursprünglich angenommenen Kurve deckt, gibt ein Maß für die Knicksicherheit, nämlich das Verhältnis $P:P_k$.

f) Die Methode der Integralgleichung. Endlich hat TREFFTZ[5]) eine allgemeine Theorie der Knickung des geraden Stabes aus der Theorie der Integralgleichungen entwickelt. Insbesondere weist TREFFTZ auf diese Weise nach, daß die sämtlichen Knickwerte (Eigenwerte der Integralgleichung) reell sind.

**83. Das Verhalten des Stabes an und jenseits der Stabilitätsgrenze.** Die bisher betrachteten Methoden liefern zwar den kritischen Lastwert, vermögen jedoch keinen Aufschluß über das Verhalten des Stabes nach Überschreitung des kritischen Wertes zu geben. Sie liefern in diesem Punkt entweder unbestimmte oder unendlich große Formänderungen. Der Grund hierfür ist darin zu suchen, daß zur Vereinfachung der Rechnung ausdrücklich sehr kleine Verschiebungen vorausgesetzt und mit dieser Begründung $\frac{d^2y}{dx^2}$ statt $\frac{1}{\varrho}$ geschrieben wurde. Nur unter dieser Voraussetzung wurde das Problem linear. Durch das Vernachlässigen aller höheren Potenzen von $y, y', \ldots$ werden von den Kurven, die den Zusammenhang zwischen dem Parameter und der Ausbiegung darstellen (Abb. 77), nur die Tangenten in den Schnittpunkten mit der Achse $y = 0$ erhalten, und diese sind vertikal.

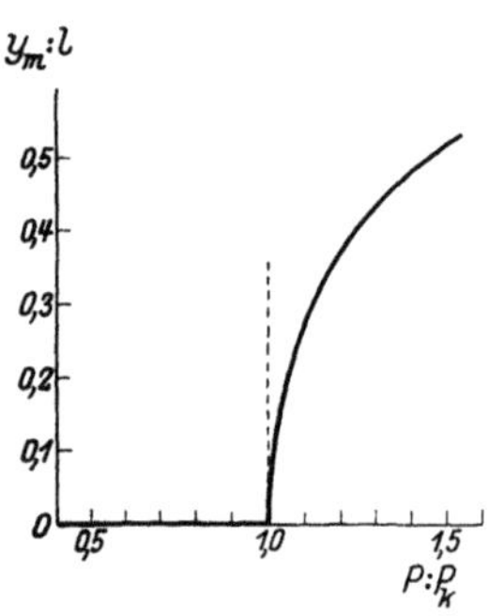

Abb. 77. Ausbiegung eines Stabes jenseits der Knickgrenze.

[1]) H. REISSNER, ZS. f. angew. Math. u. Mech. Bd. 5, S. 475. 1925.
[2]) H. HENCKY, Der Eisenbau, Jg. 1920, S. 438. S. auch A. u. L. FÖPPL, Drang und Zwang, Bd. 2, § 107.
[3]) L. VIANELLO, ZS. d. Ver. d. Ing. Bd. 42, S. 1436. 1898.
[4]) S. Bd. V, Kap. 6, Ziff. 53 ds. Handb.
[5]) E. TREFFTZ, ZS. f. angew. Math. u. Mech. Bd. 3, S. 272. 1923.

Diese Unbestimmtheit verschwindet, wenn man der Rechnung die strenge Gleichung der elastischen Linie zugrunde legt[1]):

$$\frac{y''}{(1+y'^2)^{\frac{3}{2}}} + \lambda y = 0, \tag{1}$$

Als Grenzbedingung hat man zu beachten, daß für die beiden Stabenden $y = 0$ sein muß. Als Abszisse des einen Endpunktes mag $x = 0$ angenommen werden. Jene des anderen Endpunktes ist jedoch unbekannt und darf nicht etwa gleich $l$ angenommen werden, weil es jetzt gerade auf diesen Unterschied ankommt. Dafür ist bekannt, daß die Bogenlänge zwischen den beiden Nullstellen gleich $l$ sein muß.

Einmal integriert, gibt Gleichung (1)

$$-\frac{1}{\sqrt{1+y'^2}} + \frac{\lambda}{2} y^2 + c = 0; \tag{2}$$

die Integrationskonstante $c$ ist gleich dem Kosinus des vorerst unbekannten Winkels $\varphi_0$ an den Nullstellen. Löst man diese Gleichung nach $y' = \frac{dy}{dx}$ auf, so erhält man das elliptische Differential

$$dx = \frac{\frac{\lambda}{2} y^2 + c}{\sqrt{1 - \left(\frac{\lambda}{2} y^2 + c\right)^2}} dy. \tag{3}$$

Aus (2) und (3) folgt

$$\frac{dy}{ds} = \frac{dy}{dx} \frac{1}{\sqrt{1+y'^2}} = \sqrt{1 - \left(\frac{\lambda}{2} y^2 + c\right)^2}. \tag{4}$$

Die Darstellung der Bogenlänge zwischen zwei Punkten mit gegebenen $y$-Werten führt demnach auf ein elliptisches Integral. Um die Schwierigkeit zu umgehen, die daraus erwächst, daß die beiden Punkte, zwischen denen das Bogenstück liegt, die Ordinate Null haben, werde zunächst angenommen, daß die elastische Linie zwischen diesen beiden Punkten keine weiteren Nullstellen habe und aus zwei symmetrischen Teilen bestehe. Dann ist nach Gleichung (2) die Ordinate im Symmetrieschnitt

$$y_{\max} = f = \sqrt{\frac{2}{\lambda}(1-c)}. \tag{5}$$

Die Bogenlänge zwischen $y = 0$ und $y = y_{\max}$ muß gleich $\frac{l}{2}$ sein. Führt man $z = \frac{y}{y_{\max}}$ als Veränderliche ein und schreibt man

$$k^2 = \frac{1-c}{1+c} = \operatorname{tg}^2 \frac{\varphi_0}{2}, \tag{6}$$

so erhält man

$$\frac{l}{2} = \sqrt{\frac{1+k^2}{\lambda}} \int \frac{dz}{\sqrt{(1-z^2)(1+k^2 z^2)}}. \tag{7}$$

Auf der rechten Seite steht ein vollständiges elliptisches Integral zweiter Gattung mit imaginärem Modul. Aus dieser Gleichung muß $k$ (und damit $c$) aus $l$ und $\lambda$

---

[1]) S. z. B. Riemann-Weber, Die Differential- und Integralgleichungen der Mechanik und Physik, herausgeg. von Ph. Frank u. R. v. Mises, I. Tl., S. 375. Braunschweig 1925.

berechnet werden. Gleichung (5) liefert dann die maximale Ausbiegung und Gleichung (3) nach einer Quadratur die Form der elastischen Linie.

Ausführlich behandelt wurde diese Theorie, die sich mit den Untersuchungen von Ziff. 33 berührt, von SAALSCHÜTZ[1]) und SCHNEIDER[2]), eine einfachere Darstellung gab MALKIN[3]). Für den Fall, daß es sich um nicht allzu starke Ausbiegungen handelt, gibt v. MISES[4]) eine Näherungslösung, indem er die rechte Seite von Gleichung (7) nach $k^2$, welches kleiner als 1 sein soll, entwickelt:

$$\left.\begin{aligned} \frac{l}{2} &= \sqrt{\frac{1+k^2}{\lambda}}\int_0^1 \frac{dz}{\sqrt{1-z^2}}\left[1-\frac{k^2 z^2}{2}+\cdots\right] \\ &= \sqrt{\frac{1+k^2}{\lambda}}\left[\arcsin z-\frac{k^2}{2}\left(\frac{1}{2}\arcsin z-\frac{z}{2}\sqrt{1-z^2}\right)\cdots\right]_0^1 \\ &= \frac{\pi}{2}\sqrt{\frac{1+k^2}{\lambda}}\left(1-\frac{k^2}{4}\right)\cdots \end{aligned}\right\} \tag{8}$$

Durch Auflösen nach $k^2$ erhält man unter Vernachlässigung aller Glieder von höherer als zweiter Ordnung

$$k^2 = 2\left(\frac{\lambda l^2}{\pi^2}-1\right) \tag{9}$$

und durch Einsetzen in (5)

$$y_{\max} = \sqrt{\frac{8}{\lambda}\left(\frac{\lambda l^2}{\pi^2}-1\right)} = \frac{\sqrt{8}}{\pi}\, l\sqrt{1-\frac{P_k}{P}}. \tag{10}$$

Aus dem Resultat folgt, daß eine Ausbiegung nur vorhanden ist, wenn $\lambda > \frac{\pi^2}{l^2}$, die Last also über dem EULERschen Wert (6) von Ziff. 82 liegt. Von da ab wächst sie, wie Abb. 77 es darstellt. Die höheren kritischen Werte werden erhalten, wenn man Kurvenformen zugrunde legt, bei denen zwischen $y$ und $y_{\max}$ nicht die Bogenlänge $\frac{l}{2}$, sondern $\frac{l}{4}$, $\frac{l}{6}$, ... liegt.

v. MISES[4]) hat auch ein sehr einfaches und übersichtliches Verfahren zur Darstellung von $y$ als Funktion von der Bogenlänge $s$ durch eine Fourierreihe mit der Periode $\frac{\pi}{l}$ gegeben. Das Resultat lautet:

$$y = \frac{\sqrt{8}}{\pi}\, l\sqrt{\frac{P}{P_k}-1}\left\{\sin\frac{\pi s}{l}-\frac{1}{8}\left(\frac{P}{P_k}-1\right)\sin 3\frac{\pi s}{l}+\cdots\right\}. \tag{11}$$

Es ist noch die Frage zu beantworten, in welchen Gebieten die höheren Eigenlösungen (Elastika mit Wendepunkten) stabil sind. Im Gegensatz zu SAALSCHÜTZ kommen LARMOR[5]), BRYAN, LOVE und v. MISES zu dem Ergebnis, daß unterhalb des ersten Eigenwertes nur die gestreckte, darüber nur die wendepunktfreie Form stabil ist. BORN[6]) und FUNK[7]) untersuchten die Stabilität der Elastika mittels der zweiten Variation

---

[1]) L. SAALSCHÜTZ, Der belastete Stab. Leipzig 1880.

[2]) A. SCHNEIDER, ZS. d. österr. Ing.- u. Arch.-Ver. 1901, S. 633 u. 649.

[3]) J. MALKIN, ZS. f. angew. Math. u. Mech. Bd. 6, S. 73. 1926.

[4]) R. v. MISES, Riemann Webers Differentialgleichung der Physik, Bd. I, S. 375; ZS. f. angew. Math. u. Mech. Bd. 4, S. 435. 1924.

[5]) J. LARMOR, Proc. Math. Soc. London Bd. 15, S. 170. 1884.

[6]) M. BORN, Untersuchungen über die Stabilität der elastischen Linie in Ebene und Raum usw. Dissert. Göttingen 1906.

[7]) P. FUNK, ZS. f. angew. Math. u. Mech. Bd. 4, S. 143. 1924.

Sind die Stabenden nicht frei drehbar, sondern Randbedingungen unterworfen, wie sie in Abb. 78 angedeutet sind, so erhält man die Knicklast, wenn man in die EULERsche Formel an Stelle von $l$ den Wendepunktsabstand (sog. „freie Knicklänge") $a$ der zu erwartenden Stabform einsetzt, wofür die Annahme einer Sinuslinie ausreicht. Diese Fälle wurden zum erstenmal von LAGRANGE[1]) erörtert. Eine andere Art der Lagerung untersucht FILLUNGER[2]). Dort wird nämlich angenommen, daß die Endquerschnitte sich nur in einer bestimmten, die Stabachse schneidenden Geraden widerstandslos drehen können (Schneidenlagerung).

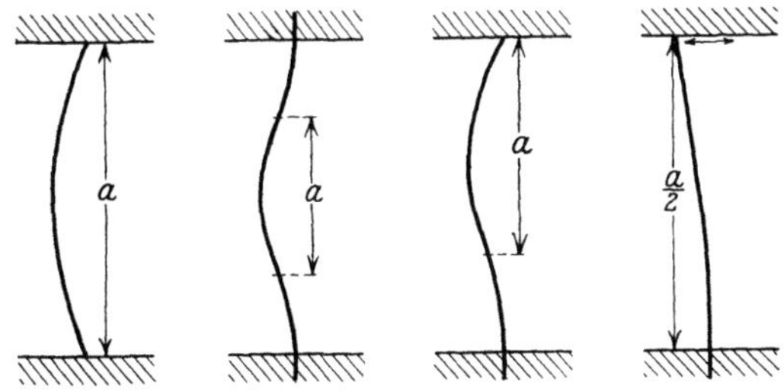

Abb. 78. Knicken bei verschiedenen Randbedingungen.

**84. Einfluß der Schubkräfte auf die Knicklast.** Bis jetzt wurde bei der Ableitung der Knicklast der Einfluß der bei der Biegung auftretenden Querkräfte $V = P\frac{dy}{dx}$ vernachlässigt. Man kann diesem Rechnung tragen, indem man bei der Ableitung mittels des Energiekriteriums die potentielle Energie dieser Schubkräfte hinzufügt[3]), etwa in der Form

$$\frac{1}{2}\int V\gamma\, dx = \zeta \int \frac{V^2}{2FG}\, dx\,,$$

wie sie in Gleichung (2), Ziff. 20 vorkommt; $\zeta$ ist ein dort eingeführter Zahlenwert (für das Rechteck z. B. 1,2), der von der Verteilung der Schubkräfte über den Querschnitt, also von dessen Form abhängt. Es ergibt sich

$$P_k = \frac{P_E}{1 + \frac{\zeta P_E}{FG}}. \tag{1}$$

ENGESSER[4]) und NUSSBAUM[5]) haben diese Beziehung auf andere Weise abgeleitet. Die Schubkräfte vermindern demnach die Knicklast unter den Wert $P_E$ der EULERschen Formel, jedoch nur unerheblich. Einen erheblichen Einfluß können dagegen die Querkräfte bei Gitterstäben haben.

**85. Das Knicken von Stabverbänden.** Für die praktische Baustatik von großer Bedeutung ist die Knicktheorie der Fachwerk- und Rahmenträger. Fachwerkträger nennt man Verbände von Stäben, die einzeln lediglich auf Zug und Druck, aber nicht auf Biegung beansprucht werden und die in den Knotenpunkten durch ideale Gelenke verbunden sind. Im Gegensatz dazu versteht man unter Rahmenträgern solche Verbände, deren Stäbe gebogen, aber nicht auf Zug und Druck beansprucht werden und die in den Knotenpunkten starr miteinander verbunden sind. Abgesehen davon, daß die einzelnen Stäbe eines Fachwerkes für sich, sowie Fachwerk- und Rahmenträger senkrecht zu ihrer Ebene ausknicken können, können diese auch im ganzen in ihrer Ebene ausknicken. Näher kann auf diese Aufgaben hier nicht eingegangen werden. Eingehende Ausfüh-

[1]) J. L. LAGRANGE, Sur la figure des colonnes; Miscellanea Taurinensia Bd. 5, S. 123. 1770/1773; Œuvres Bd. 2, S. 125. Paris 1868.
[2]) P. FILLUNGER, ZS. f. angew. Math. u. Mech. Bd. 6, S. 294. 1926.
[3]) S. TIMOSCHENKO, ZS. f. Math. u. Phys. Bd. 58, S. 337. 1910.
[4]) F. ENGESSER, Zentralbl. d. Bauverwaltung Jg. 9, S. 483. 1891.
[5]) F. NUSZBAUM, ZS. f. Math. u. Phys. Bd. 55, S. 134 u. 336. 1907.

rungen und Literaturangaben findet man bei R. MAYER[1]; ferner sind noch zwei wichtige Arbeiten von v. MISES[2] und v. MISES-RATZERSDORFER[3] zu nennen.

**86. Das Knicken eines Stabes durch sein Eigengewicht.** Dieses Problem wurde von GREENHILL[4] und CHREE[5] untersucht; es führt auf BESSELsche-Funktionen. Die kritische Länge ist[6]

$$L = \sqrt[3]{\frac{7{,}826\,B}{\gamma}} = 1{,}985\sqrt[3]{\frac{B}{\gamma}}, \tag{32}$$

wo $\gamma$ das Eigengewicht pro Längeneinheit bedeutet.

**87. Kipperscheinungen.** Ein auf Biegung beanspruchter Balken kann unter Umständen aus der Biegungsebene heraus nach der Seite auskippen (Abb. 79) und die Form einer Raumkurve annehmen. Dabei tritt Torsion auf. Diese Möglichkeit besteht insbesondere dann, wenn zwar das für die ursprüngliche Biegung maßgebende Trägheitsmoment des Querschnittes groß, dagegen jenes senkrecht dazu sehr klein ist, wie es an sich für die Biegung zweckmäßig und wirtschaftlich ist. Die Theorie dieser Erscheinung wurde 1899 gleichzeitig, aber unabhängig, von PRANDTL[7] und A. G. M. MICHELL[8] entwickelt.

Abb. 79. Kippen eines Trägers.

Mittels einfacher geometrischer Betrachtungen und unter Benutzung der Gleichungen für die Torsion und für die elastische Linie wird die folgende Differentialbeziehung abgeleitet:

$$\frac{d^2\vartheta}{dz^2} + \frac{B_1 - B_2}{B_1 B_2 C} P^2 z^2 \vartheta = 0; \tag{1}$$

$z$ ist die längs der Balkenachse laufende Koordinate, $\vartheta$ der Verdrehungswinkel, $C$ die Torsionssteifigkeit, $B_1 = EJ_1$, $B_2 = EJ_2$ sind die Biegungssteifigkeiten gegenüber einer Biegung in und senkrecht zur ursprünglichen Beanspruchungsebene; es ist $B_1 > B_2$; $P$ ist die Last, wobei zunächst an den Fall gedacht werden möge, daß diese am freien Ende ($z = 0$) eines Kragbalkens von der Länge $l$ in der Richtung einer Hauptträgheitsachse angreift. Die RICCATIsche Gleichung (1) wird durch BESSELsche Funktionen von der Ordnung 1/4 und dem Argument $\frac{\sqrt{\alpha}}{2} z^2$ gelöst, wo

$$\alpha = \frac{B_1 - B_2}{B_1 B_2 C} P^2.$$

Doch kommt man in einfacher Weise auch durch Ansatz einer nach Potenzen von $x$ ansteigenden Reihe zum Ziel. Aus der Forderung, daß $\vartheta = 0$ sein muß für $z = l$, gewinnt man folgende Gleichung

$$1 - \frac{\alpha l^4}{3\cdot 4} + \frac{\alpha^2 l^8}{3\cdot 4\cdot 7\cdot 8} - \frac{\alpha^3 l^{12}}{3\cdot 4\cdot 7\cdot 8\cdot 11\cdot 12} + \cdots = 0. \tag{2}$$

Bestimmt man daraus die niedrigste Wurzel, so erhält man für $P$ den kritischen Wert

$$P_k = \frac{4{,}0126}{l^2}\sqrt{\frac{B_1 B_2 C}{B_1 - B_2}} \tag{3}$$

[1] R. MAYER, Die Knickfestigkeit. Berlin 1921.
[2] R. v. MISES, ZS. f. angew. Math. u. Mech. Bd. 3, S. 406. 1923.
[3] R. v. MISES u. J. RATZERSDORFER, ZS. f. angew. Math. u. Mech. Bd. 6, S. 181. 1926.
[4] A. G. GREENHILL, Proc. Cambridge Phil. Soc. Bd. 4, S. 65. 1883 (1881).
[5] C. CHREE, Proc. Cambridge Phil. Soc. Bd. 7, S. 283. 1892.
[6] S. auch R. MAYER, Die Knickfestigkeit, § 8 und „LOVE-TIMPE", § 276, S. 487.
[7] L. PRANDTL, Kipperscheinungen. Dissert. München 1899.
[8] A. G. M. MICHELL, Phil. Mag. (5) Bd. 48, S. 298. 1899.

oder, wenn $B_1$ sehr groß gegen $B_2$,

$$P_k \sim \frac{4{,}0126}{l^2} \sqrt{B_2 C}. \tag{4}$$

Bei dieser Ableitung ist die Biegungssteifigkeit $B_1$ als unendlich groß gegen die Torsionssteifigkeit $C$ vorausgesetzt, was bei sehr schmalen Querschnitten berechtigt ist. REISSNER[1]) hat eine Ableitung gegeben, die von dieser Voraussetzung frei ist. REISSNER geht von den sechs Gleichgewichtsbedingungen der KIRCHHOFF-CLEBSCHschen Theorie (Ziff. 30) für ein Stabelement aus und sucht die Bedingungen, unter welchen eine Variation von dem Zustand der einfachen ebenen Biegung nach dem Zustand eines räumlichen Verlaufes der Stabachse eine mögliche Gleichgewichtsform ergibt. Die Stabilitätsgrenze ist gegeben durch

$$1 - \alpha l^4 \frac{3\beta-1}{2\cdot 3\cdot 4} + \alpha^2 l^8 \frac{(3\beta-1)(7\beta-1)}{2\cdot 3\cdot 4\cdot 6\cdot 7\cdot 8} - \alpha^3 l^{12} \frac{(3\beta-1)(7\beta-1)(11\beta-1)}{2\cdot 3\cdot 4\cdot 6\cdot 7\cdot 8\cdot 10\cdot 11\cdot 12} + \cdots = 0, \tag{5}$$

wo $\beta = \frac{B_1 - C}{B_1}$. Mit $\frac{C}{B_1} = 0$, also $\beta = 1$, geht diese Gleichung wieder in die Gleichung (2) über. Die Bestimmung der Form der elastischen Linie nach dem Auskippen ist aus diesen Betrachtungen, die unendliche kleine Formänderungen zur Voraussetzung haben, nicht möglich. Dazu müßte man auf die KIRCHHOFF-CLEBSCHschen Gleichungen ohne diese Vereinfachung zurückgehen. Eine näherungsweise Berechnung der Auslenkung gibt FEDERHOFER[2]). Das Resultat ist dem von MISES für den knickenden Stab gefundenen[3]) ähnlich.

PRANDTL und MICHELL haben auch eine Reihe anderer Belastungsfälle[4]), und TIMOSCHENKO[5]) insbesondere die Kipperscheinungen an den im Hochbau verwendeten Profilträgern untersucht.

**88. Die Stabilität gekrümmter Stäbe.** Als ersten Fall dieser Art untersuchte LÉVY[6]) die Stabilität des geschlossenen Kreisringes, auf dessen Umfang ein gleichmäßig verteilter Normaldruck von $p$ kg pro Längeneinheit wirkt. Er stellte die Gleichung der elastischen Linie $r = r(\varphi)$ und der Bogenlänge $s$ auf und stellte die Forderung, daß $r(\varphi)$ eine periodische Funktion mit der Periode $\frac{2\pi}{n}$ sein muß, und daß die Bogenlänge durch das Knicken nicht verändert wird. LÉVY leitete auf diese Weise die unten angegebene Formel für den kritischen Druck ab. HALPHEN[7]) hat die LÉVYschen Gleichungen mittels elliptischer Funktionen integriert. GREENHILL[8]) gab daran anschließend eine sehr eingehende Erörterung der möglichen Formen der elastischen Linien. BOUSSINESQ[9]) gab eine Lösung mit elementaren Hilfsmitteln, welche auch den eingehenden Untersuchungen von MARBEC[10]) und R. MAYER[11]) (die auch den offenen Kreisbogen be-

[1]) H. REISSNER, Sitzungsber. d. Berliner Math. Gesellsch., Jg. 3, S. 53. 1904.
[2]) K. FEDERHOFER, ZS. f. angew. Math. u. Mech. Bd. 6, S. 43. 1926.
[3]) Gl. (10) Ziff. 83.
[4]) S. auch A. u. L. FÖPPL, Drang und Zwang, § 104.
[5]) S. TIMOSCHENKO, ZS. f, Math. u. Phys., Bd. 58, S. 337, 1910., auch Drang und Zwang, Bd. II, § 105.
[6]) M. LÉVY, Journ. de Math. (LIOUVILLE) (3) Bd. 10, S. 5. 1884; C. R. Bd. 97, S. 694 u. 979. 1883; s. auch M. BRESSE, Cours de mécanique appliquée, I, Paris 1859.
[7]) G. H. HALPHEN, Fonctions elliptiques, Bd. 2, Kap. 5, Paris 1888; C. R. Bd. 98, S. 422. 1884.
[8]) A. G. GREENHILL, Math. Ann. Bd. 52, S. 465. 1899.
[9]) J. BOUSSINESQ, C. R. Bd. 97, S. 843. 1883.
[10]) MARBEC, L'Association Technique Maritime, 1908.
[11]) R. MAYER, Über die Stabilität des offenen und geschlossenen Kreisringes. Dissert. Karlsruhe 1912; ZS. f. Math. u. Phys. Bd. 61, S. 308. 1913.

treffen) zugrunde liegen. Zur Ableitung der Formel für den kritischen Druck geht man am einfachsten von Gleichung (4), Ziff. 28 aus:

$$M = -\frac{B}{a^2}\left(\frac{d^2 w}{d\varphi^2} + w\right).$$

Da die im Querschnitt übertragene Druckkraft $a p$ ist, kann man genau genug $M = a p w$ einsetzen und erhält so

$$\frac{d^2 w}{d\varphi^2} + w\left(1 + \frac{a^3 p}{B}\right) = 0. \tag{1}$$

Für deren Lösung gilt der Ansatz

$$w = c_1 \cos(n\varphi + c_2), \tag{2}$$

und durch Einsetzen findet man, daß

$$n^2 = 1 + \frac{a^3 p}{B} \tag{3}$$

sein muß. Da der Ring auch während des Knickens im Zusammenhang bleibt, muß $w$ [Gleichung (2)] eine Funktion mit der Periode $2\pi$ sein, d. h., $n$ kann nur eine ganze Zahl sein. Gleichung (3) liefert dann den kritischen Druck. Der kleinste brauchbare Wert wird mit $n = 2$ erhalten. Dann ist

$$p_k = 3\frac{B}{a^3}. \tag{4}$$

Berücksichtigt man die Normalkraft, so erhält man denselben Ausdruck, multipliziert mit $\left(1 - \frac{\delta^2}{12 a^2}\right)$. Die Formänderung besteht darin, daß der kreisförmige Querschnitt zu einem Oval abgeplattet wird. Die Formel, für die übrigens auch A. FÖPPL[1]) seine sehr eingehende Ableitung gibt, wird auch zur Berechnung des zulässigen Außendrucks für Rohre (Flammrohre) herangezogen, wenn auf die versteifende Wirkung festgehaltener Endquerschnitte oder Rippen nicht geachtet zu werden braucht.

Die Stabilität des gedrückten Kreisringes mit Berücksichtigung der Möglichkeit eines räumlichen Ausweichens („Achterbildung") untersucht HENCKY[2]) unter der Annahme, daß die Druckkräfte auch nach der Deformation noch auf den Mittelpunkt zu gerichtet sind. Dieser Fall wäre z. B. gegeben, wenn der Radkranz eines Rades mit vielen Speichen erwärmt wird. Als kritischer Druck wird gefunden

$$p_k = \frac{12}{4+\lambda}\frac{B}{a^3}. \qquad \left(\lambda = \frac{A}{C}\right) \tag{5}$$

Dabei ist $B$ die Steifigkeit gegen eine Verbiegung in der Kreisebene, $A$ jene gegen eine Verbiegung aus der Ebene heraus, $C$ die Torsionssteifigkeit. Es zeigt sich gegenüber der Formel (4) eine starke Abnahme der Sicherheit, wenn $A/C$ einigermaßen große Werte annimmt. Den Fall, daß die Druckkräfte stets parallel zur ursprünglichen Kreisebene bleiben, behandelt neben einigen anderen Aufgaben, TIMOSCHENKO[3]). Es wird

$$p_k = \frac{q}{4+\lambda}\frac{B}{a^3}. \qquad \left(\lambda = \frac{A}{C}\right) \tag{6}$$

---

[1]) A. FÖPPL, Vorles. über techn. Mech. Bd. 3, § 57.
[2]) H. HENCKY, ZS. f. angew. Math. u. Mech. Bd. 1, S. 451. 1921.
[3]) S. TIMOSCHENKO, ZS. f. angew. Math. u. Mech., Bd. 3, S. 358, 1923.

Die Stabilität des Kreisbogens gegen ein Knicken in seiner Ebene wird in der schon wiederholt genannten Arbeit von R. MAYER, ferner von NICOLAI[1]) behandelt. FUNK[2]) gibt eine Lösung desselben Problems mittels des Energiekriteriums. Für den eingespannten Bogen mit dem Zentriwinkel $2\alpha$ ergibt sich die niedrigste Knicklast aus der Gleichung

$$\mu \operatorname{tg}\alpha = \operatorname{tg}\mu\alpha, \qquad \text{wo} \qquad \mu = \sqrt{1 - \frac{a^3 p}{B}}, \tag{7}$$

während sie sich bei gelenkiger Lagerung aus $\mu = \frac{\pi}{a}$ zu

$$p_K = \frac{B}{a^3}\left(1 - \frac{\pi^2}{a^2}\right) \tag{8}$$

ergibt. Dieses Resultat findet sich auch bei HURLBRINK[3]) und TIMOSCHENKO[4]).

Das räumliche Knicken des offenen Kreisbogens behandelt NICOLAI[5]), die Kippsicherheit gebrochener Stabzüge und flacher Bogen HENCKY[6]) nach der Methode der elastischen Gelenkkette.

**89. Umstülpung und Umkippung von Ringen.** Ein Ringproblem von besonderer Eigenart hat GRAMMEL[7]) behandelt, nämlich die Umstülpung von wulstförmigen Ringen durch kontinuierlich oder auch diskontinuierlich ringsum angreifende Umstülpmomente (d. h. durch Kräftepaare in den einzelnen Meridianschnitten). Bei dieser Verformung, die man bequem an Gummiringen beobachten kann, treten die innersten Parallelkreise des Ringes mehr oder weniger nach außen und zugleich die äußersten nach innen, wobei sich die inneren Längsfasern verlängern und die äußeren verkürzen müssen. Im Innern des Ringes gibt es eine neutrale Faser; diese geht aber nicht durch den Schwerpunkt der Meridianschnitte, sondern liegt stets näher an der Symmetrieachse des Ringes. Der Zusammenhang zwischen dem Umstülpwinkel und dem Umstülpmoment ist nur bei schwacher Umstülpung linear. Je nach der Gestalt des Meridianschnittes und der Größe des Ringes gibt es außer seiner natürlichen, spannungsfreien Gleichgewichtsform noch weitere Gleichgewichtsformen, in denen der Ring, mehr oder weniger stark umgestülpt, ohne äußere Momente verharren kann, und zwar sind mindestens eine und höchstens drei solcher weiterer freier Gleichgewichtsformen vorhanden, wovon höchstens noch eine stabil sein kann. Beispielsweise ist bei Ringen mit einer äquatorialen Symmetrieebene jeweils auch die um 180° umgestülpte Form eine — aber nur unter gewissen Bedingungen stabile — freie Gleichgewichtslage.

Anstatt durch Drehmomente in den Meridianschnitten kann man ein derartiges Umstülpen auch durch radial wirkende Kräfte (Ausweitung des Ringes von innen her oder Zusammenpressung von außen her) oder durch Wärmespannungen erzeugen. Dabei kann die neben der Erweiterung bzw. Verengung des Ringes als Ganzem einhergehende Umstülpung ganz plötzlich einsetzen oder auch bei stetigem Verlauf Verzweigungsstellen haben, wo dann der Ring plötzlich in eine neue Form umkippt; und das Zurückkippen bei der Entlastung kann wieder an anderen Stellen geschehen. Überhaupt ist die Mannigfaltigkeit der auftretenden Kipperscheinungen erheblich größer, als man von vornherein erwarten würde. So fand GRAMMEL bei manchen Ringtypen bis zu vier Kipp-

[1]) E. L. NICOLAI, Ber. d. Petersb. Polyt. Inst. Bd. 27. 1918.
[2]) P. FUNK, ZS. f. angew. Math. u. Mech. Bd. 5, S. 468. 1925.
[3]) E. HURLBRINK, Der Schiffbau Jg. 9, S. 640. 1907/08.
[4]) S. TIMOSCHENKO, Stabilität elast. Systeme, S. 66, Kiew 1910 (russ).
[5]) E. L. NICOLAI, ZS. f. angew. Math. u. Mech. Bd. 3, S. 227. 1923.
[6]) H. HENCKY, Der Eisenbau 1920, S. 438.
[7]) R. GRAMMEL, ZS. f. angew. Math. u. Mech. Bd. 3, S. 429. 1923; Bd. 7, S. 198. 1927.

lasten erster Ordnung. Bezüglich der Einzelausführungen muß auf die zitierten Arbeiten verwiesen werden; als Beispiel sei hier nur der einfachste Fall eines Ringes mit äquatorialer Symmetrieebene erwähnt, in welchem auch das kontinuierliche radiale und ringsum gleiche Kraftfeld $P$ (= Kraft innerhalb eines Sektors vom Zentriwinkel 1 wirken möge. Die Kippung setzt plötzlich ein, falls die Kraft den Wert

$$P_k = \frac{A E J_1}{B} \tag{1}$$

erreicht hat, die Rückkippung bei der Entlastung, falls die Kraft auf den Betrag

$$P_k' = \frac{A E}{B} (2 J_2 - J_1) \tag{2}$$

gesunken ist. Dabei sind $A$, $B$, $J_1$ und $J_2$ folgende geometrischen Integrale über den Meridianschnitt $F$ des noch unverformten Ringes

$$A = \int \frac{dF}{\varrho}, \quad B = \int \frac{x\, dF}{\varrho}, \quad J_1 = \int \frac{y^2 dF}{\varrho}, \quad J_2 = \int \frac{x^2 dF}{\varrho}, \tag{3}$$

wo $\varrho$ der Halbmesser des innersten Ringäquators und $xy$ ein rechtwinkliges Koordinatensystem ist, dessen $x$-Achse in der Äquatorebene radial in der Kraftrichtung auswärts weist und im innersten Äquator beginnt. Je nachdem der Ausdruck

$$N = A(J_2 - J_1) - B^2$$

positiv oder negativ ist (was von der Ringform abhängt), durchschreitet der Ring nach der mit (1) einsetzenden Kippung bei wachsender Kraft $P$ lauter Gleichgewichtslagen, bis er sich schließlich um 180° umgestülpt hat, oder er springt nach Überschreiten der kritischen Kraft (1) unmittelbar in die völlig umgestülpte Lage über; und Entsprechendes geschieht beim Rückkippen nach Unterschreitung der Last (2).

**90. Die Stabilität der tordierten Wellen und der Federn.** Wie schon erwähnt, hat GREENHILL[1]) untersucht, wie stark das einen geraden Stab tordierende Moment sein darf, bis die gerade Form aufhört, stabil zu sein. Diese Frage ist wichtig für die Sicherheit langer Maschinenwellen. Wenn außer dem Torsionsmoment auch noch eine Druckkraft $P$ wirkt, ist der kritische Wert bei kreiszylindrischen Wellen

$$M_K = 2B \sqrt{\frac{\pi^2}{l^2} - \frac{P}{B}}. \tag{1}$$

Eine Zugkraft ($-P$) erhöht die Stabilitätsgrenze. Für Wellen von beliebigem Querschnitt ist das Problem unter Benutzung der Analogie zwischen Kreisel und elastischer Linie von GRAMMEL[2]) erledigt worden.

Die kritischen Zustände (Schleudern) rasch laufender Wellen, die durch das Ausbiegen infolge der Fliehkraft entstehen, sind als dynamisches Problem an anderer Stelle besprochen[3]). Der Gang der Untersuchung entspricht ganz dem bei statischen Aufgaben. Die Eigenwerte des Problems liefern die kritischen Drehzahlen.

Die Stabilität einer dünnwandigen Hohlwelle wurde von SCHWERIN[4]) behandelt. Eine solche kann nämlich nicht nur nach Art einer Vollwelle als Ganzes

---

[1]) A. G. GREENHILL, Proc. Inst. Mech. Eng. 1883, S. 182.
[2]) R. GRAMMEL, ZS. f. angew. Math. u. Mech. Bd. 3, S. 262. 1923.
[3]) S. Bd. V, Kap. 9, Abschn. V ds. Handb.
[4]) E. SCHWERIN, ZS. f. angew. Math. u. Mech. Bd. 5, S. 235. 1925.

ausbiegen, sondern es kann unter Umständen eine Falten- und Beulenbildung in der Wandung, also starke Querschnittsveränderungen eintreten.

NICOLAI[1]) untersuchte die Stabilität des zu einer Schraubenlinie gebogenen und gedrillten Stabes, GRAMMEL[2]) die Stabilität der Schraubenfeder, sowohl gegenüber einer axialen Druckkraft, als auch gegenüber einem um die Spulenachse wirkenden Drillungsmoment. Es zeigen sich dabei interessante Unterschiede gegenüber dem Knicken des geraden Stabes.

**91. Das Knicken nach Überschreiten der Elastizitätsgrenze.** Bis jetzt wurde immer vorausgesetzt, daß der Körper bei Erreichung der kritischen Belastung, also bei Beginn des Knickens, vollkommen elastisch ist. Demnach kann z. B. die EULERsche Formel auch nur gültig sein, wenn die kritische Spannung $\sigma_k$ noch unter der Elastizitätsgrenze $\sigma_e$ liegt:

$$\frac{\pi^2 B}{F l^2} \leqq \sigma_e .$$

Führt man den Trägheitsradius $i$ ein $\left(\frac{B}{F} = E i^2\right)$, so kann man dafür schreiben

$$\frac{l}{i} \geqq \pi \sqrt{\frac{E}{\sigma_e}} . \tag{1}$$

Den Quotienten $\frac{l}{i}$ bezeichnet man als die Schlankheit des Stabes. Die EULERsche Formel ist also nur auf solche Stäbe anwendbar, die schlanker sind, als es dem Grenzwert (1) entspricht. Setzt man die Werte für Eisen ein, so ergibt sich, daß $\frac{l}{i}$ größer als etwa 105 sein muß. Praktisch finden natürlich sehr häufig Stäbe Verwendung, die nicht so schlank sind und bei denen daher die Stabilitätsgrenze bereits in den plastischen Bereich fällt. Es ist sehr wichtig, die kritische Belastung auch in diesem Falle zu kennen, um sich bei Konstruktionen genügend davon entfernt zu halten. Aus diesem Bedürfnis heraus, und weil man überdies lange an der Zuverlässigkeit der EULERschen Formel zweifelte, sind eine Reihe von empirischen Knickformeln entstanden[3]) Eine von TETMAJER[4]) stammende Formel für das plastische Gebiet ist auch heute noch allgemein in Anwendung. Übrigens haben neuere, mit großer Sorgfalt angestellte Versuche, insbesondere solche von v. KÁRMÁN[5]) gezeigt, daß das Mißtrauen gegen die EULERsche Formel durchaus unberechtigt ist. Die theoretischen Knickwerte weichen von denen des Versuches um kaum 1% ab, wenn man die Lagerbedingungen genau genug erfüllt und für zentrischen Lastangriff sorgt.

Weiterhin entwickelten ENGESSER[6]) und v. KÁRMÁN[5]) auch eine Theorie des nicht elastischen Knickens. Voraussetzung für deren praktische Anwendung ist, daß man im einzelnen Fall das Formänderungsgesetz des betreffenden Stoffes jenseits der Elastizitätsgrenze kennt, also durch Druckversuche ermittelt hat. Angenommen wird dann, daß sowohl unter, als auch noch über der Elastizitätsgrenze

---

[1]) E. L. NICOLAI, ZS. f. angew. Math. u. Mech. Bd. 6, S. 30. 1926.

[2]) R. GRAMMEL, ZS. f. angew. Math. u. Mech. Bd. 4, S. 384. 1924.

[3]) S. die technische Literatur, z. B. A. FÖPPL, Vorles. üb. technische Mechanik, Bd. III, § 69.

[4]) L. v. TETMAJER, Die Gesetze der Knickungs- und zusammengesetzten Druckfestigkeit, 3. Aufl. Wien 1903.

[5]) TH. v. KÁRMÁN, Untersuchungen über Knickfestigkeit. Dissert. Göttingen 1909; Phys. ZS. Jg. 9, S. 138. 1908; Mitt. über Forschungsarb. a. d. Geb. d. Ingenieurwesens, H. 81. Berlin 1910.

[6]) F. ENGESSER, ZS. d. Arch.- u. Ing.-Ver. in Hannover Jg. 35, S. 455. 1889; Schweiz. Bauzeitg. Jg. 26, S. 24. 1895; ZS. d. Ver. d. Ing. Bd. 42, S. 927. 1898.

1. die Längenänderungen der Fasern eines leicht ausgebogenen Stabes aus der Annahme vom Ebenbleiben der Querschnitte genügend genau berechnet werden können,

2. den durch Biegung verursachten Längenänderungen der Fasern dieselben Spannungen entsprechen wie beim reinen Zug-Druckversuch.

Die Berechtigung dieser Annahmen wird durch Versuche von E. MEYER[1]) und durch die Übereinstimmung der daraus abgeleiteten Theorie mit Versuchen erwiesen.

Wenn man sich im Augenblick des Eintretens der Labilität die zu den gleichmäßigen Druckspannungen hinzukommenden Biegungsspannungen nach Potenzen von $\Delta\varepsilon$ entwickelt denkt, und sich, wie es hier genügt, auf die erste Potenz beschränkt, erhält man für das Gebiet positiver $\Delta\varepsilon$ (Verkürzungen)

$$\sigma = \sigma_K + E_1 \Delta\varepsilon . \tag{I}$$

Der Modul $E_1$, den v. KÁRMÁN als den Modul der gesamten Formänderung bezeichnet, ist gleich $\frac{d\sigma}{d\varepsilon}$.

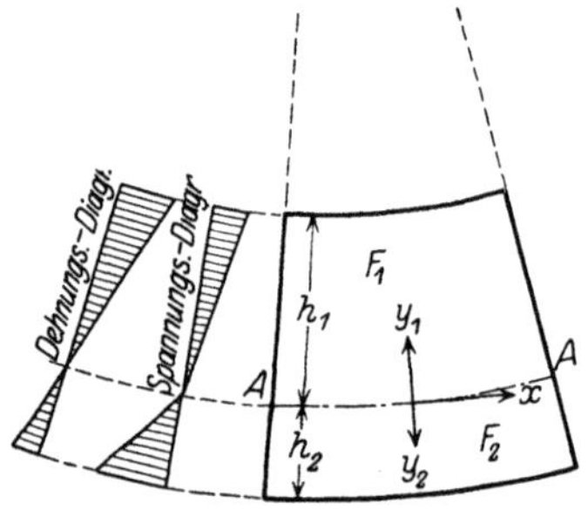

Abb. 80. Verteilung der Spannungen und Dehnungen im Augenblick des Knickens jenseits der Elastizitätsgrenze.

In dem Teil des Querschnittes, der auf der konvexen Seite des ausbiegenden Stabes liegt und in welchem $\Delta\varepsilon$ negativ ist (Dehnungen), findet eine Entlastung statt. Es werden jedoch nur die rein elastischen Formänderungen rückgängig. Für diese Fasern ist

$$\sigma = \sigma_K + E_2 \Delta\varepsilon . \tag{II}$$

$E_2$ ist ein Modul, der dem gewöhnlichen Modul $E$ nahezu gleich ist.

Die Faser, die frei von zusätzlichen Biegungsspannungen bleibt (neutrale Faser), geht nicht, wie bei der elastischen Biegung, durch die Querschnittsschwerpunkte, sondern rückt um so mehr an die Außenseite, je mehr $E_1$ und $E_2$ voneinander verschieden werden. Bezeichnet man nach Abb. 80 die Abstände dieser neutralen Faser ($AA$) von den beiden Querschnittsrändern mit $h_1$ und $h_2$, so müssen sich, da die Querschnitte eben bleiben sollen, die Dehnungen der Randfasern verhalten wie deren Abstände von der neutralen Faser, d. h., es ist

$$\frac{(\sigma_1)_m}{E_1} : h_1 = \frac{(\sigma_2)_m}{E_2} : h_2 = \frac{1}{R} . \tag{2}$$

$S_1$ und $S_2$ mögen die statischen Momente der beiden Flächenteile $F_1$ und $F_2$ sein, in welche der Querschnitt durch die neutrale Achse $AA$ zerlegt wird, bezogen auf diese Achse. Deren Lage ist allerdings vorerst unbekannt. Die Resultante der aus der Biegung herrührenden zusätzlichen Druckspannungen ist dann

$$\int\limits_{F_1} \sigma dF = \frac{(\sigma_1)_m}{h_1} \int\limits_{F_1} y dF = \frac{(\sigma_1)_m}{h_1} S_1 = \frac{E_1}{R} S_1 , \tag{3a}$$

die Resultante der Zugspannungen ist

$$\frac{(\sigma_2)_m}{h_2} \int\limits_{F_2} y dF = \frac{(\sigma_2)_m}{h_2} S_2 = \frac{E_2}{R} S_2 . \tag{3b}$$

[1]) E. MEYER, ZS. d. Ver. d. Ing. Bd. 52, S. 167. 1908.

Die Lage der neutralen Achse ergibt sich daraus, daß die Summe aller zusätzlichen Biegungsspannungen Null sein muß:

$$\frac{E_1}{R} S_1 = \frac{E_2}{R} S_2 .$$

Ihre Lage ist also so zu bestimmen, daß

$$E_1 S_1 = E_2 S_2 \tag{4}$$

wird. Für den rechteckigen Querschnitt würde daraus z. B. folgen:

$$\frac{h_1^2}{h_2^2} = \frac{E_2}{E_1} .$$

Das Moment der im Teil I des Querschnitts übertragenen Spannungen ist

$$\int\limits_{F_1} \sigma_1 y \, dF = \frac{(\sigma_1)_m}{h_1} \int y^2 dF = J_1 \frac{(\sigma_1)_m}{h} = J_1 \frac{E_1}{R} ;$$

ebenso ergibt sich das Moment aus Teil II

$$J_2 \frac{E_2}{R} .$$

$J_1$ und $J_2$ sind die Trägheitsmomente der Gebiete I und II, bezogen auf die neutrale Achse ($AA$), $J$ soll jenes des gesamten Querschnitts sein. Das Moment aller im Querschnitt übertragenen Spannungen ist also

$$\frac{1}{R} (J_1 E_1 + J_2 E_2) ,$$

wofür man

$$\frac{1}{R} J K \tag{5}$$

schreiben kann, wenn man unter $K$ den Wert

$$K = \frac{J_1}{J} E_1 + \frac{J_2}{J} E_2 \tag{6}$$

versteht. $K$ kann als Knickmodul bezeichnet werden. Für den rechteckigen Querschnitt wäre z. B.

$$\frac{1}{\sqrt{K}} = \frac{1}{2} \left( \frac{1}{\sqrt{E_1}} + \frac{1}{\sqrt{E_2}} \right) . \tag{7}$$

Der Wert (5) muß gleich dem negativen Moment der äußeren Kräfte sein, also

$$- \frac{J K}{R} = M = P y ,$$

so daß in der üblichen Annäherung mit $\frac{1}{R} = \frac{d^2 y}{d x^2}$ die Differentialgleichung der gebogenen Mittellinie lautet

$$\frac{d^2 y}{d x^2} + \frac{P}{J K} y = 0 . \tag{8}$$

Sie stimmt formal vollständig mit Gleichung (2) von Ziff. 82 überein, nur ist der Modul $E$ durch den oben definierten Modul $K$ ersetzt. Im elastischen Gebiet geht natürlich $K$ in $E$ über. Die Eigenwerte dieser Gleichung sind

$$P = n^2 J K \frac{\pi^2}{l^2} .$$

Der niedrigste, also der kritische Lastwert ist

$$P_k = \pi^2 \frac{J K}{l^2} \qquad \text{oder} \qquad \sigma_k = \pi^2 \frac{i^2}{l^2} K . \tag{9}$$

v. KÁRMÁN hat durch Druckversuche $E_1$ und $E_2$ und damit $K$ für Stahl als Funktionen von $\sigma$ bestimmt und die theoretischen Ergebnisse bei sorgfältiger Ausführung der Versuche gut bestätigt gefunden (die Fehler liegen unter 6%).

Abb. 81 gibt die Knickspannung als Funktion der Schlankheit und zeigt, daß nach Überschreiten der Elastizitätsgrenze die kritischen Werte erheblich hinter denen der unberechtigt auch für das plastische Gebiet angewandten EULERschen Formel zurückbleiben. Die letztere wird durch eine kubische Hyperbel dargestellt. Das in der Abb. 81 mit aufgezeichnete, darunterliegende Kurvenstück gilt, wenn eine anfängliche Exzentrizität von $^1/_{200}$ der Stabdicke vorhanden ist.

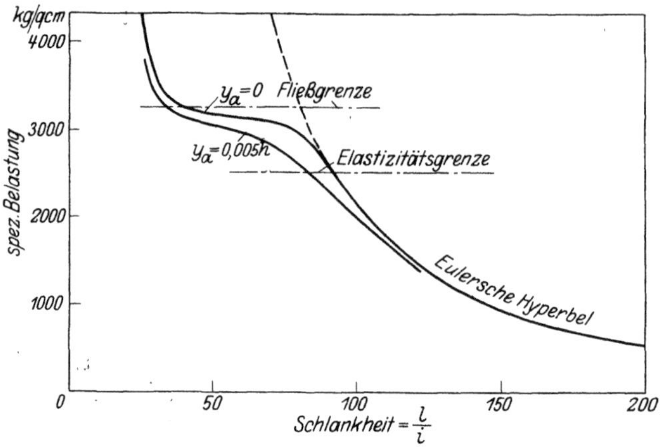

Abb. 81. Die spezifische Knickbelastung als Funktion der Schlankheit.

Eine genaue Ermittelung der Knickspannungslinie für einige Brückenbaustähle stammt von GEHLER[1]). Es mag genügen, noch einige Folgerungen aus dieser Theorie ohne weiteren Beweis anzuführen.

Wie aus den Gleichungen (6) und (9) hervorgeht, hängt im plastischen Bereich die Knickspannung nicht allein von der Schlankheit des Stabes ab, sondern — allerdings nur in geringem Maße — auch von der Querschnittsform. — Eine geringe Exzentrizität vermindert im plastischen Bereich die Knicklast erheblicher als im rein elastischen Gebiet. Der für das elastische Knicken gültige Satz, daß die Einspannung der Enden die Knicklast auf das Vierfache erhöht, gilt im unelastischen Gebiet nicht mehr. Die Erhöhung ist wesentlich geringer $\left(\text{z. B. ist bei } \frac{l}{i} = 50 \text{ das Verhältnis nur mehr etwa } 1:1{,}3\right)$. Die Form der Biegelinie eines im plastischen Bereich ausknickenden Stabes weicht von der Sinusform in dem Sinne ab, daß die Krümmung mehr auf das mittlere Stück beschränkt ist und der Verlauf gegen die Enden hin mehr geradlinig ist.

**92. Das Knicken ebener Platten.** Die grundlegenden Gleichungen für das Ausknicken ebener Platten, die in ihrer Ebene auf Druck beansprucht werden, hat zuerst BRYAN[2]) aus Betrachtungen über die Formänderungsarbeit abgeleitet; er hat eine Lösung für das Rechteck entwickelt unter der Voraussetzung, daß zwei gegenüberliegende Seiten, an denen kein Einspannmoment wirkt, gleichmäßig belastet, die beiden anderen Seiten frei aufgestützt sind. LOVE)[3] hat dieselben Ansätze strenger aus den Gleichgewichtsbedingungen für endliche Durchbiegungen abgeleitet. Eine gründlichere Ableitung des Energiekriteriums hat REISSNER[4]) gegeben, nachdem TIMOSCHENKO[5]) in seinen Arbeiten vielfach Gebrauch von dieser Methode gemacht hat. Insbesondere hat REISSNER[4]) auch Rücksicht auf allenfalls zu beachtende Massenkräfte genommen.

[1]) W. GEHLER, Verhandl. d. 2. Internat. Kongr. f. techn. Mechanik, Zürich 1926.
[2]) G. H. BRYAN, Proc. Math. Soc. London Bd. 22, S. 54. 1891.
[3]) „LOVE-TIMPE" §§ 331 u. 337.
[4]) H. REISSNER, ZS. f. angew. Math. u. Mech. Bd. 5, S. 475. 1925.
[5]) S. TIMOSCHENKO, z. B. in dem Bericht über ältere russische Arbeiten (1906/08) in der ZS. f. Math. u. Phys. Bd. 58, S. 337. 1910.

Würde die Platte nicht ausknicken, sondern nur in ihrer Ebene verzerrt werden, so wäre die Arbeit der inneren Spannungen und somit auch die der äußeren Kräfte $A_a$ (Rand- und Massenkräfte)

$$A_a = \int \left[ T_1 \frac{\partial u}{\partial x} + T_2 \frac{\partial v}{\partial y} + S\left(\frac{\partial u}{\partial y} + \frac{\partial v}{\partial x}\right)\right] dF. \tag{1}$$

Wenn eine Ausbiegung eintritt, setzt sich die Formänderungsarbeit aus zwei Teilen zusammen, nämlich aus der Arbeit der Längsspannungen und der der Biegungsspannungen. Beide zusammen müssen wieder gleich der äußeren Arbeit sein:

$$A_a = A_b + \mathrm{A}_d. \tag{2}$$

Die Arbeit der Biegungsspannungen ist

$$A_b = \tfrac{1}{2} \int [G_1 \varkappa_1 + G_2 \varkappa_2 + 2H\tau]\, dF$$

und mit Benutzung der Werte (5), Ziff. 46

$$A_b = \frac{B}{2} \int \left\{ (\varDelta w)^2 - \frac{2(m-1)}{m} \left[ \frac{\partial^2 w}{\partial x^2} \frac{\partial^2 w}{\partial y^2} - \left( \frac{\partial^2 w}{\partial x \partial y} \right)^2 \right] \right\} dF. \tag{3}$$

Die Arbeit der Längsspannungen ist

$$A_d = \int [T_1 \varepsilon_x + T_2 \varepsilon_y + S\gamma]\, dF. \tag{4}$$

$\varepsilon_x$ ergibt sich aus der Betrachtung eines Linienelementes $dx$ der Achse (bis auf Größen zweiter Ordnung genau) zu

$$dx = dx_0 \sqrt{\left(1 + \frac{du}{dx}\right)^2 + \left(\frac{dw}{dx}\right)^2} \sim dx_0 \left[1 + \frac{du}{dx} + \frac{1}{2}\left(\frac{dw}{dx}\right)^2\right].$$

Also ist

$$\varepsilon_x = \frac{\partial u}{\partial x} + \frac{1}{2}\left(\frac{\partial w}{\partial x}\right)^2, \quad \varepsilon_y = \frac{\partial v}{\partial y} + \frac{1}{2}\left(\frac{\partial w}{\partial y}\right)^2,$$

während man für die Winkeländerung $\gamma$ findet

$$\gamma = \delta \cos(x, y) = \frac{\partial u}{\partial y} + \frac{\partial v}{\partial x} + \frac{\partial w}{\partial x} \frac{\partial w}{\partial y}.$$

Diese Werte sind in Gleichung (4) einzusetzen. Die Stabilitätsgrenze ist dadurch gekennzeichnet, daß die beiden Ausdrücke für $A$ von Gleichung (1) und (2) einander gleich werden. Hierbei fallen alle Glieder, die $u$ und $v$ enthalten, weg, und es folgt die BRYANsche Gleichung

$$\left.\begin{aligned} &\int \left\{ \frac{T_1}{2} \left(\frac{\partial w}{\partial x}\right)^2 + \frac{T_2}{2} \left(\frac{\partial w}{\partial y}\right)^2 + S \frac{\partial w}{\partial x} \frac{\partial w}{\partial y} \right\} dF \\ &\quad + \frac{B}{2} \int \left\{ (\varDelta w)^2 - \frac{2(m-1)}{m} \left[ \frac{\partial^2 w}{\partial x^2} \frac{\partial^2 w}{\partial y^2} - \left(\frac{\partial^2 w}{\partial x \partial y}\right)^2 \right] \right\} dF = 0. \end{aligned}\right\} \tag{5}$$

Die Wölbungsfunktion $w$ ist im einzelnen Fall durch Variationsrechnung so zu ermitteln, daß die einer bestimmten Biegungsarbeit $A_b$ entsprechende Arbeit $A_a$ der äußeren Kräfte ein Maximum wird, was darauf hinausläuft, daß

$$\frac{\int \left\{ T_1 \left(\frac{\partial w}{\partial x}\right)^2 + T_2 \left(\frac{\partial w}{\partial y}\right)^2 + 2S \frac{\partial w}{\partial x} \frac{\partial w}{\partial y} \right\} dF}{\int \left\{ (\varDelta w)^2 - \frac{2(m-1)}{m} \left[ \frac{\partial^2 w}{\partial x^2} \frac{\partial^2 w}{\partial y^2} - \left(\frac{\partial^2 w}{\partial x \partial y}\right)^2 \right] \right\} dF} = \frac{I_1}{I_2} = \text{Maximum} \tag{6}$$

wird. TIMOSCHENKO setzt für $w$ eine Reihe von Funktionen an, die der zu erwartenden Wölbungsform angepaßt sind und bestimmt die Koeffizienten durch eine Maximumsbetrachtung (RITZsches Verfahren). Andererseits kann man auch folgenden Weg einschlagen: man führt die Variation

$$\delta \frac{I_1}{I_2} = \frac{1}{I_2}\left(\delta I_1 - \frac{I_1}{I_2}\delta I_2\right) = 0$$

durch und gelangt so zu der Differentialgleichung[1])

$$B\Delta\Delta w - \frac{\partial}{\partial x}\left(T_1 \frac{\partial w}{\partial x}\right) - \frac{\partial}{\partial y}\left(T_2 \frac{\partial w}{\partial y}\right) - \frac{\partial}{\partial x}\left(S \frac{\partial w}{\partial y}\right) - \frac{\partial}{\partial y}\left(S \frac{\partial w}{\partial x}\right) = 0. \tag{7}$$

Wenn Massenkräfte fehlen oder vernachlässigt werden dürfen, so daß die Gleichgewichtsbedingungen (Gleichung (2), Ziff. 46)

$$\frac{\partial T_1}{\partial x} + \frac{\partial S}{\partial y} = 0; \quad \frac{\partial T_2}{\partial y} + \frac{\partial S}{\partial x} = 0$$

gelten, geht diese von REISSNER abgeleitete Gleichung in die zuerst von BRYAN angegebene über:

$$B\Delta\Delta w - T_1 \frac{\partial^2 w}{\partial x^2} - T_2 \frac{\partial^2 w}{\partial y^2} - 2S \frac{\partial^2 w}{\partial x \partial y} = 0. \tag{8}$$

Für das Rechteck mit den Seiten $x = \pm a$, $y = \pm b$ mit frei gestützten Rändern ($w = 0$, $G = 0$) benutzt BRYAN den FOURIERschen Ansatz

$$w = \sum\sum C_{mn} \sin\frac{n_1 \pi x}{a} \sin\frac{\varkappa_2 \pi y}{b}.$$

Die kleinste Knicklast ergibt sich, wenn alle Koeffizienten bis auf einen verschwinden, so daß

$$w = C \sin\frac{n_1 \pi (x + a)}{2a} \sin\frac{n_2 \pi (y + b)}{2b} \tag{9}$$

wird, wo $n_1$, $n_2$ ganze Zahlen und $C$ eine Konstante. Gleichung (8) wird befriedigt, wenn

$$\frac{B}{4}\pi^2\left(\frac{n_1}{a^2} + \frac{n_2^2}{b^2}\right)^2 = T_1 \frac{n_1^2}{a^2} + T_2 \frac{n_2^2}{b^2}. \tag{10}$$

Aus dieser Gleichung sind die kritischen Drucke zu berechnen. Ist z. B. $T_1 = T_2$, so ist der kleinste kritische Wert (mit $n_1 = n_2 = 1$)

$$T_K = B \frac{\pi^2}{4}\left(\frac{1}{a^2} + \frac{1}{b^2}\right). \tag{11}$$

REISSNER[2]) hat mittels des LEVYschen Ansatzes $w = \sum f(y) \sin\frac{n\pi x}{a}$ eine Reihe von Fällen behandelt, in denen an den beiden kräftefreien Rändern andere Bedingungen vorgeschrieben sind als oben. Darunter ist als einfachster der dem EULERschen Knicken des Stabes entsprechende Fall vollständig freier Ränder, der auch aus Gleichung (11) mit $T_1 = 0$, $a = \infty$ erhalten wird.

Dieselben Aufgaben behandelte auch TIMOSCHENKO[3]). A. und L. FÖPPL[4]) haben mittels der schon in der Biegungstheorie benutzten Ansätze eine Reihe von Näherungslösungen abgeleitet. Für die kreisförmige Platte mit gleichmäßig längs des Umfangs verteilten Druckkräften $p$ auf die Flächeneinheit gilt (mit $m = 4$, bei frei aufliegendem Rand

$$p_K = 0{,}222 E \frac{\delta^2}{a^2}, \tag{12}$$

[1]) H. REISSNER, ZS. f. angew. Math. u. Mech., Bd. 5, S. 477. 1925.
[2]) H. REISSNER, Zentralbl. der Bauverwaltung Jg. 29, S. 93 u. 151. 1909.
[3]) S. TIMOSCHENKO, s. S. 292, Fußnote 5.
[4]) A. u. L. FÖPPL, Drang und Zwang, Bd. II, § 103.

bei eingespanntem Rand

$$p_K = 0{,}778 E \frac{\delta^2}{a^2}\,. \tag{13}$$

DINNIK[1]) hat für diese letzteren Fälle auch eine strenge Lösung entwickelt. SCHWERIN[2]) hat den im Hochbau vorkommenden Fall untersucht, daß die Druckkräfte nicht gleichmäßig längs des Randes verteilt sind. DEAN[3]) behandelte die Wellblechplatte, die längs ihrer Erzeugenden gedrückt ist, ferner[4]) die Stabilität eines Kreisringes, in dessen Ebene längs der Ränder Schubkräfte wirken, SOUTHWELL und SYLVIA SKAN[5]) die Stabilität eines Plattenstreifens, an dessen Längsrändern entgegengesetzt gleiche tangentiale Schubkräfte angreifen (Abb. 82).

Abb. 82. Durch tangentiale Randschubkräfte ausgeknickter Plattenstreifen.

Die Gefahr des seitlichen Ausbeulens dünner Stege von Profilträgern hat SOMMERFELD[6]) untersucht. Dasselbe Problem (rechteckiger Plattenstreifen, auf dessen Ränder in der Plattenebene gelegene Einzelkräfte drücken) ist auch in Arbeiten von TIMPE[7]), TIMOSCHENKO[8]) und BLEICH[9]) behandelt.

**93. Das Knicken dünner Schalen; Allgemeines.** Zur Untersuchung der Stabilität dünner Schalen können grundsätzlich dieselben Methoden benutzt werden wie für Stäbe und Platten, wenn auch infolge der komplizierteren geometrischen Verhältnisse die Rechnung weit schwieriger sein kann.

Bezeichnet man wieder die Formänderungsarbeit der Spannungen mit $A$ und das Potential der äußeren Kräfte mit $V$, so lautet die Bedingung für die Stabilität

$$\delta^2(V + A) = 0\,.$$

Die auf die Flächeneinheit der Mittelfläche einer Schale bezogene Formänderungsarbeit ist

$$\overline{\mathsf{A}} = \tfrac{1}{2}T_1\varepsilon_1 + \tfrac{1}{2}T_2\varepsilon_2 + \tfrac{1}{2}S\omega - \tfrac{1}{2}G_1\varkappa_1 - \tfrac{1}{2}G_2\varkappa_2 + H\tau\,. \tag{1}$$

Die Bezeichnungen sind dieselben wie in Ziff. 64. Die Arbeit der Schubspannungskomponenten $N_1$ und $N_2$ ist bei diesem Grad der Näherung zu vernachlässigen. Jedoch sind die Komponenten $S$ und $H$ beibehalten, die im Falle der Rotationssymmetrie wegfallen. Setzt man in Gleichung (1) die Werte aus den Gleichungen (2), Ziff. 64 ein, die den Zusammenhang zwischen Spannungs- und Formänderungsgrößen geben und welche noch durch die Beziehungen

$$-S_2 = S_1 = \frac{mEh}{m+1}\,, \qquad -H_2 = H_1 = \frac{2Eh^3}{3(m+1)}\,\tau \tag{2}$$

zu ergänzen sind, so erhält man

$$\left.\begin{aligned} \overline{\mathsf{A}} = {} & \frac{m^2Eh}{m^2-1}\left[(\varepsilon_1+\varepsilon_2)^2 - \frac{2(m-1)}{m}\left(\varepsilon_1\varepsilon_2 - \frac{\omega^2}{4}\right)\right] \\ & + \frac{m^2Eh^3}{3(m^2-1)}\left[(\varkappa_1+\varkappa_2)^2 - \frac{2(m-1)}{m}(\varkappa_1\varkappa_2 - \tau^2)\right]. \end{aligned}\right\} \tag{3}$$

[1]) A. N. DINNIK, Mitt. des Donischen Polyt. Inst. Nowotscherkassk Bd. 2, Abt. 2. 1913 (russ.).
[2]) E. SCHWERIN, ZS. f. angew. Math. u. Mech. Bd. 3, S. 422. 1923.
[3]) W. R. DEAN, Proc. Roy. Soc. London (A) Bd. 111, S. 144. 1926.
[4]) W. R. DEAN, Proc. Roy. Soc. London (A) Bd. 106, S. 268. 1924.
[5]) R. V. SOUTHWELL u. SYLVIA W. SKAN, Proc. Roy. Soc. London (A) Bd. 105, S. 582. 1924.
[6]) A. SOMMERFELD, ZS. f. Math. u. Phys. Bd. 54, S. 113 u. 318. 1907.
[7]) A. TIMPE, ZS. f. Math. u. Phys. Bd. 52, S. 348. 1905; Bd. 55, S. 149. 1907.
[8]) S. TIMOSCHENKO, Fußnote 5, S. 292.
[9]) F. BLEICH, Theorie und Berechnung der eisernen Brücken, S. 281. Berlin 1924.

Die gesamte Formänderungsarbeit wird durch Integration über die Mittelfläche erhalten

$$A = \int \overline{\mathsf{A}}\, dF. \tag{4}$$

Ein gewisser Formänderungszustand, der durch $\varepsilon_1, \varepsilon_2, \omega, \varkappa_1, \varkappa_2, \tau$ gegeben sein möge, erfahre nun eine Änderung derart, daß er nachher durch die Größen $\varepsilon_1 + \varDelta\varepsilon_1, \varepsilon_2 + \varDelta\varepsilon_2, \ldots$ gekennzeichnet ist. Diese Formänderungen $\varDelta\varepsilon_1, \varDelta\varepsilon_2, \ldots$ sollen in folgender Weise entwickelt werden:

$$\varDelta\varepsilon_1 = (\varDelta\varepsilon_1)_I + (\varDelta\varepsilon_1)_{II} + (\varDelta\varepsilon_1)_{III} + \cdots$$
$$\varDelta\varepsilon_2 = (\varDelta\varepsilon_2)_I + (\varDelta\varepsilon_2)_{II} + (\varDelta\varepsilon_2)_{III} + \cdots$$

Es bedeutet $(\ )_I$ die von erster Ordnung kleine Änderung, $(\ )_{II}$ die von zweiter Ordnung kleine Änderung usw. Da für Stabilitätsaufgaben Größen von höherer als zweiter Ordnung keine Rolle spielen, genügt es, jeweils nur diese ersten beiden Glieder beizubehalten. Setzt man diese Ausdrücke in Gleichung (3) und dann in (4) ein, so erhält man $A + \delta A + \delta^2 A$. Die für die Stabilität maßgebende Variation erscheint dann in der Form

$$\delta^2 A = I_1 + I_2 + I_3, \tag{5}$$

wo

$$\left.\begin{aligned}
I_1 &= \int [T_1(\varDelta\varepsilon_1)_{II} + T_2(\varDelta\varepsilon_2)_{II} + S_1(\varDelta\omega)_{II} - G_1(\varDelta\varkappa_1)_{II} - G_2(\varDelta\varkappa_2)_{II} + 2H_1(\varDelta\tau)_{II}]\, dF,\\
I_2 &= \frac{m^2 E h}{m^2-1}\int\left[\left((\varDelta\varepsilon_1)_I + (\varDelta\varepsilon_2)_I\right)^2 - \frac{2(m-1)}{m}\left((\varDelta\varepsilon_1)_I(\varDelta\varepsilon_2)_I - \frac{1}{4}(\varDelta\omega)_I^2\right)\right] dF,\\
I_3 &= \frac{m^2 E h^3}{3(m^2-1)}\int\left[\left((\varDelta\varkappa_1)_I + (\varDelta\varkappa_2)_I\right)^2 - \frac{2(m-1)}{m}\left((\varDelta\varkappa_1)_I(\varDelta\varkappa_2)_I - (\varDelta\tau)_I^2\right)\right] dF.
\end{aligned}\right\} \quad (6)$$

ZOELLY[1]) setzt nun für die weitere Untersuchung voraus, daß in der ursprünglichen Gleichgewichtslage *keine Verbiegungen* der Mittelfläche vorkommen ($G_1 = G_2 = H_1 = 0$).

Für irgendeine virtuelle Verschiebung der Mittelfläche aus dem Gleichgewichtszustand heraus lassen sich die einzelnen Glieder dieser Gleichung berechnen, und diese gestattet dann, zu entscheiden, ob und bis zu welcher Belastung der Gleichgewichtszustand gegenüber der angenommenen Verschiebung stabil ist. Die Schwierigkeit besteht darin, jenes Verschiebungssystem zu ermitteln, das zur kleinsten Knicklast führt. Bevor auf einzelne bestimmte Probleme eingegangen wird, sollen aus diesen Gleichungen einige allgemein gültige Schlüsse gezogen werden, wie sie ZOELLY[1]) erstmals abgeleitet hat.

Die Integrale $I_2$ und $I_3$ hängen nur von der angenommenen virtuellen Verzerrung ab, nicht aber von der Belastung, während $(\varDelta V)_{II}$ und $I_1$ dieser proportional sind. Außerdem sind die Integrale $I_2$ und $I_3$, wenn sie nicht Null sind, immer wesentlich positiv. Sie enthalten die Schalendicke $h$, die beiden anderen Glieder dagegen nicht. $I_2$ hängt nur von der Dehnung, $I_3$ nur von der Biegung ab, weshalb jenes als Dehnungsglied und dieses als Biegungsglied bezeichnet werden soll.

Geht man also von einem Gleichgewichtszustand aus und nimmt man an diesem ein beliebiges System virtueller Verschiebungen vor, so ist der Zustand stabil, wenn

$$(\varDelta V)_{II} + I_1 + I_2 + I_3 > 0. \tag{7}$$

---

[1]) R. ZOELLY, Über ein Knickungsproblem an der Kugelschale (Promotionsarbeit). Zürich 1915; s. auch A. und L. FÖPPL, Drang und Zwang, Bd. II, § 108.

Erhöht man nun die Lasten auf den $\lambda$fachen Betrag, so geht nach der vorausgehenden Überlegung das Stabilitätskriterium über in

$$\lambda[(\Delta V)_{II} + I_1] + I_2 + I_3 > 0\,. \tag{8}$$

Daraus folgt, daß man einen stabilen Zustand auf alle Fälle erhalten kann, wenn man $\lambda$, also die Last, klein genug wählt. Andererseits folgt aber auch, daß man den obigen Ausdruck (8) unter allen Umständen negativ machen, also Labilität erzielen kann, wenn man $\lambda$ entweder positiv oder negativ genügend groß macht. Natürlich ist es möglich, daß schon vorher die Elastizitäts- oder gar die Bruchgrenze erreicht und damit die Labilität praktisch belanglos wird.

Man kann zwei sehr verschiedene Typen des Knickens von Schalen unterscheiden, je nachdem $I_2$ gleich Null, oder von Null verschieden ist.

Wenn bei einer Formänderung $I_2$ gleich Null ist, so muß $(\Delta\varepsilon_1)_I = 0$, $(\Delta\varepsilon_2)_I = 0$, $(\Delta\omega)_I = 0$ sein, d. h., die Schalenmittelfläche bleibt dabei in erster Näherung ungedehnt, sie wird nur verbogen. Man spricht von einem Knicken ohne Dehnung der Mittelfläche. Ob dies möglich ist, hängt von den geometrischen Verhältnissen ab, d. h. von der Form und den Randbedingungen. Beispiele für ein solches dehnungsloses Knicken liefern die ebene Platte und das unendlich lange Rohr unter Außendruck. Man erkennt aus den Formeln, daß die kritische Belastung proportional der Biegungssteifigkeit, also der dritten Potenz der Schalendicke ist, ferner, daß die Form, die die knickende Schale annimmt, nicht von der Wanddicke abhängt. Die Schale ändert in diesem Falle ihre Form als Ganzes.

Diejenige Art des Knickens, bei welcher auch das Dehnungsintegral $I_2$ auftritt, wird als ein Knicken mit Dehnung der Mittelfläche bezeichnet. Da in diesem Falle das wesentlich positive Glied $I_2$ in Gleichung (8) noch hinzutritt und dieses noch dazu erheblich größer ist als $I_3$, so ist die Knicklast weit höher, die Knickgefahr also entsprechend geringer als in den Fällen, wo ein dehnungsloses Knicken möglich ist. $I_2 : I_3$ ist von der Größenordnung $(l:h)^2$, wenn $l$ eine Länge von der Größenordnung der Schalenabmessungen, insbesondere der Krümmungsradien ist. Das Charakteristische dieser Art des Knickens ist, daß die Schale nicht als Ganzes ausknickt, sondern im großen ganzen die Form beibehält, daß aber in der Wandung Wellen oder Falten entstehen. Aus diesem Grunde bezeichnet man diesen Vorgang oft als „lokales Knicken". Die Länge dieser Wellen oder Falten ist von der Größenordnung $\sqrt{lh}$. Sie sind also unter sonst gleichen Umständen um so kürzer, je dünner die Schale ist. Die Knickfigur ist demnach von der Dicke der Schale nicht unabhängig. Die Knicklast ist nicht wie beim dehnungslosen Knicken proportional der Biegungssteifigkeit (also proportional $h^3$), sondern proportional der Wurzel aus Dehnungs- und Biegungssteifigkeit, also proportional $h^2$.

Das Auftreten solcher wellenförmiger Deformationen wurde bereits bei der Besprechung der Biegung immer dann beobachtet, wenn sich der Ausbiegung ein äußerer elastischer Widerstand entgegensetzt (Stab auf elastischer Bettung oder mit elastischer Querstützung, schwimmende Platte.) Hier besteht dieser Widerstand in den Dehnungen, die die ausbiegenden Elemente aus geometrischen Gründen zu überwinden haben. Man kann dieses Verhalten durch einen einfachen Versuch anschaulich machen. Bringt man einen Stab (Stahlband) durch Druck in der gewöhnlichen Weise zum Knicken, so wölbt er sich im ganzen, d. h. in einem einzigen Bogen aus. Bringt man ihn aber in ein Gefäß mit zähflüssigem Harz, so daß er sich nicht mehr ohne Widerstand verbiegen kann, so knickt er erst unter einem weit höheren Druck, und zwar in mehreren Wellen (mit Wendepunkten) aus. Erwärmt man das Harz, so daß es leichter beweglich wird und weniger Widerstand bietet, so besteht die elastische Linie aus einer geringeren Anzahl von Wellen, und der Knickdruck sinkt.

**94. Die kreiszylindrische Hohlsäule.** Als erstes Beispiel eines Knickvorganges, der von Dehnungen der Mittelfläche begleitet ist, hat R. LORENZ[1]) das in Richtung der Mantellinien gleichmäßig gedrückte Rohr untersucht. Ein solches Rohr kann nicht nur nach Art eines Stabes im ganzen, d. h. in einem Bogen, ausknicken, sondern bei geradlinig bleibender Achse kann seine Wandung wulstförmig ausbeulen (Abb. 83).

Abb. 83. Durch axialen Druck geknickte Rohre.

Denkt man sich aus der Wandung einen Elementarstreifen von der Breite $a\,d\varphi$ ausgeschnitten, so wirken auf diesen folgende Belastungen: In axialer Richtung hat man eine Kraft $T\,a\,d\varphi$, wenn $T$ die Last pro Länge 1 der Mittelfläche ist, die der Zylinder zu tragen hat. Ferner ruft jede Ausbiegung der Erzeugenden — sie soll mit $w$ bezeichnet und nach außen hin positiv gerechnet werden — Umfangsspannungen $T_2 = \frac{w}{a} E\,\delta$ und damit eine in der Richtung der Normale wirkende Kraft

$$T_2\,d\varphi = \frac{w}{a} E\,\delta\,d\varphi = q(x)\cdot a\,d\varphi \tag{1}$$

hervor, die der Ausbiegung entgegenwirkt und als äußere Kraft anzusehen ist. Endlich kann auf die Enden des Zylinders ein Moment $M$ und eine Querkraft $Q$ wirken.

Für die elastische Linie dieses Stabes gilt dann die Gleichung

$$-E\,J\frac{d^2 w}{d x^2} = T\,a\,d\varphi\,w + \int_0^x q(\xi)\,a\,d\varphi\,(x-\xi)\,d\xi + Q\,x\,a\,d\varphi + M\,a\,d\varphi\,. \tag{2}$$

Durch zweimalige Differentiation nach $x$ erhält man

$$E\,J\frac{d^4 w}{d x^4} + T\,a\,d\varphi\frac{d^2 w}{d x^2} + q(x)\,a\,d\varphi = 0. \tag{3}$$

Für $q(x)\,a\,d\varphi$ ist der Wert (1) einzusetzen. Für $E\,J$ wäre $\frac{E\,\delta^3}{12}\,a\,d\varphi$ zu schreiben, doch soll noch der Faktor $\frac{m^2}{m^2-1}$ beigefügt werden, der berücksichtigt, daß es sich hier nicht, wie beim Stab, um einen einachsigen Spannungszustand handelt, und die Behinderung der Querdehnung des Elementarstreifens durch die benachbarten Teile der Wandung zum Ausdruck bringt. Kürzt man mit $a\,d\varphi$ und führt man noch folgende Bezeichnungen ein:

die Biegungssteifigkeit $B = \frac{m^2}{m^2-1}\,\frac{E\,\delta^3}{12}$, (4a)

die Dehnungssteifigkeit[2]) $D = E\,\delta$, (4b)

eine Widerstandsziffer $\beta = \frac{D}{a^2} = \frac{E\,\delta}{a^2}$, (5)

---

[1]) R. LORENZ, ZS. d. Ver. d. Ing. Bd. 52, S. 1706. 1908.

[2]) Eigentlich müßte der Ausdruck $\frac{m^2}{m^2-1}E\,\delta$ als Dehnungssteifigkeit bezeichnet werden, doch soll hier der Kürze wegen auch der obige Ausdruck so genannt werden.

so lautet die Differentialgleichung endgültig

$$\frac{d^4 w}{d x^4} + \frac{T}{B} \frac{d^2 w}{d x^2} + \frac{\beta}{B} w = 0. \tag{6}$$

Zoelly[1]) leitete dieselbe Gleichung mittels des Energiekriteriums und einer Variationsbetrachtung ab. Lorenz nimmt für seine weitere Ableitung an, daß der Zylinder von Anfang an eine gewisse Ausbiegung hat und bestimmt daraus, ähnlich wie es in Ziff. 82(b) für den Stab geschehen ist, die kritische Last:

$$T = 2\sqrt{B\beta} = \sqrt{\frac{m^2}{3(m^2-1)}}\,\frac{E\delta^2}{a}. \tag{7}$$

Denselben Wert fand Timoschenko[2]) aus Energiebetrachtungen mittels eines Sinusansatzes für $w$.

Die allgemeine Lösung der Gleichung (6) ist

$$w = c_1 e^{t_1 x} + c_2 e^{t_2 x} + c_3 e^{t_3 x} + c_4 e^{t_4 x}; \tag{8}$$

$t$ sind die Wurzeln der charakteristischen Gleichung

$$t^4 + \frac{T}{B} t^2 + \frac{\beta}{B} = 0.$$

Diese sind

$$t_{1,2} = \pm(\alpha + i\gamma), \quad t_{3,4} = \pm(\alpha - i\gamma),$$

wo

$$\alpha = \sqrt{1-z}\,\sqrt[4]{\frac{\beta}{4B}}, \quad \gamma = \sqrt{1+z}\,\sqrt[4]{\frac{\beta}{4B}} \tag{9}$$

und

$$z = \frac{T}{T_K}.$$

Verlangt man, wie es in allen genannten Arbeiten geschieht, als Randbedingungen $w = 0$, $\frac{d^2 w}{d x^2} = 0$ bei $x = 0$ und $x = l$ (Zylinderenden), so wird man zur Lösung

$$w = C \sin\frac{n\pi x}{l}$$

geführt. Für die kritische Last erhält man den oben angegebenen Wert. Es ist bemerkenswert, daß dieser nicht vom Durchmesser des Rohres abhängt, auch nicht von der Rohrlänge, sofern diese nicht zu klein, sondern ein Vielfaches der Halbwellenlänge ist. Für diese findet man

$$\frac{\lambda}{2} = \frac{\pi}{\sqrt[4]{\frac{12(m^2-1)}{m^2}}}\sqrt{a\delta} \backsim 1{,}715\sqrt{a\delta}. \tag{10}$$

Der kritische Wert wird gerade erreicht, wenn die charakteristische Gleichung Doppelwurzeln zur Lösung hat.

Versuche zeigen, daß die erwartete sinusförmige Verbiegung nicht zu beobachten ist, sondern daß immer ein, oder bei weiter anhaltender Belastung mehrere, nur nach außen gehende Wulste entstehen (Abb. 83). Die Ursache hierfür ist darin zu sehen, daß, worauf L. Föppl[3]) aufmerksam machte, weder bei Versuchen, noch bei Konstruktionen die obige Randbedingung verwirklicht ist.

---

[1]) R. Zoelly, s. Fußnote 1, S. 296; A. u. L. Föppl, Drang und Zwang Bd. II, § 109.

[2]) S. Timoschenko, s. Fußnote 5, S. 292.

[3]) L. Föppl, Achsensymmetrisches Ausknicken zylindrischer Schalen. Münchener Ber. 1926.

Unter der Wirkung des Druckes tritt eine Querdehnung, also eine Vergrößerung des Durchmessers ein um den Betrag

$$\Delta r = \frac{a T}{m E \delta}\,. \tag{11}$$

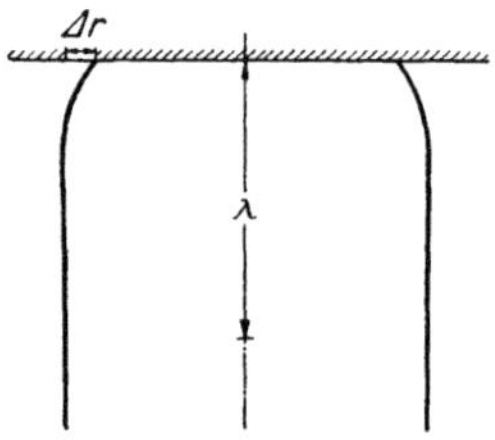


Abb. 84. Randverbiegung am axial belasteten Hohlzylinder.

Die Druckplatten der Presse oder anschließende Konstruktionsteile hindern die Ränder, diese Dehnung mitzumachen. So entstehen dort von Anfang an Verbiegungen (Abb. 84), und man hat als Randbedingung nicht $w = 0$, sondern $w = -\Delta r$ anzusetzen, wo für $\Delta r$ der Wert (11) oder, wenn ein geringes Gleiten der Ränder möglich ist, ein entsprechend verminderter Wert zu nehmen ist. Die genaue Diskussion des Vorganges ist mittels der Lösung (8) leicht möglich[1]).

Solange $z < 1$, d. h. $P < P_K$, hat die Lösung die Form

$$w = e^{+\alpha x}(c_1 \cos\gamma x + c_2 \sin\gamma x) + e^{-\alpha x}(c_3 \cos\gamma x + c_4 \sin\gamma x)\,. \tag{12}$$

Für $z = 0$, also $P = 0$ geht diese Lösung in die in der Biegungstheorie abgeleitete über (Ziff. 65). Der Dämpfungsexponent ist $\alpha = \sqrt[4]{\frac{\beta}{4B}} =$ gleich dem Ziff. 67 Gl. (2) eingeführten $k$, die Halbwellenlänge ist

$$\frac{\lambda}{2} = \frac{\pi}{\gamma} = \pi \sqrt[4]{\frac{4B}{\beta}} = \frac{\pi}{\sqrt[4]{\frac{3(m^2-1)}{m^2}}} \sqrt{a\delta} \sim 2{,}426 \sqrt{a\delta}\,.$$

Mit wachsender Belastung $P$ nimmt diese proportional mit $\left(1 + \frac{P}{P_K}\right)^{-\frac{1}{2}}$ ab und erreicht bei der kritischen Last den im Verhältnis $\sqrt{\frac{1}{2}}$ kleineren Wert (10). Ebenso nimmt aber auch die Dämpfung ab, so daß die von den Rändern ausgehenden Verbiegungen immer weiter reichen und die Rohrlänge einen gewissen Einfluß gewinnt. Der Verlauf der größten Ausweichung $w_{\max}$ ist in Abb. 85 für 2 Rohre: a) von der Länge $l = 8\frac{\lambda_K}{2}$ und b) von der Länge $9\frac{\lambda_K}{2}$ als Funktion der zunehmenden Belastung dargestellt. Man sieht, daß kurz vor Erreichung des kritischen Wertes die Formänderungen sehr stark anwachsen. Mit $z = 1$, also $P = P_K$ nimmt die Lösung die Form an

$$\left.\begin{aligned} w = {} & (c_1 + c_2 x)\cos\gamma x \\ & + (c_3 + c_4 x)\sin\gamma x\,. \end{aligned}\right\} \tag{13}$$

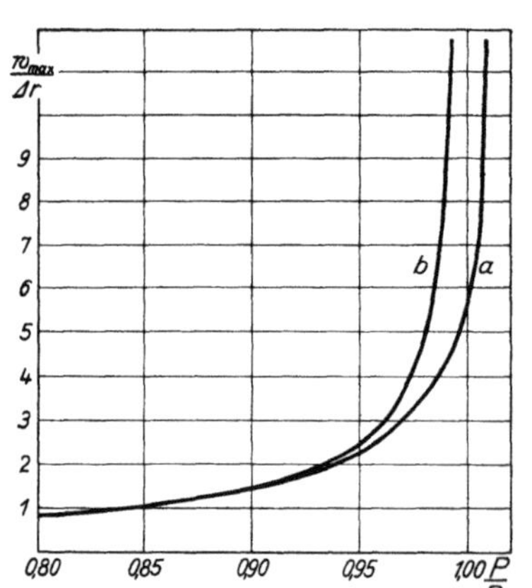


Abb. 85. Die maximale Ausbiegung als Funktion der Belastung.

Abb. 86. Mantellinie eines knickenden Rohres.

Man erkennt hier in den Gliedern mit $x$ den Einfluß der Rohrlänge. Die Konstanten $c$ sind natürlich andere als in der Gleichung (8). Abb. 86 zeigt die charakteristische Form der unter der kritischen Last verbogenen Mantellinien für ein Rohr von der Länge $l = 4\lambda_K$. An der Stelle größter Ausbiegung tritt zuerst ein

[1]) J. W. GECKELER, ZS. f. angew. Math. u. Mech. Bd. 8, S. 341. 1928.

Überschreiten der Elastizitätsgrenze ein, und die übrigen Wellen mit noch geringerer Amplitude können sich auf Kosten dieser geschwächten Stelle wieder zurückbilden, so daß zunächst in der Regel nur ein Wulst dauernd vorhanden bleibt. Erst bei weiterhin andauernder Belastung bildet sich ein zweiter, dritter Wulst usw. Aus dem Stabilitätsproblem ist infolge der Randbedingungen ein Spannungsproblem geworden, ähnlich wie bei dem exzentrisch belasteten oder von Anfang an krummen Stab. Die Randbedingungen schließen die sog. triviale Lösung $w = 0$ von vornherein aus; der Verzweigungspunkt wird umgangen. Nachdem die kritische Last überschritten ist, nimmt die Lösung die Form an

$$w = c_1 \cos\psi_1 x + c_2 \sin\psi_1 x + c_3 \cos\psi_2 x + c_4 \sin\psi_2 x. \tag{14}$$

Unter gewissen Umständen ist ein geringes Überschreiten der kritischen Last möglich, ohne den Zusammenbruch herbeizuführen.

Auf eine Untersuchung von BRAZIER[1]) über das gebogene dünnwandige Rohr, dessen gedrückte Fasern einer ähnlichen Beanspruchung ausgesetzt sind, wie oben das ganze Rohr, wurde in Ziff. 24 bereits hingewiesen.

**95. Das Knicken des Rohres im Gebiet bleibender Formänderungen.** Alle diese Überlegungen bleiben natürlich nur so lange gültig, als die Elastizitätsgrenze $\sigma_e$ nicht überschritten wird, solange also

$$\frac{P_k}{2a\pi\delta} < \sigma_e \quad \text{oder} \quad \frac{\delta}{a} < \frac{\sigma_e}{E}\sqrt{\frac{3m^2-1}{m^2}}. \tag{1}$$

Nur Rohre, die im Verhältnis zu ihrem Durchmesser außerordentlich dünnwandig sind, können im elastischen Bereich knicken. Bei Eisen z. B. muß $\delta < \frac{a}{500}$ sein. Praktisch finden solche Rohre kaum Verwendung. Daher ist das plastische Knicken praktisch weit wichtiger. Ähnlich wie bei der ENGESSER-KÁRMÁNschen Theorie des Knickens eines Stabes ist auch hier eine Ausdehnung der Untersuchung auf das Gebiet bleibender Formänderungen möglich[2]), wie die Ableitung der Gleichung (2) von Ziff. 94 erkennen läßt. Führt man wieder den KÁRMÁNschen Knickmodul $K$ ein, der durch Druckversuche als Funktion der Spannung ermittelt und für den rechteckigen Querschnitt nach Formel (7), Ziff. 91 gebildet ist, so erhält man, worauf hier nicht genauer eingegangen werden soll, die folgende Gleichung

$$\frac{d^4 w}{dx^4} + \frac{12(m^2-1)\,T}{m^2\delta^3 K}\,\frac{d^2 w}{dx^2} + \frac{12(m^2-1)\,E}{m^2 a^2\delta^2 K}\,w = 0. \tag{2}$$

Im rein elastischen Bereich, wo $K = E$ ist, geht diese wieder in die Gleichung (6) von Ziff. 94 über. Die früheren Überlegungen bleiben im wesentlichen gültig, doch ist die kritische Last

$$P_k = \frac{2\pi m\,\delta^2}{\sqrt{3(m^2-1)}}\sqrt{EK}. \tag{3}$$

Sie bleibt, da $K < E$, erheblich hinter dem Wert (7) von Zff. 94 zurück. Die Gleichung (10) von Ziff. 94 für die Halbwellenlänge geht über in

$$\frac{\lambda}{2} = \frac{\pi}{\sqrt[4]{\frac{3(m^2-1)}{m^2}}}\sqrt[4]{\frac{K}{E}}\sqrt{\frac{a\delta}{1+z}}. \tag{4}$$

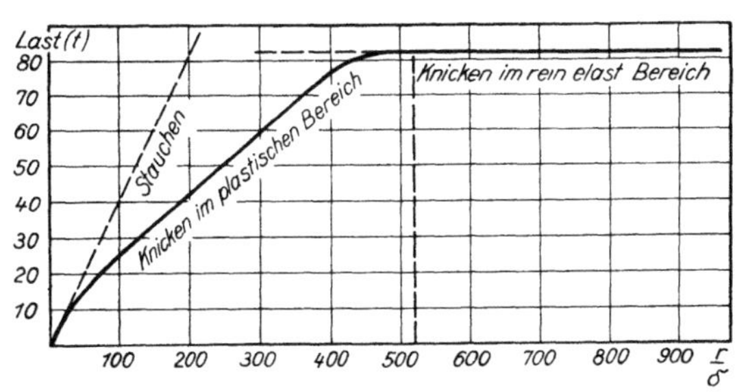


Abb. 87. Die Knicklast für ein Stahlrohr von 1 mm Wandstärke als Funktion des Halbmessers.

[1]) L. G. BRAZIER, Proc. Roy. Soc. London (A) Bd. 116, S. 104. 1927.
[2]) J. W. GECKELER, ZS. f. angew. Math. u. Mech. Bd. 8, S. 341. 1928.

Abb. 87 zeigt für Stahlrohre von 1 mm Durchmesser die Knicklast als Funktion des Halbmessers. Im rein elastischen Gebiet ist die Knicklast vom Halbmesser unabhängig. Im plastischen Bereich nimmt sie jedoch mit dem Durchmesser mehr und mehr ab, um schließlich proportional mit diesem zu verlaufen, wie es dem Stauchen nach der Formel $\sigma = \frac{P}{F}$ entspricht. Auf diese Weise entsteht ein stetiger Übergang vom Knick- zum Stauchvorgang.

Säulen mit anderen Querschnitten (Rechteck, Vieleck, Ellipse) zeigen ganz ähnliche Knickerscheinungen. Beim elliptischen Zylinder ist die Knickwelle längs des Umfanges veränderlich, und zwar ist sie proportional der Wurzel aus dem Krümmungsradius der Querschnittsellipse. Dies wird, wie alle anderen Ergebnisse, durch Versuche gut bestätigt.

Bei dünnwandigen Rohren kann noch ein Ausknicken der einzelnen Wellen in deren Ebene nach Vielecken eintreten, so daß die Rotationssymmetrie zerstört wird (Abb. 88, 89). Diese Erscheinung hat R. LORENZ[1]) an Hand der LOVEschen Theorie

Abb. 88. Nicht achensymmetrisch geknickte Rohre.

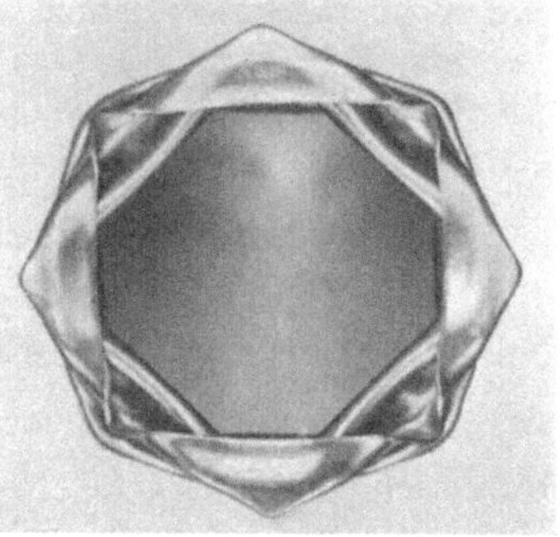

Abb. 89. Draufsicht auf ein nicht achensymmetrisch geknicktes Rohr.

untersucht. Die Seitenzahl $\nu$ der entstehenden Polygone hängt vom Verhältnis des Durchmessers zur Wandstärke ab. Der Zusammenhang wird grob durch die Formel

$$\nu = 0{,}57\sqrt{\frac{2a}{\delta}} \tag{5}$$

wiedergegeben. Auch auf diesen Vorgang haben die Randbedingungen einen großen Einfluß, der noch genauer untersucht werden müßte. Die bemerkenswerte Regelmäßigkeit dieser Knickfiguren ist aus den Abbildungen zu ersehen.

**96. Das Knicken zylindrischer Rohre unter Außendruck (Flammrohre).** Eine praktisch wichtige Untersuchung von v. MISES[2]) betrifft zylindrische Rohre unter gleichmäßigem äußeren Überdruck. Einer solchen Beanspruchung sind die Flammrohre der Dampfkessel ausgesetzt. Sofern das Rohr als unendlich lang, also das Problem als zweidimensional angesehen werden kann, ist die kritische Last bereits durch Gleichung (4), Ziff. 88 gegeben. Es handelt sich dann um ein dehnungsloses Knicken. Ganz anders werden die Verhältnisse, wenn ein solches Rohr entweder durch Böden an den Enden oder durch Rippen in Zwischenquerschnitten versteift ist. Dann ist eine Formänderung ohne Dehnung nicht möglich. Dieser Fall wurde mit einigen Vernachlässigungen von R. LORENZ[3]) und von SOUTHWELL[4]) behandelt. Eine strenge Lösung auf Grund der LOVEschen

[1]) R. LORENZ, Phys. ZS. Bd. 12, S. 241. 1911.
[2]) R. v. MISES, ZS. d. Ver. d. Ing. Bd. 58, S. 750. 1914; s. auch A. u. L. FÖPPL, Drang und Zwang Bd. II, § 110.
[3]) R. LORENZ, Phys. ZS. Bd. 12, S. 257. 1911.
[4]) R. V. SOUTHWELL, Phil. Mag. Bd. 25, S. 687. 1913.

Schalentheorie gab, wie erwähnt, v. MISES. Mit unbedeutenden Vereinfachungen lautet die Gleichung für den kritischen Druck

$$p_K = \frac{E\delta}{a(n^2-1)N^2} + \frac{B}{a^3}\left[n^2 - 1 - \frac{2n^2 - 1 - \frac{1}{m}}{N}\right], \tag{1}$$

wo $N = 1 + \left(\frac{nl}{a\pi}\right)^2$, $l$ der Abstand der Böden oder Rippen und $n$ diejenige positiv ganze Zahl (Wellenzahl) ist, für welche $p_K$ ein Minimum wird ($m$ ist die POISSONsche Konstante der Querdehnung). Läßt man in der letzten Klammer den Bruch mit dem Nenner $N$ weg, so erhält man den von SOUTHWELL gefundenen Ausdruck. Für $l = \infty$ und $n = 2$ ergibt sich der einfache Wert für das dehnungslose Knicken. Für einige andere Verhältnisse gibt die folgende Tabelle die Wellenzahl an.

| $a : h =$ | 500 | 200 | 100 | 50 |
|---|---|---|---|---|
| $\frac{l}{a} = \infty$ | 2 | 2 | 2 | 2 |
| $\frac{l}{a} = 10$ | 4 | 3 | 2 | 2 |
| $\frac{l}{a} = 5$ | 5 | 4 | 3 | 3 |
| $\frac{l}{a} = 2$ | 8 | 6 | 5 | 4 |

Die Theorie wird durch Versuche gut bestätigt. Einen eingehenden Vergleich mit den vorhandenen Versuchsergebnissen findet man in der Arbeit von v. MISES. Die in der Tabelle rechts unten durch den kräftigen Strich abgegrenzten Werte würden einem Knicken über der Elastizitätsgrenze entsprechen (Eisen oder Stahl vorausgesetzt). Eine Erweiterung der Theorie für das Gebiet bleibender Formänderungen kann in ähnlicher Weise vorgenommen werden wie für das axial gedrückte Rohr.

**97. Das Knicken der Kugelschale unter gleichmäßigem Außendruck.** ZOELLY[1]) behandelt in der schon erwähnten Arbeit das Knicken einer Kugel infolge eines gleichmäßigen äußeren Normaldruckes $p$. Die Kugel ist zunächst bei gleichmäßiger Kontraktion $\left(T_1 = T_2 = -\frac{Rp}{2}\right)$ im Gleichgewicht, wobei die Kugelform erhalten bleibt. Bei einem bestimmten Druck wird dieses Gleichgewicht labil, indem sich die Meridiane wellenförmig verbiegen, also in der Wandung wellenförmige Schrumpfungen auftreten. ZOELLY nimmt für die Rechnung axiale Symmetrie an, sucht aber außerdem nur Lösungen, die auch bezüglich des Äquators symmetrisch sind. SCHWERIN[2]) hat später diese Einschränkung beseitigt, indem er die ZOELLYschen Bedingungen für den Rand der Halbkugel durch Stetigkeitsbedingungen am Äquator ersetzte. Die Ableitung geht von den Gleichgewichts- und Formänderungsbedingungen aus, die natürlich, wie bei allen Stabilitätsuntersuchungen, in einer für die deformierte Schale gültigen Form angeschrieben werden müssen. Die weitere Rechnung lehnt sich dann an die MEISSNERsche Behandlung des Biegungsproblems der Kugelschale an und

---

1) R. ZOELLY, s. Fußnote 1, S. 296; s. auch A. u. L. FÖPPL, Drang und Zwang Bd. II, § 110.
2) E. SCHWERIN, ZS. f. angew. Math. u. Mech. Bd. 2, S. 81. 1922.

führt, wie diese, auf hypergeometrische Funktionen. Der kritische Druck ergibt sich zu

$$p_K = \frac{2D}{RN} + \frac{2B}{R^3} N. \tag{1}$$

$N$ ist ein bestimmter, aus der Wellenzahl $n$ gebildeter Ausdruck. Um den kleinstmöglichen Wert für $p_K$ zu erhalten, ist für $N$ jener ganzzahlige Wert einzusetzen, der dem aus $\frac{\partial p_K}{\partial N} = 0$ erhaltenen am nächsten liegt. Bei großer Wellenzahl macht man keinen merklichen Fehler, diesen Wert selbst zu benutzen:

$$N = R\sqrt{\frac{D}{B}} = 2\frac{R}{\delta}\sqrt{\frac{3(m^2-1)}{m^2}}.$$

Damit wird der kritische Druck

$$p_K = 4\frac{\sqrt{DB}}{R^2} = \frac{2mE\delta^2}{R^2\sqrt{3(m^2-1)}}. \tag{2}$$

Er ist also, wie beim axial belasteten Rohr, proportional der Wurzel aus der Dehnungs- und Biegungssteifigkeit, also proportional $\delta^2$. Für den kritischen Wert liefern die beiden Glieder in Gleichung (1), Dehnungs- und Biegungsglied, gerade den nämlichen Beitrag für $p_K$. Dies hat übrigens auch schon für den axial belasteten Hohlzylinder zugetroffen. Die Halbwellenlänge (im Längenmaß auf dem Meridian gemessen) ist im Augenblick des Knickens

$$\lambda = \frac{R\pi}{k\sqrt{2}} = \frac{\pi}{\sqrt[4]{\frac{12(m^2-1)}{m^2}}}\sqrt{R\delta}. \tag{3}$$

Auch in diesem Fall hat sie sich also gegenüber der reinen Biegung im Verhältnis $\sqrt{\frac{1}{2}}$ verkürzt.

**98. Knickerscheinungen am abgeplatteten Ellipsoid.** Ähnliche Erscheinungen sind an Schalen beliebiger Form zu beobachten, wenn die Belastung Druckspannungen in der Wandung hervorruft, die ein gewisses Maß übersteigen und nicht vorher schon ein dehnungsloses Knicken möglich ist.

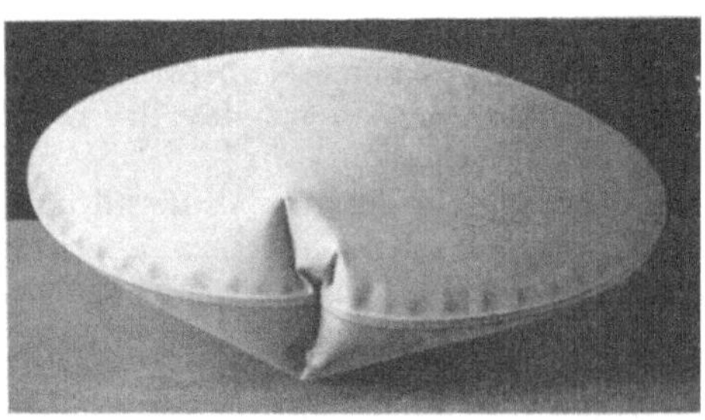

Abb. 90. Knickfalten längs des Äquators eines Ellipsoids, hervorgerufen durch inneren Überdruck.

Als Beispiel möge das abgeplattete Rotationsellipsoid unter innerem Überdruck behandelt werden [Abbild. 90[1]]. Jedoch ist die Ableitung auch für andere als gerade elliptische Meridianformen gültig. In Ziff. 62 wurde gezeigt, daß in einem Ellipsoid unter der Wirkung eines inneren Überdruckes $p$ Druckspannungen in Richtung der Parallelkreise auftreten, wenn $\frac{a}{b} > \sqrt{2}$, oder nach Gleichung (5) von Ziff. 62 allgemein, wenn $\varrho < \frac{a}{2}$. Hier soll $\varrho$ der kleinste Krümmungsradius (im Scheitel) des Meridians sein und $a$ der Äquatorhalbmesser. Die Druckspannungen haben ihr Maximum im Äquator, dort ist

$$T = \frac{ap}{2}\left(2 - \frac{a}{\varrho}\right). \tag{1}$$

Der Äquator ist nun in derselben Lage wie ein auf Druck beanspruchter Kreisring, dessen Ausknicken durch eine elastische Querstützung („Bettung“) gehin-

[1]) J. W. GECKELER, s. Fußnote 1, S. 300.

dert wird. Dieser elastische Widerstand besteht in den Dehnungen der Mittelfläche, die mit dem Ausknicken aus geometrischen Gründen notwendig verbunden sind. Man kann — wie in Ziff. 94 für den geraden Stab — leicht zeigen, daß die Widerstandsziffer wieder

$$\beta = \frac{E\delta}{a^2} \tag{2}$$

ist. Ähnlich wie dort für den geraden Stab kann man weiterhin, ausgehend von der Differentialgleichung der elastischen Linie des Kreisbogens [Ziff. 28, Gleichung (4)], die Knickspannung für den gedrückten Kreisring ableiten und findet dafür

$$T_k = 2\sqrt{B\beta}\left(1 - \frac{1}{2a^2}\sqrt{\frac{B}{\beta}}\right). \tag{3}$$

Erreichen die Druckspannungen diesen Betrag, so knickt der Ring, indem er sich längs des ganzen Umfanges wellt. Dasselbe gilt für den Äquator des Ellipsoids, wenn man für $\beta$ den Wert (2) einsetzt. Das Zusatzglied $\frac{1}{2a^2}\sqrt{\frac{B}{\beta}}$ in Gleichung (3) hat rund den Wert $\delta/6{,}7a$, so daß man es bei Schalen, die so dünnwandig sind, daß ein Knicken möglich ist, ohne großen Fehler ($< 1\%$) weglassen kann. Dann ist wieder

$$T_k = 2\sqrt{B\beta}. \tag{3'}$$

Setzt man für $T$ und $\beta$ die Werte aus Gleichung (1) bzw. (2) ein, so erhält man als kritischen Innendruck für solche Behälter

$$p = \frac{2m}{\sqrt{3(m^2-1)}}\,\frac{1}{2 - \frac{a}{\varrho}}\,\frac{E\delta^2}{a^2}. \tag{5}$$

Die Wellenlänge ist

$$\lambda = 2\pi\sqrt[4]{\frac{B}{\beta}}, \tag{5}$$

die Wellenzahl längs des Umfanges demnach

$$n = a\sqrt[4]{\frac{\beta}{B}} \sim 1{,}83\sqrt{\frac{a}{\delta}}. \tag{6}$$

Die Formeln (4) und (6) werden durch Versuche gut bestätigt.

Mit $a = \varrho = R$ gehen sie in die von ZOELLY für die Kugel abgeleiteten über.

Bemerkenswert ist, daß diese Möglichkeit des Knickens grundsätzlich auch für die Krempe von Dampfkesseln u. dgl. vorhanden ist. Eine Gefahr besteht aber bei den gebräuchlichen Formen und Abmessungen im allgemeinen nicht. Doch ist bei Versuchen an dünnwandigen Modellen die Fältelung leicht zu erhalten.

Bei weiterer Steigerung des Druckes oder beim Vorhandensein lokaler Unregelmäßigkeiten vertieft sich dann eine oder mehrere dieser Wellen (Abb. 90), was bei nicht sehr geschmeidigem Material zur Zerstörung (Explosion) führt. Die Druckzone, und damit das Faltengebiet, ist um so breiter, je flacher das Ellipsoid ist. Der Parallelkreis, der es begrenzt, hat den Radius

$$r = \frac{a}{\sqrt{2\left(1 - \frac{b^2}{a^2}\right)}}. \tag{7}$$

**99. Faltungserscheinungen beim Doppelblatt und ebenen Blech.** Der größtmögliche Wert $r = a\sqrt{\frac{1}{2}}$ wird beim kreisförmigen Doppelblatt erreicht, das als Ellipsoid mit verschwindend kleiner Drehachse ($b = 0$) angesehen werden kann. Bläst man ein solches Doppelblatt auf, so faltet sich das Ringgebiet $a > r > a\sqrt{\frac{1}{2}}$ (Abb. 91).

Verwandte Faltungserscheinungen kann man beim Ziehprozeß beobachten, wenn z. B. aus einem ebenen Blech durch Einpressen in eine entsprechende Matrize eine tellerähnliche Form, wie sie etwa Abb. 92 zeigt, hergestellt werden soll. Legt man das Beispiel der Abb. 92 zugrunde, so wird der über die Hohlform hinausragende Blechring radial kontrahiert und die dabei hervorgerufenen Druckspannungen können ein Knicken veranlassen. Dieser Ring kann aber nicht frei ausknicken, da er längs seines Innenrandes festgehalten ist, was sich wie eine elastische Querstützung auswirkt. Es ist also wiederum nur ein Ausknicken in einer größeren Wellenzahl möglich.

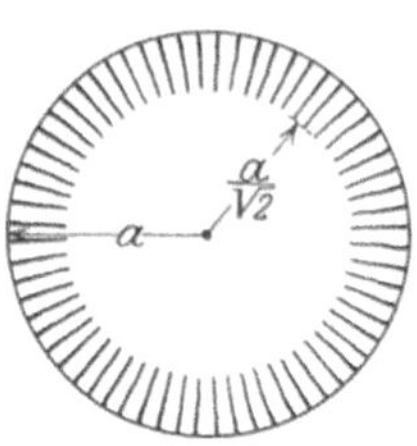

Abb. 91. Durch Innendruck gefaltetes Doppelblatt.

Abb. 92. Knickwellen, hervorgerufen durch radiale Kontraktion.

Der Ring möge als schmal vorausgesetzt sein, seine Breite sei $b$, sein mittlerer Radius $a$. Der auf die Länge 1 der Mittellinie bezogene radiale Druck sei $p$ (kg/cm). Labilität tritt ein, wenn

$$p = (n^2 - 1)\frac{Bb}{a^3} + \frac{n^2 + \frac{B}{C}}{n^2(n^2+1)}\,ab\beta. \tag{1}$$

$n$ ist die Anzahl der Wellen auf den Umfang. $B$ ist die Biegungssteifigkeit eines Ringstreifens von der Breite 1 gegenüber einem Verbiegen des Ringes aus seiner Ebene heraus. $C$ ist die Torsionssteifigkeit. Bei großer Wellenzahl kann man, wie hier nicht genauer nachgewiesen werden soll, $B/c$ gegenüber $n^2$ vernachlässigen, ferner kann man $n^2$ und $(n^2+1)$ vertauschen, so daß näherungsweise

$$p = n^2\frac{Bb}{a^3} + \frac{ab\beta}{n^2} \tag{1'}$$

wird. Aus $\frac{\partial p}{\partial n} = 0$ findet man die Wellenzahl

$$n = a\sqrt[4]{\frac{\beta}{B}} \tag{2}$$

und den kritischen Radialdruck

$$p = 2\frac{b}{a}\sqrt{B\beta}. \tag{3}$$

Die Wellenbildung tritt also ein, wenn die im Querschnitt (Fläche $b\delta$) übertragene, über die Dicke genommene Druckresultante ($\sigma_2\delta$) den Betrag

$$T_k = 2\sqrt{B\beta} \tag{4}$$

erreicht.

Zu Beginn des Auswellens besteht der elastische Widerstand nur darin, daß sich dem Hochstülpen des Ringes ein Biegungswiderstand entgegensetzt (Biegung einer ringförmigen Platte). Man kann zeigen, daß näherungsweise

$$\beta = \frac{8B}{\varkappa b^4} \tag{5}$$

eingesetzt werden kann. $\varkappa$ ist ein wenig von 1 verschiedener Zahlenfaktor, der von der Ringbreite, d. h. dem Verhältnis $b/a$ abhängt, jedoch nur wenig veränderlich ist und im Mittel etwa mit 1,07 eingesetzt werden kann. Dann ist

$$n = \frac{a}{b}\sqrt[4]{\frac{8}{\varkappa}} \backsim 1{,}65\,\frac{a}{b}, \tag{6a}$$

$$T = \frac{4B}{b^2}\sqrt{\frac{2}{\varkappa}} \backsim 0{,}46\,\frac{E\delta^3}{b^2}. \tag{6b}$$

In diesem Stadium ist also die Wellenzahl von der Blechdicke unabhängig, was durch Versuche durchaus bestätigt wird. Bei stärkerer Deformation kommen jedoch allmählich die längs des Umfanges wirkenden Dehnungsspannungen zur Geltung. Diesen entspricht

$$\beta = \frac{E\delta}{2a^2}, \tag{7}$$

und man erhält, wenn diese überwiegen,

$$n \backsim 1{,}56\sqrt{\frac{a}{\delta}}, \tag{8a}$$

$$T \backsim 0{,}41\,\frac{E\delta^2}{a}. \tag{8b}$$

Diesem Zustand entspricht die Abb. 92. Bei praktischen Zieharbeiten muß natürlich die Faltenbildung vermieden werden. Man erreicht dies durch einen mittels Federkraft oder pneumatisch angedrückten „Niederhalter". Wenn dieser zur Wirkung kommt, wächst $\beta$ und damit die Wellenzahl. Es entsteht eine ganz enge Fältelung, die schließlich bei noch stärkerem Andrücken des Niederhalters wieder beseitigt wird. Im einzelnen sollen diese von vielerlei technischen Umständen beeinflußten Vorgänge nicht erörtert werden.

**100. Einseitig gespannte (gefaltete) Häute unter Innendruck.** Durch eine Faltung wie in Ziff. 98 verliert die Schale die Fähigkeit, Spannungen in der Richtung der Parallelkreise aufzunehmen. Bei gefalteten Häuten, näherungsweise auch bei Schalen mit gefalteter Wandung, kann man die Steifigkeit in dieser Richtung ganz vernachlässigen gegenüber der in meridionaler Richtung. Solche Häute bezeichnet man als einseitig gespannt. Es tritt die Frage auf, welche Form eine solche bereits gefaltete und nur mehr einseitig gespannte Haut oder Schale bei weiterer Steigerung des Innendruckes annimmt. Diese Frage ist nach dem Prinzip der virtuellen Verschiebung identisch mit der nach der Rotationsfläche, die bei fest gegebener Meridianlänge einen größten Inhalt umschließt. Bei einer einseitig gespannten Rotationsfläche muß längs eines von zwei Meridianen (Winkel $d\alpha$) abgegrenzten Streifens die im Breitenschnitt (Radius $r$) übertragene Meridianspannung $r T_1 d\alpha$ konstant sein, weil quer dazu keine Spannungen wirken und der Normaldruck keine Komponente in der Richtung der Meridiantangente liefert. Es ist also

$$r T_1 = \text{konst.}$$

Betrachtet man ferner das Gleichgewicht eines von zwei benachbarten Meridianen und zwei Parallelkreisen ausgeschnittenen Flächenstückes gegen eine Verschiebung in Richtung der Flächennormale, so ergibt sich, daß

$$T_1 = R_1 p$$

sein muß. Dies folgt natürlich mit $T_2 = 0$ sofort auch aus der Gleichung (1), Ziff. 62. Aus beiden Beziehungen zusammen ergibt sich dann

$$\frac{1}{R_1} = r \cdot \text{konst.} \tag{1}$$

Die gesuchte Fläche ist sonach dadurch ausgezeichnet, daß die Krümmung ihres Meridians an jeder Stelle proportional dem Abstand von einer festen Achse ist. Dies ist dieselbe Bedingung, die die elastischen Kurven charakterisiert. Das kreisförmige Doppelblatt nimmt z. B. beim Aufblasen eine Form an, die durch Rotation der rechtwinkligen Elastika (Abb. 30) um die Kraftachse entsteht. Daß von allen Kurven derselben Länge, die um eine feste Achse rotieren, die elastische Kurve diejenige ist, die den Körper größten Inhalts beschreibt, war schon EULER[1]) bekannt. Wie mittels aufgeblasener Häute Rotationsflächen, die die übrigen Formen der Elastika zum Meridian haben, erzeugt werden können, hat FINSTERWALDER[2]), der alle diese Fragen eingehend erörtert hat, beschrieben. Sind in einem Gebiet die Parallelkreise der ursprünglichen Fläche kleiner als die entsprechenden der durch Rotation der Elastika beschriebenen, so bleibt dieser Flächenteil allseitig gespannt und die ursprüngliche Form erhalten. Daran schließt sich dann erst das gefaltete Gebiet, dessen Meridianstück sich nach einer Elastika formt.

Ist die Form der ursprünglichen Fläche derart, daß an keiner Stelle Druckkräfte auftreten ($R_1 > \frac{1}{2} R_2$), also kein Knicken und keine Faltung eintritt, so wird sie durch inneren Überdruck zu einer Kugelfläche deformiert, vorausgesetzt, daß sie genügend dehnbar ist und durch die Dehnung die Gleichmäßigkeit der Dicke nicht zu sehr gestört wird.

---

[1]) L. EULER, Methodus inveniendi etc., Kap. 5, § 46.

[2]) S. FINSTERWALDER, Mechanische Beziehungen bei der Flächendeformation. Jahresber. d. Deutschen Mathematikervereinigung Bd. 6. 1899.

Kapitel 4.

# Elastokinetik.

Von

**F. Pfeiffer**, Stuttgart.

Mit 16 Abbildungen.

## I. Einleitung.

**1. Problemstellung.** Das vorliegende Kapitel bezweckt, eine Darstellung der Theorie der elastischen Schwingungen im Hinblick auf die in der Literatur behandelten speziellen Probleme zu geben, während wegen der allgemeinen Ausführungen über Aufstellung und Lösung der Bewegungsgleichungen elastischer Medien auf das vorangehende Kapitel 2 zu verweisen ist. Dementsprechend ist auch die Auswahl unter den Verfahren getroffen, die man zur Lösung elastischer Schwingungsprobleme kennt.

Für die Gliederung erscheint die Einteilung in einen ersten Hauptteil über die Ausbreitung fortschreitender Wellen in unendlich ausgedehnten elastischen Medien und einen zweiten Hauptteil über die ausgezeichneten Lösungen in begrenzten Systemen, also über stehende Schwingungen, am zweckmäßigsten.

Die Spezialprobleme, die in Frage kommen, sind: Die Ausbreitung von Wellen in allseitig unbegrenzten und in — auf spezielle Art — teilweise begrenzten elastischen Medien, dann die Schwingungen in den allseitig begrenzten elastischen Medien: Saite, Stab, Membran, Platte und Schale, Kugel und Zylinder.

In all diesen Fällen liegt gegenüber dem allgemeinen Hauptproblem[1]) der Bewegung eines begrenzten elastischen Körpers eine wesentliche Vereinfachung vor. Bei diesem Problem sind die Differentialgleichungen der elastischen Bewegung zu lösen, wenn entweder die Verrückungen an der Körperoberfläche oder die Drücke an der Oberfläche zu jeder Zeit $t$ vorgegeben und dabei jedesmal die Verrückungen und ihre zeitlichen Ableitungen für den ganzen Körper für $t = 0$ gegeben sind.

Die Vereinfachung besteht darin, daß beim allseitig unbegrenzten Medium die Randbedingungen wegfallen, beim teilweise begrenzten (z. B. Halbraum) sehr einfach werden, während für die aufgeführten allseitig begrenzten elastischen Körper infolge der speziellen gestaltlichen Verhältnisse sowohl die Differentialgleichungen der Bewegung als auch die Randbedingungen sich gegenüber dem allgemeinen Hauptproblem wesentlich vereinfachen[2]).

---

[1]) A. Korn, Münchener Ber. Bd. 36, S. 37—79. 1906; vgl. auch Kap. 2, Ziff. 46 ds. Bd. des Handb.

[2]) Es seien nur einige der wichtigsten Bücher über den Gegenstand dieses Kapitels genannt, insbesondere solche, die später mit abgekürzten Titeln oft zitiert werden: J. W. Strutt, Baron Rayleigh, Die Theorie des Schalles (deutsch von F. Neesen). Bd. I u. II. Braunschweig 1880. (Zitiert als „Rayleigh, Schall I bzw. II"); 2. Aufl.: The theory of sound, London

**2. Vorbemerkungen über die Lösungsverfahren.** Die Verfahren, die zur Lösung der Probleme im Abschnitt II dienen, werden in erster Linie Verfahren zur Behandlung der „Wellengleichung“ $\frac{\partial^2 \Phi}{\partial t^2} = c^2 \Delta \Phi$ sein, die hier nur soweit gebracht werden, als es sich nicht um ausgesprochen mathematische Fragestellungen, sondern um Anwendung auf die behandelten elastischen Spezialprobleme handelt.

Neben die RIEMANNsche Charakteristikenmethode und die Integralformeln von POISSON und KIRCHHOFF, die ein Gegenstück zu der Verwendung der GREENschen Funktion in der Potentialtheorie darstellen, tritt auch in diesem Teil schon (beim Halbraum, bei der unendlich ausgedehnten Platte und beim Zylinder) der Ansatz für die Lösung der Grundgleichungen der elastischen Bewegung in Form ausgezeichneter Partikularlösungen.

Der Abschnitt III wird fast durchweg beherrscht von der Superposition von Schwingungen aus Normalschwingungen, von der Lösung des zum Schwingungsproblem gehörigen Eigenwertproblems durch Eigenfunktionen. Dieses auf das Prinzip von D. BERNOULLI (über die Superposition von Partikularlösungen) zurückgehende, in der Elastizitätslehre insbesondere von CLEBSCH[1]) herangezogene Verfahren ist in der älteren mathematisch-physikalischen Literatur wohl am eingehendsten in „RAYLEIGH, Schall“[2]) und „POCKELS“ behandelt. Neuerdings hat es eine für den Physiker besonders ansprechende, die moderne Entwicklung voll berücksichtigende Darstellung in „COURANT-HILBERT I“ erfahren. Mit den Fortschritten in der Theorie der Integralgleichungen hat seit dem Erscheinen der zweiten Auflage des RAYLEIGHschen Werkes besonders die Frage nach der Existenz der Eigenwerte und Eigenfunktionen und nach der Entwickelbarkeit einer willkürlichen Funktion nach Eigenfunktionen eine mächtige Förderung erfahren, aber auch die Behandlung von Einzelproblemen mit Hilfe von Integralgleichungen ist geleistet. Neuerdings hat sich — ältere Ansätze weit ausgestaltend — von seiten der Variationsrechnung her ein neuer, sehr durchsichtiger Zugang zu den Eigenwertproblemen eröffnet und auch für die numerische Durchführung von Einzelproblemen haben die „direkten Methoden der Variationsrechnung“ sich schon als sehr brauchbar erwiesen (RITZsches Verfahren).

**3. Abgrenzung gegen Nachbargebiete.** Es bleibt die Abgrenzung des vorliegenden Kapitels gegen Nachbargebiete festzulegen. Wie schon betont, ist für das allgemeine Problem der elastischen Bewegung auf Kapitel 2 dieses Bandes

---

1894/96 (zitiert als „RAYLEIGH, Sound“); F. POCKELS, Über die partielle Differentialgleichung $\Delta u + k^2 u = 0$ und deren Auftreten in der mathematischen Physik. Leipzig 1891 (zitiert als „POCKELS“); W. VOIGT, Kompendium der theoretischen Physik. Bd. I. Leipzig 1895 (zitiert als „VOIGT, Kompendium“); Enzyklopädie der math. Wiss., Bd. IV/26, H. LAMB, Schwingungen elastischer Systeme, insbesondere Akustik. 1906 (zitiert als „Math. Enzyklop., LAMB“); A. E. H. LOVE, Lehrbuch der Elastizität (deutsch von A. TIMPE). Leipzig 1907 (zitiert als „LOVE-TIMPE“); H. LAMB, The dynamical theory of sound. London 1910; A. KALÄHNE, Grundzüge der mathematisch-physikalischen Akustik, 2. Teil. Leipzig 1913 (zitiert als „KALÄHNE II“); W. HORT, Technische Schwingungslehre, 2. Aufl. Berlin 1922 (zitiert als „HORT, Schwingungslehre“); R. COURANT u. D. HILBERT, Methoden der mathematischen Physik. Bd. I. Berlin 1924 (zitiert als „COURANT-HILBERT I“); PH. FRANK u. R. v. MISES, Die Differential- und Integralgleichungen der Mechanik und Physik (VII. Aufl. von RIEMANN-WEBERS: Partielle Differentialgleichungen der mathematischen Physik), Bd. I u. II. Braunschweig 1925/27 (zitiert als „RIEMANN-WEBER I bzw. II“); F. H. VAN DEN DUNGEN, Cours de Technique des Vibrations. Bd. I u. II. Bruxelles 1926 (zitiert als „VAN DEN DUNGEN I bzw. II“); Handb. der physikalischen und technischen Mechanik, herausgegeben von F. AUERBACH u. W. HORT. Bd. III. Leipzig 1927. Artikel: F. AUERBACH, Elastische Schwingungen und Wellen; A. G. WEBSTER, Partial differential equations of mathematical physics. New York 1927.

[1]) A. CLEBSCH, Theorie der Elastizität fester Körper, S. 62. 1862.

[2]) S. Literaturverzeichnis in Ziff. 1.

zu verweisen. Wellenbewegungen sind nur soweit, als sie speziell der Elastokinetik angehören, behandelt; für die rein kinematischen Verhältnisse der Wellenbewegung, für Anwendung in Optik und Akustik und auf die Kristallgitter ist auf die besonderen Artikel dieses Handbuches zu verweisen[1]). Besonders eng ist die Berührung des behandelten Gebietes mit den Gebieten: Akustik und Erdbebenwellen; alles was über die rein mechanischen Grundlagen, wie sie die Elastizitätslehre für die Akustik und die Theorie der Erdbebenwellen bisher liefert, hinausgeht, ist in den betreffenden speziellen Artikeln zu suchen, also insbesondere für die Erdbebenwellen in dem später folgenden Kapitel 8; gewisse Wiederholungen, die sich namentlich auf Schwingungen von Saiten, Stäben, Membranen und Platten beziehen[2]), sind aber mit Rücksicht auf die Geschlossenheit der Darstellung jedes Teilbandes dieses Handbuches absichtlich nicht vermieden. Die kritischen Zustände bei rotierenden Wellen und ebenso die experimentelle Seite der Schwingungsvorgänge sind in anderen Teilen dieses Handbuches behandelt[3]).

# II. Fortschreitende Wellen in unendlich ausgedehnten elastischen Medien.

## a) Unbegrenztes elastisches System.

**4. Wellen.** Für die Bewegung des unbegrenzten isotropen elastischen Mediums gelten die Grundgleichungen[4])

$$\varrho \frac{\partial^2 \mathfrak{u}}{\partial t^2} = \frac{mG}{m-2} \operatorname{grad} \operatorname{div} \mathfrak{u} + G \Delta \mathfrak{u}, \tag{1}$$

worin $\mathfrak{u}$ der Vektor der elastischen Verschiebung, $\varrho$ die Dichte, $G$ der Schubmodul und $m$ die POISSONsche Querkontraktionszahl sind.

Wegen

$$\Delta \mathfrak{u} = \operatorname{grad} \operatorname{div} \mathfrak{u} - \operatorname{rot} \operatorname{rot} \mathfrak{u}$$

läßt sich (1) auch schreiben:

$$\varrho \frac{\partial^2 \mathfrak{u}}{\partial t^2} = \frac{2(m-1)G}{m-2} \operatorname{grad} \operatorname{div} \mathfrak{u} - G \operatorname{rot} \operatorname{rot} \mathfrak{u}. \tag{1a}$$

Bestimmt man einen Skalar $\Psi$ aus

$$\varrho \frac{\partial^2 \Psi}{\partial t^2} = \frac{2(m-1)G}{m-2} \Delta \Psi$$

und einen Vektor $\mathfrak{q}$ aus

$$\varrho \frac{\partial^2 \mathfrak{q}}{\partial t^2} = G \Delta \mathfrak{q},$$

so ist[5]) wegen

$$\operatorname{div} \operatorname{grad} \varphi = \Delta \varphi, \quad \operatorname{div} \operatorname{rot} \mathfrak{A} = 0, \quad \operatorname{rot} \operatorname{grad} \varphi = 0$$

($\varphi$ Skalar, $\mathfrak{A}$ Vektor) der Vektor

$$\mathfrak{u} = \operatorname{grad} \Psi + \operatorname{rot} \mathfrak{q}$$

Lösung von (1a).

---

[1]) S. Bd. VIII u. XXIV ds. Handb.
[2]) S. Bd. VIII, Kap. 4 ds. Bd. des Handb.
[3]) S. Bd. V, Kap. 9 und Bd. VIII ds. Handb.
[4]) S. Kap. 2, Ziff. 15 ds. Bd. des Handb.
[5]) Zum Beispiel Lord KELVIN, Vorlesungen über Molekulardynamik usw., S. 34. Leipzig 1909.

Für den Spezialfall wirbelfreier Bewegung mit $\operatorname{rot}\mathfrak{u} = 0$ wird (1a):

$$\varrho \frac{\partial^2 \mathfrak{u}}{\partial t^2} = \frac{2(m-1)G}{m-2} \operatorname{grad}\operatorname{div}\mathfrak{u},$$

für den dilatationsfreier Bewegung mit $\operatorname{div}\mathfrak{u} = 0$ wird (1):

$$\varrho \frac{\partial^2 \mathfrak{u}}{\partial t^2} = G\Delta\mathfrak{u}.$$

Geht man zu den Koordinaten $u, v, w$, des Vektors $\mathfrak{u}$ und $U, V, W$ des Vektors $\mathfrak{q}$ über, so hat man für diese Koordinaten sowohl im allgemeinen Fall als in den Spezialfällen lauter Gleichungen von der Form der „Wellengleichung"

$$\frac{\partial^2 \Phi}{\partial t^2} = c^2 \Delta \Phi.$$

Spezielle wichtige Lösungen dieser Differentialgleichung sind diejenigen, welche „Wellenbewegungen" darstellen[1]). Lösungen der Form $\Phi(x, y, z, t) = R(x, y, z)\, T(t)$ führen auf „stehende Wellen", Lösungen der Form

$$\Phi(x, y, z, t) = P(x, y, z)\, Q(f(x, y, z) - ct)$$

auf „fortschreitende Wellen", unter denen die periodischen mit $Q = \frac{\sin}{\cos}(f(x, y, z) - ct)$ die wichtigsten sind. Die Flächen $f(x, y, z) = \text{konst.}$ heißen die „Wellenflächen" der fortschreitenden Bewegung.

Entsprechend den beiden obengenannten Spezialfällen der wirbelfreien und der dilatationsfreien Bewegung erhält man als Spezialfälle fortschreitender Wellen die (wirbelfreien) Dilatationswellen, für die $\operatorname{rot}\mathfrak{u} = 0$ ist und die sich mit der Geschwindigkeit $c_1 = \sqrt{\frac{2(m-1)G}{\varrho(m-2)}}$ fortpflanzen, und die (dilatationsfreien) Schiebungswellen, für die $\operatorname{div}\mathfrak{u} = 0$ ist und die sich mit der Geschwindigkeit $c_2 = \sqrt{\frac{G}{\varrho}}$ fortpflanzen. Nimmt man die POISSONsche Konstante $m = 4$, so pflanzt sich also die Dilatationswelle in einem allseitig unbegrenzten elastischen Medium $\sqrt{3}$ mal so schnell fort als die Schiebungswelle.

Ebene Wellen vom Typus $\mathfrak{u} = \mathfrak{A}Q(\mathfrak{a}\mathfrak{r} + ct)$, wo $\mathfrak{A}$ ein konstanter Vektor, $\mathfrak{a}$ der konstante Einheitsvektor in Richtung der Wellennormale, $\mathfrak{r}$ der Ortsvektor und $Q$ eine beliebige Funktion ist, sind entweder Dilatationswellen $\mathfrak{u}_1 = \mathfrak{A}_1 Q(\mathfrak{a}\mathfrak{r} + c_1 t)$, wobei $\varrho c_1^2 = \frac{2(m-1)G}{m-2}$ und $[\mathfrak{A}_1 \mathfrak{a}] = 0$ (daher auch Longitudinalwellen genannt), oder Schiebungswellen $\mathfrak{u}_2 = \mathfrak{A}_2 Q(\mathfrak{a}\mathfrak{r} + c_2 t)$, wobei $\varrho c_2^2 = G$ und $\mathfrak{A}_2 \mathfrak{a} = 0$ (daher auch als Transversalwellen bezeichnet). $\mathfrak{u}_1$ und $\mathfrak{u}_2$ genügen für sich den Gleichungen

$$\varrho \frac{\partial^2 \mathfrak{u}_1}{\partial t^2} = \frac{2(m-1)G}{m-2} \operatorname{grad}\operatorname{div}\mathfrak{u}_1,$$

$$\varrho \frac{\partial^2 \mathfrak{u}_2}{\partial t^2} = -G \operatorname{rot}\operatorname{rot}\mathfrak{u}_2$$

und geben durch Überlagerung eine die Gleichung (1a) befriedigende ebene Welle[2]) $\mathfrak{u} = \mathfrak{u}_1 + \mathfrak{u}_2$.

Ein weiterer wichtiger Spezialfall sind die Kugelwellen in unbegrenzten elastischen Medien. Bei ihnen sind $\Psi, U, V, W$ nur Funktionen des Abstandes $r$ des betrachteten Punktes vom Koordinatenanfangspunkt. Sie genügen alle vier Gleichungen der Form

$$\frac{\partial^2 (r\Phi)}{\partial t^2} = c^2 \frac{\partial^2 (r\Phi)}{\partial r^2}.$$

---

[1]) „VOIGT, Kompendium", S. 348.

[2]) A. BRILL, Vorlesungen zur Einführung in die Mechanik raumerfüllender Massen. S. 158ff. Leipzig 1909 u. „LOVE-TIMPE", S. 341.

Die elastische Verschiebung u in einem Punkt entsteht durch Überlagerung einer (longitudinalen) Dilatationswelle mit radialen Verrückungen und einer (transversalen) Schiebungswelle, deren Verrückungen normal zu $r$ sind und so, daß die Verrückungen in den Punkten einer Kugel um den Anfangspunkt in jedem Moment eine Drehung der Kugel um eine diesem Moment entsprechende Achse ergeben[1][2].

**5. Ausbreitung einer Unstetigkeitsfläche.** Für die Ausbreitung einer Unstetigkeitsfläche $S$, welche einen Teil eines elastischen Mediums begrenzt, dem eine kleine Störung $u, v, w$ erteilt ist, gelten die kinematischen Bedingungen[3])

$$\frac{1}{n_x}\frac{\partial u}{\partial x} = \frac{1}{n_y}\frac{\partial u}{\partial y} = \frac{1}{n_z}\frac{\partial u}{\partial z} = -\frac{1}{c}\frac{\partial u}{\partial t}$$

und analoge für $v$ und $w$, und die kinetischen

$$\varrho c \frac{\partial u}{\partial t} = -X_\nu$$

und ebenfalls analoge für $v$ und $w$ längs der Oberfläche $S$, wobei $n_x, n_y, n_z$ die Richtungskosinus der Normalen $\nu$ zu $S$, $X_\nu, Y_\nu, Z_\nu$ die Spannungskomponenten in einem Oberflächenpunkt auf $S$, $c$ die Fortschreitungsgeschwindigkeit der Unstetigkeitsfläche normal zu sich selbst bedeuten. Die kinematischen Bedingungen sagen aus, daß einerseits die substantielle Änderung[4]) der Verschiebung in jedem Punkt der Grenzfläche $S$, die dem jeweiligen Umfang der Störung zukommt, verschwindet, und daß andererseits keine Komponente der Verschiebung tangential zur Grenzfläche $S$ vorhanden ist, die kinetischen regeln den Impulstransport vom gestörten durch $S$ hindurch in das ungestörte Medium hinein.

Für ein isotropes Medium führen diese Bedingungen für die Geschwindigkeit $c$ zur Forderung[5])

$$\left(\frac{2(m-1)G}{m-2} - \varrho c^2\right)(G - \varrho c^2)^2 = 0\,. \tag{1}$$

Die Unstetigkeitsfläche schreitet also mit einer Geschwindigkeit fort, die entweder $\sqrt{\frac{2(m-1)G}{\varrho(m-2)}}$ oder $\sqrt{\frac{G}{\varrho}}$ beträgt; bei rotationsloser Störung scheidet $c = \sqrt{\frac{G}{\varrho}}$ aus, bei dilatationsfreier Störung $c = \sqrt{\frac{2(m-1)G}{\varrho(m-2)}}$.

Für äolotrope (anisotrope) Medien gibt es drei reelle Wellengeschwindigkeiten, die einer Wellenfortpflanzungsrichtung $n_x, n_y, n_z$ entsprechen. Man kann hier durch die Substitution

$$\begin{aligned}
\varepsilon_x &= -\frac{1}{c} n_x \frac{\partial u}{\partial t}, & \gamma_{yz} &= -\frac{1}{c}\left(n_y \frac{\partial w}{\partial t} + n_z \frac{\partial v}{\partial t}\right),\\
\varepsilon_y &= -\frac{1}{c} n_y \frac{\partial v}{\partial t}, & \gamma_{zx} &= -\frac{1}{c}\left(n_z \frac{\partial u}{\partial t} + n_x \frac{\partial w}{\partial t}\right),\\
\varepsilon_z &= -\frac{1}{c} n_z \frac{\partial w}{\partial t}, & \gamma_{xy} &= -\frac{1}{c}\left(n_x \frac{\partial v}{\partial t} + n_y \frac{\partial u}{\partial t}\right),
\end{aligned}$$

---

1) „VOIGT, Kompendium", S. 389.

2) Ausführlichere Behandlung von Kugelwellen s. auch Lord KELVIN, Molekulardynamik usw., 14. Vorlesung. Leipzig 1909.

3) „LOVE-TIMPE", S. 342.

4) Vgl. Bd. VII, Kap. 1, Ziff. 8 ds. Handb.

5) „LOVE-TIMPE", S. 344.

(vgl. die kinematischen Gleichungen oben) die Formänderungsenergiefunktion[1]) $A(\varepsilon_x, \ldots \gamma_{yz}, \ldots)$ in eine homogene quadratische Form $\Pi$ der Größen $\xi = \frac{1}{c}\frac{\partial u}{\partial t}$, $\eta = \frac{1}{c}\frac{\partial v}{\partial t}$, $\zeta = \frac{1}{c}\frac{\partial w}{\partial t}$ überführen:

$$\Pi = \tfrac{1}{2}[\lambda_{11}\xi^2 + \lambda_{22}\eta^2 + \cdots],$$

wo die $\lambda_{ik}$ sich in den elastischen Konstanten und $n_x, n_y, n_z$ ausdrücken, wie CHRISTOFFEL[2]) angegeben hat, und erhält dann drei reelle Werte $c$ aus der Determinante

$$\begin{vmatrix} \lambda_{11} - \varrho c^2 & \lambda_{12} & \lambda_{13} \\ \lambda_{21} & \lambda_{22} - \varrho c^2 & \lambda_{23} \\ \lambda_{31} & \lambda_{32} & \lambda_{33} - \varrho c^2 \end{vmatrix} = 0. \tag{2}$$

Beschränkt sich die ursprüngliche Störung auf die unmittelbare Umgebung des Anfangspunktes, so gibt die Enveloppe der Ebenen $n_x x + n_y y + n_z z = c$, wo $c$ die Wellenfortpflanzungsgeschwindigkeit in der Richtung $n_x, n_y, n_z$ ist, die Begrenzung des nach Verlauf der Zeiteinheit von der Störung ergriffenen Teiles des Mediums: die „Wellenfläche". Im Fall der Äolotropie ist $c$ von $n_x, n_y, n_z$ abhängig; die Wellenfläche setzt sich aus drei Schalen zusammen, die den drei Werten von $c$ in (2) entsprechen. Für ein isotropes Medium ist $c$ von $n_x, n_y, n_z$ unabhängig und durch Gleichung (1) gegeben; zwei der drei Schalen fallen zusammen und alle Schalen sind hier konzentrische Kugeln[3])[4]).

**6. POISSONsche und KIRCHHOFFsche Lösung der Wellengleichung.** Die Frage der Ausbreitung einer wirbelfreien Welle oder einer dilatationsfreien Welle kommt auf die Integration der charakteristischen Gleichung

$$\frac{\partial^2 \Phi}{\partial t^2} = c^2 \Delta \Phi \tag{1}$$

hinaus. Die Bestimmung der Lösung $\Phi(x_0, y_0, z_0, t)$ dieser Gleichung, welche für irgendeine Stelle $P(x_0, y_0, z_0)$ und für irgendeine Zeit $t$ den Wert von $\Phi$ gibt, wenn die Anfangswerte $\Phi_0$ und $\left(\frac{\partial \Phi}{\partial t}\right)_0$ von $\Phi$ und $\frac{\partial \Phi}{\partial t}$ für $t = 0$ gegeben sind, hat zuerst POISSON[5]) geleistet.

Bezeichnet man den Mittelwert der Werte, die eine der Gleichung (1) genügende Funktion auf einer Kugel vom Radius $r$ um einen Punkt des Mediums annimmt, mit $\Omega$, so daß also

$$\frac{1}{4\pi r^2}\iint\limits_{(O)} \Phi\, do = \Omega,$$

wo das Integral über die Kugeloberfläche $O$ erstreckt ist, so gilt für $r\Omega$ die einfachere Gleichung[6])

$$\frac{\partial^2 (r\Omega)}{\partial t^2} = c^2 \frac{\partial^2 (r\Omega)}{\partial r^2}. \tag{2}$$

Gegeben sind mit den Werten $\Phi_0$ und $\left(\frac{\partial \Phi}{\partial t}\right)_0$ die Werte $\Omega_0$ und $\left(\frac{\partial \Omega}{\partial t}\right)_0$ von $\Omega(r, t)$ und $\frac{\partial \Omega(r, t)}{\partial t}$ für $t = 0$. Durch die Transformation

$$\xi = \frac{r + ct}{\sqrt{2}}, \qquad \eta = \frac{r - ct}{\sqrt{2}}$$

---

[1]) S. Kap. 2, Ziff. 16 ds. Bd. des Handb.

[2]) E. B. CHRISTOFFEL, Ann. di Mat. (2) Bd. 8. 1877.

[3]) Vgl. die Darstellung bei „LOVE-TIMPE", S. 346, wo auch Literatur angegeben ist.

[4]) S. auch N. SEN, Bull. of the Calcutta Math. Soc. Bd. 16, S. 9. 1925.

[5]) Siehe D. POISSON, Mém. de l'Institut, Paris. Bd. 3. 1820.

[6]) W. VOIGT, Elementare Mechanik usw., S. 561. Leipzig 1901.

geht die Gleichung (2) über in

$$\frac{\partial^2 (r\Omega)}{\partial\xi\,\partial\eta} = 0\,.$$

Durch Integration dieser Gleichung längs der Parallelen $qq'$ zur $\eta$-Achse (Abb. 1) und Einführung von $\Omega$ erhält man die POISSONsche Formel[1])

$$4\pi\,\Phi_{(P,t)} = \frac{\partial}{\partial t}\left\{t\iint \Phi_0\,do\right\} + t\iint\left(\frac{\partial\Phi}{\partial t}\right)_0 do\,,$$

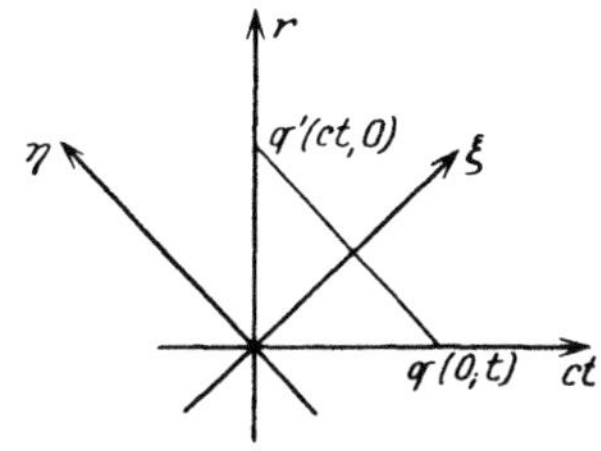

Abb. 1.

wo die Integrale über die Oberfläche einer Kugel vom Radius $ct$ um $P$ erstreckt sind. Sie läßt den Wert von $\Phi$ an einer Stelle $P$ zur Zeit $t$ bestimmen aus den Mittelwerten von $\Phi$ und $\frac{\partial\Phi}{\partial t}$ für $t = 0$ auf einer Kugel vom Radius $ct$ um $P$.

KIRCHHOFF[2]) hat die Lösung der Wellengleichung in noch allgemeinerer Form gegeben.

Beschreibt man um die Stelle $P(x_0, y_0, z_0)$ herum eine beliebige geschlossene Fläche $S$ und bedeuten $[\Phi]$, $\left[\frac{\partial\Phi}{\partial n}\right]$ und $\left[\frac{\partial\Phi}{\partial t}\right]$ die Werte von $\Phi$, $\frac{\partial\Phi}{\partial n}$ und $\frac{\partial\Phi}{\partial t}$ in einem beliebigen Punkt dieser Fläche, dessen Entfernung von $P$ gleich $r$ ist, zur Zeit $t - \frac{r}{c}$, so ist der Wert $\Phi$ im Punkt $P$ zur Zeit $t$ gegeben durch

$$4\pi\,\Phi_{(P,t)} = \iint\left\{[\Phi]\frac{\partial\frac{1}{r}}{\partial n} - \frac{1}{r}\left[\frac{\partial\Phi}{\partial n}\right] - \frac{1}{cr}\frac{\partial r}{\partial n}\left[\frac{\partial\Phi}{\partial t}\right]\right\}do\,,$$

wo das Integral über die Fläche $S$ erstreckt ist und $n$ die Richtung der Normalen von $S$ bedeutet nach der Seite hin, wo $P$ liegt. KIRCHHOFF verwendet eine Hilfsfunktion, die sich im Resultat heraushebt, zur Ableitung dieser Formel. Man kann sie aber auch bekommen[3]), indem man in die aus der GREENschen Formel[4]) hervorgehende Gleichung

$$4\pi V(x_0, y_0, z_0) = \iint\left(V\frac{\partial\frac{1}{r}}{\partial n} - \frac{1}{r}\frac{\partial V}{\partial n}\right)do - \iiint\frac{1}{r}\Delta V\,d\tau\,,$$

wo

$$r = \sqrt{(x-x_0)^2 + (y-y_0)^2 + (z-z_0)^2}$$

ist,

$$V(x, y, z) = \Phi\left(x, y, z, t - \frac{r}{c}\right)$$

einführt und das letzte Raumintegral in ein Oberflächenintegral umformt. Man kann sagen: Die Störung in $P$ kann als Superposition von Störungen angesehen werden, welche von den Punkten der Fläche $S$ aus sich mit der Wellenfortpflanzungsgeschwindigkeit ausbreitend den Punkt $P$ zur Zeit $t$ erreichen. Insofern stellt die KIRCHHOFFsche Formel eine mathematische Formulierung des FRESNEL-HUYGHENSschen Prinzips vor, wonach die Störung in $P$ durch Superposition der von den Punkten von $S$ ausgehenden Elementarwellen entsteht.

Die KIRCHHOFFsche Formel schließt die POISSONsche in sich[5]). Man kann die KIRCHHOFFsche Formel auch schreiben[6])

$$4\pi\,\Phi_{(P,t)} = \iint\left\{\frac{\partial}{\partial n}\left(\frac{[\Phi]}{r}\right) - \frac{1}{r}\left[\frac{\partial\Phi}{\partial n}\right]\right\}do\,;$$

1) W. VOIGT, Elementare Mechanik usw., S. 566. Leipzig 1901.
2) G. KIRCHHOFF, Ann. d. Phys. Bd. 18, S. 666—669. 1883.
3) A. GUTZMER, Crelle Journ. Bd. 114, S. 333. 1895.
4) A. WANGERIN, Theorie des Potentials und der Kugelfunktionen. Bd. I, S. 98. Leipzig 1909.
5) A. E. H. LOVE, Proc. Math. Soc. London (2) Bd. 1, S. 37—62. 1903/04.
6) „LOVE-TIMPE“, S. 351.

sie gibt so eine Aussage über Eigenschaften von Oberflächenverteilungen von Quellen und Doppelquellen[1]).

Die POISSONsche und die KIRCHHOFFsche Formel sind Gegenstand vieler Untersuchungen und Verallgemeinerungen geworden[2]).

**7. Allgemeiner Fall; Vorhandensein von Massenkräften.** Für den allgemeinen Fall, daß die Anfangsstörung weder wirbelfrei noch dilatationsfrei ist, sind die nun viel komplizierter werdenden Formeln für die Verschiebung $u, v, w$ zur Zeit $t$ aufgestellt[3]). Sind hier die Geschwindigkeit der wirbelfreien und die der dilatationsfreien Welle mit $c_1$ bzw. $c_2$ bezeichnet, ist (Abb. 2) $T$ der Bereich der Anfangsstörung, $S_1$ eine Kugel vom Radius $c_1 t$ um $P$ und $S_2$ eine konzentrische Kugel vom Radius $c_2 t$, so treten in den Ausdrücken für die Verschiebungen in $P$ zur Zeit $t$ Oberflächenintegrale, erstreckt über die in $T$ liegenden Oberflächenstücke von $S_1$ und $S_2$, und ein Raumintegral, erstreckt über das innerhalb $T$ und zwischen den beiden Kugeln $S_1$ und $S_2$ liegende Raumstück $V$ auf. Bedeuten $r_1$ und $r_2$ den größten und kleinsten Abstand eines Punktes $P$ des Mediums von der Oberfläche $T$, so beginnt die Bewegung in $P$ im Augenblick $t = \frac{r_2}{c_1}$ und die wirbelfreie Welle endigt dort zur Zeit $t = \frac{r_1}{c_1}$; die Schiebungswelle kommt im Augenblick $t = \frac{r_2}{c_2}$ in $P$ an und endigt für $t = \frac{r_1}{c_2}$. Es kann vorkommen, daß die wirbelfreie Welle endigt, bevor die Schiebungswelle ankommt; beide können sich aber auch zeitweise zu einer komplizierteren Bewegung überlagern.

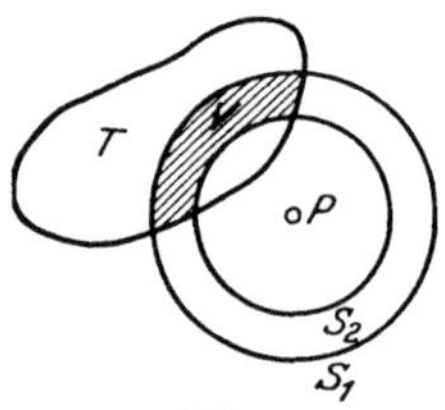

Abb. 2.

Wirken Massenkräfte $\mathfrak{P}$ in einem endlichen Raumstück $T$ auf das elastische Medium, so kann man nach allgemeinen Regeln der Potentialtheorie setzen[4])

$$\mathfrak{P} = \operatorname{grad} \Pi + \operatorname{rot} \mathfrak{R},$$

wo

$$\Pi = -\frac{1}{4\pi}\iiint \mathfrak{P} \operatorname{grad}\left(\frac{1}{r}\right) d\tau \qquad \text{und} \qquad \mathfrak{R} = -\frac{1}{4\pi}\iiint \left[\mathfrak{P} \operatorname{grad}\left(\frac{1}{r}\right)\right] d\tau,$$

worin die Integration über $T$ zu erstrecken ist und $r$ der Abstand des Elementes $d\tau$ von dem Punkt, in dem $\Pi$ bzw. $\mathfrak{R}$ berechnet werden soll, ist.

Dann wird die Bewegungsgleichung für das Medium:

$$\varrho \frac{\partial^2 \mathfrak{u}}{\partial t^2} = \frac{2(m-1)G}{m-2} \operatorname{grad} \operatorname{div} \mathfrak{u} - G \operatorname{rot} \operatorname{rot} \mathfrak{u} + \operatorname{grad} \Pi + \operatorname{rot} \mathfrak{R}. \tag{1}$$

Ist

$$\varrho \frac{\partial^2 \Psi}{\partial t^2} = \frac{2(m-1)G}{m-2} \Delta \Psi + \Pi \tag{2}$$

und

$$\varrho \frac{\partial^2 \mathfrak{q}}{\partial t^2} = G \Delta \mathfrak{q} + \mathfrak{R} \tag{3}$$

mit

$$\operatorname{div} \mathfrak{q} = 0,$$

so ist

$$\mathfrak{u} = \operatorname{grad} \Psi + \operatorname{rot} \mathfrak{q}$$

Lösung von (1).

---

[1]) J. LARMOR, Proc. Math. Soc. London (2) Bd. 1, S. 1–13. 1903/04.

[2]) Enzykl. d. math. Wiss., Bd. IV/24, TEDONE Nr. 16a–c.

[3]) S. z. B. „LOVE-TIMPE" S. 352.

[4]) „LOVE-TIMPE" S. 217.

Partikuläre Lösungen von (2) bzw. (3) lassen sich [ausgehend von der POISSONschen Formel[1])] in der Form schreiben

$$\Psi = \frac{1}{4\pi c_1^2}\iiint \frac{1}{r}\,\Pi\left(t - \frac{r}{c_1}\right) d\tau\,, \qquad \mathfrak{q} = \frac{1}{4\pi c_2^2}\iiint \frac{1}{r}\,\mathfrak{R}\left(t - \frac{r}{c_2}\right) d\tau\,,$$

wo $c_1 = \sqrt{\frac{2(m-1)G}{\varrho(m-2)}}$, $c_2 = \sqrt{\frac{G}{\varrho}}$ ist, die Raumintegrale über $T$ zu erstrecken sind, $r$ die Entfernung einer Stelle $Q$ in $T$ von dem Punkt ist, in dem $\Psi$ bzw. $\mathfrak{q}$ berechnet werden sollen, und $\Pi\left(t - \frac{r}{c_1}\right)$ bzw. $\mathfrak{R}\left(t - \frac{r}{c_2}\right)$ die Werte von $\Pi$ bzw. $\mathfrak{R}$ in $Q$ zur Zeit $t - \frac{r}{c_1}$ bzw. $t - \frac{r}{c_2}$ sind.

Der Fall der Einzelkraft von der Größe $X(t)$, die im Ursprung in der Richtung der $x$-Achse wirkt, ist von LOVE bis zur Aufstellung der Formel für $\mathfrak{u}$ durchgeführt[2]); der Spezialfall der konstanten Kraft, die im Moment $t = 0$ zu wirken beginnt, proportional der Zeit von Null bis zu einem gewissen Betrag anwächst und diesen dann beibehält, ist mit Berechnung und graphischer Darstellung der zugehörigen Verschiebungen von LOVE[3]) behandelt.

## b) Elastische Oberflächenwellen (Halbraum).

**8. RAYLEIGHwellen.** Lord RAYLEIGH[4]) hat die Frage nach Wellen, die sich längs der Oberfläche $z = 0$ eines elastischen isotropen Halbraumes ausbreiten und nur in geringe Tiefe senkrecht zur Ebene $z = 0$ reichen, behandelt mit dem Ansatz

$$\mathfrak{u} = \mathfrak{u}_2(z)\, e^{i(fx+gy+pt)} \tag{1}$$

für den Verschiebungsvektor an der Stelle $x, y, z$ des Mediums zur Zeit $t$ ($f, g, p$ sind Konstante). Geht man zunächst mit

$$\mathfrak{u} = \mathfrak{u}_1(x, y, z)\, e^{ipt} \tag{1a}$$

in die Grundgleichung

$$\varrho \frac{\partial^2 \mathfrak{u}}{\partial t^2} = \frac{mG}{m-2} \operatorname{grad} \operatorname{div} \mathfrak{u} + G\Delta \mathfrak{u} \tag{2}$$

ein, so wird mit den Abkürzungen

$$\frac{p^2\varrho(m-2)}{2(m-1)G} = h^2\,, \quad \frac{p^2\varrho}{G} = k^2, \quad \operatorname{div} \mathfrak{u}_1 = \Theta_1$$

die Differentialgleichung für $\mathfrak{u}_1$:

$$(\Delta + k^2)\,\mathfrak{u}_1 = \left(1 - \frac{k^2}{h^2}\right) \operatorname{grad} \Theta_1\,. \tag{3}$$

Durch Divergenzbildung ergibt sich hieraus die Differentialgleichung für $\Theta_1$:

$$(\Delta + h^2)\,\Theta_1 = 0\,. \tag{4}$$

Hat man eine Lösung $\Theta_1$ dieser Gleichung, so ist

$$\mathfrak{u}_1' = -\frac{1}{h^2} \operatorname{grad} \Theta_1 \tag{4a}$$

eine partikuläre Lösung von (3), und wenn $\mathfrak{u}_1''$ Lösung von

$$(\Delta + k^2)\,\mathfrak{u}_1'' = 0 \tag{5}$$

zusammen mit

$$\operatorname{div} \mathfrak{u}_1'' = 0 \tag{6}$$

ist, so ist

$$\mathfrak{u}_1 = \mathfrak{u}_1' + \mathfrak{u}_1'' \tag{6a}$$

Lösung von (3).

---

[1]) „Lord RAYLEIGH, Schall II", § 276.
[2]) „LOVE-TIMPE", S. 353; vgl. auch Kap. 2, Ziff. 45, ds. Bd. des Handb.
[3]) A. E. H. LOVE, Proc. Math. Soc. London (2) Bd. 1, S. 291–344. 1903/04.
[4]) Lord RAYLEIGH, Proc. Math. Soc. London Bd. 17, S. 4–11. 1885.

Mit $\mathfrak{u}_1(x, y, z) = \mathfrak{u}_2(z) e^{i(fx+gy)}$, entsprechend dem Ansatz (1), wird

$$\Theta_1 = F(z) e^{i(fx+gy)}.$$

Hier ist wegen (4)

$$F(z) = P e^{-rz} + Q e^{rz},$$

worin $r = \sqrt{f^2 + g^2 - h^2}$ reell vorausgesetzt ist und $P$ und $Q$ Konstante sind, von denen $Q$ mit Rücksicht darauf, daß die Dilatation sich auch nur auf geringe Tiefen $z$ erstrecken soll, Null sein muß. Wegen (4a) ist

$$\mathfrak{u}_1' = \mathfrak{A} e^{-rz} e^{i(fx+gy)}, \tag{4b}$$

wo der Vektor $\mathfrak{A}$ die Koordinaten $-if\frac{P}{h^2}$, $-ig\frac{P}{h^2}$, $r\frac{P}{h^2}$ hat. Der Ansatz

$$\mathfrak{u}_1'' = \mathfrak{u}_2''(z) e^{i(fx+gy)}$$

gibt wegen (5)

$$\mathfrak{u}_1'' = \mathfrak{B} e^{-sz},$$

wo $s = \sqrt{f^2 + g^2 - k^2}$ ist, während wegen (6) die Koordinaten $B_i$ des Vektors $\mathfrak{B}$ die Relation

$$ifB_1 + igB_2 - sB_3 = 0 \tag{7}$$

erfüllen müssen.

Die Bedingung, daß an der Oberfläche $z = 0$ die Tangential- und Normalspannung Null sein muß, liefert drei Gleichungen für $B_1, B_2, B_3$ [1]), die zusammen mit (7):

$$\mathfrak{u} = \frac{P}{h^2}\left\{\mathfrak{A}_1 e^{-rz} + \mathfrak{B}_1 \frac{r}{f^2+g^2+s^2} e^{-sz}\right\} e^{i(fx+gy+pt)}$$

und die Frequenzengleichung

$$k'^8 - 8k'^6 + 24k'^4 - 16(1 + h'^2)k'^2 + 16h'^2 = 0 \tag{8}$$

geben.

In $\mathfrak{u}$ hat der Vektor $\mathfrak{A}_1$ die Koordinaten $-if$, $-ig$, $r$, der Vektor $\mathfrak{B}_1$ die Koordinaten $ifs, igs, -(f^2 + g^2)$; in (8) ist $k'^2 = \frac{k^2}{f^2+g^2}$, $h'^2 = \frac{h^2}{f^2+g^2}$.

Wegen $\frac{k'^2}{h'^2} = \frac{2(m-1)}{m-2}$ ist (8) eine Gleichung für $k'^2$ und also für $\frac{p^2}{f^2+g^2}$.

Dem Wert $m = 4$ der POISSONschen Konstanten [2]), also $h'^2 = \frac{k'^2}{3}$ entspricht die hier allein brauchbare der drei reellen Wurzeln von (8): $k'^2 = 0{,}8453$ und dieser (durch Beibehaltung nur des reellen Teiles von $\mathfrak{u}$) eine fortschreitende Welle $\mathfrak{u}$ mit den Koordinaten

$$u = \frac{P}{h^2} f(-e^{-rz} + 0{,}5773\, e^{-sz}) \sin(fx + gy + pt),$$

$$v = \frac{P}{h^2} g(-e^{-rz} + 0{,}5773\, e^{-sz}) \sin(fx + gy + pt),$$

$$w = \frac{P}{h^2} 0{,}8475 \sqrt{f^2+g^2}\,(e^{-rz} - 1{,}7320\, e^{-sz}) \cos(fx + gy + pt)$$

mit

$$r = 0{,}8475 \sqrt{f^2+g^2}, \qquad s = 0{,}3933 \sqrt{f^2+g^2},$$

deren Fortpflanzungsgeschwindigkeit

$$\frac{p}{\sqrt{f^2+g^2}} = 0{,}9194 \sqrt{\frac{G}{\varrho}},$$

---

[1]) „LOVE-TIMPE", S. 357. [2]) Andere Fälle s. Anm. 4 von S. 317.

also wenig kleiner als die Geschwindigkeit ist, mit der sich dilatationsfreie Wellen im unbegrenzten Medium ausbreiten. Die Schwingungen erfolgen in Vertikalebenen (parallel der $z$-Achse), die parallel zur Fortschreitungsrichtung der Welle sind[1]).

Berücksichtigung der Schwere im Medium[2]) ändert die von Lord RAYLEIGH erhaltenen Resultate für Werte der Konstanten, wie sie bei der Anwendung auf Erdbebenwellen vorkommen, nicht wesentlich.

Die allgemeinere Frage der Wellen an der Grenzfläche zweier Medien hat STONELEY[3]) untersucht.

**9. Erzwungene Wellen.** Die eben wiedergegebene Behandlung eines speziellen Typs von Oberflächenwellen durch Lord RAYLEIGH hat gezeigt, daß eine freie Oberfläche eine Beeinflussung der Resultate erzielen wird, die für die Wellenfortpflanzung in einem unbegrenzten Medium gelten. LAMB[4]) hat eine weitere Annäherung an die (insbesondere bei der Anwendung auf Erdbebenwellen) tatsächlich vorliegenden Verhältnisse erzielt durch die Behandlung erzwungener Wellen bei einer freien Oberfläche. Insbesondere ist eingehend der Fall behandelt, daß in Richtung senkrecht zu der das Medium begrenzenden Ebene eine in einem Punkt dieser Ebene konzentrierte Kraft wirkt.

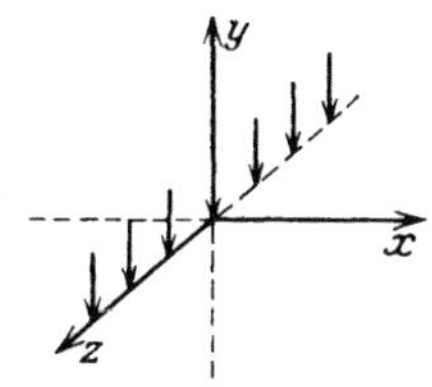

Abb. 3. Die $xz$-Ebene ist die Oberfläche. (Ebenes Problem.)

Für das ebene Problem (mit gleichen Verhältnissen in Ebenen parallel der $xy$-Ebene und mit in den Punkten der $z$-Achse konzentrierter Kraft parallel der $y$-Achse, Abb. 3) läßt sich die Differentialgleichung

$$\varrho \frac{\partial^2 \mathfrak{u}}{\partial t^2} = \frac{mG}{m-2} \operatorname{grad} \operatorname{div} \mathfrak{u} + G \Delta \mathfrak{u} \tag{1}$$

für den Verschiebungsvektor $\mathfrak{u}$ durch den Ansatz

$$u = \frac{\partial \Phi}{\partial x} + \frac{\partial \Psi}{\partial y}, \qquad v = \frac{\partial \Phi}{\partial y} - \frac{\partial \Psi}{\partial x} \tag{2}$$

für die Koordinaten $u$, $v$ von $\mathfrak{u}$ lösen. Dabei genügen $\Phi$ und $\Psi$ den Gleichungen

$$\frac{\partial^2 \Phi}{\partial t^2} = \frac{2(m-1)G}{\varrho(m-2)} \Delta \Phi, \qquad \frac{\partial^2 \Psi}{\partial t^2} = \frac{G}{\varrho} \Delta \Psi,$$

die im Fall einfach harmonischer Bewegung mit dem Zeitfaktor $e^{ipt}$ und mit den Abkürzungen

$$h^2 = \frac{p^2 \varrho (m-2)}{2(m-1)G}, \qquad k^2 = \frac{p^2 \varrho}{G}$$

übergehen in

$$(\Delta + h^2)\Phi = 0, \qquad (\Delta + k^2)\Psi = 0.$$

Für die Spannungskomponenten $\sigma_x$, $\sigma_y$ und $\tau_{xy}$ ergeben die allgemeinen Relationen[5]) wegen (2)

$$\left.\begin{aligned} \sigma_x &= G\left\{-k^2\Phi - 2\frac{\partial^2 \Phi}{\partial y^2} + 2\frac{\partial^2 \Psi}{\partial x \partial y}\right\}, \\ \sigma_y &= G\left\{-k^2\Phi - 2\frac{\partial^2 \Phi}{\partial x^2} - 2\frac{\partial^2 \Psi}{\partial x \partial y}\right\}, \\ \tau_{xy} &= G\left\{2\frac{\partial^2 \Phi}{\partial x \partial y} - k^2\Psi - 2\frac{\partial^2 \Psi}{\partial x^2}\right\}. \end{aligned}\right\} \tag{3}$$

---

[1]) Allgemeinere Definition der Rayleighwelle s. C. SOMIGLIANA, Atti di Torino Bd. 53, S. 618–628. 1917/18; man vgl. zu dem Gegenstand auch L. DE MARCHI, Rom. Accad. Linc. Rend. (5) Bd. 25, 1, S. 309–316. 1916.

[2]) T. J. I'A. BROMWICH, Proc. Math. Soc. London Bd. 30. 1899.

[3]) R. STONELEY, Proc. Roy. Soc. London (A) Bd. 106, S. 416–428. 1924.

[4]) H. LAMB, Phil. Trans. (A) Bd. 203, S. 1–42. 1904.

[5]) S. Kap. 2, Ziff. 11, Gleichungen (14) ds. Bd. des Handb.

Für die periodische Normalkraft längs der Oberfläche $\sigma_y = Y e^{i\xi x} e^{ipt}$ wird in dem Ansatz

$$\Phi = A e^{-\alpha y} e^{i\xi x}, \qquad \Psi = B e^{-\beta y} e^{i\xi x},$$

wo $\xi$ reell, $\alpha$ und $\beta$ positiv sind,

$$A = \frac{2\xi^2 - k^2}{(2\xi^2 - k^2)^2 - 4\xi^2\alpha\beta}\,\frac{Y}{G}, \qquad B = \frac{2i\xi\alpha}{(2\xi^2 - k^2)^2 - 4\xi^2\alpha\beta}\,\frac{Y}{G}.$$

Der Übergang zu einer auf die Punkte $x = 0$ der Oberfläche parallel zur $y$-Achse wirkenden Kraft $Q$ wird ausgeführt dadurch, daß man $Y = -Q\,\frac{d\xi}{2\pi}$ setzt und unter Heranziehung des FOURIERschen Integralsatzes von $-\infty$ bis $+\infty$ integriert, und liefert für die Komponenten $u, v$ in der Oberfläche des Mediums

$$u_0 = -\frac{iQ}{2\pi G}\int\limits_{-\infty}^{+\infty}\frac{\xi(2\xi^2 - k^2 - 2\alpha\beta)\,e^{i\xi x}\,d\xi}{(2\xi^2 - k^2)^2 - 4\xi^2\alpha\beta}, \qquad v_0 = -\frac{Q}{2\pi G}\int\limits_{-\infty}^{+\infty}\frac{k^2\alpha\,e^{i\xi x}\,d\xi}{(2\xi^2 - k^2)^2 - 4\xi^2\alpha\beta}. \tag{4}$$

Die Hauptarbeit ist die Interpretation der bestimmten Integrale; sie erfolgt mit Hilfe komplexer Integration längs geeigneter Wege und liefert Integrale, die sich asymptotisch darstellen lassen. Damit wird

$$\left.\begin{aligned} u_0 &= -\frac{Q}{G} H e^{i(pt-\sigma x)} + \frac{Q}{G}\sqrt{\frac{2}{\pi}}\sqrt{1 - \frac{h^2}{k^2}}\,\frac{e^{i\left(pt - kx - \frac{\pi}{4}\right)}}{(kx)^{\frac{3}{2}}} \\ &\quad - \frac{Q}{G}\sqrt{\frac{2}{\pi}}\,\frac{h^3k^2\sqrt{k^2 - h^2}}{(k^2 - 2h^2)^3}\cdot\frac{i\,e^{i\left(pt - hx - \frac{\pi}{4}\right)}}{(hx)^{\frac{3}{2}}} + \cdots \\ v_0 &= -\frac{iQ}{G} K e^{i(pt-\sigma x)} + \frac{2Q}{G}\sqrt{\frac{2}{\pi}}\left(1 - \frac{h^2}{k^2}\right)\frac{i\,e^{i\left(pt - kx - \frac{\pi}{4}\right)}}{(kx)^{\frac{3}{2}}} \\ &\quad + \frac{Q}{2G}\sqrt{\frac{2}{\pi}}\,\frac{h^2k^2}{(k^2 - 2h^2)^2}\cdot\frac{i\,e^{i\left(pt - hx - \frac{\pi}{4}\right)}}{(hx)^{\frac{3}{2}}} + \cdots, \end{aligned}\right\} \tag{5}$$

wo $\sigma$ Nullstelle des Nenners der Integrale in (4) ist, und wo mit $m = 4$ für die POISSONsche Konstante $H = 0{,}1250$, $K = 0{,}1835$ ist. Das erste Glied in $u_0$ und $v_0$ definiert freie Rayleighwellen. Die übrige Störung besteht aus zwei Teilen:

Für den einen ist die Wellengeschwindigkeit diejenige der dilatationslosen Wellen, die Schwingungen an der Oberfläche sind elliptisch, das Verhältnis des vertikalen zum horizontalen Durchmesser der Bahn ist 1,633. Der andere Teil hat die Wellengeschwindigkeit der rotationslosen Wellen, die zugehörigen Oberflächenschwingungen sind geradlinig, das Verhältnis der vertikalen zur horizontalen Amplitude ist 0,3535. Mit wachsender Entfernung nimmt die Amplitude jedes Teiles wie $x^{-\frac{3}{2}}$ ab.

Für das dreidimensionale Problem mit Symmetrie um die $z$-Achse und mit einer in der $z$-Achse senkrecht zur Oberfläche ($xy$-Ebene) des Mediums wirkenden Kraft ergibt die Durchführung der Rechnung folgendes Resultat: Die Störung breitet sich über die Oberfläche in Form eines symmetrischen ringförmigen Wellensystems aus. Die Anfangsform dieses Wellensystems hängt von dem Erregungsvorgang ab, aber schließlich stellt sich eine Bewegung ein, welche charakterisiert ist durch drei Wellen, die bzw. mit der Geschwindigkeit der rotationslosen, der dilatationslosen und der Rayleighwellen fortschreiten. Beim Durchgang des Wellensystems durch einen Punkt zeigt die Horizontalverschiebung ($q_0$ senkrecht zur $z$-Achse) zuerst — bei der Ankunft der rotationslosen Welle — eine einzelne deutliche Oszillation, welcher eine Periode verhältnismäßiger Ruhe folgt. Dann folgt eine zweite Oszillation bei Ankunft der dilatationslosen Welle. Schließlich kommt die Hauptschwingung entsprechend der Ankunft der Rayleighwelle (Abb. 4). Die Amplitude der ersten beiden Schwingungen nimmt mehr und mehr ab, nicht nur absolut, sondern auch relativ zur Hauptschwingung, je weiter man sich von der Störungsquelle entfernt. Ähnliche Verhältnisse gelten für die Vertikalverschiebung $w_0$ (parallel der $z$-Achse) (Abb. 5).

Bei der Anwendung auf einen Körper mit gekrümmter freier Oberfläche (Erde) ist zu beachten, daß die beiden ersten Wellen sich durch das Innere ausbreiten, während die Rayleighwelle längs der Oberfläche läuft, so daß ihr in großer Entfernung vom Störungszentrum eine ständig wachsende Bedeutung zukommt. Die augenfällige Verschiedenheit zwischen den Abb. 4 und 5 und

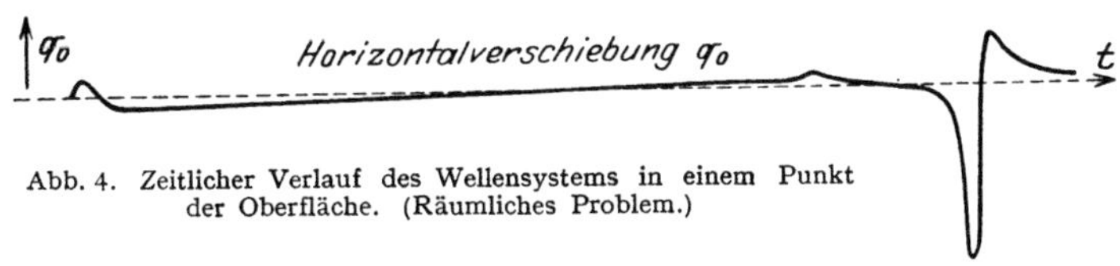


Abb. 4. Zeitlicher Verlauf des Wellensystems in einem Punkt der Oberfläche. (Räumliches Problem.)

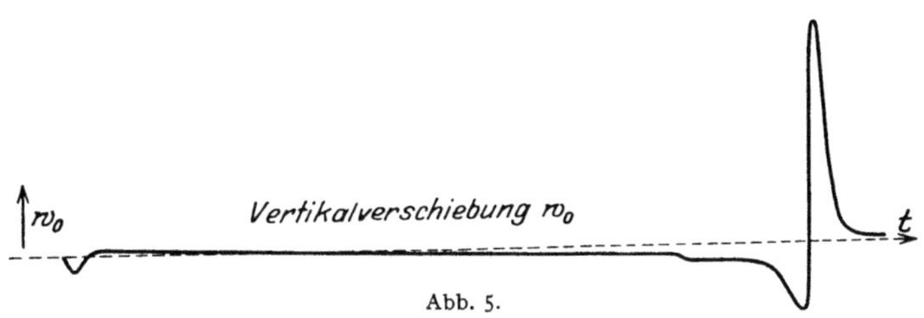


Abb. 5.

den Aufzeichnungen eines Erdbebens, wo die beiden Vorbeben und das Hauptbeben aus einer großen Zahl hin und her gehender Schwingungen bestehen, versucht man durch Dispersion der Wellen (Abhängigkeit der Fortpflanzungsgeschwindigkeit von der Wellenlänge), die durch Inhomogenität des Mediums veranlaßt ist, zu erklären[1]).

**10. Die ULLERschen Ansätze.** Von einem allgemeineren Ansatz als Lord RAYLEIGH geht bei der Behandlung elastischer Oberflächenwellen ULLER[2]) aus. Etwas näher kann hier nur auf die (divergenzfreien) Scherungsplanwellen eingegangen werden, deren Verschiebungsvektor $\mathfrak{S}$ in der Form angesetzt wird:

$$\mathfrak{S} = e^{\Phi_2}\{\mathfrak{f}_1 \cos(pt - \Phi_1) - \mathfrak{f}_2 \sin(pt - \Phi_1)\}. \tag{1}$$

Dabei sind $\mathfrak{f}_1$ und $\mathfrak{f}_2$ konstante Vektoren, $\Phi_1$ und $\Phi_2$ lineare Funktionen in $x, y, z$, $p$ die Frequenz der Welle. Führt man die Gradienten der Ebenen $\Phi_1 =$ konst. (Isophasenflächen) und der Ebenen $\Phi_2 =$ konst. (Isodynamenflächen) ein, also das „Wellennormalenpaar"

$$\mathfrak{w}' = \operatorname{grad}\Phi_1 \text{ (Phasengefälle)}, \quad \mathfrak{w}'' = \operatorname{grad}\Phi_2 \text{ (Amplitudengefälle)}, \tag{2}$$

[1]) E. MEISSNER, Vierteljahrsschr. d. naturf. Ges. Zürich Bd. 66, S. 181—195. 1921 u. Bd. 67, S. 1—8. 1922; ferner Verh. d. 2. intern. Kongr. f. techn. Mech. Zürich 1926, S. 3—11; s. auch Kap. 8 ds. Bd. des Handb.

[2]) K. ULLER, Ann. d. Phys. Bd. 56, S. 463—496. 1918; ZS. f. angew. Math. u. Mech. Bd. 6, S. 106—111. 1926.

so läßt sich der Ansatz für $\mathfrak{S}$ in der Form schreiben:

$$\mathfrak{S} = \tfrac{1}{2}\{\mathfrak{s} e^{-i(\mathfrak{w}\mathfrak{r})} e^{ipt} + \mathfrak{s}^* e^{+i(\mathfrak{w}^*\mathfrak{r})} e^{-ipt}\}, \tag{1a}$$

worin $\mathfrak{s}$ und $\mathfrak{s}^*$ die konjugiert komplexen Vektoren $\mathfrak{s} = \mathfrak{s}_1 + i\mathfrak{s}_2$, $\mathfrak{s}^* = \mathfrak{s}_1 - i\mathfrak{s}_2$, $\mathfrak{w}$ und $\mathfrak{w}^*$ die konjugiert komplexen Vektoren $\mathfrak{w} = \mathfrak{w}' + i\mathfrak{w}''$, $\mathfrak{w}^* = \mathfrak{w}' - i\mathfrak{w}''$ sind und $\mathfrak{r}$ der Ortsvektor ist.

Die Bedingung

$$\operatorname{div}\mathfrak{S} = 0 \tag{3}$$

führt auf

$$\mathfrak{s}\mathfrak{w} = 0, \tag{3a}$$

also

$$\mathfrak{s}_1 \mathfrak{w}' - \mathfrak{s}_2 \mathfrak{w}'' = 0 \qquad \text{und} \qquad \mathfrak{s}_1 \mathfrak{w}'' + \mathfrak{s}_2 \mathfrak{w}' = 0,$$

die Wellengleichung

$$\varrho \frac{\partial^2 \mathfrak{S}}{\partial t^2} = G \Delta \mathfrak{S} \tag{4}$$

auf

$$\mathfrak{w}^2 = p^2 \frac{\varrho}{G} = k^2, \tag{4a}$$

also

$$\mathfrak{w}'^2 - \mathfrak{w}''^2 = k^2 \qquad \text{und} \qquad \mathfrak{w}'\mathfrak{w}'' = 0,$$

so daß also die beiden Vektoren des Wellennormalenpaares aufeinander senkrecht stehen, wenn nicht $\mathfrak{w}'' = 0$, also

$$\mathfrak{S} = \mathfrak{s}_1 \cos(pt - \Phi_1) - \mathfrak{s}_2 \sin(pt - \Phi_1)$$

ist.

Für den Spannungsvektor $\mathfrak{T}$ für ein Flächenelement mit der durch den Einheitsvektor $\mathfrak{k}$ gegebenen Normalenrichtung ergeben die Grundformeln für den Spannungsvektor[1]) zusammen mit den Relationen zwischen Spannung und Verschiebung[2])

$$\mathfrak{T} = e^{\Phi_2}\{\mathfrak{t}_1 \cos(pt - \Phi_1) - \mathfrak{t}_2 \sin(pt - \Phi_1)\}, \tag{5}$$

wobei

$$\mathfrak{t}_1 + i\mathfrak{t}_2 = -iG\{(\mathfrak{w}\mathfrak{k})\mathfrak{s} + (\mathfrak{s}\mathfrak{k})\mathfrak{w}\}$$

ist. Die Forderung der S p a n n u n g s f r e i h e i t a n d e r e b e n e n O b e r f l ä c h e des Mediums, deren Normale $\mathfrak{k}$ sei, verlangt

$$(\mathfrak{w}\mathfrak{k})\mathfrak{s} + (\mathfrak{s}\mathfrak{k})\mathfrak{w} = 0, \tag{6}$$

woraus

$$\mathfrak{s}\mathfrak{k} = 0, \qquad \text{d. h.} \qquad \mathfrak{s}_1\mathfrak{k} = 0 \qquad \text{und} \qquad \mathfrak{s}_2\mathfrak{k} = 0$$

und

$$\mathfrak{w}\mathfrak{k} = 0, \tag{7}$$

d. h.

$$\mathfrak{w}'\mathfrak{k} = 0 \qquad \text{und} \qquad \mathfrak{w}''\mathfrak{k} = 0$$

folgt. Die Verrückung $\mathfrak{S}$ und das Wellennormalenpaar $\mathfrak{w}$ müssen daher tangential liegen, also in ein und derselben Ebene. Die Schwingung ist im allgemeinen elliptisch; das Phasen- und das Amplitudengefälle ist abhängig von der „Elliptizität $\varepsilon$ der Welle", d. h. dem Verhältnis $\varepsilon = \frac{\mathfrak{w}'^2 - \mathfrak{w}''^2}{\mathfrak{w}'^2 + \mathfrak{w}''^2}$; für Kreispolarisation ist $\varepsilon = 0$, für Strichpolarisation $\varepsilon = 1$.

[1]) S. Kap. 2, Ziff. 7 ds. Bd. des Handb.
[2]) S. Kap. 2, Ziff. 11 ds. Bd. des Handb.

Wesentlich komplizierter wird die Untersuchung einer Oberflächenplanwelle, die eine Kopplung von dilatationsfreier und rotationsfreier Welle darstellt (gekoppelte Oberflächen-Scherungsverdünnungsplanwelle). Es sei hier nur bemerkt, daß sich für die für beide Wellenarten gleiche Tangentialkomponente $\mathfrak{w}_t$ der Wellennormalenpaare unter Verwendung der Abkürzungen

$$\frac{p^2\varrho}{G} = k^2, \qquad \frac{p^2\varrho(m-2)}{2(m-1)G} = h^2$$

die kubische Gleichung

$$k^8 - 8k^6\mathfrak{w}_t^2 + 24k^4\mathfrak{w}_t^4 - 16(\mathfrak{w}_t^6 + h^2\mathfrak{w}_t^4)k^2 + 16h^2\mathfrak{w}_t^6 = 0$$

ergibt. Das ist genau die Gleichung (8) der Ziff. 8, wenn man dort $f^2 + g^2 = \mathfrak{w}_t^2$ setzt. Die Rayleighwelle ergibt sich hier als ein Spezialfall, dazu aber noch zwei weitere wesentlich kompliziertere Wellentypen.

**11. Reflexion ebener Wellen.** Für die Untersuchung[1]) ebener Wellen an der Grenzfläche eines elastischen Halbraumes $z < 0$ legt man zweckmäßig die $yz$-Ebene durch die Normale zur Phasenebene (Wellennormale) der einfallenden Welle. Die $yz$-Ebene ist dann die „Einfallsebene" der Welle, d. h. die Ebene durch die Wellennormale der einfallenden Welle und die Normale der Grenzfläche ($z = 0$) des elastischen Mediums (Einfallslot). Der Verschiebungsvektor $\mathfrak{u}\{u, v, w\}$ ist nun unabhängig von der $x$-Koordinate, kann also angesetzt werden:

$$\mathfrak{u} = \mathfrak{A}e^{i(\beta y + \gamma z + pt)}, \tag{1}$$

wo $\mathfrak{A}$ ein konstanter Vektor, $\beta, \gamma, p$ Konstante sind.

a) Für eine Welle, deren Schwingungen senkrecht zur Einfallsebene sind (Transversalwelle), ist $v = w = 0$, und $u = Ae^{i(\beta y + \gamma z + pt)}$ gibt durch Einsetzen in die Grundgleichung (1) von Ziff. 4

$$\gamma^2 + \beta^2 = \frac{p^2\varrho}{G},$$

also

$$u = Ae^{i(\beta y + \gamma z + pt)} + Be^{i(\beta y - \gamma z + pt)}, \tag{2}$$

wo

$$\gamma = \sqrt{\frac{p^2\varrho}{G} - \beta^2}$$

ist. Die Bedingungen der Spannungsfreiheit[2]) an der Oberfläche $z = 0$

$$\left.\begin{aligned} \operatorname{div}\mathfrak{u} + (m-2)\frac{\partial w}{\partial z} &= 0, \\ \frac{\partial w}{\partial y} + \frac{\partial v}{\partial z} &= 0, \\ \frac{\partial u}{\partial z} + \frac{\partial w}{\partial x} &= 0 \end{aligned}\right\} \tag{3}$$

liefern für (2) $B = A$; man erhält also nach (2) eine reflektierte Welle von gleichem Charakter wie die einfallende Welle.

b) Für eine Welle, deren Schwingungen in der Einfallsebene erfolgen, ist $u = 0$, und für die Konstanten $v_0, w_0, \beta, \gamma, p$ des Ansatzes

$$\left.\begin{aligned} v &= v_0 e^{i(\beta y + \gamma z + pt)}, \\ w &= w_0 e^{i(\beta y + \gamma z + pt)} \end{aligned}\right\} \tag{4}$$

[1]) H. Poincaré, Leçons sur la théorie de l'élasticité, S. 124ff. Paris 1892.

[2]) S. Kap. 2, Ziff. 11, Gleichungen (14) und Ziff. 10, Gleichungen (2) bis (4) ds. Bd. des Handb.

liefert die Grundgleichung (1) von Ziff. 4 die Bedingungen:

$$\frac{p^2\varrho}{G} = \beta^2 + \gamma^2 \qquad \text{und} \qquad \frac{\beta}{\gamma} = -\frac{w_0}{v_0} \text{ (Transversalwelle)}$$

oder

$$\frac{p^2\varrho(m-2)}{2(m-1)G} = \beta^2 + \gamma^2 \qquad \text{und} \qquad \frac{\beta}{\gamma} = \frac{v_0}{w_0} \text{ (Longitudinalwelle).}$$

Die allgemeine Lösung der Grundgleichung wird daher für den Ansatz (4)

$$\left.\begin{aligned} v &= (A\beta e^{i\gamma z} + B\beta e^{-i\gamma z} - C\gamma' e^{i\gamma' z} + D\gamma' e^{-i\gamma' z})\, e^{i(\beta y + pt)}, \\ w &= (A\gamma e^{i\gamma z} - B\gamma e^{-i\gamma z} + C\beta e^{i\gamma' z} + D\beta e^{-i\gamma' z})\, e^{i(\beta y + pt)}, \end{aligned}\right\} \tag{5}$$

worin

$$\gamma = \sqrt{\frac{p^2\varrho(m-2)}{2(m-1)G} - \beta^2}, \qquad \gamma' = \sqrt{\frac{p^2\varrho}{G} - \beta^2}\,.$$

Die Oberflächenbedingung, nämlich Spannungsfreiheit für $z = 0$, verlangt wegen (3)

$$\left.\begin{aligned} (A-B)\,2\beta\gamma + (C+D)(\beta^2 - \gamma'^2) &= 0\,, \\ -(A+B)(\beta^2 - \gamma'^2) + (C-D)\,2\beta\gamma' &= 0\,. \end{aligned}\right\} \tag{6}$$

Ist $C = 0$, $A \neq 0$, hat man also eine einfallende Longitudinalwelle, so erhält man wegen (6) aus (5) im allgemeinen zwei reflektierte Wellen, von denen die eine eine Longitudinalwelle vom Charakter der einfallenden Welle ist, während die andere eine Transversalwelle ist. Die letztere tritt nur dann nicht auf, wenn $\beta = 0$, also die Longitudinalwelle senkrecht zur Oberfläche des Mediums einfällt.

Ist $A = 0$, $C \neq 0$, hat man also eine einfallende Transversalwelle mit Schwingung in der Einfallsebene, so ergibt (5) im allgemeinen zwei reflektierte Wellen, eine Transversalwelle derselben Art wie die einfallende Welle und eine Longitudinalwelle. Bei senkrechtem Einfall und bei Einfall unter 45° tritt die Longitudinalwelle nicht auf.

Für die gleichartige reflektierte Welle gilt in jedem Fall, daß Einfallswinkel (Winkel zwischen Wellennormale der einfallenden Welle und Einfallslot) gleich Reflexionswinkel (Winkel zwischen Wellennormale der reflektierten Welle und Einfallslot), für die ungleichartige reflektierte Welle gilt

$$\frac{\sin\varphi}{\sin\varphi'} = \frac{\sqrt{m-2}}{\sqrt{2(m-1)}}\,,$$

falls $\varphi$ der Einfallswinkel und $\varphi'$ der Reflexionswinkel ist. Daher tritt wegen $\sin\varphi' \leqq 1$ bei der einfallenden Transversalwelle mit Schwingung in der Einfallsebene die reflektierte Longitudinalwelle auch dann nicht auf, wenn $\beta > p\sqrt{\frac{\varrho(m-2)}{2(m-1)G}}$ ist.

## c) Wellen in unendlich ausgedehnten Platten.

**12. Rayleighsche Ansätze.** Wellen in einer unendlichen, von zwei parallelen Ebenen begrenzten Schicht sind insbesondere von Lord Rayleigh[1]) studiert worden. Die Mittelebene der Platte sei die $xy$-Ebene. Es gelten zunächst die Ansätze und Gleichungen (1) bis (6a) von Ziff. 8. Dreht man das Koordinatensystem um die $z$-Achse so, daß die Normale der Ebenen $fx + gy =$ konst. die $x$-Achse wird, dann wird der Verschiebungsvektor

$$\mathfrak{u}\{u, v, w\} = \mathfrak{u}(x, z, t) = \mathfrak{u}_2(z)\, e^{i(fx+pt)}\,,$$

[1]) Lord Rayleigh, Proc. Math. Soc. London Bd. 20, S. 225—234. 1889; Werke, Bd. III, S. 249.

also [Ziff. 8, Gleichung (1) u. (1a)]

$$\mathfrak{u}_1\{u_1, v_1, w_1\} = \mathfrak{u}_1(x, z) = \mathfrak{u}_2(z)\, e^{ifx}$$

und

$$\Theta_1 = \operatorname{div}\mathfrak{u}_1 = \Theta_1(x, z).$$

a) Einfacher Fall dreidimensionaler Wellenbewegung:

$$u = 0, \quad w = 0, \quad v = (C \operatorname{Cos} sz + D \operatorname{Sin} sz)\, e^{i(fx+pt)},$$

wo $s^2 = f^2 - k^2$ und $C$ und $D$ Konstante sind. Hierzu treten die Oberflächenbedingungen, die die Spannungsfreiheit auf jeder der beiden Oberflächen $z = \pm z_1$ ausdrücken. Damit erhält man die beiden Möglichkeiten

$\alpha$)
$$v = C \operatorname{Cos} sz\, e^{i(fx+pt)},$$

wo $s$ der Gleichung

$$\operatorname{Sin} sz_1 = 0 \tag{1}$$

genügen muß, und

$\beta$)
$$v = D \operatorname{Sin} sz\, e^{i(fx+pt)},$$

wo $s$ der Gleichung

$$\operatorname{Cos} sz_1 = 0 \tag{2}$$

genügen muß. Diese Schwingungen stellen eine bloße Scherung des Körpers dar; bei $\beta$) verschwindet $v$ in der Mittelfläche. Die Wurzeln von (1) sind $sz_1 = iq\pi$, wo $q$ eine ganze Zahl, so daß $k^2 = f^2 + \frac{q^2\pi^2}{z_1^2}$, während wegen (2) für die Schwingungen $\beta$): $k^2 = f^2 + \frac{(q+\frac{1}{2})^2\pi^2}{z_1^2}$ ist.

b) Zwei Fälle zweidimensionaler Wellenbewegung. Für $v_1 = 0$ wird Gleichung (3) von Ziff. 8 erfüllt durch

$$u_1 = -\frac{1}{h^2}\frac{\partial\Theta_1}{\partial x} + \frac{\partial\Psi}{\partial z}, \qquad w_1 = -\frac{1}{h^2}\frac{\partial\Theta_1}{\partial z} - \frac{\partial\Psi}{\partial x}, \tag{3}$$

wenn

$$(\Delta + h^2)\,\Theta_1 = 0 \tag{4}$$

und

$$(\Delta + k^2)\,\Psi = 0. \tag{5}$$

Mit $\Theta_1 = \Theta_2(z)e^{ifx}$ und $\Psi = \Psi_1(z)e^{ifx}$ liefern (4) und (5)

$$\Theta_2 = P \operatorname{Cos} rz + Q \operatorname{Sin} rz, \tag{6}$$

wo $P$ und $Q$ Konstante und $r^2 = f^2 - h^2$,

$$\Psi_1 = A \operatorname{Sin} sz + B \operatorname{Cos} sz, \tag{7}$$

wo $A$ und $B$ Konstante und $s^2 = f^2 - k^2$.

Hierzu treten vier Oberflächenbedingungen, die die Spannungsfreiheit auf den Flächen $z = \pm z_1$ für das zweidimensionale Problem geben:

$$\frac{2ifr}{h^2} P \operatorname{Sin} rz_1 + (k^2 - 2f^2)\, A \operatorname{Sin} sz_1 = 0, \quad \frac{2ifr}{h^2} Q \operatorname{Cos} rz_1 + (k^2 - 2f^2)\, B \operatorname{Cos} sz_1 = 0,$$

$$(k^2 - 2f^2)\, P \operatorname{Cos} rz_1 - 2h^2 ifs\, A \operatorname{Cos} sz_1 = 0, \quad (k^2 - 2f^2)\, Q \operatorname{Sin} rz_1 - 2h^2 ifs\, B \operatorname{Sin} sz_1 = 0.$$

$\alpha$) Für $Q = B = 0$ (mit Bezug auf die $xy$-Ebene symmetrische Schwingungen) werden $\Theta_1$ und $u_1$ gerade Funktionen von $z$, $w_1$ eine ungerade Funktion von $z$. Die Mittelfläche bleibt eben, wird aber ausgedehnt. Die Frequenzengleichung ist

$$4f^2 rs \operatorname{Tg} rz_1 = (k^2 - 2f^2)^2 \operatorname{Tg} sz_1. \tag{8}$$

Für den Spezialfall dünner Platten wird aus (8) in erster Näherung

$$k^4 = 4f^2(k^2 - h^2)\,, \qquad \text{also} \qquad p^2 = \frac{2f^2}{\varrho}\,\frac{mG}{(m-1)}\,,$$

in zweiter Näherung

$$k^4 = 4f^2(k^2 - h^2)\{1 - \tfrac{1}{3}z_1^2(f^2 - h^2)\}\,.$$

$\beta$) Für $P = A = 0$ (mit Bezug auf die $xy$-Ebene unsymmetrische Schwingungen) werden $\Theta_1$ und $u_1$ ungerade Funktionen von $z$, $w_1$ eine gerade Funktion von $z$. Die Mittelfläche wird gebogen, ohne Ausdehnung. Die Frequenzengleichung ist

$$4f^2 rs\,\mathfrak{Cotg}\,rz_1 = (k^2 - 2f^2)^2\,\mathfrak{Cotg}\,sz_1\,. \tag{9}$$

Für den Spezialfall dünner Platten wird sie

$$4f^2(f^2 - k^2)\{1 + \tfrac{1}{3}z_1^2(k^2 - h^2)\} = (k^2 - 2f^2)^2.$$

Die erste Näherung ist $k^2 = 0$; die zweite Näherung ergibt, daß jede Gerade, die ursprünglich senkrecht zur Mittelfläche ist, während der Schwingung gerade und senkrecht zur Mittelfläche bleibt.

Wenn $z_1$ unendlich groß wird, dann wird die Frequenzengleichung

$$4f^2 rs = (k^2 - 2f^2)^2;$$

das ist dieselbe wie die Gleichung (8) von Ziff. 8 bei den RAYLEIGHschen Oberflächenwellen.

**13. Weitergehende Diskussion der Frequenzengleichung.** Eine eingehende Diskussion der Frequenzengleichungen (8) und (9) von Ziff. 12, die sich nicht bloß auf die Grenzfälle sehr kurzer oder sehr langer Wellen bezieht, hat LAMB[1]) gegeben. Gleichung (8) von Ziff. 12 stellt eine Beziehung zwischen $p$ und $f$ vor, läßt also die Periode der Schwingungen als Funktion der Wellenlänge bestimmen. Bequemer ist es für die Diskussion, die Frequenzengleichung aufzufassen als eine Gleichung zur Bestimmung der Wellenlänge $\lambda = \frac{2\pi}{f}$ zu gegebener Fortpflanzungsgeschwindigkeit $V = \frac{p}{f}$ der Wellen. Durch die Substitutionen $rz_1 = \omega$ und $s = nr$ wird die Frequenzengleichung

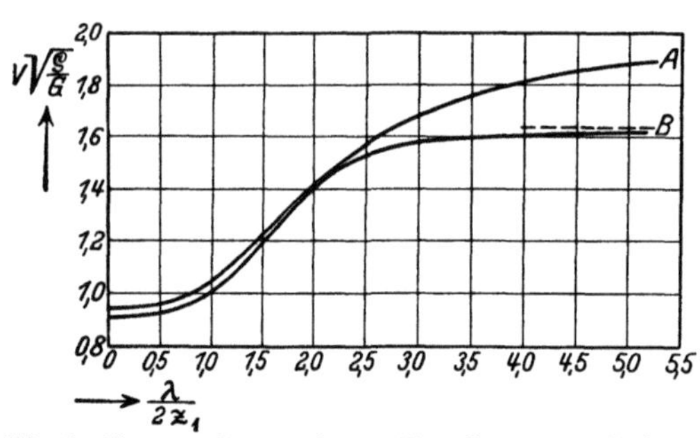


Abb. 6. Zusammenhang zwischen Fortpflanzungsgeschwindigkeit $V$ und Wellenlänge $\lambda$ bei Wellen in unendlich ausgedehnten Platten (Dicke $2z_1$).

$$\frac{\mathfrak{Tg}\,n\omega}{\mathfrak{Tg}\,\omega} = mn\,\frac{2(m-1) - n^2(m-2)}{(m-1+n^2)^2}\,,$$

und $f$ und $V$ drücken sich in $\omega$ und $n$ so aus:

$$f^2 = \frac{2(m-1) - n^2(m-2)}{m}\,\frac{\omega^2}{z_1^2}\,, \tag{1}$$

$$V^2 = \frac{2(m-1)(1-n^2)}{2(m-1) - n^2(m-2)}\,\frac{G}{\varrho}\,. \tag{2}$$

Der Zusammenhang zwischen Wellenlänge und Wellenfortpflanzungsgeschwindigkeit ist für den Fall der „symmetrischen" Schwingungen und Inkompressibilität ($m = 2$) durch Tabelle 1, für den Fall der „symmetrischen" Schwingungen und $m = 4$ (POISSONsche Annahme) durch Tabelle 2, und für den Fall der „unsymmetrischen" Schwingungen und Inkompressibilität durch Tabelle 3 gegeben; der Inhalt der Tabellen 1 bzw. 2 wird durch Abb. 6, Kurve $A$ bzw. $B$ wiedergegeben.

---

[1]) H. LAMB, Proc. Roy. Soc. London (A) Bd. 93, S. 114—128. 1916/17.

Zusammenhang zwischen Wellenlänge $\lambda$ und Fortpflanzungsgeschwindigkeit $V$ bei Wellen in unendlich ausgedehnten Platten (Dicke $2z_1$).

Einheit für $V$ ist $\sqrt{\frac{G}{\varrho}}$.

Tabelle 1. Symmetrische Schwingung und Inkompressibilität ($m = 2$).

| $\frac{\lambda}{2z_1}$ | $V$ |
|---|---|
| 0,0 | 0,9554 |
| 0,492 | 0,963 |
| 0,662 | 0,979 |
| 0,779 | 0,999 |
| 0,785 | 1,0 |
| 0,880 | 1,020 |
| 1,090 | 1,077 |
| 1,348 | 1,166 |
| 1,643 | 1,281 |
| 2,0 | $\sqrt{2}$ |
| 2,803 | 1,640 |
| 3,94 | 1,803 |
| 5,29 | 1,887 |
| 10,8 | 1,972 |
| 18 | 1,989 |
| $\infty$ | 2,0 |

Tabelle 2. Symmetrische Schwingung und $m = 4$.

| $\frac{\lambda}{2z_1}$ | $V$ |
|---|---|
| 0,0 | 0,9194 |
| 0,784 | 0,956 |
| 0,921 | 0,986 |
| 0,972 | 1,0 |
| 1,129 | 1,049 |
| 1,551 | 1,225 |
| 1,805 | 1,338 |
| 2,0 | $\sqrt{2}$ |
| 2,28 | 1,495 |
| 2,58 | 1,544 |
| 3,40 | 1,596 |
| 5,15 | 1,620 |
| $\infty$ | 1,633 |

Tabelle 3. Unsymmetrische Schwingung und Inkompressibilität ($m = 2$).

| $\frac{\lambda}{2z_1}$ | $V$ |
|---|---|
| 0,0 | 0,9554 |
| 0,356 | 0,954 |
| 0,748 | 0,937 |
| 1,321 | 0,893 |
| 1,931 | 0,835 |
| 2,683 | 0,760 |
| 3,736 | 0,661 |
| 5,58 | 0,527 |
| 7,22 | 0,436 |
| 10,5 | 0,312 |
| $\infty$ | 0,0 |

Für den Grenzfall eines inkompressiblen Mediums ($m = 2$) existiert eine Verschiebungsfunktion $\chi(x, z)$, analog der Stromfunktion in der Hydrodynamik[1]), so daß $u = \frac{\partial \chi}{\partial z}$, $w = -\frac{\partial \chi}{\partial x}$ ist; die Kurven $\chi =$ konst. geben die Richtungen, in welchen die Teilchen schwingen; zeichnet man sie für genügend kleine äquidistante Werte der Konstanten auf, so gibt das Gefälle die relative Amplitude der Schwingung an. Im Fall stehender Wellen behält das Kurvensystem seine Lage im Raum, im Fall fortschreitender Wellen muß man es sich mit der Welle fortschreitend denken.

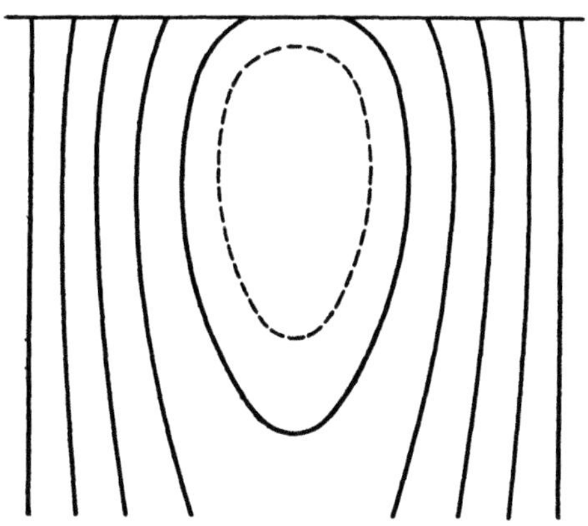

Abb. 7. Verschiebungslinien $\chi =$ konst. für den Fall der Rayleighschen Oberflächenwellen.

Abb. 8. Verschiebungslinien $\chi =$ konst. für symmetrische Schwingungen mit $\frac{\lambda}{2z_1} = 5{,}29$, $V = 1{,}887\sqrt{\frac{G}{\varrho}}$.

Abb. 7 gibt die Verschiebungslinien $\chi =$ konst. für den Fall der Rayleighschen Oberflächenwelle. Abb. 8 entspricht dem Fall der „symmetrischen" Schwingungen mit $\frac{\lambda}{2z_1} = 5{,}29$, $V = 1{,}887\sqrt{\frac{G}{\varrho}}$. Abb. 9 entspricht einer höheren

[1]) Vgl. Bd. VII, Kap. 1 ds. Handb.

Wurzel der Frequenzengleichung; die $xz$-Ebene ist in rechteckige (hier speziell quadratische) Felder geteilt, deren Grenzen Verschiebungslinien sind. Den gestrichelten Linien entsprechen Ebenen, welche spannungsfrei sind; irgendeine Kombination derselben kann zu freien Grenzen genommen werden. (Der durch Abb. 8 dargestellte Spezialfall ist unabhängig von der Annahme der Inkompressibilität.)

Abb. 10 gibt einen Fall „unsymmetrischer“ Schwingung mit $\frac{\lambda}{2z_1} = 7{,}22$, $V = 0{,}436\sqrt{\frac{G}{\varrho}}$.

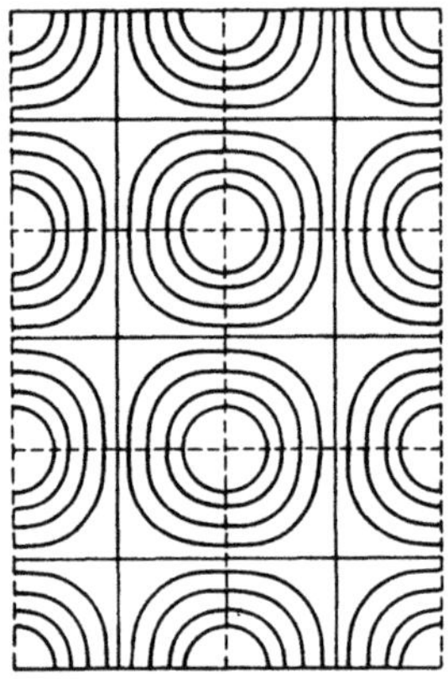

Abb. 9. Verschiebungslinien $\chi$ = konst. für eine höhere Wurzel der Frequenzengleichung.

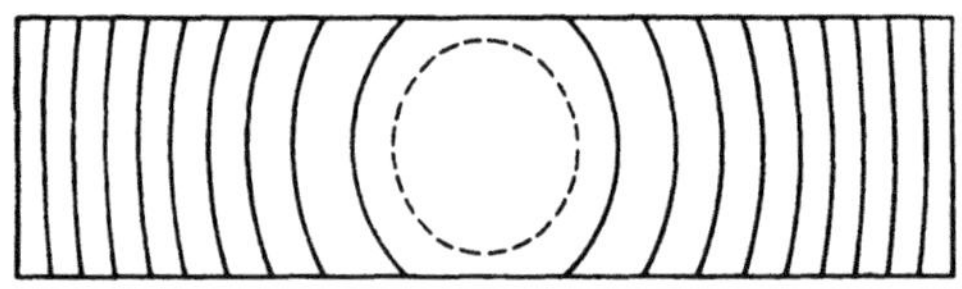

Abb. 10. Verschiebungslinien $\chi$ = konst. für unsymmetrische Schwingung. $\frac{\lambda}{2z_1} = 7{,}22$, $V = 0{,}436\sqrt{\frac{G}{\varrho}}$.

## d) Fortschreitende Wellen in unendlich langen Zylindern.

**14. Allgemeiner Ansatz.** Den Ausgangspunkt[1]) für die Untersuchung von Schwingungen von Kreiszylindern bildet die in Zylinderkoordinaten $r, \vartheta, z$ angesetzte Bewegungsgleichung (1) von Ziff. 4 eines elastischen Mediums[2]):

$$\left.\begin{aligned} \varrho\frac{\partial^2 u}{\partial t^2} &= \frac{2(m-1)G}{m-2}\frac{\partial\Theta}{\partial r} - \frac{2G}{r}\frac{\partial\omega_z}{\partial\vartheta} + 2G\frac{\partial\omega_\vartheta}{\partial z}, \\ \varrho\frac{\partial^2 v}{\partial t^2} &= \frac{2(m-1)G}{m-2}\frac{1}{r}\frac{\partial\Theta}{\partial\vartheta} - 2G\frac{\partial\omega_r}{\partial z} + 2G\frac{\partial\omega_z}{\partial r}, \\ \varrho\frac{\partial^2 w}{\partial t^2} &= \frac{2(m-1)G}{m-2}\frac{\partial\Theta}{\partial z} - \frac{2G}{r}\frac{\partial}{\partial r}(r\omega_\vartheta) + \frac{2G}{r}\frac{\partial\omega_r}{\partial\vartheta}. \end{aligned}\right\} \tag{1}$$

$z$ ist die Richtung der Zylinderachse, $r, \vartheta$ sind die Polarkoordinaten eines Punktes in einem Kreisschnitt des Zylinders, $\varrho$ ist wieder die Dichte, $G$ der Schubmodul und $m$ die Querkontraktionszahl, $u$ ist die Verschiebung in Richtung des Radius $r$, $v$ die Verschiebung in Richtung $\vartheta$, $w$ die Verschiebung in Richtung der Zylinderachse. Ferner sind

$$2\omega_r = \frac{1}{r}\frac{\partial w}{\partial\vartheta} - \frac{\partial v}{\partial z}, \qquad 2\omega_\vartheta = \frac{\partial u}{\partial z} - \frac{\partial w}{\partial r}, \qquad 2\omega_z = \frac{1}{r}\left(\frac{\partial(rv)}{\partial r} - \frac{\partial u}{\partial\vartheta}\right) \tag{2}$$

die doppelten Wirbelkomponenten des Verschiebungsvektors $\mathfrak{u}\{u, v, w\}$. Für die Volumdilatation $\Theta = \operatorname{div}\mathfrak{u}$ gilt

$$\Theta = \frac{1}{r}\frac{\partial(ru)}{\partial r} + \frac{1}{r}\frac{\partial v}{\partial\vartheta} + \frac{\partial w}{\partial z}, \tag{3}$$

woraus zusammen mit (1) die später zu verwendende Gleichung

$$\frac{\partial^2\Theta}{\partial t^2} = \frac{2(m-1)G}{\varrho(m-2)}\left[\frac{\partial^2\Theta}{\partial r^2} + \frac{1}{r}\frac{\partial\Theta}{\partial r} + \frac{1}{r^2}\frac{\partial^2\Theta}{\partial\vartheta^2} + \frac{\partial^2\Theta}{\partial z^2}\right] \tag{4}$$

folgt.

---

[1]) L. POCHHAMMER, Crelles Journ. Bd. 81, S. 324—336. 1876; C. CHREE, Trans. Cambr. Phil. Soc. Bd. 14, S. 250—369. 1888; vgl. für das Folgende die Darstellung bei „LOVE-TIMPE“, § 199—202.

[2]) Vgl. Kap. 2, Ziff. 25 ds. Bd. des Handb.

Die Oberflächenbedingungen für den unendlich langen Zylinder, die ausdrücken, daß die Oberfläche des Zylinders spannungsfrei ist, verlangen, daß für $r = a$ ($a$ Zylinderradius) sein muß[1]):

$$\left.\begin{aligned} &\Theta + (m-2)\frac{\partial u}{\partial r} = 0\,,\\ &\frac{1}{r}\frac{\partial u}{\partial \vartheta} + r\frac{\partial}{\partial r}\left(\frac{v}{r}\right) = 0\,,\\ &\frac{\partial u}{\partial z} + \frac{\partial w}{\partial r} = 0\,. \end{aligned}\right\} \tag{5}$$

**15. Torsions-, Längs- und Querschwingungen.** Unter den Schwingungen von der Form

$$u = U(r, \vartheta)\, e^{i(\gamma z + p t)}, \qquad v = V(r, \vartheta)\, e^{i(\gamma z + p t)}, \qquad w = W(r, \vartheta)\, e^{i(\gamma z + p t)} \tag{1}$$

sind besonders interessant die folgenden drei Typen:

1. $U = 0$, $W = 0$, $V$ unabhängig von $\vartheta$ (Torsionsschwingungen),
2. $V = 0$, $U$ und $W$ unabhängig von $\vartheta$ (Längsschwingungen),
3. $U$ und $W$ proportional mit $\cos\vartheta$, $V$ proportional $\sin\vartheta$ (Querschwingungen).

a) Torsionsschwingungen. Hier bleibt nur die zweite der Gleichungen (1), Ziff. 14 in der Form übrig

$$\frac{\partial^2 V}{\partial r^2} + \frac{1}{r}\frac{\partial V}{\partial r} - \frac{1}{r^2} V + k'^2 V = 0\,,$$

mit $k'^2 = \frac{p^2 \varrho}{G} - \gamma^2$. Die Forderung der Spannungsfreiheit der Oberfläche gibt $\left(\frac{\partial}{\partial r}\frac{J_1(k'r)}{r}\right)_{r=a} = 0$, wo $J_1$ die Besselsche Funktion erster Ordnung bedeutet. Eine besonders einfache[2]) Lösung dieser Gleichung ist $k' = 0$; ihr entsprechen Torsionswellen

$$u = 0\,, \qquad v = B r\, e^{i(\gamma z + p t)}, \qquad w = 0$$

($B$ konstant), die sich wegen $\gamma^2 = \frac{p^2 \varrho}{G}$ mit der Geschwindigkeit $\sqrt{\frac{G}{\varrho}}$ längs des Zylinders fortpflanzen.

Für den Hohlzylinder mit den Radien $a$ und $b$ hat Ghosh[3]) die Frequenzengleichung

$$\frac{k' a J_0(k' a) - 2 J_1(k' a)}{k' a Y_0(k' a) - 2 Y_1(k' a)} = \frac{k' b J_0(k' b) - 2 J_1(k' b)}{k' b Y_0(k' b) - 2 Y_1(k' b)}$$

($J_0$, $J_1$, $Y_0$, $Y_1$, Besselsche Funktionen) aufgestellt; für sehr kleine Dicke des Hohlzylinders wird sie

$$k'^2 a^2 [J_0(k' a)\, Y_1(k' a) - J_1(k' a)\, Y_0(k' a)] = 0\,,$$

also $k' = 0$.

b) Längsschwingungen[4]). Die Gleichungen (1), Ziff. 14 und (3), Ziff. 14 zusammen mit der mittleren Gleichung (2), Ziff. 14 und Gleichung (4), Ziff. 14 liefern, sofern man noch

$$\Theta = \bar{\Theta}(r)\, e^{i(\gamma z + p t)} \qquad \text{und} \qquad \omega_\vartheta = \bar{\omega}_\vartheta(r)\, e^{i(\gamma z + p t)}$$

---

[1]) S. Kap. 2, Ziff. 11, Gleichungen (14) und Ziff. 25, Gleichungen (5) ds. Bd. des Handb.

[2]) Auf andere Lösungen und die entsprechenden allgemeineren Schwingungen hat L. Pochhammer, Crelles Journ. Bd. 81, S. 333. 1876 hingewiesen.

[3]) J. Ghosh, Bull. Calcutta Math. Soc. Bd. 13, S. 217—220. 1922/23.

[4]) S. auch C. Chree, Quarterly Journ. Math. Bd. 21, S. 287—298. 1886; ferner Bd. 23, S. 317—342. 1889 (nichtkreisförmiger Querschnitt); ferner Bd. 24, S. 340—358. 1890 (nichtisotropes Material).

ansetzt,

$$\left.\begin{aligned}\frac{\partial^2 \bar\Theta}{\partial r^2} + \frac{1}{r}\frac{\partial \bar\Theta}{\partial r} + \left(\frac{p^2\varrho(m-2)}{2(m-1)G} - \gamma^2\right)\bar\Theta = 0,\\ \frac{\partial^2 \bar\omega_\vartheta}{\partial r^2} + \frac{1}{r}\frac{\partial \bar\omega_\vartheta}{\partial r} - \frac{1}{r^2}\bar\omega_\vartheta - \left(\frac{\varrho p^2}{G} - \gamma^2\right)\bar\omega_\vartheta = 0.\end{aligned}\right\} \tag{2}$$

Hiermit wird unter Verwendung der Abkürzungen

$$h'^2 = \frac{p^2\varrho(m-2)}{2(m-1)G} - \gamma^2 \quad \text{und} \quad k'^2 = \frac{p^2\varrho}{G} - \gamma^2:$$

$$\left.\begin{aligned}U(r) &= A\frac{\partial}{\partial r}J_0(h'r) + C\gamma J_1(k'r),\\ W(r) &= Ai\gamma J_0(h'r) + \frac{iC}{r}\frac{\partial}{\partial r}\{rJ_1(k'r)\},\end{aligned}\right\} \tag{3}$$

wo $A$ und $C$ Konstante sind.

Die durch

$$u = U(r)\cos(\gamma z + pt), \tag{4a}$$

$$w = iW(r)\sin(\gamma z + pt) \tag{4b}$$

gegebenen Schwingungen pflanzen sich mit der Geschwindigkeit $\frac{p}{\gamma}$ in Richtung der Zylinderachse fort. Die aus den Oberflächenbedingungen folgende Frequenzengleichung ist für kleine Werte von $a$ untersucht und liefert (nach Entwicklung der BESSELschen Funktionen in Reihen) für die Fortpflanzungsgeschwindigkeit der durch (4a) und (4b) bestimmten Wellen in erster Annäherung

$$\frac{p}{\gamma} = \sqrt{\frac{E}{\varrho}},$$

in zweiter Annäherung

$$\frac{p}{\gamma} = \sqrt{\frac{E}{\varrho}}\left(1 - \frac{\gamma^2 a^2}{4m^2}\right),$$

wo $E$ der YOUNGsche Modul und $m$ die POISSONsche Konstante bedeutet, die mit dem Schubmodul $G$ durch die Beziehung

$$Em = 2(m+1)G$$

verknüpft sind.

Die nach (4b) auftretenden Längsschwingungen sind [wegen (4a)] mit Querkontraktionen verbunden; diese haben zur Folge, daß bei der ersten Annäherung für die Fortpflanzungsgeschwindigkeit sich nicht der für die Longitudinalschwingungen des unbegrenzten Mediums geltende Wert $\sqrt{\frac{2(m-1)G}{\varrho(m-2)}}$ ergibt; in zweiter Annäherung hängt die Fortpflanzungsgeschwindigkeit von den beiden elastischen Konstanten $E$ und $m$ und von der Wellenlänge $\frac{2\pi}{\gamma}$ ab.

Für den Hohlzylinder hat GHOSH[1]) die (sehr komplizierte) Frequenzengleichung aufgestellt.

c) Querschwingungen. Der Ansatz

$$u = U(r)\cos\vartheta\, e^{i(\gamma z + pt)}, \qquad v = V(r)\sin\vartheta\, e^{i(\gamma z + pt)}, \qquad w = W(r)\cos\vartheta\, e^{i(\gamma z + pt)}$$

[1]) J. GHOSH, Bull. Calcutta Math. Soc. Bd. 14, S. 31—40. 1923/24.

führt (nach Bestimmung von $\Theta$, $\omega_z$ und $\omega_r$) zu der Lösung

$$\left.\begin{aligned} U &= A\frac{\partial J_1(h'r)}{\partial r} + B\gamma\frac{\partial J_1(k'r)}{\partial r} + C\frac{J_1(k'r)}{r}\,, \\ V &= -A\frac{J_1(h'r)}{r} - B\gamma\frac{J_1(k'r)}{r} - C\frac{\partial J_1(k'r)}{\partial r}\,, \\ W &= iA\gamma J_1(h'r) - iBk'^2 J_1(k'r)\,. \end{aligned}\right\} \tag{5}$$

Bei diesen Schwingungen bewegen sich alle Punkte der Zylinderachse in derselben Ebene und senkrecht zur Zylinderachse. Daher bezeichnet man diese Art von Schwingungen als Transversal- oder Biegungsschwingungen. Die Bedingungen für die Spannungsfreiheit der Mantelfläche liefern eine recht verwickelte Frequenzengleichung; für sehr kleine Werte des Zylinderradius ergibt die Entwicklung der auftretenden BESSELschen Funktionen in Reihen in erster Annäherung

$$p^2 = \frac{1}{4}a^2\gamma^4\frac{E}{\varrho}\,.$$

[Das ist die Gleichung für die Frequenzen der Biegungswellen von der Länge $\frac{2\pi}{\gamma}$, die sich längs eines zylindrischen Stabes fortpflanzen; denn für ihn stellt $y = \sin(\gamma x - \lambda c t)$ eine Lösung der Differentialgleichung (1a) von Ziff. 35 vor, und es ist die Frequenz dieser Wellen $\lambda c = \gamma^2 \frac{a}{2}\sqrt{\frac{E}{\varrho}}$ für den Kreisquerschnitt vom Radius $a$.]

## e) Fortschreitende Wellen in unendlich langen Spiralen.

**16. Die Spirale von der Form einer Schraubenlinie.** Hier ist insbesondere der Fall untersucht[1]), daß die Spirale in ihrer ursprünglichen Form die Gestalt einer Schraubenlinie auf einem Kreiszylinder und kreisförmigen Querschnitt vom Radius $c$ hat. Es seien $s$ die Bogenlänge der Schraubenlinie, $1/\varrho$ und $1/\sigma$ ihre Krümmung und Torsion, $u$, $v$, $w$ die Verschiebungskomponenten längs der Hauptnormalen, der Binormalen und der Tangente in einem Punkt $P$ der Schraubenlinie und $\beta$ der kleine Winkel, welchen die Schmiegungsebene der Schraubenlinie bildet mit einer Ebene, die folgendermaßen bestimmt ist: sie geht durch die Tangente an die Zentrallinie der deformierten Spirale in dem Punkt, der dem Punkt $P$ nach der Deformation entspricht, und durch die Tangente an diejenige Kurve, welche die materiellen Punkte einnehmen, die vorher auf der Hauptnormalen in $P$ lagen. Die Kräfte, welche die zu beiden Seiten eines Querschnittes liegenden Teile der Spirale aufeinander ausüben, lassen sich zurückführen auf eine resultierende Kraft im Zentrum des Querschnitts mit den Komponenten $N_1$, $N_2$, $T$ längs der Hauptnormalen, der Binormalen und der Tangente und ein resultierendes Moment, das sich zerlegen läßt in zwei Biegungsmomente $M_1$ und $M_2$ und ein Torsionsmoment $H$ um diese drei Achsen.

Der Zusammenhang zwischen den Momenten und den elastischen Verschiebungen $u$, $v$, $w$ ist gegeben durch die Gleichungen

$$\left.\begin{aligned} M_1 &= \frac{1}{4}E\pi c^4\left[\frac{\beta}{\varrho} - \frac{\partial}{\partial s}\left(\frac{\partial v}{\partial s} + \frac{u}{\sigma}\right) - \frac{1}{\sigma}\left(\frac{\partial u}{\partial s} - \frac{v}{\sigma} + \frac{w}{\varrho}\right)\right], \\ M_2 &= \frac{1}{4}E\pi c^4\left[\frac{\partial}{\partial s}\left(\frac{\partial u}{\partial s} - \frac{v}{\sigma} + \frac{w}{\varrho}\right) - \frac{1}{\sigma}\left(\frac{\partial v}{\partial s} + \frac{u}{\sigma}\right)\right], \\ H &= \frac{1}{2}G\pi c^4\left[\frac{\partial\beta}{\partial s} + \frac{1}{\varrho}\left(\frac{\partial v}{\partial s} + \frac{u}{\sigma}\right)\right]. \end{aligned}\right\} \tag{1}$$

Hier ist $E$ der YOUNGsche Modul und $G$ der Schubmodul des Materials.

[1]) A. E. H. LOVE, Trans. Cambr. Phil. Soc. Bd. 18, S. 364—374. 1900.

Bei Vernachlässigung rotatorischer Trägheit hängen die Komponenten $M_1, M_2, H$ mit den Komponenten $N_1, N_2, T$ durch die Gleichungen

$$\left.\begin{aligned} &\frac{\partial M_1}{\partial s} - \frac{M_2}{\sigma} + \frac{H}{\varrho} - N_2 = 0\,, \\ &\frac{\partial M_2}{\partial s} + \frac{M_1}{\sigma} + N_1 = 0\,, \\ &\frac{\partial H}{\partial s} - \frac{M_1}{\varrho} = 0 \end{aligned}\right\} \tag{2}$$

zusammen, und die Bewegungsgleichungen sind[1])

$$\left.\begin{aligned} &\frac{\partial N_1}{\partial s} - \frac{N_2}{\sigma} + \frac{T}{\varrho} = \varrho_0 \omega \frac{\partial^2 u}{\partial t^2}\,, \\ &\frac{\partial N_2}{\partial s} + \frac{N_1}{\sigma} \qquad = \varrho_0 \omega \frac{\partial^2 v}{\partial t^2}\,, \\ &\frac{\partial T}{\partial s} - \frac{N_1}{\varrho} \qquad = \varrho_0 \omega \frac{\partial^2 w}{\partial t^2}\,, \end{aligned}\right\} \tag{3}$$

worin $\varrho_0$ die Dichte und $\omega = \pi c^2$ die Querschnittsfläche der Spirale ist.

Die Annahme, daß von einer Längenänderung des Drahtes abgesehen werden soll, gibt

$$\frac{\partial w}{\partial s} = \frac{u}{\varrho}\,. \tag{4}$$

Mit den Ansätzen

$$\left.\begin{aligned} u = -L\varrho W \sin(Ls - pt)\,, \quad v = V\cos(Ls - pt)\,, \quad w = W\cos(Ls - pt)\,, \\ \beta = B\cos(Ls - pt)\,, \end{aligned}\right\} \tag{5}$$

die (4) bereits berücksichtigen und worin $B, V, W, L, p$ Konstante, und zwar $2\pi/L$ die gegebene Wellenlänge, $p$ die gesuchten Frequenzen sind, und den Ansätzen

$$\left.\begin{aligned} M_1 = \tfrac{1}{4} E\pi c^4 \overline{M}_1 \cos(Ls - pt), \qquad M_2 = \tfrac{1}{4} E\pi c^4 \overline{M}_2 \sin(Ls - pt), \\ H = \frac{E\pi c^4}{4L\varrho} \overline{M}_1 \sin(Ls - pt), \end{aligned}\right\} \tag{6}$$

die die dritte der Gleichungen (2) bereits berücksichtigen, ergeben die Gleichungen (1) bis (3) acht Gleichungen für die Größen $p, \frac{V}{W}, B, \overline{M}_1, \overline{M}_2, u, v, w$. Die Elimination der letzten sieben dieser Größen gibt die Frequenzengleichung für $p$, die sich mit den Abkürzungen

$$k_0 = \frac{E}{2GL^2\varrho^2}\,, \qquad k_1 = \frac{1}{L^2\varrho^2}\,, \qquad k_2 = \frac{1}{L^2\sigma^2}\,, \qquad x = \frac{4\varrho_0\omega p^2}{E\pi c^4(1 - k_1 - k_2)^2 L^4}$$

schreibt:

$$\{1 - (1 + k_0)x\}\{1 - (1 + k_1)x\}(1 - k_1 - k_2)^2 - 8k_2 x(2 + k_0 - k_1) = 0\,. \tag{7}$$

Diese quadratische Gleichung in $x$ hat zwei reelle positive Wurzeln, von denen die eine größer ist als $\frac{1}{1 + k_1}$ und die andere kleiner als $\frac{1}{1 + k_0}$. Es gibt daher zwei mögliche Fortschreitungsgeschwindigkeiten für Wellen gegebener Länge $2\pi/L$, davon ist die eine größer als

$$\left(\frac{Ec^2L^2\varrho^2\left(L^2 - \frac{1}{\varrho^2} - \frac{1}{\sigma^2}\right)^2}{4\varrho_0(1 + L^2\varrho^2)}\right)^{\frac{1}{2}},$$

[1]) Zu Gleichungen (2) und (3) vgl. auch „LOVE-TIMPE“, S. 446 (10) und (11).

die andere kleiner als

$$\left(\frac{E c^2 L^2 \varrho^2\left(L^2 - \frac{1}{\varrho^2} - \frac{1}{\sigma^2}\right)^2}{4\varrho_0\left(1 + \frac{1}{m} + L^2\varrho^2\right)}\right)^{\frac{1}{2}},$$

wo $m$ die POISSONsche Konstante ist.

Bezüglich des Charakters der Wellenbewegung zeigt eine eingehende Diskussion, daß, wenn $L^2 - \frac{1}{\varrho^2} + \frac{1}{\sigma^2}\left\{\begin{matrix}\text{positiv}\\ \text{negativ}\end{matrix}\right\}$ ist, dann $\frac{V}{W}\left\{\begin{matrix}\text{positiv}\\ \text{negativ}\end{matrix}\right\}$ ist in der schnelleren Welle und $\left\{\begin{matrix}\text{negativ}\\ \text{positiv}\end{matrix}\right\}$ in der langsameren.

Die linke Seite der Frequenzengleichung (7) zerfällt in zwei Linearfaktoren, die rational sind in $k_0, k_1, k_2$, wenn die Diskriminante der Gleichung (7) das Quadrat einer rationalen Funktion in $k_0, k_1, k_2$ ist. Das ist der Fall, wenn $2 + k_0 - k_1 = 0$ oder $1 - k_1 - k_2 = 0$ oder $k_2 = 0$ oder $1 - k_1 + k_2 = 0$ ist. Der erste Fall kann nicht eintreten, da $k_0 > k_1$, der dritte Fall ist der Grenzfall, daß die Schraubenlinie ein Kreis wird. Im Fall $1 - k_1 - k_2 = 0$ ist eine der beiden Bewegungen eine Bewegung der Schraubenlinie als starrer Körper mit $p = 0$. Im Fall $1 - k_1 + k_2 = 0$ sind die zwei Wellentypen dadurch ausgezeichnet, daß die Momente in der Schmiegungsebene bzw. senkrecht dazu verschwinden; der Fall kann nur eintreten, wenn der Steigungswinkel der Schraubenlinie kleiner als $\pi/4$ ist.

## f) Fortschreitende Wellen auf der unendlich langen Saite.

**17. Die D'ALEMBERTsche Lösungsform.** Die Differentialgleichung für die Saitenschwingung [vgl. Ziff. 29, Gleichung (4)]

$$\frac{\partial^2 y}{\partial t^2} = c^2\frac{\partial^2 y}{\partial x^2} \tag{1}$$

kann durch die Substitution $t = \frac{\xi - \tau}{2c}$, $x = \frac{\xi + \tau}{2}$ auf die Form $\frac{\partial^2 y}{\partial\xi\,\partial\tau} = 0$ gebracht werden, deren allgemeine Lösung $\Phi(\xi) + \Psi(\tau)$ auch sofort die allgemeine Lösung der Differentialgleichung (1) in der Form

$$y(x, t) = \Phi(x + ct) + \Psi(x - ct)$$

anschreiben läßt, in der $\Phi$ und $\Psi$ zwei willkürliche Funktionen sind. Diese Lösung besagt, daß sich zwei Wellenbewegungen der Saite superponieren: Das erste Glied der rechten Seite gibt eine Wellenbewegung, die mit der Geschwindigkeit $c$ in Richtung der negativen $x$-Achse über die Saite fortschreitet, das zweite eine solche mit der Geschwindigkeit $c$ in Richtung der positiven $x$-Achse. Für Longitudinalwellen ist die Fortpflanzungsgeschwindigkeit $c = \sqrt{\frac{E}{\varrho}}$, für Transversalwellen $c = \sqrt{\frac{S}{\varrho}}$, wenn $\varrho$ die Dichte, $E$ der YOUNGsche Modul der gespannten Saite, $S$ ihre Anfangsspannung ist (vgl. Ziff. 29). Sind Anfangslage und Anfangsgeschwindigkeit der Saite durch die für alle $x$ definierten Funktionen $y(x, 0) = f(x)$ und $\left(\frac{\partial y}{\partial t}\right)_{t=0} = g(x)$ gegeben, so wird

$$\Phi(x) = \frac{1}{2}\left\{f(x) + \frac{1}{c}\int_0^x g(z)\,dz\right\}, \qquad \Psi(x) = \frac{1}{2}\left\{f(x) - \frac{1}{c}\int_0^x g(z)\,dz\right\},$$

also

$$y(x, t) = \frac{1}{2}\{f(x + ct) + f(x - ct)\} + \frac{1}{2c}\int_{x-ct}^{x+ct} g(z)\,dz.$$

**18. Die RIEMANNsche Integrationsmethode.** Ein anderer Weg zur Gewinnung dieser Lösung ist die RIEMANNsche Integrationsmethode für partielle Differentialgleichungen vom hyperbolischen Typus, für die die Differentialgleichung der Saitenschwingung ein einfachstes Beispiel darbietet[1]. Für die Differentialgleichung (1), Ziff. 17 sind die Charakteristiken bekannt: $x - ct =$ konst. und $x + ct =$ konst.; diesen Umstand benutzt die RIEMANNsche Methode.

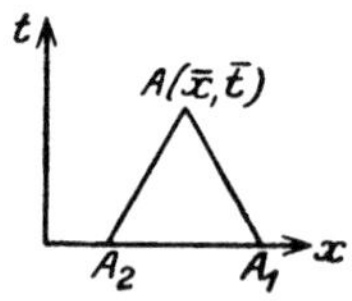


Abb. 11.

Für die Bestimmung des Wertes der Funktion $y(x, t)$ in einem Punkt $A(\bar{x}, \bar{t})$ der $x, t$-Ebene (Abb. 11) zieht man die beiden Charakteristiken $AA_1$ und $AA_2$ durch $A$ und wendet auf das von ihnen und der $x$-Achse begrenzte Dreieck $AA_1A_2$ die erweiterte GREENsche Formel[2] an. Sie gibt hier

$$\int\left(c^2\frac{\partial y}{\partial x}dt + \frac{\partial y}{\partial t}dx\right) = 0,$$

wo das Integral über die Begrenzung des Dreiecks $AA_1A_2$ zu erstrecken ist. Wegen $c\,dt + dx = 0$ und $t = \bar{t} + \frac{\bar{x} - x}{c}$ längs des Weges $A_1A$ wird der auf diesen Weg sich beziehende Teil des Integrals gleich

$$-c\int\limits_{A_1}^{A}\frac{dy}{dx}dx = -c\left[y(\bar{x}, \bar{t}) - y(\bar{x} + c\bar{t}, 0)\right].$$

Durch die analoge Behandlung des Teilintegrals über den Weg $AA_2$ und Hinzufügung des Teilintegrals über $A_2A_1$ erhält man

$$y(\bar{x}, \bar{t}) = \frac{1}{2}\{y(\bar{x} + c\bar{t}, 0) + y(\bar{x} - c\bar{t}, 0)\} + \frac{1}{2c}\int\limits_{A_2}^{A_1}\frac{\partial y}{\partial t}dx,$$

und mit Einführung der vorhin benutzten Anfangsbedingungen für die Saite ergibt sich genau die Lösung wie vorher.

Das RIEMANNsche Verfahren ist auch auf den Fall angewendet, daß die Saite an einem Ende festgehalten ist und sich nur nach einer Seite ins Unendliche erstreckt[3], und auf Schwingungen in einem widerstehenden Mittel[4].

# III. Stehende Schwingungen (ausgezeichnete Lösungen) bei allseitig begrenzten elastischen Systemen.

## a) Schwingungen von Systemen mit endlich vielen Freiheitsgraden[5].

**19. Normalschwingungen und Normalkoordinaten.** Die Beziehungen der elastischen Schwingungen eines Kontinuums zu den Schwingungen von Systemen mit endlich vielen Freiheitsgraden sind so enge und die Methoden für das Kontinuum stellen in so vieler Hinsicht eine Übertragung und sinngemäße Erweiterung

[1] Allgemeineres über die RIEMANNsche Methode s. etwa „RIEMANN-WEBER I", Abschn. XVIII, § 4.
[2] „RIEMANN-WEBER I", S. 591.
[3] W. VOIGT, Elementare Mechanik usw., S. 546. Leipzig 1901.
[4] F. STRANA, Rom. Accad. L. Rend. (5) Bd. 24, 1, S. 207—212 u. 409—411. 1915.
[5] Ausführlicheres hierüber s. ds. Handb. Bd. VIII, Kap. 3.

des Verfahrens bei endlich vielen Freiheitsgraden dar, daß es zweckmäßig ist, die hier bestehenden Verhältnisse in Kürze zu erörtern.

Die sog. unendlich kleinen freien Schwingungen eines konservativen mechanischen Systems von $n$ Freiheitsgraden um eine stabile Gleichgewichtslage, für die die Koordinaten $q_1, q_2, \ldots q_n$ verschwinden, sind dadurch charakterisiert, daß die kinetische Energie $T$ und die potentielle Energie $V$ positiv definite quadratische Formen mit konstanten Koeffizienten sind[1]):

$$T = \tfrac{1}{2}\sum_{i,k} a_{ik}\dot{q}_i\dot{q}_k, \qquad V = \tfrac{1}{2}\sum_{i,k} b_{ik}q_i q_k \qquad (a_{ik} = a_{ki};\ b_{ik} = b_{ki};\ i,k = 1, 2, \ldots, n).$$

Die LAGRANGEschen Gleichungen geben dann das System von $n$ Differentialgleichungen

$$a_{1i}\ddot{q}_1 + a_{2i}\ddot{q}_2 + \cdots + a_{ni}\ddot{q}_n + b_{1i}q_1 + b_{2i}q_2 + \cdots + b_{ni}q_n = 0 \qquad (i = 1, 2, \ldots, n), \tag{1}$$

das durch den Ansatz

$$q_k = A_k e^{\sqrt{-1}\,pt} \tag{2}$$

in das System linearer Gleichungen übergeht:

$$(b_{1i} - a_{1i}p^2)A_1 + (b_{2i} - a_{2i}p^2)A_2 + \cdots + (b_{ni} - a_{ni}p^2)A_n = 0 \qquad (i = 1, 2, \ldots, n). \tag{3}$$

Sie liefern die „determinierende Gleichung“

$$\begin{vmatrix} b_{11} - a_{11}p^2 & b_{21} - a_{21}p^2 & \cdots & b_{n1} - a_{n1}p^2 \\ b_{12} - a_{12}p^2 & b_{22} - a_{22}p^2 & \cdots & b_{n2} - a_{n2}p^2 \\ \vdots & \vdots & & \vdots \\ b_{1n} - a_{1n}p^2 & b_{2n} - a_{2n}p^2 & \cdots & b_{nn} - a_{nn}p^2 \end{vmatrix} = 0 \tag{4}$$

und bestimmen zu jeder der $n$ reellen und positiven Lösungen $p_s^2$ $(s = 1, 2, \ldots n)$ von (4) die Verhältnisse der Konstanten $A_1, A_2, \ldots, A_n$:

$$A_1 : A_2 : \cdots : A_n = D_{11} : D_{21} : \cdots : D_{n1},$$

wo die $D_{11}, D_{21}, \ldots, D_{n1}$ die Adjunkten der Elemente der ersten Zeile der Determinante in (4) sind.

Zu jedem der Werte $p_s^2$ erhält man aus (3) eine sog. Normalschwingung[2]) oder Eigenschwingung[2])[3]) oder Hauptschwingung[3]) des Systems:

$$q_1 = C_s D_{11}^{(s)}\cos(p_s t + \alpha_s), \quad q_2 = C_s D_{21}^{(s)}\cos(p_s t + \alpha_s), \ldots, \quad q_n = C_s D_{n1}^{(s)}\cos(p_s t + \alpha_s), \tag{5}$$

also für $s = 1, 2, \ldots, n$ insgesamt $n$ Normalschwingungen, den $n$ Freiheitsgraden des Systems entsprechend.

Bei einer solchen Normalschwingung (5) stehen die einzelnen Koordinaten in einem festen, von der Zeit unabhängigen Verhältnis; man sagt: die einzelnen Koordinaten des Systems schwingen synchron. Die Phase stimmt für alle Koordinaten überein, willkürlich ist nur der Absolutwert der in bestimmten Verhältnissen stehenden Amplituden und der Wert der für alle Koordinaten gleichen Phasenkonstanten. Die Größen $p_s/2\pi$ heißen die Eigenschwingungszahlen, die $p_s$ die Eigenfrequenzen des Systems.

Die allgemeinste Lösung ist:

$$\left.\begin{aligned} q_1 &= \sum_{s=1}^{n} C_s D_{11}^{(s)}\cos(p_s t + \alpha_s), \qquad q_2 = \sum_{s=1}^{n} C_s D_{21}^{(s)}\cos(p_s t + \alpha_s), \ldots, \\ q_n &= \sum_{s=1}^{n} C_s D_{n1}^{(s)}\cos(p_s t + \alpha_s). \end{aligned}\right\} \tag{6}$$

---

1) S. Bd. V, Kap. 8, Ziff. 53 ds. Handb.

2) „Math. Enzykl., LAMB“, S. 222.

3) „COURANT-HILBERT I“, S. 229 u. „RIEMANN-WEBER II“, S. 80.

Während für beliebige Koordinaten $q_k$ des Systems die $s$te Normalschwingung des Systems sich in der Form (5) darstellt, lassen sich besondere Systemkoordinaten $\eta_1, \eta_2, \ldots, \eta_n$ einführen, für die sich die $s$te Normalschwingung in der besonders einfachen Form schreiben läßt:

$$\eta_1 = 0;\ \eta_2 = 0;\ \ldots;\ \eta_{s-1} = 0;\ \eta_s = C_s \cos(p_s t + \alpha_s);\ \eta_{s+1} = 0;\ \ldots;\ \eta_n = 0\,. \quad (7)$$

Man nennt die Koordinaten $\eta_1, \ldots, \eta_n$ die Normalkoordinaten[1]) oder Hauptkoordinaten[2]) des Systems. Man erhält sie aus beliebigen Systemkoordinaten durch diejenige lineare homogene Transformation

$$q_k = \sum_{s=1}^{n} l_{ks} \eta_s\,,$$

welche $T$ und $V$ überführt in Summen von Quadraten:

$$T = \sum_{s=1}^{n} \dot{\eta}_s^2\,, \qquad V = \sum_{s=1}^{n} \mu_s \eta_s^2\,. \quad (8)$$

Hierbei ist[3]) $\mu_s = p_s^2$; die $\mu_s$ sind also die Quadrate der Eigenfrequenzen des Systems.

Aus den mit (8) sich ergebenden LAGRANGEschen Gleichungen folgt unmittelbar die Darstellung (7) für die Normalschwingungen des Systems. Die allgemeinste Bewegung des Systems stellt sich in den Normalkoordinaten so dar:

$$\left.\begin{aligned} &\eta_1 = C_1 \cos(p_1 t + \alpha_1), \qquad \eta_2 = C_2 \cos(p_2 t + \alpha_2), \ldots, \\ &\eta_n = C_n \cos(p_n t + \alpha_n)\,. \end{aligned}\right\} \quad (9)$$

**20. Extremumseigenschaften der Quadrate der Eigenfrequenzen.** Die Größen $\mu_s$ lassen sich durch eine Maximum-Minimum-Eigenschaft definieren, welche sofort allgemeine Eigenschaften schwingender Systeme ableiten läßt und welche bei kontinuierlichen schwingenden Systemen ein Analogon hat. Es seien die Größen $\mu_s$ nach wachsender Größe geordnet mit $\mu_1, \mu_2, \ldots, \mu_n$ bezeichnet, so daß also $\mu_1 \leqq \mu_2 \leqq \cdots \leqq \mu_n$ ist. Dann läßt sich $\mu_s$ so definieren: Es soll die quadratische Form $V' = \sum_{i,k=1}^{n} b_{ik} x_i x_k$ zum Minimum gemacht werden, wenn die Variabeln erstens der Nebenbedingung genügen $T' = \sum_{i,k=1}^{n} a_{ik} x_i x_k = 1$ und zweitens $s-1$ weiteren linearen homogenen Nebenbedingungen $\sum_{i=1}^{n} \alpha_{ij} x_i = 0$ $(j = 1, 2, \ldots, s-1)$ unterworfen sind, wobei die $\alpha_{ij}$ beliebige, aber zunächst festgewählte Konstante sind. Nimmt man nun alle möglichen Wertesysteme der $\alpha_{ij}$ und bestimmt jedesmal das zugehörige Minimum von $V'$, so ist $\mu_s$ der größte unter allen diesen Minimalwerten. Auf Grund dieser Definition ergeben sich wichtige Sätze über den Einfluß einer Vermehrung oder Verminderung der Bedingungen, denen ein schwingendes System unterworfen ist, auf die Schwingungszahlen des Systems, falls diese Bedingungen durch voneinander unabhängige lineare homogene Gleichungen zwischen den Veränderlichen sich darstellen lassen[4]).

---

1) „COURANT-HILBERT I", S. 229; „Math. Enzykl., LAMB", S. 223.
2) „RIEMANN-WEBER II", S. 82.
3) Siehe etwa E. T. WHITTAKER, Analytische Dynamik der Punkte und starren Körper, S. 193. Berlin 1924.
4) „COURANT-HILBERT I", S. 230; s. auch ds. Handb. Bd. VIII, S. 63.

## b) Übergang zu Systemen mit unendlich vielen Freiheitsgraden.

**21. Eigenfunktionen und Eigenwerte; Normalkoordinaten.** Der nächstliegende Weg des Übergangs zu unendlich kleinen freien Schwingungen eines Systems von unendlich vielen Freiheitsgraden ist der, daß man das kontinuierliche System zunächst durch ein geeignetes diskontinuierliches mit endlich vielen Freiheitsgraden ersetzt, für dieses dann nach dem in Ziff. 19 besprochenen Verfahren vorgeht und im Resultat den Grenzübergang zum kontinuierlichen System vollzieht. Dieser Weg ist in ein paar Spezialfällen gegangen worden (Ziff 29, 44).

Ein anderer Weg ist der, daß man von vornherein die Gestalt des elastischen Mediums in irgendeinem Zeitmoment durch unendlich viele Parameter [$q_n(t)$ in Ziff. 26a)] festlegt; wir werden darauf bei erzwungenen Schwingungen eingehen.

Die bei den weiterhin zu erörternden Spezialproblemen häufigste Art der Behandlung kontinuierlicher Systeme besteht darin, daß man Schwingungszustände des Systems aufsucht, die den „synchronen" Charakter der Eigenschwingungen der Systeme mit endlich vielen Freiheitsgraden haben; man setzt also die Schwingung an in der Form $u(t; x, y, \ldots) = v(x, y, \ldots) g(t)$. Entsprechend dem Auftreten der zweiten Differentialquotienten von $u$ nach der Zeit in den Differentialgleichungen der Schwingungsprobleme der Elastokinetik erhält man für $g(t)$ eine gewöhnliche Differentialgleichung zweiter Ordnung mit einem Parameter $\mu$; für $v(x, y, \ldots)$ erhält man je nach der Zahl der unabhängigen Veränderlichen eine gewöhnliche oder partielle Differentialgleichung mit demselben Parameter $\mu$, deren Lösung den Randbedingungen genügen muß.

Die Forderung, den Randbedingungen entsprechende Lösungen der Differentialgleichung für $v$ zu bestimmen, heißt das zum Schwingungsproblem gehörige Eigenwertproblem. Die Randbedingungen ergeben für den Wertebereich der in den Lösungen $g(t)$ auftretenden Frequenz bzw. der $\mu$ eine Beschränkung, die sog. Periodengleichung[1]) oder Frequenzengleichung; die ihr entsprechenden Frequenzen heißen die Eigenfrequenzen des schwingenden Systems, die zugehörigen Werte $\mu$ die Eigenwerte des Eigenwertproblems, die zugehörigen Lösungen $v(x, y \ldots)$ Eigenfunktionen oder ausgezeichnete Lösungen[2]), die entsprechenden Schwingungen $u(t; x, y, \ldots) = g(t)\, v(x, y, \ldots)$ Eigenschwingungen[3]) oder Normalschwingungen[4]) des Systems. Die Aufsuchung und Diskussion derartiger Normalschwingungen des Systems wird einen wesentlichen Bestandteil der Spezialausführungen bilden. Durch Superposition der Eigenschwingungen erhält man Schwingungen, die vorgegebenen Anfangsbedingungen angepaßt sind; dies entspricht der Möglichkeit der Entwicklung (in weitem Umfang beliebiger) Funktionen[5]) nach den Eigenfunktionen (nach Art der FOURIERschen Entwicklung).

Wenn man die Gestalt eines schwingenden Systems von unendlich vielen Freiheitsgraden in einem Moment $t$ durch unendlich viele Koordinaten $\varphi_1(t)$, $\varphi_2(t), \ldots$ charakterisiert, indem man z. B. beim eindimensionalen Problem die Funktion $y(x, t)$, die die Gestalt des Systems im Moment $t$ gibt, in der Form ansetzt

$$y(x, t) = \sum_{i=1}^{\infty} \varphi_i(t)\, u_i(x),$$

1) „Math. Enzykl., LAMB", S. 234.
2) „POCKELS", S. 56; O. TEDONE, Enzykl. d. math. Wiss., Bd. IV/24, S. 107.
3) „COURANT-HILBERT I", S. 234.
4) „Math. Enzykl., LAMB", S. 236.
5) Präzisere Fassung s. etwa „COURANT-HILBERT I", S. 278.

wo die $u_i(x)$ als bekannt anzusehen sind, so gibt die Bestimmung der $\varphi_i$ als Funktionen der Zeit die Lösung des Schwingungsproblems. Wenn die $\varphi_i$ so beschaffen sind, daß die lebendige Kraft und die potentielle Energie eine rein quadratische Form in den $\dot\varphi_i$ bzw. $\varphi_i$ wird (die also nur Terme $\dot\varphi_i^2$ bzw. $\varphi_i^2$ enthält), so nennt man die $\varphi_i$ Normalkoordinaten[1]) des Systems.

**22. Extremumseigenschaften der Eigenwerte.** Wie die Größen $\mu_s$ (in Ziff. 20) durch gewisse Extremumseigenschaften quadratischer Formen von endlich vielen Veränderlichen definiert werden konnten, so lassen sich die Eigenwerte für kontinuierliche schwingende Systeme als Extremalwerte von Integralen gewisser quadratischer Differentialausdrücke definieren. Mit Rücksicht auf die Bedeutung, die die Überlegungen der Variationsrechnung, die dabei verwendet werden, auch für die Behandlung von Spezialproblemen neuerdings gewinnen, seien sie hier in ihren wesentlichen Resultaten am Beispiel der schwingenden Membran mit festgehaltenem Rand kurz auseinandergesetzt[2]).

Die Differentialgleichung der schwingenden homogenen Membran ist [Ziff. 44, Gleichung (1)]

$$\frac{\partial^2 u}{\partial t^2} = c^2 \Delta u,$$

und der Ansatz $u(t; x, y) = g(t)\, v(x, y)$ führt für die eingespannte Membran zu dem Eigenwertproblem: Eigenwerte $\mu$ und Eigenfunktionen $v(x, y)$ zu bestimmen, so daß $\Delta v + \mu v = 0$ ist mit der Nebenbedingung, daß $v = 0$ ist am Rand $\Gamma$ des von stückweise stetigen Kurven mit stückweise stetiger Tangente begrenzten Grundgebietes $\mathfrak{B}$ der $x$, $y$-Ebene, über dem sich die Membran erstreckt.

Man stellt nun andererseits die Variationsaufgabe: Es soll das Integral

$$\iint\limits_{\mathfrak{B}} (\varphi_x^2 + \varphi_y^2)\, dx\, dy,$$

(wo die Zeiger $x$ und $y$ partielle Ableitungen bedeuten sollen) zum Minimum gemacht werden mit der Nebenbedingung

$$\iint\limits_{\mathfrak{B}} \varphi^2\, dx\, dy = 1,$$

wobei zum Vergleich alle auf dem Rand $\Gamma$ verschwindenden Funktionen $\varphi$ herangezogen werden, die in $\mathfrak{B}$ mit Einschluß des Randes $\Gamma$ stetig sind und stückweise stetige Ableitungen bis zur zweiten Ordnung haben.

Durch Aufstellung der EULERschen Differentialgleichung des Variationsproblems, die gerade $\Delta v + \mu v = 0$ wird, erkennt man, daß die Lösung des Variationsproblems (ihre Existenz vorausgesetzt) eine Eigenfunktion $v_1$ des obigen Eigenwertproblems für einen passenden konstanten Wert $\mu = \mu_1$, den zugehörigen Eigenwert, ist. $\mu_1$ ist der gesuchte Minimalwert des Integrals $\iint\limits_{\mathfrak{B}} (\varphi_x^2 + \varphi_y^2)\, dx\, dy$, wie sich mit Hilfe des GREENschen Satzes wegen der Randbedingung $\varphi = 0$ ergibt.

Stellt man jetzt das neue Variationsproblem, das sich von dem vorigen nur dadurch unterscheidet, daß die Vergleichsfunktionen $\varphi$ auch noch der Orthogonalitätsbedingung

$$\iint\limits_{\mathfrak{B}} \varphi v_1\, dx\, dy = 0$$

---

1) „COURANT-HILBERT I", S. 233; „Math. Enzykl., LAMB", S. 237; „RAYLEIGH, Schall I", Nr. 87, 90 u. w.

2) „COURANT-HILBERT I", S. 322.

genügen sollen, so erhält man wiederum über die EULERsche Differentialgleichung des Variationsproblems, daß die gesuchte Minimalfunktion eine weitere Eigenfunktion $v_2$ für das Eigenwertproblem und der zugehörige Wert $\mu_2$ von $\mu$ der Minimalwert des Integrals ist. Und so kann man fortfahren, indem man jetzt die beiden Orthogonalitätsbedingungen

$$\iint_{\mathfrak{B}} \varphi v_1 \, dx\, dy = 0 \quad \text{und} \quad \iint_{\mathfrak{B}} \varphi v_2 \, dx\, dy = 0$$

zu der Nebenbedingung des ursprünglichen Variationsproblems hinzunimmt, usw.

Diese sukzessive Definition der Eigenwerte und Eigenfunktionen leistet noch nicht ganz das Analoge wie die Definition der $\mu_s$ in Ziff. 20. Die dortige Definition gab jeden Eigenwert unabhängig von dem vorigen. Aber auch eine solche independente Definition läßt sich hier erreichen durch folgenden Satz: Es seien die Eigenwerte $\mu$ des Eigenwertproblems $\Delta v + \mu v = 0$ mit $v = 0$ am Rand nach wachsender Größe geordnet mit $\mu_1, \mu_2, \ldots$ bezeichnet, so daß also $\mu_1 \leqq \mu_2 \leqq \ldots$. Man bestimme nun die untere Grenze $d\{v_1, \ldots, v_{n-1}\}$ der Werte des Integrals

$$\iint_{\mathfrak{B}} (\varphi_x^2 + \varphi_y^2)\, dx\, dy$$

bei der Randbedingung $\varphi = 0$ auf $\Gamma$ und den $n$ Nebenbedingungen

$$\iint_{\mathfrak{B}} \varphi^2 \, dx\, dy = 1 \quad \text{und} \quad \iint_{\mathfrak{B}} \varphi v_i \, dx\, dy = 0 \qquad (i = 1, \ldots, n-1),$$

wo die $v_i$ ein beliebiges, aber zunächst bestimmt gewähltes System von in $\mathfrak{B}$ stückweise stetigen Funktionen sind und hinsichtlich Stetigkeit und Differenzierbarkeit der Vergleichsfunktionen $\varphi$ das oben Gesagte gilt. Nimmt man jetzt alle möglichen solchen Funktionensysteme $v_i$ und bestimmt jedesmal den Wert $d\{v_1, \ldots, v_{n-1}\}$, so ist das Maximum der so erhaltenen Werte $d$ der $n$te Eigenwert $\mu_n$.

Auf Grund dieser Definition der Eigenwerte ergibt sich eine Reihe von Aussagen über den Einfluß des Hinzufügens und der Wegnahme von Zwangsbedingungen, die mathematisch Nebenbedingungen für die $\varphi$ bedeuten, auf die Eigenschwingungszahlen des Systems, ferner über den Zusammenhang der Eigenwerte eines Gebietes $\mathfrak{B}$ mit denen seiner Teilgebiete, über das Verhalten der zu verschiedenen Randbedingungen gehörigen Eigenwerte untereinander, über Stetigkeitseigenschaften der Eigenwerte[1]). Die Beweise dieser Aussagen gestalten sich hier besonders einfach: sie stützen sich im wesentlichen darauf, daß durch Verschärfung der Bedingungen für die Vergleichsfunktionen der Wert des Minimums in einem Variationsproblem jedenfalls nicht erniedrigt wird und daß Abschwächung der Bedingungen jedenfalls den Wert des Minimums nicht erhöhen kann.

Auch die Untersuchung des asymptotischen Verhaltens der Eigenwerte[2]), d. h. das Verhalten der $\mu_n$ mit unbegrenzt wachsendem $n$, läßt sich unter Verwendung dieser Resultate der Variationsrechnung einfacher führen als mit Hilfe der Integralgleichungen. Hier sei nur das auf Grund physikalischer Überlegungen früher schon vermutete wesentliche Resultat[3]) angeführt, daß für

---

[1]) „COURANT-HILBERT I", S. 329ff.

[2]) „COURANT-HILBERT I", S. 344.

[3]) A. H. LORENTZ, Phys. ZS. Bd. 11, S. 1234—1257. 1910; A. SOMMERFELD, ebenda S. 1057—1066.

Differentialgleichungen mit konstanten Koeffizienten das asymptotische Verhalten der Eigenwerte nicht von der Gestalt, sondern nur von der Größe des Grundgebietes 𝔅 abhängt.

## c) Gemeinsame Methoden für verschiedene Spezialprobleme.

**23. Aufstellung der Differentialgleichung des speziellen elastokinetischen Problems.** Gewisse Verfahren wiederholen sich bei der Behandlung der Einzelprobleme; sie sollen in den folgenden sechs Ziffern kurz auseinandergesetzt werden. Ihre Anwendung auf die Sonderprobleme und die Besprechung spezieller Verfahren, die diesen angepaßt sind, bleiben den Abschnitten d) bis k) vorbehalten.

Zwei Wege zur Gewinnung der Differentialgleichung für die Bewegung bei den Einzelproblemen sind die folgenden:

Erstens, man faßt das spezielle elastische System als Spezialfall eines allgemeinen elastischen Körpers auf und spezialisiert die allgemeinen Gleichungen für die Bewegung eines elastischen Körpers und die zugehörigen Oberflächenbedingungen für den vorliegenden Spezialfall, oder

zweitens, man behandelt das Sonderproblem für sich ohne Bezugnahme auf die bereits vorliegenden allgemeinen Bewegungsgleichungen eines elastischen Mediums.

Die erste Art ist in den folgenden Abschnitten d) bis k) verwendet bei den Schwingungen von Kugeln und Zylindern, die zweite bei den Schwingungen von Saiten, Stäben, Membranen, Platten und Schalen.

Bei der direkten Inangriffnahme des speziellen Körpers ist ein mehr synthetischer Weg der, daß man die Gleichgewichtsbedingungen (unter Hinzunahme der D'ALEMBERTschen Trägheitskräfte) an einem Element des elastischen Körpers aufstellt und der damit sich ergebenden Differentialgleichung für das Innere die Randbedingungen hinzufügt. In analytisch eleganter Weise gewinnt man die Differentialgleichung für das Innere zugleich mit den Randbedingungen, wenn man von den Ausdrücken für die lebendige Kraft und die potentielle Energie für das Spezialproblem ausgehend das HAMILTONsche Variationsprinzip[1]) anwendet.

**24. Lösung der Differentialgleichung.** Während in einfacheren Fällen die Lösung der Differentialgleichung sich durch bekannte Funktionen in geschlossener Form angeben läßt, stehen für andere Fälle Näherungsverfahren für die Lösung zur Verfügung, insbesondere Reihenentwicklungen, die Methoden der Differenzenrechnung, das PICARDsche Verfahren der sukzessiven Approximation, von denen das erste ein rechnerisches Verfahren ist, während die beiden letzten graphisch oder numerisch durchgeführt werden können[2]).

**25. Die Methode der Integralgleichung.** Die Theorie der Integralgleichungen stellt durch ihre Aussagen über das Verhalten der Eigenwerte der Integralgleichungen, über Orthogonalitätseigenschaften der Eigenfunktionen, über die Entwickelbarkeit „willkürlicher" Funktionen nach den Eigenfunktionen, ferner durch die im wesentlichen gleichartige Behandlung, die sie Problemen angedeihen läßt, die bei der Behandlung mit Differentialgleichungen auf Differentialgleichungen sehr verschiedenen Charakters führen, ein besonders für die Erledigung allgemeiner analytischer Fragen der Elastokinetik geeignetes Hilfsmittel dar[3]). Daneben haben aber die Integralgleichungen auch auf eine Reihe von Einzelproblemen der Elastokinetik — teilweise bis hin zur zahlenmäßigen Lösung — Anwendung gefunden; hierbei verwendete Verfahren seien hier kurz skizziert[4]).

---

[1]) S. Bd. V, Kap. 2, Ziff. 22 ds. Handb. [2]) S. etwa „VAN DEN DUNGEN II".
[3]) „RIEMANN-WEBER I", S. 381.
[4]) Vgl. insbesondere „VAN DEN DUNGEN I u. II".

Die Aufstellung der Integralgleichung bzw. der Übergang von der Differentialgleichung zur Integralgleichung elastokinetischer Probleme erfolgt physikalisch anschaulich ausgehend von der sog. „Einflußfunktion" oder „GREENschen Funktion" (das ist z. B. bei der Biegung eines von $x = 0$ bis $x = l$ sich erstreckenden Stabes die Funktion von $x$ und $\xi$, welche die Durchbiegung an der Stelle $x$, herrührend von einer Last 1 an der Stelle $\xi$, bei den vorliegenden Randbedingungen gibt).

Dem Problem der Eigenschwingungen liegen homogene Integralgleichungen vom Typ

$$y(x) = \lambda \int_a^b K(x, \xi)\, y(\xi)\, d\xi, \tag{1}$$

mit der unbekannten Funktion $y(x)$, dem Kern $K(x, \xi)$ und dem Parameter $\lambda$ zugrunde, bei den erzwungenen Schwingungen (die in Ziff. 26 besprochen werden) ist die Integralgleichung durch Hinzutreten eines additiven Gliedes $f(x)$ auf der rechten Seite inhomogen:

$$y(x) = \lambda \int_a^b K(x, \xi)\, y(\xi)\, d\xi + f(x)\,. \tag{2}$$

Für die Bestimmung der Eigenwerte $\lambda$ der homogenen Gleichung, damit der Eigenfrequenzen des schwingenden Systems, sind die Nullstellen der FREDHOLMschen Determinante, also die Wurzeln der Gleichung

$$1 + d_1\lambda + d_2\lambda^2 + d_3\lambda^3 + \cdots = 0 \tag{3}$$

zu bestimmen, in der

$$d_1 = -\int_a^b K(s_1, s_1)\, ds_1; \ldots$$

$$d_n = \frac{(-1)^n}{n!} \int_a^b \ldots \int_a^b \begin{vmatrix} K(s_1, s_1) & K(s_1, s_2) & \ldots & K(s_1, s_n) \\ K(s_2, s_1) & K(s_2, s_2) & \ldots & K(s_2, s_n) \\ \vdots & \vdots & & \vdots \\ K(s_n, s_1) & K(s_n, s_2) & \ldots & K(s_n, s_n) \end{vmatrix} ds_1\, ds_2 \ldots ds_n\,.$$

Die $d_n$ lassen sich durch Rekursionsformeln berechnen, so daß zu ihrer Bestimmung nicht etwa komplizierte Determinanten ausgerechnet werden müssen. Es ist nämlich[1])

$$d_{n+1} = -\frac{1}{n+1} \int_a^b d_n(\xi, \xi)\, d\xi \qquad \text{mit} \qquad d_0(\xi, \xi) = K(\xi, \xi)$$

und hierin wieder

$$d_n(x, \xi) = K(x, \xi) d_n + \int_a^b K(x, \varrho)\, d_{n-1}(\varrho, \xi)\, d\varrho \qquad \text{mit} \qquad d_0(x, \xi) = K(x, \xi)\,.$$

Für die näherungsweise Auflösung der Gleichung (3) gilt folgendes:

a) Sind die Nullstellen $\lambda_i$ von (3) alle positiv, einfach und der Größe nach so geordnet, daß $\lambda_1 < \lambda_2 < \ldots$, so ist in erster Annäherung[2])

$$\lambda_1 = -\frac{1}{d_1}\,; \qquad \lambda_1 \lambda_2 = \frac{1}{d_2}\,.$$

Dabei ist $-\frac{1}{d_1}$ sicher eine untere Schranke für $\lambda_1$.

---

[1]) „RIEMANN-WEBER I", S. 422.

[2]) „VAN DEN DUNGEN I", S. 37 u. A. ONO, Journ. of the Soc. of Mech. Engin. (Tokio) Bd. 28, S. 433. 1925.

b) Mit Einführung der „iterierten" Kerne

$$K^{(m)}(x,\xi)=\int_a^b\cdots\int_a^b K(x,\varrho_1)K(\varrho_1,\varrho_2)\ldots K(\varrho_{m-2},\varrho_{m-1})\,K(\varrho_{m-1},\xi)\,d\varrho_1 d\varrho_2\ldots d\varrho_{m-2}d\varrho_{m-1}$$

und der Abkürzungen

$$U_{2\nu}=\int_a^b K^{(2\nu)}(x,x)\,dx$$

erhält man für den dem Betrag nach kleinsten Eigenwert[1]) $\lambda_1$:

$$\lambda_1=\lim_{\nu\to\infty}\sqrt{\frac{U_{2\nu}}{U_{2\nu+2}}}.$$

c) Sind die nach wachsender Größe geordneten Nullstellen $\lambda_1, \lambda_2, \ldots$ alle einfach, so kann man folgendermaßen vorgehen[2]):

Ausgehend von einer willkürlichen, jedenfalls beschränkten Ausgangsfunktion $y_0(x)$, welche den Grenzbedingungen genügt, bilde man die Reihe der Funktionen $y_1(x), y_2(x), \ldots y_n(x), \ldots$, wo

$$y_n(x)=\int_a^b K(x,\xi)\,y_{n-1}(\xi)\,d\xi\,.$$

Mit den Abkürzungen

$$a_0=y_0(x)\,,\qquad a_1=y_1(x)\,,\ldots\qquad a_n=y_n(x)\,,\ldots$$

wird

$$\overline{\lambda}=\lim_{n\to\infty}\frac{a_{n-1}}{a_n}\,,$$

falls dieser Grenzwert für irgend ein $x$ des Intervalls $a \ldots b$ existiert, einer der Werte $\lambda_1, \lambda_2, \ldots$ (Doch ist es nicht sicher, daß er der absolut kleinste der Werte $\lambda_1, \lambda_2 \ldots$ ist.)

Praktisch wird man sich darauf beschränken müssen, bereits das Verhältnis $a_{n-1}/a_n$ für eine kleine ganze Zahl $n$ und für einen geeigneten Wert $x$ als Näherungswert für $\overline{\lambda}$ zu nehmen; andererseits wird man die Rechnung, ausgehend von zwei (möglichst guten) Approximationsfunktionen $y_0(x)$ ausführen oder die Resultate mit den Ergebnissen eines anderen Näherungsverfahrens vergleichen. Das Verfahren läßt sich erweitern auf die Berechnung höherer Nullstellen; man ersetzt dabei besser die sukzessiven Berechnungen der $\lambda_i$ durch eine simultane Berechnung[3]).

d) An Stelle der Funktionen $y_0(x), y_1(x), \ldots$ kann man auch die Größen

$$a_0=\int_a^b A(x)\,y_0(x)\,dx,\qquad a_1=\int_a^b A(x)y_1(x)dx,\ldots$$

benutzen, wo $A(x)$ eine geeignete (jedenfalls beschränkte) Funktion ist, als welche man praktisch z. B. beim Stab etwa die Funktion wählt, welche die Masse oder das Trägheitsmoment pro Längeneinheit des Stabes gibt.

Ein Lösungsverfahren, das im Fall der homogenen Gleichung zur Bestimmung der Eigenfrequenzen und der Eigenfunktionen bereits praktisch bei der nume-

---

[1]) „RIEMANN-WEBER I", S. 435.

[2]) „VAN DEN DUNGEN II", S. 78ff.

[3]) F. H. VAN DEN DUNGEN, C. R. Bd. 176, S. 1864—1865. 1923.

rischen Behandlung eines Problems verwendet ist, beruht darauf, daß die Auflösung von Integralgleichungen, deren Kern $K(x, \xi)$ vom Typus eines Polynoms ist, also

$$K(x, \xi) = s_1(x) t_1(\xi) + s_2(x) t_2(\xi) + \cdots + s_n(x) t_n(\xi),$$

durch Auflösung eines leicht aufzustellenden Systems linearer Gleichungen unmittelbar geleistet wird[1]). Im Fall eines allgemeinen Kernes $K(x, \xi)$ sucht man diesen durch ein Polynom der obigen Form, etwa eine FOURIERsche Reihe, mit möglichst wenig Gliedern möglichst gut anzunähern in dem Sinn, daß für den Rest $K_1(x, \xi)$ das $\int\limits_a^b\int\limits_a^b K_1^2(x, \xi)\, dx\, d\xi$ möglichst klein wird. Mit gewissen Einschränkungen[2]) wird man eine Näherungslösung erhalten, wenn man $K_1(x, \xi)$ vernachlässigt und das einfache Verfahren für den Kern vom Polynomtypus verwendet. (Ziff. 31, 34, 40, 41, 50.)

**26. Erzwungene Schwingungen.** Der erzwungenen Schwingung entspricht in der Differentialgleichung des Problems das Auftreten eines die Gleichung inhomogen machenden Zusatzgliedes $Q(x, t)$, wenn wir uns hier der Einfachheit halber auf den eindimensionalen Fall beschränken. Zwei allgemeine Verfahren zur Lösung sind dann die folgenden:

a) Man entwickelt $Q(x, t)$ für einen Zeitmoment $t$ nach den Eigenfunktionen $y_n(x)$ des Schwingungsproblems: $Q(x, t) = \sum\limits_n Q_n(t) y_n(x)$ und ebenso den Ansatz $y(x, t)$ für die Lösung der inhomogenen Differentialgleichung nach den Eigenfunktionen $y_n(x)$, also $y(x, t) = \sum\limits_n q_n(t) y_n(x)$. Durch Einsetzen in die Differentialgleichung erhält man eine unendliche Folge von Differentialgleichungen für die $q_n(t)$[3]). (Ziff. 30 $\delta$ u. 41.)

b) Man entwickelt $Q(x, t)$ für irgendeine Stelle $x$ in eine FOURIERsche Reihe: $Q(x, t) = \sum\limits_s \varphi_s(x) e^{i p_s t}$ und bestimmt die Lösung durch Überlagerung der den einzelnen Termen $\varphi_s(x) e^{i p_s t}$ dieser Reihe entsprechenden Lösungen. Um die Differentialgleichung der erzwungenen Schwingung für die einzelne äußere Kraft $\varphi_s(x) e^{i p_s t}$ zu lösen, entwickelt man sowohl die Funktion $f(x)$ in dem Lösungsansatz $y(x, t) = f(x)\, e^{i p_s t}$ als auch $\varphi_s(x)$ nach den Eigenfunktionen der homogenen Differentialgleichung und setzt diese Entwicklungen in die inhomogene Differentialgleichung ein (Ziff. 31). Mit Berücksichtigung der homogenen Differentialgleichung für die Eigenfunktionen ergeben sich[4]) die unbekannten Koeffizienten in der Entwicklung für $f(x)$. (Ziff. 30 $\varepsilon$, 31 u. 41.)

Bei der Behandlung mit Integralgleichungen entsprechen erzwungenen Schwingungen im einfachsten Fall Integralgleichungen der Form

$$y(x) = \lambda \int\limits_a^b K(x, \xi)\, y(\xi)\, d\xi + f(x). \tag{1}$$

Diese nichthomogene Integralgleichung hat immer dann eine Lösung, wenn der Wert von $\lambda$ von jedem der Eigenwerte $\lambda_i$ der homogenen Integralgleichung, die man durch Weglassen von $f(x)$ aus (1) erhält, verschieden ist.

Die Auflösung wird hier gegeben durch

$$y(x) = f(x) + \lambda \int\limits_a^b \Gamma(x, \xi)\, f(\xi)\, d\xi,$$

---

1) „RIEMANN-WEBER I“, S. 394.
2) „RIEMANN-WEBER I“, S. 431.
3) „COURANT-HILBERT I“, S. 236.
4) „COURANT-HILBERT I“, S. 240.

wo der „lösende Kern"

$$\Gamma(x,\xi) = \frac{K(x,\xi) + d_1(x,\xi)\lambda + d_2(x,\xi)\lambda^2 + \cdots}{1 + d_1\lambda + d_2\lambda^2 + \cdots}$$

ist, worin zur Berechnung der Konstanten $d_i$ und der Funktionen $d_i(x,\xi)$ die in Ziff. 25 angegebenen Formeln dienen. (Ziff. 31, 41.)

Bei symmetrischem Kern $K(x,\xi)$ wird bei bekannten Eigenwerten $\lambda_i$ und Eigenfunktionen $y_i(x)$ der homogenen Integralgleichung — so daß also

$$y_i(x) = \lambda_i \int_a^b K(x,\xi)\, y_i(\xi)\, d\xi$$

ist — die Lösung der Gleichung (1) gegeben durch die Entwicklung nach Eigenfunktionen[1]:

$$y(x) = f(x) + \lambda \left[ \frac{y_1(x)}{\lambda_1 - \lambda} \int_a^b y_1(\xi) f(\xi)\, d\xi + \frac{y_2(x)}{\lambda_2 - \lambda} \int_a^b y_2(\xi) f(\xi)\, d\xi + \cdots \right].$$

**27. Die Ritzsche Methode.** Sie[2] stellt eine direkte Methode der Variationsrechnung dar, insofern, als sie an die Stelle der Integration einer Differentialgleichung die direkte Aufsuchung der Lösung eines Variationsproblems setzt, als dessen EULERsche Gleichung die Differentialgleichung betrachtet werden kann. Sie ist ein Näherungsverfahren, insofern, als sie die strenge Lösung des Variationsproblems durch eine Folge von Funktionen anzunähern sucht. Hier sei nur der Gang des Verfahrens dargelegt, wie es bei der Behandlung von Spezialproblemen verwendet wird, und dazu der Einfachheit halber ein eindimensionales Variationsproblem gewählt[3]).

Sei die Funktion $y(x)$ gesucht, welche $J = \int_a^b F(x, y, y', \ldots)\, dx$, wo $F$ eine gegebene Funktion seiner Argumente ist, zum Minimum macht und gewisse Stetigkeits- und Randbedingungen erfüllt. Man ersetzt die gesuchte Minimalfunktion $y(x)$ durch eine Näherungsfunktion

$$y_n(x) = c_1\varphi_1(x) + c_2\varphi_2(x) + \cdots + c_n\varphi_n(x),$$

wo die $\varphi_i(x)$ so beschaffen sind, daß man irgendeine stetige, die Randbedingungen erfüllende Funktion durch eine Reihe der Form $\sum_i c_i\varphi_i(x)$ beliebig genau approximieren kann[4]), und daß sie den Stetigkeitsforderungen und Randbedingungen, die für die beim Variationsproblem zugelassenen Vergleichsfunktionen gelten sollen, genügen. $y_n(x)$ führt man für $y(x)$ in $J$ ein, wodurch $J$ eine Funktion $J(c_1, c_2, \ldots, c_n)$ der noch unbestimmten Konstanten $c_1, c_2, \ldots, c_n$ wird, und bestimmt dann die $c_1, c_2, \ldots, c_n$ so, daß $J(c_1, c_2, \ldots, c_n)$ ein Minimum wird. Dafür hat man nun eine gewöhnliche Minimumsaufgabe zu lösen. Ist $F$ eine quadratische Form von $y$ und seinen Differentialquotienten, ein Fall, der bei elastischen Spezialproblemen vorliegt, dann werden die Bedingungsgleichungen $\frac{\partial J(c_1, c_2, \ldots, c_n)}{\partial c_i} = 0$ für das Minimum lineare Gleichungen für die $c_i$. Die Funktion $y_n(x)$ betrachtet man als Näherungslösung des Minimumproblems. In einigen Fällen ist die Konvergenz der Funktionen $y_n(x)$ gegen die Minimalfunktion $y(x)$ be-

[1]) „RIEMANN-WEBER I", S. 438.

[2]) W. RITZ, Crelles Journ. Bd. 135, S. 1—61. 1909; Ann. d. Phys. (4) Bd. 28, S. 737 bis 786. 1909.

[3]) Vgl. auch Kap. 2, Ziff. 52 ds. Bd. des Handb.

[4]) S. Fußnote 2; ferner „COURANT-HILBERT I" S. 157, 36, 89; „RIEMANN-WEBER I", S. 302.

wiesen[1]), in einer Reihe von Problemen der Elastizitätstheorie liefert das Verfahren sehr gute Resultate. Aber man darf sich nicht wundern, wenn es gelegentlich auch versagt. Denn selbst wenn die Funktionenfolge $y_1(x), y_2(x), \ldots$ die Eigenschaft hat, daß das $\int_a^b F(x, y_n, y'_n, \ldots)\,dx$ für $n \to \infty$ gegen den Minimalwert des Integrals $J$ konvergiert, ist damit noch nicht in allen Fällen gesagt, daß die Folge $y_1(x), y_2(x), \ldots$ gegen die Minimalfunktion $y(x)$ konvergiert. (Ziff. 39, 48 u. 53.)

Das RITZsche Verfahren liefert eine obere Schranke für den Wert des Minimalintegrals. Für die Beurteilung des Fehlers wäre es wertvoll, ein Verfahren zu haben, welches eine untere Schranke für diesen Wert gibt. TREFFTZ[2]) hat — zunächst für die erste Randwertaufgabe der ebenen Potentialtheorie — ein Gegenstück zum RITZschen Verfahren gegeben, welches eine untere Schranke des Minimalintegrals liefert.

GALERKIN[3]) hat eine für die praktische Verwendung der RITZschen Methode wertvolle Modifikation gegeben. Die Forderung, das Integral $J = \int_a^b F(x, y, y' \ldots)\,dx$ zum Minimum zu machen, führt auf die andere: $\delta J = \int_a^b E\,\delta y\,dx = 0$, wenn $E = 0$ die zum vorliegenden Variationsproblem gehörige EULERsche Differentialgleichung und $\delta y$ eine willkürliche Variation der Minimalfunktion $y(x)$ ist. Für die Näherungsfunktion $y_n(x)$ kann man nicht verlangen, daß $\delta J$ für eine willkürliche Variation $\delta y$ Null wird, weil für $y_n(x)$ nicht $E = 0$ gilt. Man stellt nun die Forderung, daß für die Variationen $\varphi_1(x)\,\delta\eta$, $\varphi_2(x)\,\delta\eta, \ldots, \varphi_n(x)\,\delta\eta$, wo $\delta\eta$ eine von $x$ unabhängige unendlich kleine Größe darstellt, das $\delta J$ verschwindet, daß also $\int_a^b E\,\varphi_i(x)\,dx = 0$, wo $i$ nacheinander die Werte $1 \ldots n$ annimmt und in $E$ das $y_n(x)$ einzusetzen ist. Damit erhält man $n$ Bedingungsgleichungen für $c_1, c_2, \ldots, c_n$. Die Methode ist hinsichtlich der Resultate gleichwertig mit der RITZschen, aber sie ist ihr vom Standpunkt der numerischen Rechnung aus überlegen, wenn man die EULERsche Differentialgleichung des Variationsproblems kennt, was bei Problemen der Elastizitätstheorie meistens der Fall ist. Auf Probleme der Elastokinetik ist die GALERKINsche Methode, wie es scheint, noch nicht angewendet worden, sie ist aber jedenfalls auch hier geeignet, mit der RITZschen Methode zu konkurrieren.

**28. Benachbarte Systeme.** Handelt es sich darum, bei bekannten Normalkoordinaten und Eigenfrequenzen eines elastischen Systems die Normalkoordinaten und Eigenfrequenzen für ein „benachbartes" System näherungsweise zu bestimmen, so kann man dies machen durch Übertragung der Lösung des analogen Problems bei einem System von endlich vielen Freiheitsgraden. In diesem letzteren Fall verfährt man so: Es seien $x_i$ ($i = 1 \ldots n$) die Normalkoordinaten des Systems von $n$ Freiheitsgraden, seine kinetische Energie sei von der Gestalt $c\sum_{h=1}^{n}\dot{x}_h^2$ und seine potentielle Energie von der Gestalt $\sum_{h=1}^{n}\lambda_h^* x_h^2$, so daß $\lambda_h = \frac{\lambda_h^*}{c}$ die Quadrate der Eigenfrequenzen sind[4]). Das „benachbarte" System sei dadurch charakterisiert,

[1]) S. Kap. 2, Ziff. 53ff. ds. Bd. des Handb.

[2]) E. TREFFTZ, Verh. d. 2. internat. Kongr. f. techn. Mech. Zürich 1926, S. 131—137.

[3]) Vgl. C. B. BIEZENO, Proc. of the first intern. Congr. for applied Mech., Delft 1924, S. 14; H. HENCKY, ZS. f. angew. Math. u. Mech. Bd. 7, S. 80—81. 1927.

[4]) „COURANT-HILBERT I", S. 231.

daß in dem Ausdruck $\sum_{h,k=1}^{n} a_{hk}\dot{x}_h\dot{x}_k$ für seine lebendige Kraft und $\sum_{h,k=1}^{n} b_{hk}x_h x_k$ für seine potentielle Energie die $a_{hk}$, $b_{hk}$ mit $h \neq k$ und $a_{hh} - c$, $b_{hh} - \lambda_h^*$ als unendlich klein erster Ordnung anzusehen sind. Stellt man nun das System der $n$ Vektoren $A^{(h)}$ $(h = 1 \ldots n)$ auf, deren Koordinaten in einem kartesischen Koordinatensystem der $x_1 \ldots x_n$ sind:

$$A_h^{(h)} = 1; \qquad A_k^{(h)} = \frac{a_{hh}\lambda_h^* - b_{hk}c}{c(\lambda_k^* - \lambda_h^*)}, \quad h \neq k,$$

so gibt die Länge des Vektors $A^{(h)}$ die Amplitude der $h$-ten Eigenschwingung des benachbarten Systems, und die Transformationsformeln, welche den Übergang vom Vektorsystem $x_1, \ldots, x_n$ zum neuen Vektorsystem $A^{(1)} \ldots A^{(n)}$ geben, geben auch den Übergang von den Normalkoordinaten des ursprünglichen zu denen des benachbarten Systems. Das Quadrat der $h$-ten Eigenfrequenz ist

$$\frac{b_{hh}}{a_{hh}} - \sum_{k=1}^{n}{}' \frac{(b_{hk}c - \lambda_h a_{hk})^2}{c^2(\lambda_k - \lambda_h)}.$$

(Ziff. 31 u. 51.)

## d) Saitenschwingungen.

**29. Freie Schwingungen.** Die Bewegungsgleichungen für die kleinen Schwingungen einer kräftefreien Saite von gleichförmigem Querschnitt, die mit einer über ihre Länge konstanten Spannung $S$ zwischen zwei festen Punkten der $x$-Achse im Abstand $l$ geradlinig gespannt ist, sind

$$\varrho\frac{\partial^2\xi}{\partial t^2} = E\frac{\partial^2\xi}{\partial x^2}, \tag{1}$$

$$\varrho\frac{\partial^2\eta}{\partial t^2} = S\frac{\partial^2\eta}{\partial x^2}, \tag{2}$$

$$\varrho\frac{\partial^2\zeta}{\partial t^2} = S\frac{\partial^2\zeta}{\partial x^2}, \tag{3}$$

wenn mit $\xi, \eta, \zeta$ die Koordinaten des Verschiebungsvektors des Saitenpunktes mit der Abszisse $x$ in der Ausgangslage, mit $E$ der Elastizitätsmodul der Saite, mit $S$ die konstante Anfangsspannung und mit $\varrho$ die zunächst als konstant vorausgesetzte Dichte der Saite bezeichnet ist und die $\xi$-Achse des rechtwinkligen $\xi, \eta, \zeta$-Systems mit der $x$-Achse zusammenfällt.

Man kann diese Gleichungen erhalten, wenn man die Gleichgewichtsbedingungen an einem Element der Saite für die D'ALEMBERTsche Trägheitskraft und die Spannungen in den Endpunkten des Elements aufstellt, Potenzen und Produkte der vorkommenden Verschiebungen und ihrer Ableitungen vernachlässigt, wodurch man sich auf sog. kleine Schwingungen beschränkt, und das HOOKEsche Gesetz als gültig annimmt[1]).

Die Gleichungen (1) bis (3) zeigen, daß bei kleinen Schwingungen die Longitudinalschwingungen, gegeben durch Gleichung (1), bei denen die Elemente der Saite in der Richtung der Saite sich bewegen, und die Transversalschwingungen, bei denen die Bewegung senkrecht zur Anfangslage ($x$-Achse) erfolgt, unabhängig voneinander sind, daß ferner die Longitudinalschwingungen vom Elastizitätsmodul $E$, dagegen von der Anfangsspannung $S$ nur soweit abhängen, als $E$ von ihr abhängt, während für die Transversalschwingungen diese Spannung $S$, nicht aber $E$, maßgebend ist (vgl. den Schluß von Ziff. 32).

[1]) S. Kap. 2, Ziff. 27 ds. Bd. ds. Handb.

Charakterisiert man von vornherein die Longitudinalschwingungen dadurch, daß die potentielle Energie der deformierten Saite nicht von $S$, sondern von der durch die Deformation hervorgerufenen elastischen Kraft entsprechend dem HOOKEschen Gesetz abhängt, also $\frac{1}{2} E \int\limits_0^l \left(\frac{\partial \xi}{\partial x}\right)^2 dx$ ist, die Transversalschwingungen dadurch, daß die potentielle Energie nur von der konstanten Anfangsspannung $S$ abhängt, also $S\left(\int\limits_0^l \sqrt{1 + \left(\frac{\partial \eta}{\partial x}\right)^2}\, dx - l\right)$, für kleine Schwingungen daher $\frac{1}{2} S \int\limits_0^l \left(\frac{\partial \eta}{\partial x}\right)^2 dx$ ist, so erhält man mittels des HAMILTONschen Prinzips unmittelbar die Gleichungen (1) und (2)[1].

Unter der Voraussetzung konstanter Dichte sei für Longitudinalschwingungen $E/\varrho$, für Transversalschwingungen $S/\varrho$ abkürzend mit $c^2$ bezeichnet; ferner sei $y$ irgendeine der drei Elongationen $\xi, \eta, \zeta$. Die Integration der so in beiden Fällen sich ergebenden Differentialgleichung

$$\frac{\partial^2 y}{\partial t^2} = c^2 \frac{\partial^2 y}{\partial x^2} \tag{4}$$

erfolgt nach der Methode von D. BERNOULLI durch Übereinanderlagerung von Normalschwingungen, nach der Methode von D'ALEMBERT durch Zusammensetzung zweier Wellenzüge.

Das bereits von LAGRANGE eingeschlagene Verfahren, zunächst die Bewegung eines masselosen Fadens von der Spannung $S$, der in gleichen Abständen mit gleichen Massen belastet ist, zu untersuchen und von hier den Grenzübergang zur kontinuierlichen Saite zu machen, ist bei Lord RAYLEIGH durchgeführt[2]).

a) Übereinanderlagerung von Normalschwingungen. Der Ansatz $y(x, t) = f(x) g(t)$ liefert mit Rücksicht auf die „Randbedingungen" $y(0, t) = 0$, $y(l, t) = 0$, die festgehaltenen Enden der Saite entsprechen, als partikuläre Lösungen der Differentialgleichung (4):

$$y_n = \left(A_n \sin\frac{n\pi c}{l} t + B_n \cos\frac{n\pi c}{l} t\right) \sin\frac{n\pi x}{l}, \tag{5}$$

worin $A_n$ und $B_n$ zunächst willkürliche Konstante sind und $n$ eine positive ganze Zahl ist. Für jedes dieser $n$ ergibt sich eine Eigenschwingung oder Normalschwingung der Saite, die Größe $nc/2l$ heißt die Eigenschwingungszahl, die Größe $n\pi c/l$ die Eigenfrequenz der $n$-ten Eigenschwingung.

Die Eigenschwingung $y_n$ ist eine Sinusschwingung der Saite mit $n + 1$ Knoten an den Stellen $x = \frac{k}{n} l$ $(k = 0, 1, \ldots, n)$ und $n$ Bäuchen an den Stellen $x = \frac{2k-1}{2n} l$ $(k = 1, 2, \ldots, n)$. Aus solchen Eigenschwingungen setzen sich allgemeinere Schwingungen der Saite zusammen, denn

$$y = \sum_n \left(A_n \sin\frac{n\pi c}{l} t + B_n \cos\frac{n\pi c}{l} t\right) \sin\frac{n\pi x}{l}$$

mit endlich vielen Gliedern gibt wegen des linearen Charakters der Differentialgleichung ebenfalls eine Lösung, und unter der Voraussetzung, daß die unendliche Summe $(n = 1, 2, \ldots)$ konvergiert und sich nach $t$ und $x$ zweimal gliedweise differenzieren läßt, ist sie ebenfalls Lösung der Differentialgleichung. Werden Anfangslage und Anfangsgeschwindigkeit der Punkte der Saite durch Funktionen

---

1) „COURANT-HILBERT I", S. 210.

2) „RAYLEIGH, Schall I", S. 176.

$f(x)$ bzw. $g(x)$ gegeben, die sich in FOURIERsche Reihen entwickeln lassen, so läßt sich die Lösung einem Anfangszustand $f(x)$, $g(x)$ anpassen durch

$$A_n = \frac{2}{n\pi c}\int_0^l g(x)\sin\frac{n\pi x}{l}\,dx, \qquad B_n = \frac{2}{l}\int_0^l f(x)\sin\frac{n\pi x}{l}\,dx. \tag{6}$$

In Gleichung (5) sind die Größen

$$A_n \sin\frac{n\pi c}{l}t + B_n\cos\frac{n\pi c}{l}t = \vartheta_n$$

Normalkoordinaten (Ziff. 21) der Saitenschwingung. In ihnen werden die lebendige Kraft $T$ und die potentielle Energie $V$ der Saite:

$$T = \frac{1}{4}\varrho l\sum_{n=1}^{\infty}\left(\frac{d\vartheta_n}{dt}\right)^2, \qquad V = \frac{1}{4}\pi^2\frac{S}{l}\sum_{n=1}^{\infty} n^2\vartheta_n^2.$$

Das zum vorliegenden Schwingungsproblem gehörige Eigenwertproblem (Ziff. 21) ist:

$$\frac{d^2 f}{dx^2} + \nu^2 f = 0$$

mit den Randbedingungen $f(0) = 0$ und $f(l) = 0$. Das zugehörige Variationsproblem (Ziff. 22) ist

$$\int_0^l \left(\frac{df}{dx}\right)^2 dx = \text{Min.}$$

mit der Nebenbedingung

$$\int_0^l f^2(x)\,dx = 1.$$

Man nennt ein Ende ($x = l$) der Saite „elastisch" festgehalten, wenn $\left[\frac{\partial y}{\partial x} + hy\right]_{x=l} = 0$ ist, wobei $h$ eine Konstante ist. Ist das Ende $x = 0$ fest, das Ende $x = l$ elastisch festgehalten, so liefert der Ansatz $y(x, t) = f(x)\,g(t)$ auf Grund der Randbedingungen die Lösung

$$y = \sum_{n=1}^{\infty}(A_n\sin\lambda_n ct + B_n\cos\lambda_n ct)\sin\lambda_n x,$$

wobei $\lambda_n$ irgendeine positive Wurzel $\lambda$ der transzendenten Gleichung

$$\operatorname{tg}\lambda l = -\frac{\lambda}{h}$$

ist. Die Lösung läßt sich einem willkürlichen Anfangszustand anpassen, wenn die Funktionen $f(x)$ und $g(x)$, welche ihn bestimmen, nach den Eigenfunktionen $\sin\lambda_n x$ des Eigenwertproblems $f''(x) + \lambda^2 f(x) = 0$ mit den Randbedingungen $f(0) = 0$ und $f'(l) + hf(l) = 0$ entwickelbar sind[1]).

b) Übereinanderlagerung zweier Wellenzüge. Für ein anschauliches Bild des Schwingungsvorgangs der bei $x = 0$ und $x = l$ festgehaltenen Saite ist besonders geeignet die D'ALEMBERTsche Lösungsform der Schwingungsgleichung (4)

$$y(x, t) = \Phi(x + ct) + \Psi(x - ct),$$

in die sich die BERNOULLIsche Form auch direkt überführen läßt[2]).

---

[1]) „COURANT-HILBERT I" S. 235. [2]) „RIEMANN-WEBER II" S. 681.

Für die an den Enden festgehaltene Saite von der Länge $l$ sind gegenüber dem in Ziff. 17 behandelten Fall der unbegrenzten Saite $f(x)$ und $g(x)$ nur für $0 \leqq x \leqq l$ gegeben. Man erhält $\Phi(x)$ und $\Psi(x)$ damit für dieses Intervall, dann aber auch für alle $x$ wegen der aus den Randbedingungen $y(0, t) = 0$ und $y(l, t) = 0$ folgenden Eigenschaften[1]: $\Phi(x) = -\Psi(-x)$ und $\Phi$ und $\Psi$ periodisch mit der Periode $2l$.

c) Spezielle Fälle[2]). Wird ein Punkt $x = a$ der Saite um eine Strecke $h$ senkrecht zur Verbindungsgeraden der festen Endpunkte herausgezogen und in dieser Lage dann die Saite losgelassen (gezupfte Saite), so ist in (6):

$$g(x) \equiv 0, \; f(x) = \frac{h}{a} x \quad \text{für} \quad 0 \leqq x \leqq a \quad \text{und} \quad f(x) = -\frac{h}{l-a}(x - l) \quad \text{für} \quad a \leqq x \leqq l,$$

also

$$A_n = 0, \qquad B_n = \frac{2hl^2}{n^2\pi^2 a(l-a)} \sin\frac{n\pi a}{l}.\,^{3)}$$

Der Fall, daß die Saite an der Stelle $x = a$ sehr kurz angeschlagen wird [Impulsanregung[4])], wird so behandelt, daß man

$$f(x) \equiv 0, \qquad g(x) = \begin{cases} 0 & \text{für} \quad 0 \leqq x < a - \varepsilon \\ J(\varepsilon) & \text{,,} \quad a - \varepsilon \leqq x \leqq a + \varepsilon \\ 0 & \text{,,} \quad a + \varepsilon < x \leqq l \end{cases}$$

($\varepsilon$ kleine positive Zahl)

nimmt und in $A_n$ den Grenzübergang zu $\varepsilon = 0$ so macht, daß $\lim\limits_{\varepsilon \to 0} J(\varepsilon) \cdot 2\varepsilon = lU$ wird. Damit wird

$$A_n = \frac{2Ul}{n\pi c} \sin\frac{n\pi a}{l}, \qquad B_n = 0.$$

**30. Erzwungene Schwingungen.** *a*) Spezielle Fälle. Die beiden Fälle $\alpha$) einer vorgegebenen periodischen Schwingung $\gamma e^{ipt}$ eines Punktes $x = a$ der in den Endpunkten $x = 0$ und $x = l$ festgehaltenen Saite und $\beta$) einer vorgegebenen periodischen Kraft $F e^{ipt}$ in einem Punkt $x = a$ der Saite lassen sich gemeinsam behandeln[5]), indem man unter der Annahme $y(x, t) = f(x)\, e^{ipt}$ für die erzwungene Schwingung mit diesem Ansatz in die Gleichung (4) von Ziff. 29 eingeht.

$\alpha$) Die Randbedingungen für die Enden des Stückes $x = 0$ bis $x = a$ der Saite geben für die erzwungene Schwingung

$$y(x, t) = \gamma \frac{\sin\frac{p}{c} x}{\sin\frac{p}{c} a} e^{ipt} \qquad \text{für} \qquad 0 \leqq x \leqq a.$$

Die Amplitude wird unendlich, wenn $p = \frac{n\pi c}{a}$, also die Frequenz der erzwungenen Schwingung gleich einer Eigenfrequenz der Saite von der Länge $a$ ist.

Analog wird

$$y(x, t) = \gamma \frac{\sin\frac{p}{c}(l - x)}{\sin\frac{p}{c}(l - a)} e^{ipt} \qquad \text{für} \qquad a \leqq x \leqq l.$$

---

1) Vgl. dazu „KALÄHNE II" 3. Kap.
2) Ausführliches, insbesondere akustische Fragen, s. ds. Handb. Bd. VIII, Kap. 5.
3) H. HELMHOLTZ, Die Lehre von den Tonempfindungen, 5. Ausgabe. 1896, Beilage III.
4) „COURANT-HILBERT I" S. 302. 5) „RAYLEIGH, Schall I" S. 206.

$\beta$) Ist nicht die Verschiebung $\gamma e^{ipt}$, sondern die Kraft $F e^{ipt}$ am Punkt $x = a$ der Saite gegeben, so ist die Bedingung, daß die Resultierende der im Punkt $x = a$ wirkenden Spannungen $S$ mit der äußeren Kraft $F e^{ipt}$ dort im Gleichgewicht stehen muß:

$$S\Delta\left(\frac{\partial y}{\partial x}\right) + F e^{ipt} = 0,$$

wenn $\Delta\left(\frac{\partial y}{\partial x}\right)$ die Änderung von $\frac{\partial y}{\partial x}$ an der Stelle $x = a$ bedeutet; sie liefert den Zusammenhang

$$\gamma = \frac{F}{S}\,\frac{\sin\frac{p}{c}a\sin\frac{p}{c}(l-a)}{\frac{p}{c}\sin\frac{p}{c}l}$$

zwischen $F$ und $\gamma$ und damit

$$y(x,t) = \frac{F}{S}\,\frac{\sin\frac{p}{c}x\sin\frac{p}{c}(l-a)}{\frac{p}{c}\sin\frac{p}{c}l}\,e^{ipt} \qquad \text{für} \qquad 0 \leqq x \leqq a,$$

und

$$y(x,t) = \frac{F}{S}\,\frac{\sin\frac{p}{c}(l-x)\sin\frac{p}{c}a}{\frac{p}{c}\sin\frac{p}{c}l}\,e^{ipt} \qquad \text{für} \qquad a \leqq x \leqq l.$$

Die Amplitude wird unendlich, wenn $p = \frac{n\pi c}{l}$, also die Frequenz der äußeren Kraft gleich einer Eigenfrequenz der Saite von der Länge $l$ wird, und nicht gleichzeitig $p = \frac{\mu\pi c}{a}$, also $a = \frac{\mu}{n}l$ ($\mu$ und $n$ ganze Zahlen) ist, d. h. der Angriffspunkt der Kraft in einen Knotenpunkt der Eigenschwingung der Saite fällt.

$\gamma$) Ist die Bewegung der Saite in der Weise erzwungen, daß die Enden vorgeschriebene Bewegungen ausführen, die für $x = 0$ durch $y(0,t) = h_0(t)$, für $x = l$ durch $y(l,t) = h_1(t)$ gegeben sind, während die Saite im übrigen kräftefrei ist, so liefert die RIEMANNsche Integrationsmethode hyperbolischer Differentialgleichungen (Ziff. 18) die Funktion $y(x,t)$ in den Punkten $x, t$ des unendlich langen Halbstreifens der $x, t$-Ebene, der von den Geraden $x = 0$, $x = l$ und $t = 0$ begrenzt ist (Abb. 12). Den Anfangs- und Randbedingungen entspricht, daß auf dem Randstück $P_0P_1$: $y(x,0) = f(x)$ und $\left.\frac{\partial y(x,t)}{\partial t}\right|_{t=0} = g(x)$, auf dem Randstück $P_0Q$: $y(0,t) = h_0(t)$ und auf $P_1R$: $y(l,t) = h_1(t)$ gegeben sind. Durch Anwendung des GREENschen Satzes[1]) auf ein von Charakteristiken der Differentialgleichung (4) von Ziff. 29 und Randstücken des vorliegenden Bereiches begrenztes Flächenstück $AA_1'P_0P_1A_2'A$ erhält man:

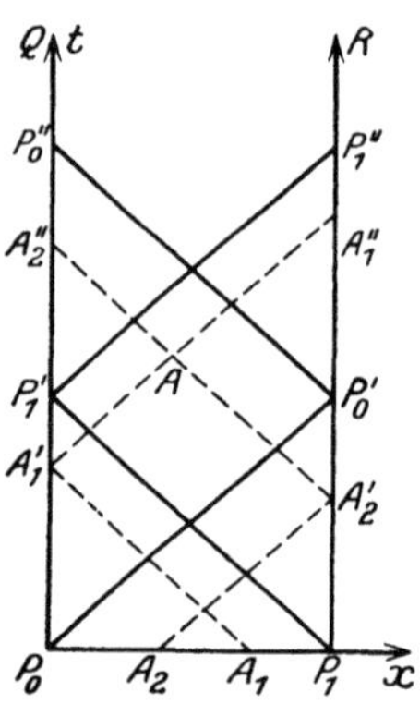

Abb. 12.

$$y(A) = \frac{1}{2}[y(A_1') + y(A_2')] + \frac{1}{2c}\int\limits_{A_1'}^{A_2'}\left(c^2\frac{\partial y}{\partial x}dt + \frac{\partial y}{\partial t}dx\right).$$

Hier ist in dem längs $A_1'P_0P_1A_2'$ zu führenden Integral längs $A_1'P_0$ und $P_1A_2'$ $\partial y/\partial x$ noch unbekannt. Sind $A_1$ und $A_1'$ die auf $P_0P_1$ bzw. $P_0Q$ liegenden Schnittpunkte

[1]) „RIEMANN-WEBER I" S. 591.

einer Charakteristik der einen Schar mit den Rändern, so läßt sich $\partial y/\partial x$ für die Punkte der Strecke $P_0 P_1'$ rechnen mittels der Beziehung[1])

$$c f'(A_1) - h_0'(A_1') = c \frac{\partial y(A_1')}{\partial x} - g(A_1),$$

und analog ergibt sich $\partial y/\partial x$ längs $P_1 P_0'$ mittels

$$-c f'(A_2) - h_1'(A_2') = -c \frac{\partial y(A_2')}{\partial x} - g(A_2),$$

wobei die Striche bei den Funktionszeichen $f$, $h_0$, $h_1$ die Ableitung dieser Funktionen nach ihrem Argument bedeuten.

Die Werte $\partial y/\partial x$ längs beider Ränder $P_0 Q$ und $P_1 R$ ergeben sich durch fortgesetzte „Reflexion" der Werte $\partial y/\partial x$ von einem Rand auf den andern; so erhält man $\partial y/\partial x$ längs $P_0' P_1''$ auf Grund von

$$h_0'(A_1') - h_1'(A_1'') = c\left\{\frac{\partial y(A_1')}{\partial x} - \frac{\partial y(A_1'')}{\partial x}\right\}$$

und $\partial y/\partial x$ längs $P_1' P_0''$ durch

$$h_1'(A_2') - h_0'(A_2'') = c\left\{\frac{\partial y(A_2'')}{\partial x} - \frac{\partial y(A_2')}{\partial x}\right\}$$

usw.

b) Allgemeines Kraftgesetz. $\delta$) Für ein allgemeines Kraftgesetz für die an der Saite mit festen Enden angreifende Kraft gilt die Differentialgleichung von der Form

$$\frac{\partial^2 y}{\partial t^2} - c^2 \frac{\partial^2 y}{\partial x^2} = Q(x, t).$$

Bei der Entwicklung (vgl. Ziff. 26a) von $Q(x, t)$ nach den Eigenfunktionen $\sin\frac{n\pi x}{l}$ und[2]) des Ansatzes für $y(x, t)$ ebenfalls in eine FOURIERsche Reihe nach $\sin\frac{n\pi x}{l}$ ergibt sich nach Einsetzen von

$$Q(x, t) = \sum_{n=1}^{\infty} Q_n(t) \sin\frac{n\pi x}{l} \qquad \text{und} \qquad y(x, t) = \sum_{n=1}^{\infty} q_n(t) \sin\frac{n\pi x}{l}$$

in die Differentialgleichung aus ihr die unendliche Folge gewöhnlicher Differentialgleichungen

$$\ddot{q}_n(t) + \frac{n^2 c^2 \pi^2}{l^2} q_n(t) = Q_n(t),$$

worin

$$Q_n(t) = \frac{2}{l}\int_0^l Q(x, t) \sin\frac{n\pi x}{l}\, dx.$$

Die Lösung $q_n(t)$ ist[3])

$$q_n(t) = \frac{l}{c n \pi}\int_0^t \sin\frac{c n \pi}{l}(t - t')\, Q_n(t')\, dt' + A_n \sin\frac{n\pi c}{l} t + B_n \cos\frac{n\pi c}{l} t.$$

Sind $A_n$ und $B_n$ den Anfangsbedingungen gemäß bestimmt, so gibt unter Voraussetzung der Konvergenz und Differenzierbarkeit die Reihe $\sum_{n=1}^{\infty} q_n(t) \sin\frac{n\pi x}{l}$ die Lösung.

---

1) „RIEMANN-WEBER I" S. 608.
2) „COURANT-HILBERT I" S. 236.
3) „RAYLEIGH, Schall I" S. 87.

Die Wirkung einer Einzelkraft $P(t)$ an einem Punkt $x = a$ der Saite ergibt sich hieraus, wenn man zunächst eine gleichmäßig verteilte Kraft $Q(\varepsilon)$ in einem Intervall $a - \varepsilon \leqq x \leqq a + \varepsilon$ nimmt und dann den Grenzübergang zu $\varepsilon = 0$ macht, so daß $\lim\limits_{\varepsilon \to 0} \int\limits_{a-\varepsilon}^{a+\varepsilon} Q(x, t)\, dx = \frac{l}{2} P(t)$ wird. Da bei diesem Grenzübergang

$$Q_n(t) = \sin\frac{n\pi a}{l} P(t)$$

wird, so wird die zum Wert $n$ gehörige Eigenschwingung nicht erregt, wenn $\sin\frac{n\pi a}{l} = 0$, also der Angriffspunkt der Kraft $P$ ein Knotenpunkt dieser Eigenschwingung ist[1]).

$\varepsilon$) Entsprechend der in Ziff. 26b gegebenen zweiten allgemeinen Methode für eine periodisch veränderliche Kraft $\varrho\varphi(x) e^{ipt}$ führt der Ansatz $y(x, t) = f(x) e^{ipt}$ die Differentialgleichung

$$\frac{\partial^2 y}{\partial t^2} = c^2 \frac{\partial^2 y}{\partial x^2} + \varphi(x)\, e^{ipt}$$

über in

$$c^2 f''(x) + p^2 f(x) = -\varphi(x),$$

und die Entwicklung von $\varphi(x)$ und $f(x)$ nach den Eigenfunktionen der freien Schwingung

$$\varphi(x) = \sum_{n=1}^{\infty} \alpha_n \sin\frac{n\pi x}{l}, \qquad f(x) = \sum_{n=1}^{\infty} \gamma_n \sin\frac{n\pi x}{l}$$

liefert:

$$y(x, t) = \sum_{n=1}^{\infty} \frac{\alpha_n}{\frac{c^2 n^2 \pi^2}{l^2} - p^2} \sin\frac{n\pi x}{l} \cos pt$$

mit

$$\alpha_n = \frac{2}{l} \int_0^l \varphi(x) \sin\frac{n\pi x}{l}\, dx$$

als partikuläres Integral. Für die Anfangsbedingungen $y(x, 0) = 0$ und $y_t(x, 0) = 0$ geht das allgemeine Integral

$$y(x, t) = \cos pt \sum_{n=1}^{\infty} \frac{\alpha_n}{\frac{c^2 n^2 \pi^2}{l^2} - p^2} \sin\frac{n\pi x}{l} + \sum_{n=1}^{\infty} \sin\frac{n\pi x}{l}\left(A_n \sin\frac{n\pi c}{l} t + B_n \cos\frac{n\pi c}{l} t\right)$$

über in

$$y(x, t) = \sum_{n=1}^{\infty} \frac{\alpha_n}{\frac{c^2 n^2 \pi^2}{l^2} - p^2} \sin\frac{n\pi x}{l}\left(\cos pt - \cos\frac{n\pi c}{l} t\right).$$

Liegt $p$ nahe an einem $\frac{c n\pi}{l}$, so überwiegt in der Summe das Glied

$$\frac{\alpha_n}{\frac{c^2 n^2 \pi^2}{l^2} - p^2} \sin\frac{n\pi x}{l}\left(\cos pt - \cos\frac{n\pi c}{l} t\right)$$
$$= \frac{2\alpha_n}{\frac{c^2 n^2 \pi^2}{l^2} - p^2} \sin\frac{n\pi x}{l} \sin\frac{1}{2}\left(p + \frac{n\pi c}{l}\right) t \sin\frac{1}{2}\left(p - \frac{n\pi c}{l}\right) t$$

1) „COURANT-HILBERT I" S. 236; „RAYLEIGH, Schall I" S. 196.

mit diesem $n$. Es stellt für irgendein $x$ eine Schwingung mit — wegen des Faktors $\sin\frac{1}{2}\left(p - \frac{n\pi c}{l}\right)t$ — veränderlicher Amplitude (eine sog. Schwebung)[1]) dar[2]).

Der Fall einer Einzelmasse $M$ in einem Punkt $x = a$ der homogenen Saite läßt sich einfach im Anschluß an „erzwungene Schwingungen" $\alpha$) und $\beta$) in dieser Ziffer behandeln. Führt die Masse $M$ eine Schwingung $\gamma e^{ipt}$ aus, so ist die Wirkung der Masse $M$ für die Schwingung dieselbe wie die einer Kraft $F$ gleich der Reaktion der Masse $M$ gegen ihre Beschleunigung, also gleich $Mp^2\gamma e^{ipt}$. Der Zusammenhang zwischen $F$ und $\gamma$ in $\beta$) gibt für $p$ die Gleichung[3]):

$$M p c \sin\frac{p}{c} a \sin\frac{p}{c}(l-a) - S\sin\frac{p}{c} l = 0 .$$

**31. Saiten von veränderlicher Dichte.** Die Differentialgleichung (4) von Ziff. 29 wird hier

$$\varrho(x)\frac{\partial^2 y}{\partial t^2} = S\frac{\partial^2 y}{\partial x^2}. \tag{1}$$

Der Ansatz $y = f(x)g(t)$ führt bei der an den Enden $x = 0$ und $x = l$ festgehaltenen Saite zu der Lösung[4])

$$y(x,t) = \sum_{n=1}^{\infty} f_n(x)(a_n\cos\nu_n t + b_n\sin\nu_n t), \tag{2}$$

worin $f_n(x)$ die Eigenfunktionen der Differentialgleichung

$$f_n''(x) + \frac{\lambda_n}{S}\varrho(x) f_n(x) = 0 \tag{3}$$

sind und die $\nu_n^2$ gleich den für Schwingungsvorgänge positiven Eigenwerten $\lambda_n$ sind. Die Eigenwerte bilden eine abzählbare Folge, die zugehörigen normierten Eigenfunktionen $\sqrt{\varrho(x)}\, f_n(x)$ ein orthogonales Funktionensystem, derart, daß $\int_0^l \varrho(x) f_i(x) f_k(x)\,dx = 0$ $(i \neq k)$ ist. Die Anpassung der Lösung an einen gegebenen Anfangszustand ist möglich wegen der Entwickelbarkeit einer den Randbedingungen genügenden stetigen Funktion $F(x)$ mit stückweise stetigen ersten und zweiten Ableitungen in eine Reihe in Fourierscher Art:

$$F(x) = \sum_{n=1}^{\infty}\bar{c}_n f_n(x), \qquad \text{wobei} \qquad \bar{c}_n = \int_0^l \varrho(x) f_n(x) F(x)\,dx .$$

Die Differentialgleichung der erzwungenen Bewegung

$$\varrho(x)\frac{\partial^2 y}{\partial t^2} = S\frac{\partial^2 y}{\partial x^2} + Q(x,t)$$

führt hier für $Q(x,t) = \varphi(x)e^{ipt}$ und mit dem Ansatz $y = f(x)e^{ipt}$ zur Differentialgleichung

$$f''(x) + \frac{p^2}{S}\varrho(x) f(x) = -\frac{\varphi(x)}{S}. \tag{4}$$

Entwickelt man $f(x)$ und $\varphi(x)$ nach den Eigenfunktionen $f_n(x)$ der Differentialgleichung (3), setzt also

$$f(x) = \sum_{n=1}^{\infty}\gamma_n f_n(x), \qquad \varphi(x) = \varrho(x)\sum_{n=1}^{\infty} c_n f_n(x) \qquad \text{mit} \qquad c_n = \int_0^l \varphi(x) f_n(x)\,dx,$$

---

1) „Courant-Hilbert I" S. 304.

2) Über erzwungene räumliche Schwingungen von Saiten s. A. Lampa, Wiener Ber. Bd. 126, S. 1323–1333. 1917.

3) Vgl. für Folgerungen „Rayleigh, Schall I" S. 219.

4) Vgl. „Courant-Hilbert I" S. 237.

so ergeben sich für die $\gamma_n$ die Gleichungen

$$\gamma_n = \frac{c_n}{\lambda_n - p^2}\,.$$

Die Ansätze sind zulässig, solange nicht Resonanz (Gleichheit der Frequenz der erregenden Kraft mit einer der Eigenfrequenzen der Saite) statthat[1]).

Für die Behandlung mit Integralgleichungen[2]) hat man für die Transversalschwingungen einer Saite, die an den Enden $x = 0$ und $x = l$ festgehalten und der Spannung $S$ unterworfen ist, als Kern der Integralgleichung die Funktion $V(x, \xi)\,\varrho(\xi)$, wo

$$V(x, \xi) = \frac{x(l-\xi)}{S l} \qquad \text{für} \qquad x \leqq \xi$$

und

$$V(x, \xi) = \frac{\xi(l-x)}{S l} \qquad \text{für} \qquad x \geqq \xi$$

und $\varrho(\xi)$ die Dichte ist. Für eine erzwungene Schwingung mit einer periodischen Erregung von der Form $q(x)\,e^{ipt}$ wird die Integralgleichung

$$y(x) = f(x) + \lambda \int_0^l V(x, \xi)\,\varrho(\xi)\,y(\xi)\,d\xi\,,$$

wo $f(x) = \int_0^l V(x, \xi)\,q(\xi)\,d\xi$ und $\lambda = p^2$ ist. Sie läßt sich durch

$$z(x) = y(x)\sqrt{\varrho(x)}\,, \quad K(x, \xi) = V(x, \xi)\sqrt{\varrho(x)\,\varrho(\xi)}\,, \quad F(x) = f(x)\sqrt{\varrho(x)}$$

in die Integralgleichung mit symmetrischem Kern

$$z(x) = \lambda \int_0^l K(x, \xi)\,z(\xi)\,d\xi + F(x)$$

überführen, für deren Lösung auf den Schluß von Ziff. 26 verwiesen sei.

Zu numerischen Resultaten kommt man im Fall parabolischer Dichteverteilung [allgemeiner auch, wenn $\varrho(x)$ ein Polynom in $x$ ist] durch Behandlung der der Differentialgleichung (4) und den Randbedingungen zugehörigen Integralgleichung unter Verwendung der FREDHOLMschen Formeln[3]).

Bei kleinen Unhomogenitäten der Saite, $\varrho(x) = \varrho_0 + \varepsilon\,\sigma(x)$ ($\varrho_0$ Konstante), erhält man Ausdrücke für die Eigenschwingungen und Eigenfrequenzen, wenn man die Resultate, die sich für die Amplituden und Frequenzen der Eigenschwingungen beim Übergang von einem System mit endlich vielen Freiheitsgraden auf ein benachbartes solches System ergeben, überträgt auf Systeme mit unendlich vielen Freiheitsgraden (Ziff. 28). Sind $f_h$ die Normalkoordinaten (Ziff. 21) für die Schwingung der homogenen Saite, so wird die $h$te Eigenschwingung der inhomogenen Saite

$$f_1^{(h)} \sin\frac{\pi x}{l} + f_2^{(h)} \sin\frac{2\pi x}{l} + f_3^{(h)} \sin\frac{3\pi x}{l} + \cdots + f_h^{(h)} \sin\frac{h\pi x}{l} + \cdots,$$

wobei

$$f_h^{(h)} = f_h \qquad \text{und} \qquad f_k^{(h)} : f_h^{(h)} = \varepsilon\,\frac{h^2}{k^2 - h^2}\,\frac{2}{l\varrho_0}\int_0^l \sigma(x)\sin\frac{h\pi x}{l}\sin\frac{k\pi x}{l}\,dx \qquad (k \neq h)$$

---

[1]) Vgl. „COURANT-HILBERT I" S. 240.

[2]) „RIEMANN-WEBER II" 19. Kap., § 2; auch CL. SCHAEFER u. E. JURETZKA, Phys. ZS. Bd. 10, S. 630–634. 1909.

[3]) „RIEMANN-WEBER I" 13. Kap., § 1.

ist. Das Quadrat der zugehörigen Eigenfrequenz wird[1])

$$\frac{h^2\pi^2c^2}{l^2}\left(1-\frac{2\varepsilon}{l\varrho_0}\int_0^l\sigma(x)\sin^2\frac{h\pi x}{l}\,dx\right).$$

**32. Berücksichtigung von Reibung, Biegungssteifigkeit, Nachgeben der Enden, Längsdehnung.** Die Berücksichtigung einer der Geschwindigkeit proportionalen Reibungskraft verlangt in Gleichung (4) von Ziff. 29 ein Zusatzglied $k\frac{\partial y}{\partial t}$ ($k$ Konstante), und dies liefert für die freie Schwingung an Stelle der $n$ten Normalschwingung der reibungslosen Saite

$$y_n = e^{-\frac{k}{2}t}\sin\frac{n\pi x}{l}(A_n\sin\sigma_n t + B_n\cos\sigma_n t),$$

wobei $\sigma_n^2 = \frac{n^2\pi^2c^2}{l^2} - \frac{1}{4}k^2$ ist. Bei kleiner Reibung wird also die harmonische Reihe der Eigenfrequenzen nur sehr wenig abgeändert[2]).

Einer geringen Biegungssteifigkeit der Saite wird Rechnung getragen durch einen Zusatz zur potentiellen Energie der Saite gleich $\frac{1}{2}k_1\int_0^l\left(\frac{\partial^2 y}{\partial x^2}\right)^2dx$ ($k_1$ Konstante). Dem Ansatz $y_n=\vartheta_n\sin\frac{n\pi x}{l}$ entsprechen Beiträge $T_n=\frac{1}{4}\varrho l\left(\frac{d\vartheta_n}{dt}\right)^2$ und $V_n=\frac{1}{4}\pi^2\frac{S}{l}n^2\vartheta_n^2+\frac{k_1}{4}l\vartheta_n^2\frac{n^4\pi^4}{l^4}$ zur lebendigen Kraft und kinetischen Energie, und damit wird bei kleinem $k_1$

$$\vartheta_n = A_n\sin\frac{cn\pi}{l}\left(1+\frac{\lambda}{2}\right)t + B_n\cos\frac{cn\pi}{l}\left(1+\frac{\lambda}{2}\right)t,$$

wenn $\frac{k_1}{S}\frac{n^2\pi^2}{l^2}=\lambda$ gesetzt wird. Es macht sich also der Einfluß der Steifigkeit wegen

$$p_n = \bar{p}_n\left(1+\frac{k_1}{2S}\frac{n^2\pi^2}{l^2}\right),$$

wo $\bar{p}_n$ die Frequenz der $n$ten Eigenschwingung der Saite ohne Biegungssteifigkeit ist, auf die Frequenz $p_n$ immer stärker bemerkbar, je größer $n$ ist[3])[4]).

Eine geringe Nachgiebigkeit der Enden an Stelle absolut fester Lage der Endpunkte kann dadurch berücksichtigt werden, daß man die Saite mit ihren Enden an zwei (großen) Massen $M$ befestigt denkt, deren Entfernung $l$ ist. Der Ansatz

$$y = (\alpha\sin\mu x + \beta\cos\mu x)(A\sin\mu ct + B\cos\mu ct)$$

liefert wegen der Bedingungen

$$M\frac{\partial^2 y}{\partial t^2} = S\frac{\partial y}{\partial x}\ \text{für}\ x=0 \qquad \text{und} \qquad M\frac{\partial^2 y}{\partial t^2} = -S\frac{\partial y}{\partial x}\ \text{für}\ x=l:$$

$$\frac{\alpha}{\beta} = -\frac{Ma^2\mu}{S} = \frac{S\,\mathrm{tg}\,\mu l + \mu a^2 M}{-\mu a^2 M\,\mathrm{tg}\,\mu l + S}$$

und mit $\mathrm{tg}\,\delta = \frac{\mu a^2 M}{S}$, da $\mathrm{tg}\,\delta$ groß ist, angenähert

$$\mathrm{tg}\,\mu l = \frac{2}{\mathrm{tg}\,\delta} = \frac{2S}{\mu a^2 M};$$

[1]) „RAYLEIGH, Schall I" S. 124; „COURANT-HILBERT I" S. 241.
[2]) W. F. DONKIN, Acoustics I, § 125. Oxford 1870.
[3]) „RAYLEIGH, Schall I" S. 220; vgl. auch ds. Handb. Bd. VIII, S. 215.
[4]) O. SCHAEFER, Ann. d. Phys. (4) Bd. 62, S. 156—164. 1920.

daher ist angenähert $\mu l = n\pi + \frac{2Sl}{Ma^2 n\pi}$, wo $n$ eine ganze positive Zahl ist. Das entspricht einer Verkürzung der Saitenlänge im Verhältnis $1:\left(1 - \frac{2Sl}{Ma^2 n^2\pi^2}\right)$, also einer Erhöhung des Tones[1]).

Bei Berücksichtigung der Längsdehnung der Saite bei den Transversalschwingungen erhält man nach KIRCHHOFF[2]) die Differentialgleichung

$$\frac{\partial^2 y}{\partial t^2} = c^2\left(1 + \frac{E}{2Sl}\int\limits_0^l \left(\frac{\partial y}{\partial x}\right)^2 dx\right)\frac{\partial^2 y}{\partial x^2},$$

worin der zweite Summand in der Klammer die relative Änderung der Saitenspannung infolge der Längsdehnung bedeutet. Eine partikuläre Lösung ist

$$y = C\sin\frac{n\pi x}{l}\operatorname{cosam}(pt + \alpha), \quad \operatorname{mod} k,$$

wo $C$ und $\alpha$ willkürliche Konstante sind und

$$k^2 = \frac{\frac{1}{2}n^2\pi^2 C^2}{n^2\pi^2 C^2 + 4l^2\frac{S}{E}}, \qquad p^2 = \frac{n^2\pi^2 c^2}{l^2} + \frac{n^4\pi^4 C^2}{4l^4}\frac{E}{\varrho}.$$

Man kann sie als eine modifizierte Normalschwingung deuten; aber die verschiedenen Partialschwingungen lassen sich nicht überlagern[3]).

Neuerdings hat WOLF[4]) die Schwingungen elastischer Seile — also mit Berücksichtigung der Längsdehnung — untersucht. Es wird die Differentialgleichung aufgestellt für kleine Schwingungen in der Vertikalebene um eine „elastische Kettenlinie", das ist die Form, die das an den Enden festgehaltene elastische Seil unter der gegebenen Belastung als Gleichgewichtslage annimmt. Diese Differentialgleichung wird für die Behandlung bei den gegebenen Rand- und Anfangsbedingungen sehr kompliziert. Man beschränkt sich deshalb auf die transversalen Schwingungen allein und ersetzt dabei noch die elastische Kettenlinie näherungsweise durch eine Parabel. Dann läßt sich durch Einführung geeigneter neuer Veränderlicher eine Differentialgleichung vom Typ der Differentialgleichung der Saitenschwingung [Ziff. 29, Gleichung (4)] herstellen, und die Lösung läßt sich nach der Methode der Superposition von Partikularlösungen aufstellen und in der FOURIERschen Art den Anfangsbedingungen anpassen.

Das Problem der schwingenden Saite unter Berücksichtigung ihrer Viskosität hat ROY[5]) behandelt.

## e) Stabschwingungen.

**33. Längsschwingungen.** Für gerade Stäbe liegen die Schwerpunkte der einzelnen Querschnitte auf einer Geraden (Achse des Stabes).

Die Differentialgleichung für die freien Längsschwingungen $y(x, t)$ homogener gerader Stäbe, deren Achse in die $x$-Achse fällt, ist wieder die Gleichung (4) von Ziff. 29 mit $c^2 = \frac{E}{\varrho}$. Für feste Enden ($y = 0$ für $x = 0$ und $x = l$) ist die $n$te Eigenschwingung wieder durch (5) von Ziff. 29 gegeben. Für freie Enden $\left(\frac{\partial y}{\partial x} = 0\right.$ für $x = 0$ und $\left.x = l\right)$ erhält man

$$y_n = \left(A_n\sin\frac{n\pi c}{l}t + B_n\cos\frac{n\pi c}{l}t\right)\cos\frac{n\pi x}{l},$$

[1]) „RAYLEIGH, Schall I" S. 212 u. 216; auch ds. Handb. Bd. VIII, S. 175. Andere Behandlung der Frage: R. SKUTSCH, Wied. Ann. Bd. 61, S. 190. 1897.

[2]) G. KIRCHHOFF, Vorles. über Mechanik, 4. Aufl., 29. Vorl., § 7. Leipzig 1897.

[3]) „Math. Enzyklop., LAMB", S. 240.

[4]) K. WOLF, ZS. f. angew. Math. u. Mech. Bd. 7, S. 137—144. 1927.

[5]) L. ROY, Ann. de l'École Norm. (3) Bd. 29, S. 371—429. 1912; ferner Journ. de phys. (5) Bd. 4, S. 268—277. 1914.

wo $n$ eine ganze Zahl ist; ist ein Ende ($x = 0$) fest und das andere ($x = l$) frei, so wird

$$y_n = \left(A_n \sin\frac{n\pi c}{2l}t + B_n \cos\frac{n\pi c}{2l}t\right)\sin\frac{n\pi}{2l}x,$$

wo $n$ eine ungerade ganze Zahl ist.

Der Einfluß der Querdehnung und -verkürzung wird bei einem kreiszylindrischen Stab vom Radius $R$ durch ein Zusatzglied

$$\pi\varrho\int_0^l\int_0^R\left(\frac{\partial v}{\partial t}\right)^2 dx\, r\, dr = \frac{\varrho\pi R^4}{4m^2}\int_0^l\left(\frac{\partial^2 y}{\partial x\,\partial t}\right)^2 dx$$

zur potentiellen Energie näherungsweise berücksichtigt. Dabei ist $v = \frac{r}{m}\frac{\partial y}{\partial x}$ die Querverschiebung eines Stabelementes im Abstand $r$ von der Achse, $m$ das Verhältnis von Längsdehnung zu Querkontraktion. Verwendet man, daß bei dem an beiden Enden freien Stab $y = \vartheta(t)\cos\frac{n\pi x}{l}$ ist, so ergibt diese Berücksichtigung der Querdehnung und -verkürzung eine Vergrößerung der Periode der Normalschwingungen im Verhältnis $1 : \left(1 + \frac{n^2\pi^2}{4m^2}\frac{R^2}{l^2}\right)$, die also bei schlanken Stäben bei den tieferen Schwingungen wenig ausmacht[1]).

Die Einwirkung einer in irgendeinem Punkt des Stabes angebrachten kleinen Masse oder einer am freien Ende angebrachten großen Masse wird durch eine Näherungsbetrachtung von Lord RAYLEIGH untersucht[2]).

Für Stäbe mit veränderlichem Querschnitt $q(x)$ wird die Differentialgleichung

$$q\varrho\frac{\partial^2 y}{\partial t^2} = E\frac{\partial}{\partial x}\left(q\frac{\partial y}{\partial x}\right).$$

Die Integration ist für einen konischen Stab in geschlossener Form durchgeführt[3]). Wenn die Radien von Anfangs- und Endquerschnitt sich wie $2:1$ verhalten, so ergibt sich für die Frequenzen des Grundtones und der ersten Obertöne das Verhältnis

$$1{,}046 : 2{,}024 : 3{,}015 : 4{,}012\,.$$

Die Frequenzen der Partialtöne bilden also nicht mehr wie beim zylindrischen Stab eine harmonische Reihe, nähern sich dieser aber mit zunehmender Höhe der Töne ziemlich rasch. Die Knotenpunkte sind beim Kegelstumpf gegenüber denen beim Zylinder etwas nach dem dickern Ende hin verschoben.

Ansätze für allgemeinere Fälle von Längsschwingungen bei Stäben hat VAN DEN DUNGEN[4]) gegeben; es kann hier auf die durchaus analogen Ausführungen bei Torsionsschwingungen (Ziff. 34) verwiesen werden. (Über erzwungene Längsschwingungen von Stäben s. Literatur in Ziff. 41.)

Die Berücksichtigung der inneren Reibung verlangt die Zufügung eines Gliedes $Q\frac{\partial^3 y}{\partial x^2\,\partial t}$ auf der rechten Seite der Gleichung $\frac{\partial^2 y}{\partial t^2} = \frac{E}{\varrho}\frac{\partial^2 y}{\partial x^2}$; dabei ist $Q$ proportional der Viskosität des Materials[5])[6]).

---

1) „RAYLEIGH, Schall I", S. 265.

2) „RAYLEIGH, Schall I", S. 264—265.

3) J. NABL, Wiener Ber. Bd. 111, S. 846—854. 1902.

4) „VAN DEN DUNGEN I".

5) W. G. CADY, Phys. Rev. (2) Bd. 15, S. 146—147. 1920 u. Bd. 19, S. 1—6. 1922.

6) Thermische Deformationen bei Stabschwingungen berücksichtigt L. ROY, Ann. de Toulouse (3) Bd. 2, S. 19—32. 1910.

**34. Torsionsschwingungen.** Auch für freie Torsionsschwingungen eines homogenen kreiszylindrischen Stabes gilt die Gleichung $\frac{\partial^2 y}{\partial t^2} = c^2 \frac{\partial^2 y}{\partial x^2}$, wenn $y$ die Winkelverdrehung des Querschnitts an der Stelle $x$, $c^2 = \frac{G}{\varrho}$ und $G$ der Schubmodul (Torsionsmodul) des Materials ist. Für nichtkreisförmigen Querschnitt gilt allgemeiner[1])

$$j(x) \frac{\partial^2 y}{\partial t^2} = \frac{\partial}{\partial x}\left(C(x) \frac{\partial y}{\partial x}\right),$$

worin $j(x)$ das polare Massenträgheitsmoment pro Längeneinheit des Stabes, $C(x)$ die Torsionssteifigkeit[2]) und gleich der Fall der Veränderlichkeit dieser Größen mit $x$ berücksichtigt ist. Für den rechteckigen und elliptischen Querschnitt hat SCHULZE[3]) die Torsionsschwingungen berechnet.

Ansätze für noch allgemeinere Fälle hat insbesondere VAN DEN DUNGEN[4]) gegeben. Dort wird auch der Fall erörtert, daß außer der Eigenmasse des Stabes noch an einzelnen Stellen desselben lokalisierte Massen (Schwungräder) angebracht sind[5]), und daß ferner zwischen den einzelnen Teilen des Stabes elastische Kupplungen vorhanden sind. Hier sei nur die Integralgleichung[6]) für kontinuierliche Verteilung der Stabmasse und aufgesetzte Einzelmassen gegeben:

$$y(x) = \lambda \int_0^l \varepsilon(x, s)\, y(s)\, j(s)\, ds + \lambda \sum_h \varepsilon(x, h)\, y(h)\, J(h).$$

Hierin ist der gesuchte Torsionswinkel $\overline{y}(x, t) = y(x) e^{ipt}$ $(\lambda = p^2)$ angesetzt, $\varepsilon(x, s)$ ist die Einflußfunktion des Stabes unter den vorliegenden Randbedingungen, $j(x)$ das polare Massenträgheitsmoment pro Längeneinheit des Stabes, mit $h$ ist eine Stelle $x$ des sich von $x = 0$ bis $x = l$ erstreckenden Stabes bezeichnet, die eine lokale Masse vom Trägheitsmoment $J(h)$ trägt, und die Summation erstreckt sich über alle solche Stellen $h$. Die Behandlung der Frequenzengleichung (Ziff. 25)

$$1 + d_1 \lambda + d_2 \lambda^2 + \cdots = 0,$$

wobei hier

$$d_1 = -\sum_h \varepsilon(h, h)\, J(h) - \int_0^l \varepsilon(x, x)\, j(x)\, d(x),$$

$$d_2 = \frac{1}{2} \sum_{h,k} \begin{vmatrix} \varepsilon(h, h) & \varepsilon(h, k) \\ \varepsilon(k, h) & \varepsilon(k, k) \end{vmatrix} J(h) J(k) + \sum_h \int_0^l \begin{vmatrix} \varepsilon(h, h) & \varepsilon(h, s) \\ \varepsilon(s, h) & \varepsilon(s, s) \end{vmatrix} J(h)\, j(s)\, ds$$

$$+ \frac{1}{2} \int_0^l \int_0^l \begin{vmatrix} \varepsilon(s, s) & \varepsilon(s, x) \\ \varepsilon(x, s) & \varepsilon(x, x) \end{vmatrix} j(s)\, j(x)\, ds\, dx,$$

$$\vdots \qquad \vdots \qquad \vdots$$

kann nach den in Ziff. 25 angegebenen Verfahren erfolgen; andere Näherungsverfahren gehen so vor, daß sie den Stab durch einen Stab, der aus lauter zylindrischen Stücken zusammengesetzt ist, näherungsweise ersetzen (Übertragung

[1]) „VAN DEN DUNGEN I", S. 10.

[2]) S. Kap. 3, Ziff. 4 ds. Bd. des Handb.

[3]) F. A. SCHULZE, Ann. d. Phys. (4) Bd. 13, S. 583. 1904. Näheres ds. Handb. Bd. VIII, S. 194.

[4]) „VAN DEN DUNGEN I".

[5]) S. hierfür auch O. SESINI, Atti di Torino Bd. 55, S. 365—376. 1919/20.

[6]) S. auch CH. PLATRIER, C. R. Bd. 178, S. 1878—1880. 1924.

eines von GRAMMEL für die Drillungsschwingungen von Scheiben [Ziff. 54] gegebenen Verfahrens).

Torsionsschwingungen von Stäben mit Querschnittsformen, wie sie in der technischen Praxis vorkommen, unter der Wirkung konstanter äußerer Momente hat RITCHIE[1]) untersucht. Es handelt sich dabei um Approximationsverfahren insofern, als die eigenen Trägheitskräfte des schwingenden Stabes gegen diejenigen der mitschwingenden Massen vernachlässigt[2]) oder nur in einem Korrekturglied berücksichtigt werden.

**35. Freie Querschwingungen gerader Stäbe von konstantem Querschnitt. Aufstellung und Integration der Differentialgleichung.** Ein erstes Verfahren zur Gewinnung der Differentialgleichung der freien Transversalschwingungen homogener Stäbe von gleichförmigem Querschnitt liefert durch Betrachtung des Gleichgewichts am Stabelement unter Hinzunahme der D'ALEMBERTschen Trägheitskräfte:

$$\varrho q \frac{\partial^2 y}{\partial t^2} = \frac{\partial Q}{\partial x} \qquad \text{und} \qquad \varrho q k^2 \frac{\partial^2}{\partial t^2}\left(\frac{\partial \Phi}{\partial x}\right) = Q + \frac{\partial M}{\partial x}.$$

Dabei ist $\varrho$ die Dichte des Stabes, $q$ die Fläche des Querschnitts, $k$ der Trägheitsradius des Querschnitts für eine zur Biegungsebene senkrechte, durch den Schwerpunkt des Querschnitts gehende Achse, $y(x, t)$ die in der Biegungsebene senkrecht zur $x$-Achse gerichtete Ausbiegung, $Q$ die Querkraft[3]) und $M$ das Biegungsmoment[3]), auf die sich die im Querschnitt angreifenden Kräfte reduzieren, und $\Phi$ die Drehung des Stabelements. Der Winkel, welchen die Tangente der Biegungslinie des Stabes mit der $x$-Achse bildet, unterscheidet sich von $\Phi$ um die Winkeländerung $\alpha$, die das Element infolge der Querkräfte $Q$ erfährt. Für sehr kleine Drehungen ist

$$\frac{\partial y}{\partial x} = \Phi + \alpha.$$

Berücksichtigt man noch die Beziehungen[4])

$$M = E q k^2 \frac{\partial \Phi}{\partial x} \qquad \text{und} \qquad Q = \Lambda G q \alpha,$$

wo $G$ der Schubmodul und $\Lambda$ eine Konstante, die von der Gestalt des Querschnitts abhängt, ist, so erhält man durch Elimination von $M, Q, \Phi$ und $\alpha$ aus den fünf Gleichungen[5])

$$E k^2 \frac{\partial^4 y}{\partial x^4} + \varrho \frac{\partial^2 y}{\partial t^2} - \varrho k^2 \left(1 + \frac{E}{\Lambda G}\right) \frac{\partial^4 y}{\partial x^2 \partial t^2} + \frac{\varrho^2 k^2}{\Lambda G} \frac{\partial^4 y}{\partial t^4} = 0. \tag{1}$$

Vernachlässigt man zunächst die sich auf die Drehung und die Winkeländerung des Elementes beziehenden Glieder, so erhält man

$$\frac{\partial^2 y}{\partial t^2} + c^2 k^2 \frac{\partial^4 y}{\partial x^4} = 0. \tag{1a}$$

Hier ist wieder $c^2 = \frac{E}{\varrho}$; dabei kann aber bei Querschwingungen von Stäben nicht so wie bei Querschwingungen von Saiten und Längsschwingungen von

---

[1]) E. G. RITCHIE, Proc. Roy. Soc. Edinburgh Bd. 36, S. 32–43. 1915/16.

[2]) S. für Behandlung von Drehschwingungen in dieser Annäherung auch GÜMBEL, ZS. d. Ver. d. Ing. Bd. 56, S. 1025–1031 u. 1085–1089. 1912; H. HOLZER, Die Berechnung der Drehschwingungen usw. Berlin 1921; O. FÖPPL, ZS. f. angew. Math. u. Mech. Bd. 1, S. 367–373. 1921; S. TIMOSHENKO-J. M. LESSELLS, Applied elasticity, East Pittsburgh 1925, S. 339.

[3]) S. Bd. V, Kap. 6, Ziff. 45 des Handb.

[4]) S. Kap. 3, Ziff. 15 und 21 ds. Bd. des Handb.

[5]) S. TIMOSHENKO, Phil. Mag. Bd. 41, S. 744–746. 1921.

Stäben $c$ als eine von der Wellenlänge unabhängige Wellenfortpflanzungsgeschwindigkeit gedeutet werden[1]).

Ein zweites Verfahren zur Aufstellung der Gleichung (1a) benutzt das HAMILTONsche Prinzip

$$\delta \int_0^t \int_0^l \frac{1}{2}\left\{\varrho q\left(\frac{\partial y}{\partial t}\right)^2 - E k^2 q\left(\frac{\partial^2 y}{\partial x^2}\right)^2\right\} dx\, dt = 0$$

unter Verwendung des Wertes $T = \frac{1}{2}\int_0^l \varrho q\left(\frac{\partial y}{\partial t}\right)^2 dx$ der kinetischen und

$$U = \frac{1}{2} E k^2 q \int_0^l \left(\frac{\partial^2 y}{\partial x^2}\right)^2 dx$$

der potentiellen Energie. Hieraus ergibt sich Gleichung (1a) und die Grenzbedingung für $x = 0$ und $x = l$:

$$\frac{\partial^2 y}{\partial x^2}\,\delta\left(\frac{\partial y}{\partial x}\right) - \frac{\partial^3 y}{\partial x^3}\,\delta y = 0\,.$$

Für ein freies Ende folgen daraus die „natürlichen"[2]) Randbedingungen $\frac{\partial^2 y}{\partial x^2} = 0$ und $\frac{\partial^3 y}{\partial x^3} = 0$, für ein festgehaltenes Ende ($\delta y = 0$) die natürliche Randbedingung $\frac{\partial^2 y}{\partial x^2} = 0$.

Der Ansatz $y(x, t) = f(x)\, g(t)$ für die Lösung[3]) von (1a) gibt

$$\ddot{g}(t) + \lambda^2 c^2 g(t) = 0 \qquad \text{und} \qquad f^{\mathrm{IV}}(x) = \gamma^4 f(x)\,,$$

wenn noch $\frac{\lambda^2}{k^2} = \gamma^4$ gesetzt wird. Die allgemeinen Lösungen sind

$$g(t) = \mathsf{A} \sin\lambda c t + \mathsf{B} \cos\lambda c t\,,$$

$$f(x) = A \sin\gamma x + B \cos\gamma x + C\, \mathfrak{Sin}\,\gamma x + D\, \mathfrak{Cof}\,\gamma x\,,$$

und die allgemeine Lösung von (1a) wird damit

$$y(x, t) = \sum_{n=0}^{\infty} \sin(\lambda_n c t + \varphi_n)\,(A_n \sin\gamma_n x + B_n \cos\gamma_n x + C_n\, \mathfrak{Sin}\,\gamma_n x + D_n\, \mathfrak{Cof}\,\gamma_n x)\,. \quad (2)$$

**36. Spezielle Rand- und Anfangsbedingungen.** a) Für den an beiden Enden freien Stab sind die Randbedingungen: $\frac{d^2 f}{dx^2} = 0$ und $\frac{d^3 f}{dx^3} = 0$ für $x = 0$, $x = l$. Damit liefert die Gleichung

$$f^{\mathrm{IV}}(x) = \gamma^4 f(x)$$

die Eigenfunktionen

$$f_n(x) = A_n(\sin\gamma_n x + \mathfrak{Sin}\,\gamma_n x) + B_n(\cos\gamma_n x + \mathfrak{Cof}\,\gamma_n x)$$

mit

$$\frac{A_n}{B_n} = -\frac{\cos\gamma_n l - \mathfrak{Cof}\,\gamma_n l}{\sin\gamma_n l - \mathfrak{Sin}\,\gamma_n l} = \frac{\sin\gamma_n l + \mathfrak{Sin}\,\gamma_n l}{\cos\gamma_n l - \mathfrak{Cof}\,\gamma_n l}$$

und der Periodengleichung für die Eigenwerte $\gamma_n$:

$$1 - \cos\gamma_n l\, \mathfrak{Cof}\,\gamma_n l = 0\,.$$

---

[1]) „RAYLEIGH, Schall I", S. 327.

[2]) „COURANT-HILBERT I", S. 181.

[3]) Wegen anderer Behandlungsarten der Differentialgleichung der Stabschwingungen s. F. SBRANA, Lincei Rend. (5) Bd. 30 [2], S. 256—258 u. 300—302. 1921; ferner G. GREEN, Proc. Roy. Soc. Edinburgh Bd. 29, S. 393—400. 1908/09.

Die der Größe nach geordneten Wurzeln $\gamma_n l$ der Periodengleichung, die zugleich die Wurzeln $\gamma_n l$ von

$$\operatorname{tg}\frac{\gamma_n l}{2} + \mathfrak{Tg}\frac{\gamma_n l}{2} = 0 \qquad \text{und} \qquad \operatorname{tg}\frac{\gamma_n l}{2} - \mathfrak{Tg}\frac{\gamma_n l}{2} = 0$$

sind[1]), sind für $n \geqq 5$ in der 5. Dezimale schon nicht mehr verschieden von $(2n-1)\frac{\pi}{2}$.

Tabelle 4. Wurzeln $\gamma_n l$ der Gleichung $1 - \cos\gamma_n l\,\mathfrak{Cof}\,\gamma_n l = 0$.

| $n$ | $\gamma_n l$ | $n$ | $\gamma_n l$ |
|---|---|---|---|
| 0 | 0 | 1 | 0 |
| 2 | $\frac{3\pi}{2} + 0{,}01765 = 4{,}73004$ | 3 | $\frac{5\pi}{2} - 0{,}00078 = 7{,}85320$ |
| 4 | $\frac{7\pi}{2} + 0{,}00003 = 10{,}99561$ | 5 | $\frac{9\pi}{2} - 0{,}00000 = 14{,}13717$ |
| 6 | $\frac{11\pi}{2} = 17{,}27876$ | 7 | $\frac{13\pi}{2} = 20{,}42035$ |

Für die $n$te Eigenschwingung hat man

$$y_n(x,t) = (\mathsf{A}_n \sin\lambda_n ct + \mathsf{B}_n \cos\lambda_n ct)\left[A_n(\sin\gamma_n x + \mathfrak{Sin}\,\gamma_n x) + B_n(\cos\gamma_n x + \mathfrak{Cof}\,\gamma_n x)\right]$$

mit der obigen Relation für $\frac{A_n}{B_n}$. Die Schwingungszahl $N_n$ der $n$ten Partialschwingung ist

$$N_n = \frac{\lambda_n c}{2\pi} = \frac{k(\gamma_n l)^2}{2\pi l^2}\sqrt{\frac{E}{\varrho}}$$

$$\sim \frac{\pi}{8}(2n-1)^2\frac{k}{l^2}\sqrt{\frac{E}{\varrho}} \quad \text{für die höheren Partialschwingungen;}$$

also ist $N_n$ umgekehrt proportional dem Quadrat der Stablänge und für die höheren Partialschwingungen sind die Verhältnisse der $N_n$ nahezu die Quadrate der ungeraden ganzen Zahlen.

Das zugehörige Variationsproblem (Ziff. 22) verlangt $\int\limits_0^l k^2\left(\frac{d^2 f}{dx^2}\right)^2 dx$ zum Minimum zu machen mit der Nebenbedingung $\int\limits_0^l f^2 dx = 1$, wobei zum Vergleich alle im Intervall stetigen und stückweise viermal stetig differenzierbaren Funktionen zugelassen sind.

Für manche Zwecke erfahren die Eigenfunktionen und die Periodengleichung eine Vereinfachung, wenn man den Koordinatenanfangspunkt in die Stabmitte, die Stabenden nach $x = -\frac{l}{2}$ und $x = +\frac{l}{2}$ legt. Die Eigenfunktionen werden für den an beiden Enden freien Stab

$$f_n(x) = \frac{\mathfrak{Sin}\frac{\gamma_n l}{2}\sin\gamma_n x + \sin\frac{\gamma_n l}{2}\mathfrak{Sin}\,\gamma_n x}{\sqrt{\mathfrak{Sin}^2\frac{\gamma_n l}{2} - \sin^2\frac{\gamma_n l}{2}}} \qquad \text{für ungerade } n,$$

$$f_n(x) = \frac{\mathfrak{Cof}\frac{\gamma_n l}{2}\cos\gamma_n x + \cos\frac{\gamma_n l}{2}\mathfrak{Cof}\,\gamma_n x}{\sqrt{\mathfrak{Cof}^2\frac{\gamma_n l}{2} + \cos^2\frac{\gamma_n l}{2}}} \qquad \text{für gerade } n,$$

---

[1]) „KALÄHNE II", S. 124.

und die Periodengleichung wird

$$\operatorname{tg}\frac{\gamma_n l}{2} - \mathfrak{Tg}\frac{\gamma_n l}{2} = 0, \qquad \text{bzw.} \qquad \operatorname{tg}\frac{\gamma_n l}{2} + \mathfrak{Tg}\frac{\gamma_n l}{2} = 0.$$

b) Für den bei $x = 0$ eingeklemmten, bei $x = l$ freien Stab gelten die Randbedingungen $f = 0$ und $\frac{df}{dx} = 0$ für $x = 0$ und $\frac{d^2 f}{dx^2} = 0$ und $\frac{d^3 f}{dx^3} = 0$ für $x = l$ für die Eigenfunktionen

$$f_n(x) = A_n(\sin\gamma_n x - \mathfrak{Sin}\,\gamma_n x) + B_n(\cos\gamma_n x - \mathfrak{Cos}\,\gamma_n x)$$

mit

$$\frac{A_n}{B_n} = -\frac{\cos\gamma_n l + \mathfrak{Cos}\,\gamma_n l}{\sin\gamma_n l + \mathfrak{Sin}\,\gamma_n l} = \frac{\sin\gamma_n l - \mathfrak{Sin}\,\gamma_n l}{\cos\gamma_n l + \mathfrak{Cos}\,\gamma_n l}$$

und der Periodengleichung

$$1 + \cos\gamma_n l\,\mathfrak{Cos}\,\gamma_n l = 0.$$

Für ihre Wurzeln $\gamma_n l$, die zugleich die Wurzeln $\gamma_n l$ von $\operatorname{tg}\frac{\gamma_n l}{2} + \mathfrak{Cotg}\frac{\gamma_n l}{2} = 0$ und die von $\operatorname{tg}\frac{\gamma_n l}{2} - \mathfrak{Cotg}\frac{\gamma_n l}{2} = 0$ umfassen, gilt[1]):

Tabelle 5. Wurzeln $\gamma_n l$ der Gleichung $1 + \cos\gamma_n l\,\mathfrak{Cos}\,\gamma_n l = 0$.

| $n$ | $\gamma_n l$ | $n$ | $\gamma_n l$ |
|---|---|---|---|
| | | 1 | $\frac{\pi}{2} + 0{,}30431 = 1{,}87510$ |
| 2 | $\frac{3\pi}{2} - 0{,}01830 = 4{,}69410$ | 3 | $\frac{5\pi}{2} + 0{,}00078 = 7{,}85476$ |
| 4 | $\frac{7\pi}{2} - 0{,}00003 = 10{,}99554$ | 5 | $\frac{9\pi}{2} + 0{,}00000 = 14{,}13717$ |
| 6 | $\frac{11\pi}{2} = 17{,}27876$ | 7 | $\frac{13\pi}{2} = 20{,}42035$ |

Das zugehörige Variationsproblem unterscheidet sich von dem vorigen Fall dadurch, daß von den Vergleichsfunktionen noch zu fordern ist, daß sie für $x = 0$ samt ihren ersten Ableitungen verschwinden.

c) Die Lösung für den an beiden Enden eingeklemmten Stab folgt aus der für den beiderseits freien Stab durch zweimalige Differentiation nach $x$. Denn die dabei entstehende Funktion genügt sowohl der Differentialgleichung als auch den Randbedingungen.

Die Eigenfunktionen $f_n(x)$ bilden in jedem der drei Fälle ein orthogonales Funktionensystem, denn aus $f_i^{\mathrm{IV}} = \gamma_i^4 f_i$ und $f_j^{\mathrm{IV}} = \gamma_j^4 f_j$ folgt

$$(\gamma_i^4 - \gamma_j^4)\int_0^l f_i f_j\,dx = \int_0^l (f_i^{\mathrm{IV}} f_j - f_j^{\mathrm{IV}} f_i)\,dx,$$

und das liefert wegen der Grenzbedingungen durch zweimalige partielle Integration $\int_0^l f_i f_j\,dx = 0$ für zwei verschiedene Eigenwerte $\gamma_i$ und $\gamma_j$.

Die Anpassung der Lösung an einen „beliebigen" Anfangszustand ist wegen der Entwickelbarkeit einer beliebigen Funktion mit stetigen ersten und zweiten und stückweise stetigen dritten und vierten Ableitungen nach den Eigenfunktionen möglich[2]).

[1]) „KALÄHNE II", S. 129. [2]) „COURANT-HILBERT I", S. 245.

Die Gestalt des Stabes in einem bestimmten Zeitmoment bei der $n$ten Teilschwingung ergibt sich aus der Diskussion[1]) der Eigenfunktionen $f_n(x)$.

Die Abschätzung des Einflusses der gegenüber Gleichung (1) von Ziff. 35 in (1a) von Ziff. 35 vernachlässigten Glieder gibt für den prismatischen Stab von der Länge $l$ mit unterstützten Enden unter Annahme des durch $y = \sin\frac{n\pi x}{l}\cos p_n t$ gegebenen Schwingungstypus in erster Annäherung[2]) für die Frequenz $p_n$:

$$p_n = \frac{\pi^2 n^2 k c}{l^2}\left[1 - \frac{1}{2}\,\frac{\pi^2 k^2 n^2}{l^2}\left(1 + \frac{E}{AG}\right)\right].$$

Die Änderung der Frequenz nimmt zwar mit der Ordnung der Partialschwingung zu, ist aber proportional zu dem Quadrat von $k/l$, also um so weniger ins Gewicht fallend, je länger der Stab im Vergleich zu den Querschnittsabmessungen ist[3]).

Trägt der eingespannte Stab eine Einzelmasse $M$ am freien Ende vom Trägheitsmoment $\Theta$ um eine zur Biegungsebene senkrechte Hauptträgheitsachse, so ist in den Randbedingungen für $x = l$ eine Querkraft und ein Biegungsmoment zu berücksichtigen[4]):

$$E q k^2 \left(\frac{\partial^3 y}{\partial x^3}\right)_{x=l} = M\left(\frac{\partial^2 y}{\partial t^2}\right)_{x=l} \quad \text{und} \quad -E q k^2 \left(\frac{\partial^2 y}{\partial x^2}\right)_{x=l} = \Theta \frac{\partial^2}{\partial t^2}\left(\frac{\partial y}{\partial x}\right)_{x=l}.$$

Interessante Anfangszustände für freie Querschwingungen von Stäben bieten die Fälle, wo solche Schwingungen durch plötzliche Entlastung oder Belastung ausgelöst werden. Hierher gehört der Fall eines Balkens, der am einen Ende eingespannt ist und am freien Ende eine Last trägt, die plötzlich weggenommen wird, oder der Fall eines Balkens auf zwei Stützen, auf den plötzlich eine Last auffällt[5]). In diesen beiden Fällen sind durch die Randbedingungen die willkürlichen Konstanten in der allgemeinen Lösung (2) von Ziff. 35 bestimmt bis auf die $\varphi_n$ und eine der anderen Konstantenreihen, etwa die $A_n$. Diese erhält man noch daraus, daß man im ersten Fall die durch die Kraft am freien Ende veranlaßte Biegungslinie des Balkens, im zweiten Fall die Biegungslinie, die der maximalen Auslenkung des Balkens während der Wirkung des auffallenden Gewichtes zugehört, als Anfangsgestalt bei fehlender Anfangsgeschwindigkeit nimmt.

**37. Näherungsverfahren von Lord RAYLEIGH und von MORROW.** Ausgehend von den Ausdrücken

$$U = \frac{1}{2}\int_0^l E k^2 q \left(\frac{\partial^2 y}{\partial x^2}\right)^2 dx \quad \text{und} \quad T = \frac{1}{2}\int_0^l \varrho q \left(\frac{\partial y}{\partial t}\right)^2 dx$$

für potentielle und kinetische Energie des transversal schwingenden Stabes ergibt[6]) die Energiegleichung $\frac{\partial}{\partial t}(U + T) = 0$ für ein konservatives System für einen Schwingungstyp $y(x, t) = u(x)\, e^{ipt}$:

$$p^2 = \frac{\int_0^l E k^2 q \left(\frac{d^2 u}{d x^2}\right)^2 dx}{\int_0^l \varrho q u^2 dx}. \tag{1}$$

[1]) Ausführlich z. B. bei „KALÄHNE II", S. 133; auch ds. Handb. Bd. VIII, S. 201 u. 202.
[2]) S. TIMOSHENKO, Phil. Mag. Bd. 41, S. 744—746. 1921; ebenda Bd. 43, S. 125—131. 1922.
[3]) S. auch J. H. C. SEARLE, Phil. Mag. (6) Bd. 14, S. 35—60. 1907.
[4]) „HORT, Schwingungslehre", S. 459.
[5]) W. KAUFMANN, ZS. f. angew. Math. u. Mech. Bd. 2, S. 34—45. 1922.
[6]) N. MONONOBE, ZS. f. angew. Math. u. Mech. Bd. 1, S. 450. 1921.

Wenn in (1) rechts für $u(x)$ die Normalfunktion der tiefsten Normalschwingung des Stabes steht, so wird $p^2$ ein Minimum, verglichen mit den Werten $p^2$, die sich für irgendwelche anderen die Stetigkeitsbedingungen erfüllenden Funktionen $u(x)$ aus (1) ergeben[1]).

Ein erstes Näherungsverfahren von Lord RAYLEIGH macht für $u(x)$ in (1) eine Annahme der Form $u(x, \lambda_1, \dots \lambda_n)$ mit $n$ Parametern $\lambda_1, \dots \lambda_n$. Der Quotient auf der rechten Seite von (1) wird damit Funktion der $\lambda_1, \dots \lambda_n$, und diese werden so bestimmt, daß sie diesen Quotienten zum Minimum machen; der Wert des Minimums ist ein Näherungswert für die Frequenz der Grundschwingung des Stabes, und zwar eine obere Schranke.

Für die Rechnung meist bequemer ist ein zweites an die Formel (1) anknüpfendes von Lord RAYLEIGH[2]) benutztes Näherungsverfahren. Es gründet sich darauf, daß in Fällen, die eine Kontrolle erlauben, für Funktionen, die der Minimalfunktion $u(x)$ auch nur einigermaßen benachbart sind, der Wert des Quotienten in (1) nur wenig von seinem Minimalwert abweicht. Man nimmt also eine Funktion für $u(x)$, welche die Schwingungsform der Grundschwingung des Stabes angenähert wiedergibt und betrachtet den nach (1) hierfür berechneten Wert $p$ als einen (jedenfalls zu großen) Näherungswert für die Frequenz der Grundschwingung[3]). (Ziff. 40, 52.)

MORROW[4]) geht bei seinem Näherungsverfahren für die Bestimmung der Frequenz und der Schwingungsform des Stabes davon aus, daß für eine Normalschwingung $y(x) = u(x) e^{ipt}$ gilt $\frac{\ddot{y}(x)}{y(x)} = \frac{\ddot{y}_1}{y_1}$, wenn $y(x)$ und $\ddot{y}(x)$ Verschiebung und Beschleunigung an einer beliebigen Stelle $x$, $y_1$ und $\ddot{y}_1$ diese Größen an einer bestimmten Stelle $x = x_1$ (z. B. an der Stelle der größten Verschiebung) sind, während $p^2 = -\frac{\ddot{y}_1}{y_1}$ ist. In der Gleichung[5]) $\frac{\partial^2 y}{\partial x^2} = \frac{M}{EJ}$ für die Durchbiegung eines frei schwingenden Stabes (vom Trägheitsmoment $J$ des Querschnitts) ist das Moment $M$ das Moment der Trägheitskräfte um eine Stelle $x$, also ein Integral, das im Integranden $\ddot{y}$ enthält; z. B. ist für einen gleichförmigen Stab, der bei $x = l$ eingespannt und bei $x = 0$ frei ist, $M = \int_0^x \varrho q \ddot{y}(z)(x-z)\,dz$. Man ersetzt nun $\ddot{y}(z)$ im Integral durch $\frac{\ddot{y}_1}{y_1} y(z)$ und hat damit eine Differentialgleichung, in der links $\frac{\partial^2 y}{\partial x^2}$ und rechts dieses mit $\frac{1}{EJ}$ multiplizierte Integral steht; im Beispiel

$$\frac{\partial^2 y}{\partial x^2} = \frac{\varrho q \ddot{y}_1}{EJ y_1} \int_0^x y(z)(x-z)\,dz.$$

Für $y(z)$ im Integranden führt man eine Näherungsfunktion für die Form des schwingenden Stabes ein, die die Randbedingungen erfüllt [im Beispiel: $y = y_1\left(1 - \frac{4}{3l}x + \frac{1}{3l^4}x^4\right)e^{ipt}$] und berechnet durch zweimalige Integration über $x$ unter Berücksichtigung der Grenzbedingungen aus der Differentialgleichung eine neue Funktion $y(x, t)$. Für den Wert von $x$, dem $y_1$ zugehört, wird $y_1$ und damit

---

[1]) „RAYLEIGH, Schall I", § 182; „VAN DEN DUNGEN I", S. 44ff.

[2]) „RAYLEIGH, Schall I", § 182.

[3]) Auch in einer Arbeit von H. LAMB über Schwingungen einer elastischen Platte in Kontakt mit Wasser [Proc. Roy. Soc. London (A) Bd. 98, S. 205—216. 1920] ist das Verfahren angewendet, ferner in einer Arbeit von L. M. SWAIN über die Grundschwingung eines dünnen Stabes von der Form eines gleichschenkligen Trapezes, welcher um seine Basis rotiert [Phil. Mag. (6) Bd. 41, S. 259—266. 1921].

[4]) J. MORROW, Phil. Mag. (6) Bd. 10, S. 113—125. 1905.

[5]) S. Kap. 3, Ziff. 15 ds. Bd. des Handb.

dann $\ddot{y}_1/y_1$ berechnet. Mit der erhaltenen neuen Näherungsfunktion kann das Verfahren fortgesetzt werden. In einer Reihe von durchgerechneten Fällen, die einen Vergleich mit der exakten Lösung gestatten, ergibt das Verfahren für die Frequenz einen zu kleinen Wert.

Die Methode führt oft bequem zu Resultaten in Fällen, wo Dichte und Trägheitsmoment für den Stab veränderlich sind und die gewöhnlichen analytischen Methoden zur Lösung der Differentialgleichung Schwierigkeiten bereiten (Ziff. 38 und 39).

Die beiden Methoden sind auch angewandt auf Querschwingungen von Stäben, die Kräften in der Richtung ihrer Achse unterworfen sind[1]), ferner auf Stäbe, die am einen Ende eingespannt sind, während das andere Ende durch ein Moment gezwungen ist, seine Richtung beizubehalten, während es seine Lage ändern kann[2]).

**38. Kontinuierlicher Balken; belasteter Balken; überhängender Balken; rotierender Stab.** Für den allgemeineren Fall eines kontinuierlichen dünnen Balkens (Stab), der in mehreren Punkten gestützt ist und wobei jedes Feld zwischen zwei aufeinanderfolgenden Stützpunkten durch Endmomente $M_0$ und $M_1$ und Enddrucke $F, F$ beansprucht ist, ergibt sich als Differentialgleichung zunächst für ein Feld[3])

$$\frac{\partial^4 y}{\partial x^4} + \frac{F}{EJ}\frac{\partial^2 y}{\partial x^2} + \frac{\varrho q}{EJ}\frac{\partial^2 y}{\partial t^2} = 0,$$

wo $E$ der Elastizitätsmodul, $J$ das Trägheitsmoment des Querschnitts mit der Fläche $q$ und $\varrho$ die Dichte ist. In dem Ansatz

$$y = \sum_n A_n(x)\cos p_n t + \sum_n B_n(x)\sin p_n t$$

für die Lösung wird durch Berücksichtigung der Randbedingungen insbesondere

$$p_n^2 = \frac{n^2\pi^2 EJ}{l^2 \varrho q}\left(\frac{n^2\pi^2}{l^2} - \frac{F}{EJ}\right),$$

wo $n$ eine ganze Zahl ist. Das besagt, daß die Periode $\frac{2\pi}{p_n}$ imaginär wird, wenn für $n = 1$ der Enddruck $F$ die erste EULERsche Knicklast[4]) $\frac{\pi^2}{l^2}EJ$ überschreitet, so daß der Wert von $y$ exponentiell wächst und die Bewegung des Balkens instabil wird. Ähnliches tritt bei den höheren Werten von $n$ auf. Im übrigen zeigt die Formel, daß der Wert der EULERschen Knicklast durch den Schwingungszustand des Stabes nicht verändert wird, daß aber die Periode der natürlichen Schwingungen vermindert oder vermehrt wird, je nachdem die Endkraft einen Zug oder Druck auf das Balkenstück ausübt.

[Hier sei auch auf das Auftreten von Integralgleichungen mit mehreren Parametern bei Schwingungsproblemen hingewiesen[5]).]

Die Erweiterung des Verfahrens auf den Fall mehrerer aufeinanderfolgender Felder, etwa noch mit von Feld zu Feld sich veränderndem Querschnitt und Trägheitsmoment verlangt die Berücksichtigung von Stetigkeitsbedingungen beim Übergang von einem Feld zum nächsten. Zur übersichtlicheren Darstellung

---

1) J. MORROW, Phil. Mag. (6) Bd. 12, S. 233—243. 1906.

2) J. MORROW, Phil. Mag. (6) Bd. 18, S. 452—465. 1909.

3) W. L. COWLEY u. H. LEVY, Proc. Roy. Soc. London (A) Bd. 95, S. 440—457. 1919; s. auch R. C. J. HOWLAND, Phil. Mag. (7) Bd. 1, S. 674—694. 1926.

4) S. Kap. 3, Ziff. 82 ds. Bd. des Handb.

5) F. H. VAN DEN DUNGEN, Verh. d. 2. internat. Kongr. f. techn. Mech., Zürich 1926, S. 113—118.

und Behandlung der Frequenzengleichung für den kontinuierlichen Balken über mehreren Stützen führt DARNLEY[1]) die Funktionen

$$\Phi(\alpha) = \frac{1}{\mathfrak{Tg}\,\alpha} - \frac{1}{\operatorname{tg}\alpha} \qquad \text{und} \qquad \Psi(\alpha) = \frac{1}{\mathfrak{Sin}\,\alpha} - \frac{1}{\sin\alpha}$$

ein, für die Tabellen angegeben werden.

Die Spezialfälle von Trägern auf drei und vier Stützen sind von KAUFMANN[2]) bis zur numerischen Berechnung der Frequenzen durchgeführt.

Die Methode der kontinuierlichen Approximation von MORROW (Ziff. 37) ist angewendet auf das Problem der Querschwingungen belasteter Balken[3]);

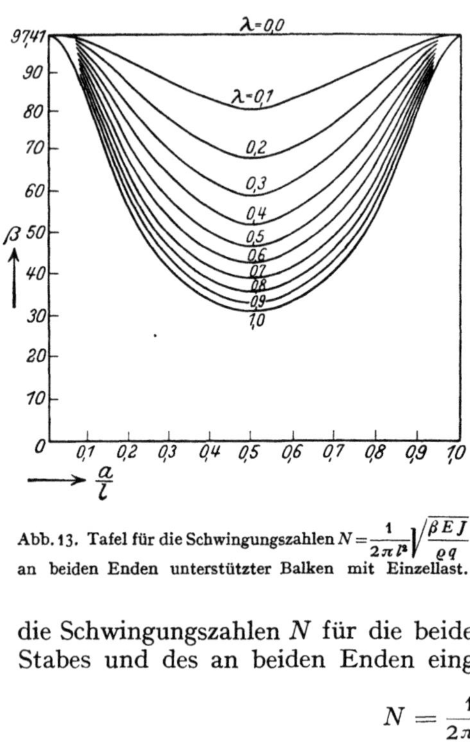


Abb. 13. Tafel für die Schwingungszahlen $N = \frac{1}{2\pi l^2}\sqrt{\frac{\beta E J}{\varrho q}}$ an beiden Enden unterstützter Balken mit Einzellast.

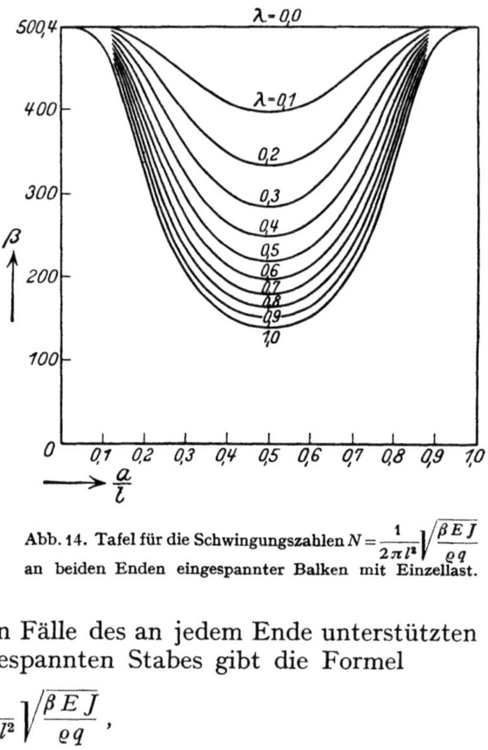


Abb. 14. Tafel für die Schwingungszahlen $N = \frac{1}{2\pi l^2}\sqrt{\frac{\beta E J}{\varrho q}}$ an beiden Enden eingespannter Balken mit Einzellast.

die Schwingungszahlen $N$ für die beiden Fälle des an jedem Ende unterstützten Stabes und des an beiden Enden eingespannten Stabes gibt die Formel

$$N = \frac{1}{2\pi l^2}\sqrt{\frac{\beta E J}{\varrho q}}\,,$$

wenn $l$ die Länge des Stabes, $a$ die Entfernung des Lastangriffspunktes vom einen Ende des Stabes und wenn $\beta$ für verschiedene Werte des Verhältnisses $\lambda = \frac{\text{Masse der Last}}{\text{Masse des Stabes}}$ durch die Abb. 13 und 14 gegeben ist.

Für die Querschwingungen eines gleichförmigen Stabes, der in zwei Punkten in der Entfernung $l$ gestützt ist und über die eine Stütze noch um die Strecke $c$ überhängt, wird die Periodengleichung[4])

$$\begin{aligned}(\mathfrak{Cof}\,kl\sin kl - \mathfrak{Sin}\,kl\cos kl)\,(\mathfrak{Cof}\,kc\sin kc - \mathfrak{Sin}\,kc\cos kc)\\ - 2\,\mathfrak{Sin}\,kl\sin kl\,(1 + \mathfrak{Cof}\,kc\cos kc) = 0\,,\end{aligned}$$

---

[1]) E. R. DARNLEY, Phil. Mag. (6) Bd. 41, S. 81—96. 1921; s. auch „VAN DEN DUNGEN II" S. 36—49.

[2]) W. KAUFMANN, ZS. f. angew. Math. u. Mech. Bd. 2, S. 34—45. 1922.

[3]) J. MORROW, Phil. Mag. (6) Bd. 11, S. 354—374. 1906.

[4]) J. MORROW, Phil. Mag. (6) Bd. 15, S. 497—499. 1908.

worin $k = \sqrt{2\pi N}\sqrt[4]{\frac{\varrho q}{EJ}}$ und $N$ die Schwingungszahl ist. Die Entwicklung der Gleichung nach Potenzen von $kl$ und $kc$ liefert die Tabelle 6.

Tabelle 6. Schwingungszahlen $N = \frac{k^2}{2\pi}\sqrt{\frac{EJ}{\varrho q}}$ eines um $c$ überhängenden Balkens von der Länge $l$.

| $\frac{c}{l}$ | 1 | $\frac{3}{4}$ | $\frac{1}{2}$ | $\frac{1}{3}$ | $\frac{1}{4}$ | $\frac{1}{5}$ | $\frac{1}{6}$ | $\frac{1}{7}$ | $\frac{1}{8}$ | $\frac{1}{9}$ | $\frac{1}{10}$ | 0 |
|---|---|---|---|---|---|---|---|---|---|---|---|---|
| $kl$ | 1,50592 | 1,90170 | 2,51895 | 2,94042 | 3,05881 | 3,09975 | 3,11752 | 3,12647 | 3,13148 | 3,13449 | 3,13641 | $\pi$ |

Für kleine $\frac{c}{l}$ gab Chree[1]) die Näherungsformel $kl = \pi\left(1 - \frac{1}{6}\pi^2\frac{c^3}{l^3}\right)$; der Fehler ist kleiner als 1%, wenn $\frac{c}{l} < \frac{1}{2}$.

Für Transversalschwingungen $y(x, t)$ eines Stabes von der Länge $l$, der um eine zu ihm senkrechte Achse durch den einen Endpunkt ($x = 0$) mit der Winkelgeschwindigkeit $\omega$ rotiert, gilt die Differentialgleichung[2])

$$\frac{\partial^2 y}{\partial t^2} = \frac{1}{2}\omega^2\frac{\partial}{\partial x}\left[(\alpha^2 - x^2)\frac{\partial y}{\partial x}\right],$$

wobei $\alpha^2 = l^2$ ist, wenn das Ende $x = l$ des Stabes frei ist (1. Fall), und $\alpha^2 = l\left(l + \frac{2m}{\varrho}\right)$ ist, wenn dieses Ende eine Masse $m$ trägt (2. Fall). Die Lösung wird

$$y = AS(x)\cos(p_1 t + \varepsilon) \quad (A \text{ Konstante}),$$

wobei

$$S(x) = \frac{x}{\alpha} + \frac{2\cdot 1 - b^2}{3!}\left(\frac{x}{\alpha}\right)^3 - \frac{(2\cdot 1 - b^2)(4\cdot 3 - b^2)}{5!}\left(\frac{x}{\alpha}\right)^5$$
$$+ \cdots \pm \frac{(2\cdot 1 - b^2)(4\cdot 3 - b^2)\ldots[2n(2n-1) - b^2]}{(2n+1)!}\left(\frac{x}{\alpha}\right)^{2n+1}\cdots$$

und

$$b^2 = \frac{2p_1^2}{\omega^2}.$$

Im 1. Fall ist $b^2 = 2n(2n-1)$, wo $n$ eine ganze positive Zahl; die Reihe für $S(x)$ bricht also hier ab.

Im 1. Fall wird die Frequenz $p_1$ gegeben durch

$$p_1^2 = n(2n-1)\,\omega^2,$$

im 2. Fall durch die Frequenzengleichung

$$b^2 S(l) - \frac{2l}{\alpha}S'(l) = 0.$$

Um die Frequenz der Querschwingungen zu bestimmen, wenn außer der Zentrifugalkraft auch die Biegungskräfte berücksichtigt werden sollen, kann man nach dem von Southwell für rotierende Scheiben (Ziff. 52) angewendeten Verfahren vorgehen[2]).

Auf die Untersuchungen der Eigenschwingungen von Fachwerken, die auch an die Differentialgleichung der longitudinalen und transversalen Stabschwingungen

[1]) C. Chree, Phil. Mag. (6) Bd. 7, S. 517. 1904.
[2]) J. Ghosh, Bull. of the Calcutta Math. Soc. Bd. 14, S. 161–172. 1923/24.

anknüpfen[1]), sei hier hingewiesen, weil die von POHLHAUSEN verwendete Auflösung der Frequenzengleichung durch Näherungsfolgen nicht auf das spezielle Problem der Fachwerksschwingungen beschränkt ist.

**39. Freie Querschwingungen gerader Stäbe von veränderlichem Querschnitt. Direkte Lösung der Differentialgleichung; Näherungsverfahren für schwach verjüngte Stäbe.** Für Stäbe von veränderlichem Querschnitt $q(x)$ führt der Ansatz $y = u(x)e^{ipt}$ die Differentialgleichung

$$\varrho q(x)\frac{\partial^2 y}{\partial t^2} + E\frac{\partial^2}{\partial x^2}\left(J(x)\frac{\partial^2 y}{\partial x^2}\right) = 0 \tag{1}$$

[$J(x)$ Trägheitsmoment des Querschnitts] über in

$$\varrho q p^2 u = E\frac{d^2}{dx^2}\left(J\frac{d^2 u}{dx^2}\right)$$

mit den Randbedingungen

$$\frac{d}{dx}\left(J\frac{d^2u}{dx^2}\right)\delta u = 0 \qquad \text{und} \qquad J\frac{d^2u}{dx^2}\delta\frac{du}{dx} = 0$$

an den Enden. Ist das Profil des Stabes durch eine Gleichung zwischen $\frac{y}{x^\mu}$ und $\frac{z}{x^\nu}$, wo $\mu$ und $\nu$ ganze Zahlen sind, gegeben, so läßt sich das allgemeine Integral der Differentialgleichung bestimmen. Im einzelnen verfolgt sind hier die Fälle eines Stabes von der Gestalt eines sehr flachen Keiles ($\mu = 1, \nu = 0$), der am dicken Ende eingespannt ist, und eines spitzen Kegels ($\mu = 1, \nu = 1$), der an der Basis eingespannt ist[2]), und schließlich der Fall eines Kegelstumpfes ($\mu = 1, \nu = 1$), der ebenfalls am dicken Ende eingespannt ist[3]). Die Differentialgleichung vierter Ordnung läßt sich hier jedesmal durch geeignete Substitution zurückführen auf eine Differentialgleichung zweiter Ordnung; die Lösung wird z. B. im Fall des Kegels von der Höhe $L$, wenn $q_0$ und $J_0$ Querschnittsfläche und Trägheitsmoment am festen Ende ($x = L$) sind, von der Form

$$u = A\frac{d^2\varphi}{dv^2} + B\frac{d^2\psi}{dv^2},$$

wo

$$v = \sqrt{\frac{\varrho q_0}{EJ_0}}\,pLx,$$

$A$ und $B$ Konstante, $p$ die Frequenz und

$$\varphi = 1 + \frac{v}{1^2} + \frac{v^2}{(1\cdot 2)^2} + \frac{v^3}{(1\cdot 2\cdot 3)^2} + \cdots,$$

$$\psi = 1 - \frac{v}{1^2} + \frac{v^2}{(1\cdot 2)^2} - \frac{v^3}{(1\cdot 2\cdot 3)^2} + \cdots$$

sind. Mit Hilfe der Frequenzengleichung

$$0 = \frac{1}{2!\,3!} - \frac{v^2}{1!\,3!\,5!} + \frac{v^4}{2!\,4!\,7!} - \frac{v^6}{3!\,5!\,9!} + \cdots,$$

worin $x = L$ zu setzen ist, wird

$$p = 8{,}718\sqrt{\frac{EJ_0}{\varrho q_0}}\,\frac{1}{L^2}.$$

---

1) Literatur bei E. POHLHAUSEN, ZS. f. angew. Math. u. Mech. Bd. 1, S. 28–42. 1921.

2) G. KIRCHHOFF, Ges. Abhandlgn., S. 339. Weiterführung der KIRCHHOFFschen Entwicklungen bei F. VOGEL, Dissert. Berlin 1881; F. MEYER ZUR CAPELLEN, Wied. Ann. Bd. 33, S. 661. 1888; P. F. WARD, Phil. Mag. (6) Bd. 25, S. 85–106. 1913; D. WRINCH, Proc. Roy. Soc. London (A) Bd. 101, S. 493–508. 1922.

3) N. MONONOBE, ZS. f. angew. Math. u. Mech. Bd. 1, S. 444–451. 1921.

(Beim zylindrischen, einseitig befestigten Stab mit $J_0$ und $q_0$ und der Länge $L$ ist

$$p = 3{,}516\sqrt{\frac{EJ_0}{\varrho q_0}}\,\frac{1}{L^2}\,.\Big)$$

Im Fall des Kegelstumpfes sind die Rechnungen langwieriger, aber auch bis zu numerischen Resultaten durchgeführt und mit Schwingungsmessungen an Schornsteinen verglichen.

Ferner ist behandelt der Fall eines Rotationskörpers, der aus zwei symmetrischen Hälften besteht; der Meridian der einen Hälfte ist $y = Ax^n$, und durchgeführt sind die Spezialfälle[1] $n = 1, \frac{1}{2}, \frac{3}{4}, \frac{1}{4}$ und der anders geartete und schwierigere Fall[2] $n = 2$. Die Untersuchungen bezwecken hauptsächlich die Aufsuchung der Frequenzen und der Lage der Knoten bei Schwingungen des freien Stabes, bei denen sich die beiden Hälften des Stabes symmetrisch zur Mittelebene verhalten.

Einen etwas allgemeineren Fall, bei dem die Stabform gegenüber den bei Nicholson behandelten Rotationskörpern insofern verschieden ist, als die Schnitte senkrecht zur Achse nicht mehr Kreise, sondern Ellipsen sind, behandelt Wrinch[3]). Die Lösung der Differentialgleichung wird durch hypergeometrische Funktionen gegeben, die Wurzeln der Periodengleichung werden gefunden durch asymptotische Entwicklungen der hypergeometrischen Funktionen[4])[5]).

Auch das von Morrow benutzte Näherungsverfahren (Ziff. 37) sowie das Verfahren von Ritz (Ziff. 27) sind auf ein paar einfache Fälle von Stäben mit veränderlichem Querschnitt angewendet[6])[7]).

Neuerdings ist die Frage nach den Eigenfrequenzen verjüngter Stäbe mit allgemeineren Querschnittsformen hauptsächlich mit Rücksicht auf die Anwendungen bei Schaufelschwingungen von Turbinen behandelt worden.

Ein Näherungsverfahren von Hort[8]) zur Berechnung der Eigentöne schwach verjüngter Stäbe geht aus von der Annahme, daß in erster Annäherung der verjüngte Stab die gleichen Eigenfunktionen habe wie der zylindrische. Man setzt also mit dem Ansatz $y = u(x)\sin pt$ in

$$p^2 = \frac{E\int\limits_0^l J\,u''^2\,dx}{\varrho\int\limits_0^l q\,u^2\,dx}$$

[s. Gleichung (1), Ziff. 37] für $u$ die Eigenfunktionen des zylindrischen Stabes, ferner $J = J_0 - \Delta J(x)$, $q = q_0 - \Delta q(x)$, wo $J_0$ und $q_0$ Trägheitsmoment und Querschnittsfläche des zylindrischen Stabes sind. Damit ergibt sich

$$p^2 = p_0^2\,\frac{1 - \int\limits_0^l \Delta J(x)\,u''^2\,dx : J_0\int\limits_0^l u''^2\,dx}{1 - \int\limits_0^l \Delta q(x)\,u^2\,dx : q_0\int\limits_0^l u^2\,dx}\,,$$

---

1) J. W. Nicholson, Proc. Roy. Soc. London (A) Bd. 93, S. 506—519. 1917.
2) J. W. Nicholson, Proc. Roy. Soc. London (A) Bd. 97, S. 172—181. 1920.
3) D. M. Wrinch, Phil. Mag. (6) Bd. 46, S. 273—291. 1923.
4) D. M. Wrinch, Phil. Mag. (6) Bd. 45, S. 818—827. 1923.
5) H. E. H. Wrinch, Phil. Mag. (7) Bd. 1, S. 273—276. 1926.
6) J. Morrow, Phil. Mag. (6) Bd. 10, S. 113—125. 1905.
7) N. W. Akimoff, Trans. Soc. Naval Archit., New York Bd. 26, S. 111—147. 1918.
8) W. Hort, Proc. 1. Int. Congr. for applied Mech. Delft 1924, S. 282—287; auch ZS. f. techn. Phys. Bd. 6, S. 181—185. 1925.

wenn $p_0$ der Wert von $p$ für den zylindrischen Stab ist. Für schwache lineare Verjüngung und geringe Abweichungen davon ist die Berechnung der auftretenden Integrale numerisch durchgeführt.

Für eine Abschätzung der höheren Obertöne kann man direkt von der Differentialgleichung (1) ausgehen, woraus man mittels der Substitution $y = e^{\frac{s}{l}x} P(x)\, T(t)$, wo $\frac{s^4}{l^4} = \frac{\varrho\, q_0\, p^2}{E J_0}$, eine gewöhnliche Differentialgleichung vierter Ordnung für $P(x)$ erhält, die sich bei Vernachlässigungen, welche sich durch Beschränkung auf die höheren Obertöne ergeben, auf eine Differentialgleichung erster Ordnung reduziert. Die Berücksichtigung der Randbedingungen führt zur Periodengleichung für $s$.

**40. Fortsetzung; Integralgleichungsmethoden; Graphisches Verfahren.** ONO[1]) hat die Differentialgleichung (1) von Ziff. 39 integriert für die Annahme $J(x) = c x^\lambda$ und $q(x) = b x^\mu$ mit $\lambda = \mu$ ($c$ und $b$ Konstante). Die Grenzbedingungen für den am einen Ende ($x = l$) eingespannten, am anderen Ende ($x = 0$) freien Stab führen auf die Frequenzengleichung

$$\left.\begin{aligned}
&\sum_{n=0}^{\infty} \frac{\xi^n}{4^{4n} n! \left(\frac{3}{4}\right)_n \left(\frac{2+\lambda}{4}\right)_n \left(\frac{1+\lambda}{4}\right)_n} \sum_{n=0}^{\infty} \frac{(4n+1)\,\xi^n}{4^{4n} n! \left(\frac{5}{4}\right)_n \left(\frac{3+\lambda}{4}\right)_n \left(\frac{2+\lambda}{4}\right)_n} \\
&= \sum_{n=0}^{\infty} \frac{4n\,\xi^n}{4^{4n} n! \left(\frac{3}{4}\right)_n \left(\frac{2+\lambda}{4}\right)_n \left(\frac{1+\lambda}{4}\right)_n} \sum_{n=0}^{\infty} \frac{\xi^n}{4^{4n} n! \left(\frac{5}{4}\right)_n \left(\frac{3+\lambda}{4}\right)_n \left(\frac{2+\lambda}{4}\right)_n},
\end{aligned}\right\} \quad (1)$$

worin $(\eta)_n$ die Bedeutung hat

$$(\eta)_n = \eta(\eta+1)(\eta+2)\dots(\eta+n-1), \quad (\eta)_0 = 1$$

und $\xi = \frac{\varrho\, b\, p^2}{E c}\, l^4$ ist.

Aus dieser Gleichung wird die kleinste Wurzel $\xi_1$ für einige diskrete Werte $\lambda$ berechnet (s. Tab. 7), und mit $\alpha = \sqrt{\xi_1}$ ergibt sich für die Frequenz $p$ der Grundschwingung: $p = \frac{\alpha}{l^2}\sqrt{\frac{c}{b}}\sqrt{\frac{E}{\varrho}}$.

Tabelle 7. Zur Auflösung der Frequenzengleichung (1) in Ziff. 40.

| $\lambda$ | $\xi_1$ | $\alpha = \sqrt{\xi_1}$ |
|---|---|---|
| (0 | — | 3,516) |
| $\frac{1}{4}$ | 19,0 | 4,36 |
| $\frac{1}{2}$ | 27,5 | 5,24 |
| $\frac{3}{4}$ | 38,2 | 6,18 |
| 1 | 51,2 | 7,16 |

Um in einem speziellen Fall die Frequenz der tiefsten Schwingung eines Stabes mit veränderlichem Querschnitt, welche das Näherungsverfahren von Lord RAYLEIGH (Ziff. 37) und die näherungsweise Lösung der Frequenzengleichung bei der Methode der Integralgleichungen (Ziff. 25) gibt, zu vergleichen mit der aus der strengen Lösung des Problems folgenden Frequenz, bestimmt ONO[2]) für einen bei $x = 0$ eingespannten, bei $x = l$ freien Stab, dessen Trägheitsmoment $J$ und Querschnittsfläche $q$ in der $x$-Richtung (Längsrichtung des Stabes) sich nach dem Gesetz $J = J_0\left(1 - \varkappa \frac{x}{l}\right)$ und $q = q_0\left(1 - \varkappa \frac{x}{l}\right)$ ändern (wo $l$ die Stablänge und $\varkappa$ eine Konstante zwischen 0 und 1 ist), die Frequenz der tiefsten Schwingung nach jeder dieser drei Methoden. Für das RAYLEIGHsche Verfahren ist in dem Ansatz $y \sim x^n \sin pt$ das $n$ so zu bestimmen, daß der Minimalforderung des Verfahrens genügt wird. Das liefert, wenn man noch

$$p = \frac{\alpha}{l^2}\sqrt{\frac{EJ}{\varrho q}}$$

[1]) A. ONO, Journ. Soc. Mech. Engin., Tokyo Bd. 27, S. 467—479. 1924.
[2]) A. ONO, Journ. Soc. Mech. Engin., Tokyo Bd. 28, S. 429—441. 1925.

setzt, den Wert $\alpha$ (RAYLEIGH) in der Tabelle 8. Bei der Integralgleichungsmethode wird die erste Näherung aus der FREDHOLMschen Gleichung (Ziff. 25) benutzt; das gibt die Werte $\alpha$ (Integralgleichung) der Tabelle 8. Die gegenüber diesen Verfahren viel umständlichere direkte Integration der Differentialgleichung des Problems gibt die Werte $\alpha$ (exakt). Wichtig ist, daß die Werte $\alpha$ (RAYLEIGH) eine obere, die Werte $\alpha$ (Integralgleichung) eine untere Schranke für die $\alpha$ vorstellen (vgl. Abb. 15).

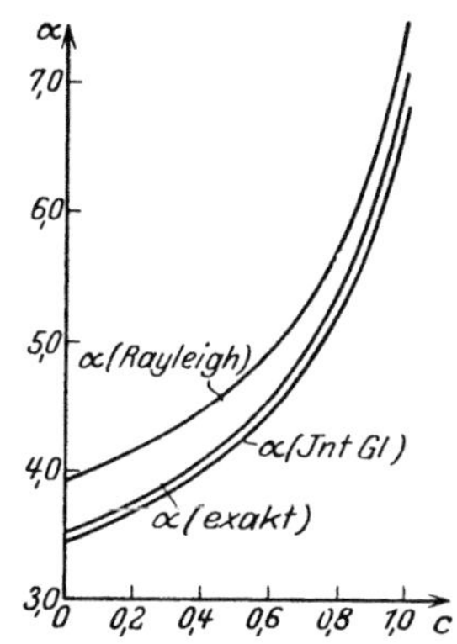


Abb. 15. Frequenz der tiefsten Schwingung von Stäben nach 3 verschiedenen Methoden.

SCHWERIN[1]) hat ein Integralgleichungsverfahren auf den Fall des Stabes mit veränderlichem Querschnitt angewendet und zwar die Methode zur Lösung von Integralgleichungen mit Kernen vom Polynomtypus, auf die in Ziff. 25 hingewiesen ist.

Tabelle 8. Zum Vergleich der nach verschiedenen Verfahren erhaltenen Frequenzen.

| $\varkappa$ | $\alpha$ (RAYLEIGH) | $\alpha$ (Int.-Gl.) | $\alpha$ (exakt) |
|---|---|---|---|
| 0 | 3,932 | 3,464 | 3,516 |
| 0,2 | 4,159 | 3,702 | — |
| 0,4 | 4,468 | 4,022 | 4,098 |
| 0,6 | 4,924 | 4,487 | 4,585 |
| 0,8 | 5,697 | 5,257 | 5,398 |
| 1,0 | 7,452 | 6,928 | 7,16 |

Sei für den Fall des am einen Ende ($x = 0$) starr eingespannten, am anderen Ende ($x = l$) freien Stabes $q(x)$ der Querschnitt an der Stelle $x$, $q_0$ an der Stelle $x = 0$, $J(x)$ das Trägheitsmoment an der Stelle $x$, $J_0$ an der Stelle $x = 0$, $l$ die Stablänge, $f(x, \xi)$ die Durchbiegung an der Stelle $x$ infolge der Last $P = 1$ an der Stelle $\xi$, ferner $\bar{x} = \frac{x}{l}$, $\bar{\xi} = \frac{\xi}{l}$, $\bar{y}(\bar{x}) = \frac{y(x)}{l}$, so ist die Integralgleichung für die Auslenkung $y(x)e^{ipt}$ des Stabes[2])

$$\bar{y}(\bar{x}) = \lambda \int_0^1 \varphi(\bar{\xi})\, \bar{y}(\bar{\xi}) K(\bar{x}, \bar{\xi})\, d\bar{\xi},$$

wobei $p$ die Frequenz der Schwingung, $\lambda = \frac{\varrho q_0 l^4}{E J_0} p^2$ der Eigenwert der Integralgleichung, $K(\bar{x}, \bar{\xi}) = \frac{E J_0}{l^3} f(x, \xi)$ der Kern der Integralgleichung, $\varphi(\bar{\xi}) = \frac{q(\xi)}{q_0}$ der Querschnittsverlauf des Stabes und

$$f(x, \xi) = \frac{1}{E} \int_0^{\xi} \frac{1}{J(u)} (\xi - u)(x - u)\, du \qquad \text{für} \qquad x \geqq \xi$$

ist. Die Durchführung behandelt den Fall, daß der Verlauf von Trägheitsmoment und Querschnittsfläche durch die Beziehungen gegeben werden kann

$$\frac{J_0}{J(u)} = 1 + a\bar{u} + b\bar{u}^2 \qquad \text{mit} \qquad \bar{u} = \frac{u}{l}$$

und

$$\frac{q(u)}{q_0} = 1 + c\bar{u} + d\bar{u}^2,$$

wobei die Konstanten $a, b, c, d$ so bestimmt werden, daß an den Stellen $\bar{u} = 0{,}25$ und $0{,}75$ die Näherungswerte mit den wirklichen Werten übereinstimmen. Man

[1]) E. SCHWERIN, Verh. d. 2. intern. Kongr. f. techn. Mech., Zürich 1926, S. 138—145; ferner ZS. f. techn. Phys., Jg. 8, S. 264—271. 1927.

[2]) S. etwa W. HORT, Die Differentialgleichungen des Ingenieurs, 2. Aufl., S. 661 ff. Berlin 1925.

entwickelt den Kern in eine FOURIERsche Reihe nach $\bar{x}$ — dadurch wird er für $\bar{x} \leqq \bar{\xi}$ und $x \geqq \bar{\xi}$ durch eine einheitliche Funktion dargestellt —, wobei es das Interesse an einer guten Konvergenz erfordert, das Vierfache der reduzierten Stablänge als Periodenlänge zu nehmen. Die Durchführung dieser Entwicklung gibt den Kern als eine Summe $\sum_{i=1}^{\infty} X_i(\bar{x})\, \Xi_i(\bar{\xi})$, deren einzelne Summanden Produkte einer Funktion von $x$ allein und einer Funktion von $\bar{\xi}$ allein sind. Damit läßt sich nun das Verfahren für Kerne vom Polynomtypus anwenden; für die numerische Rechnung sind die drei ersten Glieder der FOURIERschen Reihe benutzt, was — wie sich zeigt — jedenfalls für den Grundton und den ersten Oberton völlig ausreichend ist. Auch die Schwingungsform des Stabes kann sofort angegeben werden. Das Verfahren läßt sich verallgemeinern auf den praktisch wichtigen Fall des Stabes mit elastischer Einspannung.

Ein graphisches Verfahren zur Bestimmung der Frequenzen der Querschwingungen von Stäben mit nicht-gleichförmigem Querschnitt gibt SOUTHWELL[1]).

Bei der Untersuchung der Schiffsvibrationen hat man es auch mit Eigenschwingungen eines Stabes mit veränderlichem Querschnitt zu tun; hier sind Querschnitt und Trägheitsmoment meist graphisch als Funktion von $x$ gegeben[2]).

**41. Erzwungene Stabschwingungen.** Über erzwungene Schwingungen von Stäben hat ELSÄSSER[3]) Versuche angestellt, die die Ergebnisse der Theorie für eine periodische Kraft am einen Ende gut bestätigen. Neuerdings sind erzwungene Transversalschwingungen von Stäben insbesondere mit Rücksicht auf ihre Bedeutung im Maschinenbau, im Brücken- und Schiffbau eingehender behandelt worden. Man verfährt ganz analog der in Ziff. 26 unter a)[4]) oder der dort unter b)[5]) genannten allgemeinen Methode.

Hat man einen Ansatz $y(x, t) = \sum_{i=1}^{\infty} \varphi_i(t)\, u_i(x)$ für die die Gestalt des schwingenden Stabes liefernde Funktion $y(x, t)$, in dem die $\varphi_i(t)$ Normalkoordinaten (Ziff. 21) sind, so kann man auch so vorgehen: Man bildet die kinetische und potentielle Energie des Stabes — z. B. für Querschwingungen von Stäben konstanten Querschnitts und konstanter Dichte

$$T = \frac{\varrho q}{2} \int_0^l \left(\frac{\partial y}{\partial t}\right)^2 dx = \frac{\varrho q}{2} \sum_{i=1}^{\infty} \left(\frac{d\varphi_i}{dt}\right)^2 \int_0^l u_i^2\, dx\,,$$

$$V = \frac{EJ}{2} \int_0^l \left(\frac{\partial^2 y}{\partial x^2}\right)^2 dx = \frac{EJ}{2} \sum_{i=1}^{\infty} \varphi_i^2 \int_0^l \left(\frac{d^2 u_i}{dx^2}\right)^2 dx \; —$$

und hiermit die LAGRANGEschen Gleichungen für die Normalkoordinaten $\varphi_i$ — also bei solchen Querschwingungen:

$$\varrho q \int_0^l u_i^2\, dx\, \frac{d^2\varphi_i}{dt^2} + EJ \int_0^l \left(\frac{d^2 u_i}{dx^2}\right)^2 dx\, \varphi_i = \Phi_i —.$$

---

[1]) R. V. SOUTHWELL, Phil. Mag. (6) Bd. 41, S. 419—431. 1921. Dort auch eine Liste neuerer Arbeiten (1904—1920) über das Problem.

[2]) L. GÜMBEL, Jahrb. d. schiffbautechn. Ges. Bd. 2, S. 211—294. 1901; s. auch „HORT, Schwingungslehre" § 92.

[3]) W. ELSÄSSER, Ann. d. Phys. (4) Bd. 13, S. 791—818. 1904; dort auch ältere Literatur.

[4]) A. KRILOFF, Math. Ann. Bd. 61, S. 211—234. 1905.

[5]) W. HORT, Die Differentialgleichungen des Ingenieurs, S. 497—500. Berlin 1925, wo auch der Einfluß einer Dämpfung berücksichtigt ist.

Der Wert $\Phi_i$ der verallgemeinerten Kraftkoordinate bleibt hier in jedem besonderen Fall aus der gegebenen Belastungsart des Stabes zu bestimmen. Nach dieser Methode sind praktisch wichtige Fälle erzwungener Längs-, Torsions- und Querschwingungen von geraden Stäben konstanten Querschnitts behandelt[1]).

Für den Fall des an den Enden frei aufliegenden Stabes von der Länge $l$ z. B. werden die Eigenfunktionen $\sin\frac{i\pi x}{l}$ und der Ansatz für die Durchbiegung in Normalkoordinaten: $y(x,t)=\sum_{i=1}^{\infty}\varphi_i(t)\sin\frac{i\pi x}{l}$. Aus den Ausdrücken $T=\frac{\varrho q l}{4}\sum_{i=1}^{\infty}\left(\frac{d\varphi_i}{dt}\right)^2$ für die kinetische und $V=\frac{EJ\pi^4}{4l^3}\sum_{i=1}^{\infty}i^4\varphi_i^2$ für die potentielle Energie des Stabes folgt die LAGRANGEsche Gleichung für $\varphi_i$

$$\frac{d^2\varphi_i}{dt^2}+\frac{EJ}{\varrho q}\frac{i^4\pi^4}{l^4}\varphi_i=\frac{2}{\varrho q l}\Phi_i,$$

und wenn man von $\varphi_i=0$ und $\frac{d\varphi_i}{dt}=0$ für $t=0$ ausgeht, so wird

$$y(x,t)=\sum_{i=1}^{\infty}\sin\frac{i\pi x}{l}\,\frac{l^2}{ck\pi^2 i^2}\,\frac{2}{\varrho q l}\int_0^l\Phi_i(t_1)\sin\frac{c k i^2\pi^2}{l^2}(t-t_1)\,dt_1,$$

wo wieder $c^2=\frac{E}{\varrho}$ und $k$ der Trägheitsradius des Querschnitts ist.

Für eine periodische Einzelkraft $P=P_0\sin pt$ an der Stelle $x_0$ ($P_0$ Konstante) ergibt sich $\Phi_i$ aus dem Betrag $\Phi_i\delta\varphi_i$ für die virtuelle Arbeit bei einer virtuellen Änderung $\delta\varphi_i$ der Koordinate $\varphi_i$. Der Änderung $\delta\varphi_i$ entspricht die Durchbiegung $\delta y=\delta\varphi_i\sin\frac{i\pi x}{l}$, bei der die Kraft $P$ die Arbeit $P\delta y$ leistet, so daß

$$\Phi_i\,\delta\varphi_i=P\sin pt\,\delta\varphi_i\sin\frac{i\pi x}{l}$$

gilt, womit $\Phi_i$ gefunden ist. Damit wird

$$\begin{aligned}y(x,t)&=\frac{2}{\varrho q}P_0 l^3\sum_{i=1}^{\infty}\frac{\sin\frac{i\pi x_0}{l}\sin\frac{i\pi x}{l}}{i^4\pi^4c^2k^2-p^2l^4}\sin pt\\&\quad-\frac{2}{\varrho q}\frac{P_0 l^5}{\pi^2}\frac{p}{ck}\sum_{i=1}^{\infty}\frac{1}{i^2}\frac{\sin\frac{i\pi x_0}{l}\sin\frac{i\pi x}{l}}{i^4\pi^4c^2k^2-p^2l^4}\sin\frac{i^2\pi^2ck}{l^2}t.\end{aligned}$$

Die zweite Summe stellt freie Schwingungen des Stabes dar. (Bei Anwesenheit äußerer Widerstände erlöschen diese bald, und man hat praktisch nur mit den erzwungenen Schwingungen zu tun.) Diese Formel gilt, falls nicht die Periode der äußeren Kraft mit der Periode einer Eigenschwingung gleich ist. Ist die Periode der äußeren Kraft gleich der Periode der $i$ten Eigenschwingung, so sind die betreffenden $i$ten Glieder in den Summen zu ersetzen durch

$$-\frac{P_0}{\varrho q l}\frac{1}{p}t\sin\frac{i\pi x_0}{l}\sin\frac{i\pi x}{l}\cos pt+\frac{P_0}{\varrho q l}\frac{1}{p^2}\sin\frac{i\pi x_0}{l}\sin\frac{i\pi x}{l}\sin pt.$$

Die Amplitude dieser Schwingung wächst mit der Zeit unbegrenzt. Die Resonanzwirkung tritt nicht ein, wenn $x_0$ mit einem Knotenpunkt dieser $i$ten Schwingung zusammenfällt.

[1]) S. TIMOSCHENKO, ZS. f. Math. u. Phys. Bd. 59, S. 163—203. 1911; M. RADAKOVIC, Wiener Ber. Bd. 108, S. 577—612. 1899. S. TIMOSHENKO, Trans. Amer. Soc. Mech. Eng. 1927.

Die erzwungenen Schwingungen von Stäben sind auch nach der Methode der Integralgleichungen (Ziff. 26) behandelt; hierbei ist auch eine Dämpfung, etwa durch innere oder äußere Reibung, berücksichtigt[1, 2].

**42. Schwingungen eines Kreisrings.** Für den Fall, daß die Stabmittellinie eine ebene Kurve bildet und der Querschnitt zur Ebene dieser Kurve symmetrisch ist, ist insbesondere der gleichförmige geschlossene Kreisring[3]) eingehend behandelt. Die Gleichungen (1) bis (4) von Ziff. 16 liefern für den Fall eines Kreisrings vom Radius $a$, dessen Querschnitt ein Kreis vom Radius $c$ ist, durch die Spezialisierung $\frac{1}{\sigma} = 0$ mit $\varrho = a$ und mit Einführung des Zentriwinkels $\vartheta = \frac{s}{a}$ zehn Gleichungen für $u, v, w$; $N_1, N_2, T$; $M_1, M_2, H$; $\beta$.

Für $v = \beta = M_1 = H = 0$ bleiben sechs Gleichungen für die sechs übrigen Unbekannten; sie liefern Biegungsschwingungen in der Ebene des Ringes. Für $u = w = M_2 = N_1 = T = 0$ bleiben fünf Gleichungen für die übrigen fünf Unbekannten; sie liefern Biegungsschwingungen senkrecht zur Ebene des Ringes.

a) Für die Biegungsschwingungen in der Ebene des Ringes ergibt die Elimination der von $w$ verschiedenen Unbekannten die Differentialgleichung für $w$:

$$\frac{E c^2}{4 \varrho_0 a^4}\left(\frac{\partial^6 w}{\partial \vartheta^6} + 2\frac{\partial^4 w}{\partial \vartheta^4} + \frac{\partial^2 w}{\partial \vartheta^2}\right) = \frac{\partial^2 w}{\partial t^2} - \frac{\partial^2}{\partial t^2}\left(\frac{\partial^2 w}{\partial \vartheta^2}\right).$$

Der Ansatz $w = W(\vartheta)\cos(pt + \varepsilon)$ führt zur Differentialgleichung

$$\frac{d^6 W}{d\vartheta^6} + 2\frac{d^4 W}{d\vartheta^4} + \left(1 - \frac{4\varrho_0 a^4 p^2}{E c^2}\right)\frac{d^2 W}{d\vartheta^2} + \frac{4\varrho_0 a^4 p^2}{E c^2} W = 0$$

mit der allgemeinen Lösung

$$W = \sum_{i=1}^{3}(A_i \cos n_i\vartheta + B_i \sin n_i\vartheta),$$

wobei $n_1, n_2, n_3$ die Gleichung

$$n^2(n^2 - 1)^2 = (n^2 + 1)\frac{4\varrho_0 a^4 p^2}{E c^2}$$

erfüllen. Für den Vollring wird

$$p^2 = \frac{E c^2 n^2 (n^2 - 1)^2}{4\varrho_0 a^4 (n^2 + 1)}$$

mit ganzzahligem $n$.

b) Für Biegungsschwingungen senkrecht zur Ebene des Ringes ergibt die Elimination von $H, M_1$ und $N_2$ und der Ansatz

$$v = V\cos(n\vartheta + \alpha)\cos(pt + \varepsilon), \qquad \beta = B\cos(n\vartheta + \alpha)\cos(pt + \varepsilon),$$

worin $V, B, n, p, \alpha, \varepsilon$ Konstante sind, zwei homogene Gleichungen für $V$ und $B$, aus denen sich die Frequenzengleichung für $p^2$ ergibt. Für den Vollring ist $n$ ganzzahlig und

$$p^2 = \frac{E c^2 n^2 (n^2 - 1)^2}{4\varrho_0 a^4\left(n^2 + 1 + \frac{1}{m}\right)},$$

wo $m$ die POISSONsche Konstante ist.

Die beiden erhaltenen Frequenzen für die beiden Arten von Biegungsschwingungen ergeben sich auch aus der Frequenzengleichung (7) von Ziff. 16 durch die Spezialisierung $k_2 = 0$ mit $\varrho = a$ und $La = n$.

---

[1]) W. HORT, Die Differentialgleichungen des Ingenieurs, 2. Aufl., § 129. Berlin 1925; s. auch A. KNESER, Die Integralgleichungen, 2. Aufl., 2. Abschn. Braunschweig 1922.

[2]) Erzwungene Schwingungen mit Dämpfung behandelt auch: W. HORT, ZS. f. techn. Phys. Bd. 6, S. 216—221. 1925; s. ferner V. ODONE, Atti di Torino Bd. 61, S. 302—317. 1926.

[3]) „LOVE-TIMPE“, § 293; dort weitere Literatur.

c) Drillungsschwingungen. Berücksichtigt man die rotatorische Trägheit[1]), so kann man die Bewegungsgleichungen auch erfüllen durch den Ansatz $u = v = w = 0$, $\beta = B\cos(pt + \varepsilon)$ (unabhängig von $\vartheta$). Man erhält dann Schwingungen, bei denen jeder kreisförmige Querschnitt des Kreisrings in seiner Ebene durch denselben kleinen Winkel $\beta$ um die Zentrallinie gedreht wird, während diese Linie selbst nicht verschoben wird[2]). Die Frequenz wird $p = \frac{1}{a\sqrt{2}}\sqrt{\frac{E}{\varrho_0}}$.

d) Dehnungsschwingungen. Sieht man von der Annahme der unveränderlichen Länge der Zentrallinie des Ringes ab $\left[\text{die Gleichung } \frac{\partial w}{\partial \vartheta} - u = 0\right.$ fällt weg und an ihre Stelle tritt $\left. T = \frac{E\pi c^2}{a}\left(\frac{\partial w}{\partial \vartheta} - u\right)\right]$, so geben jedenfalls radiale Schwingungen des Ringes von der Art, daß die Zentrallinie des Ringes einen Kreis von periodisch wechselndem Radius bildet und die Querschnitte sich bewegen, ohne sich zu drehen, eine strenge Lösung[2]) der Bewegungsgleichungen mit der Frequenz $p = \frac{1}{a}\sqrt{\frac{E}{\varrho_0}}$.

**43. Schwingungen von Schraubenfedern endlicher Länge.** Bei der — z. B. für die Bestimmung der Poissonschen Konstanten $m$ wichtigen — Untersuchung der Schwingungen von begrenzten Stücken von Schraubenfedern verwendet man ein Näherungsverfahren insofern, als man die Eigenträgheit der Feder nur approximativ berücksichtigt, dadurch, daß man nach dem Vorgang von Lord Rayleigh[3]) ein Drittel der Federmasse zu der Masse hinzurechnet, welche die auf und ab gehende Bewegung und die drehende Bewegung der am oberen Ende aufgehängten, am unteren Ende belasteten Feder bewirkt. Sei die Vertikalverschiebung des unteren Federendes durch die Belastung (am unteren Ende angebrachte horizontale Scheibe) mit $y$, der am Federumfang gemessene Bogen, der die Verdrehung durch die belastende Scheibe gibt, mit $x$ bezeichnet, sei $M$ die um ein Drittel der Federmasse vermehrte Masse der Belastung der Feder und $\Theta = M'r^2$ das Trägheitsmoment der an der drehenden Bewegung teilnehmenden Massen (ebenfalls mit genäherter Berücksichtigung der Federmasse), $r$ der Radius des Zylinders, auf dem die mittlere Schraubenlinie der Feder verläuft, $l$ die Länge dieser mittleren Schraubenlinie, $J_p$ das polare Trägheitsmoment des Querschnittes, $\alpha$ der Steigungswinkel dieser Schraubenlinie, $G$ der Schubmodul und $m$ die Poissonsche Konstante, so lauten die Bewegungsgleichungen[4]):

$$\frac{d^2x}{dt^2} + a^2(x - hy) = 0\,, \qquad \frac{d^2y}{dt^2} + b^2(y - kx) = 0\,,$$

wobei

$$a^2 = \frac{1}{M'}\,\frac{GJ_p}{r^2 l}\left(1 + \frac{\cos^2\alpha}{m}\right), \qquad b^2 = \frac{1}{M}\,\frac{GJ_p}{r^2 l}\left(1 + \frac{\sin^2\alpha}{m}\right),$$

$$h = \frac{\sin\alpha\cos\alpha}{m + \cos^2\alpha}\,, \qquad k = \frac{\sin\alpha\cos\alpha}{m + \sin^2\alpha}\,.$$

---

[1]) „Love-Timpe", S. 517 (19).

[2]) Allgemeinere Drillungs- und Dehnungsschwingungen, die die Differentialgleichungen näherungsweise befriedigen, s. „Love-Timpe", § 293c. Für den im Text unter c) behandelten Spezialfall ist die in der Literatur übliche Bezeichnung „Drillungsschwingungen" ungeeignet, denn es tritt keine Verwindung der Querschnitte gegeneinander, sondern eine Deformation ein, wie sie beim „Umstülpen" eines Ringes vorkommt (s. Kap. 3, Ziff. 89 ds. Bd. des Handb.).

[3]) „Rayleigh, Schall I", § 156.

[4]) A. Sommerfeld, Wüllner-Festschrift 1905, S. 162—193; s. über den Gegenstand auch: L. R. Wilberforce, Phil. Mag. (5) Bd. 38, S. 386—392. 1894; C. Fischer, Mitt. d. preuß. Hauptstelle f. d. naturw. Unterr. Bd. 1, S. 426—534. 1920; P. Fröhlich, ZS. f. Math. u. Phys. Bd. 56, S. 379—413. 1908.

Der Ansatz $x = A e^{ipt}$, $y = B e^{ipt}$ gibt

$$\frac{A}{B} = \frac{h a^2}{a^2 - p^2} = \frac{b^2 - p^2}{k b^2},$$

und für das Frequenzenquadrat kommt

$$p^2 = \frac{a^2 + b^2}{2} \pm \sqrt{\frac{(a^2 - b^2)^2}{4} + h k a^2 b^2}.$$

Die Aufstellung der Frequenzengleichung auf Grund der Ansätze in Ziff. 16 führt für die freien Schwingungen eines begrenzten Stückes einer Schraubenfeder mit freien oder festen Enden oder unter der Wirkung gegebener Kräfte an den Enden auf eine Frequenzengleichung, die wegen ihrer Kompliziertheit kaum anschaulich zu deuten ist; schon der Spezialfall eines kreisbogenförmigen Stückes verlangt für eine übersichtliche Deutung der Frequenzengleichung die Annahme, daß das Bogenstück schwach gekrümmt ist[1]).

## f) Membranschwingungen.

**44. Differentialgleichung und allgemeine Lösung.** Für die mathematische Behandlung denkt man sich die Membran als eine materielle elastische Fläche, die einer Verbiegung keinen Widerstand entgegensetzt, wohl aber einer Flächenvergrößerung. Die Randkurve, in die die Membran eingespannt ist, sei in der $xy$-Ebene gelegen, im Gleichgewicht liege die Membran in der $xy$-Ebene und unterliege einer Spannung $S$. Vernachlässigt man [analog wie bei den Saitenschwingungen (Ziff. 29)] die Produkte und Potenzen der Verrückungen und ihrer Ableitungen und die Änderung, welche die konstante Anfangsspannung $S$ bei der Deformation erfährt, so ist die Differentialgleichung für die Verschiebung $u(x, y, t)$ der Membranpunkte bei Transversalschwingungen der gleichmäßig gespannten, in der Ruhelage ebenen Membran[2])

$$\frac{\partial^2 u}{\partial t^2} = c^2 \left( \frac{\partial u^2}{\partial x^2} + \frac{\partial^2 u}{\partial y^2} \right), \tag{1}$$

wo $c^2 = \frac{S}{\varrho}$ und $\varrho$ die Dichte (Masse pro Flächeneinheit der Membran) ist.

Man kann diese Differentialgleichung gewinnen durch direkte Aufstellung der Gleichgewichtsbedingungen am Element[3]) oder mit Hilfe des HAMILTONschen Prinzips, wobei die der Flächenvergrößerung entsprechende potentielle Energie[4]) — mit Rücksicht auf „kleine" Deformationen — gleich $\frac{S}{2} \iint\limits_{\mathfrak{B}} \left\{ \left( \frac{\partial u}{\partial x} \right)^2 + \left( \frac{\partial u}{\partial y} \right)^2 \right\} dx\, dy$ ist. Das Doppelintegral ist hier über den ebenen Bereich $\mathfrak{B}$ erstreckt, über den sich die Membran ausbreitet. Eine einfache und die Vernachlässigungen bis an das Ende der Rechnung hinausschiebende Ableitung geht aus von der Konstanz der Spannung $S$ und dem EULERschen Satz über Flächenkrümmung für die Fläche der Membran[5]). Für die rechteckige Membran ist die Ableitung der Differentialgleichung auch durch Grenzübergang, ausgehend von der diskreten Massenverteilung über das Rechteck, durchgeführt[6]).

---

[1]) H. LAMB, Proc. Math. Soc. London Bd. 19, S. 365. 1888; vgl. dazu auch ds. Handb. Bd. VIII, S. 206.

[2]) S. Kap. 2, Ziff. 28 ds. Bd. des Handb.

[3]) „RIEMANN-WEBER II", S. 701.

[4]) „COURANT-HILBERT I", S. 148 u. 211.

[5]) K. ZINDLER, Monatsh. f. Math. u. Phys. Bd. 33, S. 31—36. 1923; W. MERTEN, ZS. f. angew. Math. u. Mech. Bd. 3, S. 63. 1923.

[6]) R. WAGNER, Monatsh. f. Math. u. Phys. Bd. 20, S. 133—140. 1909.

Der Ansatz $u(x, y, t) = v(x, y)\, g(t)$ für die freien Schwingungen der gleichförmig gespannten Membran mit fester Begrenzung führt zu dem Eigenwertproblem

$$\Delta v + \lambda^2 v = 0 \tag{2}$$

mit verschwindenden Randwerten $v$.

Es existiert eine abzählbare Folge von (positiven) Eigenwerten $\lambda_n^2$ und zugehörigen Eigenfunktionen $v_n(x, y)$ derart, daß zwei zu verschiedenen Eigenwerten gehörige Eigenfunktionen orthogonal sind[1]); jedem Eigenwert entspricht eine Eigenschwingung

$$u_n(x, y, t) = v_n(x, y)\,(A_n \cos \nu_n t + B_n \sin \nu_n t),$$

wo $\nu_n = c\lambda_n$, mit der Eigenfrequenz $\nu_n$. Die allgemeine Lösung

$$u(x, y, t) = \sum_{n=0}^{\infty} v_n(x, y)\,(A_n \cos \nu_n t + B_n \sin \nu_n t)$$

läßt sich einem beliebigen Anfangszustand $u(x, y, 0) = f(x, y)$; $\left(\frac{\partial u}{\partial t}\right)_{x,y,0} = g(x, y)$ anpassen durch

$$A_n = \iint_{\mathfrak{B}} f(x, y)\, v_n(x, y)\, dx\, dy, \qquad B_n = \frac{1}{\nu_n} \iint_{\mathfrak{B}} g(x, y)\, v_n(x, y)\, dx\, dy$$

unter Voraussetzung der Konvergenz und gliedweisen Differenzierbarkeit der durch die unendliche Reihe dargestellten Summe.

**45. Die rechteckige Membran.** Für die (in das Rechteck $0 \leqq x \leqq a$, $0 \leqq y \leqq b$) eingespannte rechteckige Membran hat man

$$\lambda^2 = \pi^2\left(\frac{r^2}{a^2} + \frac{s^2}{b^2}\right) \qquad (r, s = 1, 2, 3, \ldots), \tag{1}$$

die Eigenfunktionen sind

$$v_{r,s} = \sin\frac{r\pi}{a} x \sin\frac{s\pi}{b} y,$$

die Eigenfrequenzen sind

$$\nu_{r,s} = c\pi \sqrt{\frac{r^2}{a^2} + \frac{s^2}{b^2}}\,.$$

Die asymptotische Verteilung der Eigenwerte ist hier gegeben durch[2])

$$\lim_{n=\infty} \frac{\lambda_n^2}{n} = \frac{4\pi}{ab}\,.$$

Ist das Seitenverhältnis $a:b$ nicht rational, dann gibt es zu dem Eigenwert $\lambda_{r,s}^2$, der einem beliebigen Wertepaar $r, s$ auf Grund von (1) entspricht, nur dieses eine Wertepaar $r, s$, damit nur eine Eigenfunktion $v_{r,s}$, damit nur Knotenlinien parallel zu den Seiten des Rechtecks. Ist aber $a:b$ rational, so kann es mehrere ganzzahlige Wertepaare $r, s$ geben, welche (1) mit demselben $\lambda^2$ genügen; dann hat man zu einem $\lambda^2$ auch mehrere Eigenfunktionen. Zum Beispiel beim Quadrat mit $a = b$ gehört zu dem Paar $r' = s$ und $s' = r$ derselbe Eigenwert $\lambda^2$ wie zu $r$ und $s$. Man hat also zu diesem Eigenwert $\lambda^2$ (oder der ihm zugehörigen Eigenfrequenz $\nu = c\lambda$) die Eigenfunktionen $\sin\frac{r\pi}{a} x \sin\frac{s\pi}{a} y$ und $\sin\frac{s\pi}{a} x \sin\frac{r\pi}{a} y$, und damit auch $\alpha \sin\frac{r\pi}{a} x \sin\frac{s\pi}{a} y + \beta \sin\frac{s\pi}{a} x \sin\frac{r\pi}{a} y$ mit beliebigem $\alpha$ und $\beta$. Dementsprechend gibt es zu dieser Eigenfrequenz $\nu$ noch ganz andere Knotenlinien als die Parallelen zu den Quadratseiten[3]).

---

[1]) „Courant-Hilbert I", S. 246. [2]) „Courant-Hilbert I", S. 250.

[3]) Für Einzelheiten und Figuren sei auf dieses Handbuch, Bd. VIII, Kap. 5, Ziff. 56 bis 64 hingewiesen, wobei zu der dort genannten Literatur nur noch „Rayleigh, Schall I" und „Pockels" zugefügt sei.

Die Normalschwingungen einer Membran, die in ein gleichschenklig-rechtwinkliges Dreieck eingespannt ist, sind unter denen des Quadrats enthalten[1]). Die Membran von der Gestalt eines gleichseitigen Dreiecks läßt sich mit einer Art von Dreieckskoordinaten behandeln[2]).

**46. Die kreisförmige Membran.** Für die eingespannte kreisförmige Membran vom Radius $a$ wird die Differentialgleichung der Eigenfunktionen bei Polarkoordinaten $r, \varphi$:

$$\frac{\partial^2 v}{\partial r^2} + \frac{1}{r}\frac{\partial v}{\partial r} + \frac{1}{r^2}\frac{\partial^2 v}{\partial \varphi^2} + \lambda^2 v = 0.$$

Der Ansatz $v(r,\varphi) = R(r)\,\Phi(\varphi)$ führt für die Eigenfunktionen zu

$$v_n = J_n(\lambda_n r)(C_n \sin n\varphi + D_n \cos n\varphi),$$

wo $n$ eine ganze, nicht negative Zahl $J_n(\lambda_n r)$ das für $r = 0$ endlich bleibende partikuläre Integral der BESSELschen Differentialgleichung

$$\frac{d^2 R}{d r^2} + \frac{1}{r}\frac{d R}{d r} + \left(\lambda_n^2 - \frac{n^2}{r^2}\right) R = 0$$

ist, und die Eigenwerte $\lambda_n^2$ sich aus $J_n(\lambda_n a) = 0$ bestimmen. Jede der BESSELschen Funktionen $J_n(\lambda_n a)$ hat unendlich viele reelle Nullstellen, sie seien mit $\lambda_{n,1} a$, $\lambda_{n,2} a, \ldots \lambda_{n,m} a, \ldots$ bezeichnet. Die Eigenschwingungen werden dargestellt durch

$$u_{n,m} = J_n(\lambda_{n,m} r)\,(C_{n,m} \sin n\varphi + D_{n,m} \cos n\varphi)\,(A_{n,m} \cos \nu_{n,m} t + B_{n,m} \sin \nu_{n,m} t),$$

wo

$$\nu_{n,m} = c\,\lambda_{n,m}.$$

Die Knotenlinien sind hier konzentrische Kreise $r =$ konst. und Radien $\varphi =$ konst.

Im Fall $n = 0$ ist die Schwingung unabhängig von $\varphi$ (zentrische Symmetrie). Dafür ist

$$\lambda_0 a = 2{,}4048;\quad 5{,}5201;\quad 8{,}6537;\quad 11{,}7915;\ \ldots;$$

für den ersten Wert hat man keinen, für den zweiten einen innern Knotenkreis, für den dritten zwei innere Knotenkreise usw.

Für $n = 1$ sind die ersten Wurzeln von $J_1(\lambda_1 a) = 0$:

$$\lambda_1 a = 0;\quad 3{,}8317;\quad 7{,}0156;\quad 10{,}1735;\quad 13{,}3237; \ldots$$

Beim dritten Wert tritt ein innerer Knotenkreis auf, beim vierten zwei Knotenkreise usw. Dazu tritt bei $n = 1$ ein Durchmesser als Knotenlinie.

Von allen homogenen Membranen gegebenen Umfangs[3]) oder gegebener Fläche[4]) und gegebener Spannung hat die kreisförmige den tiefsten Grundton.

Für praktische Anwendungen von Interesse ist eine Untersuchung von CRANDALL[5]) über den Dämpfungseinfluß, den eine Luftschicht auf eine schwingende Membran hat.

Für einen Kreissektor, der eingespannt ist längs der Radien $\varphi = 0$ und $\varphi = \beta$ und längs des zwischen ihnen liegenden Kreisbogens vom Radius $a$, ist eine Schwingungsform[6])

$$u = J_{\sigma\frac{\pi}{\beta}}(\lambda r) \sin \frac{\sigma\pi}{\beta}\varphi\,(A \cos pt + B \sin pt),$$

wo $\sigma$ eine ganze Zahl und $\lambda$ eine Wurzel der Gleichung $J_{\sigma\frac{\pi}{\beta}}(\lambda a) = 0$ ist.

---

[1]) „RAYLEIGH, Schall I", S. 347. [2]) „POCKELS", S. 148.
[3]) R. COURANT, Math. ZS. Bd. 1, S. 321–328. 1918.
[4]) G. FABER, Münchener Ber. 1923, S. 169–172.
[5]) J. B. CRANDALL, Phys. Rev. (2) Bd. 11, S. 449–460. 1918.
[6]) „RAYLEIGH, Schall I", S. 367.

Für einen Vollkreis, von dem der Radius $\varphi = 0$ festgehalten ist, erhält man daher zu den geradzahligen Werten von $\sigma$ entsprechenden Normalschwingungen, die bereits bei dem in dieser Ziff. 46 behandelten Vollkreis auftreten, noch andere Schwingungen, z. B. für $\sigma = 1$

$$u = \frac{\sin\lambda r}{\sqrt{\lambda r}} \sin\frac{\varphi}{2} (A\cos pt + B\sin pt)\,.$$

Da die Werte $\lambda$ hier durch $\sin\lambda a = 0$ oder $\lambda = \frac{\mu\pi}{a}$ gegeben sind $(\mu = 1; 2; 3; \ldots)$, so teilen die Knotenkreise den festen Radius der Membran in gleiche Teile.

**47. Die Kreisringmembran.** Für die zwischen zwei konzentrische Kreise mit den Radien $r_i$ und $r_a \left(\frac{r_a}{r_i} = \alpha > 1\right)$ eingespannte Kreisringmembran ist auch das zweite partikuläre Integral der BESSELschen Differentialgleichung mit heranzuziehen, so daß ihre Lösung ist:

$$R_n(r) = F_n J_n(\lambda_n r) + G_n Y_n(\lambda_n r),$$

wo[1])

$$Y_n(z) = J_n(z)\left[\lg z - \left(1 + \frac{1}{2} + \frac{1}{3} + \cdots + \frac{1}{n}\right)\right] - \frac{n!}{2} \sum_{\sigma=0}^{n-1} \frac{1}{n-\sigma} \left(\frac{2}{z}\right)^{n-\sigma} \frac{J_\sigma(z)}{\sigma!}$$
$$- \sum_{\sigma=1}^{\infty} (-1)^\sigma \frac{n+2\sigma}{\sigma(n+\sigma)} J_{n+2\sigma}(z)\,.$$

Das Verschwinden von $R_n$ an den beiden Rändern liefert für die Eigenwerte $\lambda_{n,m}$ die Gleichung

$$J_n(\lambda_{n,m} r_a)\, Y_n(\lambda_{n,m} r_i) - J_n(\lambda_{n,m} r_i)\, Y_n(\lambda_{n,m} r_a) = 0,$$

oder wenn man noch $\frac{r_a}{r_i} = \alpha$ einführt und $\lambda_{n,m} r_i = x_{n,m}$ setzt, für $x_{n,m}$ die Gleichung

$$J_n(\alpha x_{n,m})\, Y_n(x_{n,m}) - J_n(x_{n,m})\, Y_n(\alpha x_{n,m}) = 0\,.$$

Es sind berechnet[2]) für $n = 0$ die ersten sechs Wurzeln für $\alpha = 20; 10; 5; 2; 1{,}5$, außerdem für $n = 1; 2; 3$ die erste und zweite, für $n = 4; 5; 6$ die erste Wurzel für $\alpha = 10; 5; 2$ [3]).

Im Fall zentrischer Symmetrie $(n = 0)$ ergeben sich für den Grundton relativ zum Grundton der Vollmembran vom Radius $r_a$ die Frequenzen $\nu_{0,1}^{(\alpha)}$ nach Tabelle 9.

Tabelle 9. Frequenzen $\nu_{0,1}^{(\alpha)}$ des Grundtons relativ zum Grundton der Vollmembran bei zentrischer Symmetrie.

| $\alpha$ | $\nu_{0,1}^{(\alpha)}$ |
|---|---|
| $\infty$ | 1 |
| 20 | 1,27 |
| 10 | 1,38 |
| 5 | 1,59 |
| 2 | 2,60 |
| 1,5 | 3,92 |

Die relative Schwingungszahl des Grundtones wächst hier mit abnehmendem Radienverhältnis $\alpha$, d. h. bei festem $r_a$ mit abnehmender Größe der schwingenden Fläche.

Für die relativen Frequenzen $\frac{\nu_{n,m}}{\nu_{0,1}}$, bezogen also auf den Grundton bei zentrischer Symmetrie, hat man die Tabelle 10[4]).

---

[1]) E. JAHNKE u. F. EMDE, Funktionentafeln, S. 93. Leipzig 1923.
[2]) E. REINSTEIN, Dissert. Göttingen 1911.
[3]) S. auch E. JAHNKE u. F. EMDE, Funktionentafeln, S. 162. Leipzig 1923.
[4]) E. REINSTEIN, Dissert. Göttingen 1911.

Tabelle 10. Relative Frequenzen $\frac{\nu_{n,m}}{\nu_{0,1}}$ bezogen auf den Grundton bei zentrischer Symmetrie.

| $\alpha =$ | 1,0 | 1,5 | 2 | 5 | 10 | 20 | $\infty$ |
|---|---|---|---|---|---|---|---|
| $\nu_{0,1}$ | 1,00 | 1,00 | 1,00 | 1,00 | 1,00 | 1,00 | 1,00 |
| $\nu_{0,2}$ | 2,00 | 2,00 | 2,01 | 2,04 | 2,07 | 2,10 | 2,30 |
| $\nu_{0,3}$ | 3,00 | 3,00 | 3,01 | 3,07 | 3,12 | 3,18 | 3,60 |
| $\nu_{0,4}$ | 4,00 | 4,01 | 4,02 | 4,11 | 4,18 | 4,27 | 4,90 |
| $\nu_{0,5}$ | 5,00 | | 5,03 | 5,14 | 5,24 | 5,37 | 6,21 |
| $\nu_{0,6}$ | 6,00 | | | 6,17 | | | 7,51 |
| $\nu_{1,1}$ | 1,00 | | 1,03 | 1,11 | 1,19 | | 1,59 |
| $\nu_{1,2}$ | 2,00 | | 2,03 | 2,11 | 2,21 | | 2,92 |
| $\nu_{1,3}$ | 3,00 | | | 3,14 | | | 4,23 |
| $\nu_{2,1}$ | 1,00 | | 1,10 | 1,37 | 1,55 | | 2,14 |
| $\nu_{2,2}$ | 2,00 | | 2,09 | 2,31 | 2,55 | | 3,50 |

Die Frequenzen der Obertöne bezogen auf den Grundton werden mit abnehmendem Radienverhältnis $\alpha$ immer kleiner. Die Obertonreihe konvergiert für $\alpha = 1$ nach der Reihe der harmonischen Obertöne.

Für die Eigenfunktionen der Kreisringmembran hat man

$$v_{n,m} = \left(\frac{J_n\left(\frac{x_{n,m} r}{r_i}\right)}{J_n(x_{n,m})} - \frac{Y_n\left(\frac{x_{n,m} r}{r_i}\right)}{Y_n(x_{n,m})}\right)(C_{n,m} \sin n\varphi + D_{n,m} \cos n\varphi)\,.$$

Die Knotenkreise $r_i < r < r_a$ ergeben sich aus der Gleichung

$$J_n\left(\frac{x_{n,m} r}{r_i}\right) Y_n(x_{n,m}) - J_n(x_{n,m})\, Y_n\left(\frac{x_{n,m} r}{r_i}\right) = 0\,.$$

Für $n \neq 0$ treten zu den Knotenkreisen noch Knotendurchmesser.

**48. Allgemeinere Formen.** Die Normalschwingungen einer gleichmäßig gespannten Membran lassen sich für einige wenige allgemeinere Formen durch Einführung krummliniger Koordinaten behandeln. Setzt man

$$x + iy = f(\xi + i\eta)\,,$$

so wird Gleichung (2) von Ziff. 44:

$$\frac{\partial^2 v}{\partial \xi^2} + \frac{\partial^2 v}{\partial \eta^2} + \lambda^2 \left\{\left(\frac{\partial x}{\partial \xi}\right)^2 + \left(\frac{\partial y}{\partial \eta}\right)^2\right\} v = 0\,. \tag{1}$$

Speziell wird für $x + iy = \frac{1}{2}(\xi + i\eta)^2$ Gleichung (1) zu

$$\frac{\partial^2 v}{\partial \xi^2} + \frac{\partial^2 v}{\partial \eta^2} + \lambda^2 (\xi^2 + \eta^2)\, v = 0\,. \tag{1a}$$

Wegen $x = \frac{1}{2}\left(\xi^2 - \frac{y^2}{\xi^2}\right)$ oder $x = \frac{1}{2}\left(\frac{y^2}{\eta^2} - \eta^2\right)$ entsprechen konstanten Werten von $\xi$ und $\eta$ Parabeln. Damit wird (1a) für den Fall parabolischer Begrenzung brauchbar; der Ansatz $v = \Xi(\xi)\,\mathsf{H}(\eta)$ gibt

$$\frac{d^2 \Xi}{d\xi^2} + (\lambda^2 \xi^2 + \mu)\, \Xi = 0\,, \tag{2a}$$

$$\frac{d^2 \mathsf{H}}{d\eta^2} + (\lambda^2 \eta^2 - \mu)\, \mathsf{H} = 0\,, \tag{2b}$$

wo $\mu$ eine Konstante ist. Durch die Substitution $\Xi = e^{\frac{i\lambda\xi^2}{2}}\,\Xi_1$ und hernach $z = -ik\xi^2$ (wo $i = \sqrt{-1}$) geht (2a) über in die Differentialgleichung

$$z\frac{d^2 \Xi_1}{dz^2} + (\tfrac{1}{2} - z)\frac{d\Xi_1}{dz} - \left(\frac{1}{4} - \frac{i\mu}{4\lambda}\right)\Xi_1 = 0\,,$$

die einen Grenzfall der hypergeometrischen Differentialgleichung vorstellt. Die bestimmten Integrale, durch die sich die Lösung $\Xi_1$ darstellen läßt, lassen sich in reelle Form bringen[1]). Die bei einfachen Schwingungen auftretenden Knotenlinien sind konfokale Parabeln.

Für die Behandlung der elliptischen Membran führt man elliptische Koordinaten ein durch

$$x + i y = \varepsilon \cos(\xi + i \eta)$$

oder

$$x = \varepsilon \operatorname{Cof} \eta \cos \xi, \qquad y = -\varepsilon \operatorname{Sin} \eta \sin \xi,$$

wo $\varepsilon$ die lineare Exzentrizität der Randellipse ist. Die Gleichung für die Normalfunktionen wird

$$\frac{\partial^2 v}{\partial \xi^2} + \frac{\partial^2 v}{\partial \eta^2} + \lambda'^2 (\sin^2 \xi + \operatorname{Sin}^2 \eta)\, v = 0,$$

wo $\lambda' = \varepsilon \lambda$ ist, und der Ansatz $v = \Xi(\xi)\, \mathrm{H}(\eta)$ gibt die beiden Differentialgleichungen

$$\frac{d^2 \Xi}{d \xi^2} + (\lambda'^2 \sin^2 \xi + \mu)\, \Xi = 0$$

und

$$\frac{d^2 \mathrm{H}}{d \eta^2} + (\lambda'^2 \operatorname{Sin}^2 \eta - \mu)\, \mathrm{H} = 0.$$

Die Lösungen dieser Differentialgleichungen heißen Funktionen des elliptischen Zylinders oder MATHIEUsche Funktionen[2]).

Numerisch ist das Problem mit Hilfe des RITZschen Verfahrens behandelt[3]). Die Minimalfunktion wird durch eine dreigliedrige Summe von Sinus- bzw. Kosinusgliedern approximiert. Die Knotenlinien sind konfokale Ellipsen und Hyperbeln. Mit einem sehr einfachen Ansatz für die Näherungsfunktion der Minimalfunktion hat TREFFTZ nach der RITZschen Methode den ersten Eigenwert der Gleichung (2) von Ziff. 44 für die elliptische Membran näherungsweise bestimmt[4]).

Die Schwingungen einer Membran, deren Dichte $\varrho$ nach dem speziellen Gesetz $\varrho = C(a^2 - r^2)$ variiert, wo $C$ und $a$ Konstante und $r$ der Abstand von einem festen Punkt der Membran sind, hat INCE untersucht[5]).

**49. Ungleichförmig gespannte Membranen.** Für die Schwingungen $u(x, y, t)$ der ungleichförmig gespannten Membran gilt die Differentialgleichung

$$\varrho \frac{\partial^2 u}{\partial t^2} = \frac{\partial}{\partial x}\left(A_x \frac{\partial u}{\partial x} + A_y \frac{\partial u}{\partial y}\right) + \frac{\partial}{\partial y}\left(B_x \frac{\partial u}{\partial x} + B_y \frac{\partial u}{\partial y}\right), \tag{1}$$

die man etwa aus den Ansätzen für die potentielle und kinetische Energie[6]) mit Hilfe des HAMILTONschen Prinzips oder auch durch Grenzübergang aus den Gleichungen für die dünne Platte erhält[7]). Hierin sind $A_x$, $B_y$ und $A_y = B_x$ die in der Mittelfläche der Membran liegenden Spannungen.

Es sind hier nur Fälle behandelt, in denen eine (physikalisch realisierbare) ungleichförmige Spannung sich nur wenig von der gleichförmigen Spannung $S$ unterscheidet.

---

[1]) H. WEBER, Die partiellen Differentialgleichungen der math. Physik, Bd. II, 5. Aufl., S. 258. Braunschweig 1912; s. auch E. KUSCH, Progr. d. Viktoria-Gymn. zu Potsdam. Ostern 1894.

[2]) Vgl. das Zitat bei „COURANT-HILBERT I" S. 315.

[3]) E. REINSTEIN, Dissert. Göttingen 1911.

[4]) „RIEMANN-WEBER II" S. 726.

[5]) E. L. JNCE, Proc. Roy. Soc. Edinburgh Bd. 45, S. 102–116. 1924/25.

[6]) „VOIGT, Kompendium" S. 453.

[7]) G. KIRCHHOFF, Vorles. über math. Phys., Bd. I, Mechanik, S. 464. Leipzig 1897.

Man kann dann durch eine Substitution

$$x = \xi + \varphi, \quad y = \eta + \psi, \quad v = \zeta(1 + \chi),$$

worin $\varphi$, $\psi$, $\chi$ als klein von erster Ordnung gegen $\xi$, $\eta$, 1 in der weiteren Rechnung angenommen werden, die Differentialgleichung auf die Differentialgleichung (1) von Ziff. 44 zurückführen[1]). Dabei ist

$$2S\varphi = \frac{\partial F}{\partial x} - \int(\Phi dx - \Psi dy)$$

$$2S\psi = \frac{\partial F}{\partial y} - \int(\Psi dx + \Phi dy)$$

$$4S\chi = \Phi = \Delta F,$$

wenn $F$ die AIRYsche Spannungsfunktion[2]) ist, für welche also $\Delta\Delta F = 0$ und $A_x = \frac{\partial^2 F}{\partial y^2}$, $B_y = \frac{\partial^2 F}{\partial x^2}$, $A_y = B_x = -\frac{\partial^2 F}{\partial x \partial y}$ ist, und wenn $\Psi$ mit $\Phi$ durch die Beziehungen

$$\frac{\partial \Phi}{\partial x} = \frac{\partial \Psi}{\partial y}, \quad \frac{\partial \Phi}{\partial y} = -\frac{\partial \Psi}{\partial x}$$

verbunden ist. Die behandelten Probleme (mit Kreissymmetrie) verlangen dann noch die Einführung von Polarkoordinaten.

Durch geeignete Wahl von $F$ ist nach dieser Methode behandelt[3]):

a) die Ringmembran mit ungleichförmiger Drillungsspannung: der Innenring wird etwas verdreht gegen den Außenring. Die Radien der Knotenkreise und die Schwingungsamplituden sind gleich für die ungleichförmig und die gleichförmig gespannte Membran, an die Stelle der Knotendurchmesser bei der gleichmäßig gespannten Membran treten spiralig gekrümmte Knotenlinien;

b) die Ringmembran mit ungleichförmiger Verschiebungsspannung: der Innenring wird etwas aus seiner zentrischen Lage verschoben. Die Schwingungen der konzentrisch begrenzten ungleichförmig gespannten Membran werden zurückgeführt auf diejenigen einer analog exzentrisch begrenzten gleichförmig gespannten Membran (dieser letztere Fall ist aber theoretisch noch nicht behandelt);

c) die Vollkreismembran mit deformiertem Rand: der Ring, der die Membran trägt, wird ohne Längenänderung verbogen. Das Problem der in dieser Weise ungleichförmig gespannten Kreismembran wird auf dasjenige der gleichförmig gespannten elliptisch begrenzten Membran zurückgeführt.

Auch der Fall der Kreisringmembran mit freiem Innenrand ist theoretisch behandelt[3,4]).

## g) Plattenschwingungen.

**50. Dehnungsschwingungen; Differentialgleichung und Randbedingungen für Biegungsschwingungen.** In diesem Abschnitt[5]) ist eine ursprünglich ebene, dünne Platte (Scheibe) vorausgesetzt. Bei den für die Physik weniger wichtigen Dehnungsschwingungen in der Ebene der Platte ($xy$-Ebene) gelten für die Verschiebungskomponenten $u$, $v$ die Differentialgleichungen[6])

$$\varrho \frac{\partial^2 u}{\partial t^2} = \frac{Em^2}{m^2 - 1} \frac{\partial^2 u}{\partial x^2} + \frac{Em}{2(m+1)} \frac{\partial^2 u}{\partial y^2} + \frac{Em}{2(m-1)} \frac{\partial^2 v}{\partial x \partial y} = 0,$$

$$\varrho \frac{\partial^2 v}{\partial t^2} = \frac{Em}{2(m+1)} \frac{\partial^2 v}{\partial x^2} + \frac{Em^2}{m^2 - 1} \frac{\partial^2 v}{\partial y^2} + \frac{Em}{2(m-1)} \frac{\partial^2 u}{\partial x \partial y} = 0.$$

1) W. VOIGT, Göttinger Nachr. 1907, S. 171—176 u. 341—364.

2) S. Kap. 2, Ziff. 41 ds. Bd. ds. Handb.

3) E. REINSTEIN, Dissert. Göttingen 1911.

4) Über den Einfluß von Unregelmäßigkeiten der Dichte, der Spannung, der Begrenzung bei Membranschwingungen s. Fußnote 3, auf S. 377.

5) Vgl. auch ds. Handb. Bd. VIII, Kap. 5, Ziff. 65—72.

6) „LOVE-TIMPE" S. 565.

($E$ Elastizitätsmodul, $m$ POISSONsche Konstante). Die Bestimmung der Dehnungsschwingungen einer Kreisplatte führt auf BESSELsche Funktionen[1]).

Die Frequenz der Dehnungsschwingungen ist von der Plattendicke unabhängig. (Die Differentialgleichungen gelten auch für die Dehnungsschwingungen der Membran.)

Für die viel wichtigeren Biegungsschwingungen gilt für die Verschiebungen $u(x, y, t)$ senkrecht zur $xy$-Ebene (Mittelebene der undeformierten Platte) die Differentialgleichung [2])

$$\frac{\partial^2 u}{\partial t^2} + \frac{E m^2 h^2}{3\varrho(m^2-1)} \Delta\Delta u = 0, \tag{1}$$

wo $\Delta = \frac{\partial^2}{\partial x^2} + \frac{\partial^2}{\partial y^2}$, $E$ der Elastizitätsmodul, $\varrho$ die Dichte, $m$ die POISSONsche Konstante, $2h$ die Dicke der Platte ist.

Man kann diese Differentialgleichung ableiten mittels des HAMILTONschen Prinzips, wobei man die potentielle Energie $V$ der Platte als symmetrische, quadratische, homogene Funktion der beiden Hauptkrümmungen $1/\varrho_1$ und $1/\varrho_2$ der Mittelfläche der Platte (d. h. der Fläche, die vor der Deformation die Mittelebene der Platte war) ansetzt:

$$V = \frac{E m^2 h^3}{3(m^2-1)} \iint \left\{ \frac{1}{\varrho_1^2} + \frac{1}{\varrho_2^2} + \frac{2}{m\varrho_1\varrho_2} \right\} dx\,dy,$$

was für kleine Durchbiegungen in

$$V = \frac{E m^2 h^3}{3(m^2-1)} \iint \left\{ (\Delta u)^2 - \frac{2(m-1)}{m} \left[ \frac{\partial^2 u}{\partial x^2}\frac{\partial^2 u}{\partial y^2} - \left(\frac{\partial^2 u}{\partial x \partial y}\right)^2 \right] \right\} dx\,dy$$

übergeht. Die Doppelintegrale sind über das Gebiet der Platte zu erstrecken. Eine Begründung dieses Ansatzes geht aus[3]) von den beiden Voraussetzungen:

1. Jede gerade Linie in der Platte, die ursprünglich senkrecht auf der Mittelebene war, geht bei der Deformation in eine Gerade über senkrecht zur verbogenen Mittelfläche.

2. Alle Elemente der Mittelebene erleiden bei der Formänderung keine Dilatation[4]).

Als Randbedingungen ergeben sich aus dem HAMILTONschen Prinzip[5])

$$\left.\begin{aligned} &\delta u \left[ \frac{\partial \Delta u}{\partial \nu} + \frac{m-1}{m}\frac{\partial}{\partial l}\left\{ \cos\vartheta \sin\vartheta \left( \frac{\partial^2 u}{\partial y^2} - \frac{\partial^2 u}{\partial x^2} \right) + (\cos^2\vartheta - \sin^2\vartheta) \frac{\partial^2 u}{\partial x \partial y} \right\} \right] = 0 \\ &\qquad \frac{\partial \delta u}{\partial \nu} \left[ \frac{\Delta u}{m} + \frac{m-1}{m} \left( \cos^2\vartheta \frac{\partial^2 u}{\partial x^2} + \sin^2\vartheta \frac{\partial^2 u}{\partial y^2} + 2\sin\vartheta\cos\vartheta \frac{\partial^2 u}{\partial x \partial y} \right) \right] = 0, \end{aligned}\right\} \tag{2}$$

und

$$\delta u \frac{\partial^2 u}{\partial x \partial y} = 0$$

für etwaige Ecken. Hierin bedeutet $dl$ ein Linienelement der Begrenzungskurve der Mittelebene der Platte, $\nu$ die nach außen gerichtete Normale dieser Begrenzungskurve, $\vartheta$ den Winkel zwischen $\nu$ und der $x$-Richtung, $\delta u$ die Variation von $u$, $\delta \frac{\partial u}{\partial \nu}$ die von $\frac{\partial u}{\partial \nu}$ am Rand. Bei eingespanntem Rand ist $\delta u = 0$ und $\delta \frac{\partial u}{\partial \nu} = 0$, also treten hier diese Randbedingungen nicht zur Gleichung (1) hinzu,

[1]) „LOVE-TIMPE" S. 654.

[2]) S. Kap. 2, Ziff. 30 ds. Bd. ds. Handb.

[3]) G. KIRCHHOFF, Ges. Abhandlgn., S. 248. Leipzig 1882.

[4]) Bezüglich anderer Ableitungen der Differentialgleichung (1) muß auf die Statik verwiesen werden; s. Kap. 3, Abschn. VII ds. Bd. des Handb.

[5]) Zum Beispiel „KALÄHNE II" S. 171.

bei freiem Rand kommt das Verschwinden der beiden eckigen Klammern in (2) — und an den Ecken $\frac{\partial^2 u}{\partial x \partial y} = 0$ — hinzu.

Der Ansatz $u(x, y, t) = v(x, y)\, g(t)$ liefert

$$g = A \sin \alpha^2 \lambda^2 t + B \cos \alpha^2 \lambda^2 t$$

und

$$\Delta\Delta v - \lambda^4 v = 0,$$

wobei

$$\alpha^4 = \frac{E m^2 h^2}{3 \varrho (m^2 - 1)}$$

ist. Jedem Eigenwert $\lambda$ von $\Delta\Delta v - \lambda^4 v = 0$ entspricht eine Eigenschwingung

$$u(x, y, t) = v(x, y)(A \sin \alpha^2 \lambda^2 t + B \cos \alpha^2 \lambda^2 t)$$

mit der Frequenz

$$\nu = \alpha^2 \lambda^2 = \lambda^2 h \sqrt{\frac{E m^2}{3 \varrho (m^2 - 1)}}.$$

Sie ist also der Plattendicke proportional.

Jede Lösung einer der beiden Gleichungen

$$\Delta v = \pm \lambda^2 v$$

ist auch Lösung von

$$\Delta\Delta v - \lambda^4 v = 0.$$

Der schwierigste Fall ist der der Platte mit freiem Rand. Die freie kreisförmige Platte läßt sich mit BESSELschen Funktionen erledigen[1]), für die freie quadratische Platte ist die Behandlung mittels des RITZschen Näherungsverfahrens (Ziff. 27) bis zu numerischen Resultaten durchgeführt[2]). Im Fall einer rechteckigen Platte, von der zwei gegenüberliegende Kanten gestützt, die beiden anderen frei sind, läßt sich die Integration der Differentialgleichung der Schwingungen elementar durchführen[3]). Mit Integralgleichungen sind die Schwingungen einer eingeklemmten elastischen Platte von LAURICELLA[4]) behandelt worden.

**51. Die kreisförmige Platte.** a) Vollständig freie Platte. Die Gleichungen $\Delta v = \pm \lambda^2 v$ gehen beim Umsetzen in Polarkoordinaten $r, \varphi$ über in

$$\frac{\partial^2 v}{\partial r^2} + \frac{1}{r}\frac{\partial v}{\partial r} + \frac{1}{r^2}\frac{\partial^2 v}{\partial \varphi^2} \mp \lambda^2 v = 0. \tag{1}$$

Der Ansatz $v(r, \varphi) = R(r)\, \Phi(\varphi)$ gibt damit $\Phi = A \sin(n\varphi + \varphi_0)$, wo $n$ eine ganze Zahl ist, und für $R(r)$ die beiden Gleichungen

$$\frac{d^2 R}{d r^2} + \frac{1}{r}\frac{dR}{dr} + \left(\pm \lambda_n^2 - \frac{n^2}{r^2}\right) R = 0 \tag{2}$$

mit den für die volle Kreisplatte (vom Radius $a$) allein in Betracht kommenden Lösungen $J_n(\lambda_n r)$ und $J_n(i\lambda_n r)$. [Für die Kreisringscheibe treten noch $Y_n(\lambda_n r)$ und $Y_n(i\lambda_n r)$ hinzu.] Jedem der zu einem Wert $n$ gehörigen Eigenwerte $\lambda_n^2$ entspricht eine Eigenschwingung der Platte

$$u_n(r, \varphi, t) = (A_n \sin \alpha^2 \lambda_n^2 t + B_n \cos \alpha^2 \lambda_n^2 t) \sin(n\varphi + \varphi_0)\,(J_n(\lambda_n r) + C_n J_n(i\lambda_n r)).$$

---

1) G. KIRCHHOFF, Ges. Abhandlgn., S. 259. Leipzig 1882.
2) W. RITZ, Ann. d. Phys. (4) Bd. 28, S. 737—786. 1909.
3) W. VOIGT, Göttinger Nachr. 1893, S. 225.
4) G. LAURICELLA, Rom. Accad. L. Rend. (5) Bd. 17, 2, S. 193—204. 1908.

Die Randbedingungen [durch Umsetzen der Gleichung (2) von Ziff. 50 in Polarkoordinaten erhalten]

$$\left[\frac{\partial}{\partial r}\left(\frac{\partial^2 u}{\partial r^2}+\frac{1}{r}\frac{\partial u}{\partial r}+\frac{1}{r^2}\frac{\partial^2 u}{\partial \varphi^2}\right)+\frac{m-1}{m r^2}\frac{\partial^2}{\partial \varphi^2}\left(\frac{\partial u}{\partial r}-\frac{u}{r}\right)\right]_{r=a}=0 \qquad (3\text{a})$$

und

$$\left[\left(\frac{\partial^2 u}{\partial r^2}+\frac{1}{r}\frac{\partial u}{\partial r}+\frac{1}{r^2}\frac{\partial^2 u}{\partial \varphi^2}\right)+(m-1)\frac{\partial^2 u}{\partial r^2}\right]_{r=a}=0 \qquad (3\text{b})$$

geben die beiden Gleichungen[1])

$$C=\frac{J_n'(\lambda_n a)\lambda_n a\left[\lambda_n^2 a^2+\frac{m-1}{m}n^2\right]-J_n(\lambda_n a)\frac{m-1}{m}n^2}{J_n'(i\lambda_n a)\,i\lambda_n a\left[\lambda_n^2 a^2-\frac{m-1}{m}n^2\right]+J_n(i\lambda_n a)\frac{m-1}{m}n^2},$$

$$C=\frac{J_n'(\lambda_n a)\lambda_n a\frac{m-1}{m}+J_n(\lambda_n a)\left[\lambda_n^2 a^2-\frac{m-1}{m}n^2\right]}{-J_n'(i\lambda_n a)\,i\lambda_n a\frac{m-1}{m}+J_n(i\lambda_n a)\left[\lambda_n^2 a^2+\frac{m-1}{m}n^2\right]},$$

woraus durch Elimination von $C$ die Periodengleichung (für $\lambda_n a$) folgt.

Durch Benutzung semikonvergenter Entwicklungen für $J_n(\lambda_n a)$ und $J_n(i\lambda_n a)$ erhält man[2])

$$\operatorname{tg}\left(\lambda_n a-n\frac{\pi}{2}\right)=\frac{\frac{\mathfrak{B}}{8\lambda_n a}+\frac{\mathfrak{C}}{(8\lambda_n a)^2}-\frac{\mathfrak{D}}{(8\lambda_n a)^3}+\cdots}{\mathfrak{A}+\frac{\mathfrak{B}}{8\lambda_n a}+\frac{\mathfrak{D}}{(8\lambda_n a)^3}+\cdots},$$

wo

$$\mathfrak{A}=\frac{m}{m-1},\quad \mathfrak{B}=\mathfrak{A}(1-4n^2)-8,\quad \mathfrak{C}=\mathfrak{A}(1-4n^2)(9-4n^2)+48(1+4n^2),$$

$$\mathfrak{D}=-\frac{\mathfrak{A}}{3}[(1-4n^2)(9-4n^2)(13-4n^2)]+8(9+136n^2+80n^4).$$

Für großes $\lambda_n a$ ist die rechte Seite klein, also angenähert $\lambda_n a=\frac{\pi}{2}(n+2l)$, wo $l$ eine ganze Zahl ist. Also gilt für die Frequenz der höheren Töne

$$\nu_{n,l}\sim\frac{(n+2l)^2\pi^2 h}{4a^2}\sqrt{\frac{E m^2}{3\varrho(m^2-1)}};$$

sie ist also angenähert proportional den aufeinander folgenden Quadraten der geraden oder ungeraden ganzen Zahlen, je nachdem die Schwingung eine gerade oder ungerade Anzahl von Knotendurchmessern hat. Für die tieferen Töne sind die Schwingungszahlen, bezogen auf die Schwingungszahl der Grundschwingung (zwei Knotendurchmesser, kein Knotenkreis) als Einheit berechnet[3]).

Voigt hat das Ritzsche Verfahren auf die Untersuchung der Grundschwingungen kreisförmiger Klangplatten aus Kristallen angewandt[4]).

Ist die Platte nicht genau kreisförmig oder nicht von überall genau gleicher Dicke und Dichte, oder nicht von vollkommener elastischer Homogenität, so bedarf insbesondere die Frage nach der Lage der Knotenlinien einer Klärung[5]).

---

[1]) „Kalähne II" S. 176.

[2]) G. Kirchhoff, Ges. Abhandlgn., S. 273. Leipzig 1882.

[3]) G. Kirchhoff, Ges. Abhandlgn., S. 282. Leipzig 1882; s. auch „Kalähne II" S. 179. Neuere Werte, die zum Teil etwas von den Kirchhoffschen abweichen, gibt (auch für die Platte mit festem Rand) J. R. Airey, Proc. Phys. Soc. London Bd. 23, S. 225–232. 1911.

[4]) W. Voigt, Göttinger Nachr. 1915, S. 345–391.

[5]) J. Zenneck, Ann. d. Phys. Bd. 67, S. 165–184. 1899.

Während bei der vollkommenen Kreisplatte die Lage der Knotenlinien willkürlich bzw. nur von der Art der Erregung der Schwingung abhängig ist, zeigt schon das Experiment — und die Rechnung führt zum gleichen Ergebnis —, daß bei vorhandener Inhomogenität oder Asymmetrie diese Willkür in der Lage der Knotenlinien nicht mehr besteht.

Für die Berechnung der Eigenfrequenzen von axialsymmetrischen Scheiben mit allgemeinerem Profil (wie sie z. B. bei Turbinen vorkommen) ist das in Ziff. 28 geschilderte Verfahren für die Behandlung „benachbarter Systeme" herangezogen worden. Man denkt sich die Scheibe zunächst aus einem Hauptteil, der Kernplatte, bestehend, deren konstante Dicke gleich ist der Minimalstärke der Scheibe und deren Innen- und Außenradius mit denen der Scheibe übereinstimmen. Um für die gesamte Scheibe, das „variierte System", kinetische und potentielle Energie bequem rechnen zu können, ersetzt man das Profil der Scheibe durch eine Treppenkurve, so daß man für die zusätzlichen Massen zur Kernplatte Ringe konstanter Dicke erhält[1]).

b) Plattenmitte eingespannt. Ist die (ebene) Scheibe in der Mitte eingespannt — d. h. die Punkte der Scheibe innerhalb eines Kreises vom Radius $b < a$ können keine Transversalschwingungen ausführen —, so treten zu den Randbedingungen (3a) und (3b) noch die weiteren Bedingungen

$$u = 0 \qquad \text{und} \qquad \frac{\partial u}{\partial r} = 0 \qquad \text{für} \qquad r = b\,, \tag{4}$$

und die Lösung $R(r)$ von Gleichung (2) hat die Form

$$R_n(r) = C_{1,n} J_n(\lambda_n r) + C_{2,n} Y_n(\lambda_n r) + C_{3,n} J_n(i\lambda_n r) + C_{4,n} Y_n(i\lambda_n r)\,,$$

wo $C_{1,n}\, C_{2,n}\, C_{3,n}\, C_{4,n}$ willkürliche Konstante sind. Die Elimination dieser vier Konstanten aus den vier Randbedingungen [(3a), (3b) und (4)] liefert die Frequenzengleichung[2]). Für die Grundschwingungen mit den Werten $n = 0; 1; 2; 3$ und mit $m = 10/3$ ergibt sich die Tabelle 11.

Tabelle 11. Frequenzen $\lambda_n^2 a^2$ für die Grundschwingungen mit den Werten $n = 0$; 1; 2; 3 der in der Mitte eingespannten Kreisplatte ($m = 10/3$).

| $n=0$ | | $n=1$ | | $n=2$ | | $n=3$ | |
|---|---|---|---|---|---|---|---|
| $\frac{b}{a}$ | $\lambda_n a$ | $\frac{b}{a}$ | $\lambda_n a$ | $\frac{b}{a}$ | $\lambda_n a$ | $\frac{b}{a}$ | $\lambda_n a$ |
| 0,276 | 2,50 | 0,060 | 1,68 | 0,186 | 2,50 | 0,43 | 4,0 |
| 0,642 | 5,00 | 0,397 | 3,00 | 0,349 | 3,00 | 0,59 | 5,0 |
| 0,840 | 9,00 | 0,603 | 4,60 | 0,522 | 4,00 | 0,71 | 7,0 |
| | | 0,634 | 5,00 | 0,769 | 8,00 | 0,82 | 10,0 |
| | | 0,771 | 8,00 | 0,81 | 10,00 | | |
| | | 0,827 | 11,00 | | | | |

Läßt man $b$ unbegrenzt gegen Null abnehmen, so erhält man in der Grenze für $n \gtreqless 1$ dieselben Frequenzen wie bei der völlig freien Scheibe[3]); dagegen ergeben sich für $n = 0$ (symmetrische Schwingungsform ohne Knotendurchmesser) beim Grenzübergang $b \to 0$ andere Frequenzen als bei der vollständig freien

[1]) M. KÖNIG, Verh. d. 2. intern. Kongr. f. techn. Mech., Zürich 1926, S. 173 bis 177.

[2]) R. V. SOUTHWELL, Proc. Roy. Soc. London (A) Bd. 101, S. 133—153. 1922.

[3]) Für $n = 1$ ergibt sich eine Besonderheit; s. Zitat Fußnote 2.

Scheibe; in der folgenden Tabelle 12 sind für jeden der Werte $n = 0, 1, 2, 3$ die 4 kleinsten Werte von $\mu_n = \frac{\lambda_n^4 a^4 m^2}{3(m^2-1)}$ in dem Ausdruck $\mu_n \frac{h^2 E}{\varrho a^4}$ für das Frequenzenquadrat für den Fall der eingespannten Mitte der Scheibe ($b \to 0$) gegeben.

Tabelle 12. Werte von $\mu_n$ in dem Ausdruck $\mu_n \frac{h^2 E}{\varrho a^4}$ für das Frequenzenquadrat der in der Mitte ($b \to 0$) eingespannten Scheibe.

| $n=0$ | | $n=1$ | $n=2$ | $n=3$ |
|---|---|---|---|---|
| Mitte frei | Mitte eingespannt | Diese Werte werden durch die Einspannung in der Mitte nicht beeinflußt | | |
| 0 | 5,16 | 0 | 10,61 | 56,87 |
| 29,67 | 160,2 | 154,3 | 443,9 | 1040 |
| 577 | 1349 | 1222 | 2624 | 4285 |
| 2983 | 5250 | 5266 | 8574 | 13287 |

c) Platte mit eingespanntem Rand. Die Randbedingungen sind hier

$$u = 0 \quad \text{und} \quad \frac{\partial u}{\partial r} = 0 \quad \text{für} \quad r = a;$$

sie liefern die Frequenzengleichung

$$i J_n(\lambda_n a) J_{n+1}(i\lambda_n a) - J_n(i\lambda_n a) J_{n+1}(\lambda_n a) = 0 .$$

Durch Verwendung semikonvergenter Reihen für die BESSELschen Funktionen ergibt sich hierfür die Näherung[1])

$$\operatorname{tg}\Theta = -\frac{1 - \frac{B}{(8\lambda_n a)^2} + \frac{C}{(8\lambda_n a)^3} - \frac{D}{(8\lambda_n a)^4}}{1 - \frac{A}{8\lambda_n a} + \frac{B}{(8\lambda_n a)^2} - \frac{D}{(8\lambda_n a)^4}},$$

wobei

$$\Theta = \lambda_n a - \frac{\pi}{4}(2n + 1),$$

$$A = 2(4n^2 - 1), \quad B = (4n^2 - 1)(4n^2 - 9),$$

$$C = \tfrac{2}{3}(4n^2 - 1)(4n^2 - 9)(4n^2 - 13), \quad D = \tfrac{1}{6}(4n^2 - 1)(4n^2 - 9)(4n^2 - 25).$$

Die ersten Wertc $\lambda_n a$, wenn $n$ die Zahl der Knotendurchmesser, $z$ die Zahl der Knotenkreise ist, gibt die Tabelle 13[2]).

Tabelle 13. Wurzeln $\lambda_n a$ der Gleichung $iJ_n(\lambda_n a) J_{n+1}(i\lambda_n a) - J_n(i\lambda_n a) J_{n+1}(\lambda_n a) = 0$, $n$ Zahl der Knotendurchmesser, $z$ Zahl der Knotenkreise.

| $z$ | $n=0$ | $n=1$ | $n=2$ | $n=3$ |
|---|---|---|---|---|
| 0 | 3,1961 | 4,6110 | 5,9056 | 7,1433 |
| 1 | 6,3064 | 7,7993 | 9,1967 | 10,537 |
| 2 | 9,4395 | 10,958 | 12,402 | 13,795 |
| 3 | 12,577 | 14,108 | 15,579 | |
| 4 | 15,716 | | | |

**52. Biegungsschwingungen rotierender Scheiben.** Hier tritt als Weiterung zu den von KIRCHHOFF (Ziff. 51) behandelten Biegungsschwingungen einer nichtrotierenden Kreisscheibe die Wirkung der Zentrifugalkräfte hinzu.

[1]) H. CARRINGTON, Phil. Mag. (6) Bd. 50, S. 1261—1264. 1925.
[2]) S. ds. Handb. Bd. VIII, S. 238.

Betrachtet man zunächst eine Scheibe, die so dünn ist und so schnell rotiert, daß die biegenden Kräfte gegen die Zentrifugalkräfte vernachlässigt werden können, so erhält man als Differentialgleichung[1]) für die Querschwingungen $u(r, \varphi, t)$ einer solchen Scheibe vom Radius $a$ und der Dichte $\varrho$ bei der Winkelgeschwindigkeit $\omega$:

$$\varrho \frac{\partial^2 u}{\partial t^2} = \frac{1}{r}\frac{\partial}{\partial r}\left(\sigma r \frac{\partial u}{\partial r}\right) + \frac{\tau}{r^2}\frac{\partial^2 u}{\partial \varphi^2},$$

wo $\sigma = A(a^2 - r^2)\varrho\omega^2$ und $\tau = (Aa^2 - Br^2)\varrho\omega^2$ die Hauptspannungen längs des Radiusvektors und senkrecht dazu im Abstand $r$ von der Achse sind und

$$A = \frac{3m+1}{8m}, \qquad B = \frac{m+3}{8m}$$

ist, wenn $m$ die POISSONsche Konstante bedeutet. Der Ansatz

$$u = \sum_k C_k \left(\frac{r}{a}\right)^k \cos n\varphi \cos p_1 t,$$

wo $n$ eine ganze Zahl ist, liefert als Lösung

$$u = C\left(\frac{r}{a}\right)^n \left\{1 - \frac{s(n+s+1)}{1(n+1)}\frac{r^2}{a^2} + \frac{(s-1)s(n+s+1)(n+s+2)}{1\cdot 2(n+1)(n+2)}\frac{r^4}{a^4} - \cdots\right\} \cos n\varphi \cos p_1 t$$

mit $s$ Knotenkreisen und $n$ äquidistanten Knotendurchmessern und dem Frequenzenquadrat $p_1^2 = \lambda\omega^2$, wo

$$\lambda = (n+2s)(n+2s+2)A - n^2 B$$

ist. Andererseits ergibt sich für die Frequenzenquadrate $p_2^2 = \mu \frac{Eh^2}{\varrho a^4}$ der nichtrotierenden Kreisscheibe von der Dicke $2h$ für $m = 10/3$ die Tabelle 14 für $\mu$.

Tabelle 14. Werte von $\mu$ für die Frequenzenquadrate $p_2^2 = \mu \frac{Eh^2}{\varrho a^4}$ der nichtrotierenden Kreisscheibe. $s$ Zahl der Knotenkreise, $n$ Zahl der Knotendurchmesser ($m = 10/3$).

| $s$ | $n=0$ | $n=1$ | $n=2$ | $n=3$ |
|---|---|---|---|---|
| 0 | — | — | 10,61 | 56,87 |
| 1 | 29,67 | 154,3 | 443,9 | 1040 |
| 2 | 577 | 1222 | 2624 | 4285 |
| 3 | 2983 | 5266 | 8574 | 13287 |

Wirken Zentrifugalkräfte und Biegungssteifigkeit zusammen, so wird die Gewinnung des Resultates aus der zugehörigen Differentialgleichung

$$\varrho \frac{\partial^2 u}{\partial t^2} = \frac{1}{r}\frac{\partial}{\partial r}\left(\sigma r \frac{\partial u}{\partial r}\right) + \frac{\tau}{r^2}\frac{\partial^2 u}{\partial \varphi^2} - \frac{E m^2 h^2}{3(m^2-1)} \Delta\Delta u$$

schwierig; man wendet hier das in Ziff. 37 auseinandergesetzte Näherungsverfahren von Lord RAYLEIGH an, wonach, falls abgesehen vom Zeitfaktor $V_1(\Phi)$ die potentielle Energie der Zentrifugalkräfte, $V_2(\Phi)$ die potentielle Energie der Biegung und $T(\Phi)$ die kinetische Energie für einen angenommenen Schwingungszustand $u = \Phi(r, \varphi)\cos pt$ ist, die Formel

$$p^2 = \frac{V_1(\Phi) + V_2(\Phi)}{T(\Phi)}$$

eine obere Schranke für die Frequenz $p$ der tiefsten Schwingung gibt. Es ist durchgeführt[2]) das erste RAYLEIGHsche Näherungsverfahren von Ziff. 37 mit einem Parameter $\lambda_1$ in dem Ansatz

$$u = \left(1 + \lambda_1 \frac{r^2}{a^2}\right)\left(\frac{r}{a}\right)^n \cos n\varphi \cos pt.$$

[1]) H. LAMB u. R. V. SOUTHWELL, Proc. Roy. Soc. London (A) Bd. 99, S. 272—280. 1921.
[2]) S. Fußnote 1.

Einen für die praktische Durchführung bequemeren Weg gibt die Überlegung[1]), daß mit der genauen Lösung $\Phi(r, \varphi)$ der Quotient $\frac{V_1(\Phi)}{T(\Phi)}$ nach Ziff. 37 (Anfang) eine obere Schranke für $p_1^2$, der Quotient $\frac{V_2(\Phi)}{T(\Phi)}$ eine obere Schranke für $p_2^2$ darstellt, daß also $p^2 = \frac{V_1(\Phi) + V_2(\Phi)}{T(\Phi)}$ jedenfalls größer ist als $p_1^2 + p_2^2$. Berechnet man also $p_1^2$ und $p_2^2$ getrennt, so ist $p_1^2 + p_2^2$ jedenfalls eine untere Schranke für $p^2$. So schließen die beiden Verfahren $p^2$ in zwei Grenzen ein[2]).

Um die Güte des Resultates bei einem Beispiel zu zeigen, sei erwähnt, daß für $E = 2 \cdot 10^{12}$, $\varrho = 7{,}8$, $a = 60$, $h = 1$, $\omega = 100\pi$ in CGS-Einheiten und $m = 4$ sich ergibt

$$213{,}07 < \frac{p}{\pi} < 213{,}74 .$$

Durch eine Einspannung der Scheibenmitte über einen Kreis vom Radius $b < a$ werden die Frequenzen der Transversalschwingungen der rotierenden Scheibe bei Vernachlässigung der Biegungssteifigkeit nicht geändert. Der Fall der gleichzeitigen Berücksichtigung von Zentrifugal- und Biegungsspannungen ist für die über einen Kreis vom Radius $b$ um die Scheibenmitte eingespannte Scheibe nach dem in dieser Ziffer auseinandergesetzten Verfahren behandelt[3]).

Für den allgemeinen Fall von Biegungsschwingungen rotierender axialsymmetrischer Scheiben von wechselnder Dicke hat STODOLA[4]) ein graphisches Verfahren angegeben.

In der Technik spielen die in dieser Ziffer behandelten Fragen eine Rolle bei der Untersuchung von Biegungsschwingungen bei den Rädern der Dampfturbinen[5]).

**53. Die rechteckige Platte.** Für die rechteckige Platte, die an den Kanten gestützt ist, ergeben sich dieselben Knotenlinien wie bei der rechteckigen Membran, nur verhalten sich die Frequenzen der einzelnen Schwingungen wie die Quadrate der entsprechenden Frequenzen der Membran[6]).

Die Differentialgleichung des Eigenwertproblems der rechteckigen freischwingenden Platte mit freiem Rand, deren Seiten parallel der $x$- und der $y$-Achse sind,

$$\varDelta\varDelta v - \lambda^4 v = 0$$

samt den Randbedingungen

$$\frac{\partial}{\partial x}\left[\frac{\partial^2 v}{\partial x^2} + \frac{2m-1}{m}\frac{\partial^2 v}{\partial y^2}\right] = 0 \qquad \text{und} \qquad \frac{\partial^2 v}{\partial x^2} + \frac{1}{m}\frac{\partial^2 v}{\partial y^2} = 0$$

auf den zur $y$-Achse parallelen Rechteckseiten,

$$\frac{\partial}{\partial y}\left[\frac{\partial^2 v}{\partial y^2} + \frac{2m-1}{m}\frac{\partial^2 v}{\partial x^2}\right] = 0 \qquad \text{und} \qquad \frac{\partial^2 v}{\partial y^2} + \frac{1}{m}\frac{\partial^2 v}{\partial x^2} = 0$$

auf den zur $x$-Achse parallelen Rechteckseiten und

$$\frac{\partial v^2}{\partial x\,\partial y} = 0$$

in den Ecken ergibt sich auch aus dem Minimalproblem: Es soll

$$J = \iint\left\{\left[\frac{\partial^2 v}{\partial x^2} + \frac{\partial^2 v}{\partial y^2}\right]^2 - \frac{2(m-1)}{m}\left[\frac{\partial^2 v}{\partial x^2}\frac{\partial^2 v}{\partial y^2} - \left(\frac{\partial^2 v}{\partial x\,\partial y}\right)^2\right]\right\} dx\,dy$$

[1]) S. Fußnote 1 auf S. 388.

[2]) J. GOSH hat das hier beschriebene Verfahren auf die Berechnung der Frequenz für die Querschwingungen eines rotierenden Stabes (Ziff. 38) und eines Ringes, der um die zu seiner Ebene senkrechte Symmetrieachse rotiert, angewendet; s. Bull. Calcutta Math. Soc. Bd. 14, S. 161–172. 1923/24.

[3]) R. V. SOUTHWELL, Proc. Roy. Soc. London (A) Bd. 101, S. 133–153. 1922.

[4]) A. STODOLA, Dampf- u. Gasturbinen, 5. Aufl., S. 905. Berlin 1922.

[5]) S. außer STODOLA (Anm. 4) auch W. HORT, ZS. d. Ver. d. Ing. Bd. 70, S. 1375 u. 1419. 1926.

[6]) „RAYLEIGH, Schall I", S. 404.

zum Minimum gemacht werden mit der Nebenbedingung

$$\iint v^2\,dx\,dy = a \quad (a \text{ Konstante}),$$

wo die Doppelintegrale über das Rechteck erstreckt sind. Das RITZsche Verfahren (Ziff. 27) ersetzt bei der quadratischen Platte[1]) mit den Rändern $x = \pm 1$, $y = \pm 1$ das $v(x, y)$ durch eine Näherungsfunktion

$$v_s(x, y) = \sum_0^s \sum_0^s A_{m,n}\, v_m(x)\, v_n(y),$$

wo $v_m(x)$, $v_n(y)$ die Eigenfunktionen des schwingenden Stabes mit freien Enden, dessen Länge gleich der Quadratseite ist, sind (vgl. Ziff. 36); also ist

für gerade $n$: $\quad v_n(x) = \dfrac{\operatorname{Cof}\gamma_n \cos\gamma_n x + \cos\gamma_n \operatorname{Cof}\gamma_n x}{\sqrt{\operatorname{Cof}^2\gamma_n + \cos^2\gamma_n}}$, wobei $\operatorname{tg}\gamma_n + \operatorname{Tg}\gamma_n = 0$,

für ungerade $n$: $v_n(x) = \dfrac{\operatorname{Sin}\gamma_n \sin\gamma_n x + \sin\gamma_n \operatorname{Sin}\gamma_n x}{\sqrt{\operatorname{Sin}^2\gamma_n - \sin^2\gamma_n}}$, wobei $\operatorname{tg}\gamma_n - \operatorname{Tg}\gamma_n = 0$.

Es verlangt dann, die Konstanten $A_{m,n}$ so zu bestimmen, daß

$$\iint \left\{ \left[\frac{\partial^2 v_s}{\partial x^2} + \frac{\partial^2 v_s}{\partial y^2}\right]^2 - \frac{2(m-1)}{m} \left[\frac{\partial^2 v_s}{\partial x^2}\frac{\partial^2 v_s}{\partial y^2} - \left(\frac{\partial^2 v_s}{\partial x\,\partial y}\right)^2\right] - \sigma v_s^2 \right\} dx\,dy$$

($\sigma$ Parameter) zum Minimum wird. Durch Einführen des Ansatzes für $v_s(x, y)$ wird der Integrand eine quadratische Form in den $A_{m,n}$, und die Minimalforderung liefert ein System von linearen Gleichungen

$$\begin{array}{c} (a_{0,0}^{(0,0)} - \sigma) A_{0,0} + a_{0,0}^{(0,1)} A_{0,1} + \cdots + a_{0,0}^{(s,s)} A_{s,s} = 0 \\ \vdots \qquad\qquad \vdots \qquad\qquad \vdots \qquad \vdots \\ a_{s,s}^{(0,0)} A_{0,0} + a_{s,s}^{(0,1)} A_{0,1} + \cdots + (a_{s,s}^{(s,s)} - \sigma) A_{s,s} = 0, \end{array}$$

worin die $a_{m,n}^{(p,q)}$ gewisse bestimmte Integrale über Aggregate der Normalfunktionen $v_n(x)$, $v_m(y)$ und ihrer Ableitungen sind, die sich in geschlossener Form auswerten lassen. Die Determinante des Gleichungssystems gibt gleich Null gesetzt die Periodengleichung zur Bestimmung der Werte $\sigma$. Für numerische Berechnung der $A_{m,n}$ und der $\sigma$ ist wichtig, daß die Koeffizientenberechnung noch bequem wird, wenn man sich mit einer Näherung begnügt, deren Fehler höchstens 2% beträgt. Die Auflösung des linearen Gleichungssystems wird dadurch praktisch durchführbar, daß die Koeffizienten $a_{m,n}^{(m,n)}$ der Diagonalglieder erheblich größer sind und mit $m$ und $n$ rascher wachsen als die übrigen $a_{m,n}^{(p,q)}$.

Für die zeichnerisch-rechnerische Bestimmung der Klangfiguren ist es wesentlich, daß sämtliche Eigentöne der Platte bis auf wenige Prozent genau sich darstellen lassen durch ein Glied

$$v(x, y) = v_m(x)\, v_n(y) + v_m(y)\, v_n(x)$$

bzw.

$$v(x, y) = v_m(x)\, v_n(y) - v_m(y)\, v_n(x).$$

So liefert für den Fall in $x$ und $y$ ungerader, aber symmetrischer Schwingungen die Beschränkung auf $s = 5$ für die kleinste Wurzel $\sigma$ der Periodengleichung:

$$\begin{aligned} v(x, y) = {} & \boldsymbol{v_1(x)\, v_1(y)} + 0{,}0394\,(v_1(x)v_3(y) + v_1(y)v_3(x)) \\ & - 0{,}0040\, v_3(x)v_3(y) - 0{,}0034\,(v_1(x)v_5(y) + v_5(x)v_1(y)) \\ & + 0{,}0011\,(v_3(x)v_5(y) + v_5(x)v_3(y)) - 0{,}0019\, v_5(x)v_5(y), \end{aligned}$$

---

[1]) Bei der rechteckigen Platte leichte Modifikation (s. S. 784 der in Fußnote 2 auf S. 384 genannten Abhandlg.).

also angenähert $v_1(x)\, v_1(y)$; die nächstgrößere Wurzel $\sigma$ gibt

$$v(x, y) = -0{,}075\, v_1(x) v_1(y) + \boldsymbol{v_1(x) v_3(y) + v_3(x) v_1(y)} + 0{,}173\, v_3(x) v_3(y) + 0{,}045\, (v_1(x) v_5(y) + v_5(x) v_1(y)) - 0{,}015\, (v_3(x) v_5(y) + v_5(x) v_3(y)) - 0{,}029\, v_5(x)\, v_5(y),$$

also angenähert $v_1(x)\, v_3(y) + v_3(x) v_1(y)$; usw.[1]).

Doppeltöne treten auf, wenn von den Indizes $m$ und $n$ der eine gerade, der andere ungerade ist. Zum Beispiel gehört zu der Lösung

$$v(x, y) = v_1(x) v_2(y) - 0{,}0682\, v_3(x) v_0(y) + 0{,}0760\, v_3(x) v_2(y) + 0{,}0260\, v_1(x) v_4(y) + 0{,}0073\, v_5(x) v_0(y) - 0{,}0027\, v_3(x) v_4(y) - 0{,}0112\, v_5(x) v_2(y) + 0{,}0030\, v_5(x) v_4(y)$$

derselbe Wert von $\sigma$ wie zu der Lösung $v(y, x)$, die aus ihr entsteht, wenn man überall statt $x$ jetzt $y$ und statt $y$ jetzt $x$ schreibt.

Jede Kombination $A\, v(x, y) + B\, v(y, x)$ mit beliebigen Konstanten $A$ und $B$, die durch Übereinanderlagerung der beiden Schwingungen entsteht, ist wieder eine Lösung mit derselben Schwingungszahl.

Außer auf die quadratische Platte ist die Ritzsche Methode auch auf freischwingende Platten von rechteckiger, rhombischer, dreieckiger und elliptischer Begrenzung angewendet worden[2]).

**54. Drillungsschwingungen von Platten (Scheiben).** Unter Drillung einer achsensymmetrischen Platte versteht man eine Deformation durch Schubkräfte, bei der die zu verschiedenen Radien $r$ gehörigen kreiszylindrischen Schichten der Scheibe sich gegeneinander verdreht haben, so daß Punkte der Scheibe, die ursprünglich auf einem Radius lagen, nach der Deformation auf einer spiraligen Kurve liegen. Für die durch solche Deformationen veranlaßten elastischen Drillungsschwingungen[3]) gilt die Differentialgleichung

$$\varrho r^3 y \frac{\partial^2 \varphi}{\partial t^2} = G \frac{\partial}{\partial r}\left(r^3 y \frac{\partial \varphi}{\partial r}\right), \tag{1}$$

wenn $\varrho$ die Dichte der Scheibe, $y(r)$ ihre Dicke, $G$ der Schubmodul und $\varphi$ der Winkel ist, um den sich eine solche obengenannte kreiszylindrische Schicht gegen ihre Ausgangslage verdreht hat. Der Ansatz $\varphi(r, t) = R(r)\, T(t)$ gibt

$$\frac{d}{dr}\left(r^3 y \frac{dR}{dr}\right) + \frac{k^2}{h^2} r^3 y R = 0 \tag{1a}$$

und

$$\frac{d^2 T}{dt^2} + \frac{k^2}{h^2} \frac{G}{\varrho} T = 0, \tag{1b}$$

wenn $h$ die Differenz zwischen Innen- und Außenradius der Scheibe ist. Die Eigenfrequenz der Scheibe wird dann $\frac{k}{h}\sqrt{\frac{G}{\varrho}}$, wo der Eigenwert $k$ aus der Gleichung (1a) den Randbedingungen der Scheibe entsprechend zu bestimmen ist.

Von den behandelten Randbedingungen geben die folgenden:

a) Innenrand fest, Außenrand frei

b) beide Ränder fest,

c) beide Ränder frei;

besonders einfache Lösungen der Randwertaufgabe, während die beiden folgenden:

[1]) Die Tafeln der Klangfiguren, die Ritz in der S. 384, Fußnote 2 zitierten Arbeit gegeben hat, sind zum Teil wiedergegeben in diesem Handb. Bd. VIII, S. 240.

[2]) E. Goldmann, Dissert. Univ. Breslau 1918.

[3]) R. Grammel, ZS. f. angew. Math. u. Mech. Bd. 5, S. 193—200. 1925.

d) Innenrand auf dem freien Ende einer am anderen Ende fest eingespannten elastischen Welle von vernachlässigbarer Masse sitzend, Außenrand frei,

e) Innenrand auf dem einen Ende einer ebensolchen elastischen Welle sitzend, deren anderes Ende eine starre Masse trägt, Außenrand frei,
mehr den tatsächlichen Verhältnissen — etwa bei Dampfturbinenscheiben — entsprechen.

Die Frequenzengleichungen lassen sich leicht aufstellen und mit elementaren oder BESSELschen Funktionen lösen für die Sonderprofile: $r^3 y = \text{konst.}$, $y = \text{konst.}\ \frac{e^{-\frac{2cr}{h}}}{r^3}$ ($c$ positive Konstante), $r^n y = \text{konst.}$ (mit kleinen ganzzahligen positiven Werten von $n$). Für eine allgemeine (etwa graphisch gegebene) Profilkurve der Scheibe kann man bequem graphisch vorgehen, indem man an Stelle der Profilkurve $y = f(r)$ zunächst (mit Rücksicht auf die Differentialgleichung) die Kurve $z = r^3 f(r)$ zeichnet und diese dann durch eine Treppenkurve ersetzt, für deren einzelne Treppen die Gleichung (1a) die Gestalt

$$\frac{d^2 R}{d r^2} + \frac{k^2}{h^2} R = 0$$

erhält. Im Integral $R = A \sin\left(\frac{k r}{h} + \gamma\right)$ dieser Gleichung sind die Konstanten $A$ und $\gamma$ so zu bestimmen, wie es der Zusammenhang des betreffenden Treppenstückes mit dem benachbarten verlangt. Für die graphische Bestimmung des Zusammenschlusses dieser einzelnen Lösungen vermeidet man das Aufzeichnen von Sinuskurvenstücken durch Verwendung eines Kreisdiagramms.

## h) Schalenschwingungen.

**55. Allgemeiner Ansatz.** Die Behandlung der Schwingungen im undeformierten Zustand schon gekrümmter dünner Platten (Schalen) ist wesentlich komplizierter als die der Schwingungen ursprünglich ebener Platten[1]).

Es seien $\alpha = \text{konst.}$, $\beta = \text{konst.}$ die Krümmungslinien der Mittelfläche im undeformierten Zustand, ihr Linienelement sei $ds^2 = A^2(\alpha,\beta)\, d\alpha^2 + B^2(\alpha,\beta)\, d\beta^2$, $R_1$ bzw. $R_2$ seien die zu den Richtungen $\beta = \text{konst.}$ bzw. $\alpha = \text{konst.}$ gehörenden Hauptkrümmungsradien der undeformierten Mittelfläche im Punkt $\alpha, \beta$. Ferner seien $u, v, w$ die Verschiebungskomponenten eines Punktes der unverzerrten Mittelfläche, bezogen auf die Tangenten der Kurven $\beta = \text{konst.}$ und $\alpha = \text{konst.}$ in diesem Punkt und die Normale der Fläche in ihm.

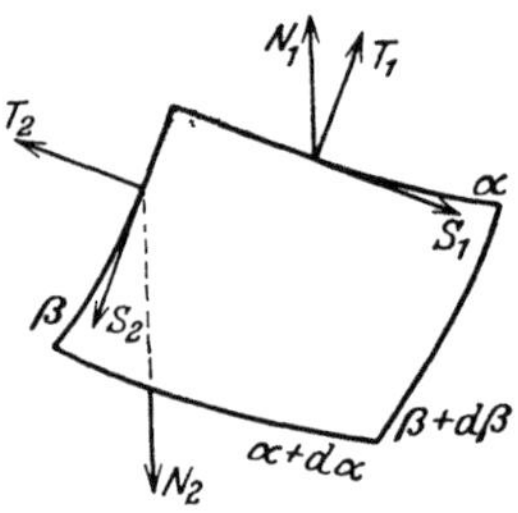

Abb. 16. Element der deformierten Mittelfläche.

Für die Aufstellung der Gleichgewichtsbedingungen an einem Element der deformierten Schale, das durch die Normalen der deformierten Mittelfläche über dem Kurvenviereck[2]) $\alpha, \beta, \alpha + d\alpha, \beta + d\beta$ aus der Schale ausgeschnitten wird (Abb. 16), seien die Spannungsresultanten auf die durch $\alpha = \text{konst.}$ bzw. $\beta = \text{konst.}$ gehenden Seitenflächen mit $T_1, S_1, N_1$ bzw. $T_2, S_2, N_2$, die Spannungsmomente um die Achsenrichtungen $T_1, S_1, T_2, S_2$ bzw. mit $H_1, G_1, H_2, G_2$ bezeichnet. Unter Hinzunahme der D'ALEMBERTschen Zusatzkräfte ergeben sich dann die Bewegungsgleichungen[3]) für die Schale von der Dicke $2h$ und der Dichte $\varrho$:

---

[1]) Vgl. auch ds. Handb. Bd. VIII, 5. Kap., Ziff. 73.

[2]) „LOVE-TIMPE“, S. 610.

[3]) „LOVE-TIMPE“, Kap. 24, insbesondere § 333; vgl. auch Kap. 3, Abschn. VIII ds. Bd. des Handb.

$$\left.\begin{aligned}
&\frac{1}{AB}\left\{\frac{\partial(T_1B)}{\partial\alpha}-\frac{\partial(S_2A)}{\partial\beta}+S_1\frac{\partial A}{\partial\beta}-T_2\frac{\partial B}{\partial\alpha}\right\}-\frac{N_1}{R_1}=2\varrho h\frac{\partial^2u}{\partial t^2},\\
&\frac{1}{AB}\left\{\frac{\partial(S_1B)}{\partial\alpha}+\frac{\partial(T_2A)}{\partial\beta}-T_1\frac{\partial A}{\partial\beta}-S_2\frac{\partial B}{\partial\alpha}\right\}-\frac{N_2}{R_2}=2\varrho h\frac{\partial^2v}{\partial t^2},\\
&\frac{1}{AB}\left\{\frac{\partial(N_1B)}{\partial\alpha}+\frac{\partial(N_2A)}{\partial\beta}\right\}+\frac{T_1}{R_1}+\frac{T_2}{R_2}=2\varrho h\frac{\partial^2w}{\partial t^2}
\end{aligned}\right\}\qquad(1)$$

mit den Relationen

$$\left.\begin{aligned}
&\frac{1}{AB}\left\{\frac{\partial(H_1B)}{\partial\alpha}-\frac{\partial(G_2A)}{\partial\beta}+G_1\frac{\partial A}{\partial\beta}-H_2\frac{\partial B}{\partial\alpha}\right\}+N_2=0,\\
&\frac{1}{AB}\left\{\frac{\partial(G_1B)}{\partial\alpha}+\frac{\partial(H_2A)}{\partial\beta}-H_1\frac{\partial A}{\partial\beta}-G_2\frac{\partial B}{\partial\alpha}\right\}-N_1=0,\\
&\frac{H_1}{R_1}+\frac{H_2}{R_2}+S_1+S_2=0.
\end{aligned}\right\}\qquad(2)$$

Um von den Spannungsgrößen auf die Verschiebungsgrößen $u, v, w$ überzugehen, drückt man $S_1, S_2, T_1, T_2$ durch die Gleichungen

$$\left.\begin{aligned}
S_1&=\frac{Emh}{m+1}\left\{\omega+\frac{h^2\tau}{3}\left(\frac{1}{R_2}-\frac{1}{R_1}\right)\right\},\\
S_2&=-\frac{Emh}{m+1}\left\{\omega+\frac{h^2\tau}{3}\left(\frac{1}{R_1}-\frac{1}{R_2}\right)\right\},\\
T_1&=\frac{2Em^2h}{m^2-1}\left\{\left(\varepsilon_1+\frac{\varepsilon_2}{m}\right)+\frac{h^2k_1}{3}\left(\frac{1}{R_2}-\frac{1}{R_1}\right)\right.\\
&\quad\left.-\frac{h^2}{3m(m-1)}\left[\frac{k_1+k_2}{2}\left(\frac{m}{R_1}+\frac{1}{R_2}\right)+\frac{mk_1+k_2}{R_1}+\frac{k_1+mk_2}{R_2}\right]\right\},\\
T_2&=\frac{2Em^2h}{m^2-1}\left\{\left(\varepsilon_2+\frac{\varepsilon_1}{m}\right)+\frac{h^2k_2}{3}\left(\frac{1}{R_1}-\frac{1}{R_2}\right)\right.\\
&\quad\left.-\frac{h^2}{3m(m-1)}\left[\frac{k_1+k_2}{2}\left(\frac{1}{R_1}+\frac{m}{R_2}\right)+\frac{mk_1+k_2}{R_1}+\frac{k_1+mk_2}{R_2}\right]\right\},
\end{aligned}\right\}\qquad(3)$$

$H_1, G_1, H_2, G_2$ durch die Gleichungen

$$\left.\begin{aligned}
&G_1=-\frac{2Em^2h^3}{3(m^2-1)}\left(k_1+\frac{k_2}{m}\right),\qquad G_2=-\frac{2Em^2h^3}{3(m^2-1)}\left(k_2+\frac{k_1}{m}\right),\\
&-H_2=H_1=\frac{2Emh^3}{3(m+1)}\tau
\end{aligned}\right\}\qquad(4)$$

aus, wobei die Hilfsgrößen $\varepsilon_1, \varepsilon_2, \omega$, die die Dehnungen der Linienelemente auf $\beta=$ konst. und $\alpha=$ konst. und die Winkeländerung dieser Koordinatenlinien geben, und die sog. „Krümmungsänderungen“ $k_1, k_2, \tau$ im Fall kleiner Verschiebungen $u, v, w$ selbst wieder durch die Gleichungen

$$\left.\begin{aligned}
\varepsilon_1&=\frac{1}{A}\frac{\partial u}{\partial\alpha}+\frac{v}{AB}\frac{\partial A}{\partial\beta}-\frac{w}{R_1},\\
\varepsilon_2&=\frac{1}{B}\frac{\partial v}{\partial\beta}+\frac{u}{AB}\frac{\partial B}{\partial\alpha}-\frac{w}{R_2},\\
\omega&=\frac{1}{A}\frac{\partial v}{\partial\alpha}+\frac{1}{B}\frac{\partial u}{\partial\beta}-\frac{u}{AB}\frac{\partial A}{\partial\beta}-\frac{v}{AB}\frac{\partial B}{\partial\alpha},\\
k_1&=\frac{1}{A}\frac{\partial}{\partial\alpha}\left(\frac{1}{A}\frac{\partial w}{\partial\alpha}+\frac{u}{R_1}\right)+\frac{1}{AB}\frac{\partial A}{\partial\beta}\left(\frac{1}{B}\frac{\partial w}{\partial\beta}+\frac{v}{R_2}\right),\\
k_2&=\frac{1}{B}\frac{\partial}{\partial\beta}\left(\frac{1}{B}\frac{\partial w}{\partial\beta}+\frac{v}{R_2}\right)+\frac{1}{AB}\frac{\partial B}{\partial\alpha}\left(\frac{1}{A}\frac{\partial w}{\partial\alpha}+\frac{u}{R_1}\right),\\
\tau&=\frac{1}{A}\frac{\partial}{\partial\alpha}\left(\frac{1}{B}\frac{\partial w}{\partial\beta}+\frac{v}{R_2}\right)-\frac{1}{A^2B}\frac{\partial A}{\partial\beta}\frac{\partial w}{\partial\alpha}-\frac{1}{AR_1}\frac{\partial v}{\partial\alpha}
\end{aligned}\right\}\qquad(5)$$

in $u, v, w$ gegeben sind. Zu den Schwingungsgleichungen treten die Randbedingungen: für einen freien Rand müssen das Biegungsmoment und gewisse lineare Verbindungen der Spannungsresultanten und des Drillungsmomentes verschwinden.

**56. Dehnungs- und Biegungsschwingungen.** a) Dehnungsschwingungen. Eine angenäherte Behandlung des Problems der Schwingungen dünner Schalen spezialisiert in der Weise, daß in den Gleichungen (1) von Ziff. 55 nach Division mit $h$ die Glieder vernachlässigt werden, die dann noch den Faktor $h^2$ enthalten. Damit bekommt man die Gleichungen

$$\left.\begin{aligned} \frac{1}{AB}\left\{\frac{\partial (T_1 B)}{\partial\alpha} - \frac{\partial (S_2 A)}{\partial\beta} + S_1\frac{\partial A}{\partial\beta} - T_2\frac{\partial B}{\partial\alpha}\right\} &= 2\varrho h\frac{\partial^2 u}{\partial t^2},\\ \frac{1}{AB}\left\{\frac{\partial (S_1 B)}{\partial\alpha} + \frac{\partial (T_2 A)}{\partial\beta} - T_1\frac{\partial A}{\partial\beta} - S_2\frac{\partial B}{\partial\alpha}\right\} &= 2\varrho h\frac{\partial^2 v}{\partial t^2},\\ \frac{T_1}{R_1} + \frac{T_2}{R_2} &= 2\varrho h\frac{\partial^2 w}{\partial t^2}, \end{aligned}\right\} \tag{1}$$

worin

$$S_1 = \frac{Emh}{m+1}\omega, \quad S_2 = -\frac{Emh}{m+1}\omega, \quad T_1 = \frac{2Em^2 h}{m^2-1}\left(\varepsilon_1 + \frac{\varepsilon_2}{m}\right), \quad T_2 = \frac{2Em^2 h}{m^2-1}\left(\varepsilon_2 + \frac{\varepsilon_1}{m}\right).$$

In den Bewegungsgleichungen (1) fällt also die Schalendicke heraus, ebenso tritt sie in den Randbedingungen nicht auf: die Schwingungszahl ist unabhängig von der Schalendicke, sie nimmt bei abnehmender Schalendicke nicht unbegrenzt ab. (Im Fall einer ebenen Platte werden diese Schwingungen durch die Dehnungsschwingungen in der Ebene der Platte dargestellt.) Die Verzerrungsenergie pro Flächeneinheit ist für diese Dehnungsschwingungen von Schalen dargestellt durch

$$\frac{Em^2 h}{m^2-1}\left[(\varepsilon_1+\varepsilon_2)^2 - \frac{2(m-1)}{m}\left(\varepsilon_1\varepsilon_2 - \frac{1}{4}\omega^2\right)\right].$$

Aus diesem Ausdruck zusammen mit dem für die kinetische Energie lassen sich die Bewegungsgleichungen dieser Dehnungsschwingungen mittels des HAMILTONschen Prinzips auch ableiten.

b) Biegungsschwingungen. Bei der ebenen Platte existieren neben den Dehnungsschwingungen auch Biegungsschwingungen ohne Ausdehnung der Mittelfläche. Die Betrachtung des Falles einer schwach gekrümmten Mittelfläche der Schale spricht für die Existenz solcher Biegungsschwingungen auch bei Schalen: Schwingungen, bei denen also die Mittelfläche der Schale nur verbogen, aber nicht gedehnt wird. Auch Betrachtungen über die Frequenz des Grundtons der Schalenschwingung[1]) und Energiebetrachtungen[2]) sprechen für die Existenz von Biegungsschwingungen. Andererseits befriedigen Verschiebungen, die den Bedingungen dehnungsloser Deformation der Mittelfläche genügen, die Bewegungsgleichungen und Randbedingungen im allgemeinen nicht[3]); es müssen also jedenfalls die Schwingungen mit einer gewissen Dehnung verbunden sein. Einige Spezialfälle scheinen zu zeigen[4]), daß in der Nähe eines freien Randes der Schale die Dehnungsschwingungen mit den Biegungsschwingungen vergleichbar sind, daß aber die Dehnungen praktisch auf einen schmalen Bereich längs des Randes beschränkt sind. Die Formänderungsenergie für die Biegungsschwingungen der Schale ist gegeben durch

$$\frac{Em^2 h^3}{3(m^2-1)}\left[(k_1+k_2)^2 - \frac{2(m-1)}{m}(k_1 k_2 - \tau^2)\right].$$

[1]) „LOVE-TIMPE", S. 618.

[2]) Lord RAYLEIGH, Proc. Roy. Soc. London Bd. 45, S. 105–123. 1888.

[3]) „LOVE-TIMPE", S. 619.

[4]) A. B. BASSET, Phil. Trans. (A) Bd. 181, S. 433—480. 1890; H. LAMB, Math. Soc. Proc. London Bd. 21, S. 119–146. 1891.

**57. Zylindrische Schalen.** a) Dehnungsschwingungen zylindrischer Schalen. Es sei $a$ der Radius der dünnen zylindrischen Schale, die $z$-Achse habe die Richtung der Mantellinien, $r$, $\vartheta$ seien Polarkoordinaten in einem Kreisschnitt, $u$, $v$, $w$ die Verschiebungen in Richtung $r$, $\vartheta$, $z$, und es sei der Zylinder begrenzt durch die Kreise $z = \pm l$. Dann ist[1])

$$\varepsilon_1 = \frac{\partial w}{\partial z}, \quad \varepsilon_2 = \frac{1}{a}\left(\frac{\partial v}{\partial \vartheta} - u\right), \quad \omega = \frac{\partial v}{\partial z} + \frac{1}{a}\frac{\partial w}{\partial \vartheta}.$$

Für den einfachsten Fall symmetrischer Schwingungen, wobei $u$, $v$, $w$ von $\vartheta$ unabhängig sind, erhält man bei den Ansätzen

$$u = U(z)\cos(pt + \varepsilon), \quad v = V(z)\cos(pt + \varepsilon), \quad w = W(z)\cos(pt + \varepsilon)$$

die Gleichungen

$$\frac{Em}{2(m+1)}\frac{d^2V}{dz^2} + \varrho p^2 V = 0,$$

$$\frac{Em^2}{m^2-1}\left(\frac{d^2W}{dz^2} - \frac{1}{ma}\frac{dU}{dz}\right) + \varrho p^2 W = 0,$$

$$\frac{Em^2}{m^2-1}\left(\frac{1}{ma}\frac{dW}{dz} - \frac{1}{a^2}U\right) + \varrho p^2 U = 0.$$

Es gibt daher zwei Klassen solcher symmetrischer Schwingungen: die erste Klasse gibt Verschiebungen tangential zu den Kreisschnitten des Zylinders mit der Frequenz

$$p = \frac{n\pi}{l}\sqrt{\frac{G}{\varrho}},$$

wo $n$ eine ganze Zahl und $G$ der Schubmodul ist; bei der zweiten finden die Verschiebungen in Ebenen durch die Zylinderachse statt, während $p$ durch die Gleichung

$$p^4 - p^2\frac{Em^2}{\varrho(m^2-1)}\left(\frac{1}{a^2} + \frac{n^2\pi^2}{l^2}\right) + \frac{E^2m^2n^2\pi^2}{\varrho^2(m^2-1)a^2l^2} = 0$$

gegeben ist[2]).

[Für den unendlich langen Hohlzylinder[3]) liefert der Ansatz

$$u = U\cos s\vartheta\cos pt, \quad v = V\sin s\vartheta\cos pt, \quad w = W\cos s\vartheta\cos pt$$

($U$, $V$, $W$ Konstante) an Dehnungsschwingungen erstens Schwingungen analog den Dehnungsschwingungen eines Ringes mit $p^2 = \frac{Em^2}{m^2-1}\frac{1+s^2}{a^2\varrho}$, zweitens Schwingungen längs der Erzeugenden des Zylinders mit $p^2 = G\frac{s^2}{\varrho a^2}$.

Der allgemeine Ansatz

$$u = U\cos s\vartheta\sin\sigma z\cos pt, \quad v = V\sin s\vartheta\sin\sigma z\cos pt, \quad w = W\cos s\vartheta\cos\sigma z\cos pt$$

($U$, $V$, $W$ Konstante) liefert insbesondere: erstens reine Torsionsschwingungen $v = \sin\sigma z\cos pt$ mit $p^2 = G\frac{\sigma^2}{\varrho}$, zweitens zwei Arten von Schwingungen in Ebenen durch die Zylinderachse, von denen die einen für sehr kleine $\sigma$ nahezu rein radial mit $p^2 = \frac{Em^2}{m^2-1}\frac{1}{a^2\varrho}$, die anderen nahezu rein axial mit $p^2 = \frac{E\sigma^2}{\varrho}$ sind.]

---

[1]) „Love-Timpe", § 334. [2]) „Love-Timpe", S. 623.

[3]) Lord Rayleigh, Proc. Roy. Soc. London Bd. 45, S. 443—448. 1889.

b) Dehnungslose Schwingungen von Zylinderschalen[1]). Der Bedingung dehnungsloser Deformation genügen Verschiebungen

$$u = -\sum_n n[A_n \sin(n\vartheta + \alpha_n) + B_n z \sin(n\vartheta + \beta_n)],$$
$$v = \sum_n [A_n \cos(n\vartheta + \alpha_n) + B_n z \cos(n\vartheta + \beta_n)],$$
$$w = -\sum_n \frac{a}{n} B_n \sin(n\vartheta + \beta_n),$$

worin $n$ eine ganze Zahl, $A_n, B_n$ proportional mit $e^{ip_n t}$ und $\alpha_n, \beta_n$ beliebige Konstante sind. Sind die Ränder der Schale durch $z = \pm l$ gegeben, so werden die potentielle Energie $V$ und die kinetische Energie $T$ der Schale

$$V = \pi l \frac{2Em^2h^3}{3(m^2-1)} \sum_n \frac{(n^2-1)^2}{a^3}\left[n^2 A_n^2 + \left\{\frac{1}{3} n^2 l^2 + \frac{2(m-1)}{m} a^2\right\} B_n^2\right],$$

$$T = 2\pi\varrho a l h \sum_n \left[(1+n^2)\left(\frac{dA_n}{dt}\right)^2 + \left\{\frac{a^2}{n^2} + \frac{1}{3}(1+n^2) l^2\right\}\left(\frac{dB_n}{dt}\right)^2\right],$$

worin $A_n$ und $B_n$ als Normalkoordinaten der Schwingung betrachtet werden können. $2h$ ist wieder die Dicke der Schale. Die Schwingungen, bei denen alle $B_n$ Null sind und nur ein $A_n$ von Null verschieden und proportional mit $e^{ip_n t}$ ist, sind zweidimensional

$$u = -nA_n \sin n\vartheta, \qquad v = A_n \cos n\vartheta \qquad w = 0,$$

mit

$$p_n^2 = \frac{Em^2h^2}{3\varrho(m^2-1)a^4} \frac{n^2(n^2-1)^2}{n^2+1};$$

die Schwingungen mit $A_n = 0$ und einem $B_n \neq 0$ und proportional $e^{ip_n t}$ sind

$$u = -nzB_n \sin n\vartheta, \qquad v = zB_n \cos n\vartheta, \qquad w = -\frac{a}{n} B_n \sin n\vartheta$$

mit

$$p_n^2 = \frac{Em^2h^2}{3\varrho(m^2-1)a^4} \frac{n^2(n^2-1)^2}{n^2+1} \frac{1 + \frac{6(m-1)}{m}\frac{a^2}{n^2l^2}}{1 + \frac{3a^2}{n^2(n^2+1)l^2}}.$$

**58. Kugelschalen.** a) Dehnungsschwingungen von Kugelschalen. Der Fall einer dünnen geschlossenen Kugelschale (Radius $a$) läßt sich im Anschluß an die Behandlung der Schwingungen einer Vollkugel[2]) durchführen[3]). Die Schwingungen zerfallen in zwei Klassen; bei der einen Klasse ist die Verschiebung rein tangential, bei der anderen ist eine Radialverschiebung von einer Tangentialverschiebung begleitet. In jedem Fall lassen sich die Verschiebungen durch Kugelflächenfunktionen von einem ganzzahligen Grad $n$ ausdrücken.

Bei den Schwingungen der ersten Klasse ist die Frequenz $p$ gegeben durch

$$\frac{p^2a^2\varrho}{G} = (n-1)(n+2),$$

bei denen der zweiten Klasse durch die Gleichung

$$\frac{p^4a^4\varrho^2}{G^2} - \frac{p^2a^2\varrho}{G}\left[(n^2+n+4)\frac{m+1}{m-1} + (n^2+n-2)\right] + 4(n^2+n-2)\frac{m+1}{m-1} = 0,$$

wo $m$ die POISSONsche Konstante und $G$ der Schubmodul des Materials ist.

---

[1]) „LOVE-TIMPE“, § 319, 321 u. 334. [2]) S. Ziff. 59—61 ds. Kap. des Handb.
[3]) H. LAMB, Math. Soc. Proc. London Bd. 14, S. 50. 1883. S. auch „LOVE-TIMPE“ § 335.

Die Dehnungsschwingungen einer offenen dünnen Kugelschale lassen sich durch Spezialisierung der allgemeinen Ausführungen über Dehnungsschwingungen (Ziff. 56) behandeln[1]). Bei jeder Schwingungsart setzt sich die Bewegung zusammen aus zwei Bewegungen, von denen die eine nicht mit Radialverschiebung verbunden ist, die andere keine radiale Drehungskomponente hat, und von denen sich jede durch eine einzige Kugelflächenfunktion ausdrückt, deren Grad im allgemeinen nicht ganzzahlig ist.

b) Biegungsschwingungen von dünnen Kugelschalen. Dehnungslose Schwingungen einer geschlossenen Kugelschale gibt es nicht. Auch bei offenen Kugelschalen können streng dehnungslose Schwingungen nicht vorhanden sein, doch kann die Dehnung praktisch auf einen schmalen Bereich am Rand beschränkt sein.

Ist die Mittelfläche der Schale eine Kugel vom Radius $a$, sind $\vartheta$ und $\varphi$ Poldistanz und geographische Länge auf der Kugel, ist $v$ die Verschiebung längs der Tangente des Meridians in Richtung wachsender $\vartheta$, $w$ die Verschiebung längs der Tangente des Parallelkreises in Richtung wachsender $\varphi$, $u$ die Verschiebung in Richtung der nach innen gerichteten Normalen der Kugel, so sind die allgemeinsten Verschiebungen bei dehnungsloser Deformation für eine durch zwei Parallelkreise begrenzte Kugelschale

$$u = \sum_n \left[(n + \cos\vartheta)\, A_n \operatorname{tg}^n\frac{\vartheta}{2}\cos(n\varphi + \alpha_n) - (n - \cos\vartheta)\, B_n \operatorname{ctg}^n\frac{\vartheta}{2}\cos(n\varphi + \beta_n)\right],$$

$$v = \sin\vartheta \sum_n \left[A_n \operatorname{tg}^n\frac{\vartheta}{2}\cos(n\varphi + \alpha_n) + B_n \operatorname{ctg}^n\frac{\vartheta}{2}\cos(n\varphi + \beta_n)\right],$$

$$w = \sin\vartheta \sum_n \left[A_n \operatorname{tg}^n\frac{\vartheta}{2}\sin(n\varphi + \alpha_n) - B_n \operatorname{ctg}^n\frac{\vartheta}{2}\sin(n\varphi + \beta_n)\right],$$

worin $A_n$, $B_n$ Funktionen von $t$, $\alpha_n$, $\beta_n$ beliebige Konstante, $n$ ganze Zahlen sind[2]).

Liegt der Pol $\vartheta = 0$ auf der Schale und ist der Rand der Parallelkreis $\vartheta = \alpha$, so fehlen die Terme mit $B_n$, und es wird die kinetische Energie der Schale

$$T = \pi\varrho a^2 h \sum_n \left[\left(\frac{dA_n}{dt}\right)^2 \int_0^\alpha \sin\vartheta\,\{2\sin^2\vartheta + (\cos\vartheta + n)^2\}\operatorname{tg}^{2n}\frac{\vartheta}{2}\,d\vartheta\right]$$

und die potentielle Energie

$$V = \frac{8}{3}\pi G\frac{h^3}{a^2}\sum_n\left[n^2(n^2-1)^2 A_n^2 \int_0^\alpha \operatorname{tg}^{2n}\frac{\vartheta}{2}\,\frac{d\vartheta}{\sin^3\vartheta}\right],$$

wo $G$ der Schubmodul des Materials und $2h$ die Dicke der Schale ist und worin die $A_n(t)$ wieder als Normalkoordinaten angesehen werden können. Mit $A_n$ proportional $e^{ip_n t}$ werden die Normalschwingungen

$$u = A_n(n + \cos\vartheta)\operatorname{tg}^n\frac{\vartheta}{2}\cos n\varphi, \qquad v = A_n\sin\vartheta\operatorname{tg}^n\frac{\vartheta}{2}\cos n\varphi,$$

$$w = A_n\sin\vartheta\operatorname{tg}^n\frac{\vartheta}{2}\sin n\varphi,$$

und die Frequenzen $p_n$ $(n > 1)$ sind gegeben durch

$$p_n^2 = \frac{8}{3}\,\frac{G}{\varrho}\,\frac{h^2}{a^4}\,n^2(n^2-1)^2\,\frac{\displaystyle\int_0^\alpha \operatorname{tg}^{2n}\frac{\vartheta}{2}\,\frac{d\vartheta}{\sin^3\vartheta}}{\displaystyle\int_0^\alpha \sin\vartheta\,\{2\sin^2\vartheta + (\cos\vartheta + n)^2\}\operatorname{tg}^{2n}\frac{\vartheta}{2}\,d\vartheta}.$$

---

[1]) A. E. H. Love, Phil. Trans. (A) Bd. 179. 1888. [2]) „Love-Timpe" S. 584.

Im Falle einer Halbkugel $\left(\alpha = \frac{\pi}{2}\right)$ ergeben sich für $n = 2; 3; 4$:

$$p_2 = 5{,}240 \frac{h}{a^2}\sqrt{\frac{2}{3}\frac{G}{\varrho}}; \qquad p_3 = 14{,}726 \frac{h}{a^2}\sqrt{\frac{2}{3}\frac{G}{\varrho}}; \qquad p_4 = 28{,}462 \frac{h}{a^2}\sqrt{\frac{2}{3}\frac{G}{\varrho}}.$$

Für $\alpha = \frac{\pi}{3}$ wird[1])

$$p_2 = 7{,}9947 \frac{h}{a^2}\sqrt{\frac{2}{3}\frac{G}{\varrho}}; \qquad p_3 = 20{,}911 \frac{h}{a^2}\sqrt{\frac{2}{3}\frac{G}{\varrho}}.$$

## i) Schwingungen von Kugeln.

**59. Differentialgleichung und Randbedingung.** Zur Erledigung dieses Problems[2]) führt man durch den Ansatz $\mathfrak{u} = \mathfrak{U} e^{ipt}$ für die elastischen Verschiebungen $\mathfrak{u}$ die Differentialgleichung für die kleinen Bewegungen eines elastischen Systems [(1) von Ziff. 4]

$$\varrho \frac{\partial^2 \mathfrak{u}}{\partial t^2} = \frac{mG}{m-2} \operatorname{grad} \operatorname{div} \mathfrak{u} + G \Delta \mathfrak{u}$$

oder

$$\varrho \frac{\partial^2 \mathfrak{u}}{\partial t^2} = \frac{2(m-1)G}{m-2} \operatorname{grad} \operatorname{div} \mathfrak{u} - G \operatorname{rot} \operatorname{rot} \mathfrak{u}$$

über in

$$-\varrho p^2 \mathfrak{U} = \frac{2(m-1)G}{m-2} \operatorname{grad} \operatorname{div} \mathfrak{U} - G \operatorname{rot} \operatorname{rot} \mathfrak{U} \tag{1}$$

und die Oberflächenbedingung

$$\frac{2}{m-2} \mathfrak{r} \operatorname{div} \mathfrak{u} + 2r \frac{\partial \mathfrak{u}}{\partial r} + [\mathfrak{r} \operatorname{rot} \mathfrak{u}] = 0, \tag{2}$$

welche ausdrückt, daß in radialer Richtung keine Normalspannung, in tangentialer keine Schubspannung vorhanden ist[3]), in

$$\frac{2}{m-2} \mathfrak{r} \operatorname{div} \mathfrak{U} + 2r \frac{\partial \mathfrak{U}}{\partial r} + [\mathfrak{r} \operatorname{rot} \mathfrak{U}] = 0 \tag{2a}$$

oder auch

$$\frac{2}{m-2} \mathfrak{r} \operatorname{div} \mathfrak{U} + \operatorname{grad}(\mathfrak{U}\mathfrak{r}) + r \frac{\partial \mathfrak{U}}{\partial r} - \mathfrak{U} = 0. \tag{2b}$$

Hierin ist $\mathfrak{r}$ der Vektor vom Kugelmittelpunkt nach einem Punkt der Kugel, $r$ seine Länge, und die Gleichung (2) bzw. (2a) oder (2b) muß auf der Oberfläche $r = a$ ($a$ Kugelradius) der Kugel erfüllt sein.

**60. Radialschwingungen; Transversalschwingungen.** a) Eine spezielle Lösung der Gleichung (1) von Ziff. 59 erhält man, wenn man $\mathfrak{U} = \mathfrak{U}_1$ so bestimmt, daß

$$-\varrho p^2 \mathfrak{U}_1 = \frac{2(m-1)G}{m-2} \operatorname{grad} \operatorname{div} \mathfrak{U}_1$$

mit $\operatorname{rot} \mathfrak{U}_1 = 0$, und diesen Gleichungen wird genügt durch

$$\mathfrak{U}_1 = -\frac{1}{h^2} \operatorname{grad} \Theta_1 \qquad \text{mit} \qquad h^2 = \frac{p^2 \varrho (m-2)}{2(m-1)G}, \tag{1}$$

---

[1]) „RAYLEIGH Sound“ Kap. X A, S. 430.

[2]) P. JAERISCH, Crelles Journ. Bd. 88, S. 131—145. 1880, auch Bd. 104, S. 177—210 (Rotationskörper); H. LAMB, Math. Soc. Proc. London Bd. 13, S. 189—212. 1882; C. CHREE, Trans. Cambr. Phil. Soc. Bd. 14. S. 308—322. 1888; s. auch „LOVE-TIMPE“ Kap. XII.

[3]) Gleichung (2) folgt aus Kap. 2, Ziff. 11, Gleichung (14), wenn man die $x$-Achse in die Normale der Oberfläche legt und dann die Bedingungen $\sigma_x = 0$, $\tau_{xy} = 0$, $\tau_{xz} = 0$ vektoriell zusammenfaßt.

wenn $\Theta_1$ Lösung ist von

$$(\Delta + h^2)\Theta_1 = 0. \tag{2}$$

Hierbei hat dann $\Theta_1$ die Bedeutung

$$\Theta_1 = \operatorname{div} \mathfrak{U}_1. \tag{3}$$

Mit dem Ansatz $\Theta_1 = R(r)S(\vartheta, \varphi)$, wo $r, \vartheta, \varphi$ räumliche Polarkoordinaten[1]) sind, gibt Gleichung (2) die beiden Gleichungen für $R$ und $S$:

$$R_n'' + \frac{2}{r} R_n' + \left(h^2 - \frac{n(n+1)}{r^2}\right) R_n = 0 \tag{4}$$

und

$$\frac{1}{\sin\vartheta} \frac{\partial}{\partial\vartheta}\left(\sin\vartheta \frac{\partial S_n}{\partial\vartheta}\right) + \frac{1}{\sin^2\vartheta} \frac{\partial^2 S_n}{\partial\varphi^2} + n(n+1) S_n = 0. \tag{5}$$

Die Lösungen $S_n$ sind Kugelflächenfunktionen, die Lösungen $R_n$ drücken sich durch BESSELsche Funktionen aus, und zwar ist für die Vollkugel

$$R_n = r^{-\frac{1}{2}} J_{n+\frac{1}{2}}(hr) \qquad \text{oder} \qquad R_n = r^{-\frac{1}{2}} J_{-n-\frac{1}{2}}(hr).$$

Die Oberflächenbedingung (2a) von Ziff. 59 gibt für $\mathfrak{U} = \mathfrak{U}_1$ wegen (3) und (1)

$$\frac{\mathfrak{r}\,\Theta_1}{m-2} = \frac{r}{h^2} \frac{\partial \operatorname{grad} \Theta_1}{\partial r} \qquad \text{für} \qquad r = a.$$

$\Theta_1 = R(r)\, S(\vartheta, \varphi)$ gibt beim Übergang zu räumlichen Polarkoordinaten als erfüllbare Oberflächenbedingungen

$$\frac{\partial S_n}{\partial\vartheta} = 0, \qquad \frac{\partial S_n}{\partial\varphi} = 0, \qquad R_n'' = \frac{h^2}{m-2} R_n \qquad \text{für} \qquad r = a. \tag{6}$$

Sie werden jedenfalls erfüllt für $S(\vartheta, \varphi) = \text{konst.}$, womit $n = 0$ oder $n = -1$ und $\mathfrak{U}_1 = -\frac{1}{h^2} \operatorname{grad} \Theta_1(r)$ wird. Man erhält r a d i a l e  S c h w i n g u n g e n der Kugel; für $n = 0$ liefert (6) in Verbindung mit (4) die Frequenzengleichung

$$\frac{2}{a} R_0'(a) + \frac{\varrho p^2}{2G} R_0(a) = 0$$

oder

$$\frac{\operatorname{tg} h a}{h a} = \frac{1}{1 - \frac{\varrho p^2}{4G} a^2}.$$

Für $m = 4$ sind die sechs kleinsten Wurzeln der Frequenzengleichung gegeben durch[2])

$$\frac{h a}{\pi} = 0{,}8160;\ 1{,}9285;\ 2{,}9539;\ 3{,}9658;\ 4{,}9728;\ 5{,}9774.$$

b) Eine andere spezielle Lösung von Gleichung (1) in Ziff. 59 gibt $\mathfrak{U} = \mathfrak{U}_2$, wenn es der Gleichung genügt

$$\varrho p^2 \mathfrak{U}_2 = G \operatorname{rot} \operatorname{rot} \mathfrak{U}_2,$$

wobei $\operatorname{div} \mathfrak{U}_2 = 0$ ist. Diese Gleichung wird erfüllt durch

$$\mathfrak{U}_2 = [\mathfrak{r} \operatorname{grad} \chi],$$

---

[1]) Die Vektorformeln für räumliche Polarkoordinaten s. etwa J. SPIELREIN, Lehrb. der Vektorrechnung, 2. Aufl., § 33 u. 34. Stuttgart 1926.

[2]) Über die Beeinflussung der Schwingungsdauer der radialen Schwingungen durch eine die Kugel umgebende Flüssigkeit s. E. LAURA, Lincei Rend. (5) Bd. 31 [1], S. 310—312. 1922.

wenn nur $\chi$ so bestimmt ist, daß

$$(\Delta + k^2)\chi = 0, \qquad \text{wobei} \qquad \frac{\varrho p^2}{G} = k^2.$$

Der Ansatz $\chi = Q(r)\,T(\vartheta, \varphi)$ gibt für $Q$ und $T$ die aus (4) und (5) hervorgehenden Gleichungen, wenn dort $R$ durch $Q$, $S$ durch $T$ und $h^2$ durch $k^2$ ersetzt wird, während

$$\mathfrak{U}_2 = Q_n[\mathfrak{r}\operatorname{grad} T_n]$$

wird.

Die Radialverschiebung verschwindet also wegen $\mathfrak{r}\mathfrak{U}_2 = 0$, und die Verschiebung ist in jedem Punkt senkrecht zum Kugelradius nach diesem Punkt. Diese Transversalschwingungen sind die bei LAMB[1]) als Schwingungen der ersten Klasse bezeichneten Schwingungsformen.

Die Oberflächenbedingung (2b) von Ziff. 59 wird

$$r\frac{\partial \mathfrak{U}_2}{\partial r} - \mathfrak{U}_2 = 0 \qquad \text{für } r = a$$

und liefert bei Übergang zu räumlichen Polarkoordinaten die Frequenzengleichung

$$r Q_n'(r) = Q_n(r) \qquad \text{für } r = a$$

oder

$$ka\, J_{n+\frac{1}{2}}'(ka) = \tfrac{3}{2} J_{n+\frac{1}{2}}(ka).$$

Auf den Kugelflächen, die durch $Q_n(r) = 0$, also $J_{n+\frac{1}{2}}(kr) = 0$, gegeben sind, verschwindet die Verschiebung; sie heißen Knotenflächen. Auf Kugelflächen, für die $rQ_n'(r) = Q_n(r)$ ist, wirkt keine Spannung; sie heißen Gegenknotenflächen.

Für $n = 1$ ergeben sich mit $T_1 = \cos\vartheta$ Drehschwingungen um die Achse $\vartheta = 0$; jede mit der Oberfläche konzentrische Kugel dreht sich um einen kleinen Winkel, der mit $Q_1(r)$ proportional ist. Die Frequenzengleichung ist

$$rQ_1'(r) = Q_1(r) \quad \text{für } r = a$$

oder

$$\operatorname{tg} ka = \frac{3ka}{3 - k^2a^2}.$$

Die kleinsten Wurzeln dieser Gleichung ergeben sich aus

$$\frac{ka}{\pi} = 1{,}8346;\ 2{,}8950;\ 3{,}9225;\ 4{,}9385;\ 5{,}9489;\ 6{,}9563.$$

Die Knotenflächen sind durch die Gleichung $Q_1(r) = 0$ oder

$$\operatorname{tg} kr = kr$$

gegeben, für deren kleinste Wurzeln gilt

$$\frac{kr}{\pi} = 1{,}4303;\ 2{,}4590;\ 3{,}4709;\ 4{,}4774;\ 5{,}4818;\ 6{,}4844.$$

**61. Kompliziertere spezielle Lösungen.** Eine weitere spezielle Lösung der Differentialgleichung (1) von Ziff. 59 ist

$$\mathfrak{U} = \mathfrak{U}_3 = \operatorname{rot}\mathfrak{U}_2 = \operatorname{rot} Q_n[\mathfrak{r}\operatorname{grad} T_n],$$

wofür $\operatorname{div}\mathfrak{U}_3 = 0$ ist. Die Superposition dieser Lösung mit den unter Ziff. 60a genannten Radialschwingungen gibt die bei LAMB[1]) als Schwingungen der zweiten Klasse bezeichneten Schwingungsformen:

$$\mathfrak{U}_1 + \mathfrak{U}_3 = -\frac{1}{h^2}\operatorname{grad}(R_n S_n) + \operatorname{rot} Q_n[\mathfrak{r}\operatorname{grad} T_n].$$

[1]) S. Fußnote 2 auf S. 398.

Die Oberflächenbedingung (2a) von Ziff. 59 wird

$$\frac{2}{m-2}\,\mathfrak{r}\operatorname{div}\mathfrak{U}_1 + 2r\frac{\partial(\mathfrak{U}_1+\mathfrak{U}_3)}{\partial r} + [\mathfrak{r}\operatorname{rot}\mathfrak{U}_3] = 0 \qquad \text{für} \qquad r = a. \qquad (1)$$

Führt man die räumlichen Polarkoordinaten $r$, $\vartheta$, $\varphi$ ein, so werden die Koordinaten der Vektoren $\mathfrak{U}_1$ und $\mathfrak{U}_3$ in Richtung des Radiusvektors, des Meridians und des Parallelkreises bzw.

$$\mathfrak{U}_1:\ -\frac{1}{h^2}S_n R_n'; \qquad -\frac{1}{h^2}\frac{R_n}{r}\frac{\partial S_n}{\partial\vartheta}; \qquad -\frac{1}{h^2}\frac{1}{\sin\vartheta}\frac{R_n}{r}\frac{\partial S_n}{\partial\varphi},$$

$$\mathfrak{U}_3:\ -n(n+1)\frac{Q_n}{r}T_n; \qquad -\frac{Q_n+rQ_n'}{r}\frac{\partial T_n}{\partial\vartheta}; \qquad -\frac{1}{\sin\vartheta}\frac{Q_n+rQ_n'}{r}\frac{\partial T_n}{\partial\varphi},$$

und die Oberflächenbedingung (1) läßt sich dadurch erfüllen, daß für $r = a$ die beiden Gleichungen gelten

$$\frac{r}{h^2}\left\{\left(k^2 - \frac{2n(n+1)}{r^2}\right)R_n + \frac{4}{r}R_n'\right\}S_n + 2n(n+1)\left(\frac{Q_n}{r} - Q_n'\right)T_n = 0,$$

und

$$\frac{2}{h^2}\left(\frac{R_n}{r} - R_n'\right)S_n + \left\{\left(\frac{-2(n^2+n-1)}{r} + k^2 r\right)Q_n + 2Q_n'\right\}T_n = 0.$$

Die Determinante dieser beiden linearen Gleichungen für $S_n$ und $T_n$ gibt, gleich Null gesetzt, mit $r = a$ die Frequenzengleichung für die Schwingungsart. Für $n = 0$ ergeben sich mit $S_n$ und $T_n$ konstant die Radialschwingungen in Ziff. 60a).

Bei der Behandlung weiterer Fälle: $n = 1; 2; \ldots$ ist es zweckmäßig, erst das Verhältnis $h/k$, das zur numerischen Lösung der Frequenzengleichung bekannt sein muß, gleich Null anzunehmen (inkompressible Kugel). Die mathematische Durchführung wird dadurch wesentlich erleichtert. Die Ergebnisse geben einen Anhalt für die Verhältnisse bei der elastischen Kugel, und die Werte von $ka$ für den inkompressibeln Fall sind obere Grenzen der Werte $ka$ im allgemeinen Fall. Die Abweichung in den Resultaten bei Annahme der Inkompressibilität von denen bei der elastischen Kugel läßt sich beurteilen.

Untersucht sind die Fälle[1] $n = 1$ und $n = 2$. Der wichtigste Fall ist der mit $n = 2$; darin sind sogenannte sphäroidale Schwingungen mit Deformation der Kugel zu einem Umdrehungsellipsoid enthalten[2]). Die niedrigste Wurzel der Frequenzengleichung gibt dann $\frac{ka}{\pi} = 0{,}840$ für die Poissonsche Konstante $m = 4$.

Von weiterreichenden Fragestellungen sind untersucht der Einfluß der wechselseitigen Gravitation der Kugelteilchen auf Schwingungen einer gleichförmigen Kugel[3]), die Schwingungen einer der Schwere unterworfenen kompressibeln Kugel[4]), die erzwungenen Schwingungen, die von periodischen Oberflächenspannungen oder Massenkräften herrühren[5]), die elastischen Schwingungen einer rotierenden Kugel[6]).

## k) Schwingungen von Zylindern.

**62. Radialschwingungen.** Hier gelten zunächst die Ausführungen in Ziff. 14 bis zu der dortigen Gleichung (5). Eine Erschwerung tritt dadurch ein, daß jetzt

---

[1]) H. Lamb, Fußnote [2]) von S. 398. Dort finden sich auch Diagramme der Bewegungslinien.

[2]) „Love-Timpe" S. 330.

[3]) T. J. I. Bromwich, Math. Soc. Proc. London Bd. 30, S. 98. 1899; J. H. Jeans, Phil. Trans. (A) Bd. 201. 1903.

[4]) Lord Rayleigh, Proc. Roy. Soc. London (A) Bd. 77. 1906.

[5]) A. E. H. Love, Math. Soc. Proc. London Bd. 19, S. 170. 1888; C. Chree, Trans. Cambr. Phil. Soc. Bd. 16, S. 14. 1896.

[6]) A. Viterbi, Nuovo Cimento (5) Bd. 16, S. 189—215. 1908.

die Lösung auch noch die Forderung der Spannungsfreiheit der den Zylinder begrenzenden Querschnitte $z = 0$ und $z = l$ erfüllen soll.

Der einfachste Fall rein radialer Schwingungen

$$u = U(r)\, e^{ipt}, \quad v = 0\,, \quad w = 0$$

führt auf die Differentialgleichung

$$r^2 \frac{d^2 U}{d r^2} + r \frac{d U}{d r} + (h^2 r^2 - 1)\, U = 0 \qquad \text{mit} \qquad h^2 = \frac{p^2 \varrho (m-2)}{2(m-1) G}$$

und der Randbedingung

$$(m-1) \frac{d U}{d r} + \frac{U}{r} = 0 \qquad \text{für} \qquad r = a\,.$$

Die Lösung ist

$$U = A\, J_1(hr)\,,$$

und aus der Randbedingung folgt für die Frequenzengleichung

$$(m-1)\, ha\, J_0(ha) - (m-2)\, J_1(ha) = 0\,,$$

insbesondere für die POISSONsche Zahl $m = 4$:

$$3\, ha\, J_0(ha) - 2\, J_1(ha) = 0\,.$$

Tabelle 15. Radien $r$ der Knotenzylinder für radiale Schwingungen des Zylinders vom Radius $a$.

| Zahl der Knotenzylinder | $\frac{r}{a}$ |
|---|---|
| 1 | 0,7101 |
| 2 | 0,4468; 0,8181 |
| 3 | 0,3265; 0,5979; 0,8670. |

Unter Verwendung semikonvergenter Reihen für $J_0$ und $J_1$ erhält man[1]) für die ersten zehn Wurzeln $ha$:

2,0694; 5,3958; 8,5758; 11,7346; 14,8861;
18,0241; 21,1802; 24,3251; 27,4692; 30,6128.

Für die Radien $r$ der Knotenzylinder (mit $U = 0$) ergibt sich Tab. 15.

Die Frequenz $p$ ist gegeben durch

$$p = h \sqrt{\frac{2(m-1) G}{\varrho (m-2)}}\,,$$

speziell für $m = 4$ durch

$$p = 1{,}095\, h \sqrt{\frac{E}{\varrho}}\,,$$

wo $G$ der Schubmodul und $E$ der Elastizitätsmodul ist.

Für zylindrische Schalen mit dem äußeren Radius $a$ und dem inneren Radius $b$ ist die Lösung

$$U = A\, J_1(hr) + B\, Y_1(hr)\,,$$

Tabelle 16. Wurzeln $ha$ der Periodengleichung für Radialschwingungen zylindrischer Schalen.

| Nummer der Wurzel | $\nu = \frac{1}{4}$ | $\nu = \frac{1}{2}$ | $\nu = \frac{3}{4}$ |
|---|---|---|---|
| 1 | 1,7023 | 1,3115 | 1,0865 |
| 2 | 4,7776 | 6,4631 | 12,6243 |
| 3 | 8,6570 | 12,6538 | 25,1615 |
| 4 | 12,7457 | 18,9074 | 37,7183 |
| 5 | 16,8878 | 25,1760 | 50,2799 |
| 6 | 21,0492 | 31,4505 | 62,8433 |
| 7 | 25,2200 | 37,7279 | 75,4078 |
| 8 | 29,3961 | 44,0070 | 87,9728 |
| 9 | 33,5755 | 50,2871 | 100,5382 |
| 10 | 37,7569 | 56,5678 | 113,1037 |

und die Frequenzengleichung wird[2]) für $m = 4$:

$$\frac{3\, ha\, N_0(ha) - 2 N_1(ha)}{3\, ha\, J_0(ha) - 2 J_1(ha)} = \frac{3\, hb\, N_0(hb) - 2 N_1(hb)}{3\, hb\, J_0(hb) - 2 J_1(hb)}\,.$$

Die ersten Wurzeln $ha$ der Periodengleichung werden für $\frac{b}{a} = \nu$ durch Tabelle 16 gegeben.

[1]) J. R. AIREY, Arch. d. Math. u. Phys. (3) Bd. 20, S. 289—294. 1913.

[2]) Wegen der Bedeutung von $J$, $Y$, $N$ s. E. JAHNKE u. F. EMDE, Funktionentafeln usw., S. 93. Leipzig 1923.

Für die unendlich dünne zylindrische Schale wird die Frequenzengleichung

$$\frac{d}{d(ha)}\left[\frac{(m-1)\,ha\,J_0(ha)-(m-2)\,J_1(ha)}{(m-1)\,ha\,Y_0(ha)-(m-2)\,Y_1(ha)}\right]=0,$$

woraus

$$h^2a^2=\frac{m(m-2)}{(m-1)^2},$$

und daher wird die Frequenz[1])

$$p^2=\frac{2Gm}{a^2\varrho(m-1)}=\frac{E\,m^2}{a^2\varrho(m^2-1)}.$$

**63. Längs- und Querschwingungen.** Für die Längsschwingungen kann man anknüpfend an die Gleichungen (1) und (3) von Ziff. 15, wenn man für die Wellenlänge $2\pi/\gamma$ jetzt $2l/n$ ($n$ ganze positive Zahl) setzt, eine Lösung[2]) $u$, $w$ bekommen, die auch noch die Forderung des Verschwindens der Normalspannung in den Endquerschnitten erfüllt. Sie genügt aber der Bedingung des Verschwindens der Tangentialspannung in den Endquerschnitten nicht streng, angenähert jedoch, wenn der Zylinder dünn ist im Vergleich zu seiner Länge. Ähnlich verhält es sich bei den Querschwingungen[3]); auch hier liefert die Forderung der Spannungsfreiheit der Endquerschnitte überzählige Bedingungen, die angenähert erfüllt sind, wenn $a$ klein gegen $l$ ist.

Schwingungen und Stabilität eines rotierenden Zylinders behandelt PIDDUCK[4]) in Anlehnung an eine Arbeit von SOUTHWELL[5]) über elastische Stabilität.

---

1) Vgl. Ziff. 57a ds. Bd. des Handb.
2) „LOVE-TIMPE", S. 335.
3) „LOVE-TIMPE", S. 337.
4) F. B. PIDDUCK, Math. Soc. Proc. London (2) Bd. 18, S. 393—402. London 1920.
5) R. V. SOUTHWELL, Phil. Trans. (A) Bd. 213, S. 187—244. 1913.

Kapitel 5.

# Elastizitätstheorie anisotroper Körper. (Kristallelastizität.)

Von

J. W. GECKELER, Jena.

Mit 4 Abbildungen.

## I. Das allgemeine HOOKEsche Gesetz.

**1. Begriff des anisotropen und kristallinen Körpers.** Ein Körper wird als isotrop bezeichnet, wenn in seinen sämtlichen Punkten die physikalischen Eigenschaften nach allen Richtungen hin gleich sind. In den vorangehenden Kapiteln 2 bis 4 war stets Isotropie wenigstens in bezug auf die elastischen Eigenschaften vorausgesetzt. Ein kurzer Abriß der Elastizitätstheorie nichtisotroper, anisotroper (im englichen Sprachgebrauch aeolotroper) Körper soll jetzt nachgeholt werden. Hauptsächlich handelt es sich dabei um die Elastizitätstheorie der Kristalle.

Das einwandfreieste Merkmal für die kristalline Struktur einer Substanz ist die Regelmäßigkeit der Atomlagerung, wie sie sich in den Röntgeninterferenzen zu erkennen gibt[1]). Von den makroskopischen Kennzeichen ist neben der Ebenheit der Begrenzungsflächen, der Konstanz der Flächenwinkel, besonderen Eigenschaften des Wachstums und der Auflösung, das wichtigste die Anisotropie, also die (bei Kristallen gesetzmäßige) Abhängigkeit physikalischer und auch chemischer Eigenschaften von der Richtung. Doch ist dieses Merkmal für sich allein nicht ausreichend. So zeigt z. B. schlecht gekühltes Glas, gewalztes Blech, Eisenbeton u. dgl. anisotropes Verhalten, ohne daß diese Stoffe deshalb zu den Kristallen zu zählen sind. Von solchen Fällen, von denen manche praktisch von Wichtigkeit sind, soll erst später gesprochen werden (Ziff. 12).

Die elastischen Eigenschaften eines Kristalls (wie alle anderen Eigenschaften, deren Erörterung nicht an diese Stelle gehört) sind ausschließlich von der Richtung abhängig; bei gleicher Richtung sind sie, wenn keine Störung (etwa durch Zwillingsbildungen) vorliegt, in jedem Volumelement identisch. Einen solchen Körper, dessen Eigenschaften in allen Punkten identisch sind, nennt man homogen. (Eine evtl. Erweiterung des Begriffes Homogenität s. Ziff. 12.)

**2. Kristallographische Symmetrie; Einteilung der Kristalle**[2]). Eine wichtige Rolle bei der Beschreibung der Kristalle und ihrer Eigenschaften spielt der

---

[1]) P. P. EWALD, dieses Handbuch, Bd. XXIV, Kap. 4.

[2]) Diese Grundbegriffe der Kristallographie sollen hier nur soweit kurz gestreift werden, als es zum Verständnis der folgenden Abschnitte unbedingt notwendig ist. Eingehende Darstellungen z. B.: Dieses Handbuch, Bd. XXIV, Kap. 4; Enzykl. d. math. Wiss., Bd. V/7; Kristallographie; A. SCHOENFLIES, Kristallsysteme und Kristallstruktur. Leipzig: B. G. Teubner 1891 (2. Aufl. unter dem Titel: Theorie der Kristallstruktur. Berlin 1923).

Begriff der Symmetrie. Diese kommt darin zum Ausdruck, daß einer bestimmten Richtung im Kristall gewisse andere zugeordnet sind, die sich hinsichtlich bestimmter Eigenschaften völlig gleichwertig verhalten. Diese von einem Punkte ausgehenden gleichwertigen Richtungen verlaufen nicht regellos, sondern sie bilden eine durch geometrische Symmetrieeigenschaften ausgezeichnete Figur. Diese Figur ist von der äußeren Form des Kristallindividuums, der Tracht, unabhängig. Die Symmetrie ist nicht hinsichtlich aller Eigenschaften dieselbe. Von allen Eigenschaften zeigen diejenigen des Wachstums und der Auflösung die niedrigste Symmetrie. Dieser kann sich noch eine Eigensymmetrie des betreffenden Vorganges überlagern und so die Symmetrie erhöhen. Z. B. sind alle elastischen Vorgänge zentrisch-symmetrisch, d. h. in Richtung und Gegenrichtung gleich.

Die gleichwertigen Richtungen der Figur können in verschiedener Weise durch Symmetrieelemente und Symmetrieoperationen miteinander in Beziehung stehen. Es kommen folgende Symmetrieelemente in Betracht:

1. Symmetrieachsen, symbolisch durch $C_n$ gekennzeichnet. Eine Symmetrieachse $C_n$ heißt $n$-zählig, wenn der kleinste Drehwinkel, der die Figur wieder mit ihrer ursprünglichen Lage zur Deckung bringt, $2\pi/n$ ist.

2. Symmetrieebenen (Spiegelebenen) $C_s$.

3. Inversionszentren $C_i$. Zu jeder Richtung ist die entgegengesetzte gleichwertig.

4. Drehspiegelachsen (Achsen 2. Art) $S_n$. Beim Vorhandensein einer solchen ist jeder Richtung jene als gleichwertig zugeordnet, die aus ihr durch eine Drehung um $2\pi/n$ und nachfolgende Spiegelung an einer zur Achse senkrechten Ebene hervorgeht.

Grundsätzlich können in Kristallen nur 2-, 3-, 4- und 6zählige Achsen vorkommen, alle anderen würden gegen das Gesetz der rationalen Flächenstellung[1]) verstoßen. Symmetrieachsen 2. Art können nur geradzählig sein. — Die obigen vier Symmetrieelemente sind nicht unabhängig voneinander, sondern zum Teil gegenseitig bedingt.

Die nächste Aufgabe besteht darin, alle theoretisch möglichen Verbindungen dieser Symmetrieelemente aufzusuchen; sie ist rein geometrischer Natur und wurde zuerst von Hessel[2]) als solche erkannt und gelöst. Aus der Gesamtheit aller Kombinationen werden die kristallographisch möglichen ausgesondert, indem nur 2-, 3-, 4- und 6zählige Achsen zugelassen werden. Dann verbleiben 32 Klassen, die man als Kristallklassen, besser Symmetrieklassen bezeichnet.

Die weitere Zusammenfassung zu Kristallsystemen ist zwar praktisch von Wichtigkeit, kann aber nach verschiedenen Gesichtspunkten[3]) geschehen. Schoenflies definiert nach der Zähligkeit der (Haupt-) Achse 6 Systeme, die auch der tabellarischen Zusammenstellung Seite 406 zugrunde gelegt sind. Bezüglich der von Schoenflies benutzten Bezeichnungen der Symmetrieklassen ist folgendes zu bemerken: Die Symbole $C_n$, $C_s$, $C_i$, $S_n$ sind bereits erklärt.

---

[1]) Erläuterungen s. z. B. ds. Handb. Bd. XXIV, Kap. 4, S. 195; Enzykl. d. math. Wiss., Bd. V/7, Ziff. 6, S. 407.

[2]) J. F. C. Hessel, Artikel „Kristall" in Gehlers physikal. Wörterbuch, Bd. V, 1830; vgl. dazu die historische Studie von L. Sohncke, ZS. f. Krist. Bd. 18, S. 486. 1891; ferner A. Bravais, Journ. de math. (Liouville) Bd. 14, S. 141. 1849; Journ. de l'Ecole polytechn. H. 20, S. 220 u. 229. 1851; A. Gadolin, Acta soc. Fennicae Bd. 9, S. 1. Helsingfors 1871; B. Minnigerode, Neues Jahrb. f. Mineral. 5. Beilageband, S. 143. 1887; Nachr. d. Ges. d. Wiss. zu Göttingen 1884, S. 195, 374 u. 488; ZS. f. Krist. Bd. 15, S. 516. 1889; A. Schoenflies, Nachr. d. Ges. d. Wiss. zu Göttingen 1888, S. 483 u. 1890, S. 239.

[3]) Neuere Gesichtspunkte zur Nomenklatur und Einteilung s. z. B. R. W G. Wyckoff, Sill. Journ. Bd. 6, S. 288. 1923; J. Beckenkamp, ZS. f. Phys. Bd. 40, S. 237. 1927.

| $n$ | SCHOENFLIESSche Bezeichnung | Tetartoedrisch II | Tetartoedrisch I | Paramorph | Hemimorph | Hemiedrisch II | Enantiomorph | Holoedrisch |
|---|---|---|---|---|---|---|---|---|
| 1 | Monogonal | — (Triklin) | $C_1$ (1) | $C_{1h} \equiv C_s$ (2) | — | — | — | — |
| 2 | Digonal | $S_2 \equiv C_i$ | $C_2$ (Monoklin) | $C_{2h}$ | $C_{2v}$ | — (Rhombisch) | $D_2 \equiv V$ | $D_{2h} \equiv V_h$ (3) |
| 3 | Trigonal | — | $C_3$ | $C_{3h}$ (4) | $C_{3v}$ | — | $D_3$ | $D_{3h}$ (5) |
| 4 | Tetragonal | $S_4$ | $C_4$ | $C_{4h}$ (6) | $C_{4v}$ | $S_{4n} \equiv V_d$ | $D_4$ | $D_{4h}$ (7) |
| 6 | Hexagonal | $S_6 \equiv C_{3i}$ | $C_6$ | $C_{6h}$ (8) | $C_{6v}$ | $S_{6n} \equiv D_{3d}$ | $D_6$ | $D_{6h}$ (9) |
| | Regulär | — | $T$ | $T_h$ (10) | $T_d$ | — | $O$ | $O_h$ (11) |

$D_2, D_3, D_4, D_6$ sind Bezeichnungen für die sog. Diederklassen, das sind solche mit einer Hauptachse und $n$ dazu senkrechten zweizähligen Nebenachsen. Statt $D_2$ wird meist $V$ (Vierergruppe) geschrieben, da in dieser Klasse die Haupt-, d. h. Ausgangsachse, vor den anderen nicht bevorzugt ist. Ferner ist von den Gruppen, die die Symmetrie regelmäßiger Körper zeigen, $T$ die Symmetriegruppe des Tetraeders (4 dreizählige, 3 zweizählige Achsen), $O$ die des Oktaeders und Würfels (3 vierzählige, 4 dreizählige und 6 zweizählige Achsen), während $I$, die Gruppe des Ikosaeders und Pentagondodekaeders kristallographisch keine Rolle spielt. — Soweit handelt es sich um Klassen ohne Symmetrieebenen. Die Indizes $h$ (horizontal, d. h. quer zur Hauptachse), $v$ (vertikal), $d$ (diagonal) geben an, welche Art Symmetrieebenen hinzugenommen werden müssen, um die übrigen Klassen zu erhalten. Dabei ist jeweils nur eine charakteristische Symmetrieebene herausgegriffen, andere können aus den übrigen Symmetrieoperationen hervorgehen.

Historisch und praktisch hat sich eine andere Einteilung in 7 Systeme herausgebildet:

1. das trikline System, bestehend aus den Klassen $C_1$, $S_2$.
2. das monokline System $C_{1h}$, $C_2$, $C_{2h}$;
3. das rhombische System $C_{2v}$, $V$, $V_h$;
4. das rhomboedrische System $C_3$, $C_{3i}$, $C_{3v}$, $D_3$, $D_{3d}$;

5. das hexagonale System $C_{3h}$, $D_{3h}$, $C_6$, $C_{6h}$, $C_{6v}$, $D_6$, $D_{6h}$;
6. das tetragonale (quadratische) System $C_4$, $S_4$, $C_{4h}$, $C_{4v}$, $V_d$, $D_4$, $D_{4h}$;
7. das kubische (reguläre, tesserale) System $T$, $T_h$, $T_d$, $O$, $O_h$.

Die Zusammenfassung ist hier derart, daß in jedem System durch die Anordnung der Symmetrieelemente das nämliche Koordinatensystem als natürlich gegeben erscheint.

**3. Elastisches Potential und HOOKEsches Gesetz für die verschiedenen Kristallklassen.** Das HOOKEsche Gesetz, d. h. das Gesetz des linearen Zusammenhangs zwischen Spannungen und Formänderungen, muß entweder als eine Annahme angesehen werden, die der Bestätigung durch Erfahrung und Versuch bedarf, oder es muß aus der Untersuchung der die Verzerrung eines Körpers begleitenden atomaren Vorgänge abgeleitet werden. Eine Darstellung der Geschichte dieses Gesetzes und der Arbeiten, die sich um seine Herleitung bemühen, soll hier nicht gegeben werden[1]).

Den ersten direkten Ansatz der linearen Beziehung zwischen Spannungen und Formänderungen für anisotrope Körper machten ziemlich gleichzeitig POISSON[2]) und CAUCHY[3]). Ein solcher Ansatz zwischen den 6 Spannungs- und den 6 Formänderungsgrößen müßte im allgemeinen 36 Konstante enthalten. Infolge der Existenz eines elastischen Potentials[4]) reduziert sich jedoch deren Zahl, sofern Anfangsspannungen ausgeschlossen sind, auf 21. Die Spannungskomponenten werden als Ableitungen einer homogenen quadratischen Funktion (Verzerrungsenergiefunktion) erhalten; deren allgemeinste, für das trikline System geltende Form ist

$$\left.\begin{aligned}
U = \tfrac{1}{2}c_{11}\varepsilon_x^2 &+ c_{12}\varepsilon_x\varepsilon_y + c_{13}\varepsilon_x\varepsilon_z + c_{14}\varepsilon_x\gamma_{yz} + c_{15}\varepsilon_x\gamma_{zx} + c_{16}\varepsilon_x\gamma_{xy}\\
&+ \tfrac{1}{2}c_{22}\varepsilon_y^2 + c_{23}\varepsilon_y\varepsilon_z + c_{24}\varepsilon_y\gamma_{yz} + c_{25}\varepsilon_y\gamma_{zx} + c_{26}\varepsilon_y\gamma_{xy}\\
&+ \tfrac{1}{2}c_{33}\varepsilon_z^2 + c_{34}\varepsilon_z\gamma_{yz} + c_{35}\varepsilon_z\gamma_{zx} + c_{36}\varepsilon_z\gamma_{xy}\\
&+ \tfrac{1}{2}c_{44}\gamma_{yz} + c_{45}\gamma_{yz}\gamma_{zx} + c_{46}\gamma_{yz}\gamma_{xy}\\
&+ \tfrac{1}{2}c_{55}\gamma_{zx} + c_{65}\gamma_{zx}\gamma_{xy}\\
&+ \tfrac{1}{2}c_{66}\gamma_{xy}\,.
\end{aligned}\right\} \quad (1)$$

Durch Differentiation nach $\varepsilon_x, \varepsilon_y, \ldots, \gamma_{xy}$ erhält man hieraus die Spannungskomponenten (verallgemeinertes HOOKEsches Gesetz)

$$\left.\begin{aligned}
\sigma_x &= c_{11}\varepsilon_x + c_{12}\varepsilon_y + c_{13}\varepsilon_z + c_{14}\gamma_{yz} + c_{15}\gamma_{zx} + c_{16}\gamma_{xy}\,,\\
\sigma_y &= c_{12}\varepsilon_x + c_{22}\varepsilon_y + c_{23}\varepsilon_z + c_{24}\gamma_{yz} + c_{25}\gamma_{zx} + c_{26}\gamma_{xy}\,,\\
\sigma_z &= c_{13}\varepsilon_x + c_{23}\varepsilon_y + c_{33}\varepsilon_z + c_{34}\gamma_{yz} + c_{35}\gamma_{zx} + c_{36}\gamma_{xy}\,,\\
\tau_{yz} &= c_{14}\varepsilon_x + c_{24}\varepsilon_y + c_{34}\varepsilon_z + c_{44}\gamma_{yz} + c_{45}\gamma_{zx} + c_{46}\gamma_{xy}\,,\\
\tau_{zx} &= c_{15}\varepsilon_x + c_{25}\varepsilon_y + c_{35}\varepsilon_z + c_{45}\gamma_{yz} + c_{55}\gamma_{zx} + c_{56}\gamma_{xy}\,,\\
\tau_{xy} &= c_{16}\varepsilon_x + c_{26}\varepsilon_y + c_{36}\varepsilon_z + c_{46}\gamma_{yz} + c_{56}\gamma_{zx} + c_{66}\gamma_{xy}\,.
\end{aligned}\right\} \quad (2)$$

---

[1]) Man findet eine solche in dem Artikel von MÜLLER und TIMPE in der Enzykl. d. math. Wiss. Bd. IV/23.

[2]) S. D. POISSON, Journ. de l'Ecole polyt. H. 20, S. 82. 1831 (vom Oktober 1829).

[3]) A. L. CAUCHY, Exerc. de math. Bd. 4, S. 293. 1829.

[4]) Den Existenzbeweis, der von den beiden Hauptsätzen der Thermodynamik ausgeht, hat W. THOMSON gegeben (Quart. Journ. of Math. Bd. 1, S. 57. 1857 vom März 1855; Math. and phys. papers Bd. 1, S. 291. Cambridge 1882; s. ferner G. KIRCHHOFF, Crelles Journ. f. Math. Bd. 56, S. 290. 1859).

Man kann dieses Gleichungssystem umgekehrt nach den Verzerrungskomponenten auflösen und erhält Beziehungen von folgender Form:

$$\left.\begin{array}{l} \varepsilon_x = s_{11}\sigma_x + s_{12}\sigma_y + s_{13}\sigma_z + s_{14}\tau_{yz} + s_{15}\tau_{zx} + s_{16}\tau_{xy}, \\ \varepsilon_y = s_{12}\sigma_x + s_{22}\sigma_y + s_{23}\sigma_z + s_{24}\tau_{yz} + s_{25}\tau_{zx} + s_{26}\tau_{xy}, \\ \cdots\cdots\cdots\cdots\cdots\cdots\cdots\cdots\cdots\cdots \\ \cdots\cdots\cdots\cdots\cdots\cdots\cdots\cdots\cdots\cdots \\ \cdots\cdots\cdots\cdots\cdots\cdots\cdots\cdots\cdots\cdots \\ \gamma_{xy} = s_{16}\sigma_x + s_{26}\sigma_y + s_{36}\sigma_z + s_{46}\tau_{yz} + s_{56}\tau_{zx} + s_{66}\tau_{xy}. \end{array}\right\} \qquad (3)$$

Es ist gebräuchlich[1]), die Konstanten $c_{ij}$ als (isotherme) Elastizitätsmoduln (elastische Widerstandsziffern), die Konstanten $s_{ij}$ als Elastizitätskoeffizienten zu bezeichnen. Die Verminderung der Zahl der Konstanten von 36 auf 21 tritt dadurch ein, daß in dem allgemeinen 36konstantigen Ansatz

$$c_{ij} = c_{ji} \qquad \text{und} \qquad s_{ij} = s_{ji} \qquad (4)$$

wird[2]). Die Koeffizienten $s_{ij}$ ergeben sich aus den Moduln $c_{ij}$ des Systems (2) durch Division der zu $c_{ij}$ gehörigen Unterdeterminante $C_{ij}$ durch die Gesamtdeterminante $D$ des Systems, also

$$s_{ij} = \frac{C_{ij}}{D}. \qquad (5)$$

Da die Messungen stets zuerst auf die $s_{ij}$ führen und bei der oft umständlichen Umrechnung auf die $c_{ij}$ deren mittlerer Fehler sehr erheblich werden kann, ist es vorteilhaft, zur Beschreibung der elastischen Eigenschaften der Kristalle die $s_{ij}$ und nicht die $c_{ij}$ anzugeben.

Die Gleichungssysteme (2) und (3) beziehen sich auf ein ganz beliebiges Koordinatensystem. Transformiert man sie auf ein spezielles Hauptachsensystem (s. unten, ferner Ziff. 6, S. 416), das durch drei Beziehungen zwischen den Konstanten festgelegt werden kann, so vermindert sich die Konstantenzahl um drei.

Ferner wird in den Fällen, in denen eine gewisse Symmetrie vorhanden ist, eine entsprechende Vereinfachung des Potentialausdruckes und des HOOKEschen Gesetzes eintreten. Man könnte zunächst, den 32 Klassen entsprechend, ebenso viele Formen erwarten. Hier macht sich aber die den elastischen Vorgängen zukommende Eigensymmetrie geltend, daß sie in Richtung und Gegenrichtung stets gleich sind. Man kann sagen, daß aus diesem Grunde bei allen elastischen Vorgängen zu den geometrischen Symmetrieelementen der Kristallfigur noch ein Symmetriezentrum hinzutritt. In Folge davon werden einzelne der Kristallklassen in elastischer Hinsicht gleichwertig und können zu Obergruppen zusammengefaßt werden. Dies ist in der Zusammenstellung S. 406 durch kräftige Umrandung zusammengehöriger Klassen zum Ausdruck gebracht. Es verbleiben elf solcher Obergruppen.

Der Aufstellung dieser 11 Formelsysteme soll ein Hauptachsensystem in folgender Weise zugrunde gelegt werden: Bei den Klassen, die eine bevorzugte

[1]) Der Sprachgebrauch ist hier nicht einheitlich. VOIGT z. B. schlägt gerade die umgekehrte Benennung vor (Wied. Ann. Bd. 41, S. 715. 1890; Göttinger Nachr. 1900, S. 139), doch hat sich in anderen Teilen der Elastizitätslehre der Gebrauch des Wortes Modul für die $c_{ij}$, die ganz denselben Charakter haben wie der YOUNGsche „Modul" $E$, allgemein eingebürgert.

[2]) S. auch Kap. 1, Ziff. 11 ds. Bd. des Handb.

Symmetrieachse besitzen, soll diese zur $z$-Achse gewählt werden. Steht auf dieser eine Symmetrieebene senkrecht, so soll diese $xy$-Ebene sein. Ist eine solche nicht vorhanden, dagegen eine zweizählige Achse senkrecht zu $z$, so werde diese als $y$-Achse genommen. Im regulären System sind natürlich die drei gleichwertigen Achsen als Koordinatenachsen zu nehmen. Allerdings bleibt auf diese Weise in zwei Klassen (jenen des triklinen Systems, Obergruppe 1) das Hauptachsensystem noch völlig unbestimmt, in drei anderen Klassen (jenen des monoklinen Systems, Obergruppe 2) wird nur eine Achse festgelegt. Für diese Fälle wird sich später (Ziff. 6) ein Gesichtspunkt für die Wahl eines bevorzugten Systems ergeben.

Um alle Reduktionen zu erhalten, die der Potentialausdruck $U$ infolge der Symmetrien erfahren kann, sucht man zuerst alle Reduktionen auf, die das Vorhandensein einer Symmetrieachse beliebiger Ordnung nach sich zieht. Dies kann dadurch geschehen, daß man den Ausdruck $U$ auf ein neues Koordinatensystem transformiert, das gegen das ursprüngliche in bezug auf die $z$-Achse um den Winkel $2\pi/n$ gedreht ist und dann die beiden Ausdrücke für $U$ gliedweise einander gleich setzt[1]). Dabei kommen, wie schon wiederholt erwähnt, nur 2-, 3-, 4- und 6zählige Symmetrieachsen in Betracht. Übrigens folgt schon aus der Annahme von $U$ als einer quadratischen Funktion der Formänderungskomponenten, daß $U$ nur in diesen Fällen eine Form besitzt, die von jener, die einer Isotropieachse entspricht, verschieden ist[2]). Um ferner die Reduktion für die Fälle zu gewinnen, in denen eine Symmetrieachse mit der $x$- oder $y$-Achse zusammenfällt, braucht man nur die durch zyklische Vertauschung der Indizes 1, 2, 3 und 4, 5, 6 ineinander übergehenden Parameter gleichzusetzen. Mit Hilfe dieser für die einzelnen Symmetrieelemente geltenden Beziehungen kann man dann ohne weitere Rechnung durch Kombination für jede der elf Obergruppen die vereinfachten Systeme der Moduln und Koeffizienten anschreiben. Dabei stellt sich heraus, daß sich zweimal für zwei Gruppen dasselbe ergibt, so daß nur neun verschiedene Formen übrigbleiben. Nachfolgend ist für jede Gruppe das Schema der in der Gleichung (2) auftretenden Moduln angegeben.

Gruppe 1, Klasse $C_1$, $S_2$, triklines System (21 bzw. 18 Konst.)

| | | | | | |
|---|---|---|---|---|---|
| $c_{11}$ | $c_{12}$ | $c_{13}$ | $c_{14}$ | $c_{15}$ | $c_{16}$ |
| $c_{12}$ | $c_{22}$ | $c_{23}$ | $c_{24}$ | $c_{25}$ | $c_{26}$ |
| $c_{13}$ | $c_{23}$ | $c_{33}$ | $c_{34}$ | $c_{35}$ | $c_{36}$ |
| $c_{14}$ | $c_{24}$ | $c_{34}$ | $c_{44}$ | $c_{45}$ | $c_{46}$ |
| $c_{15}$ | $c_{25}$ | $c_{35}$ | $c_{45}$ | $c_{55}$ | $c_{56}$ |
| $c_{16}$ | $c_{26}$ | $c_{36}$ | $c_{46}$ | $c_{56}$ | $c_{66}$ |

Gruppe 2, Klasse $C_s$, $C_2$, $C_{2h}$, monoklines System (13 bzw. 12 Konst.)

| | | | | | |
|---|---|---|---|---|---|
| $c_{11}$ | $c_{12}$ | $c_{13}$ | 0 | 0 | $c_{16}$ |
| $c_{12}$ | $c_{22}$ | $c_{23}$ | 0 | 0 | $c_{26}$ |
| $c_{13}$ | $c_{23}$ | $c_{33}$ | 0 | 0 | $c_{36}$ |
| 0 | 0 | 0 | $c_{44}$ | $c_{45}$ | 0 |
| 0 | 0 | 0 | $c_{45}$ | $c_{55}$ | 0 |
| $c_{16}$ | $c_{26}$ | $c_{36}$ | 0 | 0 | $c_{66}$ |

[1]) S. z. B. A. E. H. LOVE. A treatise on the math. theory of elasticity, § 105, deutsch von A. TIMPE, Leipzig 1907.

[2]) C. SOMIGLIANA, Roma Accad. Linc. Rend. (5) Bd. 3, 1, S. 238. 1894; Bd. 4, 1, S. 25. 1895, sowie Ann. di mat. (3) Bd. 7, S. 129. 1902.

Gruppe 3, Klasse $C_{2v}$, $V$, $V_h$, rhombisches System (9 Konstante)

| | | | | | |
|---|---|---|---|---|---|
| $c_{11}$ | $c_{12}$ | $c_{13}$ | 0 | 0 | 0 |
| $c_{12}$ | $c_{22}$ | $c_{23}$ | 0 | 0 | 0 |
| $c_{13}$ | $c_{23}$ | $c_{33}$ | 0 | 0 | 0 |
| 0 | 0 | 0 | $c_{44}$ | 0 | 0 |
| 0 | 0 | 0 | 0 | $c_{55}$ | 0 |
| 0 | 0 | 0 | 0 | 0 | $c_{66}$ |

Gruppe 4, Klasse $C_3$, $C_{3h}$, trigonales (rhomboedr. bzw. hexagonales) System (7 Konstante)

| | | | | | |
|---|---|---|---|---|---|
| $c_{11}$ | $c_{12}$ | $c_{13}$ | $c_{14}$ | $-c_{25}$ | 0 |
| $c_{12}$ | $c_{11}$ | $c_{13}$ | $-c_{14}$ | $c_{25}$ | 0 |
| $c_{13}$ | $c_{13}$ | $c_{33}$ | 0 | 0 | 0 |
| $c_{14}$ | $-c_{14}$ | 0 | $c_{44}$ | 0 | $c_{25}$ |
| $-c_{25}$ | $c_{25}$ | 0 | 0 | $c_{44}$ | $c_{14}$ |
| 0 | 0 | 0 | $c_{25}$ | $c_{14}$ | $\frac{1}{2}(c_{11}-c_{12})$ |

Gruppe 5, Klasse $C_{3v}$, $D_3$; $D_{3h}$, trigonales (rhomboedr. bzw. hexagonales) System (6 Konstante)

| | | | | | |
|---|---|---|---|---|---|
| $c_{11}$ | $c_{12}$ | $c_{13}$ | $c_{14}$ | 0 | 0 |
| $c_{12}$ | $c_{11}$ | $c_{13}$ | $-c_{14}$ | 0 | 0 |
| $c_{13}$ | $c_{13}$ | $c_{33}$ | 0 | 0 | 0 |
| $c_{14}$ | $-c_{14}$ | 0 | $c_{44}$ | 0 | 0 |
| 0 | 0 | 0 | 0 | $c_{44}$ | $c_{14}$ |
| 0 | 0 | 0 | 0 | $c_{14}$ | $\frac{1}{2}(c_{11}-c_{12})$ |

Gruppe 8, 9, Klasse $C_{3i}$, $D_{3d}$, $C_6$, $C_{6h}$, $C_{6v}$, $D_6$, $D_{6h}$; hexagonales (rhomboedrisches bzw. hexagonales) System (5 Konstante)

| | | | | | |
|---|---|---|---|---|---|
| $c_{11}$ | $c_{12}$ | $c_{13}$ | 0 | 0 | 0 |
| $c_{12}$ | $c_{11}$ | $c_{13}$ | 0 | 0 | 0 |
| $c_{13}$ | $c_{13}$ | $c_{33}$ | 0 | 0 | 0 |
| 0 | 0 | 0 | $c_{44}$ | 0 | 0 |
| 0 | 0 | 0 | 0 | $c_{44}$ | 0 |
| 0 | 0 | 0 | 0 | 0 | $\frac{1}{2}(c_{11}-c_{12})$ |

Gruppe 6, Klasse $C_4$, $S_4$, $C_{4h}$; tetragonales System (7 Konstante).

| | | | | | |
|---|---|---|---|---|---|
| $c_{11}$ | $c_{12}$ | $c_{13}$ | 0 | 0 | $c_{16}$ |
| $c_{12}$ | $c_{11}$ | $c_{13}$ | 0 | 0 | $-c_{16}$ |
| $c_{13}$ | $c_{13}$ | $c_{33}$ | 0 | 0 | 0 |
| 0 | 0 | 0 | $c_{44}$ | 0 | 0 |
| 0 | 0 | 0 | 0 | $c_{44}$ | 0 |
| $c_{16}$ | $-c_{16}$ | 0 | 0 | 0 | $c_{66}$ |

Gruppe 7, Klasse $C_{4v}$, $V_d$, $D_4$, $D_{4h}$; tetragonales System (6 Konstante).

| | | | | | |
|---|---|---|---|---|---|
| $c_{11}$ | $c_{12}$ | $c_{13}$ | 0 | 0 | 0 |
| $c_{12}$ | $c_{11}$ | $c_{13}$ | 0 | 0 | 0 |
| $c_{13}$ | $c_{13}$ | $c_{33}$ | 0 | 0 | 0 |
| 0 | 0 | 0 | $c_{44}$ | 0 | 0 |
| 0 | 0 | 0 | 0 | $c_{44}$ | 0 |
| 0 | 0 | 0 | 0 | 0 | $c_{66}$ |

Gruppe 10, 11, Klasse $T$, $T_h$, $T_d$, $O$, $O_h$; reguläres System (3 Konstante).

$$\begin{matrix} c_{11} & c_{12} & c_{12} & 0 & 0 & 0 \\ c_{12} & c_{11} & c_{12} & 0 & 0 & 0 \\ c_{12} & c_{12} & c_{11} & 0 & 0 & 0 \\ 0 & 0 & 0 & c_{44} & 0 & 0 \\ 0 & 0 & 0 & 0 & c_{44} & 0 \\ 0 & 0 & 0 & 0 & 0 & c_{44} \end{matrix}$$

Um schließlich den Übergang zur Isotropie zu gewinnen, schreibt man zweckmäßig den für das reguläre System gültigen Potentialausdruck

$$2U = c_{11}(\varepsilon_x^2 + \varepsilon_y^2 + \varepsilon_z^2) + 2c_{12}(\varepsilon_y\varepsilon_z + \varepsilon_z\varepsilon_x + \varepsilon_x\varepsilon_y) + c_{44}(\gamma_{yz}^2 + \gamma_{zx}^2 + \gamma_{xy}^2)$$

in der Form

$$2U = c_{11}(\varepsilon_x + \varepsilon_y + \varepsilon_z)^2 - \tfrac{1}{2}(c_{11} - c_{12})[4(\varepsilon_y\varepsilon_z + \varepsilon_z\varepsilon_x + \varepsilon_x\varepsilon_y) - (\gamma_{yz}^2 + \gamma_{zx}^2 + \gamma_{xy}^2])$$
$$+ (c_{44} - \tfrac{1}{2}(c_{11} - c_{12})](\gamma_{yz}^2 + \gamma_{zx}^2 + \gamma_{xy}^2)$$

und hat nun zu fordern, daß $U$ bei jeder Koordinatentransformation unverändert bleibt. Beachtet man, daß[1]) die Ausdrücke $(\varepsilon_x + \varepsilon_y + \varepsilon_z)$ und $[4(\varepsilon_y\varepsilon_z + \varepsilon_z\varepsilon_x + \varepsilon_x\varepsilon_y) - \gamma_{yz}^2 + \gamma_{zx}^2 + \gamma_{xy}^2]$ bereits Deformationsinvarianten sind, d. h. von der Wahl des Koordinatensystems unabhängig sind, so muß nur noch die Bedingung

$$c_{44} = \tfrac{1}{2}(c_{11} - c_{12}) \tag{6}$$

erfüllt sein. In dem übrigbleibenden Potentialausdruck für isotrope Stoffe kommen demnach nur noch zwei Konstante vor, die in unmittelbarem Zusammenhang mir den LAMÉschen Konstanten[2]) $\lambda$ und $\mu$ stehen Es ist

$$c_{12} = \lambda, \quad \tfrac{1}{2}(c_{11} - c_{12}) = \mu. \tag{7}$$

In der technischen Festigkeitslehre benutzt man an deren Stelle die Konstanten $E$ und $m$ (YOUNGscher Modul und Querdrehungszahl):

$$\left.\begin{aligned} E &= \frac{1}{s_{11}} = \frac{\mu(3\lambda + 2\mu)}{\lambda + \mu} = \frac{(c_{11} - c_{12})(c_{11} + 2c_{12})}{c_{11} + c_{12}}, \\ m &= \frac{s_{11}}{s_{12}} = \frac{2(\lambda + \mu)}{\lambda} = \frac{c_{11} + c_{12}}{c_{12}}. \end{aligned}\right\} \tag{8}$$

Bezüglich der Spezialisierung des $s_{ij}$-Systems auf die einzelnen Symmetriegruppen mag die Angabe genügen, daß die obigen Schemata der $c_{ij}$ zugleich für die $s_{ij}$ gelten, abgesehen von folgenden kleinen Änderungen:

In den Gruppen 4, 5, 8, 9 entspricht der Beziehung (6)

$$c_{66} = \tfrac{1}{2}(c_{11} - c_{12}), \quad s_{66} = 2(s_{11} - s_{12}),$$

in Gruppe

$$\begin{matrix} 4 & c_{46} = c_{25} & s_{46} = 2s_{25} \\ 5 & c_{56} = c_{14} & s_{56} = 2s_{14}. \end{matrix}$$

**4. Transformation der Elastizitätskonstanten auf beliebige Koordinatensysteme.** Wenn es sich um eine bestimmte elastische Beanspruchung eines vorgegebenen Kristallkörpers handelt (z B um die Biegung eines in beliebiger Orientierung aus einem Kristall geschnittenen Stabes), ist es in der Regel notwendig, von einem Koordinatensystem ($x'$, $y'$, $z'$) auszugehen, dessen Lage der Erstreckung des betreffenden Körpers angepaßt ist, so daß sich die Oberflächen-

[1]) S. Kap. 2, Ziff. 9 ds. Bd. des Handb.
[2]) S. Kap. 2, Ziff. 2 ds. Bd. des Handb.

bedingungen möglichst einfach ausdrücken Im allgemeinen wird sich dieses System nicht mit den kristallographischen Hauptachsen $(x, y, z)$ decken. Die gegenseitige Lage sei durch das Schema der Richtungskosinus gegeben

| | $x'$ | $y'$ | $z'$ |
|---|---|---|---|
| $x$ | $\alpha_1$ | $\beta_1$ | $\gamma_1$ |
| $y$ | $\alpha_2$ | $\beta_2$ | $\gamma_2$ |
| $z$ | $\alpha_3$ | $\beta_3$ | $\gamma_3$ |

Die Parameter, die sich auf das erstgenannte System beziehen, seien mit $c'_{ij}$ bzw. $s'_{ij}$ bezeichnet, die auf das Hauptachsensystem bezüglichen mit $c_{ij}$ bzw. $s_{ij}$. Es entsteht die Aufgabe, die beiden Parametersysteme aufeinander zu transformieren.

Man löst sie[1]), indem man den Ausdruck für das Potential einmal in den Hauptmoduln $c_{ij}$, oder, was praktisch wichtiger ist, in den Hauptkoeffizienten $s_{ij}$ anschreibt:

$$\begin{aligned} U = \tfrac{1}{2} s_{11}\sigma_x^2 &+ s_{12}\sigma_x\sigma_y + s_{13}\sigma_x\sigma_z + s_{14}\sigma_x\tau_{yz} + s_{15}\sigma_x\tau_{zx} + s_{16}\sigma_x\tau_{xy} \\ &+ \tfrac{1}{2} s_{22}s_y^2 + s_{23}\sigma_y\sigma_z + s_{24}\sigma_y\tau_{yz} + s_{25}\sigma_y\tau_{zx} + s_{26}\sigma_y\tau_{xy} \\ &+ \cdots\cdots\cdots\cdots\cdots\cdots \\ &+ \cdots\cdots\cdots\cdots \end{aligned}$$

und sodann unter Beachtung der Transformationseigenschaften von Tensorkomponenten[2]) die Spannungs- und Formänderungskomponenten auf das System $(x', y', z')$ transformiert. Man erhält so eine dem obigen Ausdruck entsprechende Form für $U$, deren Koeffizienten lineare Funktionen aller $c_{ij}$ bzw. $s_{ij}$ sind, und den $c'_{ij}$ bzw. $s'_{ij}$ entsprechen. Die so erhaltenen Transformationsformeln sind im allgemeinen sehr kompliziert. Es sollen nur zwei von ihnen angeschrieben werden, die später bei der Behandlung der Biegung und Drillung eine Rolle spielen. Es ist (für das trikline System mit beliebiger Wahl des Achsensystems):

$$\left.\begin{aligned} s'_{11} = {} & \alpha_1^4 s_{11} + \alpha_2^4 s_{22} + \alpha_3^4 s_{33} \\ & + \alpha_2^2\alpha_3^2(2s_{23} + s_{44}) + \alpha_3^2\alpha_1^2(2s_{31} + s_{55}) + \alpha_1^2\alpha_2^2(2s_{12} + s_{66}) \\ & + 2\alpha_1^2\alpha_2\alpha_3(s_{56} + s_{14}) + 2\alpha_2^2\alpha_3\alpha_1(s_{64} + s_{25}) + 2\alpha_3^2\alpha_1\alpha_2(s_{45} + s_{36}) \\ & + 2\alpha_1^3(\alpha_3 s_{15} + \alpha_2 s_{16}) + 2\alpha_2^3(\alpha_1 s_{26} + \alpha_3 s_{24}) + 2\alpha_3^3(\alpha_2 s_{34} + \alpha_1 s_{35}), \end{aligned}\right\} \quad (1)$$

$$\left.\begin{aligned} s'_{44} = {} & 4\beta_1^2\gamma_1^2 s_{11} + 4\beta_2^2\gamma_2^2 s_{22} + 4\beta_3^2\gamma_3^2 s_{33} \\ & + 8(\beta_2\gamma_2\beta_3\gamma_3 s_{23} + \beta_3\gamma_3\beta_1\gamma_1 s_{31} + \beta_1\gamma_1\beta_2\gamma_2 s_{12}) \\ & + (\beta_2\gamma_3 + \gamma_2\beta_3)^2 s_{44} + (\beta_3\gamma_1 + \gamma_3\beta_1)^2 s_{55} + (\beta_1\gamma_2 + \gamma_1\beta_2)^2 s_{66} \\ & + 4(\beta_2\gamma_3 + \gamma_2\beta_3)(\beta_1\gamma_1 s_{14} + \beta_2\gamma_2 s_{24} + \beta_3\gamma_3 s_{34}) \\ & + 4(\beta_3\gamma_1 + \gamma_3\beta_1)(\beta_1\gamma_1 s_{15} + \beta_2\gamma_2 s_{25} + \beta_3\gamma_3 s_{35}) \\ & + 4(\beta_1\gamma_2 + \gamma_1\beta_2)(\beta_1\gamma_1 s_{16} + \beta_2\gamma_2 s_{26} + \beta_3\gamma_3 s_{36}) \\ & + 2(\beta_1\gamma_2 + \gamma_1\beta_2)(\beta_1\gamma_3 + \gamma_1\beta_3) s_{56} \\ & + 2(\beta_2\gamma_3 + \gamma_2\beta_3)(\beta_2\gamma_1 + \gamma_2\beta_1) s_{64} \\ & + 2(\beta_3\gamma_1 + \gamma_3\beta_1)(\beta_3\gamma_2 + \gamma_3\beta_2) s_{45}. \end{aligned}\right\} \quad (2)$$

Die entsprechenden Ausdrücke für $s'_{22}$ und $s'_{33}$ sowie $s'_{55}$ und $s'_{66}$ erhält man durch zyklische Vertauschung der Indizes 1, 2, 3 und 4, 5, 6 sowie der $\alpha$, $\beta$, $\gamma$. Für Gruppen mit höherer Symmetrie treten natürlich erhebliche Vereinfachungen auf.

---

[1]) W. VOIGT, Wied. Ann. Bd. 16, S. 398. 1882; Göttinger Nachr. 1900, S. 142; Lehrbuch der Kristallphysik, §§ 289ff.

[2]) M. ABRAHAM, Enzykl. d. math. Wiss., Bd. IV/14.

**5. Ableitung des HOOKEschen Gesetzes aus der Gittertheorie.** Die älteren Molekulartheorien, wie sie besonders von NAVIER[1]), CAUCHY[2]) und POISSON[3]) entwickelt wurden[4]), verlangen im Gegensatz zur Kontinuumstheorie für den allgemeinsten Fall des triklinen Kristalls statt 21 elastischen Konstanten nur deren 15. Für den isotropen Körper würde dann nur noch eine Konstante bleiben.

Diesen Theorien liegt die Vorstellung punktförmiger Moleküle zugrunde, die in einfachen Raumgittern angeordnet sind, so daß jedes Molekül von der Gesamtheit aller übrigen in gleicher Weise umgeben ist; es wird angenommen, daß zwischen diesen Molekülen Zentralkräfte wirken, deren Intensität allein eine Funktion der gegenseitigen Entfernung ist. Aus dieser Voraussetzung ergeben sich dann ohne eine speziellere Annahme über die Anordnung der Moleküle 6 Beziehungen zwischen den 21 Konstanten des allgemeinen Ansatzes, die sog. CAUCHYschen Relationen[5]):

$$\begin{aligned} c_{23} &= c_{44} \qquad & c_{56} &= c_{14} \\ c_{31} &= c_{55} \qquad & c_{64} &= c_{25} \\ c_{12} &= c_{66} \qquad & c_{45} &= c_{36} \end{aligned} \tag{1}$$

Diese Rarikonstantentheorie mit nur 15 Konstanten stand lange im Gegensatz zur Multikonstantentheorie[6]), die die Frage nach der molekularen Konstitution der Materie ganz offen ließ, vom Begriff des Potentials ausgehend hauptsächlich von GREEN[7]), STOKES und THOMSON vertreten wurde und die Erfüllung der obigen 6 Relationen nicht verlangt.

Als dann sorgfältige Messungen an Kristallen die CAUCHYschen Relationen im allgemeinen nicht bestätigten, wurde verschiedentlich versucht, die besondere Vorstellung über Anordnung und Wirkungsweise der Moleküle, die allein Ursache für das Versagen der Theorie sein konnte, so zu verallgemeinern, daß auch die Molekulartheorie auf 21 Konstante führt. POISSON[8]) hatte schon 1829 und 1839 die Annahme erörtert, und VOIGT[9]) führte sie später weiter durch, daß die Moleküle nicht punktförmige Kraftzentren seien, sondern „starre Körper mit polyedrischer Gestalt", die nicht nur mit einer Zentralkraft, sondern auch mit einem richtenden Kräftepaar aufeinander wirken[10]). Für isotrope Körper führt

---

[1]) C. L. M. H. NAVIER, Mém. de l'Acad. Paris Bd. 7, S. 375. 1827; der Ansatz für anisotrope Körper ist hier nur implizite enthalten.

[2]) A. L. CAUCHY, Exerc. de math. Bd. 3, S. 188 u. 214. 1828 (vom Oktober 1827); Bd. 4, S. 129. 1829; Oeuvres (2) Bd. 8, S. 227.

[3]) S. D. POISSON, Mém. de l'Acad. Paris Bd. 8, S. 357. 1829; Einleitung schon vorher in Ann. phys. et chim. Bd. 37, S. 337. 1828.

[4]) Ein ausführliches Referat: C. H. MÜLLER u. A. TIMPE, Enzykl. d. math. Wiss. Bd. IV/23.

[5]) In der unter [2]) zitierten Abhandlung nicht explizite ausgesprochen; für Kristalle mit drei zueinander senkrechten Symmetrieebenen: S. D. POISSON, Mém. de l'Acad. Paris Bd. 18, S. 115. 1842; ferner R. CLAUSIUS, Pogg. Ann. Bd. 76, S. 46. 1849; B. DE ST.VENANT, Mém. prés. p. div. Savants étrang. Bd. 14, S. 260. 1853.

[6]) Diese Namen stammen von C. PEARSON: Todhunter and Pearson, Hist. of the Theory of Elasticity Bd. 1, S. 496. Cambridge 1886.

[7]) G. GREEN, Proc. Cambridge Phil. Soc. Bd. 7, S. 121. 1839.

[8]) S. D. POISSON, Journ. de l'Ecole polyt. H. 20, S. 1. 1831 (von 1829); Mém. de l'Acad. Paris Bd. 18, S. 3. 1842 (von 1839).

[9]) W. VOIGT, Göttinger Nachr. 1887, S. 1 u. 1900, S. 117; Lehrb. d. Kristallphysik, §§ 292ff.

[10]) Über die Beziehungen dieser historisch interessanten Theorie zur allgemeinen Gitterdynamik s. M. BORN, Enzykl. d. math. Wiss., Bd. V/25, S. 556.

jedoch auch diese Theorie, im Gegensatz zu Versuchsergebnissen, zunächst nur auf eine elastische Konstante. VOIGT[1]) überwand diese Schwierigkeit durch die Annahme der Quasiisotropie, wonach man sich „amorphe" Körper als aus regellos gelagerten Kristallindividuen zusammengesetzt vorzustellen hat. Einen anderen Versuch, die Molekulartheorie zu erweitern, machte THOMSON[2]), indem er von der Vorstellung zweier Punktsysteme ausging, die zwar nur mit Zentralkräften aufeinander wirken, wo aber die Punkte des ersten bzw. des zweiten Systems untereinander und die beiden Punktsysteme aufeinander je mit verschiedener Intensität wirken.

Es ist jedoch nicht notwendig, die Vorstellung punktförmiger Kraftzentren aufzugeben, wenn man die in neuerer Zeit aus Röntgenuntersuchungen gewonnene Erkenntnis berücksichtigt, daß diese Kraftzentren nicht nach einem einfachen Raumgitter angeordnet sind, sondern, daß die Bausteine (Ionen, Moleküle) eine Anordnung bilden, die mehreren ineinander gestellten einfachen Gittern entspricht[3]). Unterwirft man ein solches allgemeineres Gitter einer homogenen Verzerrung, d. h. einer solchen, die alle Volumelemente in gleicher Weise betrifft, so sind dabei zwei verschiedene Vorgänge zu beachten: erstens wird das Kontinuum in seiner Gesamtheit homogen deformiert, zweitens werden die einzelnen einfachen Gitter je als Ganzes gegeneinander verschoben. Diese inneren Verrückungen sind nicht unmittelbar wahrzunehmen, sondern sie können höchstens durch Röntgenanalyse nachgewiesen werden.

Allein aus dieser Vorstellung kann das HOOKEsche Gesetz in seiner allgemeinen Form mit 21 Konstanten abgeleitet werden; die CAUCHYschen Relationen bestehen nicht. Man findet diese Ableitung in dem BORN-BOLLNOWschen Referat[4]) in Band 24 dieses Handbuches. Sie soll hier nicht für den allgemeinen Fall wiederholt werden, sondern nur für ein besonderes Beispiel[5]), um daran den Unterschied und Zusammenhang zwischen Rari- und Multikonstantentheorie deutlich zu machen. Es handle sich um Kristalle zweiatomiger Verbindungen des regulären Systems vom sog. Diagonalgitter-Typus. Dieser Name soll zum Ausdruck bringen, daß der Aufbau des Kristallgitters dadurch charakterisiert ist, daß alle Atome der Basis[6]) auf der Raumdiagonale des Elementarwürfels (Zelle) liegen. (Abb. 1, 2, 3.) Zu diesem Typus gehören die bis heute experimentell am meisten untersuchten Kristalle, z. B. Steinsalz, Sylvin, Zinkblende, Flußspat, Cäsiumchlorid usw.

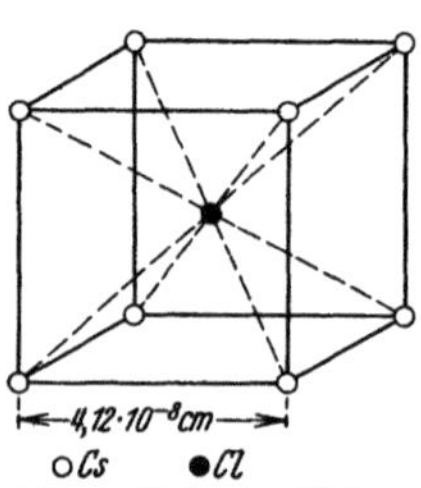


Abb. 1. Zelle des Cäsiumchloridgitters.

Denkt man sich die potentielle Energie pro Volumeneinheit des undeformierten Gitters $U$ nach Potenzen der Verzerrungskomponenten entwickelt, so fallen die Glieder der ersten Potenz weg, da von einer Gleichgewichtslage ausgegangen werden soll, jene von dritter und höherer Ordnung kann man vernachlässigen, so daß für $U$ eine

---

1) W. VOIGT, Wied. Ann. Bd. 38, S. 573. 1889.

2) S. hierzu das obengenannte Referat von C. H. MÜLLER u. A. TIMPE in der Enzykl. d. math. Wiss., Bd. IV/23, S. 41.

3) M. BORN, Dynamik der Kristallgitter. Leipzig u. Berlin 1915; s. auch die folgenden Zitate.

4) M. BORN u. O. F. BOLLNOW, ds. Handb. Bd. XXIV, Kap. 5, S. 376.

5) M. BORN, Probleme der Atomdynamik, S. 134. Berlin 1926.

6) Als Basis bezeichnet man jene Anordnung von Atomen oder Molekülen, durch deren Translation nach drei Richtungen des Raumes das Gitter entsteht. Die Vektoren dieser drei Translationen bestimmen das elementare Parallelepipedon, das man die Zelle nennt. Seine Kantenlänge ist von der Größenordnung $10^{-8}$ cm.

homogene quadratische Form stehen bleibt. Sie lautet für den vorliegenden einfachen Fall

$$\left.\begin{aligned} U = \frac{A}{2}(\varepsilon_x^2 + \varepsilon_y^2 + \varepsilon_z^2) + B(\varepsilon_y\varepsilon_z + \varepsilon_z\varepsilon_x + \varepsilon_x\varepsilon_y) + \frac{B}{2}(\gamma_{yz}^2 + \gamma_{zx}^2 + \gamma_{xy}^2) \\ - C[\gamma_{yz}(\mathfrak{u}_{1x} - \mathfrak{u}_{2x}) + \gamma_{zx}(\mathfrak{u}_{1y} - \mathfrak{u}_{2y}) + \gamma_{xy}(\mathfrak{u}_{1z} - \mathfrak{u}_{2z})] + \frac{D}{2}(\mathfrak{u}_1 - \mathfrak{u}_2)^2; \end{aligned}\right\} \quad (2)$$

$\mathfrak{u}_1, \mathfrak{u}_2$ sind die Vektoren der bei der Verzerrung auftretenden Verschiebungen der beiden ineinander gestellten einfachen Gitter,
$\mathfrak{u}_{1x}, \mathfrak{u}_{1y}, \ldots$ ihre Komponenten; $A$, $B$, $C$, $D$ sind Konstanten.
Die Ableitungen ergeben die Spannungskomponenten:

$$\left.\begin{aligned} -\sigma_x &= A\varepsilon_x + B(\varepsilon_z + \varepsilon_y), \\ -\sigma_y &= A\varepsilon_y + B(\varepsilon_x + \varepsilon_z), \\ -\sigma_z &= A\varepsilon_z + B(\varepsilon_y + \varepsilon_x), \\ -\tau_{yz} &= B\gamma_{yz} - C(\mathfrak{u}_{1x} - \mathfrak{u}_{2x}), \\ -\tau_{zx} &= B\gamma_{zx} - C(\mathfrak{u}_{1y} - \mathfrak{u}_{2y}), \\ -\tau_{xy} &= B\gamma_{xy} - C(\mathfrak{u}_{1z} - \mathfrak{u}_{2z}). \end{aligned}\right\} \quad (3)$$

Wenn es sich um ausschließlich elastische Vorgänge handelt, sind die inneren Kräfte, die die einfachen Gitter bei homogener Verzerrung aufeinander ausüben, gleich Null, also

$$\left.\begin{aligned} -\mathfrak{K}_{1x} &= \frac{\partial U}{\partial \mathfrak{u}_{1x}} = -C\gamma_{yz} + D(\mathfrak{u}_{1x} - \mathfrak{u}_{2x}) = 0, \\ -\mathfrak{K}_{2x} &= \frac{\partial U}{\partial \mathfrak{u}_{2x}} = C\gamma_{yz} - D(\mathfrak{u}_{1x} - \mathfrak{u}_{2x}) = 0, \end{aligned}\right\} \quad (4)$$

so daß die inneren Verrückungen aus den Gleichungen (3) eliminiert werden können

$$\mathfrak{u}_{1x} - \mathfrak{u}_{2x} = \frac{C}{D}\gamma_{yz}. \quad (5)$$

Es ist dann

$$\left.\begin{aligned} -\sigma_x &= A\varepsilon_x + B\varepsilon_y + B\varepsilon_z, \\ &\ldots\ldots\ldots\ldots\ldots\ldots \\ &\ldots\ldots\ldots\ldots\ldots\ldots \\ -\tau_{yz} &= B\gamma_{yz} - \frac{C^2}{D}\gamma_{yz}. \end{aligned}\right\} \quad (6)$$

Vergleicht man das Ergebnis mit dem für das kubische System gültige Konstantenschema, so ist

$$c_{11} = A, \quad c_{12} = B, \quad c_{44} = B - \frac{C^2}{D}. \quad (7)$$

Man sieht, daß die (für das reguläre System einzige) CAUCHYsche Relation $c_{12} = c_{44}$ nicht gilt. Hätte man jedoch, wie es in den älteren Theorien geschehen ist, auf die inneren Verschiebungen $u$ der einfachen Gitter gegeneinander keine Rücksicht genommen, so würden in dem Ausdruck (2) für $U$ die Glieder mit den Konstanten $C$ und $D$ fehlen, demnach im Resultat $c_{44} = B$, also $c_{12} = c_{44}$ sein.

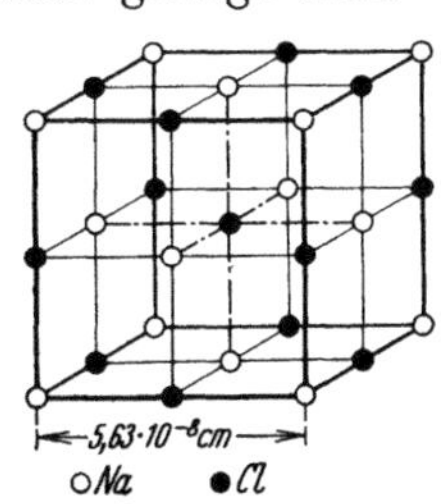

Abb. 2.
Zelle des Kochsalzgitters.

Nun ist für solche zweiatomige Diagonalgitter, in denen jedes Teilchen Symmetriezentrum ist (NaCl, CsCl, Abb. 1 u. 2) tatsächlich $C = 0$, denn diese Symmetrie bleibt auch bei homogener Verzerrung bestehen, d. h., es finden keine inneren Verrückungen statt. In diesem besonderen Fall muß demnach die CAUCHYsche Relation $c_{12} = c_{44}$ gelten. Das ist bei Steinsalz und Sylvin auch experimentell bestätigt (Ziff. 10). Dagegen erhält man schon für den Zinkblendetypus, wo diese Symmetrieeigenschaft fehlt (Abb. 3), drei Konstanten, was ebenfalls durch den Versuch bestätigt ist.

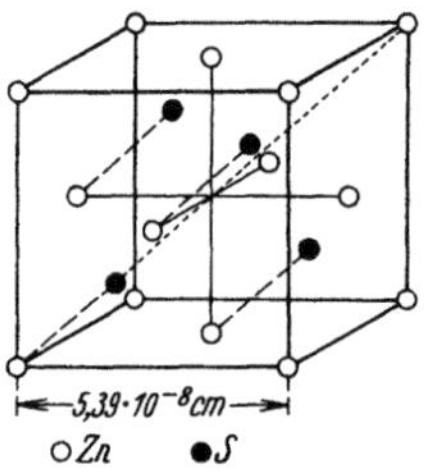


Abb. 3. Zelle des Zinkblendegitters.

Bemerkenswert ist, daß für die einatomigen Metalle die CAUCHYschen Relationen nicht zutreffen, woraus man den Schluß ziehen muß, daß deren Struktur nicht die eines einfachen Gitters ist.

Hat man aus anderen Überlegungen und Messungen das zwischen den Ionen gültige Kraftgesetz ermittelt, so kann man auch versuchen, die Klammersymbole der BORNschen Theorie, aus denen sich die elastischen (wie auch die elektrischen) Konstanten ableiten, quantitativ zu berechnen. Soweit bis jetzt Ergebnisse in dieser Richtung vorliegen, scheint die Übereinstimmung mit den experimentell bestimmten Werten befriedigend zu sein, wenigstens, soweit es sich um die Konstanten handelt, die nicht in den CAUCHYschen Relationen vorkommen, d. h. solche, die nicht mit den inneren Verrückungen in Zusammenhang stehen. Zur Bestimmung der letzteren ist die Gittertheorie punktförmiger Kraftzentren weniger gut ausreichend, hier ist es notwendig, die Deformation der Ionen zu berücksichtigen. Auch hier sind Ansätze einer Theorie vorhanden.

# II. Einzelne Beanspruchungsarten.

**6. Die Belastung durch allseitig gleichmäßigen Druck**[1]). Bezeichnet $p$ den gleichmäßig auf die Oberfläche eines irgendwie geformten Körpers wirkenden Druck, so wird die Belastung dargestellt durch

$$\sigma'_x = \sigma'_y = \sigma'_z = p\,; \quad \tau'_{yz} = 0\,, \quad \tau'_{zx} = 0\,, \quad \tau'_{xy} = 0\,, \tag{1}$$

wobei das Koordinatensystem beliebig angenommen sein kann. Soweit bereits ein Hauptkoordinatensystem festgelegt ist, mögen sich die Gleichungen auf dieses beziehen.

Die Formänderungskomponenten sind

$$\left.\begin{aligned} -\varepsilon_x &= (s_{11} + s_{12} + s_{13})\,p\,,\\ -\varepsilon_y &= (s_{21} + s_{22} + s_{23})\,p\,,\\ -\varepsilon_z &= (s_{31} + s_{32} + s_{33})\,p\,,\end{aligned}\right\} \tag{2a}$$

$$\left.\begin{aligned} -\gamma_{yz} &= (s_{41} + s_{42} + s_{43})\,p\,,\\ -\gamma_{zx} &= (s_{51} + s_{52} + s_{53})\,p\,,\\ -\gamma_{xy} &= (s_{61} + s_{62} + s_{63})\,p\,.\end{aligned}\right\} \tag{2b}$$

Für alle Kristallsysteme, für welche die geometrischen Symmetrieverhältnisse bereits die Festlegung eines bevorzugten Hauptachsensystems gestatteten, liefern die letzten drei Gleichungen identisch den Wert Null, d. h., die Koordinatenachsen bleiben bei gleichmäßiger Kompression aufeinander senkrecht. Es ist naheliegend, durch die Übertragung dieser Forderung auf die beiden übrigen Systeme (triklines und monoklines) auch für diese ein Hauptachsensystem festzulegen: es sollen diejenigen zueinander normalen Richtungen als elastische

[1]) W. VOIGT, Wied. Ann. Bd. 16, S. 419. 1882; Göttinger Nachr. 1900, S. 155; Lehrbuch der Kristallphysik, §§ 361—363, 281, 282; F. NEUMANN, Vorles. über die Theorie der Elastizität, S. 179. Leipzig 1885.

Hauptachsen gewählt werden, die bei allseitig gleichmäßiger Kompression des Körpers ihre Winkel gegeneinander nicht ändern. Durch die Erfüllung der drei Gleichungen (2b) wird die Anzahl der elastischen Konstanten für das trikline System von 21 auf 18, für das monokline, bei dem eine Achse bereits durch die Symmetrie festliegt, und die ersten beiden Gleichungen damit schon erfüllt sind, von 13 auf 12 vermindert.

Die räumliche Dehnung ist

$$\Theta \equiv \frac{\delta V}{V} = \varepsilon_x + \varepsilon_y + \varepsilon_z = -p\,(s_{11} + s_{22} + s_{33} + 2s_{12} + 2s_{13} + 2s_{23}) \tag{3}$$

Der Klammerausdruck stellt die räumliche Kompressibilität $\varkappa$ dar. Sie ist für das reguläre System

$$\varkappa = 3\,(s_{11} + 2s_{12}) = \frac{3}{c_{11} + 2c_{12}}, \tag{4}$$

für das hexagonale, tetragonale und trigonale System (das sind die Gruppen 4, 5, 6, 7, 8, 9) übereinstimmend

$$\varkappa = 2s_{11} + s_{33} + 2\,(s_{12} + 2s_{13}) = \frac{c_{11} + 2c_{33} + c_{12} - 4c_{23}}{c_{33}\,(c_{11} + c_{12}) - 2c_{23}}. \tag{5}$$

Die Messung der Kompressibilität liefert also stets nur eine einzige Kombination der Konstanten, so daß daraus, selbst in Verbindung mit Biegungsbeobachtungen (s. Ziff. 8) nie alle Moduln zu ermitteln sind (ausgenommen das reguläre System). Doch ist die Krompessibilität an sich eine theoretisch und praktisch wichtige Größe, die übrigens aus den $s_{ij}$ nur sehr ungenau, d. h. mit großem mittleren Fehler, zu berechnen ist. Praktisch haben Piezometerversuche auch den Vorteil, daß ganz beliebig geformte Kristallstücke verwendet werden können.

Die lineare Dehnung $\delta$ in einer Richtung, deren Winkel gegen die Achsen eines beliebigen Koordinatensystems die Kosinus $\alpha$, $\beta$, $\gamma$ haben, ist

$$\delta = \varepsilon_x \alpha^2 + \varepsilon_y \beta^2 + \varepsilon_z \gamma^2 + \gamma_{yz}\beta\gamma + \gamma_{zx}\gamma\alpha + \gamma_{xy}\alpha\beta. \tag{6}$$

Wenn auf das Hauptachsensystem Bezug genommen ist, fallen natürlich die drei letzten Glieder weg. Die lineare Dehnung ist also im allgemeinen nach verschiedenen Richtungen hin verschieden, so daß z. B. eine aus einem Kristall geschliffene Kugel durch Änderung des Oberflächendruckes (Luftdruck) zu einem dreiachsigen Ellipsoid verformt wird. Beim rhomboedrischen und hexagonalen (trigonalen und hexagonalen) System erhält man ein Rotationsellipsoid, nur beim regulären System bleibt die Kugelform erhalten. In diesem Falle ist die Dehnung nach allen Richtungen hin gleich, nämlich

$$\delta = s_{11} + 2s_{12} = \frac{1}{c_{11} + 2c_{12}}. \tag{7}$$

Die Änderung $\eta$ des Winkels zwischen den Normalen zweier Ebenen, die ursprünglich durch die Richtungskosinus $\alpha_1$, $\beta_1$, $\gamma_1$, bzw. $\alpha_2$, $\beta_2$, $\gamma_2$ gegeben sind, ist bestimmt aus

$$\left.\begin{aligned} \eta\sin\varphi &= 2\,(\varepsilon_x\alpha_1\alpha_2 + \varepsilon_y\beta_1\beta_2 + \varepsilon_z\gamma_1\gamma_2) \\ &\quad + \gamma_{yz}(\beta_1\gamma_2 + \gamma_1\beta_2) + \gamma_{zx}(\gamma_1\alpha_2 + \alpha_1\gamma_2) + \gamma_{xy}(\alpha_1\beta_2 + \beta_1\alpha_2) \\ &\quad - (\delta_1 + \delta_2)\cos\varphi, \end{aligned}\right\} \tag{8}$$

wo $\delta_1$ und $\delta_2$ die linearen Dehnungen in den Richtungen der Normalen und $\varphi$ den Winkel zwischen beiden bezeichnet. — Im regulären System ist immer $\eta = 0$.

**7. Die einfache Zug- und Druckbeanspruchung.** Aus einem Kristall sei ein Stab in beliebiger Orientierung zu den kristallographischen Achsen ausgeschnitten und werde in Richtung seiner Achse gezogen (oder gedrückt). Die

Stabachse sei zur $z'$-Achse eines Koordinatensystems gewählt, das also im allgemeinen kein Hauptachsensystem sein soll. Dann ist die Beanspruchung dargestellt durch

$$\sigma'_x = 0\,,\ \sigma'_y = 0\,,\ \sigma'_z = \sigma\,,\ \tau'_{yz} = 0\,,\ \tau'_{zx} = 0\,,\ \tau'_{xy} = 0\,,$$

und die Formänderungen sind

$$\left.\begin{aligned} -\varepsilon'_x &= s'_{13}\,\sigma = \frac{C_{13}}{D}\,\sigma \\ -\varepsilon'_y &= s'_{23}\,\sigma = \frac{C_{23}}{D}\,\sigma \\ &\cdots\cdots\cdots\cdots \\ &\cdots\cdots\cdots\cdots \\ -\gamma_{yz} &= s'_{43}\,\sigma = \frac{C_{43}}{D}\,\sigma \\ &\cdots\cdots\cdots\cdots \\ -\gamma'_{xy} &= s'_{63}\,\sigma = \frac{C_{63}}{D}\,\sigma \end{aligned}\right\} \qquad (1)$$

wo, wie in Ziff. 3, $D$ die Determinante aller Koeffizienten $c_{ij}$ des Systems (2) von Ziff. 3, $C_{ij}$ die zum Glied $c_{ij}$ gehörige Unterdeterminante ist.

$\varepsilon'_z$ ist die bezogene Dehnung in der Zugrichtung, so daß $\frac{D}{C_{33}} = \frac{1}{s_{33}}$ den Elastizitätsmodul $E$ in der betreffenden Richtung darstellt. Will man die auf die Hauptachsen bezogenen Konstanten einführen, so hat man sich der Transformationsformel (1) von Ziff. 4 zu bedienen.

Als Beispiel soll die Rechnung für das reguläre System noch weiter fortgesetzt werden. Schließt die Stabachse mit den Hauptachsen Winkel ein, deren Kosinus $\gamma_1$, $\gamma_2$, $\gamma_3$ sind, so ist mit

$$s_{11} = \frac{c_{11} + c_{12}}{(c_{11} - c_{12})(c_{11} + 2c_{12})}\,, \qquad s_{12} = -\frac{c_{12}}{(c_{11} - c_{12})(c_{11} + 2c_{12})}\,, \qquad s_{44} = \frac{1}{c_{44}} \qquad (2)$$

nach Gleichung (1) von Ziff. 4 die bezogene Dehnung der Stabachse

$$\varepsilon = s'_{33}\sigma = \sigma\left\{\frac{c_{12}}{(c_{11} - c_{12})(c_{11} + 2c_{12})} - \frac{1}{2c_{44}} - (\gamma_1^4 + \gamma_2^4 + \gamma_3^4)\left(\frac{1}{c_{11} - c_{12}} - \frac{1}{2c_{44}}\right)\right\}. \qquad (3)$$

Allgemein wäre die Dehnung in einer Richtung mit den Kosinus $c_1$, $c_2$, $c_3$,

$$\varepsilon = \frac{\sigma}{c_{11} - c_{12}}\left\{\frac{c_{12}}{c_{11} + 2c_{12}} - (c_1^2\gamma_1^2 + c_2^2\gamma_2^2 + c_3^2\gamma_3^2)\right\} - \frac{\sigma}{c_{44}}(c_1c_2\gamma_1\gamma_2 + c_2c_3\gamma_2\gamma_3 + c_3c_1\gamma_3\gamma_1). \quad (4)$$

Daraus erhält man wieder die obige Formel (3), wenn man $c_1 = \gamma_1$, $c_2 = \gamma_2$, $c_3 = \gamma_3$ einsetzt und von der Beziehung $\gamma_1^2 + \gamma_2^2 + \gamma_3^2 = 1$ Gebrauch macht. Der Klammerausdruck von Gleichung (3) stellt den reziproken Wert des YOUNGschen Moduls $E$ in der betreffenden Richtung dar. Trägt man vom Mittelpunkt eines Kristalls aus diesen Wert $\frac{1}{E}$ jeweils in der zugehörigen Richtung in einem bestimmten Maßstab auf, so erhält man eine Fläche vierter Ordnung, welche in den acht Oktanten symmetrisch ist und die Elastizitätsverhältnisse für diesen Kristall veranschaulicht. Abb. 4 stellt den Schnitt dieser Fläche mit einer der Koordinatenebenen und mit einer der winkelhalbierenden Ebenen dar. Als ausgezeichnete Werte erhält man

a) in Richtung der Normale auf die Würfelflächen, d. i. in Richtung der Hauptachsen

$$\frac{1}{E_W} = s_{11} = \frac{c_{11} + c_{12}}{(c_{11} - c_{12})(c_{11} + 2c_{12})}\,, \qquad (5)$$

b) in Richtung normal zu den Oktaederflächen

$$\frac{1}{E_0} = \frac{1}{3}(s_{11} + 2s_{12} + s_{44}) = \frac{1}{3(c_{11} + 2c_{12})} + \frac{1}{3c_{44}}, \tag{6}$$

c) in Richtung normal zu den Flächen des Rhombendodekaeders

$$\left.\begin{aligned} \frac{1}{E_{Rh}} &= \frac{1}{4}(2s_{11} + 2s_{12} + s_{44}) \\ &= \frac{c_{11}}{2(c_{11}-c_{12})(c_{11}+2c_{12})} + \frac{1}{4c_{44}}. \end{aligned}\right\} \tag{7}$$

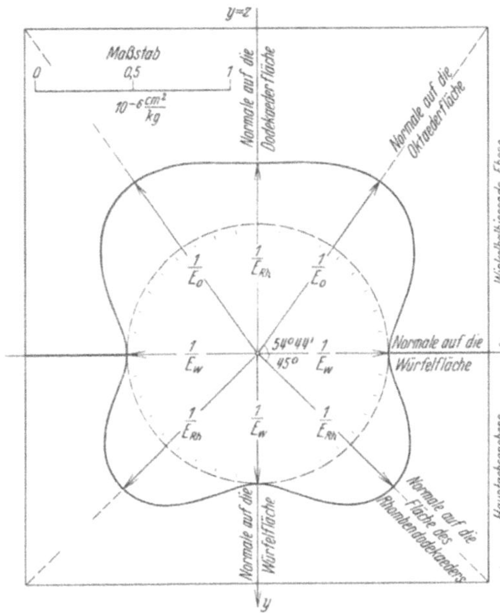

Abb. 4.

Zwischen diesen drei Werten besteht die einfache Beziehung

$$\frac{1}{E_W} + \frac{3}{E_0} = \frac{4}{E_{Rh}}. \tag{8}$$

Man kann also durch Messung dieser drei Werte allein die drei Konstanten des regulären Systems nicht ermitteln, sondern man bedarf noch einer geeigneten weiteren Beobachtung; wie erwähnt, würde hier die Kenntnis der Kompressibilität genügen.

In einem Querschnitt senkrecht zur Stabachse ($z'$-Achse) ist die Querdehnung oder -kontraktion in einer Richtung, welche mit der $x'$-Achse den Winkel $\varphi$ einschließt

$$\left.\begin{aligned} \varepsilon_\varphi &= \varepsilon'_x \cos^2\varphi + \varepsilon'_y \sin^2\varphi + \gamma'_{xy} \sin\varphi \cos\varphi \\ &= \sigma(s'_{13}\cos^2\varphi + s'_{23}\sin^2\varphi + s'_{36}\sin\varphi\cos\varphi), \end{aligned}\right\} \tag{9}$$

also ringsherum veränderlich, wenn nicht $s'_{36} = 0$ und $s'_{13} = s'_{23}$.

Für das reguläre System als Beispiel erhält man, wenn man in Gleichung (4)

$$c_1\gamma_1 + c_2\gamma_2 + c_3\gamma_3 = 0$$

einsetzt,

$$\varepsilon_\varphi = \frac{c_{12}\sigma}{(c_{11} - c_{12})(c_{11} + 2c_{12})} - \sigma\left[\left(\frac{2}{c_{11} - c_{12}} - \frac{1}{c_{44}}\right)(c_1^2\gamma_1^2 + c_2^2\gamma_2^2 + c_3^2\gamma_3^2)\right]. \tag{10}$$

Die Querzahl $m$ ist, wenn der Druck normal zur Würfelfläche wirkt,

$$m = \frac{c_{11} + c_{12}}{c_{12}}, \tag{11}$$

also nach allen Richtungen hin gleich;

wenn der Druck normal zur Oktaederfläche wirkt,

$$m = \frac{2}{3}\,\frac{(c_{11} - c_{12})(c_{11} + 2c_{12}) + c_{44}(c_{11} - c_{12})}{(c_{11} - c_{12})(c_{11} + 2c_{12}) - 2c_{44}(c_{11} + c_{12})}, \tag{12}$$

also wiederum nach allen Richtungen der Oktaederfläche gleich; endlich ist, wenn die Stabachse senkrecht auf einer Fläche des Rhombendodekaeders steht, die Dehnung in einer Richtung, die mit der in der Dodekaederfläche liegenden $x'$-Achse den Winkel $\varphi$ einschließt

$$\varepsilon_\varphi = -\frac{\sigma}{2}\left\{\frac{c_{11}}{(c_{11} - c_{12})(c_{11} + 2c_{12})} - \frac{1}{2c_{44}} - \left(\frac{1}{c_{11} - c_{12}} - \frac{1}{2c_{44}}\right)\cos^2\varphi\right\}, \tag{13}$$

also von der Richtung abhängig.

Zwei ursprünglich aufeinander senkrecht stehende Ebenen, für welche die Kosinus der Richtungswinkel ihrer Normalen $\alpha_1, \beta_1, \gamma_1$ bzw. $\alpha_2, \beta_2, \gamma_2$ sind, wo also $\alpha_1\alpha_2 + \beta_1\beta_2 + \gamma_1\gamma_2 = 0$ ist, erfahren eine Winkeländerung

$$\left.\begin{aligned}\eta = 2(\varepsilon_x\alpha_1\alpha_2 + \varepsilon_y\beta_1\beta_2 + \varepsilon_z\gamma_1\gamma_2) + \gamma_{yz}(\beta_1\gamma_2 + \gamma_1\beta_2) + \gamma_{zx}(\gamma_1\alpha_2 + \alpha_1\gamma_2)\\ + \gamma_{xy}(\alpha_1\beta_2 + \beta_1\alpha_2).\end{aligned}\right\} \quad (14)$$

Auf die Angabe der sehr umständlichen Formeln für spezielle Fälle soll verzichtet werden. Für das reguläre System hat F. NEUMANN[1]) sie entwickelt.

**8. Die Biegung.** ST. VENANT[2]) hat in seiner für die strengere Biegungstheorie grundlegenden Abhandlung von 1856 auch bereits einen besonderen Fall der Biegung eines kristallinen Körpers behandelt, nämlich den an einem Ende eingespannten, am freien Ende belasteten Balken unter der Voraussetzung, daß die Stabachse senkrecht auf einer Symmetrieebene steht. Das Problem der gleichförmigen Biegung durch ein über die Länge konstantes Moment ist für alle Stäbe beliebiger Symmetrieklasse, beliebiger Orientierung der Stabachse und beliebiger Querschnittsform lösbar. Beide Belastungsarten sind jedoch für den Versuch nicht sehr geeignet. Für die anderen Fälle ist man auf eine Näherung, die der „technischen Biegungslehre"[3]) entspricht, angewiesen.

Die strenge Untersuchung der gleichförmigen Biegung stammt von VOIGT[4]) und entspricht ganz jener für isotrope Balken. Sind die Komponenten des Biegungsmomentes $M_x$ und $M_y$, bezogen auf ein Koordinatensystem, dessen $z'$-Achse mit der Stabachse zusammenfällt, so erhält man folgende Formänderungskomponenten:

$$\left.\begin{aligned}
u_1 &= -\frac{M_y}{2J_y}\{s'_{13}x^2 - s'_{23}y^2 - z[s'_{34}y - s'_{33}(l-z)]\},\\
v_1 &= -\frac{M_y}{2J_y}\{s'_{36}x^2 + 2s'_{23}xy + s'_{31}zx\},\\
w_1 &= -\frac{M_y}{2J_y}\{s'_{35}x^2 + s'_{34}xy - s'_{33}x(l-2z)\},\\
u_2 &= \frac{M_x}{2J_x}\{2s'_{13}xy + s'_{36}y^2 + s'_{35}zy\},\\
v_2 &= \frac{M_x}{2J_x}\{s'_{23}y^2 - s'_{13}x^2 - z[s'_{35}x - s'_{33}(l-z)]\},\\
w_2 &= \frac{M_x}{2J_x}\{s'_{35}xy + s'_{34}y^2 - s'_{33}y(l-2z)\}.
\end{aligned}\right\} \quad (1)$$

Die größte Durchbiegung der Stabachse ist somit

$$u_1 = -\frac{l^2 M_y}{8J_y}s'_{33}, \quad v_2 = \frac{l^2 M_x}{8J_x}s'_{33}. \quad (2)$$

Für die gleichförmige Biegung ist also die nämliche Konstante maßgebend, wie für die axiale Zugdruckbeanspruchung; dies gilt auch für die anderen Biegungsfälle. Im Gegensatz zu isotropen Stäben ruft bei anisotropen auch schon eine gleichförmige Biegung eine Verwölbung der Querschnitte zu Flächen zweiten Grades hervor. Diese steht mit den Koeffizienten $s'_{13}, s'_{23}, s'_{36}$ in Zusammenhang. Endlich ist bemerkenswert, daß bei Kristallen die Biegung im allgemeinen von einer Torsion begleitet ist, auch wenn der Stab doppeltsymmetrischen Quer-

[1]) F. NEUMANN, Vorles. über die Theorie der Elastizität, § 90; s. ferner zu diesem Abschnitt: W. VOIGT, Wied. Ann. Bd. 16, S. 421. 1882; Bd. 35, S. 645. 1888; Abhandlgn. d. Ges. d. Wiss. zu Göttingen Bd. 34. 1887.

[2]) B. DE ST. VENANT, Journ. de math. (Liouville) (2) Bd. 1, S. 89. 1856.

[3]) S. Kap. 3, Ziff. 15 ds. Bd. des Handb.

[4]) W. VOIGT, Wied. Ann. Bd. 16, S. 285. 1882; Lehrb. der Kristallphysik, § 314.

schnitt hat und das Moment in einer Hauptträgheitsachse wirkt. Diese Torsion beträgt pro Längeneinheit

$$\vartheta = \frac{1}{2}\left(\frac{M_y}{J_y} s'_{34} - \frac{M_x}{J_x} s'_{35}\right). \tag{3}$$

Sie verschwindet, wenn die Stabachse mit einer beliebig zähligen Symmetrieachse zusammenfällt. Einen experimentellen Nachweis dieser begleitenden Torsion gab REIMERS[1]).

Für Versuche ist es wichtig, darauf zu achten, daß diese wie die folgenden Formeln nur Gültigkeit haben, wenn die Torsion nicht etwa durch die Auflagerbedingungen ganz oder teilweise verhindert wird. Wird sie gänzlich verhindert, so gilt nach VOIGT[2]) für einen rechteckigen Querschnitt mit den Seiten $2a$ und $2b$ an Stelle der Gleichung (2) die folgende

$$u = \frac{l^2 M_y}{8\left[J_y - \frac{4}{3} a^2 b^2 \frac{s'_{35}}{s'_{36}} \varphi\left(\frac{m}{n}\right)\right]} s'_{33} \tag{4}$$

$\varphi(m/n)$ ist die Torsionsfunktion. Um diese Schwierigkeiten bei Versuchen zu vermeiden, wird man von vornherein solche Stäbe bevorzugen (etwa für Konstantenbestimmungen), bei denen die Achse kristallographisch so orientiert ist, daß überhaupt keine Torsion auftritt.

Auf die ST. VENANTsche Lösung für den Kragbalken soll nicht weiter eingegangen werden[3]). Bei der speziellen Orientierung der Stabachse unterscheiden sich Behandlung und Ergebnisse nicht wesentlich von jenen für den isotropen Stab. Eine Übertragung dieser Lösung auf die für Versuche besonders geeignete Belastungsart, bei der ein Balken an beiden Enden aufgelegt und in der Mitte belastet wird, ist aus den in Kap. 3, Ziff. 23 schon angegebenen Gründen nicht möglich. Man muß sich hier mit der üblichen Näherungstheorie begnügen, die die Schubspannungen unberücksichtigt läßt; diese liefert

$$\left.\begin{aligned} u &= \frac{P_x l^3}{48 J_y} s'_{33}, \\ v &= \frac{P_y l^3}{48 J_x} s'_{33}, \\ \vartheta &= \frac{l^2}{32}\left(\frac{P_x}{J_y} s'_{35} - \frac{P_y}{J_x} s'_{36}\right). \end{aligned}\right\} \tag{5}$$

Diese Näherungstheorie ist den Beobachtungen der folgenden Ziffer zugrunde gelegt.

Man kann also aus Biegungsbeobachtungen den der jeweiligen kristallographischen Orientierung der Stabachse entsprechenden Koeffizienten $s'_{33}$ ermitteln. Dessen Zusammenhang mit den (meist gesuchten) Hauptkonstanten ist durch die Transformationsformel (1) von Ziff. 4 gegeben. In dieser Beziehung kommen aber die $s_{ij}$ nicht alle einzeln vor, sondern einzelne nur in festen Verbindungen. Daraus folgt, daß aus Biegungsbeobachtungen allein nicht alle Konstanten gefunden werden können. Aus der für das trikline System angeschriebenen Formel (1) von Ziff. 4 können z. B. für die 18 Konstanten — zunächst 21, es kommen aber die drei Gleichungen (2b) von Ziff. 6 dazu — nie mehr als 15 Gleichungen gewonnen werden. Auch für Systeme mit höherer Symmetrie ist

[1]) TH. REIMERS, Phys. ZS. Bd. 14, S. 276. 1913.

[2]) W. VOIGT, Wied. Ann. Bd. 16, S. 290. 1882; Lehrb. der Kristallphysik, § 317.

[3]) Außer der Originalarbeit s. hierzu das in Ziff. 3 zitierte Lehrbuch von A. E. H. LOVE (A. TIMPE), § 234c; W. VOIGT, Kristallphysik, §§ 325ff. sowie auch K. SOECKNICK, Über das Saint-Venantsche Problem, Beilage zu Progr. Nr. 6 des Friedrichs-Kollegium Königsberg 1904.

die Anzahl der bestimmbaren Kombinationen stets kleiner als die Gesamtzahl der $s_{ij}$ oder $c_{ij}$. Zur vollständigen Bestimmung aller Konstanten muß also noch eine andere, geeignete Beanspruchungsart mit herangezogen werden, am besten wohl meist Torsionsbeobachtungen.

Die Biegung kreisförmiger Platten soll deshalb kurz gestreift werden, weil die ersten (allerdings nur qualitativen) Versuche auf dem Gebiet der Kristallelastizität Studien über Klangfiguren waren, die SAVART[1]) an kreisrunden Platten aus Bergkristall und Kalkspat anstellte. VOIGT[2]) bespricht diese Versuche eingehend und sucht sie soweit als möglich theoretisch zu erklären. Gegenüber den Erklärungsversuchen von SAVART selbst und der gelegentlichen späteren Verwendung kreisförmiger Platten zur Bestimmung der elastischen Konstanten ist zu beachten, daß die Biegung von Platten zum Teil von anderen Konstanten abhängt als die Biegung von Stäben.

**9. Die Torsion.** Strenge Formeln für die Torsionsbeanspruchung kristallinischer Prismen in spezieller Orientierung hat ebenfalls bereits ST. VENANT[3]) entwickelt, jedoch hat erst VOIGT[4]) die Untersuchung auf Stäbe mit beliebiger kristallographischer Orientierung ausgedehnt.

Am einfachsten ist die Lösung für den elliptischen Querschnitt. Der Verdrehungswinkel pro Längeneinheit wird gefunden zu

$$\vartheta = \frac{M l}{4}\left(\frac{s'_{44}}{J_y} + \frac{s'_{55}}{J_x}\right). \tag{1}$$

Einheitlich für alle Querschnitte kann nur der Betrag der Biegung angegeben werden, von der im allgemeinen eine Torsion ebenso begleitet ist wie umgekehrt die Biegung von einer Torsion. Ein Torsionsmoment $M$ ruft eine Krümmung der Stabachse hervor, deren Projektionen die Krümmungsradien haben

$$R_1 = \frac{2J_y}{M s'_{34}}, \quad R_2 = \frac{-2J_x}{M s'_{35}}, \tag{2}$$

Es sind also hierfür dieselben Konstanten $s'_{34}$ und $s'_{35}$ maßgebend wie für die umgekehrte Erscheinung nach Gleichung (3) von Ziff 8. Daraus folgt, daß Stäbe, die durch ein Biegungsmoment nicht tordiert, auch durch ein Torsionsmoment nicht gebogen werden. Dieser Umstand ist übrigens eine einfache Folge aus dem viel allgemeiner gültigen BETTIschen Satz[5]).

Für das Rechteck, die praktisch wichtigste Querschnittsform, hat VOIGT[6]) eine für beliebige Orientierung der Stabachse gültige Formel abgeleitet. Der Verdrehungswinkel pro Längeneinheit ist

$$\vartheta = \frac{3M\left[s'_{55} + \frac{s'^2_{34} b^2}{s'_{33} a^2} + \frac{b^3 F}{a s'_{33}}\left(\frac{s'^2_{34}}{a^2} + \frac{s'^2_{35}}{b^2}\right)\right]}{16 a b^3\left(1 + \frac{b}{a} F\right)} \tag{3}$$

$2a$ und $2b$ sind die Längen der Rechteckseiten (parallel $x'$ bzw. $y'$). $F$ ist eine Funktion des Verhältnisses $\frac{a}{b}$, $\frac{16}{3}\left(1 + \frac{b}{a} F\right)$ entspricht der in Kap. 3, Ziff. 8 eingeführten und für isotrope Körper tabellierten Funktion $f_2$. $F_1$ wie $f_2$ sind

[1]) F. SAVART, Ann. de chim. et de phys. Bd. 40, S. 5 u. 113. 1829. Einige Versuche von SAVART an Gipsplatten (Marienglas) hat ANGSTRÖM ergänzt (A. J. ANGSTRÖM, Pogg. Ann. Bd. 86, S. 206. 1850; Ann. de chim. et de phys. (3) Bd. 38, S. 119. 1850.

[2]) W. VOIGT, Lehrb. der Kristallphysik, § 339ff.

[3]) B. DE ST. VENANT, Mém. des Savants étrangers, Bd. 14, S. 370. 1856.

[4]) W. VOIGT, Wied. Ann. Bd. 16, S. 294. 1882; Bd. 29, S. 604. 1886; Lehrb. der Kristallphysik, § 319.

[5]) E. BETTI, Nuovo Cimento Bd. 7, S. 2 u. 89. 1872; W. VOIGT, Kristallphysik, § 283.

[6]) W. VOIGT, Wied. Ann. Bd. 29, S. 604. 1886.

zwar im allgemeinen unbekannt, doch macht dies die Gleichung (3) nicht wertlos. Ebenso wie im Falle der Isotropie (Kap. 3, Ziff. 8), kann nämlich $F$ genau genug als Konstante angesehen werden, wenn das Rechteck flach ist, so daß $a > 3b$. Durch Versuche an gleich orientierten Stäben mit verschiedenem Verhältnis $a/b$ kann dies geprüft und die Konstante ermittelt werden. Da $s'_{34}$ und $s'_{35}$ klein sind gegen $s'_{33}$ und $s'_{55}$, so kann man, besonders bei großem Verhältnis $a/b$ in der Eckklammer das zweite und dritte Glied gegen $s'_{55}$ vernachlässigen und erhält dann die einfachere Formel

$$\vartheta = \frac{3Ms'_{55}}{16ab^3\left(1+\frac{b}{a}F\right)} = \frac{Ms'_{55}}{ab^3f_2}. \tag{4}$$

Sie gilt natürlich streng, wenn $s'_{34} = s'_{35}$, d. h., wenn die Stabachse mit einer Symmetrieachse zusammenfällt. Ist die Stabachse eine geradzählige Symmetrieachse, oder steht sie senkrecht auf einer Symmetrieebene, so läßt sich auch $F$ näher bestimmen. Es ist für langgestreckte Rechtecke näherungsweise

$$F = -\frac{2}{\pi}\,\frac{\sqrt{s'_{44}s'_{55}-s'^2_{45}}}{s'_{55}}\left(1+0{,}51\,\frac{s'^2_{45}}{s'_{44}s'_{55}-s'^2_{45}}\right). \tag{5}$$

Ist $s'_{45} = 0$, was zutrifft, wenn $z'$ eine drei- oder höherzählige Achse ist, oder auch, wenn $z'$ nur eine zweizählige, aber dazu noch $x'$ eine geradzählige Achse ist (z. B. $z'$ Hauptachse des rhombischen Systems), so wird

$$F = -\frac{2}{\pi}\sqrt{\frac{s'_{44}}{s'_{55}}}\,. \tag{6}$$

Wenn auch noch $s'_{44} = s'_{55}$ (also $z'$ eine drei- oder höherzählige Achse), so wird einfach $F = -\frac{3}{\pi} = -0{,}637$, was nur wenig von dem genaueren St.-Venantschen Wert

$$F = -0{,}630 \tag{7}$$

abweicht, der für $a > 3b$ gilt. Dann ist also für flache Rechteckquerschnitte

$$\vartheta = \frac{3Mls'_{55}}{16ab^3\left(1-0{,}63\,\frac{b}{a}\right)} \tag{8}$$

was mit Gleichung (8), Kap. 3, Ziff. 8 für isotrope Stoffe übereinstimmt. Wenn $a$ sehr groß gegen $b$, wird

$$\vartheta = \frac{3Mls'_{55}}{16ab^3}, \tag{9}$$

was auch als Grenzwert aus der Formel (1) für elliptische Querschnitte hervorgeht, wenn $J_y$ gegen $J_x$ unendlich groß wird.

Überdies hat Voigt[1]) gezeigt, daß diese Formeln mit großer Genauigkeit auch angewandt werden können, wenn die Stabachse in eine dreizählige Symmetrieachse fällt, wofür sie ja zunächst nicht gelten. Dies haben auch Versuche an Stäben von Quarz und Kalkspat (trigonales System, Gruppe 5), deren Achse parallel der dreizähligen Hauptachse war, sehr gut bestätigt.

Torsionsbeobachtungen liefern also, wenn die Stäbe kreisförmigen Querschnitt haben, $\frac{1}{2}(s'_{44}+s'_{55})$, wenn sie langgestreckten rechteckigen Querschnitt haben, den Koeffizienten $s'_{55}$, der dem reziproken Schubmodul $G$ entspricht. Ebenso wie Biegungsbeobachtungen genügen auch Torsionsbeobachtungen für sich allein nicht zur Bestimmung aller Hauptkonstanten. Zwar kommen in Gleichung (2), Ziff. 4, die die $s'_{ij}$ nach dem Hauptachsensystem transformiert, für das trikline System 21 Kombinationen vor, die sich aber wegen der Beziehung

[1]) W. Voigt, Lehrb. der Kristallphysik, § 321, S. 647.

$\beta_1\gamma_1 + \beta_2\gamma_2 + \beta_3\gamma_3 = 0$ auf 17 reduzieren. Darunter sind 6, die aus Biegungsbeobachtungen nicht ermittelt werden können. Aus Biegungs- und Torsionsbeobachtungen zusammen können dagegen immer alle Konstanten ermittelt werden.

Auf diese Weise sind auch die folgenden Konstantenbestimmungen durchgeführt worden.

**10. Konstantenbestimmungen.** Im folgenden sind diejenigen kristallinen Stoffe aufgezählt, für welche die elastischen Konstanten aus Formänderungsmessungen ermittelt sind. Die Literaturnachweise sind möglichst vollständig gegeben, jedoch ist auf Angaben über die Genauigkeit und Vollständigkeit der einzelnen Bestimmungen verzichtet, ebenso auf die Angabe der Zahlenwerte selbst[1,2]).

Steinsalz (NaCl); Klasse: $O_h$, Gruppe 11, reguläres System.

P. GROTH, Berl. Ber. Jg. 1875, S. 544; W. VOIGT, Pogg. Ann., Erg.-Bd. 7, S. 1 u. 177. 1876; Berl. Ber. Jg. 1883, S. 971 u. Jg. 1884, S. 525; Göttinger Nachr. 1888, S. 323; Wied. Ann. Bd. 35, S. 651. 1888; K. R. KOCH, Ber. d. Freib. nat. Ges. Bd. 8, S. 1. 1881; Wied. Ann. Bd. 5, S. 251. 1878; Bd. 18, S. 325. 1883; W. C. RÖNTGEN u. J. SCHNEIDER, Wied. Ann. Bd. 31, S. 1000. 1887; S. MARESCA, Nuovo Cimento (5) Bd. 10, S. 18. 1905; TH. STEINEBACH, ZS. f. Phys. Bd. 33, S. 664. 1925.

Flußspat ($CaF_2$); Klasse: $O_h$, Gruppe 11, reguläres System.

W. VOIGT, Berl. Ber. Jg. 1884, S. 535; Göttinger Nachr. 1888, S. 299; Wied. Ann. Bd. 35, S. 645. 1888; H. KLANG, ebenda Bd. 12, S. 321. 1881; A. MALLOCK, Proc. Roy. Soc. London Bd. 49, S. 380. 1891.

Kupfer (C); Klasse: $O_h$, Gruppe 11, reguläres System.

W. VOIGT, Berl. Ber. Jg. 1883, S. 525; Jg. 1884, S. 539.

Sylvin (KCl); Klasse: $O$[3]), Gruppe 11, reguläres System.

K. R. KOCH, Wied. Ann. Bd. 18, S. 339. 1883; W. C. RÖNTGEN u. J. SCHNEIDER, ebenda Bd. 31, S. 1000. 1887; W. VOIGT, Göttinger Nachr. 1888, S. 330; Wied. Ann. Bd. 35, S. 655. 1888; K. FÖRSTERLING, ZS. f. Phys. Bd. 2, S. 172. 1920.

Zinkblende (ZnS); Klasse: $T_d$, Gruppe 10, reguläres System.

W. VOIGT, Göttinger Nachr. 1918, S. 424.

Pyrit ($FeS_2$); Klasse: $T_h$, Gruppe 10, reguläres System.

W. VOIGT, Göttinger Nachr. 1888, S. 310; Wied. Ann. Bd. 35, S. 649. 1888.

Alaune; Klasse: $T_h$, Gruppe 10, reguläres System.

J. BECKENKAMP, ZS. f. Kristallogr. Bd. 10, S. 41. 1885; Bd. 12, S. 419. 1887; W. VOIGT, Göttinger Nachr. 1919, S. 85; S. MARESCA, Nuovo Cimento (5) Bd. 10, S. 18. 1905.

Natriumchlorat ($NaClO_3$); Klasse: $T$, Gruppe 10, reguläres System.

K. R. KOCH, Wied. Ann. Bd. 18, S. 344. 1883; W. VOIGT, Göttinger Nachr. 1893, S. 220; Wied. Ann. Bd. 49, S. 719. 1893.

Beryll ($Al_2Be_3(SiO_3)_6$); Klasse: $D_{6h}$, Gruppe 9, hexagonales System.

W. VOIGT, Göttinger Nachr. 1886, S. 105; Wied. Ann. Bd. 31, S. 474. 1887; ZS. f. Krist. Bd. 12, S. 482. 1887.

---

[1]) Zusammenstellungen von Zahlenwerten findet man z. B. in W. VOIGT, Lehrb. der Kristallphysik, §§ 372ff. Leipzig 1910; F. AUERBACH u. W. HORT, Handb. d. physikalischen u. technischen Mechanik, Bd. III, S. 266. Leipzig 1925. Über den Aufbau der einzelnen Kristallgitter findet man Auskunft in dem Referat von P. P. EWALD, ds. Handb. Bd. XXIV, S. 329, oder in den Strukturberichten von P. P. EWALD u. C. HERMANN in der ZS. f. Krist. von 1913 ab; s. dazu auch die Stereoskopbilder von Kristallgittern, herausgegeben von M. v. LAUE u. R. v. MISES. Berlin: Julius Springer 1926.

[2]) In diesem Zusammenhang mögen auch die Untersuchungen von H. CARRINGTON an Holz genannt werden: Phil. Mag. (6) Bd. 41, S. 848. 1921; Bd. 43, S. 871. 1922; Bd. 44, S. 288. 1922; Bd. 45, S. 1055. 1923.

[3]) Über die Frage der Klassenzugehörigkeit ($O$ oder $O_h$) s. K. F. HERZFELD u. A. HETTICH, ZS. f. Phys. Bd. 38, S. 1. 1926 u. J. J. P. VALETON, ebenda Bd. 39, S. 69. 1926.

Einkristalle von Zink und Cadmium; Klasse: $D_{6h}$, Gruppe 9, hexagonales System.

E. GRÜNEISEN u. E. GOENS, ZS. f. Phys. Bd. 26, S. 235. 1924; P. W. BRIDGEMAN, Proc. Nat. Acad. Amer. Bd. 10, S. 411. 1924.

Einkristalle von Wismut, Antimon, Tellur, Zinn, Wolfram; Klasse: $D_{3d}$, Gruppe 9, rhomboedrisches (hexagonales) System.

P. W. BRIDGEMAN, Proc. Nat. Acad. Amer. Bd. 10, S. 411. 1924; zu Wismut s. auch M. GEORGIEFF u. E. SCHMID, ZS. f. Phys. Bd. 36, S. 759. 1926.

Selen (Se); Klasse: $D_{3d}$, Gruppe 9, rhomboedrisches (hexagonales) System, metallische Modifikation.

L. P. SIEG u. R. F. MILLER, Phys. Rev. (2) Bd. 17, S. 411. 1921.

Eis ($H_2O$); Klasse: $D_{3d}$, Gruppe 9, rhomboedrisches (hexagonales) System.

H. HESS, Drudes Ann. Bd. 8, S. 405. 1902.

Apatit ($Ca_5Cl(PO_4)_3$); Klasse: $C_{6h}$, Gruppe 8, hexagonales System.

H. VATER, ZS. f. Krist. Bd. 11, S. 549. 1886.

Kalkspat ($CaCO_3$); Klasse: $D_{3h}$, Gruppe 5, hexagonales (trigonales) System.

G. BAUMGARTEN, Pogg. Ann. Bd. 152, S. 369. 1874; W. VOIGT, Göttinger Nachr. 1889, S. 483; Wied. Ann. Bd. 39, S. 413. 1890; H. VATER, ZS. f. Krist. Bd. 11, S. 549. 1886.

Eisenglanz ($Fe_2O_3$); Klasse: $D_{3h}$, Gruppe 5, hexagonales (trigonales) System.

W. VOIGT, Ann. d. Phys. Bd. 22, S. 129. 1907.

Quarz ($SiO_2$); Klasse: $D_3$, Gruppe 5, rhomboedrisches (trigonales) System.

W. VOIGT, Göttinger Nachr. 1886, S. 305; Wied. Ann. Bd. 31, S. 495 u. 701. 1887.

Turmalin; Klasse: $C_{3v}$, Gruppe 5, rhomboedrisches (trigonales) System.

W. VOIGT, Göttinger Nachr. 1890, S. 279; A. MALLOCK, Proc. Roy. Soc. London Bd. 49, S. 380. 1891.

Dolomit; ($CaMg(CO_3)_2$) Klasse: $C_{3h}$, Gruppe 4, hexagonales (trigonales) System.

W. VOIGT, Wied. Ann. Bd. 40, S. 642. 1890.

Baryt ($BaSO_4$); Klasse: $V_h$, Gruppe 3, rhombisches System.

W. VOIGT, Göttinger Nachr. 1887, S. 596; Wied. Ann. Bd. 34, S. 1006. 1888; H. NIEDMANN, ZS. f. Krist. Bd. 13, S. 362. 1888.

Topas ($5\,Al_2SiO_5 + Al_2SiF_{10}$); Klasse: $V_h$, Gruppe 3, rhombisches System.

W. VOIGT, Göttinger Nachr. 1887, S. 573; Wied. Ann. Bd. 34, S. 981. 1888.

Gips ($CaSO_5 + 2H_2O$); Klasse: $C_{2h}$, Gruppe 2, monoklines System.

L. A. COROMILAS, Dissert. Tübingen 1877; ZS. f. Krist. Bd. 1, S. 407. 1877; TH. REIMERS, Phys. ZS. Bd. 14, S. 276. 1913.

Feldspat (Orthoklas, $K_2Al_2Si_6O_{16}$); Klasse: $C_{2h}$, Gruppe 2, monoklines System.

L. A. COROMILAS, Dissert. Tübingen 1877.

Kaliglimmer ($Al_3KH_2(SiO_4)_3$); Klasse: $C_{2h}$, Gruppe 2, monoklines System.

L. A. COROMILAS, Dissert. Tübingen 1877.

Der Zweck dieser Messungen ist zunächst, zu entscheiden, ob sich einerseits alle Beobachtungen in die oben entwickelte Theorie einordnen lassen, andererseits, ob alle auf Grund der Symmetrieverhältnisse möglichen Unterschiede auch wirklich auftreten. Beide Fragen sind zu bejahen. Sodann war es natürlich eine Aufgabe von besonderem Interesse, eine Entscheidung in dem Streit zwischen Rari- und Multikonstantentheorie durch den Versuch herbeizuführen, d. h. zu untersuchen, ob die CAUCHYschen Relationen erfüllt sind. Es wurde schon wiederholt erwähnt, daß dies im allgemeinen nicht zutrifft. Für die moderne Gitterdynamik sind die elastischen Messungen ein wichtiges Material, um die fortschreitenden theoretischen Spekulationen auf ihre Richtigkeit zu prüfen.

So wurde z. B. schon erwähnt, daß die Gittertheorie für gewisse einfache Strukturen, wie Steinsalz und Sylvin, die Erfüllung der CAUCHYschen Relation $c_{12} = c_{44}$ verlangt. Tatsächlich fand VOIGT für Steinsalz (NaCl):

$$c_{11} = 0{,}477 \cdot 10^6, \qquad c_{12} = 0{,}132 \cdot 10^6, \qquad c_{44} = 0{,}129 \cdot 10^6 \text{ kg/cm}^2.$$

Die Versuche mit Sylvin hat VOIGT an zwei Kristallen ausgeführt. Die Ergebnisse weichen verhältnismäßig stark voneinander ab. Das Mittel scheint die Beziehung $c_{12} = c_{44}$ nicht zu befriedigen. FÖRSTERLING prüfte die beiden Messungen einzeln mittels des aus anderen Versuchen ziemlich sicher und genau bekannten Wertes für die Kompressibilität [Gleichung (4), Ziff. 6] und kam zu dem Ergebnis, daß die Messungen am ersten Kristall auszuscheiden sind. Jene des zweiten Kristalls bestätigen dann die obige Beziehung sehr gut. Es ist für Sylvin (KCl)

$$c_{11} = 0{,}384 \cdot 10^6, \qquad c_{12} = 0{,}065 \cdot 10^6, \qquad c_{44} = 0{,}064 \cdot 10^6 \text{ kg/cm}^2.$$

Dagegen ist bei anderen Kristallen des regulären Systems diese Relation durchaus nicht erfüllt. Natriumchlorat und Pyrit haben sogar ein negatives $c_{12}$, d. h. bei der Dehnung von Stäben, deren Achse in eine Symmetrieachse fällt, findet quer dazu keine Zusammenziehung, sondern ebenfalls eine Dehnung statt.

Für Pyrit ($FeS_2$) ist z. B.

$$c_{11} = 3{,}68 \cdot 10^6, \qquad c_{12} = -\,0{,}483 \cdot 10^6, \qquad c_{44} = 1{,}075 \cdot 10^6 \text{ kg/cm}^2.$$

Was die elastischen Messungen an Metallen betrifft, so sind sichere eindeutige Resultate nur bei Einkristallen zu erwarten. Die Unregelmäßigkeiten und Schwankungen, die man bei Versuchen mit gewöhnlichen Metallen häufig beobachtet, sind darin begründet, daß es sich bei ihnen um polykristalline Gefüge handelt, in denen immer noch eine mehr oder minder starke Anisotropie vorhanden ist. Näheres über die hier auftretenden Fragen der Größe und Regelung (d. h. Orientierung) der Kristallite in metallischen Gefügen, die dadurch entstehenden Symmetrieverhältnisse usw. findet man in dem Referat von EWALD[1]), Bd. 24 dieses Handbuches

**11. Geometrische Darstellung der Elastizitätsverhältnisse in Kristallen.** Legt man Wert auf eine möglichst direkte Darstellung der beobachtbaren Deformationen, so ist es naheliegend, den Dehnungs-(Biegungs-)Modul $s'_{33}$ und den Torsionsmodul, etwa $s'_{55}$ als Funktion der Richtung darzustellen, indem man von einem Punkt aus in jeder Richtung eine dem Koeffizienten proportionale Strecke aufträgt. Man erhält so die Dehnungs- bzw. Drillungsfläche. FINSTERWALDER hat zuerst solche Modelle berechnet und in Gips anfertigen lassen. Für eine ebene zeichnerische Darstellung muß man sich auf die Wiedergabe von Schnitten beschränken, wie es z. B. in Abb. 4, S. 419, geschehen ist. Diese Methode hat den Nachteil, daß eine größere Anzahl von Aggregaten der Konstanten zur Darstellung verwendet wird, als nach der Gesamtzahl voneinander unabhängig sind. Um diesen Nachteil zu vermeiden, könnte man die Drillungsfläche durch jene ersetzen, die die lineare Längsdehnung bei allseitigem Druck als Funktion der Richtung darstellt. Diese 6 Parameter zusammen mit den 15 der Dehnungsfläche würde gerade auf die Zahl der Hauptmoduln führen. Näheres hierüber sowie andere Gesichtspunkte und Methoden findet man bei VOIGT[2]) und FINSTERWALDER[3]).

**12. Technisch wichtige Anisotropien.** Es wurde schon in der Einleitung erwähnt, daß die Anisotropie auch in der technischen Festigkeitslehre eine Rolle spielt, weil sich gewalztes Blech, gezogene Drähte und Rohre, überhaupt plastisch deformierte Stoffe, ferner Wellblech u. dgl., insbesondere auch Eisenbeton, elastisch anisotrop verhalten. Hier müssen einige Hinweise genügen.

[1]) P. P. EWALD, ds. Handb. Bd. XXIV, Kap. 4, S. 365ff.
[2]) W. VOIGT, Lehrb. der Krist., § 370; Wied. Ann. Bd. 63, S. 376. 1897.
[3]) S. FINSTERWALDER, Münch. Ber. 1888, S. 257.

VOIGT[1]) untersucht die Elastizitätsverhältnisse „zylindrisch aufgebauter Körper", worunter er versteht, daß diese Körper in Punkten, die auf koaxialen Zylindern liegen, gleiches Verhalten zeigen. Ein durch zwei benachbarte Meridianebenen und zwei benachbarte Querschnitte abgegrenzes Volumelement hat dann eine elastische Symmetrieebene parallel der Meridianebene und eine normal zur Zylinderachse. Es verhält sich also im allgemeinsten Fall wie ein Element eines rhombischen Kristalls (9 Konstanten). Elemente, die auf demselben Breitenkreis liegen, besitzen gleiche Konstanten, aber veränderliche Achsenrichtung; Elemente auf demselben Radius haben gleiche Achsenrichtungen, aber verschiedene Konstanten. Die sehr interessanten Folgerungen verdienen Beachtung bei Zug- und Torsionsversuchen an Rohren und Drähten (Stäben), deren Herstellung die Gefahr der Anisotropie mit sich bringt.

Auf diese Möglichkeit einer krummlinigen Anisotropie, die dadurch gekennzeichnet ist, daß die Symmetrieachsen in verschiedenen Punkten verschieden gerichtet sind[2]), hat bereits ST. VENANT[3]) hingewiesen. Er behandelt als Beispiel Rohr und Hohlkugel unter gleichmäßigem Oberflächendruck. Das letztere Problem ist für Piezometerversuche von Bedeutung.

Inwiefern Eisenbeton, insbesondere mit Rundeisen kreuzweise bewehrte Platten, als anisotrop angesehen werden müssen, zeigt LEITZ[4]) und macht unter Zuziehung von Versuchsergebnissen auch quantitative Angaben.

Für die Theorie der dünnen anisotropen Platte findet man die Grundlagen bereits in der Dissertation von GEHRING[5]) (1860) und unabhängig davon bei BOUSSINESQ[6]). In neuerer Zeit hat sich HUBER[7]) um dieses praktisch wichtige Problem verdient gemacht. Es muß hier genügen, die Differentialgleichung für die orthogonal-anisotrope („orthotrope") Platte anzugeben; sie lautet

$$B_1 \frac{\partial^4 w}{\partial x^4} + 2H \frac{\partial^4 w}{\partial x^2 \partial y^2} + B_2 \frac{\partial^4 w}{\partial y^4} - p = 0;$$

$2H$ ist eine Abkürzung für $\frac{B_1}{m_2} + \frac{B_2}{m_1} + 4C$,

$B_1 = \frac{m_1 m_2}{m_1 m_2 - 1} E J_1$ die Biegungssteifigkeit in der $x$-Richtung, $B_2$ jene in der $y$-Richtung,

$2C$ die Drillungssteifigkeit, je bezogen auf die Querschnittsbreite 1,

$m_1$, $m_2$ die Querdrehungszahlen in der $x$- bzw. $y$-Richtung. Die Koordinatenachsen sind mit den elastischen Achsen übereinstimmend vorausgesetzt. Die fünf Konstanten $B_1$, $B_2$, $m_1$, $m_2$, $C$ genügen zur Beschreibung der elastischen Eigenschaften.

STEUERMANN[8]) dehnt die Biegungstheorie der rotationssymmetrisch geformten und belasteten Schalen (Kap. 3, Ziff. 64) auf den Fall der anisotropen Wandung aus (Eisenbeton, Verstärkung durch Rippen).

---

[1]) W. VOIGT, Göttinger Nachr. 1886, S. 505.

[2]) Wenn die Richtung der Symmetrieachsen und die Konstanten an jeder Stelle durch ein bekanntes Gesetz gegeben sind, wird man auch einen solchen Körper noch als homogen bezeichnen.

[3]) B. DE ST. VENANT, Journ. de math. (Liouville) (2) Bd. 10. 1865; s. auch A. E. H. LOVE (A. TIMPE), Lehrb. der Elastizität, § 114.

[4]) H. LEITZ, ZS. f. angew. Math. u. Mech. Bd. 4, S. 225. 1926.

[5]) F. GEHRING, Dissert. Berlin 1860.

[6]) M. J. BOUSSINESQ, Journ. de math. (Liouville) 1879, S. 329.

[7]) M. T. HUBER, ZS. d. Österr. Ing.- u. Arch.-Ver. 1914, Nr. 30; ferner außer mehreren Arbeiten in polnischer Sprache C. R. Bd. 170, S. 511 u. 1305. 1920; Der Bauingenieur Jg. 4, H. 12/13. 1923; Jg. 6, H. 1, 2 u. H. 30. 1925; C. R. Bd. 180, S. 1243. 1925; ZS. f. angew. Math. u. Mech. Bd. 6, S. 228. 1926; ferner H. LEITZ, Die Bautechnik Jg. 1923, S. 155.

[8]) E. STEUERMANN, ZS. f. angew. Math. u. Mech. Bd. 5, S. 449. 1925.

Kapitel 6.

# Plastizität und Erddruck.

Von

**A. NÁDAI**, Göttingen.

Mit 91 Abbildungen.

## I. Einleitung.

**1. Der plastische Zustand der festen Körper.** In den vorangehenden Kapiteln 2 bis 5 konnten die Gleichgewichtszustände des elastischen Körpers und die Bewegungsvorgänge in ausgebreiteten elastischen Massen auf Grund des HOOKEschen Gesetzes[1]) unter Anwendung der Regeln der Statik und der Dynamik behandelt werden. Auf Grund des HOOKEschen Gesetzes konnten die Komponenten des Dehnungszustandes als lineare Funktionen der Komponenten des Spannungszustandes ausgedrückt werden. So konnten für wichtige Aufgaben der technischen Anwendungen und der Physik die Spannungszustände der elastischen Körper vollständig bestimmt oder die Gesetze der Fortpflanzung von Wellenbewegungen in ihnen angegeben werden. Im folgenden soll eine Gruppe von weiteren Bewegungs- und Gleichgewichtszuständen von stetig verbreiteten Massen betrachtet werden, zu deren Beschreibung die physikalischen Voraussetzungen der vorangehenden Kapitel über den elastischen Körper nicht mehr ausreichen.

Unter den stetig verbreiteten Massen hat die Mechanik sich zwei Idealgebilde geschaffen: den isotropen, vollkommen elastischen Körper, und die vollkommene Flüssigkeit. Im Begriff des vollkommen elastischen Kontinuums ist außer der obenerwähnten Voraussetzung implizite die Forderung mit enthalten, daß es ein fester Körper sei. Als ein mechanisches Merkmal des festen Aggregatzustandes der Materie wird dabei angenommen, daß die Teile eines festen Körpers in ihrem Innern außer den zu den Schnittflächen senkrechten Zug- und Druckkräften (Normalspannungen) auch tangential zu ihnen gerichtete Kräfte (Schubspannungen) von beträchtlicher Größe zu übertragen vermögen. Im Gegensatze dazu gilt die leichte Beweglichkeit als ein Merkmal des flüssigen Aggregatzustandes der Materie, das seinen mechanischen Ausdruck darin findet, daß in jeder Schnittfläche einer im Gleichgewichtszustande befindlichen Flüssigkeit stets ein Druck wirkt, der senkrecht zur Schnittfläche gerichtet ist. Eine gewisse Mittelstellung zwischen den festen Körpern und den vollkommenen Flüssigkeiten nehmen die sog. „zähen“ Flüssigkeiten ein. Im Ruhezustande verhalten sie sich wie die „vollkommenen“; wenn jedoch während der Bewegung eine Flüssigkeitsschicht sich relativ zur nächstbenachbarten Schicht verschiebt, üben ihre Teile tangential gerichtete Kräfte aufeinander aus.

---

[1]) Siehe Kapitel 1, Ziff. 4 dieses Bandes.

Schon eine oberflächliche Betrachtung der Änderungen der Gestalt, die man an den festen Körpern beobachten kann, läßt erkennen, daß die eben erwähnten mechanischen Merkmale der Materie zur Kennzeichnung ihres festen, bzw. ihres flüssigen Zustandes keineswegs ausreichen, um die Stoffe in ihrem Verhalten schärfer vom Standpunkt der Mechanik gegeneinander abzugrenzen. Bei den dehnbaren Metallen fällt auf, daß sie sich bleibend biegen, pressen, durch Hämmern stark dehnen lassen, ohne daß sie ihre elastischen und Festigkeitseigenschaften dabei einbüßen. An vielen Stoffen mineralischer Art, die man gewöhnt ist, als fest anzusehen, lassen sich bleibende Veränderungen ihrer äußeren Form nachweisen, wenn man sie hinreichend lang beobachten konnte. Bei andern können diese Veränderungen der äußeren Gestalt verhältnismäßig schnell erzeugt werden. So lassen beispielsweise die Aufschlüsse aus den sorgfältig aufgenommenen Profilen der deutschen Steinsalzlagerstätten von SEIDL[1]) in den Salzstöcken unzweifelhaft erkennen, daß das Steinsalz aus seinen tiefer gelegenen Schichten an einzelnen nachgiebigen Stellen des Deckgebirges im Laufe der geologischen Zeiten sich einen Weg nach der Erdoberfläche hin gebahnt hat und in den Salzstöcken nach oben emporgequollen ist. Obwohl Steinsalz in seinen Spaltstücken als ein sehr spröder Stoff bekannt ist, läßt es sich im erwärmten Zustande in Stäbchen leicht stark bleibend verbiegen oder verdrillen. In den aus Sedimentation entstandenen Gesteinschichten, die niemals unter erhöhten Temperaturen sich befunden haben, weist die Geologie vielfach die Spuren von bruchlosen Verformungen nach. Auf Grund dieser und ähnlicher Beobachtungstatsachen muß angenommen werden, daß die Eigenschaft der dehnbaren Metalle, sowie der eben erwähnten gesteinartigen Körper, ihre Gestalt in vollkommen stetiger Weise bleibend zu ändern, wahrscheinlich eine sehr allgemeine Eigenschaft der festen Körper überhaupt ist. Wie die zahlreichen Festigkeitsversuche beweisen, die man mit den verschiedensten Stoffen angestellt hat, lassen die Stoffe mit einem festen, kristallinischen Gefüge sich unter bestimmten mechanischen Bedingungen in einen Zustand — den plastischen oder bildsamen Zustand — überführen, in dem sie sich in stetiger Weise bleibend verformen lassen oder in dem sie, wie man sagt, *fließen*.

Da der allgemeine Zustand, in dem ein kleines Raumelement eines durch Kräfte belasteten Körpers hinsichtlich der in ihm wirkenden Spannkräfte sich befindet, sich auf drei zueinander senkrechte Zug- oder Druckbeanspruchungen, auf seine *Hauptspannungen* $\sigma_1, \sigma_2, \sigma_3$ zurückführen läßt[2]), so können die mechanischen Bedingungen, unter denen die festen Stoffe zu fließen beginnen, genauer so ausgedrückt werden: *in einem bildsamen (plastischen) Zustand eines festen Körpers muß mindestens eine Hauptspannung von den beiden andern verschieden sein.* Nach den bisherigen Erfahrungen muß nämlich angenommen werden, daß die meisten festen Körper unter einem allseitig gleichen Druck, wie er in einer vollkommenen Flüssigkeit oder in großen Tiefen im Meere herrscht, im wesentlichen nur elastisch komprimiert werden. (Eine Ausnahme bilden die Stoffe mit einem sehr lockeren Gefüge oder sehr poröse Stoffe, wie Holz, die durch einen hydrostatischen Druck auch stark bleibend zusammengedrückt werden.) Eine stetige bleibende Gestaltänderung ohne Bruch kann nur durch einen Spannungzustand mit ungleichen Hauptspannungen hervorgerufen werden. Die festen Körper lassen sich ohne Bruch verformen, wenn alle drei Hauptspannungen Druckspannungen sind: unter hohen Drucken läßt sich in jedem festen Stoff ein bildsamer Zustand erzeugen, wenn beispielsweise zwei von den Hauptspannungen gleich sind und die dritte hinreichend groß (oder klein) gewählt wird.

---

[1]) E. SEIDL, Schürfen, Belegen und Schachtabteufen auf deutschen Zechstein-Salzhorsten. Herausgegeben von der preuß. geologischen Landesanstalt. Berlin 1921.

[2]) Siehe Kapitel 2, Ziff. 5 dieses Bandes.

Außer an den Körpern mit einem festen kristallinischen Gefüge (Metalle, Gesteine) werden die bildsamen Formänderungen an Stoffen mit einem sehr lockeren Gefüge beobachtet. Unter den amorphen Substanzen sind Erdpech, Asphalt, Wachs, Paraffin, konsistente Fette, erhitztes Glas, Siegellack als hochplastische Stoffe bekannt. Die kolloidhaltigen Erden und Böden (Porzellanerde, Ton) sind im angefeuchteten Zustand bildsam. Da vom Standpunkt der Mechanik die Gleichgewichtszustände der erdartigen, lockeren Körper (Sand, Pulver) in vieler Hinsicht ebenfalls ähnlichen Regeln folgen, wie die festen Körper in ihrem plastischen Zustand, so können die Gleichgewichtszustände der erdartigen losen Körper in die Betrachtung zweckmäßig einbezogen werden[1]).

Vom Standpunkte des inneren Aufbaus der festen Körper muß hier eine wichtige Unterscheidung der Stoffe erwähnt werden, die an ihre innere Struktur anknüpft. Nach Tammann[2]) sind die isotropen Zustände der Materie (Gase, Flüssigkeiten, glasartige feste Körper) von den anisotropen (Kristalle) zu unterscheiden. In den letzteren sind die elementaren Bausteine der Materie, die Atome, Ionen, Moleküle, in geometrisch genau angebbarer, regelmäßiger Weise in Raumgittern angeordnet, in den glasartigen festen Körpern (in den amorphen Stoffen) und in den Flüssigkeiten befinden sie sich in einem regellosen Zustand. Soweit nicht der innere Mechanismus der bildsamen Formänderungen in den Stoffen mit einheitlichem Gefügeaufbau (Kristall, Glas) in Betracht gezogen wird, wie er im Gitter der Kristalle oder unter den Molekülen der glasartigen, amorphen Körper bei den plastischen Formänderungen tätig sein muß, braucht bei der grobmechanischen Beschreibung der Erscheinungen der Plastizität auf die Struktur nicht näher eingegangen zu werden[3]).

In den meisten festen Körpern mit kristallinischer Struktur, wie in den aus der Schmelze entstandenen Metallen (gegossene Metalle, Roh-, Gußeisen), in den durch eine mechanische Verarbeitung veränderten technischen Metallen (gezogener Draht, gewalzte Stäbe, Bleche, Schmiedestücke) und in den meisten Gesteinen sind die kleinsten Teilchen einheitlicher Beschaffenheit, die Kristallkörner,

---

[1]) Die Fragen der Plastizität werden von einem mechanischen Standpunkt behandelt u. a. in den Werken über Elastizität und Festigkeit und über mechanische Technologie der Techniker. Erwähnt seien: Ch. Duguet, Limite d'élasticité et résistance à la rupture. 1. und 2. Band. Paris 1882 u. 1885; C. Bach u. R. Baumann, Elastizität und Festigkeit, 9. Aufl. Berlin 1924; Festigkeitseigenschaften und Gefügebilder der Konstruktionsmaterialien, 2. Aufl. 1921; A. Föppl, Vorlesungen über technische Mechanik, Bd. III; A. u. L. Föppl, Drang und Zwang, eine höhere Festigkeitslehre für Ingenieure. 1. Band, 2. Aufl. München 1923; O. Föppl, Grundzüge der Festigkeitslehre, Leipzig 1923; P. Ludwik, Elemente der technologischen Mechanik. Berlin 1909; A. Rejtö, Einige Prinzipien der theoretischen mechanischen Technologie der Metalle. Berlin 1927; G. Sachs, Grundbegriffe der mechanischen Technologie der Metalle. Leipzig 1925; S. Timoshenko and J. M. Lessels, Applied elasticity. Pittsburgh 1925. Ferner seien erwähnt: Th. v. Kármán, Enzyklopädie der mathematischen Wissenschaften, Bd. 4 (4) (Mechanik); A. Martens, Handb. d. Materialienkunde. 1. Bd., 2. Aufl. (in Vorbereitung), 2. Teil von E. Heyn 1926 (Metalle, Legierungen); O. Mohr, Gesammelte Abhandlungen, 2. Aufl. Berlin 1914; P. Goerens, Lehrbuch der Metallographie. Halle 1915; J. Czochralski, Moderne Metallkunde in Theorie und Praxis. Berlin 1924; Mitteilungen aus dem K. W.-Institut für Eisenforschung. Herausgegeben von F. Körber. Verlag von Stahl und Eisen. Düsseldorf; Mitteilungen aus dem Materialprüfungsamt zu Berlin-Dahlem; P. Oberhoffer, Das technische Eisen, 2. Aufl. Berlin 1925; G. Tammann, Aggregatzustände, die Zustandsänderungen der Materie in Abhängigkeit von Druck und Temperatur. Leipzig 1922; Lehrbuch der Metallographie, 2. Aufl. Leipzig 1921.

[2]) G. Tammann, Aggregatzustände, Leipzig 1922.

[3]) Bezüglich des Aufbaues der festen Materie vom Standpunkt der Atommechanik und seiner Erforschung durch die Röntgenstrahlen muß auf die betreffenden Abschnitte des Handbuches verwiesen werden; vgl. insbesondere Bd. XXIV, Kapitel 4 von P. P. Ewald und Kapitel 5 von M. Born und O. F. Bollnow, S. 370, Bd. X, Kapitel 1 von E. Grüneisen, S. 1.

von ziemlich kleinen Abmessungen (meist sind die Abmessungen der Kristallkörner nur kleine Bruchteile eines Millimeters). Mit den primitiven Entfernungen der Atome oder Moleküle in den Kristallgittern verglichen, bilden die Kristallkörner noch große Blöcke. Obwohl die einzelnen Bestandteile im Kleingefüge der kristallinischen festen Körper aus anisotropen Kristallen bestehen, deren elastische und Festigkeitseigenschaften von der Richtung abhängen, können die Kristallkornhaufwerke für die Zwecke der Mechanik als isotrope Körper angesehen werden, weil die ausgezeichneten Richtungen (Kristallachsen) in den Körnern in allen möglichen Richtungen vorkommen. Dies darf wenigstens angenommen werden, solange nicht durch irgendwelche Vorgänge die Kristallachsen eine Gleichrichtung erfahren haben. Eine natürliche oder künstliche Gleichrichtung äquivalenter Kristallachsen oder -flächen im Korn ist eine wichtige Begleiterscheinung von gewissen Vorgängen, beispielsweise von sehr starken, bildsamen Formänderungen (Auswalzen eines Bleches, Schieferung in der Natur bei Gesteinen) oder der unter höheren Temperaturen sich abspielenden Umlagerungen der Kristallkörner im festen Zustand [Rekristallisation][1]). Aus einem feinkörnigen festen Körper, der in seinem anfänglichen Zustande als isotroper Körper gelten durfte, kann durch Gleichrichtung oder Rekristallisation ein anisotroper Kristall entstehen oder ein Körper, in dem die Achsen der Kristallkörner entsprechend der Natur des Spannungsfeldes und dem Grad der Verformung sich parallel gerichtet haben und bestimmte Richtungen bevorzugen.

## II. Mechanische und physikalische Grundlagen.

**2. Der Spannungszustand.** Wir wiederholen im Zusammenhang kurz noch einmal diejenigen schon in Kap. 2 dieses Bandes über den Spannungszustand entwickelten Ergebnisse, welche für das Verständnis der folgenden Untersuchungen nötig sind. Der Spannungszustand in der Umgebung eines Punktes $P(x, y, z)$ im Innern eines festen Körpers, dessen Masse als stetig verbreitet angesehen werden darf und der der Wirkung äußerer Kräfte ausgesetzt sei, ist bekannt, wenn man zu jedem unendlich kleinen Flächenelement $df$, das man sich in beliebiger Richtung durch den Punkt $P$ gelegt denkt, die von dem einen Körperteil auf den anderen übertragene Kraft $d\mathfrak{K}$ nach Größe, Richtung und Sinn angeben kann oder besser die auf die Flächeneinheit bezogene Spannung

$$\mathfrak{t} = \frac{d\mathfrak{K}}{df}. \tag{1}$$

Der Spannungsvektor $\mathfrak{t}$ ist aber i. a. nicht mit der Normalen $n$ des Flächenelementes $df$ gleichgerichtet; vielmehr sind seine rechtwinkligen Komponenten $t_x$, $t_y$, $t_z$ lineare homogene Funktionen der rechtwinkligen Komponenten

$$n_x = \cos(n, x), \quad n_y = \cos(n, y), \quad n_z = \cos(n, z)$$

eines in Richtung $n$ gelegten Einheitsvektors $\mathfrak{n}$. Dies folgt aus der Grundgleichung [Kap. 2, Ziff. 3, Gleichung (4)]

$$\mathfrak{t} = n_x \mathfrak{t}^{(x)} + n_y \mathfrak{t}^{(y)} + n_z \mathfrak{t}^{(z)}. \tag{2}$$

Hierbei sind in üblicher Komponentenbezeichnung

$$\left.\begin{aligned} \mathfrak{t}^{(x)} &= \mathfrak{i}\sigma_x + \mathfrak{j}\tau_{xy} + \mathfrak{k}\tau_{xz}, \\ \mathfrak{t}^{(y)} &= \mathfrak{i}\tau_{yx} + \mathfrak{j}\sigma_y + \mathfrak{k}\tau_{yz}, \\ \mathfrak{t}^{(z)} &= \mathfrak{i}\tau_{zx} + \mathfrak{j}\tau_{zy} + \mathfrak{k}\sigma_z \end{aligned}\right\} \tag{3}$$

[1]) Über theoretische Betrachtungen zur Kaltverarbeitung der Metalle vgl. F. Körber, Verformen und Rekristallisieren. Stahl u. Eisen 1925, Nr. 7 u. 8.

die Spannungen, die durch solche Flächenelemente im Punkt $P$ übertragen werden, die nach den Koordinatenebenen orientiert sind (Abb. 1). Schreibt man statt (2)

$$\mathfrak{t} = \mathfrak{n}\mathfrak{i} \cdot \mathfrak{t}^{(x)} + \mathfrak{n}\mathfrak{j} \cdot \mathfrak{t}^{(y)} + \mathfrak{n}\mathfrak{k} \cdot \mathfrak{t}^{(z)},$$

so sieht man, daß sich diese Grundgleichung mit Benützung des Spannungs-affinors

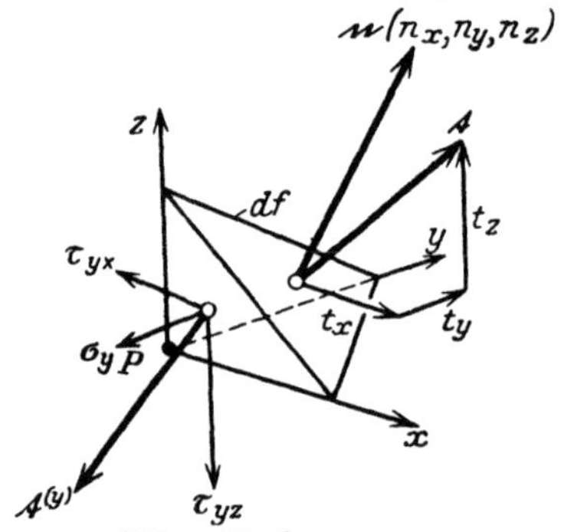

Abb. 1. Die Spannungen.

$$\mathsf{T} = \mathfrak{i} \cdot \mathfrak{t}^{(x)} + \mathfrak{j} \cdot \mathfrak{t}^{(y)} + \mathfrak{k} \cdot \mathfrak{t}^{(z)} = \begin{Vmatrix} \sigma_x & \tau_{xy} & \tau_{xz} \\ \tau_{yx} & \sigma_y & \tau_{yz} \\ \tau_{zx} & \tau_{zy} & \sigma_z \end{Vmatrix} \tag{4}$$

kurz auch als lineare Vektorfunktion schreiben läßt:

$$\mathfrak{t} = \mathfrak{n}\mathsf{T}, \tag{5}$$

oder in Komponenten zerspalten:

$$\left.\begin{aligned} t_x &= n_x\sigma_x + n_y\tau_{yx} + n_z\tau_{zx}, \\ t_y &= n_x\tau_{xy} + n_y\sigma_y + n_z\tau_{zy}, \\ t_z &= n_x\tau_{xz} + n_y\tau_{yz} + n_z\sigma_z. \end{aligned}\right\} \tag{6}$$

Der Affinor $\mathsf{T}$ ist wegen der Gleichgewichtsbedingungen[1])

$$\tau_{xy} = \tau_{yx}, \quad \tau_{yz} = \tau_{zy}, \quad \tau_{zx} = \tau_{xz}$$

(Gleichheit der zugeordneten Schubspannungskomponenten in zueinander senkrechten Schnitten) stets ein symmetrischer. Es sind $\sigma_x$, $\sigma_y$, $\sigma_z$ die drei Normalspannungskomponenten (Zugspannungen positiv, Druckspannungen negativ gerechnet) und $\tau_{xy}$, $\tau_{yz}$, $\tau_{zx}$ die drei Schubspannungskomponenten des Spannungszustandes oder des Spannungstensors $\mathsf{T}$.

Ist der Spannungszustand eben, d. h. $\sigma_z = \tau_{xz} = \tau_{yz} = 0$, so folgen die Normal- und Schubspannung $\sigma_\alpha$ und $\tau_\alpha$, die durch ein Flächenelement mit der Normalenrichtung $n_x = \cos\alpha$, $n_y = \sin\alpha$ übertragen werden, aus

$$\sigma_\alpha = t_x \cos\alpha + t_y \sin\alpha \qquad \text{und} \qquad \tau_\alpha = t_x \sin\alpha - t_y \cos\alpha$$

zu

$$\left.\begin{aligned} \sigma_\alpha &= \sigma_x \cos^2\alpha + \sigma_y \sin^2\alpha + \tau_{xy} \sin 2\alpha, \\ \tau_\alpha &= \frac{\sigma_x - \sigma_y}{2} \sin 2\alpha - \tau_{xy} \cos 2\alpha. \end{aligned}\right\} \tag{7}$$

Bezieht man den Spannungstensor auf seine Hauptrichtungen[2]) 1, 2, 3, d. h. auf die drei zueinander senkrechten Richtungen, für welche in den zugehörigen Schnitten die Schubspannungen verschwinden, so wird der Spannungstensor

$$\mathsf{T} = \mathfrak{i} \cdot \mathfrak{t}^{(1)} + \mathfrak{j} \cdot \mathfrak{t}^{(2)} + \mathfrak{k} \cdot \mathfrak{t}^{(3)} = \begin{Vmatrix} \sigma_1 & 0 & 0 \\ 0 & \sigma_2 & 0 \\ 0 & 0 & \sigma_3 \end{Vmatrix}.$$

Hier sind $\sigma_1$, $\sigma_2$, $\sigma_3$ die Hauptspannungen des Spannungstensors.

Ist der Spannungszustand wieder eben, so drücken sich die Spannungskomponenten $\sigma_x$, $\sigma_y$ und $\tau$ in den Hauptspannungen folgendermaßen aus:

$$\left.\begin{aligned} \sigma_x &= \frac{\sigma_1 + \sigma_2}{2} + \frac{\sigma_1 - \sigma_2}{2} \cos 2\alpha, \\ \sigma_y &= \frac{\sigma_1 + \sigma_2}{2} - \frac{\sigma_1 - \sigma_2}{2} \cos 2\alpha, \\ \tau &= \frac{\sigma_1 - \sigma_2}{2} \sin 2\alpha, \end{aligned}\right\} \tag{8}$$

[1]) Siehe Kapitel 2, Ziff. 7 dieses Bandes. [2]) Siehe Kapitel 2, Ziff. 5 dieses Bandes.

wie man beispielsweise aus (7) herleitet, indem man dort $\sigma_x$ und $\sigma_y$ durch $\sigma_1$ und $\sigma_2$ ersetzt, $\tau_{xy} = 0$ nimmt und die Richtung $\alpha$ einmal in die $x$-Achse, das andere Mal in die $y$-Achse fallen läßt. Dabei ist $\alpha$ der Winkel der algebraisch größeren Hauptspannung $\sigma_1$ mit der positiven $x$-Achse.

Der Spannungsvektor $\mathfrak{t}$ hat eine Normalkomponente $\mathfrak{t}_n$ und eine tangentiale Komponente $\mathfrak{t}_t$. Erstere ist die zur Richtung $n$ gehörige Normalspannung, letztere die Schubspannung im Flächenelement $df$. Der Betrag der Normalspannung ist

$$t_n = \mathfrak{t}\mathfrak{n} = \mathfrak{n}\mathsf{T}\mathfrak{n}, \tag{9}$$

die Schubspannung ist

$$\mathfrak{t}_t = [\mathfrak{n}[\mathfrak{t}\mathfrak{n}]] = \mathfrak{t} - \mathfrak{t}_n. \tag{10}$$

Hieraus ergeben sich wegen der aus (6) entstandenen Gleichungen

$$t_x = n_x\sigma_1, \quad t_y = n_y\sigma_2, \quad t_z = n_z\sigma_3$$

die Beziehungen

$$t_n = n_x^2\sigma_1 + n_y^2\sigma_2 + n_z^2\sigma_3, \tag{11}$$

$$t_t^2 = t^2 - t_n^2 = n_x^2\sigma_1^2 + n_y^2\sigma_2^2 + n_z^2\sigma_3^2 - (n_x^2\sigma_1 + n_y^2\sigma_2 + n_z^2\sigma_3)^2. \tag{12}$$

**3. Die MOHRsche Darstellung des Spannungstensors**[1]**.** Der Zusammenhang der in einem Flächenelement übertragenen Normal- und Schubspannungen $t_n$, $t_t$ mit den Richtungselementen des Schnittes $n_x$, $n_y$, $n_z$ wird durch die drei Gleichungen [vgl. Gleichung (11) und (12) von Ziff. 2]

$$\left.\begin{aligned} t_n &= n_x^2\sigma_1 + n_y^2\sigma_2 + n_z^2\sigma_3, \\ t_t^2 &= n_x^2\sigma_1^2 + n_y^2\sigma_2^2 + n_z^2\sigma_3^2 - (n_x^2\sigma_1 + n_y^2\sigma_2 + n_z^2\sigma_3)^2, \\ n_x^2 &+ n_y^2 + n_z^2 = 1 \end{aligned}\right\} \tag{1}$$

vermittelt. Einem Punkte $Q$ mit den Koordinaten $n_x$, $n_y$, $n_z$ der R i c h t u n g s k u g e l entspricht vermöge dieser Gleichungen ein Punkt $S$ einer S p a n n u n g s e b e n e, in der die Koordinaten $t_n$, $t_t$ sind. In der Spannungsebene sind die Abszissen die Normalspannungen, die Ordinaten die Schubspannungen, die im

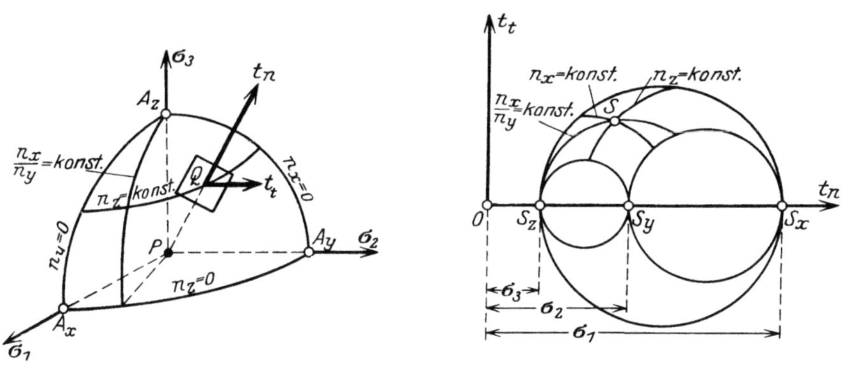


Abb. 2 u. 3. Richtungskugel und Spannungsebene nach MOHR.

Schnitt $Q$ übertragen werden. Indem man z. B. $n_x$ = konst. hält, oder $n_x/n_y$ = konst., ergibt sich, daß vermöge der Gleichungen (1) ein Oktant $A_xA_yA_z$ (Abb. 2) der Richtungskugel auf ein Kreisbogendreieck $S_xS_yS_z$ (Abb. 3) der Spannungsebene abgebildet wird, und es entsprechen den Breitenkreisen $n_z$ = konst. in Abb. 2 konzentrische Kreise in Abb. 3, während den Meridiankreisen $n_x/n_y$ = konst. in Abb. 2 Kreise in Abb. 3 entsprechen, die durch den Punkt $S_z$ hindurch-

[1] O. MOHR, Abhandlungen, 2. Aufl., S. 192. Berlin 1914.

gehen und daselbst zur $t_n$-Achse senkrecht stehen. Die drei Hauptkreise schneiden auf der Abszissenachse in Abb. 3 die Hauptspannungen $\sigma_1$, $\sigma_2$, $\sigma_3$ ab. Die Halbmesser der Hauptkreise

$$\tau_1 = \frac{\sigma_2 - \sigma_3}{2}, \quad \tau_2 = \frac{\sigma_3 - \sigma_1}{2}, \quad \tau_3 = \frac{\sigma_1 - \sigma_2}{2} \tag{2}$$

sind die Hauptschubspannungen des Spannungszustandes. Es ist

$$\tau_1 + \tau_2 + \tau_3 = 0. \tag{3}$$

Orientiert man einen Würfel derart, daß seine Seiten mit den Hauptspannungsebenen zusammenfallen, und denkt sich in ihm die Richtungskugel eingeschrieben, so bilden die Hauptschubspannungsschnitte das dem Würfel umschriebene Rhombendodekaeder. Die Richtungen der Hauptschubspannungen bilden die Kanten eines regulären Oktaeders, dessen Ecken auf den Hauptachsen liegen.

Mit Hilfe der Hauptschubspannungen $\tau_1$, $\tau_2$, $\tau_3$ drückt sich die Schubspannung $t_t$ in einem beliebigen Schnitte durch

$$t_t^2 = 4\,(n_y^2 n_z^2 \tau_1^2 + n_z^2 n_x^2 \tau_2^2 + n_x^2 n_y^2 \tau_3^2) \tag{4}$$

aus.

**4. Der Spannungsdeviator.** In der Mechanik der bildsamen Zustände der festen Körper erweist es sich oft als nützlich, den Tensor des Spannungszustandes in zwei Teile zu zerlegen. Den einen Teil bildet man mit einem allseitig gleichen Zug gleich dem Mittelwert der drei Hauptspannungen $\sigma_1$, $\sigma_2$, $\sigma_3$. Der nach Abzug des Mittelwertes

$$\sigma = \frac{\sigma_1 + \sigma_2 + \sigma_3}{3} \tag{1}$$

zurückbleibende Teil des Tensors wird nach einem Vorschlage von SCHOUTEN ein Deviator genannt. Er hat die Form:

$$\mathsf{T}' = \mathsf{T} - \sigma \mathsf{I} = \begin{Vmatrix} \sigma_x - \sigma & \tau_{xy} & \tau_{xz} \\ \tau_{yx} & \sigma_y - \sigma & \tau_{yz} \\ \tau_{zx} & \tau_{zy} & \sigma_z - \sigma \end{Vmatrix}, \tag{2}$$

wo $\mathsf{I} = \mathfrak{i}\cdot\mathfrak{i} + \mathfrak{j}\cdot\mathfrak{j} + \mathfrak{k}\cdot\mathfrak{k}$ der Idemfaktor ist.

Für Spannungsdeviatoren gelten die Sätze:

a) Die Summe der Hauptspannungen $\sigma_1$, $\sigma_2$, $\sigma_3$ eines Deviators ist gleich Null. Wenn $\sigma_1 > \sigma_2 > \sigma_3$, ist $\sigma_1$ stets eine Zug-, $\sigma_3$ stets eine Druckspannung.

b) Um in der MOHRschen Darstellung den Anfangspunkt $O$ für einen Deviator zu erhalten, dessen Hauptkreise gegeben sind, ziehe man (Abb. 4) $A_1B_1$ und $A_3B_3$ senkrecht zu $A_1A_3$, mache $A_1B_1 = A_3B_3$, verbinde $B_1$ mit dem Mittelpunkt $M''$ des linken, $B_3$ mit dem Mittelpunkt $M'$ des rechten Hauptkreises. Dann liefert die Projektion des Schnittpunktes $C$ von $B_1M''$ mit $B_3M'$ auf die Richtung $A_1A_3$ den gesuchten Punkt $O$.

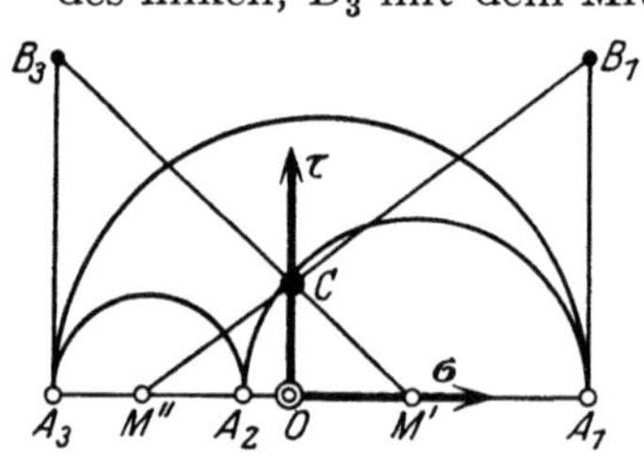

Abb. 4. Der Spannungsdeviator in der MOHRschen Darstellung.

c) Die Richtungselemente sämtlicher Schnitte, in denen die Normalspannung verschwindet, bilden die Durchdringungskurve der zentrischen Fläche zweiten Grades

$$n_x^2\sigma_1 + n_y^2\sigma_2 + n_z^2\sigma_3 = 0$$

mit der Richtungskugel

$$n_x^2 + n_y^2 + n_z^2 = 1.$$

Diese Kurve liegt auf einem elliptischen Zylinder:

$$\frac{n_x^2}{A^2} + \frac{n_y^2}{B^2} = 1 \qquad \text{mit} \qquad A = \sqrt{\frac{-\sigma_3}{\sigma_1 - \sigma_3}}, \quad B = \sqrt{\frac{-\sigma_3}{\sigma_2 - \sigma_3}}.$$

d) In jedem Spannungsdeviator ist, wenn $\sigma_1 > \sigma_2 > \sigma_3$ angenommen wird, die $\sigma_1\sigma_3$-Ebene Symmetrieebene.

**5. Der Tensor des Verzerrungszustandes.** Bei der Verzerrung eines Körpers erleiden seine einzelnen Punkte gegen ihre anfängliche Lage Verschiebungen. Die drei Komponenten $\xi$, $\eta$, $\zeta$ der Verschiebung $\mathfrak{u}$ eines Punktes $P$ $(x, y, z)$ relativ zu einem festen Achsensystem $x, y, z$ mit einem festen Punkt $O$ als Ursprung und mit dem Ortsvektor $\mathfrak{r}$ $(OP)$ sind bei einer homogenen Verzerrung der Umgebung des Punktes $O$ lineare, homogene Funktionen[1]) der drei Komponenten $x, y, z$ des Ortsvektors $\mathfrak{r}$.

Der symmetrische Teil dieser linearen Vektorfunktion

$$\left.\begin{aligned} \xi_1 &= \varepsilon_x x + \frac{\gamma_{xy}}{2} y + \frac{\gamma_{xz}}{2} z, \\ \eta_1 &= \frac{\gamma_{yx}}{2} x + \varepsilon_y y + \frac{\gamma_{yz}}{2} z, \\ \zeta_1 &= \frac{\gamma_{zx}}{2} x + \frac{\gamma_{zy}}{2} y + \varepsilon_z z \end{aligned}\right\} \tag{1}$$

ergibt den Tensor des Verzerrungszustandes, der antisymmetrische Teil

$$\left.\begin{aligned} \xi_2 &= -\omega_z y + \omega_y z, \\ \eta_2 &= -\omega_x z + \omega_z x, \\ \zeta_2 &= -\omega_y x + \omega_x y \end{aligned}\right\} \tag{2}$$

die Rotation. Die sechs Gleichungen lassen sich vereinigen zu der einen

$$\mathfrak{u} = \mathfrak{r}\Phi, \tag{3}$$

wo mit $\Phi$ der Affinor des Verzerrungszustandes

$$\Phi = \begin{Vmatrix} \varepsilon_x & \frac{\gamma_{xy}}{2} & \frac{\gamma_{xz}}{2} \\ \frac{\gamma_{yx}}{2} & \varepsilon_y & \frac{\gamma_{yz}}{2} \\ \frac{\gamma_{zx}}{2} & \frac{\gamma_{zy}}{2} & \varepsilon_z \end{Vmatrix} + \begin{Vmatrix} 0 & \omega_z & -\omega_y \\ -\omega_z & 0 & \omega_x \\ \omega_y & -\omega_x & 0 \end{Vmatrix} \tag{4}$$

bezeichnet wird. Dabei sind $\varepsilon_x, \varepsilon_y, \varepsilon_z$ die auf die Einheit der Längen bezogenen Verlängerungen von Strecken parallel den Richtungen $x, y, z$ oder die spez. Dehnungen in diesen Richtungen; $\gamma_{xy}, \gamma_{yz}, \gamma_{zx}$ sind die spezifischen Schiebungen (die Änderungen der rechten Winkel $xy$, $yz$, $zx$ bei der Verzerrung); $\omega_x, \omega_y, \omega_z$ sind die Komponenten der Rotation.

In ähnlicher Weise, wie der Spannungszustand, läßt sich auch der infinitesimale Verzerrungszustand in der Umgebung eines Punktes $P$ im Innern eines gespannten Körpers nach Mohr durch eine Abbildung der Richtungskugel auf eine Ebene darstellen. Ersetzt man der Reihe nach die sechs Komponenten des Spannungstensors

$$\sigma_x, \sigma_y, \sigma_z, \quad \tau_{xy}, \tau_{yz}, \tau_{zx}$$

durch die folgenden sechs Größen des Tensors des Verzerrungszustandes:

$$\varepsilon_x, \varepsilon_y, \varepsilon_z, \quad \frac{\gamma_{xy}}{2}, \frac{\gamma_{yz}}{2}, \frac{\gamma_{zx}}{2},$$

[1]) Vgl. Kapitel 2, Ziff. 8 bis 10 dieses Bandes; die dortige Bezeichnung der Verschiebungen $(u, v, w)$ ist jetzt durch $\xi, \eta, \zeta$ ersetzt, um den später (Ziff. 18) einzuführenden Verschiebungsgeschwindigkeiten vorbehalten zu bleiben. Zu der Zerspaltung (1), (2) der linearen Vektorfunktion vgl. man die analoge Zerspaltung der Verzerrungsfunktion der Flüssigkeiten: Bd. VII, Kapitel 1, Ziff. 5 ds. Handb.

so erhält man die entsprechenden Sätze für den Verzerrungszustand. So hat man z. B., wenn $\varepsilon_1$, $\varepsilon_2$, $\varepsilon_3$ die drei Hauptdehnungen bedeuten, in einer beliebigen Richtung mit dem Einheitsvektor $\mathfrak{a}\,(= a_x,\ a_y,\ a_z)$ eine spezifische Dehnung

$$\varepsilon_a = a_x^2 \varepsilon_1 + a_y^2 \varepsilon_2 + a_z^2 \varepsilon_3 . \tag{5}$$

Wird mit

$$\varepsilon = \frac{\varepsilon_x + \varepsilon_y + \varepsilon_z}{3} \tag{6}$$

die mittlere Dehnung bezeichnet, so ist der Deviator des Dehnungstensors gegeben durch die Neunerform:

$$\Phi' = \begin{Vmatrix} \varepsilon_x - \varepsilon & \frac{\gamma_{xy}}{2} & \frac{\gamma_{xz}}{2} \\ \frac{\gamma_{yx}}{2} & \varepsilon_y - \varepsilon & \frac{\gamma_{yz}}{2} \\ \frac{\gamma_{zx}}{2} & \frac{\gamma_{zy}}{2} & \varepsilon_z - \varepsilon \end{Vmatrix} . \tag{7}$$

Wenn die Komponenten $\xi$, $\eta$, $\zeta$ des Verschiebungsvektors $\mathfrak{u}$ nicht, wie bei der homogenen Verzerrung, lineare Funktionen der Koordinaten $x$, $y$, $z$ sind, sondern mit $x$, $y$, $z$ beliebig veränderlich, so muß man die kleinen Längenänderungen auf ein unendlich kleines Element $dx\,dy\,dz$ beziehen. Die spezifischen Dehnungen sind in Richtung der $x$-, $y$-, $z$-Achsen gleich[1])

$$\varepsilon_x = \frac{\partial \xi}{\partial x}, \quad \varepsilon_y = \frac{\partial \eta}{\partial y}, \quad \varepsilon_z = \frac{\partial \zeta}{\partial z}, \tag{8}$$

die spezifischen Schiebungen

$$\gamma_{xy} = \frac{\partial \xi}{\partial y} + \frac{\partial \eta}{\partial x}, \quad \gamma_{yz} = \frac{\partial \eta}{\partial z} + \frac{\partial \zeta}{\partial y}, \quad \gamma_{zx} = \frac{\partial \zeta}{\partial x} + \frac{\partial \xi}{\partial z}; \tag{9}$$

die Rotationskomponenten sind

$$\omega_x = \frac{1}{2}\left(\frac{\partial \zeta}{\partial y} - \frac{\partial \eta}{\partial z}\right), \quad \omega_y = \frac{1}{2}\left(\frac{\partial \xi}{\partial z} - \frac{\partial \zeta}{\partial x}\right), \quad \omega_z = \frac{1}{2}\left(\frac{\partial \eta}{\partial x} - \frac{\partial \xi}{\partial y}\right). \tag{10}$$

Der Rauminhalt des Elements $dx\,dy\,dz$ ändert sich bei der Verzerrung um die räumliche Dehnung

$$\Theta = 3\varepsilon = \operatorname{div}\mathfrak{u} = \frac{\partial \xi}{\partial x} + \frac{\partial \eta}{\partial y} + \frac{\partial \zeta}{\partial z}. \tag{11}$$

Bei einer ebenen Verzerrung, wo also

$$\varepsilon_z = \gamma_{xz} = \gamma_{yz} = \omega_x = \omega_y = 0$$

ist, verschiebt sich ein Punkt mit den Polarkoordinaten $r$ und $\beta$ einerseits in Richtung des Fahrstrahls $r$ um

$$\varrho_r = \xi \cos\beta + \eta \sin\beta,$$

andererseits senkrecht dazu um

$$\varrho_\beta = \xi \sin\beta - \eta \cos\beta,$$

und man erhält hierfür mit

$$x = r\cos\beta, \quad y = r\sin\beta$$

nach (1) und (2)

$$\left.\begin{aligned} \varrho_r &= r\left(\varepsilon_x \cos^2\beta + \varepsilon_y \sin^2\beta + \frac{\gamma_{xy}}{2}\sin 2\beta\right), \\ \varrho_\beta &= r\left(\frac{\varepsilon_x - \varepsilon_y}{2}\sin 2\beta - \frac{\gamma_{xy}}{2}\cos 2\beta - \omega_z\right). \end{aligned}\right\} \tag{12}$$

---

[1]) S. Kap. 2, Ziff. 10 ds. Bd. des Handb.

**6. Die Fließgrenze.** Wenn ein zylindrischer Stab aus einem dehnbaren Metall in einer Festigkeitsmaschine auf Zug beansprucht wird, erhält man einen Verlauf der Zugkraft in Funktion der Verlängerungen $\Delta l$ einer am Stab bezeichneten Meßlänge $l$, wie er in einigen Beispielen in der Abb. 5 dargestellt ist[1]). Die Kraft nimmt bei einem Flußeisenstab zuerst genau mit der Verlängerung zu. Unter einer bestimmten Spannung $\sigma = P/f$, ($P$ Kraft, $f$ Querschnitt des Stabes vor der Formänderung) die etwa bei einem weich ausgeglühten Flußeisen zwischen 2000 und 3000 kg/cm² beträgt, beginnt der Stab sich plötzlich stark zu dehnen. Während im steil aufsteigenden Ast der Kraftkurve (Abb. 6) die Verlängerungen so gut wie vollkommen elastischer Art sind — d. h. nach einer Entlastung wieder völlig verschwinden —, entstehen nach dem Knick der Kraftkurve bleibende Verlängerungen. Der Übergang in den wagerechten Ast der Kraftkurve kann bei den verschiedenen Eisenarten noch in verschiedener Art erfolgen (Abb. 6 Kurve 1 und 2). Die spezifische Spannung $\sigma_0 = P_0/f$ ($P_0$ Kraft, $f$ Querschnitt) im Augenblick des Umbiegens der Kraftkurve in ihren wagerechten Ast heißt

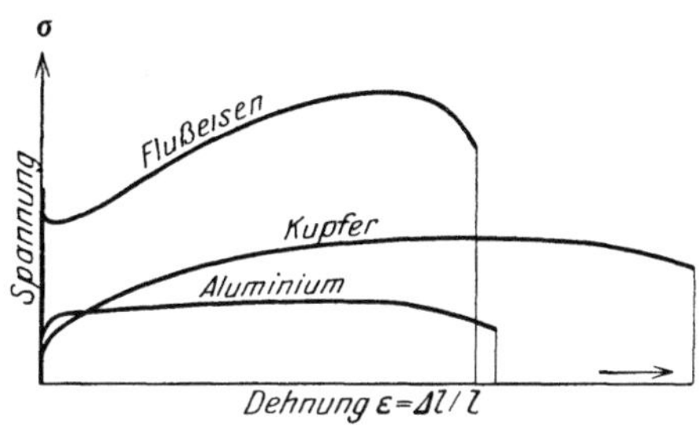


Abb. 5. Die Formänderungskurven einiger Metalle in der Zugbeanspruchung.

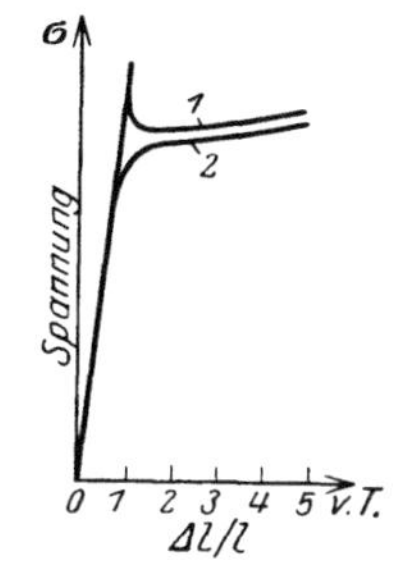


Abb. 6. Weiches Eisen.

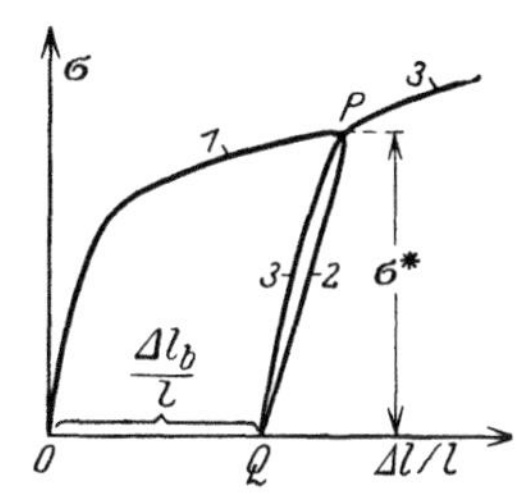


Abb. 7. Kupfer.

die F l i e ß g r e n z e des Eisens. Bei andern Metallen, beispielsweise bei einem weich ausgeglühten Kupfer oder Aluminium ist keine so ausgesprochene „Fließgrenze“ in der „jungfräulichen“ Kurve $\sigma = f(\Delta l/l)$ zu beobachten, wie beim Eisen. Die Spannungskurve zeigt keinen scharfen Knick beim Übergang aus ihrem elastischen Ast in ihren flachen Teil: die bleibenden Formänderungen entwickeln sich ganz allmählich, praktisch von der Kraft Null angefangen. Daß eine „Fließ- oder Plastizitätsgrenze“ auch bei diesen Metallen eine gewisse physikalische Bedeutung hat, erkennt man, wenn man den Stab nachdem er eine Zeitlang gestreckt worden ist, entlastet und dann wieder belastet. Man erhält dann in der Regel einen Linienzug, wie er in der Abb. 7 angedeutet worden ist. Die Verkürzungen, bzw. die Verlängerungen des Stabes in den beiden steilen Teilen $PQ$ (2 und 3) der Kraftkurve sind wieder im wesentlichen elastischer Art. Die Strecke $OQ$ stellt in Abb. 7 die bleibende Dehnung $\Delta l_b/l$ der Versuchslänge $l$ nach der Entlastung dar. In der Belastungslinie 3 tritt jetzt gewöhnlich wieder ein schärferer Knick mit einer Fließgrenze ein. Die Fließgrenze eines gezogenen oder gedrückten Metallstabes erscheint, nach seiner Entlastung von einer Spannung $\sigma^*$ und einer darauffolgenden gleichsinnigen Beanspruchung, unter der Spannung $\sigma^*$. Wie bereits BAUSCHINGER festgestellt hat, biegt jedoch die Kraftkurve nach einer Zwischenentlastung mit einem stark gerundeten Verlauf um, wenn nach der Entlastung die Kraftrichtung umgekehrt wird (wenn nach einer Zugbeanspruchung auf Druck belastet wird).

---

[1]) Siehe Kapitel 1, Ziff. 4 dieses Bandes. An Stelle der Verlängerungen $\Delta l$ wird in den Anwendungen die spezifische Dehnung $\varepsilon = \Delta l/l$ und an Stelle der Kraft $P$ die spezifische Spannung $\sigma = P/f$ aufgetragen.

Bei einer genaueren Beschreibung der Vorgänge, die nach einer Zwischenentlastung beobachtet werden können, zeigt sich, daß es auf die Geschwindigkeit ankommt, mit der die Kräfte verändert werden. Zur Unterbrechung des Fließens ist eine endliche Zeit erforderlich. Wird ein Stab sehr langsam entlastet, so hat das Metall Zeit, sich noch weiter bleibend zu dehnen (es kann „nachfließen"). Es hat sich gezeigt, daß die Belastungs- und die Entlastungskurven, die man nach einer vorhergehenden Beanspruchung mit einem Versuchskörper aufnehmen kann, im allgemeinen sich keineswegs decken. Sie schließen besonders bei den unvollkommen elastischen Stoffen, wie sprödes Gestein, Gußeisen, eine Schleife ein (Abb. 8). Die in diesen Schleifen sich bemerkbar machenden unelastischen Vorgänge, soweit sie nicht durch ein Nachfließen bedingt sind, werden auch als elastische Hysteresiserscheinungen bezeichnet[1]).

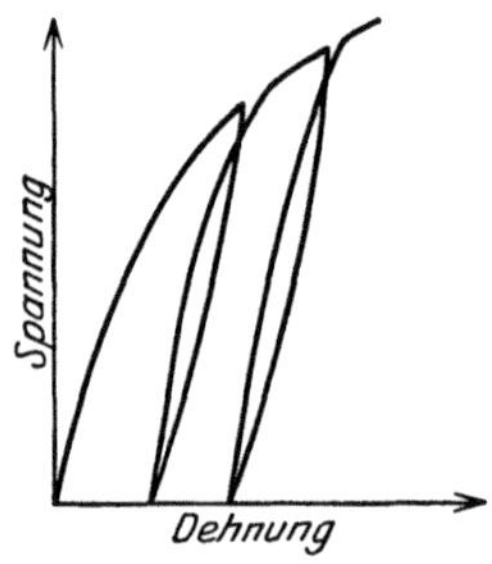

Abb. 8. Hysteresisschleifen.

Die hier am Beispiel der reinen Zugbeanspruchung angedeuteten Vorgänge beim Übergang in den bildsamen Zustand lassen sich in ähnlicher Weise unter andern Spannungszuständen verfolgen. Eine wichtige Aufgabe der Festigkeitslehre ist, die Umstände und die Gesamtheit der Spannungszustände zu bestimmen, unter denen ein bildsamer Zustand in den festen Körpern sich ausbilden kann.

**7. Die plastischen Formänderungen der Metalleinzelkristalle.** Die für das Fließen der Metalle typischen Vorgänge lassen sich am reinsten an Versuchskörpern verfolgen, die aus einem einzigen Kristall bestehen.

a) Die Erzeugung von Metalleinzelkristallen. In den letzten Jahren ist es nach verschiedenen Verfahren gelungen, aus den metallischen Elementen oder auch aus Metallegierungen einheitliche Kristalle in den Größenabmessungen der bei Festigkeitsversuchen verwendeten Probekörper herzustellen. Wie besonders CZOCHRALSKI bemerkt hat, entstehen in Metallstücken nach bestimmten Graden der bildsamen Formänderung und darauffolgender Erhitzung unter günstigen Umständen einzelne große Kristalle[2]). Durch eine verhältnismäßig geringe plastische Dehnung (Überschreiten der Fließgrenze, Dehnung von einigen Prozent) wird das mikrokristalline Gefüge eines feinkörnigen Metalles soweit durchgerüttelt, daß bei höheren Temperaturen aus bestimmten, besonders kräftigen Keimstellen im festen Zustand des Metalles neue Kristalle anfangen zu wachsen. Diese neuen Kristalle zehren das feinkörnige Gefüge auf[3]).

BECKER[4]) erblickt in den Gitterstörungen die Vorbedingung für einen atomaren Platzwechsel, durch den bei der Rekristallisation das durch die Spannungen gestörte Gitter in einen mittleren Zustand geringerer Störung zurückgeführt wird. CARPENTER und ELAM haben durch Rekristallisation Stäbe aus Aluminium und aus andern Metallen (von 30 bis 40 cm Länge) mit einem ursprünglich feinkörnigen Gefüge in einen einheitlichen Kristall verwandelt.

---

[1]) Ausführlicheres über die Vorgänge im Zug- und im Druckversuch, sowie über die weiteren Festigkeitsversuche vgl. in den oben erwähnten Werken (s. Anm. 1 S. 430), sowie A. NÁDAI, Der bildsame Zustand der Werkstoffe. Berlin 1927.

[2]) Um die Klärung der mechanischen und thermischen Bedingungen, die für die sog. Rekristallisation der Metalle günstig sind, haben sich besonders verdient gemacht: J. CZOCHRALSKI, Moderne Metallkunde in Theorie und Praxis. Berlin 1924; H. C. H. CARPENTER u. C. F. ELAM, Proc. Roy. Soc. London Bd. 107 (Ser. A), S. 171. 1925; FR. KÖRBER, Mitteilungen des K. W.-Instituts für Eisenforschung. Stahl u. Eisen. Düsseldorf; H. HANEMANN, Eisenhüttenmännisches Institut, Techn. Hochsch., Berlin; G. TAMMANN, Lehrbuch der Metallographie. Chemie und Physik der Metalle u. Legierungen, 2. Aufl. Leipzig 1921.

[3]) Vgl. VAN ARKEL, ZS. f. Phys. Bd. 43, 1927.

[4]) R. BECKER, Über Plastizität, Verfestigung und Rekristallisation. ZS. f. techn. Phys. 7. Jg., S. 547. 1926. Daselbst eine thermodynamische Theorie der Vorgänge.

Nach einem Vorschlag von CZOCHRALSKI werden Metallkristalle in Drahtgestalt aus der Schmelze des Metalles hergestellt. Ein kleiner Impfkristall wird durch ein Uhrwerk aus der Oberfläche der Schmelze mit derselben Geschwindigkeit herausgezogen, mit der er wächst. Auf diese Weise haben POLANYI und SCHMID dünne Einkristalldrähte aus den leichter schmelzbaren Metallen für ihre Untersuchungen hergestellt.

Durch ein drittes Verfahren, dessen Vorbedingung besonders STÖBER[1]) sorgfältig entwickelt und beschrieben hat, können Metallkristalle bis zu beliebigen Größenabmessungen aus ihrer Schmelze erzeugt werden. Ein Metallbad wird vorsichtig im Vakuum langsam abgekühlt. Um die vor und während der Erstarrung einer Schmelze entstehenden Konvektionsströme zu verhindern, wird das Bad in einem sehr gleichmäßigen Temperaturgefälle gehalten, indem es von unten abgekühlt wird. Da die meisten Metalle bei ihrer Erstarrung dichter werden, müssen die Isothermen in der Schmelze genau wagerecht verlaufen und das Temperaturgefälle muß nach oben gerichtet bleiben, damit das Absinken der erstarrten schwereren Teile verhindert wird, was durch elektrische Heizkörper und sorgfältige Wärmeisolation erreicht werden kann. Nach diesem Verfahren hat neuerdings HAUSSER[2]) Kupferkristalle von mehreren Kilogramm Gewicht erzeugt.

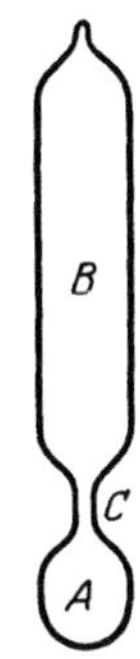

Abb. 9. Einkristallerzeugung nach BRIDGMAN.

Ein ähnlicher Gedanke liegt schließlich dem Verfahren von BRIDGMAN[3]) zur Erzeugung von Metallkristallen zugrunde. BRIDGMAN verwendet Glas- oder Quarzgefäße von der in Abb. 9 angedeuteten Gestalt. Das Gefäß wird über den Schmelzpunkt des in ihm enthaltenen Metalls erhitzt und dann von unten abgekühlt. Ist das Metall im Raum $A$ völlig erstarrt, so wächst durch die feine Kapillare $C$ nur ein einziger Kristall nach oben und füllt bei der Erstarrung den Raum $B$ allein aus.

b) Der Gleitmechanismus. Die sorgfältigsten Untersuchungen über die bleibenden Formänderungen der Metallkristalle verdankt man TAYLOR und ELAM[4]). Die folgenden Angaben stützen sich hauptsächlich auf ihre Arbeiten.

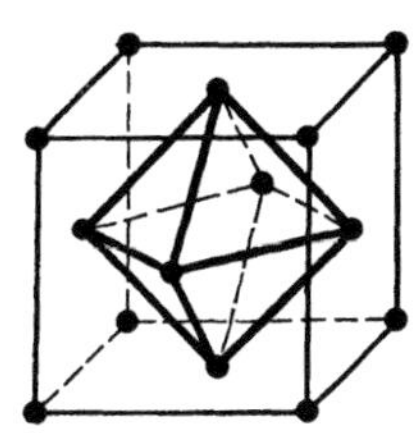
Abb. 10. Flächenzentrierter Würfel.

$\alpha$) Metalle mit regulär-flächenzentriertem Gitter. Die für das Fließen der Metallkristalle typischen Verhältnisse werden im folgenden für das Aluminium beschrieben. Das Gitter des Aluminiumkristalles ist der flächenzentrierte Würfel[5]) (Abb. 10). Aus den Aluminiumkristallen wurden sorgfältig bearbeitete Stäbe mit einem quadratischen Querschnitt $1 \times 1$ und 20 cm Länge für die Zugversuche, und niedrige Kreiszylinder für die Druckversuche hergestellt.

Die Formänderung des Kristalles besteht aus einer homogenen Verzerrung. Denkt man sich etwa um einen Punkt im Stab eine Kugel im unverzerrten Zu-

---

[1]) F. STÖBER, ZS. f. Krist. Bd. 61, S. 3, 4. Heft. 1925.

[2]) K. W. HAUSSER, Mitteilungen a. d. phys. Laboratorium des Wernerwerkes. Wiss. Veröffentl. a. d. Siemens-Konz. Bd. 5, H. 3. 1927.

[3]) P. W. BRIDGMAN, Certain physical properties of single crystals. Proc. Amer. Akad. Bd. 60, S. 306. 1925.

[4]) G. J. TAYLOR u. C. J. ELAM, The distorsion of an aluminium crystal during a tensile test. Bakerian lecture. Proc. Roy. Soc. London Bd. 102, S. 643. 1923; The plastic extension and fracture of aluminium crystals. Ebenda Bd. 108, S. 28. 1925; TAYLOR u. FARREN, ebenda Bd. 111, S. 529. 1926. Ferner Verhandlungen des 2. Intern. Kongr. für techn. Mechanik, S. 46. Zürich 1927.

[5]) Vgl. ds. Handb. Bd. XXIV, Kapitel 4, Ziff. 37 u. 45.

stand beschrieben, so wird diese Kugel in ein Ellipsoid verzerrt. Es gibt im Kristall um jeden Punkt einen Kegel, dessen Erzeugende ihre Länge bei der Verzerrung nicht ändern. Der Kegel enthält die Schnittkurve des Ellipsoids mit der Kugel. Durch Längen- und Winkelmessungen am verzerrten Kristall konnten TAYLOR und ELAM den Nachweis erbringen, daß die Schnittkurve aus zwei Kreisen und die beobachtete Formänderung aus einer reinen Schiebung bestand.

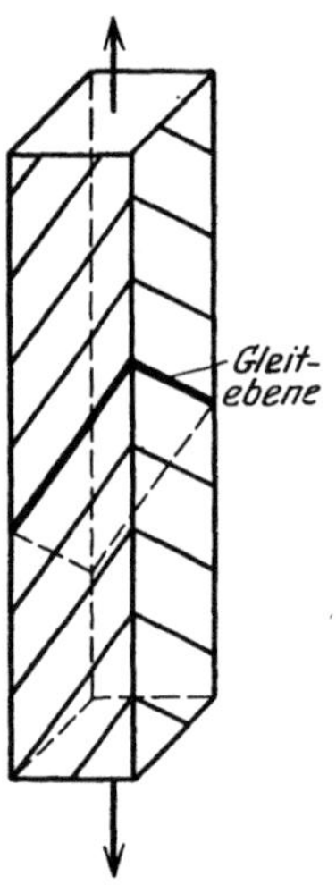


Abb. 11. Gleitebenen bei der Streckung eines Aluminiumkristalles.

Welche von den beiden Ebenen dieser Schiebung zugeschrieben werden muß, konnte schließlich mittels der Röntgenanalyse oder auch durch die Beobachtung der Spuren der Gleitebenen auf der Staboberfläche bestimmt werden. Die plastische Streckung eines Aluminiumkristalles kommt demnach so zustande, daß sich alle Ebenen parallel einer bestimmten Ebene des Kristalles und in einer bestimmten Richtung verschieben (Abb. 11). Als Gleitebenen wurden bei den Metallen mit regulärem, flächenzentriertem Gitter die Oktaederebenen festgestellt (vgl. Abb. 10).

Der Elementarwürfel des Aluminiumkristalles nimmt im unverzerrten Stab eine bestimmte Lage relativ zur Zugrichtung ein. Denkt man sich im Elementarwürfel das Oktaeder eingezeichnet, so geben seine Ebenen die möglichen Lagen der Gleitflächen des Kristalles an. Das sind vier Scharen von parallelen Ebenen. Innerhalb jeder Gleitebene bilden die Kanten des Oktaeders die möglichen Richtungen für die Gleitbewegung. Das sind die Würfelseitendiagonalen. In einem Aluminiumkristall müssen hiernach $4 \times 3 = 12$ verschiedene Gleitrichtungen gleichberechtigt sein. Von den vier Ebenen und den zwölf Gleitrichtungen betätigt sich die Gleitebene, in der die Komponente der Schubspannung in der Richtung einer Oktaederkante am größten ist. Berechnet man die Schubspannung in der Gleitebene, so findet man, daß sie während der Stabdehnung dauernd wächst. Mit der fortschreitenden Dehnung drehen sich alle Gleitebenen mehr und mehr und nehmen zur Zugrichtung steilere Lagen ein. Es kann vorkommen, daß bei dieser Drehung eine zweite Oktaederebene bezüglich ihrer Gleitmöglichkeit in eine gleich günstige Lage zur Zugrichtung sich einstellt. Alsdann betätigen sich gleichzeitig zwei Oktaederebenen als Gleitebenen an der Schiebung. Der Betrag der Schiebung in den beiden Ebenen ist im allgemeinen ein verschiedener. Diese Tatsache (das Wachsen der Schubspannung in der Gleitfläche bei der Dehnung) und andere Beobachtungen sprechen dafür, daß die Gleitschichten in ihrem Innern sich während der Bewegung verändern. In einem Falle beobachteten TAYLOR und ELAM, daß sich zwei Gleitebenen eines Kristalles am Anfang des Versuches in gleicher Lage zur Zugrichtung befanden. Bei diesem Stab betätigten sich beide Gleitebenen von Anfang an bis zum Bruch in gleicher Weise an der Formänderung.

Die übliche Röntgenstrahlenanalyse der stark gedehnten Kristalle ergibt dieselben Interferenzen, wie im ungedehnten Kristall. Man hat daraus geschlossen, daß das Gitter des Kristalles während seiner plastischen Dehnung sich nicht ändert. Es scheint aber, daß diese Feststellungen, nur soweit ein grober Effekt gemeint ist, den Tatsachen entsprechen. Neuerdings hat VAN ARKEL[1]) in einem stark plastisch verzerrten Wolframeinzelkristall nach seiner Entlastung eine Verzerrung des Gitterparameters von 2% nach dem Verfahren von DEBYE und SCHERRER festgestellt. Die Verzerrung konnte nach kurzem Erhitzen auf 900°

[1]) A. E. VAN ARKEL, Naturwissensch. Bd. 13, S. 662. 1925.

beseitigt werden. Andere Metalle zeigten ähnliche Effekte. Die Gitterverzerrung wird man mit einer starken elastischen Anspannung der dünnen Lamellen erklären können, in die der Kristall bei seinen plastischen Formänderungen sich zerlegt. Die Aufspeicherung von elastischer und Oberflächenenergie in den Gleitschichten dürfte die Ursache dafür sein, daß die Schubspannung in der Gleitebene wächst („Verfestigung".)

Unter einer Druckbeanspruchung verformen sich Aluminiumeinzelkristalle nach TAYLOR und FARREN[1]) im wesentlichen nach denselben Regeln wie im Zugversuch, wenn man durch Schmierung der Druckebenen die Reibung ausschaltet, die die Querausdehnung der gedrückten Kristalle sonst hindern würde. Ein niedriger Kreiszylinder, der aus einem Aluminiumkristall besteht, verwandelt sich nach seiner Druckbeanspruchung in einen elliptischen Zylinder. Aus zwei senkrechten Kreisdurchmessern werden zwei konjugierte Durchmesser des elliptischen Querschnittes (Abb. 12).

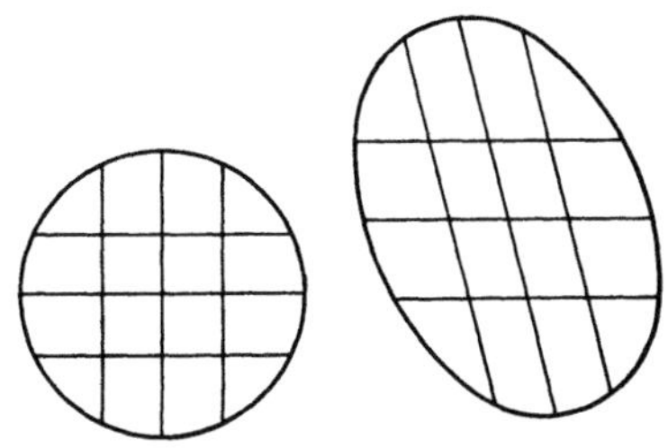

Abb. 12. Verformung des Querschnittes eines auf axialen Druck beanspruchten Aluminiumeinzelkristalles nach TAYLOR und FARREN.

β) Metalle mit regulär-raumzentriertem Gitter. (Eiseneinzelkristalle, α-Eisen). Zu sehr beachtenswerten Feststellungen über den Gleitmechanismus in Eiseneinzelkristallen gelangten TAYLOR und ELAM. Das Abgleiten erfolgt in den Eisenkristallen nicht längs kristallographisch definierter Kristallebenen. Als Gleitrichtung ergab sich stets eine Würfeldiagonale (Abb. 13). Die Gleitebenen waren hingegen keine ausgezeichneten Ebenen des Kristalls. Eine Gleitebene entsteht sozusagen aus unendlich kleinen Stufen von kristallographischen Ebenen, ohne selbst eine solche zu sein. Man kann sich ein Modell für diesen Gleitvorgang verschaffen durch ein Bündel von Bleistiften. Die Achsen der Bleistifte sind einer Kristallachse parallel (der Würfeldiagonale). Legt man das Bündel mit seinem Ende über eine treppenförmige Fläche, deren Stufenhöhen das Vielfache der primitiven Abmessungen des Elementarwürfels sind, so entstehen auf dem freien Ende des Bündels gewellte Linien. Sie bilden im Modell die „Gleitlinien". Eine überraschende Bestätigung der Richtigkeit der Ansichten von TAYLOR und ELAM bezüglich der Gleitbewegungen im Eisenkristall bildet die von ihnen vorausgesagte Tatsache, daß in einem Eisenkristall die Gleitlinien völlig gerade verlaufen, wenn die Schnittfläche parallel einer Gleitrichtung liegt. Bei schiefer Lage der Oberfläche zur Gleitrichtung erscheinen hingegen die Gleitlinien im Mikroskop um so stärker gewellt, je steiler der Schnitt liegt. Zahlreiche weitere Versuche über das Verhalten von Aluminiumkristallen unter Zugbeanspruchung haben SACHS, KARNOP und v. GÖLER[2]) angestellt. Sie gelangten in vieler Hinsicht zu ähnlichen

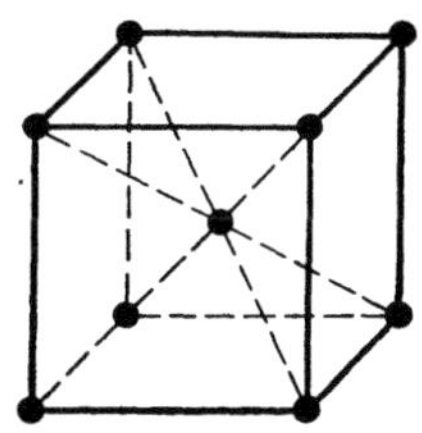

Abb. 13. Raumzentrierter Würfel.

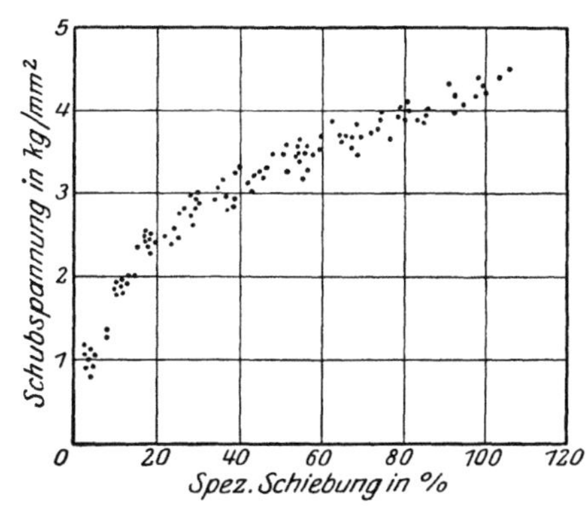


Abb. 14. Zugversuche mit Aluminiumeinzelkristallen nach KARNOP und SACHS.

[1]) G. J. TAYLOR u. FARREN, Proc. Roy. Soc. London Bd. 111, S. 529. 1926.

[2]) G. SACHS, R. KARNOP u. v. GÖLER, ZS. f. Phys. Bd. 41, S. 103, 116, 873 u. 889. 1927; Bd. 42, S. 283. 1927.

Ergebnissen wie TAYLOR und ELAM und untersuchten darüber hinaus die Vorgänge bei höheren Temperaturen und bei der Einschnürung der Stäbe. Der Verlauf der Schubspannung in der Gleitfläche in Abhängigkeit von der Abgleitung ist nach ihren Versuchen in Abb. 14 wiedergegeben. Bei höheren Temperaturen, etwa über 450°, bleibt der Querschnitt eines ursprünglich kreiszylindrischen Aluminiumeinzelkristalles oft kreisförmig, die Schiebung erfolgt nicht mehr wie bei den niedrigen Temperaturen in einer Gleitebene, sondern oft in mehreren gleichzeitig.

$\gamma$) Metalle mit hexagonalem Gitter (Zink, Kadmium). Nach den Versuchen von POLANYI[1]) und anderen, besonders von SCHMID[2]) ist die Basisfläche des regulär sechskantigen Elementarkörpers (Abb. 15) die Gleitfläche und eine dichtest belegte Kante (zweizählige Kristallachse) die Gleitrichtung. Bei stärkerer Dehnung kann sich noch eine zweite Kristallebene als Gleitebene betätigen („Nachdehnung"). Bezüglich der Einzelheiten muß auf den in der Anmerkung erwähnten zusammenfassenden Bericht von MASING und POLANYI verwiesen werden, woselbst auch über die Strukturänderungen in metallischen Kristallkornhaufwerken berichtet wird. Sehr bemerkenswert ist die außerordentliche Dehnbarkeit der Zink- und Kadmiumkristalle. Drähte aus einem Einzelkristall lassen sich auf das 5- bis 10fache ihrer ursprünglichen Länge auseinanderziehen. Dabei wird ein runder Stab zu einem flachen Band auseinandergezogen.

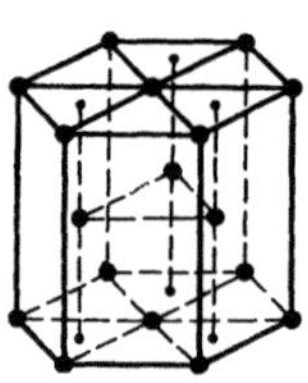
Abb. 15. Hexagonales Gitter.

c) Die Gleitung auf krummen Flächen. Bereits MÜGGE[3]) hat bemerkt, daß bei der plastischen Verformung von beanspruchten Kristallen oft die schon mit dem freien Auge erkennbaren Gleitschichtpakete krumm sind. Eines der bekanntesten Beispiele ist Steinsalz. Prismatische Spaltkörper aus Steinsalz lassen sich in einer Gasflamme leicht bleibend verbiegen. Im polarisierten Licht betrachtet, zeigen sich regelmäßig gekrümmte Gleitschichtpakete. Diese krummen Gleitflächen entstehen anscheinend aus Rhombendodekaederflächen. An den beiden Enden eines stark gedehnten Stückes eines Metallkristalles, wo der gedehnte Teil in den nicht gedehnten übergeht, lassen sich in der Regel gekrümmte Gleiflächen nachweisen. POLANYI und einige seiner Mitarbeiter, die diese gekrümmten Gleitschichten bei den Metallkristallen genauer beschrieben haben, glaubten in dieser von ihnen als „Biegegleitung" genannten Erscheinung den Grundvorgang[4]) der plastischen Kristalldehnung zu erblicken. Bei ihren oben erwähnten Versuchen haben jedoch TAYLOR und ELAM in den gleichmäßig gedehnten Teilen ihrer Metallkristalle keine Spur einer Biegegleitung gefunden. In einem homogenen Versuchskörper von konstantem Querschnitt muß nämlich unter einer Zugbeanspruchung schon wegen der mit der Verformung ansteigenden Schubspannung in der Gleitfläche die Dehnung auf benachbarte Querschnitte übergreifen, d. h. gleichmäßig erfolgen. Eine örtliche Verformung ist gewöhnlich nur unter einer abfallenden Kraft möglich. In Körpern mit veränderlichem Querschnitt, wie es die meisten Versuchsdrähte von POLANYI waren, wandert hingegen die Grenzstelle des plastischen Stückes am Stabe entlang. Da ein Einkristallstab aus Zink in den bleibend gedehnten Teilen oft enorme Formänderungen (bis zu mehreren 100%) erleidet und sich stark abflacht, müssen

[1]) M. POLANYI, ZS. f. Phys. Bd. 12, S. 58 (1., 2., 3. Mitteilung von MARK, POLANYI und SCHMID); ferner G. MASING u. M. POLANYI, Kaltreckung und Verfestigung. Ergebn. d. exakten Naturwissenschaften Bd. 2, S. 177. Berlin 1923.

[2]) E. SCHMID in verschiedenen Mitteilungen in der ZS. f. Phys. von 1922 an.

[3]) O. MÜGGE, Handwörterbuch der Naturwissenschaften. Bd. V. Jena 1914 (Artikel über Kristallphysik).

[4]) Vgl. M. POLANYI, ZS. f. Phys. Bd. 12, S. 104. 1922 (die gesperrte Schlußfolgerung).

die Gleitschichten, wenn kein Bruch eintritt, aus ihrer Lage im ungedehnten Kristall in die zweite Lage sich begeben können und an der Übergangsstelle krumm werden. Diese Krümmung ist in einem Zug- oder Druckversuch eine sekundäre Erscheinung, eine unvermeidliche Störung des normalen Abgleitens bei veränderlichem Querschnitt oder bei starker Dehnung an den Stabenden. Wie die Biegung und Verdrillung der Kristalle andrerseits beweist, können die Gleitschichtpakete im Steinsalz oder auch in den Metallkristallen sehr starke Krümmungen vertragen, ohne zu brechen. Wie bereits POLANYI hervorgehoben hat, dürfte diese Krümmung elastischer Art sein[1]).

Bezeichnet $h$ die Dicke des Gleitschichtenpaketes, $\varrho$ den Krümmungshalbmesser, $E$ den Elastizitätsmodul, so ist die zusätzliche Biegungsspannung $\sigma$, die bei der elastischen Krümmung der Gleitschichten entsteht,

$$\sigma = \frac{E h}{2\varrho} .$$

Die Dicke der krummen Gleitschichten muß schon recht klein sein, wenn bei den kleinen Werten des Krümmungshalbmessers, auf die man aus den abphotographierten Enden der plastischen Gebiete schließen muß, die Biegungsspannung $\sigma$ kleiner als die Zerreißfestigkeit bleiben soll.

d) Die Stabilität der gleichförmigen Dehnung. Nach TAYLOR und ELAM nimmt die in einem Einzelkristall in einer Gleitfläche tatsächlich wirksame Schubspannungskomponente während eines Zug- oder Druckversuches mit der Dehnung zu. Ein von ihnen angestellter Zugversuch mit einem Aluminiumkristall ergab die Zugspannung $\sigma_z$ (in einem Schnitt senkrecht zur Stabachse) und die Schubspannung $\tau_g$ (in der Gleitfläche) bei den folgenden Werten der auf die ursprüngliche Länge bezogenen Längsdehnung $\varepsilon$.

Zugversuch mit einem Aluminium-Einzelkristall nach TAYLOR und ELAM.

| Dehnung | Zugspannung (Pfund/Zoll²) | Schubspannung (Pfund/Zoll²) |
|---|---|---|
| $\varepsilon = 0{,}000$ | $\sigma_z = 0$ | $\tau_g = 0$ |
| 0,053 | 690 | 2180 |
| 0,110 | 770 | 2930 |
| 0,161 | 950 | 3380 |
| 0,200 | 1010 | 3740 |
| 0,304 | 1100 | 4140 |
| 0,404 | 1140 | 4480 |
| 0,623 | 1210 | 5030 |
| 0,785 | 1230 | 5570 |

Die Aluminiumkristalle vertrugen bis zu 70% und mehr Dehnung bis zum Bruch. Sehr auffällig war ihre außerordentlich gleichförmige Streckung. Die gleichförmige Dehnung wird durch die Form der Spannungs-Dehnungskurve $\tau_g = f(\varepsilon)$ bedingt. Bei der Dehnung stellen sich die Gleitflächen steiler ein, und der Winkel, den sie mit der Stabachse bilden, nimmt ab. Der Querschnitt der Gleitfläche bleibt unverändert. Bei der Dehnung des Einzelkristalls muß demnach die Schubspannung in der Gleitfläche automatisch zunehmen, selbst wenn die Zugspannung im Stab ungeändert bleibt. Würde der Gleitwiderstand in der Gleitfläche nicht zunehmen, so müßte der Stab beispielsweise unter einer konstanten Kraft brechen. Die notwendige Bedingung für eine gleichmäßige Dehnung in einem Einzelkristall ist demnach die, daß die Zunahme des Gleitwiderstandes größer sein muß als die Zunahme der Schubspannung in der Gleitfläche infolge ihrer steileren Einstellung zur Zugrichtung.

e) Der Einfluß der Geschwindigkeit und der Zeit auf die Spannungs-Dehnungskurve der Metalleinzelkristalle ist von HAASE und SCHMID[2]) untersucht worden. Die Fließspannung nimmt mit der Geschwindigkeit zu. Dehnt man

---

[1]) Weitere Beobachtungen über krumme Gleitflächen in Kristallen vgl. bei R. GROSS, Z. f. Metallkunde Bd, 16, S. 13. 1924.

[2]) O. HAASE u. E. SCHMID, ZS. f. Phys. Bd. 33, S. 413. 1925.

einen Zinkkristall, entlastet ihn und belastet ihn wieder nach einiger Zeit, so erhält man die in der Abb. 16 wiedergegebenen Kurven. Der Kristall beginnt unter einer niedrigeren Spannung zu fließen, als die, bis zu der er im vorangehenden Versuch belastet war.

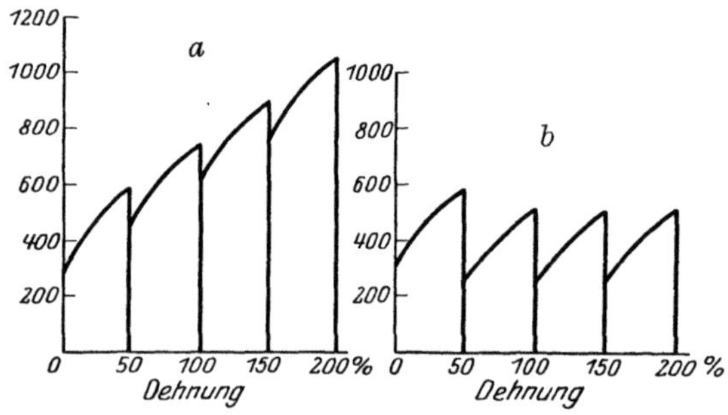


Abb. 16. Dehnung von Zinkeinzelkristallen nach HAASE und SCHMIDT. Ordinaten: spez. Spannung in g/mm², bezogen auf den Anfangsquerschnitt. Abszissen: spez. Dehnung in Prozent. Kurve *a*: Ruhepause 30 bis 40 Sekunden; Kurve *b*: Ruhepause 24 Stunden.

f) Ätzfiguren. An großen, aus Kupfereinzelkristallen hergestellten Kugeln mit glatter Oberfläche haben HAUSSER und SCHOLZ[1]) die Beobachtung gemacht, daß man, je nach dem angewandten Ätzmittel, auf den Kugeln verschiedene Zeichnungen erhalten kann. Man kann die Kugel auf eine reine Würfelzeichnung, eine reine Oktaederzeichnung, eine reine Rhombendodekaederzeichnung oder auch deren Kombinationen hin ätzen (vgl. die schematischen Nachzeichnungen der Ätzfiguren der HAUSSERschen Kugeln Abb. 17). Es ist möglich, daß der Mechanismus der chemischen Reaktion an den angegriffenen Kristallflächen je nach der Orientierung der Netzebenen zur geometrischen Begrenzung des Körpers in sehr kleinen Wirbeln des Lösungsmittels besteht. Da die Auflösungsgeschwindigkeit (wie auch die Wachstums-

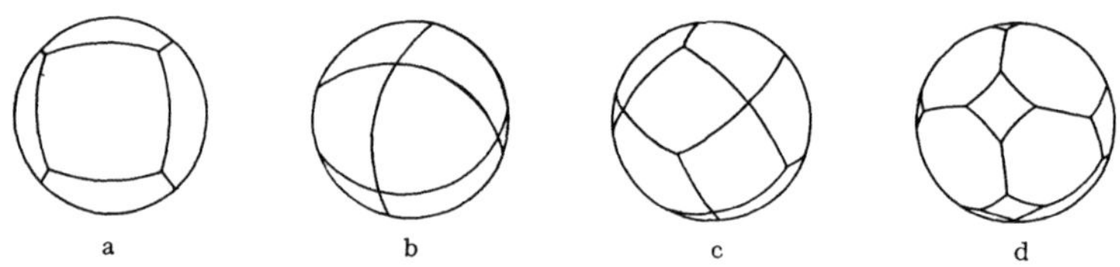


Abb. 17. Ätzzeichnungen auf Kupfereinzelkristallkugeln nach HAUSSER und SCHOLZ. *a* Wurfel, *b* Oktaeder, *c* Rhombendodekaeder, *d* Kombination.

geschwindigkeit) in einem Kristall in bestimmten kristallographischen Richtungen größer als in andern ist, erscheinen die entsprechenden Kristallflächen als Facettenflächen (Ätzfiguren). In der Begrenzungsebene entstehen regelmäßige Vertiefungen, die nach Kristallflächen begrenzt sind.

g) Strukturfragen. Auf die mittels der Röntgenstrahlinterferenzen beobachteten Änderungen in der Struktur der Einzelkristalle und der vielkristallinen Metalle durch mechanische und thermische Einwirkung braucht hier nicht eingegangen zu werden, da diese Fragen in andern Teilen dieses Handbuches ausführlich behandelt werden[2]).

**8. Die grobmechanischen Vorgänge im Kristallkornhaufwerk.** Man nimmt an, daß die elastischen Formänderungen der festen Körper (der einheitlichen Kristalle und der Kristallkornhaufwerke) die Folge der kleinen Verzerrungen des Gitters ihrer Atome unter der Wirkung der äußeren Kräfte sind. In den glasartigen festen Körpern werden die elastischen Formänderungen ebenfalls durch kleine Abstandsänderungen ihrer Moleküle oder durch ihre Verzerrung bedingt sein. Ebenso wird auch die Volumelastizität der Flüssigkeiten erklärt werden müssen. Sieht man von diesen, unter gewöhnlichen Drucken im Vergleich mit den Elementarabständen

[1]) K. W. HAUSSER u. P. SCHOLZ, Wiss. Veröffentl. a. d. Siemens-Konz. Bd. 5, H. 3, S. 144. 1927.

[2]) Siehe Bd. XXIV, Kap. 4 ds. Handb.

der Atome in den Gittern nur verhältnismäßig kleinen Verschiebungen aus ihrer mittleren Lage ab, so verbleiben für eine Erklärung der bildsamen Formänderungen bei den Kristallen nur bleibende Verschiebungen der Bausteine der Gitter, bei den glasartigen festen Stoffen bleibende Verschiebungen der Moleküle selbst. Solange der Mechanismus der bildsamen Formänderungen im Gitter der einheitlichen Kristalle und im Innern der völlig amorphen festen Körper nicht genauer bekannt ist, lassen sich die elementaren Vorgänge im Gefüge der Kri-

Abb. 18. Streifungen im Korn von plastisch verformtem Kupfer. Vergrößerung 100fach.

Abb. 19. Kupfer.

Abb. 20. Messing.

Abb. 19 und 20. Streifungen im Korn von plastisch verformten Metallen.

stallkornhaufwerke nur vermutungsweise angeben Es lassen sich immerhin einige typische Beobachtungen angeben, die mit ihm zusammenhängen dürften. Als die Grundvorgänge werden vermutet (vgl. hierzu Abb. 18 bis 20);

a) die Translation im Gitter, d. h. eine parallele Verschiebung von zwei Teilen des Kristalls, entweder längs bestimmter Atom-(Kristall-)ebenen und in bestimmten Kristallrichtungen oder nicht nach Kristallebenen, sondern nur nach bestimmten Kristallrichtungen;

b) die Umklappungen im Gitter: der eine Teil des Kristalles verwandelt sich in einen zur Trennungsebene spiegelbildlich gelegenen (Zwillingsbildung)[1]; das bekannteste Beispiel ist der Kalkspatkristall, die Zwillingsstreifung in den Körnern eines plastisch verformten Marmors (Versuche von v. KÁRMÁN);

[1]) Von MÜGGE (Handb. d. Naturwissenschaften Bd. V, S. 1135) als einfache Schiebung beschrieben.

c) der Platzwechsel der Atome, sei es infolge eingetretener Labilitäten in ihrer Gleichgewichtslage oder infolge der Wärmebewegung.

Die grobmechanischen Umstände, von denen die Bewegungsmöglichkeiten der Körner im Gefüge eines Kristallkornhaufwerkes abhängen und dessen Widerstandsfähigkeit gegen eine bleibende Gestaltänderung bei der plastischen Verformung bedingt wird, dürften, wie man vermuten wird, sehr verwickelter Art sein. Die Widerstandsfähigkeit gegen bleibende Gestaltänderung wird bestimmt durch die Zusammensetzung des Stoffes (durch Auflösen eines fremden Metalles in einem anderen wird seine Festigkeit sehr beeinflußt), durch die absolute Größe des Kristallkornes (ein feinkörniges Metall ist im allgemeinen fester, ein grobkörniges weicher), die Unvollkommenheiten im Gitter der Körner (Spalte, Risse, Hohlräume) wie auch an ihren Grenzen (Korngrenzenfestigkeit oder Schwächung an den Korngrenzen), die Temperatur, die mechanische und thermische Vorbehandlung (durch Bearbeitung werden die Metalle härter, durch Ausglühen weicher) u. a. m. Im Kleingefüge einer feinkörnigen Metallegierung können außer den drei wahrscheinlichen Grundvorgängen im Kristall vor allem auch gröbere Bewegungserscheinungen bei der Plastizität eine Rolle spielen. In Stoffen mit einem verhältnismäßig lockeren Gefüge sind unter bestimmten Spannungszuständen (z. B. achsialem Druck) die bildsamen Formänderungen des Kornes von Brucherscheinungen begleitet. Sie können zu einem Teil durch eine ganz allmählich sich vorbereitende Zerstörung des Körperzusammenhanges selbst hervorgerufen sein. Dies wird besonders der Fall sein, wenn der Körper aus zwei Gefügearten mit verschiedener Festigkeit besteht (weiche Einschlüsse in einem festeren Metall, Graphit im Gußeisen). Infolge der verschiedenen Vorgänge, die bei der Bewegung der Körner beteiligt sein können, entsteht eine große Mannigfaltigkeit des Verhaltens der festen Körper bei ihren plastischen Formänderungen.

Auf zwei Umstände von denen die Widerstandsfähigkeit der festen Körper gegen eine bleibende Gestaltsänderung stark abhängt, sei besonders hingewiesen: die Temperatur und die Geschwindigkeit. Der zur Erzeugung einer bleibenden Gestaltänderung erforderliche Unterschied der extremen Hauptspannungen (der Unterschied der größten und kleinsten Hauptspannung) ist stark abhängig von der Temperatur, bei der die Kräfte auf den Körper einwirken. Er nimmt mit steigender Temperatur praktisch bis auf den Wert Null ab. Von dieser Eigenschaft der festen Körper wird bekanntlich bei der Warmformgebung der metallischen Werkstoffe Gebrauch gemacht. In der Schmiedehitze des Eisens sind die zu seiner Verformung erforderlichen Kräfte vielleicht nur ein Zwanzigstel der bei gewöhnlichen Temperaturen notwendigen Kräfte. Ein Steinsalzstäbchen läßt sich im Bunsenbrenner von Hand um 180 Grad biegen.

Daß der Spannungsunterschied, unter dem ein Körper in stetiger Weise seine Gestalt ändert, auch von der Geschwindigkeit abhängen muß, mit der der Körper sich verformt, erkennt man besonders, wenn man sich die Tatsache der bruchlosen Verformung der tieferen Gesteinsschichten vergegenwärtigt. Die festen Gesteine sind, wie aus den geologischen Befunden bekannt ist, in dauernder Bewegung begriffen. Ein fester Körper kann seine Gestalt auch unter kleinen Unterschieden der Hauptspannungen ändern, wenn die Belastung lange genug gewirkt hat. Wenn die Verformung lange dauert, wie bei den geologischen Bewegungsvorgängen, vermögen die Körper ihre Gestalt unter kleinen Unterschieden der Hauptspannungen stärker zu ändern. Unter denselben Kraftwirkungen erscheinen die Körper jedoch als vollkommen starr, wenn man sie nur während der üblichen Zeiten eines Festigkeitsversuches betrachtet.

Zieht man nur solche Zeiten in Betracht, wie sie zur Durchführung eines gewöhnlichen Festigkeitsversuches erforderlich sind, so wird man behaupten dürfen, daß die Fließspannung „nur wenig" von der Verformungs-(Dehnungs-) geschwindigkeit abhängt. Der Einfluß der Geschwindigkeit nimmt nämlich im Bereich der üblichen Festigkeitsversuche und unter hinreichend niedrigen (d. h. vom Schmelzpunkte entfernten) Temperaturen mit wachsender Spannung erheblich ab. Anders ausgedrückt: Vergleicht man den Einfluß der Geschwindigkeit der plastischen Verformung bei ihren außerordentlich kleinen Werten bei den geologischen Vorgängen, so wird vielleicht die Verdoppelung der Geschwindigkeit den doppelten Hauptspannungsunterschied ergeben — während geologischer Zeiten fließen die festen Körper möglicherweise nach einem ähnlichen Gesetz wie die zähen Flüssigkeiten — hingegen entspricht einer Verdoppelung der Dehnungsgeschwindigkeit eines an der Fließgrenze befindlichen Stabes während eines normalen Festigkeitsversuches nur eine verhältnismäßig kleine Zunahme von einigen Prozenten der Fließspannung.

**9. Über die Kompressibilität der festen Stoffe.** Hierüber liegen von BRIDGMAN sehr sorgfältige und eingehende Versuche vor. Bei den Flüssigkeiten hatte BRIDGMAN gefunden, daß ihr Volumen bei 12000 Atm. bis um 30% abnimmt. Diese sehr beträchtlichen (isothermen) Änderungen verlaufen vollkommen umkehrbar und elastisch.

a) Eisen. BRIDGMAN[1]) bestimmte erst die Kompressibilität einer Stange aus sehr reinem Eisen. Ein 30 cm langer Stab befand sich im Innern eines schweren Zylinders aus gehärtetem Chrom-Vanadiumstahl, in dem Drucke bis 13000 Atm. erzeugt werden konnten. Gemessen wurde die relative Änderung der Längen des Versuchsstabes und des Stahlzylinders. Mit dem einen Ende des Eisenstabes war ein Chromnickeldraht verbunden. Durch die elastische Längenänderung des Versuchsstabes unter den hohen Flüssigkeitsdrücken verkürzte sich die stromdurchflossene Länge des im Druckraum ausgespannten Chromnickeldrahtes und die dadurch hervorgerufene Änderung des Drahtwiderstandes wurde in einem Galvanometer gemessen. Die im Zylinder ausgeübten hydrostatischen Drucke wurden ebenfalls auf elektrischem Wege gemessen, nämlich durch die Änderung des elektrischen Widerstandes einer im Druckraum befindlichen Manganindrahtspule.

Die auf den ursprünglichen Rauminhalt $V_0$ (bei 1 Atm. und 30° C) bezogene räumliche Dehnung $\Delta V/V_0$ des Eisenstabes ergab sich

bei 30° $\Delta V/V_0 = -10^{-7}(5{,}87 - 2{,}1 \cdot 10^{-5}p)p,$

„ 75° $\Delta V/V_0 = -10^{-7}(5{,}93 - 2{,}1 \cdot 10^{-5}p)p,$

wo $p$ den Druck in kg/cm² bedeutet. Im Mittel beträgt somit die Kompressibilität des Eisens im Druckintervall 1 bis 10000 Atm.

bei 30° $5{,}66 \cdot 10^{-7}$, bei 75° $5{,}72 \cdot 10^{-7}$.

Nachdem die absoluten Werte der Kompressibilität für den Vergleichsstab aus reinem Eisen ermittelt waren, wurden in derselben Versuchsvorrichtung die Änderungen der Längen von Stäben aus verschiedenen Metallen unter Druck mit der Eisenstange gemessen. Die räumliche Dehnung $\Delta V/V_0$ ergab sich für vielkristalline Metalle gleich

$$\frac{\Delta V}{V_0} = (a + bp)p,$$

wobei $a$ und $b$ folgende Werte haben, falls $p$ in kg/cm² angegeben wird.

---

[1]) P. W. BRIDGMAN, The compressibility of thirty metals. Proc. Amer. Acad. Bd. 58, Nr. 5, S. 166. 1923.

Die räumliche Dehnung von Metallen nach BRIDGMAN bei 30° C.

| | | |
|---|---|---|
| Wolfram (gezogener Draht) | $a = -3{,}15 \cdot 10^{-7}$ | $b = 1{,}6 \cdot 10^{-12}$ |
| Platin (gezogen) | $-3{,}60$ | 1,8 |
| ,, (in Stangenform) | $-3{,}05$ | 0,0 |
| Gold | $-5{,}77$ | 3,1 |
| Kupfer (käuflich, hart) | $-7{,}32$ | 2,7 |
| ,, (ausgeglüht) | $-7{,}29$ | 2,7 |
| ,, (sehr rein) | $-7{,}19$ | 2,6 |
| Aluminium (weich ausgeglüht) | $-13{,}34$ | 3,5 |
| Blei (gegossen) | $-23{,}73$ | 17,25 |
| Lithium | $-86{,}92$ | 97,5 |
| Magnesium | $-29{,}60$ | 20,3 |
| Zinn | $-19{,}53$ | 9,6 |
| Antimon | $-14{,}69$ | 6,2 |

b) Die Alkalimetalle[1]) zeigten ein verwickelteres Verhalten:

| | | | | | |
|---|---|---|---|---|---|
| Natrium: | Druck | 1000 | 5000 | 10000 | 12000 Atm. |
| | $\frac{\Delta V}{V_0} =$ | $-0{,}0153$ | $-0{,}0697$ | $-0{,}1263$ | $-0{,}1465$, |
| Kalium: | $\frac{\Delta V}{V_0} =$ | $-0{,}0330$ | $-0{,}1306$ | $-0{,}2222$ | $-0{,}2544$. |

Diese Zahlenangaben lassen erkennen, daß die beiden Alkalimetalle Na, K die stärksten Kompressibilitäten aufweisen. Die augenblicklichen Kompressibilitäten $\frac{1}{V}\left(\frac{\partial V}{\partial p}\right)_t$ der fünf Alkalimetalle Lithium, Natrium, Kalium, Rubidium und Cäsium bis zu Drucken von 15000 Atm. sind in der Abb. 21 angegeben. Unter allen Elementen ist das am stärksten kompressible das Metall Cäsium. Die Änderungen seines relativen Volumens und die des Rubidiums unter hohen Drucken gehen aus der Abb. 22 hervor. Das Volumen des Cäsiums nimmt unter 15000 Atm. um ein Drittel ab. Da die Alkalimetalle unter den Elementen die größten Atomvolumina haben, ergibt sich, daß die Elemente mit dem größten Atomvolumen auch die am stärksten kompressiblen sind.

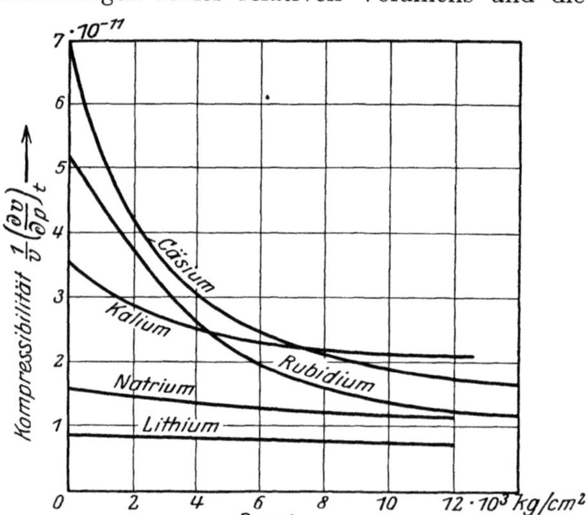


Abb. 21. Die Kompressibilität der Alkalimetalle nach BRIDGMAN.

c) Kristalle[2]). Für die kubischen Kristalle verschiedener Minerale folgt die Kompressibilität (gemessen als Abnahme $\Delta l$ einer linearen Abmessung $l_0$ bei 30° C) ebenfalls der Formel

$$-\Delta l/l_0 = ap + bp^2$$

mit Beiwerten von $a = (5 \text{ bis } 15) \cdot 10^{-7}$ und $-b = (1 \text{ bis } 7) \cdot 10^{-12}$. Die lineare Änderung der Abmessungen eines nicht kubischen Kristalles durch allseitigen Druck ist verschieden in den verschiedenen Richtungen. So ergab sich z. B. für den Kalkspat

| | | |
|---|---|---|
| parallel zur trigonalen Achse | $a = 8{,}071 \cdot 10^{-7}$ | $b = -3{,}26 \cdot 10^{-12}$ |
| senkrecht zu ihr | $a = 2{,}688 \cdot 10^{-7}$ | $b = -0{,}070 \cdot 10^{-12}$ |

[1]) P. W. BRIDGMAN, Phys. Rev. Bd. 27, Nr. 1, S. 68—86. 1926.
[2]) P. W. BRIDGMAN, American journal of science Bd. 10, S. 483. 1925.

Die räumliche Dehnung betrug beim Quarz bei 30° und 2000 Atm. 0,00553 und bei 10000 Atm. 0,02486. Bezüglich weiterer Angaben muß auf die Abschnitte des Handbuches über Kristallphysik verwiesen werden.

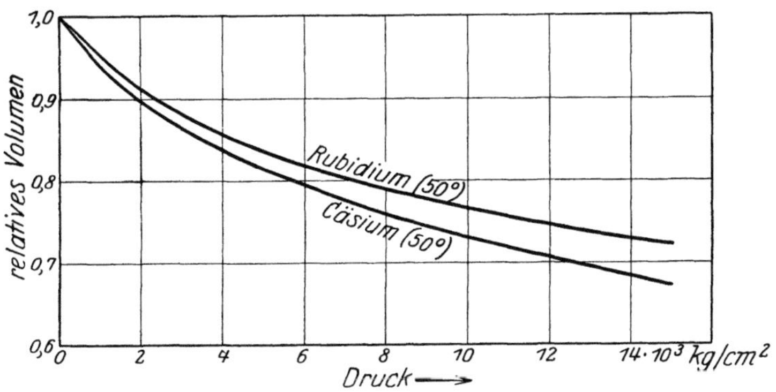


Abb. 22. Die Kompressibilität von Rubidium und Zäsium nach BRIDGMAN.

**10. Einige Wirkungen hoher Flüssigkeitsdrücke auf Gefäße.** Bereits AMAGAT[1]) beschreibt, daß Quecksilber unter 3000 Atm. durch die Wandungen eines 8 cm dicken Stahlgußrohres hindurchgepreßt werden konnte. BRIDGMAN fand, daß gehärtete Chromnickelstahlrohre sich gegen hohe innere Flüssigkeitsdrucke weit undichter verhielten, wenn in ihnen Quecksilber anstatt Wasser (oder statt eines zähen Öles) als Druckflüssigkeit benutzt wurde. Die Zylinder hielten mit Wasser Drucke von 24000 Atm. aus, mit Quecksilber gefüllt barsten sie bereits unter 5 bis 8000 Atm. BRIDGMAN erklärt die Bruchbildung mit der amalgamierenden Wirkung des Quecksilbers. Dasselbe vermag reines Eisen anzugreifen und spröde zu machen. Es scheint aber wahrscheinlicher, daß die äußerst feinen, noch nicht wahrnehmbaren „Härterisse“ den Effekt hervorrufen. Das in die dünnen Spalten eindringende Quecksilber zersprengt die gehärteten Zylinder, während die zähen Flüssigkeiten mit ihren großen Molekülen in die Spalten nicht so leicht eindringen können. Nach den Beobachtungen von BRIDGMAN hielten nichtgehärtete Zylinder gelegentlich die Drucke auch mit Quecksilber besser aus, als die gehärteten. Diese Beobachtung spricht besonders für die obige Vermutung. Über die zerstörende Wirkung hoher Flüssigkeitsdrucke auf das Gefüge von spröden Gesteinen liegen ferner Beobachtungen von v. KÁRMÁN[2]) vor. Spröde Marmorzylinder wurden durch Wasser unter einem äußeren Druck von 2000 Atm. zersprengt. Die Zylinder hielten jedoch solche Drucke aus, ohne zu zerbersten, wenn sie mit einem dünnen Messingblech bedeckt waren.

Eine andere Einwirkung des Quecksilbers ist auf gezogene Messingrohre bekannt. Solche Rohre springen oft mit einem lauten Knall, wenn sie eine Zeitlang in Berührung mit Quecksilber gestanden haben. Hier sind es sehr wahrscheinlich die inneren Spannungen, die vom Ziehvorgang in den Röhren zurückgeblieben sind, die das Aufreißen auslösen. Das Quecksilber dringt in die feinsten Haarrisse ein und verändert in irgendeiner Weise die Festigkeit des Messings[3]).

Dickwandige Rohre aus einem bildsamen Metall wie Blei (oder weichem Kupfer) verformen sich, wenn sie einem hohen inneren Flüssigkeitsdruck ausgesetzt werden, zuerst stark plastisch, bis der Bruch eintritt. Das Rohr zieht sich an

[1]) AMAGAT, Ann. chim. phys. Bd. 6, S. 29 u. 87. 1893.
[2]) TH. v. KÁRMÁN, Versuche unter allseitigem Druck. Mitt. üb. Forschungsarb. H. 118.
[3]) Vgl. darüber Versuche von E. HEYN u. G. MASING.

seiner schwächsten Stelle auseinander. An dem Bruchstück eines Bleirohres (BRIDGMAN) Abb. 23 sind die außerordentlich hohen plastischen Dehnungen bemerkenswert, die das Rohr aushielt, bevor es platzte. Der innere Durchmesser des Rohres hatte sich hier an der Bruchstelle auf den zwölffachen Wert vergrößert, was einer Dehnung von 1200% entspricht.

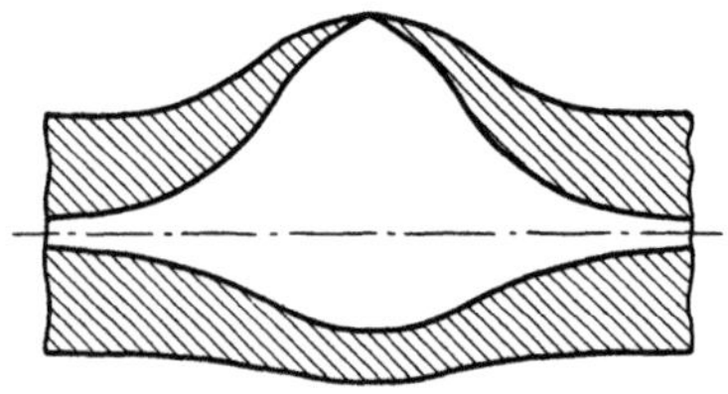

Abb. 23. Längsschnitt eines Bleirohres, das durch inneren Flüssigkeitsdruck aufgeweitet wurde. (Nach BRIDGMAN.)

**11. Struktur und Zähigkeit glasartiger Körper.** Die Mittelstellung der glasartigen Körper zwischen den festen Körpern (in ihrem kristallinischen Zustand) und den amorphen Flüssigkeiten hat zu verschiedenen Untersuchungen angeregt. Als Ergebnis derselben gilt, daß die Gläser als amorphe unterkühlte Flüssigkeiten angesehen werden[1]), in denen die Zähigkeit bei niedrigen Temperaturen sehr hohe Werte annimmt. Durch die Röntgenstrahlenanalyse der Struktur konnte in den Gläsern die Existenz eines Kristallgitters nicht nachgewiesen werden[2]). LEBEDEW hat die Abhängigkeit des Brechungsexponenten und des Ausdehnungskoeffizienten mit der Temperatur verfolgt. Er fand Anomalien im Verlauf der Kurven bei 575° (Umwandlungstemperatur von $\alpha$- in $\beta$-Quarz). Wenn aber polymorphe Modifikationsänderungen die Ursache der Unregelmäßigkeit in den Kurven gewesen wären, müßten im Glas Quarzkriställchen oder Fäden mit kristallinischer Struktur bestanden haben. Nach SCHÖNBORN sollen nicht Modifikationsänderungen, sondern molekulare Änderungen die Ursachen für die Unregelmäßigkeiten der Temperaturkurven gebildet haben. SELJAKOW, STRUTINSKI und KRASNIKOW[3]) versuchten die Grenze der Zerstückelung von Kristallkörnern festzustellen, bis zu der die röntgenographischen Methoden die Struktur nachweisen. Sie photographierten gute Gläser und Flaschenglas. In keinem der untersuchten Natronsilikatgläser konnten Spuren einer Kristallform des Quarzes nachgewiesen werden.

Über die Änderung der Zähigkeit von Flüssigkeiten mit ihrer Unterkühlung liegen Versuche von TAMMANN[4]) vor. Die Zähigkeit von unterkühlten Flüssigkeiten nimmt zuerst langsam und mit weiterer Unterkühlung in einem verhältnismäßig kleinen Temperaturintervall außerordentlich schnell zu, bis aus der Flüssigkeit sich ein festes Glas gebildet hat.

Der Zähigkeitskoeffizient des gewöhnlichen Glases verändert sich außerordentlich stark mit der Temperatur. In einem Temperaturintervall, das von der Erweichung des Glases bis zu 1500° reicht und das für die industrielle Herstellung des Glases in Betracht kommt, ändert sich der Wert des Zähigkeitskoeffizienten nach WASHBURN und SHELTON[5]) im Verhältnis von 1 zu 1 Milliarde. Wie LE CHATELIER[6]) bemerkt hat, lassen sich die Werte des Zähigkeitskoeffizienten $\eta$ in einem Temperaturbereich von etwa 600° durch eine doppeltlogarithmische Funktion

$$\log\log\eta = at + b$$

---

[1]) G. TAMMANN, Aggregatzustände, S. 244.

[2]) N. SELJAKOW, L. STRUTINSKI u. A. KRASNIKOW, Zur Frage nach der Struktur des Glases. ZS. f. Phys. Bd. 33, S. 53–63. 1925; P. SCHERRER (S. ZSIGMONDY, Kolloidchemie 1920, S. 408); G. JAUNCEY, Phys. Rev. Bd. 20, S. 405. 1922.

[3]) N. SELJAKOW, L. STRUTINSKI u. A. KRASNIKOW, l. c.

[4]) G. TAMMANN, Aggregatzustände, S. 244.

[5]) WASHBURN u. SHELTON, The viscosity of soda lime Glasses. University of Illinois Bulletin No. 140 of the engineering experiment station 1924. Ferner S. ENGLISH, Journ. of soc. of glass technology Bd. 8, S. 205. 1924; STOTT, IRVINE u. TURNER, Viscositymeasurements with glass. Proc. Roy. Soc. London Ser. A, Bd. 108, S. 154. 1925.

[6]) H. LE CHATELIER, Sur la viscosité et l'allotropie du verre. Ann. d. Phys. Bd. 3, S. 5. 1925.

darstellen. Trägt man die doppelten Logarithmen als Ordinaten über der Temperatur $t$ auf, so ergibt sich eine Gerade.

WASHBURN und SHELTON fanden für ein Glas bei

| | | | | | | | | |
|---|---|---|---|---|---|---|---|---|
| $t =$ | 1500° | 1400° | 1300° | 1200° | 1100° | 1000° | 900° | 800° |
| $\eta =$ | 44 | 91 | 210 | 590 | 2010 | 8710 | 49000 | 380000 |

in $\mathrm{gr\,cm^{-1}sec^{-1}}$ [in CGS-Einheiten][1]). Für gewisse Gläser war es nicht möglich, die Versuche durch die obige Funktion im ganzen Temperaturbereich wiederzugeben. LE CHATELIER glaubt, daß sich die Versuchswerte durch zwei Geraden darstellen lassen (mit $\log\log\eta$ als Ordinaten), woraus er auf eine Umwandlung des Glases in der Gegend von 800° schließt.

Zur Bestimmung des Beiwertes $\eta$ der Zähigkeit bedient man sich je nach dem Grad der Zähflüssigkeit verschiedener Verfahren. WASHBURN und ENGLISH benutzen bei Temperaturen unter 800° einen in das zähflüssige Glas eingetauchten Zylinder. Wenn das Gefäß, in dem sich das Glas befindet, in Umdrehung versetzt wird, trachtet es den Zylinder mitzubewegen. Man mißt das Moment, mit dem der Zylinder festgehalten werden muß. STOTT, IRVINE und TURNER berechneten bei höheren Temperaturen den Zähigkeitskoeffizienten aus der STOKESschen Formel für die Fallzeit von Kugeln. Sie ließen durch das flüssige Glas Platin-Iridiumkugeln fallen.

# III. Der Bruchvorgang.

**12. Spröder und plastischer Zustand der festen Körper; Festigkeit.** Die festen Stoffe lassen sich, wie wir gesehen haben, unter geeigneten Bedingungen in einen bildsamen Zustand überführen. Sind insbesondere alle drei Hauptspannungen $\sigma_1$, $\sigma_2$, $\sigma_3$ Druckspannungen und zwei von ihnen gleich ($\sigma_2 = \sigma_3$), (vgl. Abb. 24 und 25), so entsteht ein plastischer Zustand, wenn die dritte Hauptspannung $\sigma_1$ um einen bestimmten Betrag größer oder kleiner als $\sigma_3$ ist. Der erste Spannungszustand soll mit I, der zweite mit II bezeichnet werden. Der Vorstellung der bildsamen Zustände I und II liegt die Annahme der Existenz einer „Fließgrenze" oder eines Grenzwertes des Spannungsunterschiedes $\sigma_1 - \sigma_3$ zugrunde, unter dem die Gestalt der Körper sich annähernd unter gleichbleibenden (d. h. von den Dehnungen unabhängigen) Spannungen und stetig bleibend ändert.

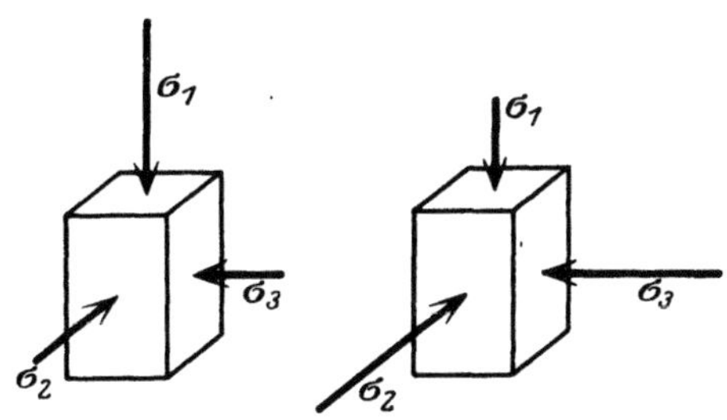

Abb. 24 und 25.

Denkt man sich zum Vergleich einen prismatischen Körper in achsialer Richtung auf Druck ($\sigma_1 = -\sigma$, $\sigma_2 = \sigma_3 = 0$), bzw. auf Zug ($\sigma_1 = \sigma$, $\sigma_2 = \sigma_3 = 0$) belastet, so lassen sich die beiden Spannungszustände I und II offenbar auch so deuten: Der Spannungszustand I ist ein „Druck"versuch, der Zustand II ein „Zug"-versuch, bei dem der Körper einem hohen allseitigen Druck $\sigma_2 = \sigma_3$ ausgesetzt worden ist. Wenn der Druck $\sigma_2 = \sigma_3$ (unter sonst gleichen Umständen, d. h. unter einer unveränderlichen Temperatur usw.) verkleinert wird, bis er allmählich auf Null abgenommen hat, so gehen die beiden Beanspruchungsarten I und II in den gewöhnlichen Druck- bzw. Zugversuch über. Das Verhalten der Stoffe kann sich dabei wesentlich ändern. Es gibt Stoffe, die unter der gewöhnlichen Zug- und Druckbeanspruchung ebenso plastisch werden, wie unter den Spannungs-

[1]) In England und Frankreich wird eine CGS-Einheit ein „Poise" genannt.

zuständen I und II unter hohen allseitigen Drucken. Die reinen Metalle, Schmiedeeisen, weich ausgeglühtes Kupfer oder Aluminium usw., verhalten sich in dieser Weise. Bei anderen Stoffen lassen sich weder in einem gewöhnlichen Zug-, noch in einem gewöhnlichen Druckversuche bildsame Formänderungen erzeugen (Granit, Glas, Gußeisen), bei wieder anderen Stoffen gelingt dies zwar im Druck-, nicht aber im Zugversuch (gegossenes Zink unter Zimmertemperatur).

Man hat die Stoffe, die unter einer wachsenden Belastung brechen, bevor sich in ihnen ein bildsamer Zustand ausbilden konnte, die spröden genannt. Da aber wahrscheinlich ist, daß in allen Stoffen unter geeigneten mechanischen Bedingungen (nämlich unter den Spannungszuständen I und II und unter anderen Spannungszuständen mit drei verschiedenen Druck-Hauptspannungen) bildsame Formänderungen erzeugt werden können, ist es richtiger, nicht von spröden oder plastischen Körpern, sondern vom spröden oder vom bildsamen Zustand bei ihnen zu sprechen.

Die Brucherscheinungen setzen durch die Zerstörung des Körperzusammenhanges der Festigkeit der Körper eine Grenze. Auf Grund der verwickelten Verhältnisse im Mechanismus der plastischen Formänderungen der festen Körper wird man kaum erwarten können, daß die Brucherscheinungen sich durch einfachere Regeln beschreiben lassen werden. Es hat sich in der Tat herausgestellt, daß die Brucherscheinungen in den verschiedenen Stoffen von großer Mannigfaltigkeit sind. Eine weitere Schwierigkeit ergibt sich daraus, daß der spröde Zustand in den Stoffen sich nicht immer scharf gegen den bildsamen abgrenzen läßt. Die mechanischen Bedingungen für den Eintritt eines Bruches lassen sich in vielen Fällen weder örtlich umschreiben, noch zeitlich angeben, noch auch durch bestimmte Grenzen für die Spannungen erfassen. Der Bruch eines Körpers ist oft die letzte Auswirkung eines im Kleingefüge sich allmählich entwickelnden und länger andauernden Vorganges. In andern Fällen ist er die Folge einer schnell verlaufenden Gleichgewichtsstörung (Labilität des Gleichgewichts). Einige Ansätze zur Trennung der für die Entstehung der Brüche als maßgebend erkannten Faktoren sind in den folgenden Ziffern zu finden. Einige weitere Gesichtspunkte folgen bei der Besprechung der Grenzspannungszustände (Ziff. 17).

**13. Die Festigkeit von dünnen Fäden.** Es ist bekannt. daß dünne Fäden aus Seide und aus Pflanzenfasern eine sehr hohe Zerreißfestigkeit haben. GRIFFITH[1]) hat in dünnen Glas- und Quarzfäden außergewöhnlich hohe Zerreißspannungen beobachtet. Aus einem bis 1500° C erhitzten Glas oder Quarzglas wurden oberhalb 730° dünne Fäden ausgezogen. Diese Fäden zeigten kurz nach ihrer Herstellung bei ihrer Zugbeanspruchung unter Zimmertemperatur ganz außergewöhnlich hohe Festigkeiten, wie sie bis dahin bei keinem festen Stoffe noch beobachtet worden sind. In einzelnen Fällen betrugen die Zerreißspannungen bis 70000 kg/cm², während dieselben Gläser in dickeren Abmessungen eine Zugfestigkeit von einigen hundert kg/cm² besaßen. Mit abnehmendem Durchmesser nahm die Zerreißfestigkeit der dünnen Glasfäden stark zu (vgl. die folgende Zahlentafel).

Zahlentafel. Zerreißfestigkeit dünner Glasfäden nach GRIFFITH.

| | | | | | | | |
|---|---|---|---|---|---|---|---|
| Durchmesser: | 1,02 | 0,107 | 0,0508 | 0,0336 | 0,0178 | 0,0127 | 0,0033 mm |
| Zerreißspannung: | 1750 | 2980 | 5610 | 7010 | 11500 | 13700 | 34600 kg/cm² |

GRIFFITH nimmt zur Erklärung seiner fundamentalen Beobachtung an, daß die festen Körper durch zahllose feine Risse, die durch die üblichen optischen Beobachtungsmittel nicht wahrgenommen werden können, in ihrem Zusammenhang geschwächt sind. Würden diese feinen Risse nicht vorhanden sein, so

[1]) A. A. GRIFFITH, Phil. Trans. Bd. 221, S. 163. 1921.

würden die festen Körper eine sehr viel höhere Festigkeit besitzen. Da sich andererseits aus der kinetischen Theorie der Festkörper von BORN[1]) die Spannung, die zur Zerreißung des Atomgitters erforderlich ist, berechnen läßt, ergibt sich die Möglichkeit, die Größenordnung der aus den elektrischen Kräften der Atome berechneten Festigkeit mit ihren tatsächlich beobachteten Werten zu vergleichen. Die aus den Gitterkräften berechneten Festigkeiten haben sich 100- bis 1000mal größer ergeben als die tatsächlich an Kristallen beobachteten Zerreißspannungen. Die GRIFFITHschen Versuche mit dünnen Glas- und Quarzfäden, seine Bruchversuche, über die in der folgenden Ziffer berichtet wird, ferner die Beobachtungen von JOFFE[2]) über die Festigkeit von Steinsalzkristallen und von SMEKAL[3]) über die „Lockerstellen" in den plastischen Bereichen von gebogenen Steinsalzkristallen und noch andere Beobachtungen bilden eine starke Stütze dafür, daß unter geeigneten Versuchsbedingungen die molekularen Festigkeiten nahezu erreicht werden können. Um die außergewöhnlich hohen Festigkeiten der dünnen Glas- und Quarzfäden zu erklären, nimmt GRIFFITH an, daß in den amorphen Körpern die Moleküle in Ketten oder Schichten angeordnet sind. Die Moleküle dürften sich in Ketten anordnen, weil ihre Anziehungen von den Richtungen abhängen, so daß sie sich in Richtung ihrer stärksten Anziehungskräfte aneinanderreihen, während senkrecht zur Kette die Anziehung kleiner ist. Mit abnehmender Drahtdicke ordnen sich die Ketten mehr und mehr parallel zur Fadenachse und es tritt ihre molekulare Festigkeit um so stärker in die Erscheinung, je dünner der Faden ist[4]). Wenn der Faden nur aus einer Molekülreihe gebildet wird, müßte er die molekulare Festigkeit haben. In den GRIFFITHschen Versuchen mit sehr dünnen Quarzfäden und über die Kapillarkräfte einer Flüssigkeit, wodurch eine Stahlkugel in einer sie eng umschließenden Öffnung festgehalten werden konnte, erwiesen sich Quarz bzw. Wasser „fester" als Stahl.

Zum Nachweis der „Lockerstellen" im Gitter der Kristalle hat SMEKAL[3]) sinnreiche Versuche angestellt. Steinsalzstäbchen wurden unter Wasser plastisch gebogen und hierauf mit Radium bestrahlt. Schon nach verhältnismäßig kurzer Bestrahlung verfärbten sich die äußeren plastisch verformten Teile der Stäbchen, während sie in der „neutralen" Schicht durchsichtig blieben. Er nimmt an, daß in den plastisch verformten Teilen der Steinsalzkristalle die Auflockerung im Gitter eine viel stärkere ist als in den nicht beanspruchten Teilen, weshalb sich die ersteren verfärben[5]).

**14. Die Oberflächenspannung; die inneren Trennungsflächen der festen Körper.** Bei Versuchen über den Einfluß der Beschaffenheit der Oberfläche von Körpern auf ihre mechanischen Eigenschaften hat GRIFFITH[6]) die Bedeutung der Oberflächenspannung für die Zerreißfestigkeit der festen Körper erkannt. Während Versuche zur Bestimmung der Größe der Oberflächenspannung der Flüssigkeiten oft gemacht worden sind, und die Gleichgewichtsformen der letzteren unter der Wirkung von Oberflächenkräften (Tropfengestalt) bekannt sind[7]), liegen über die Oberflächenspannung der festen amorphen Stoffe und der

---

[1]) M. BORN, Dynamik der Kristallgitter, 1915, und Bd. XXIV, Kapitel 5 ds. Handb.

[2]) A. JOFFE, M. LEWITZKY, ZS. f. Phys. Bd. 31, S. 576. 1925 und Bd. 35, S. 442. 1926.

[3]) A. SMEKAL, Akad. d. Wiss. Wien, Akad. Anz. v. 2. Dez. 1926, v. 27. Jan. u. v. 17. März 1927; ferner ZS. f. techn. Phys. Nr. 11, 1926 u. Phys. ZS. Bd. 27, S. 837. 1926.

[4]) Die Eigenschaft, daß sehr lange, fadenförmige Kristalle einem dünnen Metalldraht eine erhöhte Festigkeit verleihen, hat man besonders in der Technik der Herstellung der Glühlampenfäden verwertet (vgl. KOREF, ZS. f. techn. Phys. Bd. 7, S. 544. 1926).

[5]) Vgl. hierzu auch Kapitel 1, Ziff. 17 dieses Bandes.

[6]) A. A. GRIFFITH, The phenomena of rupture and flow in solids. Phil. Trans. Bd. 221, S. 163—198. 1921.

[7]) Siehe Bd. VII, Kapitel 6 ds. Handb.

Kristalle nur verhältnismäßig wenig Beobachtungen vor. Zur Bildung einer neuen Oberfläche muß Arbeit geleistet werden. In den Oberflächen der Flüssigkeiten und der festen Körper ist ein Teil ihres Energieinhaltes aufgespeichert. In den Flüssigkeiten ist diese Energie proportional der Oberfläche und so konzentriert, als ob die Flüssigkeit von einer sehr dünnen elastischen Haut überzogen wäre, in der eine konstante Spannung herrschen würde. Die Oberflächenspannung einer Flüssigkeit gegen ihren Dampf ist bei der kritischen Temperatur und unter dem kritischen Druck gleich Null. (Die Steighöhe der Flüssigkeit in einer Kapillare verschwindet im kritischen Zustande.) Beim Ausscheiden von reinen Metallen oder von Verbindungen aus binären Metallschmelzen sind von TAMMANN[1]) wiederholt Kristallite mit abgerundeten Kanten oder von kugeliger Form beobachtet worden. Das aus einer Legierung von Wismut und Kupfer auskristallisierende Kupfer bildet polyedrische Kristalle, wenn sich diese unterhalb 800° usscheiden, während die Kristallite rundlich sind, wenn sie oberhalb 800° sich gebildet haben. Bei den hohen Temperaturen sind die entstandenen Kupferkristalle noch so weich, daß die Oberflächenspannung ihre Kanten abrundet. Weitere Beobachtungen über rundliche Formen sind besonders bei den sog. flüssigen Kristallen[2]) von anisotropen Gebilden mit hochmolekularer Konstitution gemacht worden, deren Plastizität und leichte Verzerrbarkeit jedoch wahrscheinlich auf anderen Vorgängen beruht, als das Fließen der Kristalle der metallischen Elemente.

Wenn in einem festen Körper ein Riß entsteht oder ein vorhandener Riß sich weiter ausbreitet, muß eine Energiemenge neu entstehen, welche der neugebildeten Oberfläche und der in ihr zu erzeugenden Oberflächenspannung proportional ist. In einem elastisch angespannten Körper kann diese Energie auf Kosten der potentiellen Energie seiner elastischen Spannkräfte sich bilden. Wenn keine anderen Energieumwandlungen in Betracht kommen, wird deshalb nach GRIFFITH[3]) ein Riß in einem gespannten Körper entstehen, wenn die Zunahme der Oberflächenenergie infolge der neu sich bildenden Rißfläche gleich der Abnahme der potentiellen Energie seiner elastischen Spannkräfte wird. Auf Grund dieser Annahme kann die Bruchspannung aus der Oberflächenspannung berechnet werden. Man kann andererseits, wie bereits erwähnt worden ist (Ziff. 13), aus thermodynamischen oder atomtheoretischen Betrachtungen die größte elastische Energie abschätzen, die in einem Kristall bis zu seinem Bruch aufgehäuft werden kann, bzw. die größte Spannung berechnen, mit der seine Kohäsionskräfte einer Zerreißung widerstehen. Entgegen den Folgerungen dieser Rechnungen hat sich die beobachtete Zerreißspannung der festen Körper sehr viel niedriger ergeben. Entsprechend ist die elastische Energie im Augenblick des Bruches nur ein kleiner Bruchteil ($^1/_{100}$) des berechneten Wertes. Es muß angenommen werden, daß die elastische Energie im Augenblick eines Bruches (durch Zerreißung) in einer bisher nicht bemerkten Weise an einzelnen Stellen im Innern der festen Körper angehäuft ist. Nimmt man das Vorhandensein von Spannungen in kleinen Bezirken des Körpers an, die vielleicht von der Größenordnung der Gefügebestandteile oder noch kleiner sind, so könnte die elastische Energie an den Stellen der stärksten Spannung viel größer sein, als ihr aus den durchschnittlichen Spannungen errechneter Wert. Eine weitere Möglichkeit zur

---

[1]) G. TAMMANN, Lehrbuch der Metallographie, S. 17. Leipzig 1921.

[2]) O. LEHMANN, Die Lehre von den flüssigen Kristallen und ihre Beziehung zu den Problemen der Biologie. Wiesbaden 1918. Über rundliche Formen von anistropen Gebilden sowie ihre Wechselbeziehungen zu den Kapillaritätserscheinungen liegen in diesem Buche eine Fülle von Beobachtungen vor.

[3]) A. A. GRIFFITH, l. c.

Beseitigung des Widerspruches bietet die Annahme, daß der Körperzusammenhang durch zahlreiche feine Risse und innere Trennungsflächen, die der oberflächlichen Wahrnehmung sich entziehen, geschwächt ist. Für die Entstehung solcher Risse lassen sich Gründe angeben. Beim Übergang aus dem flüssigen in einen festen Zustand, in dem die Atome in Gittern angeordnet sind, ändert sich das Volumen der Körper in unstetiger Weise. Die meisten Stoffe verkleinern ihr Volumen beim Erstarren. Da die Art der Ausscheidung der Kristallite aus ihrer Schmelze durch die Temperaturverteilung, durch die Konvektionsströmungen der Schmelze, durch die Zusammensetzung bei Mehrstoffsystemen und durch die Zähigkeit (Unterkühlung) bestimmt wird, werden sich die aus der Schmelze erstarrenden Kristallite nicht ohne innere Spannungen ausbilden können. Die Teile eines Haufwerkes werden selten gleichzeitig erstarren können. Durch die ungleichmäßige Zusammenziehung bei der Abkühlung werden Risse in den Kristalliten entstehen müssen. Bei den glasartigen amorphen, aus ihrem zähflüssigen Zustand erstarrten Körpern nimmt die Beweglichkeit ihrer Teile unter den Erweichungstemperaturen während der Erstarrung schnell ab, so daß sich in ihnen ebenfalls innere Spannungen bei ihrer Erstarrung ausbilden müssen, die wiederum zur Entstehung von Rissen Anlaß geben werden.

**15. Die Bruchtheorie von GRIFFITH.** Diese Theorie[1]) knüpft an ein von INGLIS[2]) gelöstes Elastizitätsproblem an. Obwohl zur Zeit ihre Beschränkung auf das ebene Problem eines elastischen Körpers nicht zu umgehen ist, gestattete sie doch bereits sehr wertvolle Folgerungen zu ziehen. Um die Verteilung der inneren Spannungen in einem gespannten elastischen Körper in der Umgebung eines Risses einer mathematischen Behandlung zugänglich zu machen, wird an Stelle eines Risses zuerst eine zylindrische Höhlung mit einem elliptischen Querschnitt betrachtet. Für die in einem unbegrenzten elastischen Körper befindliche elliptische Höhlung hat INGLIS die Spannungsverteilung angegeben.

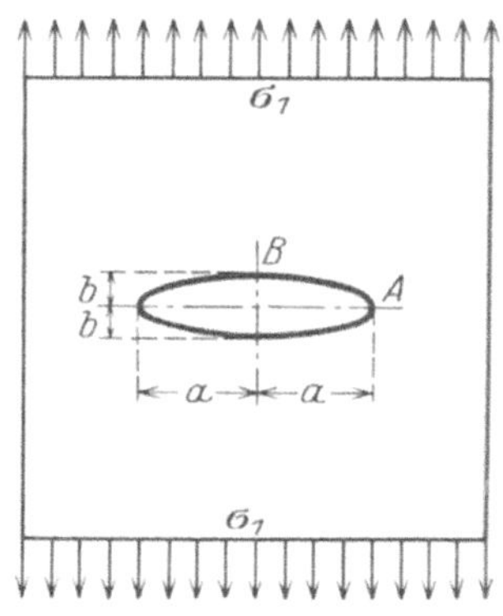


Abb. 26. Elliptische Höhlung.

a) Der Spalt steht senkrecht zur Zugrichtung. Aus dem elliptischen Loch ergibt sich der Grenzfall eines Spaltes im ebenen Problem, wenn die kleine Achse der Ellipse unbegrenzt verkleinert wird. Bedeutet $\sigma_1$ die Zugspannung im ebenen Spannungszustand in großer Entfernung vom Loch, wo seine Anwesenheit den Spannungszustand noch nicht stört, $a$ und $b$ die Halbachsen des elliptischen Lochquerschnittes, so tritt bei senkrechter Lage der großen Halbachse der Ellipse zur Zugrichtung die größte Spannung im Punkte $A$ (Abb. 26) auf und ist gleich

$$\sigma = \sigma_1(1 + 2a/b).$$

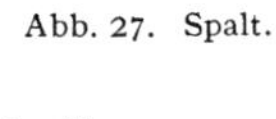


Abb. 27. Spalt.

Im Punkte $B$ ist hingegen die Spannung gleich $-\sigma_1$ und stets eine Druckspannung wenn $\sigma_1$ eine Zugspannung ist. Da der Krümmungshalbmesser $\varrho$ im Scheitel der Ellipse $A$ gleich $\varrho = b^2/a$ ist, so folgt für einen schmalen Spalt mit einem Abrundungshalbmesser $\varrho$ bei einer Länge $2c$ (Abb. 27) die bereits von INGLIS angegebene Näherungsformel für die größte Spannung

$$\sigma_{\max} = 2\sigma_1\sqrt{c/\varrho}.$$

[1]) A. A. GRIFFITH, Phil. Trans. Bd. 221, S. 163–198. 1921.
[2]) C. E. INGLIS, Trans. Inst. Naval architects London Bd. 60, S. 219. 1913.

Wenn z. B. $a/b = 3$, 100, 1000, so ist $\sigma_{max} = 7$, 201, 2001 $\sigma_1$. Liegt der Spalt hingegen parallel zur Zugrichtung $\sigma_1$, so tritt an seinem Ende keine Spannungsverschärfung auf.

GRIFFITH berechnet die elastische Energie im Körper (bezogen auf die Längeneinheit der Dicke) und findet, daß in einem Körper um $A_e$ elastische Arbeit weniger aufgespeichert werden kann, wenn ein Spalt sich in ihm befindet, als wenn der Körper keinen Spalt hat. Im ebenen Problem des unendlich dicken Körpers ist

$$A_e = \frac{m^2 - 1}{E m^2} \pi c^2 \sigma_1^2, \tag{1}$$

und in einem Körper mit sehr kleiner Dicke

$$A_e = \frac{1}{E} \pi c^2 \sigma_1^2, \tag{2}$$

wo $E$ den Elastizitätsmodul und $m$ die Querdehnungszahl (POISSONsche Zahl) bedeuten. Die Oberflächenenergie, die bei der Entstehung des Spaltes neu gebildet werden muß, ist bezogen auf die Längeneinheit der Dicke der Platte gleich $4\,cT$, nämlich gleich der Oberflächenspannung $T$ mal der doppelten Länge des Spaltes $2c$. Die gesamte Änderung (Abnahme) der potentiellen Energie des Körpers bei der Entstehung eines Spaltes von der Länge $2c$ ist mithin

$$A = A_e - 4cT. \tag{3}$$

Die Bedingung dafür, daß der Spalt sich verlängere, ist $\frac{\partial A}{\partial c} = 0$, woraus der kritische Wert der Zugspannung oder die Zerreißfestigkeit des Stoffes, unter der ein schon vorhandener Spalt weiterreißen muß, sich berechnet. Sie ist im ebenen Problem des unendlich dicken Körpers gleich

$$\sigma_1 = \sqrt{\frac{2 E m^2}{m^2 - 1} \cdot \frac{T}{\pi c}}, \tag{4}$$

und in einer dünnen Platte gleich

$$\sigma_1 = \sqrt{\frac{2ET}{\pi c}}. \tag{5}$$

b) Die Zug-, Druck- und Schubfestigkeit bei beliebiger Richtung des Spaltes. Aus der vorstehenden Betrachtung ergab sich, daß das elastische Gleichgewicht eines auf reinen Zug beanspruchten Körpers, in dem sich ein kleiner Spalt senkrecht zur Zugrichtung befindet, labil wird, wenn die Zugspannung einen bestimmten Wert [Gleichung (4) oder (5)] annimmt. Liegt ein ebener Spannungszustand mit den Hauptspannungen $\sigma_1$, $\sigma_2 (\sigma_1 > \sigma_2)$ vor, so wird man in ähnlicher Weise versuchen, die kritischen Werte der Hauptspannungen zu ermitteln[1]. Mit Hilfe der von INGLIS abgeleiteten Formeln ergibt sich jetzt, wenn der Spalt einen beliebigen Winkel $\varphi$ mit der Hauptspannung $\sigma_2$ bildet (Abb. 28), daß die größte Zugspannung am Lochrand in zwei symmetrisch gelegenen Punkten des elliptischen Querschnittes auftritt, die in der Nähe der Scheitelpunkte der Ellipse liegen. Diese größte Zugspannung darf einen bestimmten Wert nicht überschreiten. Diese Bedingung ist die Bruchbedingung. Wenn $3\sigma_1 + \sigma_2 > 0$ ist, lautet sie $\sigma_1 = k$.

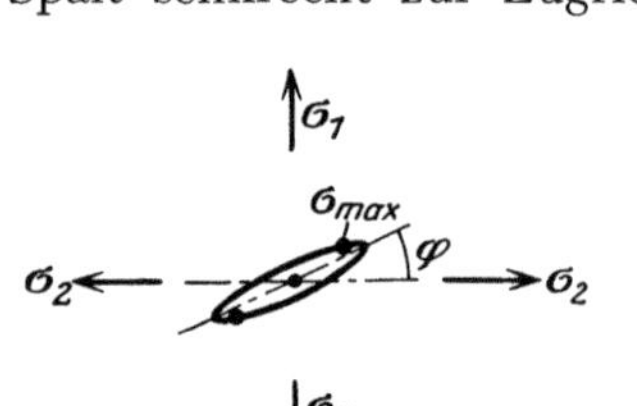

Abb. 28. Spalt von beliebiger Richtung.

[1] A. A. GRIFFITH, The Theory of rupture. Proc. of the 1. intern. congress for applied mechanics, S. 55. Delft 1924.

Die größten Spannungen entstehen bei senkrechter Lage ($\varphi = 0$) des Spaltes zur Richtung $\sigma_1$, d. h. der Bruch steht senkrecht zur größten Zugspannung. Wenn hingegen $3\sigma_1 + \sigma_2 < 0$, genügen die beiden Hauptspannungen der Bruchbedingung

$$(\sigma_1 - \sigma_2)^2 + 8k(\sigma_1 + \sigma_2) = 0, \tag{6}$$

wo $k$ dieselbe Konstante wie vorhin ist. Die ungünstigste Lage des Spaltes ergibt sich jetzt aus der Bedingung

$$\cos 2\varphi = -\frac{\sigma_1 - \sigma_2}{2(\sigma_1 + \sigma_2)} \tag{7}$$

mit einer schief zum Hauptspannungskreuz verlaufenden Bruchrichtung.

Die Zugfestigkeit und die Schubfestigkeit ergeben sich hiernach in einem spröden Körper gleich, und bei beiden Beanspruchungsarten verlaufen die Bruchflächen senkrecht zur Richtung der größten Zugspannung, während für die reine Druckbeanspruchung eine achtmal so große Festigkeit sich ergibt und die Bruchflächen gegen die Druckrichtung unter einem Winkel von 30° ($\cos 2\varphi = -\frac{1}{2}$) geneigt sind. In qualitativer Hinsicht entsprechen diese Folgerungen einigermaßen den Erfahrungen über den Bruch von spröden Stoffen. Sehr bemerkenswert ist, daß nach den GRIFFITHschen Anschauungen der Bruch eines spröden amorphen Stoffes bei der reinen Druckbeanspruchung entgegen den bisherigen Vorstellungen über den Bruchvorgang (z. B. der MOHRschen Bruchtheorie) als ein Zerreißungsbruch anzusehen und der Wirkung von Zugspannungen (in den am stärksten gespannten Punkten der inneren Trennungsflächen) zuzuschreiben ist. Auch bei der reinen Druckbeanspruchung erfolgt der Bruch eines spröden amorphen Werkstoffes durch die Überwindung der Zug- oder Zerreißfestigkeit desselben und zwar durch das weitere Aufreißen der bezüglich einer lokalen Zugwirkung am günstigsten gelegenen winzigen Spalte und inneren Trennungsflächen.

Die Verhältnisse bezüglich der Bruchvorgänge in den kristallinischen Stoffen, insbesondere in den einheitlichen Kristallen werden vermutlich wesentlich verwickelter liegen. In einem Kristall ist die Oberflächenspannung verschieden je nach der Lage der Fläche zu den ausgezeichneten Richtungen des Kristalles. Die verhältnismäßig leichte Beweglichkeit der Atomschichten (Translation, einfache Schiebung) gestattet den Kristallen, sich plastisch zu verformen. Solange die Natur dieser Elementarvorgänge des Kristalles nicht hinreichend bekannt ist, wird es kaum möglich sein, die Bruchtheorie auf das Kristallgitter zu erweitern.

Zur Prüfung seiner Theorie hat GRIFFITH verschiedene Versuche mit Glas und Quarzfäden angestellt. Die Zerreißversuche mit den dünnen Fäden wurden bereits (Ziff. 13) erwähnt. Er bestimmte den Verlauf der Kurve der Oberflächenspannung des Glases in Abhängigkeit von der Temperatur $t$ unter den Erweichungstemperaturen des Glases und fand ein lineares Gesetz $T = A + Bt$. Mit Hilfe desselben konnte er den Wert der Oberflächenspannung $T$ des Glases bei Raumtemperaturen abschätzen. Er stellte mit dünnwandigen Röhren oder Hohlkugeln Bruchversuche an. Dieselben wurden mit dem Diamant geritzt und durch einen Innendruck gesprengt. Nach der Formel mußte das Produkt der Zerreißungsspannung mit der Wurzel der Spaltlänge $2c$ sich als unveränderlich ergeben. Eine Versuchsreihe ergab

| Spaltlänge $2c$ | Zerreiß-spannung $\sigma_1$ | $\sigma_1\sqrt{c}$ |
|---|---|---|
| 0,15 engl. Zoll | 864 | 237 |
| 0,27 ,, ,, | 623 | 228 |
| 0,54 ,, ,, | 482 | 251 |
| 0,89 ,, ,, | 366 | 244 |

eine befriedigende Übereinstimmung mit seiner Theorie. Er konnte ferner nachweisen, daß die Eigenspannungen in einem Glase die Bruchspannungen erniedrigen. Durch vorsichtiges, sehr kurzes Anwärmen konnte die Festigkeit gesteigert werden. In geeigneter Weise hergestellte Stangen aus Quarzglas brachen bei ihrer Biegung in den dicken Enden (Abb. 29), wo sie durch die Warmbehandlung nicht verändert waren. Die geringste mechanische Einwirkung auf die Oberfläche der Stäbe (Berührung mit dem Finger, Staub) genügt, um die hohe Festigkeit der Quarzstäbe wieder zum Verschwinden zu bringen.

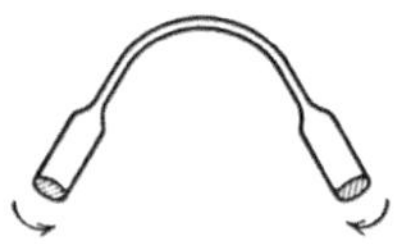

Abb. 29. Bruchversuch von GRIFFITH.

# IV. Die Mechanik plastischer Massen.

**16. Die Fließfiguren.** An Stäben aus weichem Eisen mit gutbearbeiteten Seitenflächen beobachtet man nach der Überschreitung der Fließ- oder Stauchgrenze in einem Zug- oder Druckversuch feine Reliefzeichnungen. Man sieht sie besonders auf Flußeisenstäben mit geringem Kohlenstoffgehalt und feinem Korn

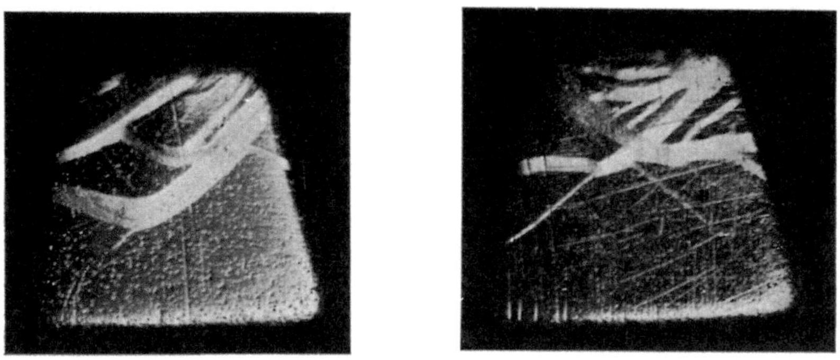

Abb. 30 und 31. Fließfiguren auf einem Eisenkörper.

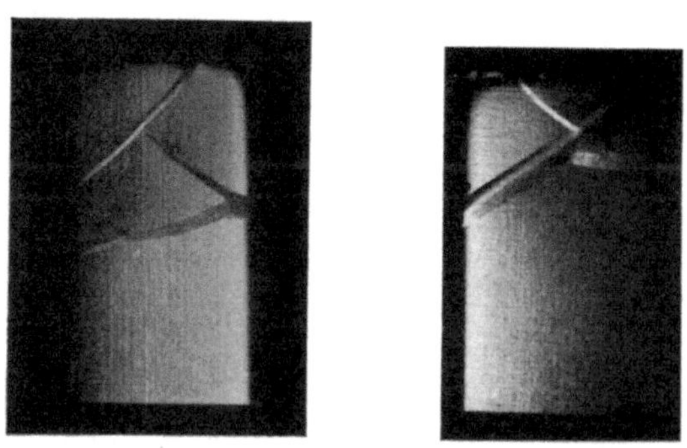

Abb. 32 und 33. Fließfiguren auf einem Eisenprisma (nach einem Druckversuch).

entstehen, wenn die Oberfläche der Eisenkörper spiegelnd blank poliert ist. Die matten Linien sind die Schnitte von dünnen Schichten mit der spiegelnden Oberfläche, in denen das Eisen anscheinend stärker verformt wurde (Abb. 30 bis 35). Im Mikroskop erscheinen die Ferritkörner in den matten Fließstreifen mit dichten Linien überzogen, die oft parallel in mehreren Körnern verlaufen und leicht gewellt sind (Abb. 36). Eine der auffälligsten Eigenschaften der matten Fließstreifen ist ihr Zusammentreffen mit den Flächen, in denen die Schubspannungen

Abb. 34. Fließfiguren. Die 4 Seitenflächen eines gedruckten Eisenkörpers. Druckrichtung von oben nach unten.

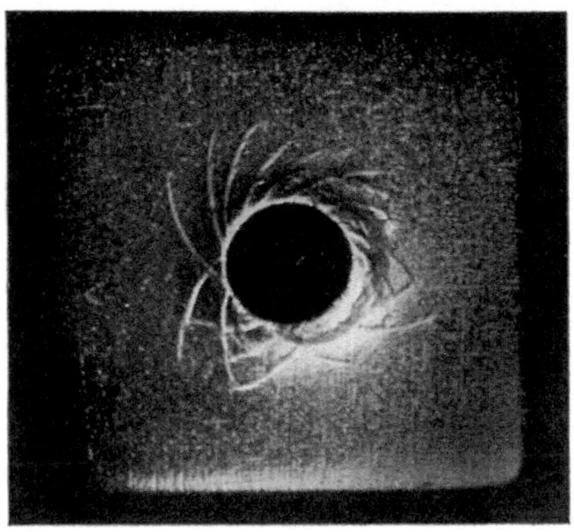

Abb. 35. Stempeleindruck. Weiches Eisen.

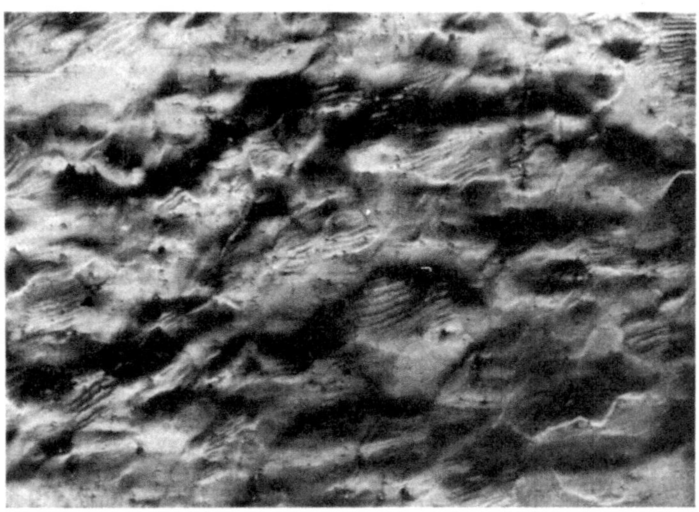

Abb. 36. Weiches Eisen. Streifungen in den Körnern innerhalb eines Fließstreifens. 70fach vergrößert.

im Innern der beanspruchten Körper ihre größten Werte erreichen. Diese aus den Festigkeitsversuchen der Ingenieure als Fließfiguren bekannten Zeichnungen sind ein wertvolles Hilfsmittel zur Erforschung der Spannungszustände der festen Körper in ihrem bildsamen Zustande, weil aus ihrer Lage auf das

Spannungsfeld geschlossen werden kann. Die dünnen Schichten oder die Gleitflächen, in denen das Eisen vorübergehend stärker fließt, haben eine Bedeutung für die Mechanik des bildsamen Zustandes der festen Körper. Ihre Bedeutung für die Erklärung der Fließ- und Bruchvorgänge hat besonders MOHR[1]) erkannt.

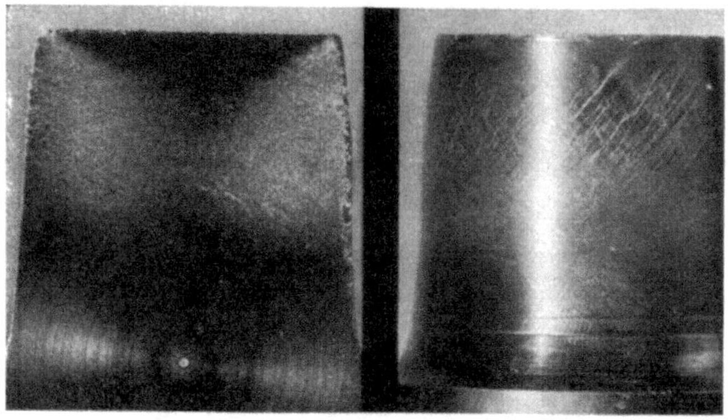

Abb. 37. Querschnitt und Ansicht eines gedrückten Paraffinkörpers. Gleitlinien.

Die Fließstreifen lassen sich nach einem von FRY[2]) angegebenen Ätzverfahren nachträglich in den Querschnitten der über die Fließgrenze beanspruchten Eisenkörper sichtbar machen.

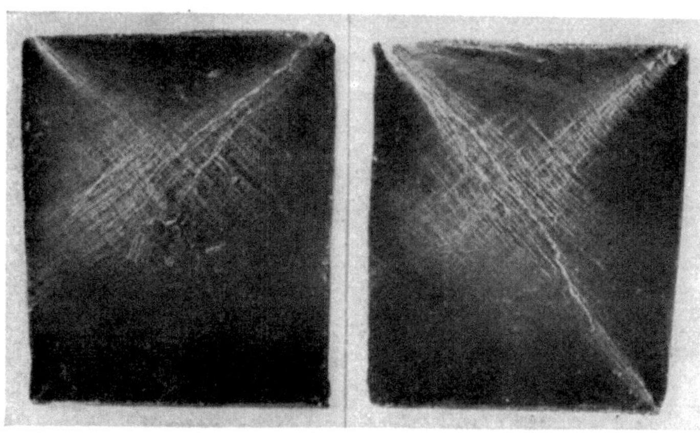

Abb. 38. Gleitlinien auf den Seitenflächen eines gedrückten Prismas aus Paraffin.

An Versuchskörpern aus lockeren Stoffen lassen sich unter günstigen Umständen ebenfalls sehr regelmäßig verlaufende Gleitlinienzeichnungen nachweisen. Zu diesem Zweck eignen sich unter den Gesteinen die weicheren, wie Marmor

---

[1]) O. MOHR, ZS. d. Ver. d. Ing. 1900 u. 1901. Die Fließlinien des Eisens wurden anscheinend zuerst von LÜDERS (Dingl. Polytechn. Journ.) 1854 beschrieben, eingehend untersucht hat ihre Bildungsformen L. HARTMANN, Distribution des déformations dans les métaux soumis à des éfforts. Paris 1896. Neuere Beobachtungen über ihre Entstehung und Formen vgl. A. NÁDAI, Mechanik des bildsamen Zustandes. 1927.

[2]) A. FRY, Kruppsche Monatsh. Essen 1921.

oder Anhydrit, ferner Versuchskörper aus einer Mischung von Paraffin und Ceresin. Einige Beispiele sind in den Abb. 37 bis 40 zu sehen. Bei den spröderen Gesteinsarten fallen die Gleitlinien nicht mehr in die Flächen der größten Schubspannung. In einem auf achsialen Druck beanspruchten Körper bilden die Gleitflächen bei den spröderen Gesteinen meist Winkel mit der Druckrichtung, die kleiner als 45° sind (vgl. Abb. 40).

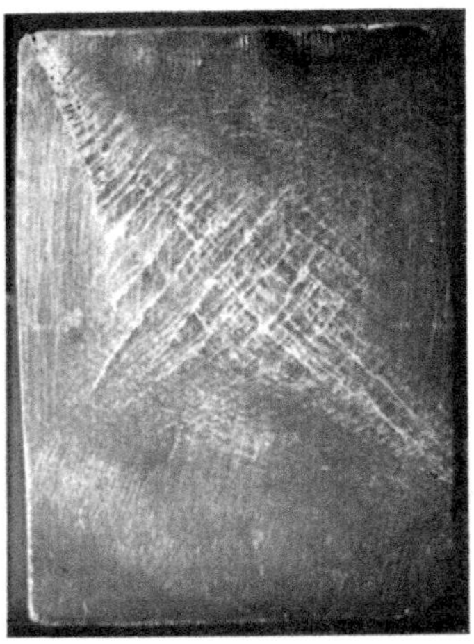

Abb. 39. Gleitlinien auf der Seitenfläche eines gedrückten Prismas aus Paraffin.

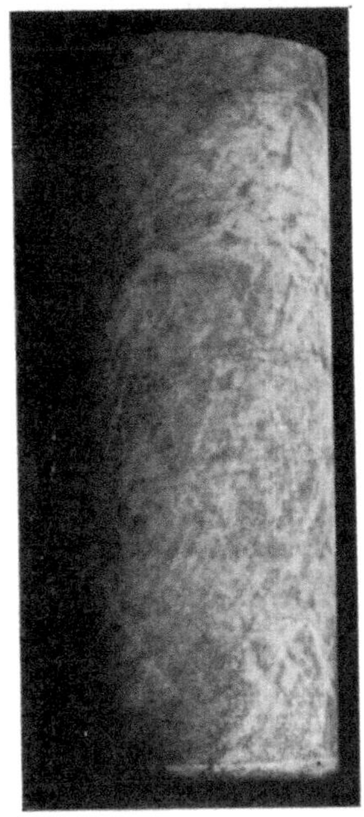

Abb. 40. Druckversuch. Gleitlinien auf einem Zylinder aus sprödem Gestein.

**17. Die Plastizitätsbedingung; die Mohrsche Theorie.** Obwohl die Plastizität der festen Körper ihrer Natur nach ein Bewegungsvorgang ist und die Fließvorgänge wie die Bewegungen stetig verbreiteter Massen beschrieben werden müßten, hat sich gezeigt, daß für die Anwendungen die Spannungen, auf deren Kenntnis es meist ankommt, bereits aus Gleichgewichtsbedingungen bestimmt werden können. In vielen Aufgaben der Anwendungen kommt es hauptsächlich darauf an, die Spannungen angeben zu können, unter denen eine Gefahr für die Entstehung von bildsamen Formänderungen zu befürchten ist. Daß das überhaupt möglich ist, hängt mit der Langsamkeit der Formänderungen unter gewöhnlichen Verhältnissen (unter Temperaturen, die weit vom Schmelzpunkt entfernt sind) und mit dem geringen Einfluß der Formänderungsgeschwindigkeit auf die Spannungen zusammen. Sind die Zeiten, während welcher die Wirkung der Kräfte betrachtet wird, nur klein im Vergleich mit den Zeiten, die zur stärkeren Verformung der Körper unter ihrer Wirkung erforderlich wären, so können die Kräfte aus Gleichgewichtsbedingungen ermittelt werden. Von den Einflüssen früherer bildsamer Verformungen auf den Übergang in den bildsamen Zustand und von anderen Umständen, die auf ihn einen Einfluß haben, wird dabei abgesehen.

Unter den Hypothesen über die Fließgefahr sei hier nur die Mohrsche Theorie ausführlicher besprochen[1]). Mohr[2]) knüpft in seinen Betrachtungen

[1]) Man findet eine Übersicht über die Hypothesen, die in den letzten Jahrzehnten bei der Beurteilung der Fließgefahr benutzt worden sind, im Artikel von v. Kármán in der Enzyklopädie der mathematischen Wissenschaften, Bd. 4 (4) und in der Arbeit von W. Lode, Über das Fließen der Metalle. Mitt. über Forschungsarbeiten des V. D. I. Heft 303, 1928.

[2]) O. Mohr, Abhandlungen aus dem Gebiet der technischen Mechanik, 2. Aufl., S. 192. Berlin 1914.

über die Fließ- und Bruchgefahr an den Begriff der Gleitflächen an. Wie bereits erwähnt wurde, sind die sog. Fließfiguren eine charakteristische Begleiterscheinung eines Überganges in einen bildsamen Zustand. Die regelmäßigen Zeichnungen, die man unter günstigen Bedingungen auf der Oberfläche von beanspruchten Metallkörpern sichtbar machen kann, sind die Schnittlinien von dünnen Schichten, in denen das Metall vorübergehend stärker fließt. Diese Schichten folgen bei manchen Metallen den Flächen der größten Schubspannung, bei spröderen Stoffen weicht der Winkel der „Gleitflächen" von jenen Flächen ab. Nach den Anschauungen von MOHR wird die Fließgrenze durch die Spannungen in der Gleitfläche bestimmt. Die Schubspannung $\tau$ in der Gleitfläche erreicht an der Fließgrenze einen von der Normalspannung $\sigma$ und von der Materialbeschaffenheit abhängigen Größtwert. Diese Bedingung läßt sich am anschaulichsten mit Hilfe der MOHRschen Spannungskreise darstellen. Ein Spannungszustand wird durch seine drei Hauptkreise gegeben (Ziff. 3). Die Bedingung, daß die Schubspannung $\tau$ in der Gleitfläche eine Funktion der in ihr wirkenden Normalspannung sei, wird durch eine Kurve $\tau = f(\sigma)$ in der $\sigma$, $\tau$-Ebene ausgedrückt. Diese Grenzkurve darf an keiner Stelle in der $\sigma, \tau$-Ebene durch einen Spannungskreis geschnitten werden. Denn wenn ein größter Spannungskreis sie schneiden würde, gäbe es in dem gegebenen Spannungszustand zu einer gegebenen Normalspannung $\sigma = OA$ (Abb. 41) Schubspannungen, die größer wären, als sie nach der Voraussetzung höchstens werden dürfen, nämlich $\tau = AB$. Die Grenzkurve muß deshalb die größten Hauptkreise von sämtlichen Spannungszuständen an der Plastizitätsgrenze berühren, d. h. ihre Umhüllende sein. Für die hier formulierte Bedingung ist es gegenstandslos, daß sie ursprünglich von MOHR nicht für die Fließgrenze, sondern für die „Elastizitätsgrenze" und für die „Bruchgrenze" aufgestellt wurde.

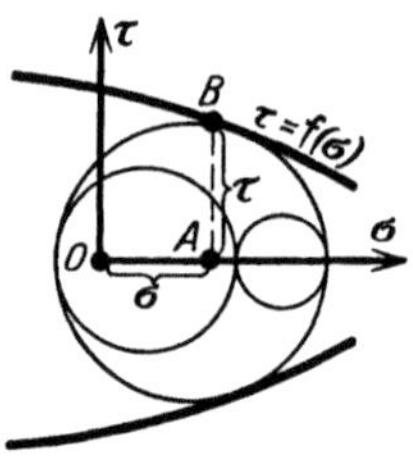


Abb. 41. Grenzkurve der Plastizität.

Auf Grund der MOHRschen Darstellung der Spannungszustände lassen sich aus der Grenzkurve auch die Winkel der Gleitflächen entnehmen. Da bei einer Drehung einer Schnittfläche im Körper um die mittlere Hauptspannungsrichtung der Punkt $P$, dessen Abszisse und Ordinate die Normal- und die Schubspannung in der betreffenden Fläche sind, sich um den doppelten Winkel längs des größten Hauptkreises verschiebt und die beiden Berührungspunkte $P_1$ und $P_2$ der Grenzkurve die Spannungen in der Gleitfläche ergeben, ist die Hälfte des Winkels $P_1QP_2$ oder $\varphi$ in Abb. 42 der (spitze) Winkel der beiden Gleitflächen. Die mittlere Hauptspannung ist nach diesen Annahmen ohne Einfluß auf die Gestalt der Umhüllenden, d. h. auf den Eintritt des bildsamen Zustandes.

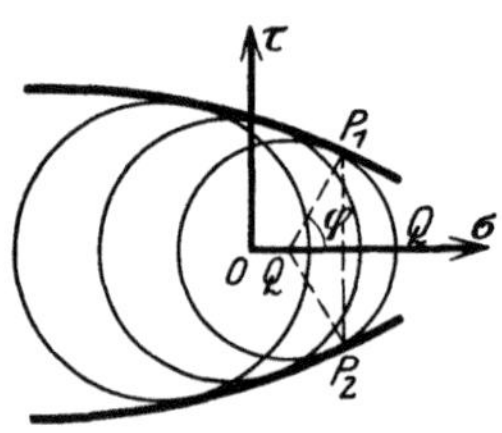


Abb. 42. Winkel der Gleitflächen.

Von den neueren Festigkeitsversuchen, die man zur Prüfung der Plastizitätsbedingung angestellt hat, seien hier die Versuche von GUEST[1]) mit dünnwandigen Metallrohren, von A. FÖPPL[2]) mit auf achsialen oder zweiseitigen Druck beanspruchten Steinwürfeln, von v. KÁRMÁN[3]) mit Marmor und Sandsteinzylindern unter allseitigem Druck, von BÖKER[4]) mit Marmor und Zinkkörpern, von LODE[5])

[1]) J. GUEST, Phil. Mag. 1900.
[2]) A. FÖPPL, Mitt. a. d. mech. techn. Lab. München 1900.
[3]) TH. V. KÁRMÁN, Forschungsheft Nr. 118 u. ZS. d. Ver. d. Ing. 1911, S. 1749.
[4]) BÖKER, Dissert. Techn. Hochschule Aachen 1914.
[5]) W. LODE, Verh. d. 2. Intern. Kongr. für techn. Mechanik, S. 336. Zürich 1927.

mit Metallrohren und von ROS und EICHINGER[1]) mit Hohlkörpern erwähnt. Verschiedene Folgerungen der MOHRschen Anschauungen konnten durch die Versuche von GUEST, A. FÖPPL, v. KÁRMÁN und BÖKER bestätigt werden. Insbesondere hat sich die Annahme von MOHR über das Ansteigen der Grenzschubspannung mit dem Druck in der Gleitfläche bei den spröden Stoffen Marmor und Sandstein durch die Versuche von v. KÁRMÁN bestätigt. Hingegen wurde durch die Versuche von LODE und ROS ein Einfluß der mittleren Hauptspannung beim Fließen der dehnbaren Metalle festgestellt. Diese letzten Versuche schlossen sich einer Fließbedingung

$$(\sigma_1 - \sigma_2)^2 + (\sigma_2 - \sigma_3)^2 + (\sigma_3 - \sigma_1)^2 = \text{konst.} \tag{1}$$

an, die v. MISES[2]) an Stelle von einer aus der sog. „Schubspannungshypothese" folgenden Bedingung 1913 vorgeschlagen hat. Sie ist von HENCKY und in anderer Ausdrucksweise zuerst von HUBER ebenfalls benutzt worden. Es hat sich später herausgestellt, daß der vorstehende Ausdruck, bis auf einen Faktor, die in der Raumeinheit des Stoffes enthaltene elastische Gestaltänderungsarbeit ist. Die Plastizitätsbedingung (1) besagt also, daß an der Fließgrenze die Gestaltänderungsarbeit (die elastische Formänderungsarbeit, abzüglich der Kompressionsarbeit) einen unveränderlichen Wert hat[3]).

**18. Die Theorie des plastischen Zustandes von TRESCA und ST. VENANT.** Auf Grund seiner Versuche über das Ausfließen bildsamer Massen (Blei) aus Gefäßen unter hohem Druck hat TRESCA[4]) die Annahme eingeführt, daß im bildsamen Zustande der festen Körper die größte Schubspannung an jeder Stelle der gespannten Masse einen unveränderlichen festen Wert habe. DE ST. VENANT[5]) hat durch die TRESCAschen Versuche angeregt 1871 die mechanischen Ansätze für den Gleichgewichtszustand einer plastischen Masse für das ebene Problem angegeben[6]).

Für die drei Spannungskomponenten $\sigma_x$, $\sigma_y$, $\tau_{xy}$ eines ebenen Spannungszustandes, die als Funktionen der rechtwinkligen Koordinaten $x$ und $y$ zu bestimmen sind, gelten, wenn keine Massenkräfte vorhanden sind, die zwei Gleichgewichtsbedingungen[7])

$$\frac{\partial \sigma_x}{\partial x} + \frac{\partial \tau_{xy}}{\partial y} = 0, \qquad \frac{\partial \sigma_y}{\partial y} + \frac{\partial \tau_{xy}}{\partial x} = 0. \tag{1}$$

Diesen Gleichungen kann bekanntlich durch den AIRYschen Ansatz[8])

$$\sigma_x = \frac{\partial^2 F}{\partial y^2}, \quad \sigma_y = \frac{\partial^2 F}{\partial x^2}, \quad \tau_{xy} = -\frac{\partial^2 F}{\partial x \, \partial y} \tag{2}$$

---

[1]) M. ROS u. A. EICHINGER, Verh. d. 2. intern. Kongresses für techn. Mechanik, S. 315. Zürich 1927.

[2]) R. v. MISES, Göttinger Nachr. 1913.

[3]) Über eine Verallgemeinerung der Fließbedingung liegen beachtenswerte weitere Vorschläge von F. SCHLEICHER (ZS. f. angew. Math. u. Mech. Bd. 6, S. 199. 1926) vor. Er setzt die gesamte elastische Formänderungsarbeit als eine empirisch zu ermittelnde Funktion des mittleren Druckes $(\sigma_1 + \sigma_2 + \sigma_3) : 3$ an. Vermöge dieser Annahme läßt sich eine bessere Übereinstimmung der BÖKERschen Versuche mit den KÁRMÁNschen als nach der MOHRschen Theorie herbeiführen.

[4]) TRESCA, Savants étrangers 1865, 1868 u. 1870.

[5]) B. DE ST. VENANT, C. R. Bd. 70, S. 368 u. 473. 1870; Bd. 73, S. 86, 1098 u. 1181. 1871; Bd. 74, S. 1009 u. 1083.

[6]) Eine kritische Wiedergabe dieser Ansätze ist in TODHUNTERS und PEARSONS History of the Elasticity and strength of materials. Cambridge 1886 zu finden, ferner in einem Aufsatz von MARCEL BRILLOUIN, Ann. de phys. (9) Bd. 13, S. 75—113. 1920.

[7]) Siehe Kapitel 2, Ziff. 7 dieses Bandes.

[8]) Siehe Kapitel 2, Ziff. 41 dieses Bandes.

genügt werden, unter $F(x, y)$ eine Spannungsfunktion verstanden. Die dritte Gleichung, die zur Bestimmung der drei Unbekannten $\sigma_x$, $\sigma_y$, $\tau_{xy}$ noch erforderlich ist, liefert die Plastizitätsbedingung

$$(\sigma_y - \sigma_x)^2 + 4\tau_{xy}^2 = 4k^2. \tag{3}$$

Diese Gleichung drückt aus, daß die [aus Ziff. 2, Gleichung (7) folgende] größte Schubspannung

$$|\tau_{\max}| = \sqrt{\frac{(\sigma_y - \sigma_x)^2}{4} + \tau_{xy}^2} = k$$

an jeder Stelle $x$, $y$ im Innern der plastischen Masse an der Plastizitätsgrenze einen unveränderlichen Wert $k$ hat. Wie bereits DE ST. VENANT bemerkt hat, lassen sich die ebenen Spannungszustände einer bildsamen Masse aus einer AIRYschen Spannungsfunktion ermitteln, sofern man $F$ aus der partiellen Differentialgleichung zweiter Ordnung und zweiten Grades

$$\left(\frac{\partial^2 F}{\partial x^2} - \frac{\partial^2 F}{\partial y^2}\right)^2 + 4\left(\frac{\partial^2 F}{\partial x\,\partial y}\right)^2 = 4k^2 \tag{4}$$

bestimmt, die nach Einsetzen der Ansätze (2) in Gleichung (3) entsteht.

DE ST. VENANT ergänzt die von TRESCA eingeführte Annahme (größte Schubspannung $= k =$ konst.) noch durch einen zweiten Ansatz, der sich auf die Formänderungen bezieht. Er verlangt, daß die beiden zueinander senkrechten Schnitte, in denen die größten Schubspannungen wirken, auch die größte Schiebungsgeschwindigkeit ergeben. Bezeichnen $u$, $v$, $w$ die Geschwindigkeitskomponenten eines Massenteilchens, das sich zur Zeit $t$ an der Stelle $x$, $y$, $z$ befand, in Richtung der Koordinatenachsen, so ist die Richtung der beiden Schnitte, die bei einem ebenen Problem ($w = 0$) die größte Schiebungsgeschwindigkeit ergeben, durch die [aus Ziff. 5, zweite Gleichung (12) folgende] Gleichung

$$\operatorname{tg} 2\beta = \frac{\dfrac{\partial v}{\partial y} - \dfrac{\partial u}{\partial x}}{\dfrac{\partial u}{\partial y} + \dfrac{\partial v}{\partial x}} \tag{5}$$

gegeben. Die Schubspannung $\tau$ erreicht ihren größten Wert $k$ in den Schnitten, für die nach Ziff. 2, Gleichung (7)

$$\operatorname{tg} 2\alpha = \frac{\sigma_y - \sigma_x}{2\tau} \tag{6}$$

wird. Diese Flächen fallen zusammen, wenn

$$\frac{\sigma_y - \sigma_x}{2\tau} = \frac{\dfrac{\partial v}{\partial y} - \dfrac{\partial u}{\partial x}}{\dfrac{\partial u}{\partial y} + \dfrac{\partial v}{\partial x}}. \tag{7}$$

Wenn kein Gleichgewichtszustand herrscht, sondern die Masse sich in beschleunigter Bewegung befindet, sind die Gleichungen (1) durch die Bewegungsgleichungen[1])

$$\left.\begin{aligned} \frac{\partial \sigma_x}{\partial x} + \frac{\partial \tau_{xy}}{\partial y} &= \varrho\left(\frac{\partial u}{\partial t} + u\frac{\partial u}{\partial x} + v\frac{\partial u}{\partial y}\right) - X, \\ \frac{\partial \sigma_y}{\partial y} + \frac{\partial \tau_{xy}}{\partial x} &= \varrho\left(\frac{\partial v}{\partial t} + u\frac{\partial v}{\partial x} + v\frac{\partial v}{\partial y}\right) - Y \end{aligned}\right\} \tag{8}$$

---

[1]) Vgl. die hydrodynamischen Grundgleichungen in Bd. VII, Kapitel 1, Ziff. 3 u. 8 ds. Handb.; sowie diesen Bd. Kap. 2, Ziff. 15.

zu ersetzen, wo $\varrho$ die Dichte und $X$, $Y$ die Komponenten der auf die Raumeinheit bezogenen eingeprägten Kraft sind. Dazu kommt noch die Kontinuitätsbedingung[1])

$$\frac{\partial u}{\partial x} + \frac{\partial v}{\partial y} = 0, \tag{9}$$

wenn der Rauminhalt der Masse unverändert bleibt.

Die fünf Gleichungen (1), (2), (4), (7), (9) reichen hin, um die fünf unbekannten Funktionen $u$, $v$, $\sigma_x$, $\sigma_y$, $\tau_{xy}$ zu bestimmen.

De St. Venant bemerkt noch, daß man auf den rechten Seiten der Gleichung (8) Glieder von der Form $c\Delta u$, $c\Delta v$, wie sie in den Navier-Stokesschen Gleichungen der zähen Flüssigkeiten[2]) vorkommen, hinzufügen könnte. Sie würden dann auch für plastische Massen gelten, in denen 1. ein Teil der Schubspannungen, wie in zähen Flüssigkeiten, den Schiebungsgeschwindigkeiten proportional, und 2. der andere Teil, wie in den plastischen Körpern von Tresca, von jenen unabhängig wäre.

De St. Venant verzichtet[3]) auf die Aufstellung der Gleichungen für das räumliche Problem, weil wenig Hoffnung besteht, von ihnen Lösungen aufzufinden. Für das allgemeine räumliche Problem und für den Fall der achsensymmetrischen Fließzustände hat Lévy[4]) auf Grund der Tresca-St. Venantschen Ansätze die Bewegungsgleichungen aufgestellt. Durch die Plastizitätsbedingung der unveränderlichen größten Schubspannung wird, wie unten gezeigt wird, eine Unstetigkeit in die Ansätze der Rechnung hineingebracht, die durch die neueren Versuche nicht hinreichend begründet erscheint. Durch diese Bedingung wird beim räumlichen Problem außerdem die Rechnung in unnötiger Weise erschwert. Von einer Wiedergabe der Gleichungen von Lévy darf deshalb hier abgesehen werden[5]).

**19. Kinematik der plastischen Formänderungen.** Der Spannungszustand einer plastischen Masse in einem beliebigen Punkte mit den rechtwinkligen Koordinaten $x$, $y$, $z$ ist wie bei einem elastischen Körper durch die sechs Komponenten des Spannungstensors, nämlich die drei Normalspannungskomponenten $\sigma_x$, $\sigma_y$, $\sigma_z$ und die drei Schubspannungskomponenten $\tau_{xy}$, $\tau_{yz}$, $\tau_{zx}$ gegeben:

$$\mathsf{T} = \begin{Vmatrix} \sigma_x & \tau_{xy} & \tau_{xz} \\ \tau_{yx} & \sigma_y & \tau_{yz} \\ \tau_{zx} & \tau_{zy} & \sigma_z \end{Vmatrix}. \tag{1}$$

Der Formänderungszustand an der Stelle $x$, $y$, $z$ wird nach Ziff. 5 durch die drei spezifischen Dehnungen $\varepsilon_x$, $\varepsilon_y$, $\varepsilon_z$ und die Winkeländerungen $\gamma_{xy}$, $\gamma_{yz}$, $\gamma_{zx}$, oder die sechs Komponenten des Tensors:

$$\Phi = \begin{Vmatrix} \varepsilon_x & \frac{\gamma_{xy}}{2} & \frac{\gamma_{xz}}{2} \\ \frac{\gamma_{yx}}{2} & \varepsilon_y & \frac{\gamma_{yz}}{2} \\ \frac{\gamma_{zx}}{2} & \frac{\gamma_{zy}}{2} & \varepsilon_z \end{Vmatrix} \tag{2}$$

gegeben. Diese Größen drücken sich im Falle infinitesimaler Verschiebungen

[1]) Siehe Fußnote 1, S. 464.
[2]) Siehe Bd. VII, Kapitel 2, Ziff. 3 ds. Handb.
[3]) B. de Saint Venant, C. R. Bd. 70, S. 473. 1870.
[4]) M. Lévy, C. R. Bd. 70, S. 1323. 1870.
[5]) Vgl. hierzu auch die Ansätze der Mechanik des bildsamen Zustandes von R. v. Mises und von H. Hencky in Ziff. 20 u. 21.

mit Hilfe der drei Komponenten $\xi$, $\eta$, $\zeta$ des (unendlich kleinen) Verschiebungsvektors $\mathfrak{u}$ wie folgt aus:

$$\left.\begin{aligned} \varepsilon_x &= \frac{\partial \xi}{\partial x}, \quad \varepsilon_y = \frac{\partial \eta}{\partial y}, \quad \varepsilon_z = \frac{\partial \zeta}{\partial z}, \\ \gamma_{xy} &= \frac{\partial \xi}{\partial y} + \frac{\partial \eta}{\partial x}, \quad \gamma_{yz} = \frac{\partial \eta}{\partial z} + \frac{\partial \zeta}{\partial y}, \quad \gamma_{zx} = \frac{\partial \zeta}{\partial x} + \frac{\partial \xi}{\partial z}. \end{aligned}\right\} \tag{3}$$

Ersetzt man hier die Größen $\xi$, $\eta$, $\zeta$ durch die Komponenten $u$, $v$, $w$ des Geschwindigkeitsvektors $\mathfrak{v}$, so erhält man die Ausdrücke für die Dehnungs- und Schiebungsgeschwindigkeiten

$$\left.\begin{aligned} \lambda_x &= \frac{\partial u}{\partial x}, \quad \lambda_y = \frac{\partial v}{\partial y}, \quad \lambda_z = \frac{\partial w}{\partial z}, \\ \nu_{xy} &= \frac{\partial u}{\partial y} + \frac{\partial v}{\partial x}, \quad \nu_{yz} = \frac{\partial v}{\partial z} + \frac{\partial w}{\partial y}, \quad \nu_{zx} = \frac{\partial w}{\partial x} + \frac{\partial u}{\partial z} \end{aligned}\right\} \tag{4}$$

oder die sechs Komponenten des Tensors der Formänderungsgeschwindigkeit:

$$\Lambda = \begin{Vmatrix} \lambda_x & \frac{\nu_{xy}}{2} & \frac{\nu_{xz}}{2} \\ \frac{\nu_{yx}}{2} & \lambda_y & \frac{\nu_{yz}}{2} \\ \frac{\nu_{zx}}{2} & \frac{\nu_{zy}}{2} & \lambda_z \end{Vmatrix}. \tag{5}$$

Bezieht man die Tensoren auf die gemeinsamen Hauptachsen, so verbleiben nur die drei Diagonalglieder in den Neunerformen. Es sind dies die Hauptspannungen bzw. Hauptdehnungen bzw. Hauptdehnungsgeschwindigkeiten:

$$\sigma_1, \sigma_2, \sigma_3; \qquad \varepsilon_1, \varepsilon_2, \varepsilon_3; \qquad \lambda_1, \lambda_2, \lambda_3. \tag{6}$$

In der MOHRschen Darstellung (vgl. Ziff. 3) eines Tensors sind die Halbmesser der drei Hauptkreise gleich den Hälften der Unterschiede von zwei Hauptkomponenten. Für den Spannungstensor sind die Halbmesser der Hauptkreise die Hauptschubspannungen

$$\tau_1 = \frac{\sigma_2 - \sigma_3}{2}, \quad \tau_2 = \frac{\sigma_3 - \sigma_1}{2}, \quad \tau_3 = \frac{\sigma_1 - \sigma_2}{2}, \tag{7}$$

für den Tensor des Formänderungszustandes sind es die drei Hauptschiebungen

$$\gamma_1 = \varepsilon_2 - \varepsilon_3, \quad \gamma_2 = \varepsilon_3 - \varepsilon_1, \quad \gamma_3 = \varepsilon_1 - \varepsilon_2, \tag{8}$$

und es gelten die Identitäten

$$\left.\begin{aligned} \tau_1 + \tau_2 + \tau_3 &= 0, \\ \gamma_1 + \gamma_2 + \gamma_3 &= 0, \\ \lambda_1 + \lambda_2 + \lambda_3 &= 0. \end{aligned}\right\} \tag{9}$$

Für den elastisch-isotropen Körper wird der Zusammenhang des Spannungstensors mit dem Formänderungszustand durch das HOOKEsche Gesetz oder durch eine lineare Beziehung zwischen den beiden Tensoren ausgedrückt[1]):

$$\left.\begin{aligned} \varepsilon_x &= \frac{1}{E}\left(\sigma_x - \frac{\sigma_y + \sigma_z}{m}\right), \quad \gamma_{yz} = \frac{\tau_{yz}}{G}, \\ \varepsilon_y &= \frac{1}{E}\left(\sigma_y - \frac{\sigma_z + \sigma_x}{m}\right), \quad \gamma_{zx} = \frac{\tau_{zx}}{G}, \\ \varepsilon_z &= \frac{1}{E}\left(\sigma_z - \frac{\sigma_x + \sigma_y}{m}\right), \quad \gamma_{xy} = \frac{\tau_{xy}}{G}, \end{aligned}\right\} \tag{10}$$

[1]) Siehe Kapitel 2, Ziff. 12 dieses Bandes.

wo mit $E$ und $G = \frac{Em}{2(m+1)}$ der Elastizitäts- und Schubmodul und mit $m$ die POISSONsche Zahl (Verhältnis der Längsdehnung zur Querzusammenziehung) bezeichnet sind. Führt man in diesen Gleichungen die mittlere Dehnung

$$\varepsilon = \tfrac{1}{3}(\varepsilon_x + \varepsilon_y + \varepsilon_z)\,, \tag{11}$$

die gleich dem dritten Teil der räumlichen Dehnung ist, und den mittleren Zug

$$\sigma = \tfrac{1}{3}(\sigma_x + \sigma_y + \sigma_z) \tag{12}$$

ein, so ergibt die Addition der ersten drei Gleichungen (10)

$$\varepsilon = \frac{m-2}{Em}\sigma = \frac{m-2}{2G(m+1)}\sigma\,. \tag{13}$$

Das HOOKEsche Gesetz nimmt damit die symmetrische Gestalt an:

$$\left.\begin{aligned} \sigma_x - \sigma &= 2G(\varepsilon_x - \varepsilon), & \tau_{xy} &= 2G\cdot\frac{\gamma_{xy}}{2}, \\ \sigma_y - \sigma &= 2G(\varepsilon_y - \varepsilon), & \tau_{yz} &= 2G\cdot\frac{\gamma_{yz}}{2}, \\ \sigma_z - \sigma &= 2G(\varepsilon_z - \varepsilon), & \tau_{zx} &= 2G\cdot\frac{\gamma_{zx}}{2}. \end{aligned}\right\} \tag{14}$$

Mit Benutzung der Deviatoren von Ziff. 4 und 5 lassen sich diese sechs Gleichungen in die eine

$$\mathsf{T}' = 2G\Phi' \tag{15}$$

zusammenziehen.

Wenn in einer ausgedehnten Masse ein plastischer Zustand herrscht, zeigt die Erfahrung, daß auch für ihn zwischen dem Tensor des Spannungszustandes und dem Tensor der Formänderungsgeschwindigkeiten eine einfache Beziehung besteht. Der Deviator des ersteren ist proportional dem Deviator des letzteren:

$$\mathsf{T}' = c\Lambda'. \tag{16}$$

Die Art, wie die Formänderungen in einer plastischen Masse unter einem Spannungszustand entstehen, läßt sich nämlich anschaulich durch die folgenden Regeln[1]) kennzeichnen: 1. Die Hauptdehnungsgeschwindigkeiten fallen mit den Hauptspannungsrichtungen zusammen. 2. Der Rauminhalt bleibt praktisch ungeändert. 3. Die drei Hauptkreise der Formänderungsgeschwindigkeiten bilden eine zur Figur der drei Hauptkreise des Spannungszustandes ähnliche Figur. Die Regel 1 ist nur eine andere Ausdrucksform für die Erfahrungstatsache, daß die Ebenen der Hauptschiebungsgeschwindigkeiten mit den Hauptschubspannungsebenen zusammenfallen. Bei der Regel 2 denkt man gewöhnlich an die bildsamen Formänderungen der Metalle (Kristallkornhaufwerke) unter mäßigen Drucken, unter denen die elastische Kompressibilität praktisch ebenso vernachlässigt werden darf wie die allfälligen bleibenden Raumänderungen. Letztere sind zwar auch bei den dichteren (nicht porösen) Metallen beobachtet, aber meist neben den Einzeldehnungen nur von untergeordneter Bedeutung. Für den letzten Satz sprechen die Versuche von LODE[1]). Da die Halbmesser der Hauptkreise die Hauptschubspannungen bzw. die Hauptschiebungsgeschwindigkeiten sind, wird die Regel 3 durch die Gleichungen

$$\tau_1 : \tau_2 : \tau_3 = \lambda_1 : \lambda_2 : \lambda_3 \tag{17}$$

---

[1]) W. LODE, ZS. f. Phys. 1926, und Mitt. über Forschungsarbeiten des V. D. I. 1928; ferner A. NÁDAI, Versuche über die Fließgrenze des Eisens. Verh. des 2. Intern. Kongr. für techn. Mechanik, S. 336. Zürich 1927.

ausgedrückt. Die Regel 2 lautet formelmäßig

$$\lambda_1 + \lambda_2 + \lambda_3 = 0\,, \tag{18}$$

so daß der Tensor $\Lambda$ der Formänderungsgeschwindigkeit mit seinem Deviator $\Lambda'$ identisch wird.

Man kann analog zu (14) die Deviatorgleichung (16) in Komponenten nach den drei Hauptrichtungen schreiben

$$\sigma_h - \sigma = c\lambda_h\,, \qquad (h = 1, 2, 3) \tag{19}$$

oder auch mit einer neuen Konstanten $c' = \frac{3}{2}c$

$$\left.\begin{aligned} \lambda_1 &= \frac{1}{c'}\left[\sigma_1 - \frac{1}{2}(\sigma_2 + \sigma_3)\right], \\ \lambda_3 &= \frac{1}{c'}\left[\sigma_2 - \frac{1}{2}(\sigma_3 + \sigma_1)\right], \\ \lambda_3 &= \frac{1}{c'}\left[\sigma_3 - \frac{1}{2}(\sigma_1 + \sigma_2)\right]; \end{aligned}\right\} \tag{20}$$

diese Gleichungen enthalten eine dem Hookeschen Gesetze analoge Aussage mit dem Unterschied, daß die Elastizitätsziffer $E$ jetzt in den Formeln durch einen unbestimmten Beiwert $c'$ zu ersetzen ist und daß die Poissonsche Verhältniszahl $m$ gleich 2 wird.

**20. Mechanik der plastischen Körper von v. Mises.** Nach Formulierung von einigen der oben mitgeteilten Erfahrungstatsachen hat v. Mises[1]) 1913 einen vollständigen Ansatz von Bewegungsgleichungen für den plastischen Zustand der festen Körper aufgestellt. Zieht man von den Spannungen ihren Mittelwert $\sigma$ ab, so entsteht ein Spannungsdeviator, dessen Komponenten in einer plastischen Masse nach Ziff. 19 proportional den entsprechenden Komponenten der Dehnungsgeschwindigkeiten sind:

$$\left.\begin{aligned} \sigma_x' &\equiv \sigma_x - \sigma = c\frac{\partial u}{\partial x}, \quad \sigma_y' \equiv \sigma_y - \sigma = c\frac{\partial v}{\partial y}, \quad \sigma_z' \equiv \sigma_z - \sigma = c\frac{\partial w}{\partial z}, \\ \tau_{xy} &= \frac{c}{2}\left(\frac{\partial u}{\partial y} + \frac{\partial v}{\partial x}\right), \quad \tau_{yz} = \frac{c}{2}\left(\frac{\partial v}{\partial z} + \frac{\partial w}{\partial y}\right), \quad \tau_{zx} = \frac{c}{2}\left(\frac{\partial w}{\partial x} + \frac{\partial u}{\partial z}\right). \end{aligned}\right\} \tag{1}$$

Beschränkt man sich auf Stoffe mit ausgesprochener Fließgrenze und auf kleine Formänderungen, so kann vom allmählichen Anwachsen der Fließspannungen mit den plastischen Formänderungen (von der „Verfestigung“) abgesehen werden. Die Fließspannungen bleiben dann an einer „Plastizitätsgrenze“ und ändern sich während des Fließens nicht. Wählt man die drei Hauptschubspannungen $\tau_1$, $\tau_2$, $\tau_3$ [s. Ziff. 19, Gleichung (7)] als die rechtwinkligen Koordinaten eines Punktes $P$ im Raume, so erscheint die Plastizitätsgrenze als eine Kurve in der Ebene

$$\tau_1 + \tau_2 + \tau_3 = 0\,. \tag{2}$$

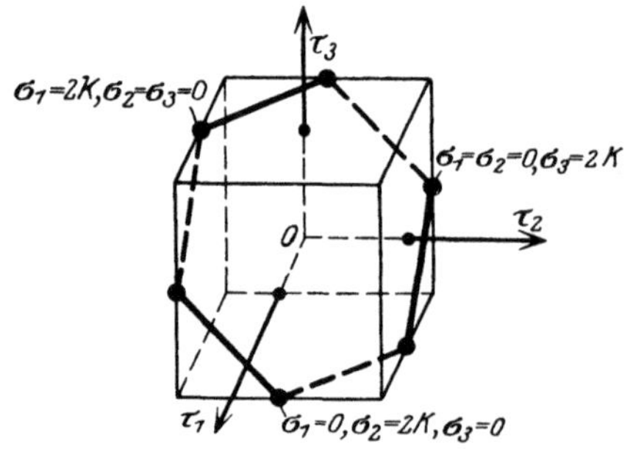

Abb. 43.

Den Spannungszuständen mit einer Hauptschubspannung $\tau_{\max} = k =$ konst. (den Annahmen von de St. Venant) entspricht ein Würfel (Abb. 43) mit den Seiten $2k$. Der Würfel wird durch die Ebene (2) in einem regelmäßigen Sechseck geschnitten. Den Spannungszuständen des reinen Zuges oder

[1]) R. v. Mises, Mechanik der festen Körper im plastisch-deformablen Zustand. Nachr. Ges. d. Wissenschaften zu Göttingen 1913.

Druckes entsprechen die Ecken des Sechsecks. Die Theorie der größten Schubspannung von DE ST. VENANT wird in Abb. 43 durch das regelmäßige Sechseck dargestellt. Wie man aus dieser Darstellung erkennt, müssen den einzelnen Seiten des Sechseckes bestimmte räumliche Gebiete in der plastischen Masse entsprechen, in denen die Plastizitätsbedingung jedesmal neu zu formulieren ist. Das bedeutet in einer ausgedehnten Masse eine Erschwerung der Rechnung. Es ist das Verdienst von v. MISES und von HENCKY, auf diesen Punkt hingewiesen zu haben. v. MISES sah sich deshalb veranlaßt, zur Vereinfachung der Rechnung das Sechseck durch den umschriebenen Kreis zu ersetzen. Statt eines Würfels hat man dann eine Kugel

$$\tau_1^2 + \tau_2^2 + \tau_3^2 = 2k^2 \tag{3}$$

zum Schnitt mit der Ebene (2) zu bringen. Es hat sich später herausgestellt, daß die vorstehende Bedingung gleichbedeutend mit der Forderung ist, daß an der Plastizitätsgrenze die Gestaltänderungsarbeit (Ziff. 17) einen unveränderlichen Wert habe. Mit Benutzung der auf ein beliebiges rechtwinkeliges Achsenkreuz $x, y, z$ bezogenen Komponenten des Spannungsdeviators lautet, wie man durch Ausrechnen unter Benutzung der Invariantenformeln [Kap. 2, Ziff. 5, Gleichung (6)] findet, die Bedingung (3) auch

$$\tau_{xy}^2 + \tau_{yz}^2 + \tau_{zx}^2 - (\sigma_x'\sigma_y' + \sigma_y'\sigma_z' + \sigma_z'\sigma_x') = \frac{4k^2}{3}. \tag{4}$$

Bezeichnen $\varrho$ die Masse der Raumeinheit, $X$, $Y$, $Z$ die Komponenten der Massenkraft (bezogen auf die Raumeinheit), so lauten die Bewegungsgleichungen[1])

$$\left.\begin{aligned}
\varrho\frac{du}{dt} &= X + \frac{\partial\sigma_x}{\partial x} + \frac{\partial\tau_{xy}}{\partial y} + \frac{\partial\tau_{xz}}{\partial z},\\
\varrho\frac{dv}{dt} &= Y + \frac{\partial\tau_{yx}}{\partial x} + \frac{\partial\sigma_y}{\sigma y} + \frac{\partial\tau_{yz}}{\partial z},\\
\varrho\frac{dw}{dt} &= Z + \frac{\partial\tau_{zx}}{\partial x} + \frac{\sigma\tau_{zy}}{\sigma y} + \frac{\partial\sigma_z}{\partial z},
\end{aligned}\right\} \tag{5}$$

wo $d/dt$ den substantiellen Differentialquotienten[2]) bedeutet. Neben diesen Gleichungen gilt nach Voraussetzung die Kontinuitätsgleichung

$$\frac{\partial u}{\partial x} + \frac{\partial v}{\partial y} + \frac{\partial w}{\partial z} = 0. \tag{6}$$

Setzt man die Ausdrücke für die Spannungskomponenten (1) in die Plastizitätsbedingung (4) ein, so kann aus ihr der Beiwert $c$ berechnet werden. Die Gleichungen (1), (4), (5), und die Randbedingungen (für die Verschiebungskomponenten $u, v, w$ oder auch für die Randspannung) dienen zur Berechnung der unbekannten Funktionen. Es sind zehn Gleichungen für die zehn Unbekannten $u, v, w, \sigma_x, \sigma_y, \sigma_z, \tau_{yz}, \tau_{zx}, \tau_{xy}$ und $c$.

Für den Fall der Bewegung einer plastischen Masse parallel zu einer Ebene (ebenes Problem) gehen die obigen Gleichungen in die Ansätze von DE ST. VENANT über (vgl. Ziff. 18).

**21. Weitere Ansätze zur Theorie des Gleichgewichts in plastischen Massen.** BRILLOUIN[3]) weist in seiner Theorie des bildsamen Zustandes der festen Körper darauf hin, daß in denselben im allgemeinen Gebiete mit rein elastischen Formänderungen von den Gebieten zu unterscheiden sind, in denen der plastische

[1]) Siehe Kapitel 2, Ziff. 15 ds. Bd. des Handb.
[2]) Vgl. Bd. VII, Kapitel 1, Ziff. 8 ds. Handb.
[3]) M. BRILLOUIN, Annales scientifiques de l'école normale (3) Bd. 7, S. 345–360. 1890; Ann. d. phys. (9) Bd. 13, S. 75–113. 1920; (10) Bd. 3, S. 129–144. 1925.

Zustand eingetreten ist. Der Körper bleibt jedoch auch in den Gebieten mit plastischen Formänderungen elastisch, und zwar für fünf von den sechs Größen, durch die der Formänderungszustand in seinem Innern an einer beliebigen Stelle beschrieben wird. Die sechste Komponente des Dehnungstensors bleibt unbestimmt. Beim Übergang in den plastischen Zustand soll die Struktur des Körpers elastisch-anisotrop werden, und diese elastische Anisotropie soll während des Fließvorganges erhalten bleiben, aber die Elastizitätskoeffizienten sollen plötzlich andere Werte annehmen, auch soll der Zustand dann nicht mehr eindeutig durch sie bestimmt sein. Im spröden Zustand der Körper, den er im Gegensatz zum plastischen unterscheidet, kann die Dichte abnehmen, im plastischen soll sie sich nicht ändern. Da der Bruch der spröden Körper von völlig andern Umständen bedingt wird als durch Dichteänderungen, lassen sich gegen diese Annahme Einwendungen nicht unterdrücken.

Die Lösung des allgemeinen Problems des Gleichgewichtszustandes einer plastischen Masse hat HENCKY[1]) wesentlich gefördert. Er geht von der Hypothese aus, daß die festen Körper nur ein bestimmtes Quantum von elastischer Gestaltänderungsenergie in sich aufnehmen können. Ist dieses Maß von Energie erreicht, so tritt der plastische Zustand ein. Es kommt dabei praktisch nicht auf die Geschwindigkeit an, mit der dieser Zustand aufrecht erhalten wird. Da ein allseitig gleicher (hydrostatischer) Druck keine Plastizität erzeugt, muß von der gesamten Formänderungsarbeit die Kompressionsenergie in Abzug gebracht werden. Der verbleibende Teil ist die Gestaltänderungsarbeit. Setzt man die Fließgrenze für die reine Zugbeanspruchung gleich $2k$ ($k$ ist die während eines reinen Zugversuches wirkende größte Schubspannung), so nimmt die vorstehende Plastizitätsbedingung die Form an

$$\tfrac{1}{2}[(\sigma_x - \sigma_y)^2 + (\sigma_y - \sigma_z)^2 + (\sigma_z - \sigma_x)^2] + 3[\tau_{xy}^2 + \tau_{yz}^2 + \tau_{zx}^2] = 4k^2, \qquad (1)$$

oder mit Benutzung der Hauptspannungen $\sigma_1$, $\sigma_2$, $\sigma_3$ auch

$$(\sigma_1 - \sigma_2)^2 + (\sigma_2 - \sigma_3)^2 + (\sigma_3 - \sigma_1)^2 = 8k^2. \qquad (2)$$

Dieselbe Plastizitätsbedingung hat v. MISES in etwas anderer Begründung seiner Theorie (vgl. Ziff. 20) zugrunde gelegt.

In den elastischen Teilen des Körpers ist in der Raumeinheit eine elastische Energie[2])

$$\mathsf{A} = \frac{1}{2E}[\sigma_x + \sigma_y + \sigma_z]^2 + \frac{1}{2G}[\tau_{yz}^2 + \tau_{zx}^2 + \tau_{xy}^2 - \sigma_y\sigma_z - \sigma_z\sigma_x - \sigma_x\sigma_y] \qquad (3)$$

aufgespeichert. In den plastischen Teilen ist der Anteil $\mathsf{A}_g$ (die Gestaltänderungsenergie) konstant, nämlich

$$\mathsf{A}_g = \frac{2k^2}{3G}, \qquad (4)$$

und der Anteil an Raumänderungs-(Dilatations- oder Kompressions-)energie der nämliche, wie bei rein elastischen Formänderungen. Somit ist sowohl in den elastischen, als auch in den plastischen Gebieten die in der Raumeinheit aufgespeicherte gesamte elastische Energie durch den Ausdruck (3) gegeben. Während des Fließvorganges wird die von den äußeren Kräften fortlaufend geleistete Arbeit in Wärme verwandelt, aber der in Form von elastischer Energie aufgespeicherte Vorrat bleibt derselbe, wenn die Grenze der plastischen Zonen sich im Körper

[1]) H. HENCKY, ZS. f. angew. Math. u. Mech. Bd. 4, S. 323. 1924; vgl. auch Proc. of the 1. intern. congr. for applied mechanics, S. 312. Delft 1924; ZS. f. angew. Math. u. Mech. Bd. 5, S. 115. 1925; ZS. d. Ver. d. Ing. Bd. 69, S. 695. 1925.

[2]) Siehe Kapitel 2, Ziff. 16 dieses Bandes.

nicht verschiebt. In Anlehnung an eine von HAAR und v. KÁRMÁN[1]) aufgestellte Forderung wird im Falle des Gleichgewichtes verlangt, daß das Intregral

$$\int \mathsf{A}\, dx\, dy\, dz \tag{5}$$

ein Minimum werde. Diese Forderung ist mit den Nebenbedingungen zu verbinden, daß in jedem Volumelement die Spannungen sich das Gleichgewicht halten und daß sie in ihm an der Plastizitätsgrenze liegen sollen. Aus diesem Variationsproblem leitet HENCKY die folgenden sechs Gleichungen ab:

$$\left.\begin{aligned}
\frac{\partial u}{\partial x} &= \frac{1+\varphi}{2G}\left[\sigma_x - \frac{\varphi + \frac{3}{m+1}}{\varphi+1}\sigma\right],\\
\frac{\partial v}{\partial y} &= \frac{1+\varphi}{2G}\left[\sigma_y - \frac{\varphi + \frac{3}{m+1}}{\varphi+1}\sigma\right], \qquad \left(\sigma = \frac{\sigma_x+\sigma_y+\sigma_z}{3}\right)\\
\frac{\partial w}{\partial z} &= \frac{1+\varphi}{2G}\left[\sigma_z - \frac{\varphi + \frac{3}{m+1}}{\varphi+1}\sigma\right],\\
\frac{\partial u}{\partial y} + \frac{\partial v}{\partial x} &= \frac{1+\varphi}{G}\tau_{xy}, \quad \frac{\partial v}{\partial z} + \frac{\partial w}{\partial y} = \frac{1+\varphi}{G}\tau_{yz}, \quad \frac{\partial w}{\partial x} + \frac{\partial u}{\partial z} = \frac{1+\varphi}{G}\tau_{zx}.
\end{aligned}\right\} \tag{6}$$

Durch diese Beziehungen werden in einer den Gleichungen (1) von Ziff. 19 analogen Weise die sechs Komponenten des Tensors der Formänderungsgeschwindigkeit mit den Spannungskomponenten $\sigma_x$, $\sigma_y$, $\sigma_z$, $\tau_{yz}$, $\tau_{zx}$, $\tau_{xy}$ verknüpft. In den Gleichungen (6) bedeutet $\varphi$ eine unbekannte Ortsfunktion (LAGRANGEscher Faktor). Die sechs Gleichungen (6) zusammen mit den drei Gleichgewichtsbedingungen

$$\left.\begin{aligned}
\frac{\partial\sigma_x}{\partial x} + \frac{\partial\tau_{xy}}{\partial y} + \frac{\partial\tau_{xz}}{\partial z} &= 0,\\
\frac{\partial\tau_{yx}}{\partial x} + \frac{\partial\sigma_y}{\partial y} + \frac{\partial\tau_{yz}}{\partial z} &= 0,\\
\frac{\partial\tau_{zx}}{\partial x} + \frac{\partial\tau_{zy}}{\partial y} + \frac{\partial\sigma_z}{\partial z} &= 0
\end{aligned}\right\} \tag{7}$$

und mit der Plastizitätsbedingung (1) reichen zur Bestimmung der zehn unbekannten Funktionen $u$, $v$, $w$, $\sigma_x$, $\sigma_y$, $\sigma_z$, $\tau_{yz}$, $\tau_{zx}$, $\tau_{xy}$, $\varphi$ aus. Für den Sonderfall $m = 2$ gehen diese Gleichungen in das für den Fall des Gleichgewichtes von v. MISES aufgestellte System von Gleichungen (abgesehen von der andern Bedeutung von $\varphi$) über.

**22. Der plastische Körper von PRANDTL.** Der Begriff des plastischen Körpers kann, wie zuerst PRANDTL[2]) betont hat, allgemeiner als nach dem Vorgang von DE ST. VENANT und LÉVY gefaßt werden. Mit Benutzung der MOHRschen Darstellung der Spannungszustände in einer $\sigma$, $\tau$-Ebene ($\sigma$ Normalspannung, $\tau$ Schubspannung eines Körperschnittes, vgl. Ziff. 3) kann der bildsame Zustand dadurch gekennzeichnet werden, daß die größten Hauptkreise aller an der Plastizitätsgrenze gelegenen Spannungszustände sämtlich eine Kurve $\tau = f(\sigma)$ be-

[1]) A. HAAR u. TH. v. KÁRMÁN, Nachrichten der Ges. d. Wiss. zu Göttingen 1909, S. 204 bis 218. In dieser Arbeit leiten HAAR und v. KÁRMÁN Beziehungen aus einem allgemeinen Variationsprinzip für elastisch-plastische Zustände ab. Vgl. hierzu ferner TH. v. KÁRMÁN, Über elastische Grenzzustände. Verh. des 2. Intern. Kongr. für techn. Mechanik, S. 23. Zürich 1927.

[2]) L. PRANDTL, Nachr. d. Ges. d. Wiss. Göttingen, math. phys. Kl. 1920, S. 74; ZS. f. angew. Math. u. Mech. Bd. 1, S. 15. 1921; Proc. of the 1. intern. congr. of applied mechanics, S. 43. Delft 1925.

rühren (Abb. 44). Die Berührungspunkte der Kreise mit der „Grenzkurve" liefern in ihrer Abszisse und Ordinate die Werte der Normal- und Schubspannung in den Gleitflächen. Der spitze Winkel $\varphi$ der Gleitflächen läßt sich aus der Abb. 44 entnehmen. Er ist der spitze Winkel der Normalen der Grenzkurve mit der $\sigma$-Achse. Durch diese Annahme können die plastischen Zustände in solchen Stoffen berücksichtigt werden, in denen die Grenzschubspannung wie in den spröden Gesteinen mit dem Druck stärker zunimmt. In diesen Stoffen beobachtet man unter den niedrigeren Drucken Gleitwinkel $\varphi$, die kleiner als 90° sind. Die Grenzzustände können auch dadurch charakterisiert werden, daß zwischen der algebraisch größten und kleinsten Hauptspannung eine gewisse Beziehung als gegeben betrachtet wird. Ein besonders für die Rechnung geeigneter Fall ist der der geradlinigen Grenzkurve. In diesem Falle ist die größte Schubspannung $\frac{1}{2}(\sigma_1 - \sigma_2)$ eine lineare Funktion des Mittelwertes von $\sigma_1$ und $\sigma_2$:

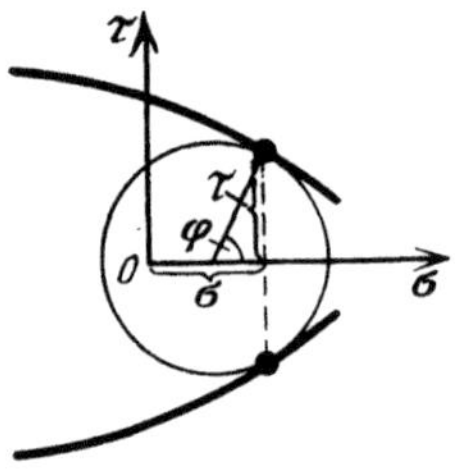

Abb. 44. Grenzkurve des plastischen Zustandes.

$$\frac{\sigma_1 - \sigma_2}{2} = c_1 - c_2 \frac{\sigma_1 + \sigma_2}{2}.$$

Mit $c_1 = 0$ würde ein solcher Ansatz den in der Erddrucktheorie gewöhnlich gemachten Annahmen genügen[1]). Der Fall $c_2 = 0$ führt zum „speziell plastischen Körper", bei dem die größte Schubspannung einen unveränderlichen festen Wert hat. Das ist der plastische Körper von DE ST. VENANT-TRESCA.

PRANDTL hat für diesen allgemeinen plastischen Körper eine Lösung in einem sektorartigen Gebiet angegeben. Für den Fall einer geradlinigen Grenzkurve $\tau = f(\sigma)$ ließen sich die Hauptspannungen im Sektor explizit durch Exponentialfunktionen angeben.

**23. Das ebene Problem des Gleichgewichts vollkommen plastischer Massen.** Im folgenden sollen einige Lösungen der drei Grundgleichungen des ebenen Problems von Ziff. 18

$$\left.\begin{aligned} \frac{\partial \sigma_x}{\partial x} + \frac{\partial \tau}{\partial y} &= 0, \\ \frac{\partial \sigma_y}{\partial y} + \frac{\partial \tau}{\partial x} &= 0, \end{aligned}\right\} \tag{1}$$

$$(\sigma_x - \sigma_y)^2 + 4\tau^2 = 4k^2 \tag{2}$$

angegeben werden. In einem ebenen Spannungszustand lassen die drei Spannungskomponenten sich nach Ziff. 2, Gleichung (8) mit Hilfe der Hauptspannungen ausdrücken, nämlich in der Form:

$$\left.\begin{aligned} \sigma_x &= \sigma + k\cos 2\alpha, \\ \sigma_y &= \sigma - k\cos 2\alpha, \\ \tau &= \quad\; k\sin 2\alpha, \end{aligned}\right\} \tag{3}$$

falls man wieder mit

$$\sigma = \frac{\sigma_1 + \sigma_2}{2} \qquad \text{und} \qquad \tau_{\max} = \frac{\sigma_1 - \sigma_2}{2} = k$$

den Spannungsmittelwert und die größte Schubspannung bezeichnet. In einem Punkte $x$, $y$, seien die beiden Richtungen

$$\alpha + 45° \qquad \text{und} \qquad \alpha - 45°$$

[1]) Vgl. auch weiter unten Ziff. 28.

markiert. Es lassen sich zwei Kurvenscharen so konstruieren, daß sie in jedem Punkt $x$, $y$ diesen Richtungen folgen. Da die beiden Richtungen mit den Schnitten der größten Schubspannung zusammenfallen, sollen sie die Hauptschubrichtungen heißen. Die beiden Kurvenscharen folgen den Hauptschubrichtungen und kreuzen sich überall unter rechten Winkeln. Sie heißen die Gleitlinien des ebenen Spannungszustandes (Abb. 45). Führt man den Winkel $\beta = \alpha + 45^\circ$ der „ersten" Hauptschub- oder Gleitrichtung an Stelle von $\alpha$ ein, so lauten die Formeln (3)

$$\left.\begin{aligned} \sigma_x &= \sigma + k \sin 2\beta, \\ \sigma_y &= \sigma - k \sin 2\beta, \\ \tau &= \quad\; - k \cos 2\beta. \end{aligned}\right\} \tag{4}$$

Bedeutet $y = f(x)$ die Gleichung einer Gleitlinie, so sind die Differentialgleichungen der beiden Gleitlinienscharen gegeben durch

$$\frac{dy}{dx} = \operatorname{tg}\beta \qquad \text{und} \qquad \frac{dy}{dx} = \operatorname{tg}\left(\frac{\pi}{2} + \beta\right) = -\operatorname{ctg}\beta. \tag{5}$$

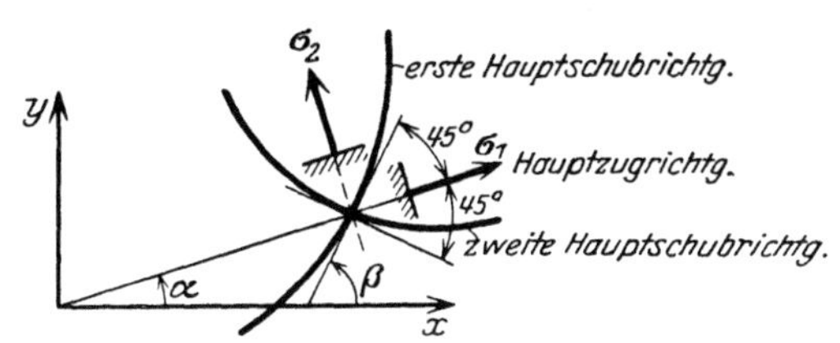


Abb. 45. Gleitlinien des ebenen Spannungszustandes.

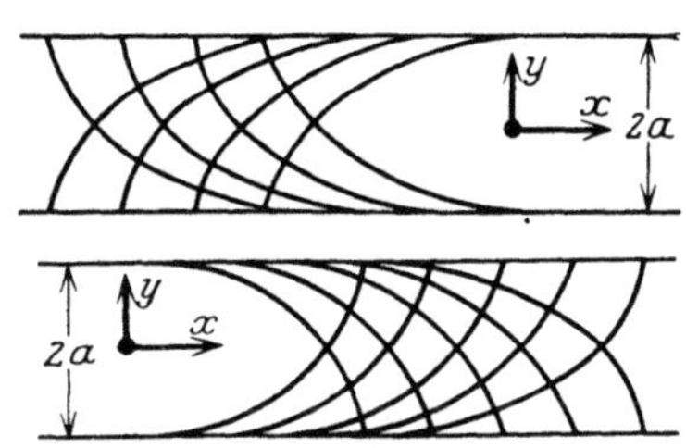


Abb. 46 u. 47. Plastische Masse zwischen zwei parallelen reibenden Platten gedrückt. Die Gleitlinien sind die Hälften von gemeinen Zykloiden.

Durch Elimination von $\sigma_x$, $\sigma_y$ aus den drei Gleichungen (1) und (2) entsteht die Differentialgleichung

$$\pm 2 \frac{\partial^2 \sqrt{k^2 - \tau^2}}{\partial x \, \partial y} = \frac{\partial^2 \tau}{\partial x^2} - \frac{\partial^2 \tau}{\partial y^2}. \tag{6}$$

Von dieser Gleichung läßt sich eine Lösung angeben, wenn man $\tau = f(y)$ setzt. Die drei Spannungskomponenten ergeben sich dann gleich

$$\left.\begin{aligned} \sigma_x &= c + \frac{kx}{a} \pm 2k\sqrt{1 - \frac{y^2}{a^2}}, \\ \sigma_y &= c + \frac{kx}{a}, \\ \tau &= \quad\; - \frac{ky}{a}; \end{aligned}\right\} \tag{7}$$

$c$ und $a$ sind hier zwei Integrationskonstanten. Mit Hilfe dieser Ausdrücke und der Differentialgleichungen (5) ergeben sich aus den letzteren und aus (4) die Gleichungen der Gleitlinien in Parameterform:

$$\left.\begin{aligned} &\text{erste Schar} \quad \begin{cases} x = -a[2\beta + \sin 2\beta] + \text{konst.}, \\ y = \quad a \cos 2\beta, \end{cases} \\ &\text{zweite Schar} \quad \begin{cases} x = \quad a[2\beta - \sin 2\beta] + \text{konst.} \\ y = \quad a \cos 2\beta. \end{cases} \end{aligned}\right\} \tag{8}$$

Das sind die Hälften von gemeinen Zykloiden (Abb. 46 und 47). Man erhält, je nachdem $0 < \beta < \frac{\pi}{2}$ oder $\frac{\pi}{2} < \beta < \pi$ ist, die Lagen der Zykloiden nach

Abb. 46 oder nach Abb. 47. Man verdankt die vorstehende Lösung PRANDTL[1]). Die Geraden $y = \pm a$ bilden natürliche Grenzen des plastischen Bereiches und sind, wie NÁDAI[2]) bemerkt hat, Verzweigungslinien der Lösung.

Es liegt nahe, nach weiteren Fällen des ebenen Problems zu forschen, in denen die Umhüllenden der Gleitlinien oder die Verzweigungslinien des Spannungszustandes einfache Kurven sind.

In Polarkoordinaten $r$, $\varphi$ hat man die radiale Normalspannung $\sigma_r$, die Ringspannung $\sigma_t$ und die Schubspannung $\tau$ als Spannungskomponenten und die drei Gleichungen[3])

$$\left.\begin{aligned} &\frac{\partial(r\sigma_r)}{\partial r} - \sigma_t + \frac{\partial\tau}{\partial\varphi} = 0, \\ &\frac{\partial\sigma_t}{\partial\varphi} + \frac{\partial(r\tau)}{\partial r} + \tau = 0, \\ &(\sigma_r - \sigma_t)^2 + 4\tau^2 = 4k^2 = \text{konst.} \end{aligned}\right\} \quad (9)$$

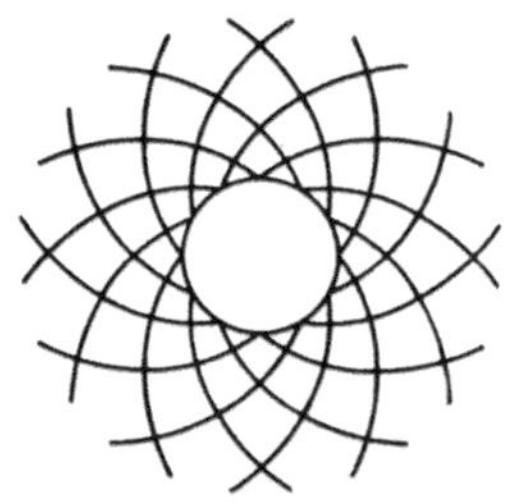

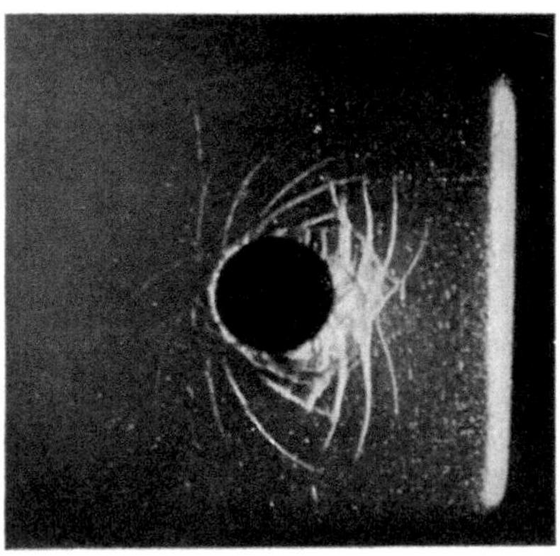

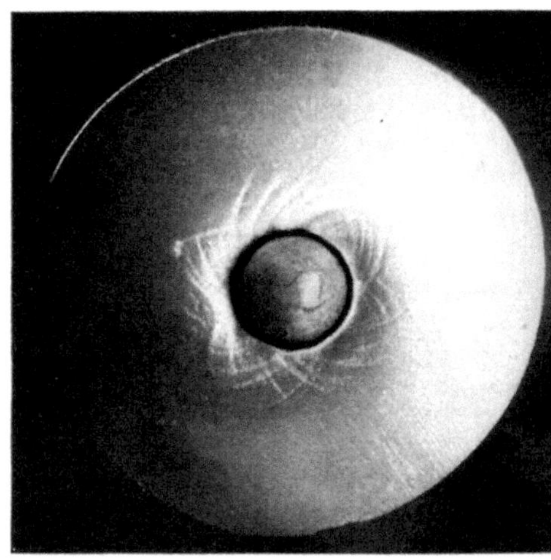

Abb. 48 bis 50. Logarithmische Spiralen als Gleitlinien. Eindruck eines zylindrischen Stempels auf weiches Eisen.

zu ihrer Bestimmung. Nach Elimination von $\sigma_r$ und $\sigma_t$ ergibt sich auch hier eine Differentialgleichung für die Schubspannung $\tau$, von der Integrale angegeben werden können. Lösungen sind:

a) der plastische Zustand in einem dickwandigen Rohr:

$$\sigma_r = \pm 2k \ln\frac{a}{r}, \quad \sigma_t = \pm 2k\left(-1 + \ln\frac{a}{r}\right), \quad \tau = 0, \tag{10}$$

wo $a$ eine beliebige Länge ist. Die Gleitlinien sind zwei Systeme sich senkrecht kreuzender logarithmischer Spiralen. Auf der ebenen Fläche eines Eisenkörpers lassen sich durch Aufdrücken eines zylindrischen Stempels diese Gleitlinien in der Oberflächenschicht nachweisen (Abb. 48 bis 50).

b) der Kreis als Verzweigungslinie[1]). Setzt man

$$\tau = ka^2/r^2 = k\sin\psi, \quad \sigma_r - \sigma_t = \pm 2k\cos\psi,$$

[1]) L. PRANDTL, ZS. f. angew. Math. u. Mech. Bd. 3, S. 401. 1923.

[2]) A. NÁDAI, ZS. f. Phys. Bd. 30, S. 106. 1924.

[3]) Vgl. Kapitel 2, Ziff. 25 dieses Bandes.

so findet man den Spannungszustand:

$$\left.\begin{aligned} \sigma_r &= \pm k\left(\ln \operatorname{tg}\frac{\psi}{2} + \cos\psi\right) + c\,,\\ \sigma_t &= \pm k\left(\ln \operatorname{tg}\frac{\psi}{2} - \cos\psi\right) + c\,,\\ \tau &= \quad k\sin\psi\,, \end{aligned}\right\} \tag{11}$$

mit den Gleitlinien

$$\varphi = \psi \mp \ln \operatorname{tg}\frac{\psi}{2} + \text{konst.}\,,\quad r^2 = \frac{a^2}{\sin\psi}\,. \tag{12}$$

Eine allgemeinere Lösung erhält man durch den Ansatz $\tau = c_1 + c_2/r^2$ mit zwei konzentrischen Kreisen als Verzweigungslinien und mit Epi- und

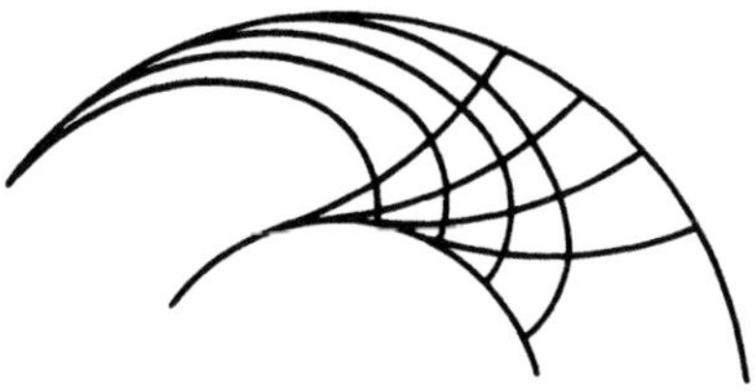

Abb. 51. Epi- und Hypozykloiden als Gleitlinien.

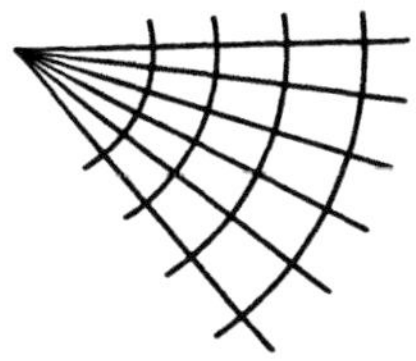

Abb. 52. Geradenbüschel und Kreisschar als Gleitlinien.

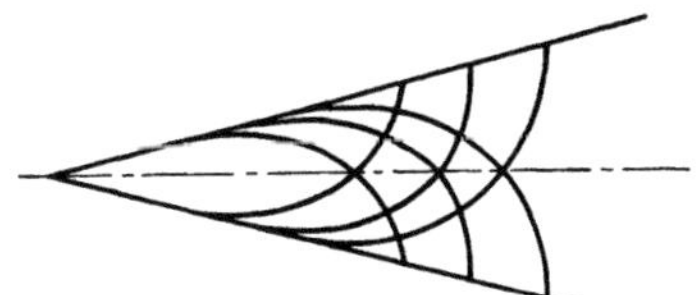

Abb. 53. Gleitlinien zu zwei sich schneidenden geraden Verzweigungslinien.

Hypozykloiden als Gleitlinien[1]). Die Hälften der Epi- und Hypozykloiden legen sich tangierend an die beiden Kreise an (Abb. 51).

c) Der strahlige Spannungszustand[2]):

$$\sigma_r - \sigma_t = \pm k\varphi\,,\quad \tau = \mp k\,.$$

Die Gleitlinien sind ein Geradenbüschel, das durch einen Punkt geht, und die dazu senkrechte Kreisschar (Abb. 52).

d) Zwei sich schneidende Geraden als Verzweigungslinien[3]). Setzt man wieder

$$\sigma_r - \sigma_t = \pm 2k\cos\psi\,,\quad \tau = k\sin\psi\,,$$

so erhält man

$$2\varphi + c_1 = \int \frac{\cos\psi\, d\psi}{c \mp \cos\psi} \tag{13}$$

($c$, $c_1$ Integrationskonstanten) und

$$\left.\begin{aligned} \sigma_r &= -kc\ln\frac{r^2(c \mp \cos\psi)}{a^2} \pm k\cos\psi\,,\\ \sigma_t &= -kc\ln\frac{r^2(c \mp \cos\psi)}{a^2} \mp k\cos\psi\,,\\ \tau &= \quad k\sin\psi \end{aligned}\right\} \tag{14}$$

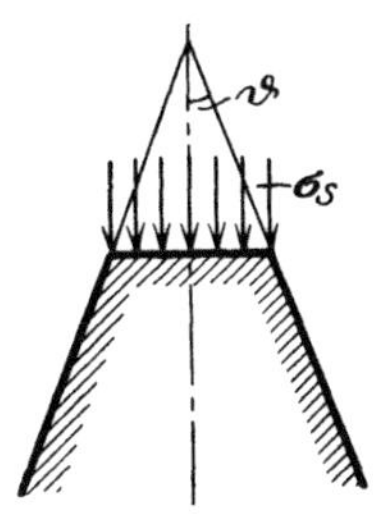


Abb. 54. Abgestumpfte Schneide.

mit einem Bild der Gleitlinien nach Abb. 53.

e) Schneiden-(Eindringungs-)festigkeit. Für eine abgestumpfte Schneide, die von oben (Abb. 54) Druck erhält, hat PRANDTL[4]) die Grenzen der plastischen Gebiete angegeben und den Druck berechnet, unter dem die Schneide sich stärker plastisch zu verformen beginnt. PRANDTL hat die Rechnung für den allgemeinplastischen Körper durchgeführt. Das plastische Gebiet läßt sich aus drei dreieckigen Gebieten, in denen reine Druckbeanspruchung herrscht,

---

[1]) Dieses Gleitliniensystem haben C. CARATHÉODORY u. E. SCHMIDT, ZS. f. angew. Math. u. Mech. Bd. 3, S. 468. 1923, auf anderem Wege gefunden.

[2]) L. PRANDTL, l. c. S. 471, Anm. 2.

[3]) A. NÁDAI, l. c. S. 474, Anm. 2.

[4]) L. PRANDTL, l. c. S. 471, Anm. 2.

und aus zwei sektorartigen Gebieten, in denen der Spannungszustand c) herrscht, zusammensetzen. Die elastischen Gebiete werden als starr betrachtet. Für den speziellplastischen Körper, der unter einer unveränderlichen größten Schubspannung $\tau_{\max} = k$ fließt, ist der Druck $\sigma_s$, unter dem die Schneide sich stärker plastisch zu verformen beginnt, gegeben durch die Beziehung

$$\sigma_s = \sigma_d(1 + \vartheta).$$

Hier bedeuten $\sigma_d$ die Fließgrenze für die reine Druckbeanspruchung ($\sigma_d = 2k$) und $\vartheta$ den halben Winkel der Schneide.

Für $\vartheta = \frac{\pi}{2}$ ergibt sich der Fall der Druckbeanspruchung eines durch eine Ebene begrenzten ausgedehnten Körpers nach Abb. 55, mit einem Druck

$$\sigma_s = \sigma_d\left(1 + \frac{\pi}{2}\right).$$

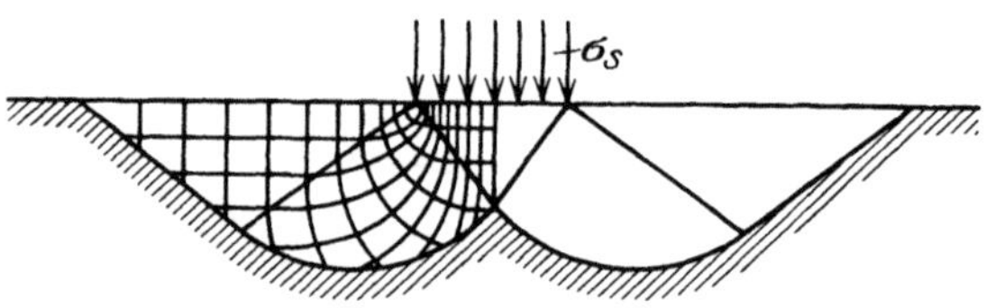


Abb. 55. Beanspruchung eines durch eine Ebene begrenzten, ausgedehnten Körpers durch konzentrierten Druck. — Das zugehörige Gleitlinienfeld.

Wie neuere Versuche von SACHS[1]) und MESSMER[2]) gezeigt haben, sind die Verhältnisse beim Eindringen eines harten, prismatischen Stempels in ein weiches Metall verwickelter, als nach den ersten Versuchen angenommen wurde[3]). Bei weichen Metallen, wie Eisen, Kupfer usw. macht sich die Verfestigung störend bemerkbar. Das Fließgebiet nimmt zu, so daß sich die Grenzen des plastischen Gebietes unter der wachsenden Kraft im Innern des Körpers verschieben. Der Körper nimmt ferner durch seine elastischen Formänderungen einen Teil des vom Stempel verdrängten Volumens in sich auf.

**24. Das Gleitlinienfeld des ebenen Gleichgewichtszustandes einer vollkommen plastischen Masse.** Die mechanische Bedeutung der Gleitlinien legt nahe, ihre Eigenschaften zu untersuchen und sie zur Konstruktion von ebenen Gleichgewichtszuständen heranzuziehen. In einer vollkommen plastischen Masse genügen die Spannungen $\sigma_x$, $\sigma_y$, $\tau$ nach Gleichung (4) von Ziff. 23 der Plastizitätsbedingung, wenn man sie gleich

$$\left.\begin{aligned} \sigma_x &= \sigma + k\sin 2\beta\,, \\ \sigma_y &= \sigma - k\sin 2\beta\,, \\ \tau &= \quad - k\cos 2\beta \end{aligned}\right\} \tag{1}$$

annimmt. Anstatt $\sigma_x$, $\sigma_y$, $\tau$ als Funktionen der rechtwinkeligen Koordinaten $x$, $y$ aus den Gleichgewichtsbedingungen

$$\frac{\partial\sigma_x}{\partial x} + \frac{\partial\tau}{\partial y} = 0\,, \quad \frac{\partial\sigma_y}{\partial y} + \frac{\partial\tau}{\partial x} = 0 \tag{2}$$

zu bestimmen, können der mittlere Zug $\sigma = \frac{1}{2}(\sigma_x + \sigma_y)$ und der Winkel $\beta$ der ersten Hauptschubrichtung mit der $x$-Achse als die abhängigen Veränderlichen in Funktion von irgendwelchen anderen Parametern ermittelt werden. Nach HENCKY[4]) werden dazu zweckmäßig die Parameter $u_1$ und $u_2$ der ersten und der zweiten Gleitlinienschar

$$\varphi(x, y) = u_1 = \text{konst.}, \quad \psi(x, y) = u_2 = \text{konst.} \tag{3}$$

[1]) G. SACHS, Naturwissensch. Bd. 14, S. 1219. 1926; ZS. f. techn. Phys. 1926; Verhandlungen des 2. Intern. Kongr. für techn. Mechanik, S. 266. Zürich 1927.

[2]) MESSMER, Dissert. Göttingen (noch nicht erschienen).

[3]) ZS. f. angew. Math. u. Mech. Bd. 1, S. 20. 1921.

[4]) H. HENCKY, ZS. f. angew. Math. u. Mech. Bd. 3, S. 241. 1923.

gewählt. Setzt man die Ausdrücke (1) der Spannungen in die Gleichgewichtsbedingungen (2) ein, so ergeben sich für den mittleren Zug $\sigma$ und für den Winkel $\beta$ der ersten Hauptschubrichtung die beiden Gleichungen

$$\left.\begin{aligned} \frac{\partial\sigma}{\partial x} + 2k\left(\frac{\partial\beta}{\partial x}\cos 2\beta + \frac{\partial\beta}{\partial y}\sin 2\beta\right) = 0, \\ \frac{\partial\sigma}{\partial y} + 2k\left(\frac{\partial\beta}{\partial x}\sin 2\beta - \frac{\partial\beta}{\partial y}\cos 2\beta\right) = 0. \end{aligned}\right\} \tag{4}$$

Nach Multiplikation der ersten der Gleichungen (4) mit $\cos\beta$ (bzw. mit $-\sin\beta$), der zweiten der Gleichung (4) mit $\sin\beta$ (bzw. mit $\cos\beta$) und Addition folgen hieraus die Gleichungen

$$\left.\begin{aligned} \left(\frac{\partial\sigma}{\partial x}\cos\beta + \frac{\partial\sigma}{\partial y}\sin\beta\right) + 2k\left(\frac{\partial\beta}{\partial x}\cos\beta + \frac{\partial\beta}{\partial y}\sin\beta\right) = 0, \\ \left(-\frac{\partial\sigma}{\partial x}\sin\beta + \frac{\partial\sigma}{\partial y}\cos\beta\right) - 2k\left(-\frac{\partial\beta}{\partial x}\sin\beta + \frac{\partial\beta}{\partial y}\cos\beta\right) = 0. \end{aligned}\right\} \tag{5}$$

Die in diesen Gleichungen vorkommenden Klammerausdrücke sind die Ableitungen von $\sigma$ und von $\beta$ längs der beiden Gleitlinienscharen. Bezeichnet demnach $s_1$ die Bogenlänge der ersten und $s_2$ die Bogenlänge der zweiten Gleitlinie [Gleichung (3)], so lassen sich die Gleichungen (5) kürzer wie folgt schreiben:

$$\frac{\partial}{\partial s_1}(\sigma + 2k\beta) = 0, \quad \frac{\partial}{\partial s_2}(\sigma - 2k\beta) = 0. \tag{6}$$

Ersetzt man hier die Bogenelemente durch

$$ds_1 = U_2(u_1, u_2)\,du_2$$

und

$$ds_2 = U_1(u_1, u_2)\,du_1,$$

so folgt aus (6) nach der Integration

$$\left.\begin{aligned} \frac{\sigma}{2k} + \beta = f_1(u_1), \\ \frac{\sigma}{2k} - \beta = f_2(u_2), \end{aligned}\right\} \tag{7}$$

oder mit Benutzung von neuen Parametern $v_1$, $v_2$

$$\left.\begin{aligned} \frac{\sigma}{2k} + \beta = 2v_1, \\ \frac{\sigma}{2k} - \beta = 2v_2, \end{aligned}\right\} \tag{8}$$

woraus

$$\left.\begin{aligned} \frac{\sigma}{2k} = v_1 + v_2, \\ \beta = v_1 - v_2. \end{aligned}\right\} \tag{9}$$

In dieser Form hat die Gleichungen (9) zuerst v. MISES[1]) angegeben.

Aus den Gleichungen folgen einige bemerkenswerte Eigenschaften des Gleitlinienfeldes:

a) Denkt man sich die Gleitlinien in der $x$, $y$-Ebene für eine Folge von Parameterwerten $v_1$ und $v_2$ gezeichnet, die in arithmetischer Reihe wachsen, so bilden die Isobaren (Kurven gleichen mittleren Druckes) $\sigma =$ konst. und die Isoklinen $\beta =$ konst. die Diagonalkurven des Gleitliniennetzes (v. MISES).

b) Bewegt man sich längs einer Gleitlinie, so ändert sich der mittlere Druck proportional mit dem Winkel, um den sich ihre Tangente dreht [Gleichung (8)] (HENCKY).

[1]) R. v. MISES, ZS. f. angew. Math. u. Mech. Bd. 5, S. 147. 1925.

c) Der Winkel der Tangenten zweier Gleitlinien einer und derselben Schar in den Kreuzungspunkten mit einer Gleitlinie der zweiten Schar ändert sich nicht, wenn man diese letzte durch eine beliebige andere Gleitlinie der zweiten Schar ersetzt (HENCKY) (Abb. 56).

d) Wird eine komplexe Zahl $z$

$$z = x + iy$$

in der komplexen Ebene als die Strecke $OP$ (Abb. 57) definiert, so können die

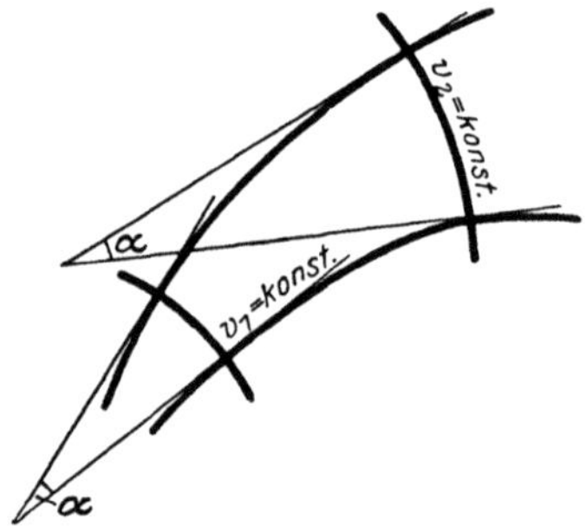


Abb. 56.

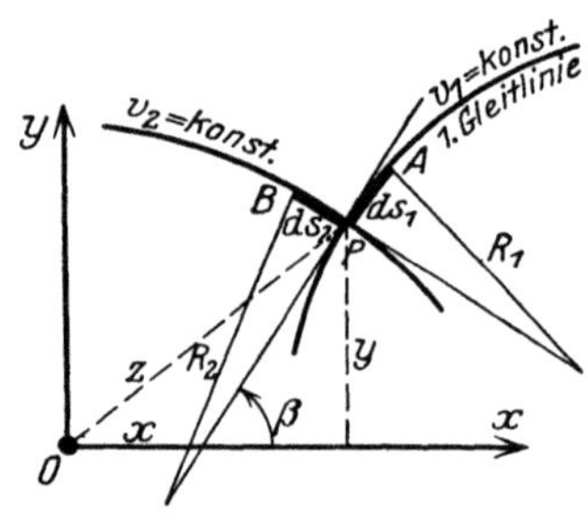


Abb. 57.

Bogenelemente $ds_1$ und $ds_2$ der Gleitlinien, die sich im Punkte $P(x, y)$ kreuzen, als die Strecken

$$\left.\begin{aligned} \overline{PA} &= \frac{\partial z}{\partial v_2} dv_2 = ds_1 \cdot e^{i\beta} = ds_1 \cdot e^{i(v_1 - v_2)}, \\ \overline{PB} &= \frac{\partial z}{\partial v_1} dv_1 = ds_2 \cdot e^{i\left(\beta + \frac{\pi}{2}\right)} = i\, ds_2 \cdot e^{i(v_1 - v_2)} \end{aligned}\right\} \tag{10}$$

in der komplexen Ebene betrachtet werden. Wenn die Bogenlängen $s_1$ und $s_2$ in der Richtung der wachsenden $v_2$ und $v_1$ gemessen und die Krümmungshalbmesser $R_1$ und $R_2$ der Gleitlinien vermöge der Beziehungen eingeführt werden

$$\left.\begin{aligned} ds_1 &= R_1 [d\beta]_{v_1 = \text{konst}} = -R_1 dv_2, \\ ds_2 &= R_2 [d\beta]_{v_2 = \text{konst}} = \quad R_2 dv_1, \end{aligned}\right\} \tag{11}$$

wobei die Krümmungshalbmesser $R_1$, $R_2$ positiv sind, wenn der Krümmungsmittelpunkt links von der Kurve liegt, in der Fortschreitungsrichtung von $s$ gesehen, so ergeben sich aus (10) und (11)

$$\frac{\partial z}{\partial v_1} = i R_2 e^{i(v_1 - v_2)}, \quad \frac{\partial z}{\partial v_2} = -R_1 e^{i(v_1 - v_2)}. \tag{12}$$

Leitet man die erste Gleichung nach $v_2$, die zweite nach $v_1$ ab und setzt beide Ausdrücke gleich, so erhält man

$$\frac{\partial R_1}{\partial v_1} = -R_2, \quad \frac{\partial R_2}{\partial v_2} = -R_1.$$

Da nun längs der Gleitlinie $v_2 =$ konst. nach (9) $dv_1 = d\beta$ und längs der Gleitlinie $v_1 =$ konst. $dv_2 = -d\beta$ ist, so sind die vorstehenden Ausdrücke gleichbedeutend mit

$$dR_1 = -ds_2, \quad dR_2 = ds_1.$$

Die in diesen Gleichungen enthaltene Vorschrift läßt sich wie folgt ausdrücken: Bewegt man sich längs einer Gleitlinie, so ändert sich der Krümmungshalbmesser der sie kreuzenden Gleitlinien um die durchschrittene Bogenlänge (PRANDTL).

e) Aus dem letzten Satz folgt weiter: Ist eine Gleitlinie eine Gerade, so liegen die Krümmungsmittelpunkte der sie kreuzenden Gleitlinienschar in einem und demselben Punkt, und diese Schar besteht aus Parallelkurven (in einem unendlich schmalen Dreieck) in der Nachbarschaft der geraden Gleitlinie) (Abb. 58).

f) Da die Ebene durch solche Dreiecke mit stetig veränderlicher Höhe lückenlos bedeckt werden kann, lassen sich Systeme von Gleilinienfeldern angeben, in denen die eine Schar der Gleitlinien aus Geraden besteht. Ein solches System baut sich auf einer Stützkurve $f(x, y) = 0$ auf (Abb. 59). Das Tangentenfeld mit den zugehörigen Evolventen der Kurve $f(x, y) = 0$ bildet ein mögliches Gleitlinienfeld. Ist beispielsweise auf den geraden Gleitlinien $u_2 =$ konst., so muß die willkürliche Funktion $v_1 = \frac{1}{2} f_1(u_1) = c =$ konst. angenommen werden. Es ist dann

$$\frac{\sigma}{2k} = c + v_2, \quad \beta = c - v_2.$$

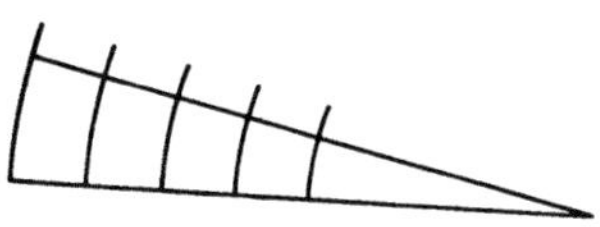

Abb. 58.

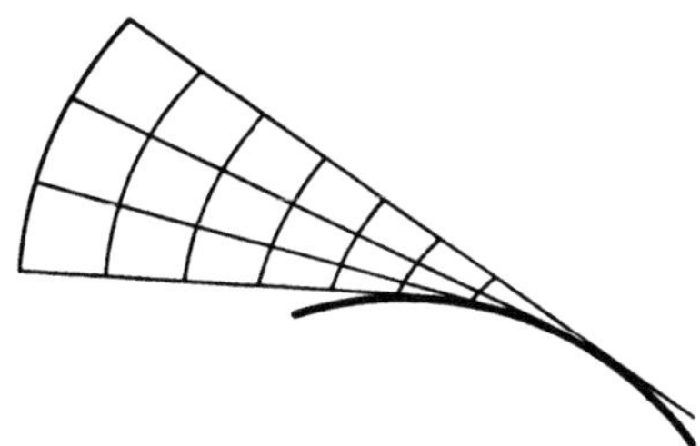

Abb. 59. Die Evolventen und das Tangentenbuschel einer Stutzkurve bilden ein Gleitlinienfeld.

Der mittlere Druck $\sigma$ hat längs der geraden Gleitlinien einen unveränderlichen Wert und ändert sich von Gerade zu Gerade proportional ihrem Neigungswinkel $\beta$ gegen eine feste Richtung.

Beispiel: Man erhält die schon in Ziff. 23 erwähnte Lösung mit den gemeinen Zykloiden als Gleitlinien, wenn man setzt:

$$R_1 = c \cos(v_1 - v_2), \quad R_2 = -c \sin(v_1 - v_2).$$

Die Isobaren bilden die dem Parallelstreifen eingeschriebene Schar von Halbkreisen.

**25. Die Biegung.** Für einen schlanken geraden Stab, der in einer Hauptträgheitsebene unter einem System von Kräften senkrecht zu seiner Achse bleibend verbogen wird, läßt sich die Verteilung der Biegungsspannungen mit verhältnismäßig einfachen Mitteln angeben. Auf Grund der Versuche von BACH[1]) und von E. MEYER[2]) darf angenommen werden, daß die Querschnitte bei der Biegung bei einem beliebigen Formänderungsgesetz für Zug und für Druck, und insbesondere auch nach Überschreitung der Fließgrenze eben bleiben. Wir wollen annehmen, daß das Formänderungsgesetz in der Gestalt einer Funktion der spezifischen Spannung $\sigma = f(\varepsilon)$ in Abhängigkeit von der spezifischen Dehnung $\varepsilon$ aus einem Zug- und einem Druckversuch ermittelt worden ist. Bezeichnen $\eta$ die Entfernung von der spannungslosen (neutralen) Schicht in einem Querschnitt, $\sigma$ die Biegungsspannung an dieser Stelle, $dq$ ein Element des Querschnittes, so verlangt das Gleichgewicht der Kräfte

$$\int \sigma \, dq = 0, \tag{1}$$

$$\int \sigma \eta \, dq = M, \tag{2}$$

[1]) C. v. BACH u. R. BAUMANN, Elastizität und Festigkeit, 9. Aufl. Berlin: Julius Springer 1924.

[2]) E. MEYER, ZS. d. Ver. d. Ing. Bd. 52, S. 167. 1908.

wo $M$ das Moment der äußeren Kräfte ist. In der ersten Bedingung kann das Querschnittselement $dq$ durch $dq = \Phi(\eta)\,d\eta$ ersetzt werden, wo $\Phi(\eta)$ die Gestalt des Querschnittes bestimmt, und für $\eta$ kann wegen des Ebenbleibens der Querschnitte auch $\eta = \varepsilon\varrho$ gesetzt werden, wo $\varrho$ den Krümmungshalbmesser der verbogenen Stabachse bezeichnet. Die Integralbedingung (1) lautet dann:

$$\int_{-\varepsilon_1}^{\varepsilon_2} f(\varepsilon)\,\Phi(\varrho\,\varepsilon)\,d\varepsilon = 0. \tag{3}$$

Hier ist wegen $\eta_1 + \eta_2 = h$ ($h$ Querschnittshöhe) die obere Grenze $\varepsilon_2 = \dfrac{h}{\varrho} - \varepsilon_1$. Durch (3) wird zu einem Wert von $\varrho$ ein Wert von $\varepsilon_1$ oder eine Funktion:

$$\varepsilon_1 = F(\varrho) \tag{4}$$

bestimmt, die man durch Probieren punktweise berechnen kann. Hat man auf diese Weise $\varepsilon_1$ und $\varepsilon_2$ ermittelt, so sind damit aus der Kurve $\sigma = f(\varepsilon)$ die Randspannungen $\sigma_1$ und $\sigma_2$ gegeben. Zu jedem Wertepaar $\varepsilon_1$, $\varepsilon_2$ oder $\sigma_1$, $\sigma_2$ gehört ein Biegungsmoment $M$, das man durch die Quadratur (2) bestimmt. Bei statisch bestimmter Auflagerung ist das Biegungsmoment $M$ eine gegebene Funktion der Veränderlichen $x$, es wird deshalb schließlich jedem Wert von $x$ eine bestimmte Krümmung $\varrho$ zugeordnet:

$$\frac{d^2y}{dx^2} = \frac{1}{\varrho}. \tag{5}$$

Dies ist die Differentialgleichung der elastischen Linie des bleibend verbogenen Stabes.

Mit Hilfe der Ansätze lassen sich eine Reihe von Fällen für die technischen Anwendungen erledigen. Für das nicht dem HOOKEschen Gesetz gehorchende Gußeisen hat solche Rechnungen vor längerer Zeit BACH[1]) bereits durchgeführt. Für einen über die Fließgrenze beanspruchten geraden Stab wendete die Biegungstheorie in anderer Form E. MEYER[2]) an; den knickenden Stab hat v. KÁRMÁN[3]) behandelt[4]).

**26. Die Torsion; die plastische Spannungsfunktion des Querschnittes.** Für das Torsionsproblem[5]) eines elastisch verdrehten Stabes hat PRANDTL[6]) eine anschauliche Darstellung angegeben. Nach seinem „Seifenhautgleichnis" denkt man sich bei einfach zusammenhängenden Querschnitten entlang der Randkurve eine dünne Haut befestigt und durch einen Überdruck belastet. Die Fläche, nach der die Haut sich wölbt, bildet den Spannungshügel des Querschnittes. Seine Schichtenlinien geben an jeder Stelle die Richtung der resultierenden

---

[1]) C. v. BACH, l. c.

[2]) E. MEYER, l. c.

[3]) TH. v. KÁRMÁN, Untersuchungen über Knickfestigkeit. Mitt. üb. Forschungsarbeiten des V. D. I., H. 81. 1909. Siehe auch Kap. 3, Ziff. 91 ds. Bd. des Handb.

[4]) Eine Reihe von Biegungsfällen vgl. bei A. NÁDAI, Mechanik des bildsamen Zustandes der Werkstoffe. Berlin 1927. Verwandte Aufgaben behandeln ferner H. HERBERT, Über den Zusammenhang der Biegungselastizität des Gußeisens mit seiner Zug- und Druckelastizität. Mitt. üb. Forsch. 1910, H. 89; ZS. d. Ver. d. Ing. 1910, S. 1387; AKIMASA ONO, Memoirs of the college of engineering, Kyushu Imperial University Bd. I, Nr. 2. 1915.

[5]) Für einen Rundstab läßt sich der Fall seiner Verdrehungsbeanspruchung bei einem beliebigen Formänderungsgesetz $\tau = f(\gamma)$ der Schubspannung in Abhängigkeit von der spezifischen Schiebung in ähnlicher Weise wie das Biegungsproblem behandeln. Man vgl. CH. DUGUET, Limite d'élasticité et résistance à la rupture. Bd. I, S. 156. Paris 1882; P. LUDWIK, Elemente der technologischen Mechanik. Berlin 1909; AKIMASA ONO, Memoirs of the college of engineering, Kyushu Imp. Univ. Bd. 1, S. 3. 1917; W. BADER, Dissert. Göttingen 1927.

[6]) Siehe Kapitel 3, Ziff. 6 dieses Bandes.

Schubspannung im Querschnitt des verdrehten Stabes an. Das Gefälle des Spannungshügels ist der Schubspannung proportional. Das Drehmoment ist bis auf einen Maßstabfaktor dem von der Haut eingeschlossenen Volumen gleich. Die Torsionsaufgabe führt auf die Bestimmung einer Spannungsfunktion $F$ aus der Differentialgleichung[1]):

$$\frac{\partial^2 F}{\partial x^2} + \frac{\partial^2 F}{\partial y^2} = \Delta F = \text{konst.} \tag{1}$$

mit der Randbedingung $F = 0$. Aus $F$ bestimmen sich die Schubspannungskomponenten durch Differentiation:

$$\tau_x = \frac{\partial F}{\partial y}, \quad \tau_y = -\frac{\partial F}{\partial x}. \tag{2}$$

Unter der Annahme, daß an der Fließgrenze die Schubspannung $\tau = k = \text{konst.}$ unveränderlich bleibt, lassen sich Regeln für die Spannungsverteilung von tordierten Stäben angeben, in denen der Fließvorgang sich zu entwickeln beginnt. Da die Gleichgewichtsbedingung der Schubspannungskomponenten $\tau_x$, $\tau_y$ in einem Punkte $x$, $y$ des Querschnittes eines verdrehten Stabes

$$\frac{\partial \tau_x}{\partial x} + \frac{\partial \tau_y}{\partial y} = 0 \tag{3}$$

immer erfüllt ist, wenn man

$$\tau_x = \frac{\partial F}{\partial y}, \quad \tau_y = -\frac{\partial F}{\partial x} \tag{4}$$

setzt, müssen in den Teilen des Stabes, wo die Plastizitätsgrenze von den Spannungen erreicht wurde, die Spannungskomponenten sich ebenfalls aus einer Spannungsfunktion herleiten lassen. An Stelle der Differentialgleichung (1) muß jedoch $F$ jetzt der Plastizitätsbedingung

$$\tau_x^2 + \tau_y^2 = \tau^2 = k^2 = \text{konst.}, \tag{5}$$

d. h. nach Einführung der Ausdrücke von $\tau_x$, $\tau_y$ aus (4) der Differentialgleichung

$$\left(\frac{\partial F}{\partial x}\right)^2 + \left(\frac{\partial F}{\partial y}\right)^2 = |\operatorname{grad} F|^2 = k^2 \tag{6}$$

genügen. Das stärkste Gefälle der Fläche $F$ muß also überall, wo $\tau$ an der Fließgrenze $k$ liegt, einen unveränderlichen Wert haben. Die plastische Spannungsfläche $F$, die durch die Gleichung (6) definiert wird, muß eine Böschungsfläche sein. Beim Übergang aus der elastischen Verdrehung zu den bildsamen Formänderungen legt sich die dünne Haut, die zur Veranschaulichung der Spannungsverteilung während einer elastischen Verdrehung gedient hat, allmählich an die Böschungsfläche an. Man kann sich diese letztere als ein flaches Dach über dem Querschnittsrand errichtet denken (Abb. 60). Unter den freien Teilen der Haut bleibt der Stab elastisch angespannt, unter den von der Haut bedeckten Querschnittsteilen fließt er[2]).

Abb. 60. Grundrisse der plastischen Spannungsfunktion für die Torsionsbeanspruchung.

Zu einer experimentellen Überprüfung dieser Theorie können Ätzungen der Querschnittsflächen von tordierten Stäben aus weichem Eisen herangezogen werden.

[1]) A. Föppl, Vorl. üb. techn. Mechanik Bd. 5; A. u. L. Föppl, Drang und Zwang, 2. Bd., S. 80. 1920; s. auch Kapitel 3, Ziff. 4ff. dieses Bandes des Handb.

[2]) Vgl. A. Nádai, ZS. f. angew. Math. u. Mech. 1923, S. 442.

Nach der Überschreitung der Fließgrenze bilden sich im Innern von verdrehten Eisenstäben sehr regelmäßig verlaufende dünne Schichten, in denen das Eisen stärker als in ihrer Umgebung verformt ist. In den geätzten Querschnittsflächen erscheinen diese Schichten als dunkle Streifen. Diese schwarzen Streifen verlaufen

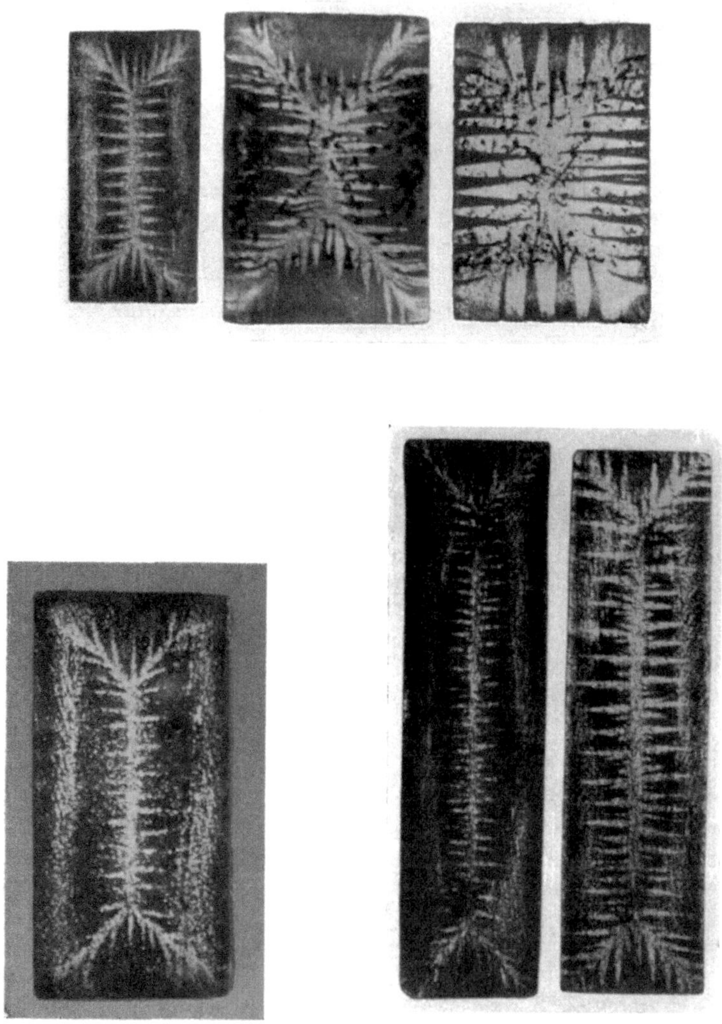

Abb. 61 bis 63. Fluidalstruktur in tordierten Eisenstäben.
Die Fließlinien erscheinen in den Querschnitten schwarz. Ätzungen mit dem Mittel von FRY.

senkrecht zu den Spannungslinien der plastischen Spannungsfläche, weil sie im wesentlichen mit einer Hauptschubrichtung im Material zusammenfallen. Wie man aus den Aufnahmen einiger geätzter Querschnitte verdrehter Eisenstäbe (Abb. 61 bis 65) erkennt, verlaufen diese Fließlinien in den angegebenen Richtungen[1]. TREFFTZ[2])

[1]) Nach Versuchen von W. BADER, ZS. d. Ver. d. Ing. 1927, S. 317. Ferner Dissert. Göttingen 1927.

[2]) E. TREFFTZ, ZS. f. angew. Math. u. Mech. Bd. 5, S. 69. 1925.

hat in zwei Fällen (einspringende Ecke und kreisförmiges Loch) die Grenzen des plastischen Gebietes streng ermittelt. In einem auf reinen Schub beanspruchten Stoff, der unter einer unveränderlichen Spannung fließt, entwickelt sich an einer kleinen zylindrischen Bohrung vom Durchmesser $d$ eine dünne plastische Schicht, die, wenn

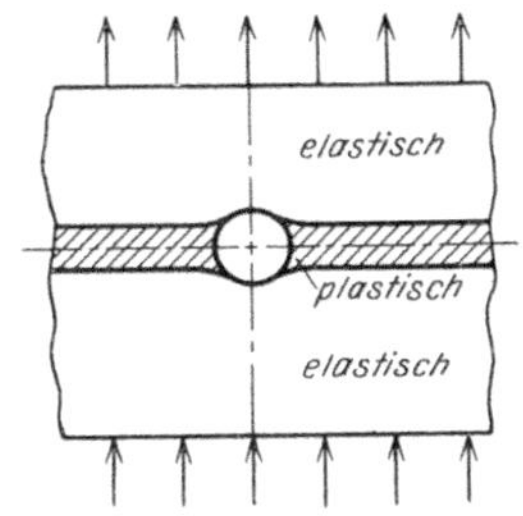


Abb. 66. Das Fließgebiet bei reiner Schubbeanspruchung an einer Bohrung.

Abb. 64 u. 65. Rundstäbe mit Längsnuten.

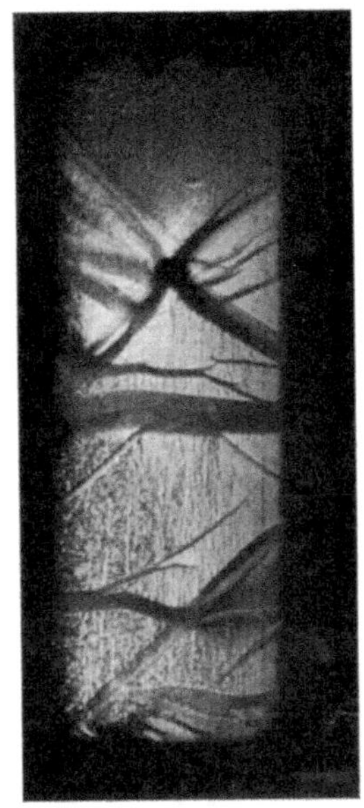

Abb. 67. Fließlinien auf einen Eisenkörper.

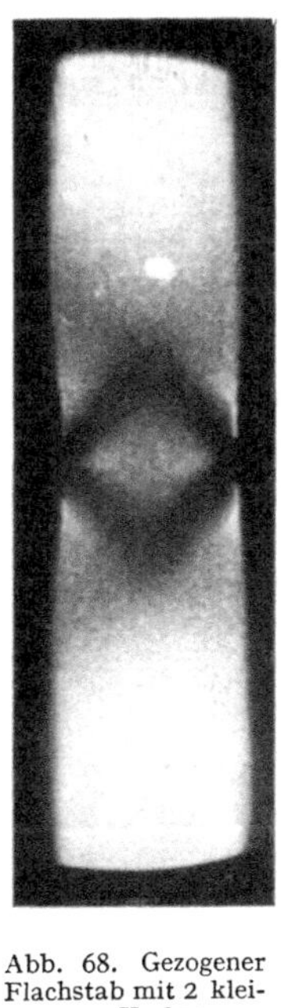

Abb. 68. Gezogener Flachstab mit 2 kleinen Kerben.

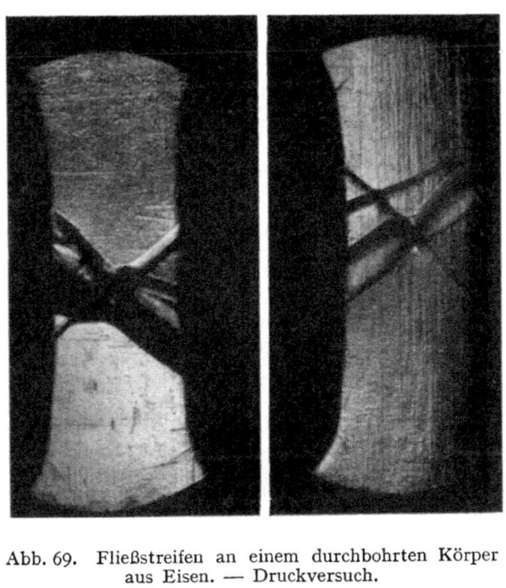

Abb. 69. Fließstreifen an einem durchbohrten Körper aus Eisen. — Druckversuch.

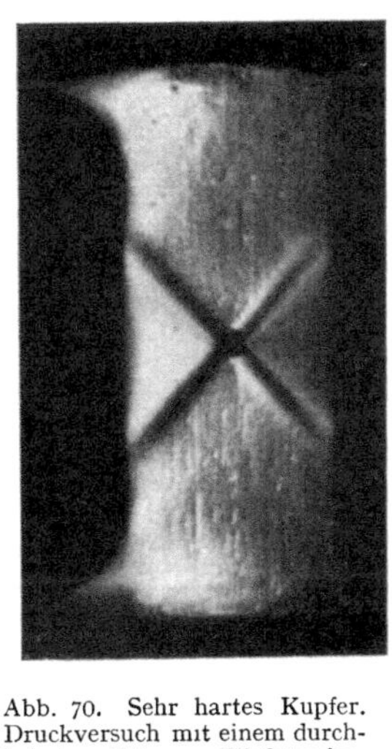

Abb. 70. Sehr hartes Kupfer. Druckversuch mit einem durchbohrten Körper. Fließstreifen.

Abb. 67 bis 69. Die Entstehung von Fließstreifen in weichen Eisen- und in harten Kupferkörpern an Bohrungen und Kerben.

die Schubspannung in großer Entfernung vom Loch den Wert der Fließgrenze erreicht, bis in das Unendliche reicht und die Breite $2d/\pi$ hat[1]) (vgl. Abb. 66). Kleine Löcher, Kerben oder Einschlüsse mit weicherem Material sind in Stoffen, die vorübergehend unter einer abfallenden oder einer nur wenig veränderlichen Spannung zu fließen beginnen, die Ursache zur Entstehung von schmalen Fließgebieten, der sog. „Fließfiguren", die man besonders von den Festigkeitsversuchen des weichen Eisens her kennt (vgl. Abb. 67 bis 70).

# V. Das Gleichgewicht lockerer Massen.

**27. Das Gleichgewicht sandartiger lockerer Massen.** In einem Haufen von losen, polyedrischen, festen Körnern, der unter der Wirkung von äußeren Kräften oder seines Eigengewichtes steht, müssen im Falle des Gleichgewichtes der Kräfte zwischen den Spannungskomponenten gewisse Ungleichungen erfüllt sein. Denkt man sich an einer beliebigen Stelle im Haufen einen Schnitt geführt und die beiden angrenzenden Teile der Masse für einen Augenblick erstarrt, so würde bei einer Verschiebung des einen Teiles gegen den andern in der Fläche eine gewisse Reibungskraft auftreten. Diese Kraft wirkt entgegen dem Verschiebungssinn und darf im Augenblick des Bewegungsbeginns im allgemeinen dem auf der Gleitfläche lastenden Druck proportional angenommen werden. Die auf die Flächeneinheit bezogene Reibungskraft oder die Schubspannung $\tau_n$ in der Gleitfläche wird nicht größer werden können als ein gewisser Bruchteil $\mu$ des Druckes $\sigma_n$, der senkrecht zur Fläche wirkt:

$$\tau_n \leqq \mu \, \sigma_n \, .$$

Der Zeiger $n$ deutet hier die Richtung der äußeren Normalen $n$ des betrachteten Körperteiles an. Schreibt man für die Reibungsziffer $\mu$

$$\mu = \operatorname{tg} \varrho \, ,$$

wo mit $\varrho$ der Reibungswinkel bezeichnet wird, so muß für jede Richtung $n$ der Schnittnormalen für die Schubspannung $\tau_n$ in einem losen Sand- oder Erdhaufen die Ungleichung

$$-\sigma_n \operatorname{tg} \varrho < \tau_n < \sigma_n \operatorname{tg} \varrho \tag{1}$$

erfüllt sein. Im Augenblick, in dem eine Rutschfläche sich im Haufen bildet, ist das Ungleichheitszeichen durch das Gleichheitszeichen zu ersetzen.

Der Spannungszustand, der in einem kleinen Element eines Erd- oder Sandhaufens herrscht, wird ebenso, wie in einem festen Körper, durch seine drei Hauptspannungen $\sigma_1$, $\sigma_2$, $\sigma_3$ bestimmt. Da in einem Haufen loser Körner nur Druckspannungen vorkommen können, sollen im folgenden Druckspannungen positiv gerechnet werden. Ein Spannungszustand kann durch seine drei Hauptkreise in einer $\sigma$, $\tau$-Ebene dargestellt werden[2]) (s. Ziff. 3). Die den verschiedenen Lagen der Schnittfläche entsprechenden Punkte $P$, deren Abszissen $\sigma_n$ und deren Ordinaten $\tau_n$ sind, liegen in der MOHRschen Spannungsebene innerhalb der beiden Kreisbogendreiecke, die durch die Hauptkreise begrenzt werden (Abb. 71). Dabei bedeutet die Abszisse die Normalspannung $\sigma_n$ und die Ordinate die Schubspannung $\tau_n$ des zugehörigen Schnittes. Durch das Verhältnis von $\tau_n$ zu $\sigma_n$

[1]) A. NÁDAI, Verh. d. 2. Intern. Kongr. für techn. Mechanik, S. 339. Zürich 1927.

[2]) Über die Gleichgewichtszustände loser Massen vgl. O. MOHR, Abhandlungen, 2. Aufl. 1914, Abhandlung 6: „Die Lehre vom Erddruck", S. 236.

wird der Tangens des Winkels $\delta$ gegeben, den die Strecke $OP$ (die resultierende Spannung im Schnitt) mit der $\sigma_n$-Achse bildet:

$$\operatorname{tg}\delta = \frac{\tau_n}{\sigma_n}. \tag{2}$$

Da der Winkel $\delta$ nicht größer werden darf als der Reibungswinkel $\varrho$, so erkennt man, daß die Gesamtheit der größten Hauptkreise aller Grenzspannungszustände, die in einem Haufen von losen Körnern noch gerade möglich sind, bevor das Gleichgewicht in ihm gestört wird, die beiden geraden Linien $OA_1$ und $OA_2$ (Abb. 71) berühren werden, die unter dem Reibungswinkel $\varrho$ gegen die $\sigma_n$-Achse geneigt sind. Sämtliche Hauptkreise aller Spannungszustände müssen inner-

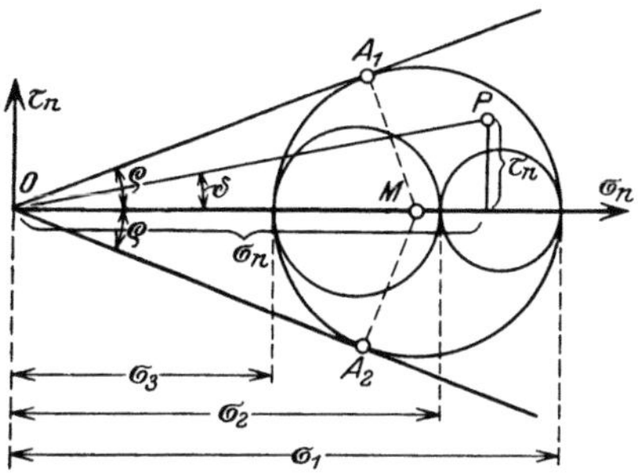

Abb. 71.

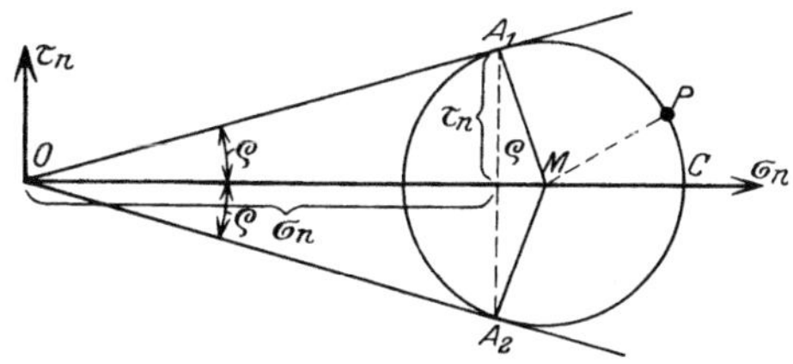

Abb. 72.

halb des Winkelraumes $A_1OA_2$ liegen, und im Grenzzustande berühren die größten Hauptkreise gerade diese beiden Geraden.

Die beiden Schnitte, in denen $\tau_n/\sigma_n = \operatorname{tg}\varrho$, bzw. $\tau_n/\sigma_n = -\operatorname{tg}\varrho$ wird (Punkt $A_1$, $A_2$, Abb. 71), heißen die Gleitebenen. Flächen, die in einem Sand- oder Erdhaufen an jeder Stelle die Gleitebenen berühren, heißen die Gleitflächen des Haufens. Die Gleitflächen schneiden sich nach MOHR in der Richtung der „mittleren" Hauptspannung. Zu jedem Punkt im Innern eines Erdhaufens gehören in einem Grenzzustand zwei Gleitflächen. Denkt man sich den Schnitt um die Richtung der mittleren Hauptspannung gedreht, so wandert der den Spannungszustand bestimmende Punkt $P(\sigma_n, \tau_n)$ (Abb. 72) auf dem größten Hauptkreise. Dabei dreht sich die Schnittnormale stets um den halben Winkel, wie der Strahl $MP$. Der Lage $MC$ dieses Strahles entspricht die größte Druckhauptspannung $\sigma_1$ im Sandhaufen an der betreffenden Stelle (Abb. 72). Die Lage der beiden Gleitebenen relativ zur Hauptdruckrichtung (Richtung der absolut größten Druckspannung) ist in der Abb. 73 angegeben. Die Gleitebenen sind gegeneinander um den spitzen Winkel $\frac{\pi}{2} - \varrho$ und gegen die Hauptdruckrichtung um $\frac{\pi}{4} - \frac{\varrho}{2}$ geneigt.

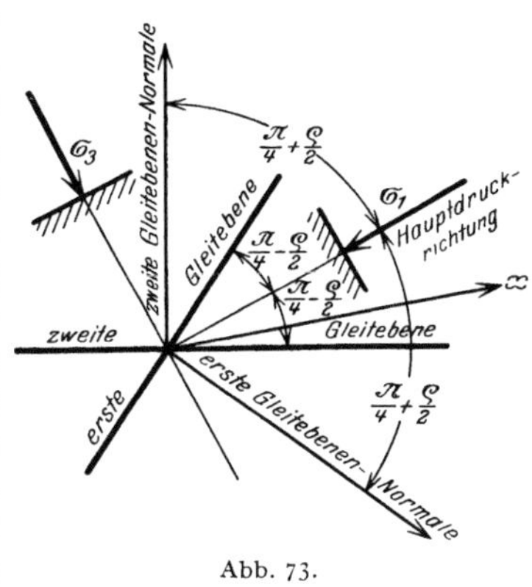


Abb. 73.

**28. Theorie des Erddruckes; Ansätze für das ebene Problem schwerer Erdmassen.** Für die Anwendungen kommen hauptsächlich Grenzzustände in Betracht, in denen die Spannungen nur von zwei Koordinaten abhängen. Eine klassische Aufgabe bietet die Bestimmung des Druckes auf eine lange Stützmauer[1]). Wenn die Spannungen nur von $x$ und $y$ abhängen, so daß die $x$, $y$-Ebene eine Hauptspannungsebene ist (Abb. 74), so sind die beiden Normalspannungen $\sigma_x$ und $\sigma_y$ und die Schubspannung $\tau_{xy}$ als Funktionen von $x$ und $y$ zu ermitteln. $\sigma_z$ liegt dann zwischen den beiden extremen Hauptspannungen und interessiert nicht weiter, während $\tau_{zx} = \tau_{zy} = 0$ sind. Schreibt man für $\tau_{xy}$ kürzer $\tau$ und bezeichnet mit $\sigma_1$ die Hauptdruckspannung (die größte Druckspannung), mit $\sigma_2$ die zweite Hauptspannung und mit $\alpha$ den Winkel der Hauptdruckrichtung mit der $x$-Achse, so hat man für die Normalspannungen $\sigma_x$ und $\sigma_y$ und für die Schubspannung $\tau$ die Ausdrücke [vgl. Ziff. 2, Gleichungen (8)]

$$\left.\begin{aligned} \sigma_x &= \frac{\sigma_1+\sigma_2}{2} + \frac{\sigma_1-\sigma_2}{2}\cos 2\alpha\,,\\ \sigma_y &= \frac{\sigma_1+\sigma_2}{2} - \frac{\sigma_1-\sigma_2}{2}\cos 2\alpha\,,\\ \tau &= \frac{\sigma_1-\sigma_2}{2}\sin 2\alpha\,. \end{aligned}\right\} \tag{1}$$

Die Bedingung für den Eintritt eines Grenzgleichgewichtszustandes ist nach Abb. 75:

$$\sin\varrho = \frac{\sigma_1-\sigma_2}{\sigma_1+\sigma_2}. \tag{2}$$

In den Grenzzuständen besteht also eine feste Beziehung zwischen den beiden Hauptspannungen $\sigma_1$ und $\sigma_2$, nämlich

$$\sigma_1 = \frac{1+\sin\varrho}{1-\sin\varrho}\,\sigma_2. \tag{3}$$

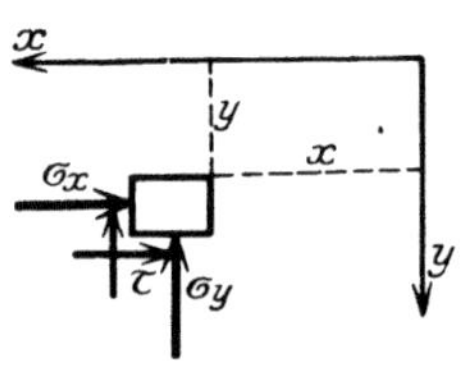

Abb. 74.

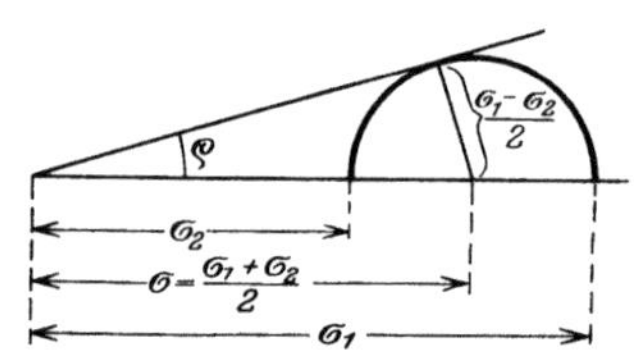

Abb. 75.

Führt man den mittleren Druck

$$\sigma = \frac{\sigma_1+\sigma_2}{2} \tag{4}$$

ein, so läßt sich die Bedingung (2) auch so schreiben:

$$\left.\begin{aligned} \sigma_1 &= \sigma(1+\sin\varrho)\,,\\ \sigma_2 &= \sigma(1-\sin\varrho)\,. \end{aligned}\right\} \tag{2a}$$

Mit Benutzung von $\sigma_x$, $\sigma_y$, $\tau$ lautet die Bedingung (2) auch

$$\frac{(\sigma_x-\sigma_y)^2+4\tau^2}{(\sigma_x+\sigma_y)^2} = \sin^2\varrho = \text{konst.} \tag{2b}$$

Da der Unterschied der Hauptspannungen

$$\sigma_1 - \sigma_2 = 2\sigma\sin\varrho \tag{5}$$

ist, nehmen die Ausdrücke der Spannungskomponenten (1) im Falle des Grenzgleichgewichtes die Form an:

$$\left.\begin{aligned} \sigma_x &= \sigma(1+\sin\varrho\cos 2\alpha)\,,\\ \sigma_y &= \sigma(1-\sin\varrho\cos 2\alpha)\,,\\ \tau &= \sigma\sin\varrho\sin 2\alpha\,. \end{aligned}\right\} \tag{6}$$

[1]) Über die Problemstellung, sowie über die in den technischen Anwendungen benutzten graphischen Verfahren zur Bestimmung des Erddruckes vgl. den Artikel von H. REISSNER über Erddruck in der Enzyklopädie der math. Wissenschaften Bd. 4 (4), woselbst auch die allgemeine Theorie behandelt wird.

Führt man an Stelle des Winkels $\alpha$ den Winkel $\beta$ der ersten Gleitrichtung mit der $x$-Achse (Abb. 76)

$$\beta = \alpha + \frac{\pi}{4} - \frac{\varrho}{2} \tag{7}$$

ein, so werden die Spannungen

$$\left.\begin{aligned} \sigma_x &= \sigma[1 + \sin\varrho \sin(2\beta + \varrho)], \\ \sigma_y &= \sigma[1 - \sin\varrho \sin(2\beta + \varrho)], \\ \tau &= -\sigma \sin\varrho \cos(2\beta + \varrho). \end{aligned}\right\} \tag{8}$$

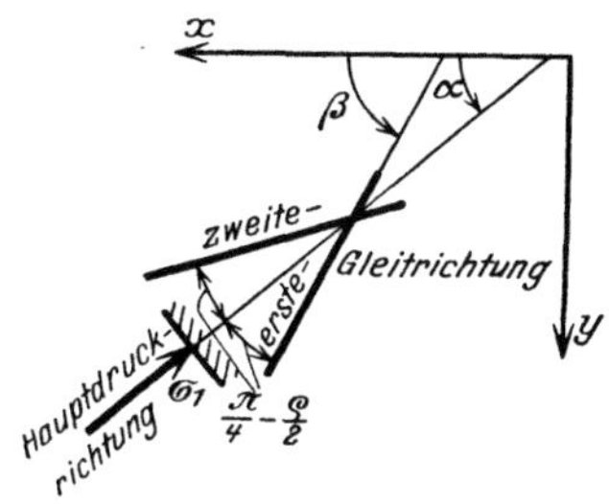

Abb. 76.

Die Gleichungsgruppe (6) oder (8) ist mit den beiden Gleichgewichtsbedingungen[1])

$$\frac{\partial \sigma_x}{\partial x} + \frac{\partial \tau}{\partial y} = 0, \quad \frac{\partial \sigma_y}{\partial y} + \frac{\partial \tau}{\partial x} = \gamma \tag{9}$$

zu verbinden, die sich auf eine wagerechte $x$- und eine lotrecht nach unten gerichtete $y$-Achse beziehen; $\gamma$ bezeichnet das spezifische Gewicht der Masse.

Man kann als die Unbekannten den mittleren Druck $\sigma$ und den Neigungswinkel $\beta$ der ersten Gleitrichtung betrachten. Für die unbekannten Funktionen $\sigma$ und $\beta$ ergeben die Gleichungen (9) zwei Differentialgleichungen, wenn man die Ausdrücke für die Spannungskomponenten $\sigma_x$, $\sigma_y$ und $\tau$ aus (8) in (9) einsetzt. Setzt man zur Abkürzung

$$\delta = 2\beta + \varrho, \tag{10}$$

so nehmen die eben erwähnten Gleichungen die Form an:

$$\left.\begin{aligned} &\frac{1}{\sin\varrho}\frac{\partial \sigma}{\partial x} + \left[\sin\delta \frac{\partial \sigma}{\partial x} - \cos\delta \frac{\partial \sigma}{\partial y}\right] + 2\sigma\left[\cos\delta \frac{\partial \beta}{\partial x} + \sin\delta \frac{\partial \beta}{\partial y}\right] = 0, \\ &\frac{1}{\sin\varrho}\frac{\partial \sigma}{\partial y} - \left[\sin\delta \frac{\partial \sigma}{\partial y} + \cos\delta \frac{\partial \sigma}{\partial x}\right] + 2\sigma\left[-\cos\delta \frac{\partial \beta}{\partial y} + \sin\delta \frac{\partial \beta}{\partial x}\right] = \frac{\gamma}{\sin\varrho}. \end{aligned}\right\} \tag{11}$$

Multipliziert man die erste Gleichung (11) mit $\cos\beta$, die zweite mit $\sin\beta$ und addiert, ferner die erste Gleichung (11) mit $\sin(\beta + \varrho)$, die zweite mit $-\cos(\beta + \varrho)$ und addiert wieder, so ergeben sich die zwei Gleichungen

$$\left.\begin{aligned} &\frac{1}{\sin\varrho}\frac{\partial \sigma}{\partial s_1} + \frac{\partial \sigma}{\partial s_2} + 2\sigma\left[\cos(\beta + \varrho)\frac{\partial \beta}{\partial x} + \sin(\beta + \varrho)\frac{\partial \beta}{\partial y}\right] = \gamma \frac{\sin\beta}{\sin\varrho}, \\ &\frac{1}{\sin\varrho}\frac{\partial \sigma}{\partial s_2} + \frac{\partial \sigma}{\partial s_1} + 2\sigma\left[-\sin\beta \frac{\partial \beta}{\partial x} + \cos\beta \frac{\partial \beta}{\partial y}\right] = -\gamma \frac{\cos(\beta + \varrho)}{\sin\varrho}. \end{aligned}\right\} \tag{12}$$

Hier und im folgenden bedeuten

$$\left.\begin{aligned} \frac{\partial}{\partial s_1} &= \cos\beta \frac{\partial}{\partial x} + \sin\beta \frac{\partial}{\partial y}, \\ \frac{\partial}{\partial s_2} &= \sin(\beta + \varrho)\frac{\partial}{\partial x} - \cos(\beta + \varrho)\frac{\partial}{\partial y} \end{aligned}\right\} \tag{13}$$

die Ableitungen nach den Bogenlängen längs der ersten bzw. der zweiten Gleitlinie. Nach Multiplikation der ersten Gleichung (12) mit $\sin\varrho$, der zweiten Gleichung (12) mit $-\sin^2\varrho$ und Addition bzw. mit $-\sin^2\varrho$ und $\sin\varrho$ und Addition ergeben sich schließlich für $\sigma$ und $\beta$ die folgenden Differentialgleichungen:

$$\left.\begin{aligned} \cos\varrho \frac{\partial \sigma}{\partial s_1} + 2\sigma \sin\varrho \frac{\partial \beta}{\partial s_1} &= \gamma \sin(\beta + \varrho), \\ \cos\varrho \frac{\partial \sigma}{\partial s_2} - 2\sigma \sin\varrho \frac{\partial \beta}{\partial s_2} &= -\gamma \cos\beta. \end{aligned}\right\} \tag{14}$$

1) Siehe Kapitel 2, Ziff. 13 dieses Bandes.

Man kann diese Gleichungen noch auf eine ein wenig einfachere Form bringen, in der sie zuerst KÖTTER[1]) angegeben hat, wenn man an Stelle des mittleren Druckes $\sigma$ die resultierende Spannung

$$p = \sigma \cos\varrho \tag{15}$$

der Gleitfläche als unbekannte Funktion einführt:

$$\left.\begin{aligned} \frac{\partial p}{\partial s_1} + 2p\,\mathrm{tg}\,\varrho\,\frac{\partial \beta}{\partial s_1} &= \gamma \sin(\beta + \varrho)\,, \\ \frac{\partial p}{\partial s_2} - 2p\,\mathrm{tg}\,\varrho\,\frac{\partial \beta}{\partial s_2} &= -\gamma \cos\beta. \end{aligned}\right\} \tag{16}$$

Denkt man sich etwa die Gleitlinienscharen gegeben, so gestatten diese Gleichungen anzugeben, wie sich der Druck $\sigma$ oder die resultierende Spannung $p$ längs der Gleitlinien ändert. Man kann diese Gleichungen, wie dies KÖTTER getan hat, nach $s_1$ bzw. $s_2$ integrieren, wenn man sie in der Form

$$\left.\begin{aligned} \frac{\partial}{\partial s_1}\left(p e^{2\beta\,\mathrm{tg}\,\varrho}\right) &= \gamma e^{2\beta\,\mathrm{tg}\,\varrho} \sin(\beta + \varrho)\,, \\ \frac{\partial}{\partial s_2}\left(p e^{-2\beta\,\mathrm{tg}\,\varrho}\right) &= -\gamma e^{-2\beta\,\mathrm{tg}\,\varrho} \cos\beta \end{aligned}\right\} \tag{16a}$$

anschreibt.

**29. Der RANKINEsche Spannungszustand.** Einen Grenzgleichgewichtszustand einer schweren Erdmasse hat bereits RANKINE angegeben. Bei ihm sind beide Gleitlinienscharen gerade Linien, d. h. die Neigung $\alpha$ der Hauptdruckrichtung unabhängig von $x$ und $y$. In den Ausdrücken der drei Spannungskomponenten [Ziff. 28, Gleichungen (6)]

$$\left.\begin{aligned} \sigma_x &= \sigma(1 + \sin\varrho\cos2\alpha)\,, \\ \sigma_y &= \sigma(1 - \sin\varrho\cos2\alpha)\,, \\ \tau &= \sigma\sin\varrho\sin2\alpha \end{aligned}\right\} \tag{1}$$

ist $\alpha =$ konst. anzunehmen. Die beiden Gleichgewichtsbedingungen (9) von Ziff. 28 ergeben dann für den mittleren Druck $\sigma$

$$\frac{\partial\sigma}{\partial x} = -\gamma\frac{\sin\varrho\sin2\alpha}{\cos^2\varrho}\,, \quad \frac{\partial\sigma}{\partial y} = \gamma\frac{(1 + \sin\varrho\cos2\alpha)}{\cos^2\varrho}\,, \tag{2}$$

woraus

$$\sigma = \frac{\gamma}{\cos^2\varrho}[y(1 + \sin\varrho\cos2\alpha) - x\sin\varrho\sin2\alpha + c]\,. \tag{3}$$

Auf gewissen geraden Linien, deren Gleichung man erhält, wenn man den Klammerausdruck in der vorstehenden Gleichung gleich einer Konstanten annimmt, haben die Spannungen unveränderliche Werte. Die Formeln sind anwendbar auf den Grenzzustand in einer schweren Erdmasse, die von einer Ebene begrenzt ist.

Ist die Geländeoberfläche wagerecht, so ist in einem unbegrenzten Gelände die Hauptdruckrichtung entweder wagerecht oder lotrecht. Nimmt man eine unbelastete Oberfläche an, so ist $c = 0$ anzunehmen und es wird bei wagerechter Hauptdruckrichtung mit $\alpha = 0$

$$\left.\begin{aligned} \sigma &= \frac{\gamma y(1 + \sin\varrho)}{\cos^2\varrho} = \frac{\gamma y}{1 - \sin\varrho}\,, \\ \sigma_x &= \sigma(1 + \sin\varrho) = \frac{1 + \sin\varrho}{1 - \sin\varrho}\gamma y\,, \\ \sigma_y &= \sigma(1 - \sin\varrho) = \gamma y\,, \\ \tau &= 0\,; \end{aligned}\right\} \tag{4a}$$

[1]) F. KÖTTER, Die Bestimmung des Druckes an gekrümmten Gleitflächen, eine Aufgabe aus der Lehre vom Erddruck. Berl. Ber. 1903.

hingegen bei lotrechter Hauptdruckrichtung mit $\alpha = \pi/2$

$$\left.\begin{aligned} \sigma &= \frac{\gamma y(1-\sin\varrho)}{\cos^2\varrho} = \frac{\gamma y}{1+\sin\varrho}, \\ \sigma_x &= \sigma(1-\sin\varrho) = \frac{1-\sin\varrho}{1+\sin\varrho}\gamma y, \\ \sigma_y &= \sigma(1+\sin\varrho) = \gamma y, \\ \tau &= 0. \end{aligned}\right\} \tag{4b}$$

Denkt man sich ein wagerechtes Gelände durch eine reibungslose lotrechte Wand begrenzt, so entspricht der Grenzzustand mit $\alpha = 0$ einer Bewegung der Wand gegen das Erdreich. Die Wand schiebt den Erdkeil vor sich her. Dem zweiten Grenzzustand mit $\alpha = \pi/2$ würde ein wagrechtes Nachgeben

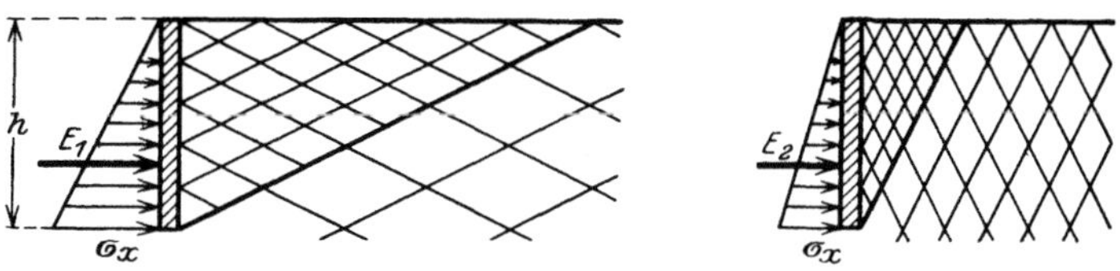


Abb. 77 und 78. Geradliniges (RANKINEsches) Gleitlinienfeld fur wagerechte Gelandeoberfläche, links fur den passiven, rechts fur den aktiven Erddruck.

der Wand entsprechen, bei dem ein Erdkeil ihr nachfolgt (Abb. 77 und 78). Der wagerechte Druck $E_1$, mit dem eine lotrechte Wand von der Höhe $h$ im ersten Fall den Erdkeil löst, ist

$$E_1 = \gamma \frac{h^2}{2} \frac{1+\sin\varrho}{1-\sin\varrho} = \gamma \frac{h^2}{2} \operatorname{ctg}^2\left(\frac{\pi}{4} - \frac{\varrho}{2}\right). \tag{5a}$$

Im zweiten Falle ($\alpha = \pi/2$) folgt das Erdreich der nachgebenden Wand mit einem wagerechten Druck

$$E_2 = \gamma \frac{h^2}{2} \frac{1-\sin\varrho}{1+\sin\varrho} = \gamma \frac{h^2}{2} \operatorname{tg}^2\left(\frac{\pi}{4} - \frac{\varrho}{2}\right) \tag{5b}$$

nach.

Man hat den oberen Grenzwert des Erddruckes $E_1$, der erst überwunden werden muß, damit das Erdreich in Bewegung gerät, den passiven und den untern Grenzwert des Druckes $E_2$, der im Augenblick eines Nachgebens der Wand maßgebend ist, den aktiven Erddruck genannt.

Bei schiefer ebener Geländebegrenzung bestimmt der Beiwert $c$ in (3) den Druck in der Oberfläche. Ist die Oberfläche frei und legt man den Koordinatenanfangspunkt $O$ in die Geländebegrenzung, so ist $c = 0$ anzunehmen und der mittlere Druck $\sigma$ wird gleich

$$\sigma = \frac{\gamma}{\cos^2\varrho}\left[y(1+\sin\varrho\cos 2\alpha) - x\sin\varrho\sin 2\alpha\right]. \tag{6}$$

Die Geländeneigung $\delta$ gegen die Wagerechte ist gegeben durch $\sigma = 0$:

$$\operatorname{tg}\delta = \frac{y}{x} = \frac{\sin\varrho\sin 2\alpha}{1+\sin\varrho\cos 2\alpha}. \tag{7}$$

Ist umgekehrt $\delta$ gegeben, so bestimmt diese Gleichung den Winkel $\alpha$ der Hauptdruckrichtung mit der Wagerechten. Er ergibt sich, wenn man die Gleichung (7) nach $\cos 2\alpha$ auflöst:

$$\cos 2\alpha = \frac{-\sin^2\delta \pm \cos\delta\sqrt{\sin^2\varrho - \sin^2\delta}}{\sin\varrho}. \tag{8}$$

Damit die Wurzel nicht imaginär wird, darf die Geländeneigung $\delta$ absolut genommen nicht größer als der Reibungswinkel $\varrho$ sein. Der Grenzfall $\delta = \varrho$ ergibt

$$\cos 2\alpha = -\sin\varrho = \cos\left(\frac{\pi}{2} + \varrho\right), \quad \alpha = \frac{\pi}{4} + \frac{\varrho}{2}, \tag{9}$$

ein unter dem natürlichen Böschungswinkel ansteigendes Gelände. In einem unter dem Böschungswinkel $\varrho$ gegen die Wagerechte geneigten Gelände verlaufen die Gleitflächen unter den Winkeln

$$\beta_1 = \alpha + \frac{\pi}{4} - \frac{\varrho}{2} = \frac{\pi}{2}, \quad \beta_2 = \alpha - \frac{\pi}{4} + \frac{\varrho}{2} = \varrho. \tag{10}$$

Das eine Gleitflächensystem besteht aus den lotrechten Ebenen, das andere aus den unter dem Böschungswinkel $\varrho$ geneigten Ebenen (Abb. 79).

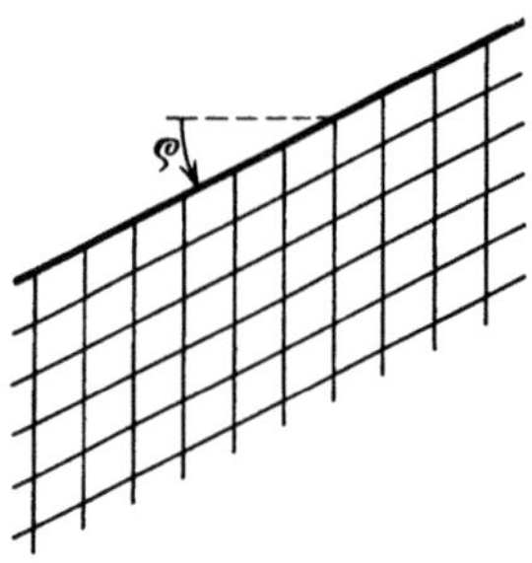


Abb. 79. Das RANKINEsche, geradlinige Gleitlinienfeld für ein unter dem natürlichen Böschungswinkel $\varrho$ abfallendes Gelände.

Die resultierende Spannung in den lotrechten Ebenen ist gegen die Wagerechte um einen Winkel $\varepsilon$ geneigt, für den nach (1)

$$\operatorname{tg}\varepsilon = \frac{\tau}{\sigma_x} = \frac{\sin\varrho\sin 2\alpha}{1 + \sin\varrho\cos 2\alpha} \tag{11}$$

ist. Wie der Vergleich von (11) mit (7) zeigt, ist

$$\varepsilon = \delta\,; \tag{12}$$

die resultierende Spannung in den lotrechten Ebenen ist stets parallel zur Geländeoberfläche gerichtet.

In einem unter dem natürlichen Böschungswinkel $\delta = \varrho$ abfallenden Gelände (Abb. 79) sind somit die Spannungen

$$\left.\begin{aligned} \sigma &= \gamma(y - x\operatorname{tg}\varrho)\,, \\ \sigma_x &= \sigma\cos^2\varrho\,, \\ \sigma_y &= \sigma(1 + \sin^2\varrho)\,, \\ \tau &= \sigma\sin\varrho\cos\varrho \end{aligned}\right\} \tag{13}$$

und die beiden Hauptspannungen $\sigma_1 = \sigma(1 + \sin\varrho)$ (Hauptdruck) und $\sigma_2 = \sigma(1 - \sin\varrho)$ mit den Winkeln $\alpha_1 = \frac{\pi}{4} + \frac{\varrho}{2}$ und $\alpha_2 = \frac{3\pi}{4} + \frac{\varrho}{2}$ gegen die Wagerechte geneigt.

Einige Mittelwerte des Reibungswinkels $\varrho$, der dem natürlichen Böschungswinkel gleich ist, unter dem eine Schüttung von einer losen körnigen Masse sich unter der Wirkung der Schwerkraft einstellt, sind hier für kohäsionslose Massen nach MÜLLER-BRESLAU angegeben[1]):

| | $\varrho$ | $\operatorname{tg}\varrho$ | $\gamma$ |
|---|---|---|---|
| Dammerde, trocken . . . . | 35—40° | 0,700—0,839 | 1400 kg/m³ |
| ,, , naß . . . . . | 27° | 0,510 | 1800 |
| Sand, trocken . . . . . . | 30—35° | 0,577—0,700 | 1580—1650 |
| ,, , naß . . . . . . . . | 25° | 0,466 | 2000 |
| Lehmboden, trocken . . . | 40—45° | 0,839—1,000 | 1500 |
| ,, , naß . . . . . | 20—25° | 0,364—0,466 | 1900 |

**30. Der Erddruck auf Stützmauern; das Gleitliniennetz in der Nähe der Wand.** Wie besonders REISSNER[2]) hervorgehoben hat, führt das geradlinige RANKINEsche

[1]) MÜLLER-BRESLAU, Erddruck auf Stützmauern. Stuttgart 1906.

[2]) H. REISSNER, Zum Erddruckproblem. Berl. Ber. Jg. 23, S. 14. 1924; Proc. of the 1. intern. congr. for applied mechanics, S. 295. Delft 1925.

Gleitliniensystem des schweren Erdreichs, wenn man es bis zu einer Stützmauer sich fortgesetzt denken würde, im allgemeinen zu Widersprüchen. Ein im Grenzzustande sich befindender Erdkeil wird entlang einer starren Wand erst nach Überwindung der Reibung sich verschieben können, und die Reibung an der Wand bewirkt im allgemeinen ein Abbiegen der Gleitlinien vom RANKINEschen Geradennetz. Die hauptsächlich aus einer willkürlichen Fortsetzung des geradlinigen Gleitliniennetzes bis an die Wand sich ergebenden Widersprüche und Unzulänglichkeiten in den Betrachtungen haben zu zahlreichen Arbeiten angeregt, unter denen aus neuerer Zeit die Untersuchungen von MOHR[1]), MÜLLER-BRESLAU[2]), KREY[3]), KÖTTER[4]) und FREUND[5]) erwähnt werden sollen[6]). Den auf COULOMB und RANKINE zurückgehenden Betrachtungen liegt die Annahme geradliniger Gleitflächen zugrunde. Obwohl diese Annahme sich als unzulänglich erwiesen hat, dürften die mit ihrer Hilfe berechneten Werte des Erddruckes für die Zwecke der technischen Anwendungen als genügend genau ermittelt gelten.

Mit der Frage, wie das RANKINEsche geradlinige Gleitliniennetz, das in größerer Entfernung von einer starren Wand im Grenzzustande eines durch eine Ebene begrenzten schweren Erdkörpers gilt, bis an die Wand widerspruchslos fortzusetzen ist, hat sich REISSNER beschäftigt. Die strenge Ermittlung des Gleitliniennetzes wird durch die folgenden Bemerkungen erleichtert.

Die eine Bemerkung knüpft an eine allgemeine Eigenschaft der Gleitliniennetze an. Die in den plastischen Körpern oder in den erdartigen, losen Massen beobachteten Gleitflächen können mathematisch zur Abgrenzung der Bereiche der Gleichgewichtszustände — genauer der Integrale der partiellen Differentialgleichung — herangezogen werden, durch die die Mannigfaltigkeit der Lösungen eingeschränkt wird. Der mittlere Druck $\sigma$ ist durch eine hyperbolische[7]) partielle Differentialgleichung zweiter Ordnung der Veränderlichen $x$ und $y$ gegeben. Wie in der folgenden Ziffer gezeigt wird, sind die Gleitlinien in der $x$, $y$-Ebene die Charakteristiken der Differentialgleichung für den mittleren Druck $\sigma$ (oder der Neigung $\beta$ der Gleitlinien). Längs der Charakteristiken einer hyperbolischen Differentialgleichung zweiter Ordnung einer Funktion von $x$ und $y$ berühren sich verschiedene Integralflächen. Längs der Charakteristiken, d. h. längs einer Gleitlinie kann, wie besonders PRANDTL bemerkt hat, stets ein Integral der Differentialgleichung an ein neues geflickt werden, ohne daß dadurch (im Gegensatze z. B. zum Verhalten der Lösungen im Falle des elliptischen Typs der Differentialgleichung) das erste in seinem Bereich gestört wird. Auf Grund dieser Bemerkung muß gefolgert werden, daß das RANKINEsche Gleitliniennetz im Gelände hinter

---

[1]) O. MOHR, Abhandlungen, 2. Aufl. Berlin 1914; 6. Abh., die Lehre vom Erddruck, S. 236.

[2]) MÜLLER-BRESLAU, Erddruck auf Stützmauern. Stuttgart 1906.

[3]) H. KREY, Erddruck, Erdwiderstand und Tragfähigkeit des Baugrundes. Gesichtspunkte für die Berechnung, 3. Aufl. Berlin 1926. In diesem Buche ist als Anhang ein sehr vollständiges Verzeichnis der Literatur über das Erddruckproblem zu finden.

[4]) F. KÖTTER, Die Entwicklung der Lehre vom Erddruck. Jahresber. d. d. Math. Ver. 1893; Über den Druck von Sand. Berl. Ber. 1909, S. 493.

[5]) A. FREUND, Untersuchung der Erddrucktheorie von Coulomb. Bautechnik 1924, H. 12; ferner Neue Ergebnisse in der Erddrucktheorie. Zentralblatt der Bauverwaltung Bd. 40, S. 625. 1920.

[6]) Hinsichtlich der experimentellen Grundlagen der in den technischen Anwendungen meist gebrauchten, auf den Annahmen von COULOMB fußenden Berechnungen des Erddruckes auf Stützmauern sei insbesondere auf den eingehenden Bericht „Theorie des Erddruckes" von H. REISSNER in der Enzyklopädie der mathematischen Wissenschaften (4. IV. 28, S. 387) hingewiesen.

[7]) PH. FRANK u. R. v. MISES, Die Differential- und Integralgleichungen der Mechanik und Physik, S. 526, 1. Teil, 4. Abschnitt von RADEMACHER über Anfangswertprobleme. Braunschweig 1925.

einer Stützmauer nur bis zu der Gleitlinie $BC$ (Abb. 80) sich erstreckt, die durch die oberste Kante der Mauer hindurchgeht. Im Erdkeil $ABC$ wird die Gestalt des Gleitliniennetzes 1. durch die Differentialgleichung, 2. durch die Reibungsverhältnisse längs der Mauer $AB$ und 3. durch die Bedingung vorgeschrieben, daß die Gleitlinien sich längs $BC$ ohne Knick an das RANKINEsche Netz anschließen müssen. REISSNER[1]) hat diese Randwertaufgabe durch ein schrittweises Näherungsverfahren behandelt.

Neuerdings hat v. KÁRMÁN[2]) das Gleitliniennetz für eine rauhe, lotrechte Wand und ein wagerechtes und ein unter dem natürlichen Böschungswinkel abfallendes Gelände rechnerisch durch Reihenentwicklungen bestimmt. Die Abb. 80 sind eine Wiedergabe seiner Gleitlinienzeichnungen. Seine Rechnung ergab für die wagerechte Komponente des Erddruckes $E_W$ auf eine lotrechte Wand bei einem Reibungswinkel $\varrho=30°$

$$E_W = 0{,}81\, E_R \tag{1a}$$

bei einem wagerechten Gelände,

$$E_W = 0{,}71\, E_R \tag{1b}$$

bei einem unter $30°$ abfallenden Gelände, wo mit $E_R$ der nach der RANKINEschen Theorie folgende Wert [vgl. Gleichung (5b) von Ziff. 29]

$$E_R = \frac{\gamma h^2}{2}\,\mathrm{tg}^2\left(\frac{\pi}{4} - \frac{\varrho}{2}\right) \tag{2}$$

bezeichnet wird.

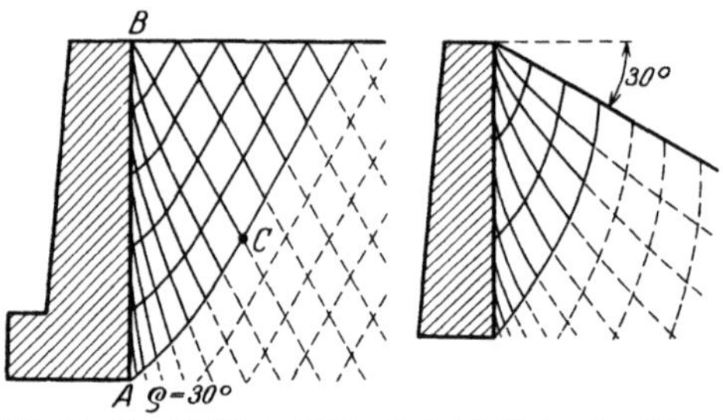


Abb. 80. Das Gleitlinienfeld im Erdreich hinter einer lotrechten, rauhen Stutzmauer.

Nach der in den technischen Anwendungen viel benutzten sog. COULOMBschen Erddrucktheorie erhält man für ein wagerechtes Gelände bei einer willkürlich als gerade vorausgesetzten Gleitfläche, die unter einem Winkel $\varphi$ gegen die Wagerechte geneigt ist, den kritischen Wert des resultierenden aktiven Erddruckes $E$

$$E = \gamma\,\frac{h^2}{2}\,\frac{\sin(\varphi - \varrho)\,\mathrm{ctg}\,\varphi}{\cos(\varphi - 2\varrho)} \tag{3}$$

aus der Forderung $\frac{dE}{d\varphi} = 0$. Für die Gleitfläche ergibt die vorstehende Bedingung einen Neigungswinkel $\varphi$, für den

$$\mathrm{ctg}\,\varphi = \frac{\sqrt{2}\cos\varrho}{1 + \sqrt{2}\sin\varrho} \tag{4}$$

wird. Nach der COULOMBschen Theorie wird die wagerechte Komponente von $E$

$$E_W = E\cos\varrho = \gamma\,\frac{h^2}{4}\,\mathrm{ctg}^2\varphi = \gamma\,\frac{h^2}{2}\,\frac{\cos^2\varrho}{(1 + \sqrt{2}\sin\varrho)}\,, \tag{5}$$

oder bei einem Reibungswinkel $\varrho = 30°$

$$E_W = 0{,}79\, E_R\,. \tag{6}$$

Die COULOMBsche Theorie liefert, wie der Vergleich mit dem exakt ermittelten KÁRMÁNschen Wert $E_W = 0{,}81\, E_R$ zeigt, eine für die technischen Zwecke sehr brauchbare Rechnung.

**31. Isogonale Gleitflächenfelder.** Die bisher erwähnten Gleichgewichtszustände der vollkommen bildsamen und der erdartigen losen Massen lassen sich von einem gemeinsamen Standpunkt zusammenfassen, wenn man die Eigenschaften der Gleitflächen in den Vordergrund stellt: die behandelten Grenzzustände ergaben isogonale Gleitflächenscharen.

[1]) H. REISSNER, l. c.

[2]) TH. V. KÁRMÁN, Verhandlungen des 2. Intern. Kongr. für techn. Mechanik, S. 23. Zürich 1927.

Für das ebene Problem erster Art [bei dem $\sigma_z = \frac{1}{2}(\sigma_x + \sigma_y)$ war] eines vollkommen plastischen Körpers galt für die Spannungen $\sigma_x$, $\sigma_y$, $\tau$ die Bedingung (vgl. Ziff. 23)

$$(\sigma_x - \sigma_y)^2 + 4\tau^2 = 4k^2 = \frac{4\sigma_0^2}{3}, \tag{1}$$

wo $\sigma_0$ die Fließgrenze für Zug bedeutete. Das Gleitlinienfeld ergab sich aus

$$\frac{dy}{dx} = \operatorname{tg}\beta \quad \text{und} \quad \frac{dy}{dx} = -\operatorname{ctg}\beta, \quad \text{wo} \quad \operatorname{tg}2\beta = \frac{\sigma_y - \sigma_x}{2\tau}. \tag{2}$$

Man kann dies orthogonale Gleitliniennetz auch mit Hilfe einer fingierten MOHRschen Umhüllenden der Spannungskreise sich definieren. Sie existiert in diesem Sonderfall, weil die Forderung der unveränderlichen Gestaltänderungsarbeit zusammen mit der Bedingung $\sigma_z = \frac{1}{2}(\sigma_x + \sigma_y)$ für alle an der Plastizitätsgrenze gelegenen Spannungszustände gleiche Hauptkreise ergibt. Die größten Hauptkreise haben alle denselben Halbmesser $k = \sigma_0/\sqrt{3}$, und die kleineren Hauptkreise sind unter sich gleich groß.

Schreibt man andererseits für einen bildsamen Körper vor, daß die größten Hauptkreise der an einer Plastizitätsgrenze oder einem Grenzgleichgewicht gelegenen Spannungskreise zwei gerade Linien als Umhüllenden haben sollen, so müssen die Spannungen $\sigma_x$, $\sigma_y$, $\tau$ eines ebenen Gleichgewichtszustandes die folgende Form haben, die man aus den Gleichungen (6) von Ziff. 28 erhält, wenn man berücksichtigt, daß nach Abb. 81 $\frac{1}{2}(\sigma_1 - \sigma_2) = (\sigma_0 + k_1)\sin\varrho$ ist:

$$\left.\begin{aligned} \sigma_x &= \sigma_0 + (\sigma_0 + k_1)\sin\varrho\cos 2\alpha, \\ \sigma_y &= \sigma_0 - (\sigma_0 + k_1)\sin\varrho\cos 2\alpha, \\ \tau &= \phantom{\sigma_0 +{}} (\sigma_0 + k_1)\sin\varrho\,\sin 2\alpha, \end{aligned}\right\} \tag{3}$$

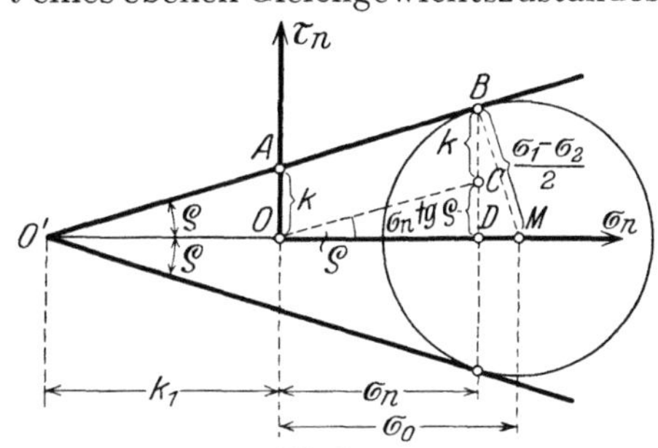

Abb. 81.

wo $\sigma_0 = \frac{\sigma_x + \sigma_y}{2}$ den mittleren Druck, $\alpha$ die Neigung der Hauptdruckrichtung bezeichnen und $k_1$ die in der MOHRschen Spannungsebene Abb. 81 angegebene Bedeutung hat; $\varrho$ ist der Neigungswinkel der MOHRschen Grenzgeraden. Wenn keine Massenkräfte wirken, müssen $\sigma_x$, $\sigma_y$, $\tau$ den Gleichgewichtsbedingungen

$$\frac{\partial\sigma_x}{\partial x} + \frac{\partial\tau}{\partial y} = 0, \quad \frac{\partial\sigma_y}{\partial y} + \frac{\partial\tau}{\partial x} = 0 \tag{4}$$

genügen. In der MOHRschen Ebene (Abb. 81) sind die Strecken $OD = \sigma_n$ die Normalspannung und $BD = \tau_n$ die Schubspannung in der Gleitfläche. Setzt man noch die Strecke $OA = k$, so läßt sich $\tau_n$ in die beiden Anteile $CB = k$ und $CD = \sigma_n \operatorname{tg}\varrho$ zerlegen. Somit wird die Schubspannung $\tau_n$ in der Gleitfläche

$$\tau_n = k + \sigma_n \operatorname{tg}\varrho. \tag{5}$$

Man kann, wie dies besonders DUGUET[1]) getan hat, diese letzte Gleichung zur Definition eines plastischen Körpers heranziehen: im Grenzzustande beginnender Verschiebungen wird ein Teil der Schubspannung $\tau_n$ in der Gleitfläche zur Überwindung eines konstanten (vom Druck unabhängigen) Widerstandes $k$ benötigt, und der Rest der Spannung dient zur Überwindung eines reibungsartigen Widerstandes $\sigma_n \operatorname{tg}\varrho$, der dem Druck $\sigma_n$ in der Gleitfläche proportional ist. Bei steiler Grenzgeraden entsprechen diese Annahmen etwa dem Gleichgewicht

[1]) CH. DUGUET, Limite d'élasticité et résistance à la rupture. Bd. II, S. 28. Paris 1885.

erdiger Massen mit Kohäsion. Der Winkel der Gleitflächen ist von der Kohäsionszahl $k$ unabhängig[1]). Er ist hier, wie bei der Erddrucktheorie, gleich $\frac{\pi}{2} - \varrho$. Die hier erwähnten Gleichgewichtszustände bilden einen Sonderfall des plastischen Körpers von PRANDTL (vgl. Ziff. 22). Auf die Probleme erdiger Massen mit Kohäsion angewandt, bestimmen die Gleichungen (4) und (5) das Verhalten nur einer schwerelosen Erdmasse.

Wir schreiben

$$\sigma_0 + k_1 = \sigma. \tag{6}$$

Die Gleichungen (3) werden dann

$$\left.\begin{aligned} \sigma_x &= \sigma(1 + \sin\varrho\cos 2\alpha) - k_1, \\ \sigma_y &= \sigma(1 - \sin\varrho\cos 2\alpha) - k_1, \\ \tau &= \sigma\sin\varrho\cos 2\alpha. \end{aligned}\right\} \tag{7}$$

Es empfiehlt sich nach einem Vorschlage von HARTMANN[2]), die Veränderliche $\sigma$ durch eine neue Veränderliche $z$ vermöge des Ansatzes

$$\sigma = k e^{z \operatorname{tg}\varrho} \tag{8}$$

zu ersetzen. Es ergeben sich dann nach Einsetzen der Ausdrücke (7) und (8) in die Gleichungen (4) zwei Differentialgleichungen für die Veränderlichen $z$ und $\alpha$:

$$\left.\begin{aligned} \frac{\partial z}{\partial x}\cos 2\alpha + \frac{\partial z}{\partial y}\sin 2\alpha + \sin\varrho\frac{\partial z}{\partial x} + 2\cos\varrho\frac{\partial\alpha}{\partial y} &= 0, \\ -\frac{\partial z}{\partial x}\sin 2\alpha + \frac{\partial z}{\partial y}\cos 2\alpha - \sin\varrho\frac{\partial z}{\partial y} + 2\cos\varrho\frac{\partial\alpha}{\partial x} &= 0, \end{aligned}\right\} \tag{9}$$

die man nach Einführung der Ableitungen

$$\frac{\partial}{\partial m} = \cos\alpha\frac{\partial}{\partial x} + \sin\alpha\frac{\partial}{\partial y}, \quad \frac{\partial}{\partial n} = -\sin\alpha\frac{\partial}{\partial x} + \cos\alpha\frac{\partial}{\partial y}$$

nach den Bogenlängen $m$ und $n$ längs der ersten und zweiten Spannungstrajektorie in die folgenden Gleichungen umformen kann:

$$\left.\begin{aligned} (1 + \sin\varrho)\frac{\partial z}{\partial m} + 2\cos\varrho\frac{\partial\alpha}{\partial n} &= 0, \\ (1 - \sin\varrho)\frac{\partial z}{\partial n} + 2\cos\varrho\frac{\partial\alpha}{\partial m} &= 0. \end{aligned}\right\} \tag{10}$$

---

[1]) Diese Folgerung steht scheinbar in Widerspruch mit zahlreichen Beobachtungstatsachen. Die sog. bindigen Böden, die auch geringe Zugspannungen vertragen, sollten hiernach nur unter einem bestimmten Böschungswinkel entstehen, während die Winkel nach der Beobachtung meist in den oberen Teilen der Böschung steiler werden. Es ist aber dazu zu bemerken, daß in einem Erdkörper mit Kohäsion, der etwa durch eine wagerechte Ebene und durch eine schief abfallende Böschung begrenzt ist, die obersten wagerechten Schichten bis zu einer gewissen Tiefe unter ihrem Eigengewicht in keinen Grenzzustand geraten müssen, selbst wenn ein solcher tiefer sich einstellen oder in den unteren Schichten hervorgerufen werden sollte. Im Grenzzustand müßten in den obersten Schichten in wagerechter Richtung Zugspannungen wirken. Diese brauchen nicht aufzutreten, wenn die obersten Schichten wie in einem elastischen Körper von oben (unter ihrem Eigengewicht) Druck erfahren. Bis zu einer gewissen Höhe kann ein Erdboden mit Kohäsion unter jedem beliebigen Böschungswinkel stehenbleiben, so lange nämlich, bis in den Schichten noch nicht ein Grenzzustand sich ausbilden konnte.

[2]) W. HARTMANN, Über die Integration der Differentialgleichungen des ebenen Gleichgewichtszustandes für den allgemein-plastischen Körper. Göttingen 1925 (unveröffentlichte, lithographierte Handschrift). In dieser mir seit dem Sommer 1925 zugänglichen Handschrift hat W. HARTMANN auszugsweise Rechnungsergebnisse zusammengestellt, die eine vollständige Integration des oben behandelten Problems enthielten. In seiner bemerkenswerten Arbeit hat er die Lösungsgruppen sehr vollständig durchdiskutiert.

Lösungen: Von den Gleichungen (9) hat HARTMANN eine Reihe von Lösungen angegeben. Nimmt man z. B. $\alpha = f(y)$ an, so ergibt sich aus (9)

$$\left.\begin{aligned} cy &= 2\alpha \sin\varrho - \sin 2\alpha + c_2, \\ z\cos\varrho &= \cos 2\alpha + cx + c_1 \end{aligned}\right\} \tag{11}$$

mit einem Gleitliniensystem in Parameterdarstellung:

$$\left.\begin{aligned} x &= c_0[\mp 2\alpha\cos\varrho - 2\alpha] + \text{konst}, \\ y &= -c_0[(\pi - 2\alpha)\sin\varrho + \sin 2\alpha], \end{aligned}\right\} \tag{12}$$

gültig für

$$\frac{\pi}{2} - \varrho < \alpha < \frac{3\pi}{2} + \varrho.$$

Diese Gleichungen stellen eine isogonale Schar von gemeinen Zykloiden dar, die sich in der in Abb. 82 angedeuteten Weise kreuzen. Die Zykloiden haben zwei parallele Geraden als Umhüllende. Die Gleichungen (11) zusammen mit den Formeln (6), (7) und (8) geben den Spannungszustand in einem Parallelstreifen von der Breite $2h$ an, der durch die Umhüllenden begrenzt wird. Diese letzteren bilden hier ebenfalls wie in Ziff. 23 eine natürliche Grenze des plastischen

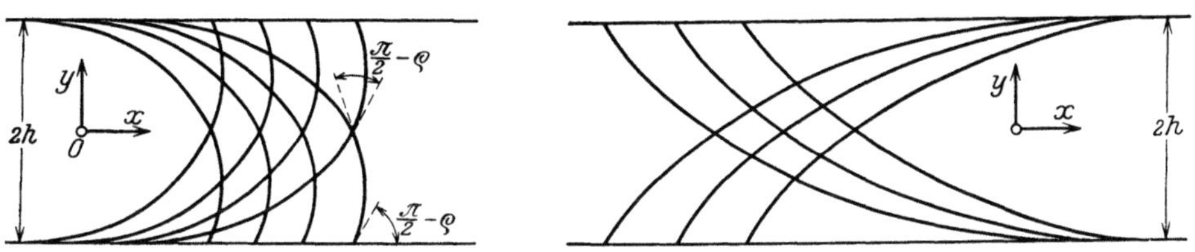


Abb. 82 und 83. Isogonale Zykloiden als Gleitlinien nach HARTMANN. Die Umhüllenden der Zykloiden sind Verzweigungslinien der Lösung und natürliche Grenzen der plastischen Masse.

Gebietes. Die Integrationskonstante $c_0$ hängt mit der Breite $2h$ des Streifens nach der Gleichung

$$c_0 = \frac{2h}{(\pi + 2\varrho)\sin\varrho + 2\cos\varrho} \tag{13}$$

zusammen. In der Symmetrielinie $y = 0$ liegt die Hauptdruckrichtung senkrecht zu ihr.

Beschränkt man hingegen $\alpha$ auf die Werte

$$-\frac{\pi}{2} + \varrho < 2\alpha < \frac{\pi}{2} - \varrho,$$

so fällt die Hauptdruckrichtung längs der Linie $y = 0$ mit ihr zusammen und man erhält eine zweite Schar isogonaler Zykloiden, die sich in der in Abb. 83 angedeuteten Weise kreuzen. Beide Lösungen sind ersichtlich eine Verallgemeinerung der für den vollkommen plastischen Körper in Ziff. 23 angegebenen Lösungsgruppe.

Eine zweite Gruppe von Lösungen führt auf die Spannungen $\sigma_r$, $\sigma_t$

$$\left.\begin{aligned} \sigma_r &= c\,\sigma_t = p\left(\frac{a}{r}\right)^{\frac{c-1}{c}}, \quad (\sigma_r > \sigma_t) \\ \text{bzw.} \qquad \sigma_r &= \frac{\sigma_t}{c} = p\left(\frac{r}{a}\right)^{c-1}, \quad (\sigma_t > \sigma_r), \end{aligned}\right\} \tag{14}$$

wo $a$ eine beliebige Länge, $r$ die Entfernung von einem beliebigen Punkte und

$$c = \frac{1 + \sin\varrho}{1 - \sin\varrho} \tag{15a}$$

ist. Die Größe $z$ ergibt sich gleich

$$z = \frac{2\cos\varrho}{1 \pm \sin\varrho} \ln\frac{r}{a} \tag{15b}$$

mit dem oberen bzw. unteren Zeichen, je nachdem $\sigma_r \gtrless \sigma_t$ ist. Durch die Formeln (15) wird der Spannungszustand gegeben, der im Grenzgleichgewicht in einem ringförmigen plastischen oder erdartigen Gebiet herrscht, das unter einem inneren, bzw. einem äußeren Druck zusammengepreßt wird. Die Gleitlinien sind logarithmische Spiralen (Abb. 84 und 85), die sich unter einem Winkel $\frac{\pi}{2} - \varrho$ kreuzen.

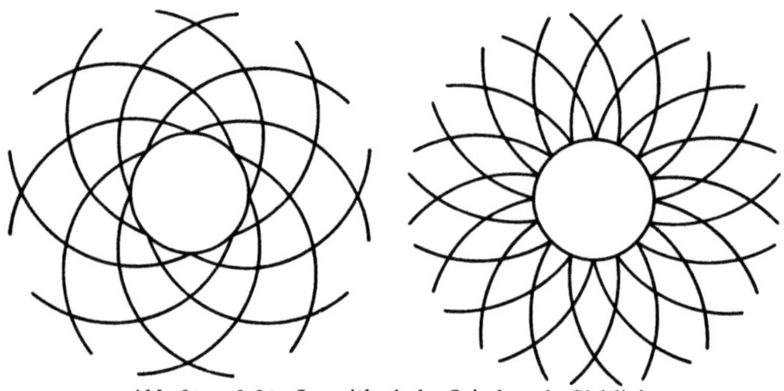

Abb. 84 und 85. Logarithmische Spiralen als Gleitlinien.

In ringartigen Gebieten können auch Epi- und Hypozykloiden als Gleitlinien auftreten, in keilförmigen Gebieten Kurvenscharen, die zwei sich schneidende Geraden als Umhüllende haben (HARTMANN).

Vollständige Integration: Die KÖTTERschen Gleichungen (14) von Ziff. 28 gehen, wenn man sie auf das schwerelose Feld beschränkt, in die Gleichungen über:

$$\left.\begin{aligned} \frac{\partial\sigma}{\partial s_1} + 2\sigma \operatorname{tg}\varrho \frac{\partial\beta}{\partial s_1} &= 0, \\ \frac{\partial\sigma}{\partial s_2} - 2\sigma \operatorname{tg}\varrho \frac{\partial\beta}{\partial s_2} &= 0. \end{aligned}\right\} \tag{16}$$

Diese Gleichungen können ohne weiteres auf den Fall des Gleichgewichts erdiger schwereloser Massen ohne Kohäsion angewendet werden, wenn sie mit den Gleichungen (10) verknüpft werden. Es bedeutet jetzt $\sigma$ die in Gleichung (8) definierte Größe; $\beta$ ist der Neigungswinkel

$$\beta = \alpha + \frac{\pi}{4} - \frac{\varrho}{2} \tag{17}$$

der ersten Gleitlinienschar, $s_1$, $s_2$ die Bogenelemente der ersten und zweiten Gleitlinienschar.

Aus (16) ergeben sich nach Einführung der Veränderlichen $z$ aus Gleichung (8) und der Gleitlinienparameter $u_1$ und $u_2$ in derselben Weise wie in Ziff. 28 die Differentialgleichungen

$$\frac{\partial}{\partial u_2}(z + 2\beta) = 0, \quad \frac{\partial}{\partial u_1}(z - 2\beta) = 0, \tag{18}$$

woraus

$$z = f(u_1) + g(u_2), \quad 2\beta = f(u_1) - g(u_2). \tag{19}$$

Hier erkennt man die Bedeutung der Wahl der Größen $z = \operatorname{ctg}\varrho \cdot \ln(\sigma/k)$ und $\beta$ als der abhängigen und der Parameter $u_1$ und $u_2$ der Gleitlinien als der unabhängigen Veränderlichen für die Integration. Die Gleichungen (18) sind gleichbedeutend mit den Forderungen

$$\frac{\partial^2 z}{\partial u_1 \partial u_2} = 0, \quad \frac{\partial^2 \beta}{\partial u_1 \partial u_2} = 0. \tag{20}$$

Durch die Veränderlichen $z$, $\beta$, $u_1$, $u_2$ war es möglich, die Integration der partiellen Differentialgleichungen des am Beginn dieser Ziffer formulierten

Plastizitätsproblems auf die Integration der vorstehenden Normalformen der hyperbolischen Differentialgleichungen zurückzuführen.

Die Linien

$$\varphi(x, y) = u_1 = \text{konst.}, \quad \psi(x, y) = u_2 = \text{konst.} \tag{21}$$

sind vor andern Kurven in der $x, y$-Ebene dadurch ausgezeichnet, daß über ihnen je ein Bestandteil der Lösung (19) der Differentialgleichungen (18) unveränderlich ist, nämlich $f(u_1)$ über den Linien $u_1 =$ konst. und $g(u_2)$ über den Kurven $u_2 =$ konst. Entlang der „Charakteristik" $u_1 =$ konst. der Differentialgleichung können sich deshalb benachbarte Integrale $z = f(u_1)$ schneiden, so daß entlang einer solchen Kurve zwei Integrale aneinander geflickt werden können. Die Gleitlinien sind die gemeinsamen Charakteristiken der Differentialgleichungen für die Größen $z$ und $\beta$ des Plastizitätsproblems.

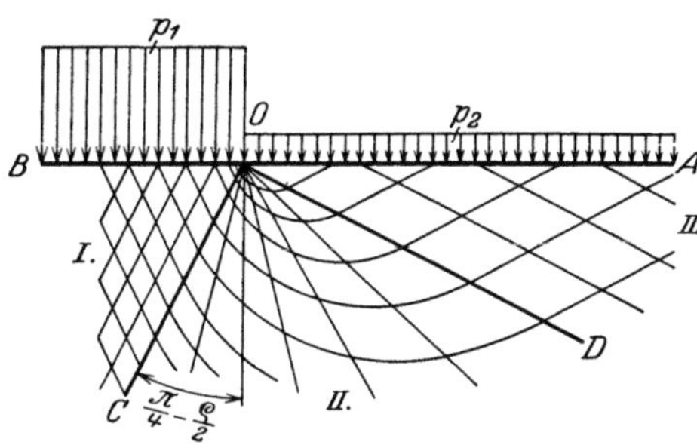

Abb. 86. Gleitlinienfeld in einem ausgedehnten Körper bei Oberflächenbelastung.

Wie die Fortsetzung der Integrale sich gestaltet, soll an einem von PRANDTL und von REISSNER behandelten praktischen Beispiel aus der Erddrucktheorie gezeigt werden (Abb. 86). Es handle sich darum, den Druck $p_2$ auf dem Stück $OA$ eines Erdkörpers zu bestimmen, der mindestens notwendig ist, um das Einsinken einer glatten Platte zu verhindern, die mit einem Druck $p_1 > p_2$ das Stück $OB$ belastet. Im Erdkörper sind drei Gebiete zu unterscheiden: I, II, III. Der Teil I steht unter dem lotrechten Druck $p_1$ und unter einem wagerechten Druck. Im Teil I muß ein RANKINEscher Spannungszustand mit $p_1$ als Hauptdruck herrschen. Er ist durch die „Charakteristik" oder Gleitlinie $OC$ abzugrenzen. Die Schubspannung $t_1$ und die Normalspannung $s_1$ längs $OC$ sind

$$s_1 = \frac{p_1 \cos^2\varrho}{1 + \sin\varrho}, \quad t_1 = \frac{p_1 \sin\varrho \cos\varrho}{1 + \sin\varrho}. \tag{22}$$

Als Gleitlinie hat $OC$ die Neigung $\frac{\pi}{4} - \frac{\varrho}{2}$ gegen die Lotrechte. Im Sektor $COD$ (II) sind die Gleitlinien ein Geradenbüschel durch $O$ und die sie unter dem Gleitwinkel $\frac{\pi}{2} - \varrho$ durchsetzenden logarithmischen Spiralen. Da im Teil III ebenfalls ein RANKINEscher Spannungszustand, jedoch mit einer wagerechten Hauptdruckrichtung herrschen muß, so muß die Grenzgleitlinie $OD$ beiden Gebieten gemeinsam sein und senkrecht zu $OC$ stehen. Längs $OD$ wirken die Spannungen

$$s_2 = (1 - \sin\varrho)\, p_1 e^{-\pi \operatorname{tg}\varrho}, \quad t_2 = \frac{p_1 \sin\varrho \cos\varrho}{1 + \sin\varrho} e^{-\pi \operatorname{tg}\varrho}. \tag{23}$$

Schließlich ergibt sich der gesuchte Druck $p_2$ gleich

$$p_2 = \frac{1 - \sin\varrho}{1 + \sin\varrho} p_1 e^{-\pi \operatorname{tg}\varrho}. \tag{24}$$

**32. Die Plastizität angefeuchteter pulveriger Massen.** Erdartige lose Massen können sich hochplastisch verhalten, wenn in den Hohlräumen zwischen den festen Teilchen eine Flüssigkeit anwesend ist. In der Töpferei wird seit vorgeschichtlichen Zeiten von dieser Eigenschaft der lehm- und tonartigen Erden zur Herstellung von Gefäßen Gebrauch gemacht. Die Plastizität eines mit Wasser angefeuchteten Tones oder einer Porzellanerde beruht auf der durch die Anwesenheit des Wassers erleichterten Verschiebbarkeit der kleinen Kristalltrümmer und submikroskopischen Teilchen, aus denen Ton-, Porzellanerde oder Lehm im trockenen Zustand bestehen. Lehm enthält meist schon gröbere Partikelchen oder Sandbeimengungen. In einem feuchten Ton sind die kleinen festen Teilchen des Tones durch außerordentlich dünne Wasserhäute oder Schichten getrennt (Abb. 87). Innerhalb der von den dünnen Wasserhäuten abgeschlossenen Wassermassen herrscht ein kapillarer Unterdruck. Auf diese Weise haften die Körner fest aneinander und in der angefeuchteten Pulvermasse entsteht eine scheinbare Kohäsion. Man kann sich die Verhältnisse durch zwei Glasplatten veranschaulichen, die durch eine sehr dünne Flüssigkeitsschicht voneinander getrennt sind. Die Platten lassen sich leicht gegeneinander verschieben, haften jedoch mit einer gewissen Kraft aneinander, wenn man sie senkrecht zu ihrer Ebene durch Kräfte zu trennen versucht. In Wahrheit sind die Verhältnisse ziemlich verwickelt. Ihre Klarlegung ist TERZAGHI[1]) zu verdanken. Eine Mechanik der feuchten pulverigen Massen hat für die technischen Anwendungen ihre Bedeutung, da sie das Rüstzeug des Tiefbauingenieurs bildet. Aus den für den Gründungs- und Erdbau wichtigen Feststellungen von TERZAGHI seien einige hier erwähnt.

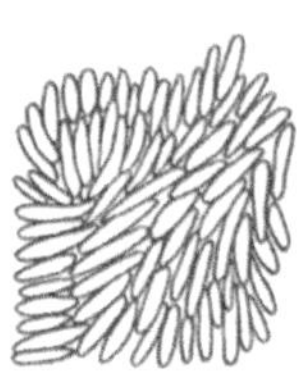

Abb. 87. Feuchter Ton.

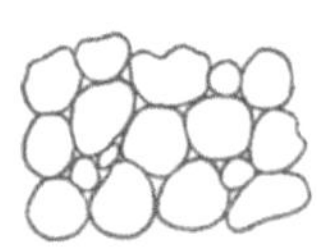

Abb. 88. Sand.

Nicht nur die feuchten plastischen Massen, sondern auch trockene, lose erdige Massen besitzen eine gewisse Kohäsion, wenn sie aus genügend kleinen Teilchen bestehen. Die Kohäsion trockener Tone läßt sich nach TERZAGHI nur durch das Vorhandensein molekular gebundener Wasserfilme erklären, die selbst durch ein Erhitzen auf 100° C nicht verdampfbar sind. Die Erhitzung erhöht die Festigkeit und führt schließlich zu einer Verschmelzung der Körner, so daß die scheinbare Kohäsion des trockenen Tones sich in wahre Kohäsion verwandelt. Wie man durch die Schlemmanalyse feststellen konnte, sind die festen Teilchen der erd- und tonartigen, der sog. „bindigen" Böden gewöhnlich submikroskopisch klein. Sie haben wahrscheinlich keine rundliche oder polyedrische Gestalt, wie die Kristallite der festen Gesteine oder der metallischen Körper oder die Körner eines Sandes (Abb. 88), sondern eine Plättchenform (Abb. 87). Die winzigen Plättchen müssen bereits durch die molekularen Anziehungskräfte zusammengehalten werden. Auch in einem feuchten Tone hat hingegen ein Anteil der inneren Reibung den Charakter der trockenen Reibung und hängt vom Druck ab. Bei der Bewegung der plättchenförmigen Teilchen in einem plastischen Ton erleichtert allerdings die in den Poren angesammelte Flüssigkeit die Verschiebungen, ähnlich wie das Schmieröl in einem Lager die Größe der Reibung zwischen Zapfen und Lagerschale vermindert (flüssige Reibung). Nach einer Gleichgewichtsstörung muß in einer plastischen Masse eine Strömung des Wassers innerhalb der Porenräume entstehen. Dadurch ändern sich der Gehalt des Tones an Porenwasser und seine mechanischen Eigenschaften mit der Zeit. Das Setzen der auf wasserhaltigen Schichten (nachgiebigem Grund) errichteten Gebäude ist eine Folge des Abströmens des Porenwassers unter den Fundamenten. Da dies Abströmen oft nur sehr langsam erfolgt, dauern die durch eine merkliche Volumabnahme des Baugrundes bedingten Setzungen der Gebäude sehr lange und spielen sich in Zeiten ab, die nach Jahrzehnten oder nach Jahrhunderten veranschlagt werden müssen.

**33. Das Wärmeleitungsgleichnis von TERZAGHI.** In einem luftfreien Ton sind die Porenräume durch Wasser ausgefüllt. Denkt man sich die wasserhaltige

[1]) K. TERZAGHI, Erdbaumechanik auf bodenphysikalischer Grundlage. 399 S. Leipzig u. Wien 1925.

Tonschicht sehr ausgedehnt, so besteht eine der einfachsten Zustandsänderungen in ihr in einer Strömung in lotrechter Richtung. Die Folge ist eine sehr langsame Verdichtung des Gefüges. Belastet man eine plastische Tonschicht in einer geeigneten Versuchseinrichtung unter sehr langsam wachsenden Drucken und bestimmt den Wassergehalt des Tones von Zeit zu Zeit durch Wägungen, so läßt sich der Wassergehalt $q$, bezogen auf die Raumeinheit der trockenen Substanz, als Funktion des Druckes $p$ experimentell ermitteln. Man erhält für die Gleichgewichtszustände eine hyperbelartige Kurve (Abb. 89) Bei einer Gleichgewichtsstörung, beispielsweise einer plötzlichen Vermehrung des Druckes von $p_0$ auf $p_1$, ändert der Ton sein Gesamtvolumen zuerst rasch, dann immer langsamer, bis das Volumen sich schließlich dem neuen Gleichgewichtswert asymptotisch nähert. Die Volumabnahme unter dem konstanten Druck deutet auf ein allmähliches Abwandern des Porenwassers gegen die Oberfläche hin. Es muß deshalb unter der plötzlichen Drucksteigerung eine Gefällsdifferenz im Druck des Porenwassers gegen die Oberfläche entstanden sein. Die Druckdifferenz zwischen dem jeweiligen und dem Gleichgewichtsdruck wird als hydrodynamische Spannung bezeichnet. Der in der Tiefe $x$ herrschende Gesamtdruck $p_0 + p_1$ ist die Summe des im Porenwasser herrschenden Überdruckes $w$ und des durch die festen Tonteilchen übertragenen Druckes $p_0 + p$, woraus

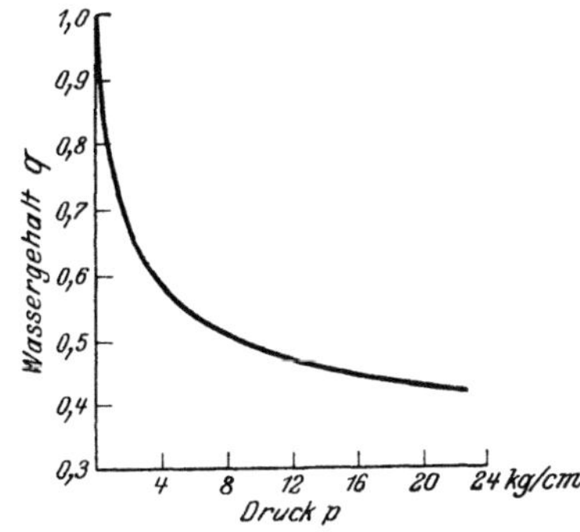

Abb. 89. Abhangigkeit des Wassergehaltes eines Tones vom Druck.

$$p_1 = p + w. \tag{1}$$

Die sekundlich durch eine Flächeneinheit $F$ hindurchströmende Grundwassermenge $Q$ ist nach einem von DARCY für Grundwasserströmungen aufgestelltem Gesetz proportional dem Druckgefälle $\frac{\partial w}{\partial x}$

$$Q = -k\frac{\partial w}{\partial x}. \tag{2}$$

Die Proportionalitätskonstante $k$ heißt die Durchlässigkeitsziffer des Bodens. Sie nimmt zwar mit der Porenziffer $\varepsilon = q$ zu, wird aber innerhalb der geringen Druckschwankungen als konstant betrachtet. Einer unendlich kleinen Änderung $dp$ des Druckes $p$ entspricht eine Änderung des Wassergehaltes $dq$ pro Raumeinheit Trockensubstanz (der Porenziffer), die durch die Neigung der Tangente der Kurve $q = f(p)$ in Abb. 89 bestimmt wird. Für kleine Druckänderungen kann somit

$$dq = -a\,dp = a\,dw \tag{3}$$

gesetzt werden, wo mit $a$ eine „Verdichtungsziffer" bezeichnet wird, die in erster Näherung als konstant angenommen wird. In eine dünne Schicht von der Dicke $dx$ tritt in der Zeit $dt$ eine Wassermenge $-k\frac{\partial w}{\partial x}dt$ ein. Aus ihr fließt in derselben Zeit die Menge $-k\left(\frac{\partial w}{\partial x} + \frac{\partial^2 w}{\partial x^2}dx\right)dt$ heraus. Der Unterschied beider Mengen ist der Verlust an Porenwasser in der Schicht. Aus der Gleichheit beider Ausdrücke folgt die Differentialgleichung des Strömungsvorganges

$$\frac{\partial w}{\partial t} = \frac{k}{a}\frac{\partial^2 w}{\partial x^2}. \tag{4}$$

Diese Gleichung hat dieselbe Form, wie die Differentialgleichung der Wärmeleitung in einem ausgedehnten Körper, in dem ein Wärmestrom parallel zu einer Richtung $x$ fließt. Es entsprechen

| | |
|---|---|
| dem Wärmegehalt | der Wassergehalt $q$, |
| der spezifischen Wärme | die Verdichtungsziffer $a$, |
| der Temperatur | der Überdruck $w$, |
| dem Wärmeleitungskoeffizient | die Durchlässigkeitsziffer $k$. |

Dem zeitlichen Abklingen des Porenüberdruckes entspricht, wie man sieht, der Fall einer ausgedehnten Platte, die auf ihrer unteren Seite gegen eine Wärmeabgabe isoliert ist und die auf ihrer oberen Seite plötzlich um eine konstante Temperatur abgekühlt wird[1]). In der Abb. 90 ist der Charakter der Druckkurven angegeben, wenn die Tonschicht von der Dicke $h$ plötzlich stärker belastet wird.

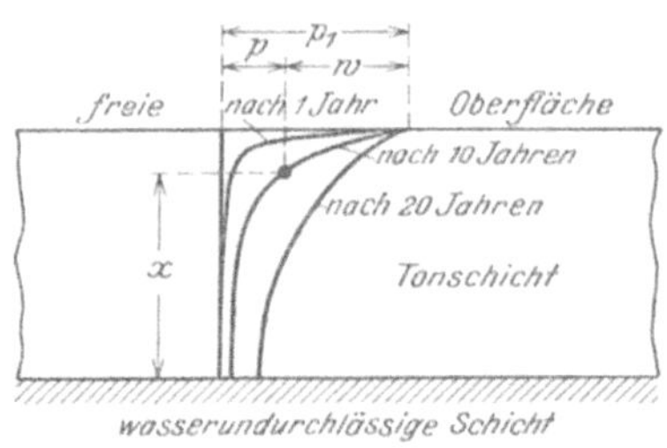

Abb. 90. Druckkurven in einer auf wasserundurchlässigem Grund liegenden Tonschicht nach plötzlicher Belastung.

Wenn eine auf wasserundurchlässiger Grundschicht abgelagerte überflutete Tonschicht trocken gesetzt wird, beginnt die Verdunstung an ihrer oberen Fläche. Die Schicht trocknet aus und sinkt in sich zusammen. Der Wassergehalt der Schicht nimmt mit der Zeit ab und ihre Dichte zu. Da das Porenwasser nur auf der Oberfläche verdunstet, muß ein nach derselben gerichteter Wasserstrom und in dem letzteren ein gegen die Oberfläche gerichtetes Druckgefälle sich einstellen. An den Austrittsöffnungen der Poren in der freien Oberfläche muß im Wasser der Druck gleich dem kapillaren Unterdruck sein, den man in einer Kapillaren von den Abmessungen der Porenkanäle bei einem nach außen konkaven Meniskus beobachtet. Da der Gesamtdruck an der freien Oberfläche Null ist, so muß die Summe der in den Festteilen und im Wasser wirkenden Drucke $p$ und $w$ gleich Null sein:

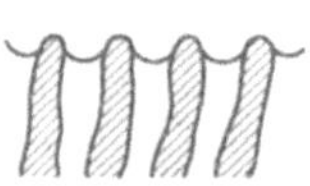
Abb. 91.

$$p + w = 0. \tag{5}$$

Die Festteile stehen somit unter einem äußeren Druck, der gleich dem Unterdruck im Wasser ist. Man kann sich anschaulich vorstellen, wie die dünnen, nach außen konkaven-Meniskenoberflächen sich wie dünne Gummihäute (Abb. 91) an den Rauhigkeiten der Oberfläche verankern müssen, um dem von der Atmosphäre ausgeübten Überdruck standzuhalten. Wegen des Schrumpfens der Porenkanäle nimmt der kapillare Unterdruck $w$ stetig zu. Er nähert sich einem Grenzwert, wenn der Ton seine „Schrumpfgrenze" erreicht hat und die Flüssigkeitsoberfläche sich nach dem Innern der Schicht zurückzuziehen beginnt. Der Grenzwert des kapillaren Unterdruckes ist dem Druck gleich, der notwendig ist, um eine feuchte Schicht so stark zusammenzuquetschen, daß ihre Porenkanäle gänzlich sich schließen. Nach den Messungen von TERZAGHI ist dazu bei den feinstkörnigen (kolloidalen) Tonen ein Druck von der Größenordnung von 100 Atm. erforderlich. Es ergibt sich die bemerkenswerte Folgerung, daß im Wasser der Porenkanäle der im Austrocknen befindlichen plastischen erdartigen Massen Zugspannungen bis zu hundert und mehr Atmosphären herrschen müssen.

[1]) Für weitere Anwendungsbeispiele vgl. K. TERZAGHI, Erdbaumechanik und Proc. of the 1. intern. congress for applied mechanics, S. 288. Delft 1925.

Kapitel 7.

# Der Stoß.

Von

TH. PÖSCHL, Karlsruhe.

Mit 32 Abbildungen.

## I. Einleitung.

**1. Vorbemerkungen.** In diesem Kapitel handelt es sich um eine Reihe von Begriffen und Problemen, die sachlich und methodisch von großer Verschiedenheit sind und nur dadurch miteinander zusammenhängen, daß bei allen der Begriff des Stoßes eine Rolle spielt. Es erscheint wünschenswert, eine vereinigende Darstellung dieses ganzen Fragengebietes zu besitzen. Den Ausgangspunkt bilden jene Probleme, die der gewöhnlichen oder „klassischen" Theorie des Stoßes fester Körper angehören und die das gemeinsame Kennzeichen aufweisen, daß sie sich auf eine endliche Anzahl von Freiheitsgraden beziehen, jedoch nur in den Grenzfällen der „vollkommenen Elastizität" und der „vollkommenen Unelastizität" mit den Hilfsmitteln der Stereomechanik allein erledigt werden können. Sie gelangen hier getrennt von den anderen Problemen der Stereomechanik (Bd. V dieses Handb.) zur Darstellung. Im allgemeinen handelt es sich um Vorgänge mit Energiezerstreuung, zu deren Behandlung nach der elementaren Theorie besondere Aussagen erforderlich sind, die zunächst einen völlig willkürlichen Charakter tragen. Erst durch Entwicklung der Elastizitätstheorie und Plastizitätstheorie des Stoßes, die in ihren Grundzügen vorgeführt wird, wird eine befriedigende physikalische Auffassung des Fragengebietes ermöglicht[1]). — Gelegentlich werden wir auch die Bedeutung der behandelten Fragen und ihrer Ergebnisse für die Technik streifen.

**2. Dynamische Kennzeichnung des Stoßproblems.** Ähnlich wie in anderen Problemen der Physik ist die Bedeutung der in der Theorie des Stoßes verwendeten Bezeichnungen keineswegs eindeutig, so daß zunächst eine Bemerkung über die dabei auftretenden Begriffe am Platze sein dürfte. Bisher wurde meist unter Stoß selbst zweierlei verstanden, einerseits der physikalische Vorgang, der in

[1]) Besondere Lehrbücher über die Theorie des Stoßes in dem hier verstandenen Umfange gibt es nicht, doch enthalten nahezu alle der bekannten Lehrbücher der Mechanik (s. Bd. V ds. Handb.) einzelne Abschnitte, die für die sog. klassische Theorie des Stoßes in Betracht kommen. Von diesen sei hier vor allem auf die Werke von APPELL, CAUCHY, CORIOLIS, DESPEYROUS-DARBOUX, DUHAMEL, FÖPPL, GRAY, HAMEL, KAUFMANN-KECK, KLEIN-SOMMERFELD, LAMB, LEVI-CIVITA, LORENZ, LOVE, NEWTON, PÖSCHL, POISSON, PONCELET, ROUTH, SCHELL, THOMSON-TAIT, VOIGT, WEBSTER, WHITTAKER u. a. verwiesen. An zusammenfassenden Darstellungen sind einzelne Abschnitte in der Enzyklopädie der mathematischen Wissenschaften Bd. IV, und zwar Art. 6 (P. STÄCKEL) Nr. 7, 28, 44, Art. 9 (G. T. WALKER) Nr. 1, Art. 26 (H. LAMB), Nr. 8d, Art. 27 (TH. v. KÁRMÁN), Nr. 12c sowie der Artikel „Elastischer Stoß" in F. AUERBACH-W. HORT, Handb. der Mechanik Bd. III, S. 241ff. namhaft zu machen.

der Änderung des Bewegungszustandes zweier zur Berührung gelangender, vorher und nachher getrennter Körper besteht, andererseits der mechanische Begriff, der die Art der Einwirkung dieser beiden zur Berührung gelangenden Körper kennzeichnet. Im folgenden wird unter dem Worte Stoß oder besser Stoßkraft stets die Wirkung der Körper aufeinander verstanden, und zwar im allgemeinen von der Stoßdyname[1]) oder Stoßkraftschraube, in ihren Teilen von Schiebestoß und Drehstoß gesprochen. Der dynamische (massenkinematische) Gegenwert wird als Impuls (manchmal auch Trieb genannt) $m\mathfrak{v}$, $\sum m\mathfrak{v}$, oder als Impulsmoment (manchmal auch Schwung oder Drall genannt) $m[\mathfrak{r}\,\mathfrak{v}]$, $\sum m[\mathfrak{r}\,\mathfrak{v}]$ bezeichnet[2]).

Die mechanische Eigenart des Stoßproblems ergibt sich unmittelbar durch Gegenüberstellung der Zahl der Unbekannten und der durch die Dynamik der starren Körper zur Verfügung gestellten Gleichungen. Im dreidimensionalen Raume lautet das Problem so, daß aus den 2mal $6 = 12$ Komponenten der Schraubenbewegungen der beiden Körper vor dem Stoße die 2 mal $6 = 12$ Komponenten ihrer Schraubenbewegungen nach dem Stoße zu bestimmen sind; da die Größe der Stoßdyname, die im allgemeinen bei der gegenseitigen Einwirkung der beiden Körper auftritt, durch 6 Komponenten dargestellt wird, die als weitere Unbekannte hinzutreten, und da die Dynamik 6 Gleichungen liefert, so erkennt man, daß das Stoßproblem im allgemeinen als ein sechsfach-stereodynamisch-unbestimmtes Problem zu bezeichnen ist[3]).

In der Ebene ist der Grad der Unbestimmtheit im allgemeinen Falle drei, für das lineare Problem eins.

Gewöhnlich wird das Problem dadurch vereinfacht, daß die Berührungsstelle (Stoßstelle) als kleine Fläche, und der Stoß senkrecht zur gemeinsamen Berührungsebene der beiden Körper, also als einzelner Schiebestoß in der Normalen zu dieser Ebene angenommen wird; der Stoß ist dann durch eine einzige Unbekannte bestimmt, und das Problem wird auch im räumlichen Falle zu einem einfach-stereodynamisch-unbestimmten. In dieser Form — unmittelbar und auf Reibungskräfte erweitert — wird es den meisten Betrachtungen zugrunde gelegt.

Durch die oben angegebene Aufzählung wird klar, daß zur Lösung des Stoßproblems bestimmte Ergänzungen oder Erweiterungen der Grundgleichungen der Dynamik notwendig sind, um die überzähligen Unbekannten bestimmen zu können. Diese zusätzlichen Aussagen waren zunächst ohne inneren Zusammenhang mit dem Vorgange selbst und bestanden in der Aufstellung von plausiblen Beziehungen zwischen den durch den Stoß veränderten Geschwindigkeiten der Berührungsstelle; dies ist der Standpunkt NEWTONS zu dieser Frage. Oder es wird — und dies ist die moderne, rein physikalische Auffassung und zugleich eine getreue Übertragung des in der Statik üblichen Verfahrens — die Annahme der Starrheit aufgegeben und die Wirkung des Stoßes auf die beiden nunmehr als elastisch bzw. plastisch angesehenen Körper aufeinander verfolgt. Diese Auffassung wurde von POISSON (in einer heute allerdings nicht mehr aufrechtzuerhaltenden Weise) begründet und später insbesondere durch F. NEUMANN, B. DE SAINT-VERNANT und H. HERTZ durch grundlegende Arbeiten gefördert; sie allein vermag der physikalischen Eigenart des Stoßproblems gerecht zu werden.

---

1) Über den Begriff der Dyname oder Kraftschraube s. Bd. V, Kap. 6, Ziff. 11 ds. Handb.

2) S. Bd. V, Kap. 7, Ziff. 21 und Kap. 8, Ziff. 2, 4 ds. Handb.

3) Die Bezeichnung ist der in der Technik üblichen der statisch-unbestimmten Systeme nachgebildet, die sinngemäß jedoch genauer stereostatisch-unbestimmt zu lauten hätte. Um anzudeuten, daß sich die Unbestimmtheit auf die äußeren Kräfte bezieht, könnte auch noch die Ergänzung äußerlich-unbestimmt hinzugefügt werden.

**3. Geschichtliche Bemerkung.** Die ersten, wenn auch unvollkommenen Beschreibungen des Stoßvorganges stammen von MARCUS MARCI und DESCARTES aus der Zeit um 1600. DESCARTES liebte den Stoß aus metaphysischen Gründen, nach ihm sollte das ganze Weltgeschehen aus Stößen bestehen (G. HAMEL). Die eigentliche Begründung der Stoßtheorie in ihrer heutigen Form ist den Arbeiten von J. WALLIS (1668), CH. WREN (1669) und CH. HUYGENS (1669) zu verdanken. Der erstgenannte entdeckte die Gesetze des Stoßes unelastischer, die beiden anderen die des Stoßes elastischer Körper. Die erste systematische Darstellung fanden die Stoßgesetze in NEWTONS grundlegendem Werke. Wichtige, aus dem Beginn des 19. Jahrhunderts stammende Ergebnisse sind TH. YOUNG zu verdanken. Recht vollständige geschichtliche Einführungen in das Stoßproblem enthalten die Arbeiten von GELCICH[1]) und von BERGER[2]).

## II. Der Stoß fester Körper.

**4. Die Bewegungsänderungen durch Stöße.** Die in der Theorie des Stoßes übliche Auffassung der Begriffe Schiebestoß und Drehstoß stellt eine mit den allgemeinen Bewegungsgleichungen der Dynamik verträgliche Singularität dar, die nicht nur mathematisch gedeutet, sondern der auch eine physikalische Realität zugeschrieben werden kann. Die Singularität besteht darin, daß mit sehr großen, aber entsprechend kurz dauernden Kräften eine unstetige Änderung der Geschwindigkeiten ohne gleichzeitige Lagenänderungen des Körpers vereinbar ist.

Alle in der Theorie des Stoßes verwendeten Begriffe sind auch für die Dynamik kontinuierlicher Kräfte von grundlegender Wichtigkeit; in mehreren Gebieten, wie z. B. in der Kreisellehre, bedient man sich ihrer mit besonderem Vorteil. Die sog. „Impulssätze" sind in der gesamten Mechanik, vor allem auch in der Dynamik der Flüssigkeiten, äußerst fruchtbare Hilfsmittel. Die besondere Bedeutung der Begriffe Impuls und Impulsmoment für die Lehre vom Stoß beruht jedoch auf der Möglichkeit, ihnen eine unmittelbare physikalische Bedeutung und Verwirklichung zuzuschreiben[3]).

Betrachten wir zunächst die Bewegungsgleichung eines einzelnen Punktes mit der Masse $m$ und dem Fahrstrahl $\mathfrak{r}$ sowie der Geschwindigkeit $\mathfrak{v}$ unter der Kraft $\mathfrak{K}$ in der Form:

$$m\ddot{\mathfrak{r}} = m\dot{\mathfrak{v}} = \mathfrak{K}, \tag{1}$$

so erhält man daraus durch einmalige Integration nach $t$ für das Zeitelement $\tau$ die Gleichung:

$$m(\mathfrak{v} - \mathfrak{v}_0) = \int_0^\tau \mathfrak{K}\,dt = \mathfrak{P}, \tag{2}$$

in der das Produkt $m\mathfrak{v}$ als Impuls oder Trieb bezeichnet wird, der mit dem Zeitintegral der Kraft $\int_0^\tau \mathfrak{K}\,dt = \mathfrak{P}$, das man als Schiebestoß oder bei mehreren gleichzeitig (innerhalb $\tau$) einwirkenden, als deren Summe bezeichnet, von derselben Art und Dimension[4]) und daher mechanisch gleichwertig ist, ähnlich

---

[1]) E. GELCICH, ZS. f. Math. u. Phys. (Hist. lit. Abt.) Bd. 38, S. 41. 1888.

[2]) F. BERGER, Das Gesetz des Kraftverlaufes beim Stoß. Braunschweig 1924.

[3]) Vgl. hierzu auch Bd. V, Kap. 8, Ziff. 4 ds. Handb.

[4]) Die Gleichheit der Dimension allein genügt noch nicht für die mechanische Gleichwertigkeit, wie aus der Gegenüberstellung von Drehmoment und Arbeit deutlich wird. Es muß noch die Übereinstimmung der Art (Skalar oder Vektor) hinzutreten.

wie die Kraft in der gewöhnlichen Bewegungsgleichung (1) mit dem Produkt aus Masse und Beschleunigung verbunden ist. Von diesem Zeitintegral wird vorausgesetzt, daß es für alle in Betracht kommenden $\tau$ einen bestimmten endlichen Wert hat. Die Gleichung (2) sagt zunächst nur aus, daß die Änderung des Impulses für irgendeine Richtung dem Schiebestoß $\mathfrak{P}$ nach dieser Richtung gleich ist und gilt für beliebige Werte von $t$. Eine nochmalige Integration der Gleichung (2) liefert:

$$m\mathfrak{r} - m\mathfrak{r}_0 - m\mathfrak{v}_0\tau = \int_0^\tau \left( \int_0^t \mathfrak{K}\, dt \right) dt = \mathfrak{G}\tau \quad \text{usw.,} \tag{3}$$

wenn $\mathfrak{G}$ den Mittelwert des Integrals $\int_0^t \mathfrak{K}\, dt$, als Funktion von $t$ betrachtet, darstellt. Für $\tau \to 0$ geht daher $\mathfrak{r} \to \mathfrak{r}_0$. Unter den angegebenen Voraussetzungen tritt daher eine unstetige Änderung der Geschwindigkeiten ohne Änderung der Lage des Punktes ein. In ähnlicher Weise kann man zeigen, daß auch die Arbeit der impulsiven Kräfte unter einer endlichen Grenze bleibt.

Entsprechende Betrachtungen und Festsetzungen gelten für ausgebreitete (kontinuierliche) Systeme. Wenn $\mathfrak{r}_i$ der Fahrstrahl und $\mathfrak{v}_i$ die Geschwindigkeit eines Systempunktes $m_i$ sind, so wird der Impuls und das Impulsmoment (Drehimpuls) durch die Summen definiert:

$$\mathfrak{J} = \sum m_i \mathfrak{v}_i = m\mathfrak{v}_S,$$
$$\mathfrak{S} = \sum m_i [\mathfrak{r}_i \mathfrak{v}_i],$$

von denen die erste nach dem Schwerpunktsatz[1]) durch Einführung der Geschwindigkeit $\mathfrak{v}_S$ des Massenmittelpunktes und von $m = \sum m_i$ den angegebenen Wert annimmt. Wird ein beliebig bewegter Punkthaufen durch einen Schiebestoß $\mathfrak{P}$ im Schwerpunkt getroffen, so lautet die Bewegungsgleichung

$$\sum m_i \mathfrak{v}_i - \sum m_i \mathfrak{v}_{i0} = m(\mathfrak{v}_S - \mathfrak{v}_{S0}) = \mathfrak{P}, \tag{4}$$

während die Bewegung um den Schwerpunkt unverändert bleibt.

Bei einem festen Körper gilt für diese Bewegung um den Schwerpunkt oder um irgendeinen anderen festgehaltenen Punkt weiter, daß die Änderung des Impulsmomentes $\mathfrak{S}$ mit dem Drehstoß $\mathfrak{D}$ durch die Gleichung verbunden ist[2]):

$$\mathfrak{S} - \mathfrak{S}_0 = \int_0^\tau \mathfrak{M}\, dt = \mathfrak{D}, \tag{5}$$

wobei ähnlich wie beim Schiebestoß der Drehstoß $\mathfrak{D}$ ebenfalls bestimmte endliche Werte haben soll. Nach der von MAC CULLAGH herrührenden Konstruktion[3]) steht dabei der Vektor der Drehschnelle $\mathfrak{o}$ bzw. $\mathfrak{o}_0$ senkrecht auf derjenigen Ebene, die zu $\mathfrak{S}$ bzw. $\mathfrak{S}_0$ in bezug auf das reziproke Trägheitsellipsoid konjugiert ist.

Ganz so wie früher kann gezeigt werden, daß durch einen solchen Drehstoß $\mathfrak{D}$ die Änderung der Drehschnelle $\mathfrak{o} - \mathfrak{o}_0$ bei unveränderter Lage des Körpers eintritt.

**5. Das ballistische Pendel.** Als einfache Anwendung der Gleichung (5) von Ziff. 4, die sinngemäß auch für feste Achsen Geltung hat, betrachten wir das ballistische Pendel, das zur Messung der Geschwindigkeit von kleinen Geschossen nahe der Mündung dienen kann.

---

[1]) S. Bd. V, Kap. 8, Ziff. 2 ds. Handb.
[2]) S. Bd. V, Kap. 8, Ziff. 4 ds. Handb.
[3]) S. Bd. V, Kap. 8, Ziff. 12 ds. Handb.

Das ballistische Pendel besteht aus einem, um eine feste wagerechte Achse drehbaren Sandkasten, in dem das Geschoß nach dem Eindringen zur Ruhe kommt. Der Ausschlag des Pendels infolge des dabei auftretenden Stoßes ist ein Maß für die Auftreffgeschwindigkeit des Geschosses[1]).

Sei $m$ die Masse des Geschosses, $v$ die gesuchte Geschwindigkeit, $J$ das Trägheitsmoment des Sandkastens bezüglich der Drehachse, $r$ die Entfernung der Stoßstelle von der Drehachse und $\omega'$ die Winkelgeschwindigkeit des Sandkastens nach dem Stoß; dann gilt unter der wiederholt verwendeten Annahme, daß der Stoßvorgang in so kurzer Zeit abläuft, daß während seiner Dauer eine merkliche Lagenänderung des Pendelkörpers nicht eintritt, die Gleichung

$$J\omega' = rm(v - r\omega')$$

und daraus

$$v = \frac{J + mr^2}{mr}\,\omega'.$$

Zur Messung von $\omega'$ dient der Ausschlagwinkel $\alpha$, um welchen das vereinigte Gewicht $G$ von Pendelkörper und Geschoß gehoben wird. Sei noch $l$ die Entfernung des gemeinsamen Schwerpunktes dieser beiden Massen von der Drehachse, so wird nach dem Energiesatz

$$\frac{1}{2}(J + mr^2)\,\omega'^2 = Gl(1 - \cos\alpha) = 2Gl\sin^2\frac{\alpha}{2},$$

und schließlich

$$v = \frac{\sqrt{Gl(J + mr^2)}}{mr}\cdot 2\sin\frac{\alpha}{2}. \tag{1}$$

**6. Die Änderung der kinetischen Energie durch Stöße; der Satz von CARNOT.** Nach den in Ziff. 4 aufgestellten Gleichungen kann die durch Stöße bedingte Änderung der kinetischen Energie eines Punktes oder eines Systems auf folgende Arten ausgedrückt werden:

a) Multipliziert man zunächst die Gleichung (4) von Ziff. 4 skalar mit $\frac{1}{2}(\mathfrak{v}_S + \mathfrak{v}_{S0})$, so folgt

$$\frac{1}{2}m(\mathfrak{v}_S^2 - \mathfrak{v}_{S0}^2) = \mathfrak{P}\,\frac{\mathfrak{v}_S + \mathfrak{v}_{S0}}{2}, \tag{1}$$

d. h., die Änderung der kinetischen Energie ist gleich dem skalaren oder Arbeitsprodukt aus der Größe des Stoßes und der mittleren Geschwindigkeit des Punktesystems vor und nach dem Stoße (oder gleich der Summe dieser Produkte). Wendet man diesen Satz auf die Gesamtheit der Massenpunkte eines starren Körpers an, so erkennt man unmittelbar, daß die Summe der Arbeiten der impulsiven Kräfte zwischen den einzelnen Teilchen, über den ganzen Körper erstreckt, verschwindet, diese inneren impulsiven Kräfte mithin aus der Betrachtung herausfallen; das gleiche gilt für die impulsiven Reaktionen fester Punkte u. dgl.

b) Multipliziert man die Gleichung (2) von Ziff. 4 skalar mit $\mathfrak{v}$ und beachtet, daß

$$\mathfrak{v}(\mathfrak{v} - \mathfrak{v}_0) = \tfrac{1}{2}(\mathfrak{v}^2 - \mathfrak{v}_0^2) + \tfrac{1}{2}(\mathfrak{v} - \mathfrak{v}_0)^2, \tag{2}$$

so folgt nach Summation über alle Massenpunkte des Systems

$$\tfrac{1}{2}\sum m_i(\mathfrak{v}_{i0}^2 - \mathfrak{v}_i^2) = \tfrac{1}{2}\sum m_i(\mathfrak{v}_i - \mathfrak{v}_{i0})^2 - \sum \mathfrak{P}_i\mathfrak{v}_i. \tag{3}$$

Ganz entsprechend wie in a) verschwindet der letzte Summand in folgenden Fällen: erstens, wenn die von außen, d. h. von anderen, nicht zum System gehörigen Körpern, dem System erteilten Stöße Null sind, insbesondere wenn es

[1]) Bezüglich der ausführlichen Beschreibung der hierher gehörigen Anordnungen vgl. C. CRANZ, Lehrb. der Ballistik Bd. III, 2. Aufl., S. 39. Berlin: Julius Springer 1927.

sich nur um die inneren impulsiven Kräfte eines starren Körpers handelt; zweitens, wenn die Stöße $\mathfrak{P}_i$ von plötzlich eingeführten Bedingungen herrühren, für welche die „Stoßleistungen“ (die die Dimension einer Arbeit haben), $\mathfrak{P}_i \mathfrak{v}_i = 0$ sind, was bei Führungen bei Fehlen von Reibung stets erfüllt ist. In diesen Fällen lautet die vorhergehende Gleichung

$$\tfrac{1}{2} \sum m_i (\mathfrak{v}_{i0}^2 - \mathfrak{v}_i^2) = \tfrac{1}{2} \sum m_i (\mathfrak{v}_i - \mathfrak{v}_{i0})^2; \tag{4}$$

sie macht den Inhalt des CARNOTschen Satzes[1]) aus, der sich in folgender Form aussprechen läßt: Der Verlust an kinetischer Energie, der in einem System durch Stöße der angedeuteten Art eintritt, ist gleich der kinetischen Energie, welche den dabei auftretenden Geschwindigkeitsänderungen aller Systempunkte entsprechen würde.

Für den im Raum beliebig bewegten starren Körper mit den Hauptträgheitsmomenten $A, B, C$ und dem Drehvektor $\mathfrak{o}(p, q, r)$ nimmt dieser Satz die Form an:

$$\left.\begin{aligned} &\tfrac{1}{2} m (\mathfrak{v}_0^2 - \mathfrak{v}^2) + \tfrac{1}{2} A (p_0^2 - p^2) + \tfrac{1}{2} B (q_0^2 - q^2) + \tfrac{1}{2} C (r_0^2 - r^2) \\ &\quad = \tfrac{1}{2} m (\mathfrak{v} - \mathfrak{v}_0)^2 + \tfrac{1}{2} A (p - p_0)^2 + \tfrac{1}{2} B (q - q_0)^2 + \tfrac{1}{2} C (r - r_0)^2, \end{aligned}\right\} \tag{5}$$

wo $\mathfrak{v}$ und $\mathfrak{v}_0$ die Geschwindigkeiten desjenigen Punktes sind, auf den $A, B, C$ bezogen werden.

Obwohl dieser Satz nur in einer formalen Umformung der Bewegungsgleichung besteht, gestattet er doch in gewissen Fällen fruchtbare Anwendungen.

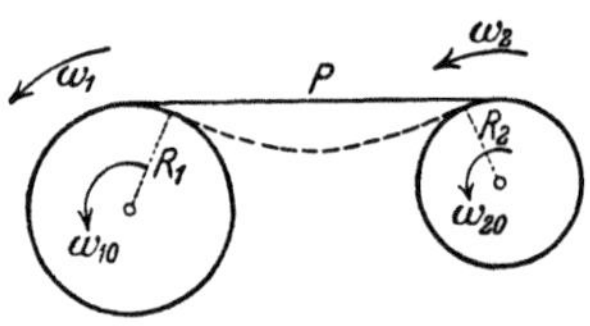


Abb. 1. Anwendung des Satzes von CARNOT.

Zur Erläuterung der Anwendung des Satzes von CARNOT diene das folgende Beispiel (Abb. 1): Zwei Rollen mit den Halbmessern $R_1$ und $R_2$ drehen sich anfänglich um ihre Achsen mit den Drehschnellen $\omega_{10}$ und $\omega_{20}$. Über diese Rollen sei ein undehnbares und gewichtlos gedachtes Seil geschlungen, das zuerst schlaff ist und erst in einem bestimmten Momente gespannt wird. Man soll die Drehschnellen $\omega_1$ und $\omega_2$ nach dem dabei auftretenden Stoß unter der Annahme bestimmen, daß das Seil auch nach dem Stoße gespannt bleibt. Der Satz von CARNOT liefert unmittelbar die Gleichung

$$J_1(\omega_{10}^2 - \omega_1^2) + J_2(\omega_{20}^2 - \omega_2^2) = J_1(\omega_{10} - \omega_1)^2 + J_2(\omega_{20} - \omega_2)^2 .$$

Nimmt man hierzu die geometrische Beziehung

$$R_1 \omega_1 = R_2 \omega_2,$$

so erhält man die gesuchten Werte der Drehschnellen nach dem Stoß

$$\frac{\omega_1}{R_2} = \frac{\omega_2}{R_2} = \frac{J_1 R_2 \omega_{10} + J_2 R_1 \omega_{20}}{J_1 R_2^2 + J_2 R_1^2},$$

und die in dem Seil auftretende Stoßkraft hat die Größe:

$$P = \frac{J_1(\omega_1 - \omega_{10})}{R_1} = -\frac{J_2(\omega_2 - \omega_{20})}{R_2} = J_1 J_2 \frac{R_2 \omega_{20} - R_1 \omega_{10}}{J_1 R_2^2 + J_2 R_1^2} .$$

**7. Die LAGRANGEschen Gleichungen für Stoßbewegungen[2]).** Ausgehend von der auf CARTESIsche Koordinaten bezogenen Gleichung (2) von Ziff. 4 für Stoßbewegungen

$$m_i(\dot{x}_i - \dot{x}_{i0}) = X_i, \ldots \quad (i = 1, 2, \ldots, m) \tag{1}$$

[1]) S. CARNOT, Principes fondamentaux de l'équilibre et du mouvement. Paris 1803.

[2]) In den folgenden Ziffern ist die Unterscheidung der kovarianten und kontravarianten Größen, auf die in Bd. V, Kap. 9, Ziff. 9 des Handb. hingewiesen wurde, nicht verwendet worden.

denken wir uns die Koordinaten $x_i$, $y_i$, $z_i$ auf LAGRANGEsche Art durch $n$ unabhängige Parameter $q_1, \ldots, q_n$ mittels der Gleichungen

$$x_i = x_i(q_1, \ldots, q_n), \ldots \qquad (i = 1, 2, \ldots, m) \tag{2}$$

ausgedrückt. Da die unstetigen Änderungen der Geschwindigkeit, wie in Ziff. 4 bewiesen, bei gleichbleibenden Werten der Koordinaten $x_i$, $y_i$, $z_i$ erfolgen, so werden dabei auch die Werte der $q_k$ ungeändert bleiben. Zur Ausführung der Transformation der Bewegungsgleichung (2) auf die Koordinaten $q_k$ werden die Gleichungen (1) der Reihe nach mit $\frac{\partial x_i}{\partial q_k}, \ldots$ multipliziert und über alle Massenpunkte summiert:

$$\left.\begin{aligned} \sum_i m_i\left[(\dot{x}_i - \dot{x}_{i0})\frac{\partial x_i}{\partial q_k} + (\dot{y}_i - \dot{y}_{i0})\frac{\partial y_i}{\partial q_k} + (\dot{z}_i - \dot{z}_{i0})\frac{\partial z_i}{\partial q_k}\right] \\ = \sum_i \left[X_i\frac{\partial x_i}{\partial q_k} + Y_i\frac{\partial y_i}{\partial q_k} + Z_i\frac{\partial z_i}{\partial q_k}\right]. \qquad (k = 1, 2, \ldots, n) \end{aligned}\right\} \tag{3}$$

Den Ausdruck rechts bezeichnet man als den der Koordinate $q_k$ entsprechenden verallgemeinerten (generalisierten) Stoß $Q_k$. Ferner ist, da $\dot{x}_i$ in den $\dot{q}_k$ linear ist,

$$\frac{\partial x_i}{\partial q_k} = \frac{\partial \dot{x}_i}{\partial \dot{q}_k} = \frac{\partial x_{i0}}{\partial q_{k0}} = \frac{\partial \dot{x}_{i0}}{\partial \dot{q}_{k0}}; \tag{4}$$

in diesen Gleichungen bedeuten $\dot{q}_{k0}$ und $\dot{q}_k$ die zu $q_k$ gehörigen Geschwindigkeiten vor und nach dem Stoß. Es ist dabei zu beachten, daß die Glieder, in denen Ableitungen nach $t$ auftreten (Buchstaben mit Punkten), die Geschwindigkeiten nur scheinbar enthalten. Daher ist:

$$\dot{x}_i\frac{\partial \dot{x}_i}{\partial \dot{q}_k} = \frac{1}{2}\frac{\partial \dot{x}_i^2}{\partial \dot{q}_k}, \qquad \dot{x}_{i0}\frac{\partial x_i}{\partial q_k} = \dot{x}_{i0}\frac{\partial \dot{x}_{i0}}{\partial \dot{q}_{k0}} = \frac{1}{2}\frac{\partial \dot{x}_i^2}{\partial \dot{q}_{k0}}. \tag{5}$$

Wird nun die kinetische Energie

$$T = \tfrac{1}{2}\sum_i m_i(\dot{x}_i^2 + \dot{y}_i^2 + \dot{z}_i^2) = \tfrac{1}{2}\sum_{kl} a_{kl}\dot{q}_k\dot{q}_l \tag{6}$$

eingeführt, so nehmen die Gleichungen (8) die Form an:

$$\frac{\partial T}{\partial \dot{q}_k} - \left(\frac{\partial T}{\partial \dot{q}_k}\right)_0 = Q_k. \qquad (k = 1, 2, \ldots, n) \tag{7}$$

Wenn noch die verallgemeinerten (generalisierten) Impulse $p_k$ mittels

$$p_k = \frac{\partial T}{\partial \dot{q}_k} = \sum_l a_{kl}\dot{q}_l \tag{8}$$

eingeführt werden, so daß

$$2T = \sum_k p_k\dot{q}_k,$$

so lauten also die Stoßgleichungen:

$$p_k - p_{k0} = Q_k. \tag{9}$$

**8. Reziprokale Relationen.** Damit bezeichnet LAMB[1]) eine Gruppe von Beziehungen, die einen ähnlichen Gegenseitigkeitscharakter tragen, wie in der Elastostatik die MAXWELLschen Sätze von der Gegenseitigkeit der Verschiebungen und Drehungen[2]). So wie die Gültigkeit dieser Sätze auf dem Umstande

---

[1]) H. LAMB, Proc. Math. Soc. London Bd. 19, S. 144–151. 1898 u. Higher, Mechanics, S. 180; man vgl. übrigens W. THOMSON u. P. G. TAIT, Handb. der theoretischen Physik, Art. 313ff., wo diese Beziehung schon benutzt wird.

[2]) S. Kap. 2, Ziff. 47 ds. Bd. des Handb.

beruht, daß die innere (potentielle) Energie — die Formänderungsarbeit — eine quadratische Form in den Verzerrungsgrößen ist, so liegt die Wurzel der reziprokalen Relationen für die Dynamik in der Tatsache, daß die kinetische Energie eine quadratische Form in den Geschwindigkeiten ist.

Zur Begründung dieser Relationen betrachten wir zwei beliebige Bewegungszustände des Systems, die zu gleichen Werten der allgemeinen Koordinaten $q_k$ gehören; bezeichnen wir die Werte der Geschwindigkeiten für diese beiden Zustände mit $\dot{q}_k$, $\dot{q}'_k$ und die Werte der zugehörigen verallgemeinerten Impulse mit $p_k$, $p'_k$, so ist identisch

$$\sum p_k \dot{q}'_k = \sum p'_k \dot{q}_k = \sum a_{kl} \dot{q}_k \dot{q}'_l, \tag{1}$$

also gleich der „polarisierten“ kinetischen Energie. Nimmt man insbesondere an, daß alle $p_k$, $p'_k$, mit Ausnahme der den Koordinaten $q_k$, $q_l$ entsprechenden, verschwinden, so bleiben in der vorhergehenden Gleichung nur die Glieder übrig:

$$p_k \dot{q}'_k + p_l \dot{q}'_l = p'_k \dot{q}_k + p'_l \dot{q}_l, \tag{2}$$

und wenn überdies noch $p_l = 0$, $p'_k = 0$ gesetzt wird, so folgt

$$\frac{\dot{q}_l}{p_k} = \frac{\dot{q}'_k}{p'_l}. \tag{3}$$

Diese Gleichung besagt folgendes: sind die Koordinaten $q_k$, $q_l$ von derselben Art, also beide Strecken oder beide Winkel, so ist die Geschwindigkeit (Winkelgeschwindigkeit) $\dot{q}_l$, die durch einen Impuls (ein Impulsmoment) $p_k$ erzeugt wird, gleich der Geschwindigkeit (Winkelgeschwindigkeit) $\dot{q}_k$, die durch den gleich großen Impuls (das gleich große Impulsmoment) $p_l$ entsteht. Sind die Koordinaten $q_k$, $q_l$ aber von verschiedener Art, also etwa $q_k$ ein Abstand und $q_l$ ein Winkel, so lehrt der Satz, daß, wenn der Impuls $p_k$ die Winkelgeschwindigkeit $\dot{q}_l$ erzeugt, dem Impulsmoment $p_l = a p_k$ die Geschwindigkeit $\dot{q}_k = a \dot{q}_l$ ($a \neq 0$, sonst beliebig) zugehört.

**9. Extremalsätze.** Da in der Lehre vom Stoß nur die ersten Ableitungen der Koordinaten auftreten, so kann es auch keine eigentlichen Variationsprinzipe für die Stoßprobleme geben. Die Extremalsätze, von denen hier die Rede ist, gehören der Theorie der gewöhnlichen Maxima und Minima an.

a) Der Satz von ROBIN[1]) kann in folgender Form ausgesprochen werden: Unter den unendlich vielen Werten, welche bei gegebenen Anfangsgeschwindigkeiten $\mathfrak{v}_{i0}$ die mit den Bedingungen verträglichen Werte der Endgeschwindigkeiten $\mathfrak{v}_i$ durch Einwirkung der Stöße $\mathfrak{P}$ annehmen können, treten tatsächlich jene ein, welche die Größe

$$E = \tfrac{1}{2} \sum m_i (\mathfrak{v}_i - \mathfrak{v}_{i0})^2 - \sum \mathfrak{P}_i (\mathfrak{v}_i - \mathfrak{v}_{i0}), \tag{1}$$

als Funktion der $\mathfrak{v}_i$ betrachtet, zu einem Minimum machen. Denn es folgt unmittelbar:

$$\frac{\partial E}{\partial \mathfrak{v}_i} = \sum m_i (\mathfrak{v}_i - \mathfrak{v}_{i0}) - \mathfrak{P}_i = 0, \tag{2}$$

also die Bewegungsgleichungen des Systems. Durch Vergleich mit dem Satz von CARNOT (Ziff. 6) erkennt man, daß die Funktion $E$, deren Minimum hier gefordert wird, mit der Differenz der kinetischen Energien vor und nach dem Stoß bei dem gegebenen Stoßproblem (bis auf eine additive Konstante) übereinstimmt.

---

[1]) G. ROBIN, C. R. Bd. 105, S. 61—64. 1887; P. APPELL, Traité de Mécanique rationelle, Bd. II, S. 507.

b) Der Satz von BERTRAND[1]) hat folgenden Wortlaut: Werden den einzelnen Punkten eines bewegten (holonomen oder nichtholonomen) Systems gegebene Stöße erteilt, so ist die kinetische Energie der entstehenden Bewegung größer als diejenige, die das System bei den gleichen Stößen erlangen würde, wenn zu den ursprünglichen Bindungen (Bedingungen) beliebige Zusatzbindungen treten, die von vollständig glatten oder vollständig rauhen Flächen oder von festen Verbindungen zwischen den Massenpunkten des Systems herrühren (die Zusatzbedingungen müssen nur derart sein, daß sie dem System keine Arbeit zuführen oder entziehen). Der Überschuß ist gleich der kinetischen Energie der Differenz zwischen der ursprünglichen und der durch die Zusatzbindungen eingeschränkten Bewegung.

Es seien $\mathfrak{v}_0$, $\mathfrak{v}$, $\mathfrak{v}'$ die Geschwindigkeiten eines Systempunktes vor und nach dem Stoß und bei der Vergleichsbewegung; $\mathfrak{P}$ die äußere Stoßkraft, $\mathfrak{P}_1$ die von den ursprünglichen und $\mathfrak{P}'$ die von den zusätzlichen Bindungen herrührenden Stöße (die den Systempunkt kennzeichnenden Zeiger sind dabei der Einfachheit halber fortgelassen worden). Dann gelten die Gleichungen

$$\left\{\begin{aligned} m(\mathfrak{v} - \mathfrak{v}_0) &= \mathfrak{P} + \mathfrak{P}_1, \\ m(\mathfrak{v}' - \mathfrak{v}_0) &= \mathfrak{P} + \mathfrak{P}_1 + \mathfrak{P}', \end{aligned}\right. \tag{3}$$

also nach Subtraktion

$$m(\mathfrak{v}' - \mathfrak{v}) = \mathfrak{P}'. \tag{4}$$

Bildet man nun

$$\sum m(\mathfrak{v}' - \mathfrak{v})\mathfrak{v}' = \sum \mathfrak{P}'\mathfrak{v}', \tag{5}$$

und beachtet, daß nach der Voraussetzung über die Beschaffenheit der zusätzlichen Bindungen $\sum \mathfrak{P}'\mathfrak{v}' = 0$ sein muß, so folgt:

$$2\sum m(\mathfrak{v}' - \mathfrak{v})\mathfrak{v}' \equiv \sum m\mathfrak{v}'^2 - \sum m\mathfrak{v}^2 + \sum m(\mathfrak{v} - \mathfrak{v}')^2 = 0,$$

oder

$$\tfrac{1}{2}\sum m\mathfrak{v}^2 = \tfrac{1}{2}\sum m\mathfrak{v}'^2 + \tfrac{1}{2}\sum m(\mathfrak{v} - \mathfrak{v}')^2, \tag{6}$$

wodurch der Satz bewiesen ist. Wenn also das System gezwungen wird, unter dem Einflusse gegebener Stöße ($\mathfrak{P} + \mathfrak{P}_1$) eine von der natürlichen ($\mathfrak{v}$) abweichende Bewegung $\mathfrak{v}'$ anzunehmen (wobei die zusätzlichen Stöße $\mathfrak{P}'$ auftreten), so wird es bei dieser stets weniger kinetische Energie erhalten als bei der ursprünglichen.

c) Der Satz von LORD KELVIN[2]) hat folgenden Inhalt: Werden die Massenpunkte eines dynamischen Systems teils durch bestimmte äußere Impulse ($\mathfrak{P}$) mit vorgeschriebenen Geschwindigkeiten, teils ohne solche Impulse, also nur gemäß den aus den Bindungen folgenden Geschwindigkeiten in Bewegung gesetzt, so ist die kinetische Energie der entstehenden Bewegung kleiner als die jeder anderen kinematisch möglichen Bewegung, die das System im Rahmen der vorgeschriebenen Bindungen ausführen kann. Der Fehlbetrag ist gleich der Energie derjenigen Bewegung, die mit einer der beiden zusammengesetzt werden muß, um die andere hervorzubringen.

---

[1]) J. BERTRAND, Anmerkungen zu LAGRANGES Mécanique analytique u. Journ. de math. (1) Bd. 7, S. 166. 1842. Bezüglich der Formulierung von b) und c) s. auch E. T. WHITTAKER, Analytische Dynamik (deutsche Ausgabe) S. 276. Berlin 1924.

[2]) W. THOMSON u. P. G. TAIT, Handb. der theoretischen Physik, Art. 314ff; E. J. ROUTH, Dynamik der Systeme starrer Körper, Bd. I, § 377ff.

Da das System jetzt von der Ruhe aus in Bewegung gesetzt wird, so lauten die Bewegungsgleichungen:

$$\begin{cases} m\mathfrak{v} = \mathfrak{P}, \\ m\mathfrak{v}' = \mathfrak{P}. \end{cases}$$

Aus ihnen folgt:

$$\sum m\mathfrak{v}^2 = \sum \mathfrak{P}\mathfrak{v},$$

$$\sum m\mathfrak{v}\mathfrak{v}' = \sum \mathfrak{P}\mathfrak{v}' = \sum \mathfrak{P}\mathfrak{v},$$

da die Stöße $\mathfrak{P}$ den Punkten, an denen sie angreifen, die gleichen Geschwindigkeiten ($\mathfrak{v}' = \mathfrak{v}$) erteilen sollen, während die übrigen Punkte andere Geschwindigkeiten haben können. Es ist daher:

$$\sum m\mathfrak{v}^2 = \sum m\mathfrak{v}\mathfrak{v}'$$

oder

$$\tfrac{1}{2}\sum m\mathfrak{v}^2 + \tfrac{1}{2}\sum m(\mathfrak{v} - \mathfrak{v}')^2 = \tfrac{1}{2}\sum m\mathfrak{v}'^2,$$

wodurch der Satz bewiesen ist.

Als ein einfaches Beispiel für die Anwendung des Satzes von BERTRAND diene das folgende[1]: Wenn ein freier starrer Körper durch einen Drehstoß $\mathfrak{D}(D_x, D_y, D_z)$ in Bewegung gesetzt wird, so zeigt sich, daß die Komponenten der Winkelgeschwindigkeit $\mathfrak{o}(\omega_x, \omega_y, \omega_z)$ der entstehenden Drehung bezogen auf die Hauptträgheitsachsen die Werte $\omega_x = \frac{D_x}{A}$, $\omega_y = \frac{D_y}{B}$, $\omega_z = \frac{D_z}{C}$ haben.

Es seien $(l, m, n)$ die Richtungskosinusse der Drehachse, so ist nach dem BERTRANDschen Satz

$$2T = A\omega_x^2 + B\omega_y^2 + C\omega_z^2 = \text{Max.}$$

mit der Nebenbedingung $J\mathfrak{o} = \mathfrak{D}$ oder

$$(Al^2 + Bm^2 + Cn^2)\,\omega = D_x l + D_y m + D_z n,$$

oder

$$A\omega_x^2 + B\omega_y^2 + C\omega_z^2 - D_x\omega_x - D_y\omega_y - D_z\omega_z = 0.$$

Man bilde daher mit Hilfe des LAGRANGEschen Multiplikators $\lambda$ die Funktion

$$F^* = 2T + \lambda(A\omega_x^2 + B\omega_y^2 + C\omega_z^2 - D_x\omega_x - D_y\omega_y - D_z\omega_z),$$

und setze

$$\frac{\partial F^*}{\partial \omega_x} \equiv 2A\omega_x(1 + \lambda) - \lambda D_x = 0, \quad \text{usw.}$$

Aus diesen Gleichungen folgt durch Multiplikation mit $\omega_x$, $\omega_y$, $\omega_z$ und Addition

$$2(1 + \lambda) = \lambda, \qquad \lambda = -2,$$

und schließlich:

$$\omega_x = \frac{D_x}{A}, \qquad \omega_y = \frac{D_y}{B}, \qquad \omega_z = \frac{D_z}{C}.$$

**10. Der vollkommen elastische Stoß zweier Massenpunkte.** Wenn sich die Bahnkurven zweier Punktmassen für einen gemeinsamen Wert der Zeit schneiden, oder wenn überhaupt zwei Körper mit verschiedenen Geschwindigkeiten aneinander treffen, tritt ein Stoß ein. Sind die Körper frei beweglich, so erscheinen die auftretenden Stoßkräfte für die Gesamtheit der beiden Körper als innere Kräfte, die den gesamten Impuls (Trieb) und das Impulsmoment (Schwung, Drall) der aufeinandertreffenden Körper unverändert lassen. Be-

[1] H. LAMB, Higher Mechanics, S. 205, Beisp. 1.

zeichnen von nun an $\mathfrak{v}_i$, $\mathfrak{v}_i'$ die Geschwindigkeiten des Teilchens $m_i$ vor und nach dem Stoß, so lauten daher die Hauptgleichungen der Stoßtheorie:

$$\left.\begin{aligned} \sum m_i \mathfrak{v}_i &= \sum m_i \mathfrak{v}_i' \\ \sum m_i [\mathfrak{r}_i \mathfrak{v}_i] &= \sum m_i [\mathfrak{r}_i \mathfrak{v}_i']. \end{aligned}\right\} \tag{1}$$

Die Bezeichnungen gerader und schiefer Stoß sind ohne weiteres verständlich: Fallen die Geschwindigkeiten der aufeinandertreffenden Punkte in dieselbe Richtung, so nennt man den Stoß gerade, sonst schief. Schon für den geraden Stoß zweier Punktmassen, für den nur die Heranziehung der ersten dieser Gleichungen erforderlich ist, reicht diese für sich allein nicht aus, die Geschwindigkeiten nach dem Stoß $\mathfrak{v}_1'$, $\mathfrak{v}_2'$ zu bestimmen, wenn die Geschwindigkeiten vor dem Stoß $\mathfrak{v}_1$, $\mathfrak{v}_2$ gegeben sind. Unter allen Umständen ist daher die Einführung gewisser ergänzender Annahmen erforderlich.

Man bezeichnet insbesondere einen Stoßvorgang als vollkommen elastisch, wenn bei ihm keine Energiezerstreuung eintritt — er allein gehört in seinem ganzen Verlaufe dem Gebiet der reinen Mechanik an. Die diesen Fall kennzeichnende Annahme besteht demnach in der Gleichheit der kinetischen Energien vor und nach dem Stoße.

a) Für den geraden Stoß gelten daher die Gleichungen

$$\left.\begin{aligned} m_1 v_1' + m_2 v_2' &= m_1 v_1 + m_2 v_2 , \\ m_1 v_1'^2 + m_2 v_2'^2 &= m_1 v_1^2 + m_2 v_2^2 ; \end{aligned}\right\} \tag{2}$$

deren Auflösung nach $v_1'$, und $v_2'$ liefert:

$$v_1' = v_1 - \frac{2m_2}{m_1 + m_2}(v_1 - v_2), \qquad v_2' = v_2 + \frac{2m_1}{m_1 + m_2}(v_1 - v_2) \tag{3}$$

und aus diesen folgt:

$$\frac{v_1' - v_2'}{v_2 - v_1} = 1, \tag{4}$$

unabhängig von den Massen der stoßenden Körper.

Die Größe der Stoßkraft folgt mit Benutzung der Gleichungen (3) in der Form

$$P = m_1(v_1' - v_1) = -m_2(v_2' - v_2) = -\frac{2m_1 m_2}{m_1 + m_2}(v_1 - v_2) = \frac{2m_1 m_2}{m_1 + m_2}(v_1' - v_2'). \tag{5}$$

Insbesondere ist erstens für $m_1 = m_2$ einfach $v_1' = v_2$, $v_2' = v_1$, d. h., die Körper vertauschen durch den Stoß ihre Geschwindigkeiten, oder sie gehen scheinbar mit unveränderten Geschwindigkeiten durcheinander hindurch. Zweitens: Für $m_1 = \infty$, $v_1 = 0$ wird $v_1' = 0$, $v_2' = -v_2$ usw.

Eine einfache geometrische Deutung[1]) dieser Gleichungen (2) ist die folgende (Abb. 2): Werden in einem rechtwinkligen Achsenkreuz die Größen $m_1 v_1$ und $m_2 v_2$ als Koordinaten aufgetragen, so bedeutet die erste der Gleichungen (2) eine unter $3\pi/4$ geneigte Gerade, die zweite eine Ellipse, die sich in zwei reellen Punkten schneiden. Der Stoß besteht dann in dem

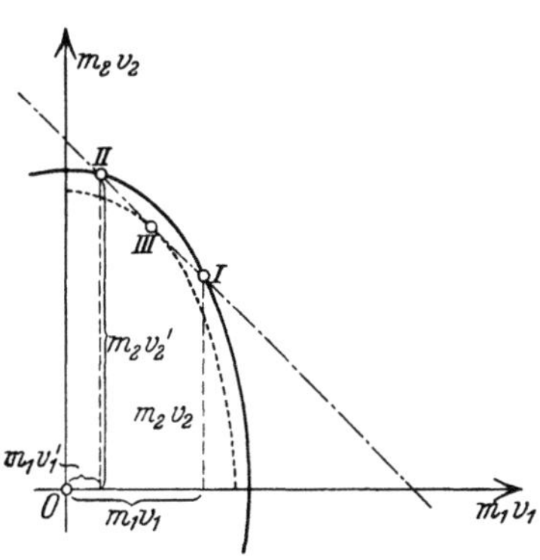

Abb. 2. Graphische Darstellung des Stoßvorganges.

[1]) Nach einer mündlichen Mitteilung des Herrn E. TREFFTZ, Dresden, der zuerst vorschlug, die Geschwindigkeiten $v_1$ und $v_2$ selbst und nicht die Impulse aufzutragen.

Übergange aus dem Zustande I in den Zustand II. Sei $2h$ die doppelte kinetische Energie der beiden Körper und $J$ der Impuls, so gilt die Beziehung

$$2h > \frac{J^2}{m_1 + m_2},$$

und aus ihr folgt, daß die beiden Linien — die Impulsgerade und Energieellipse — immer zwei reelle Schnittpunkte haben.

Wir fügen sogleich hinzu, daß der Stoßvorgang für den unelastischen Stoß in dem Übergang aus dem Zustand I in einen Zustand III besteht, der dem Berührungspunkt der Impulsgeraden mit einer zur ursprünglichen Energieellipse ähnlichen Ellipse entspricht[1]).

b) Für den schiefen Stoß gelten die Gleichungen (3) für die Komponenten der Geschwindigkeiten in der Stoßrichtung wie zuvor, während die Komponenten senkrecht zur Stoßrichtung bei glatten Berührungsflächen (d. h. bei Fehlen von Reibung) unverändert bleiben. Dies führt unmittelbar auf die folgende, von MAXWELL[2]) angegebene Konstruktion für die Geschwindigkeiten nach dem

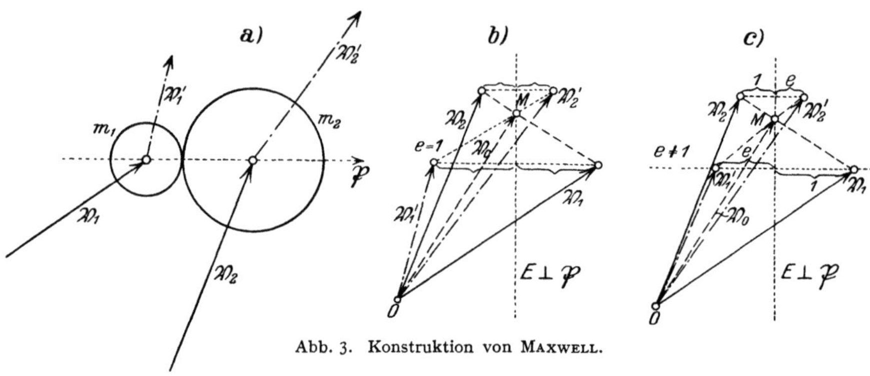


Abb. 3. Konstruktion von MAXWELL.

Stoße (Abb. 3a und b): Man trage nach Art eines Geschwindigkeitsplanes von $O$ die Vektoren $\mathfrak{v}_1$, $\mathfrak{v}_2$ auf und teile die zwischen ihren Endpunkten liegende Strecke im Verhältnis $m_2 : m_1$; dann ist der zum Teilungspunkt $M$ weisende Vektor $OM = \mathfrak{v}_0$ die unveränderliche Geschwindigkeit des Schwerpunktes der beiden Körper vor und nach dem Stoße. Ferner lege man durch $M$ eine Ebene $E$ senkrecht zur Stoßrichtung $\mathfrak{P}$ und spiegle die Endpunkte von $\mathfrak{v}_1$, $\mathfrak{v}_2$ an dieser Ebene. Die Vektoren von $O$ bis zu diesen Spiegelpunkten geben die Geschwindigkeiten $\mathfrak{v}_1'$, $\mathfrak{v}_2'$ nach dem Stoße. Es ist klar, daß diese Konstruktion auch für den geraden Stoß (Fall a) anwendbar ist.

In begrifflicher Hinsicht sei noch angemerkt, daß die Anwendung der Gesetze des elastischen Stoßes eine bestimmte Stoßrichtung und daher eine endliche Ausdehnung der Körper voraussetzt: Punktmassen können sinngemäß nicht als elastisch angenommen werden.

**11. Der vollkommen unelastische Stoß zweier Massenpunkte.** Die Geschwindigkeiten nach dem Stoß sind auch in einem zweiten extremen Fall vollkommen bestimmt, den man als den unelastischen Stoß bezeichnet. Für diesen wird angenommen, daß die Berührungspunkte der beiden Körper unmittelbar nach dem Stoße in der Stoßrichtung dieselben Geschwindigkeitskomponenten

[1]) Siehe Ziff. 11 dieses Kap.

[2]) J. CL. MAXWELL, Phil. Mag. (4) Bd. 19, S. 19. 1860, oder Scient. Pap. Bd. 1, S. 377 Cambridge 1890.

besitzen, während die Komponenten senkrecht zur Stoßrichtung keine Veränderung erfahren. Es ist dann diese gemeinsame Geschwindigkeit

$$v_0 = \frac{m_1 v_1 + m_2 v_2}{m_1 + m_2} = \frac{m_1 v_1' + m_2 v_2'}{m_1 + m_2} = v_1' = v_2' \tag{1}$$

und der auftretende Energieverlust hat die Größe

$$\Delta T = \frac{1}{2} m_1 v_1^2 + \frac{1}{2} m_2 v_2^2 - \frac{1}{2} m_1 v_1'^2 - \frac{1}{2} m_2 v_2'^2 = \frac{1}{2} \frac{m_1 m_2}{m_1 + m_2} (v_1 - v_2)^2. \tag{2}$$

Fallen insbesondere $\mathfrak{v}_1$, $\mathfrak{v}_2$ in dieselbe Gerade, so ist: $v_1' = v_2' = v_0$ und

$$\Delta T = \frac{1}{2} \frac{m_1 m_2}{m_1 + m_2} (v_1 - v_2)^2 = \frac{1}{2} m_1 (v_0 - v_1)^2 + \frac{1}{2} m_2 (v_0 - v_2)^2. \tag{3}$$

Für die Größe der Stoßkraft $\mathfrak{P}$ ergibt sich in diesem Falle:

$$P = m_1 (v_1' - v_1) = - m_2 (v_2' - v_2) = - \frac{m_1 m_2}{m_1 + m_2} (v_1 - v_2). \tag{4}$$

Der unelastische Stoß kann auch durch die Aussage gekennzeichnet werden, daß bei ihm der Energieverlust $\Delta T$ den größten Wert annimmt, der unter den gegebenen Umständen auftreten kann. Ist nämlich $\Delta T$ durch den ersten Teil der Gleichung (2) definiert, und sucht man die Bedingungen zu ermitteln, unter denen $\Delta T$ als Funktion der $v_1'$, $v_2'$ einen extremen Wert annimmt, so hat man die Nebenbedingung zu berücksichtigen

$$m_1 v_1 + m_2 v_2 - m_1 v_1' - m_2 v_2' = 0. \tag{5}$$

Man hat daher die Hilfe eines LAGRANGEschen Multiplikators $\lambda$ die Funktion zu bilden

$$T^* = \Delta T + \lambda (m_1 v_1 + m_2 v_2 - m_1 v_1' - m_2 v_2')$$

und erhält als Bedingungen für das Extremum die Gleichungen

$$\frac{\partial T^*}{\partial v_1'} = - m_1 v_1' - \lambda m_1 = 0, \qquad \frac{\partial T^*}{\partial v_2'} = - m_2 v_2' - \lambda m_2 = 0.$$

Aus ihnen folgt

$$v_1' = v_2' = - \lambda,$$

d. h. die Geschwindigkeiten nach dem Stoß müssen gleich groß sein, und damit für $\Delta T$ der in Gleichung (3) angegebene Wert. ($\Delta T = 0$ würde dem vollkommen elastischen — verlustlosen — Stoßvorgang entsprechen.)

**12. Der unvollkommen elastische oder physikalische Stoß zweier Massenpunkte.** a) Der gerade Stoß. Da die beiden eben behandelten Fälle des elastischen und unelastischen Stoßes die Grenzfälle darstellen, zwischen denen sich die Stoßvorgänge überhaupt abspielen können, so wird der Stoß physikalisch gegebener Körper hinsichtlich des Austausches der Geschwindigkeiten und des Verhaltens der Energie offenbar eine Mittelstellung zwischen diesen einnehmen; man bezeichnet den Stoß sodann kurz als physikalischen Stoß und erkennt sofort, daß der auftretende Energieverlust in der Regel kleiner sein muß als der durch Gleichung (3) von Ziff. 11 gegebene größte Wert. Will man ihn und die Geschwindigkeiten nach dem Stoß berechnen, so ist es unabweislich, die auftretende Energiezerstreuung durch Betrachtung der elastischen und plastischen Formänderungen und weiterhin der Wärme- und Schallentwicklung zu verfolgen. Es liegt daher hier eine Aufgabe vor, die über das Gebiet der Energie erhaltenden Vorgänge der reinen Mechanik hinausgreift und die, strenge genommen — wie später noch deutlicher hervorgehen wird — nur durch Berücksichtigung der Energie zerstreuenden, nicht umkehrbaren Erscheinungen beherrscht werden kann.

Die sog. klassische Theorie des physikalischen Stoßes sucht diese Erscheinungen durch eine zusätzliche Annahme zu berücksichtigen, die eine die stoßenden Körper kennzeichnende Konstante einführt und die Geschwindigkeiten nach dem Stoß und den Energieverlust in einfacher Weise zu bestimmen gestattet. Diese von NEWTON herrührende Annahme — die sogenannte NEWTONsche Regel — besteht darin, das Verhältnis der Geschwindigkeiten des Berührungspunktes der stoßenden Körper in der Stoßrichtung nach und vor dem Stoß, also die Größe

$$\frac{v_1' - v_2'}{v_2 - v_1} = e \tag{1}$$

als eine Stoffkonstante zu betrachten, die für alle Werte von $v_1, v_2, v_1', v_2'$ für ein bestimmtes Paar von Stoffen denselben Zahlenwert besitzt. Beim elastischen Stoß ist dann nach Gleichung (4) von Ziff. 10 $e = 1$, beim unelastischen $e = 0$, beim physikalischen $0 < e < 1$. Die Zahl $e$ wird als Stoßziffer oder Restitutionskoeffizient bezeichnet.

Bisher ist über die den Stoß begleitenden Erscheinungen an den Körpern selbst nichts ausgesagt worden. Man hat sich den Vorgang so vorgestellt, daß in seiner ersten Phase (erste Stoßzeit) eine Zusammendrückung der beiden Körper bis zu einem größten Wert erfolgt, bei dem die beiden Körper dieselbe Geschwindigkeit haben; an diese schließt sich in einer zweiten Phase (zweite Stoßzeit) eine Ausdehnung an, die beim elastischen Stoß vollständig, beim physikalischen unvollständig ist und nur beim unelastischen Stoß ganz fehlt. Dementsprechend kann die Gleichung (1) auch so geschrieben werden:

beim elastischen Stoß: $v_1' - v_0 = v_0 - v_1, \quad v_2' - v_0 = v_0 - v_2,$

beim physikalischen Stoß: $v_1' - v_0 = e(v_0 - v_1), \quad v_2' - v_0 = e(v_0 - v_2),$

beim unelastischen Stoß: $v_1' - v_0 = v_2' - v_0 = 0.$

Ohne Heranziehung der Hilfsmittel der Elastizitäts- und Plastizitätstheorie müssen daher die Untersuchungen über das Stoßproblem unvollständig sein.

Nach NEWTON u. a. hat man für $e$ die folgenden Werte anzusetzen:

Tabelle 1. Stoßziffer $e$.

| | |
|---|---|
| Holzblock auf Guttapercha [TAIT[1])] . . | $e = 0{,}26$ |
| Kugeln aus Holz . . . . . . . . . . | 0,5 |
| ,, ,, Stahl . . . . . . . . . . | $\frac{5}{9}$ |
| ,, ,, Wolle . . . . . . . . . . . | 0,56 |
| ,, ,, Elfenbein . . . . . . . . | $\frac{8}{9}$ |
| ,, ,, Glas. . . . . . . . . . . | 0,94 |

Wird $e$ als eine gegebene Konstante betrachtet, so erhält man für die Geschwindigkeiten nach dem Stoß die Werte

$$\left.\begin{aligned} v_1' &= v_0 + e(v_0 - v_1) = \frac{(m_1 - e m_2) v_1 + (1 + e) m_2 v_2}{m_1 + m_2}, \\ v_2' &= v_0 + e(v_0 - v_2) = \frac{(1 + e) m_1 v_1 + (m_2 - e m_1) v_2}{m_1 + m_2}. \end{aligned}\right\} \tag{2}$$

Die zugehörige MAXWELLsche Konstruktion zeigt Abb. 3c.

Für den Energieverlust durch den Stoß ergibt sich

$$\Delta T = \frac{1 - e^2}{2} \frac{m_1 m_2}{m_1 + m_2} (v_1 - v_2)^2 . \tag{3}$$

[1]) P. G. TAIT, Proc. Edinb. Phil. Soc. Bd. 15, S. 159. 1888 oder Scientific Papers, Bd. II. S. 221. — Ferner Trans. Edinb. Roy. Soc. Bd. 36, S. 225. 1890 und Bd. 37, S. 381. 1892 oder Papers, Bd. II. S. 222 und 249.

Der Energieverlust kann auch in folgender Form angeschrieben werden:

$$\Delta T = \frac{1}{2}\,\frac{1-e}{1+e}\left[m_1(v_1'-v_1)^2 + m_2(v_2'-v_2)^2\right] \tag{4}$$

oder endlich auch so:

$$\Delta T = \frac{1-e^2}{2e^2}\,\frac{m_1 m_2}{m_1+m_2}\,(v_1'-v_2')^2 . \tag{5}$$

Die Größe der Stoßkraft ergibt sich in einer der folgenden Formen:

$$\left.\begin{aligned} P &= m_1(v_1'-v_1) = -m_2(v_2'-v_2) = -\frac{m_1 m_2}{m_1+m_2}(1+e)(v_1-v_2)\\ &= \frac{m_1 m_2}{m_1+m_2}\,\frac{1+e}{e}(v_1'-v_2') . \end{aligned}\right\} \tag{6}$$

Für späterhin (Ziff. 15, 16) merken wir an, daß man also die Stoßkraft beim physikalischen Stoß bekommt, wenn man den für den unelastischen Stoß geltenden Wert mit $(1+e)$ multipliziert [vorletzter Ausdruck in Gl. (6)].

Die in Gleichung (1) ausgedrückte Beziehung hat an sich völlig willkürliche Beschaffenheit und ist auf ihre Richtigkeit in jedem einzelnen Fall besonders zu prüfen. Es sei gleich hier bemerkt, daß sie durch neuere Versuche, von denen die von RAMAN[1]), VENKATA[2]), SESHAGIRI[3]), OKUBO[4]) u. a. zu nennen sind, nicht bestätigt wurde. — Andere Ansätze ähnlich einfacher Art scheinen bisher nicht versucht worden zu sein und dürften auch wenig Aussicht auf Bestätigung haben.

Als Sonderfall der Gleichungen (2) sei der Stoß gegen eine ruhende Wand angemerkt:

$$m_2 = \infty \qquad v_2 = 0 ;$$

es folgt:

$$v_1' = -e v_1 , \qquad v_2' = 0 , \qquad \Delta T = \frac{1-e^2}{2} m_1 v_1^2 . \tag{7}$$

Dieser Fall hat praktische Bedeutung erlangt, da er in dem sog. Rückprallsklereoskop für die praktische Härteprüfung Verwendung findet[5]). Eine kleine gehärtete Stahlkugel wird auf das hinsichtlich seiner Härte zu prüfende Werkstück von einer bestimmten Anfangshöhe fallen gelassen, und mit dieser wird die Höhe verglichen, auf die die Kugel beim Rückprall steigt. Die Verwendung des zuerst von SHORE angegebenen und später von SCHUCHARDT und SCHÜTTE verbesserten Apparates hat HERRMANN beschrieben[6]).

b) Für den schiefen Stoß hat man wieder anzunehmen, daß die in die Stoßrichtung fallenden Komponenten der Geschwindigkeiten durch dieselben Gleichungen (2) gegeben sind wie zuvor, und daß die Geschwindigkeiten senkrecht zur Stoßrichtung durch diesen keine Veränderungen erfahren. Eine zeichnerische Ermittlung der Geschwindigkeit nach dem Stoß, die auf der Übertragung der Gleichungen (2) beruht, rührt von LEES[7]) her.

Man trage in Abb. 4 die Impulse $m_1\mathfrak{v}_1$, $m_2\mathfrak{v}_2$ hintereinander auf, dann ist die Summe $m_1\mathfrak{v}_1 + m_2\mathfrak{v}_2 = m_1\mathfrak{v}_1' + m_2\mathfrak{v}_2'$ der Gesamtimpuls der beiden Körper, oder der Impuls ihres gemeinsamen Schwerpunktes. Im Treffpunkte $C$ ziehe man eine Parallele $ab$ zur Stoßrichtung $\mathfrak{P}$, teile $ab$ im Verhältnis der Massen

[1]) C. V. RAMAN, Phys. Rev. (2) Bd. 15, S. 277. 1920.
[2]) A. VENKATA, Proc. Indian Ass. for the Cultiv. of Sc. Bd. 6, S. 109. 1920.
[3]) K. SESHAGIRI, Proc. Indian Ass. for the Cultiv. of Sc. Bd. 6, S. 165. 1920.
[4]) J. OKUBO, Sc. Reports Tohoku Univ. Bd. 11, S. 455. 1922.
[5]) S. Kap. 3, Ziff. 80 ds. Bd. des Handb.
[6]) R. HERRMANN, ZS. f. Feinmech. Bd. 1. S. 67. 1904.
[7]) C. H. LEES, Phil. Mag. (6) Bd. 8, S. 215. 1904.

$m_1 : m_2$ und gewinnt so den Punkt $D$. Ferner trage man in irgendeinem Maßstabe $\overline{Dc} = 1$, $\overline{Dd} = e$ auf, ziehe $\overline{dA} \parallel \overline{cC}$, dann ist $\overline{OA} = m_1 \mathfrak{v}_1'$, $\overline{AB} = m_2 \mathfrak{v}_2'$. Für $e = 1$ folgt die in Abb. 4c angegebene Vereinfachung.

Auch die in Ziff. 8 angegebene Konstruktion von MAXWELL läßt sich wie schon bemerkt, für den physikalischen Stoß erweitern (s. Abb. 3c).

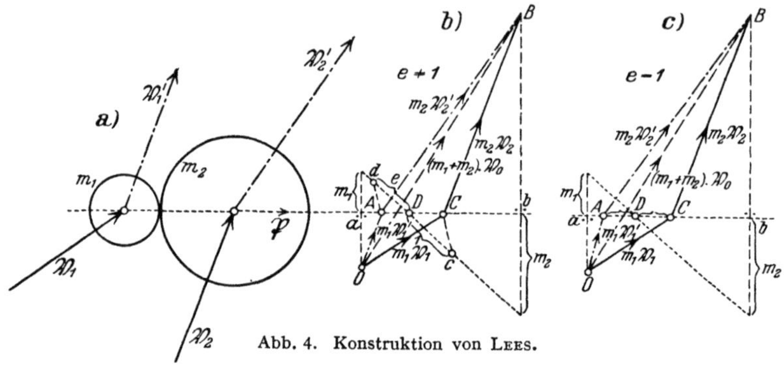

Abb. 4. Konstruktion von LEES.

**13. Die allgemeine Bewegung der stoßenden Körper; der Einfluß der Reibung.** Die bisher betrachteten Stoßvorgänge waren dadurch ausgezeichnet, daß bei ihnen Drehbewegungen der stoßenden Körper keine Rolle spielten: die Körper wurden als klein, wenn auch nicht als unendlich klein betrachtet. Die Drehbewegungen geben insbesondere dann Anlaß zu besonderen Bewegungsformen, wenn die Oberflächen der Körper nicht mehr als glatt (reibungslos), sondern als rauh (reibend) vorausgesetzt werden. Eine ausführliche Behandlung der unter den verschiedenen Verhältnissen entstehenden Bewegungsformen ist von ROUTH[1]) gegeben und durch geometrische Hilfsmittel verdeutlicht worden. Wir geben diese Betrachtungen für die ebene Bewegung der Körper ausführlich wieder, die entsprechenden Betrachtungen bei der allgemeinen Bewegung der Körper im Raume erledigt sich dann durch sinngemäße Erweiterung.

Bezüglich des Einflusses der Reibung ist auf den charakteristischen Unterschied zwischen Haftreibung und Bewegungsreibung (früher als statische und dynamische Reibung voneinander unterschieden) hinzuweisen, der auch in den allgemeinen Reibungsgesetzen zum Ausdruck kommt und ihren unstetigen Einfluß zur Geltung bringt[2]). Diese Aussagen erfahren für die Anwendung auf Stoßvorgänge nur insofern eine Änderung, als an Stelle der Kräfte die Impulse treten, also ihre über kurze Zeitintervalle erstreckten Zeitintegrale. Man wird also an Stelle von Reibungskraft und Normalkraft nunmehr, streng genommen, von Reibungsstoß und Normalstoß zu sprechen haben.

Die erwähnten Reibungsgesetze nehmen dann etwa folgenden Wortlaut an: Wenn die beiden stoßenden Körper aneinander gleiten, so tritt ein Reibungsstoß $R$ von solchem Betrage auf, der dem größten möglichen Wert $fN$ entspricht, wo $N$ der Normalstoß ist und an jedem Körper der relativen Gleitrichtung entgegenwirkt. Wenn ein Gleiten der Körper jedoch nicht stattfindet, diese vielmehr unter dem Normalstoß $N$ an der Berührungsstelle aneinander haften, die Körper also aufeinander rollen, so kann der Reibungsstoß $R$ jeden beliebigen

---

[1]) E. J. ROUTH, Die Dynamik der Systeme starrer Körper, Bd. I, S. 168ff u. 286ff. Ferner sind auch die Arbeiten von E. PHILLIPS, Journ. de math. (1) Bd. 14, S. 312. 1849, G. DARBOUX, C. R. Bd. 78, S. 1421, 1559, 1645 u. 1767. 1874; Bull. des sciences math. (2) Bd. 4, S. 126 .1880; Note XXI in M. DESPEYRONS, Mécanique, Bd. 2. Paris 1886; A. MAYER, Leipziger Ber. Bd. 54, S. 208 u. 327. 1902 namhaft zu machen.

[2]) S. hierzu Bd. V, Kap. 9 ds. Handb.

Wert zwischen $\pm f_0 N$ annehmen und bleibt zunächst seiner Größe und Richtung nach unbestimmt. Mangels besonderer Versuche über den Reibungsstoß wird $f_0 = f$ und gleich einem mittleren Werte gesetzt, der aus den Versuchen mit endlichen Kräften und Zeiten gewonnen wird.

Um also zu entscheiden, ob die eine oder die andere Art der Bewegung eintritt, hat man die Bewegungsgleichungen für beide möglichen Bewegungen zu diskutieren.

Zunächst nimmt man an, daß der eine Körper ohne Gleiten über den anderen hinwegrollt und ermittelt die Reibung, die nötig ist, um den Berührungspunkt $A$ im Zustand der Ruhe (Haften) zu halten. Bei diesem Ansatze wird der Reibungsstoß $R$ als eine in der gemeinsamen Berührungsebene liegende Unbekannte eingeführt. Aus den Bewegungsgleichungen ist dann die Bewegung selbst (etwa die Drehgeschwindigkeit der Rollung), der Normalstoß $N$ und der Reibungsstoß $R$ bestimmbar. Ist dann $R/N \leqq f$, so tritt tatsächlich Haften der Körper aneinander ein, die Körper rollen aufeinander. Ergibt sich jedoch $R/N > f$, so ist die Annahme des Rollens unzutreffend, und es tritt Gleiten ein. Man hat daher nunmehr die Bewegungsgleichungen unter der Annahme anzusetzen, daß der Punkt $A$ auf der Unterlage gleitet; das bedeutet aber nach den allgemeinen Aussagen, daß der Reibungsstoß in der ganz bestimmten Größe $f_0 N$ in der Gegenrichtung des relativen Gleitens anzusetzen ist, während die früher verwendete geometrische Beziehung, die das Haften bei $A$ ausspricht, in Wegfall kommt. Durch Auflösung der Bewegungsgleichungen erhält man dann auch die Gleitgeschwindigkeit von $A$. Stellt sie sich als von Null verschieden und in der Gegenrichtung des angenommenen Reibungsstoßes $fN$ heraus, so hat man die tatsächlich eintretende Bewegung gefunden. Sie besteht in einem Rollen des Körpers mit Gleiten bei $A$ und bleibt so lange bestehen, als dieses Gleiten nicht verschwindet.

Man beachte, daß im ersten Falle die Bewegung eine solche mit einem Freiheitsgrad ist, bei der die Unbekannten die eine Systemgröße der Bewegung (z. B. die Winkelgeschwindigkeit oder die Geschwindigkeit eines von $A$ verschiedenen Punktes) und $R$ und $N$ sind; im zweiten Falle handelt es sich um eine Bewegung mit zwei Freiheitsgraden, und die Unbekannten sind zwei Systemgrößen (etwa die Geschwindigkeit des Schwerpunktes und die Winkelgeschwindigkeit) und der Normalstoß $N$.

**14. Der Stoß vollkommen unelastischer und vollkommen elastischer Körper bei ebener Bewegung.** a) Der Grenzfall des unelastischen Stoßes ist sowohl bei vollkommen glatten, als auch bei vollkommen rauhen Oberflächen mit ganz einfachen Mitteln zu erledigen. Beim unelastischen Stoß glatter Körper muß die relative Geschwindigkeit des Berührungspunktes in Richtung der gemeinsamen Berührungsnormalen, bei rauhen Körpern überdies auch in Richtung der Berührungstangente verschwinden[1]).

Es seien also $\mathfrak{v}_1, \mathfrak{v}_2$ die Geschwindigkeiten der Schwerpunkte der beiden Körper, $\omega_1, \omega_2$ ihre Winkelgeschwindigkeiten vor dem Stoße, $\mathfrak{v}_1', \mathfrak{v}_2', \omega_1', \omega_2'$ die entsprechenden Größen nach dem Stoße, $m_1, m_2$ die Massen, $k_1, k_2$ ihre Trägheitsarme in bezug auf die Massenmittelpunkte $S_1, S_2$ ferner $a_1, b_1$ und $a_2, b_2$ deren Koordinaten in bezug auf die Tangente ($x$-Achse) und Normale ($y$-Achse) durch den Berührungspunkt (Abb. 5).

$\alpha$) Für vollkommen rauhe, unelastische Körper gibt das Verschwinden der relativen Geschwindigkeit des Gleitens ($G$) und der Zusammendrückung ($K$) die folgenden Gleichungen:

$$G \equiv v_{1x}' + b_1 \omega_1' - (v_{2x}' + b_2 \omega_2') = 0, \qquad (1)$$

$$K \equiv v_{1y}' - a_1 \omega_1' - (v_{2y}' - a_2 \omega_2') = 0; \qquad (2)$$

[1]) E. J. Routh, l. c. Bd. I, S. 145/46.

die Gleichheit der Bewegungsgrößen vor und nach dem Stoßen nach den Achsen $x, y$ gibt:

$$m_1(v'_{1x} - v_{1x}) + m_2(v'_{2x} - v_{2x}) = 0\,, \tag{3}$$

$$m_1(v'_{1y} - v_{1y}) + m_2(v'_{2y} - v_{2y}) = 0\,; \tag{4}$$

und schließlich die Gleichheit der Momente der Bewegungsgrößen der beiden Körper vor und nach dem Stoße mit Bezug auf den Berührungspunkt $A$:

$$k_1^2(\omega'_1 - \omega_1) - (v'_{1x} - v_{1x})b_1 + (v'_{1y} - v_{1y})a_1 = 0\,, \tag{5}$$

$$k_2^2(\omega'_2 - \omega_2) - (v'_{2x} - v_{2x})b_2 + (v'_{2y} - v_{2y})a_2 = 0\,. \tag{6}$$

Durch diese sechs Gleichungen sind die sechs Größen $v'_{1x}$, $v'_{1y}$, $v'_{2x}$, $v'_{2y}$, $\omega'_1$, $\omega'_2$ nach dem Stoß bestimmt.

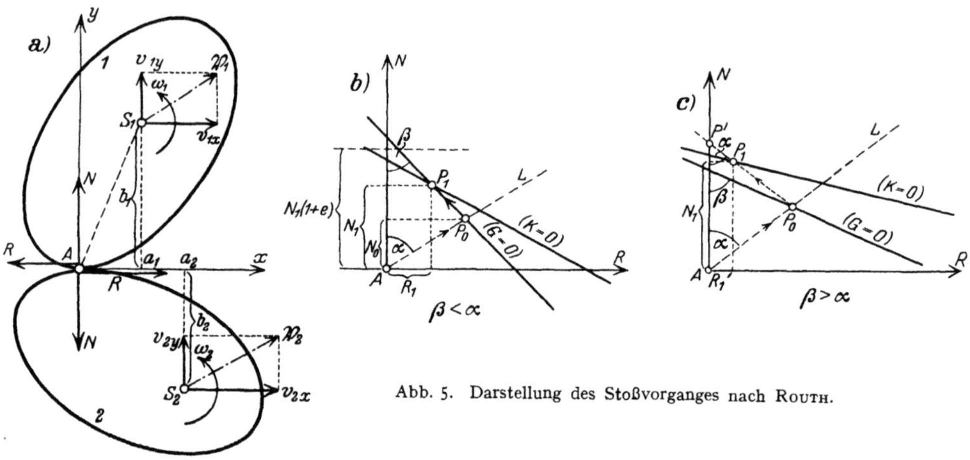


Abb. 5. Darstellung des Stoßvorganges nach ROUTH.

$\beta$) Für vollkommen glatte, unelastische Körper fallen die Gleichungen (1) und (3) weg, und an ihre Stelle treten die folgenden:

$$v'_{1x} - v_{1x} = 0\,, \qquad v'_{2x} - v_{2x} = 0\,, \tag{7}$$

die zusammen mit den übrigbleibenden die Geschwindigkeiten nach dem Stoß festlegen.

b) Auch der andere Grenzfall des vollkommen elastischen Stoßes läßt sich sowohl bei rauhen als auch bei glatten Körperoberflächen unmittelbar erledigen.

$\gamma$) Für vollkommen rauhe, elastische Körper sind von den Gleichungen (1) bis (6) alle mit Ausnahme der Gleichung (2) beizubehalten, die durch die Energiegleichung

$$m_1 v_1^2 + m_2 v_2^2 + m_1 k_1^2 \omega_1^2 + m_2 k_2^2 \omega_2^2 = m_1 v_1'^2 + m_2 v_2'^2 + m_1 k_1^2 \omega_1'^2 + m_2 k_2^2 \omega_2'^2 \tag{8}$$

zu ersetzen ist.

$\delta$) Für vollkommen glatte, elastische Körper sind die Gleichungen (1) und (3) durch die Gleichungen (7), und Gleichung (2) ist wieder durch die Energiegleichung (8) zu ersetzen.

In allen diesen Fällen erhält man auf die angegebene Weise unmittelbar die notwendige Anzahl von Gleichungen zur Bestimmung der Geschwindigkeitsgrößen nach dem Stoße.

**15. Der Stoß unvollkommen rauher und unvollkommen elastischer Körper bei ebener Bewegung; der Bildpunkt.** Eine besondere Behandlung ist erforderlich, sobald die Oberflächen der Körper unvollkommen rauh und die Körper selbst unvollkommen elastisch sind (physikalischer Stoß). In diesem Falle ist die Größe der Reibung durch $\pm fN$ begrenzt, und die vorher angegebenen Gleichungen haben keine Geltung mehr, sobald der Grenzwert der auftretenden Reibung nicht groß genug ist, um das Gleiten zu verhindern. Um dies zu entscheiden, ist es nötig, die Bewegungsgleichungen für jeden Körper für sich in der gewöhnlichen Weise anzusetzen. Dabei sollen sich jedoch die gestrichenen Größen und $N$, $R$ zunächst auf einen beliebigen Zeitpunkt innerhalb des ganzen Stoßvorganges beziehen. Berücksichtigt man, daß $N$ und $R$ für die beiden Körper in entgegengesetzten Richtungen angesetzt werden müssen (Abb. 5a), so lauten die Bewegungsgleichungen für den Körper 1:

$$\left.\begin{aligned} m_1(v'_{1x} - v_{1x}) &= -R\,, \\ m_1(v'_{1y} - v_{1y}) &= \phantom{-}N\,, \\ m_1 k_1^2(\omega'_1 - \omega_1) &= -Rb_1 - Na_1\,; \end{aligned}\right\} \tag{1}$$

und für den Körper 2:

$$\left.\begin{aligned} m_2(v'_{2x} - v_{2x}) &= \phantom{-}R\,, \\ m_2(v'_{2y} - v_{2y}) &= -N\,, \\ m_2 k_2^2(\omega'_2 - \omega_2) &= -Rb_2 + Na_2\,. \end{aligned}\right\} \tag{2}$$

Die relative Gleitgeschwindigkeit des Berührungspunktes $A$ ist jetzt

$$G \equiv v'_{1x} + b_1\omega'_1 - (v'_{2x} + b_2\omega'_2) \tag{3}$$

und die relative Geschwindigkeit der Zusammendrückung der beiden Körper

$$K \equiv v'_{1y} - a_1\omega'_1 - (v'_{2y} - a_2\omega'_2)\,. \tag{4}$$

Setzt man für die gestrichenen Größen ihre Werte aus den vorhergehenden Gleichungen ein und setzt weiter zur Abkürzung

$$\left.\begin{aligned} G_0 &= v_{1x} + b_1\omega_1 - (v_{2x} + b_2\omega_2)\,, \\ K_0 &= v_{1y} - a_1\omega_1 - (v_{2x} - a_2\omega_2)\,, \\ c &= \frac{1}{m_1} + \frac{1}{m_2} + \frac{b_1^2}{m_1 k_1^2} + \frac{b_2^2}{m_2 k_2^2}\,, \\ c' &= \frac{1}{m_1} + \frac{1}{m_2} + \frac{a_1^2}{m_1 k_1^2} + \frac{a_2^2}{m_2 k_2^2}\,, \\ h &= \frac{a_1 b_1}{m_1 k_1^2} - \frac{a_2 b_2}{m_2 k_2^2}\,; \end{aligned}\right\} \tag{5}$$

so folgt

$$G \equiv G_0 - cR - hN \tag{6}$$

und

$$K \equiv K_0 - hR - c'N\,; \tag{7}$$

$G_0$, $K_0$ stellen die Anfangsgeschwindigkeiten des Gleitens und der Zusammendrückung (für $R = 0$, $N = 0$) dar.

Die in Ziff. 13 erwähnte unstetige Beschaffenheit des Einflusses der Reibung kann nach ROUTH dadurch in übersichtlicher Weise verfolgt werden, daß die für jeden Zeitpunkt des Stoßvorganges geltenden, zusammengehörigen Werte von $R$ und $N$ ins Auge gefaßt und in einem $R$-$N$-System zur Darstellung gebracht werden. Jedem Wertepaar $R$, $N$ entspricht dann ein gewisser Bildpunkt $P$; und zwar muß $N$ während des Stoßvorganges immer positiv sein (sonst würden sich die Körper trennen), während $R$ in der Gegenrichtung eingetragen wird, in der sie auf den Körper 1 einwirkt. Die Richtung der Bewegung des Bildpunktes zeigt daher stets die Gleitrichtung des Punktes $A$ von 1 über den Körper 2 an. Zur Verfolgung des Stoßvorganges ist es ferner angezeigt, auch die „Gerade fehlenden Gleitens“ $G = 0$ und die „Gerade stärkster Zusammendrückung“ $K = 0$ in das Schaubild einzutragen (Abb. 5b).

Bei Beginn des Stoßes gleiten die Körper aufeinander, die Reibung $R = fN$ kommt daher mit ihrer vollen Größe in der Gegenrichtung des Gleitens zur Wirkung, und ihr Verlauf wird durch eine Gerade $AL$ dargestellt, deren Neigung durch $\operatorname{tg}\alpha = f$ gegeben ist. Das Gleiten dauert so lange an, bis $G = 0$ geworden, also die Gerade fehlenden Gleitens erreicht ist, d. i. in $P_0$. In diesem Punkte kann die Bewegung in eine rollende übergehen, und es gelangt nur so viel Reibung zur Wirkung, als gerade hinreicht, um ein Gleiten zu verhüten, vorausgesetzt, daß dieser Wert kleiner als der Grenzwert der Reibung bleibt. Ist daher die Neigung $\beta$ der Linie $G = 0$ gegen die $N$-Achse kleiner als $\alpha$, also $\beta < \alpha = \operatorname{arctg} f$, so wandert der Bildpunkt auf der Geraden $G = 0$ weiter; ist jedoch $\beta > \alpha$, so ändert die Reibung unter Beibehaltung des Grenzwertes ihre Richtung, und der Bildpunkt wandert auf einer Linie $P_0P'$ weiter, die gegen die $R$-Achse ebenfalls unter dem Winkel $\alpha$ geneigt ist (Abb. 5c).

Der Bildpunkt geht so lange auf der Geraden $G = 0$ bzw. $P_0P'$ weiter, bis er in $P_1$ die „Gerade stärkster Zusammendrückung“ $K = 0$ trifft; die zugehörige Ordinate sei $N_1$, und der Stoß endigt, sobald $N = N_1(1 + e)$ geworden ist. Der zugehörige Wert von $R$ ist die Abszisse $R_1$ von $P_1$. Setzt man sodann $N = N_1(1 + e)$, $R = R_1$ in die Stoßgleichungen (1) und (2) ein, so können die Geschwindigkeiten nach dem Stoß daraus unmittelbar berechnet werden.

Sind die Körper vollkommen glatt ($f = 0$, $R = 0$), aber unvollkommen elastisch ($e \neq 1$), so fällt $AL$ mit der $N$-Achse zusammen; der Bildpunkt bewegt sich dann auf der $N$-Achse bis zum Schnitt $N_1$ mit der Geraden $K = 0$, und der Endwert von $N$ ist $N_1(1 + e)$.

Sind die Körper vollkommen rauh ($f = \infty$), dann fällt $AL$ in die $R$-Achse, und der Bildpunkt bewegt sich auf dieser bis zum Schnitt mit der Geraden $G = 0$ und wandert dann auf dieser weiter, bis er die Gerade $K = 0$ erreicht. Sind die Körper vollkommen unelastisch, so sind die Koordinaten $N_1$, $R_1$ dieses Schnittpunktes unmittelbar die gesuchten Endwerte von $R$. Sind sie unvollkommen elastisch, so wandert der Bildpunkt auf $G = 0$ weiter, bis $N = N_1(1 + e)$ geworden ist; das zugehörige $R$ ist gleich dem entsprechenden Wert der Abszisse auf der Geraden $G = 0$. — Für vollkommen elastische Körper ist wieder $e = 1$ zu setzen.

Je nach der verschiedenen Lage der Geraden $AL$, $G = 0$, $K = 0$ gibt es eine große Anzahl verschiedener Fälle, die alle nach dem angegebenen Schema, das auf den bekannten Reibungsgesetzen beruht, leicht zu diskutieren sind. Bei den Anwendungen ist meist $h = 0$, dann verläuft die Gerade $G = 0$ zur $N$-Achse parallel, und die Betrachtung wird wesentlich einfacher.

Eine ausführliche Darstellung dieser Probleme mit wesentlich denselben Hilfsmitteln rührt von v. SZILY[1]) her.

**16. Beispiel: Der Stoß eines Balles mit Anfangsdrehung gegen eine rauhe Wand.** Der Ball (Halbmesser $a$) möge mit der unter dem Winkel $\alpha$ gegen die Normale zur Wand geneigten Anfangsgeschwindigkeit $v$ und der Anfangsdrehgeschwindigkeit $\omega$ auf die Wand auftreffen. Von den Bewegungsgleichungen von Ziff. 15 bleibt jetzt nur die Gruppe (1) in der Form gültig:

$$\left.\begin{aligned} v_x' - v\sin\alpha &= -\frac{R}{m}, \\ v_y' + v\cos\alpha &= \frac{N}{m}, \\ \omega' - \omega &= -\frac{Ra}{mk^2}. \end{aligned}\right\} \tag{1}$$

[1]) K. v. SZILY, Ber. d. ungar. Akad. d. Wiss. Bd. 19, S. 283. 1904.

Die „Gerade fehlenden Gleitens" hat die Gleichung

$$G \equiv v'_x + a\omega' = v\sin\alpha + a\omega - \frac{a^2+k^2}{k^2}\frac{R}{m} = 0 \tag{2}$$

und die „Gerade stärkster Zusammendrückung"

$$K \equiv v'_y = -v\cos\alpha + \frac{N}{m}\,. \tag{3}$$

Die Gerade $G = 0$ verläuft zur $N$-Achse parallel, und zwar für $k^2 = 2a^2/5$ (Kugel) in der Entfernung (Abb. 6)

$$\overline{Ag} = \tfrac{2}{7} m (v\sin\alpha + a\omega)\,, \tag{4}$$

und $K = 0$ verläuft parallel zur $R$-Achse in der Entfernung

$$\overline{Ak} = mv\cos\alpha\,,$$

und weiter sei

$$\overline{Ak'} = \overline{Ak}(1+e) = mv(1+e)\cos\alpha\,.$$

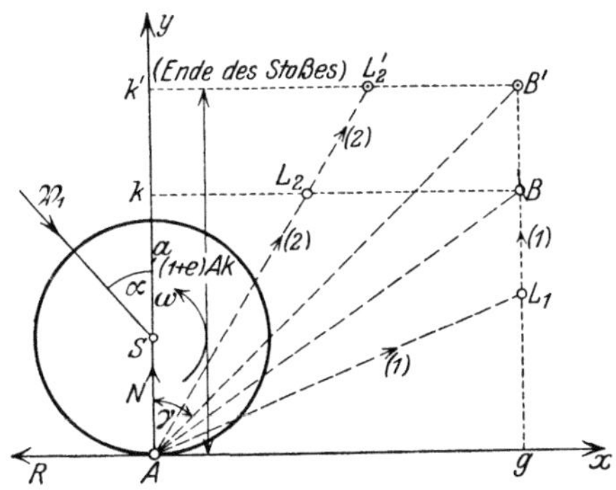


Abb. 6. Stoß eines Balles gegen eine feste Wand.

Nach Abb. 6 ist sodann:

$$\operatorname{tg}\gamma = \operatorname{tg}(B'Ay) = \frac{\overline{Ag}}{\overline{Ak'}} = \frac{2}{7}\left(\operatorname{tg}\alpha + \frac{a\omega}{v\cos\alpha}\right)\frac{1}{1+e}\,. \tag{5}$$

Wenn daher (1.) $f > \operatorname{tg}\gamma$, dann läuft der Bildpunkt zunächst auf $AL_1$ bis zum Schnitt $L_1$ mit der Geraden $G = 0$, bis dahin gleitet die Kugel an der Wand; sodann wandert er auf $G = 0$ weiter bis zum Schnitt $B$ mit $K = 0$ und bis $B'$, so daß im Punkte $B'$, für den $\overline{gB'} = \overline{Ak'} = \overline{gB}(1+e)$, der Stoß zu Ende ist. Für das Ende des Stoßes ist daher

$$\left.\begin{aligned} N &= mv\cos\alpha\,(1+e)\,,\\ R &= \tfrac{2}{7} m (v\sin\alpha + a\omega)\,,\end{aligned}\right\} \tag{6}$$

und damit folgt für den Abprallwinkel der Wert

$$\operatorname{tg}\alpha' = \frac{v'_x}{v'_y} = \frac{mv\sin\alpha - R}{-mv\cos\alpha + N} = \frac{1}{e}\left[\frac{5}{7}\operatorname{tg}\alpha - \frac{2}{7}\frac{a\omega}{v\cos\alpha}\right]; \tag{7}$$

$\alpha'$ ist in diesem Falle unabhängig von $f$, weil immer genug Reibung zur Wirkung gebracht werden kann, um das Gleiten zu zerstören.

Sobald dagegen (2.) $f < \operatorname{tg}\gamma$, dann schneidet die Linie $AL_2$ die Gerade $K = 0$ vor dem Erreichen der Geraden $G = 0$, und der Stoß ist im Punkte $L'_2$ zu Ende, für welchen die folgenden Werte gelten:

$$\left.\begin{aligned} N &= mv\;(1+e)\cos\alpha\,,\\ R &= fmv(1+e)\cos\alpha\,.\end{aligned}\right\} \tag{8}$$

Für den Abprallwinkel ergibt sich in diesem Falle (abhängig von $f$) der Wert:

$$\operatorname{tg}\alpha' = \frac{v'_x}{v'_y} = \frac{1}{e}\left[\operatorname{tg} a - f(1+e)\right]. \tag{9}$$

Bezüglich weiterer lehrreicher Beispiele sei auf die angegebene Stelle bei ROUTH verwiesen. — Derartige Betrachtungen werden in der Theorie des Billardspiels angewendet[1]).

[1]) Siehe insbesondere G. CORIOLIS, Théorie mathématique des effets du jeu de billard. Paris 1835 u. Enzykl. d. math. Wiss. Bd. IV, 2. Teilbd., Art. 9 (G. T. WALKER).

**17. Das Stoßproblem für die räumliche Bewegung der Körper.** Es seien mit $\mathfrak{v}_i$, $\mathfrak{o}_i$, $\mathfrak{v}_i'$, $\mathfrak{o}_i'$ $(i = 1, 2)$ die auf die Schwerpunkte bezogenen Schraubenbewegungen der beiden Körper vor und nach dem Stoße, $m_i$ ihre Massen und

$$\begin{Vmatrix} A_i & -F_i & -E_i \\ -F_i & B_i & -D_i \\ -E_i & -D_i & C_i \end{Vmatrix} \qquad (i = 1, 2)$$

ihre Trägheitstensoren[1]), $x$, $y$ zwei in der gemeinsamen Berührungsebene liegende Achsen, $z$ normal zu diesen, $\mathfrak{r}_i(a_i, b_i, c_i)$ $(i = 1, 2)$ die Koordinaten der Schwerpunkte in bezug auf diese Achsen, dann haben die Momentengleichungen um diese die folgende Gestalt[1]):

$$\left.\begin{aligned} A_1(\omega_{1x}' - \omega_x) - F(\omega_{1y}' - \omega_{1y}) - E(\omega_{1z}' - \omega_{1z}) - m_1(v_{1y}' - v_{1y})\, c_1 \\ + m_1(v_{1z}' - v_{1z})\, b_1 = 0\,, \ldots \end{aligned}\right\} \quad (1)$$

und zwei ähnliche für die beiden anderen Achsen, zu denen noch drei ebenso gebildete Gleichungen für den zweiten Körper treten, die wir als Gleichungen (2) bezeichnen. Für die Grenzfälle ergibt sich dann ganz ähnlich wie zuvor das folgende Schema:

a) Für vollkommen rauhe, unelastische Körper gelten außer (1) und (2) die Impulsgleichungen für $x, y, z$:

$$m_1(v_{1x}' - v_{1x}) + m_2(v_{2x}' - v_{2x}) = 0\,, \quad (3)$$
$$m_1(v_{1y}' - v_{1y}) + m_2(v_{2y}' - v_{2y}) = 0\,, \quad (4)$$
$$m_1(v_{1z}' - v_{1z}) + m_2(v_{2z}' - v_{2z}) = 0 \quad (5)$$

und außerdem die geometrischen Bedingungen für das Verschwinden des relativen Gleitens nach $x$, $y$ und der relativen Zusammendrückung nach $z$ nach dem Stoße:

$$G_x \equiv v_{1x}' - \omega_{1y}'\, c_1 + \omega_{1z}'\, b_1 - (v_{2x}' - \omega_{2y}'\, c_2 + \omega_{2z}'\, b_2) = 0\,, \quad (6)$$
$$G_y \equiv v_{1y}' - \omega_{1z}'\, a_1 + \omega_{1x}'\, c_1 - (v_{2y}' - \omega_{2z}'\, a_2 + \omega_{2x}'\, c_2) = 0\,, \quad (7)$$
$$K_z \equiv v_{1z}' - \omega_{1x}'\, b_1 + \omega_{1y}'\, a_1 - (v_{2z}' - \omega_{2x}'\, b_2 + \omega_{2y}'\, a_2) = 0\,. \quad (8)$$

Dies sind zusammen zwölf Gleichungen zur Bestimmung der zwölf unbekannten Teile der Schraubenbewegung nach dem Stoße. Die Reibungen $R_x$, $R_y$ und der Normalstoß $N_z$ sind sodann durch die Gleichungen gegeben:

$$\left.\begin{aligned} R_x &= m_1(v_{1x}' - v_{1x}) = -m_2(v_{2x}' - v_{2x})\,, \\ R_y &= m_1(v_{1y}' - v_{1y}) = -m_2(v_{2y}' - v_{2y})\,, \\ N_z &= m_1(v_{1z}' - v_{1z}) = -m_2(v_{2z}' - v_{2z})\,. \end{aligned}\right\}$$

b) Für vollkommen glatte, unelastische Körper gelten die Gleichungen (1), (2), (5) und (8) wie zuvor, und an Stelle der übrigen treten die folgenden:

$$\left.\begin{aligned} v_{1x}' - v_{1x} = 0\,, \quad v_{1y}' - v_{1y} = 0\,, \\ v_{2x}' - v_{2x} = 0\,, \quad v_{2y}' - v_{2y} = 0\,. \end{aligned}\right\} \quad (9)$$

c) Für vollkommen rauhe, elastische Körper bleiben die Gleichungen (1) bis (7) in Geltung, und an Stelle der Gleichung (8) tritt die Energiegleichung

$$T_1 = T_2\,, \quad (10)$$

worin[2])

$$\left.\begin{aligned} 2T_i = m_i v_i^2 + A_i\omega_{ix}^2 + B_i\omega_{iy}^2 + C_i\omega_{iz}^2 - 2D_i\omega_{iy}\omega_{iz} - 2E_i\omega_{iz}\omega_{ix} \\ - 2F_i\omega_{ix}\omega_{iy}\,, \qquad (i = 1, 2) \end{aligned}\right\} \quad (11)$$

bedeutet.

---

[1]) S. Bd. V, Kap. 8, Ziff. 2 ds. Handb. [2]) S. Bd. V, Kap. 8, Ziff. 3 ds. Handb.

d) Für vollkommen glatte, elastische Körper behalten die Gleichungen (1), (2) und (5) ihre Gültigkeit, während an die Stelle der übrigen die vier Gleichungen (9) und die Energiegleichung (10) zu setzen sind. —

Bei unvollkommen elastischen und unvollkommen rauhen Körpern sind ganz so wie im Falle der Ebene (Ziff. 15) die Bewegungsgleichungen für jeden Körper einzeln anzusetzen und wegen des unstetigen Einflusses der Reibung ganz in demselben Sinne zu verwerten, wie es dort auseinandergesetzt wurde.

Für den physikalischen Stoß (d. i. der Stoß vollkommen glatter oder rauher, aber unvollkommen elastischer Körper) kann auch in der klassischen Theorie des Stoßes die NEWTONsche Regel (Ziff. 12) verallgemeinert und in der Form angewendet werden, daß das Verhältnis der Geschwindigkeiten der Stoßstelle $A$ der beiden Körper in Richtung der Normalen vor und nach dem Stoße als eine nur vom Stoffpaar abhängige Konstante angesetzt wird:

$$\frac{v'_{1z} - b_1\omega'_{1x} + a_1\omega'_{1y} - (v'_{2z} - b_2\omega'_{2x} + a_2\omega'_{2y})}{v_{1z} - b_1\omega_{1x} + a_1\omega_{1y} - (v_{2z} - b_2\omega_{2x} + a_2\omega_{2y})} = -e.$$

Eine experimentelle Bestätigung hat diese Annahme bisher nicht gefunden.

**18. Beispiel: Der Stoß einer vollkommen rauhen und unelastischen Kugel auf einen wagerechten Boden.** Die Kugel vom Halbmesser $a$ hat beim Auftreffen auf den Boden eine Winkelgeschwindigkeit $\omega_x$ um eine zum Boden parallele Achse ($x$), während sich ihr Mittelpunkt im Momente des Auftreffens mit der Geschwindigkeit $v$ bewegt, die in der $xz$-Ebene liegt und unter dem Winkel $\alpha$ gegen die $x$-Achse geneigt ist. Gesucht ist die Bewegung nach dem Stoß.

Die Bewegungsgleichungen (1) lauten in diesem Falle:

$$\left.\begin{aligned} A(\omega'_x - \omega_x) - m v'_y a &= 0, \\ A\omega'_y + m(v'_x - V\cos\alpha)a &= 0, \\ A\omega'_z &= 0, \end{aligned}\right\} \tag{1}$$

und die Bedingungen für die vollständige Rauhigkeit und Starrheit des Stoffes:

$$G_x \equiv v'_x - a\omega'_y = 0, \quad G_y \equiv v'_y + a\omega'_x = 0, \quad K_z \equiv v'_z = 0. \tag{2}$$

Die Auflösung dieser Gleichungen liefert mit $k^2 = 2a^2/5$

$$v'_x = a\omega'_y = \tfrac{5}{7} V\cos\alpha, \quad v'_y = -a\omega'_x = -\tfrac{2}{7} a\omega_x, \quad v'_z = 0, \quad \omega'_z = 0. \tag{3}$$

Nach dem Stoß bewegt sich daher der Mittelpunkt der Kugel parallel zur wagerechten Ebene unter einem Winkel gegen die Einfallsebene, dessen Tangente ist

$$\frac{v_y'}{v_x'} = -\frac{2}{5}\frac{a\omega_x}{V\cos\alpha}. \tag{4}$$

**19. Plötzliche Festlegungen von Punkten und Achsen.** Die bisher gegebenen Ansätze können auch zur Lösung der folgenden Gruppe von Aufgaben dienen, die mit den bisher behandelten Fragen in enger Beziehung steht: Ein Körper (oder ein System von solchen) bewegt sich in gegebener Weise; welche Bewegung tritt ein, wenn diesem plötzlich irgendwelche Beschränkungen auferlegt (etwa durch Festlegung eines Punktes oder einer Achse) und vorher vorhandene Bedingungen (etwa die Lagerung eines anderen Punktes oder einer anderen Achse) freigegeben werden? Der Vorgang in den typischen Fällen, die für einen Körper hierbei auftreten können, ist durch folgende Übersicht gegeben[1]:

a) Ebene Bewegung. Der Bewegungszustand des Körpers sei durch die Geschwindigkeit $\mathfrak{v}$ seines Schwerpunktes $S$ und durch seine Winkelgeschwindig-

---

[1]) G. HAMEL, Elementare Mechanik, 2. Aufl., S. 453ff. Leipzig 1922.

keit $\omega$ gegeben. Plötzlich wird ein Punkt $A$ festgehalten (der vom momentanen Drehpol verschieden ist); gesucht ist die Winkelgeschwindigkeit $\omega'$ um $A$ und die Stoßreaktion $\mathfrak{P}$ in $A$.

Es seien (Abb. 7a) $X$, $Y$ die Komponenten von $\mathfrak{P}$ nach $x$, $y$, wobei die $x$-Achse parallel zu $\mathfrak{v}$ gewählt sein mag, $\mathfrak{r}$ $(a, b)$ der Vektor von $S$, $J_S$ und $J_A = J_S + mr^2$ das Trägheitsmoment des Körpers um $S$ und $A$; dann lauten die Bewegungsgleichungen

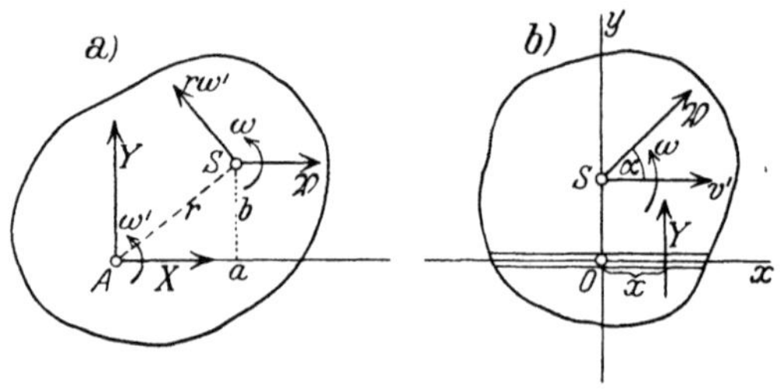

Abb. 7. Plötzliche Festlegungen.

$$\left.\begin{aligned} m(-b\omega' - v) &= X, \\ ma\omega' &= Y, \\ J_S(\omega' - \omega) &= bX - aY; \end{aligned}\right\} \quad (1)$$

daraus folgt

$$\omega' = \frac{J_S}{J_A}\omega - \frac{mb}{J_A}v, \quad (2)$$

während $X$, $Y$ durch die beiden ersten Gleichungen (1) gegeben sind. —

Wenn insbesondere $A$ im Unendlichen liegt, so besteht die Aufgabe darin, die Bewegung und die impulsive Reaktion zu bestimmen, sobald eine Gerade $x$ des Körpers, der sich ursprünglich mit $(\mathfrak{v}, \omega)$ bewegt, gezwungen wird, sich plötzlich in sich selbst zu verschieben (Abb. 7b)[1]. Bei glatter Führung besteht die impulsive Reaktion in einem Stoß $Y$ senkrecht zur festgelegten Geraden, in der unbekannten Entfernung $x$ von $S$. Da nach dem Stoß $\omega' = 0$, so lauten die Bewegungsgleichungen

$$\left.\begin{aligned} v' - v\cos\alpha &= 0, \\ -mv\sin\alpha &= Y, \\ -\tfrac{1}{2}J_S\omega &= xY. \end{aligned}\right\} \quad (3)$$

Daraus folgt

$$v' = v\cos\alpha, \qquad Y = -mv\sin\alpha, \qquad x = \frac{J_S\omega}{2mv\sin\alpha}. \quad (4)$$

b) Räumliche Bewegung. Von einem starren Körper, dessen Schraubenbewegung im Raume bekannt ist, wird plötzlich ein Punkt $A$ festgehalten; gesucht ist die Bewegung nach dieser Fixierung und die Größe des in $A$ auftretenden Stoßes $\mathfrak{P}$.

Sei $\mathfrak{v}$ die Geschwindigkeit des Schwerpunktes $S$, und $\mathfrak{S}_S$ der Schwung (Summe der Momente der Bewegungsgrößen) um $S$, ebenso $\mathfrak{S}_A$ der Schwung um $A$ vor dem Stoße, dann ist[2])

$$\mathfrak{S}_A = \mathfrak{S}_S + m[\mathfrak{z}\mathfrak{v}], \quad (5)$$

wenn $\mathfrak{z} = \overline{AS}$. Ferner sei $\mathfrak{S}'_A$ der Schwung um $A$ nach dem Stoße; dann lauten die Bewegungsgleichungen

$$m\{[\mathfrak{z}\mathfrak{o}'] - \mathfrak{v}\} = \mathfrak{P}, \quad (6)$$

$$\mathfrak{S}'_A = \mathfrak{S}_A. \quad (7)$$

Wenn ferner $T'_A$ die Energie um den Punkt $A$ nach dem Stoße bedeutet, so ist auch[3])

$$2T'_A = \mathfrak{o}'\mathfrak{S}'_A = \mathfrak{S}'_A \mathsf{E}^{-1}\mathfrak{S}'_A,$$

---

[1]) Dieser Unterfall ist bei HAMEL a. a. O. nicht besonders angeführt.
[2]) S. Bd. V, Kap. 8, Ziff. 2 ds. Handb.
[3]) S. Bd. V, Kap. 8, Ziff. 3 ds. Handb.

wo $\mathsf{E}$ den Trägheitstensor bedeutet, so daß Gleichung (7) die Geschwindigkeit $\mathfrak{v}'$ nach dem Stoße liefert;

$$\mathfrak{v}' = \mathfrak{S}'_A \mathsf{E}^{-1}; \tag{8}$$

hier ist für $\mathfrak{S}'_A$ der Vektor $\mathfrak{S}_A = \mathfrak{S}_S + m[\mathfrak{s}\mathfrak{v}]$ einzusetzen. $\mathfrak{P}$ ist sodann durch Gleichung (6) gegeben. —

Wird statt eines Punktes plötzlich eine Gerade $g$ festgehalten, um die der Körper reibungsfrei weiterrotieren soll, so kann die Stoßreaktion dieser Achse für einen auf ihr liegenden Punkt $A$ durch einen Schiebestoß $\mathfrak{P}$ und ein Moment $\mathfrak{D}$ ausgedrückt werden; dabei muß $\mathfrak{D}$ senkrecht zu $g$ ausfallen, da die Reaktionsstöße um $g$ kein Moment ausüben können. Die Bewegungsgleichungen lauten

$$m\{[\mathfrak{s}\mathfrak{v}'] - \mathfrak{v}\} = \mathfrak{P}, \tag{9}$$

$$\mathfrak{S}'_A - \mathfrak{S}_A = \mathfrak{D}; \tag{10}$$

da $\mathfrak{D} \perp g$, so besagt die Gleichung (10), daß die Komponenten von $\mathfrak{S}_A$ und $\mathfrak{S}'_A$ in Richtung von $g$ einander gleich sein müssen. Wenn daher $(\lambda, \mu, \nu)$ die Richtungskosinus von $g$ in bezug auf die Hauptachsen von $S$ als Bezugssystem und $a, b, c$ die Koordinaten von $A$ bezeichnen, so folgt:

$$\left.\begin{aligned} J_A\omega' &= A\omega_x\lambda + B\omega_y\mu + C\omega_z\nu + m(bv_z - cv_y)\lambda + m(cv_x - av_z)\mu \\ &\quad + m(av_y - bv_x)\nu. \end{aligned}\right\} \tag{11}$$

Dies ist die Bestimmungsgleichung für $\omega'$, während $\mathfrak{P}$, $\mathfrak{D}$ durch die Gleichung (9) und die noch nicht benutzten Teile von Gleichung (10) gegeben sind.

In ähnlicher Weise und mit denselben Hilfsmitteln ist die folgende Gruppe von Aufgaben zu behandeln. Ein Körper oder ein System von Körpern, die gelenkig oder sonstwie miteinander verbunden sind, ist anfänglich in Ruhe; irgendein Punkt dieses Systems (oder deren mehrere) wird gezwungen, sich in vorgeschriebener Weise (d. h. mit einer bestimmten Geschwindigkeit in einer bestimmten Richtung) zu bewegen. Gesucht ist die Bewegung des ganzen Systems.

## III. Elastizitätstheorie des Stoßes.

**20. Übersicht.** Im vorangehenden Abschnitt wurden die beiden Grenzfälle des vollkommen elastischen und des vollkommen unelastischen Stoßes untersucht und der beim Stoß von physikalisch gegebenen Körpern auftretende Vorgang als physikalischer Stoß zwischen diese Grenzfälle eingereiht. Hierzu war die Einführung gewisser Annahmen und Begriffe erforderlich, die im wesentlichen auf NEWTON zurückgehen; vor allem ist bei dieser Auffassung die Voraussetzung gemacht, daß alle Punkte der zum Stoß gelangenden Körper vor und nach dem Stoß solche Geschwindigkeiten haben, wie sie durch den starren Zusammenhang der Körper bedingt sind, also insbesondere sollen alle Punkte kleiner Körper die gleichen Geschwindigkeiten besitzen.

Es leuchtet unmittelbar ein, daß diese auf die Stereodynamik gegründete Auffassung nur ein sehr unvollkommenes Bild für den wirklichen Ablauf der Vorgänge zu entwerfen vermag und eine Ergänzung nach zweierlei Richtungen erfordert. Zunächst muß dem Umstande Rechnung getragen werden, daß bei jeder stoßartigen Berührung der Körper in diesen selbst Schwingungsvorgänge entstehen müssen, zu deren Ausbildung und Aufrechterhaltung auch bei Fehlen von Dämpfung ein gewisser Energiebetrag erforderlich ist; diese Energie ist vom Standpunkte der Mechanik kein Verlust, sie tritt nur für die äußerlich sichtbare oder die Bewegungsenergie als Fehlbetrag auf. Die durch Stöße erzeugten

Schwingungsvorgänge sind für zylindrische Körper zuerst durch POISSON[1]) und dann eingehender durch F. NEUMANN, DE SAINT-VENANT, VOIGT u. a. theoretisch untersucht worden; doch sind die von diesen Forschern erzielten Ergebnisse weder untereinander, noch mit den experimentellen Beobachtungen in Übereinstimmung, die zu ihrer Prüfung von HAUSMANNINGER, RAMSAUER, BERGER u. a. angestellt worden sind.

Neben diesen elastischen Schwingungsvorgängen treten auch plastische (oder bleibende) Formänderungen auf, zu deren Ausbildung wieder Energie erforderlich ist, die aber im Sinne der Mechanik tatsächlich als Verlust anzusprechen ist. Dieser Bestandteil ist vor allem durch H. HERTZ in einer berühmt gewordenen Arbeit ermittelt worden, welche zwar auf der Elastizitätstheorie aufgebaut ist, aber trotzdem die Grundlage der HERTZschen Theorie der Härte bildet; in dieser werden die elastischen Wellen vollständig außer acht gelassen.

Zu den genannten treten noch andere Verlustanteile, wie etwa die durch Schall verbrauchte Energie, die aber als sehr klein ganz außer acht gelassen werden können.

THOMSON und TAIT[2]) haben versucht, durch eine qualitative Überlegung die Berechtigung der NEWTONschen Definition der Stoßziffer zu erweisen. Da nämlich die elastischen Kräfte der mit beliebigen Geschwindigkeiten aufeinanderstoßenden Körper unterhalb der Proportionalitätsgrenze den elastischen Verschiebungen proportional sind, so schlossen sie, daß beim Stoß die Geschwindigkeiten aller Teilchen der Körper zu entsprechenden Zeiten immer in demselben Verhältnis stehen werden. Folglich steht auch die relative Geschwindigkeit, mit der sich die Massenmittelpunkte der Körper nach dem Stoße trennen, zu der, mit der sie sich vorher trafen, in einem konstanten Verhältnis, was mit der NEWTONschen Annahme übereinstimmt. Es ist daher auch aus diesem Grunde wahrscheinlich, daß, wenn auch nicht der ganze, so doch ein beträchtlicher Teil der von NEWTON experimentell bestimmten Energie, welche für die sichtbare Bewegung der Körper nach dem Stoß verloren ist, den inneren Schwingungen zugeschrieben werden muß. Es müssen aber noch andere Ursachen mitspielen, sonst wäre es schwer einzusehen, warum der Verlust bei eisernen Kugeln so bedeutend größer ist als bei gläsernen (vgl. die Zahlentafel 1 in Ziff. 12).

**21. Die Theorie von F. NEUMANN für den Längsstoß von Zylindern[3]).** Diese Theorie — und auch die an sie anschließenden — stellt sich zunächst die Aufgabe, die Differentialgleichungen der elastischen Bewegungen in stoßenden Zylindern von kleinen Durchmessern auf die gewöhnliche eindimensionale Schwingungsgleichung zurückzuführen. Es wird hierzu ein Verfahren benutzt, das als ein Sonderfall eines auch sonst in der theoretischen Mechanik und Physik vielfach üblichen angesehen werden kann und das auf eine Reihenentwicklung nach ansteigenden Potenzen eines Parameters — hier nach $r$ selbst — hinausläuft[4]).

---

[1]) S. D. POISSON, Traité de Mécanique, 2. Aufl., Bd. II, Nr. 499—506.

[2]) W. THOMSON u. P. G. TAIT, Handb. d. theoretischen Physik (Deutsch von H. HELMHOLTZ u. G. WERTHEIM), § 302. Braunschweig 1871.

[3]) F. NEUMANN, Vorles. über die Theorie der Elastizität, Kap. 20. Leipzig 1885. Die Vorlesungen wurden 1857/58 gehalten.

[4]) In ausgedehntem Maße wurden solche Entwicklungen von H. POINCARÉ u. a. in der Himmelsmechanik angewendet. Im Gebiete der Elastizitätstheorie der Platten sind sie z. B. von C. A. GARABEDIAN in Amer. Math. Soc. Trans. Bd. 25, S. 343—398. 1923 u. Amer. Journ. Math. Bd. 46, S. 273—287. 1924 verwertet worden. Schon J. TODHUNTER u. K. PEARSON haben jedoch in ihrem Werke: A History of the Theory of Elasticity, Bd. II, Tl. II, S. 32 bis 35 bemerkt, daß der von F. NEUMANN verfolgte Vorgang nicht ganz konsequent ist und unmittelbar durch Auffassung des Zylinders als eindimensionales elastisches Kontinum ersetzt werden könnte.

Nach Einführung drehsymmetrischer Zylinderkoordinaten $r, \vartheta, x$ können die Bewegungsgleichungen eines elastischen Mediums in der folgenden Form geschrieben werden[1]):

$$\left.\begin{aligned} \varrho\frac{\partial^2 u_r}{\partial t^2} &= \frac{\partial\sigma_r}{\partial r} + \frac{\partial\tau_{rx}}{\partial x} + \frac{\sigma_r - \sigma_\vartheta}{r}, \\ \varrho\frac{\partial^2 u_x}{\partial t^2} &= \frac{\partial\tau_{rx}}{\partial r} + \frac{\partial\sigma_x}{\partial x} + \frac{\tau_{rx}}{r}. \end{aligned}\right\} \quad (1)$$

Darin bedeuten $u_r$, $u_x$ die Verschiebungen in den Richtungen $r$, $x$ und $\varrho$ die Dichte des Mediums. Drückt man hierin die Spannungen $\sigma_r$, $\sigma_x$, $\sigma_\vartheta$ und $\tau_{rx}$ durch die Verschiebungen aus, so erhält man mit dem Schubmodul $G$ und der Querkontraktionszahl $m$, die mit dem Elastizitätsmodul $E$ durch die Beziehung $Em = 2G(m+1)$ zusammenhängen[2]), nach dem HOOKEschen Gesetze die folgenden Relationen[3]), in denen $\Theta = \varepsilon_r + \varepsilon_\vartheta + \varepsilon_x$ die Raumdehnung bezeichnet

$$\left.\begin{aligned} \sigma_r &= 2G\left(\varepsilon_r + \frac{\Theta}{m-2}\right) = \frac{2G}{m-2}\left[(m-1)\frac{\partial u_r}{\partial r} + \frac{u_r}{r} + \frac{\partial u_x}{\partial x}\right], \\ \sigma_\vartheta &= 2G\left(\varepsilon_\vartheta + \frac{\Theta}{m-2}\right) = \frac{2G}{m-2}\left[\frac{\partial u_r}{\partial r} + (m-1)\frac{u_r}{r} + \frac{\partial u_x}{\partial x}\right], \\ \sigma_x &= 2G\left(\varepsilon_x + \frac{\Theta}{m-2}\right) = \frac{2G}{m-2}\left[\frac{\partial u_r}{\partial r} + \frac{u_r}{r} + (m-1)\frac{\partial u_x}{\partial x}\right], \\ \tau_{rx} &= G\gamma_{rx} = G\left(\frac{\partial u_r}{\partial x} + \frac{\partial u_x}{\partial r}\right) \end{aligned}\right\} \quad (2)$$

und damit die Bewegungsgleichungen

$$\left.\begin{aligned} \varrho\frac{\partial^2 u_r}{\partial t^2} &= \frac{2(m-1)G}{m-2}\left(\frac{\partial^2 u_r}{\partial r^2} + \frac{1}{r}\frac{\partial u_r}{\partial r} - \frac{u_r}{r^2}\right) + G\frac{\partial^2 u_r}{\partial x^2} + \frac{mG}{m-2}\frac{\partial^2 u_x}{\partial r\,\partial x}, \\ \varrho\frac{\partial^2 u_x}{\partial t^2} &= G\left(\frac{\partial^2 u_x}{\partial r^2} + \frac{1}{r}\frac{\partial u_x}{\partial r}\right) + \frac{2(m-1)G}{m-2}\frac{\partial^2 u_x}{\partial x^2} + \frac{mG}{m-2}\left(\frac{\partial^2 u_r}{\partial r\,\partial x} + \frac{1}{r}\frac{\partial u_r}{\partial x}\right). \end{aligned}\right\} \quad (3)$$

In diese Gleichungen werden für $u_r$, $u_x$ Reihenentwicklungen nach $r$ eingeführt und nur die Glieder der niedrigsten Ordnungen beibehalten. Man erkennt dann sofort, daß die geraden Potenzen in $u_r$ und die ungeraden in $u_x$ wegfallen, so daß nur die folgenden Glieder übrigbleiben:

$$\left.\begin{aligned} u_r &= U_1 r + U_3 r^3, \\ u_x &= W \;\;\; + W_2 r^2, \end{aligned}\right\} \quad (4)$$

in denen die Größen $U_1$, $U_3$, $W$, $W_2$ Funktionen von $x$, $t$ allein sein sollen. Als Bestimmungsgleichungen für sie erhält man zunächst nach den Gleichungen (3), in denen wieder nur die Glieder niedrigster Ordnung in $r$ beibehalten werden, die beiden folgenden:

$$\left.\begin{aligned} \varrho\frac{\partial^2 U_1}{\partial t^2} &= 8\frac{2(m-1)G}{m-2}U_3 + G\frac{\partial^2 U_1}{\partial x} + \frac{2mG}{m-2}\frac{\partial W_2}{\partial x}, \\ \varrho\frac{\partial^2 W}{\partial t^2} &= \frac{2(m-1)G}{m-2}\frac{\partial^2 W}{\partial x^2} + 4GW_2 + \frac{2mG}{m-2}\frac{\partial U_1}{\partial x}, \end{aligned}\right\} \quad (5)$$

während die beiden anderen notwendigen Gleichungen durch die Bedingungen der Spannungsfreiheit der zylindrischen Randflächen geliefert werden, in denen wieder jedesmal nur die Glieder niedrigster Ordnung in $r$ berücksichtigt werden:

$$\left.\begin{aligned} mU_1 + \frac{\partial W}{\partial x} &= 0, \\ \frac{\partial U_1}{\partial x} + 2W_2 &= 0. \end{aligned}\right\} \quad (6)$$

---

[1]) S. Kap. 2, Ziff. 25 ds. Bd. des Handb. [2]) S. Kap. 2, Ziff. 2 ds. Bd. des Handb.
[3]) S. Kap. 2, Ziff. 11 u. 25 ds. Bd. des Handb.

Diese vier Gleichungen (5) und (6) werden als die Bestimmungsgleichungen für die vier Funktionen $U_1$, $U_3$, $W$, $W_2$ angesehen.

Aus der zweiten der Gleichungen (5) und den Gleichungen (6) erhält man durch Ausscheidung der anderen Funktionen die folgende Bestimmungsgleichung für $W$ allein:

$$\varrho \frac{\partial^2 W}{\partial t^2} = 2G \frac{m+1}{m} \frac{\partial^2 W}{\partial x^2} = E \frac{\partial^2 W}{\partial x^2}. \tag{7}$$

Führt man hierin die Fortpflanzungsgeschwindigkeit $c$ des Schalles in dem als gleichartig angenommenen Zylindern ein,

$$c = \sqrt{\frac{2G}{\varrho} \frac{m+1}{m}} = \sqrt{\frac{E}{\varrho}}, \tag{8}$$

so erhält man die Schwingungsgleichung in der einfachsten Form

$$\frac{\partial^2 W}{\partial t^2} = c^2 \frac{\partial^2 W}{\partial x^2}, \tag{9}$$

die den eigentlichen Ausgangspunkt der Theorie bildet. Nach ihrer Integration sind die drei anderen Funktionen $W_2$, $U_1$, $U_3$ durch die drei anderen Gleichungen gegeben, so daß wir uns weiterhin auf die Gleichung (9) allein beschränken können. Wir merken nur an, daß $W$ die Bewegung der Zylinderachse ($r = 0$) in ihrer eigenen Richtung angibt.

Für die Spannungen auf die ebenen Grenzflächen der Zylinder erhält man mit dem gleichen Grade der Annäherung wie zuvor:

$$\sigma_x = 2G \frac{m+1}{m} \frac{\partial W}{\partial x} = E \frac{\partial W}{\partial x}, \qquad \tau_{rx} = 0. \tag{10}$$

Zur Integration dieser Gleichungen hat man die dem Problem angepaßten Grenzbedingungen einzuführen.

**22. Integration.** Die allgemeine Lösung der Gleichung (9) von Ziff. 21 in der D'ALEMBERTschen Form lautet[1]):

$$W = f(x + ct) + \varphi(x - ct), \tag{1}$$

in der $f$ und $\varphi$ willkürliche Funktionen ihrer Argumente bedeuten. Zur näheren Bestimmung sind die folgenden Randbedingungen vorgeschrieben.

Werden die Stablängen der beiden Zylinder mit $l_1$, $l_2$ bezeichnet, und sei $l_1 + l_2 = 2l$, so gilt zunächst für den Beginn der Berührung oder des Stoßes ($t = 0$)

$$\begin{aligned} \frac{\partial W}{\partial t} &= c[f'(x) - \varphi'(x)] = v_1 \qquad \text{für} \qquad 0 < x < l_1, \\ \frac{\partial W}{\partial t} &= c[f'(x) - \varphi'(x)] = v_2 \qquad \text{für} \qquad l_1 < x < l_1 + l_2 = 2l, \end{aligned} \tag{2}$$

und es sei $v_1 > v_2$. Da die Stäbe anfangs ungedehnt sind, so gilt ferner für $t = 0$

$$\frac{\partial W}{\partial x} = f'(x) + \varphi'(x) = 0 \qquad \text{für} \qquad 0 < x < l_1 + l_2 = 2l, \tag{3}$$

und wegen der Spannungsfreiheit der freien Endflächen:

$$\sigma_x = E \frac{\partial W}{\partial x} = 0 \qquad \text{für} \qquad x = 0, \quad x = 2l \ \text{ und alle } \ t. \tag{4}$$

Für die in Berührung stehenden Enden gelten aus Gründen der Stetigkeit die Beziehungen:

$$(W)_1 = (W)_2, \qquad \left(\frac{\partial W}{\partial x}\right)_1 = \left(\frac{\partial W}{\partial x}\right)_2 \qquad \text{für alle} \quad t, \tag{5}$$

---

[1]) S. Kap. 4, Ziff. 17 ds. Bd. des Handb.

aus denen wir schließen, daß die Lösung (1) über beide Zylinder hinweg Geltung hat.

Aus den Gleichungen (3) und (2) folgt sofort

$$\left.\begin{aligned} f'(x) &= \frac{v_1}{2c}, & \varphi'(x) &= -\frac{v_1}{2c} & &\text{für} & 0 < x < l_1, \\ f'(x) &= \frac{v_2}{2c}, & \varphi'(x) &= -\frac{v_2}{2c} & &\text{für} & l_1 < x < l_1 + l_2, \end{aligned}\right\} \tag{6}$$

und wegen der Gleichung (4)

$$f'(ct) + \varphi'(-ct) = 0, \qquad f'(2l + ct) + \varphi'(2l - ct) = 0. \tag{7}$$

Durch Einsetzen von $ct = l_1, l_2, l_1 + l_2, l_1 + 2\,l_2, 2\,l_1 + 2\,l_2, \ldots$ gestatten diese Gleichungen, den Wert von $\varphi'$ für jedes negative, und von $f'$ für jedes positive Argument anzugeben.

Für den Verlauf der Funktionen $f'(x)$ und $\varphi'(x)$ erhält man die in Abb. 8 gezeichneten, aus Rechtecken zusammengesetzten Formen, deren Kenntnis es un-

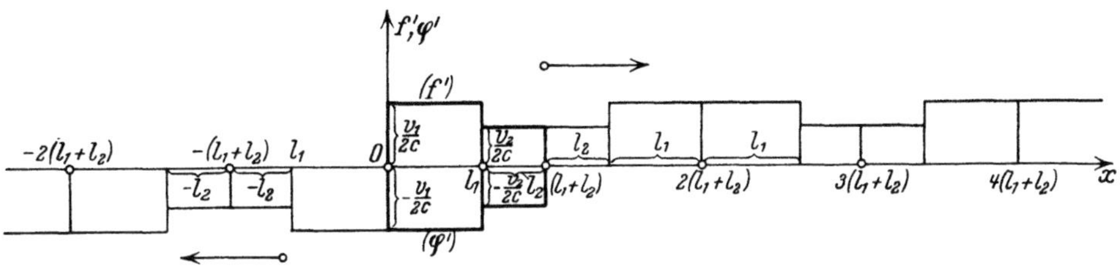


Abb. 8. Theorie des elastischen Stoßes nach F. NEUMANN.

mittelbar ermöglicht, auch die Funktion $W$ selbst zu bilden. Nach Aufzeichnung dieser Abbildung kann die Geschwindigkeit

$$\frac{\partial W}{\partial t} = c\,[f'(x + ct) - \varphi'(x - ct)] \tag{8}$$

und der Druck in der Achsenrichtung gemäß der Gleichung

$$\sigma_x = E\,\frac{\partial W}{\partial x} = \varrho c^2\,[f'(x + ct) + \varphi'(x - ct)] \tag{9}$$

für jeden Wert von $x$ und $t$ unmittelbar angegeben werden.

**23. Beispiele.** a) Freie Stäbe von gleicher Länge: $l_1 = l_2 = l$, und $v_1 = 2\,v_2$. Trägt man nach den Gleichungen (8) und (9) von Ziff. 22 die Geschwindigkeiten und Drücke für verschiedene Werte der Zeit auf, und zwar etwa für $t = 0,\ \frac{l}{2c},\ \frac{2l}{2c},\ \frac{3l}{2c},\ \frac{4l}{2c}$, so erhält man die in Abb. 9 a bis e gegebenen Fi-

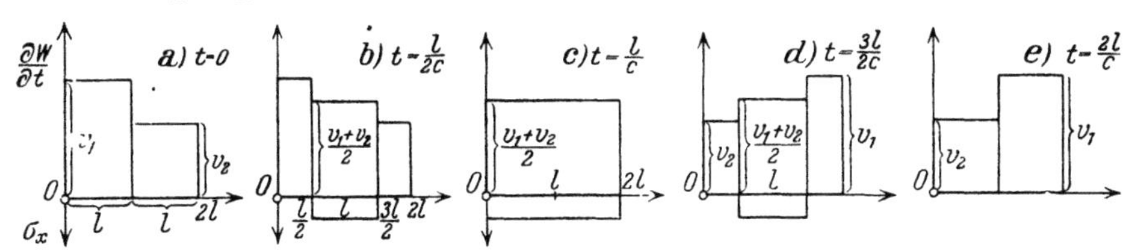


Abb. 9. Geschwindigkeit und Spannung beim Längsstoß gleichlanger Stäbe.

guren, welche zeigen, daß in der „ersten (halben) Stoßzeit“ $l/c$ die Geschwindigkeit der Stäbe gleich groß geworden ist und der Druck $\sigma_x$ sich über die ganze Länge der beiden Stäbe erstreckt. Nach Ablauf der „zweiten Stoßzeit“, also für $t = T = 2l/c$, ist der Druck längs beider Stäbe wieder Null geworden, und die

Stäbe haben ihre Geschwindigkeiten ausgetauscht, was mit der elementaren Theorie des vollkommen elastischen Stoßes übereinstimmt.

b) Freie Stäbe von verschiedener Länge. Es sei etwa $l_1 = \frac{2l}{3}$, $l_2 = \frac{4l}{3}$ und wieder $v_1 = 2v_2$ angenommen. Die für die Zeitpunkte $t = 0$, $\frac{l}{3c}$, $\frac{2l}{3c}$, $\frac{l}{c}$, $\frac{4l}{3c}$ angelegten Schaubilder zeigen die in Abb. 10 a bis e angegebene Gestalt. Aus ihnen entnimmt man, daß nach der Zeit $t = T = 4\,l/3\,c$, also nach der doppelten

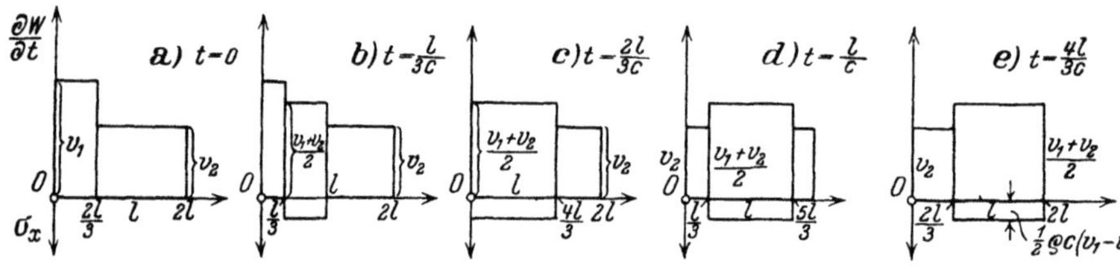

Abb. 10. Geschwindigkeit und Spannung beim Längsstoß zweier Stäbe $l_1 = \frac{2l}{3}$, $l_2 = \frac{4l}{3}$.

Laufzeit des Schalles über den kürzeren, stoßenden Zylinder die Trennung der beiden Zylinder erfolgt, da der stoßende Stab eine kleinere Geschwindigkeit angenommen hat als der gestoßene. In diesem Augenblicke haben die Geschwindigkeiten die Werte:

$$v_1' = v_2\,, \qquad v_2' = \tfrac{1}{2}(v_1 + v_2)\,. \tag{1}$$

Nach der im Abschnitt II entwickelten elementaren Theorie des Stoßes würden die Geschwindigkeiten nach dem Stoße die folgenden Beträge annehmen müssen [Ziff. 10, Gleichungen (3)]:

$$v_1' = \frac{-v_1 + 4v_2}{3}\,, \qquad v_2' = \frac{2v_1 + v_2}{3}\,. \tag{2}$$

Der Unterschied rührt daher, weil in der elastischen Theorie im Augenblicke der Trennung der beiden Stäbe der gestoßene Stab eine Spannung $\sigma_x$ besitzt, deren Betrag sich nach Gleichungen (9) von Ziff. 22 mit

$$\sigma_x = \frac{1}{2}\varrho c(v_1 - v_2) = \frac{1}{2}\varrho\sqrt{\frac{E}{\varrho}}(v_1 - v_2) = \frac{1}{2}\sqrt{E\varrho}(v_1 - v_2) \tag{3}$$

berechnet. Diesem Spannungszustand entspricht eine in diesem Stabe aufgehäufte potentielle Energie (Formänderungsarbeit) — auf die Flächeneinheit des Querschnittes bezogen — vom Betrage

$$\frac{1}{2E}\sigma_x^2\frac{4l}{3} = \frac{\varrho l}{6}(v_1 - v_2)^2\,. \tag{4}$$

Man beachte, daß die im Stab zurückbleibende Energie in derselben Form ausgedrückt wird wie der in der elementaren Theorie eingeführte Energieverlust. Ferner ist auch anzumerken, daß sich die Gleichungen (1) in der Form der Gleichungen (2) von Ziff. 12 mit $e = m_1/m_2 = 1/2$ schreiben lassen.

Setzt man nunmehr die Energiegleichung unter Berücksichtigung dieses Anteiles an, so bestätigt man in der Tat die Richtigkeit der Gleichung

$$\frac{1}{2}\varrho\frac{2l}{3}v_1^2 + \frac{1}{2}\varrho\frac{4l}{3}v_2^2 = \frac{1}{2}\varrho\frac{2l}{3}v_1'^2 + \frac{1}{2}\varrho\frac{4l}{3}v_2'^2 + \frac{\varrho l}{6}(v_1 - v_2)^2\,, \tag{5}$$

wenn für $v_1'$, $v_2'$ die Werte nach den Gleichungen (1) eingesetzt werden.

c) Stoß eines freien gegen einen an einem Ende festgehaltenen Zylinder. In diesem Falle bleiben die in Ziff. 21 angestellten Betrachtungen dieselben, nur die Randbedingungen der Ziff. 22 werden einfacher, weil der eine der beiden Stäbe anfänglich in Ruhe ist. Wir haben jetzt für $t = 0$ zu setzen:

$$\left.\begin{aligned} \frac{\partial W}{\partial t} &= c[f'(x) - \varphi'(x)] = 0 \quad \text{und} \quad \frac{\partial W}{\partial x} = f'(x) + \varphi'(x) = 0 \quad \text{für } 0 < x < l_1, \\ \frac{\partial W}{\partial t} &= c[f'(x) - \varphi'(x)] = -v_2 \quad \text{und} \quad \frac{\partial W}{\partial x} = f'(x) + \varphi'(x) = 0 \quad \text{für } l_1 < x < l_1 + l_2, \end{aligned}\right\} \tag{6}$$

daraus ergibt sich:

$$\left.\begin{aligned} f'(x) &= 0, & \varphi'(x) &= 0, & &\text{für } 0 < x < l_1, \\ f'(x) &= -\frac{v_2}{2c}, & \varphi'(x) &= \frac{v_2}{2c}, & &\text{für } l_1 < x < l_1 + l_2; \end{aligned}\right\} \tag{7}$$

ferner müssen für alle $t$ die Bedingungen bestehen:

$$\left.\begin{aligned} \frac{\partial W}{\partial t} &= 0 \quad \text{oder} \quad \varphi'(-\omega t) = f'(\omega t) & &\text{für } x = 0, \\ \frac{\partial W}{\partial x} &= 0 \quad \text{oder} \quad f'(l_1 + l_2 + \omega t) = -\varphi'(l_1 + l_2 - \omega t), & &\text{für } x = l_1 + l_2, \end{aligned}\right\} \tag{8}$$

welche ähnlich wie früher die Werte von $\varphi'$ für jedes negative und von $f'$ für jedes positive Argument anzugeben gestatten. Der Verlauf der Funktionen $f'(x)$, $\varphi'(x)$ zeigt jetzt den in Abb. 11 dargestellten Verlauf. Für $l_1 = \frac{2l}{3}$, $l_2 = \frac{4l}{3}$ erhält man durch denselben Vorgang wie früher für die Zeiten $t = 0, \ldots, t = T = \frac{4l}{c}$ die in Abb. 12 wiedergegebene Darstellung der Geschwindigkeiten und der in

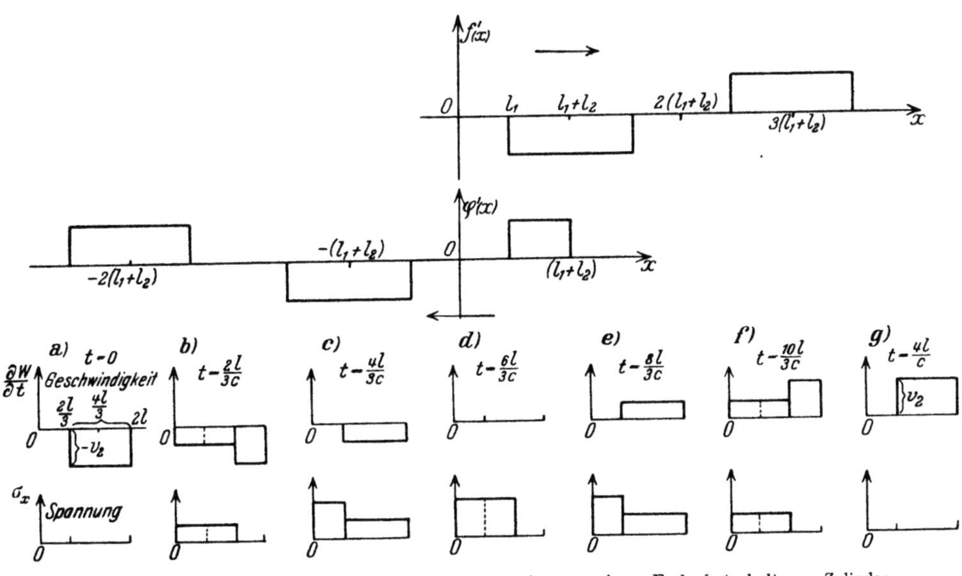


Abb. 11 und 12. Längsstoß eines freien gegen einen an einem Ende festgehaltenen Zylinder.

den Stäben herrschenden Spannungen $\sigma_x$. Nach der Zeit $T = 4l/c$ ist der eingeklemmte Stab in seiner ganzen Ausdehnung zur Ruhe gelangt, während der freie, stoßende, mit der gleichen Geschwindigkeit $v_2$ im entgegengesetzten Sinne zu der Richtung des Auftreffens zurückspringt. Da am Ende des Stoßes beide Stäbe spannungsfrei sind, so ist es verständlich, daß das Ergebnis in Übereinstimmung mit der elementaren Stoßtheorie steht.

**24. Zeichnerische Darstellung des Stoßvorganges nach DE SAINT-VENANT.** Durch die Betrachtungen von Ziff. 21 sind die elastischen Vorgänge im Innern der stoßenden Zylinder als ebene (eindimensionale) elastische Wellen gekennzeichnet. Die Darstellung von DE SAINT-VENANT[1]) verwertet diesen Umstand, indem sie für die Fortpflanzung dieser Wellen die Charakteristiken der Differentialgleichung (9) von Ziff. 21, das ist die Doppelschar der geraden Linien,

$$x + ct = \text{konst.}, \qquad x - ct = \text{konst.}, \tag{1}$$

in eine $x$, $t$-Ebene einträgt; dabei ist für das Stoßproblem zu berücksichtigen, daß $c$ die Relativgeschwindigkeit der Wellen in den bewegten Stäben ist, die jeweils den Mitführungs- oder Systemgeschwindigkeiten der Stabteilchen überlagert wird. Demgemäß ergibt sich für den Stoß eines zylindrischen Stabes (Länge $l_1$) gegen einen längeren (Länge $l_2$) das in Abb. 13 dargestellte Bild.

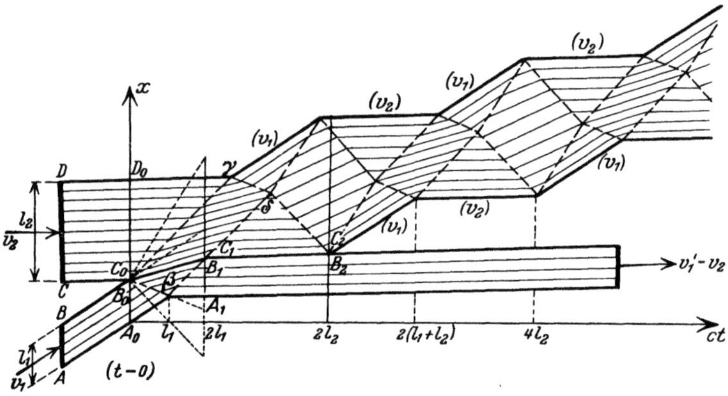

Abb. 13. Darstellung des Stoßvorganges nach DE SAINT-VENANT ($l_1 < l_2$).

Auf der Abszissenachse werden die Zeiten $t$ im Maßstabe $ct$, auf der Ordinatenaxe die Längen (Wege) selbst aufgetragen. Die Tangenten der Neigungen der $x - t$-Linien geben dann die Größen $v/c$ an. Die Strecken $AB = l_1$ und $CD = l_2$ mögen die Stäbe vor dem Stoße darstellen; für $t = 0$ soll in der Stellung $A_0B_0$, $C_0D_0$ die Berührung der Stäbe, also der Stoß beginnen. In diesem Augenblicke entsteht in jedem Stab eine Verdichtungswelle $B_0\beta$, $C_0\gamma$ unter gleichen Winkeln gegen die Linien $BB_0$, $CC_0$ geneigt. Die Welle $B_0\beta$ erreicht das Ende des kürzeren Stabes zur Zeit $t = l_1/c$, wird dort reflektiert und gelangt zur Zeit $t = 2\,l_1/c$ in $B_1$ wieder an die Stoßstelle, wobei $\beta B_1 \parallel C_0\gamma$ ist. Da die Stäbe in $B_1$, $C_1$ unter Druck in Berührung sind, tritt diese Welle in den längeren Stab über, bis sie sich in $\delta$ mit der ursprünglichen in diesen Stab eingetretenen und vom Ende in $\gamma$ reflektierten Welle trifft. Jetzt entsteht eine Verdünnungswelle, welche an der Stoßstelle $B_2$, $C_2$ zur Zeit $t = 2\,l_2/c$ anlangt, aber nicht mehr in den kürzeren Stab übertritt, weil in diesem schon seit der Zeit $t = 2\,l_1/c$ kein Druck mehr vorhanden ist, vielmehr in $C_2$ reflektiert wird. In $B_2$, $C_2$ ist auch die Berührung der Stäbe selbst zu Ende, der kürzere Stab bewegt sich schon von $A_1B_1$ an mit der Geschwindigkeit des längeren vor dem Stoß $v_2$ weiter, während in dem längeren in dem Augenblick der Trennung — ganz so, wie es die Theorie von F. NEUMANN aussagte — ein Spannungszustand zurückbleibt; unter dessen Einfluß wird sich der längere Stab periodisch zusammenziehen und ausdehnen, wobei sich seine Enden in der aus der Abb. 13 ersichtlichen Weise abwechselnd mit $v_1$ und $v_2$

[1]) B. DE SAINT-VENANT, Journ. de Math. (2) Bd. 12, S. 237—376. 1867.

bewegen. In dieser Abbildung sind die stark ausgezogenen Linien die $x, t$-Linien ihrer Endpunkte, die schwächer ausgezogenen die von inneren Punkten der Stäbe, deren Abstände gleichzeitig ein Maß für die Verdichtung und Verdünnung im Stabmaterial abgeben; die strichlierten Linien, die sich zu Parallelogrammen und Dreiecken zusammensetzen, geben die Wellenfronten an.

In Übereinstimmung mit der Theorie von F. NEUMANN erhält man für die mittleren Geschwindigkeiten der Stäbe nach dem Stoß (d. h. für die Geschwindigkeiten ihrer Massenmittelpunkte) die Werte

$$v_1' = v_2, \quad v_2' = v_2 + \frac{l_1}{l_2}(v_1 - v_2). \tag{2}$$

Den Unterschied der Bewegungsenergie vor und nach dem Stoße kann man in der Form schreiben

$$\frac{1}{2}\varrho l_1 (v_1^2 - v_1'^2) + \frac{1}{2}\varrho l_2 (v_2^2 - v_2'^2) = \frac{1}{2}\varrho l_1\left(1 - \frac{l_1}{l_2}\right)(v_1 - v_2)^2, \tag{3}$$

und dieser Betrag — gewöhnlich als Energieverlust bezeichnet — bleibt als innere Energie (Formänderungsarbeit) im gestoßenen Stab $l_2$ zurück. In Teilen der ursprünglich vorhandenen Energie ausgedrückt schreiben wir hierfür

$$\frac{\left(1 - \frac{l_1}{l_2}\right)\left(1 - \frac{v_2}{v_1}\right)^2}{1 + \frac{l_2}{l_1}\left(\frac{v_2}{v_1}\right)^2}, \tag{4}$$

und dieser Bruch wird am größten, sobald

$$l_1 v_1 + l_2 v_2 = 0, \qquad \text{also} \qquad \frac{v_2}{v_1} = -\frac{l_1}{l_2}, \tag{5}$$

d. h., wenn die Geschwindigkeiten entgegengesetzte Richtung haben und sich umgekehrt wie die Stablängen verhalten. Er wird Null, wenn $l_1 = l_2$, also $v_1' = v_2$, $v_2' = v_1$, wie es die elementare Theorie verlangt. (Der in Ziff. 23b behandelte Fall entspricht dem Sonderfall $l_1/l_2 = \frac{1}{2}$.)

Das Ergebnis fassen wir in folgender Gegenüberstellung zusammen:

Tabelle 2. Vergleich der Stoßtheorien.

| Geschwindigkeit nach dem Stoß | Elementare Theorie | Elastische Theorie (von F. NEUMANN u. ST. VENANT) |
|---|---|---|
| $v_1' =$ | $v_1 - \frac{2m_2}{m_1 + m_2}(v_1 - v_2)$ | $v_2$ (wenn $m_1 < m_2$) |
| $v_2' =$ | $v_2 + \frac{2m_1}{m_1 + m_2}(v_1 - v_2)$ | $v_2 + \frac{m_1}{m_2}(v_1 - v_2)$ |
| Verlust an Bewegungsenergie | 0 | $\frac{1}{2}m_1\left(1 - \frac{m_1}{m_2}\right)(v_1 - v_2)^2$ |

In Abb. 14 ist der Stoßvorgang dargestellt, wenn der längere Stab der stoßende ist; man sieht, daß auch hier nach dem Stoß der kürzere mit der Geschwindigkeit des längeren vor dem Stoß weiterfliegt, während wieder der längere, also jetzt der stoßende, in innere Schwingungen versetzt wird. Die Zeit, während welcher die Stäbe unter gegenseitigem Druck miteinander in Berührung stehen, ist gleich der Zeit, in der eine Welle den kürzeren Stab zweimal durchläuft. — Ferner gibt Abb. 15 die Darstellung für den Stoß auf einen Stab mit festgehaltenem Ende, der in Ziff. 23c behandelt wurde; die Abbildung ist

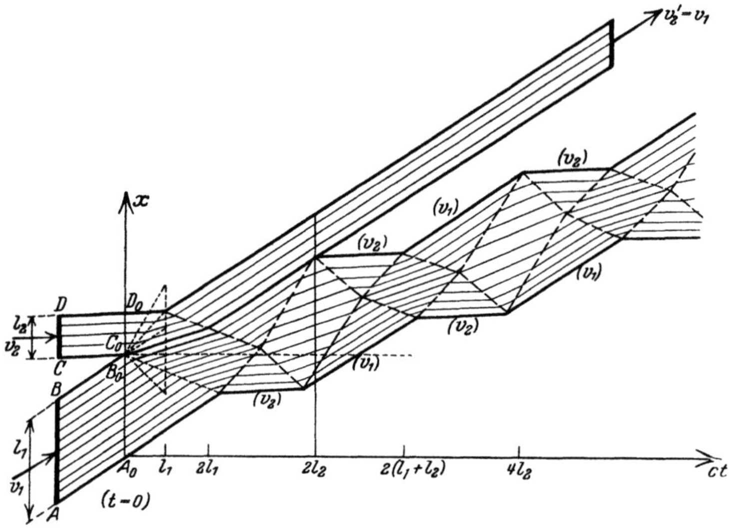


Abb. 14. Darstellung des Stoßvorganges nach DE SAINT-VENANT ($l_1 < l_2$).

unmittelbar verständlich und gibt die dort gefundenen Ergebnisse in geometrischem Gewande wieder. —

Im Anschlusse daran gab DE SAINT-VENANT[1]) auch eine Lösung für den Fall, daß die Stäbe die Form von Kegel- oder Pyramidenstutzen haben und zeigte,

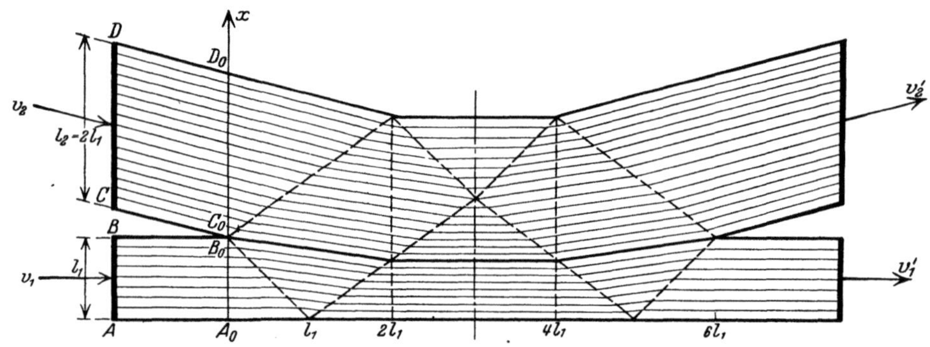


Abb. 15. Stoß auf einen Stab mit festgehaltenem Ende.

daß diese Lösung für Drehkörper von beliebiger Form verwendet werden kann da diese immer als Aneinanderreihung von solchen Kegelstutzen angesehen werden können.

**25. Der Stoß eines elastischen Stabes gegen eine starre Wand in elementarer Behandlung.** Dieser Fall ist in Abb. 16 nach der eben auseinandergesetzten Methode dargestellt, die keine weitere Erklärung verlangt; er läßt sich aber auch durch eine ganz elementare Behandlung erledigen, die von TREFFTZ[2]) herrührt. Im Augenblick der Berührung des Stabes $\overline{AB} = l$, der sich mit einer

[1]) B. DE SAINT-VENANT, C. R. Bd. 66, S. 877—881. 1868.

[2]) Nach einer brieflichen Mitteilung an den Verfasser, für die ich Herrn E. TREFFTZ auch an dieser Stelle verbindlichst danke.

Geschwindigkeit $v$ gegen die Wand bewegt, geht eine Verdichtungswelle (Bremswelle) vom Berührungspunkt $A_0$ in den Stab hinein, dessen Teile, soweit sie von dieser Welle noch nicht erreicht sind, ihre ursprüngliche Geschwindigkeit $v$ beibehalten. Wenn wieder $c$ die Wellengeschwindigkeit ist, so vergeht bis zur Erreichung des Endes $B$ die Zeit $l/c$, und während dieser Zeit hat sich $B$ um die Strecke $vl/c$ der Wand genähert, so daß in dem Stab eine Zusammendrückung (negative Dehnung) vom Betrage $\varepsilon = v/c$ entsteht. Die hierfür erforderliche Energie ist daher, wenn $q$ den Querschnitt des Stabes und $E$ den Elastizitätsmodul bedeutet,

$$\frac{1}{2} E\, q\, l\, \varepsilon^2 = \frac{1}{2} E\, q\, l \frac{v^2}{c^2},$$

und da $E = \varrho c^2$, so folgt für diese Energie der Wert

$$\tfrac{1}{2} \varrho\, q\, l\, v^2 = \tfrac{1}{2} m\, v^2,$$

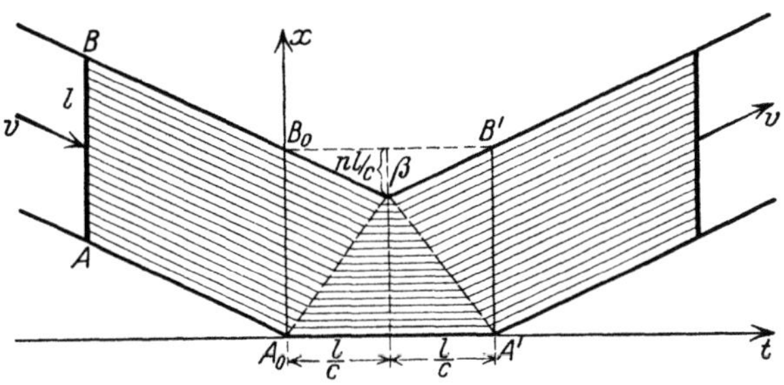

Abb. 16. Stoß eines elastischen Stabes gegen eine feste Wand.

worin $\varrho q l = m$ die Stabmasse bedeutet. Dies ist gerade der Energiebetrag, der in der Bewegung des auftreffenden Stabes zur Verfügung steht und der daher vollständig in Formänderungsenergie unter gleichförmiger Zusammendrückung des ganzen Stabes übergeht. Für einen Mehraufwand, den eine nicht gleichförmige Deformation erfordern würde, oder gar für Schwingungsenergie wäre keine Deckung vorhanden. Nach Erreichung dieser größten Zusammendrückung geht sodann der ganze Vorgang in umgekehrter Weise vor sich, so daß also der Stab nach der vollen Stoßzeit $2\, l/c$ die Wand wieder mit der ursprünglichen, aber entgegengesetzt gerichteten Geschwindigkeit $v$ in vollständig ungespanntem Zustande verläßt. Die Stoßzeit ist wieder gleich dem doppelten Werte der Zeit, die die Welle zum Durchlaufen des Stabes braucht.

Dasselbe Ergebnis kann auch durch eine direkte Impulsbetrachtung gewonnen werden, die ursprünglich von CHRISTOFFEL[1]) herrührt. Die von der Bremswelle erreichten Teile haben die Geschwindigkeit 0 erhalten, die noch nicht erreichten behalten die gleichförmige Geschwindigkeit $v$ bei. Dies ist ein möglicher Bewegungszustand, denn die Ruhe und gleichförmige Bewegung genügen den NEWTONschen Grundgleichungen der Mechanik bei fehlenden Kräften. Es muß nur noch gezeigt werden, daß auch an der Wellenfront zu jeder Zeit der Impulssatz erfüllt ist. In der Zeit $dt$ wird von der Welle das Stück $c \cdot dt$ durchlaufen, und dieses verliert die Geschwindigkeit $v$, erleidet also einen Impulsverlust von der Größe $\varrho g c dt \cdot v$. Im ruhenden Teile herrscht die Zusammendrückung $u/c$, also die Druckspannung $Eu/c$, und daher erfährt während der Zeit $dt$ das betrachtete Element den Antrieb (Kraft $\times$ Zeit) $g\,Eu/c \cdot dt$. Wegen der Gleichung $E = \varrho c^2$ stellen sich beide Ausdrücke als gleich heraus.

**26. Einwände gegen die elastische Theorie; Erweiterungen von VOIGT und HAUSMANINGER.** Die Messungen, die VOIGT[2]) zur Prüfung der elastischen[3]) Theorie angestellt hat, haben ihren Ergebnissen durchaus widersprochen. Insbesondere wurde beobachtet, daß nach dem Stoß eines bewegten gegen einen

[1]) E. B. CHRISTOFFEL, Ann. di Mat. Ser. II. Bd. 8, 1877, S. 81 und 193 u. Ges. math. Abhandlgn. Bd. 2, S. 51. Leipzig 1910.

[2]) W. VOIGT, Berl. Ber. 1882, S. 683 u. Ann. d. Phys., Bd. 19, S. 44. 1883; Bd. 46, S. 657. 1915.

[3]) Die Bezeichnung „elastische Theorie" wird zur Abkürzung für den genaueren Ausdruck „Elastizitätstheorie des Stoßes" verwendet.

gleich großen ruhenden Stab jener tatsächlich nicht zur Ruhe kommt, wie es die Theorie (und zwar sowohl die elementare, wie die elastische, verlangt), sondern merklich zurückspringt. Außerdem beobachtete VOIGT bei ungleich langen Stäben ein merkliches Zurückspringen des kürzeren, während die elastische Theorie dessen Stehenbleiben verlangt, und einen zu großen Restbetrag an kinetischer Energie. Als Quelle für diese Unstimmigkeiten wurde von VOIGT die Beschaffenheit der für die Stoßstelle eingeführten Bedingungen erkannt; wenn sich nämlich dort die Stäbe wie ein einziger, durchlaufender verhalten sollen, so können sie unmöglich durch beliebig kleine Zusammenziehungen des einen getrennt werden, und da umgekehrt die Beobachtung kein merkliches Aneinanderhaften zeigt, so können sie nicht wie die Teile eines Ganzen wirken. Es kann daher die Berührung nicht als eine so innige Verbindung angesehen werden, wie es die elastische Theorie voraussetzt. Nach VOIGT ist dies bedingt einerseits durch die Krümmung und die stets vorhandenen kleinen Unebenheiten der Berührungsflächen, ja durch deren Zustand überhaupt, der sicher ein ganz anderer ist als der eines Querschnittes im Inneren, andererseits durch kondensierte Gasschichten an diesen Flächen und schließlich durch den Einfluß der beim Stoß auftretenden Verdichtungen und Verdünnungen der Luftmasse zwischen den Zylindern. Durch diese Überlegung gelangte VOIGT dazu, eine Zwischenschicht von anderen elastischen Eigenschaften als denen des Stabmaterials anzunehmen, welche beim Stoß zusammengepreßt wird und dabei auf die Stäbe gewisse Druckkräfte ausübt. Um diese Annahme rechnerisch zu verwerten, setzt VOIGT voraus, daß die mittlere Druckkraft $p$ dieser Zwischenschicht — wie beim HOOKEschen Gesetz — dem Verhältnis der Zusammendrückung $\delta l$ der Zwischenschicht in ihrer gesamten Dicke $l$ proportional gesetzt werden kann, also

$$p = e\frac{\delta l}{l}, \tag{1}$$

so daß $e$ als Elastizitätsmodul der Zwischenschicht bezeichnet und zunächst als konstant angesehen werden kann. Wenn mit $W_1$, $W_2$ die jetzt als verschieden betrachteten Verschiebungen der Stabenden, mit $q_1$, $q_2$ die Querschnitte, mit $E_1, E_2$ die Elatizitätszahlen der Stäbe bezeichnet werden, so tritt an Stelle der früheren Grenzbedingung an der Stoßstelle die Gleichung:

$$E_1 q_1 \frac{\partial W_1}{\partial x} = E_2 q_2 \frac{\partial W_2}{\partial x} = p q \frac{W_2 - W_1}{\delta l} = \frac{e q}{l}(W_2 - W_1) = C(W_2 - W_1), \tag{2}$$

wenn $C = eq/l$ bedeutet. Die Lösung der Schwingungsgleichung (9) von Ziff. 21 wird für die beiden Stäbe in der trigonometrischen Form angesetzt, deren Glieder aber jetzt nicht nach ganzen Vielfachen von $t$ fortschreiten, vielmehr sind die Zeitfaktoren durch die Wurzeln einer gewissen transzendenten Gleichung gegeben.

In diesem Ansatz sind als Grenzfälle für $C = \infty$, $W_2 = W_1$ die elastische (NEUMANN-SAINT VENANTsche) und für $C = 0$, $dW_1/dx = 0$, $dW_2/dx = 0$, also $W_1 =$ konst., $W_2 =$ konst., die elementare Stoßtheorie enthalten.

Da der Wert der Konstanten $C$, auf den jetzt alles ankommt, nicht bekannt ist, so können allgemeingültige Schlüsse aus diesem Ansatz nicht gezogen werden; wenn man aber beachtet, daß die elementare Stoßtheorie ($C \approx 0$) mit den Beobachtungen viel besser stimmt als die elastische ($C \approx \infty$), so wird man zu der Annahme geführt, daß $C$ in Wirklichkeit — wenigstens bei kleinen Stoßgeschwindigkeiten — sehr klein sein muß. Für diesen Fall findet man

$$\frac{\partial W_1}{\partial x} = \frac{\partial W_2}{\partial x} = -A_0 \sin \nu_0 t \tag{3}$$

und

$$\nu_0 = \sqrt{C\left(\frac{1}{m_1} + \frac{1}{m_2}\right)}\,, \tag{4}$$

wenn $m_1$, $m_2$ wieder die Massen der beiden Stäbe sind. Als Stoßdauer ist der Wert von $T = \pi/\nu_0$ anzusprechen. Für die Geschwindigkeiten der Stäbe nach dem Stoße kommen die Gleichungen der elementaren Stoßtheorie heraus, die sich in der Tat für kleine Stoßgeschwindigkeiten als sehr nahe zutreffend erweisen. Bei größeren Stoßgeschwindigkeiten nähern sie sich den nach der elastischen Theorie gefundenen Werten, ohne daß es gelungen wäre, eine Gesetzmäßigkeit hierfür aufzufinden. Zweifellos geht jedoch aus den Versuchen von VOIGT hervor, daß das Ergebnis des Stoßvorganges nicht nur von den Massen, sondern auch von den elastischen Eigenschaften der Stäbe abhängt und insbesondere auch von der Zeit bis zur Rückkehr der beim Stoß entstehenden Längswellen an die Stoßstelle; ferner, daß die Abweichungen von der elementaren Theorie niemals so groß sind, wie es die elastische Theorie verlangt.

Die durch die Versuche gefundenen Abweichungen von den Ergebnissen der Rechnung machen es jedoch wahrscheinlich, daß die von VOIGT eingeführte Annahme, wonach $C$ und $\nu_0$ klein, also $T = \pi/\nu_0$ groß sein soll, in Wirklichkeit keineswegs erfüllt ist. Auf Grund dieser Erwägung hat sich HAUSMANINGER[1]) die Aufgabe gestellt, jene Theorie so zu ergänzen, daß die obige Annahme fallen gelassen wird und daß der während der Stoßdauer von der Welle zurückgelegte Weg ($L$) nur das 2-, 4-, 6- oder 8fache der Stablängen beträgt. Dabei wird die Fragestellung umgekehrt und jener Wert ermittelt, den $C$ annehmen muß, damit der Stoß zu Ende ist, wenn die Welle ein solches Vielfaches der Stablänge durchlaufen hat. Für die Ausführung der Rechnung ist es angezeigt, die Lösung der Schwingungsgleichung wieder in der D'ALEMBERTschen Form anzusetzen.

Wird allgemein für die Geschwindigkeit des Stabes 1 nach dem Stoß

$$v_1' = \beta v_1 + (1-\beta) v_2 \tag{5}$$

gesetzt, so wäre nach der elastischen Theorie einfach $\beta = 0$. Die von HAUSMANINGER angestellten Rechnungen ergeben bei gleich langen und gleich dicken Stäben für $\beta$ Werte bis 0,0145 bei $L \approx 3{,}28\, l$; für $l_1 = 2\, l_2$ wird der Wert $\beta = 1/3$ der elastischen Theorie ebenfalls schon bei $L \approx 3\, l$ nahezu erreicht, und auch für Stäbe, bei denen $l_1 = 2\, l_2$, $q_2 = 2\, q_1$ ist, findet sich bei $L \approx 3\, l$ kaum noch eine Abweichung.

Das Ergebnis dieser Arbeit ist vorwiegend ein negatives und besteht darin, daß die Gültigkeit von Annäherungsformeln, die $L/l$ sehr groß gegen 1 voraussetzen, sehr zweifelhaft ist; und ferner, daß der von VOIGT eingeführte Wert $C$ (wie schon von diesem selbst vermutet) weit davon entfernt ist, konstant zu sein.

**27. Der Längsstoß einer Masse auf das freie Ende eines Zylinders, dessen anderes Ende fesgehalten ist.** Dieses Problem wurde von DE SAINT-VENANT und FLAMANT[2]) behandelt und kann in folgender Weise ausgesprochen werden: Ein Stab von der Länge $l$, dem Querschnitte $q$ und dem Gewichte $P = \varrho g q l$ ist an einem Ende befestigt und erfährt an seinem anderen den Stoß einer Masse $Q/g$, die mit der Geschwindigkeit $v$ in der Längsrichtung des Stabes auftrifft; gesucht ist die in dem Stab auftretende elastische Bewegung, insbesondere die Stoßdauer und der größte auftretende Wert der Zusammendrückung.

[1]) V. HAUSMANINGER, Ann. d. Phys., N. F. Bd. 25, S. 189. 1885; Wiener Ber. Bd. 88, S. 768. 1883.

[2]) B. DE SAINT VENANT u. A. FLAMANT, C. R. Bd. 97, S. 127, 214, 281 u. 444. 1883; A. CLEBSCH-B. DE ST. VENANT, Theorie de l'élasticité des corps solides. Paris 1883, Note zu § 60; ferner J. BOUSSINESQ, C. R. Bd. 97, S. 154. 1883.

Wenn in erster Annäherung die Trägheit der Stabmasse vollständig vernachlässigt und die Verschiebung des gestoßenen Stabendes mit $W_m$ bezeichnet wird, so führt die Energiegleichung

$$\frac{1}{2} E q l \left(\frac{W_m}{l}\right)^2 = \frac{1}{2} \frac{Q}{g} v^2 \tag{1}$$

unmittelbar auf die Aussage

$$\frac{W_m}{l} = v \sqrt{\frac{Q}{g q l E}} = \frac{v}{c} \sqrt{\frac{Q}{P}}, \tag{2}$$

wenn wieder $c = \sqrt{E/\varrho}$ die Schallgeschwindigkeit im Stabmaterial bedeutet.

Eine zweite Näherung[1]) kann man durch angenäherte Berücksichtigung der Stabmasse erhalten, indem man voraussetzt, daß sich die Geschwindigkeit $v$, die das Stabende durch den Stoß erhält, gleichförmig über den ganzen Stab (bis zu Null am Ende) verteilt. Die Verteilung wird also so angenommen, wie sie einer rein statischen Belastung entsprechen würde. Unter dieser Annahme lautet die Energiegleichung nunmehr

$$\frac{1}{2} E q l \left(\frac{W_m}{l}\right)^2 + \frac{1}{2} \varrho q \frac{v^2}{l^2} \int_0^l z^2 dz = \frac{1}{2} \frac{Q}{g} v^2 . \tag{3}$$

Führt man im zweiten Summanden für $v^2$ den nach Gleichung (2) gegebenen Wert ein, so erhält man die zweite Annäherung

$$\frac{W_m}{l} = \frac{v}{c} \sqrt{\frac{\frac{P}{Q}}{1 + \frac{P}{3Q}}}, \tag{4}$$

die für kleine Werte von $P/Q$ (etwa $P/Q < 2$) schon recht gut übereinstimmende Werte mit dem aus der genauen Theorie für die größte Zusammendrückung gefolgerten Ausdruck liefert. Läßt man $v^2$ in Gleichung (3) stehen, so ergibt sich unmittelbar die folgende, für kleine $P/Q$ mit Gleichung (4) gleichwertige Gleichung

$$\frac{W_m}{l} = \frac{v}{c} \sqrt{\frac{Q}{P} - \frac{1}{3}} . \tag{4'}$$

Ein angenäherter Ausdruck für die Geschwindigkeit $v'$ der Masse $Q/g$ beim Auftreffen auf den Zylinder von der Masse $P/g$ wird durch die Impulsgleichung gewonnen:

$$\frac{Q}{g} v = \frac{Q + \frac{P}{3}}{g} v', \tag{5}$$

wobei die Annahme gemacht ist, daß sich die Geschwindigkeit $v'$ gleichmäßig über die ganze Länge des gestoßenen Stabes verteilt; dies hat zur Folge, daß $^1/_3$ der Masse $P/g$ in die Gleichung eingeht. Es ergibt sich also:

$$v' = \frac{v}{1 + \frac{P}{3Q}} . \tag{7}$$

Dieselbe Beziehung folgt auch aus der „erweiterten Energiegleichung" für den Stoßvorgang, wenn dieser als unelastisch betrachtet wird und der dabei auf-

[1]) Derartige Rechnungen, die auf eine summarische Berücksichtigung der Trägheit der bewegten Stabteilchen hinauslaufen, wurden zuerst von H. COX, Trans. Cambr. Phil. Soc. Bd. 9, S. 73. 1849 und später in umfassender Weise von B. DE SAINT VENANT (l. c. S. 537 Fußnote 2) verwendet. Diese Formeln liefern trotz ihrer Einfachheit in den meisten Fällen sehr brauchbare Ergebnisse und sind daher für die Anwendungen und insbesondere für technische Zwecke von außerordentlichem Wert.

tretende Verlust nach dem bekannten elementaren Ausdruck eingeführt wird; die Energiegleichung lautet dann:

$$\frac{1}{2}\frac{Q}{g}(v^2 - v'^2) - \frac{1}{2}\frac{P}{3g}v'^2 = \frac{1}{2}\frac{Q}{g}(v - v')^2 + \frac{1}{2}\frac{P}{3g}(-v')^2. \tag{8}$$

Der exakte Ansatz der eingangs gekennzeichneten Aufgabe führt auf das folgende Integrationsproblem: Es ist die Differentialgleichung der elastischen Bewegung im Stabe [Gleichung (9) von Ziff. 21]

$$\frac{\partial^2 W}{\partial t^2} = c^2 \frac{\partial^2 W}{\partial x^2} \tag{9}$$

unter den folgenden Randbedingungen zu integrieren ($\tau = \varepsilon/c$ bedeutet den kleinen Wert der Zeit, in der das Element am freien Ende des Stabes die Geschwindigkeit $v$ annimmt):

$$\text{für} \quad 0 < t < \tau, \quad x = 0: \qquad \frac{\partial W}{\partial t} = v \tag{10}$$

und

$$-\frac{Q}{g}\frac{\partial^2 W}{\partial t^2} + Eq\frac{\partial W}{\partial x} = -\frac{Q}{g}F'(t)\,^{1)} \qquad \text{oder} \qquad \frac{\partial^2 W}{\partial t^2} - \frac{Pc^2}{Ql}\frac{\partial W}{\partial x} = F'(t), \tag{11}$$

$$\text{für} \quad t = 0, \quad 0 < x \leqq l: \qquad W = 0, \qquad \frac{\partial W}{\partial t} = 0, \tag{12}$$

$$\text{für} \quad t < 0, \quad x = l: \qquad W = 0, \tag{13}$$

Die Lösung dieses Problems ist von der Form:

$$W = f(ct - x) - f(ct + x - 2l). \tag{14}$$

Geht man mit diesem Ansatz in die Bedingung (10) und setzt $ct = \zeta$, $t = \zeta/c$, so folgt

$$f''(\zeta) + \frac{P}{Ql}f'(\zeta) = \frac{1}{c^2}F'\left(\frac{\zeta}{c}\right) + f''(\zeta - 2l) - \frac{P}{Ql}f'(\zeta - 2l). \tag{15}$$

Diese Gleichung gibt einmal integriert

$$f'(\zeta) + \frac{P}{Ql}f(\zeta) = \frac{1}{c}F\left(\frac{\zeta}{c}\right) + f'(\zeta - 2l) + \frac{P}{Ql}f(\zeta - 2l) \tag{16}$$

und ist jetzt eine lineare Gleichung für $f(\zeta)$, die eine nochmalige allgemeine Integration zuläßt; setzt man noch $P/Q = k$, so haben wir (für $\zeta > 0$)

$$f(\zeta) = e^{-k\frac{\zeta}{l}}\int_0^{\zeta} e^{k\frac{\zeta}{l}}\left\{\frac{1}{c}F\left(\frac{\zeta}{c}\right) + f'(\zeta - 2l) - \frac{k}{l}f(\zeta - 2l)\right\}d\zeta, \tag{17}$$

und aus dieser Gleichung ist $f(\zeta)$ bestimmt, sobald $f'(\zeta - 2l)$ und $f(\zeta - 2l)$ als bekannt angenommen werden können. Was die Funktion $F(\zeta/c)$ anlangt, so ist leicht zu zeigen, daß

$$\frac{1}{c}F\left(\frac{\zeta}{c}\right) = \frac{\varepsilon}{c} = \tau \tag{18}$$

die sehr kleine Zeit darstellt, in der die Übertragung von $v$ auf das Endelement erfolgt; es ist also $F(\zeta/c) = c\tau = v$, so daß $f(\zeta)$ die folgende Form annimmt:

$$f(\zeta) = \frac{l}{k}\frac{v}{c}\left(1 - e^{-k\frac{\zeta}{l}}\right) + e^{-k\frac{\zeta}{l}}\int_0^{\zeta} e^{k\frac{\zeta}{l}}\left[f'(\zeta - 2l) - \frac{k}{l}f(\zeta - 2l)\right]d\zeta. \tag{19}$$

---

[1]) Diese Gleichung drückt das dynamische Gleichgewicht zwischen der Trägheit der stoßenden Masse, der elastischen Reaktion und der Stoßkraft [$F(t)$ für die Masseneinheit] aus.

Setzt man noch $\zeta/l = \eta$, so erhält man schließlich das folgende Schema für die Funktionen $f(\zeta)$ und $f'(\zeta)$:

$$\left.\begin{aligned}
0 \leqq \zeta &: f(\zeta)=0, \quad f'(\zeta) = 0, \quad 0<\zeta \leqq \varepsilon: \; f'(\zeta) = \frac{v}{c},\\
0<\zeta<2l &: f(\zeta)=\frac{l}{k}\frac{v}{c}(1-e^{-k\eta}) \equiv f_1(\zeta), \quad \varepsilon<\zeta<2l: \; f'(\zeta) = \frac{v}{c}e^{-k\eta} \equiv f_1'(\zeta),\\
2l<\zeta<4l &: f(\zeta)=f_1(\zeta) + \frac{l}{k}\frac{v}{c}\{-1+[1+2k(\eta-2)]\}e^{-k(\eta-2)} \equiv f_2(\zeta),\\
2l+\varepsilon<\zeta<4l &: f'(\zeta)=f_1'(\zeta) + \frac{v}{c}[1-2k(\eta-2)]e^{-k(\eta-2)} \equiv f_2'(\zeta),\\
4l<\zeta<6l &: f(\zeta)=f_2(\zeta) + \frac{l}{k}\frac{v}{c}\{1-[1+2k^2(\eta-4)^2]\}e^{-k(\eta-4)} \equiv f_3(\zeta),\\
4l+\varepsilon<\zeta<6l &: f'(\zeta)=f_2'(\zeta) + \frac{v}{c}[1-4k(\eta-4)+2k^2(\eta-4)^2]e^{-k(\eta-4)} \equiv f_3'(\zeta),\\
6l<\zeta<8l &: f(\zeta)=f_3'(\zeta) + \frac{l}{k}\frac{v}{c}\left\{-1+\left[1+2k(\eta-6)-2k^2(\eta-6)^2+\frac{4}{3}k^3(\eta-6)^3\right]\right\}e^{-k(\eta-6)},\\
6l+\varepsilon<\zeta<8l &: f'(\zeta)=f_3'(\zeta) + \frac{v}{c}[1-6k(\eta-6)+6k^2(\eta-6)^2-\frac{4}{3}k^3(\eta-6)^3]e^{-k(\eta-6)},\\
&\text{usw.}
\end{aligned}\right\} \quad (2$$

Mit diesen Werten ergibt sich die Zusammendrückung für jedes $x$ und $t$ in der Form

$$-\frac{\partial W}{\partial x} = f'(ct-x) + f(ct+x-2l) \tag{21}$$

und die Geschwindigkeit

$$\frac{\partial W}{\partial t} = c[f'(ct-x) - f'(ct+x-2l)]. \tag{22}$$

Das Ende des Stoßes ($t = T$) ist durch die Bedingung gegeben

$$\left[\frac{\partial W}{\partial x}\right]_{x=0} = 0, \tag{23}$$

und man findet zunächst, daß die gesamte Stoßzeit niemals zwischen 0 und $2\,l/c$ liegen kann und je nach dem Werte von $Q/P = 1/k$ in folgenden Grenzen eingeschlossen ist:

$$\left.\begin{aligned}
0 < \frac{1}{k} < 1{,}7283, &\quad \frac{2l}{c} < T < \frac{4l}{c},\\
1{,}7283 < \frac{1}{k} < 4{,}1511, &\quad \frac{4l}{c} < T < \frac{6l}{c},\\
4{,}1511 < \frac{1}{k} < 7{,}35, &\quad \frac{6l}{c} < T < \frac{8l}{c} \text{ usw.}
\end{aligned}\right\} \tag{24}$$

Der Verlauf von $W$ und $-\partial W/\partial x$ wird durch Schaubilder verdeutlicht, die in außerordentlich lehrreicher Weise den Stoßvorgang zu verfolgen gestatten und von denen in den Abb. 17 bis 19 die wichtigsten wiedergegeben seien. Abb. 17 gibt $W$, genauer $cW/vl$ in Abhängigkeit von $ct/l$ für verschiedene Werte von $x$ an, und zwar: a) für $x = l$ (festes Ende), b) für $x = l/2$, c) für $x = 0$ (gestoßenes Ende). Die drei eingezeichneten Kurven entsprechen den Werten $k \equiv P/Q = 1, \frac{1}{2}, \frac{1}{4}$. Das Ende des Stoßes ist in allen Fällen durch einen kleinen Kreis angedeutet und besonders bezeichnet. Darüber hinaus sind die $W$-Linien punktiert eingezeichnet und lassen ihren periodischen Charakter erkennen.

In den Punkten, in denen $ct - x$ oder $ct + x - 2l$ ein Vielfaches von $2l$ wird, treten plötzliche Änderungen der Zusammendrückungen, also Knicke, in den $W$-Linien ein.

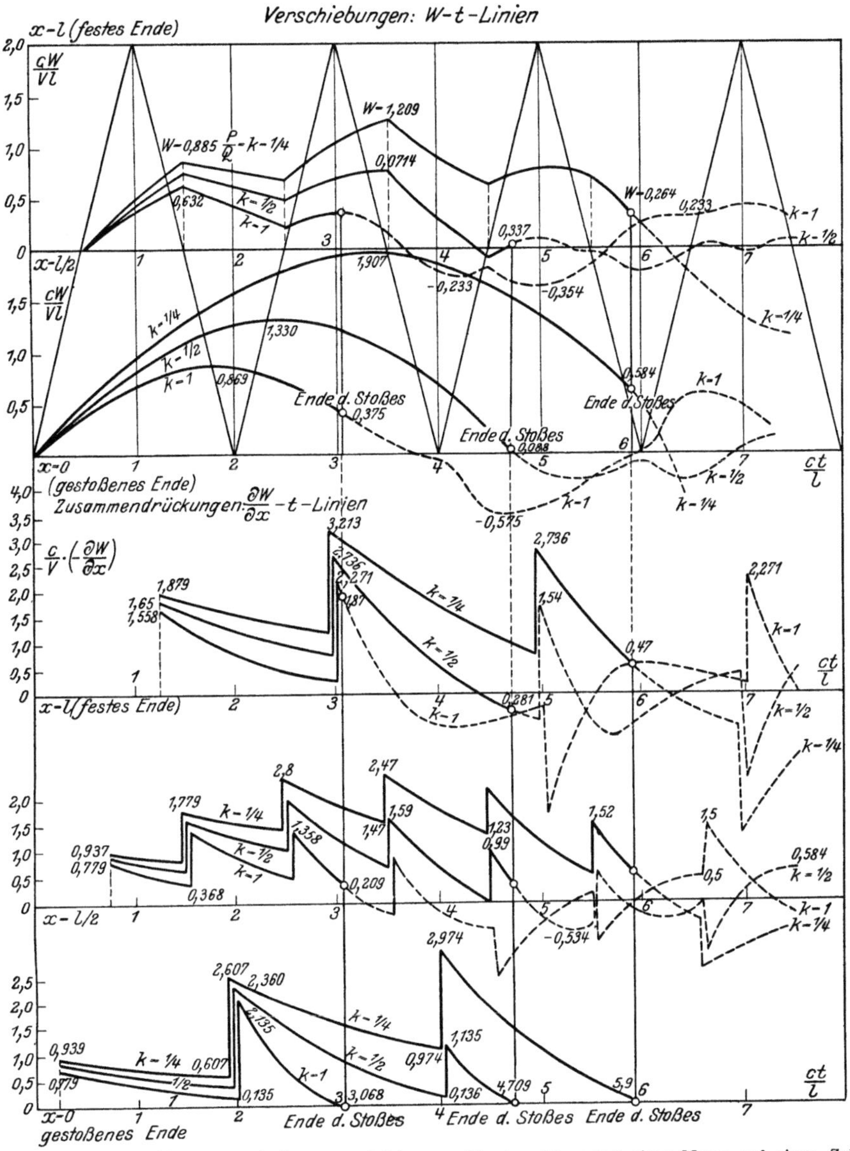


Abb. 17 und 18. Verschiebungen und Zusammendrückungen für den Längsstoß einer Masse auf einen Zylinder nach DE SAINT-VENANT.

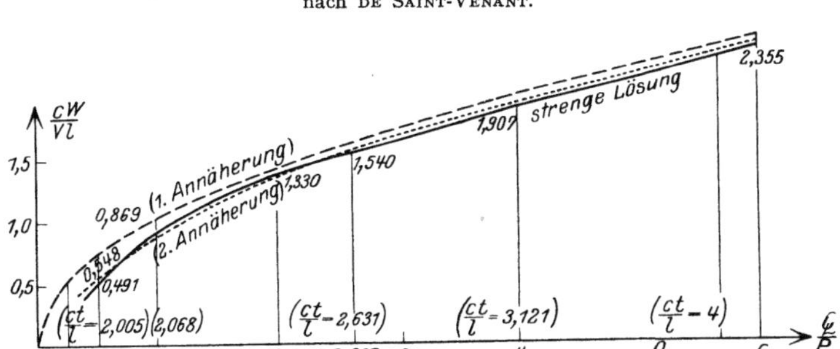


Abb. 19. Größte Verschiebungen nach der Stoßtheorie von DE SAINT-VENANT.

Abb. 18 gibt für dieselben Punkte $x$ und die gleichen Werte von $k = P/Q$ den Verlauf der Zusammendrückungen $-\frac{\partial W}{\partial x}$, und zwar von $-\frac{c}{v}\frac{\partial W}{\partial x}$ an. Die früher erwähnten Unstetigkeiten machen sich als Sprünge in den bezüglichen Ordinatenwerten erkennbar.

In Abb. 19 sind die größten Werte von $W$, also $W_m$, in Abhängigkeit von $Q/P = 1/k$ aufgetragen; und zwar gilt die ausgezogene Kurve für die genaue Theorie und die strichlierten für die nach den Gleichungen (2) und (4) ermittelten Näherungen. Man sieht, daß die zweite Näherung für $Q/P = 1/k > \frac{1}{2}$ kaum mehr eine Abweichung zu erkennen gibt. Diese größten Werte werden erreicht für

$$\left.\begin{array}{llll} 0 < \frac{Q}{P} = \frac{1}{k} < & 5{,}686 & \text{in den Zeiten} & \frac{2l}{c} < t < \frac{4l}{c}, \\ 5{,}686 < \frac{Q}{P} & < 13{,}816 & \text{,, ,, ,,} & \frac{4l}{c} < t < \frac{6l}{c}, \\ 13{,}816 < \frac{Q}{P} & < 25{,}16 & \text{,, ,, ,,} & \frac{6l}{c} < t < \frac{8l}{c} \text{ usw.} \end{array}\right\} \tag{22}$$

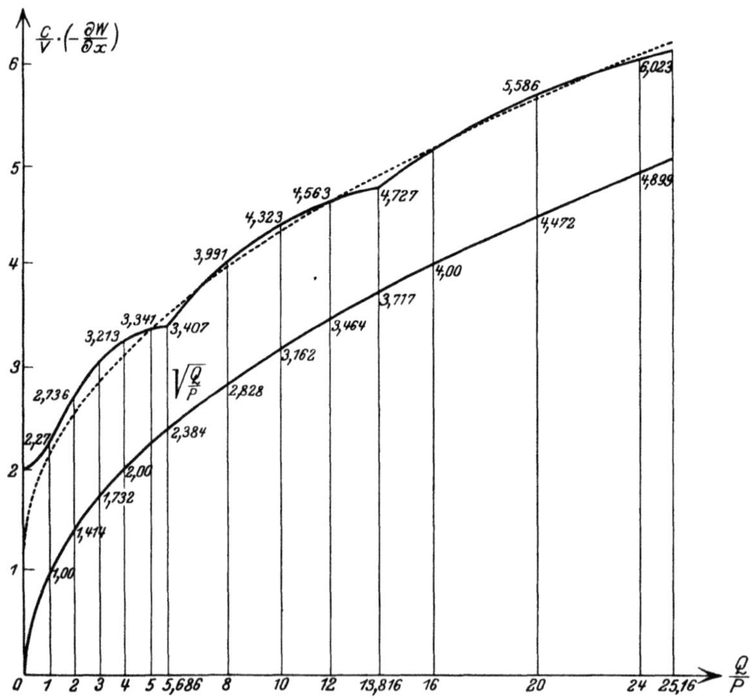

Abb. 20. Größte Zusammendrückungen am festen Stabende nach der Theorie von DE SAINT-VENANT.

Schließlich gibt Abb. 20 die größten Werte der Zusammendrückungen am festen Stabende wieder in Abhängigkeit von dem Verhältnis $Q/P$ an. Als Näherung hierfür werden für

$$5 < \frac{Q}{P} < 24: \qquad -\frac{c}{v}\frac{\partial W}{\partial x} = \sqrt{\frac{Q}{P}} + 1$$

und für kleinere die genauere Formel angegeben

$$0 < \frac{Q}{P} < 5: \qquad -\frac{c}{v}\frac{\partial W}{\partial x} = 2\left(1 + e^{-\frac{2P}{Q}}\right),$$

welche dem exakten Wert sehr nahe kommt.

Mit ähnlichen Hilfsmitteln hat auch LOVE[1]) das Problem des lotrecht herabhängenden, oben eingespannten und an seinem unteren Ende plötzlich belasteten Stabes behandelt.

**28. Allgemeine Theorie der Ausbreitung von Stoßwellen in einem festen Körper.** Die Gesetze für die Ausbreitung von Längs- und Querwellen, die in den vorhergehenden Ziffern erörtert wurden, bilden besondere Fälle allgemeinerer Ansätze, die die Ausbreitung von Stoßwellen beliebiger Form im Innern fester Körper betreffen. Die Aufstellung dieser allgemeineren Ansätze ist von JOUGUET[2]) durchgeführt worden, und zwar in Analogie zu den bekannten Gesetzmäßigkeiten, nach denen sich Unstetigkeiten verschiedener Ordnungen in Flüssigkeiten ausbreiten. Es ist dazu nötig, die Verschiebungen als endlich zu betrachten, und vorteilhaft, die Hilfsmittel heranzuziehen, die E. und F. COSSERAT[3]) unter dieser Voraussetzung entwickelt haben.

Es mögen bedeuten: $a$, $b$, $c$ die LAGRANGEschen Veränderlichen (d. h. die Koordinaten der Anfangslagen des Teilchens), $\varrho_0$ die Dichte der Anfangslage, $\xi$, $\eta$, $\zeta$ die Verschiebungen, $W$ die Dichte der inneren elastischen Energie, $l$, $m$, $n$ die Richtungskosinus der Normalen zur Wellenfläche $S$; ferner wird durch das folgende Schema der Tensor

$$\begin{Vmatrix} A_x, & B_x, & C_x \\ A_y, & B_y, & C_y \\ A_z, & B_z, & C_z \end{Vmatrix} = \begin{Vmatrix} \frac{\partial W}{\partial \xi_a}, & \frac{\partial W}{\partial \xi_b}, & \frac{\partial W}{\partial \xi_c} \\ \frac{\partial W}{\partial \eta_a}, & \frac{\partial W}{\partial \eta_b}, & \frac{\partial W}{\partial \eta_c} \\ \frac{\partial W}{\partial \zeta_a}, & \frac{\partial W}{\partial \zeta_b}, & \frac{\partial W}{\partial \zeta_c} \end{Vmatrix}$$

eingeführt, der mit dem Spannungstensor in naher Beziehung steht, und

$$(F, G, H) = l(A_x, A_y, A_z) + m(B_x, B_y, B_z) + n(C_x, C_y, C_z)$$

gesetzt; schließlich seien $(u_1, v_1, w_1)$, $(u_2, v_2, w_2)$ die Komponenten der Geschwindigkeit zu beiden Seiten von $S$; die Werte von $F$, $G$, $H$ usw. für die beiden Seiten von $S$ werden ebenfalls durch die Zeiger 1, 2 angedeutet. Dann geben die Impulsgleichungen unmittelbar die Fortpflanzungsgeschwindigkeit $c$ von $S$ in der Form

$$\varrho_0 c = \frac{F_1 - F_2}{u_2 - u_1} = \frac{G_1 - G_2}{v_2 - v_1} = \frac{H_1 - H_2}{w_2 - w_1}. \tag{1}$$

Hierzu kommt als zweite die Kontinuitätsgleichung. Zu ihrer Aufstellung führen wir die Dichte $\varrho$ nach der Verzerrung ein, setzen $\varrho\Theta = \varrho_0$ und weiter

$$(L, M, N) = l\frac{\partial\Theta}{\partial(\xi_a, \eta_a, \zeta_a)} + m\frac{\partial\Theta}{\partial(\xi_b, \eta_b, \zeta_b)} + n\frac{\partial\Theta}{\partial(\xi_c, \eta_c, \zeta_c)};$$

dann lautet sie (ganz wie für Flüssigkeiten)

$$\varrho_0 \frac{\varrho_2 - \varrho_1}{\varrho_1 \varrho_2} c = L(u_2 - u_1) + M(v_2 - v_1) + N(w_2 - w_1). \tag{2}$$

Schließlich tritt noch eine Beziehung hinzu, welche den Einfluß der Temperatur auf den Ausbreitungsvorgang betrifft; für isothermische Bewegungen lautet sie einfach $T_1 = T_2$. Für adiabatische Zustandsänderungen nimmt sie die folgende Form an, in der $U$ die innere thermische Energie bedeutet:

$$\varrho_0 c\,[U + \tfrac{1}{2}(u^2 + v^2 + w^2)]_1^2 = [Fu + Gv + Hw]_1^2. \tag{3}$$

---

[1]) A. E. H. LOVE, Lehrb. der Elastizität (deutsch von A. TIMPE), S. 500. Leipzig 1907.

[2]) E. JOUGUET, C. R. Bd. 171, S. 461, 512, 789 u. 904. 1920.

[3]) E. u. F. COSSERAT, Ann. de la Faculté des sciences de Toulouse Bd. 10, S. 1. 1896; Théorie des corps déformables. Paris 1909.

Vermöge der Gleichungen (1) und (2) kann diese Gleichung auch in einer der folgenden Formen geschrieben werden:

$$2\varrho_0^2 c^2 [U]_1^2 = [F^2 + G^2 + H^2]_1^2, \tag{4}$$

$$\frac{2\varrho_1\varrho_2}{\varrho_2 - \varrho_1}\{L(F_1 - F_2) + M(G_1 - G_2) + N(H_1 - H_2)\}[U]_1^2 = [F^2 + G^2 + H^2]_1^2. \tag{5}$$

Aus ihnen erhält man durch Spezialisierung die bekannten Formeln für die Fortpflanzungsgeschwindigkeiten der gewöhnlichen elastischen Wellen für kleine Verschiebungen wieder, und zwar sowohl im isothermen wie auch im adiabatischen Falle. Wenn der Anfangszustand nicht ein natürlicher ist, sind die klassischen Ausdrücke für diese Geschwindigkeiten mit einer Korrektion zu versehen, die für isothermische Zustandsänderungen von POINCARÉ, für adiabatische von DUHEM und ROY angegeben wurden.

**29. Die Theorie des Stoßes von H. HERTZ.** Diese[1]) stellt einen anderen Grenzfall in der Behandlung des Stoßproblems dar und steht in gewissem Gegensatze zur „Wellentheorie" des Stoßes von NEUMANN und SAINT-VENANT. Zwar gelangen auch bei HERTZ nur solche Hilfsmittel für die Verfolgung des Stoßvorganges zur Anwendung, die der klassischen Elastizitätslehre angehören; allein es sind im Gegensatze zu jener Theorie die Vorgänge und Veränderungen in der Umgebung der Stoßstelle selbst, die untersucht und für den Ablauf des Stoßes verantwortlich gemacht werden. Physikalisch bedeutet diese Auffassung, daß die Zeit, während welcher die beiden Körper beim Stoß miteinander in Berührung stehen, groß ist gegen die Zeit, in der elastische Wellen die Längsausdehnungen der Körper durchlaufen — eine Annahme, die bei kurzen Körpern und bei kleinen Stoßgeschwindigkeiten in der Tat nahe erfüllt sein wird. In der Wellentheorie wurde — gerade umgekehrt — vorausgesetzt, daß die Zeitdauer der gegenseitigen Einwirkung der beiden Körper an der Berührungsstelle außerordentlich kurz sei gegen die Zeit der Wellenfortpflanzung über die stoßenden Körper hinweg, so daß die ganze Betrachtung auf den Vorgang der Wellenfortpflanzung selbst hinauslief.

Demgemäß ist hervorzuheben, daß auch in der Theorie von HERTZ der Einfluß der bleibenden oder plastischen Formänderungen auf die Umgebung der Stoßstelle nicht berücksichtigt wird; da es sich aber um eine kurz dauernde Einwirkung großer Drucke (genauer gesagt: endlicher Kräfte auf kleine Angriffsfläche) handelt, werden solche Einflüsse in der Regel eintreten müssen. In dieser — sehr kurzen — Zeit wird die ursprünglich sehr große Stoßkraft auf einen endlichen Betrag herabgesetzt und gleichzeitig die Geschwindigkeit der Körper und ihrer Teile verändert. Es handelt sich also auch bei der Auffassung von HERTZ streng genommen um einen umkehrbaren (reversiblen) Vorgang ohne Energiezerstreuung, also in der Bezeichnungsweise der elementaren Theorie um den vollkommen elastischen Stoß.

Aus diesen Bemerkungen geht auch hervor, daß beim physikalischen Stoß „wirklicher" Körper zweifellos ein Zusammenwirken aller dieser Umstände eintreten wird. Einerseits werden sowohl die in den Körpern entstehenden Schwingungen, als auch die elastischen Veränderungen der Stoßstelle auf den Ablauf des Stoßvorganges einwirken, andererseits werden die bleibenden Formänderungen an der Stoßstelle dessen Verlauf entscheidend beeinflussen. Eine Stoßtheorie, die alle diese Umstände in vollkommen befriedigender Weise berücksichtigt, ist bisher nicht entwickelt worden.

---

[1]) H. HERTZ, Journ. f. Math. Bd. 92, S. 156. 1881; Verh. d. Ver. z. Bef. d. Gewerbefleißes, Nov. 1882; Ges. Werke, Bd. I. Leipzig 1895, Nr. 5 u. 6; vgl. auch die Darstellung bei A. E. H. LOVE, Lehrb. der Elastizität (deutsch von A. TIMPE), § 139. Leipzig 1907.

Für die Verfolgung des Stoßvorganges zieht HERTZ die aus seiner Theorie[1]) der Berührung elastischer Körper und der Härte folgende Beziehung heran, die zwischen der Annäherung $\xi$ der Körper nach Beginn der Berührung, welche mit ihrer Abplattung einhergeht, und der Druckkraft $K$ besteht:

$$K = k_2 \xi^{\frac{3}{2}}. \tag{1}$$

Darin ist $k_2$ durch die Gleichung bestimmt;

$$\left(\frac{3}{4}\right)^2 k_2^2 A (\vartheta_1 + \vartheta_2)^2 \left[\int_0^\infty \frac{d\zeta}{\{\zeta(1+\zeta)(1-e^2+\zeta)\}^{\frac{1}{2}}}\right]^3 = \int_0^\infty \frac{d\zeta}{(1+\zeta)^{\frac{3}{2}}\{\zeta(1-e^2)+\zeta\}^{\frac{1}{2}}}. \tag{2}$$

Die Konstante $A$ und die Exzentrizität $e$ der Druckellipse sind durch die Form der zur Berührung gelangenden Körper, genauer gesagt durch ihre Krümmungshalbmesser $(r_1, r_2)$ an der Stoßstelle gegeben, und $\vartheta_1$, $\vartheta_2$ sind von den elastischen Eigenschaften der Körper abhängig; und zwar ist

$$\vartheta_1 = \frac{2(m_1-1)}{m_1 G_1} = \frac{4(m_1^2-1)}{m_1^2 E_1}, \qquad \vartheta_2 = \frac{2(m_2-1)}{m_2 G_2} = \frac{4(m_2^2-1)}{m_2^2 E_2}. \tag{3}$$

Durch Einführung der Fortpflanzungsgeschwindigkeiten der Dilatationswellen[2])

$c_1^2 = \frac{2(m_1-1)G_1}{\varrho_1(m_1-2)}$, $c_2^2 = \frac{2(m_2-1)G_2}{\varrho_2(m_2-2)}$, kann auch geschrieben werden:

$$\vartheta_1 = \frac{4(m_1-1)^2}{m_1(m_1-2)\varrho_1 c_1^2}, \qquad \vartheta_2 = \frac{4(m_2-1)^2}{m_2(m_2-2)\varrho_2 c_2^2}. \tag{3'}$$

Die durch rein statische Betrachtungen gewonnene Beziehung (1) wird für die Stoßkraft in die Bewegungsgleichung eingesetzt. Hierzu verwendet man (mit der Bezeichnung von $M_1$, $M_2$ für die Massen der beiden stoßenden Körper) die Gleichung für die Bewegungsgrößen $M_1 v_1 + M_2 v_2 = (M_1 + M_2) v_0$, die auch für jedes Paar von Zwischenwerten innerhalb des ganzen Stoßvorganges gilt, und setzt $v_1 - v_2 = \dot{\xi}$, wodurch man erhält:

$$v_1' = v_0 + \frac{M_2(v_1 - v_2)}{M_1 + M_2} = v_0 + \frac{M_2 \dot{\xi}}{M_1 + M_2}; \tag{4}$$

$v_0$ bedeutet darin die gleichbleibende Geschwindigkeit des Massenmittelpunktes der beiden Körper. Mithin lautet die Bewegungsgleichung

$$\frac{d}{dt} M_1 \left(\frac{M_2 \dot{\xi}}{M_1 + M_2}\right) = -K = -k_2 \xi^{\frac{3}{2}}; \tag{5}$$

sie nimmt, wenn noch zur Abkürzung

$$\frac{M_1 + M_2}{M_1 M_2} = k_1 \tag{5'}$$

gesetzt wird, die einfachere Form an

$$\frac{d^2\xi}{dt^2} = -k_1 k_2 \xi^{\frac{3}{2}}.$$

Diese Gleichung kann unmittelbar integriert werden und gibt, wenn $\dot{\xi}_0 = v_1 - v_2 = V_0$ die Relativgeschwindigkeit der beiden Körper vor Beginn des Stoßes, d. h. ihre Annäherungsgeschwindigkeit bedeutet, die Energiegleichung

$$\tfrac{1}{2}(\dot{\xi}^2 - V_0^2) = -\tfrac{2}{5} k_1 k_2 \xi^{\frac{5}{2}}. \tag{6}$$

[1]) S. Kap. 3, Ziff. 79 ds. Bd. des Handb.
[2]) S. Kap. 4, Ziff. 4 ds. Bd. ds. Handb.

Der Wert von $\xi$ im Augenblicke der stärksten Zusammendrückung ($\xi_1$), d. h. für $\dot{\xi} = 0$, ist gegeben durch

$$\xi_{\max} = \xi_1 = \left(\frac{5}{4 k_1 k_2}\right)^{\frac{2}{5}} V_0^{\frac{4}{5}}. \tag{7}$$

Zur Bestimmung der Zeitdauer des Stoßes setzen wir $\dot{\xi} = d\xi/dt$ und erhalten aus der vorhergehenden Gleichung als Zeit bis zum Ende der Berührung, die doppelt so groß ist wie die Zeit bis zur stärksten Zusammendrückung:

$$T = 2\int_0^{\xi_1} \frac{d\xi}{\sqrt{V_0^2 - \frac{4}{5} k_1 k_2 \xi^{\frac{5}{2}}}}, \tag{8}$$

und durch Einführung von $\xi/\xi_1$ als Integrationsveränderliche:

$$\left.\begin{aligned} T &= 2\frac{\xi_1}{V_0}\int_0^1 \frac{d\left(\frac{\xi}{\xi_1}\right)}{\sqrt{1 - \left(\frac{\xi}{\xi_1}\right)^{\frac{5}{2}}}} = \frac{4}{5}\sqrt{\pi}\,\frac{\Gamma\left(\frac{2}{5}\right)}{\Gamma\left(\frac{9}{10}\right)}\frac{\xi_1}{V_0} = 2{,}9432\,\frac{\xi_1}{V_0} \\ &= 2{,}9432\sqrt[5]{\frac{25}{16 k_1^2 k_2^2}}\,\frac{1}{V_0}. \end{aligned}\right\} \tag{9}$$

**30. Anwendung auf den Stoß von Kugeln.** Für $A = B = \frac{1}{2}(1/r_1 + 1/r_2)$, $e = 0$ wird der Halbmesser der kreisförmigen Stoßfläche durch die Gleichung gegeben

$$a^3 = \frac{3}{16}\frac{r_1 r_2}{r_1 + r_2}(\vartheta_1 + \vartheta_2) K, \tag{1}$$

und die Annäherung in Abhängigkeit von $K$ und $a$ (für $0 < \xi < \xi_1$ gültig):

$$\xi = \frac{3}{16 a}(\vartheta_1 + \vartheta_2) K; \tag{2}$$

weiter folgt

$$k_2 = \frac{3}{16}\frac{1}{\vartheta_1 + \vartheta_2}\sqrt{\frac{r_1 r_2}{r_1 + r_2}}, \quad a = \sqrt{\frac{r_1 r_2}{r_1 + r_2}\xi} \tag{3}$$

und schließlich

$$\xi_1 = \left[\frac{15(\vartheta_1 + \vartheta_2) M_1 M_2}{64(M_1 + M_2)}\right]^{\frac{2}{5}} \left[\frac{r_1 + r_2}{r_1 r_2}\right]^{\frac{1}{2}} V_0^{\frac{4}{5}}. \tag{4}$$

Für zwei gleich große Kugeln ($r_1 = r_2 = r$) aus demselben Material ($\vartheta_1 = \vartheta_2$; $\varrho_1 = \varrho_2$) ergibt sich für die gesamte Stoßdauer, wenn wieder die Geschwindigkeit der Dilatationswellen mittels der Gleichungen $c^2 = \frac{2(m-1)G}{\varrho(m-2)}$ eingeführt wird,

$$T = 2{,}9432\left[\frac{25\pi^2}{8}\frac{(m-1)^4}{m^2(m-2)^2}\right]^{\frac{1}{5}} \frac{r}{c^{\frac{4}{5}} V_0^{\frac{1}{5}}}; \tag{5}$$

der Halbmesser der Druckfläche im Augenblicke der größten Zusammendrückung ist durch die Gleichung gegeben:

$$a = \left[\frac{5\pi}{16}\frac{(m-1)^4}{m^2(m-2)^2}\right]^{\frac{1}{5}} r \left(\frac{c}{V_0}\right)^{\frac{2}{5}}. \tag{6}$$

Nach den von HERTZ angestellten Rechnungen beträgt die Stoßzeit für zwei Stahlkugeln von der Größe der Erde, die mit einer Geschwindigkeit von 10 mm/sec aufeinandertreffen, etwa 27 Stunden.

Bezüglich der Versuche, die zur Überprüfung der Richtigkeit der HERTZschen Theorie angestellt wurden, s. unter Ziff. 37.

**31. Möglichkeit der Erweiterung der HERTZschen Theorie für plastische Körper.** Während — wie dies im vorhergehenden dargestellt — von verschiedenen Forschern versucht wurde, die Wellentheorie des Stoßes durch zusätzliche Annahmen zu erweitern, ist dies für die HERTZsche Theorie — etwa mit dem Ziele, sie auch für unelastische oder teilweise elastische Körper anzuwenden — bisher anscheinend nicht versucht worden.

Die Grundbedingung für die Anwendbarkeit der HERTZschen Theorie des Stoßes ist, daß die Dauer des Stoßes lang sein muß im Vergleich zur Periode der langsamsten Eigenschwingung der stoßenden Körper; wenn diese Bedingung erfüllt ist, so werden Eigenschwingungen der Körper durch den Stoß nicht in merklichem Maße angeregt, und der Stoß selbst verläuft im wesentlichen nach den elementaren Gesetzen, die freilich keinerlei Auskunft über seine Dauer und seinen phänomenologischen Verlauf geben. Lord RAYLEIGH[1]) hat sich die Aufgabe gestellt, zu untersuchen, unter welchen Umständen die erste elastische Schwingung einen merklichen elastischen Einfluß hervorruft. Er beschränkt seine Betrachtungen auf Kugeln und findet für das Verhältnis der Energie der ersten Eigenschwingung zur Gesamtenergie vor dem Stoße den Wert

$$\frac{1}{2}\frac{V_0}{c} = \frac{1}{2}\frac{V_0}{\sqrt{\frac{E}{\varrho}}},$$

also für Stahl u. dgl. eine sehr kleine Zahl. Soweit diese Betrachtung zutrifft, bleibt deshalb nahezu die gesamte Energie als Energie der äußeren, sichtbaren Bewegung erhalten.

Eine andersgeartete Ergänzung der HERTZschen Theorie schlägt PÖSCHL[2]) vor. Diese Ergänzung geht von der Annahme aus, daß die beiden Körper der mit der Abplattung einhergehenden Annäherung durch einen Widerstand entgegen wirken, der von der relativen Geschwindigkeit ($v$) abhängen soll. Es wird demgemäß die von HERTZ benutzte Bewegungsgleichung (5) von Ziff. 29 durch ein von der relativen Geschwindigkeit abhängiges Glied erweitert und dadurch der Einfluß des inneren Widerstandes der Körper auf den Stoßvorgang zum Ausdruck gebracht. Die einfachste Form, an die man dabei denken wird, ist die, diesen Widerstand der ersten oder einer anderen Potenz der relativen Geschwindigkeit proportional zu setzen, mit der sich die Körper bei der Abplattung einander nähern. Mit Rücksicht auf die Ausführbarkeit der Integration liegt es nahe, für diesen Widerstand eine quadratische Abhängigkeit von der Relativgeschwindigkeit anzunehmen, also die Bewegungsgleichung in der Form anzusetzen

$$\frac{d^2\xi}{dt^2} \pm \frac{\lambda}{2}\left(\frac{d\xi}{dt}\right)^2 = -\frac{k}{2}\xi^{\frac{3}{2}}, \tag{1}$$

wobei das obere Vorzeichen für den Hingang (Zusammendrückung), das untere für den Rückgang (Ausdehnung, Restitution) Geltung haben soll. Setzt man darin in üblicher Weise $d\xi/dt = v$ und betrachtet $v$ als Funktion von $\xi$, so folgt:

$$\frac{d^2\xi}{dt^2} = \frac{dv}{dt} = \frac{dv}{d\xi}\frac{d\xi}{dt} = \frac{1}{2}\frac{dv^2}{d\xi}$$

und die Gleichung (1) nimmt die Form an:

$$\frac{dv^2}{\lambda\, d\xi} \pm v^2 = -\frac{k}{\lambda}\xi^{\frac{3}{2}}. \tag{2}$$

---

[1]) Lord RAYLEIGH, Phil. Mag. (2) Bd. 6, S. 283. 1906 oder Scient. Pap. Bd. V, S. 292.
[2]) TH. PÖSCHL, ZS. f. Phys. Bd. 46, S. 142. 1927.

Wir setzen nun weiter $\lambda\xi = x$, $v^2/V_0^2 = V^2$, wobei $V_0$ wieder die Relativgeschwindigkeit der Körper bis zum Beginn der Berührung bezeichnet, und erhalten

$$\frac{dV^2}{dx} \pm V^2 = -\frac{k}{\lambda^{\frac{5}{2}} V_0^2} x^{\frac{3}{2}}, \tag{3}$$

so daß das ganze Problem von dem einzigen Parameter

$$\frac{k}{\lambda^{\frac{5}{2}} V_0^2}$$

abhängig wird, der hier als reiner Zahlenfaktor erscheint und die dimensionslose Kennzahl des Problems darstellt.

Beim Fehlen von Widerständen schreibt sich die Bewegungsgleichung unter Anwendung derselben Bezeichnungen in der Form

$$\frac{dv}{dt} = \frac{d^2\xi}{dt^2} = -\frac{k}{2}\xi^{\frac{3}{2}}, \tag{4}$$

und ergibt durch Integration

$$\frac{v^2}{V_0^2} - 1 = V^2 - 1 = -\frac{2k}{5V_0^2}\xi^{\frac{5}{2}} = -\frac{2k}{5V_0^2\lambda_0^{\frac{5}{2}}}x^{\frac{5}{2}} = -x^{\frac{5}{2}}, \tag{5}$$

worin $\lambda_0\xi = x$, $\lambda_0^{\frac{5}{2}} = 2\,k/5\,V_0^2$ gesetzt ist und $1/\lambda_0$ als Vergleichslänge erscheint. Es ist jedoch zu bemerken — was auch in anderen ähnlichen Fällen eintritt —, daß diese Lösung nicht für $\lambda \to 0$ aus der Lösung der allgemeinen Differentialgleichung (3) hervorgeht.

Die Differentialgleichung (3) nimmt damit die Form an

$$\frac{dV^2}{dx} \pm V^2 = -\frac{5}{2}\left(\frac{\lambda_0}{\lambda}\right)^{\frac{5}{2}} x^{\frac{3}{2}}. \tag{6}$$

Zur angenäherten Integration dieser Gleichung setzen wir die Reihenentwicklung an

$$V^2 = e^{\mp x} + A_5 x^{\frac{5}{2}} + A_7 x^{\frac{7}{2}} + \cdots,$$

wobei über die Integrationskonstante in dem ersten Gliede, welches der Lösung der homogenen Gleichung entspricht, so verfügt ist, daß $v = V_0$, also $V = 1$, für $x = 0$ entsteht. Nach Einführung in die Differentialgleichung (6) ergibt sich durch Vergleichung der Beiwerte

$$V^2 = e^{\mp x} - \left(\frac{\lambda_0}{\lambda}\right)^{\frac{5}{2}} x^{\frac{5}{2}}\left[1 \mp \frac{2}{7}x \frac{+}{+} \frac{2}{7}\frac{2}{9}x^2 \frac{-}{+} \frac{2}{7}\frac{2}{9}\frac{2}{11}x^3 + \cdots\right]. \tag{7}$$

Die hier auftretende Reihe ist sehr gut konvergent, so daß wenige Glieder zur angenäherten Darstellung des Vorganges genügen.

Um den Stoßvorgang im einzelnen zu verfolgen, denken wir uns die $V^2$-$x$-Linie in einem Koordinatensystem aufgetragen (Abb. 21). Für die Phase der Zusammendrückung hat man die Linie von $V^2 = 1$ ausgehend so weit zu führen, bis $V^2 = 0$ geworden ist, in welchem Punkte die größte Zusammendrückung $(x_1)$ erreicht ist. Die für den Rückgang geltende Kurve, die sich wegen des veränderten Vorzeichens von $V^2$ in Gleichung (6) von jener verschieden herausstellt, ist jedoch nur so weit zu verfolgen, bis $dV^2/dx = 0$ geworden ist und die relative Geschwindigkeit in den Wert $V$ übergeht, der nach Beendigung des Stoßvorganges Geltung hat. Man erkennt, daß nur ein Teil der Zusammendrückung zurückgebildet wird. Der andere Teil $x'$ von $x_1$ ist als bleibende (plastische)

Formänderung nach dem Stoß anzusprechen. Aus der $V^2$-$x$-Linie kann man für diesen ganzen Vorgang eine $V$-$x$- und weiter eine $1/V$-$x$-Linie zeichnen und erhält die gesamte Stoßzeit gemäß der Gleichung

$$\mathfrak{T} = \int_0^1 \frac{dx}{V} + \int_1^2 \frac{dx}{V}, \qquad (8)$$

die ebenfalls in jedem einzelnen Fall graphisch ausgewertet werden kann. In Abb. 21 sind die Kurven für $\lambda_0/\lambda = 0, \frac{1}{2}, 1, 2$ eingetragen, und die „Zeiten" $\mathfrak{T}$ in der angegebenen Weise ermittelt; in Abb. 22 ist überdies $\mathfrak{T}$ in Abhängigkeit von $\lambda_0/\lambda$ aufgetragen. Für $\lambda = \infty$ also $\lambda_0/\lambda = 0$ verläuft die Kurve gemäß der Gleichung $V^2 = e^{-x}$ ins Unendliche und ergibt $\mathfrak{T} = \infty$; es ist dann so, als ob die Körper ohne Wirkung der elastischen Kraft durcheinander hindurchgehen würden. Die wirkliche Stoßzeit in Sekunden ist gegeben durch $\mathfrak{T}/\lambda V_0$, sofern $\lambda$ in 1/cm und $V_0$ in cm/sec eingesetzt werden. Für ein bestimmtes Paar von Körpern besagt dies, daß das Produkt: Stoßzeit $\times V_0$ eine Konstante ist.

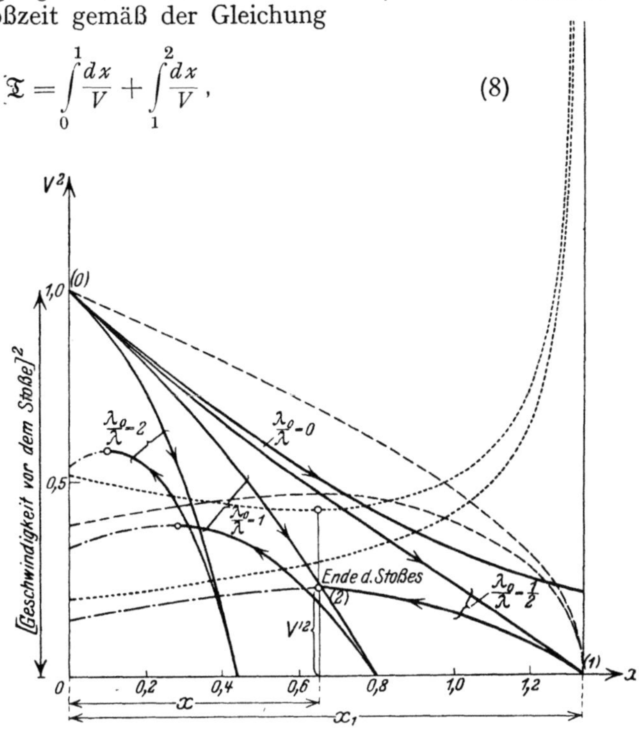

Abb. 21. Verlauf des Stoßvorganges nach der Erweiterung der HERTZschen Theorie nach PÖSCHL.

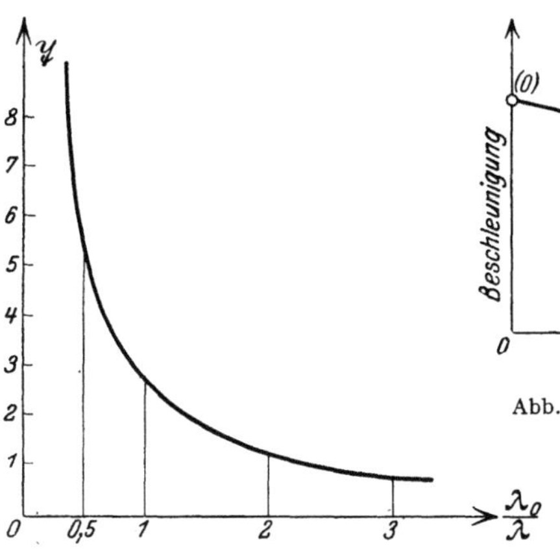

Abb. 22. Stoßzeiten nach der erweiterten Theorie von HERTZ

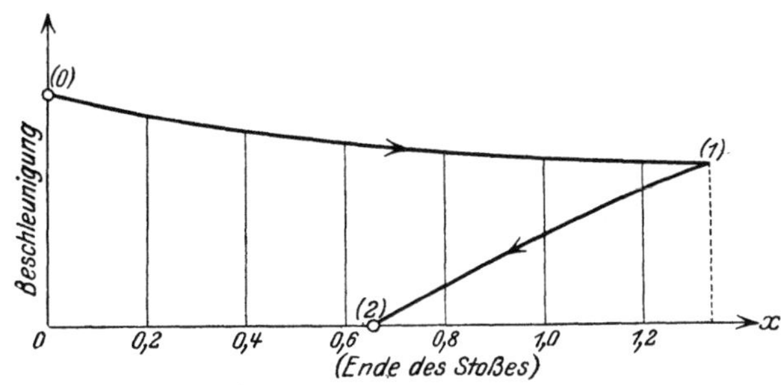

Abb. 23. Verlauf der Beschleunigung nach der erweiterten Theorie von HERTZ.

Schließlich ist in Abb. 23 der Verlauf der Beschleunigung $\ddot{\xi}$, also auch der gesamten Stoßkraft, in Abhängigkeit vom Wege dargestellt.

Durch diese Erweiterung gelingt es also, die Abnahme der relativen Geschwindigkeit der Körper und das Auftreten einer bleibenden Formänderung in Abhängigkeit von einem inneren Widerstande darzustellen; durch verschiedene Wahl von $\lambda$ hat man die Möglichkeit, eine bessere Anpassung an die Beobachtungen zu erzielen als bisher. Ob der hier verwendete Ansatz zur Darstellung des Stoßvorganges wirklich ausreicht oder durch einen anderen ersetzt werden muß, kann erst durch Vergleich mit den Ergebnissen genauerer und umfassenderer Versuche entschieden werden, als sie für plastische Körper bisher vorliegen.

Es sei hier noch hinzugefügt, daß sich eine entsprechende Erweiterung auch an der Grundgleichung der elastischen Theorie des Stoßes Gleichung (9) von Ziff. 21 anbringen ließe, indem auch dort ein von der Geschwindigkeit — und zwar jetzt vorteilhaft von ihrer ersten Potenz — abhängiges Glied hinzugefügt wird; die Gleichung würde dann lauten

$$\frac{\partial^2 W}{\partial t^2} + 2\lambda \frac{\partial W}{\partial t} = c \frac{\partial^2 W}{\partial z^2}. \tag{9}$$

Zu ihrer Integration können die Methoden dienen, die für diese Gleichung z. B. in der Theorie der elektrischen Leitungen (Telegraphengleichung) entwickelt worden sind.

Eine andersgeartete Erweiterung der elastischen Stoßtheorie ist BERGER zu verdanken (s. Ziff. 39).

**32. Der Querstoß auf einen Zylinder oder Balken; Näherungsformeln.** Der Querstoß ist nach denselben zwei Theorien behandelt worden wie der Längsstoß: Die Anwendung der Wellentheorie für diesen Fall stammt von BOUSSINESQ, SAINT-VENANT und FLAMANT, die der HERTZschen Abplattungstheorie von TIMOSCHENKO. Daneben sind auch Näherungsformeln angegeben worden, die auf ähnliche Weise gewonnen wurden wie die beim Längsstoß; wir stellen sie auch hier an die Spitze unserer Entwicklungen[1]).

Der Querstoß hat praktisch eine größere und allgemeinere Bedeutung als der Längsstoß, und zwar im Hinblick auf das Auftreten stoßweiser Belastungen der Träger und Fahrbahnen von Brücken, der Böden von Gebäuden, Schiffen, Maschinenteilen u. dgl.

Bei der Näherungsmethode wird das Problem auf ein statisches und ein Bewegungsproblem mit einem Freiheitsgrad zurückgeführt. Und zwar wird die Gestalt (Durchbiegung) des schwingenden Körpers der zugehörigen statischen Aufgabe entnommen und im Verhältnis dieser Durchbiegungen werden auch die Geschwindigkeiten der einzelnen Stabteilchen angesetzt. Dadurch erhält man eine Abschätzung für den Einfluß der Stabmasse auf den Stoßvorgang, der auch hier als ein vollkommen unelastischer angesehen wird. — Derselbe Vorgang ist sinngemäß auch für Platten anwendbar, die an irgendeiner Stelle von einer Masse stoßend getroffen werden.

Als Beispiel nehmen wir einen an seinen Enden frei aufliegenden Stab vom Gewichte $P$, der in der Mitte den Stoß einer Masse $Q/g$ erfährt, die mit der Geschwindigkeit $V$ auftrifft. Die Durchbiegung an der Stelle $x$ (von der Stabmitte aus gerechnet), die durch eine Einzelkraft in der Mitte hervorgerufen wird, ist durch die Gleichung gegeben

$$y = y_s\left(1 - \frac{6x^2}{l} \pm \frac{4x^3}{l^3}\right) \qquad \text{für} \qquad x \gtrless 0, \tag{1}$$

in der $y_s$ die Durchbiegung in der Mitte (Biegungspfeil) und $l$ die Stablänge bedeutet.

Nimmt man den durch Gleichung (1) gegebenen Verlauf der Durchbiegungen auch für die Verteilung der Geschwindigkeiten über die Stablänge nach dem Stoß, so findet man für die kinetische Energie (Wucht) des ganzen Stabes den Wert

$$\frac{1}{2} \cdot \frac{17}{35} \frac{P}{g} V'^2, \tag{2}$$

[1]) H. COX u. B. DE SAINT-VENANT, l. c. S. 538.

wenn $V'$ die Geschwindigkeit der Stabmitte nach dem Stoße ist; die Stabmasse wirkt also wie eine Punktmasse von der Größe $\frac{17}{35}\frac{P}{g}$ in der Stabmitte[1]). Der Zahlenfaktor hängt natürlich von der Art der Auflagerung ab, so daß wir allgemein für diese Ersatzmasse $kP/g$ schreiben können.

Die Impulsgleichung lautet für diesen Fall

$$\frac{Q}{g}V = \frac{Q+kP}{g}V' \tag{3}$$

und liefert ganz ähnlich wie beim Längsstoß unmittelbar die Geschwindigkeit der Stabmitte nach dem Stoße:

$$V' = \frac{V}{1+2P/Q}; \tag{4}$$

denselben Ausdruck würde man auch aus der um den Stoßverlust „erweiterten Energiegleichung" und der Annahme vollkommen unelastischen Stoßes erhalten.

Zur Bestimmung der größten, nach dem Stoß auftretenden — dynamischen — Durchbiegung $y_m$ setzt man die Arbeitsgleichung an, und zwar vom Zeitpunkt unmittelbar nach dem Stoße, in dem die Geschwindigkeit der aufgetroffenen Masse $Q/g$ und der Stabmitte schon $V'$ ist, bis zu dem Zeitpunkte, in dem die Geschwindigkeit des ganzen Stabes (und von $Q/g$) Null geworden ist; dabei erscheint die kinetische Energie und die Lastsenkungsarbeit von $Q$ in der Formänderungsarbeit des durchgebogenen Stabes aufgespeichert. Dies führt auf den folgenden Ansatz, in dem $y_s$ die statische Durchbiegung, also $Q/y_s$ die Einflußzahl bedeutet:

$$\frac{1}{2}\frac{Q+kP}{g}V'^2 + Qy_m = \int_0^{y_m}\frac{Q}{y_s}y\,dy = \frac{1}{2}\frac{Qy_m^2}{y_s}. \tag{5}$$

Diese Gleichung gibt durch Auflösung nach $y_m$ und Einsetzen von $V'$ nach Gleichung (4)

$$y_m = y_s\left[1+\sqrt{1+\frac{1}{1+kP/Q}\frac{V^2}{gy_s}}\right]. \tag{6}$$

Insbesondere erhält man daraus für kleine Werte von $V$ genähert

$$y_m = 2y_s, \tag{7}$$

d. h. die dynamische Durchbiegung ist zweimal so groß wie die von der gleichen Last $Q$ erzeugte statische.

Eine andere Form für diese dynamische Durchbiegung kann man dadurch erhalten, daß die Lastsenkungsarbeit in Gleichung (5) unterdrückt wird (wie z. B. beim Stoß auf einen lotrechten Balken). Wir finden dann

$$\frac{Q}{y_s}\frac{y_m^2}{2} = \frac{1}{2}\frac{Q+kP}{g}V'^2 = \frac{Q}{1+kP/Q}\frac{V^2}{2g},$$

und durch Auflösung:

$$y_m = V\sqrt{\frac{1}{1+kP/Q}\frac{y_s}{g}}, \tag{8}$$

die sich auch unmittelbar aus Gleichung (6) für große $V$ ergibt.

Ist überdies $P/Q$ klein, so ist noch einfacher

$$y_m = \sqrt{2y_s\frac{V^2}{2g}}, \tag{9}$$

[1]) Eine Abschätzung dieser Art wurde schon im Jahre 1836 durch TREDGOLD angegeben, der Versuche über den Querstoß von Massen auf eiserne Brückenträger angestellt hat und statt des Faktors 17/35 die Zahl 1/2 benutzte; s. Trans. Inst. of Civ. Eng. Bd. 1, S. 175. 1836.

d. h. die dynamische Durchbiegung ist das geometrische Mittel aus der doppelten statischen und der Geschwindigkeitshöhe.

**33. Wellentheorie des Querstoßes.** Wie der Längsstoß ist auch der Querstoß von Massen, die auf Stäbe oder Balken auftreffen, in Wirklichkeit stets von Schwingungen begleitet, welche die Durchbiegungen stark beeinflussen und in der Regel einen beträchtlichen Teil der Energie der auftreffenden Masse in Anspruch nehmen. Die älteren Arbeiten haben sich mit Vorliebe mit der Untersuchung der beim Querstoß auftretenden Schwingungen beschäftigt. In dieser Hinsicht sind wieder vor allem die Arbeiten von SAINT-VENANT[1]) zu nennen. Die grundlegende Annahme, die den Ausgangspunkt dieser Arbeiten bildet, ist (wie beim Längsstoß) die, daß im Moment der Berührung der stoßende Körper seine Geschwindigkeit unmittelbar nur jenem kleinen Stabteilchen mitteilt, auf das er auftrifft; deshalb wird im ersten Augenblick keine merkliche Geschwindigkeit des Stabes eintreten, diese vielmehr erst infolge der Ausbreitung der Stoßwirkung entstehen. Durch Einführung der weiteren Annahme, daß die Berührung zwischen der stoßenden Masse und dem Balken wenigstens während einer halben Periode der Grundschwingungen des Balkens andauert, gelingt es, das in Rede stehende Problem des Querstoßes auf das der Querschwingungen von Stäben oder Balken zurückzuführen, an denen eine Last befestigt ist.

Die Differentialgleichung für die freien Querschwingungen eines Stabes[2]) lautet, wenn $E$ der Elastizitätsmodul, $J$ das Trägheitsmoment des Querschnittes um eine Querachse durch seinen geometrischen Mittelpunkt und $\varrho$ die auf die Längeneinheit des Stabes bezogene Dichte bezeichnet,

$$\varrho\frac{\partial^2 y}{\partial t^2}+\frac{\partial^2}{\partial x^2}\left(EJ\frac{\partial^2 y}{\partial x^2}\right)=0. \tag{1}$$

Wenn insbesondere die Größen $E$, $J$, $\varrho$ konstant sind und zur Abkürzung $x/a=\xi$ $\varrho a^2/EJ=\tau^2$ gesetzt wird, so daß $a$ eine Vergleichslänge (Stablänge) und $\tau$ eine Zeit bedeutet, so vereinfacht sich die vorhergehende Gleichung zu folgender Form:

$$\tau^2\frac{\partial^2 y}{\partial t^2}+\frac{\partial^4 y}{\partial \xi^4}=0. \tag{2}$$

Die der Stoßstelle entsprechende Bedingung besagt, daß die von der auftreffenden Masse $Q/g$ erzeugte Trägheitskraft von der Querkraft an dieser Stelle aufgenommen werden muß. Dies führt auf eine Gleichung, deren Form nur davon abhängt, ob die Masse a) auf den Anfangspunkt $x=0$ des Stabes, b) auf dessen Endpunkt $x=a$ oder c) auf einen Zwischenpunkt auftrifft, in dem zwei Stabteile mit verschiedenen Steifigkeiten $EJ$ und $E_1J_1$ aneinanderstoßen können; demnach ist sie in einer der folgenden Formen anzusetzen:

$$\left.\begin{aligned}
&\text{a)}\; -\frac{Q}{g}\frac{\partial^2 y}{\partial t^2}-\frac{\partial}{\partial x}\left(EJ\frac{\partial^2 y}{\partial x^2}\right)=0,\\
&\text{b)}\; -\frac{Q}{g}\frac{\partial^2 y}{\partial t^2}+\frac{\partial}{\partial x}\left(EJ\frac{\partial^2 y}{\partial x^2}\right)=0,\\
&\text{c)}\; -\frac{Q}{g}\frac{\partial^2 y}{\partial t^2}+\left[\frac{\partial}{\partial x}\left(EJ\frac{\partial^2 y}{\partial x^2}\right)\right]_{x-}-\left[\frac{\partial}{\partial x}\left(EJ\frac{\partial^2 y}{\partial x^2}\right)\right]_{x+}=0.
\end{aligned}\right\} \tag{3}$$

Diese Bedingung tritt an die Stelle der die Querkraft betreffenden für ein freies Ende oder für eine Zwischenstelle und besagt, daß die Querkraft an der Stoßstelle einen Sprung erleidet, dessen Betrag gleich der Trägheitskraft der stoßenden Massen ist.

---

[1]) A. CLEBSCH-B. de SAINT-VENANT, l. c. S. 537, Note finale du § 61; C. R. Bd. 45, S. 204. 1857.

[2]) S. Kap. 4, Ziff. 39 ds. Bd. ds. Handb.

Was die Form der Lösung der Gleichung (1) betrifft, so sei zunächst bemerkt, daß sie keine Lösung vom D'ALEMBERTschen Typus haben kann, wie sie beim Längsstoß auftrat; wenn wir nämlich die Fortpflanzung einer einfachen harmonischen Welle von der Form

$$y = A \cos\omega\left(t - \frac{x}{v}\right) \tag{4}$$

betrachten würden, so würden wir durch Einsetzen in die Gleichung (1) erhalten

$$v = \text{konst.} \sqrt{\omega}\,, \tag{5}$$

d. h. die Fortpflanzungsgeschwindigkeit wäre nicht konstant (wie bei den Längsschwingungen), sondern wie die Quadratwurzel aus der Frequenz veränderlich. Wird daher irgendeine Störung durch eine gewöhnliche (nach ganzzahligen Vielfachen der Frequenz fortschreitende) FOURIERsche Reihe dargestellt, so würde jedes Glied dieser Reihe mit verschiedener Geschwindigkeit fortgepflanzt, so daß die Form der ursprünglichen Störung sofort zerstört würde.

Bei der Lösung von DE SAINT-VENANT wird die dynamische Durchbiegung an der Stelle $\xi$ in der Form angesetzt:

$$y = \sum X(\xi)\, T(t)\,; \tag{6}$$

man erhält dann für $T$ eine trigonometrische Funktion der Zeit und für $X$ die bei allen Stabschwingungen auftretende Summe von trigonometrischen und hyperbolischen Funktionen. Wegen der Randbedingungen schreitet jedoch die so erhaltene Reihenentwicklung nicht nach ganzzahligen Vielfachen einer bestimmten Grundfrequenz fort, sondern diese Vielfachen sind selbst durch die aufeinander folgenden Wurzeln einer bestimmten, aus den Randbedingungen hervorgehenden transzendenten Gleichung gegeben. Die erhaltenen Reihenentwicklungen erweisen sich als sehr gut konvergent.

Als einfaches Beispiel nehmen wir einen Stab vom Gewichte $G$ und der Länge $2a$, der an seinen Enden frei aufruht und in der Mitte von der Masse $Q/g$ mit einer Geschwindigkeit $v$ getroffen wird. Für die dynamische Durchbiegung an der Stelle $\xi$ erhält man

$$\frac{y}{4v\tau} = \sum_{n=0}^{\infty} \frac{1}{n^3} \frac{\dfrac{\sin n\xi}{\cos n} - \dfrac{\mathfrak{Sin}\, n\xi}{\mathfrak{Cos}\, n}}{\dfrac{1}{\cos^2 n} - \dfrac{1}{\mathfrak{Cos}^2 n} + \dfrac{2}{n^2}\dfrac{P}{Q}} \sin n^2 \frac{t}{\tau}\,, \tag{7}$$

worin $\tau = (\varrho a^2/EJ)^{\frac{1}{2}}$ die oben eingeführte Konstante bedeutet und $n$ die aufeinander folgenden Wurzeln der transzendenten Gleichung:

$$n(\operatorname{tg} n - \mathfrak{Tg}\, n) = \frac{2P}{Q} \tag{8}$$

durchlaufen muß. Für die Wurzeln $n_0, n_1, n_2, \ldots$ dieser Gleichung und den dynamischen Biegungspfeil erhält man die in der folgenden Zahlentafel angegebenen angenäherten Werte:

Tabelle 3. Wurzeln der Gleichung (8) und größte dynamische Durchbiegungen.

| Verhältnis $P/Q$ | $n_0$ | $n_1$ | $n_2$ | $n_3$ | Größte Durchbiegung |
|---|---|---|---|---|---|
| sehr klein | $\left(\frac{3P}{Q}\right)^{\frac{1}{4}}$ | $\frac{5\pi}{4}$ | $\frac{9\pi}{4}$ | $\frac{13\pi}{4}$ | $\sim v\sqrt{\frac{Qa^3}{6EJ}}$ |
| $^1/_{10}$ | 0,731 | 3,931 | 7,083 | 10,220 | |
| $^1/_2$ | 1,048 | 4,037 | 7,134 | 10,257 | |
| 1 | 1,192 | 4,120 | 7,190 | 10,298 | $\sim \frac{y_m}{\sqrt{1+\frac{17}{35}\frac{P}{Q}}}$ |
| 2 | 1,320 | 4,237 | 7,281 | 10,370 | |
| sehr groß | $\frac{\pi}{2}$ | $\frac{3\pi}{2}$ | $\frac{5\pi}{2}$ | $\frac{7\pi}{2}$ | |

Die größte Durchbiegung in der Stabmitte ergibt sich allgemein aus dem angenäherten Ausdruck:

$$y_m = \frac{4 v \tau}{n_0^2 + \frac{Q n_0^4}{2P} \cdot \left(\frac{1}{\cos^2 n_0} + \frac{1}{\mathfrak{Cof}^2 n_0}\right)}. \tag{9}$$

Für kleine Werte von $P/Q$ erhält man die in Ziff. 32 angegebenen Näherungslösungen wieder.

BOUSSINESQ[1]) hat eine Darstellung der Lösung dieses Problems, jedoch nur für den unendlich langen Stab, in Integralform gegeben, auf die hier nur verwiesen werden möge.

**34. Abplattungstheorie des Querstoßes.** Die Anwendung der HERTZschen Theorie auf die beim Querstoß einer Masse auf einen Balken oder Träger eintretenden Vorgänge wurde von TIMOSCHENKO[2]) ausgeführt.

Es mögen bezeichnen: $2l$ die Spannweite des Trägers, $q/g$ seine auf die Längeneinheit bezogene Masse, $Q/g$ die mit der Geschwindigkeit $v$ auf die Balkenmitte auftreffende Masse, $\omega$ die Frequenz der Grundschwingung des Balkens und $P$ den veränderlichen Druck zwischen der stoßenden Masse und dem Balken an der Stoßstelle. Der von der stoßenden Masse zurückgelegte Weg kann in zweierlei Weise ausgedrückt werden: einmal aus der unter der Gegenwirkung von $P$ verzögerten Bewegung der auftreffenden Masse, das andere Mal als Summe der mit der Abplattung verbundenen gegenseitigen Annäherung und der tatsächlichen Durchbiegung des Stabes, für die TIMOSCHENKO in einer vorhergehenden Arbeit einen allgemeinen Ansatz gefunden hat. Wir schreiben demnach

$$y_1 = \alpha + y, \quad \alpha = k P^{\frac{3}{2}}$$

und erhalten die folgende Integro-Differentialgleichung zur Bestimmung von $P$:

$$v t - \frac{g}{Q}\int_0^t d t \int_0^t P d t = k P^{\frac{3}{2}} + \sum_{i=1,3,5\ldots} \frac{1}{i^2} \frac{\omega g}{q} \int_0^t P \sin i^2 \omega (t - t_1)\, d t_1. \tag{1}$$

In dieser Gleichung ist auch die Zeit $t$ zunächst unbekannt und wird erst durch die weitere Bedingung festgelegt, daß der Stoßvorgang zu Ende ist, sobald der Druck $P$ Null geworden ist.

Zur Auflösung dieser Gleichung wird das Intervall 0 bis $t$ in eine Anzahl von gleichen Teilintervallen $t = t/n$ zerlegt und angenommen, daß innerhalb jedes Teilintervalles der Druck $P$ konstant betrachtet werden kann. — Mit dem Nullwerden des Druckes ist aber die Bewegung des Stabes selbst keineswegs beendigt, es tritt vielmehr die durch den Stoß hervorgerufene größte Durchbiegung in der Regel erst erheblich später ein.

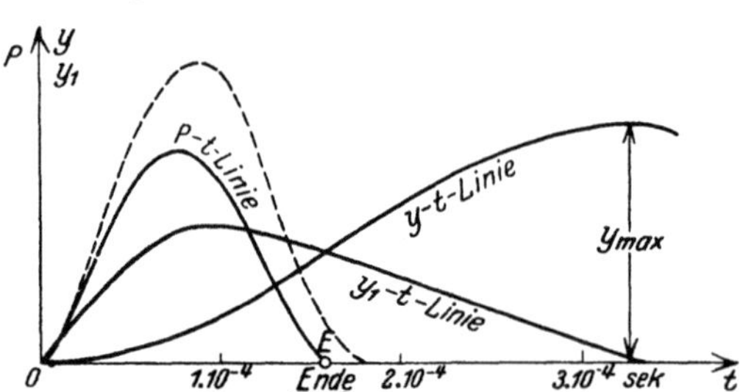


Abb. 24. Verlauf des Querstoßes nach ST. TIMOSCHENKO.

Als Beispiel betrachten wir den Stoß auf einen Stab vom Querschnitt 1 cm² dessen Grundschwingung die Periode 1/1000 sec besitzt; seine Länge wird danach zu 15,35 cm berechnet; der Stab wird in der Mitte von einer Stahlkugel vom Halbmesser 1 cm getroffen, die mit einer Geschwindigkeit von 1 cm/sec auftrifft.

---

[1]) J. BOUSSINESQ, C. R. Bd. 97, S. 33 u. 154. 1883; Application des Potentiels, S. 435ff. Paris 1885.

[2]) ST. TIMOSCHENKO, ZS. f. Math. u. Phys. Bd. 62, 1914, S. 198.

Die Auswertung der Gleichung (1) ergibt, daß die Stoßzeit etwa $0{,}17 \cdot 10^{-3}$ sec beträgt und daß die Stahlkugel mit einer Geschwindigkeit von 0,305 cm/sec zurückspringt. Der Verlauf des Druckes $P$, des Weges der auftreffenden Kugel $y_1$ und der Durchbiegung $y$ ist in Abb. 24 wiedergegeben. Die punktierte Kurve würde dem Verlauf des Druckes bei dem Stoß einer Kugel auf eine feste Ebene entsprechen und eine größere Stoßdauer ergeben. Man sieht aus dieser Abbildung, daß die Durchbiegung ihren größten Wert $y_m$ viel später erreicht, nachdem der Stoß (im Punkte $E$) zu Ende ist. — Unter gewissen Umständen können auch mehrfache Stöße auftreten.

Zu einer Formel zur Berechnung der Balkenfestigkeit durch Stoß sind diese Betrachtungen bisher noch nicht ausgebaut worden.

# IV. Experimentelle Methoden und Ergebnisse.

**35. Vorbemerkung.** Nachdem in den vorhergehenden Abschnitten II und III dieses Kapitels die theoretischen Arbeiten über das Stoßproblem besprochen wurden, haben wir nunmehr über die Versuchsanordnungen selbst und über die damit erzielten Ergebnisse zu berichten. Wir sehen dabei von der Besprechung jener Anordnungen ab, die nur zur Demonstration der Stoßerscheinungen im Hörsaal dienen und zu denen u. a. die sog. Stoßmaschine gehört, die ursprünglich von Mariotte[1]) angegeben, später von Pilleux[2]) abgeändert und verbessert wurde. Andere zu ähnlichen Zwecken dienende Apparate rühren von Handl[3]), Reichel[4]), Heyne[5]), Westphal[6]), Schulze[7]), Sedlaczek[8]) und E. Mach her.

Was die Versuchsergebnisse selbst betrifft, so sei vorweg bemerkt, daß sie mit denen der Theorie im allgemeinen nur sehr mangelhaft übereinstimmen. Besonders die elastische Theorie erweist sich, wie schon mehrfach betont, als unzureichend. Weit besser stimmen die Ergebnisse der alten, elementaren Theorie des Stoßes, die jedoch keinerlei Aussage über die Stoßdauer und den Stoßvorgang als solchen liefert. Diese Lücke wird durch die Theorie von Hertz ausgefüllt, die für vollkommen elastische Körper mit den Versuchen sehr gut übereinstimmende Werte liefert.

Die folgende Darstellung muß sich zur Kennzeichnung der Art der Versuche und ihrer Ergebnisse, soweit sie nicht schon in der vorhergehenden Darstellung erwähnt sind, mit ganz kurzen Hinweisen begnügen. Den meisten Veröffentlichungen darüber haftet der Mangel an, daß nicht die Erscheinung als Ganzes betrachtet wurde, sondern nur die Werte einzelner Größen gemessen wurden.

**36. Ältere Versuche.** a) Die ersten exakten Versuche zur Bestimmung der Stoßdauer rühren von Schneebeli[9]) her, der hierzu die von Pouillet[10]) angegebene Methode zur Messung kurzer Zeitintervalle auf elektrischem Wege benutzte. Der Zweck dieser Versuche war, festzustellen, von welchen Umständen die Stoßdauer bei elastischen Körpern abhängt. Als Material wurde glasharter

---

1) E. Mariotte, Traité de la percussion ou choc des corps. Paris 1677.
2) M. Pilleux, C. R. Bd. 94, S. 429. 1882.
3) A. Handl, ZS. f. phys. u. chem. Unterr. Bd. 1, S. 115. 1888.
4) O. Reichel, ZS. f. phys. u. chem. Unterr. Bd. 2, S. 265. 1889; Bd. 6, S. 197. 1893.
5) R. Heyne, ZS. f. phys. u. chem. Unterr. Bd. 7, S. 73. 1893.
6) W. Westphal, Verh. d. D. Phys. Ges. Bd. 11, S. 273. 1909.
7) E. Schulze, ZS. f. phys. u. chem. Unterr. Bd. 36, S. 151. 1923.
8) Sedlaczek, Ann. d. Phys. Bd. 156, S. 476. 1875.
9) H. Schneebeli, Ann. d. Phys. (5) Bd. 23 bzw. Bd. 141, S. 239. 1871 u. Bd. 145, S. 328. 1872.
10) C. Pouillet, Ann. d. Phys. Bd. 64, S. 452. 1845 (Übersetzung einer C.-R.-Note).

Stahl in Form von Zylindern oder Kugeln verwendet; die Versuchskörper wurden entweder gegen eine festgehaltene große Masse mit polierter Stoßfläche oder gegeneinander — jeder als Pendel aufgehängt — fallen gelassen.

Beim Stoß gegen die große Masse zeigten sich folgende Gesetzmäßigkeiten: 1. Die Stoßdauer nimmt mit der Masse des stoßenden Körpers zu, und zwar annähernd proportional mit dieser. 2. Sie nimmt ab, wenn die Fallhöhe, also die Stoßgeschwindigkeit, größer wird (wie dies auch die HERTZsche Theorie verlangt). 3. Die Stoßdauer nimmt ab, und zwar recht merklich, wenn der Krümmungshalbmesser der Aufschlagfläche zunimmt. (Für ebene Stoßflächen erwies sich eine Beobachtung als unmöglich.) 4. Sie nimmt mit der Länge des stoßenden Körpers zu. 5. Für Kugeln mit verschiedenen Elastizitätsmoduln $E$ ist die Stoßdauer nahezu umgekehrt proportional der Quadratwurzel aus $E$. — Die beobachteten Stoßzeiten waren ungefähr von der Größe 0,0002 sec.

Eine theoretische Begründung dieser Ergebnisse wird nicht gegeben.

b) BOLTZMANN[1]) untersuchte die Geschwindigkeiten von Stäben aus weichem grauen Kautschuk in Form von dünnen Kreiszylindern, deren Enden mit dünnen Beinplatten verstärkt waren; die Stäbe hatten alle (nahezu) das gleiche Gewicht und ihren verschiedenen Durchmessern entsprechende Längen. Die Versuche wurden zur Prüfung der Richtigkeit der Theorie von SAINT-VENANT angestellt. Es ergab sich, daß immer, wenn Stäbe von ungleicher Länge aufeinanderstießen, auf den gestoßenen bedeutend kleinere Geschwindigkeiten übertragen wurden, als wenn sie gleich lang waren; der Unterschied rührt daher, daß in dem längeren Stab nach dem Stoß Schwingungsenergie zurückbleibt; sie stellt sich aber als bedeutend geringer heraus, als die SAINT-VENANTsche Theorie verlangt. Es hat sich auch gezeigt, daß bei diesen Versuchen ein Teil der Energie auf die Erzeugung und Erhaltung der Querschwingungen aufgeht, die bei der Theorie nicht berücksichtigt wurden und die sich durch das Auftreten des tiefsten Quertones anzeigen. Seine Entstehung dürfte durch eine der elastischen Knickung, die beim Stoß auftritt, verwandte Erscheinung verursacht sein.

c) Über die Versuche von VOIGT ist schon in Ziff. 26 einiges berichtet worden. Als Material dienten glasharte Stahlstäbe. Für gleich lange Stäbe stimmen sowohl die elementare wie auch die elastische Theorie nahe mit den Beobachtungen überein. Bei ungleich langen Stäben werden jedoch die Beobachtungen durch die elementare Theorie weit besser wiedergegeben als durch die elastische, was auch aus folgender Zahlentafel deutlich hervorgeht. Insbesondere ist daraus ersichtlich, daß die elastische Theorie von dem Zurückspringen des kürzeren Stabes, wenn der gestoßene längere Stab ruht, überhaupt keine Rechenschaft gibt.

Tabelle 4. Stäbe von ungleicher Länge und Masse: $M_1/M_2 = 1/2$.

| Der lange Stab stoßend, der kurze ruhend | | | | | | | Der kurze Stab stoßend, der lange ruhend | | | | | | |
|---|---|---|---|---|---|---|---|---|---|---|---|---|---|
| $v_2$ | $v_2'$ | $v_1'$ | $v_2'$ | $v_1'$ | $v_2'$ | $v_1'$ | $v_1$ | $v_1'$ | $v_2'$ | $v_1'$ | $v_2'$ | $v_1'$ | $v_2'$ |
| | (beobachtet) | | (elementare Theorie) | | (elastische Theorie) | | | (beobachtet) | | (elementare Theorie) | | (elastische Theorie) | |
| 20 | 1,7 | 26,4 | 6,7 | 26,7 | 10 | 20 | 20 | − 6,4 | 13,2 | − 6,7 | 13,3 | 0 | 10 |
| 40 | 13,6 | 52,6 | 13,3 | 53,3 | 20 | 40 | 40 | − 12,2 | 26,2 | − 13,3 | 26,7 | 0 | 20 |
| 80,2 | 28,7 | 101,1 | 26,7 | 106,7 | 40,1 | 80,2 | 80,2 | − 21,6 | 51,4 | − 26,7 | 53,3 | 0 | 40,2 |
| 160,4 | 61,1 | 197,9 | 53,3 | 213,3 | 80,2 | 160,4 | 160,4 | − 38,9 | 99,0 | − 53,3 | 106,7 | 0 | 80,4 |

VOIGT hat die von ihm selbst gegebene Erweiterung der elastischen Theorie, die in der Annahme einer besonderen elastischen Zwischenschicht beruht, nur

[1]) L. BOLTZMANN, Wiener Ber. Bd. 84, 2. Abt., S. 1225. 1881; Ann. d. Phys. Bd. 17, S. 343. 1882; s. auch Ges. Abhandlgn. Bd. 2, S. 567. Leipzig. 1909.

für kleine Werte der von ihm eingeführten Größen $C$ und $v_0$ ausgeführt und erhält hierfür sehr angenähert die Gleichungen der elementaren Stoßtheorie wieder. Eine tatsächliche Korrektur der aus der elastischen Theorie gewonnenen Zahlenwerte ist durch die VOIGTsche Theorie nicht erhältlich.

d) Auch die Erweiterung der Fragestellung von HAUSMANINGER (s. Ziff. 26), die darauf ausging, zu entscheiden, bei welchen kleinsten Werten des Verhältnisses Lauflänge der Stoßwelle während der Stoßdauer zu Stablänge die elementare Theorie ihre Gültigkeit verliert, hat keine grundsätzliche Klärung gebracht. Die Versuche wurden mit Zylindern aus Kautschuk und Glas angestellt und haben für die Stoßdauer für die Glasstäbe Werte von 0,0002 bis 0,0006 sec ergeben.

e) HAMBURGER[1]) untersuchte für zylindrische Stäbe aus hartem Messing die Abhängigkeit der Stoßdauer von der Auftreffgeschwindigkeit und der Länge und Dicke der Stäbe und fand folgende Werte:

Tabelle 5. Stoßdauer in sec $\cdot 10^6$. (Gestoßener Stab: Länge 300 mm, Dicke 10,3 mm.)

| Geschwindigkeit in mm/sec | 12,1 | 20,1 | 40,3 | 80,5 | 201,5 | 404,1 |
|---|---|---|---|---|---|---|
| Stoßender Stab: Länge 100 mm, Dicke 10,3 mm | — | — | 599 | 588 | 576 | 572 |
| ,, ,, ,, 200 ,, ,, 10,3 ,, | 675 | 632 | 612 | 597 | 584 | 580 |
| ,, ,, ,, 300 ,, ,, 10,3 ,, | 710 | 651 | 624 | 605 | 592 | 587 |
| ,, ,, ,, 400 ,, ,, 10,3 ,, | — | 671 | 644 | 625 | 605 | 599 |
| ,, ,, ,, 300 ,, ,, 15,15 ,, | — | — | 639 | 614 | 599 | 592 |
| ,, ,, ,, 300 ,, ,, 20,2 ,, | — | — | 654 | 624 | 607 | — |

Die Ergebnisse dieser Versuche lassen sich in folgende Sätze zusammenfassen: 1. Die Stoßdauer nimmt mit wachsender Geschwindigkeit ab, und zwar schneller bei kleinen Stoßgeschwindigkeiten und langsamer bei größeren. 2. Sie nimmt mit der Länge des stoßenden Stabes zu, und zwar fast genau nach einem linearen Gesetz, und nimmt 3. auch mit der Dicke des stoßenden Stabes, und zwar ebenfalls annähernd linear, zu.

Eine zweite Reihe von Beobachtungen betrifft den Stoß von Kugeln und den Vergleich mit der von HERTZ für die Stoßdauer gegebenen Gleichung; der Grad der Übereinstimmung ist aus der folgenden Zahlentafel zu entnehmen.

Tabelle 6. Stoßdauer $T$ in sec $\cdot 10^2$, Halbmesser der Kugeln 13 mm.

| Geschwindigkeit in mm/sek | 73,7 | 122,9 | 192,1 | 295 |
|---|---|---|---|---|
| $T$ berechnet. . . . . . | 181 | 164 | 150 | 138 |
| $T$ beobachtet . . . . . | 196 | 173 | 157 | 148 |

f) Eine Verbindung der Theorien von SAINT-VENANT und HERTZ ist von SEARS[2]) versucht worden, der damit für alle untersuchten Fälle fast vollkommene Übereinstimmung erzielt hat: sowohl für Stahl und Eisen als auch für Kupfer und Aluminium.

**37. Versuche zur Überprüfung der HERTZschen Theorie.** Von den Versuchen, die zur Überprüfung der HERTZschen Theorie angestellt worden sind, sind insbesondere die von DINNIK[3]) zu nennen, der für Stahlkugeln gute, für Zink annähernde, für Blei jedoch schlechte Übereinstimmung gefunden hat.

---

[1]) M. HAMBURGER, Dissert. Breslau 1885; Ann. d. Phys. Bd. 28, S. 653. 1886.

[2]) J. E. SEARS, Proc. Cambridge Phil. Soc. Bd. 14, S. 257. 1908; Trans. Cambr. Phil. Soc. Bd. 21, S. 49. 1908; vgl. auch CONTE DE MAUPEON, Ann. de la soc. scient. de Bruxelles Bd. 32, S. 61. 1908.

[3]) A. DINNIK, Journ. d. russ. phys. Ges. Bd. 38, S. 242. 1906.

Für die Stoßzeit von Kugeln mit den Halbmessern $R_1$, $R_2$ und den Dichten $\varrho_1$, $\varrho_2$ stellt er die verallgemeinerte Formel auf:

$$T = 2{,}9432 \sqrt{\frac{25\pi^2\left(\frac{m_1^2-1}{m_1^2 E_1} + \frac{m_2^2-1}{m_2^2 E_2}\right)\left(\frac{1}{R_1} + \frac{1}{R_2}\right)}{16v\left(\frac{1}{R_1^3 \varrho_1} + \frac{1}{R_2^3 \varrho_2}\right)}},$$

in der $v$ wieder die relative Geschwindigkeit der Körper bei Beginn des Stoßes bedeutet und die sich für den Stoß einer Stahlkugel gegen eine Stahlplatte für Geschwindigkeiten zwischen 2,54 und 160 cm/sec gut bestätigt. Auch über die Größe und Form der Druckfläche hat DINNIK[1]) eingehende Untersuchungen angestellt.

Ferner sind die Versuche von MÜLLER[2]) zu nennen, die für Stahl- und Bronzekugeln ebenfalls eine gute Übereinstimmung mit der HERTZschen Formel ergeben haben.

Schließlich hat auch NELJUBOW[3]) bei seinen Versuchen, bei denen er sich einer elektrostatischen Methode bediente, die HERTZschen Formeln gut bestätigt gefunden. Die ruhende Kugel wurde zur Erde abgeleitet, die stoßende mit einem auf ein bestimmtes Potential geladenen Kondensator verbunden. Aus der Abnahme des Potentials wurde die Zeit bestimmt, während welcher die Berührung beim Stoß der beiden Kugeln dauert. Kleine Abweichungen können durch endliche Größe der beim Stoß entstehenden Deformationen erklärt werden.

Eine ähnliche Methode ist auch von MOREAU[4]) verwendet worden, welche die Stoßdauer aus der Größe des ersten Ausschlages eines ballistischen Galvanometers bestimmt. Bei diesen Versuchen wurde eine als Pendel aufgehängte Kugel gegen eine lotrecht gestellte Platte fallen gelassen. Die erhaltenen Stoßgeschwindigkeiten betrugen zwischen 16 und 178 cm/sec. Die Stoßdauer kann sehr nahe durch die empirische Formel dargestellt werden

$$T = A + \frac{B}{v},$$

in der $v$ die Stoßgeschwindigkeit und $A$, $B$ Festwerte bedeuten, die den verwendeten Materialpaaren eigentümlich sind. Die ganze Stoßzeit wird — in herkömmlicher Weise — in eine Deformationszeit, $T_1$ (erste Stoßzeit bis zur größten Zusammendrückung), und in eine Reaktionszeit, $T_2$ (zweite Stoßzeit bis zum Ende der Berührung), zerlegt. Für die meisten Stoffe ergibt sich $T_1$ als unabhängig von der Stoßgeschwindigkeit, nimmt aber mit dem Kugeldurchmesser ab; $T_2$ nimmt mit $v$ bis zu einem bestimmten Grenzwert zu und ist für kleine Geschwindigkeiten nahezu gleich $T_1$.

**38. Die Versuche von RAMSAUER.** Diese[5]) sind deshalb besonders bemerkenswert, weil sie mit besonderen instrumentellen Hilfsmitteln und Methoden ausgeführt wurden. Sie verfolgen ebenfalls das Ziel, die Widersprüche, die sich zwischen der elastischen Theorie des Längsstoßes von Zylindern nach SAINT-VENANT und den bisher angestellten Beobachtungen ergaben, zu erklären und womöglich zu beseitigen. Als leitende Triebfeder für diese Versuche diente die Überzeugung, daß die Versuchseinrichtungen den Voraussetzungen der elastischen Theorie für zylindrische Stäbe angepaßt werden können und daß die früher bemerkten Unstimmigkeiten nicht in jener Theorie, sondern nur in mangelhaften Versuchs-

[1]) A. DINNIK, Journ. d. russ. phys. Ges. Bd. 41, S. 57. 1909.
[2]) W. MÜLLER, Wiener Ber. Bd. 123, S. 2157. 1914.
[3]) W. NELJUBOW, Journ. d. russ. phys. chem. Ges. Bd. 32, S. 561. 1902.
[4]) G. MOREAU, Ann. de phys. Bd. 13, S. 306. 1920.
[5]) C. RAMSAUER, Ann. d. Phys. Bd. 30, S. 416. 1909.

anordnungen und Beobachtungsmethoden begründet sein müssen. RAMSAUER hat demgemäß zunächst durch eine besondere Formgebung und Ausrüstung der stoßenden Stabenden dafür gesorgt, daß sich der Stoß tatsächlich über den ganzen Querschnitt verteilt, wodurch erst das Auftreten ebener Wellen in den Zylindern gesichert wird. Zu diesem Zwecke erhielten die Stäbe Köpfe aus Elfenbein mit ebener oder gewölbter Stoßfläche. Besondere Sorgfalt wurde auch der Aufhänge- und Loslösevorrichtung zugewendet und dadurch die Einleitung eines genau zentralen (koaxialen) Stoßes erzwungen.

Die Größen, die versuchsmäßig ermittelt werden, sind wieder die Geschwindigkeiten vor und nach dem Stoß und die Stoßdauer. Auf die Ermittlung der Stoßkraft selbst und ihres Verlaufes wird nicht eingegangen. Die Geschwindigkeiten vor dem Stoß werden durch optische und akustische Hilfsmittel mittels einer sinnreichen Spiegelmethode bestimmt, die — unabhängig von jeder Theorie — gleichzeitig auch die Verfolgung des Stoßvorganges selbst in allen seinen Einzelheiten, d. h. die in den Stäben auftretenden Zusammendrückungen und Ausdehnungen, gestattet. Zur genauen Ermittlung der Geschwindigkeiten nach dem Stoß, die bisher ebenfalls immer Schwierigkeiten bereitete, diente eine Schattenmethode, während für die Ermittlung der Stoßdauer auf die bekannte, von POUILLET herrührende, allerdings nicht vollkommen zuverlässige, elektrische Methode zurückgegriffen wurde.

Zur anschaulichen Verfolgung der Wellenvorgänge, die sich nach der elastischen Theorie im Innern der zylindrischen Stäbe fortpflanzen, wird ein Verfahren verwendet, das darauf hinausläuft, daß (statt den Abb. 13 u. f. von Ziff. 24) die einzelnen Lagen der Stäbe für diskrete Werte der Zeit nebeneinander gezeichnet und die Zusammendrückungs- und Ausdehnungsbereiche (Kompressions- und Dilatationsbereiche) durch schräge bzw. längsgerichtete Schraffur angedeutet werden. Die Abb. 25, die eine solche Darstellung wiedergibt, ist für die Werte $l_1 = l_2/2 = 40$ mm, $v_1 = 4$ mm/sec, $c = 20$ mm/sec entworfen und ist auch an sich unmittelbar verständlich. Für Stäbe mit inkommensurablen Längen wird der Sachverhalt verwickelter und verlangt die Heranziehung der allgemeinen von SAINT-VENANT gegebenen Entwicklungen.

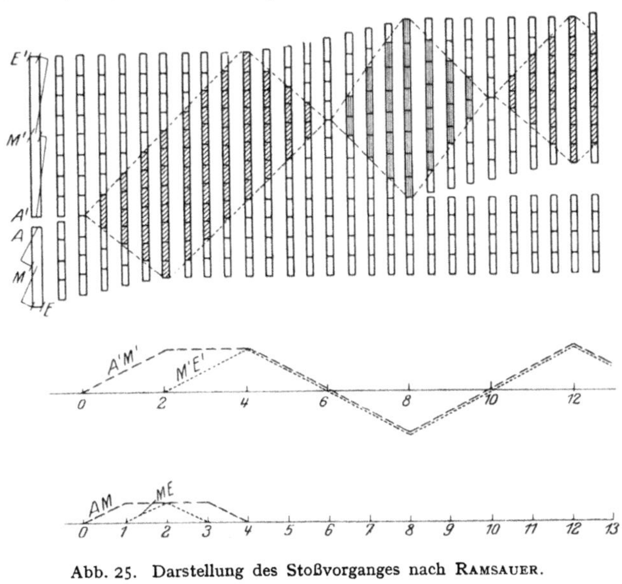


Abb. 25. Darstellung des Stoßvorganges nach RAMSAUER.

Als Versuchsobjekte dienten Stäbe, die als in Schraubenlinienform gewundene Stahlfedern in besonderer Weise hergestellt wurden, ferner solche aus Kautschuk und massive Stahlstäbe. Das Prinzip der Spiegelmethode ist aus Abb. 26 ersichtlich. Um die Zusammendrückungen und Ausdehnungen beim Stoße zu messen, die ein Stab $Z_1$ beim Stoß erfährt, wird er mit einem System von zwei (oder mehreren) Spiegeln $s'$, $s''$ ausgerüstet, die nahe an seinen Enden angebracht sind; $s'$ ist starr mit $Z_1$ verbunden, $s''$ ist um eine in $Z_1$ gelagerte Achse $a$ drehbar und steht durch einen Winkelhebel mit dem anderen Stabende in Verbindung. Jede Verlängerung oder Verkürzung, die beim Stoß eintritt, bringt eine Drehung der beiden Spiegelebenen gegeneinander hervor. Diese relative Spiegelverdrehung wird dadurch aufgezeichnet, daß man ein von $L$ ausgehendes Lichtstrahlbündel in der aus der Abbildung ersichtlichen

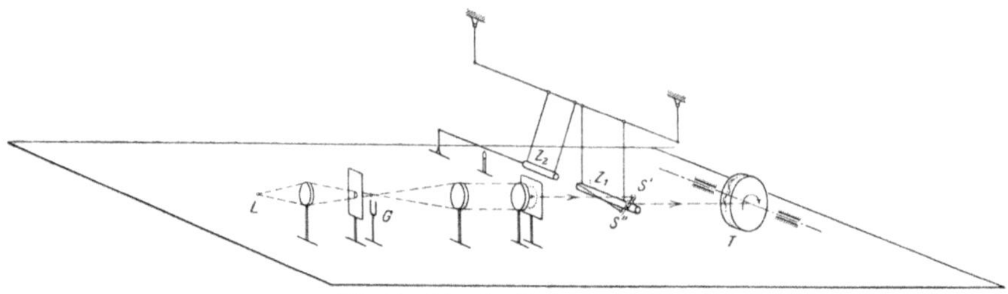


Abb. 26. Spiegelmethode von RAMSAUER.

Weise auf die Spiegel und von diesen auf einen Filmstreifen auffallen läßt, der auf dem Umfang einer um eine wagerechte Achse umlaufenden Trommel $T$ aufgelegt wird. Die Beziehung auf die Zeit erfolgt durch Zeitmarken, die durch eine in den Strahlengang gestellte Stimmgabel $G$ hervorgebracht werden.

In der vorhergehenden Abb. 25 unten sind diese Zusammendrückungen und Ausdehnungen für die beiden Zylinder, und zwar je für die beiden Hälften $AM$ und $ME$ bzw. $A'M'$ und $M'E'$ aufgezeichnet, die für die einzelnen Lagen der Spiegelpaare zeitlich nacheinander aufgenommen wurden. Die mit den schraubenlinienförmigen Stahlfedern tatsächlich aufgezeichneten Kurven stimmen mit diesen theoretischen Formeln nahezu vollkommen überein, woraus geschlossen werden kann, daß für diese Stahlfedern die Voraussetzungen der elastischen Theorie in sehr vollkommener Weise erfüllt sind. Dagegen ergibt sich, daß für zylindrische Stäbe aus Kautschuk und Stahl der allgemeine Charakter dieser Erscheinung zwar noch erkennbar bleibt, daß aber an Stelle der Ecken und geraden Linien eine stetig gekrümmte Form der Kurve tritt; werden jedoch die Kautschukzylinder mit Elfenbeinköpfen ausgerüstet, so zeigt auch für sie der Verlauf des

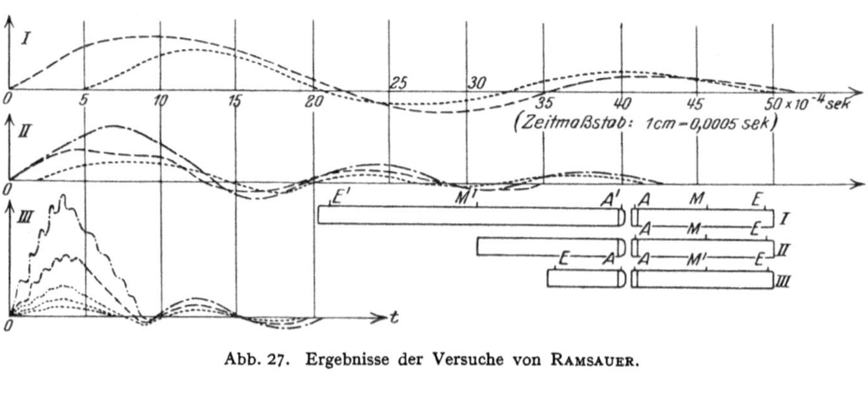


Abb. 27. Ergebnisse der Versuche von RAMSAUER.

Stoßvorganges nahezu die theoretisch ermittelten Kurven. Diese Abweichungen von der Theorie beruhen aber, wie RAMSAUER nachweist, auf den unvollkommen elastischen Eigenschaften des Kautschukmaterials.

Die Form der Ergebnisse dieser Versuche ist aus der Abb. 27 zu ersehen, welche die Zusammendrückungen der Stäbe in Abhängigkeit von der Zeit darstellt. Die Kurven beziehen sich auf Kautschukzylinder mit Elfenbeinköpfen mit den Längenverhältnissen: I. $l_1 : l_2 = 2 : 1$, II. $l_1 : l_2 = 1 : 1$, III. $l_1 : l_2 = 1 : 2$. Die später einsetzenden Kurven gelten für die Mittelpunkte, die mehrfachen beziehen sich auf verschiedene Stoßgeschwindigkeiten.

Der der Schattenmethode zur Messung der Geschwindigkeiten nach dem Stoß zugrunde liegende Gedanke ist aus der Abb. 28 zu ersehen. Zunächst sei bemerkt, daß bei kleinen Ausweichungen der als Pendel schwingenden Stäbe die Beziehung zwischen der Geschwindigkeit $V$ und $x$ durch die Gleichung gegeben ist.

$$V = x\sqrt{\frac{g}{l}},$$

in der $l$ die Pendellänge bedeutet. Diese Gleichung folgt unmittelbar aus $V^2 = 2gy$ und $y(2l - y) = x^2$, wenn in der zweiten das quadratische Glied $-y^2$ gegen das erste gestrichen wird. Zur Ermittlung von $x$ ist daher außer der Bestimmung von $l$, die durch eine besondere Schwingungsbeobachtung erfolgt, eine genaue Festlegung der Umkehrpunkte nötig, die durch die folgende Anordnung (Abb. 28) erreicht wird. Auf der Oberseite der Zylinder sind kleine rechteckige Fähnchen $F_1$ und $F_2$ aus weißem Papier angebracht, von denen durch eine Lichtquelle $L$ scharfe Schatten auf einen dahinter aufgestellten Maßstab $M$ entworfen werden; die Umkehrpunkte selbst können dann unter Verwendung eines verstellbaren Schirmes $S$, hinter dem die Fähnchen hervortreten können, mit großer Genauigkeit ermittelt werden. Aus der Anzahl der Schwingungen und dem besonders ermittelten Dämpfungsverhältnisse läßt sich der wahre Wert der Ausweichung und damit die Geschwindigkeit ausrechnen.

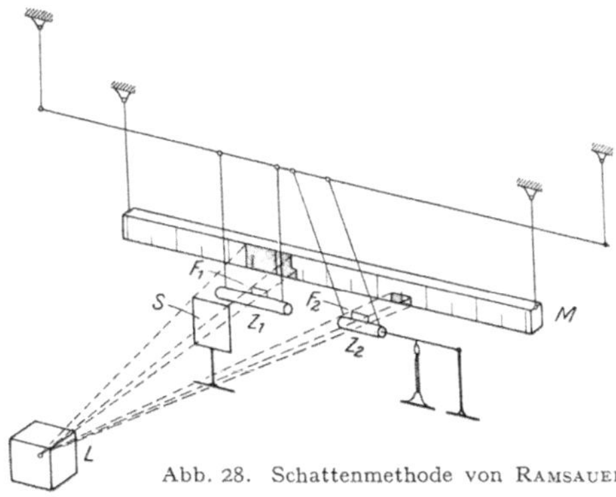

Abb. 28. Schattenmethode von Ramsauer.

Die Versuchsergebnisse bestehen im wesentlichen in folgenden Aussagen: Für die aus schraubenlinienförmigen Stahlfedern und die aus Kautschuk mit Elfenbeinköpfen bestehenden Zylinder erweisen sich die Voraussetzungen und die Folgerungen der elastischen Theorie von Saint-Venant als exakt zutreffend. Die bei gewöhnlichen Kautschukzylindern beobachteten Eigentümlichkeiten beruhen nicht auf fehlerhaften Voraussetzungen der Theorie, sondern auf Abweichungen vom Hookeschen Gesetz und auf dem Mangel an vollkommener Elastizität, die bei der elastischen Theorie vorausgesetzt wird, sowie auch auf der elastischen Nachwirkung.

Der Stoß von massiven Stäben aus Stahl oder Messing wurde nicht untersucht, da anscheinend für sie eine Bestätigung der Saint-Venantschen Theorie nicht gefunden wurde. Wie schon erwähnt, dürften beim Stoß solcher Stäbe immer auch Querschwingungen auftreten, die die Theorie nicht berücksichtigt.

**39. Die Untersuchungen von Berger.** Diese[1]) gehen darauf aus, die vorher angeführten Methoden dadurch zu erweitern, daß außer den Wegen und Geschwindigkeiten auch der Verlauf der Stoßkraft selbst während des ganzen Stoßvorganges messend verfolgt wird. Hierzu wurde eine besondere Versuchsanordnung ausgebildet, die in Abb. 29 schematisch wiedergegeben ist. Bei dieser Anordnung sind die stoßenden Körper ($A$) mit halbkugelförmig gestalteten Stoßflächen an zwei Pendeln befestigt, die um dieselbe Achse drehbar sind und von denen das eine angehoben und gegen das andere, ursprünglich ruhende, fallen

[1]) F. Berger, Das Gesetz des Kraftverlaufes beim Stoß. Braunschweig 1924 (mit ausführlichen Literaturangaben).

gelassen wird. Durch eine Funkenauslösung, die durch die Bewegung selbsttätig erfolgt, oder durch direkte Aufnahme wird der Weg und die Formänderung, und durch Zusammendrückung von Spiralfedern $S$, die an passend angeordneten Winkelhebeln $H$ angeschlossen sind, wird für jeden Körper und an jeder Stelle auch die Stoßkraft ($K$) selbst gemessen. Von den Ergebnissen der Versuche sind die Kurven für die Formänderung der stoßenden Körper als Funktion des Weges

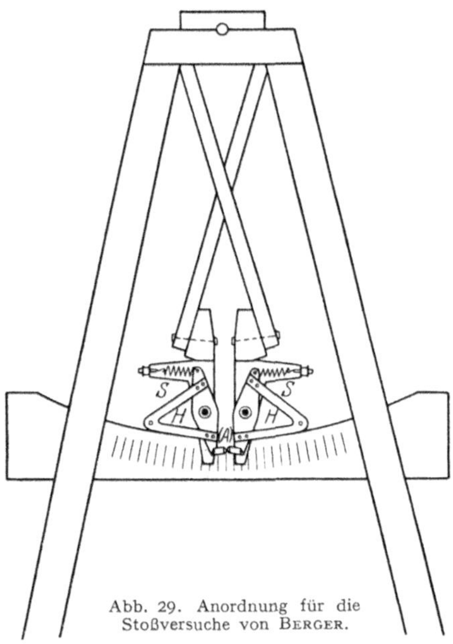


Abb. 29. Anordnung für die Stoßversuche von BERGER.

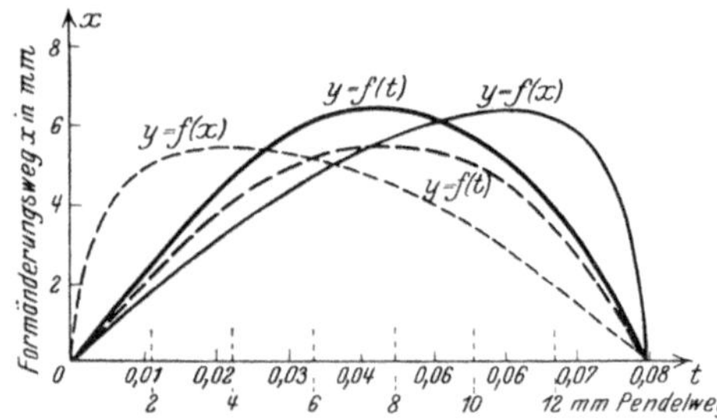


Abb. 30. Stoßversuche von BERGER: Formänderung in Abhängigkeit von der Zeit.

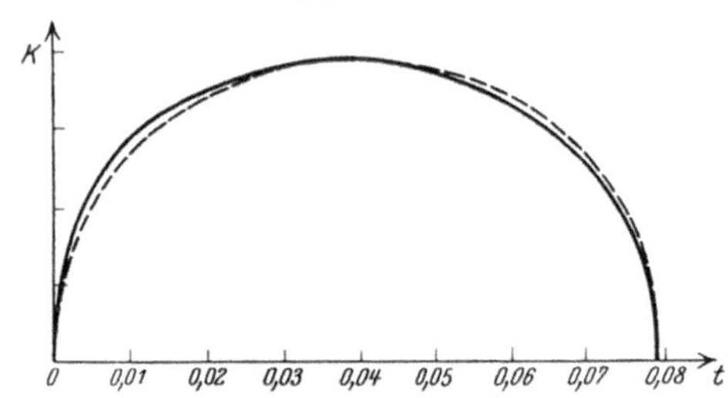


Abb. 31. Versuche von BERGER: Stoßkraft in Abhängigkeit von der Zeit.

und der Zeit nach Abb. 30, und für den Verlauf der Stoßkraft als Funktion der Zeit nach Abb. 31 besonders bemerkenswert, ferner die Kurve, welche die Stoßkraft (oder Beschleunigung) als Funktion des Weges gibt und die aus den beiden vorhergehenden durch Ausschaltung der Zeit gewonnen wird (Abb. 32). Diese unmittelbar durch Versuche gewonnenen Ergebnisse können aber nicht gut in Übereinstimmung mit der von BERGER selbst ausgearbeiteten Theorie gebracht werden, da der von ihm verwendete Rechnungsansatz einen energieerhaltenden Vorgang ergibt, während die Versuche — wie sich insbesondere aus der letzten Abb. 32 ergibt — eine Energiezerstreuung (elastische Hysteresis) ergeben.

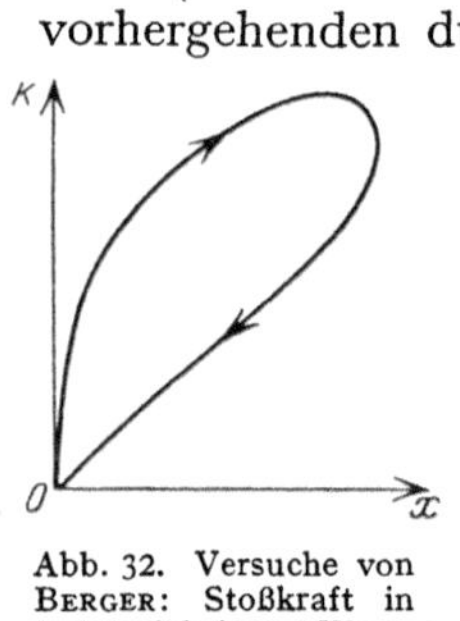


Abb. 32. Versuche von BERGER: Stoßkraft in Abhängigkeit vom Wege.

Diese Stoßtheorie ist ähnlich wie die von HERTZ (Ziff. 29) aufgebaut, ohne sich aber auf das besondere Abplattungsgesetz zu beschränken, das das Hauptergebnis der HERTZschen Theorie darstellt. Es wird vielmehr für den Zusammenhang zwischen Stoßkraft und relativer Annäherung der beiden stoßenden Körper (Verkürzung in der Stoßrichtung) die Form des allgemeineren Potenzenansatzes nach BACH und SCHÜLE eingeführt[1])

$$K = c\,\xi^n \tag{1}$$

[1]) In den hier gegebenen Gleichungen ist $\xi$ durch $2\xi$ zu ersetzen, um die von BERGER benutzte Form zu erhalten. Für $n = 1$ gehen dann die Gleichungen unmittelbar ineinander über.

und die Integration der damit angesetzten Bewegungsgleichung

$$\frac{d}{dt}\frac{M_1 M_2}{M_1+M_2}\dot{\xi} = -c\,\xi^n \tag{2}$$

wie in Ziff. 29 geleistet. Diese Integration liefert, wenn $v_0$ die Geschwindigkeit bei Beginn der Berührung bedeutet,

$$\dot{\xi} = \sqrt{v_0^2 - \frac{M_1 M_2}{M_1+M_2}\frac{2c}{n+1}\xi^{n+1}}\,. \tag{3}$$

Für $\xi = 0$ erhält man die größte relative Annäherung in der Form

$$\xi_1 \equiv \xi_{\max} = \left[\frac{M_1 M_2}{M_1+M_2}\frac{n+1}{2c}v_0^2\right]^{\frac{1}{n+1}} \tag{4}$$

und die Zeit bis zur Erreichung dieser größten Zusammendrückung, die man als die halbe Stoßzeit ansehen kann,

$$\frac{T}{2} = \int\limits_0^{\xi_1}\frac{d\xi}{\sqrt{v_0^2 - \frac{M_1+M_2}{M_1 M_2}\frac{2c}{n+1}\xi^{n+1}}} = \frac{\xi_1}{v_0}\int\limits_0^{\xi_1}\frac{d\left(\frac{\xi}{\xi_1}\right)}{\sqrt{1-\left(\frac{\xi}{\xi_1}\right)^{n+1}}}\,. \tag{5}$$

Insbesondere erhält man aus diesen Gleichungen unter der Annahme der Gültigkeit des HOOKEschen Gesetzes ($n = 1$) für den Mechanismus dieser Zusammendrückung für die größte Annäherung den Ausdruck:

$$\xi_1 = \sqrt{\frac{M_1 M_2}{M_1+M_2}\frac{1}{c}}\,v_0\,, \tag{6}$$

und für gleiche Massen ($M_1 = M_2 = M$)

$$\xi_1 = \sqrt{\frac{M}{2c}}\cdot v_0\,. \tag{7}$$

Mit diesen Werten rechnet sich der größte Wert der Stoßkraft

$$K_{\max} = c\,\xi_1 = \sqrt{\frac{M_1 M_2}{M_1+M_2}c}\cdot v_0\,, \tag{8}$$

und für gleiche Massen

$$K_{\max} = \sqrt{\frac{Mc}{2}}\cdot v_0\,. \tag{9}$$

Ferner ergibt sich nach Gleichung (5) in diesem Falle ($n = 1$) für die Stoßdauer der Ausdruck

$$T = \pi\frac{2\xi}{v_0} = 2\pi\sqrt{\frac{M_1 M_2}{M_1+M_2}\frac{1}{c}}\,, \tag{10}$$

und für gleiche Massen

$$T = \pi\sqrt{\frac{2M}{c}} \tag{11}$$

unabhängig von der Stoßgeschwindigkeit $v_0$.

Schließlich stellen sich die Formänderung $\xi$ und die Stoßkraft $K$ in Abhängigkeit von der Zeit durch die Gleichungen dar:

$$\xi = \xi_1 \sin\frac{v_0 t}{\xi_1}\,, \tag{12}$$

und für gleiche Massen

$$K = c\,\xi = c\,\xi_1 \sin\frac{v_0 t}{\xi_1}, \tag{13}$$

worin $\xi_1$ durch die Gleichung (6) bzw. (7) gegeben ist.

Für ein beliebiges $n$ läßt sich das in Gleichung (5) auftretende Integral nicht in endlicher Form darstellen und wird daher durch eine Potenzreihenentwicklung nach $\xi/\xi_1$ ersetzt.

**40. Das technische Stoßproblem.** Wie schon im vorhergehenden gelegentlich erwähnt wurde, kommen in der Technik die Stoßerscheinungen in verschiedenen Fragestellungen zur Geltung und haben auch schon frühzeitig eingehende Beachtung gefunden, ohne daß auch dort, ebensowenig wie bei den rein physikalischen Untersuchungen, bisher ein Abschluß erreicht worden wäre. Es handelt sich dabei einerseits um den Einfluß stoßartiger Belastungen auf Zug, Druck, Schlag, Stauchen usw. auf die Festigkeitseigenschaften der Baustoffe selbst; hierher gehören die Arbeiten von DUNN[1]), HATT[2]), HÖNIGER[3]), PLANK[4]), SEEHASE[5]) u. a. Diese Arbeiten sind dadurch gekennzeichnet, daß bei ihnen für die untersuchten Belastungsfälle die Weg-Zeit-Kurven meist selbstschreibend aufgenommen wurden, aus denen sodann durch zweimalige Differentiation der Verlauf der Stoßkraft selbst und die Stoßdauer ermittelt werden. Bei allen diesen Versuchen wird die Streckgrenze — wenigstens in gewissen Gebieten der stoßenden Körper — überschritten, weshalb sie außerhalb der Tragweite der rein elastischen Theorien fallen. In diesem Zusammenhange ist auch auf die Arbeiten hinzuweisen, welche die Beziehungen zwischen Stoß und Härte zum Gegenstand haben.

Eine zweite Gruppe von Fragen befaßt sich mit der Ermittlung des Einflusses stoßartiger Belastungen auf die Festigkeit der einzelnen Konstruktionsteile in fertigen Bauwerken, wie in Gebäuden, Brücken, Eisenbahnbetriebsmitteln, Kraftwagen, Flugzeugen usw. In dieser Hinsicht ist hier auf den schon 1849 in London erschienenen „Report of the commissioners appointed to inquire into the application of iron to railway-structures" hinzuweisen, der heute noch Interesse besitzt und der bezüglich der im Eisenbahnbetriebe auftretenden dynamischen und insbesondere stoßartigen Beanspruchungen eingehende Untersuchungen über die Frage anstellt, wie die Konstruktionsteile zu dimensionieren sind, die solche Beanspruchungen ertragen. Als idealisierte Hauptfrage gehört in diese Gruppe die Theorie des Querstoßes einer Masse auf einen Träger, über die in Ziff. 32, 33, 34 berichtet wurde. Eine Überprüfung der Grundformel der SAINT-VENANTschen Theorie des Querstoßes im Hinblick auf das Verhalten des Trägermaterials rührt von GESSNER[6]) her.

Beanspruchungen von ähnlicher (dynamischer) Beschaffenheit wie beim Stoß treten auch unter dem Einflusse bewegter Lasten überhaupt auf; auch bei ihnen müssen die damit einhergehenden Schwingungen mit berücksichtigt werden. Für stoßartige (plötzlich aufgebrachte) Belastungen gilt — in Übereinstimmung mit den früher aufgestellten Näherungsformeln — die Regel, daß ein Träger durch sie doppelt so stark beansprucht wird wie unter allmählicher Aufbringung der gleichen Belastung. — Eine bewegte Last ist nach GERBER mit

---

[1]) B. W. DUNN, Journ. Frankl. Inst., Pensylvania 1897.

[2]) HATT, Proc. Amer. Soc. test. mat., New York 1904.

[3]) W. HÖNIGER, Ein Verfahren zur Ermittlung der veränderlichen Stoßkraft bei Stauchversuchen. Dissert. Berlin 1910; ZS. d. Ver. d. Ing. Bd. 56, S. 1501. 1912.

[4]) R. PLANK, ZS d. Ver. d. Ing. Bd. 56, S. 17. 1912.

[5]) H. SEEHASE, Forschungsarbeiten auf dem Gebiete des Ingenieurwesens, H. 182. Berlin 1915.

[6]) A. GESSNER, ZS. d. österr. Ing. u. Arch.-Ver. Bd. 58, S. 665. 1906.

dem 1,5 fachen Betrage in Rechnung zu stellen, eine Schätzung, die eben die größere Formänderung berücksichtigen soll, die durch die dynamische Wirkung der bewegten Last hervorgebracht wird.

Als Beispiel für die Abhängigkeit der Sicherung von öffentlichen Verkehrsmitteln durch stoßartige Einwirkungen sei hier nur die Frage der Berechnung von Schutzbrücken für Drahtseilbahnen angeführt. In solchen Fällen wird vernünftigerweise nur verlangt, daß der Stoß überhaupt — ohne Zertrümmerung des Bauwerkes — aufgenommen wird; es wird lieber die Möglichkeit bleibender Formänderungen einzelner Teile, als eine allzu weitgehende und kostspielige Überdimensionierung des ganzen Bauwerkes in Kauf genommen. Eine Untersuchung der dabei auftretenden Verhältnisse rührt von SENFT[1]) her. — Ebenso liegen auch über die Festigkeit und Abnutzung der Steine durch stoßartige Beanspruchungen im Hinblick auf die Bedeutung dieser Frage für den Straßenbau umfangreiche Untersuchungen vor.

Über andere Fragen, die sich hier zwanglos anschließen würden, wie über die Veränderung des Gefüges durch stoßartige Beanspruchungen, den Einfluß der Erwärmung usw., ist heute noch wenig bekannt. Zurückschauend ist zu sagen, daß es sich beim Stoß um ein sehr verwickeltes und vielseitiges Fragengebiet handelt, das derzeit noch keineswegs in voll befriedigender Weise in seinen typischen Elementen erfaßt werden kann.

---

[1]) A. SENFT, Zentralbl. d. Bauverw. Bd. 35, S. 233. 1915.

Kapitel 8.

# Seismik (Erdbebenwellen).

Von

G. ANGENHEISTER, Potsdam.

Mit 37 Abbildungen.

**1. Einleitung.** Die Beobachtung lehrt, daß bei einem Erdbeben an einem vom Erdbebenherd entfernten Beobachtungspunkt mehrere Wellenzüge nacheinander eintreffen und daß die Bodenverrückungen dieser verschiedenen Wellenzüge unterschiedlichen Charakter besitzen. Zwei Arten von Raum- und zwei Arten von Oberflächenwellen sind zu unterscheiden.

Die Raumwellen dringen tief ins Erdinnere ein und tauchen infolge der Kugelgestalt der Erde und infolge der Änderung der Geschwindigkeit mit der Tiefe wieder zur Oberfläche empor. An Grenzflächen zeigen sie Brechung und Reflexion.

Die Oberflächenwellen gleiten an der Erdoberfläche entlang. Infolge der Schichtung der Erdrinde zeigen sie Dispersion.

Die wesentlichsten Aufgaben der seismischen Forschung sind nun: 1. Aus der Form der Bodenbewegung an der Erdoberfläche soll die physikalische Natur der verschiedenen Wellenarten abgeleitet und ihr Verhalten bei Brechung, Reflexion und Dispersion untersucht werden. 2. Aus den Laufzeiten der Erdbebenwellen vom Herd bis in verschiedene Herdentfernungen an der Erdoberfläche muß das Gesetz der Ausbreitung der Wellen im Erdinnern ermittelt werden. Daraus ergibt sich die Geschwindigkeit als Funktion der Tiefe und damit der physikalische Aufbau des Erdinnern.

Zum Nachweis der in großen Herdentfernungen sehr geringen Bodenverrückungen sind sehr empfindliche Instrumente — Seismographen — notwendig. Zur Ableitung der Form der Deformation müssen die Instrumente den zeitlichen Ablauf der Bodenbewegung getreu — ohne fälschende Eigenschwingungen des Seismographen — abbilden.

Im nachfolgenden wird die Theorie der Instrumente, der Seismographen, behandelt. Auf Grund der Aufzeichnungen dieser Seismographen wird dann die physikalische Natur der Erdbebenwellen untersucht. Endlich wird an der Hand der aus Beobachtungen abgeleiteten Laufzeitkurve die Ausbreitung im Erdinnern und die Geschwindigkeitsverteilung mit der Tiefe ermittelt und daraus der Aufbau der Erde abgeleitet[1]).

[1]) Zusammenfassende Darstellungen: C. W. WALKER, Modern seismology, London 1913; B. GALITZIN, Vorlesungen über Seismometrie. Deutsch v. O. HECKER, Leipzig 1914; A. SIEBERG, Geologische, physikalische und angewandte Erdbebenkunde. Jena 1922; C. MAINKA, in Prey, MAINKA, Tams, Einführung in die Geophysik. Berlin 1922; C. MAINKA, Physik der Erdbebenwellen. Berlin 1923; W. CONRAD, Dynamische Geologie. Enzykl. der Math. Wiss. VI. I. Leipzig; B. GUTENBERG, Lehrbuch der Geophysik. Berlin 1926; R. AMBRONN, Methoden der angewandten Geophysik. Dresden 1926; B. GUTENBERG, Grundlagen der Erdbebenkunde. Berlin 1927 und im Handb. d. Phys. u. Techn. Mechanik Bd. 3. Leipzig 1927,

# I. Die Theorie der seismischen Instrumente.

**2. Vorbemerkung.** Die Theorie elastischer Wellen und die Beobachtungen der Erdbeben lehren, daß auch nach einem kurzen, im Schüttergebiet schnell verlaufenden Stoß in größerer Entfernung nacheinander mehrere Wellen eintreffen, verschieden untereinander in ihrem zeitlichen Ablauf — zum Teil stoßförmig, zum Teil periodisch schwingende Bewegungen —, verschieden auch in der Intensität der Bewegungen.

Von einem Instrument, das sich zum Studium dieser Bodenbewegungen eignen soll, muß mithin verlangt werden, daß es den Zeitpunkt des Einsatzes dieser verschiedenen Bewegungsarten festzustellen erlaubt, und daß man aus seinen Angaben auf die Form und Intensität der Bodenbewegung rückschließen kann, d. h. daß seine Aufzeichnungen lesbar sind.

Beim Bau der Seismographen muß ein Bezugspunkt gefunden werden, der die Bewegungen des Bodens nicht mitmacht, sondern in Ruhe bleibt. Die Trägheit einer möglichst lose mit dem Boden gekoppelten Masse gibt hierzu die Möglichkeit. Ein Fadenpendel ist daher das einfachste Seismometer.

Die schwere Masse, deren Relativbewegungen gegen das Gestell durch das Schreibwerk aufgezeichnet werden, wird „stationäre Masse“ genannt.

Für die folgende Theorie[1]) der seismischen Instrumente benutzen wir die hier zusammengestellten Bezeichnungen:

$X, Y, Z$ Koordinatenachsen, $X$, $Y$ horizontal, $Z$ vertikal,
$x, y, z$ allgemeine Koordinaten,
$\sigma$ Bodenverrückung,
$\xi, \eta, \zeta$ Komponenten der Bodenverrückung,
$i_x, i_y$ wahre Neigungen um die Horizontale,
$[i]$ scheinbare Neigungen,
$\lambda$ Wellenlänge seismischer Wellen,
$\mathfrak{T}$ Periode seismischer Wellen,
$\delta$ Phasenkonstante,
$v$ Fortschreitungsgeschwindigkeit,
$T$ Schwingungsperiode des Pendels,
$T_0$ Schwingungsperiode des Pendels ohne Dämpfung,
$L$ Pendellänge des äquivalenten mathematischen Pendels,
$J$ äquivalente Indikatorlänge,
$V$ Indikatorvergrößerung,
$\mathfrak{V}$ wahre Vergrößerung der Bodenbewegung,
$a$ Indikatorausschlag,
$M$ stationäre Masse des Seismographen,
$m$ resultierende Masse eines Hebelarms, auch des gesamten Gehänges einschließlich $M$,
$g$ Schwerebeschleunigung,
$t$ Zeitkoordinate,
$R$ Indikatorresultante der Reibungskräfte,
$r$ maximaler Reibungsausschlag,
$\varphi$ Dämpfungskonstante, $\varphi \frac{da}{dt}$ Indikatorresultante der Dämpfungskraft,
$\tau$ Relaxationszeit,
$\varepsilon$ Dämpfungsverhältnis.

[1]) Literatur: E. Wiechert, Theorie der automatischen Seismographen. Abhandlgn. d. Göttinger Akad. Bd. 2 I. 1903; B. Galitzin, Vorlesungen über Seismometrie. Leipzig 1914; C. Mainka, in Prey, Mainka, Tams, Einführung in die Geophysik. Berlin 1922.

**3. Die Bodenbewegungen bei seismischen Störungen.** Die möglichen seismischen Bewegungen des Bodens können wir zerlegen in Parallelverschiebungen und Drehungen; und zwar können wir unterscheiden zwischen horizontalen und vertikalen Parallelverschiebungen und Drehungen um die Horizontale (Neigung) oder um die Vertikale.

Dementsprechend lassen sich die Seismographen einteilen in Horizontal- und Vertikalseismographen und in Neigungsmesser (Klinographen). Instrumente zur Messung der Drehung um die Vertikale sind bisher noch nicht gebaut.

Die Frage, wie weit auch die Neigungen der Horizontalebene während der Erdbeben von Seismographen aufgeschrieben werden, läßt sich für sinusförmige Bewegungen leicht überschauen. Schreitet bei einem Erdbeben eine Deformation mit der Geschwindigkeit $v$ in horizontaler Richtung fort, so treten am Beobachtungsort vertikale $\zeta$- und horizontale $\xi, \eta$-Verrückungen auf, die in der Zeit periodisch verlaufen. Die vertikalen Verrückungen $\zeta$ sind mit wirklichen Neigungen $i$ des Bodens verknüpft. Die horizontalen Verrückungen $\xi, \eta$ ergeben horizontale Beschleunigungen, die eine Änderung der Schwerkraftsrichtung bedingen und als scheinbare Neigungen $[i]$ bezeichnet werden können.

Beim Fortschreiten einer sinusförmigen Welle (mit gradliniger Front) in der horizontalen Richtung $x$ ist die vertikale Verrückung $\zeta$

$$\zeta = \bar{\zeta} \sin\left(2\pi \frac{x}{\lambda} + \delta\right), \tag{1}$$

worin $\bar{\zeta}$ den Maximalwert von $\zeta$, $\lambda$ die Wellenlänge und $\delta$ eine Phasenkonstante bedeutet. Die wirkliche Neigung der Horizontalebene $i$ in der Richtung $x$ ist dann

$$i_x = \frac{d\zeta}{dx} = \frac{2\pi}{\lambda} \bar{\zeta} \cos\left(2\pi \frac{x}{\lambda} + \delta\right). \tag{2}$$

Ihr Maximum ist $\bar{i}_x = \frac{2\pi}{\lambda} \bar{\zeta}$.

Bei den gleichzeitigen Horizontalverrückungen in der $x$-Richtung treten Horizontalbeschleunigungen $\frac{d^2\xi}{dt^2}$ auf, die eine periodische Änderung der Schwerkraftsrichtung bedingen.

Die longitudinale Verrückung der fortschreitenden Sinuswelle ist gegeben durch

$$\xi = \bar{\xi} \sin\left(2\pi \frac{t}{\mathfrak{T}} + \delta'\right) \tag{3}$$

und

$$[i_x] = \frac{1}{g} \frac{d^2\xi}{dt^2} = \frac{1}{g} \left(\frac{2\pi}{\mathfrak{T}}\right)^2 \bar{\xi} \sin\left(2\pi \frac{t}{\mathfrak{T}} + \delta'\right); \tag{4}$$

im Maximum ist

$$[\bar{i}_x] = \frac{1}{g} \left(\frac{2\pi}{\mathfrak{T}}\right)^2 \bar{\xi}.$$

Es folgt

$$\frac{\bar{i}}{[\bar{i}]} = \frac{\frac{2\pi}{\lambda} \bar{\zeta}}{\frac{1}{g} \left(\frac{2\pi}{\mathfrak{T}}\right)^2 \bar{\xi}} \approx \frac{g}{2\pi v} \mathfrak{T}, \tag{5}$$

da $\lambda = v\mathfrak{T}$ und erfahrungsgemäß $\bar{\xi}$ ungefähr gleich $\bar{\zeta}$. $v$ liegt für Wellen an der Erdoberfläche in der Nähe von 3 km/sec. Es ist daher ungefähr

$$\frac{\bar{i}}{[\bar{i}]} = \frac{\mathfrak{T}}{2000}.$$

Unter diesen Voraussetzungen sind für Perioden der Bodenbewegung kleiner als 33 min die wahren Neigungen kleiner als die scheinbaren. Da die Perioden der Erdbebenwelle nur in seltenen Fällen bis zu 60 sec betragen, meistens unterhalb 30 sec liegen, so sind die wahren Neigungen gegenüber den scheinbaren zu vernachlässigen, und zwar um so mehr, je kürzer die Perioden der Bodenbewegungen sind.

Experimentell wurde diese Frage zuerst von SCHLÜTER[1]) geprüft. Da alle Horizontalseismographen sowohl auf wirkliche wie auf scheinbare Neigungen reagieren, baute SCHLÜTER einen Neigungsmesser, der gegen Horizontalbeschleunigungen unempfindlich war; es war ein horizontaler Wagebalken, dessen Schwerpunkt möglichst genau in der Schneide lag. Wirkliche Neigungen konnten von SCHLÜTER und später von GALITZIN nicht festgestellt werden. Auf anderem Wege suchte ANGENHEISTER[2]) diese Frage zu prüfen. Er konnte durch Beobachtungen eines Sternes feststellen, daß während der Hauptphase des größten in Samoa beobachteten Bebens (26. VI. 1917) keine wirklichen Neigungen auftraten, die größer waren als die, die aus der horizontalen und vertikalen Komponente der Bodenbewegung zu erwarten waren (1″ bis 2″), während die gleichzeitigen scheinbaren Neigungen Beträge erreichten, die mehrere tausend Male größer waren.

Bei den Gezeitendeformationen in der festen Erdrinde von 12$^h$ Periode und mehr zeichnen die Horizontalseismographen dagegen die wirklichen Neigungen auf.

Auch konnten in Samoa vom Horizontalseismographen Neigungswellen aufgezeichnet werden beim Vorübergehen von Erdbebenflutwellen, deren Last den benachbarten Meeresboden durchbog. Die Periode dieser Flutwellen betrug mehr als 30 min[3]).

**4. Theorie des Seismographen; freies mathematisches Pendel.** Der einfachste Horizontalseismograph ist ein Pendel (Abb. 1 a), das um eine horizontale Achse drehbar ist und dessen Bewegung durch eine Spitze aufgeschrieben wird. $M$ ist die träge Masse, $AM$ die reduzierte Pendellänge[4]) $L$ und $AB$ die Indikatorlänge $J$. Ist $AB$ eine massenlose starre Stange und $M$ ein Massenpunkt, so wird die relative Verrückung des Schwerpunktes um $V = \frac{J}{L}$ vergrößert aufgezeichnet (Abb. 1a und 1b).

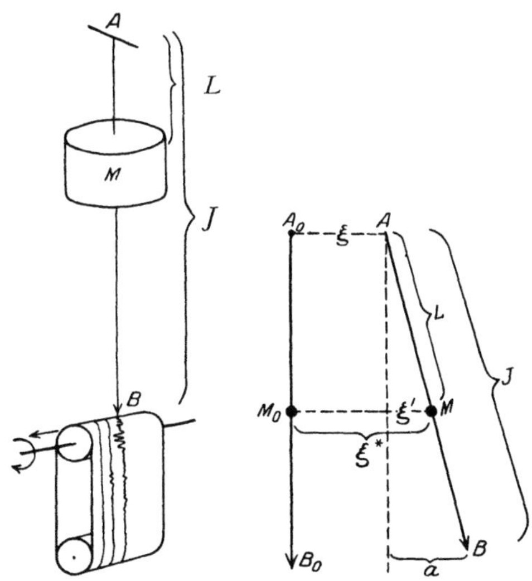


Abb. 1 a u. 1 b. Schematischer Pendelseismograph. Zu Abb. 1 b. $AM$ Pendellänge. $AB$ Indikatorlänge. $M$ Punktförmige Pendelmasse. $A$ Drehpunkt. $B$ Indikatorspitze. $\xi$ Bodenverrückung. $\xi'$ Ausschlag der Pendelmasse. $a$ Indikatorausschlag.

Drehungen und Neigungen können nach dem Vorhergehenden von der Betrachtung als unwesentlich ausgeschlossen werden. Nur Parallelverschiebungen sollen berücksichtigt werden. Für den Horizontalseismographen beschränkt sich daher die Ableitung der Indikatorgleichung auf die Wirkung der Horizontal-

[1]) W. SCHLÜTER, Dissertation, Göttingen 1901.

[2]) G. ANGENHEISTBR, Göttinger Nachr. 1921.

[3]) G. ANGENHEISTER, Vier Erdbeben und Flutwellen. Göttinger Nachr. 1920; ferner N. ZEALAID, Journ. of Sciences a. Technol. 1921.

[4]) S. Bd. V, Kap. 8, Ziff. 8 ds. Handb.

beschleunigungen. Zur Vereinfachung wird im folgenden nur eine Horizontalkomponente berücksichtigt.

In der Ruhelage hängt das Pendel vertikal $A_0M_0B_0$. Durch die seismische Bodenbewegung wird der Aufhängepunkt $A_0$ nach $A$ um $\xi$ horizontal verschoben. $\xi'$ bedeutet den Ausschlag der Pendelmasse relativ zum Gestell, d. h. zu seiner früher senkrechten Lage. Es ist dann $\xi^* = \xi + \xi'$ die Verrückung gegen ein festes Koordinatensystem. Von der Bewegung der Erde im Raum und um ihre Achse kann abgesehen werden. Für geringe Ausschläge ist dann

$$M\frac{d^2\xi^*}{dt^2} = -Mg\frac{\xi'}{L}.$$

Da

$$\frac{\xi'}{a} = \frac{L}{J}$$

und somit

$$\frac{d^2\xi'}{dt^2} = \frac{L}{J}\frac{d^2a}{dt^2},$$

so ist

$$\frac{d^2a}{dt^2} = -\frac{g}{L}a - \frac{J}{L}\frac{d^2\xi}{dt^2} = -\left(\frac{2\pi}{T_0}\right)^2 a - V\frac{d^2\xi}{dt^2}. \tag{1}$$

Dies ist die Indikatorgleichung eines reibungs- und dämpfungsfreien Pendels. Sie verbindet den Ausschlag der Schreibfeder $a$ (Indikatorausschlag) mit der Bodenverrückung $\xi$.

Außerdem enthält die Gleichung noch die Indikatorvergrößerung $V = \frac{J}{L}$ und die Länge $L$ oder Schwingungsperiode $T_0$ des Pendels.

Besteht keine seismische Störung, also $\frac{d^2\xi}{dt^2} = 0$, so ist $\frac{d^2a}{dt^2} = -\frac{g}{L}a$. Das ist die Gleichung der ungedämpften Eigenschwingung des Pendels.

Die Lösung dieser Gleichung gibt bekanntlich die Schwingungsbewegung

$$a = A\sin t\sqrt{\frac{g}{L}},$$

wo $A$ die maximale Amplitude bedeutet. Die Zeit von $t = 0$ bis $t = 2\pi\sqrt{\frac{L}{g}}$ ist die Periode

$$T_0 = 2\pi\sqrt{\frac{L}{g}}. \tag{2}$$

**5. Freies Pendel mit räumlich verteilter Masse.** Die vorhergehenden Ausführungen gelten, soweit der Seismograph als ein freies Pendel angesehen werden kann. Ein Seismograph mit räumlich verteilten Massen bewegt sich wie ein mathematisches Pendel von der gleichen Schwingungsdauer $T_0$ und der äquivalenten Pendellänge

$$L = \frac{\int l^2\,d\mu}{MR} = g\frac{T_0^2}{4\pi^2}. \tag{1}$$

Hierin bedeutet $l$ und $R$ den Abstand des Massenelementes $d\mu$ und des Schwerpunktes vom Drehpunkt. Dies gilt auch dann noch, wenn zwischen Drehpunkt und Indikatorspitze zwecks Vergrößerung der Bewegung Hebelsysteme mit drehbaren Gelenken eingefügt werden. Das Gewicht der weit vom Drehpunkt entfernten Teile des Gehänges wird hierbei stark wirksam, bei mechanisch registrierenden Seismographen besonders das Gewicht des Schreibarmes und der Schreibfeder.

Diese Wirkung der Massenverteilung wird durch den Begriff der „resultierenden“ Masse klar.

Unter resultierender Masse eines Seismographen wird diejenige Masse verstanden, die in der Indikatorspitze vereinigt dieselben Trägheitswiderstände geben würde wie die längs der ganzen Länge räumlich verteilte Masse (vom Drehpunkt $A$ bis zur Indikatorspitze $B$ in der Abb. 1a). Analog zur Indikatorresultante der Trägheitswiderstände wird später von der Indikatorresultante der Reibungs- und Dämpfungskräfte gesprochen. Für ein mathematisches Pendel von der Pendellänge $L$ und der Indikatorlänge $J$ gilt

$$J m \frac{d^2 a}{d t^2} = L M \frac{d^2 \xi'}{d t^2}.$$

Da

$$\frac{\xi'}{a} = \frac{L}{J} = \frac{1}{V},$$

so ist

$$m = M\left(\frac{\xi'}{a}\right)^2 = M\left(\frac{L}{J}\right)^2 = \frac{M}{V^2}, \qquad V = \frac{M\frac{\xi'}{a}}{m}. \tag{2}$$

Für $M = 1000$ kg und $V = 200$ ist $m = 25$ g.

Bei einem physikalischen Pendel liefert das Massenelement $d\mu$, dessen Verrückung $\xi'$ und dessen Abstand von der Drehachse $l$ beträgt, den Beitrag $dm$ zur resultierenden Masse. Es ist dann

$$J\, dm \frac{d^2 a}{d t^2} = l\, d\mu \frac{d^2 \xi'}{d t^2},$$

$$dm = d\mu\left(\frac{\xi'}{a}\right)^2 = \frac{d\mu}{V_{d\mu}^2},$$

wo $V_{d\mu} = \frac{J}{l}$ die in $d\mu$ wirksame Vergrößerung ist. Mithin

$$\left.\begin{aligned} m &= \int\left(\frac{\xi'}{a}\right)^2 d\mu, \\ V &= \frac{\int\left(\frac{\xi'}{a}\right) d\mu}{\int\left(\frac{\xi'}{a}\right)^2 d\mu}. \end{aligned}\right\} \tag{3}$$

Die resultierende Masse des gesamten Gehänges (stationäre Masse und Schreibarm) setzt sich additiv zusammen aus den resultierenden Massen der einzelnen Teile. Ist die resultierende Masse des Schreibarmes ebenso groß wie die der stationären Masse (in obigem Beispiel 25 g), so sinkt die wirksame Vergrößerung nahezu auf die Hälfte.

**6. Gedämpftes Pendel.** Ein dämpfungsfreies Pendel würde auch bei einem kurzen einmaligen Anstoß mit seiner Eigenschwingung ungehemmt weiterschwingen, und diese Eigenschwingungen würden sich später eintretenden seismischen Störungen überlagern und die Abbildung derselben fälschen. Um dies zu verhindern, ist ein Bewegungshindernis einzuführen, das die freie Eigenschwingung des Pendels ertötet. Zwei Arten solcher Bewegungshindernisse sind zu unterscheiden:

a) Reibung fester Körper aufeinander. Sie ist nicht abhängig von der Geschwindigkeit, sie ist auch bei seismischer Ruhe vorhanden. Sie ist schädlich, weil sie schwache Störungen ganz unterdrückt und starke nicht genügend schwächt.

b) Dämpfung, hervorgerufen durch die Zähigkeit der Gase und Flüssigkeiten. Sie ist sehr stark abhängig von der Geschwindigkeit und bei

Ruhe gleich Null. Sie ist geeignet, die durch den seismischen Stoß erregten freien Pendeleigenschwingungen zu unterdrücken.

Bei Einführung einer solchen Dämpfungskraft, deren Indikatorresultante gleich $-\varphi \frac{d a}{d t}$, lautet die Gleichung des gedämpften Pendels für seismische Ruhe:

$$\frac{d^2 a}{d t^2} = -\frac{g}{L} a - \frac{\varphi}{m} \frac{d a}{d t}; \tag{1}$$

setzt man $\frac{\varphi}{2m} = \frac{1}{\tau}$, so ist die Lösung:

$$a = A e^{-\frac{t}{\tau}} \sin \frac{2\pi}{T} (t + \delta),$$

worin

$$T = \frac{2\pi}{\sqrt{\frac{g}{L} - \frac{1}{\tau^2}}}. \tag{2}$$

Der Zusammenhang zwischen der Eigenperiode $T_0$ des ungedämpften Pendels und $T$ des gedämpften Pendels ergibt sich dann aus (2) und Ziff. 4, Gleichung (2) zu

$$T = T_0 \frac{1}{\sqrt{1 - \left(\frac{T_0}{2\pi\tau}\right)^2}}; \qquad T_0 = T \frac{1}{\sqrt{1 + \left(\frac{T}{2\pi\tau}\right)^2}}. \tag{3}$$

Das Dämpfungsverhältnis $\varepsilon$ ist gleich dem Verhältnis zweier größter Abweichungen nach verschiedenen Seiten von der Ruhelage, die unmittelbar aufeinander folgen, also um $2\,T/4$ auseinanderliegen:

$$\varepsilon = \frac{a_{1\,\max}}{a_{2\,\max}} = \frac{A e^{-\frac{T}{4\tau}}}{A e^{-\frac{3T}{4\tau}}} = e^{\frac{T}{2\tau}},$$

$$\frac{T}{2\pi\tau} = 0{,}733 \log_{(10)} \varepsilon. \tag{4}$$

$\tau$ ist die Zeit, in der die Amplitude der freien Eigenschwingung nur infolge der Dämpfung auf $1/e$ sinkt. $\tau$ wird R e l a x a t i o n s z e i t genannt.

Für $\varepsilon = \frac{5}{1}$ ist $\tau = \frac{T}{3{,}218}$; in der Zeit $t = T$ sinkt also die Amplitude der durch den seismischen Anstoß erregten Eigenschwingung des gedämpften Pendels auf

$$e^{-\frac{T}{\tau}} = e^{-3{,}218} = \frac{1}{25} = \frac{1}{\varepsilon^2}.$$

Schwebungen und Resonanz zwischen Eigenperiode und Periode der Bodenbewegung werden durch die Dämpfung verhindert.

Die Änderung der Eigenperiode durch die Dämpfung ergibt sich aus (3) und (4):

| $\varepsilon = 1$ | 2 | 3 | 4 | 5 | 6 | 8 | 15 | 20 | $\infty$ |
|---|---|---|---|---|---|---|---|---|---|
| $\frac{T_0}{T} = 1$ | 0,90 | 0,86 | 0,83 | 0,81 | 0,80 | 0,78 | 0,73 | 0,72 | 0 |

Man kann die Gleichung (4) auch schreiben

$$\frac{\varphi}{4\pi} \frac{T}{m} = 0{,}733 \lg \varepsilon;$$

d. h.: Wird $T$ geändert, so muß $\varphi$ entsprechend geändert werden, wenn das Dämpfungsverhältnis $\varepsilon$ erhalten bleiben soll. Bleibt $\varphi$ ungeändert und wird $T$ auf $T/2$ (oder $T/3$) vermindert, so sinkt der Wert des Dämpfungsverhältnisses von $\varepsilon$ auf $\sqrt{\varepsilon}$ (oder $\sqrt[3]{\varepsilon}$).

Für $\tau = \frac{T_0}{2\pi}$ wird $T$ und $\varepsilon$ unendlich groß, d. h. das Pendel erreicht die Ruhelage asymptotisch erst nach unendlich langer Zeit, es ist aperiodisch gedämpft.

Die Verbindungslinien der Umkehrpunkte einer gedämpften Schwingung (Scheitellinie) sind Exponentialkurven der Gleichung

$$a = \pm a_0 e^{-\frac{t-t_0}{\tau}}.$$

Die Mittellinie wird von den Scheitellinien asymptotisch erreicht (Abb. 2a).

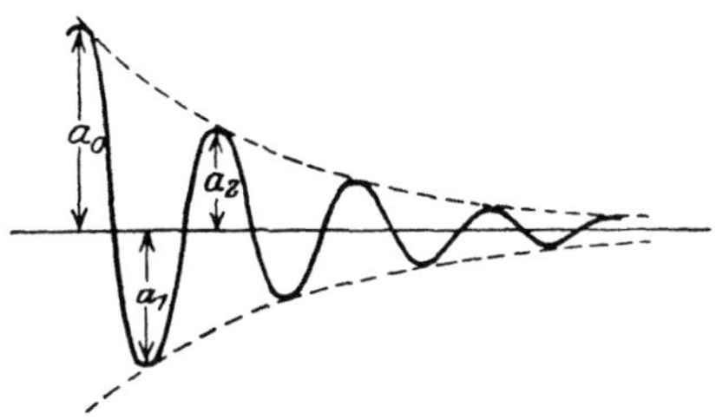

Abb. 2. Gedämpfte Schwingung.

**7. Die Indikatorgleichung für ein gedämpftes Pendel.** Beim Auftreten des Dämpfungsgliedes erhält die Indikatorgleichung (1) von Ziff. 4 für Horizontalverschiebungen $\sigma$ die Form

$$\frac{d^2 a}{d t^2} = -\left(\frac{2\pi}{T_0}\right)^2 a - \frac{2}{\tau}\frac{d a}{d t} - V\frac{d^2\sigma}{d t^2}. \tag{1}$$

Kann man die Periode des Pendels so wählen, daß sie groß ist gegenüber der Periode der Bodenbewegung, und ist gleichzeitig zulässig, auch $\tau$ groß, d. h. die Dämpfung schwach zu wählen, dann wird

$$\frac{d^2\sigma}{d t^2} = -\frac{1}{V}\frac{d^2 a}{d t^2}; \qquad \sigma = -\frac{1}{V}a. \tag{2}$$

Im allgemeinen ist diese Beschränkung nicht erlaubt.

Die allgemeine Integration der Indikatorgleichung ist durchführbar für Sinusschwingungen, ein Fall, der bei der Erdbebenwelle große Bedeutung besitzt.

Die Periode der Bodenbewegung sei $\mathfrak{T}$; es gelte:

$$\sigma = S_\sigma \sin 2\pi\frac{t}{\mathfrak{T}} + C_\sigma \cos 2\pi\frac{t}{\mathfrak{T}} \tag{3a}$$

oder

$$\sigma = \sqrt{S_\sigma^2 + C_\sigma^2}\sin 2\pi\frac{t+\delta_\sigma}{\mathfrak{T}}; \qquad \operatorname{tg} 2\pi\frac{\delta_\sigma}{\mathfrak{T}} = \frac{C_\sigma}{S_\sigma}. \tag{3b}$$

Da über den Anfang der Zeitzählung verfügt werden kann, so läßt sich die Phasenkonstante der Schwingung des Indikators gleich Null setzen. Es ist dann

$$a = S_a \sin 2\pi\frac{t}{\mathfrak{T}}. \tag{4}$$

Wir führen diese Werte und ihre Differentialquotienten in die Indikatorgleichung (1) ein. Die Rechnung führt dann zu

$$S_\sigma = \frac{S_a}{V}\left[\left(\frac{\mathfrak{T}}{T_0}\right)^2 - 1\right]; \quad C_\sigma = 2\frac{S_a}{V}\left(\frac{T_0}{2\pi\tau}\right)\left(\frac{\mathfrak{T}}{T_0}\right); \quad \operatorname{ctg} 2\pi\frac{\delta_\sigma}{\mathfrak{T}} = \frac{1}{2}\cdot\frac{2\pi\tau}{T_0}\left(\frac{\mathfrak{T}}{T_0} - \frac{T_0}{\mathfrak{T}}\right). \tag{5}$$

Die wirkliche Vergrößerung

$$\mathfrak{V} = \frac{a}{\sigma} = \frac{S_a}{\sqrt{S_\sigma^2 + C_\sigma^2}}$$

ist dann:

$$\mathfrak{V} = \frac{V}{\sqrt{\left[\left(\frac{\mathfrak{T}}{T_0}\right)^2 - 1\right]^2 + 4\left(\frac{T_0}{2\pi\tau}\right)^2\left(\frac{\mathfrak{T}}{T_0}\right)^2}}. \tag{6}$$

Die Grenzwerte von $\mathfrak{V}$ sind für Perioden der Bodenbewegung $\mathfrak{T}$, die sehr klein gegenüber $T_0$ sind:

$$\mathfrak{V} = V,$$

und für sehr große $\mathfrak{T}$ gegenüber $T_0$:

$$\mathfrak{V} = V\left(\frac{T_0}{\mathfrak{T}}\right)^2.$$

Für große und kleine Perioden der Bodenbewegung verschwindet der Einfluß der Dämpfung.

Für den Grenzfall aperiodischer Dämpfung gilt

$$\tau = \frac{T_0}{2\pi}, \quad \text{also} \quad \mathfrak{V} = \frac{V}{1 + \left(\frac{\mathfrak{T}}{T_0}\right)^2}.$$

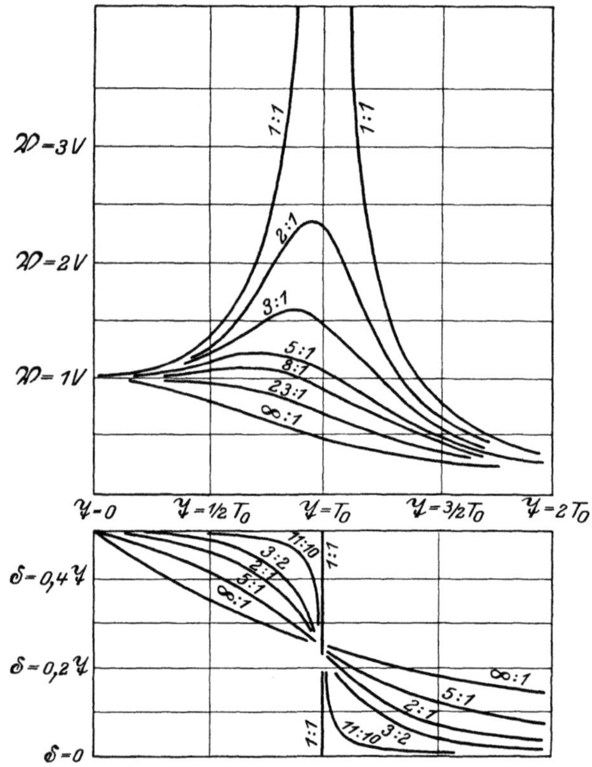


Abb. 3a u. 3b. Die scheinbare Indikatorvergrößerung $\mathfrak{V}$ der Bodenverrückung und die Phasenverzögerung $\delta$ als Funktion der Periode $\mathfrak{T}$ der Verrückung für verschiedene Dämpfungsverhältnisse. $T_0$ Eigenperiode des Seismographen (nach WIECHERT).

Abb. 3a gibt einen Einblick in die Wirkung der Dämpfung auf die Indikatorvergrößerung. Die Kurven geben die wahre Indikatorvergrößerung $\mathfrak{V}$ für die verschiedenen Perioden $\mathfrak{T}$ der Bodenbewegung. $\mathfrak{T}$ wird dabei gemessen in Vielfachen der Eigenperiode des Pendels $T_0$; $\mathfrak{V}$ in Vielfachen von $V$. Jede Kurve gilt für ein bestimmtes Dämpfungsverhältnis. Bei geringer Dämpfung werden Werte von $\mathfrak{T}$, die $T_0$ nahekommen, stark bevorzugt. Es besteht noch ein Resonanzeinfluß. Bei starker Dämpfung wird für alle Perioden, außer den sehr kleinen, die Vergrößerung $V$ stark vermindert. Die Dämpfungen 5 bis 8 zeichnet die Periode von $\mathfrak{T} = 0$ bis ungefähr $\mathfrak{T} = \frac{3}{2}\, T_0$ einigermaßen in gleicher Vergrößerung. Abb. 3b gibt die Phasenverzögerung $\delta$. Die Bewegungen $\sigma$ der Erdoberfläche gehen der Bewegung $a$ des Indikators um die Zeit $\delta$ voraus. $\delta$ ist in der Figur als Funktion von $\mathfrak{T}/T_0$ dargestellt. $\delta$ ist dabei in Bruchteilen von $\mathfrak{T}$ gemessen.

**8. Die Dämpfung.** Drei Arten von Dämpfungen werden bei Seismographen verwendet: Luft-, Flüssigkeits- und magnetische Dämpfung. Die geforderte Bedingung, daß die Dämpfung der Geschwindigkeit der Bewegung proportional ist, ist bei der magnetischen Dämpfung am besten erfüllt. Der Dämpfungskörper ist an einem beweglichen Teil des Seismographen befestigt und macht die relativen Bewegungen der trägen Masse einfach oder auch schon durch ein Hebelsystem vergrößert mit. Bei der magnetischen Dämpfung schwingt eine Kupferplatte zwischen den Polen zweier Dauermagnete oder Elektromagnete. Die bei der Bewegung der Kupferplatte in ihr erregten FOUCAULTschen Ströme wirken hemmend auf ihre Bewegung. Die Stromstärke ist dabei proportional der Geschwindigkeit und damit auch die dämpfende Kraft, so wie die Theorie es fordert.

Bei der Luftdämpfung wird ein zylindrischer Dämpferkolben in einer möglichst geschlossenen zylindrischen Kammer bewegt. Der Luftzwischenraum zwischen Kolben und Kammerwänden ist möglichst eng, wenige zehntel Millimeter. Es entstehen durch die Bewegung Luftströmungen in diesem Zwischenraum, Luftreibung, aber auch Druck- und Saugwirkungen. Letztere sind vielleicht dem Quadrat der Geschwindigkeit proportional, was die theoretische Behandlung der Dämpfung erschwert[1]). Dieselben Fehler besitzt in höherem Maße die Flüssigkeitsdämpfung. Um eine möglichst reine Flüssigkeitsreibung zu erhalten, muß die Dämpferplatte sich parallel zu sich selbst in der Flüssigkeit bewegen, also nicht in Richtung ihrer Dicke. Ein weiterer Fehler der Flüssigkeitsdämpfung ist ihre große Temperaturempfindlichkeit.

**9. Die Reibung.** Beim Bau der Seismographen empfiehlt es sich, die Reibungskräfte möglichst klein zu halten. Die Reibung ist den Aufzeichnungen schädlich, sie vermindert große und unterdrückt kleine Ausschläge. Man kann unterscheiden zwischen der Reibung im Gehänge (in den Drehpunkten) und an der Schreibfeder. Letztere muß besonders klein bleiben, weil sie am äußersten Hebelarm wirkt.

Bezeichnet man die Indikatorresultante aller wirkenden Reibungskräfte mit $R$, so lautet die Indikatorgleichung

$$\frac{d^2 a}{d t^2} = -\left(\frac{2\pi}{T_0}\right)^2 a - \frac{2}{\tau}\frac{d a}{d t} - \frac{R}{m} - \frac{J}{L}\frac{d^2\sigma}{d t^2}. \tag{1}$$

Ohne seismische Störung $\frac{d^2\sigma}{dt^2}$ und ohne Eigenbewegung $\frac{da}{dt} = 0 = \frac{d^2 a}{dt^2}$ lautet die Indikatorgleichung

$$\left(\frac{2\pi}{T_0}\right)^2 a = -\frac{R}{m}. \tag{2}$$

Es herrscht also Gleichgewicht für einen Ausschlag $a$, der durch die obige Gleichung bestimmt ist. Liegt der Ausschlag $a$ zwischen $\pm r$, wo $r$ den maximalen Reibungsausschlag bedeutet, so vermag die Reibung jeden Ausschlag $a$ dauernd aufrechtzuerhalten. Für $a = r$ ist Reibungskraft und rücktreibende Kraft einander gleich.

Da angenähert $m = \frac{M}{V^2}$, so ist

$$r = -\frac{R}{m}\frac{T_0^2}{4\pi^2} = -V^2\frac{R}{M}\frac{T_0^2}{4\pi^2}. \tag{3}$$

Ändert man $T_0$ in $T_0'$ z. B. durch Änderung der Direktionskraft, so wird der zugehörige maximale Reibungsausschlag

$$r' = r\frac{T_0'^2}{T_0^2}. \tag{4}$$

Die Gleichung erlaubt auch, die Masse $M$ zu berechnen, die nötig ist, damit bei vorgegebenen $R$, $T_0$ und $V$ der maximale Reibungsausschlag $\leqq r$ bleibt:

$$M = V^2\frac{R}{r}\frac{T_0^2}{4\pi^2}. \tag{5}$$

---

[1]) Vgl. Bd. V, Kap. 7, Ziff. 12 ds. Handb.

Soll z. B. $r$ die Größe der Ablesegenauigkeit, bei Rußschreibern 0,2 mm, besitzen und $R$ den Wert 1 Dyn (gleich 1 mg Druck), so gibt die folgende Tabelle für verschiedene Werte von $T_0$ und $V$ die dazu nötigen Massen $M$ in kg.

| $T_0$ \ $V$ | 10 | 100 | 1000 |
|---|---|---|---|
| 1 | 0,12 | 12,5 | 1250 |
| 2 | 0,5 | 50 | 5000 |
| 5 | 3,1 | 310 | 31000 |
| 10 | 12,5 | 1250 | 125000 |
| 15 | 28 | 2800 | 280000 |
| 20 | 50 | 5000 | 500000 |

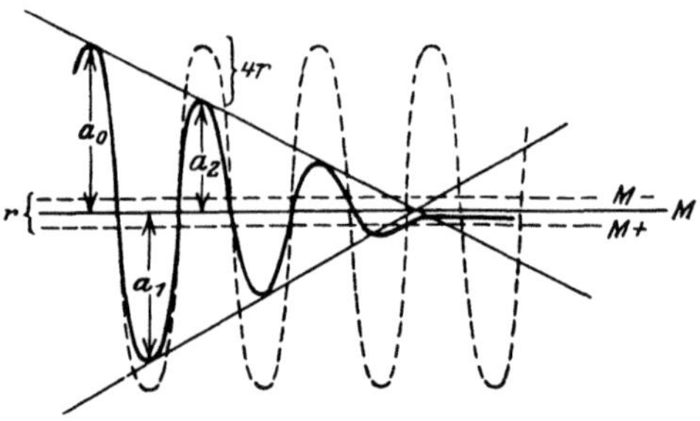

Abb. 4. Schwingung mit Reibung.

Die Tabelle läßt erkennen, wie schnell die zur Überwindung der Reibung notwendigen Massen anwachsen, wenn $T_0$ und $V$ anwächst.

Die Reibung im Gehänge bewirkt, daß bei ungedämpften Schwingungen die Bewegung so erfolgt, als ob die Ruhelage um den maximalen Reibungsausschlag verschoben wäre, und zwar stets entgegen der Bewegungsrichtung (Abb. 4). In der Abbildung sind die ungedämpften Schwingungen ohne Reibung und die verschobenen Mittellagen $M_+$ und $M_-$ punktiert eingezeichnet; die wirkliche Mittellage und die durch Reibung abnehmende Schwingung sind ausgezogen. Die endgültige Ruhelage stimmt nicht mit der Mittellage überein, sondern ist dagegen verschoben um ein Stück $\lesseqgtr r$, den maximalen Reibungsausschlag. Sind $a_0, a_1, a_2, \ldots$ aufeinanderfolgende Ausschläge, so sind ihre Beträge

$$a_1 = a_0 - 2r; \qquad a_2 = a_1 - 2r = a_0 - 4r,$$

also ist

$$r = \frac{1}{2n}(a_0 - a_n). \tag{6}$$

Die Verbindungslinien der Umkehrpunkte (Scheitellinie) liegen symmetrisch zur Mittellinie und sind Geraden.

Bei der Reibung am Schreibstift ist der Einfluß der Registriergeschwindigkeit zu berücksichtigen. Ist diese klein gegen die Geschwindigkeit der Indikatorbewegung, so wirkt die Reibung am Schreibstift ebenso wie die Reibung im Gehänge. Ist die Registriergeschwindigkeit dagegen groß gegenüber der Indikatorbewegung, so besitzt die Reibung am Schreibstift eine dämpfende Wirkung.

**10. Die Auswertung der Diagramme.** Die Indikatorgleichung für horizontale Verrückungen ist

$$\frac{d^2\sigma}{dt^2} = -\frac{1}{V}\left[\frac{d^2a}{dt^2} + \left(\frac{2\pi}{T_0}\right)^2 (a \pm r + r'\cos(\chi - \psi)) + \frac{2}{\tau}\frac{da}{dt}\right]. \tag{1}$$

Hierin bedeutet $\chi$ den Winkel zwischen Indikatorbewegung und Mittellinie bei ruhender Schreibfläche, $\psi$ dasselbe bei bewegter Schreibfläche, $r'$ die Reibung am Schreibstift $r$ dieselbe im Gehänge. Gesucht ist $\sigma$. Um die sehr komplizierte Formel zu vereinfachen, ist es nötig, die unbequemen Reibungsglieder so herabzudrücken, daß sie vernachlässigt werden können. Dann ist

$$\frac{d^2\sigma}{dt^2} = -\frac{1}{V}\left[\frac{d^2a}{dt^2} + \left(\frac{2\pi}{T_0}\right)^2 a + \frac{2}{\tau}\frac{da}{dt}\right]. \tag{2}$$

Ist $T_0$ so groß und die Dämpfung so klein (oder $\tau$ so groß), daß die Glieder mit $T_0$ und $\tau$ gegen die übrigen vernachlässigt werden können, so ist

$$\sigma = -\frac{1}{V}a,$$

d. i. der Fall kurzer Perioden der Bodenbewegung.

Für periodische Störungen ergibt sich die wahre Vergrößerung $\mathfrak{V}$ und die Phasenkonstante $\delta_\sigma$

$$\mathfrak{V} = \frac{V}{\sqrt{\left[1 - \left(\frac{\mathfrak{T}}{T_0}\right)^2\right]^2 + 4\left(\frac{T_0}{2\pi\tau}\right)^2\left(\frac{\mathfrak{T}}{T_0}\right)^2}}, \tag{3}$$

$$\operatorname{ctg} 2\pi \frac{\delta_\sigma}{\mathfrak{T}} = \frac{1}{2}\,\frac{2\pi\tau}{T_0}\left(\frac{\mathfrak{T}}{T_0} - \frac{T_0}{\mathfrak{T}}\right). \tag{4}$$

Die Periode der Bodenbewegung ist aus dem Seismogramm zu entnehmen. Kurze Schwebungen erwecken, wenn die Perioden der Schwingungen sehr nahe bei der Eigenperiode liegen, den Verdacht, daß es Schwebungen zwischen $\mathfrak{T}$ und $T_0$ sind. Bei großer Dämpfung können es jedoch nur sehr wenig Schwingungen sein.

Bei unperiodischen Störungen, wie sie besonders die Störungsanfänge zeigen (Stöße), hat man verschieden vorzugehen, je nachdem man $d^2\sigma/dt^2$ (Beschleunigung, Kraft, scheinbare Neigung) oder $\sigma$ (Verrückung) sucht.

Um $(d^2\sigma/dt^2)$ zu bestimmen, entnimmt man der Kurve für den betreffenden Zeitmoment den Ausschlag $a$. Den Wert von $da/dt$ erhält man, indem man die Tangente an die Kurve zieht. Diese wird zweckmäßig vorher vergrößert, und da in der Indikatorkurve $a$ auf Kreisbögen liegt, $a$ so eingezeichnet, daß es senkrecht über $t$ liegt. Hat man für eine Reihe aufeinanderfolgender Zeitabschnitte (von Sekunde zu Sekunde) $da/dt$ dargestellt, so zeichnet man die Differentialkurve $da/dt$ und legt an sie in dem betreffenden Zeitpunkt die Tangente; hieraus ergibt sich $d^2a/dt^2$.

Ist $\sigma$ gesucht, so muß man die Indikatorgleichung erst zweimal integrieren. Ohne Reibungsglieder erhält man:

$$\left.\begin{aligned} \sigma = \sigma_0 + \frac{1}{V}\left\{a_0 + (t - t_0)\left[V\left(\frac{d\sigma}{dt}\right)_0 + \left(\frac{da}{dt}\right)_0 + \frac{2}{\tau}\,a_0\right]\right\} \\ - \frac{1}{V}\left[a + \left(\frac{2\pi}{T_0}\right)^2 \int_{t_0}^{t} dt \int_{t_0}^{t} a\,dt + \frac{2}{\tau}\int_{t_0}^{t} a\,dt\right]. \end{aligned}\right\} \tag{5}$$

Die Glieder der ersten Zeile sind konstant oder mit der Zeit proportional. Für den plötzlichen Anfang einer Störung sind sie Null. Sie können zunächst vernachlässigt werden. Die zweite Reihe hat drei Glieder Die Größe $a$ wird direkt abgelesen, die Größe

$$\frac{2}{\tau}\int_{t_0}^{t} a\,dt$$

verlangt einmalige, die Größe

$$\left(\frac{2\pi}{T_0}\right)^2 \int_{t_0}^{t} dt \int_{t_0}^{t} a\,dt$$

doppelte Integration. Diese können rechnerisch, zeichnerisch oder mechanisch ausgeführt werden.

Das Integral $\int_{t_0}^{t} a\,dt$ ist der Flächeninhalt des von der Indikatorkurve, der Zeitachse und der Ordinate in $t$ begrenzten Flächenstückes Kennt man für eine Reihe von Werten $t_1, t_2, t_3$ usw. den Wert des zugehörigen Integrals, so kann man zur $a$-Kurve die Integralkurve zeichnen. Die Integrale $\int_{t}^{t_i} a\,dt$ liefern dazu die Ordinaten. Diese Integralkurve läßt sich wieder integrieren, und diese Integrale entsprechen dem Doppelintegral

$$\int_{t_0}^{t} dt \int_{t_0}^{t} a\,dt\,.$$

Das Reibungsglied $\pm r + r' \cos(\chi - \psi)$ würde die Endformel nur insofern ändern, daß im Doppelintegral statt $a$ zu setzen ist $a \pm r + r' \cos(\chi - \psi)$; denn dies Doppelintegral entstand aus dem Glied $(2\pi/T)^2 a$ der reibungsfreien Indikatorgleichung Die Größen $r$ und $r'$ sind Instrumentkonstanten Wenn, was meist möglich, die Indikatorkurve zur Zeitachse senkrecht angenommen werden kann, wird

$$\chi = \frac{\pi}{2} \qquad \text{und} \qquad \cos(\chi - \psi) = \sin\psi\,.$$

Den Wert $\psi$ erhält man für den betreffenden Kurvenpunkt, wenn dort die Tangente an die Indikatorbahn gelegt wird. Diese schneidet die Mittellinie unter $\psi$. Damit sind alle Bestimmungsstücke für das Doppelintegral bekannt

**11. Die Konstruktion der Seismographen.** Aus der Theorie ergibt sich, daß für die Konstruktion eines Seismographen folgende Gesichtspunkte maßgebend sind.

a) Um das Seismogramm lesbar zu machen, müssen die Eigenschwingungen des Seismographen ertötet werden. Dazu dient die Dämpfung. Geeignet sind magnetische und Luftdämpfungen, da bei ihnen die Forderung der Theorie, daß die dämpfende Kraft proportional der Geschwindigkeit ist, angenähert erfüllt sind. Kräftiger wirkt Flüssigkeitsdämpfung, doch ist sie weniger den Forderungen der Theorie angepaßt und von der Temperatur in hohem Maße abhängig. Als Dämpfungsverhältnis ist 5/1 zu wählen, weil bei ihm Perioden von 0 bis 3/2 $T_0$ nahezu gleich stark vergrößert werden.

b) Die Reibung soll möglichst unterdrückt werden. Präzise mechanische Arbeit der Drehgelenke ist dazu erforderlich. Stahlspitzen in Achatlagern oder Kreuzfedergehänge, die bei Drehungen elastische Durchbiegungen erfahren, sind geeignet. Bei mechanischer Registrierung ist für eine geeignete Schreibvorrichtung zu sorgen. Rußschreiber geben die geringste Reibung. Die übrigbleibende Reibung ist durch eine entsprechend große, träge Pendelmasse zu überwinden.

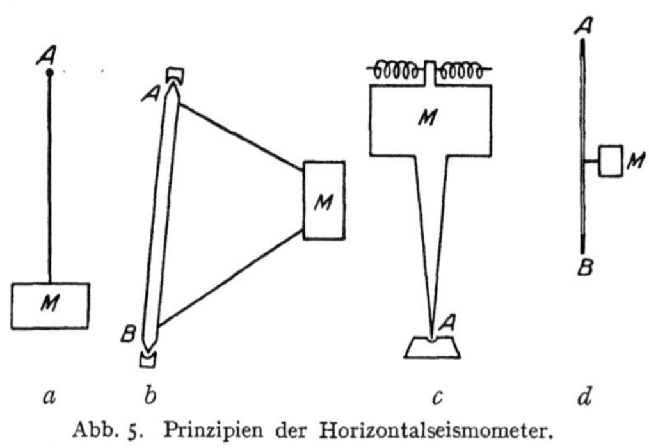

Abb. 5. Prinzipien der Horizontalseismometer. *a* Vertikalpendel. *b* Horizontalpendel. *c* Umgekehrtes Pendel. *d* Torsionspendel.

c) Die in der Indikatorspitze resultierende träge Masse ist $m = \int \left(\frac{\xi'}{a}\right)^2 d\mu$. Das Hebelsystem ist darum um so leichter zu bauen, je näher es der Indikatorspitze liegt, besonders der Schreibarm und die Schreibfeder bei mechanischer Registrierung, damit ihr Beitrag zu $m$ klein bleibt im Verhältnis zur resultierenden Pendelmasse.

d) Die Eigenperiode des Seismographen soll größer oder höchstens gleich sein der Periode der Bodenbewegung, die aufgezeichnet werden soll. Für Perioden der Bodenbewegung, die vielmals größer sind als die Eigenperiode des Pendels, sinkt die wahre Vergrößerung $\mathfrak{B}$ sehr stark: $\mathfrak{B} = V\left(\frac{T_0}{\mathfrak{T}}\right)^2$.

**12. Horizontalseismographen.** Zur Konstruktion von Horizontalseismographen werden vier verschiedene Prinzipien verwendet (s. Abb. 5).

a) Das vertikalhängende Pendel. Je länger das Pendel, um so empfindlicher ist es, um so geringer braucht die Kraft zu sein, die einen bestimmten Ausschlag erzeugt. Die Empfindlichkeit des Pendels ist somit seiner Länge oder dem Quadrat seiner Schwingungsdauer proportional. Für hohe Schwingungsperioden von 10 bis 20 sec, wie sie die Aufzeichnung der langperiodischen Erdbebenwellen erfordern, wird die Pendellänge unpraktisch groß, für $T = 10\,s$ wird $L = 25$ m Für kurze Eigenperioden sind nach diesem Prinzip Seismographen von E. WIECHERT und von DE QUERVEIN-PICCARD[1]) gebaut.

b) Das Horizontalpendel. Mit einer nahezu

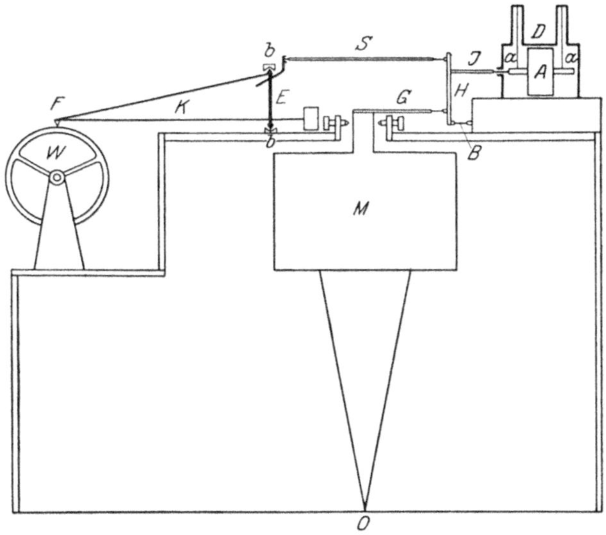


Abb. 6. WIECHERTS Horizontalseismograph.

*M* stationäre Masse (1000 kg) drehbar um *O* in der Ebene der Zeichnung. Die Bewegung von *M* überträgt sich durch die Stoßstange *G* auf den Hebel *H*, der um *B* (Blattfeder) drehbar ist. Der Hebel *H* überträgt die Bewegung vergrößert 1) durch die Stoßstange *J* auf den Dämpfungskörper *A*, der an den Fäden *aa* hängt; und 2) durch die Stoßstange *S* auf die in den Lagen *bb* drehbare Achse *E*. Die Drehung der Achse *E* führt den Schreibarm *K* mit der Feder *F* über die Walze *W*, die durch ein Uhrwerk gedreht wird.

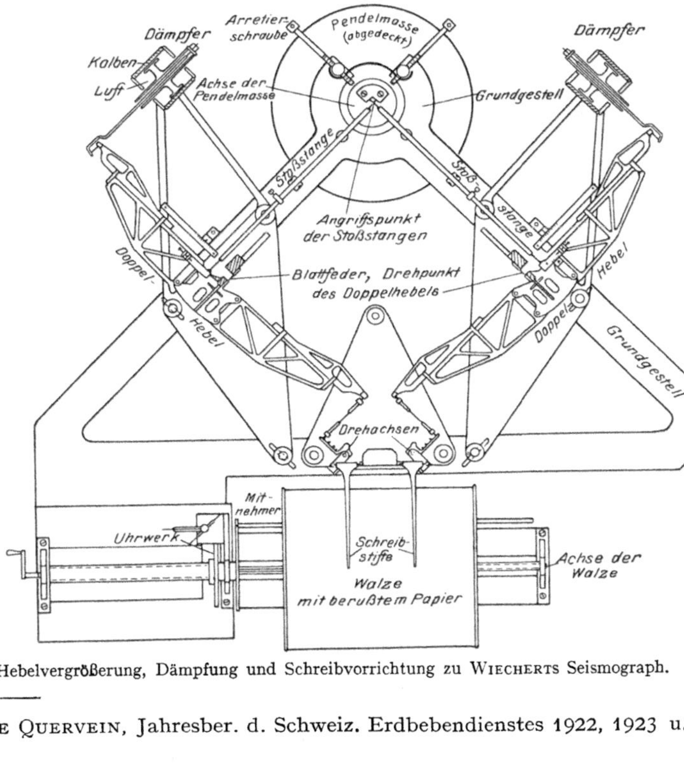


Abb. 7. Hebelvergrößerung, Dämpfung und Schreibvorrichtung zu WIECHERTS Seismograph. (Kleines Modell.)

[1]) DE QUERVEIN, Jahresber. d. Schweiz. Erdbebendienstes 1922, 1923 u. 1924.

senkrecht stehenden Drehachse $AB$ ist die Pendelmasse $M$ starr verbunden. Je steiler die Drehachse steht, um so geringer wird die Kraft, die die Pendelmasse in die Ruhelage zurücktreibt, um so länger die Schwingungsperiode, um so empfindlicher das Pendel. Perioden von über 100 sec sind mit diesem Instrument zu erreichen. Das Pendel schwingt dann nahezu horizontal.

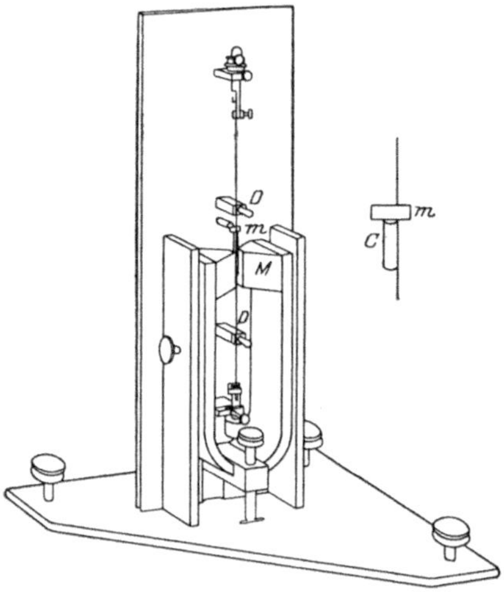


Abb. 8. Torsionsseismometer.
$C$ Masse aus Kupfer am Torsionsdraht, schwingt zwischen den Polen des Dämpfungsmagneten $M$. Der Torsionsdraht ist zur Vermeidung von Saitenschwingungen bei $DD$ durch einen Öltropfen geführt. $m$ Spiegel.

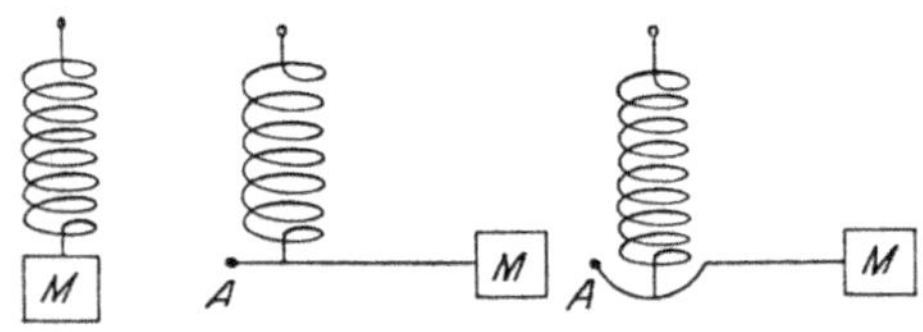


Abb. 9. Prinzip der Vertikalseismometer.

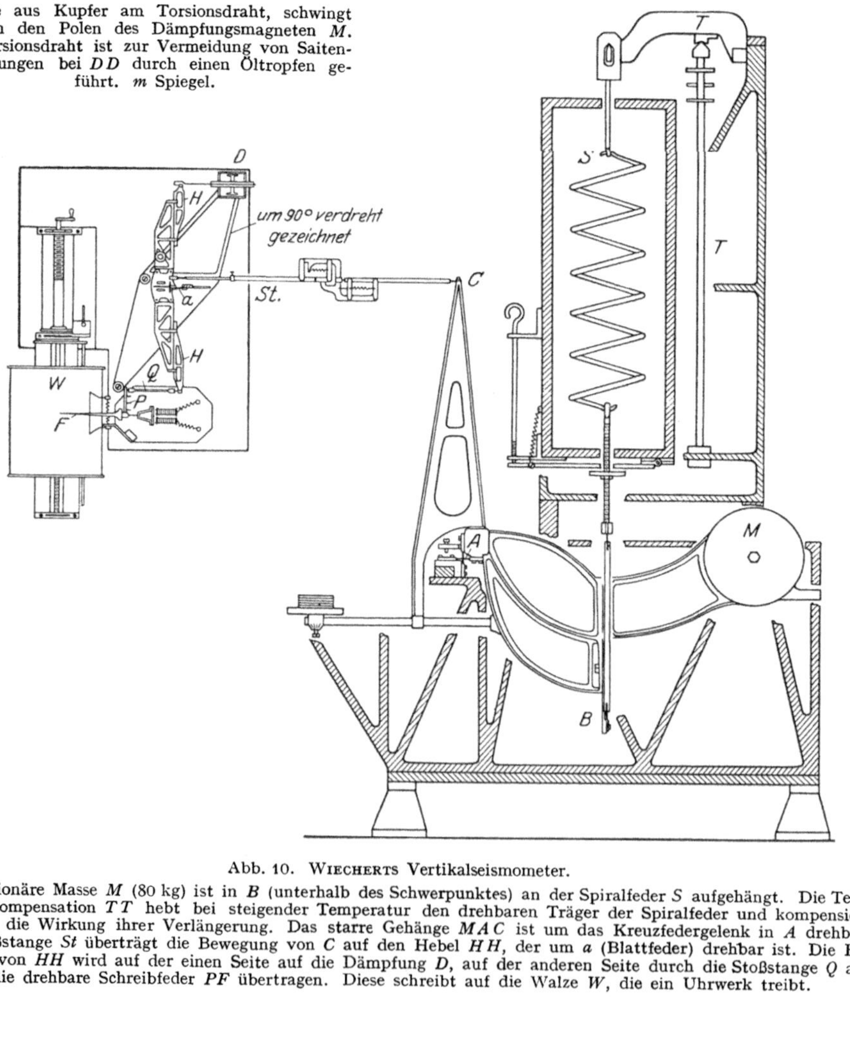


Abb. 10. WIECHERTS Vertikalseismometer.
Die stationäre Masse $M$ (80 kg) ist in $B$ (unterhalb des Schwerpunktes) an der Spiralfeder $S$ aufgehängt. Die Temperaturkompensation $TT$ hebt bei steigender Temperatur den drehbaren Träger der Spiralfeder und kompensiert dadurch die Wirkung ihrer Verlängerung. Das starre Gehänge $MAC$ ist um das Kreuzfedergelenk in $A$ drehbar. Die Stoßstange $St$ überträgt die Bewegung von $C$ auf den Hebel $HH$, der um $a$ (Blattfeder) drehbar ist. Die Bewegung von $HH$ wird auf der einen Seite auf die Dämpfung $D$, auf der anderen Seite durch die Stoßstange $Q$ auf die drehbare Schreibfeder $PF$ übertragen. Diese schreibt auf die Walze $W$, die ein Uhrwerk treibt.

Nach diesem Prinzip sind Seismographen gebaut worden von ZÖLLNER, HECKER, MAINKA, MILNE, OMORI, GALITZIN, WIECHERT.

c) Das umgekehrte Pendel. Die Pendelmasse $M$ liegt oberhalb des Drehpunktes $A$. Das Pendel ist zunächst labil und wird durch seitliche Federn stabilisiert. Je geringer diese Federkraft, um so empfindlicher ist dies Pendel gegen Horizontalbeschleunigung, um so länger seine Schwingungsperiode Abb. 6 und 7 zeigen den Horizontalseismographen nach WIECHERT.

d) Federpendel. Bei a) und b) liefert die Schwerkraft das Direktionsmoment, das die durch die Erschütterung abgelenkte Pendelmasse in die Ruhelage zurückführt. Bei c) wirken Schwerkraft und elastische Kraft gemeinsam, jedoch im entgegengesetzten Sinne. Als Federpendel kann man solche bezeichnen, bei denen nur elastische Federkraft wirkt. Diese kann durch die Torsion eines Fadens oder durch die Durchbiegung von Blattfedern geliefert werden. Abb. 8 zeigt einen Torsionsseismographen nach ANDERSON-WOOD[1]).

**13. Vertikalseismographen.** Bei Vertikalseismographen wird die vertikale Beweglichkeit durch vertikale Spiralfedern oder durch horizontale Blattfedern geliefert. Schwerkraft und elastische Kraft wirken gegeneinander. Die Empfindlichkeit ist durch die Dimensionen der Feder bestimmt und durch die Lage des Angriffspunktes der Feder. Eine Erhöhung der Empfindlichkeit wird erzielt, wenn der Angriffspunkt unter die Ebene durch Achse und Schwerpunkt gerückt wird. Solche Aufhängung wurde von WIECHERT und GALITZIN benutzt (Abb. 9, 10, 11).

**14. Registriervorrichtungen.** Die Bewegung des Schwerpunktes der stationären Masse wird auf verschiedene Art aufgezeichnet.

a) Ein mechanisches Hebelsystem vergrößert die Schwerpunktsbewegung, und eine Feder schreibt diese vergrößerte Bewegung auf einen bewegten berußten Papierstreifen (Abb. 6, 7, 10). Zur Überwindung der verhältnismäßig großen Reibung an der Feder ist eine große stationäre Masse notwendig. Es lassen sich jedoch Kurven von äußerster Feinheit (0,1 bis 0,2 mm) Breite erzielen.

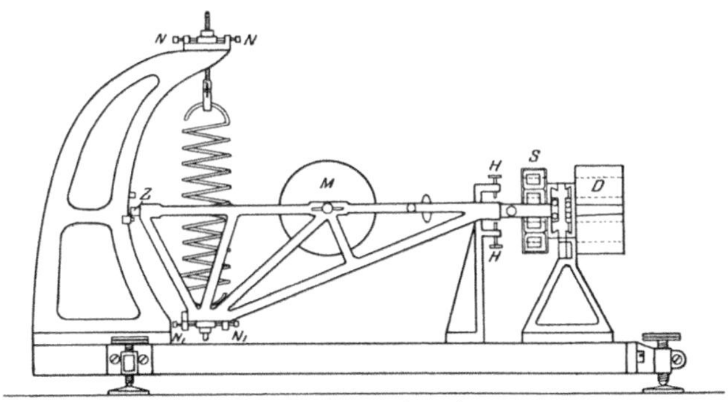


Abb. 11. GALITZINS Vertikalseismometer.
$Z$ Drehpunkt, $M$ stationäre Masse, $S$ Spulen, $D$ Dämpfung; $S$ und $D$ schwingen zwischen Magneten, die in der Zeichnung fehlen.

b) Ein teils mechanisches, teils optisches Hebelsystem schreibt die Schwerpunktsbewegung auf photographisch empfindliches bewegtes Papier.

c) Eine mit der stationären Masse verbundene Drahtspule bewegt sich im Felde von festen permanenten Magneten (Abb. 11). Dadurch werden Induktionsströme in der Spule induziert, die proportional der Winkelgeschwindigkeit der Pendelbewegung sind. Die induzierten Ströme werden von einem aperiodischen Galvanometer optisch registriert. Da eine starke Vergrößerung mit Hilfe empfindlicher Galvanometer leicht erreicht wird, so kann eine mehrfache mechanische Hebelvergrößerung innerhalb des Seismographen vermieden werden. Dies ist wichtig, da eine mehrfache mechanische Vergrößerung eine mehrfache mechanische Koppelung mit dem Boden bedingt, die neue Reibungsglieder und neue

[1]) ANDERSON-WOOD, Bull. Seism. Soc. Amer. Bd. 15. 1925.

Direktionskräfte zur Folge hat. Andererseits lehrt die Erfahrung, daß bei sorgfältig gebauten mechanischen Seismographen die unperiodischen Stöße in den Vorläuferphasen schärfer zum Ausdruck kommen, als in den galvanometrischen Registrierungen, deren Aufzeichnungen dagegen abgerundet erscheinen.

**15. Die Empfindlichkeit der Seismographen.** Sieht man von der Neigungsempfindlichkeit der Horizontalseismographen ab, die der Vertikalseismograph nicht besitzt, so besteht für die Wirkungsweise von Horizontal- und Vertikalseismographen vollkommene Analogie. Sie verhalten sich gegen Horizontal- bzw. Vertikalbeschleunigungen wie ein einfaches mathematisches Pendel von der gleichen Schwingungsperiode $T$, das einen Zeigerarm von der Länge $J$ besitzt (Abb. 1b). $L$ und $J$ eines Seismographen werden darum „äquivalente Pendel- und Indikatorlänge" genannt.

Für die Empfindlichkeit eines Seismographen sind somit zwei Größen maßgebend: 1. Die Empfindlichkeit der Aufhängung, die durch seine Schwingungsperiode $T$ oder seine äquivalente Pendellänge $L = g(T/2\pi)^2$ bestimmt wird; 2. die Vergrößerung $V$, mit der die Bewegung der stationären Masse aufgezeichnet wird; für Schwingungen, die kurz gegen $T$ sind, ist $V = \frac{J}{L}$. Für dagegen sehr langsame Schwingungen ist $J$ ein Maß der Empfindlichkeit $J = VL \sim VT^2$. $J$ ist die äquivalente Indikatorlänge.

Für die dazwischenliegenden Schwingungen wird bei ungedämpften Pendeln die Resonanz wirksam. Bei gedämpften ist der Einfluß der Dämpfung zu berücksichtigen. Allgemein muß die Einwirkung der Reibung kontrolliert werden. Es ist ratsam, sie so niedrig zu halten, daß ihr Einfluß zu vernachlässigen ist.

**16. Die Konstantenbestimmung.** Als Konstanten des Seismographen sind zu bestimmen:

1. Die reduzierte Eigenperiode $T_0$ bei ausgeschalteter Dämpfung; aus ihr folgt die äquivalente Pendellänge $L$.

2. Die Indikatorvergrößerung $V$ durch Vergleich der Schwerpunktsbewegung mit dem gleichzeitigen Ausschlag der Nadel; dies läßt sich statisch ausführen. Aus $L$ und $V$ folgt $J$.

Dies ist insbesondere dann erlaubt, wenn Schwerpunkt und Schwingungspunkt zusammenfällt, und gilt noch angenähert, wenn die resultierenden Massen der Hebelvergrößerung und des Schreibarmes gegen die der stationären Masse vernachlässigt werden können.

Auch kann statt dessen bei Horizontalseismographen die Neigungsempfindlichkeit $E$ in Bogensekunden gleich $J/206000$ bestimmt werden. Man muß dazu der horizontalen Unterlage des Seismographen eine meßbare Neigung erteilen. Aus $J$ und $L$ folgt $V$.

3. Die Indikatorlänge $J$ läßt sich bestimmen mit Hilfe einer Zusatzkraft, die dem Seismographen einen Ausschlag $a$ erteilt. Beim Vertikalseismographen ist die Zusatzkraft zweckmäßig ein Gewicht $\Delta M$, das der stationären Masse $M$ zugefügt wird. Es ist dann $J = a\frac{M}{\Delta M}$. Beim Horizontalseismographen wird man einen an der stationären Masse angreifenden seitlichen Zug anwenden, z. B. dargestellt durch ein Gewicht $\Delta M$, an einem Faden über eine Rolle geführt. Der Horizontalseismograph erhält dadurch eine Neigung $i$. Für ein Schwerkraftspendel (Abb. 5a u. b) ist dann $i = \frac{\Delta M}{M}$ und $J = \frac{a}{i}$.

4. Die resultierenden Massen $m_1$, $m_2$ ... der einzelnen Teile des Gehänges ergeben sich durch Rechnung aus $m = \int\left(\frac{\xi'}{a}\right)^2 d\mu$. Soll $m$ eines Teiles bestimmt werden, so läßt man diesen Teil um eine horizontale Achse unter Einwirkung

der Schwerkraft oder um eine vertikale Achse unter Einwirkung einer Federkraft schwingen und fügt ein bekanntes Trägheitsmoment hinzu. Um die resultierende Masse $m$ des ganzen Gehänges zu erhalten, fügt man an passender Stelle eine Masse von berechnetem $m'$ hinzu (ohne Änderung der rücktreibenden Kräfte), und mißt die Änderung der Periode $T_0$ in $T_0'$; es ist dann

$$m = m' \frac{T_0^2}{T_0'^2 - T_0^2}.$$

5. Das Dämpfungsverhältnis $\varepsilon$ und die Reibung $r$; aus $\varepsilon$ folgt die Relaxationszeit $\tau$. Bei der Bestimmung von $\varepsilon$ muß die Reibung $r$ bekannt sein. Die Reibung $r$ ergibt sich aus aufeinanderfolgenden Ausschlägen ($y_1$, $y_2$ von der Ruhelage aus gemessen) am ungedämpften Seismographen: $r = \frac{y_1 - y_2}{2}$; die Dämpfung $\varepsilon$ ergibt sich aus aufeinanderfolgenden Ausschlägen $x_1, x_2 \ldots$ bei gedämpften Seismographen: $\varepsilon = \frac{x_1 - r}{x_2 + r}$.

6. Die wirkliche Vergrößerung der Bodenbewegung $\mathfrak{V}$; sie folgt aus $\tau$, $T_0$ und $V$ für jede Periode $\mathfrak{T}$ der Bodenbewegung:

$$\mathfrak{V} = \frac{V}{\sqrt{\left[1 - \left(\frac{\mathfrak{T}}{T_0}\right)^2\right]^2 + 4\left(\frac{T_0}{2\pi\tau}\right)^2\left(\frac{\mathfrak{T}}{T_0}\right)^2}}.$$

7. Die Registriergeschwindigkeit und der Uhrfehler der Zeitmarkierung. Letzterer ist bis auf etwa $1/_2$ sec genau zu bestimmen, wenn die übliche Registriergeschwindigkeit von 1 bis 2 cm/min benutzt wird.

## II. Die physikalische Natur der Erdbebenwellen.

**17. Vorbemerkung.** Bei Erdbeben entstehen im festen Erdkörper elastische Deformationen, die sich in verschiedener Form, als Dilatations-, Scherungswellen, Rayleigh- und Schichtwellen fortpflanzen. Die beiden ersten dringen als Raumwellen in den Erdkörper ein, die beiden letzten verlaufen als Planwellen an der Oberfläche entlang. Diese vier Arten der Ausbreitung der Energie pflanzen sich im selben Medium mit verschiedener Geschwindigkeit fort, außerdem ändern sich die Geschwindigkeiten mit der Tiefe. Infolge der Schichtung des Erdinneren müssen die Raumwellen an den Grenzflächen Geschwindigkeitssprünge erleben; es treten Reflexionen und Brechungen auf. Für die Ausbildung der Schichtschwingungen ist die Schichtung Voraussetzung. Bei sprunghafter und auch bei kontinuierlicher Änderung der Geschwindigkeit in den obersten Schichten ist für die beiden Oberflächenwellen Dispersion zu erwarten.

Für die mathematische Behandlung der Ausbreitung einer elastischen Störung in einer konzentrisch geschichteten Erdkugel ist ein schrittweises Vorgehen geeignet.

In einem unbegrenzten homogenen Raum treten in der Nähe des Störungszentrums zwei selbständige Wellen, eine Kompressionswelle und eine Scherungswelle auf, die mit verschiedener Geschwindigkeit fortschreiten.

Bei Einführung der Begrenzung des Raumes sind außer den beiden obigen Raumwellen gleichmäßiger Intensität auch Oberflächenwellen möglich, deren Intensität mit wachsendem Abstand von der Oberfläche des Raumes schnell abnimmt.

Im homogenen Halbraum tritt zu den beiden obigen Raumwellen hinzu, eine Welle ungleicher Intensität, die längs der Oberfläche verläuft und deren Intensität mit der Tiefe exponentiell abnimmt. Nach ihrem Entdecker wird sie Rayleighwelle genannt.

In einem geschichteten Halbraume wird außerdem eine Schichtschwingung ausgebildet, die unter bestimmten Bedingungen im wesentlichen auf diese Schicht beschränkt bleibt.

In einer kugelförmigen, konzentrisch geschichteten Erde treten an der Erdoberfläche Reflexionen auf, die als neue, selbständige Wellenzüge fortschreiten. Bei den Oberflächenwellen führt die Kugelgestalt der Erde zu einem mehrfachen Durchgang der Wellenfront durch denselben Ort, also zu „Wiederkehrwellen".

Der Gang der sehr umfangreichen Rechnungen kann hier nur kurz skizziert werden. Im übrigen wird auf die ausführlichen Darstellungen in den Originalarbeiten verwiesen[1]).

Wir stellen noch die in diesem Abschnitt benutzten Bezeichnungen zusammen. Es sollen bedeuten:

$x, y, z, t$ rechtwinklige Koordinaten und Zeit,
$U, U_x, U_y, U_z$ Verschiebung und ihre Komponenten,
$a$ Fortpflanzungsgeschwindigkeit der Kompressionswelle,
$b$ Fortpflanzungsgeschwindigkeit der Scherungswelle,
$c$ Fortpflanzungsgeschwindigkeit der Rayleighwelle,
$G$ Schubmodul,
$m$ POISSONscher Koeffizient der Querkontraktion,
$\varrho$ Dichte,
$K$ Koeffizient der Volumelastizität,
$E$ Koeffizient der Längsdehnung,
$\lambda$ Wellenlänge der seismischen Welle,
$\mathfrak{T}$ Wellenperiode der seismischen Welle,
$Z$ vertikale Komponente der Verrückung,
$H$ horizontale Komponente der Verrückung,
$A_z$ maximale Amplitude der Vertikalkomponente der Bodenschwingung,
$A_N$ maximale Amplitude der horizontalen $NS$-Komponente,
$A_E$ maximale Amplitude der horizontalen $EW$-Komponente,
$\Delta$ Herdentfernung,
$h$ Herdtiefe,
$\mathfrak{V}$ Oberflächengeschwindigkeit,
$\mathfrak{v}$ Raumgeschwindigkeit,
$i_e$ Einfallswinkel,
$i_{r,a}, i_{r,b}$ Reflexionswinkel ($a$ longitudinal, $b$ transversal),
$i_{g,a}, i_{g,b}$ Brechungswinkel ($a$ longitudinal, $b$ transversal),
$A_e, A_r$ Amplitude d. einfall. u. reflekt. longitud. Welle,
$B_e, B_r$ Amplitude d. einfall. u. reflekt. transvers. Welle,
$E_{e,a}, E_{r,a}; E_{e,b}, E_{r,b}$ Energie der einfall. ($e$) und reflekt. ($r$) longitud. ($a$) und transvers. ($b$) Welle,
$e$ Emersionswinkel,
$P, PP$, Einsatz des direkten und reflekt. I. Vorläufers,

[1]) Zusammenfassende Darstellungen hierzu finden sich bei A. E. H. LOVE, Lehrb. der Elastizität. Deutsch von A. TIMPE. Leipzig 1907; E. WIECHERT, Über Erdbebenwellen. Göttinger Nachr. 1907; A. E. H. LOVE, Some Problems of Geodynamics. Cambridge 1911; M. P. RUDZKI, Physik der Erde. Leipzig 1911; B. GALITZIN, Vorlesungen über Seismometrie. Leipzig u. Berlin 1914; V. CONRAD, Dynamische Geologie. Enzykl. d. math. Wiss., Bd. VI/1, S. 11; C. MAINKA, Physik der Erdbebenwellen. Berlin 1923; H. JEFFREYS, The Earth. Cambridge 1924. Vgl. hierzu auch die Ausführungen in Kap. 4 ds. Bandes d. Handbuchs.

$S$, $SS$ Einsatz des direkten und reflekt. II. Vorläufers,
$L$ Einsatz der langen Wellen, Hauptphase,
$L_R$ Einsatz der Rayleighwellen, Hauptphase,
$L_Q$ Einsatz der Querschwingungen, Hauptphase.
$W_2$, $W_3$, $W_4$ Wiederkehrwellen,
$\alpha$ Azimut der Verschiebung,
$\beta$ Schwingungswinkel (zwischen Schwingungs- und Einfallsebene).

**18. Die Ausbreitung einer Störung in einem unbegrenzten elastisch homogenen Raume.** Für die Fortpflanzung einer Deformation in einem elastischen unbegrenzten Raum liefert die Theorie das Gesetz[1]):

$$\frac{\partial^2 U_x}{\partial t^2} = a^2 \frac{\partial}{\partial x}\left(\frac{\partial U_x}{\partial x} + \frac{\partial U_y}{\partial y} + \frac{\partial U_z}{\partial z}\right) - b^2\left\{\frac{\partial}{\partial y}\left(\frac{\partial U_y}{\partial x} - \frac{\partial U_x}{\partial y}\right) - \frac{\partial}{\partial z}\left(\frac{\partial U_x}{\partial z} - \frac{\partial U_z}{\partial x}\right)\right\},$$

und zwei entsprechende Gleichungen für die $y$- und $z$-Richtung, oder in Vektorschreibweise

$$\frac{\partial^2 \mathfrak{U}}{\partial t^2} = a^2 \operatorname{grad} \operatorname{div} \mathfrak{U} - b^2 \operatorname{rot} \operatorname{rot} \mathfrak{U}, \tag{1}$$

worin $\varrho$ die Dichte, $\mathfrak{U}\{U_x, U_y, U_z\}$ die Verschiebung und ihre Komponenten,

$$a = \sqrt{\frac{2(m-1)G}{\varrho(m-2)}}, \quad b = \sqrt{\frac{G}{\varrho}}$$

bedeutet; $G$ ist der Schubmodul und $m$ die Querkontraktionszahl[2]). $U$ läßt sich nun zerlegen in zwei Anteile, deren zeitliche Änderung völlig unabhängig voneinander erfolgt: erstens in die wirbelfreie Kompressionswelle

$$\frac{\partial^2 \mathfrak{U}^{(1)}}{\partial t^2} = \frac{2(m-1)G}{\varrho(m-2)} \operatorname{grad} \operatorname{div} \mathfrak{U}^{(1)}, \tag{2}$$

für die $\operatorname{rot} \mathfrak{U}^{(1)} = 0$, d. h. $\mathfrak{U}^{(1)}$ ein Potential $\varphi$ besitzt:

$$\mathfrak{U}^{(1)} = \operatorname{grad} \varphi; \tag{3}$$

zweitens in die kompressionsfreien Scherungswellen

$$\frac{\partial^2 \mathfrak{U}^{(2)}}{\partial t^2} = \frac{G}{\varrho} \operatorname{rot} \operatorname{rot} \mathfrak{U}^{(2)}, \tag{4}$$

für die $\operatorname{div} \mathfrak{U}^{(2)} = 0$ ist.

$\frac{\partial^2 \mathfrak{U}^{(1)}}{\partial t^2}$ enthält nur die Kompression; $\frac{\partial^2 \mathfrak{U}^{(2)}}{\partial t^2}$ nur die Scherung des Volumelementes.

Es ist die Geschwindigkeit der Kompressionswelle $a = \sqrt{\frac{2(m-1)G}{\varrho(m-2)}}$ und der Scherungswelle $b = \sqrt{\frac{G}{\varrho}}$. Für unendlich kleine Deformationen pflanzen sich beide Wellen vollkommen unabhängig voneinander fort und erreichen einen entfernten Punkt zwar auf gleichem Wege, aber zu verschiedenen Zeiten.

Wir betrachten eine ebene Welle gleichmäßiger Intensität. Die Verschiebung soll auf jeder Wellenfläche in gleicher Weise und mit gleicher Intensität erfolgen. Die Störung schreite in der Richtung $x$ fort. Für den rotationsfreien Anteil, also für die Kompressionswelle, gibt dann

$$\frac{\partial^2 \mathfrak{U}^{(1)}}{\partial t^2} = a^2 \operatorname{grad} \operatorname{div} \mathfrak{U}^{(1)} \quad \text{wegen} \quad U_y = 0, \quad U_z = 0 \quad \text{kurzweg}$$

$$\frac{\partial^2 U_x^{(1)}}{\partial t^2} = a^2 \frac{\partial^2 U_x^{(1)}}{\partial x^2}$$

---

[1]) S. Kap. 4, Ziff. 4 ds. Bd. des Handb.
[2]) S. Kap. 2, Ziff. 2 ds. Bd. des Handb.

und als Lösung hierfür

$$U_x = F_1\left(t - \frac{x}{a}\right). \tag{5}$$

Da $U_x$ auf jeder Ebene senkrecht zu $x$ konstant ist, hängt $U_x$ nur von $x$ und $t$ ab: $U_x$ gibt eine linear schwingende Welle. Entsprechend gilt für die kompressionsfreie Scherungswelle $U_x = 0$:

$$U_y = F_2\left(t - \frac{x}{b}\right), \qquad U_z = F_3\left(t - \frac{x}{b}\right). \tag{6}$$

Bei der ebenen Welle in Richtung $x$ ist

$$\frac{\partial U_y}{\partial y} = \frac{\partial U_z}{\partial z} = 0\,;$$

daraus folgt (wegen $\operatorname{div}\mathfrak{U} \neq 0$) für die ebene Kompressionswelle

$$\frac{\partial U_x}{\partial x} \neq 0\,,$$

d. h. die Deformation erfolgt nur in der $x$-Richtung.

Solche Schwingungen werden longitudinale genannt; das Volumelement wird in der Fortschreitungsrichtung abwechselnd komprimiert und dilatiert.

Für die ebene Scherungswelle folgt (wegen $\operatorname{div}\mathfrak{U} = 0$), daß

$$\frac{\partial U_x}{\partial x} = 0$$

ist; d. h. die Deformation in der $x$-Richtung ist Null; sie erfolgt in der Ebene senkrecht zur Fortschreitungsrichtung und besteht in einer Scherung des Volumelementes. Schwingungen dieser Art werden Transversalwellen genannt. Bleibt die Schwingungsrichtung fortdauernd unverändert, z. B. parallel zur $z$-Richtung, so ist die Welle linear polarisiert. Die $xz$-Ebene ist dann die Polarisationsebene.

Statt des Schubmoduls $G$ benutzt man vielfach auch den empirisch leicht bestimmbaren Elastizitätsmodul

$$E = \frac{2G(m+1)}{m}$$

und statt dessen auch den Koeffizienten der Volumelastizität

$$k = \frac{mE}{3(m-2)} = \frac{2}{3}\,\frac{m+1}{m-2}\,G\,,$$

und statt $G$ und $m$ wohl auch die LAMÉschen Konstanten

$$\lambda = \frac{2G}{m-2} = \frac{mE}{(m+1)(m-2)} \qquad \text{und} \qquad \mu = G = \frac{mE}{2(m+1)}\,,$$

so daß

$$\left.\begin{aligned} a &= \sqrt{\frac{m(m-1)}{(m+1)(m-2)}\,\frac{E}{\varrho}} = \sqrt{\frac{k+\frac{4}{3}G}{\varrho}} = \sqrt{\frac{3k}{\varrho}\,\frac{m-1}{m+1}} = \sqrt{\frac{\lambda+2\mu}{\varrho}}\,,\\ m &= \frac{2(a^2-b^2)}{a^2-2b^2}\,,\\ \frac{a}{b} &= \sqrt{\frac{2(m-1)}{m-2}}\,. \end{aligned}\right\} \tag{7}$$

Die Fortpflanzungsgeschwindigkeiten $a$ und $b$ beider Wellen sind umgekehrt proportional der Quadratwurzel aus der Dichte.

Nimmt man $k$ und $G$, so enthält $a$ zwei, $b$ dagegen nur eine Elastizitätskonstante, und zwar wächst $b$ mit zunehmendem Widerstand gegen Formänderung ($G$) und $a$ mit diesem und mit zunehmendem Widerstand gegen Volumänderung ($k$). Bei verschiedenen Materialien kann der Unterschied in den Elastizitätskoeffizienten kompensiert werden durch den Unterschied der Dichten; so besitzt z. B. Stahl nahezu dieselben Geschwindigkeiten wie Salz bei dreimal größerer Dichte.

Während $a$ drei ($G, m, \varrho$) und $b$ zwei ($G, \varrho$) Konstanten enthält, hängt das Verhältnis $a/b$ nur vom POISSONschen Koeffizienten $m$ ab.

Für vollkommen elastische Körper ist $m = 4$ und $\lambda = \mu$, für Flüssigkeiten ist $m = 2$. Bei steigender Temperatur nähert sich $m$ unter normalen Drucken dem Wert 2, den es im Schmelzpunkt erreicht. Dort wird $G$ und $b$ gleich Null; $a/b$ wächst mit abnehmendem $m$.

| $m =$ | 5 | 4 | 3 | 2,5 | 2 |
|---|---|---|---|---|---|
| $\frac{a}{b} =$ | 1,63 | 1,73 | 2,00 | 2,44 | $\infty$ |

**19. Die Ausbreitung einer Störung in einem elastisch homogenen Halbraume.** Während im allseitig unendlichen isotropen elastischen Medium nur zwei Wellenarten auftreten, entstehen im unendlichen Halbraum außerdem an der Grenzfläche selbständige Oberflächenwellen. Dies ist von Lord RAYLEIGH entdeckt und von LAMB[1]) für eine punktförmige Energiequelle (senkrechter Stoß gegen die Grenzfläche) eingehend untersucht worden. Nach ihm hat WIECHERT[2]) und später LOVE[3]) dies Problem behandelt, letzterer mit Berücksichtigung des Einflusses der Schwerkraft, der sich als nicht wesentlich ergab[4]).

Im Gegensatz zu den oben behandelten ebenen Wellen gleicher Intensität sind an der Grenzfläche Wellen möglich, deren Intensität mit der Tiefe exponentiell abnimmt, jedoch können weder reine longitudinale noch transversale Wellen dieser Art selbständig fortschreiten; die Bedingung der freien Oberfläche fordert, daß die normalen und tangentialen Spannungen an ihr verschwinden. Das ist erfüllt für eine Kombination longitudinaler und transversaler Verrückungen.

Diese Oberflächenwellen (Rayleighwellen) dringen im Verhältnis zu ihrer Wellenlänge nicht tief in den Halbraum ein, ähnlich wie Tiefseewellen, nur daß bei ihnen nicht die Schwerkraft, sondern die Elastizität des Mediums wirksam ist. Die Theorie liefert folgende Eigenschaften der Rayleighwellen:

a) Die Schwingungsebene ist parallel zur Fortschreitungsrichtung und senkrecht zur Oberfläche.

b) Die Geschwindigkeit $c$ der Rayleighwellen für $m = 4$ ist $c = 0{,}919 b$. Wellenlänge $\lambda$, Periode $T$ und Geschwindigkeit $c$ sind verknüpft durch $\lambda = cT$. Die Wellen laufen mit der konstanten Geschwindigkeit $c$ an der Erdoberfläche entlang.

c) Die Schwingung ist elliptisch. Das Verhältnis der vertikalen zur horizontalen Verrückung ist (wenn $m = 4$)

$$\frac{Z}{H} = \frac{1 - \frac{1}{2}\left(\frac{c}{b}\right)^2}{\sqrt{1 - \left(\frac{c}{b}\right)^2}} = 1{,}47\,.$$

d) Die Rayleighwellen entstehen durch eine Kombination longitudinaler und transversaler Verrückung in der Oberfläche. Beim Hineingehen ins Innere des Halbraums vermindern sich beide Anteile, und zwar der Anteil der Scherungs-

[1]) H. LAMB, Phil. Trans. (A) Bd. 203. 1904.
[2]) E. WIECHERT, Göttinger Nachr. 1907.
[3]) A. E. H. LOVE, Probl. of Geodynamics. Cambridge 1911.
[4]) Vgl. auch Kap. 4, Ziff. 8 ds. Bd. des Handb.

welle langsamer; in der Tiefe der halben Wellenlänge sinkt die Amplitude dieses Anteils auf etwa $^1/_4$. Infolge dieses zweidimensionalen Charakters der Rayleighwellen ist die Abnahme ihrer Intensität mit der Entfernung wesentlich geringer als bei den Raumwellen (Kompressions- und Scherungswellen).

Die bisherigen Untersuchungen erstrecken sich auf eine an der Grenze des Halbraums gelegene Störung. NAKANO[1]) hat die Rechnung für eine innerhalb des Halbraumes gelegene Störung durchgeführt.

Auch dann laufen Rayleighwellen mit konstanter Geschwindigkeit an der Erdoberfläche entlang, doch treten sie erst in einer bestimmten Herddistanz auf, die von der Herdtiefe $h$ und den Geschwindigkeiten abhängt, und zwar wird nach NAKANO die Rayleighwelle in doppelter Weise erregt. Sie entsteht beim Auftreffen der Longitudinalwelle auf die Grenzfläche in der Entfernung $\Delta_1 > \frac{h\,c}{\sqrt{a^2 - c^2}}$; sie schreitet von dort selbständig fort. Beim Auftreffen der Transversalwelle an der Oberfläche in der Entfernung $\Delta_2 > \frac{h\,c}{\sqrt{b^2 - c^2}}$ wird sie verstärkt ($h$ bedeutet die Herdtiefe). Zwischen $\Delta_1$ und $\Delta_2$ treffen also nacheinander die longitudinale, die Rayleigh-, die transversale Welle ein; über $\Delta_2$ hinaus kommt die Rayleighwelle zuletzt.

**20. Die Ausbreitung einer Störung in einem inhomogenen und in einem geschichteten Halbraume.** Ist der Halbraum nicht homogen, so treten weitere neue Wellenarten auf, insbesondere die Querschwingung. Es lassen sich hier grundsätzlich zwei Fälle unterscheiden:

a) Es tritt im Inneren des Halbraums eine sprunghafte Änderung der Geschwindigkeit auf, einer Schichtung entsprechend, wobei die obere Schicht homogen angenommen wird.

b) Es tritt im Halbraum eine kontinuierliche Änderung der Geschwindigkeit mit der Tiefe ein.

Der Fall a) der Schichtung ist zuerst von WIECHERT[2]), später von LOVE[3]) behandelt worden. WIECHERT nimmt in der Erde eine homogene Rindenschicht an, die auf einem nachgiebigen Magma schwimmt, also eine obere und eine untere freie Oberfläche besitzt. Es treten dann Schichtschwingungen auf, bei denen die oberen und unteren Schichtgrenzen entgegengesetzt horizontal schwingen und die ruhende Knotenfläche in der Mitte zwischen der oberen und unteren Grenze liegt. Für die Schichtdicke $D$ ist dann die Periode $T$ der Grundschwingung:

$$T = \frac{2D}{b}. \tag{1}$$

$D$ ist also gleich der halben Wellenlänge. Diese Bewegung schreitet mit der Geschwindigkeit der Scherungswelle längs der Oberfläche fort. Die Schwingung erfolgt parallel zur Schichtgrenze und senkrecht zur Fortschreitungsrichtung; es ist also eine reine Horizontalschwingung ohne vertikale Komponente.

LOVE[3]) untersucht den Einfluß einer Schichtung auf die Ausbildung der Querschwingung eingehender und stellt dabei die Bedingungen fest, unter welchen die Energie auf die obere Schicht beschränkt bleibt, die Ausbreitung also eine zweidimensionale ist. Er findet, daß dazu zweierlei notwendig ist. Erstens muß $b_o/b_u < 1$ sein, oder wenn $\varrho_u = \varrho_o$ ist, $G_o/G_u < 1$. Die Indizes $u$ und $o$ beziehen sich auf die untere und obere Schicht. Zweitens darf die Wellenlänge nicht groß sein gegen die Schichtdicke. Die folgende Tabelle zeigt das Ver-

---

[1]) H. NAKANO, Japan. Journ. Astron. Geophys. Bd. 2, S. 5. 1925.
[2]) E. WIECHERT, Göttinger. Nachr. 1907.
[3]) LOVE, Probl. of Geodynamics. Cambridge 1911.

hältnis der Amplitude an der unteren zur Amplitude an der oberen Schichtgrenze für verschiedene Werte von $G_o/G_u$ und $\lambda/D$.

| $\frac{G_o}{G_u}$ \ $\frac{\lambda}{D}$ | 4 | 1 | $^1/_4$ |
|---|---|---|---|
| $\frac{9}{10}$ | 0,81 | 0,18 | $4 \cdot 10^{-4}$ |
| $\frac{1}{2}$ | 0,43 | 0,01 | $2 \cdot 10^{-8}$ |
| $\frac{1}{3}$ | 0,34 | 0,006 | $1 \cdot 10^{-9}$ |

Ist die Geschwindigkeit der unteren Schicht doppelt so groß wie die der oberen, so ist die Energie für Wellen, deren Länge gleich der Schichtdicke oder kleiner ist, praktisch vollkommen auf die obere Schicht beschränkt.

Da in den Erdbebendiagrammen die Querschwingungen relativ zu den longitudinalen und transversalen Wellen sehr große Amplituden aufweisen, glaubt Love, daß für die oberste Schichtung der Erde $G_u > G_o$ sein muß.

Zwischen der Wellenlänge, der Schichtdicke und den Geschwindigkeiten bestehen folgende Beziehungen:

$$\frac{2\pi}{\lambda} = s\sqrt{\frac{b_o^2}{b_u^2 - b_o^2} + \left(\frac{G_o}{G_u}\right)^2 \frac{b_u^2}{b_u^2 - b_o^2}\,\mathrm{tg}^2 sD}\,, \tag{1}$$

$$v_Q = b_o\sqrt{1 + \frac{s^2\lambda^2}{4\pi^2}}\,. \tag{2}$$

Hierin bedeutet $v_Q$ die Geschwindigkeit der Querschwingungen, $s$ eine Variable, deren Wert zwischen $o$ und $\pi/2D$ liegt. Zu $\lambda = o$ gehört $s = \frac{\pi}{2D}$; zu $\lambda = \infty$ gehört $s = o$. Für $\lambda = o$ wird $v_Q = b_o$; für $\lambda = \infty$ wird $\mathrm{tg}\, sD = 0$ und $\frac{s^2\lambda^2}{4\pi^2} = \frac{b_u^2 - b_o^2}{b_o^2}$ und $v_Q = b_u$.

Diese Querwellen zeigen Dispersion. Die Geschwindigkeit wächst mit der Wellenlänge. Ist diese kleiner als die Dicke der Schicht, so ist die Energie auf die oberste Schicht beschränkt. Die Wellen laufen mit der Geschwindigkeit $b_o$ der obersten Schicht. Ist die Wellenlänge erheblich größer als die Schichtdicke, so ist die untere Schicht wesentlich der Träger der Energie, und die Fortschreitung geschieht mit der Geschwindigkeit $b_u$ der unteren Schicht:

Die Dispersionskurve liefert $b_o$ und $b_u$ als Grenzwerte von $v_Q$, ferner die zusammengehörigen Werte von $v_Q$ und $\lambda$. Für jedes Wertepaar gibt Gleichung (2) den zugehörigen Wert von $s$ und Gleichung (1) den Wert $sD$, aus dem $D$ folgt.

Den Fall b) kontinuierlicher Änderung der Geschwindigkeit mit der Tiefe hat Meissner[1]) behandelt. Auch in diesem Falle entstehen Querwellen mit Deformationen parallel zur Oberfläche und normal zur Fortschreitungsrichtung. Sie zeigen gleichfalls Dispersion. Die langen Wellen laufen schneller. Die Geschwindigkeit wächst mit der Wellenlänge.

**21. Die Ausbreitung der Oberflächenwellen auf einer kugelförmigen Erde.** Auf einer Erde mit konzentrischer, in sich homogener Schichtung muß die Front der Oberflächenwellen in konzentrischen Kreisen um den Herd fortschreiten, die sich bis zur Herdentfernung $\Delta = 90°$ erweitern — der Durchmesser der Wellenfront ist dann gleich dem Erddurchmesser; — zwischen $\Delta = 90°$ und $\Delta = 180°$ muß sich die Wellenfront wieder zusammenziehen, um in $\Delta = 180°$ punktförmig zu werden. Entständen die Oberflächenwellen im Epizentrum und liefen sie von dort als selbständige Wellenzüge und wäre ferner keine Absorption vorhanden, so würde im Gegenpunkt des Herdes ($\Delta = 180°$) die gesamte Energie

[1]) E. Meissner, Vierteljschr. d. naturf. Ges. Zürich Bd. 66. 1921; Bd. 67. 1922; vgl. außerdem Kap. 4, Ziff. 9 ds. Bd. des Handb.

der Oberflächenwellen wieder vereinigt werden und von dort aus in gleicher Weise rückwärts zum Herd zurückströmen. Wir hätten somit ein Oszillieren der Energie der Oberflächenwellen zwischen Epizentrum und Antiepizentrum hin und her. Die Oberflächenwellen passieren somit die Beobachtungsstationen mehrfach; zunächst von Herd kommend $W_1$, dann vom Gegenpunkt kommend $W_2$, dann wieder vom Herd $W_3$ und vom Gegenpunkt $W_4$. Aus den Ankunftszeiten und Weglängen ergibt sich die Geschwindigkeit; aus den Amplituden und Weglängen die Absorption pro Wegeinheit. $W_2$, $W_3$, $W_4$ werden Wiederkehrwellen genannt[1]).

Allgemein gilt bei ungeänderter Schwingungsperiode für absorptionsfreie Ausbreitung der Oberflächenwellen auf einer Kugel

$$J_1 = J_2 \frac{\cos\varphi_2}{\cos\varphi_1}, \tag{1}$$

$J_1$, $J_2$ ist die Energiedichte an den Orten 1 und 2 von der Breite $\varphi_1$, und $\varphi_2$, wobei die Breite auf den Herd als Pol der Kugel bezogen wird.

Für sinusförmige Schwingungen ist die Energie proportional dem Quadrat der maximalen Amplitude $A$ der Bodenverrückung, somit

$$A_1^2 = A_2^2 \frac{\cos\varphi_2}{\cos\varphi_1}. \tag{2}$$

Die Absorption $a$ auf dem Wege $d$, gemessen auf der Kugeloberfläche, ergibt sich aus

$$A_1^2 = A_2^2 \frac{\cos\varphi_2}{\cos\varphi_1} e^{-ad}$$

zu

$$a = \frac{1}{d} \log\mathrm{nat}\left(\frac{A_2}{A_1}\right)^2 \frac{\cos\varphi_2}{\cos\varphi_1}. \tag{3}$$

Werden die Wiederkehrwellen $W_2$ benutzt, also $A_1$ und $A_2$ auf derselben Station ($\varphi_1 = \varphi_2$) gemessen, so ist $d = 2r\pi - 2\Delta$, worin $r$ den Erdradius und $\Delta$ die Herddistanz bedeutet. Es gilt dann

$$a = \frac{2}{d} \log\mathrm{nat}\frac{A_2}{A_1}. \tag{4}$$

Die Bestimmung der Fortpflanzungsgeschwindigkeit und Absorption der Wiederkehrwellen aus den Beobachtungen erlaubt eine Prüfung der Voraussetzung dieser Formeln, wieweit die oberste Erdrinde eine konzentrisch in sich homogene Schichtung aufweist.

**22. Das Reflexionsgesetz elastischer Raumwellen.** Allgemeine Betrachtungen über die geometrischen Verhältnisse bei Reflexionen und Brechungen der Erdbebenwellen sind ausführlich zuerst von KNOTT[2]), dann von WIECHERT[3]) angestellt worden. Berechnungen für besondere Fälle wurden von KNOTT[2]), später von ZÖPPRITZ, GEIGER und GUTENBERG[4]) und zuletzt von JEFFREYS[5]) ausgeführt.

Eine ebene Welle falle auf eine ebene Grenzfläche, die zwei elastisch verschiedne Medien 1 und 2 trennt. Die Ebene, die senkrecht zur Grenzebene steht

---

1) G. ANGENHEISTER, Nachr. d. Ges. d. Wiss. Bd. 1. Göttingen 1906.
2) C. G. KNOTT, Phil. Mag. (5) Bd. 48, S. 64. 1899.
3) E. WIECHERT, Göttinger Nachr. 1907. Über Erdbebenwellen I u. II.
4) L. GEIGER u. B. GUTENBERG, Göttinger Nachr. 1912 u. 1919. (Über Erdbebenmessungen V, VII C.
5) H. JEFFREYS, Month. Not. Roy. astr. Soc. London Geophys. Suppl.-Bd. 1, S. 7. 1926.

und die Fortschreitungsrichtung der einfallenden Welle enthält, heiße Einfallsebene; sie ist zugleich Reflexions- und Brechungsebene.

Die Fortpflanzungsgeschwindigkeit in der Grenzfläche $AA$ (scheinbare Oberflächengeschwindigkeit) sei $\mathfrak{V}$, die Raumgeschwindigkeit allgemein $\mathfrak{v}$, und zwar im Medium 1 und 2 für longitudinale Wellen $a_1, a_2$, für transversale $b_1, b_2$. Der Einfallswinkel sei $i_e$, der Reflexionswinkel für die longitudinale Welle $i_{r,a}$ für die transversale $i_{r,b}$, der Brechungswinkel $i_{g,a}$ und $i_{g,b}$. Es gilt dann allgemein das Reflexions- und Brechungsgesetz (Abb. 12):

$$\mathfrak{V} = \frac{\mathfrak{v}}{\sin i_e} = \frac{a_1}{\sin i_{r,a}} = \frac{b_1}{\sin i_{r,b}} = \frac{a_2}{\sin i_{g,a}} = \frac{b_2}{\sin i_{g,b}}. \quad (1)$$

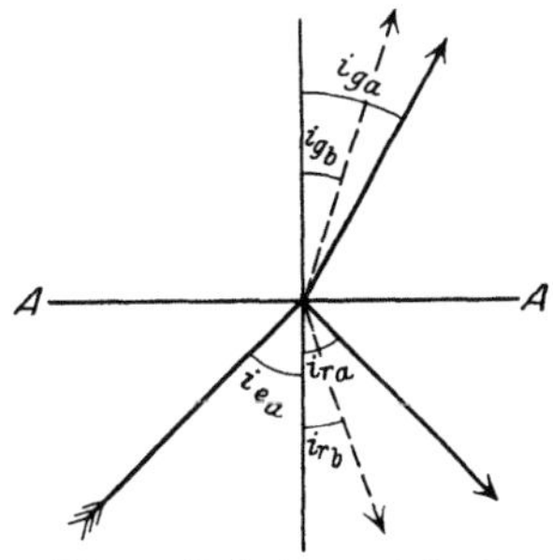


Abb. 12. Reflexion und Brechung einer einfallenden Longitudinalwelle. $i_{e,a}$ Einfallswinkel, $i_{r,a}$ und $i_{g,a}$ Reflexions- und Brechungswinkel für den longitudinalen, $i_{r,b}$ und $i_{g,b}$ für den transversalen Anteil.

Beim Auftreffen einer Welle auf eine Grenzschicht treten im allgemeinen vier neue Wellen auf, eine reflektierte und eine durchgehende gebrochene longitudinale und ebenso zwei transversale Wellen. Bei den beiden reflektierten Wellen ist der Reflexionswinkel verschieden. Er ist gleich dem Einfallswinkel nur bei der reflektierten Welle, die gleichartig mit der einfallenden Welle ist. Dies gilt für zwei isotrope Medien. An der Grenzfläche zweier anisotroper Medien sind die Vorgänge komplizierter.

**23. Die Reflexion an der Erdoberfläche.** Bei Erdbebenwellen wurden Reflexionen bisher nur an der Erdoberfläche nachgewiesen. An dieser Grenzfläche kann der in Luft austretende Teil der Energie vernachlässigt werden. Es treten dann außer der einfallenden nur zwei reflektierte Wellen auf. Für diesen Fall gilt folgendes:

a) Einfall einer longitudinalen Welle $\mathfrak{v} = a$:

$$\mathfrak{V} = \frac{a}{\sin i_e} = \frac{a}{\sin i_{r,a}} = \frac{b}{\sin i_{r,b}}, \quad (1)$$

$$\frac{\sin i_{r,b}}{\sin i_e} = \frac{b}{a}. \quad (2)$$

Es wird also beim Einfall einer longitudinalen Welle an der Erdoberfläche eine longitudinale und eine transversale Welle reflektiert.

b) Einfall einer transversalen Welle $\mathfrak{v} = b$: Schwingung parallel der Einfallsebene:

$$\mathfrak{V} = \frac{b}{\sin i_e} = \frac{a}{\sin i_{r,a}} = \frac{b}{\sin i_{r,b}}, \quad (3)$$

$$\frac{\sin i_{r,a}}{\sin i_e} = \frac{a}{b}. \quad (4)$$

Für $\sin i_e > \frac{b}{a}$ wird $\sin i_{r,a} > 1$ und $i_{r,a}$ imaginär. Es treten also eine reflektierte longitudinale und transversale Welle nur auf, solange $\sin i_e \lesseqgtr \frac{b}{a}$. Wird $\sin i_e > \frac{b}{a}$, so kann nur eine transversale Welle reflektiert werden. Außerdem entstehen an der Grenzfläche kompliziertere Wellenformen.

c) Einfall einer transversalen Welle, $\mathfrak{v} = b$, Schwingungsebene senkrecht zur Einfallsebene: Es tritt nur eine reflektierte transversale Welle auf mit Schwingungsebene senkrecht zur Einfallsebene.

**24. Die Energieanteile bei Reflexion und Brechung.** Der allgemeine Fall, daß an der Grenzfläche die Elastizitätskonstanten und die Dichte $\varrho$ sich ändern, bedingt, wie oben gezeigt wurde, daß außer der einfallenden zwei reflektierte und zwei durchgehende Wellen auftreten. Die Berechnung der Energieverteilung ist dann schwierig. Treten jedoch vereinfachende Nebenbedingungen auf, so ist die Energieverteilung leichter zu übersehen. Dies ist besonders der Fall, wenn das angrenzende Medium Luft oder Flüssigkeit ist. In ihnen ist $G = 0$. Bei Luft kann außerdem $\varrho$ (Luft) gegen $\varrho$ (Boden) gleich Null gesetzt werden. Der in Luft austretende Energieanteil kann dann vernachlässigt werden. Für das Erdinnere läßt sich in großer Annäherung setzen $m = 4$, so daß $\frac{a}{b} = \sqrt{3}$. Dies soll im folgenden gelten.

Beim Einfall einer longitudinalen Welle besteht zwischen ihrer Amplitude $A_e$, der Amplitude $A_r$ der reflektierten longitudinalen Welle und der Amplitude $B_r$ der reflektierten transversalen die Beziehung[1])

$$\frac{A_e}{(1 + 3\alpha^2)^2 + 4\alpha\beta} = \frac{A_r}{-(1 + 3\alpha^2)^2 + 4\alpha\beta} = \frac{B_r}{4\alpha(1 + 3\alpha^2)}, \tag{1}$$

hierin bedeutet

$$\alpha = \operatorname{ctg} i_e = \operatorname{ctg} i_{ra}, \qquad \beta = \operatorname{ctg} i_{rb}. \tag{2}$$

Für eine einfallende transversale Welle mit Schwingungsebene parallel zur Einfallsebene gilt analog

$$\frac{B_e}{(1 + 3\alpha^2)^2 + 4\alpha\beta} = \frac{B_r}{-(1 + 3\alpha^2) + 4\alpha\beta} = -\frac{A_r}{4\beta(1 + 3\alpha^2)} \tag{3}$$

Setzt man die einfallende Amplitude gleich 1, so ist bei einfallender Longitudinalwelle

$$A_r = \frac{-(1 + 3\alpha^2)^2 + 4\alpha\beta}{(1 + 3\alpha^2)^2 + 4\alpha\beta}. \tag{4}$$

Ähnliche Ausdrücke erhält man für $B_r$ bei einfallender Longitudinalwelle und für $A_r$ und $B_r$ bei einfallender Transversalwelle.

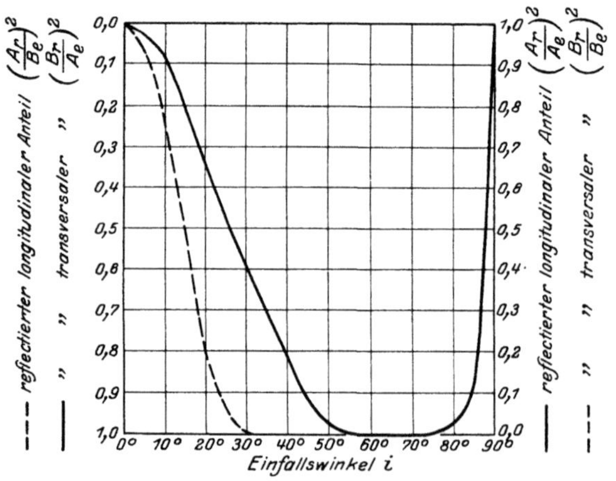


Abb. 13. Energieverteilung bei Reflexion an Luft als Funktion des Einfallswinkels für longitudinale und transversale Wellen.
$A_e$, $A_r$, $B_e$, $B_r$ bedeuten die Amplituden der einfallenden ($e$) und reflektierten ($r$) longitudinalen ($A$) und transversalen ($B$) Wellen; ——— einfallende longitudinale — — — einfallende transversale Welle.

Außerdem besteht die Energiegleichung ($E_{e,a}$ die einfallende longitudinale Energie, $E_{r,a}$, $E_{r,b}$ die reflektierte longitudinale und transversale Energie):

$$\left.\begin{aligned} &E_{e,a} = E_{r,a} + E_{r,b} \\ &\text{und} \\ &E_{e,a} : E_{r,a} : E_{r,b} = A_e^2 : A_r^2 : B_r^2 \end{aligned}\right\} \tag{5}$$

Analoges gilt für einfallende Transversalwelle. Daraus lassen sich die Amplituden und Energien der beiden reflektierten Wellen berechnen.

Abb. 13 gibt die Energieverteilung bei der Reflexion an Luft als Funktion des Einfallswinkels. Die ausgezogene Linie gilt für eine einfallende longitudinale Welle und gibt bei der Benutzung der Skala rechts den Anteil der longitudinalen Reflexion $(A_r/A_e)^2$, bei Benutzung der Skala links den zugehörigen reflektierten

[1]) Ausführliche Rechnungen bei H. JEFFREYS, Month. Not. Roy. astr. Soc. London Geophys. Suppl. Bd. 1, S. 7. 1926 und E. WIECHERT, Göttinger Nachr. 1907.

transversalen Anteil $(B_r/A_e)^2$. Beide Anteile ergänzen sich zu 1. Die gestrichelte Linie gibt dasselbe für eine einfallende transversale Welle mit Schwingungsebene parallel zur Einfallsebene. Hier gilt die rechte Skala für $(B_r/B_e)^2$, die linke für $(A_r/B_e)^2$.

Beim Einfall einer longitudinalen Welle wird ein erheblicher Anteil der Energie als Transversalwelle reflektiert. Für Einfallswinkel $i_e$ zwischen 27° und 88° ist dieser transversal reflektierte Anteil größer als 50%; für $i_e$ zwischen 55° und 76° nahezu 100%.

Beim Einfall einer transversalen Welle wird für $i_e = 90°$ bis 35° die Energie total transversal reflektiert. Zwischen $i_e = 0$ und $i_e = 35°$ wird die Energie zum Teil longitudinal, zum Teil transversal reflektiert.

Die Beobachtung an der Erdoberfläche liefert nun die Gesamtbewegung der drei koexistenten Wellen, der einfallenden plus der beiden reflektierten, und nicht ihre Anteile getrennt. Diese liefert die Theorie. Das Verhältnis $\operatorname{tg}\bar{i}$ der gesamten horizontalen Verrückung $u$ und der vertikalen Verrückung $w$ bei einfallender longitudinaler Welle ist

$$\operatorname{tg}\bar{i} = \frac{u}{w} = 2\frac{\sqrt{2+3\alpha^2}}{1+3\alpha^2} = \operatorname{tg}2i_{r,b}\,; \qquad (6)$$

$\bar{i}$ heißt der scheinbare Austrittswinkel, er ist infolge der eintretenden Reflexion nicht gleich $i_e$, sondern gleich $2i_{r,b}$, wobei (für $m = 4$)

$$\sin i_{rb} = \sin i_e \frac{b}{a} = \frac{\sin i_e}{\sqrt{3}}. \qquad (7)$$

Für streifenden Einfall ($i_e = 90°$) wird

$$\operatorname{tg}\bar{i} = \operatorname{tg}2i_{r,b} = 2\sqrt{2} = 2{,}8\,, \quad \bar{i} = 70°; \qquad (8)$$

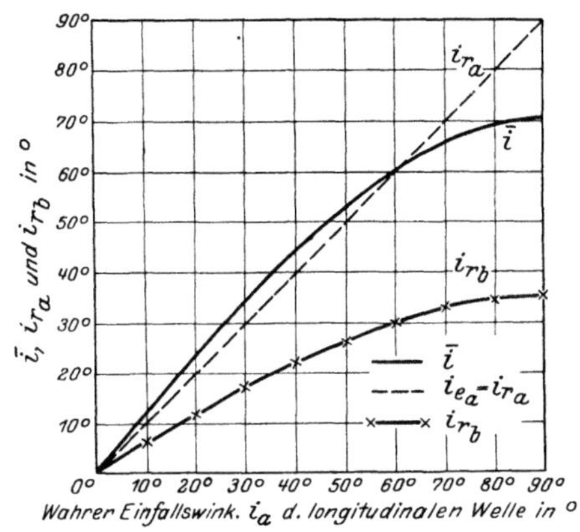


Abb. 14. Scheinbarer Austrittswinkel $\bar{i}$, Reflexionswinkel $i_{r,a}$ des longitudinalen und $i_{r,b}$ des transversalen Anteils als Funktion des wahren Einfallswinkels $i_{e,a}$ einer einfallenden longitudinalen Welle an der Erdoberflache.

d. h., beim streifenden Einfall einer longitudinalen Welle kommt der Stoß scheinbar von unten, unter 20° Neigung gegen den Horizont.

Bei einfallender transversaler Welle ist

$$\frac{u}{w} = \frac{\beta^2 - 1}{2\sqrt{\frac{\beta^2-2}{3}}}. \qquad (9)$$

Hier liegen die Verhältnisse wesentlich komplizierter als beim Einfall longitudinaler Wellen.

Abb. 14 gibt für einfallende longitudinale Wellen den scheinbaren Austrittswinkel $\bar{i}$ als Funktion des wahren Eintrittswinkels $i_{e,a}$ (ausgezogene Linie). Für streifenden Einfall ist $\bar{i} = 70°$. Ferner gibt die Abb. 14 den Reflexionswinkel $i_{r,a}$ für den longitudinal reflektierten Anteil (gestrichelt) $i_{r,a} = i_{e,a}$ und den Reflexionswinkel $i_{r,b}$ für den transversalen Anteil gleichfalls als Funktion von $i_{e,a}$.

Außer diesem für die Deutung der Beobachtung wichtigsten Fall der Reflexion an Luft läßt sich die Energieverteilung auch noch an anderen Diskontinuitätsflächen im Erdinnern überschauen, sofern vereinfachende Vernachlässigung zulässig sind. ZÖPPRITZ[1]) hat die Reflexion an Wasser (Meeresgrund;

[1]) K. ZÖPPRITZ, Göttinger Nachr. 1919.

$G = 0$) untersucht und wenig verschieden von der Reflexion an Luft gefunden. JEFFREYS[1]) berechnete die Energieverteilung durch Reflexion und Brechung an einer Granitschicht in der obersten Erdkruste unter der Annahme, daß die Geschwindigkeiten und Dichten auf beiden Seiten der Schicht nur wenig voneinander verschieden sind und die dann geringen Anteile der andersartigen entstehenden Wellen vernachlässigt werden können. Auch für die Diskontinuität in 1500 km Tiefe ließ sich eine angenäherte Energieverteilung angeben, da sich dort zwar die Dichten sprunghaft ändern, nicht aber die Geschwindigkeiten. In beiden Fällen sind die reflektierten Anteile verhältnismäßig gering. Sie sind bisher mit Sicherheit noch nicht beobachtet worden.

**25. Das Seismogramm in verschiedener Herdentfernung.** Die oben behandelten Wellenarten und ihre Reflexionen hat man nun mit den verschiedenen Einsätzen in den seismographischen Aufzeichnungen der Erdbeben zu identifizieren versucht.

Je nach der Herdentfernung und der Stärke der Beben treten die Einsätze der verschiedenen Wellenarten mehr oder weniger deutlich hervor, am deutlichsten bei weit entfernten Beben, deren Herdentfernung einige tausend Kilometer beträgt. Bei Nahbeben liegen die Einsätze nahe beieinander, bei Fernbeben rücken sie infolge der unterschiedlichen Geschwindigkeit um mehrere Minuten auseinander. Der Erdboden und mit ihm der gedämpfte Seismograph sind dann

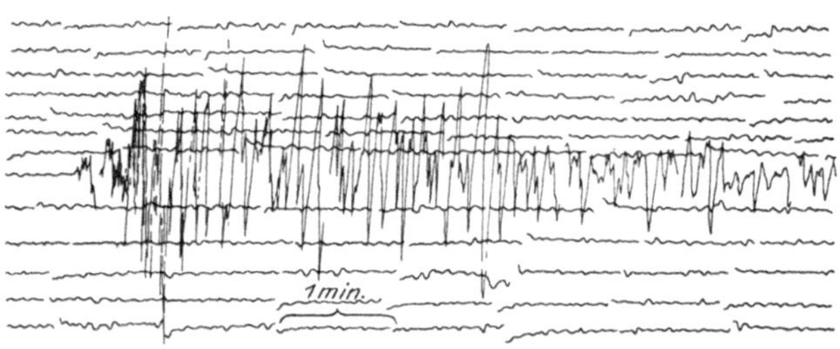


Abb. 15. Samoa-Nahbeben. Herdentfernung 200 km. WIECHERTS Horizontalseismograph in Apia, Samoa.

vor Ankunft des nächsten Einsatzes wieder in Ruhe, und dieser hebt sich deutlich ab.

Abb. 15 zeigt ein Nahbeben von Samoa in einigen hundert Kilometern Herdentfernung und Abb. 16 ein japanisches Nahbeben. Auf kurze Vorphasen folgt gleich die Hauptbewegung.

Abb. 17 zeigt das Messinabeben vom 28. XII. 1908 nach einer Aufzeichnung in 1700 km Herdentfernung (Göttingen). Hier ist eine deutliche Sonderung in drei Phasen (erster und zweiter Vorläufer und Hauptbewegung) vorhanden. Die Amplituden der beiden ersten Einsätze sind klein gegen die Amplituden des dritten Einsatzes. Die Laufzeiten lehren, daß die beiden ersten Einsätze $P$ (undae primae) und $S$ (secundae) Raumwellen durch das Erdinnere und der dritte Einsatz $L$ (longae) der Beginn der Oberflächenwellen längs der Erdoberfläche sind. $P$ und $S$ besitzen drei-, $L$ zweidimensionale Ausbreitung. Die Dauer der drei Phasen ist sehr verschieden. $L$ ist bei weitem am längsten. Bei großen Weltbeben ist die Dauer von $P$ und $S$ nur wenige Schwingungen, etwa 1 bis 2 Minuten, die Dauer von $L$ mehrere Stunden. $P$ sind longitudinale, $S$ transversale Raumwellen, $L$ Oberflächenwellen, gemischt aus Rayleighwellen und Schichtschwingungen.

[1]) H. JEFFREYS, Month. Not. Roy. Astr. Soc. Geophys. Suppl.-Bd. 1, S. 7. 1926.

Abb. 18 zeigt das Karatagbeben vom 21. X. 1907 nach einer Aufzeichnung in 4800 km Herdentfernung (Göttingen). Zwischen *P* und *S* und zwischen *S* und *L* treten hier mehrere scharfe Einsätze hervor; es sind dies die Reflexionen

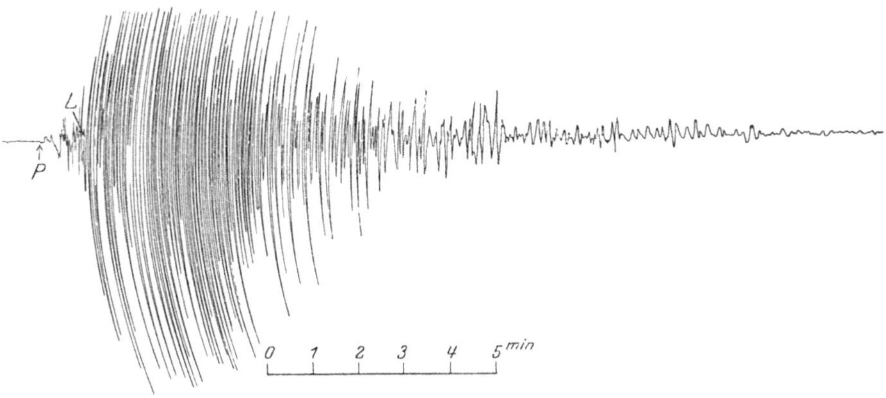


Abb. 16. Japan-Nahbeben. 2. IX. 1923. Herdentfernung 450 km. WIECHERTS Horizontalseismograph in Kobe. *P* erster Vorläufer. *L* Hauptphase.

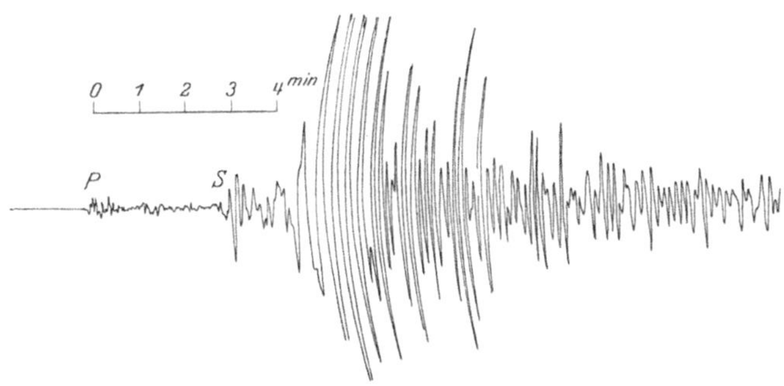


Abb. 17. Messina-Beben. 28. XII. 1908. Herdentfernung 1700 km. WIECHERTS kleiner Horizontalseismograph in Göttingen. *NE-SW* Komponente. *P* erster, *S* zweiter Vorläufer.

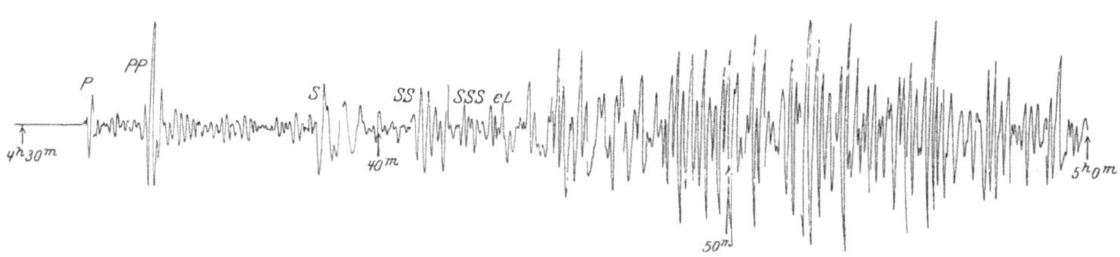


Abb. 18. Karatag-Beben. 21. X. 1907. Herdentfernung 4800 km. WIECHERTS Horizontalseismograph in Göttingen. *E-W* Komponente. *P* erster, *S* zweiter Vorläufer. *PP*, *SS*, *SSS* Reflexionen.

von *P* und *S* an der Erdoberfläche, in der Abb. 18 und 20 mit *PP* und *SS* bezeichnet.

Abb. 19 zeigt die Hauptphase des Kurilenbebens vom 8. September 1917 nach einer Aufzeichnung in 7800 km Entfernung (Samoa). Hier lassen sich die Rayleighwellen $L_R$ und die Schichtschwingungen $L_Q$ gesondert erkennen.

Abb. 20 ist eine Aufzeichnung des großen Japanbebens, das Tokio zerstörte (1. IX. 1923), aufgezeichnet in einer Entfernung von 9080 km (Potsdam).

Diese Deutung der *P*-*S*-*L*-Wellen wird in folgendem näher begründet. Es werden dazu die Schwingungsrichtungen der Deformationen und die Fortpflanzungsgeschwindigkeiten untersucht.

Die Hauptphase zeigt bei Nahbeben schnelle Schwingungen ($\mathfrak{T} = 1$ sec), bei Fernbeben langsame ($\mathfrak{T}$ bis zu

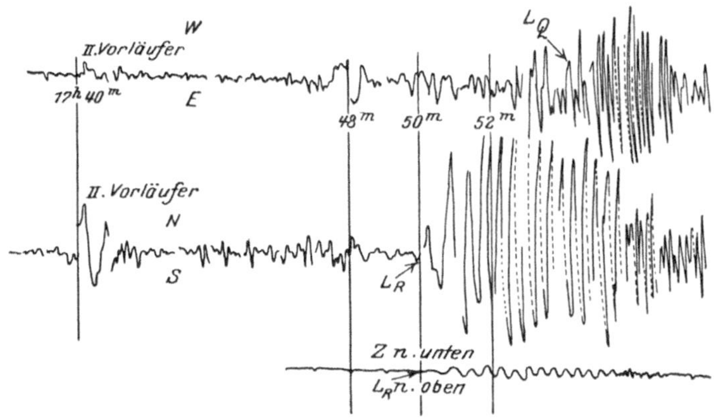


Abb. 19. Kurilen-Beben. 7. IX. 1918. Herdentfernung 7800 km. WIECHERTS Horizontal- *E*-*W* und *N*-*S* und Vertikalseismograph *Z* in Apia, Samoa. $L_R$ Rayleighwellen in *NS* und *Z* um 17h 50m. $L_Q$ Querschwingungen in *EW* um 17h 55m.

1 min). Die Periode sinkt in den ersten Minuten der Hauptphase von etwa 40 auf 20 sec; im weiteren Verlauf bleibt sie bei manchen Beben merklich konstant, bei andern dies nur innerhalb einzelner Wellengruppen. Die Amplitude nimmt exponentiell mit der Zeit ab, bis auf bestimmte, nach 2 bis 3 Stunden eintretende Anschwellungen, die den Wiederkehrwellen zuzuschreiben sind.

**26. Erster Vorläufer; Azimut der Bodenbewegung.** Die Richtung der Bodenverrückung im ersten Einsatz ist bestimmt durch das Azimut der Verschiebung und den Auftauchwinkel, Emergenzwinkel, gegen die Horizontalebene. LAMB[1]) untersucht theoretisch, welche Wellen durch einen kurzen, vertikal abwärts gerichteten Stoß in einem unendlichen, vollkommen elastischen Halbraum ausgelöst werden. Er findet, daß eine longitudinale, eine transversale und eine Rayleighwelle auftreten muß, und zwar besteht jede dieser Wellen aus einem einmaligen Hin- und Hergang, der dann allmählich abklingt (Abb. 21 a und 21 b).

Bei der longitudinalen Welle erfolgt die Verrückung in Richtung der Fortpflanzung zunächst vom Herd fort, dann rückschwingend zum Herd hin und dann langsam in die Ruhelage zurückkehrend.

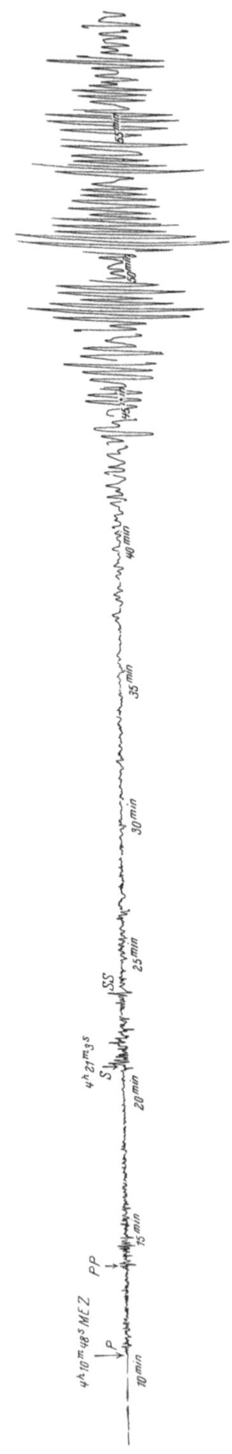


Abb. 20. Japan-Beben. 1. IX. 1923. Herdentfernung 9080 km. WIECHERTS Horizontalseismograph in Potsdam. Verkleinert auf $\frac{1}{3}$.

[1]) H. LAMB, Phil. Trans. Bd. 203. 1904.

ARNOLD[1]) untersucht an der Hand von Seismogrammen die Bodenbewegung des ersten Einsatzes durch eine teils graphische, teils rechnerische Integration der Indikatorgleichung. Die Horizontalbewegung ergab einwandfrei und sehr gut

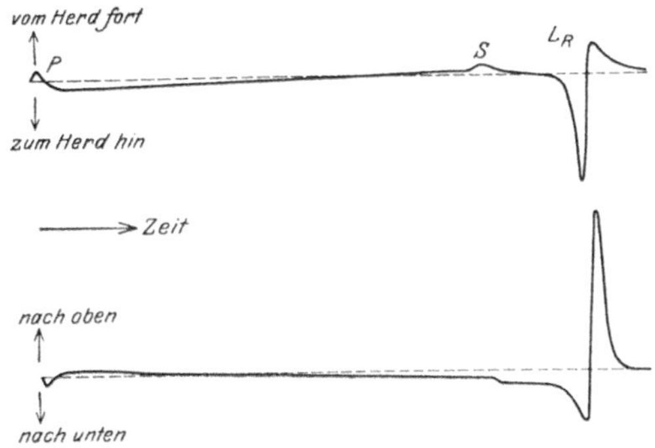


Abb. 21 a. Horizontale und vertikale Bodenbewegung eines vertikalen Stoßes, berechnet nach LAMB.
$P$, $S$, $L_R$, Bodenbewegung des $I$ (longitudinalen), des $II$ (transversalen) Vorläufers und der Rayleighwelle.

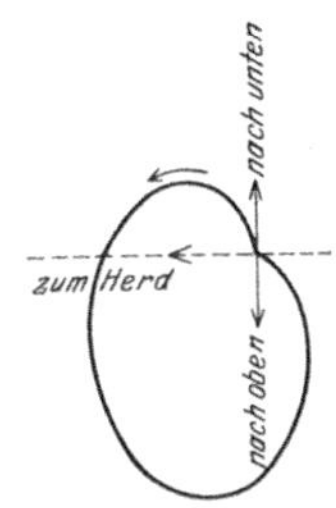


Abb. 21 b. Bodenbewegung von $L_R$ (Rayleighwellen).

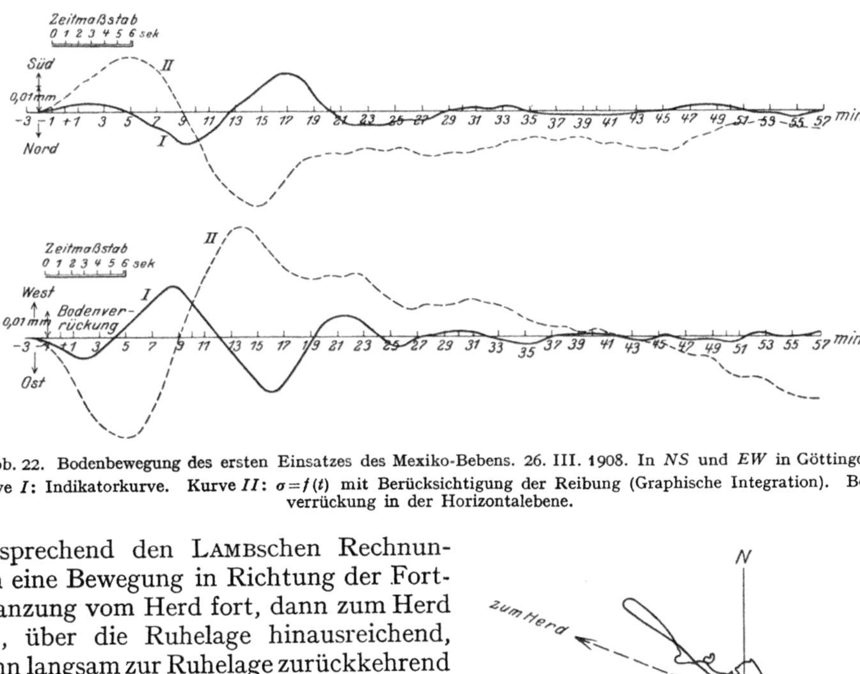


Abb. 22. Bodenbewegung des ersten Einsatzes des Mexiko-Bebens. 26. III. 1908. In $NS$ und $EW$ in Göttingen. Kurve $I$: Indikatorkurve. Kurve $II$: $\sigma = f(t)$ mit Berücksichtigung der Reibung (Graphische Integration). Bodenverrückung in der Horizontalebene.

entsprechend den LAMBschen Rechnungen eine Bewegung in Richtung der Fortpflanzung vom Herd fort, dann zum Herd hin, über die Ruhelage hinausreichend, dann langsam zur Ruhelage zurückkehrend (s. Abb. 22 u. 23).

Die Horizontalprojektion der Verschiebung erfolgt beim ersten Vorläufer, also im Azimut des Herdes.

**27. Erster Vorläufer; Emergenzwinkel der Bodenbewegung.** Der Longitudinalcharakter des ersten Vorläufers verlangt, daß die Deformation beim Be-

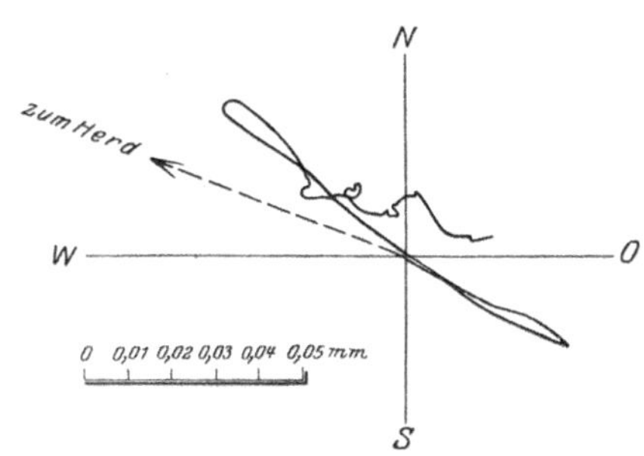


Abb. 23. Bodenbewegung des ersten Einsatzes des Mexiko-Bebens 26. III. 1908, in der Horizontalebene in Göttingen.

[1]) H. ARNOLD, Die Erdbewegungen während des I. Vorläufers eines Erdbebens. Dissert. Göttingen 1909. Leipzig 1909.

ginn des ersten Vorläufers senkrecht zur Wellenfront steht. Bildet der Strahl, d. i. die Normale zur Wellenfront, mit der Horizontalebene an der Austrittsstelle der Erdoberfläche den Winkel $e$ (in der Ebene des Strahles gelegen), so muß für Longitudinalwellen die Deformation in dieser Richtung $e$ erfolgen.

Die Größe $e$ läßt sich dann einmal aus den Deformationen berechnen

$$\operatorname{tg} \bar{e}_1 = \frac{A_Z}{\sqrt{A_N^2 + A_E^2}}, \tag{1}$$

wo $A_Z$, $A_N$ und $A_E$ die Amplituden der Verrückung in den drei Richtungen bedeuten. Da aber beim Stoß der Wellenfront gegen die Horizontalebene longi-

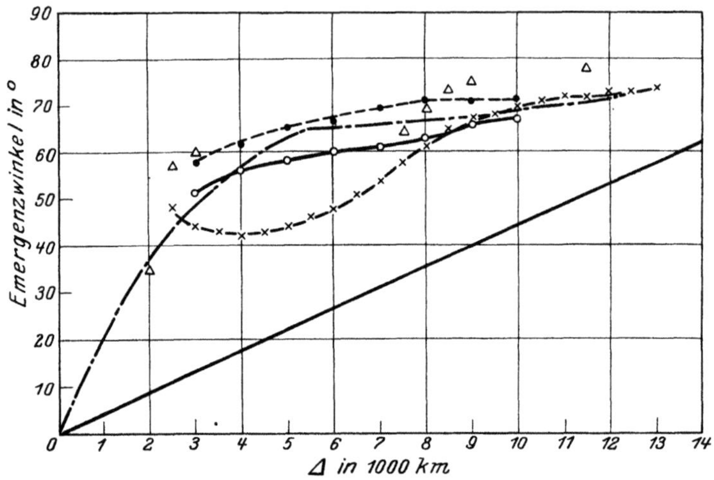


Abb. 24. Emergenzwinkel als Funktion der Herddistanz.

·—·—·— Emergenzwinkel berechnet aus der Laufzeitkurve nach GUTENBERG.
·—·—·— „ „ aus der Laufzeitkurve nach ZÖPPRITZ-GEIGER.
×—×—×— „ „ berechnet aus Amplituden nach GALITZIN.
○———○ „ „ „ „ „ „ „
△ „ „ „ „ „ „ SCHLÜTER.
——— „ „ der Sehne.

tudinale und transversale Reflexionen erfolgen, so ist statt $\bar{e}_1$ der verbesserte Wert $e_1'$ zu setzen, wobei

$$\cos e_1' = \frac{a}{b} \sqrt{\frac{1 - \sin \bar{e}_1}{2}}; \tag{2}$$

$a$ und $b$ sind die Geschwindigkeiten der longitudinalen und transversalen Welle. Andererseits ergibt sich $e$ aus der Laufzeitkurve nach dem BENNDORFschen Satze (siehe Ziff. 35) als Richtung der Normale der Wellenfront:

$$\cos e_2 = \mathfrak{v} \frac{dT}{d\Delta}. \tag{3}$$

Ist $e_1' = e_2$, so ist damit der longitudinale Charakter der Welle erwiesen.

Die folgende Tabelle gibt die Werte für $\bar{e}_1$, $e_1'$ und $e_2$ in Bogengraden für verschiedene Herdentfernungen.

Emergenzwinkel aus den Amplituden und aus der Laufzeitkurve berechnet für verschiedene Herdentfernungen.

| In km | 500 | 1000 | 2000 | 3000 | 4000 | 6000 | 8000 | 9000 | 10000 | 12000 |
|---|---|---|---|---|---|---|---|---|---|---|
| $\bar{e}_1$ aus Amplituden . . | | | | 44 | 42 | 48 | 62 | 67 | 70 | 73 |
| $e_1'$ (verbesserter Wert) . | | | | 47 | 45 | 51 | 65 | 70 | 73 | 76 |
| $e_2$ nach Laufzeitkurve (GEIGER u. ZÖPPRITZ) | 11 | 21 | 37 | 49 | 57 | 65 | 66 | 67 | 69 | 72 |
| $e_2$ nach Laufzeitkurve (GUTENBERG) . . . . | | | | 58 | 62 | 67 | 71 | 71 | 72 | |

Bei größeren Entfernungen (8000 km) ist $e_1' = e_2$, d. h. die Deformation fällt in Richtung der Wellennormale. (Siehe auch Abb. 24.)

Beim ersten Vorläufer $P$ liegt also erstens die Horizontalprojektion der Verschiebung im Azimut des Herdes, und zweitens erfolgt die Verschiebung in Richtung der Wellennormale. $P$ ist danach eine longitudinale Welle. Ist das erstere für die Erde als Ganzes erfüllt, so ist der Strahl stets eine ebene Kurve. Die Erde muß dann, falls sie geschichtet ist, in konzentrische Schalen angeordnet sein.

**28. Erster Vorläufer; Saug- und Druckwelle.** Die Erkenntnis, daß der erste Vorläufer eine Longitudinalwelle ist und daß die Verschiebung im Azimut $\alpha$ des Herdes erfolgt, d. h. der Laufstrahl (wenigstens für bestimmte Herddistanzen) eine ebene Kurve ist, kann nun auch benutzt werden, um die Richtung zum Herd zu bestimmen. Zur Berechnung des Azimutes des Herdes von der Beobachtungsstation aus steht dann die Gleichung

$$\operatorname{tg}\alpha = \frac{A_E}{A_N} \tag{1}$$

zur Verfügung. Doch bleibt hier unbestimmt, ob $\alpha$ oder $180° + \alpha$ zu wählen ist. Dies läßt sich entscheiden mit Hilfe der Vertikalkomponente. Die Vertikalkomponente zeigt, ob der erste Stoß von unten oder nach unten erfolgte, ob zuerst eine Druck- oder Saugwelle vom Herd ausging, ob also die erste Bewegung des ersten Vorläufers vom Herd fort oder zum Herd hin stattfand. Aus der Horizontal- und der Vertikalbewegung läßt sich somit das Azimut des Herdes eindeutig bestimmen.

Die Erfahrung lehrt, daß im allgemeinen die erste Bewegung eine Druckwelle ist; doch zeigt sich auch zuweilen vor dieser Druckwelle eine meist kleinere Saugwelle. Solche Bestimmungen des Azimutes des Herdes sind besonders zum Zweck der Herdbestimmung ausgeführt worden: 1907 von ANGENHEISTER[1]) zur Bestimmung des Herdes der Tongabeben, später von GALITZIN[2]) für größere Entfernungen.

**29. Zweiter Vorläufer; Schwingungswinkel.** Der erste Vorläufer ist eine longitudinale lineare Schwingungsbewegung in Richtung der Wellennormalen. Die Transversalität des zweiten Vorläufers bestimmt nur die Lage seiner Schwingungsebene, und zwar senkrecht zur Richtung der Fortpflanzung.

In einer homogenen oder homogen geschichteten Erde ist der Laufstrahl eine ebene Kurve in der Ebene durch Herd, Station und Erdmittelpunkt. Es fragt sich nun, welchen Winkel $\beta$ die Schwingungsebene des zweiten Vorläufers mit dieser Ebene bildet. Dies ist zuerst von GALITZIN[3]) untersucht worden. Für den Einfallwinkel des zweiten Vorläufers $i_S = 90° - e_S$ ergibt sich

$$\cos i_S = \sin i_P \cos\beta, \tag{1}$$

worin $i_P = 90° - e_1$ den wahren Einfallswinkel des ersten Vorläufers bedeutet. Es ergibt sich dann

$$\operatorname{tg}\beta = \operatorname{tg}\gamma \cos i_P, \tag{2}$$

worin $\gamma = \alpha_S - \alpha_P$ die aus den Seismogrammen bestimmbare Differenz des Azimutes des ersten und zweiten Vorläufers bedeutet;

$$\operatorname{tg}\alpha_{P,S} = \left(\frac{A_E}{A_N}\right)_{P,S}. \tag{3}$$

[1]) G. ANGENHEISTER, Bericht an die Ges. der Wissenschaften Göttingen.
[2]) B. GALITZIN, Vorlesungen über Seismometrie 1914, S. 401.
[3]) B. GALITZIN, Bull. Acad. Imp. Scienc. St. Petersburg 1911, S. 1019.

GALITZIN untersuchte die Frage an Beobachtungsmaterial aus Pulkowa, an Beben von der Herddistanz 2000 bis 10000 km, GUTENBERG[1]) an Göttinger Seismogrammen von der Herddistanz 7500 bis 9000.

Schwingungswinkel des zweiten Vorläufers.

| Nach GALITZIN | | | Nach GUTENBERG | |
|---|---|---|---|---|
| Herd | $\Delta$ in 1000 km | $\beta$ in ° | $\Delta$ in 1000 km | $\gamma$ in ° |
| Konstantinopel | 2,09 | − 57 | 7,4 | − 3 |
| Monastier | 2,26 | + 83 | 7,6 | + 2½ |
| Calitri | 2,33 | − 57 | 7,9 | − ½ |
| Kreta | 2,58 | − 78 | 8,2 | + 1 |
| Turkestan | 3,40 | − 58 | 8,2 | − 5½ |
| Ost-Turkestan | 3,44 | + 22 | 8,2 | + ½ |
| Nord-Afganistan | 3,46 | + 55 | 8,4 | + 3 |
| Nord-Afganistan | 3,84 | − 84 | 8,4 | + 5 |
| Nord-Beludschistan | 4,43 | + 17 | 8,9 | + ½ |
| Ochotskisch. Meer | 5,80 | + 21 | 9,0 | − 7½ |
| Jesso | 7,2 | − 13 | 9,0 | + 4½ |
| Süd-Japan | 7,2 | − 33 | 9,0 | + 1½ |
| Süd-Japan | 7,26 | − 36 | 9,1 | + 6 |
| Kioto | 7,43 | + 17 | 9,2 | + 5 |
| Kurilen | 7,47 | − 47 | 9,6 | + 2 |
| Formosa | 7,53 | − 77 | 9,7 | − ½ |
| Nippon | 7,71 | − 20 | | |
| Formosa | 7,77 | − 9 | | |
| Formosa | 8,27 | − 41 | | |
| Süd-Japan | 8,41 | + 3 | | |
| Kalifornien | 8,54 | − 80 | | |
| Mexiko | 9,44 | + 15 | | |
| Mexiko | 10,05 | + 8 | | |

Nach den obigen Angaben von GALITZIN schwankt $\beta$, der Winkel zwischen der Schwingungsebene von $S$ und der Ebene durch Epizentrum, Station und Erdmittelpunkt, in sehr großen Grenzen. Die Verschiebung erfolgt nicht stets in der gleichen Ebene $\beta =$ konst., sondern von Fall zu Fall in einer anderen, und man wird hiernach kaum von einer Polarisation seismischer Strahlen in einer bestimmten Ebene sprechen können. Im Gegensatz hierzu erfolgt nach den Untersuchungen von GUTENBERG die Verschiebung in einer Herddistanz von $\Delta = 7500$ bis 9700 km, sehr nahe in derselben Ebene wie die Longitudinalwellen. $\gamma$ schwankt nur zwischen $+6°$ und $-7^1/_2°$; $\beta$ zwischen $+5^1/_2°$ und $-7°$. Das ist innerhalb der Grenze der Beobachtungsfehler. Falls die Schwingung transversal zur Fortpflanzungsrichtung ist, würde dem eine Polarisation in der Einfallsebene entsprechen. Ob sie aber transversal erfolgt, ist hieraus nicht zu ersehen. Untersuchungen hierüber sind bisher mit Erfolg noch nicht ausgeführt worden.

**30. Das Geschwindigkeitsverhältnis von *P* und *S*.** Die Theorie des Erdbebenstrahles erlaubt die Bestimmung der Geschwindigkeiten von $P$ und $S$ in verschiedenen Tiefen. Wäre die Dichte des Mediums bekannt, so ergäben sich die Elastizitätskoeffizienten $E$ und $G$ getrennt. Weil dies im allgemeinen nicht der Fall ist, so läßt sich nur die Querkontraktionszahl $m = \frac{2(a^2 - b^2)}{a^2 - 2b^2}$ bestimmen. ZÖPPRITZ und GEIGER[2]) geben $m$ für verschiedene Tiefen wie nebenstehend.

| Tiefe in km | $m$ |
|---|---|
| 100 | 3,66 |
| 300 | 3,67 |
| 500 | 3,67 |
| 700 | 3,66 |
| 900 | 3,69 |
| 1100 | 3,70 |
| 1300 | 3,73 |

[1]) L. GEIGER u. B. GUTENBERG, Über Erdbebenwellen VI. Göttinger Nachr. 1912.
[2]) K. ZÖPPRITZ u. L. GEIGER, Erdbebenwellen III. Göttinger Nachr.

Der Wert von $m$ liegt in diesen Tiefen sehr nahe bei dem Wert $m = 4$, den er besitzen müßte, wenn das Medium vollkommen elastisch wäre. Man kann darin andererseits eine angenäherte Bestätigung der Annahme erblicken, daß $a$ und $b$ tatsächlich die Geschwindigkeiten longitudinaler und transversaler Wellen sind. Für $m = 4$ ist $a/b = 1{,}732$; für den obigen Wert $m = 3{,}67$ ist $a/b = 1{,}79$.

**31. Die Rayleighwellen.** Die Theorie liefert für die Rayleighwellen drei charakteristische Eigenschaften:

a) Die Schwingungsebene ist senkrecht zur Oberfläche und parallel zur Fortpflanzungsrichtung. Beim Beginn der Hauptphase treten bei Fernbeben Rayleighwellen auf. Die Verschiebung erfolgt sehr nahe in der von der Theorie geforderten Ebene. ANGENHEISTER[1]) fand bei pazifischen Beben

Azimut der Schwingungsebene der Rayleighwellen.

| Herddistanz km | Azimut der Schwingungsebene | Azimut des Herdes | Station | Herd |
|---|---|---|---|---|
| 7750 | N 23° E | N 36° E | Tiflis | Kurilen 1. V. 1915 |
| 7970 | N 30° W | N 23° W | Apia | „ 1. V. 1915 |
| 7550 | N 18° W | N 25° W | Apia | „ 7. IX. 1918 |

Das Seismogramm des Kurilenbebens (Abb. 19) zeigt, daß die Rayleighwellen gleichzeitig in der $NS$- und $Z$-Komponente beginnen und in der $EW$-Komponente später und viel schwächer einsetzen. Sie fangen an mit sehr langsamen Schwingungen sinkender Periode.

b) Das Verhältnis der vertikalen zur horizontalen Verschiebung bei den Rayleighwellen beträgt nach der Theorie 1,47. Diese Bedingung ist keineswegs immer erfüllt. GALITZIN[2]) fand aus 21 Messungen im Mittel $Z/H = 0{,}90$. MAINKA[3]) fand aus 80 Messungen im Mittel 0,91. Nach MAINKAS Untersuchungen liegen die Werte von $Z/H$ zum weitaus größten Teil zwischen 0,8 und 1,5; sie weisen zwei deutliche Maxima auf. Das größte bei 0,9 bis 1,0, das kleinere bei 1,4. Die Werte 0,9 bis 1,0 gehören zu den kleinsten Schwingungen.

Bei den besonders gut ausgeprägten Rayleighwellen des Kurilenbebens Abb. 19 betrugen in Samoa bei einer Periode von rund $30^s$ die Bodenbewegungen in $Z$ 12 mm und in $H$ 14 mm, also $Z/H = 0{,}85$. Dabei begann diese Phase mit einer Bewegung zum Herd hin (N 18 W und von unten nach oben).

c) Die Fortpflanzungsgeschwindigkeit der Rayleighwellen beträgt nach der Theorie $c = 0{,}92\, b$, worin $b$ die Geschwindigkeit der Transversalwellen bedeutet. Hierin ist vorausgesetzt, daß der POISSONsche Koeffizient $m = 4$ ist. Diese Bedingung ist nahezu erfüllt. $c$ ist, längs der Erdoberfläche gemessen, konstant, soweit das Oberflächenmaterial (Kontinentalboden, Ozeanböden) nicht wechselt. Die Ausbreitung erfolgt also längs der Oberfläche. Die Geschwindigkeit der Rayleighwellen wurde von ANGENHEISTER[4]) untersucht. Aus Aufzeichnungen der Kurilenbeben in Samoa ergab sich $c = 0{,}93\, b$.

**32. Die Schichtschwingungen.** Der größte Teil der Hauptphase besteht wahrscheinlich aus Schichtschwingungen der obersten Rinde. Zum Teil erfolgen diese Schichtschwingungen als horizontale Schwingungen quer zur Fortschreitungsrichtung (Querwellen). Sie sind dann als solche von den in der Fortschreitungsrichtung (mit $Z$-Komponente) schwingenden Rayleighwellen zu sondern. Die Samoaaufzeichnungen sehr entfernter Beben aus nördlichen Herden zeigen

[1]) G. ANGENHEISTER, Göttinger Nachr. 1921.
[2]) B. GALITZIN, Petersburg. Acad. Bull. 1911, S. 987.
[3]) C. MAINKA, Phys. ZS. Bd. XVI, S. 117. 1915.
[4]) G. ANGENHEISTER, Göttinger Nachr. 1906 u. 1921.

Rayleighwellen in der $NS$- und $Z$- und Querschwingungen in der $EW$-Komponente; umgekehrt zeigen Beben aus Osten Rayleighwellen in der $EW$- und $Z$-, und Querschwingungen in der $NS$-Komponente (Abb. 19, 25 und 26).

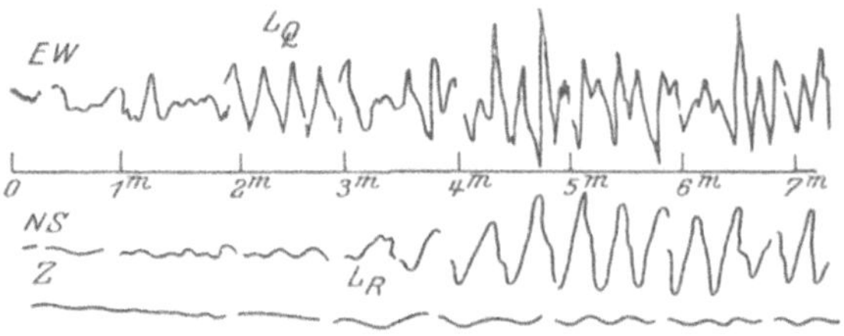


Abb. 25. Rayleighwellen und Querschwingungen bei einem Beben im Ochotkischen Meer. 31. VII. 1915. Horizontalkomponenten in Apia, Samoa. Herdentfernung 72°. Azimut des Herdes $N\,20°\,W$. Rayleighwellen $L_R$ in $NS$ und in $Z$. Querschwingungen senkrecht dazu in $EW$.

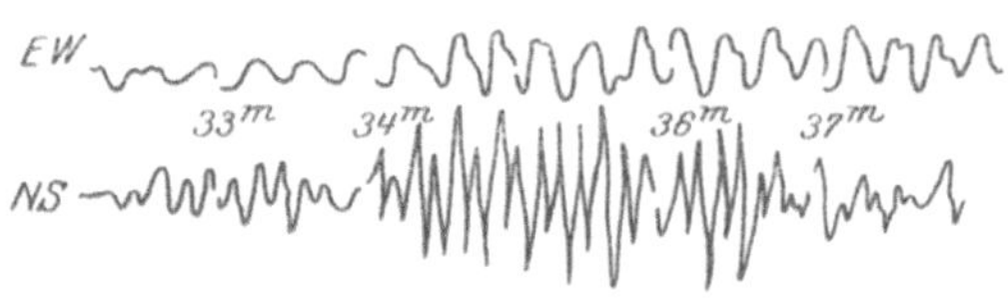


Abb. 26. Rayleighwellen und Querschwingungen beim Mexiko-Beben. 23. V. 1918. Horizontalkomponenten in Apia, Samoa. Herdentfernung 75°; Azimut des Herdes $E$ 22° $N$. Rayleighwellen in $EW$. Querschwingungen in $NS$.

**33. Übersicht.** Die Theorie zeigt, daß bei der Ausbreitung einer elastischen Störung in einer konzentrisch geschichteten Erde zwei Raumwellen auftreten, Kompressionswellen mit longitudinaler Verrückung und Scherungswellen mit transversaler Verrückung; ferner zwei Arten von Oberflächenwellen, Rayleighwellen mit elliptischer Schwingung parallel zur Einfallsebene und Schichtschwingungen mit transversaler Verrückung parallel zur Erdoberfläche. Die Theorie liefert auch eine Formel für die Geschwindigkeiten dieser Wellen und das Dispersionsgesetz der Oberflächenwellen.

Die Beobachtung der instrumentellen Aufzeichnungen von Erdbeben lehrt, daß zwei Vorläufer $P$ und $S$ und zwei Arten von Hauptwellen $L_Q$ und $L_R$ auftreten. Die Verrückung des ersten Vorläufers $P$ erfolgt senkrecht zur Wellenfront; ihre Horizontalkomponente liegt im Azimut des Herdes. Es sind Longitudinalwellen. Die Verrückungen des zweiten Vorläufers $S$ erfolgen in großer Entfernung (über 7000 km) vom Herd in der Einfallsebene; ob transversal, ist nicht festgestellt. Für die Geschwindigkeit $a$ des ersten und $b$ des zweiten Vorläufers gilt sehr nahe $\frac{a}{b} = \sqrt{3}$, wie es die Theorie für Kompressions- und Scherungswellen in vollkommenen elastischen Medien fordert. Die Hauptphase der Erdbebendiagramme enthält elliptische Schwingungen von der Art der Rayleighwellen mit Verrückungen parallel zur Einfallsebene, die ungefähr mit der von der Theorie geforderten Geschwindigkeit, $c = 0{,}92\,b$, längs der Erdoberfläche fortschreiten; indes ist das Verhältnis der vertikalen zur horizontalen Verrückung wesentlich kleiner als der theoretische Wert 1,47. Neben diesen zeigt die Hauptphase Horizontalschwingungen senkrecht zur Fortschreitungsrichtung ohne Vertikalkomponente, Schichtschwingungen. Auch die für die kugelförmige Erde zu erwartende Wiederkehr der Oberflächenwellen nach dem Durchgang durch den Gegenpunkt ist in Seismogrammen starker Beben enthalten. Die Theorie zeigt, daß beim Durchgang einer Störung durch eine Grenzfläche vier Arten von Wellen entstehen: gebrochene und reflektierte Longitudinal- und Transversalwellen. Die Theorie liefert auch für ein vollkommen elastisches Medium die Amplituden und Energieanteile der direkten und reflektierten Welle bei Reflektion an der Erdoberfläche. Die Erdbebendiagramme zeigen Einsätze, die, wie ihre Laufzeiten lehren, als Reflexion von $P$ und $S$ gedeutet werden müssen.

Nachdem in wesentlichen Punkten die physikalische Natur der Erdbebenwellen geklärt ist, lassen sich diese für die Erkenntnis des Aufbaues des Erdinnern verwerten. Die seismische Beobachtung der Raumwellen liefert die Geschwindigkeit als Funktion der Tiefe. Die Theorie erlaubt dann, bei vorgegebener Dichteverteilung die Elastizitätskonstante abzuleiten oder bei gegebener Starrheit die Dichte. Sehr wesentlich für die Erkenntnis des Aufbaues ist auch die Frage, ob die Geschwindigkeitsänderung kontinuierlich oder sprungweise erfolgt; ob sich der Aufbau des Erdinnern kontinuierlich oder sprungweise ändert. Die Beobachtung liefert die Dispersion der Rayleighwellen und Schichtschwingungen; die Theorie ermittelt daraus die Schichtdicke der obersten Erdkruste. Das beobachtete Amplitudenverhältnis direkter und reflektierter Wellen als Funktion der Herddistanz gibt Auskunft, wie weit das Erdinnere homogen ist; es zeigt sprunghafte Änderung, sobald die tiefertauchende direkte Welle eine Schichtgrenze trifft. Hiermit hat sich ZÖPPRITZ, GEIGER und besonders GUTENBERG beschäftigt[1]).

## III. Die Geometrische Ausbreitung der Erdbebenwellen im Erdinnern.

**34. Vorbemerkung.** Die Ausbreitung der Erdbebenraumwellen (erster und zweiter Vorläufer) kann zur Erforschung der physikalischen Natur des Erdinnern verwendet werden. Nimmt die Geschwindigkeit mit der Tiefe zu, so verlaufen die Wellennormalen konkav zur Erdoberfläche. Je weiter man sich vom Erdbebenherd entfernt, um so tiefer werden im allgemeinen die wieder auftauchenden Wellen ins Innere eingedrungen sein. Die Scheiteltiefen der auftauchenden Strahlen wachsen mit der Herdentfernung. Ihre Laufzeiten sind durch die durchlaufene Weglänge und durch die Geschwindigkeitsverteilung mit der Tiefe bedingt. Diese Geschwindigkeitsverteilung mit der Tiefe wird gesucht. Sie gibt Aufschluß über die Schichtung des Erdinnern. Sie läßt sich ermitteln, wenn für alle Strahlen, die in den verschiedenen Herdentfernungen auftauchen, Scheiteltiefe und Scheitelgeschwindigkeit angegeben werden können. Hierzu muß die Form des Wellenstrahles bekannt sein.

Die Beobachtung liefert die Laufzeiten als Funktion der Herdentfernung. Das ist die Laufzeitkurve. Aus ihr ist also die Scheiteltiefe und die Scheitelgeschwindigkeit für jeden Strahl abzuleiten. Daraus ergibt sich die Geschwindigkeit als Funktion der Tiefe.

Dies Problem ist mehrfach behandelt worden[2]). Für die praktische Berechnung ist die in folgendem dargestellte Methode von WIECHERT besonders geeignet. Bei den großen Drucken im Erdinnern ($3 \cdot 10^6$ Atmosphären im Erdmittelpunkt) ist jedenfalls in großen Tiefen eine Anisotropie unwahrscheinlich. Zur Vereinfachung sei zunächst die Annahme einer isotropen, jedoch konzentrisch geschichteten, kugelförmigen Erde mit oberflächlichem, punktförmigen Herd erlaubt.

Wir benutzen folgende Bezeichnungen:

$r$, $\Theta$ Polarkoordinaten des Laufstrahls vom Erdmittelpunkt aus,
$i$ Neigung des Laufstrahls gegen $r$ im Niveau $r$,
$v$ Geschwindigkeit des Laufstrahls im Niveau $r$,
$\bar{i}, \bar{v}, \bar{r}$ Werte von $i, v, r$ an der Erdoberfläche,

[1]) K. ZÖPPRITZ, L. GEIGER u. B. GUTENBERG, Göttinger Nachr. 1912, S. 121 u. B. GUTENBERG, Gerlands Beiträge z. Geophysik Bd. 17, S. 356. 1927.

[2]) A. SCHMIDT, Ver. f. Vaterl. Naturk. Württemberg 1888, S. 219; M. P. RUTZKI, Gerlands Beitr. z. Geophys. Bd. 3. 1898, S. 495; W. LASKA, Wiener Ber.; Mitt. d. Erdbebenkommission Bd. 23. 1904; H. BENNDORF, ebenda Bd. 29 u. 31. 1905 u. 1906; v. KÖVESLIGETHY, Seismonia. Modena 1906; E. WIECHERT u. K. ZÖPPRITZ, Göttinger Nachr. 1907; E. WIECHERT u. L. GEIGER, Phys. ZS. Bd. 11, S. 294. 1910; G. HERGLOTZ, ebenda Bd. 8, S. 145. 1907; H. BATEMAN, ebenda Bd. 11, S. 96. 1910; S. MOHOROVICIC, Gerlachs Beitr. Bd. 13, S. 217. 1914; Bd. 14, S. 187. 1915; B. GALITZIN, C. R. d. séances Comm. sism. perman. Acad. d. Sc. Petrograd Bd. 7, S. 2. 1919.

$i_s\ v_s\ r_s$ Werte von $i$, $v$, $r$ im Scheitelpunkt des Laufstrahls,
$T$ Laufzeit der Welle vom Herd zur Station,
$\Delta$ Entfernung vom Herd zur Station, auf der Erdoberfläche gemessen,
$\mathfrak{V} = \frac{d\Delta}{dT}$ scheinbare Oberflächengeschwindigkeit,
$\mathfrak{V}_\Delta$ Wert von $\mathfrak{V}$ in der Herdentfernung $\Delta$,
$\mathfrak{V}_r$ Wert von $\mathfrak{V}$ in der Herdentfernung $\Delta_r$, wo derjenige Strahl auftaucht, dessen Scheitel im Niveau $r$ liegt,
$\bar{i}_\Delta, \bar{i}_r$ Wert von $\bar{i}$ an der Erdoberfläche in der Entfernung $\Delta$ und $\Delta_r$,
$p = \mathfrak{V}_r/\mathfrak{V}_\Delta$,
$\Delta_i$, $t_i$ Herdentfernung und Laufzeit des Inflexionspunktes der Laufzeitkurve,
$h$ Herdtiefe,
$t_0$ Laufzeit vom Herd zum Epizentrum,
$e_{1,2,3\ldots} = 90° - i_{1,2,3\ldots}$ = Emergenzwinkel des Laufstrahls in der Schicht 1, 2, 3.
$\varrho_{1,2,3\ldots}$ = Krümmungshalbmesser des Laufstrahls in der Schicht 1, 2, 3.

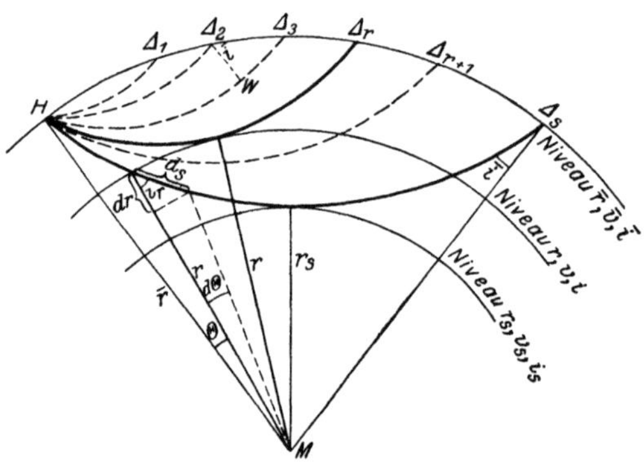


Abb. 27. Zur Ableitung der Strahlgleichung.

**35. Mathematische Bestimmung der Bahn der Raumwellen; die Strahlgleichung.** Als Gleichung der Wellennormale, des Strahles, kann die aus der Optik bekannte Refraktionsgleichung für ein isotropes, konzentrisch geschichtetes Medium benutzt werden (Abb. 27):

$$\frac{r}{v}\sin i = \frac{\bar{r}}{\bar{v}}\sin\bar{i} = \frac{r_s}{v_s} = c\,. \qquad (1)$$

Es bedeutet hierin $r$ die Entfernung vom Erdmittelpunkt, $v$ die Wellengeschwindigkeit, $i$ die Strahlenneigung im Niveau $r$, $c$ eine für den Strahl charakteristische Konstante; $\bar{r}$, $\bar{v}$, $\bar{i}$ bedeuten diese Werte für die Erdoberfläche; $r_s$, $v_s$, $i_s$ für den Scheitelpunkt des Strahles, in dem $i_s = 90°$ wird.

Die Beobachtung der Eintrittszeiten der Wellen an verschiedenen Stationen liefern die Laufzeit $T$ der Welle vom Herd zur Station als Funktion der Herdentfernung $\Delta$. Die aus der Tiefe ankommende Wellenfläche schreitet längs der Oberfläche fort mit einer scheinbaren Oberflächengeschwindigkeit $\mathfrak{V} = \frac{d\Delta}{dT}$. Die Wellenfront $W\Delta_2$ (s. Abb. 27) trifft unter $\bar{i}$ gegen die Oberfläche $\Delta_2\Delta_3$. Sie durchläuft $W\Delta_3$ in der Zeit $dt$ mit der an der Oberfläche geltenden Raumgeschwindigkeit $\bar{v}$. In derselben Zeit $dt$ schreitet die Welle längs der Oberfläche fort von $\Delta_2$ bis $\Delta_3$ mit der scheinbaren Oberflächengeschwindigkeit $\mathfrak{V}$. Somit ist

$$\sin\bar{i} = \frac{\bar{v}}{\mathfrak{V}} \qquad (1)$$

(BENNDORFscher Satz), und es folgt

$$\frac{\bar{r}}{\mathfrak{V}} = \frac{r_s}{v_s} \qquad (2)$$

Längs eines beliebigen Strahles, der in der Herddistanz $\Delta_s$ auftaucht, gilt hier für die beiden Niveaus $r$ und $r_s$ ($r_s$ = Scheiteltiefe):

$$\frac{r}{v}\sin i = \frac{r_s}{v_s} = \frac{\bar{r}}{\mathfrak{V}_\Delta}; \qquad (3)$$

$\mathfrak{B}_\Delta$ bedeutet $\frac{d\Delta}{dT}$ in der Herddistanz $\Delta_s$. Der Wert $r/v$ für das Niveau $r$ läßt sich nun bestimmen. Ein anderer Strahl, dessen Scheiteltiefe nämlich nur bis zum Niveau $r$ hinabreicht, taucht in einer geringeren Herddistanz $\Delta_r$ auf. Dort sei $\frac{d\Delta_r}{dT} = \mathfrak{B}_r$. Für diesen Strahl ist $\sin i_r = 1$, und daher

$$\frac{r}{v} = \frac{\bar{r}}{\mathfrak{B}_r}. \tag{4}$$

Diese Gleichung gibt noch nicht $v$ als Funktion von $r$, sondern nur $r/v$ abhängig von $\mathfrak{B}_r$ oder — nach Zuziehung der Laufzeitkurve — als Funktion von $\Delta_r$. Nach (3) und (4) gilt für den Strahl nach $\Delta_s$ die Beziehung

$$\sin i_r = \frac{\mathfrak{B}_r}{\mathfrak{B}_\Delta}. \tag{5}$$

$i_r$ ist jetzt die Neigung der Wellennormalen in einem beliebigen Niveau $r$; $\mathfrak{B}_r$ und $\mathfrak{B}_\Delta$ sind die scheinbaren Oberflächengeschwindigkeiten von Strahlen, die bis zu diesem Niveau $r$ und bis zum Niveau $r_s$ hinabreichen und bei $\Delta_r$ und $\Delta_s$ auftauchen.

$\mathfrak{B}_\Delta$ ist der bestimmte Wert von $\mathfrak{B}$ für die Herddistanz $\Delta_s$ des betrachteten Strahles. $r$ und $\mathfrak{B}_r$ sind zusammengehörig und variabel; für den Scheitelpunkt des Strahles ist $r = r_s$ und $\mathfrak{B}_r = \mathfrak{B}_\Delta$; für die Oberfläche ist $r = \bar{r}$ und $\mathfrak{B}_r = \bar{v}$, und zwar ist $\bar{v}$ die Raumgeschwindigkeit nahe der Oberfläche, die aus Nahbebenbeobachtungen für $\Delta = 0$ extrapoliert werden kann.

Die Größe $r_s$ muß jetzt als Funktion von $\Delta_s$ dargestellt werden. Die Polarkoordinaten des Strahles vom Erdmittelpunkt aus sind $r$ und $\Theta$; $\Theta$ ist gezählt von der Richtung des Radiusvektors zum Herd; $i_r$ ist die Strahlneigung gegen den Radiusvektor $r$ zum Erdmittelpunkt (s. Abb. 27). Es ist dann

$$\sin i_r = \frac{r\,d\Theta}{ds}, \qquad \cos i_r = \frac{dr}{ds}, \tag{6}$$

$$d\Theta = \frac{dr}{r}\operatorname{tg} i_r = \pm\frac{dr}{r}\,\frac{\sin i_r}{\sqrt{1-\sin^2 i_r}} = \pm\frac{dr}{r}\,\frac{\frac{1}{\mathfrak{B}_\Delta}}{\sqrt{\left(\frac{1}{\mathfrak{B}_r}\right)^2-\left(\frac{1}{\mathfrak{B}_\Delta}\right)^2}}. \tag{7}$$

Der Wert von $\Theta$ vom Scheitelpunkt des Strahles $r = r_s$ bis zur Oberfläche $r = \bar{r}$ ist $\Theta = \frac{\Delta}{2\bar{r}}$, also:

$$\frac{\Delta}{2\bar{r}} = \frac{1}{\mathfrak{B}_\Delta}\int\limits_{\mathfrak{B}_r=\mathfrak{B}_\Delta,\; r=r_s}^{\mathfrak{B}_r=\bar{v},\; r=\bar{r}} \frac{d\log\operatorname{nat} r}{\sqrt{\left(\frac{1}{\mathfrak{B}_r}\right)^2-\left(\frac{1}{\mathfrak{B}_\Delta}\right)^2}}. \tag{8}$$

Setzt man $\left(\frac{1}{\mathfrak{B}_r}\right)^2 = \xi$ und $\left(\frac{1}{\mathfrak{B}_\Delta}\right)^2 = x$, so wird

$$\frac{\Delta}{2\bar{r}}\,\mathfrak{B}_\Delta = \int\limits_{\xi=x}^{\xi=\left(\frac{1}{\bar{v}}\right)^2} \frac{\frac{d}{d\xi}(\log\operatorname{nat} r)}{\sqrt{\xi-x}}\,d\xi. \tag{9}$$

**36. Anwendung der ABELschen Integralgleichung.** Die letzte Gleichung hat die Form der ABELschen Integralgleichung

$$f(x) = \int_x^a \frac{u(\xi)}{(\xi - x)^\lambda} d\xi \qquad (0 \lesseqgtr \lambda \lesseqgtr 1).$$

Ihre Lösung ist

$$u(\xi) = \frac{\sin \pi\lambda}{\pi} \frac{d}{d\xi} \int_\xi^a \frac{f(x)}{(x - \xi)^{1-\lambda}} dx. \tag{1}$$

Der Parameter $x$ und die Integrationsvariable $\xi$ haben jetzt ihre Rollen vertauscht. Dies Verfahren ermöglicht die Lösung von (8) bzw. (9). Für

$$f(x) = \frac{\varDelta \mathfrak{B}_\varDelta}{2\bar{r}}, \qquad u(\xi) = \frac{d}{d\xi}(\log\operatorname{nat} r), \qquad a = \frac{1}{\bar{v}^2}, \qquad \lambda = \frac{1}{2}$$

folgt als Lösung der Strahlgleichung

$$\frac{d}{d\xi}(\log\operatorname{nat} r) = \frac{1}{2\bar{r}\pi} \frac{d}{d\xi} \int_{x=\xi}^{\left(\frac{1}{\bar{v}}\right)^2} \frac{\varDelta \mathfrak{B}_\varDelta}{\sqrt{x - \xi}} dx$$

integriert nach $\xi$:

$$\log\operatorname{nat} \frac{\bar{r}}{r} = \frac{1}{2\bar{r}\pi} \int_\xi^{\left(\frac{1}{\bar{v}}\right)^2} \frac{\varDelta \mathfrak{B}_\varDelta}{\sqrt{x - \xi}} dx.$$

Für die Grenze $\left(\frac{1}{\bar{v}}\right)^2$ ist $\mathfrak{B}_\varDelta = \bar{v}$ und $\varDelta = 0$; für die Grenze $\xi = \left(\frac{1}{\mathfrak{B}_r}\right)^2$ hat $\varDelta$ den Wert $\varDelta_r$, der zu dem Strahl gehört, dessen Scheitel im Niveau $r$ liegt. Nach Einsetzen der Werte von $\xi$ und $x$, einfacher Umformung und Vertauschen der Grenzen folgt:

$$\log\operatorname{nat} \frac{\bar{r}}{r} = -\frac{1}{\pi\bar{r}} \int_{\varDelta=0}^{\varDelta=\varDelta_r} \frac{\varDelta\, d\frac{\mathfrak{B}_r}{\mathfrak{B}_\varDelta}}{\sqrt{\left(\frac{\mathfrak{B}_r}{\mathfrak{B}_\varDelta}\right)^2 - 1}}.$$

Diese Gleichung gibt die Scheiteltiefe $r$ eines Strahles als Funktion von $\varDelta_r$.

Bei Einführung von $\frac{\mathfrak{B}_r}{\mathfrak{B}_\varDelta} = p$ folgt

$$\log\operatorname{nat} \frac{\bar{r}}{r} = -\frac{1}{\pi\bar{r}} \int_{\varDelta=0}^{\varDelta=\varDelta_r} \varDelta\, d\,\mathfrak{Ar}\mathfrak{Cos}\, p;$$

nach partieller Integration und Einsetzen der Grenzen bleibt übrig nur

$$\log\operatorname{nat} \frac{\bar{r}}{r} = \frac{1}{\pi\bar{r}} \int_{\varDelta=0}^{\varDelta=\varDelta_r} q\, d\varDelta, \quad \text{wobei} \quad p = \mathfrak{Cos}\, q. \tag{2}$$

**37. Gang der Rechnung zur Bestimmung der Scheiteltiefe und Scheitelgeschwindigkeit.** Die Berechnung von $r$ nach dieser Formel erfolgt am einfachsten auf folgendem Wege. Die Beobachtung gibt die Laufzeitkurve, d. i. die Laufzeit $T$ als Funktion von $\varDelta$. Aus ihr lassen sich für eine genügende Anzahl von $\varDelta$-Werten die zugehörigen $\mathfrak{B}$-Werte entnehmen und $\mathfrak{B}$ als Funktion von $\varDelta$ graphisch darstellen. Das ist die Geschwindigkeitskurve.

Es soll nun ein bestimmter Strahl betrachtet werden, z. B. derjenige, der in der Herddistanz $\Delta_r$ auftaucht, wo $\frac{d\Delta}{dT} = \mathfrak{V}_r$ ist und dessen Scheitel im Niveau $r$ liegt. Für diesen Strahl bildet man aus der Geschwindigkeitskurve für eine Anzahl von $\Delta$-Werten die Quotienten $\frac{\mathfrak{V}_r}{\mathfrak{V}_\Delta} = \frac{\sin \bar{i}_\Delta}{\sin \bar{i}_r} = \mathfrak{Cos}\, q$; die Größen $\bar{i}_r$ und $\bar{i}_\Delta$ sind hier die Einfallswinkel der Strahlen an der Erdoberfläche in der Herdentfernung $\Delta_r$ und $\Delta$, $\mathfrak{V}_\Delta$ ist der variable Wert von $\mathfrak{V}$ für $\Delta$-Werte zwischen $\Delta = 0$ und $\Delta = \Delta_r$; $\mathfrak{V}_r$ ist der konstante Wert von $\mathfrak{V}$ für die Entfernung $\Delta = \Delta_r$, in der der betrachtete Strahl auftaucht. Die Werte von $\mathfrak{Cos}\, q$ lassen sich aus Tabellenwerken (z. B. SMITHONIAN math. tables Washington 1909) entnehmen.

Zur Auswertung der Flächenintegrale $\int q\, d\Delta$ wird $q$ als Funktion von $\Delta$ aufgetragen und mechanisch-rechnerisch oder graphisch integriert. Geeignet erwies sich für größere $\Delta$-Werte die rechnerische Integration nach der SIMPSONschen Regel; für kleinere $\Delta$-Werte die graphische Integration (Treppenkurve).

Ist die Scheiteltiefe $r$ für den Strahl, der bei $\Delta_r$ auftaucht, ermittelt, so ergibt sich die zugehörige Scheitelgeschwindigkeit $v_s$ aus

$$v_s = \frac{r}{\bar{r}}\, \mathfrak{V}_r\,.$$

**38. Berücksichtigung der Herdtiefe.** Die anfängliche einschränkende Bedingung, daß der Erdbebenherd auf der Erdoberfläche liegt, wurde zuerst von MOHOROVIČIĆ[1]) beseitigt. Er löste das nun allgemeinere Problem mit Hilfe einer bestimmten Eigenschaft der Laufzeitkurve. Diese besitzt einen Inflexionspunkt, dessen Herddistanz von der Herdtiefe abhängt. Liegt der Herd im Innern, so muß schon wegen der Kugelgestalt der Erde die Laufzeitkurve einen Inflexionspunkt besitzen. Betrachtet man die Strahlen, die den Herd $H$ nach entgegengesetzter Richtung verlassen, also z. B. (Abb. 28) $H\Delta_1$ und $H\Delta_1'$, so bilden sie zusammen einen Strahl $\Delta_1 H \Delta_1'$, der einem an der Oberfläche in $\Delta_1$ gelegenen Herde entsprechen würde. Von allen möglichen Strahlen besitzt der zum Herd $H$ symmetrische $\Delta_i H \Delta_i'$ den höchstgelegenen Scheitel. Nimmt die Geschwindigkeit nach innen zu, so muß die Scheitelgeschwindigkeit für diesen Strahl $v_s$ den niedrigsten Wert von den Scheitelwerten aller Strahlen besitzen. Für $\Delta_i$ muß $\mathfrak{V} = \frac{\bar{r}}{r_s} v_s$ ein Minimum zeigen, was ohne weiteres schon daraus folgt, daß die Scheitelpunkte für alle anderen Strahlen tiefer liegen und somit für diese sowohl $v_s$ wie auch $\bar{r}/r_s$ größer sind. In $\Delta = \Delta_i$ hat also die Laufzeitkurve eines von $H$ ausgehenden Bebens einen Inflexionspunkt. Meist ist der Inflexionspunkt wenig deutlich ausgeprägt; darin liegt die Schwäche dieser Methode. Für $\Delta_1 H \Delta_1'$ sind die Emergenzwinkel in $\Delta_1$ und $\Delta_1'$ einander gleich, $e_1 = e_1'$, und damit die zugehörigen Oberflächengeschwindigkeiten. Der Wert von $\mathfrak{V}$ nimmt ab vom Epizentrum $E$ bis zum Inflexionspunkt $\Delta_i$, um dann wieder anzusteigen. Es korrespondieren zwei gleiche Werte von $\mathfrak{V}$ (ebenso wie von $e$), von denen der eine zu einem $\Delta$ innerhalb $E\Delta_i$, der andere zu einem $\Delta$ außerhalb gehört. Diese beiden gleichen Werte von $\mathfrak{V}$ und $e$ gehören zum selben Strahl. So sind

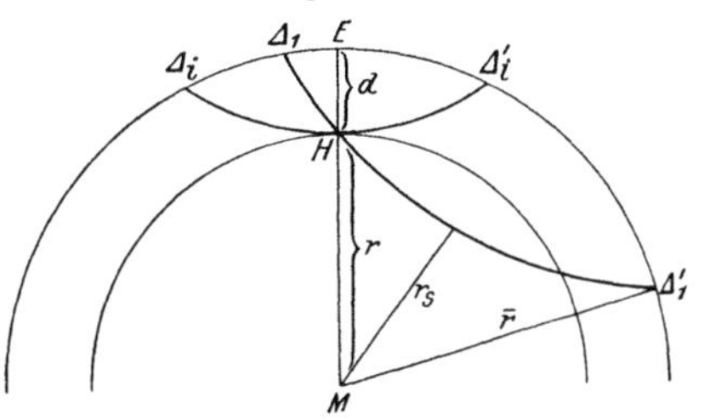


Abb. 28. Berücksichtigung der Herdtiefe. Strahlengang für einen tiefgelegenen Herd.
$H$ Herd. $E$ Epizentrum. $M$ Erdmittelpunkt. $d$ Herdtiefe. $E\Delta_i$ Epizentralentfernung des Inflexionspunktes der Laufzeitkurve.

[1]) S. MOHOROVIČIĆ, l. c.

die zusammengehörigen Endpunkte eines Strahles aus der Kurve, die $\mathfrak{B}$ als Funktion der Herddistanz $\varDelta$ gibt, zu entnehmen.

Es sei die Laufzeit von $H$ nach $E$ gleich $t_0$, von $H$ nach $\varDelta_1$ gleich $t_0 + t_1$, von $H$ nach $\varDelta_1'$ gleich $t_0 + t_1'$, so ist die Laufzeit $T_1$ eines gedachten Laufstrahls von $\varDelta_1$ nach $\varDelta_1'$:

$$T_1 = t_1 + t_1' + 2t_0; \tag{1}$$

$t_1$ ($t_1'$) ist hier die Differenz der Eintrittszeiten in $E$ und $\varDelta_1$ ($\varDelta_1'$).

Ferner bedeuten $\varDelta_1$ und $\varDelta_1'$ nun auch die Entfernung vom Epizentrum $E$:

$$\varDelta_1 + \varDelta_1' = D_1. \tag{2}$$

Man kann nun für jeden Wert von $D$ zwischen 0 und 180° einen Strahl zeichnen, der durch $H$ geht. Der eine seiner Endpunkte liegt zwischen $E$ und $\varDelta_i$, der andere außerhalb. Jeder dieser Strahlen entspricht einem Erdbeben an der Oberfläche in der Entfernung $D$. Man kann für diese Strahlen eine Laufzeitkurve zeichnen; es ist die auf einen Herd in der Oberfläche reduzierte Laufzeitkurve. Die zusammengehörige Herdentfernung und Laufzeiten sind

$$\left.\begin{aligned} D_1 &= \varDelta_1 + \varDelta_1'; & T_1 &= t_1 + t_1' + 2t_0, \\ D_2 &= \varDelta_2 + \varDelta_2'; & T_2 &= t_2 + t_2' + 2t_0, \\ D_3 &= \varDelta_3 + \varDelta_3'; & T_3 &= t_3 + t_3' + 2t_0, \end{aligned}\right\} \tag{3}$$

usw.

Die Beobachtungen geben erstens die korrespondierenden Werte $\varDelta_1$, $\varDelta_1'$; $\varDelta_2$, $\varDelta_2'$ usw. als die korrespondierenden Herddistanzen innerhalb und außerhalb $E\varDelta_i$, in denen $\mathfrak{B}$ denselben Wert hat; zweitens die zu diesen Herddistanzen gehörigen Werte $t_1, t_1'$; $t_2, t_2'$ usw. Das sind die Differenzen der Eintrittszeiten gegenüber der Eintrittszeit $t_0$ im Epizentrum. Der für alle Strahlen konstante Wert von $t_0$ ist unbekannt. Es ist die individuelle Konstante für die Herdtiefe $EH$. Der Koordinatenanfang der Laufzeitkurve bleibt somit zunächst in bezug auf die $T$-Achse unbestimmt. Den ersten Punkt der reduzierten Laufzeitkurve liefert der symmetrisch durch den Herd verlaufende Strahl, der dem Inflexionspunkt der unreduzierten Laufzeitkurve entspricht: $D_i = 2\varDelta_i$; $T_i = 2(t_0 + t_i)$. Zu jeder Herdtiefe gehört ein bestimmter Wert von $D_i$, $t_i$ und $t_0$, somit eine reduzierte Laufzeitkurve, die erst in der Distanz $\varDelta_i$ beginnt. Liegen nun weitere Laufzeitkurven von Beben geringerer Herdtiefe, also auch geringerer Inflexionsdistanz $\varDelta_i$, vor, so läßt sich die reduzierte Laufzeitkurve entsprechend näher an den Koordinatenanfang heranführen. Für das letzte Stück ist eine geradlinige Extrapolation der reduzierten Laufzeitkurve bis zum Schnitt mit der $T$-Achse zulässig.

Da für die Herdtiefe $h_0 = 0$ die Größen $D$, $t_i$ und $t_0$ gleich Null werden, so muß die reduzierte Laufzeitkurve parallel mit sich längs der $T$-Achse verschoben werden, bis der Schnittpunkt in den Anfang $D_0$ fällt.

Die Berechnung der Scheiteltiefe und Scheitelgeschwindigkeit erfolgt jetzt nach der WIECHERT-HERGLOTZschen Methode. Insbesondere ergibt sich die Herdtiefe eines Bebens als die Scheiteltiefe des symmetrischen Strahles im unreduzierten Problem, der in der Inflexionsdistanz $\varDelta_i$ auftaucht. Für ihn gilt im reduzierten Problem

$$\log\operatorname{nat}\frac{\bar{r}}{r} = \frac{1}{\pi r}\int\limits_{D=0}^{D=D_i} \mathfrak{q}\, dD, \tag{4}$$

worin $\mathfrak{q}$ die analoge Bedeutung wie im unreduzierten Problem besitzt.

Der Bebenstrahl des Oberflächenbebens, der in der Herddistanz $2\varDelta_i$ auftaucht, taucht bis zum Niveau $r$ hinab. Seine Laufzeit ist also $2T_i$. Man verschiebt die reduzierte ($T_0$) Laufzeitkurve parallel mit sich selbst bis zum Schnitt mit der beobachteten ($T$) bei $\Delta_i$. Dann geben die Differenzen für $\delta = T - T_0$ ein Maß für die Herdtiefe.

**39. Berechnung der Herdtiefe unter vereinfachten Annahmen.** Innerhalb der erreichten Meßgenauigkeit lassen sich für die kleinen Herddistanzen sowohl die Strahlen eines Bebens mit Herd in der Oberfläche wie auch mit Herd in der Tiefe $h$ als geradlinig ansehen. Auch kann hier von der Krümmung der Erdoberfläche abgesehen werden. Die Laufzeiten lassen sich dann angeben. Es ergibt sich als Differenz der Laufzeiten zwischen beiden für die Herddistanz $\Delta$

$$\delta = \frac{\Delta}{v_1}\sqrt{1 + \frac{h^2}{\Delta^2}} - \frac{\Delta}{v_0}. \qquad (1)$$

Innerhalb der erreichten Meßgenauigkeit von 1 sec stimmen diese Zahlen mit den von anderen Forschern auf umständlicherem Wege errechneten.

Für $v_0$ soll der Oberflächenwert von $v$ eingesetzt werden. Da dieser lokal variabel ist, hat es zunächst wenig Wert, genauere Rechnungen anzustellen, ohne daß dieser lokale Wert berücksichtigt wird, was bisher nicht geschehen ist. Für $v_1$ ist ein Mittelwert von $v$ für die oberste Schicht bis zur Tiefe $h$ einzusetzen. Für die Herddistanz $\Delta = 0$ gibt $h = \delta v_1$ die Herdtiefe.

Es liegen noch eine Anzahl weiterer Versuche vor, die den Einfluß der Herdtiefe auf die Laufzeit berücksichtigen oder aus Laufzeitkurven verschiedener Herdtiefe auf diese zu schließen[1]).

Meist dient der Inflexionspunkt der Laufzeitkurve als Hilfsmittel. Da dieser nur unsicher bestimmt werden kann, sind die Resultate recht unzuverlässig. Die oft benutzte Annahme konstanter Geschwindigkeit und damit geradliniger Strahlen im betrachteten Bereich ist weniger schädlich. Die bisherige Beobachtung an oberflächlichen Herden (Explosionen) geben für die ersten 300 bis 400 km innerhalb der Meßgenauigkeit sehr nahe geradlinige Laufzeitkurven. Die Laufzeitkurven für die Herdtiefe bis $h = 60$ km unterscheiden sich in der Nähe der Inflexionsdistanz, etwa von 200 km an, hiervon kaum. In der Nähe des Epizentrums bestehen dagegen zwischen beiden Kurven Unterschiede in der Laufzeit bis zu 10 sec. Diese Unterschiede ergeben sich in genügender Annäherung schon für geradlinige Laufstrahlen.

**40. Werte für die Herdtiefe.** Die Frage der Herdtiefe ist an kräftigen Nahbeben studiert worden. Die große Dichte des mitteleuropäischen und japanischen Stationsnetzes ermöglicht es, eine genaue Laufzeitkurve in der Herdnähe aufzustellen. Es wurden dazu benutzt das Kulpatalbeben vom 8. X. 09; die beiden süddeutschen Beben vom 16. XI. 1911 und 20. VII. 1913, das Tauernbeben vom 28. XI. 1923 und das Japanbeben vom 1. IX. 1923. A. und S. Mohorovicic, Gutenberg und Suda errechneten Herdtiefen von etwa 30 bis 50 km. Jeffreys[1]) glaubt dagegen, daß den Beobachtungen auch durch Annahme eines oberflächlich gelegenen Herdes oder geringer Herdtiefe (15 km) genügt werden könne. Den Unterschieden in den berechneten Herdtiefen für dasselbe Beben entsprechen verschiedene Herdzeiten; dadurch ergeben sich die Laufzeiten ebenfalls verschieden. In Herddistanzen über 100 km weisen sie innerhalb der Beobachtungsfehler konstante Differenzen auf. Da für Herdentfernungen unter 100 km meist nur sehr wenige, etwa 1 bis 3 Stationen vorliegen, so ist schwer zu entscheiden, ob die Unterschiede, die auf die verschiedenen Herdtiefen führen, nicht doch zufällige Beobachtungsfehler sind. Somit kann das

[1]) Näheres B. Gutenberg, Gerlands Beitr. z. Geophysik. Bd. 18, S. 379. 1927. H. Jeffreys daselbst. Bd. 17. S. 417. 1927. V. Inglada, ZS. f. Geophysik. Bd. III, S. 317. 1927. H. Jeffreys, Month. Not. R. Ast. Soc. Geophys. Suppl.-Bd. 1, S. 8 u. 385. 1926.

Problem der Herdtiefe noch nicht als endgültig gelöst angesehen werden. Das ist sehr zu bedauern, da sich aus der Herdtiefe wichtige Schlüsse auf die geologische Ursache der Erdbeben würden ziehen lassen.

**41. Zeichnerische Konstruktion der Erdbebenstrahlen.** Zerlegt man die Erde in konzentrische Schichten und setzt voraus, daß innerhalb jeder dieser Schichten die Krümmung der Erdbebenstrahlen konstant bleiben, so ist eine einfache zeichnerische Konstruktion[1]) der Strahlen möglich. Die Bedingung der Konstanz der Krümmung innerhalb einer Schicht verliert ihren einschränkenden Charakter, wenn man die Zahl der Schichten genügend groß wählt. Die Erfahrung lehrt nun, daß man bei Vernachlässigung der obersten geologischen Schichtung den in der Laufzeitkurve gegebenen Beobachtungen schon durch die Annahme ganz weniger Schichten, nach WIECHERT[2]) schon durch zwei, genügt. Die Krümmungsradien der Erdbebenstrahlen variieren nur sehr wenig. In den obersten Schichten bis zu einer Tiefe von wenigen Kilometern sind lokal variable Geschwindigkeiten vorhanden und sprunghafte Änderungen beim Übergang von einer geologischen Schicht zur anderen; davon soll bei dieser Methode abgesehen werden, desgleichen vom Einfluß der Herdtiefe. Die geometrische Betrachtung des Laufstrahles führt zu der bekannten Beziehung, die das Krümmungsmaß $1/\varrho$ mit dem Emergenzwinkel $e = 90° - i$ des Strahles verbindet:

$$\frac{1}{\varrho} = \frac{1}{v} \cos e \frac{\partial v}{\partial r}. \tag{1}$$

Da weiterhin für ein und denselben Strahl $\frac{r \cos e}{v} = \text{konst.} = \mathfrak{c}$ gilt, so ist für diesen Strahl

$$\frac{1}{\varrho} = \frac{\mathfrak{c}}{r} \frac{\partial v}{\partial r}. \tag{2}$$

Allgemein gilt somit: In einer Schicht ist die Krümmung der Strahlen konstant, solange $\frac{1}{r} \frac{\partial v}{\partial r}$ konstant ist. Da die Erdbebenstrahlen ebene Kurven sind, so müssen sie, wenn $\varrho = \text{konst.}$ ist, Kreise sein. Betrachten wir verschiedene Strahlen, die die Schichtgrenze, z. B. die Erdoberfläche, unter den Emergenzwinkeln $e_1$, $e_2$ $e_3$ ... schneiden, so gilt für ihre Krümmungsradien im Schnittpunkt

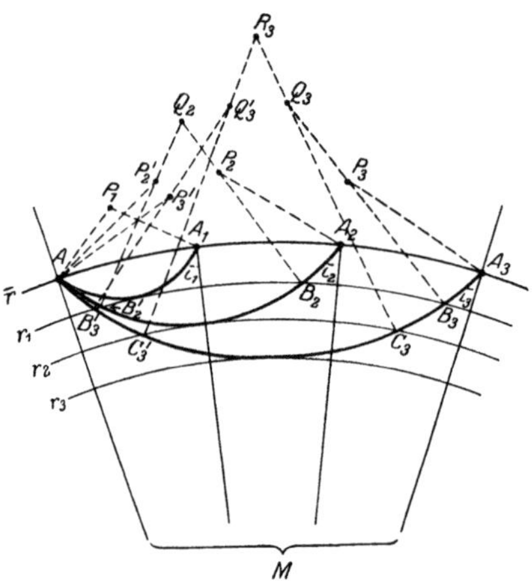


Abb. 29. Zeichnerische Konstruktion der Bebenstrahlen. $MA_2B_2 = i_2$; $B_2A_2A_1 = e_2$.

$$\frac{1}{\varrho_1} : \frac{1}{\varrho_2} : \frac{1}{\varrho_3} \cdots \cos e_1 : \cos e_2 : \cos e_3 \ldots \tag{3}$$

Die zeichnerische Konstruktion der Strahlen erfolgt nun leicht (Abb. 29). Jeder Herddistanz $\varDelta$ entspricht ein bestimmter Strahl, der bis zu einem bestimmten Niveau $r$ hinabtaucht und der unter einem bestimmten Emergenzwinkel $e$ an der Oberfläche auftaucht. Da $\cos e = \frac{d\varDelta}{dt}$, so ergibt sich $e$ mit Hilfe der Laufzeitkurve.

Es wird nun angenommen, daß die Krümmung des Strahles, der in der Entfernung $\varDelta_1$ auftaucht, konstant ist, d. h., daß für die Schicht $\bar{r}$ bis $r_1$ (wo $r_1$ zu $\varDelta_1$ gehört) $\frac{\mathfrak{c}}{r} \frac{dv}{dr}$ eine Konstante ist. Es lassen sich dann alle Strahlen so weit kon-

---

[1]) E. WIECHERT u. K. ZÖPPRITZ, Göttinger Nachr. 1907.

[2]) E. WIECHERT, Leipziger Natforsch. Vers. 1922.

struieren, wie sie in dieser Schicht verlaufen. Die Abbildung gibt einen Querschnitt der Erde; $M$ ist der Mittelpunkt, $AA_1A_2A_3$ die Oberfläche, $A_1M$, $A_2M$, $A_3M$ sind Erdradien. In der Abbildung ist $\Delta_1 = 1000$ km angenommen. Der Grenzstrahl, der noch gerade ganz in der zu $\Delta_1$ gehörigen Schicht verläuft, ist $AA_1$; er ist ein Kreisbogen, dessen Mittelpunkt $P_1$ ist. $P_1$ ist die Schnittlinie der Krümmungsradien $AP_1 = A_1P_1 = \varrho_1$, die von $A$ und $A_1$ aus gezogen sind und gegen die Erdradien $MA$ und $MA_1$ um den Winkel $\bar{e}_1$ geneigt sind.

Der Strahl, der in $A_2$ auftaucht, soll nun der Grenzstrahl der zweiten Schicht sein, also bis zum Niveau $r_2$ hinabgehen. Die beiden Stücke dieses Strahles, die in der Schicht $\bar{r}$ bis $r_1$ verlaufen, sind Kreisbögen um $P_2$ und $P_2'$. Der Krümmungsradius $AP_2'$ und $A_2P_2$ sind gegen $AM$ und $A_2M$ geneigt um $\bar{e}_2 = A_1A_2B_2$. Die Länge $AP_2'$ und $A_2P_2 = \varrho_2$ ergibt sich aus $\frac{\varrho_2}{\varrho_1} = \frac{\cos\bar{e}_1}{\cos\bar{e}_2}$. Das noch fehlende Stück dieses Strahles, das in der Schicht $r_1$ bis $r_2$ verläuft, soll gleichfalls ein Kreisbogen sein, und zwar soll sich dieser Kreisbogen $B_2B_2'$ ohne Knick an die Bögen $A_2B_2$ und $AB_2'$ ansetzen. Der Mittelpunkt dieses Kreisbogens $B_2B_2'$ liegt somit in der Verlängerung sowohl von $B_2'P_2'$, wie auch von $B_2P_2$, also im Schnittpunkt dieser Linien, in $Q_2$. Die Konstruktion für einen Strahl, der in eine weitere Schicht eintaucht, ergibt sich, wie die Abbildung erkennen läßt, in analoger Weise. Die Scheitelgeschwindigkeit für den Strahl $n$, also die Geschwindigkeit in der Schicht $n$, ist

$$v_n = \bar{v}\,\frac{r_n}{\bar{r}\cos\bar{e}_n}. \tag{4}$$

# IV. Die Ergebnisse der Beobachtung.

**42. Der Vorgang im Bebenherd; die Laufzeitkurve.** Bei der Aufstellung der Laufzeitkurve bringt die unbekannte Herdtiefe eine gewisse Unsicherheit. Es ist möglich, daß die Ursache des Erdbebens in erheblicher Tiefe von 30 bis 50 km zu suchen ist. Ob auch dort der Ausgangspunkt der Erschütterungen liegt, die an den Stationen als scharfe Einsätze registriert werden, ist nicht ohne weiteres sicher. Sicher ist dagegen, daß sich bei manchen großen Erdbeben Schollen verlagern, die bis zur Erdoberfläche reichen; das zeigen bestimmte makroseismischen Veränderungen des Geländes und geodätischer Fixpunkte. Es wäre also die Vorstellung möglich, daß von einer Tiefe von 30 oder 50 km ein Reißen der Scholle ausgeht und dann der abgerissene Teil der Scholle sich verlagert; und zwar wird diese Verlagerung der Scholle als Ganzes vielleicht gerade die Ursache der weitreichenden Erschütterungen sein, denen auch der scharfe Einsatz von $P$ in großen Entfernungen entspricht, während dem Reißen die oftmals beobachteten kleinen Bewegungen vor $iP$ zuzuordnen sind. Diese Verlagerung kann oben und unten gleichzeitig beginnen und kann im wesentlichen eine horizontale sein; in welcher Tiefe der Ausgangspunkt der Erschütterungen dann liegt, an der Oberfläche oder irgendwo in der Tiefe, ist schwer anzugeben. Nur die Laufzeitkurve kann darüber Aufschluß geben. Möglich ist durchaus, daß in verschiedenen Tiefen die Erschütterung gleichzeitig beginnt.

Einfacher ist die Aufstellung der Laufzeitkurve, wenn der Herd oberflächlich angenommen werden kann, und wenn ein einziger Erdbebenstoß vorliegt. Beobachtungen zeigen aber, daß oft mehrere Stöße dicht aufeinander folgen, von ungleicher Stärke, so bei dem großen japanischen Erdbeben vom 1. IX. 1923, bei dem drei Stöße in den ersten 10 sec aufeinander folgten, von denen der erste der schwächste, der letzte der stärkste war. Es liegt hier die Gefahr vor, daß in kleinen Entfernungen das $P$ des ersten, in großen das $P$ des letzten Stoßes zur Berechnung der Laufzeit verwendet wird.

Die ersten Laufzeitkurven stammen von MILNE 1903, BENNDORF 1905, OLDHAM 1906.

**43. Die Laufzeitkurve für große Herdentfernungen.** Den Ausgangspunkt der meisten Laufzeituntersuchungen bildet die WIECHERT-ZÖPPRITZsche Laufzeitkurve von 1906[1]), die eine etwaige Herdtiefe unberücksichtigt läßt. Die Lage und Zeit des Bebens im Epizentrum wurde aus den Angaben der Nachbarstationen bestimmt, unter der Annahme, daß der Herd oberflächlich lag. Für eine Herdtiefe von 25 km würden die hier angenommenen Epizentralzeiten der drei verwendeten Beben (Kalabrien 8. IX. 1905, Indien 4. IV. 1905, S. Franzisko 18. IV. 1905) um etwa 2 sec später zu setzen sein, und alle Laufzeiten entsprechend kleiner.

Später sind noch auf Grund weiteren Materials ergänzende und verbessernde Laufzeitkurven aufgestellt worden von GEIGER-GUTENBERG 1912[2]), RUDOLPH und SZIRTES 1912[3]), WEGENER 1912[4]), MEISSNER 1915[5]), HECKER 1915[6]), ANGENHEISTER 1921[7]), VISSER 1921[8]) und anderen. Für diese Laufzeitkurven gelten ähnliche Überlegungen bezüglich der Herdtiefe, zumal bei der Bestimmung der Herdlage und Herdzeit meist schon die Resultate der WIECHERT-ZÖPPRITZschen Kurven benutzt wurden. S. MOHOROVICIC 1910, 1916[9]) und PILGRIM[10]) 1913 haben sodann versucht, die Herdtiefe zu berücksichtigen. MOHOROVICIC stellte eine reduzierte Laufzeitkurve auf, die für einen oberflächlichen Herd (Herdtiefe 0 km) gilt.

Die Laufzeitkurven für $P$ von WIECHERT-ZÖPPRITZ 1906 reichten bis 10000 km. Weiter ließen sich die $P$-Wellen zunächst nicht verfolgen; die Beobachtungen des Samoa-Observatoriums lieferten jedoch bald Daten, mit deren Hilfe $P$-Wellen bis nahe an den Gegenpunkt verfolgt werden konnten. Aber es ergab sich zweierlei, einmal zeigte die Laufzeitkurve für $P$ eine Lücke zwischen $\Delta = 103°$ und $143°$, in der $P$-Wellen nicht beobachtet werden konnten, und ferner trafen die $P$-Wellen bei $\Delta = 143°$ nicht, wie man erwarten konnte, zu einer Zeit ein, die aus der Extrapolation der bis $103°$ gegebenen Laufzeitkurve folgte, sondern mit einer sehr erheblichen Verspätung von 2 min. Diese Verspätung deutet auf eine Abnahme der Geschwindigkeit im Erdkern, der von WIECHERT Samoakern benannt wurde, weil das Samoa-Observatorium die ersten Daten zur Feststellung des Kerns geliefert hat.

Die Laufzeitkurve von GUTENBERG[11]) (1912) zeigt dies Verhalten sehr deutlich: eine ununterbrochene Kurve von $\Delta = 0°$ bis $\Delta = 103°$, dann eine Lücke von $103°$ bis $143°$ und von $143°$ bis $180°$ ein Wiederauftauchen der $P$-Wellen. Die Kurve verläuft von $143°$ bis $180°$ nahezu parallel der Entfernungsachse. Sie beginnt jedoch bei $143°$ mit 2 min Verspätung.

Das Verhalten der Erdbebenwellen in der Lücke zwischen $103°$ und $143°$ wurde später eingehend von ANGENHEISTER an pazifischen Beben untersucht. Er konnte zeigen, daß zwischen $103°$ und $143°$ doch Vorläuferwellen auftreten, und zwar zwei verschiedene Arten $P$ und $P'$, beide sehr schwach; sie werden

[1]) E. WIECHERT, Göttinger Nachr. 1907.
[2]) L. GEIGER u. B. GUTENBERG, Göttinger Nachr. 1912.
[3]) E. RUDOLPH u. S. SZIRTES, Gerl. Beitr. 1912.
[4]) K. WEGENER, Göttinger Nachr. 1912.
[5]) O. MEISSNER, Gerl. Beitr. 1915.
[6]) O. HECKER, Gerl. Beitr. 1915.
[7]) G. ANGENHEISTER, Göttinger Nachr. 1921 (vorgelegt 1920).
[8]) S. W. VISSER, Kon. Mag. Met. Obs., Batavia, Verhandlg. am VII. 1921.
[9]) ·S MOHOROVICIE, Gerl. Beitr. 1909 u. 1916.
[10]) L. PILGRIM, Gerl. Beitr. 1913.
[11]) B. GUTENBERG, Göttinger Nachr. 1914.

nur von besonders empfindlichen Seismographen aufgezeichnet (Abb. 30). Die Laufzeitkurve dieser $P$-Wellen bildet die geradlinige Verlängerung des Endes der $P$-Kurve bei 103°. Diese Wellen treffen bei 143° fast 3 min früher ein als die verspäteten Wellen $P'$ und lassen sich ununterbrochen bis 156° verfolgen. Die früher schon zwischen 143° und 180° bekannten verspäteten $P'$-Wellen lassen sich jetzt von etwa 100° an nachweisen.

Somit stellt die Laufzeitkurve der ersten Vorläuferwellen (Abb. 31) nach dem heutigen Stande unserer Kenntnis eine ununterbrochene Kurve dar von 0° bis 156°, die von etwa 103° an geradlinig verläuft. Außerdem ist ein zweiter Ast vorhanden ($P'$), der schwach gekrümmt von 100° bis 180° verläuft; die Intensität der $P$-Wellen ist von 103° an äußerst schwach; die $P'$-Wellen sind zwischen 100 und 143° schwach, über 143° hinaus stärker.

Einer besonderen Besprechung bedarf der erste Teil der Laufzeitkurven etwa zwischen 0° und 10°, da sich dort einige Besonderheiten ergeben, die durch die oberste Schichtung der Erdrinde veranlaßt sind.

S. Mohorovicic hat 1921 Laufzeittafeln aufgestellt, die sich für $P$ bis etwa $\Delta = 125°$ auf das beste Beobachtungsmaterial stützen. Über 125° hinaus lagen ihm jedoch nur vier brauchbare Beobachtungen für $P$ vor.

Außer für $P$-Wellen (erster Vorläufer) wurden Laufzeitkurven aufgestellt für $S$ (zweiter Vorläufer) und die Reflexionen von $P$ und $S$, ferner für $L$ und $M$ (Hauptphase und ihr Maximum).

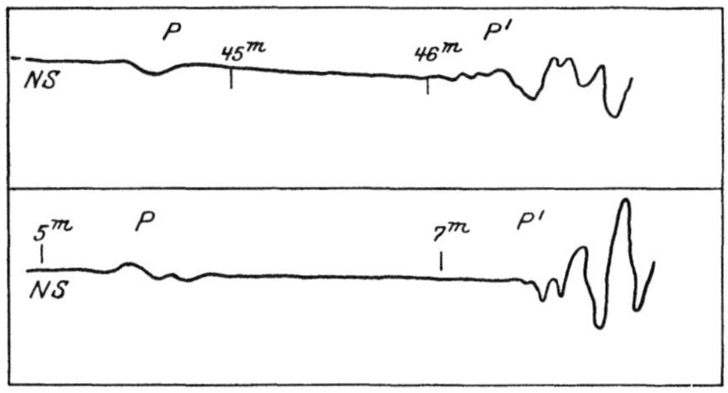


Abb. 30 $P$ und $P'$ nach Galitzinseismograph. Aufzeichnung des Kermadec-Bebens vom 1. V. 1917 in De Bilt. $\Delta = 155°$; $P'$ Wellen durch den Erdkern; $P$ Wellen am Erdkern gebeucht.

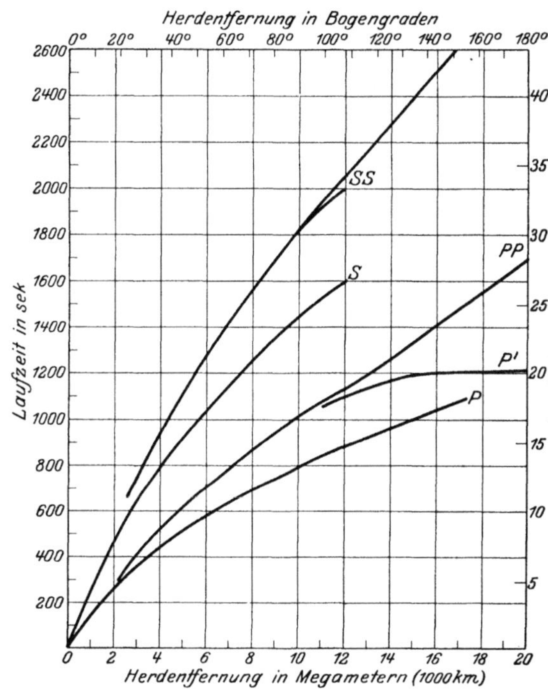


**Abb. 31.** Laufzeitkurve.

$P$ erster Vorläufer von 103° an sehr schwach; am Erdkern gebeucht; $P'$ bis 143° sehr schwach; von 143° an stark; durch den Erdkern hindurch. $S$ zweiter Vorläufer, $PP$, $SS$ Reflexionen an der Erdoberfläche. $P$ bis 90° Mittelwerte; von 90° bis 156° nach Angenheister; $P'$ nach Angenheister; $PP$, $S$, $SS$ bis 110° Mittelwerte; über 110° hinaus nach Gutenberg.

Eingehende Bearbeitungen der Laufzeitkurven sind in den letzten Jahren besonders von Gutenberg unternommen worden. Zwischen den deutlich hervortretenden Hauptphasen sind noch mancherlei, oft sehr markante Einsätze bemerkbar, deren Deutung mit mehr oder weniger Glück versucht wurde.

1925 hat KRUMBACH[1]) den Versuch gemacht aus den Laufzeitkurven von WIECHERT-ZÖPPRITZ, GEIGER-GUTENBERG, HECKER und VISSER im Bereich von $\Delta = 0$ bis $\Delta = 10000$ km eine mittlere Laufzeitkurve abzuleiten. Diese mittleren Laufzeiten weichen von denen von MOHOROVICIC für die Herdtiefe 0 km nur um wenige Sekunden ab, zwischen 400 und 10000 km im Maximum um 6 sec. Für den Bereich von $\Delta = 10000$ bis $\Delta = 16000$ hat KRUMBACH die Werte von ANGENHEISTER, die aus pazifischen Beben gewonnen wurden, hinzugefügt.

Die nachfolgende Tabelle gibt für den Bereich von 0 bis 10000 km die Mittelwerte der Laufzeitkurven von $P$ nach KRUMBACH, zwischen 10000 und 16000 km die Werte nach ANGENHEISTER. Zum Vergleich sind für den Bereich von 0 bis 12000 km die Werte von MOHOROVICIC für Herdtiefe 0 km beigefügt.

Laufzeiten des ersten Vorläufers.

| km | bis 10000 km $P$-Mittelwerte, von 11000 km an nach ANGENHEISTER | nach MOHOROVICIC | $P'$ nach ANGENHEISTER |
|---|---|---|---|
| 1000 | 2 m 16 sec | 2 m 15 sec | |
| 2000 | 4 17 | 4 15 | |
| 3000 | 5 58 | 6 03 | |
| 4000 | 7 22 | 7 27 | |
| 5000 | 8 32 | 8 36 | |
| 6000 | 9 36 | 9 38 | |
| 7000 | 10 37 | 10 35 | |
| 8000 | 11 34 | 11 29 | |
| 9000 | 12 26 | 12 20 | |
| 10000 | 13 16 | 13 10 | |
| 11000 | 13 56 | 13 58 | 1050 sec |
| 12000 | 14 36 | 14 44 | 1098 |
| 13000 | 15 16 | | 1136 |
| 14000 | 15 57 | | 1164 |
| 15000 | 16 37 | | 1183 |
| 16000 | 17 17 | | 1198 |
| 17000 | | | 1203 |
| 18000 | | | 1205 |
| 19000 | | | 1206 |
| 20000 | | | 1206 |

In ganz analoger Weise läßt sich die Laufzeitkurve des zweiten Vorläufers $S$ aufstellen. Doch konnten bisher $S'$-Wellen nicht mit Sicherheit nachgewiesen werden, ebensowenig $S$-Wellen über $\Delta = 107°$ hinaus. Für die einmal bzw. zweimal an der Erdoberfläche reflektierten $PP$- und $PPP$-Wellen ergeben sich gleichfalls Laufzeitkurven. Für ihre Laufzeit $(T_{PP})$ und $(T_{PPP})$ bis zur Herdentfernung $\Delta$ gilt

$$(T_{PP})_\Delta = 2(T_P)_{\frac{\Delta}{2}} \qquad \text{und} \qquad (T_{PPP})_\Delta = 3\,(T_P)_{\frac{\Delta}{3}}.$$

Darin bedeutet $(T_P)_{\Delta/2}$ und $(T_P)_{\Delta/3}$ die Laufzeit der direkten $P$-Wellen bis zur halben und drittel Herdentfernung $\Delta$.

Analoge Beziehungen gelten für $(T_{SS})$ und $(T_{SSS})$.

Abb. 27 gibt die Laufzeiten für die direkten Wellen $P$, $P'$, $S$ und für die Reflexionen von $P$ und $S$ an der Erdoberfläche $PP$ und $SS$.

**44. Die Geschwindigkeit als Funktion der Tiefe.** Die Laufzeitkurve dient als Ausgangspunkt zur Berechnung der Geschwindigkeit als Funktion der Tiefe sowohl mittels der graphischen, wie der rechnerischen Methoden, von denen die wichtigsten oben besprochen wurden.

[1]) G. KRUMBACH, ZS. f. Geophys. Bd. 1. 1925.

Die Resultate der wesentlichsten dieser Berechnungen sind in der Abb. 32 und 33 dargestellt. Jede dieser Rechnungen geht auf eine besondere, gerade damals als die beste angesehene Laufzeitkurve zurück. Die Tabelle gibt die Tiefe der Diskontinuitätsflächen, in denen Änderungen der Geschwindigkeit auftreten sollen. Die Ergebnisse der verschiedenen Berechnungen unterscheiden

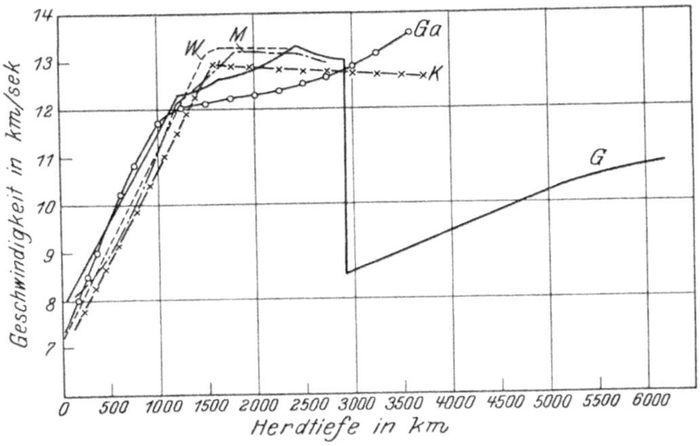


Abb. 32. Geschwindigkeit der $P$- bzw. $P'$-Wellen als Funktion der Tiefe. *W* nach WIECHERT 1922, *Ga* nach GALITZIN 1919, *K* nach KNOTT 1919, *M* nach MOHOROVICIC 1915, *G* bis $\Delta = 2400$ km nach GEIGER und GUTENBERG 1912; von $\Delta = 2400$ bis $\Delta = 6370$ nach GUTENBERG 1914.

Tiefe der Diskontinuitätsflächen in km im Erdinnern.

| | Zwischen 0 u. 1000 km | Zwischen 1000 u. 2000 km | Zwischen 2000 u. 3000 km |
|---|---|---|---|
| WIECHERT 1907 . . . . . . | | 1500 | |
| GEIGER-GUTENBERG 1912 . . | | 1193; 1712 | 2454 |
| GUTENBERG 1914 . . . . . . | | 1200; 1700 | 2450; 2900 |
| A. u. S. MOHOROVICIC 1909 u. 1915 . . . . . . . . . | 60; 120; 400 | 1200; 1740 | 2000 |
| KNOTT 1919 . . . . . . . . | 80; 700 | 1400 | |
| GALITZIN 1919 . . . . . . . | 106; 232; 492 | 1442 | 2700 |
| WIECHERT 1922 . . . . . . | | 1700 | 2600 |
| JEFFREYS 1926 . . . . . . . | 12; 25; 37 | | |

sich nicht unwesentlich voneinander.

Als gesichert kann etwa gelten, daß die Geschwindigkeit der $P$-Wellen von der Oberfläche bis zur Tiefe von 1200 bis 1500 km von etwa $7^1/_2$ km/sec bis auf $12^1/_2$ km/sec anwächst und von dort bis 2900 km Tiefe nahezu konstant bei $12^1/_2$ km/sec bleibt. Der weitere Verlauf ist noch unsicher.

Die Tiefe von 1200 bis 1500 km entspricht einem Grenzstrahl, der zwischen 40° und 50° die Erdoberfläche erreicht, die Tiefe von 2900 km einem solchen, der zwischen 100° und 110° auftaucht.

Man hat nun versucht, die Verminderung der Intensität

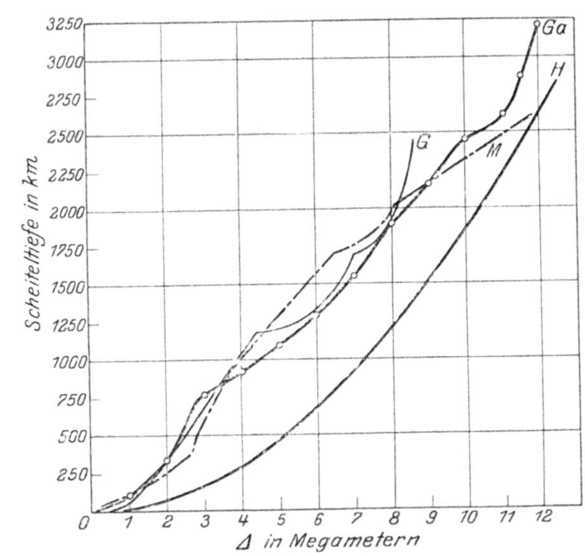


Abb. 33. Scheiteltiefe von $P$ als Funktion der Herddistanz. *G* nach GEIGER-GUTENBERG 1912, *Ga* nach GALITZIN 1919, *M* nach MOHOROVICIC 1915, *H* für eine homogene Erde.

von $P'$ zwischen 103° und 143° als eine Schattenzone zu erklären, die durch eine Abnahme der Geschwindigkeit in 2900 km Tiefe entstanden ist. Bei 143° tauchen die ersten starken $P'$-Wellen auf, die durch den Erdkern mit verminderter Geschwindigkeit hindurchgegangen sind. Von dort aus lassen sie sich bis zum Gegenpunkt $\Delta = 180°$ verfolgen. Dort treffen sie nach $T = 20$ min ein. Falls sie den Erdkern von 2900 km Tiefe an bis zum Mittelpunkt der Erde mit konstanter Geschwindigkeit durchlaufen haben, muß diese etwa 10 km/sec betragen. Diese Geschwindigkeit würde einem Auftauchen der starken $P'$ in etwa 145° entsprechen. Der Fortsetzung der $P$-Wellen zwischen 103° und 143° und darüber hinaus bis 156° entsprechen dann Wellen, die am Erdkern gebeugt entlang gelaufen sind und nicht in ihn eindrangen. Diesen gebeugten Wellen entspricht eine geringe Intensität.

Falls diese Anschauung zutrifft, erlaubt die gebeugte Welle die Bestimmung der Tiefe, in der der Erdkern beginnt. Die Laufzeitkurve der gebeugten Welle verläuft von etwa 100° an als geradlinige Fortsetzung der Laufzeitkurve der $P$-Wellen. Ihre scheinbare Oberflächengeschwindigkeit beträgt dort rund 24 km/sec. Am Kern gleiten sie mit der Geschwindigkeit der Zwischenschicht, also rund mit 13 km/sec, entlang. Der Radius des Erdkerns ergibt[1]) sich dann angenähert zu $r = \frac{13}{24}\bar{r} = 3400$ km. Transversalwellen, die in den Erdkern eindrangen ($S'$) oder an ihm gebeugt wurden ($S$), sind nicht sicher nachgewiesen.

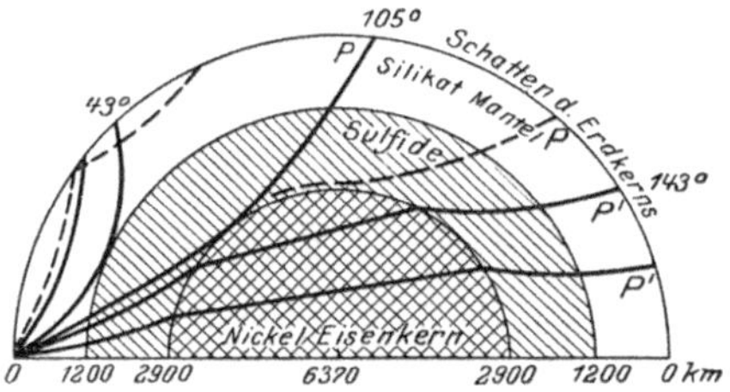


Abb. 34. Schematische Darstellung des Strahlenganges im Erdinnern.

Bei $\Delta = 43°$ Grenzstrahl von $P$ an der Zwischenschicht; bei $\Delta = 105°$ Grenzstrahl am Erdkern; — — — am Erdkern gebeuchter Strahl $P$ (schwach); $P'$ Strahl durch den Erdkern; bei $\Delta = 143°$ wird $P'$ stark infolge Überdeckung benachbarter Strahlen (Brennpunkt); $\Delta = 105°$ bis $\Delta = 143°$ Schatten des Erdkerns.

Abb. 34 zeigt schematisch den Querschnitt einer dreiteilig geschichteten Erde, in dem die Laufstrahlen $P$ und $P'$ eingezeichnet sind. Die Schichtung besteht aus Mantel (bis 1200 km), Zwischenschicht (bis 2900 km) und Kern. Der oberste Teil des Mantels, als Kruste bezeichnet, reicht etwa von 0 bis 50 km Tiefe. Die beigefügte Tabelle gibt außer den Geschwindigkeiten von $P$ und $S$ auch die Dichten der Schichten. Nimmt man die Schichtung auf Grund seismischer Beobachtungen als gegeben an, so lassen sich nämlich über die Dichte der einzelnen Schichten gewisse Aussagen machen. Bekannt ist zunächst die mittlere Dichte der Erde. Es läßt sich ferner vermuten, daß die Dichte des Mantels etwas höher als die der bekannten Tiefengesteine liegt, etwa bei $3\frac{1}{2}$. Hierfür spricht auch, daß die Dichte des Mondes, der vielleicht aus diesem Mantel stammt, 3,4 beträgt. Zwischen den Dichten der Schichten und der Abplattung der rotierenden Erde bestehen nun bestimmte Beziehungen. Eine nach obigem Schema in Mantel, Zwischenschicht und Kern geschichtete Erde von der Manteldichte $3\frac{1}{2}$ und der mittleren Dichte $5\frac{1}{2}$ besitzt nur für ganz bestimmte Werte der Dichte der Zwischenschicht und des Kernes die beobachtete Abplattung 1/298. Liegt die Mantelgrenze bei 1200 km, die Kerngrenze bei 2500 km, so muß die Dichte der Zwischenschicht 5,7, die des Kernes 9,4 betragen[2]). Diese Dichten sind bei den in der Tabelle angegebenen Grenzwerten berücksichtigt.

Chemische Erfahrungen bei Schmelzen von ähnlicher Zusammensetzung wie die der Erde geben nach TAMMANN einen zweiten Anhalt für die Dichten der Schichten und für ihre Zusammensetzung.

Sind Werte für die Dichten gewonnen, so folgen die Werte für den Schubmodul und die Volumelastizität aus den bekannten Formeln. Das

[1]) G. ANGENHEISTER, Ber. über d. Tag. d. Deutschen Seismolog. Ges. 1923. Jena.
[2]) W. KLUSSMANN, Gerl. Beiträge Bd. 14. 1915.

Fehlen der Transversalwellen im Erdkern deutet auf eine geringe Starrheit desselben gegen schnelle Schwingungen trotz des Druckes von mehr als $10^6$ Atm.

Auf Grund dieser seismischen, gravimetrischen und chemischen Überlegungen folgt die Tabelle als ein wahrscheinliches Bild des Erdinnern[1]).

**45. Die Laufzeitkurve für kleine Herdentfernungen.** Für kleinere Werte von $\Delta$, in der Nähe des Herdes, gabelt sich die Laufzeitkurve des ersten Vorläufers in zwei

Physikalischer Aufbau des Erdinnern.

| | Grenzen in der Tiefe von km | Volumen | Dichte | Stoff | Geschwindigkeit in km/sec $a(P)$ | $b(S)$ | Starrheit $\mu$ in $c \cdot g \cdot s$ | Volumelastizität $K$ in $c \cdot g \cdot s$ |
|---|---|---|---|---|---|---|---|---|
| Kruste . . . | 0 bis 50 | | $2^1/_2$ bis 3 | Sediment, Kristallin. Gestein, Basalt . . . . | 1 bis 6 | 0,6 bis $3^1/_2$ | | |
| Mantel . . . | 50 bis 1200 | $^1/_2$ | 3 bis $4^1/_2$ | Silikate . . . . | $7^1/_2$ bis 12 | $4^1/_2$ bis 7 | $5^1/_2$ bis $22 \cdot 10^{11}$ | 9 bis $36 \cdot 10^{11}$ |
| Zwischenschicht . . | 1200 bis 2900 | $^1/_3$ | $5^1/_2$ bis 6 | Sulfide . . . . | 12 bis 13 | 7 bis $7^1/_4$ | 26 bis $29 \cdot 10^{11}$ | 43 bis $56 \cdot 10^{11}$ |
| Kern . . . | 2900 bis 6370 | $^1/_6$ | $9^1/_2$ | Nickel-Eisen . . | 10 | $5^3/_4$ (?) | (?) | $53 \cdot 10^{11}$ |

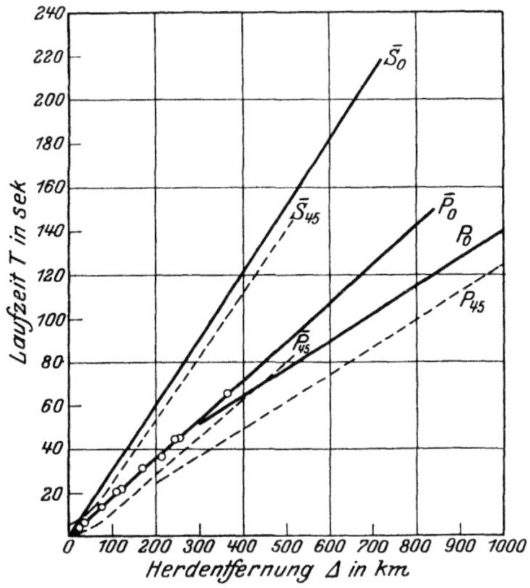


Abb. 35. Laufzeitkurve bis $\Delta = 1000$ km.

o Oppau-Explosion, ——— direkte $\bar{P}$- und $\bar{S}$- und gebrochene $P$-Wellen für 0 km Herdtiefe nach MOHOROVICIC. — — — Dasselbe für 45 km Herdtiefe; Laufzeit $T$ hier gegen Beginn des Bebens im Epizentrum ($H_0$) gerechnet; $\Delta$ Epizentralentfernung ($H_0 A$ in Abb. 36).

Äste. Der eine $\bar{P}$ reicht von $\Delta = 0$ bis etwa $\Delta = 700$ km; der zweite $P$ zweigt sich davon zwischen $\Delta = 200$ km und $\Delta = 300$ km ab und reicht ununterbrochen bis $\Delta = 17000$ km. Ähnliches gilt wahrscheinlich auch für den zweiten Vorläufer. Die Abb. 35 zeigt diese Gabelung für eine Herdtiefe $h = 0$ km (ausgezogen) und für eine Herdtiefe $h = 45$ km (gestrichelt).

Dieses gleichzeitige Auftreten zweier longitudinaler Einsätze am Anfang der Erdbeben wurde von A. MOHOROVICIC 1910 am Kulpatalbeben beobachtet, später wurden weitere Beobachtungen von S. MOHOROVICIC und GUTENBERG, von letzterem an der Hand der Diagramme der beiden süddeutschen Beben 1911 und 1913 erbracht. Von SUDA wurde dasselbe an dem großen Japanbeben 1. IX. 1923 nachgewiesen. Auch bei submarinen Nahbeben finden sich nach den Aufzeichnungen des Samoa-Observatoriums Anzeichen dieser zwei Einsätze.

Die Deutung dieser Gabelung ergibt sich am einfachsten bei Annahme einer Schichtung in der Nähe der Erdoberfläche.

Die Abb. 36 zeigt schematisch den Verlauf der Wellenstrahlen in einer geschichteten Erdrinde. Vom oberflächlich gelegenen Erdbebenherd $H_0$ gelangen

[1]) G. ANGENHEISTER, s. Fußnote 1, S. 616.

z. B. zur Station $A$ Wellen auf zwei Wegen, der direkte Strahl $H_0A$ durch die obere Schicht geringerer Geschwindigkeit und der gebrochene Strahl $H_0BCA$ teils durch die obere, teils durch die untere Schicht größerer Geschwindigkeit. In einer bestimmten Herdentfernung — es sei $A$ — werden die Wellen auf beiden Wegen gleichzeitig ankommen; wenn nämlich der Zeitverlust wegen des weiteren Weges des gebrochenen Strahles durch den Zeitgewinn infolge der größeren Geschwindigkeit im unteren Medium ausgeglichen wird. Für nähere Herddistanzen kommt der direkte Strahl $\bar{P}$ früher an, für größere später als $P$.

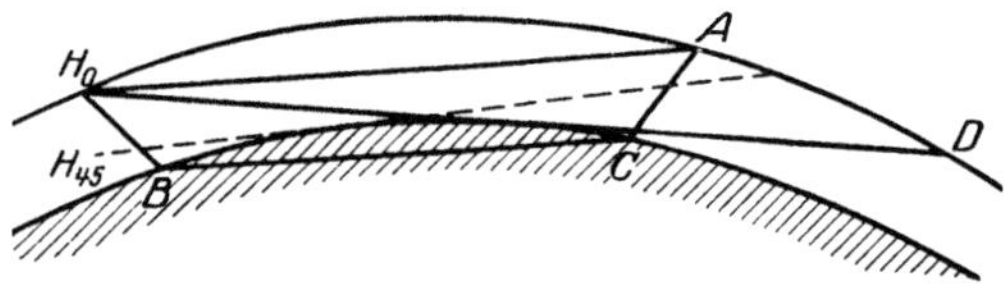


Abb. 36. Verlauf der Strahlen in der obersten Kruste. $H_0$ und $H_{45}$ Herd in 0 und 45 km Tiefe. $H_0A$ ist $\bar{P}$; $H_0D$ ist Grenzstrahl von $\bar{P}$; $H_0BCA$ ist $P$; $H_{45}$ — — — ist Grenzstrahl von $\bar{P}$ fur die Herdtiefe = 45 km.

Die Seismogramme zeigen bis zu dieser bestimmten Herdentfernung $H_0A$ nur einen Einsatz, und zwar scharf und kräftig, das ist $i\bar{P}$; in größeren Entfernungen vor diesem $\bar{P}$ einen schwächeren Einsatz $P$. Dieser ist infolge der Brechung und des weiteren Weges schwach gegen $\bar{P}$. Mit wachsender Herddistanz wächst die Differenz $\bar{P} - P$. Für größere Entfernungen als $HD$ verschwindet $\bar{P}$, da $HD$ der Grenzstrahl ist, der noch ganz in der oberen Schicht verläuft. In kleineren Entfernungen als $HA$ kann der gebrochene Strahl $P$ noch vorhanden sein, er tritt jedoch später auf als $\bar{P}$ und geht daher in der kräftigeren Bewegung von $\bar{P}$ verloren.

Aus den Laufzeitkurven (Abb. 35) für $P$ und $\bar{P}$ läßt sich nun die Geschwindigkeitsverteilung mit der Tiefe und die Tiefe $d$ der Diskontinuität berechnen. In dieser Tiefe macht die Geschwindigkeit einen Sprung von etwa 6 auf 8 km/sec. Hier muß ein Materialwechsel stattfinden.

Es bedeute $T$ die Laufzeit desjenigen gebrochenen Strahles $H_0BCA$, der das untere Medium unter dem Grenzwinkel der Totalreflexion $i$ trifft, $T_1$ die Laufzeit von $H_0$ bis $B$, ebenso von $C$ bis $A$, ferner $T_2$ die Laufzeit von $B$ bis $C$, $v_1$ die Geschwindigkeit in der oberen, $v_2$ in der unteren Schicht. Dann gilt für oberflächlichen Herd, gerade Strahlen und horizontale Schichtung:

$$\left.\begin{aligned}
\sin i &= \frac{v_1}{v_2}, \\
T &= 2T_1 + T_2, \\
T_1 &= \frac{H_0B}{v_1} = \frac{d}{v_1 \cos i}, \\
T_2 &= \frac{BC}{v_2} = \frac{\Delta - 2d\,\mathrm{tg}\,i}{v^2}, \\
T &= \frac{2d}{v_1 \cos i} + \frac{\Delta}{v_2} - \frac{2d\,\mathrm{tg}\,i}{v_2}, \\
d &= \frac{1}{2}\left(T - \frac{\Delta}{v_2}\right)\frac{v_1 v_2}{\sqrt{v_2^2 - v_1^2}}.
\end{aligned}\right\} \qquad (1)$$

Ist also die Laufzeit des gebrochenen Strahles bis zur Herdentfernung $\Delta$ bekannt und die Geschwindigkeit in beiden Schichten, so folgt $d$. Die Geschwindigkeiten $v_1$ und $v_2$ folgen aus den Laufzeitkurven für $\bar{P}$ und $P$, ebenso $\Delta$ und $T$. Für den Gabelungspunkt $\Delta'$ gilt $T = \frac{\Delta'}{v_1}$, so daß folgt

$$d = \frac{\Delta'}{2}\frac{v_2 - v_1}{\sqrt{v_2^2 - v_1^2}} = \frac{\Delta'}{2}\sqrt{\frac{\frac{v_2}{v_1} - 1}{\frac{v_2}{v_1} + 1}}. \qquad (2)$$

Nach Abb. 35 ist $v_1 = 6$ km/sec, $v_2 = 8$ km/sec, und für eine Herdtiefe $h = 0$ km ist $\Delta' = 300$ km. Daraus folgt $d = 57$ km.

**46. Die Schichtung der obersten Kruste.** Die Sprungfläche, in der $a$ von 6 auf 8 km/sec steigt, scheint auf der ganzen Erde vorhanden zu sein, sowohl unter Kontinenten, wie Meeren. Die Aufzeichnungen des Samoa-Observatoriums geben Anzeichen, daß sie auch unter dem Pazifik besteht. Wahrscheinlich zeigen die Kontinente innerhalb dieser obersten Schicht noch weitere Sprungflächen: nach S. MOHOROVICIC in 3,5 und 30 km, nach JEFFREYS in etwa 12 bis 37 km Tiefe. Im wesentlichen wird die oberste Erdkruste bestehen aus einer in ihrer Dicke stark variierenden Sedimentschicht; darunter liegt in einer Tiefe im Mittel von etwa 2 bis 3 km eine Schicht von der Geschwindigkeit $5^1/_2$ bis 6 km/sec, vielleicht eine Granitschicht, darunter in einer Tiefe von 10 bis 30 km ein anderes Tiefengestein (Basalt oder eine andere Modifikation des Granits?), darunter in der Tiefe von 60 km eine weitere Schicht höherer Geschwindigkeit Dunit, Peridotit, oder eine basaltartige Substanz:

| Tiefe in km | Geschwindigkeit in km/sec | Material |
|---|---|---|
| 0 bis 3 | 2 bis 3 | Sediment |
| 3 bis 20 | $5^1/_2$ | Granit |
| 20 bis 60 | $6^1/_3$ | Basalt? |
| unter 60 | 8 | Dunit? |

Diese Schichten sind jedoch nicht überall gleich dick. Die Tiefen der Tabelle gelten für die Kontinente. Unter dem Pazifik scheinen die Schichten dünner zu sein.

**47. Die Ausbreitung der Oberflächenwellen.** Der erste und zweite Vorläufer dringen als Raumwellen tief ins Erdinnere ein und laufen dort mit variabler Geschwindigkeit. Ihre Laufzeiten geben daher Aufschluß über die Schichtung in großen Tiefen. Die Oberflächenwellen einer bestimmten Periode laufen in einer homogenen Erdrinde mit konstanter Geschwindigkeit. Zeigt diese Rinde im selben Niveau nebeneinander Unterschiede der Geschwindigkeit, so geben ihre Laufzeiten über diese Unterschiede Aufschluß (Kontinente und Ozeanböden).

Unter den Oberflächenwellen müssen wir zwei verschiedene Arten unterscheiden: Querschwingungen, die parallel zur Oberfläche und senkrecht zur Fortschreitungsrichtung schwingen, und Rayleighwellen mit Schwingungsebene parallel zur Fortschreitungsrichtung und senkrecht zur Oberfläche. Es ist sehr schwierig, und es ist einwandfrei nur sehr selten gelungen, diese beiden Wellenarten, die nahezu zur selben Zeit eintreffen, voneinander zu trennen. Sie überlagern sich größtenteils.

Es ist daher nur in besonderen Fällen möglich, den Beginn dieser Wellen einwandfrei festzustellen und ihre Geschwindigkeit daraus abzuleiten. Günstig liegen die Verhältnisse, wenn die eine Horizontalkomponente des Seismographen im Azimut des Herdes liegt, die andere senkrecht dazu. Dann dient schon der Seismograph selbst als Analysator der Bodenbewegung. Die Vergrößerung der gebräuchlichen Vertikalseismographen ist selten für die langperiodische Anfangsphase der Rayleighwellen ausreichend. Der Vergleich der Horizontal- mit der Vertikalkomponente gibt aber erst die Möglichkeit, die Rayleighwellen mit Sicherheit von den Querschwingungen zu trennen.

Eine andere Schwierigkeit entsteht dadurch, daß Rayleighwellen und Querschwingungen in einem inhomogenen Medium Dispersion zeigen müssen. Es besteht eine Abhängigkeit der Wellengeschwindigkeit von der Periode, und eine

Welle bestimmter Periode sollte nicht mit der Wellen-, sondern mit der Gruppengeschwindigkeit $c$ fortschreiten, die gegeben ist durch

$$c = v - \lambda \frac{dv}{d\lambda}. \tag{4}$$

Eine weitere Folge ist, daß sich durch die Dispersion die Amplitude der Welle beim Fortschreiten verkleinert. Diese Fragen wurden zuerst von LOVE[1]), später von STONELEY[2]) und JEFFREYS[3]) theoretisch untersucht.

Die Theorie verlangt nun, daß die Periode und Gruppengeschwindigkeit, die mit der maximalen Amplitude verknüpft ist, mit wachsender Entfernung abnimmt. Die Beobachtung bestätigt dies nicht. Mit wachsender Entfernung werden die Perioden der Maximalbewegung größer. Auch die Dispersionsgesetze, die die Theorie für Rayleigh- und Querwellen liefert, sind durch die Erfahrung nicht bestätigt.

Die Versuche, die Abhängigkeit der Geschwindigkeit der Querschwingungen von der Periode bei Verwendung verschiedener Beben graphisch darzustellen, zeigen, wie wenig ausgesprochen sich das Dispersionsgesetz bisher aus den Seismogrammen auf diese Weise ableiten läßt. Die Streuung der Werte ist viel zu groß, um daraus sichere Schlüsse auf die Untergrundsverhältnisse zuzulassen.

Günstiger ist es, die Dispersion bei einem bestimmten Beben an zwei verschiedenen Stationen gleicher Herddistanz zu untersuchen. Der Einfluß des zwischen Herd und Station liegenden Untergrundes wird dann leichter erkenntlich.

In Abb. 37 ist die Abhängigkeit der Geschwindigkeit von der Periode der Oberflächenwellen für zwei bestimmte Beben benachbarter Herde dargestellt,

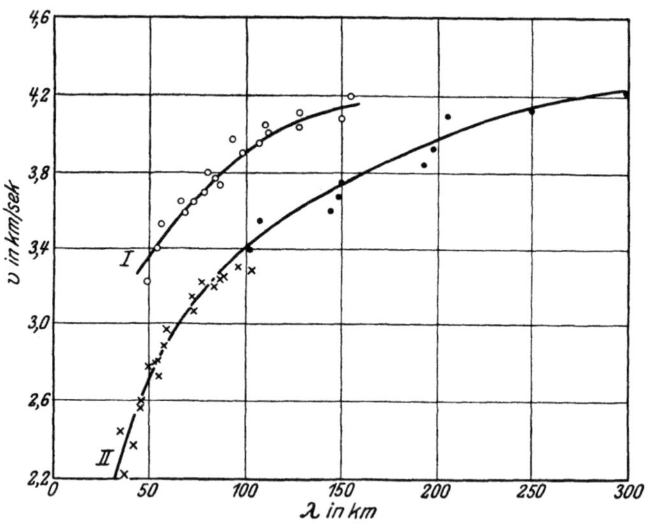


Abb. 37. Geschwindigkeit $v$ der Oberflächenwellen als Funktion der Wellenlänge $\lambda$. *I* Subozeane Wege, o von Kamschatka und Kurilen nach Samoa; *II* Subkontinentale Wege, × von Kamschatka und Kurilen nach Tiflis; von Mongolei nach Göttingen und von Kleinasien nach Pulkowo.

für ein Kurilenbeben und ein Kamtschatkabeben, und zwar für zwei Stationen gleicher Herddistanz, zu denen die Wellen einmal auf kontinentalem Wege (Tiflis), das andere Mal auf subozeanem Wege (Samoa) fortschritten.

Beide Dispersionskurven zeigen sehr ähnlichen Charakter. Nach ihnen wird die Maximalgeschwindigkeit unter dem Ozean (Pazifik) $v = 4{,}2$ km/sec erreicht

[1]) A. E. H. LOVE, Geodynamik. Cambridge 1911.
[2]) R. STONELEY, Month. Not. Bd. 1, S. 6. 1925.
[3]) H. JEFFREYS, Aufbau der Erde, S. 108. Berlin 1925.

für die längsten dort auftretenden Wellen von der Periode $\mathfrak{T} = 38$ sec und der Wellenlänge $\lambda = 160$ km; unter dem Kontinent dieselbe Maximalgeschwindigkeit $v = 4{,}2$ km/sec erst für $T = 75$ sec und $\lambda = 300$ km (Beben aus der Mongolei und Kleinasien.) Die kurzen Wellen von etwa 15 sec laufen unter dem Ozean mit $v = 3{,}3$ km/sec und $\lambda = 50$ km; unter dem Kontinent dagegen nur mit $v = 2{,}3$ km/sec und $\lambda = 35$ km.

Handelt es sich hierbei um Rayleighwellen, und nimmt man mit MEISSNER an, daß die Dispersion der Rayleighwellen dadurch entsteht, daß eine obere Schicht als träge Oberflächenbelegung mitschwingt, ohne Spannungen aufzunehmen oder zu übertragen, so läßt sich die Dicke der Rindenbelegung schätzen, wenn die Geschwindigkeit $b$ für Transversalwellen in der unteren Schicht bekannt ist. Nach der Laufzeitkurve ist $b$ dort gleich 4,7 km/sec. Dieser Wert gilt sowohl für Kontinente wie für Ozeane. Die maximale Geschwindigkeit der Rayleighwellen beträgt $0{,}92\,b$, in der unteren Schicht also 4,3 km/sec. Diese wird erreicht, wenn die Rayleighwelle im wesentlichen in der unteren Schicht verläuft, d. h., wenn ihre Wellenlänge groß ist gegen die Dicke der oberen trägen Schicht. Dies wird für eine bestimmte Wellenlänge um so mehr erfüllt sein, je dünner die obere Schicht ist. Die kontinentale und subozeane Dispersionskurve zeigen nun, daß der maximale Wert $0{,}92\,b = 4{,}3$ km/sec für subozeane Wege bei etwa $\lambda = 160$ km, bei kontinentalem Wege erst bei $\lambda = 300$ km erreicht wird. Das heißt, daß die träge Rindenbelegung unter dem Ozean wesentlich dünner ist als unter dem Kontinent.

Die genauere Rechnung gibt für den Pazifik eine Dicke der Rindenbelegung von etwa 14 km, für den asiatischen Kontinent von etwa 25 km.

Aus der Geschwindigkeit der Rayleighwelle läßt sich $b$ und, wenn die Querkontraktionszahl $m$ bekannt ist, $a$ berechnen. Nach den Beobachtungen ist $m = 3{,}7$. Für die kürzeste Wellenlänge ergibt sich dann unter dem Kontinent $a = 4{,}5$, unter dem Ozean $a = 6{,}5$ km/sec; für die längste Wellenlänge unter dem Kontinent wie unter dem Ozean $a = 8{,}1$ km/sec. Nach Ziff. 46 bestehen unter dem Kontinent drei Schichten von $a = 5^1/_2$, $6^1/_3$ und 8 km/sec. Die erste $5^1/_2$ km/sec scheint unter dem Ozean zu fehlen; die $6^1/_3$- und 8 km/sec-Schichten auch unter dem Ozean vorhanden zu sein.

Es besteht indessen auch die Möglichkeit, sogar die Wahrscheinlichkeit, daß die Oberflächenwellen zum größten Teil Eigenschwingungen der obersten Erdkruste sind, Querwellen. Nach Ziff. 20 ergibt sich dann an Hand der Dispersionskurve für eine einzige obere Schicht die Dicke derselben. Rechnet man diese bis zur der Tiefe, in der die Geschwindigkeit der Oberflächenwellen 4,2 km/sec beträgt, so ergibt die Rechnung, daß sie unter dem Pazifik ungefähr halb so dick ist wie unter dem Kontinent. Ziff. 46 lehrt indessen, daß diese Schicht unterm Kontinent noch einmal untergeteilt ist, in eine Granit- und eine Basaltschicht.

Nach Ziff. 21 läßt sich aus den Amplituden der Oberflächenwellen an zwei Stationen — insbesondere auch durch Vergleich der direkten und Wiederkehrwellen an derselben Station — die Absorption der Energie in der obersten Erdkruste berechnen. Bei einer Periode von 25 sec beträgt der Absorptionskoeffizient pro km auf subozeanen Wegen etwa 0,0004, auf subkontinentalen Wegen 0,0002.

Die Energie sinkt danach auf ihrem Wege vom Herd zum Gegenpunkt ungefähr auf $\frac{1}{500}$, die Amplitude auf $\frac{1}{22}$.

**48. Zusammenfassung.** Der augenblickliche Stand der seismischen Forschung läßt sich kurz wie folgt zusammenfassen:

1. Gedämpfte Seismographen geben lesbare Aufzeichnungen von Erdbeben. Die Theorie dieser Instrumente ermöglicht die Ableitung der wahren Boden-

bewegung. Ihre Empfindlichkeit ist hinreichend, die Bodenberwegung sehr starker Erdbeben noch in der Herdentfernung $\Delta = 180°$ aufzuzeichnen.

2. Die Theorie der Ausbreitung einer elastischen Störung in einem geschichteten kugelförmigen Medium zeigt, daß zwei Arten von Raumwellen, longitudinale und transversale, und ihre Reflexionen an der Erdoberfläche auftreten müssen, ferner zwei Arten von Oberflächenwellen, Rayleigh- und Querwellen. Die Beobachtung vermag diese einzelnen Wellentypen im Seismogramm nachzuweisen. Diese verschiedenen Wellentypen besitzen die von der Theorie geforderte Schwingungsrichtung. Ihre Geschwindigkeiten zeigen die vorgeschriebenen Beziehungen untereinander.

3. Die Laufzeitkurve konnte für die longitudinalen Wellen $P$ und ihrer Reflexion $PP$ bis $\Delta = 180°$, für die transversalen Wellen $S$ bis $\Delta = 100°$, für $SS$ bis $\Delta = 150°$ aufgestellt werden.

4. Auf Grund der Lösung der Strahlgleichung und auch mit Hilfe eines graphischen Verfahrens läßt sich aus der Laufzeitkurve die Geschwindigkeit als Funktion der Tiefe ableiten, und zwar mit ausreichender Sicherheit für $P$- und $S$-Wellen bis zu 2900 km Tiefe, mit einiger Wahrscheinlichkeit für $P$-Wellen bis zum Erdmittelpunkt. Dadurch sind Sprungflächen in 50, 1200 und 2900 km Tiefe nachgewiesen.

5. An Hand dieser Sprungflächen läßt sich eine wahrscheinliche Dichteverteilung im Erdinnern aufstellen. Daraus folgen dann die Werte der Volumelastizität und Starrheit in diesen Tiefen.

6. Die Nahbebenbeobachtungen geben Anhalte für weitere Sprungflächen innerhalb der obersten 50 km und für die Herdtiefe der Beben, deren Herde wahrscheinlich in diesen Sprungflächen liegen.

7. Die Dispersionskurve der Oberflächenwellen bestätigt diese Schichtung der obersten Kruste und läßt den Unterschied zwischen Kontinental- und Ozeanboden erkennen. Im letzteren fehlt die oberste, wahrscheinlich Granitschicht, der Kontinente.

8. Nachdem die grundsätzliche Möglichkeit erwiesen ist, kann man von weiteren systematischen Beobachtungen eine eingehende Aufklärung über den Aufbau des Erdinnern, insbesondere auch über die Massenverteilung in der obersten Kruste und ihren isostatischen Zustand erwarten. Darin liegt die geophysikalische Bedeutung der Seismik. Darüber hinaus gibt sich der physikalische Zustand des Erdinnern zu erkennen, das Verhalten der Materie unter großen Drucken und bei hohen Temperaturen gegenüber den schnell verlaufenden Deformationen. Davon sind Erfahrungen zu erwarten, die die Grundlagen der physikalischen Erkenntnis erweitern.

Anhang.

# Tafeln der Elastizitätskonstanten und Festigkeitszahlen.

Von

P. RIEKERT, Stuttgart.

**Allgemeine Bemerkungen.** So zahlreiche Untersuchungen über Elastizitäts- und Festigkeitszahlen von Werkstoffen vorliegen, so stark weichen diese auch für das einzelne Material voneinander ab. Die Hauptursache hierfür ist in der ungenauen Definition der meisten Stoffe zu suchen; eine der wenigen Ausnahmen bildet allerdings die Erforschung der Jenaer Gläser (vgl. Tafel 17), deren Ergebnis als sehr zuverlässig gelten kann. Von bedeutendem Einfluß sind ferner die Vorbehandlung des Materials (geglüht, abgeschreckt; gegossen, gewalzt, gezogen) und die Temperatur, welcher der Werkstoff ausgesetzt ist. Die Zeit vermag die Resultate in doppelter Weise zu beeinflussen: einerseits ändern manche Stoffe durch längeres Lagern nach vorausgegangener Beanspruchung ihre elastischen Eigenschaften, andererseits spielt die Geschwindigkeit, mit der die Versuche durchgeführt werden, eine Rolle.

Die folgenden Zahlenwerte[1]) der Elastizitätskonstanten[2]) und Festigkeitszahlen können daher nur als ungefähre Anhaltspunkte dienen, wobei vor allem auf die große Unzuverlässigkeit der Werte für Holz und Gestein zu achten ist. Sämtlichen Tafeln sind als Maßeinheiten Gew.-kg und cm zugrunde gelegt; zur Umrechnung auf andere Maßsysteme mögen die folgenden Beziehungen dienen:

$$1\ \mathrm{kg/cm^2} = 10^{-2}\ \mathrm{kg/mm^2} = 9{,}81 \cdot 10^5\ \mathrm{dyn/cm^2}.$$

Tafel 1. Werte des Elastizitätsmoduls $E$ für Eisen und Kupfer.

| Stoff | Elast.-Modul $E$ (kg/cm²) | Autor | Bemerkungen |
|---|---|---|---|
| Eisen (Fe): | | | |
| Schweißeisen . . | 2050000 | BACH-BAUMANN | |
| Flußeisen . . . . | 2000000—2200000 | BACH-BAUMANN | |
| Stahlguß . . . . | 2160000—2250000 | BACH-BAUMANN | |
| Gußeisen . . . . | 1329000 | GRÜNEISEN | (2,7% Graphit; 0,8% C geb.) |
| | 1050000 | GRÜNEISEN | (3,0% Graphit; 0,5% C geb.) |
| Chromnickelstahl . | 2080000 | BACH-BAUMANN | (3,5% Ni; 0,4% Cr; 0,3% C) |
| Nickelstahl . . . . | 2120000 | BACH-BAUMANN | (5% Ni; 0,1% C) |
| | 1830000 | BACH-BAUMANN | (25% Ni) |
| Wolframstahl . . . | 2420000 | BACH-BAUMANN | |
| Federstahl . . . . | 2200000 | | gehärtet und ungehärtet |
| Kupfer (Cu) . . . | 1250000 | GRÜNEISEN | rein, gezogen |
| | 1311000 | GRÜNSEIEN | 0,2% As, gezogen |
| | 1304000 | GRÜNEISEN | 0,15% As, gezogen |
| Bronze . . . . . . | 1180000 | BACH-BAUMANN | (91,4% Cu; 5,5% Sn; 2,8% Zn) |
| | 1050000 | BACH-BAUMANN | (53% Cu; 41% Zn) |
| Konstantan . . . . | 1659000 | GRÜNEISEN | (60% Cu; 40% Ni), gezogen |
| Messing . . . . . . | 800000—1000000 | | |
| Rotguß . . . . . | 824000 | GRÜNEISEN | (86% Cu; 7% Zn; 6,4% Sn; 0,6% Ni), gegossen |

[1]) Vgl. LANDOLT-BÖRNSTEIN, Physikalisch-Chemische Tabellen, Bd. I, S. 79. 1923, sowie den ersten Ergänzungsband hierzu S. 13. 1927; Hütte, Bd. I, 5. u. 6. Abschnitt. 1925; International critical tables of numerical data, Physics, Chemistry and Technology, vol. II, New York 1927. In diesen Büchern finden sich auch alle nötigen Literaturangaben zusammengestellt.

[2]) Über die Definitionen s. Kap. 1 ds. Bd. des Handb., insbesondere die Ziffern 4, 5 u. 9.

Tafel 2. Werte des Elastizitätsmoduls $E$ für verschiedene Metalle.

| Stoff | Elast.-Modul $E$ (kg/cm²) | Autor | Bemerkungen |
|---|---|---|---|
| Aluminium (Al) . . | 740000 | BAUMANN | (>99% Al), gewalzt |
| | 719000 | GRÜNEISEN | (99% Al), gezogen |
| | 765000 | DODGE | (99,3% – 99,4% Al), geglüht |
| Blei (Pb) . . . . . | 166000 | GRÜNEISEN | (99,95% Pb), gegossen |
| Gold (Au) . . . . | 812000 | GRÜNEISEN | rein |
| Nickel (Ni) . . . . | 2054000 | GRÜNEISEN | (97% Ni), gezogen |
| | 2010000 | KURNAKOW-RAPKE | geglüht 700° |
| Platin (Pt) . . . . | 1708000 | GRÜNEISEN | rein, gegossen |
| Silber (Ag) . . . . | 805000 | GRÜNEISEN | (99,98% Ag), gezogen |
| Tantal (Ta) . . . . | 1920000 | LAX | |
| Wolfram (W) . . . | 3310000 – 3720000 | SCHÖNBORN | gezogen |
| Zink (Zn) . . . . | 1310000 | GRÜNEISEN | (99,97% Zn), gegossen |
| | 839000 | | (98,6% Zn), gegossen |
| | 775000 | MOORE | Handelsqualität, gegossen |
| | 730000 – 1040000 | MOORE | Handelsqualität, gewalzt |
| Zinn (Sn) . . . . . | 554000 | GRÜNEISEN | (99,97% Sn), gegossen |

Tafel 3. Werte des Elastizitätsmoduls $E$ für verschiedene Nichtmetalle.

| Stoff | Elast.-Modul $E$ (kg/cm²) | Bemerkungen |
|---|---|---|
| Glas: | | |
| Kronglas . . . . | 650000 | |
| Flintglas . . . . | 550000 | |
| Spiegelglas . . . | 600000 | |
| Porzellan . . . . | 700000 – 800000 | |
| Holz: | | |
| Kiefer . . . . . | 90000 | Zug parallel zur Faser; 13% Feuchtigkeit |
| | 96000 | Druck parallel zur Faser; 18% Feuchtigkeit |
| Fichte . . . . . | 92000 | Zug parallel zur Faser; 16% Feuchtigkeit |
| | 99000 | Druck parallel zur Faser; 19% Feuchtigkeit |
| Eiche . . . . . | 108000 | Zug parallel zur Faser |
| | 103000 | Druck parallel zur Faser |
| Buche . . . . . | 180000 | Zug parallel zur Faser |
| | 169000 | Druck parallel zur Faser |
| Steine: | | |
| Granit . . . . . | 300000 | |
| Sandstein . . . . | 80000 | |
| Seidenfaden . . . . | 65000 | |

Tafel 4. Werte des Schub- oder Gleitmoduls $G$ für Eisen und Kupfer.

| Stoff | Schubmodul $G$ (kg/cm²) | Autor | Bemerkungen |
|---|---|---|---|
| Eisen: | | | |
| Schweißeisen . . | 770000 | | |
| Flußeisen . . . . | 770000 – 845000 | BACH-BAUMANN | |
| Flußstahl . . . . | 850000 | | |
| Stahlguß . . . . | 830000 | | |
| Gußeisen . . . . | 290000 – 400000 | | |
| Federstahl . . . | 850000 | | gehärtet und ungehärtet |
| Kupfer . . . . . . | 464000 | GRÜNEISEN | rein, gezogen |
| | 471000 | GRÜNEISEN | (0,2% As), gezogen |
| | 466000 | GRÜNEISEN | (0,15% As), gezogen |
| Bronze . . . . . . | 371000 | KOCH-DANNECKER | geglühter Draht |
| Konstantan . . . . | 623000 | GRÜNEISEN | (60% Cu; 40% Ni), gezogen |
| Messing . . . . . . | 270000 – 370000 | | |
| Rotguß . . . . . | 350000 | GRÜNEISEN | (86% Cu; 7% Zn; 6,4% Sn; 0,6% Ni), gegossen |

Tafel 5. Werte des Schub- oder Gleitmoduls $G$ für verschiedene Stoffe.

| Stoff | Schubmodul $G$ (kg/cm²) | Autor | Bemerkungen |
|---|---|---|---|
| Aluminium . . . . | 272000 | GRÜNEISEN | (98,4% Al), gezogen |
| | 274000 | GRÜNEISEN | (92% Al), gezogen |
| Blei . . . . . . . | 57000 | GRÜNEISEN | (99,95% Pb), gegossen |
| Gold . . . . . . . | 282000 | GRÜNEISEN | rein |
| | 260000 | GRÜNEISEN | (99,8% Au), gezogen |
| Nickel . . . . . . | 785000 | GRÜNEISEN | (97% Ni), gezogen |
| Platin . . . . . . | 622000 | GRÜNEISEN | |
| Silber . . . . . . | 294000 | GRÜNEISEN | |
| Zink . . . . . . . | 320000 | MOORE | Handelsqualität, gegossen |
| Zinn . . . . . . . | 170000 | | |
| Glas: | | | |
| Kronglas . . . . | 250000 | | |
| Flintglas . . . . | 230000 | | |
| Spiegelglas . . . | 250000 | | |
| Porzellan . . . . | 500000—600000 | | |

Tafel 6. POISSONsche Zahl $m$ für Eisen und Kupfer.

| Stoff | POISSONsche Zahl m | Autor | Bemerkungen |
|---|---|---|---|
| Eisen . . . . . . . | 3,57 | GRÜNEISEN | (0,1% C), gezogen |
| | 3,48 | GRÜNEISEN | (1,0% C) |
| Flußeisen . . . . . | 3,57 | BACH-BAUMANN | |
| Kupfer . . . . . . | 2,87 | GRÜNEISEN | rein, gezogen |
| | 2,97 | GRÜNEISEN | (0,15% As), gezogen |
| Konstantan . . . . | 3,08 | GRÜNEISEN | (60% Cu; 40% Ni), gezogen |
| Messing . . . . . . | 2,5—3,3 | | |
| Rotguß . . . . . | 2,79 | GRÜNEISEN | (86% Cu; 7% Zn; 6,4% Sn; 0,6% Ni), gegossen |

Tafel 7. POISSONsche Zahl $m$ für verschiedene Stoffe.

| Stoff | POISSONsche Zahl m | Autor | Bemerkungen |
|---|---|---|---|
| Aluminium . . . . | 2,92 | GRÜNEISEN | (99% Al), gezogen |
| | 2,95 | GRÜNEISEN | (98,4% Al), gezogen |
| | 2,99 | GRÜNEISEN | (92,0% Al), gezogen |
| Blei . . . . . . . | 2,24 | GRÜNEISEN | (99,5% Pb), gegossen |
| Gold . . . . . . . | 2,38 | GRÜNEISEN | rein |
| | 2,36 | GRÜNEISEN | (99,8% Au), gezogen |
| Nickel . . . . . . | 3,24 | GRÜNEISEN | (97% Ni), gezogen |
| Platin . . . . . . | 2,58 | GRÜNEISEN | rein, gegossen |
| Silber . . . . . . | 2,64 | GRÜNEISEN | (99,98% Ag), gezogen |
| Zink . . . . . . . | 3,3—5,0 | | |
| Zinn . . . . . . . | 3,03 | GRÜNEISEN | (99,97% Sn), gegossen |

Tafel 8. Proportionalitätsgrenze.

| Stoff | Prop.-Grenze (kg/cm²) | Bemerkungen |
|---|---|---|
| Schweißeisen . . . | 1300 und mehr | |
| Flußeisen . . . . . | 1800 und mehr | |
| Flußstahl . . . . . | 2500—6000 | |
| Stahlguß . . . . . | 2000 und mehr | |
| Federstahl . . . . | 5000 und mehr | ungehärtet |
| | 7500 und mehr | gehärtet |
| Messing . . . . . . | 650 | gegossen |
| Rotguß . . . . . . | 300 | |

Tafel 9. Streck- bzw. Quetschgrenze einiger Stoffe bei gewöhnlicher Temperatur.

| Stoff | Streck-(Quetsch-)Grenze (kg/cm²) | Stoff | Streck-(Quetsch-)Grenze (kg/cm²) |
|---|---|---|---|
| Schweißeisen | 1800—2500 | Blei | 25 |
| Flußeisen | 2000—3000 | Gold, gezogen | 1400 |
| „ , vergütet | bis 5000 | Messing, gezogen | >2000 |
| Schweißstahl | 3000 | Platin, gezogen | 2600 |
| Flußstahl | >3500 | „ , angelassen | 1400 |
| Gußstahl | >3500 | Silber, gezogen | 1100 |
| Bessemer Stahl | >3500 | „ , angelassen | 300 |
| Hartstahl | 6000 | Zink, gezogen | 1000 |
| Federstahl | bis 14000 | Zinn | 400 |

Tafel 10. Bruchfestigkeit $\sigma_{Br}$ von Eisen und Kupfer gegen Zug.

| Stoff | Bruchfestigkeit $\sigma_{Br}$ (kg/cm²) | Bemerkungen |
|---|---|---|
| Eisen: | | |
| Schweißeisen | 3300—4000 | |
| Flußeisen | 3700—4500 | |
| Flußstahl | 5000—20000 | |
| Gußeisen | 1200—3200 | |
| Nickelstahl | 5600—6700 | 2% — 3,5% Ni |
| Invar | 6000 | 36% Ni |
| Kupfer | 2100—2400 | weich |
| | 3500—4500 | hart |
| Bronze | 1800—8000 | |
| Messing | 1500 | gegossen |
| | 4500 | gewalzt |
| Rotguß | 2000 | |

Tafel 11. Bruchfestigkeit $\sigma_{Br}$ von verschiedenen Metallen gegen Zug.

| Stoff | Bruchfestigkeit $\sigma_{Br}$ (kg/cm²) | Bemerkungen |
|---|---|---|
| Aluminium | 700—800 | gegossen |
| | 1000 | gewalzt und geglüht |
| | bis 2500 | kalt gereckt |
| Blei | 210 | gezogen |
| | 180 | angelassen |
| Gold | 2700 | gezogen |
| | 1000 | angelassen |
| Nickel | 5000 | |
| Platin | 3400 | gezogen |
| | 2400 | angelassen |
| Silber | 2900 | gezogen |
| | 1600 | angelassen |
| Zink | 1300—2000 | |
| Zinn | 250 | gezogen |
| | 170 | angelassen |

Tafel 12. Bruchfestigkeit $\sigma_{Br}$ von verschiedenen Nichtmetallen gegen Zug.

| Stoff | Bruchfestigkeit $\sigma_{Br}$ (kg/cm²) | Bemerkungen |
|---|---|---|
| Holz: | | |
| Kiefer | 790 | parallel zur Faser; 13% Feuchtigkeit |
| Fichte | 750 | parallel zur Faser; 16% Feuchtigkeit |
| Eiche | 965 | parallel zur Faser |
| Buche | 1340 | parallel zur Faser |
| Papier | 40—180 | |
| Hartgummi | 550 | |
| Glas: | | |
| Kronglas | 600—800 | |
| Flintglas | 400—600 | |
| Spiegelglas | 700 | |
| Porzellan | 200—450 | |

Tafel. 13. Bruchfestigkeit $\sigma_{Br}$ von verschiedenen Stoffen gegen Druck.

| Stoff | Bruchfestigkeit $\sigma_{Br}$ (kg/cm²) | Bemerkungen |
|---|---|---|
| Gußeisen | 7000—8500 | |
| Holz: | | |
| Kiefer | 280 | parallel zur Faser; 18% Feuchtigkeit |
| Fichte | 245 | parallel zur Faser; 19% Feuchtigkeit |
| Eiche | 345 | parallel zur Faser |
| Buche | 320 | parallel zur Faser |
| Glas: | | |
| Kronglas | 7000—10000 | |
| Flintglas | 6000—9000 | |
| Spiegelglas | 10000 | |
| Porzellan | 4000—7000 | |

Tafel 14. Festigkeit von Bessemerstahl bei verschiedenem Kohlenstoffgehalt[1]).

| | | | | | | | | | | | | |
|---|---|---|---|---|---|---|---|---|---|---|---|---|
| Kohlenstoffgehalt (%) | 0,14 | 0,19 | 0,46 | 0,51 | 0,54 | 0,55 | 0,57 | 0,66 | 0,78 | 0,80 | 0,87 | 0,96 |
| Zugfestigkeit (kg/cm²) | 4400 | 4800 | 5300 | 5600 | 5600 | 5600 | 5600 | 6300 | 6500 | 7200 | 7400 | 8300 |

Tafel 15. Einfluß der Temperatur auf die Zugfestigkeit.

| Stoff | Prüfungstemperatur (° C) 20 | 100 | 200 | 300 | 400 | 500 | 550 | Autor | Bemerkungen |
|---|---|---|---|---|---|---|---|---|---|
| Flußeisen | 3420 | 3555 | 4162 | 4063 | 2938 | 1650 | | Bach | |
| Flußstahl | 5745 | | 5946 | 6551 | 5206 | | | Bach | |
| Stahlguß | 4285 | | 4502 | 4788 | 3984 | 2691 | 2071 | Bach | |
| Gußeisen | 2362 | | | 2335 | 2177 | 1793 | (570° 1230) | Bach | hochwertig |
| Kupfer | 2059 | 1765 | 1420 | 900 | | | | Bach | |
| Bronze | 2395 | 2424 | 2245 | 1358 | 625 | 442 | | Bach | 91% Cu; 3% Zn; 5% Sn) |
| Preßmessing | 4791 | | 3680 | 1628 | 568 | 183 | | Bach-Baumann | |
| Aluminium | 927 | 677 | 384 | 241 | | | | Baumann | |
| Zink | 1370 | | 410 | | | | | Martens | |

Tafel 16. Einfluß der Temperatur auf die Eigenschaften des Eisens.

| | | | | | | | | |
|---|---|---|---|---|---|---|---|---|
| Temperatur (° C) | −20° | +20° | 100° | 200° | 300° | 400° | 500° | 600° |
| Zugfestigkeit $\sigma_{Br}$ (kg/cm²) | 4100 | 3850 | 3950 | 5100 | 4750 | 3300 | 1900 | 1070 |
| Elast.-Modul $E/1000$ (kg/cm²) | 2070 | 2070 | 2010 | 1950 | 1880 | 1790 | 1510 | 1340 |

Tafel 17. Elastizitätskonstanten von Jenaer Gläsern[2]).

| Fabr.-Nr. | Charakter | $E$ (kg/cm²) | $G$ (kg/cm²) | m |
|---|---|---|---|---|
| 1299 | Barytborosilikat | 797000 | 314000 | 3,69 |
| 627 | Natronkaliborosilikat | 797000 | 329000 | 4,69 |
| 1973 | Kalibarytzinksilikat | 742000 | 296000 | 3,97 |
| $16^{III}$ | Natronkalkzinksilikat | 740000 | 301000 | 4,38 |
| 1450 | Natronborosilikat | 730000 | 305000 | 5,08 |
| S 219 | Kalitonerdephosphat | 678000 | 275000 | 4,25 |
| 709 | Natronzinksilikat | 663000 | 270000 | 4,43 |
| 714 | Natronkalikalksilikat | 657000 | 269000 | 4,53 |
| 270 | Barytphosphat mit Tonerde | 633000 | 253000 | 3,95 |
| 2154 | Kalibleisilikat | 610000 | 250000 | 4,50 |
| 370 | Kalizinksilikat | 585000 | 232000 | 3,83 |
| 500 | Sehr schweres Bleisilikat | 549000 | 222000 | 4,18 |
| 658 | Bleitonerdeboratsilikat | 547000 | 219000 | 4,00 |
| S 208 | Schwerstes Bleisilikat (80%) | 509000 | 202000 | 3,83 |
| S 196 | Tonerdeborat mit Natron und Baryt | 470000 | 184000 | 3,65 |

[1]) J. Bauschinger, Mitt. a. d. mech. Lab. München H. 3. 1874.

[2]) Näheres s. R. Straubel, Wied. Ann. Bd. 68, S. 369. 1899.

# Sachverzeichnis.

Druck der Spamerschen Buchdruckerei in Leipzig.

GPSR Compliance

*The European Union's (EU) General Product Safety Regulation (GPSR) is a set of rules that requires consumer products to be safe and our obligations to ensure this.*

*If you have any concerns about our products, you can contact us on ProductSafety@springernature.com*

In case Publisher is established outside the EU, the EU authorized representative is:

Springer Nature Customer Service Center GmbH
Europaplatz 3
69115 Heidelberg, Germany

**Batch number: 10684222**

Printed by Printforce, the Netherlands